Astronomischer Jahresbericht

Gegründet von Walter F. Wislicenus

Mit Unterstützung der Astronomischen Gesellschaft

herausgegeben vom

Astronomischen Rechen-Institut

in Heidelberg

53. Band

Die Literatur des Jahres 1953

In Kommission bei

Walter de Gruyter & Co.

vormals G. J. Göschen'sche Verlagshandlung — J. Guttentag, Verlagsbuchhandlung — Georg Reimer — Karl J. Trübner — Veit & Comp.

Berlin 1955

Archiv-Nr. 180156

Gedruckt mit Unterstützung der
Deutschen Forschungsgemeinschaft

Druck G. Braun (vorm. G. Braunsche Hofbuchdruckerei und Verlag) G. m. b. H
Karlsruhe in Baden

Printed in Germany

Auflage 600 — Dezember 1955

Vorwort

Der vorliegende 53. Band des Astronomischen Jahresberichtes enthält die Übersicht der astronomischen Literatur und ihrer Grenzgebiete aus dem Jahre 1953. Vereinzelte Nachträge aus früheren Jahren, für welche die Jahreszahl an der Literaturquelle angegeben ist, sind beigefügt.

Die Einteilung des Stoffes ist bis auf geringe Änderungen dieselbe wie im Astronomischen Jahresbericht Band 52. Lediglich folgende vier Änderungen sind vorgenommen worden:

1. Auf S. VIII — X sind sämtliche im Astronomischen Jahresbericht verwendeten Abkürzungen I—V zusammengestellt. An die Abkürzungen schließen sich auf den Seiten XI—LXII die Verzeichnisse VI und VII der durchgesehenen Zeitschriften an.

2. Ferner hat es sich als zweckmäßig erwiesen, die Arbeiten über «Geschichte und Fortschritte der Astronomie» und jene über «Geschichtliche Untersuchungen über Spezialgebiete» in einen Paragraphen zusammenzuziehen. § 14 ist deshalb gestrichen.

3. Der bereits in Band 50 in neuer Form gelieferte Nachweis der Beobachtungen und Berechnungen der Kometen ist weiter vereinfacht worden und in der Anordnung wie die Novae wiedergegeben.

4. Im Namen-Verzeichnis sind die Namen der Beobachter und Berechner von Kleinen Planeten, Kometen und Veränderlichen Sternen nicht mehr enthalten. Es müssen deshalb die auf S. 270, 290—291 und 378 stehenden Listen, in welchen die Namen der Autoren bereits alphabetisch geordnet sind, zusätzlich eingesehen werden.

Die Mitarbeiter von Instituten und Sternwarten des In- und Auslandes, welche die astronomische Literatur ihres Landes bearbeitet, sonstige Beiträge oder eine Anzahl von Referaten geliefert haben, sind in dem Verzeichnis auf S. IV namentlich aufgeführt.

Die Schriftleitung des vorliegenden 53. Bandes des Astronomischen Jahresberichtes oblag Prof. Dr. K. Heinemann, der bei den Arbeiten am Astronomischen Jahresbericht von Dr. habil. W. Lohmann und F. Henn unterstützt wurde. Ferner waren in der Jahresbericht-Abteilung tätig: Diplomdolmetscher E. Herkens, G. Köberich. Den Nachweis der Beobachtungen und Berechnungen Kleiner Planeten bearbeitete Dr. W. Strobel, C. König; den entsprechenden Nachweis für die Kometen lieferte Dr. K. Schaifers.

Den Autoren, Gesellschaften, Instituten und Sternwarten sei an dieser Stelle für die Zusendung ihrer Veröffentlichungen herzlichst gedankt.

Ferner sei hier allen Förderern des Astronomischen Jahresberichtes, allen Mitarbeitern und insbesondere der Joachim-Jungius-Gesellschaft e. V., Hamburg, welche zur Beschleunigung der Herausgabe eine Sachbeihilfe gewährt hat, der verbindlichste Dank ausgesprochen. Die Deutsche Forschungsgemeinschaft hat den Druck auch des zweiten im Jahre 1955 fertiggestellten Bandes durch einen Zuschuß ermöglicht.

Heidelberg, den 2. August 1955

Astronomisches Rechen-Institut

Inhaltsverzeichnis

Erster Teil: Allgemeines

Zweiter Teil: Tätigkeit. Geschichte

Dritter Teil: Instrumente. Beobachtungstechnik

Vierter Teil: Sphärische Astronomie. Chronologie

Fünfter Teil: Theoretische Astronomie

Sechster Teil: Theoretische Astrophysik

Siebenter Teil: Sonne

Achter Teil: Planeten und Monde

Neunter Teil: Kometen. Meteore. Meteorite. Zodiakallicht

Zehnter Teil: Sterne

Elfter Teil: Doppelsterne

Zwölfter Teil: Veränderliche Sterne. Novae

Dreizehnter Teil: Sternsysteme. Nebel. Interstellarer Raum

Vierzehnter Teil: Geodäsie. Nautik

Abkürzungen

Im Astronomischen Jahresbericht sind die unter I—V angeführten Abkürzungen zur Anwendung gekommen.

I. Allgemeine Abkürzungen

Abh.	Abhandlungen
Abstr.	Abstrakt, abstract
Acad.	Académie, Academy
Accad.	Accadémia
Akad.	Akademie
Ann.	Annalen, Annales, Annals
Astr.	Astronomie usw.
Astrophys.	Astrophysik usw.
Beob.	Beobachtungen
Ber.	Berichte
Bol.	Boletin
Bull.	Bulletin
bzw.	beziehungsweise
Circ.	Circular, Zirkular
Cl.	Classe
Commun.	Communications
Comun.	Comunicazioni
Contr.	Contributions usw.
CR.	Comptes Rendus
Desgl.	Desgleichen
Diss.	Dissertation
Geod.	Geodäsie usw.
Ges.	Gesellschaft
Inst.	Institut usw.
J.	Journal
Kl.	Klasse
Mag.	Magazine
Math.	Mathematik usw.
Medd.	Meddelanden, Meddelelser
Mém.	Mémoires
Mem.	Memoirs, Memorie
Mitt.	Mitteilungen
Nachr.	Nachrichten
(NF)	Neue Folge
(NR)	Neue Reihe
(NS)	Neue Serie
Obs.	Observatorium
Oss.	Osservatorio, Osservazioni
Phil.	Philosophical
Phys.	Physik usw.
Proc.	Proceedings
Pubbl.	Pubblicazioni
Publ.	Publikationen, Publications
Rech.	Recherches
Ref.	Referat
Rend.	Rendiconti
Rep.	Report
Repr.	Reprint
Res.	Research
Rev.	Review, Revue
Ric.	Ricerche
Sci.	Science, scientific
Ser.	Serie, Series
Sér.	Série
Sitzber.	Sitzungsberichte
Soc.	Società, Société, Society
Sternw.	Sternwarte
Suppl.	Supplement
T.	Tidskrift, Tidsskrift, Tijdschrift
Trans.	Transactions
Univ.	Universität usw.
Veröff.	Veröffentlichungen
Vgl.	Vergleiche
VJS	Vierteljahrsschrift
Wetensch.	Wetenschappen
Wiss.	Wissenschaften
Z.	Zeitschrift

II. Spezielle Abkürzungen

Die nachstehenden Abkürzungen sind insbesondere in § 75 Nachweis der Beobachtungen und Berechnungen Kleiner Planeten, ferner in § 81 Einzelne Kometen, § 112 Veränderliche Sterne und in § 113 Novae, Supernovae verwendet.

aD	absolute Dimensionen	Id	Identität
Am	Amplitude	Ka	Karte
An	Anzeige	Lk	Lichtkurve
Au	Aufnahme	Mon	Monographie
B	Beobachtung	Na	Benennung
C	Farbe	Not	Allgemeine Mitteilung
CI	Farbenindex	O	Ort
E	Lichtwechselelemente	P	Periode
Eb	Photometrische Bahnelemente	Par	Parallaxe
EB	Eigenbewegung	RG	Radialgeschwindigkeit
El	Bahnelemente	Sp	Spektrum
Eph	Ephemeride	Tem	Temperatur
Es	Spektroskopische Elemente	Typ	Typus
Esb	Spektroskopische Bahnelemente	VS	Vergleichssterne
H	Helligkeit bzw. physische Beobachtung	*	genäherter Ort

Ref. AAS . . . vgl. Ref. 1103 | Ref. AG . . . vgl. Ref. 1107
AAVSO . . . vgl. Nr. 1102 | Ref. ASP . . . vgl. Ref. 1105
Ref. Soc. Astr. Italiana . . . vgl. Ref. 1124

III. Abkürzungen von Ortsnamen (Sternwarten)

Die Tabelle für die Abkürzungen der Ortsnamen ist auf Seite 218 im Nachweis der Beobachtungen und Berecnnungen Kleiner Planeten gegeben.

IV. Abkürzungen der Sternbild-Namen

Für die Namen der Sternbilder sind die in Harvard Bulletin 771 veröffentlichten Abkürzungen benützt.

V. Abkürzungen von Zeitschriften

Die Nummern beziehen sich auf den ausführlichen Titel der Zeitschriften und Veröffentlichungen S. XI und S. XVIII.

	Nr.
AA(a), AA(b), AA(c)	5
AJ	46
AJ UdSSR	47
AJB	Ref. 701
AN	70
Ann d'Astrophys	11
ApJ	48
Ark Astr	—
Astr. Abh. Erg. AN	1
Astr Circ UdSSR	135
BA	27
BAA Circ	34
BAAH	Ref. 419
BAB	334
BAC	25
BAF	24
BAN	26
BIA	238
BSAF	16
Bull hor	30
CR	37
DAN	20
DOB	38
Gaz astr	43
Harv Ann	162
Harv Bull	—
Harv Card	167
Harv Circ	—
Harv Repr	163/164
JBAA	52
JO	57
J RAS Canada	60
Kop Akt Medd	227
LOB	260
McDC	183
Mem BAA	—
Mem SA It	64
MN ASSA	79
MN	81
MN Geophys Suppl	82
MPC	174
MVS	304
NAT	119
NAZ	72
NAZvM	73
Obs	83
PAT	118
Publ ASP	96
RH	105
RJ Astr. UdSSR	97
RJ Astr. Geod. UdSSR	—
TAB	318
UAI Circ	226
UC	219
Union Circ	219
VS Bull	125
ZfA	131
ZfMG	134

Zeitschriften

Unter Zeitschriften sind nicht nur alle periodisch erscheinenden Schriften verstanden, sondern im weiteren Sinne auch alle zwanglos erscheinenden Veröffentlichungen von Sternwarten, Instituten, Gesellschaften und Akademien.

Die vollständig durchgesehenen Zeitschriften sind in den beiden folgenden Verzeichnissen VI und VII zusammengestellt.

Einzelne Zeitschriften, die nicht direkt eingesehen werden konnten, sind dadurch kenntlich gemacht, daß in den beiden Verzeichnissen ihre laufende Nummer eingeklammert ist.

Nicht aufgeführt sind in den Verzeichnissen VI und VII diejenigen Zeitschriften, in denen gelegentlich astronomische Arbeiten enthalten sind. Diese sind der Schriftleitung entweder nur in Form eines Sonderdruckes, als einzelne Abhandlung einer Akademie oder als sonstige bibliographische Mitteilung bekannt geworden.

VI. Verzeichnis der Zeitschriften und Veröffentlichungen von Gesellschaften und Akademien

1. Astronomische Abhandlungen. Ergänzungshefte zu den Astronomischen Nachrichten. Akademie-Verlag, Berlin. — Band 12 Nr. 3.

2. Abhandlungen der Deutschen Akademie der Wissenschaften zu Berlin. Klasse für technische Wissenschaften. — Jahrgang 1953 Nr. 1.

3. Abhandlungen der Deutschen Akademie der Wissenschaften zu Berlin. Klasse für Mathematik und allgemeine Naturwissenschaften. — Jahrgang 1950 Nr. 6, Jahrgang 1952 Nr. 2.

4. Physics Abstracts. Section A of Science Abstracts (Physics). Edited and issued monthly by the Institution of Electrical Engineers, London. — Vol. 56 Nr. 661—672.

5. Acta Astronomica. Krakau. — AA(b) Vol. 2 S. 86—133; AA(c) Vol. 5 S. 33—56.

6. Acta Astronomica Sinica. Herausgegeben vom Purple Mountain Observatory, Nanking. — Vol. 1 Nr. 1 (chinesisch, teilweise referiert).

7. Geochimica et Cosmochimica Acta. Pergamon Press Ltd., London. — Vol. 3 Nr. 1—6, Vol. 4 Nr. 1—6.

8. Actas de la Academia Nacional de Ciencias Exactas, Físicas y Naturales de Lima. — Vol. 16 Nr. 1—4.

9. Annalen der Physik. Johann Ambrosius Barth, Leipzig. — 6. Folge Band 11 Heft 4—8, Band 12 und Band 13 Heft 1—8 = Band 446, 447 und 448 der ganzen Reihe.

10. Wissenschaftliche Annalen. Berlin, Akademie-Verlag. — 2. Jahrgang Nr. 1—12.

11. Annales d'Astrophysique. Paris. — Tome 16 Nr. 1—6.

12. Annales Françaises de Chronométrie. Besançon. — Année 23 Trimestre 1—4.

13. Annales de Géophysique. Paris. — Tome 9 Nr. 1—4.

14. Annales de Physique. Masson et Cie, Editeurs. Paris. — Sér. 12 Tome 8 Nr. 1—12.

15. Anzeiger. Österreichische Akademie der Wissenschaften. Mathematisch-naturwissenschaftliche Klasse. Wien. — 90. Jahrgang Nr. 1—15.

16. L'Astronomie. Revue Mensuelle d'Astronomie, de Météorologie et de Physique du Globe. Bulletin de la Société Astronomique de France. Paris. — 67e année, Jan.—Déc. 1953.

17. Astrophysica Norvegica. Edited by the Institute of Theoretical Astrophysics, University of Oslo. — Vol. 5 Nr. 3.

18. Atti della Accademia Nazionale dei Lincei. Anno CCCXLIX, 1952. Serie Ottava. Rendiconti. Classe di Scienze fisiche, matematiche e naturali. Roma. — Vol. 14 und 15.

19. Atti della Accademia Nazionale dei Lincei. Anno CCCXLIX, 1952. Memorie. Classe di Scienze fisiche, matematiche e naturali. Roma. — Serie 8, Volume 4.

20. Berichte (Doklady) der Akademie der Wissenschaften der UdSSR. Moskau-Leningrad. — Tom 88—93, jeweils Heft 1—6.

21. Physikalische Berichte. Herausgegeben vom Verband Deutscher Physikalischer Gesellschaften e. V. Akademie-Verlag, Berlin. — Band 32 Heft 1—12.

22. Physikalische Blätter. Physik Verlag, Mosbach (Baden). — 9. Jahrgang Heft 1—12.

23. Boletin de la Academia de Ciencias Fisicas, Matematicas y Naturales. Caracas. — Ano 19 — Tomo 16 Nr. 49, Tomo 17 Nr. 50.

24. Bulletin de l'Association Française d'Observateurs d'Etoiles Variables. Lyon. — Tome 12.

25. Bulletin of the Astronomical Institutes of Czechoslovakia (früher Bulletin of the Central Astronomical Institute of Czechoslovakia). Verlag der Akademie der Wissenschaften, Prag. — Vol. 4 Nr. 1—6.

26. Bulletin of the Astronomical Institutes of the Netherlands. Haarlem. — Vol. 12 Nr. 441—449.

27. Bulletin Astronomique. Publié par l'Observatoire de Paris. — Tome 17 Fasc. 1—3.

28. Bulletin der Astronomisch-Geodätischen Gesellschaft der UdSSR. Verlag der Akademie der Wissenschaften der UdSSR. Moskau-Leningrad. — Nr. 12 (19), 13 (20), 14 (21).

29. Bulletin de la Classe des Sciences. Académie royale de Belgique. 5e Série. Bruxelles. — Tome 39.

30. Bulletin horaire du Bureau International de l'Heure. Observatoire de Paris. — 3me Série Nr. 7—9. Série E Nr. 7, 9.

(31). Bulletin der Kommission für Sonnenforschung. Verlag der Akademie der Wissenschaften der UdSSR, Moskau-Leningrad. — Nr. 8—9.

32. Časopis čs. ústavů astronomických. Verlag der Akademie der Wissenschaften, Prag. — Band 3 Nr. 1—6.

33. Ciel et Terre. Bulletin mensuel de la Société Belge d'Astronomie, de Météorologie et de Physique du Globe. Uccle-Brüssel. — Année 69 Nr. 1—12.

34. British Astronomical Association Circular. London. — Nr. 339—347.

35. Coelum. Periodico Bimestrale per la Divulgazione dell'Astronomia. Bologna. — Vol. 21 Nr. 1—12.

36. Sterrekundig Colloquium van de Nederlandse Astronomen-Club. Gravenhage. — Nr. 12.

37. Comptes Rendus hebdomadaires des Séances de l'Académie des Sciences. Paris. — Tome 236 Nr. 1—26, 237 Nr. 1—25.

38. Documentation des Observateurs. Institut d'Astrophysique de Paris. — 6e année Nr. 1—12.

39. Endeavour. Eine Vierteljahres-Übersicht von Fortschritten der Wissenschaften im Dienste der Menschheit. London. — Band 12 Nr. 45—48.

40. Ergebnisse der exakten Naturwissenschaften. Springer-Verlag, Göttingen-Berlin-Heidelberg. — Band 27.

41. Extraits d'Astronomie et de Géophysique du Centre National de la Recherche Scientifique. (Continuation de la Bibliographie Mensuelle de l'Astronomie) Paris. — Vol. 14 Nr. 1—12.

42. Forschungen und Fortschritte. Nachrichtenblatt der Deutschen Wissenschaft und Technik. Akademie-Verlag, Berlin. — Jahrgang 27 Heft 1—6.

43. Gazette astronomique. Bulletin de la Société d'Astronomie d'Anvers. — Année 35 Nr. 1—9 (Gesamtnummer 397—405).

44. Glasnik. Societas Scientiarum Naturalium Croatica. Periodicum Mathematico-Physicum et Astronomicum, Zagreb. — Ser. (2) T. 8 Nr. 1—4.

45. Hemel en Dampkring. J. B. Wolters, Groningen. — 51. Jaargang Afl. 1—12.

46. The Astronomical Journal. Yale Univ. Office, New Haven. — Vol. 58 Nr. 1—8 (Gesamtnummer 1205—1212).

47. Astronomisches Journal. Akademie der Wissenschaften der UdSSR. Moskau-Leningrad. — Tom 30 Nr. 1—6.

48. The Astrophysical Journal. Chicago. — Vol. 117 Nr. 1—3, Vol. 118 Nr. 1—3.

49. The Irish Astronomical Journal. Armagh. — Vol. 2 Nr. 5—8.

50. The Journal of the Astronomical Society of Victoria. Melbourne. — Vol. 6 Nr. 6.

51. Journal of Atmospheric and Terrestrial Physics. Butterworth-Springer Ltd., London. — Vol. 3 Nr. 1—6, Vol. 4 Nr. 1—5.

52. Journal of the British Astronomical Association. Oxford. — Vol. 63 Nr. 2—8, Vol. 64 Nr. 1.

53. Journal of the British Interplanetary Society. London. — Vol. 12 Nr. 1—6.

54. Journal of Calendar Reform. Published by the World Calendar Association, Inc. New York. — Vol. 23 Quarter 1—4.

55. Journal of Geophysical Research. The continuation of Terrestrial Magnetism and Atmospheric Electricity. The William Byrd Press, Richmond. — Vol. 58 Nr. 1—4.

56. The Journal of the Institute of Navigation. London. — Vol. 6 Nr. 1—4.

57. Journal des Observateurs. Publié avec le concours du Centre National de la Recherche Scientifique. Marseille. — Vol. 36 Nr. 1—12.

58. Journal of the Optical Society of America. Published for the Optical Society of America by American Institute of Physics. — Vol. 43 Nr. 1—12.

59. Le Journal de Physique et Le Radium. Publication de la Société Française de Physique. Paris. — Tome 14 Nr. 1—12.

60. The Journal of the Royal Astronomical Society of Canada. Toronto. — Vol. 47 Nr. 1—6 (Gesamtnummer 400—405).

61. Leaflet. Astronomical Society of the Pacific. San Francisco. — Nr. 285—296.

62. Astronomical News Letter. Issued and distributed by the Harvard College Observatory, Cambridge, Mass., for the Committee for the Distribution of Astronomical Literature of the American Astronomical Society. — Nr. 68—71.

63. Mededeling. Werkgroep Meteoren v. d. Ned. Vereniging voor Weer- en Sterrenkunde. — Nr. 27—31.

Memorie siehe auch Atti.

64. Memorie della Società Astronomica Italiana. Nuova Serie. Pavia. — Vol. 24 Nr. 1—4.

65. De Meteoor. Organ van de Werkgroep Meteoren van de Nederlandse Vereniging voor Weer- en Sterrenkunde. Utrecht. — 8e Jaargang Nr. 5, 9e Jaargang Nr. 1—6.

66. Meteoritics. The Journal of the Meteoritical Society and the Institute of Meteoritics of the University of New Mexico. Albuquerque. — Vol. 1 Nr. 1 (Gesamtnummer 1).

67. Naučna Misao. Društvo ža Unapredivanje i Širenje Nauke. Zagreb. — Jahrgang 1953 Heft 1.

68. Mitteilungen der Astronomischen Gesellschaft. — 1952.

69. Mitteilungen für Planetenbeobachter. Planetensektion der Sternfreunde, Berlin. — 6. Jahrgang Nr. 1—6.

70. Astronomische Nachrichten. Im Auftrage der Deutschen Akademie der Wissenschaften zu Berlin. — Band 281 Heft 2—4.

71. Nachrichten der Akademie der Wissenschaften in Göttingen. Mathematisch-Physikalische Klasse. IIa. Mathematisch-Physikalisch-Chemische Abteilung. — Jahrgang 1953 Nr. 1—10.

72. Nachrichtenblatt der Astronomischen Zentralstelle. Astronomisches Rechen-Institut, Heidelberg. — Jahrgang 7 Nr. 1—10.

73. Nachrichtenblatt der Astronomischen Zentralstelle. Vorläufige Mitteilung. Astronomisches Rechen-Institut, Heidelberg. — Nr. 172—205.

74. Astronomischer Nachrichtendienst der Archenhold-Sternwarte zu Berlin-Treptow. — 5. Jahrgang Nr. 1—24. (Wird nur auszugsweise referiert.)

75. Nature. A Weekly Journal of Science. Macmillan and Co., London; The Macmillan Company, New York. — Vol. 171 Nr. 4340—4365, Vol. 172 Nr. 4366—4391.

76. La Nature. Revue des Sciences et de leurs Applications. Masson et Cie, Editeurs, Paris. — Vol. 81 Nr. 3213—3224.

77. Die Naturwissenschaften. Springer-Verlag, Berlin-Göttingen-Heidelberg. — 40. Jahrgang Heft 1—12.

(78). Navigation. Los Angeles, Cal. — Vol. 3 Nr. 7—10.

79. Monthly Notes of the Astronomical Society of South Africa. Cape Town. — Vol. 12 Nr. 1—11.

80. Occasional Notes. Royal Astronomical Society. London. — Vol. 3 Nr. 15.

81. Monthly Notices of the Royal Astronomical Society. London. — Vol. 113 Nr. 1—6.

82. Monthly Notices of the Royal Astronomical Society. Geophysical Supplement. London. — Vol. 6 Nr. 7—8.

83. The Observatory. Oxford. — Vol. 73 Nr. 872—877.

84. Optik. Zeitschrift für das gesamte Gebiet der Licht- und Elektronenoptik. Stuttgart. — Band 10 Heft 1—12.

85. Orion. Zeitschrift der Schweizerischen Astronomischen Gesellschaft. Bulletin de la Société Astronomique de Suisse. Genève bzw. Schaffhausen. — Band 4 Nr. 38—41.

86. Photographie und Forschung. Die Contax-Photographie in der Wissenschaft. Hausmitteilungen der Zeiss Ikon AG., Stuttgart. — Band 5 Heft 5—8.

87. Photographie und Wissenschaft. Agfa-Mitteilungen für wissenschaftliche Institute und Forschungsstätten. Agfa-Leverkusen, Bayerwerk. — Jahrgang 2 Heft 1—3.

88. Physica. Herausgegeben von der Stiftung Physica in Amsterdam. — Deel 19 Nr. 1—12.

89. Postępy Astronomii. Czasopismo poświęcone upowszechnianiu wiedzy astronomicznej. Kraków. — Tom 1 Nr. 1—2.

90. Priroda (Natur). Populäres naturwissenschaftliches Journal der Akademie der Wissenschaften der UdSSR. Moskau-Leningrad. — Tom 42 Nr. 1—12.

91. Proceedings of the National Academy of Sciences of the United States of America. Washington. — Vol. 39 Nr. 1—12.

92. The Proceedings of the Physical Society. Section A, Section B. London. — Vol. 66 Part 1—12.

93. Proceedings of the Royal Society. Series A. Mathematical and Physical Sciences. London. — Vol. 216—220 Nr. 1124—1143.

94. Proceedings of the Section of Sciences. Koninklijke Nederlandse Akademie van Wetenschappen. Series B. Physical Sciences. Amsterdam. — Vol. 56.

95. Publications of the Astronomical Society of Japan. Tokyo. — Vol. 4 Nr. 4, Vol. 5 Nr. 1—2.

96. Publications of the Astronomical Society of the Pacific. San Francisco. — Vol. 65 Nr. 382—387.

Rendiconti siehe Atti.

97. Referatjournal. Astronomie. Akademie der Wissenschaften der UdSSR. Institut für wissenschaftliche Information. Verlag Akad. Wiss. UdSSR, Moskau. — 1953 Nr. 1—3.

98. Annual Report of the Board of Regents of The Smithsonian Institution showing the operations, expenditures, and condition of the Institution for the year ended June 30, 1952 = Publication 4111.

99. The Science Reports of the Tôhoku University. First Series (Physics, Chemistry, Astronomy). Sendai, Japan. — Vol. 37 Nr. 1—4.

(100). Hydrographic Review. (Erscheint auch als Revue Hydrographique, Monte Carlo, Monaco). — Vol. 30 Nr. 1—2.

101. The Physical Review. Series 2. Published for the American Physical Society by the American Institute of Physics. Lancaster Pa., and New York, N.Y. — Vol. 89—92, je 6 Hefte.

102. The Review of Scientific Instruments, New Series. Published monthly by the American Institute of Physics. Lancaster, Pa., and New York, N. Y. — Vol. 24 Nr. 1—12.

103. Mathematical Reviews. Published by the American Mathematical Society, Lancaster, Penn. — Vol. 14 Nr. 1—11.

104. Reviews of Modern Physics. Published for the American Physical Society by the American Institute of Physics. Lancaster and New York. — Vol. 25 Nr. 1—4.

105. Říše hvězd. Herausgegeben vom Ministerium für Kultur und der Tschechoslowakischen Astronomischen Gesellschaft im Verlag Orbis, Prag. — Band 34 Nr. 1—10 (tschechisch, Inhalt auch in russischer und englischer Sprache).

106. Matematicko-přírodovědecké rozhledy. Verlag der Akademie der Wissenschaften, Prag. — Band 32 Nr. 1—6.

107. Naturwissenschaftliche Rundschau. Wissenschaftliche Verlagsgesellschaft m. b. H., Stuttgart. — Jahrgang 6 Heft 1—12.

108. Scientia. Internationale Zeitschrift für wissenschaftliche Synthese. Bologna. — Vol. 88 Nr. 1—12.

109. Service de Prévision Ionosphérique Militaire. Station de Fribourg. — Septembre—Décembre 1952. SPIM — O — 75 F — 78 F.

110. Sitzungsberichte der Deutschen Akademie der Wissenschaften zu Berlin. Klasse für Mathematik und allgemeine Naturwissenschaften. Akademie-Verlag, Berlin. — Jahrgang 1952 Nr. 5, Jahrgang 1953 Nr. 1—2.

111. Sitzungsberichte der mathematisch-naturwissenschaftlichen Klasse der Bayerischen Akademie der Wissenschaften zu München. — Jahrgang 1952.

112. Sitzungsberichte. Österreichische Akademie der Wissenschaften. Mathematisch-naturwissenschaftliche Klasse, Abteilung IIa. Wien. — Band 162 Heft 1—10.

113. Sky and Telescope. Harvard College Observatory, Cambridge, Mass. — Vol. 12 Nr. 3—12, Vol. 13 Nr. 1—2.

114. Southern Stars. The Journal of the Royal Astronomical Society of New Zealand. — Vol. 15 Nr. 8—9 (Gesamtnummer 112—113).

115. Die Sterne. Monatsschrift über alle Gebiete der Himmelskunde. Verlag Johann Ambrosius Barth, Leipzig. — 29. Jahrgang Heft 1—12.

116. Sternenwelt. Populäre Zeitschrift für Astronomie und ihre Geschichte. Manz-Verlag, Abt. Sternenwelt. München. — 5. Jahrgang Heft 1—10. Erscheinen eingestellt.

117. The Strolling Astronomer. Association of Lunar and Planetary Observers. Las Cruces, New Mexico. — Vol. 7 Nr. 1—12.

118. Populär Astronomisk Tidskrift. Stockholm. — Årgång 34 Häfte 1—4.

119. Nordisk Astronomisk Tidsskrift. Kopenhagen. — 1953 Nr. 1—4.

(120). Universitas. Zeitschrift für Wissenschaft, Kunst und Literatur. Stuttgart. — Jahrgang 8.

121. Urania. Revista de Astronomia y Ciencias Afines. Organo Oficial de la Sociedad Astronómica de España y América y de la Unión Nacional de Astronomía y Ciencias Afines. Barcelona. — Año 38 Nr. 233—235.

122. Urania. Populært astronomisk Tidsskrift. Kopenhagen. — Aargang 10 Nr. 1—12.

123. Urania. Czasopismo astronomiczne popularno-naukowe. Organ Polskiego Towarzystwa Miłośników Astronomii. Kraków. — Rok 24 Nr. 1—12.

124. Vega. An International Monthly Review of Astronomical Research. Boughton, Chester. — Vol. 1 Nr. 1—11.

125. Veränderliche Sterne. Bulletin, herausgegeben vom Astronomischen Rat der Akademie der Wissenschaften der UdSSR. Moskau-Leningrad. — Tom 9 Nr. 3—5 (81—83).

126. Physikalische Verhandlungen. Physik Verlag, Mosbach (Baden). — 4. Jahrgang Heft 1—8.

127. Vesmír. Verlag der Akademie der Wissenschaften, Prag. — Band 32 Nr. 1—10.

128. Vierteljahrsschrift der Naturforschenden Gesellschaft Zürich. Verlag Gebr. Fretz AG., Zürich. — Jahrgang **98** Heft 1—4.

129. Weltraumfahrt. Beiträge zur Weltraumforschung und Astronautik. Umschau-Verlag, Frankfurt am Main. — Jahrgang **1953** Heft 1—4.

130. Deutsche Hydrographische Zeitschrift. Deutsches Hydrographisches Institut Hamburg. — Band **6** Heft 1—6.

131. Zeitschrift für Astrophysik. Springer-Verlag, Berlin-Göttingen-Heidelberg. — Band **31** Heft 4, Band **32** Heft 1—4, Band **33** Heft 1—3.

132. Zeitschrift für Naturforschung. Verlag der Zeitschrift für Naturforschung, Tübingen. — Band **8a** Heft 1—12.

133. Zeitschrift für Physik. Springer-Verlag, Berlin-Göttingen-Heidelberg. — Band **133** Heft 1—5, Band **134** Heft 1—5, Band **135** Heft 1—5.

134. Zentralblatt für Mathematik und ihre Grenzgebiete. Springer-Verlag, Berlin-Göttingen-Heidelberg. — Band **45** Heft 4—6, Band **46** Heft 1—10, Band **47** Heft 1—10, Band **48** Heft 1—10.

135. Astronomisches Zirkular. Herausgegeben vom Büro der Astronomischen Mitteilungen der Akademie der Wissenschaften der UdSSR. Kasan. — Nr. **133—144**.

VII. Verzeichnis der Veröffentlichungen von Sternwarten und Instituten

Die in der folgenden Tabelle genannten Sternwarten sind in dem Verzeichnis der Veröffentlichungen von Sternwarten und Instituten unter dem Ort (rechte Spalte der Tabelle) aufgeführt.

Name der Sternwarte	Ort
Agassiz Station	Oak Ridge
Allegheny Observatory	Pittsburgh
University of California	Los Angeles
Carter Observatory	Wellington, N. Z.
Observatorio de Cartuja	Granada
Commonwealth Observatory	Canberra
Commonwealth Scientific and Industrial Research Organization, Australia	Sydney
Dearborn Observatory of Northwestern University	Evanston, Ill.
Dominion Observatory	Ottawa
Dominion Astrophysical Observatory	Victoria, Canada
David Dunlap Observatory, University of Toronto	Richmond Hill
Dunsink Observatory	Dublin
Observatorio del Ebro	Tortosa
Engelhardt-Observatorium	Kasan
Observatorio Fabra	Barcelona
Flower Astronomical Observatory	Upper Darby, Penn.
Fraunhofer-Institut	Freiburg i. Br.
Harvard College Observatory	Cambridge, Mass.
Kapteyn Astronomical Laboratory	Groningen
Kwasan Observatory	Kyoto
Lick Observatory	Mount Hamilton
Goethe Link Observatory of Indiana University	Bloomington
Lowell Observatory	Flagstaff, Ariz.
Leander McCormick Observatory of the University of Virginia	Charlottesville
McDonald Observatory	Fort Davis, Tex.
McMath-Hulbert Observatory	Lake Angelus, Pontiac, Mich.
Observatory of the University of Michigan	Ann Arbor
Astronomical Observatory, University of Minnesota	Minneapolis
Nizamia Observatory	Hyderabad
University of Pennsylvania	Philadelphia
Perkins Observatory	Delaware, Ohio
Radcliffe Observatory	Pretoria
Remeis-Sternwarte	Bamberg
Rutherfurd Observatory	New York
Smithsonian Institution	Washington
Specola Astronomica Vaticana	Castel Gandolfo
Sproul Observatory	Swarthmore, Penn.
Staatliches Astronomisches Sternberg-Institut	Moskau

Name der Sternwarte	Ort
Astronomisches Hauptobservatorium der Akademie der Wissenschaften der Ukrainischen Sowjetrepublik	Golossejewo
Union Observatory	Johannesburg
United States Naval Observatory	Washington
Vassar College Observatory	Poughkeepsie, N. Y.
Warner and Swasey Observatory	Cleveland, Ohio
Washburn Observatory of the University of Wisconsin	Madison
Astronomical Observatory of Yale University	New Haven, Conn.
Yerkes Observatory	Williams Bay, Wis.

Abastumani

136. Bulletin des Astrophysikalischen Observatoriums Abastumani auf dem Kanobili.

Nr. 13: M. A. Waschakidse, Untersuchung der galaktischen Absorption des Lichts aus den Farbenexzessen außergalaktischer Nebel und langperiodischer Cepheiden und nach anderen Methoden. Ref. 12523.

14: W. B. Nikonow, Versuch der Aufstellung eines Fundamentalkatalogs photoelektrischer Farbäquivalente von B8- und B9-Sternen. Ref. 9413.

15: N. L. Magalaschwili, Elektrophotometrie der Bedeckungsveränderlichen RX Herculis und RS Vulpeculae. Ref. 11120.
R. A. Bartaja, Untersuchung der am Observatorium Abastumani entdeckten Nova CT Serpentis. Ref. 11344.
R. A. Bartaja, Bestimmung der spektroskopischen absoluten Größen schwacher B5- bis A7-Sterne. Ref. 9701.
A. F. Torondshadse, Besonderheiten der Bewegungen der O- und B-Sterne und die Ausdehnung der Sternassoziationen. Ref. 12351.
S. M. Tschchaidse, N. I. Georgobiani, Spektroheliοskopische Beobachtungen auf dem Kanobili 1941—1944. Ref. 6651.
Chronik. Nicht referiert.
Verzeichnis der Arbeiten und Autoren zu den Bulletins des Astrophysikalischen Observatoriums Abastumani Nr. 1—15 (1937—1953). Ref. 721.

Alger

137. Publications de l'Observatoire d'Alger.
L. Boyer, La planète 173 Ino. Ref. 7536.

Amsterdam

138. Publications of the Astronomical Institute of the University of Amsterdam.

Nr. 10: D. Koelbloed, Line spectra of some giant and dwarf K-type stars. Ref. 9532.

139. Circular of the Astronomical Institute of the University of Amsterdam.

Nr. 7: A. van Pelt, On the spectrum of planetary nebulae having Wolf-Rayet nuclei. Ref. 12228.

Arcetri

140. Osservazioni e Memorie dell'Osservatorio Astrofisico di Arcetri.

Nr. **68**: G. Abetti, Premessa. Nicht referiert.
A. Colacevich, M. G. Fracastoro, Risultati preliminari sul sistema di 32 Cygni. Vgl. AJB **52** Ref. **11106**.
M. Hack, Ricerche spettrofotometriche su δ Scuti. Vgl. AJB **52** Ref. **11155**.
G. Abetti, M. Hack, Osservazioni di protuberanze e della cromosfera solare eseguite nel 1951. Vgl. AJB **52** Ref. **6601**.
M. C. Ballario, Brillamenti cromosferici osservati alla torre solare di Arcetri nel 1951. Vgl. AJB **52** Ref. **6654**.
M. N. Viaro, Ricerche fotometriche sulla variabile FM Aquilae. Vgl. AJB **52** Ref. **11173**.
G. Righini, M. C. Ballario, G. Godoli, Determinazione dell'oscuramento al bordo durante l'eclisse parziale di Sole dell' 1—9—1951. Ref. **6209**.
M. Hack, Studio spettrofotometrico di 55 Cygni. Ref. **9521**.
M. G. Fracastoro, M. L. Bruni, Ricerche sulla struttura della galassia. I. Conteggi stellari nella regione attorno all'area scelta 23. Ref. **12305**.
M. Hack, Confronto fra un prisma-obbiettivo ed uno spettrografo nell'analisi quantitativa delle atmosfere delle stelle di tipo O, B. Ref. **9522**.

Århus

141. Meddelelser fra Ole Rømer-Observatoriet i Århus.

Nr. **23**: A. V. Nielsen, The path and orbit of the Århus meteorites. Ref. **8346**.

Armagh

142. Contributions from the Armagh Observatory.

Nr. **9**: E. J. Öpik, A climatological and astronomical interpretation of the ice ages and of the past variations of terrestrial climate. Ref. **7218**.
10: E. B. Armstrong, A note on the use of the Fabry-Perot etalon for upper atmosphere temperature measurements. Ref. **7230**.

143. Armagh Observatory Leaflet.

Nr. **16**: E. M. Lindsay, Armagh Observatory in 1952. Ref. **1101**.
17: E. M. Lindsay, The ADH (Armagh-Dunsink-Harvard) telescope. Ref. **1206**.
18: E. B. Armstrong, Electron image-forming devices in astronomy. Ref. **2202**.
19: E. J. Öpik, On the causes of palaeoclimatic variations and of the ice ages in particular. Ref. **7220**.
20: E. J. Öpik, A vibrating camera for meteor photography. Ref. **2129**.
21: E. M. Lindsay, A possible old supernova in the Large Magellanic Cloud. Ref. **11349**.
22: E. J. Öpik, Stellar associations and supernovae. Ref. **5418**.

Asiago

144. Contributi dell'Osservatorio Astrofisico dell'Università di Padova in Asiago.

Nr. **27**: G. Righini, G. Mannino, Ricerche spettrofotometriche sulle stelle Be. II. Studio della stella ψ Persei. Vgl. AJB **52** Ref. **9554**.

28: G. Righini, G. Mannino, Ricerche spettrofotometriche sulle stelle Be. III. Studio della stella β Monocerotis A. Vgl. AJB **52** Ref. **9555**.
29: G. Mannino, Ricerche spettrofotometriche sulle stelle Be. IV. Studio della stella c Persei. Vgl. AJB **52** Ref. **9538**.
30: G. Mannino, Ricerche spettrofotometriche sulle variabili del tipo β Canis Majoris. II. Lo spettro della stella η Aurigae. Vgl. AJB **52** Ref. **9537**.
31: G. de Strobel, Profili e larghezze equivalenti di alcune righe di Sirio fra λ 4000—4600. Vgl. AJB **52** Ref. **9563**.
32: S. Taffara, Determinazioni di larghezze equivalenti nello spettro di Procione. Ref. **9568**.
33: S. Taffara, Fotometria fotografica delle regioni stellari: Perseo (con centro α 1900 $4^h 7^m$ δ 1900 +32° 0′), regione polare Nord, selected area n. 49. Ref. **9422**.
34: G. Mannino, Grandezze fotografiche della variabile IU Cygni. Ref. **11156**.
35: G. Righini, G. de Strobel, Ricerche spettrofotometriche sulle stelle Be. V. Studio della stella 66 Ophiuci. Ref. **9554**.
36: G. Mannino, Ricerche spettrofotometriche sulle stelle Be. VI. Lo spettro della stella k Cassiopeiae. Ref. **9535**.
37: G. Mannino, Spettrofotometria della stella δ Perseì (gB5). Ref. **9536**.
38: G. Mannino, Ricerche spettrofotometriche sulle variabili del tipo β Canis Majoris. III. Lo spettro della stella η Lyrae. Ref. **9537**.
39: R. Cayrel, S. Taffara, Relation largeur equivalente — profondeur centrale pour des raies d'absorption. Formulation analytique de la relation et comparaison avec l'observation. Ref. **9515**.
40: G. Mannino, Lo spettrosensitometro dell'Osservatorio Astrofisico di Asiago. Ref. **1204**.
41: G. de Strobel, Ricerche spettrofotometriche sulle stelle Be. VII. Studio della stella Θ Coronae Borealis. Ref. **9560**.
42: G. de Strobel, Ricerche spettrofotometriche sulle stelle Be. VIII. Studio della stella 12 Vulpeculae. Ref. **9561**.

Belgrad

145. Académie Serbe des Sciences. Bulletin de l'Observatoire Astronomique de Beograd.

17 1—2: M. Protitch, Observations photographiques de la comète 1939a (Kozik-Peltier) faites à l'astrographe de 160 mm. Ref. **8141**.
L. Mitić, Z. Petović, B. Ševarlić, Observations à la lunette zénithale (de 110 mm) du Service de latitude de l'Observatoire, faites au cours des deux premiers trimestres de 1952. Ref. **13218**.
V. Oskanjan, Déterminations visuelles de l'extinction à l'Observatoire de Belgrade. Ref. **7268**.
Occultations d'étoiles par la Lune observées en 1952. Ref. **7360**.
M. Protitch, U. Živanović, O. Kovačević, Activité des taches solaires au cours de l'année 1952. Ref. **6370**.
B. Popović, Orbites des petites planètes 1950 PD, 1950 PE, 1951 AJ (AQ) et 1951 AL. § **75**.
B. Popović, Orbites circulaires des petites planètes. § **75**.

3—4: M. Protitch, Observations photographiques de petites planètes faites à l'astrographe de 160 mm. § **75**.
M. Protitch, Observations photographiques de comètes 1951i

Wilson-Harrington, 1951 l Schaumasse, 1952 d Peltier, faites à l'astrographe de 160 mm. § 81.
V. Oskanjan, Une nouvelle variable près de l'étoile UV Ceti. Ref. 11210.
Z. Petović, B. Ševarlić, Observations à la lunette zénithale de 110 mm du Service de latitude de l'Observatoire, faites au cours des deux derniers trimestres de 1952. Ref. 13221.
Z. Brkić, Anomalies locales dans l'inclinaison de l'axe de la lunette méridienne. Ref. 2105.
P. Djurković, Mesures micrométriques d'étoiles doubles, faites en 1952 au réfracteur de 0.65 m d'ouverture. Ref. 10128.
Predictions for 1955 of occultations of stars by the moon visible at Belgrade. Ref. 7358.
M. Protitch, Observations des éclipses partielles de Lune et de Soleil, observées au cours de 1952. Ref. 7349, 6210, 7350.
V. V. Michkovitch, Rapport annuel sur l'état et l'activité de l'Observatoire en 1952. Ref. 1101.

18 1—2: P. M. Djurković, Mesures micrométriques d'étoiles doubles. Ref. 10128.
M. Protitch, Č. Čepinac, Observations photographiques des petites planètes. § 75.
M. Protitch, Observations photographiques de la comète 1953a (Mrkos-Honda). Ref. 8161.
Z. Petović, D. Šaletić, B. Ševarlić, R. Vojčić, Observations à la lunette zénithale (de 110 mm) du Service de latitude de l'Observatoire, faites au cours des deux premiers trimestres de 1953. Ref. 13222.
Occultations d'étoiles par la Lune. Ref. 7360.
P. M. Djurković, Champs d'activité de taches solaires. Ref. 6311.
B. Popović, Eléments de la comète 1953a — Mrkos-Honda. Ref. 8161.
B. Popović, Eléments et éphémérides des petites planètes 1950 FC, 1950 RB, 1952 SA. § 75.
V. Oskanjan, Variations d'éclat de l'étoile UV Ceti. Ref. 11216.
M. Protitch, U. Živanović, O. Kovačević, Activité des taches solaires au cours du premier semestre 1953. Ref. 6370.
B. Popović, Nouveaux éléments de 1952 EA. § 75.

3—4: P. M. Djurković, Mesures micrométriques d'étoiles doubles. Ref. 10128.
Occultations d'étoiles par la Lune. Ref. 7360.
M. Protitch, Č. Čepinac, Observations photographiques des petites planètes. § 75.
Predictions for 1956 of occultations of stars by the moon visible at Belgrade. Ref. 7358.
V. Oskanjan, Observations de XX Cygni. § 112.
M. Protitch, U. Živanović, O. Kovačević, Activité des taches solaires au cours du second semestre 1953. Ref. 6370.
P. M. Djurković, L'influence de la réfraction sur la valeur du tour de la vis micrométrique déduite des observations de passages. Ref. 2211.
V. V. Michkovitch, Rapport annuel sur l'état et l'activité de l'Observatoire en 1953. Ref. 1101.

146. Nautički Godišnjak za 1954. Ref. 401.

Bergedorf. Siehe Hamburg.

Berkeley

147. Berkeley Reprint.

Nr. 34: S.-S. Huang, The variational method for problems of radiative transfer. I. Isotropic scattering with a constant net flux. Ref. 5115.
S.-S. Huang, The variational method for problems of radiative transfer. II. The formation of absorption lines in the Milne-Eddington model. Ref. 5116.
S.-S. Huang, The variational method for problems of radiative transfer. III. Reflection effect. Ref. 5117.
35: R. D. Levee, A gravitationally contracting stellar model. Ref. 5216.
36: O. Struve, S. M. Kung, The F-Type component of Capella. Ref. 10205.
37: Vgl. AJB 52 Ref. 9566.
38: M. F. Walker, Photoelectric observations of HD 199908. Ref. 11216.
39: R. P. Kraft, Photoelectric observations of HD 199140. Ref. 11216.
40: O. Struve, Notes on stellar spectra. Ref. 11136.
41: H. F. Weaver, Magnitude, color, and spectral-type relations in the galactic cluster M 39. Ref. 12125.
42: H. F. Weaver, Regional variations in the velocity dispersion of early B-type stars. Ref. 12342.
43: D. H. McNamara, Gamma Pegasi: A Beta Canis Majoris star of small velocity amplitude. Ref. 11193.
44: R. P. Kraft, The period-density relation in classical cepheids. Ref. 11152.
45: D. H. McNamara, Possibilities of a period-spectrum relation for stars of the Beta Canis Majoris class. Ref. 11194.
46: O. Struve, D. H. McNamara, S. M. Kung, C. Beymer, Beta Cephei. Ref. 111107.
47: J. A. Crawford, Stars with helium energy sources. Ref. 5204.
48: O. Struve, Notes on stellar spectra. Ref. 9562.
49: S.-S. Huang, A statistical study of the rotation of the stars. Ref. 9806.
50: O. Struve, The radial velocity of Gamma Orionis. Ref. 9226.
O. Struve, Variable line widths in the spectrum of Delta Scuti. Ref. 111108.
51: A. D. Williams, Color variability of Delta Scuti. Ref. 111114.
52: H. F. Weaver, B stars and spiral structure in the larger neighborhood of the sun. Ref. 12319.
53: Vgl. AJB 52 Ref. 8165.
54: S.-S. Huang, O. Struve, A study of line profiles: the spectrum of Rho Leonis. Ref. 9528.
55: M. F. Walker, The light-variations of HD 217050. Ref. 111112.
56: S.-S. Huang, Pulsations of a rotating star. Ref. 9805.
57: D. H. McNamara, Periods and absolute magnitudes of the Beta Canis Majoris stars. Ref. 11195.

Berlin

148. Berliner Astronomisches Jahrbuch für 1955. 180. Jahrgang. Herausgeber: Astronomisches Rechen-Institut der Deutschen Akademie der Wissenschaften zu Berlin und Astronomisches Recheninstitut zu Heidelberg. Ref. 402.

149. Deutsche Akademie der Wissenschaften zu Berlin. Veröffentlichungen des Astronomischen Recheninstituts.

E. E. Kühne, Tafel für r^{-3} mit dem Argument r^2 (r^2 von 1—100). Ref. 4004.

150. Mitteilungen der Archenhold-Sternwarte Berlin-Treptow.

Nr. 29: E. Mädlow, Noch einmal: Krise der Amateur-Planetenbeobachtung? Ref. 7019.

30: D. Wattenberg, Jahresbericht der Archenhold-Sternwarte 1952. Ref. 1289.

31: D. Wattenberg, Ort und Postnova von B Cassiopeiae 1572. Ref. 11319.

32: G. Schirdewahn, Bericht über die Auswertung von Sonnenbeobachtungen 1952. Ref. 6356.

33: D. Wattenberg, Die Kinematografie in der Astronomie. Ref. 2254.

34: E. Mädlow, H. Mielke, Auswertung von Schattenantrittsbeobachtungen bei der totalen Mondfinsternis vom 29./30. Januar 1953. Ref. 7351.

35: H. Mielke, Umgebungskarten von Bedeckungsveränderlichen. Serie I. Ref. 11206.

151. Astronomischer Nachrichtendienst der Archenhold-Sternwarte zu Berlin-Treptow. 5. Jahrgang Nr. 1—24.

152. Wilhelm-Foerster-Sternwarte. Veröffentlichung.

Nr. 4: Tätigkeitsbericht 1951/52. Ref. 1289.

Bjurakan

153. Mitteilungen (Soobschtschenija) des Observatoriums Bjurakan.

Nr. 11: B. E. Markarjan, Die Sternassoziation Cepheus II. Ref. 12348.

B. E. Markarjan, Über die Expansion des offenen Sternhaufens IC 2602. Ref. 12113.

Bloomington

154. Publications of the Goethe Link Observatory of Indiana University.

Nr. 10: A. N. Cox, The transfer of the north polar standards to the southern hemisphere. Ref. 9406.

11: A. N. Cox, K. L. Hallam, Photoelectric magnitude sequences for the Magellanic Clouds. Ref. 12404.

155. Goethe Link Observatory of Indiana University. Reprint.

Nr. 6: J. B. Irwin, An astronomical mystery story: The case of the missing pulsators. Ref. 12003.

7: R. R. Brownlee, A. N. Cox, Photoelectric magnitudes and colors in NGC 6231. Ref. 12103.

Bologna

156. Pubblicazioni dell'Osservatorio astronomico universitario di Bologna.

6 1: L. Rosino, Orientamenti e problemi nello studio degli ammassi globulari di stelle. Ref. 12135.

2: L. Rosino, Ricerche sugli ammassi globulari. IX. Osservazioni fotografiche di variabili e determinazione dei periodi e curve di luce di 16 Cefeidi appartenenti all'ammasso globulare M 72. Ref. 12137.

G. Horn-d'Arturo, Mitologia delle costellazioni. Ref. 615.

3: L. Rosino, La nebulosa gassosa NGC 7635 in Cassiopea. Ref. **12231**.

Bonn

157. Veröffentlichungen der Universitäts-Sternwarte zu Bonn.
Nr. **40**: K.-W. Schrick, Die Eigenbewegung der Praesepe. Ref. **12119**.

Bordeaux

158. Publications de l'Observatoire de l'Université de Bordeaux (Floirac). Nouvelle Série.
Nr. **12**: Vgl. AJB **54**.
13: M. Mendes, Systèmes d'équations intégrales et figures dérivées des ellipsoïdes hétérogènes en rotation. Ref. **111**.
159. Rapport présenté au Conseil de l'Université. Année scolaire 1951—1952, 1952—1953. Ref. **1101**.

Breslau. Siehe Wrocław.

Bruxelles

160. Université de Bruxelles. Institut d'Astronomie.
(2) Nr. **83**: J. F. Cox, Notice sur Georges Lecointe, membre de l'Académie. Ref. **1007**.
84: F. H. van den Dungen, J. F. Cox, J. van Mieghem, L'effet sur la position de l'axe instantané de rotation de la Terre d'échanges de quantités de mouvement entre l'atmosphère et le globe. Ref. **13106**.
85: F. H. van den Dungen, J. F. Cox, J. van Mieghem, Sur des variations du niveau des mers et de la vitesse de rotation de la Terre. Ref. **13107**.
86: P. J. Melchior, Sur le déplacement des pôles d'inertie à la surface de la Terre, de 1900 à 1950. Ref. **13119**.
87: J. Brouet, P. Janssens, Sur des mesures de déplacements par rapport à la verticale d'une masse en mouvement contrôlé uniformément ralenti. Ref. **13103**.
88: F. H. van den Dungen, J. F. Cox, J. van Mieghem, Sur les déplacements par rapport aux étoiles de l'axe de rotation instantané de la lithosphère, sous la sollicitation des vents méridiens. Ref. **13108**.
89: J. Lemmens, Déterminations de latitude à l'aide d'un réfracteur zénithal visuel. Ref. **13214**.
90: E. Schatzman, Une nouvelle théorie de la granulation solaire. Ref. **6112**.

Cambridge, Engl.

161. University of Cambridge. Report of the Observatories Syndicate for the year ending 1953 September 30. Ref. **1101**.

Cambridge, Mass.

162. Annals of Harvard College Observatory.
113 2: S. Gaposchkin, The eclipsing variables. Ref. **11106**.
119 2: D. Hoffleit, A preliminary survey of nebulosities and associated B-stars in Carina. Ref. **12218**.

163. Harvard Reprint.

Nr. **368**: H. Shapley, V. McKibben Nail, Magellanic Clouds, V. Fifty eclipsing stars. Ref. 12426.

369—371: Vgl. AJB 52.

372: H. Shapley, Magellanic Clouds, VI. Revised distances and luminosities. Ref. 12427.

373: V. McKibben Nail, H. Shapley, Magellanic Clouds, VII. Star colors and luminosities in five constellations. Ref. 12417.

374: F. L. Whipple, On the icy conglomerate model for comets. Ref. 8034.

375: H. Shapley, Report on programmes of galactic measurement. Ref. 1375.

376: H. Shapley, Magellanic Clouds. VIII. On the population characteristics of the two Clouds. Ref. 12428.

377: V. McKibben Nail, C. A. Whitney, C. M. Wade, Magellanic Clouds. IX. The nebulosities of the Small Cloud. Ref. 12418.

378: R. N. Thomas, W. C. White, The physical theory of meteors. IV. Inquiry into the radiation problem — a laboratory model. Ref. 8234.

379: G. G. Cillié jr., E. M. Lindsay, The photoelectric light curve of V 525 Sagittarii. Ref. 11101.

380: D. H. Menzel, B. Bell, The variation in prominence distribution over the sunspot cycle. Ref. 6630.

381: D. H. Menzel, J. W. Evans, The behavior and classification of solar prominences. Ref. 6629.

382—389: Vgl. AJB 54.

390: M. W. Mayall, Variable star notes. Ref. 11204.

164. Harvard Reprint Series II.

Nr. **47**: F. W. Wright, F. L. Whipple, The photographic Perseid meteors. Ref. 8261.

48: S. El-Din Hamid, F. L. Whipple, On the motions of 64 long-period comets. Ref. 8105.

49: H. Zirin, The exchange potential in an electron gas at nonzero temperature. Ref. 250.

50: H. Shapley, Note on the distribution of RR Lyrae variables. Ref. 11163.

51: S. L. Lippincott, D. Hoffleit, Note on the distribution of B5 stars. Ref. 12307.

52: F. L. Whipple, Winds in the upper atmosphere by meteor-train photography. Ref. 8237.

165. Harvard College Observatory. The American Association of Variable Star Observers. Quarterly Report.

Nr. **16—17**: M. W. Mayall, Observations of variable stars. Ref. 11216, § 113.

166. Annual Report of the Director of the Astronomical Observatory of Harvard College for the year ending September 30, 1952. Ref. 1101.

167. Harvard College Observatory. Announcement Card 1202—1236.

Canberra

168. Commonwealth Observatory. Sonderdrucke.

R. v. d. R. Woolley, The solar corona. Ref. 6733.

C. W. Allen, C. S. Gum, Survey of galactic radio-noise at 200 Mc/s. Ref. 12601.

R. v. d. R. Woolley, Astrophysics at the Australian University. Ref. 1270.

R. v. d. R. Woolley, The far ultraviolet solar spectrum of the quiet sun as it affects the ionosphere. Ref. 6435.
A. R. Hogg, Astronomical developments in Australia. Ref. 1370.

169. Report of the Commonwealth Astronomer for the year 1952. Ref. 1101.

Cape

170. First Cape Catalogue of Stars for the Equinox of 1950.0. Catalogue of 5070 Fundamental and Boss Stars compiled from Observations made with the Reversible Transit Circle at the Royal Observatory, Cape of Good Hope in the Years 1936—1944. Ref. 9122.

171. Report of Her Majesty's Astronomer at the Cape of Good Hope to the Secretary of the Admiralty for the year 1952. Ref. 1101.

Capodimonte. Siehe Napoli.

Castel Gandolfo

172. Specola Astronomica Vaticana. Ricerche Astronomiche.
3 1: W. J. Miller, Five new Cygnus-cloud variables, VV 11—15. Ref. 11207.

Catania

(173). Osservatorio Astrofisico Catania. Contributi Astrofisici.
Nr. **75**: E. de Caro, Espressione generale della velocità areolare nel moto relativo di due corpi di masse variabili. Ref. 4206.
76: D. Caponiti, L'andamento dell'attività solare dedotto dalle osservazioni eseguite a Palermo e a Catania dal 1877 al 1952. Ref. 6308.
77: C. Strano, G. Leonardi, L'attività del Sole nell'anno 1952. Ref. 6370, 6651.

Cincinnati

174. Minor Planet Circulars Nr. 851—1002. Ref. 7536.

Coimbra

175. Publicações do Observatório Astronómico da Universidade de Coimbra.
Nr. 1: M. dos Reis, Sobre a teoria da refracção astronómica. Ref. 3109.

176. Efemérides Astronómicas para o ano de 1954. Ref. 403.

Córdoba

177. Observatorio de Córdoba. Tirada Aparte.
Nr. **58**: J. Sahade, Radial velocities of five southern proper-motion stars. Ref. 9223.
59: E. Gaviola, Eta Carinae. II. The spectrum. Ref. 11318.
60: J. Bobone, Observations of comets, Phoebe and Jupiter VI. Ref. 7633, 7701, § 81.
61: J. Sahade, A note on V 449 Scorpii. Ref. 11127.

Delaware

178. Contributions from the Perkins Observatory.
Nr. **34**: P. C. Keenan, G. Keller, Spectral classification of the high-velocity stars. Ref. 9530.

35: G. Keller, M. Fenwick, Tabulation of the incomplete Fermi-Dirac functions. Ref. **224**.
36: G. Keller, The effect of electron screening on thermonuclear energy generation. Ref. **5211**.

179. Contributions from the Perkins Observatory.
(2) Nr. **1**: G. Keller, Astronomical «seeing» and its relation to atmospheric turbulence. Ref. **7243**.

Dorpat. Siehe Tartu.

Dublin

180. Contributions from the Dunsink Observatory.
Nr. **6**: A. N. Argue, Photoelectric stellar photometry using an E.M.I. photomultiplier. Ref. **9402**.
7: H. A. Brück, D. A. Jackson, An attempt to measure interferometrically the widths of chromospheric lines at the total solar eclipse of 25 February 1952. Ref. **6210**.

Edinburgh

181. Communications from the Royal Observatory, Edinburgh.
Nr. **6**: M. A. Ellison, The Hα radiation from solar flares in relation to sudden enhancements of atmospherics on frequencies near 27 Kc/s. Ref. **6809**.
7: R. Wilson, The ionized helium series originating from the fifth quantum level. Ref. **246**.

Evanston, Ill.

182. Contributions from the Dearborn Observatory.
Nr. **4**: K. A. Strand, The orbital motion of 70 Ophiuchi. Vgl. AJB **52** Ref. **10119**.
K. A. Strand, R. Spong, The parallax and mass-ratio of 70 Ophiuchi. Vgl. AJB **52** Ref. **9306**.

Fort Davis

183. Contributions from the McDonald Observatory, University of Texas.
Nr. **215**: W. P. Bidelman, The spectra of certain stars whose atmospheres may be deficient in hydrogen. Ref. **9504**.
216: H. L. Johnson, W. W. Morgan, Fundamental stellar photometry for standards of spectral type on the revised system of the Yerkes Spectral Atlas. Ref. **9407**.
217: H. L. Johnson, Magnitudes, colors, and spectral types in M 39. Ref. **12110**.
218: H. L. Johnson, Magnitudes and colors in NGC 752. Ref. **12111**.
219: H. L. Johnson, Photoelectric observations of visual double stars. Ref. **10113**.
220: G. R. Burbidge, E. M. Burbidge, The outer atmospheres of some Be stars. Ref. **5105**.
221: N. G. Roman, The spectrum of BD +67°922. Ref. **9555**.
222: D. L. Harris, Note on the HR diagram of the pleiades. Ref. **12106**.
223: E. M. Burbidge, G. R. Burbidge, Interstellar lines in the spectra of eight early-type stars. Ref. **12505**.
224: W. W. Morgan, D. L. Harris, H. L. Johnson, Some characteristics of color systems. Ref. **9412**.

225: S. S. Provin, Variation in light of the spectrum variable 56 Arietis. Ref. 111100.
226: W. A. Hiltner, Spectrographic observations of SV Camelopardalis. Ref. 11107.
227: G. R. Burbidge, E. M. Burbidge, The Balmer decrement in some Be stars. Ref. 9510.
228: D. L. Harris, Note on the Cepheid variable Zeta Geminorum. Ref. 11148.
229: E. M. Burbidge, G. R. Burbidge, EM Cyg, a possible exnova. Ref. 11302.

Freiburg i. Br.

184. Veröffentlichungen des Fraunhofer-Instituts Freiburg i. Br.
Sonnen-Zirkular für die Monate Oktober 1952—September 1953. § **63, 65, 66, 67, 68, 72, 127.**

185. Mitteilungen aus dem Fraunhofer-Institut, Freiburg i. Br.
Nr. **10**: K. O. Kiepenheuer, Ist das allgemeine Magnetfeld der Sonne meßbar? Ref. **6123.**
11: U. Becker, Über eine Beziehung zwischen erdmagnetischer Unruhe und der Anordnung der Sonnenflecken. Ref. **6805.**
12: U. Becker, K. O. Kiepenheuer, Über ein solares Maß der Fleckentätigkeit. Ref. **6304.**
13: Vgl. AJB **54.**
14: U. Becker. Über eine Beziehung zwischen den Filamenten und der Helligkeitsverteilung der Korona in der Eisenlinie λ 5303. Ref. **6605.**
15: K. O. Kiepenheuer, Was ist ein Aktivitätszentrum auf der Sonne? Ref. **6324.**
16: K. O. Kiepenheuer, Über die Beziehung zwischen Protuberanzen und Korona. Ref. **6624.**
17: K. O. Kiepenheuer, Photoelectric measurements of solar magnetic fields. Ref. **6122.**

Genf

186. Publications de l'Observatoire de Genève.
(A) **5** 11 (45): G. Tiercy, Commentaires sur le service chronométrique de l'Observatoire de Genève après quelques modifications récentes. Ref. **2326.**
12 (46): G. Tiercy, Sur une formule de calcul de points servant à classer les chronomètres observés. Ref. **2327.**
13 (47): M. Golay, Etude d'un photomètre photoélectrique monté sur le téléscope Schær de 100 cm. Ref. **2217.**
14 (48): P. B. Bouvier, Les équations intégrales de Milne pour une atmosphère parfaitement diffusante. Ref. **5104.**

Genova

187. Istituto Idrografico della Marina.
Effemeridi Nautiche 1954, 1955. Ref. **422.**

Gent

188. Universiteit te Gent. Sterrenkundig Instituut.
Nr. **15**: D. de Smet-de Potter, M. Neyts, Over het bestaan van absorberende nevels in Cassiopeia. Ref. **12316.**
16: D. de Smet-de Potter, M. Neyts, Etude spectrophotométrique et statistique d'une région obscure dans Cassiopée. Ref. **12519.**

Glasgow

189. Glasgow University Observatory Reprint.
Nr. **33**: A. E. Roy, Miss Blagg's formula. Ref. **7021**.
34—35: Vgl. AJB **54**.
36: D. G. Ewart, The constants of the velocity ellipsoid from the radial velocities of 820 stars. Ref. **12330**.

Golossejewo

190. Mitteilungen (Iswestija) des Astronomischen Hauptobservatoriums der Akademie der Wissenschaften der Ukrainischen Sowjetrepublik.
1: W. P. Zessewitsch, Aufstellung eines großen photometrischen Standards in Aquarius. Ref. **9425**.
S. G. Gordeladse, Die Massenejektion beim Ausbruch von Neuen Sternen. Ref. **11304**.
A. S. Zessjulewitsch, Versuchsbeobachtungen am Vertikalkreis nach der Talcottschen Methode. Ref. **1211**.
W. W. Konin, Untersuchung des Schraubenwertes eines Okularmikrometers. Ref. **2223**.

Göttingen

191. Veröffentlichungen der Universitäts-Sternwarte zu Göttingen.
Nr. **104**: P. ten Bruggencate, Die Temperatur von Protuberanzen. Vgl. AJB **52** Ref. **6609**.
105: W. Priester, Photometrie von Fraunhofer-Linien mit der Lummer-Platte, angewandt auf die Mitte-Rand-Variation der Natrium D-Linien. Ref. **6425**.
106: H. Haffner, Das neue Irisphotometer der Göttinger Sternwarte. Ref. **1212**.
107: G. Elste, Die Entzerrung von Spektrallinien unter Verwendung von Voigt-Funktionen. Ref. **211**.

Granada

192. Boletín Mensual del Observatorio de Cartuja, Granada. Observaciones astronómicas y sísmicas. Enero a Diciembre de 1952. Ref. **6370**.

Greenwich

193. Greenwich Astronomical Results 1939, 1945. Ref. **2332, 6001, 7101, 7116, 7301, 7401, 7601, 7701, 7801, 7805, 10128, 13230**.
194. Greenwich Photo-heliographic Results 1941, 1942, 1943. Ref. **6370, 6651**.
195. Greenwich Magnetic and Meteorological Observations 1940, 1941, 1945. Nicht referiert.
196. Report of the Astronomer Royal to the Board of Visitors of the Royal Greenwich Observatory. Ref. **1101**.
197. The Nautical Almanac and Astronomical Ephemeris for the Year 1954. Ref. **404**.
198. Apparent Places of Fundamental Stars 1954. Ref. **417**.
199. The Abridged Nautical Almanac for the Year 1954. Ref. **426**.
200. The Air Almanac 1954. Ref. **431**.
201. The Star Almanac for Land Surveyors for the Year 1954. Ref. **433**.

Groningen

202. Publications of the Kapteyn Astronomical Laboratory at Groningen.
Nr. **55**: L. Plaut, An investigation on the eclipsing binaries brighter than photographic magnitude 8.50 at maximum. Ref. **11126**.

Hamburg

203. Mitteilungen der Hamburger Sternwarte in Bergedorf.
9 86: J. Stock, Die Schwärzungsabhängigkeit der isophoten Wellenlänge bei chromatischen Objektiven. Ref. 2251.
87: M. Beyer, Der Lichtwechsel und die Lage der Rotationsachse des Planeten 433 Eros während der Opposition 1951—52. Ref. 7531.
22 231: W. Becker, J. Stock, Dreifarbenphotometrie des Sternhaufens M 67 (NGC 2682). Ref. 12102.
232: P. Wellmann, Der Bedeckungsveränderliche EE Pegasi. Ref. 11139.
233: G. Thiessen, Zur Feinstruktur des Farbenhelligkeitsdiagramms des Sternhaufens Coma Berenices. Ref. 12124.
234: G. Thiessen, Der Effekt der interstellaren Polarisation in der Sonnenkorona. Ref. 6729.
235: J. Ax, Ein spektralphotometrischer Vergleich zwischen Schnellläufern und normalbewegten Sternen. Ref. 9503.
236: D. Labs, J. Stock, Ein lichtelektrisches Sternphotometer mit Wechselstromverstärkung. Die Lichtkurve des Bedeckungsveränderlichen AK Herculis. Ref. 2225.
237: P. Wellmann, Die spektrographische Einrichtung des Bergedorfer 1 m-Spiegelteleskops. Ref. 1215.
238: D. Labs, H- und K-Emissionen im Spektrum von ξ Boo A und 70 Oph A. Ref. 9534.

204. Jahresbericht der Hamburger Sternwarte in Bergedorf für das Jahr 1952. Ref. 1101.
205. Zweiter Katalog der Astronomischen Gesellschaft. Band 6, 7, 8, 9. Ref. 9124.
206. Bergedorfer Spektraldurchmusterung. Band 5. Ref. 9575.
207. Deutsches Hydrographisches Institut. Jahresbericht Nr. 7, 1952. Ref. 1101.
208. Nautisches Jahrbuch oder Ephemeriden und Tafeln für das Jahr 1954. Ref. 423.

Heidelberg

Astronomisches Rechen-Institut

209. Astronomisch-Geodätisches Jahrbuch für 1954. Ref. 405.
210. Astronomischer Jahresbericht. 50. Band. Die Literatur des Jahres 1950. Ref. 701.
211. Veröffentlichungen des Astronomischen Rechen-Instituts zu Heidelberg.
Nr. 5: F. Gondolatsch, Erdrotation, Mondbewegung und das Zeitproblem der Astronomie. Ref. 13109.
212. A. Kopff, Supplement-Katalog des FK3 (FK3 Supp.). Ref. 9111.
213. Astronomische Grundlagen für den Kalender 1955. Ref. 418.
214. Nachrichtenblatt der Astronomischen Zentralstelle. 7. Jahrgang Nr. 1—10. Vorläufige Mitteilung Nr. 172—205.

Landessternwarte

215. Veröffentlichungen der Staatlichen Sternwarte Heidelberg-Königstuhl.
16: K. Reinmuth, Katalog von 6500 genauen photographischen Positionen Kleiner Planeten. Ref. 7515.
216. Mitteilungen der Badischen Landessternwarte Heidelberg-Königstuhl.
Nr. 91: G. R. Miczaika, Radialgeschwindigkeitsmessungen von ζ Tauri 1949—1951. Ref. 9220.

92: A. König, Eigenbewegungen von 66 Sternen in der Umgebung von α Persei. Ref. **9210**.
93: K. Bahner, G. R. Miczaika, Ein Gerät zur Entzerrung von Eichkurven lichtelektrischer Plattenphotometer. Ref. **2204**.
94: G. R. Miczaika, Über das System U Cephei. Ref. **11124**.
95: G. R. Miczaika, Light-variability of the Of-type spectroscopic binary BD +40°4220. Ref. **10203**.

Helsinki

217. Sonderdrucke des Astronomischen Observatoriums Helsinki.
P. Kustaanheimo, Comparison between the photometries of the solar corona of the total eclipse of July 9, 1945, as performed at the observatories of Stockholm and Helsinki. Ref. **6205**.
P. Kustaanheimo, On some special functions in Galois fields. Ref. **4138**.
G. Järnefelt, An attempt to work out a finite system corresponding to a special case of Schrödinger's non-relativistic model of the linear harmonic oscillator. Ref. **4133**.
G. Järnefelt, Ein endliches Weltbild. Ref. **4134**.
P. Kustaanheimo, A note on the transformability of spherically symmetric metrics. Ref. **4139**.
G. Järnefelt, Karl Fridhiof Sundman. Minnestal vid Finska Vetenskaps-Societetens sammanträde den 21 maj 1951. Ref. **1013**.

Istanbul

218. Publications of the Istanbul University Observatory.
Nr. **47**: E. Balli, Observations des taches solaires en 1952. Ref. **6370**.

Johannesburg

219. Union Observatory. Circular.
6 3 (113): J. A. Bruwer, E. L. Johnson, Occultations of stars by the moon, 1951. Ref. **7360**.
J. A. Bruwer, Photographic observations of minor planets. Ref. **7536**.
J. A. Bruwer, Approximate positions of minor planets. Ref. **7536**.
J. A. Bruwer, Photographic observations of comets. § **81**.
E. L. Johnson, Photographic observations of special minor planets. Ref. **7536**.
E. L. Johnson, Approximate positions of minor planets. Ref. **7536**.
E. L. Johnson, Photographic observations of minor planets. Ref. **7536**.
E. L. Johnson, Photographic observations of comets. § **81**.
W. S. Finsen, Interferometer measures of double stars. Ref. **10128**.
W. H. van den Bos, A study of Finsen's interferometer measures of double stars. **10102**.
W. H. van den Bos, Micrometer measures of double stars. Ref. **10128**.
W. H. van den Bos, Orbits of double stars. Ref. **10103**, **10131**.
W. S. Finsen, W. H. van den Bos, Micrometer measures of Juno. Ref. **7536**.

219b. Annual report 1950, 1951. Ref. **1101**.

Kasan

220. Bulletin des Astronomischen Engelhardt-Observatoriums der Lenin-Staatsuniversität Kasan.

Nr. **29**: B. N. Kadomskij, Anwendung der Methode des Längsspektrographen als photometrische Methode zur Bestimmung der Lichtkurve von RS Vulpeculae. Ref. **11111**.

30: A. A. Nefedjew, Über den Durchmesser der Venus. Ref. **7119**.
N. A. Tschudowitschewa, A. K. Iwanowa, Beobachtungen über die Veränderlichkeit der Breite des Astronomischen Engelhardt-Observatoriums auf Grund des neuen Programms im Jahre 1951. Ref. **13227**.

221. Mitteilungen (Iswestija) des Astronomischen Engelhardt-Observatoriums der Lenin-Staatsuniversität Kasan.

Nr. **28**: L. D. Agafonowa, A. I. Nefedjewa, Absolute Deklinationen von 536 Sternen des Fundamentalkatalogs Schwacher Sterne. Ref. **9101**.

Kiel

222. Sonderdruck der Sternwarte Kiel.

E. Vitense, Die Wasserstoffkonvektionszone der Sonne. Ref. **6116**.
M. Reichel, Zur Theorie der Spektroheliogramme. Ref. **6427**.

Kiew

223. Publikationen (Publikazii) des Astronomischen Observatoriums der Schewtschenko-Staatsuniversität Kiew.

Nr. **5**: S. K. Wsechswjatskij, Neue Arbeiten über die Herkunft der Kometen und die Auswurftheorie. Ref. **5533**.
W. P. Konoplewa, Über die Helligkeitsveränderung der kurzperiodischen Kometen $Brorsen_1$ und $Brooks_2$. Ref. **8109**, **8110**.
W. I. Tscherednitschenko, Die säkulare Helligkeitsänderung des kurzperiodischen Kometen Faye. Ref. **8114**.
P. N. Tschirwinskij, Über die quantitativen Gesetzmäßigkeiten der chemischen Zusammensetzung der Himmelskörper. Ref. **5138**.
N. A. Chinkulowa, Über die Veränderung der Gesamtzahl der Koronaelektronen mit der Phase der Sonnentätigkeit. Ref. **6702**.
S. K. Wsechswjatskij, E. E. Semanek, A. N. Sergejewa, Über die Maß-Systeme der Sonnenaktivität. Ref. **6366**.
N. A. Tschernega, Bestimmung der Breite des Astronomischen Observatoriums Kiew aus Beobachtungen in den Jahren 1949—1950. Ref. **1219**.
W. P. Konoplewa, P. G. Duchnowskij, P. N. Polupan, E. W. Sandakowa, N. A. Chinkulowa, Beobachtungen von Kleinen Planeten am Astronomischen Observatorium Kiew. Ref. **7536**.
Beobachtungen von Sternbedeckungen am Astronomischen Observatorium Kiew in den Jahren 1948—1950. Ref. **7360**.
Tätigkeitsbericht des Astronomischen Observatoriums der Schewtschenko-Staatsuniversität Kiew für 1950. Ref. **1101**.
Tätigkeitsbericht des Astronomischen Observatoriums der Schewtschenko-Staatsuniversität Kiew für 1951. Ref. **1101**.

(224). Zirkulare des Astronomischen Observatoriums der Schewtschenko-Staatsuniversität Kiew Nr. 61—65. Ref. **6370**, **6651**.

København

225. Publikationer og mindre Meddelelser fra Københavns Observatorium.
Nr. **161**: E. Sinding, The future orbit of comet 1898 VII (Coddington-Pauly). Ref. 8134.
162: M. Rudkjøbing, On the chemical composition and the energy production of Y Cyg. Ref. **5228**.
M. Rudkjøbing, Revised calculation of the energy production of Y Cygni. Ref. **5229**.
226. Union Astronomique Internationale. Circulaire Nr. 1387—1434.
227. Aktuelle Meddelelser fra Astronomisk Selskab Nr. 355—362.

Kodaikanal

228. Kodaikanal Observatory Bulletin.
Nr. **135**: A. K. Das, Summary of prominence observations for the first half of 1951. Ref. **6651**.
136: Nicht eingegangen.
137: Nicht eingegangen.
138: A. K. Das, Summary of prominence observations for the first half of 1952. Ref. **6651**.
229. Kodaikanal Observatory. Sonderdrucke.
A. K. Das, Can matter be created out of cosmic radiation? Ref. 12706.
A. K. Das, K. Sethumadhavan, Eruptive prominence of February 26, 1953, and associated radio noise-burst. Ref. **6611**.
A. K. Das, A. S. Ramanathan, Distribution of radiation flux across a sunspot. Ref. **6309**.
R. Ananthakrishnan, Spectrophotometric study of sunspots. Ref. **6302**.
A. K. Das, K. D. Abhyankar, Difference of temperature between pole and equator of the sun. Ref. **6407**.
A. K. Das, B. N. Bhargava, Radio noise-bursts from solar M-regions. Ref. **6520**.
230. Annual Report of the Kodaikanal Observatory for the year 1952. Ref. **1101**.

Kraków (Krakau)

231. Rocznik Astronomiczny Obserwatorjum Krakowskiego 1953. Supplemento Internationale Nr. **24**. Ref. 421, **7358**, **11010**.

Krim

232. Mitteilungen (Iswestija) des Astrophysikalischen Observatoriums auf der Krim.
10: G. A. Schajn, W. A. Albizkij (Nekrolog). Ref. **1001**.
A. B. Sewerny, W. L. Chochlowa, Untersuchung der Bewegungen und des Leuchtens der Sonnenprotuberanzen. Ref. **6643**.
K. K. Tschuwajew, Elektrophotometrische Untersuchungen des Nachthimmelleuchtens in einigen Spektralbereichen. Ref. **72123**.
S. B. Pikelner, Interstellares Gas und Magnetfelder. Ref. **5319**.
S. B. Pikelner, G. A. Schajn, Der Charakter der Turbulenz im interstellaren Medium. Ref. **5320**.
E. S. Brodskaja, Spektren und Helligkeiten von 400 O- bis B5-Sternen im Milchstraßenfeld mit dem Zentrum bei $\alpha = 23^h 27^m$, $\delta = +61°$. Ref. **9508**.

I. M. Kopylow, Spektren und Helligkeiten von 731 schwachen O- bis B5-Sternen im Milchstraßenfeld mit dem Zentrum bei $\alpha = 1^h 25^m$, $\delta = +61° 50'$ (1950). Ref. 9533.
E. R. Mustel, Das Problem des Materieabflusses aus stationären Sternen. Ref. 6504.
G. A. Schajn, W. F. Hase, Über die Beziehung zwischen diffusen Gasnebeln und heißen Sternen. Ref. 12235.
I. S. Schklowskij, Versuch eines Helligkeitsvergleichs der Milchstraße im infraroten und im photographischen Licht. Ref. 12314.
S. B. Pikelner, Die Ionisation des Heliums in den Nebeln und die Temperaturen der O-Sterne. Ref. 5321.
I. M. Kopylow, Die Massen der Hüllen der Neuen Sterne. Ref. 11306.
W. F. Hase, G. A. Schajn, Ein neuer Nebel beim novaähnlichen Veränderlichen FU Orionis. Ref. 12215.
W. F. Hase, G. A. Schajn, Über einen neuen Nebel bei σ Scorpii. Ref. 12216.
G. A. Schajn, W. F. Hase, Zweite Liste peripherer, diffuser Nebel. Ref. 12236.
W. F. Hase, Über die Struktur des Nebels IC 405 im Licht von Hα und im integralen Licht. Ref. 12217.
P. F. Schajn, Beobachtungen Kleiner Planeten in Simeïs im Jahre 1952. Ref. 7536.

Kyoto

233. Contributions from the Institute of Astrophysics, Kyoto University.

Nr. **28**: S. Miyamoto, Residual intensity and contour of the solar K-line. Ref. 6419.
29: A. Hattori, I. Kawaguchi, S. Miyamoto, T. Saigusa, Note on the optical thickness and the temperature of the planetary nebulae. Ref. 5308.
30: S. Miyamoto, A relationship between the emission line contours and the stability of the atmospheres of the P Cygni stars. Ref. 5124.
31: T. Kogure, On the radiation field of the Wolf-Rayet star. Ref. 5120.
32: M. Kanno, On the radiation field of Be-atmospheres with spherical symmetry. Ref. 5118.
33: S. Miyamoto, On the interpretation of shell spectra. Ref. 5125.
34: T. Araki, Über das Erschaffen der Materie und das sich ausdehnende Universum. Ref. 4103.
35: S. Miyamoto, The atmospheres of the P Cygni stars. Ref. 5126.
36: S. Miyamoto, Theoretical contour of the solar Lyman Alpha radiation. Ref. 6110.

Le Houga

234. Publications de l'Observatoire du Houga.

Nr. **16**: M. Petit, Etoiles à sursauts lumineux. Catalogue, propriétés, bibliographie. Ref. 11213.

Leiden

235. Annalen van de Sterrewacht te Leiden.

20 12: C. J. van Houten, Discussion of ninety variable stars in the southern hemisphere. Ref. 11202.

Lembang, Java

236. University of Indonesia, Bosscha Observatory, Lembang, Java. Report for the years 1951—1952. Ref. 1101.

Leningrad

237. Publikationen (Trudy) des Astronomischen Observatoriums Leningrad.

16: A. A. Nikitin, Über die Anregung der Sauerstoffatome in der Sonnenatmosphäre. Ref. 6111.
S. D. Gutschabasch, Die Streuung des Lichts in einem Medium mit veränderlicher Streucharakteristik. Ref. 214.
T. A. Agekjan, Die Dynamik des Durchgangs von Sternen durch Wasserstoffwolken. Ref. 5301.
T. A. Agekjan, Über die Ursachen des Anwachsens der Restgeschwindigkeiten der Sterne. Ref. 12323.
I. N. Minin, Anwendung der Gleichungen der stellaren Hydrodynamik auf die kugelförmigen Sternhaufen. Ref. 12134.
R. B. Schazowa, Die Asymmetrie der Radialgeschwindigkeiten der Sterne. Ref. 12337.
R. B. Schazowa, Über die Stabilität des lokalen Systems. Ref. 12338.
O. A. Melnikow, Spektralphotometrie von α Cygni. Ref. 9540.
N. W. Nowotschadowa, Die Konturen der Wasserstofflinien bei den Sternen früher Spektralklassen. Ref. 9549.
N. N. Sytinskaja, W. W. Scharonow, Untersuchung des Reflexionsvermögens der Mondoberfläche. Ref. 7375.
M. W. Bannowa, Versuch der Ableitung von Isophoten auf der Saturnscheibe. Ref. 7704.
S. W. Makarow, M. A. Swetschnikow, Die Kontur des Erdschattens bei der Mondfinsternis vom 26. September 1950. Ref. 7348.
N. S. Orlowa, Streuungsdiagramme einiger Substanzen. Ref. 232.
S. W. Gromow, Über eine Methode der Regularisierung der Erde. Ref. 13110.
S. W. Gromow, Inversion und Neigung der Lotlinien. Ref. 13111.

238. Bulletin des Instituts für Theoretische Astronomie der Akademie der Wissenschaften der UdSSR.

5 5 (68): G. A. Tschebotarjow, Analytische Theorie der Bewegung von Hilda. Ref. 7519.
N. B. Jelenewskaja, Entwicklung der Störungsfunktion in eine Fourier-Reihe bezüglich der Neigung. Teil 2. Entwicklung der Störungsfunktion im räumlichen, kreisförmigen, eingeschränkten Dreikörperproblem in eine Fourier-Reihe bezüglich der Neigung. Ref. 4217.
S. G. Scharaf, Entwicklung einiger Funktionen der Koordinaten der elliptischen Bewegung in Reihen bis zur 9. Potenz der Exzentrizität. Ref. 4238.
W. F. Proskurin, T. I. Maschinskaja, Die Darstellung der Ceres-Beobachtungen unter Berücksichtigung der Störungen erster Ordnung. Ref. 7514.
F. B. Chanina, Neue Elemente des Kleinen Planeten 171 Ophelia. Ref. 7536.

6 (69): G. A. Merman, Über die hinreichenden Bedingungen für den Einfang im eingeschränkten, hyperbolischen Dreikörperproblem bei engen, doppelten Annäherungen. Ref. 4223.

G. A. **Merman**, Beispiel eines Einfangs im ebenen, eingeschränkten, hyperbolischen Dreikörperproblem. Ref. 4224.

7 (70): G. A. **Tschebotarjow**, Die Entwicklung der Bahnen des äußeren Randes des Asteroidenrings. Ref. 7520.

I. W. **Galibina**, Bestimmung der ursprünglichen Bahn des Kometen 1925 VII. Ref. 8138.

M. J. **Schmakowa**, Untersuchung der Bahnform des Kometen 1925 VII. Ref. 8138.

W. F. **Proskurin**, Über den Einfang im Beispiel von O. J. Schmidt. Ref. 4233.

G. E. **Chrapowizkaja**, Über einen Fall des Einfangs im Dreikörperproblem. Ref. 4208.

N. G. **Kotschina**, Beispiele der hyperbolischen und hyperbolisch-elliptischen Bewegung im eingeschränkten, hyperbolischen Dreikörperproblem. Ref. 4218.

F. B. **Chanina**, Die Bahnelemente des Kleinen Planeten 1572 (1949 SC). Ref. 7536.

8 (71): Ergebnisse der Konferenz über das «Astronomische Jahrbuch der UdSSR». Ref. 408.

M. F. **Subbotin**, Das «Astronomische Jahrbuch der UdSSR» und die Hauptaufgaben der Ephemeridenastronomie. Ref. 410.

A. M. **Gishizkij**, Das «Astronomische Jahrbuch der UdSSR» (Kurzer historischer Abriß der Entstehung und Entwicklung des «Jahrbuchs»). Ref. 409.

I. D. **Shongolowitsch**, Zur Geschichte der Entstehung der nautischen und aeronautischen astronomischen Ephemeriden in unserem Land. Ref. 465.

D. K. **Kulikow**, Die Mechanisierung der astronomischen Rechnungen. Ref. 315.

D. W. **Sagrebin**, Über die Berechnung der Mondephemeriden mit Lochkartenmaschinen. Ref. 7326.

239. Astronomisches Jahrbuch der UdSSR für das Jahr 1956. Ref. 407.

240. Ephemeriden Kleiner Planeten für das Jahr 1954. Ref. 7501.

Liège

241. Institut d'Astrophysique. Collection in 4° de Spectroscopie et Astrophysique.

Nr. **40**: A. **Monfils**, J. **Duchesne**, Fonction potentielle de vibration de la molécule C_2F_4. Nicht referiert.

41: A. **Monfils**, Le spectre infrarouge et la structure de la molécule SiH_3Cl. Nicht referiert.

42: D. **Jehoulet**, RU Cam, céphéide probable de type II. Ref. 11150.

43: B. **Rosen**, P. **Swings**, Carbon stars, comets and combustion phenomena. Ref. 9556.

44: P. **Ledoux**, Sur l'existence d'un noyau convectif au centre des étoiles. Ref. 5215.

45: F. **Lenouvel**, D. **Jehoulet**, La courbe de lumière de RU Cam. Ref. 11153.

46: P. **Swings**, Le rôle des poussières dans les atmosphères des étoiles froides. Ref. 9566.

47: J. **Duchesne**, Quelques réflexions sur l'évolution récente du problème de la structure moléculaire. Nicht referiert.

48: J. **Duchesne**, L. **Burnelle**, Ground and excited electronic states and molecular vibrations of some polyatomic molecules. Nicht referiert.

49: W. Benesch, M. Migeotte, L. Neven, Investigations of atmospheric CO at the Jungfraujoch. Ref. **7233.**
50: P. Swings, Nouvelles correspondances entre les spectres des comètes et des étoiles N. Ref. **8031.**

242. Institut d'Astrophysique. Collection de Mémoires in 8°.
Nr. **349:** P. Swings, Astrophysics and industry. Ref. **628.**
350: Vgl. AJB **52** Ref. **5213.**
351: Vgl. AJB **52** Ref. **7245.**
352: La Physique des Comètes. Communications présentées au quatrième Colloque International d'Astrophysique, tenu à Liège les 19, 20 et 21 septembre 1952. Ref. **1199.**
353: J. Swensson, Remarques sur l'identification dans les spectres d'objets célestes, de raies interdites dues à Cr III, Mn III, Co III et Ni III. Ref. **9565.**
354: P. Swings, Note sur le quatrième colloque international d'astrophysique tenu à Liège les 19 et 20 septembre 1952. Ref. **1192.**
355: J. Duchesne, Comparaison des résultats par spectroscopie infrarouge et centimétrique. Nicht referiert.
356: P. Ledoux, Les étoiles variables intrinsèques. Ref. **11005.**
357—360: Vgl. AJB **54.**
361: E. Vigroux, M. Migeotte, L. Neven, Etude, à grande dispersion, des bandes d'absorption de l'ozone à 9μ, 4.75μ, 3.59μ et 3.27μ. Ref. **7259.**
362: E. Vigroux, M. Migeotte, L. Neven, Largeurs équivalentes des bandes d'ozone à 9.6μ, 4.75μ et 3.27μ. Ref. **7260.**
363: Vgl. AJB **54.**
364: P. Swings, A. McKellar, K. Narahari Rao, Spectra of the late N-type stars in the ultra-violet, violet and blue-green regions. Ref. **9567.**

London

243. Communications from the University of London Observatory.
Nr. **9:** Erscheint später.
10: Erscheint später.
11: C. W. Allen, World-wide diurnal variations in the F2 region. Ref. **7273.**
12: K. R. W. Brewer, HD 50169, a spectrum variable with emission at Hα. Ref. **9507.**

Los Angeles

244. University of California. Astronomical Papers.
1 14: L. Larmore, A study of the motions of solar prominences. Ref. **6627.**
2 1: Vgl. AJB **52** Ref. **4219.**
2: S. Herrick, Icarus and the variation of parameters. Ref. **7506.**

Lund

245. Annals of the Observatory of Lund.
Nr. **12:** N. Wieth-Knudsen, Studies on orbit determination of visual binary stars in some extreme cases. Ref. **10123, 10124, 10125.**

246. Meddelande från Lunds Astronomiska Observatorium.
(1) Nr. **181:** Vgl. AJB **54.**
182: Vgl. AJB **54.**
183: B.-A. Lindblad, The peculiar orbit of the Delta Aquarid meteors. Ref. 8254.

247. Meddelande från Lunds Astronomiska Observatorium.
(2) Nr. 130: F. Nettelblad, Studies of astronomical scintillation. Results from photoelectric observations. Ref. 72163.

Lyon

248. Publications de l'Observatoire de Lyon.
3 20: P. Proisy, Spectre de NH_3 sous une faible pression. Ref. 236.
21: P. Proisy, Le spectre de NH_3 et le spectre des comètes. Ref. 8025.
249. Publications de l'Observatoire de Lyon. Série I. — Astronomie.
(1) 5 23: R. Grandmontagne, Remarques sur le calcul des températures de l'atmosphère. Ref. 7240.

Madrid

250. Boletín Astronómico del Observatorio de Madrid.
4 6: R. Carrasco, Identificación del asteroide 1950 TD_3 con el 497 Iva. Ref. 7536.
E. Gullón, Protuberancias solares. Ref. 6651.
E. Gullón, Observaciones de manchas solares. I. Números relativos de Wolf. Ref. 6370.
E. Gullón, Observaciones de manchas solares. II. Estadística de manchas y superficie de las mismas. Ref. 6370.
R. Carrasco, Observaciones fotográficas del cometa Peltier (1952-d). Ref. 8158.
R. Carrasco, J. M. Torroja, Observaciones fotográficas de pequeños planetas (posiciones exactas). Ref. 7536.
251. Universidad de Madrid. — Facultad de Ciencias. Seminario de Astronomia y Geodesia. Publicación.
Nr. 17: R. Carrasco, M. Pascual, Rectificación de la orbita del asteroide 1528 Conrada. Ref. 7536.
18: J. M. González-Aboín, Orbita de ADS 1709 = Σ 228. Ref. 10131.
19: J. Baltá Elías, Recientes progresos en radioastronomía. Radiación solar hiperfrecuente. Ref. 12615.
20: J. M. Torroja, A. Vélez, Corrección de la órbita del asteroide 1452 (1938 DZ_1). Ref. 7536.
21: J. M. Torroja, Calculo con cracovianos. Ref. 118.
22: S. Arend, Los polinomios ortogonales y su aplicación en la representación matemática de fenómenos experimentales. Ref. 102.

Manchester

252. Astronomical Contributions from the University of Manchester. Series II. Jodrell Bank Reprint.
(2) Nr. 56: R. Hanbury Brown, C. Hazard, A model of the radiofrequency radiation from the galaxy. Ref. 12610.
57—61: Vgl. AJB 52.
62: Vgl. AJB 51.
63: Vgl. AJB 52.
64: Vgl. AJB 51.
65—69: Vgl. AJB 52.
70: R. Hanbury Brown, C. Hazard, A radio survey of the Milky Way in Cygnus, Cassiopeia and Perseus. Ref. 12606.

71—74: Vgl. AJB **52**.
75: T. R. Kaiser, J. S. Greenhow, On the decay of radio echoes from meteor trails. Ref. **8216**.
76: Vgl. AJB **52**.
77: R. L. Closs, J. A. Clegg, T. R. Kaiser, An experimental study of radio reflections from meteor trails. Ref. **8208**.
78: Vgl. AJB **52**.
79: Report on Jodrell Bank to the Royal Astronomical Society council for 1952. Ref. **1101**.
80: R. Hanbury Brown, C. Hazard, A survey of 23 localized radio sources in the northern hemisphere. Ref. **12607**.
81: A. C. B. Lovell, Radio astronomy at Jodrell Bank. Ref. **12626**.
82: T. R. Kaiser, Radio echo studies of meteor ionization. Ref. **8215**.
83—84: Vgl. AJB **54**.
85: M. Almond, J. G. Davies, A. C. B. Lovell, The velocity distribution of sporadic meteors. IV. Extension to magnitude +8, and final conclusions. Ref. **8201**.
86: I. C. Browne, T. R. Kaiser, The radio echo from the head of meteor trails. Ref. **8203**.
87—89: Vgl. AJB **54**.
90: R. Hanbury Brown, C. Hazard, Radio-frequency radiation from the spiral nebula Messier 81. Ref. **12608**.
91: R. Hanbury Brown, C. Hazard, An extended radio-frequency source of extra-galactic origin. Ref. **12609**.
92: R. Hanbury Brown, A symposium on radio-astronomy at Jodrell Bank. Ref. **1154**.
93: R. C. Jennison, M. K. Das Gupta, Fine structure of the extra-terrestrial radio source Cygnus I. Ref. **12620**.

253. Astronomical Contributions from the University of Manchester. Series III.
(3) Nr. 8: D. C. Pack, The motion of a gas cloud expanding into a vacuum. Ref. **5317**.
9—12: Vgl. AJB **54**.
13: G. B. Whitham, The propagation of weak spherical shocks in stars. Ref. **5240**.
14—18: Vgl. AJB **54**.
19: Z. Kopal, Some remarks on the interpretation of apsidal-motion constants in close binary systems. Ref. **10004**.

Milano-Merate

254. Contributi dell'Osservatorio Astronomico di Milano-Merate. Nuova Serie.
Nr. **40**: A. Masani, Contributo allo studio delle atmosfere stellari. I. Il gradiente adiabatico. Ref. **5122**.
41: F. Žagar, Sul calcolo del gradiente adiabatico. Ref. **5141**.
42: F. Zagar, Luigi Volta. Ref. **1001**.
43: S. Leone, Misure fotografiche di binarie visuali. Ref. **10128**.
44: S. Leone, Rifrazione differenziale. Ref. **3106**.
45: A. Masani, Sull'importanza della pressione di radiazione agli effetti della instabilità per moti convettivi nell'interno delle stelle. Ref. **5218**.

Mizusawa

255. Publications of the International Latitude Observatory of Mizusawa.
1 2: T. Hattori, Latitude observations with floating zenith telescope at Mizusawa. Part II. Ref. **13211**.

Moskau

256. Publikationen (Trudy) des Staatlichen Astronomischen Sternberg-Instituts.

22: G. F. Sitnik, Über das potentiometrische Schaltschema zur Kontrolle des elektrischen Verhaltens einer Glühlampe als Lichtquelle. Ref. 241.
E. R. Mustel, Die bolometrischen Korrektionen und die Farbenindizes für Sterne früher Spektralklassen. Ref. 9716.
A. G. Massewitsch, Über den Aufbau und die Energiequellen der Riesen später Spektralklassen. Ref. 5219.
J. N. Lipskij, Berechnung der Masse der Mondatmosphäre auf Grund von Polarisationsuntersuchungen. Ref. 7317.
S. M. Rajtburd, Relative Spektralphotometrie von λ Cephei und Bestimmung seiner Farbtemperaturen. Ref. 9603.
E. A. Makarowa, Über den Einfluß des photographischen Schleiers auf die Messung relativer Intensitäten. Ref. 2246.

23: N. F. Florja, N. P. Kukarkina, Über 57 langperiodische Cepheiden. Ref. 11201.
W. P. Zessewitsch, B. A. Ustinow, Untersuchung des Blashko-Effekts. Ref. 11168.
P. N. Cholopow, Die scheinbare Verteilung der Sterne in zwanzig kugelförmigen Sternhaufen. Ref. 12131.

257. Mitteilungen (Soobschtschenija) des Staatlichen Astronomischen Sternberg-Instituts.

Nr. 88—89: A. A. Orlow, Fast kreisförmige periodische Bewegungen eines materiellen Punktes unter Einwirkung der Newtonschen Anziehung eines Sphäroids. Ref. 4230.
A. A. Orlow, Über die Integration der Differentialgleichungen der gestörten Bewegung in rechtwinkligen Koordinaten nach der Methode des kleinen Parameters. Ref. 4231.
G. F. Sultanow, Die theoretischen Verteilungen der Bahnelemente der Splitter des hypothetischen Olbersschen Planeten. Ref. 5529.

90—91: G. P. Pilnik, Über die zu bestimmende Neigung eines Passageninstruments. Ref. 2510.
J. P. Gorelow, Über die Änderung der Neigung der horizontalen Achse des Passageninstruments Bamberg in Abhängigkeit von der Temperaturänderung. Ref. 2504.

92: B. M. Schtschigolew, P. T. Resnikowskij, Über die Anwendung der Rungeschen Methode bei der numerischen Lösung der Gleichungen der Himmelsmechanik. Ref. 115.
J. L. Gasarjan, Über den Chazyschen Beweis der Unmöglichkeit des Einfangs im Dreikörperproblem. Ref. 4213.
J. L. Gasarjan, Verbesserung der Bahnelemente des Kleinen Planeten 1036 Ganymed. Ref. 7536.

93: I. S. Schtscherbina-Samojlowa, Untersuchung des Spektrographen des Kutschinoer Astrophysikalischen Observatoriums des Staatlichen Astronomischen Sternberg-Instituts. Ref. 1226.

94: W. W. Podobed, Bestimmung der Neigungs- und Azimutverbesserungen der Horizontalachse wegen der Zapfenungleichheit. Ref. 2512.
E. J. Bugoslawskaja, Photographische Beobachtungen Kleiner Planeten. Ref. 7536.
K. N. Jachontow, Genauigkeitsvergleich der Messungen außergalaktischer Nebel und Sterne auf Aufnahmen mit dem 15'-Astrographen des Staatlichen Astronomischen Sternberg-Instituts Moskau. Ref. 12412.

E. J. Bugoslawskaja, K. S. Mansurowa, Die Eigenbewegung des planetarischen Nebels NGC 6826 (GC 4514). Ref. **12205.**
J. P. Pskowskij, Erfahrung über die Verstärkung des Negativbildes mittels Zusatzbelichtung. Ref. **2250.**
95: M. I. Uranowa, Über die Eigenbewegungen von Sternen im Gebiet der Nova Lacertae 1910. Ref. **9214.**
L. N. Radlowa, Infrarothelligkeiten roter Sterne. Ref. **9414.**
L. N. Radlowa, Infrarote Sterne im Gebiet von P Cygni. Ref. **9415.**
D. K. Karimowa, Eigenbewegungen von 67 Sternen. Ref. **9209.**

258. Akademie der Wissenschaften der UdSSR und Staatliches Astronomisches Sternberg-Institut.
B. W. Kukarkin, P. P. Parenago, J. I. Jefremow, P. N. Cholopow, Fünfter Nachtrag zur ersten Ausgabe des Generalkatalogs Veränderlicher Sterne. Ref. **11004.**

Mount Hamilton

259. Contributions from the Lick Observatory.
(2) Nr. **45:** J. Neyman, E. L. Scott, C. D. Shane, On the spatial distribution of galaxies: A specific model. Ref. **4407.**
46: G. E. Kron, K. C. Gordon, The system of Alpha Coronae Borealis. Ref. **11116.**
47: Vgl. AJB **54.**
48: G. H. Herbig, B. A. Turner, The spectroscopic binary 12 Comae Berenices. Ref. **10201.**
49: G. E. Kron, H. S. White, S. C. B. Gascoigne, Red and infrared magnitudes for 138 stars observed as photometric standards. Ref. **9409.**
50: G. E. Kron, S. C. B. Gascoigne, Red and infrared magnitudes for 27 southern hemisphere stars of early spectral type. Ref. **9410.**

260. Lick Observatory Bulletin.
Nr. **526:** S. Vasilevskis, The Lick proper-motion program and its relationship to some meridian-circle catalogues. Ref. **9216.**

Mount Stromlo. Siehe Canberra.

Mount Wilson

261. Papers of the Mount Wilson Observatory.
8: R. E. Wilson, General Catalogue of Stellar Radial Velocities. Ref. **9224.**

München

262. Veröffentlichungen der Sternwarte München.
4 11: H. Bucerius, Bahnbestimmung als Randwertproblem. IV. Ref. **4502.**
12: F. Schmeidler, Über die Abhängigkeit der Bedingungen für visuelle astronomische Beobachtungen von der Wetterlage. Ref. **7253.**

Münster

263. Mitteilungen der Universitäts-Sternwarte Münster.
Nr. **3:** O. Günther, Photometrische Beobachtungen der Pallas in der Opposition 1951. Ref. **7533.**

Napoli

(264). Osservatorio Astronomico di Capodimonte-Napoli. Contributi Astronomici. Serie II.

3 17: A. Colacevich, Misure di polarizzazione della luce della corona eseguite in occasione dell'eclisse totale di sole del 25 febbraio 1952 a Chartum. Ref. 6210.

4 12: A. Colacevich, La variabile ad eclisse V 451 Ophiuchi. Ref. 11102.

(265). Osservatorio Astronomico di Capodimonte-Napoli. Collezione Miscellanea.

1 7: T. Nicolini, La figura della Terra. I. Ref. 13121.

8: T. Nicolini, Attilio Colacevich. Ref. 1001.

(266). Osservatorio Astronomico di Capodimonte-Napoli. Osservazioni.

1 3: M. Castellano, R. Barbatelli, Determinazioni di ascensione retta dei pianetini Vesta e Cerere e del pianeta Urano. Ref. 7505, 7801.

(267). Osservatorio Astronomico di Capodimonte-Napoli. Contributi Geofisici — Serie II.

Nr. 12: E. Guerrieri, Abbondanza e deficienza di pioggia dal 1949 al 1951. Temperature straordinarie nell'estate del 1952. Nicht referiert.

Neuchâtel

268. Rapport du directeur de l'Observatoire Cantonal de Neuchâtel. Ref. 1101.

New Haven

269. Transactions of the Astronomical Observatory of Yale University.

24: I. Barney, Revised catalogue of the positions and proper motions of 10358 stars. Contained in the Astronomische Gesellschaft Zone between declinations +25° and +30°, on the system of the FK3, and reduced without applying proper motions to the equinox 1950.0. Ref. 9102.

Odessa

270. Mitteilungen (Iswestija) des Astronomischen Observatoriums der Metschnikow-Staatsuniversität Odessa.

3: I. G. Shdanowa, W. P. Zessewitsch, Über die physikalische Natur der RV Tauri-Sterne. Ref. 111105.

W. W. Konin, Katalog der Deklinationen von 319 Sternen für das Äquinoktium 1950.0 aus Beobachtungen am Odessaer Meridiankreis in den Jahren 1947—1950. Ref. 9108.

L. F. Tscherniew, Katalog der Deklinationen von 125 polnahen Sternen für die Epoche und das Äquinoktium 1950.0. Ref. 9116.

E. N. Kramer, Kometenradianten und der Zusammenhang der Meteorströme mit den Kometen. Ref. 8016.

A. Schulberg, Über die Bestimmung der Bahnelemente von Algol-Sternen mit ausgedehnten Atmosphären. Ref. 11130.

W. P. Zessewitsch, DL Herculis — ein Veränderlicher mit Blashko-Effekt. Ref. 11167.

S. W. Rublew, YZ Herculis. Ref. 111102.

E. P. Strelkowa, Untersuchung der Änderung des Farbenindex von RT Cygni. Ref. 111106.

G. T. Kowal, Der Bedeckungsveränderliche TT Lyrae. Ref. 11115.

W. P. Zessewitsch, DF Cygni. Ref. 111116.
G. T. Kowal, Untersuchung der Periode von DF Cygni. Ref. 11190.
A. Schulberg, Die Expedition des Astronomischen Observatoriums der Universität Odessa zur Beobachtung der Sonnenfinsternis vom 25. Februar 1952. Ref. 6210.
A. O. Kalenderjan, E. L. Schodo, Sonnenfleckenbeobachtungen am Astronomischen Observatorium Odessa. Ref. 6370.
E. L. Schodo, Bemerkungen zu der Arbeit von E. L. Schodo «Die Rotation der Sonnenphotosphäre aus Fleckenbeobachtungen» in den Mitteilungen des Astronomischen Observatoriums der Staatsuniversität Odessa, Band II, Heft II. Ref. 6105.

Ondřejov

271. Publications of the Astrophysical Observatory of the Czechoslovak Akademy of Sciences Ondřejov.

Nr. 23: Z. Gregor, L. Křivský, The variation of the frontal zone during the year in the area of the Atlantic and Europe and in relation to the solar activity. Ref. 6812.
L. Křivský, The long-range variability of annual precipitation in Prague-Klementinum in the period 1805—1951 and in relation to the solar activity. Ref. 6819.

24: J. Kleczek, Catalogue de l'activité des éruptions chromosphériques. II. Ref. 6651.

25: F. Link, Z. Linková, Catalogue des éclipses de lune 1889—1938. I. Agrandissement de l'ombre terrestre. Ref. 7342.
J. Bouška, F. Hřebík, Z. Švestka, Catalogue des cratères lunaires. Ref. 7365.

Oslo

272. The Institute of Theoretical Astrophysics Blindern-Oslo. Publication.

Nr. 1: A. Eliassen, E. Høiland, E. Riis, Two-dimensional perturbation of a flow with constant shear of a stratified fluid. Nicht referiert.

2: J. Nordø, A statistical discussion of a possible connection between solar activity and sea-level pressure. Ref. 6826.

273. The Institute of Theoretical Astrophysics, University of Oslo. Astrophysica Norvegica.

5 3: E. Palm, On the formation of surface waves in a fluid flowing over a corrugated bed and on the development of mountain waves. Nicht referiert.

274. The Institute of Theoretical Astrophysics Blindern, Norway. Reprint.

Nr. 3: G. Gjellestad, H. W. Babcock, The magnetically variable star HD 153882. Ref. 9803.

4: H. W. Dodson, E. R. Hedeman, L. Owren, Solar flares and associated 200 Mc/sec radiation. Ref. 6614.

5: E. Tandberg-Hanssen, Influence d'un champ magnétique sur la stabilité des étoiles. Ref. 9811.

275. The Institute of Theoretical Astrophysics Blindern-Oslo. Report.

Nr. 2: Climatological data from Norway with regard to the solar eclipse, June 30, 1954. Ref. 6213.

3: G. Eriksen, Solar radio noise recording equipment built for the solar observatory at Harestua. Ref. 6522.

276. Institutt for Teoretisk Astrofysikk Blindern-Oslo. Småtrykk.
Nr. 4: N. Herlofson, Stjerneskuddenes fysikk. Ref. 8211.
5: R. Guldal, Astronomiske begivenheter i 1952. Ref. 1369.

Ottawa

277. Contributions from the Dominion Observatory, Ottawa.
2 Nr. 12: D. W. R. McKinley, P. M. Millman, Long duration echoes from aurora, meteors, and ionospheric back-scatter. Ref. 72147.
13: J. L. Locke, L. Herzberg, The absorption due to carbon monoxide in the infrared solar spectrum. Ref. 6415.
14: C. S. Beals, J. B. Oke, On the relation between distance and intensity for interstellar calcium and sodium lines. Ref. 12502.
15: P. M. Millman, D. W. R. McKinley, The Quadrantid meteor shower. Ref. 8262.

Oxford

278. Astrographic Catalogue 1900.0 Potsdam-Oxford Section. Dec. +31° to +34°. Vol. 1. Ref. 9120.
279. Communications from the University Observatory, Oxford.
Nr. 37: I. W. Busbridge, Coherent and non-coherent scattering in the theory of line formation. Ref. 5106.
38: J. B. Sykes, The integral equation of limb-darkening. Ref. 5137.
39: G. Merton, Photographic places by a position-line method. Ref. 3107.
40: D. W. N. Stibbs, On a problem in the theory of formation of absorption lines. Ref. 5136.
41: T. D. Kinman, Motions in the sun at the photospheric level. III. The Evershed effect in sunspots of different sizes. Ref. 6327.

Padova

280. Osservatorio Astronomico di Padova. Pubblicazioni e Ristampe.
Nr. 97: C. Grubissich, Orbita definitiva della cometa 1911g (Beljawsky). Vgl. AJB 51 Ref. 8132.
98: G. Silva, Sulla determinazione pratica dei coefficienti di un polinomio di funzioni sferiche. Ref. 116.
99: A. Gennaro, Sulla maniera di tener conto dell'influenza dello schiacciamento del geoide sul moto dei teleproietti. Ref. 13410.
100: G. Pinto, Errori progressivi e periodici del misuratore di lastre «Gaertner». Vgl. AJB 52 Ref. 2508.
101: G. Silva, Come si misura il tempo. Ref. 2320.
102: G. Silva, Leggi e ipotesi dell'Astronomia. Ref. 627.

Paris

281. Contributions de l'Institut d'Astrophysique de Paris. Série A.
(A) Nr. 130: D. Barbier, Comparaison des spectres cométaires et de la haute atmosphère terrestre. Ref. 8003.
131: E. Schatzman, La structure et l'évolution des noyaux cométaires. Ref. 8028.
132—136: Vgl. AJB 52.
137: Notes sur l'absorption de l'ozone dans l'infra-rouge:
M. Migeotte, L. Neven, E. Vigroux, Structure fine de la bande à 9.6 μ. Vgl. AJB 52 Ref. 7245.

E. Vigroux, M. Migeotte, L. Neven, Etude, à grande dispersion, des bandes d'absorption de l'ozone à 9 μ, 4.75 μ, 3.59 μ et 3.27 μ. Ref. **7259.**

E. Vigroux, M. Migeotte, L. Neven, Largeurs équivalentes des bandes d'ozone à 9.6 μ, 4.75 μ et 3.27 μ. Ref. **7260.**

138: R. Michard, Les conditions physiques dans les grandes taches solaires déduites de leur spectre. Vgl. AJB **52** Ref. **6317, 53** Ref. **6344.**

139: D. Barbier, Photométrie de la région ultraviolette de la lumière du ciel nocturne. Ref. **72100.**

140: D. Barbier, La notion de température en astrophysique. Ref. **5001.**

141: Vgl. AJB **54.**

142: C. Pecker, La condition de continuité du flux. Ref. **5130.**

143: R. Peyturaux, Sur l'assombrissement centre-bord du Soleil entre 6000 Å et 23000 Å. Ref. **6423.**

144: C. Pecker, Etude du diagramme gravité-flux. Ref. **5131.**

145: H. van Regemorter, Détermination de la température de la surface du Soleil, par l'étude de l'intensité des raies du vanadium. Ref. **6426.**

146: R. Rigollet, Photographie des météores en Haute Provence. Ref. **8228.**

147: L. Divan, Loi de variation avec la longueur d'onde du coefficient d'absorption continue de la matière interstellaire. Ref. 12507.

148: J. Berger, L. Divan, A.-M. Fringant, Essai de détermination en valeur absolue du coefficient d'absorption continue de la matière interstellaire. Ref. **12503.**

149: A.-M. Fringant, Sur la classification spectrale de RR Lyrae. Ref. **11144.**

150: D. Chalonge, L. Divan, Classification stellaire à trois paramètres applicable aux étoiles des populations I et II. Ref. **9516.**

151: D. Barbier, Quelques résultats sur le spectre de la lumière du ciel nocturne. Ref. **72101.**

152: E. Vigroux, Contribution à l'étude expérimentale de l'absorption de l'ozone. Ref. **243.**

153: P. Volmer, Vérification à l'aide d'un radar de l'altitude de disparition des traînées météoriques dont le radiant est connu. Ref. **8236.**

154: B. Vauquois, P. Coupiac, M. Laffineur, Etude expérimentale des orages radioélectriques solaires. Ref. **6532.**

282. Contributions de l'Institut d'Astrophysique de Paris. Série B.

(B) Nr. **93:** R. Rigollet, Trois étoiles variables nouvelles dans les Gémeaux. Ref. **11216.**

94: M. Mayot, G. Berthier, B. Pullman, Sur le calcul des charges électriques dans les hydrocarbures non alternants. Nicht referiert.

95: M. Mayot, G. Berthier, B. Pullman, Compléments sur le calcul du diamagnétisme des composés aromatiques. Nicht referiert.

96: R. Canavaggia, J.-C. Pecker, Les géantes jaunes. II. Spectres continus. Ref. **5107.**

97: E. Schatzman, Sur l'existence d'un maximum à la fonction de luminosité. Ref. **9722.**

98: R. Cayrel, Sur une cause d'erreur en spectrophotométrie. Ref. **9513.**

99: R. Rigollet, Le bolide du 2 juillet 1949. Ref. **8265.**

100: J.-C. Pecker, Tables d'ionisation nécessaires pour l'étude des étoiles B dont l'atmosphère contient de l'hydrogène et de l'hélium. Ref. 5132.
101: E. Schatzman, Sur certaines réactions nucléaires d'importance astrophysique (IV). Ref. 5231.
102: E. Schatzman, Remarques sur la théorie cosmogonique de G. P. Kuiper. Ref. 5522.
103: R. Michard, Contribution à l'étude physique de la photosphère et des taches solaires. Ref. 6343.
104: C. Pecker, Contribution à l'étude de la zone convective des étoiles. Ref. 5129.
105: R. Cayrel, Effets secondaires renforçant une cause d'erreur en spectrophotométrie. Ref. 9514.

Le Bureau des Longitudes.

283. Connaissance des Temps ou des mouvements célestes, à l'usage des astronomes et des navigateurs, pour l'an 1954. Ref. 411.
Desgl. für 1955. Ref. 411.
284. Ephémérides Nautiques ou extrait de la Connaissance des Temps pour l'an 1954. Ref. 427.
285. Annuaire pour l'an 1954. Ref. 446.

Philadelphia

286. Publications of the University of Pennsylvania. Astronomical Series.
8: F. B. Wood, A finding list for observers of eclipsing variables. Ref. 11212.

Posen. Siehe Poznań.

Potsdam

287. Publikationen des Astrophysikalischen Observatoriums zu Potsdam.
29 4 (97): W. Grotrian, Polaritäten und Maximalwerte magnetischer Feldstärken von Sonnenflecken in den Jahren 1946—1951. Ref. 6320.
288. Mitteilungen des Astrophysikalischen Observatoriums Potsdam.
Nr. 35: W. Mattig, Die radiale Verteilung der magnetischen Feldstärke in normalen Sonnenflecken. Ref. 6340.
36: U. Güntzel-Lingner, Graphisches Hilfsverfahren zur genäherten Bahnbestimmung visueller Doppelsterne nebst Anwendung auf das System ADS 7307. Ref. 10105.
37: U. Güntzel-Lingner, Die Bahn des Doppelsternsystems ADS 8148. Ref. 10106.
38: E. H. Schröter, Ein Versuch zur Bestimmung des Verlaufes der magnetischen Feldstärke über die Fläche eines Sonnenfleckes. Ref. 6358.

Poznań (Posen)

289. Poznań Observatory Reprints.
Nr. 28: J. Dobrzycki, The definite orbit of comet 1914e (Campbell). Ref. 8136.
29: J. Witkowski, Oppenheim's phenomenon and its bearing on the origin of comets. Ref. 8035.
30: H. Hurnik, Occultations of stars by the moon. Ref. 7360.
31: J. Dobrzycki, Observations of minor planets made at the Poznań University Observatory with the Zeiss astrograph ($\varnothing$ = 120 mm, f = 53 cm) in 1950—1951. Ref. 7536.

Pretoria

290. Communications from the Radcliffe Observatory, Pretoria.
Nr. **21**: A. D. Thackeray, Identifications in the spectra of Eta Carinae and RR Telescopii. Ref. 111109.
A. D. Thackeray, Note on the brightening of Eta Carinae. Ref. **11318**.
22—24: Nicht eingegangen.
25: A. J. Wesselink, Radial velocity observations and the parallax of α Centauri. Ref. **10122**.
26: M. W. Feast, The absolute magnitude and spectrum of the class S star π^1 Gruis. Ref. **9518**.

291. Radcliffe Observatory Reprint.
Nr. 1: A. D. Thackeray, A. J. Wesselink, Distances of the Magellanic Clouds. Ref. **12433**.

Princeton

292. Contributions from the Princeton University Observatory.
Nr. **23**: J. E. Merrill, Tables for solution of light curves of eclipsing binaries. Coefficient of limb-darkening x = 1.0. Ref. 11121.
J. E. Merrill, Tables for solution of light curves of eclipsing binaries. Auxiliary tables. Ref. 11122.
24: J. E. Merrill, Nomographs for solution of light curves of eclipsing binaries. Ref. 11123.

Pulkowo

293. Mitteilungen (Iswestija) des Astronomischen Hauptobservatoriums Pulkowo.
19 3 (150): A. A. Michajlow, Über die allergünstigsten Projektionen für Sternkarten. Ref. **9129**.
A. N. Deutsch, W. W. Lawdowskij, N. W. Fatschichin, N. W. Gamalej, Ausgewählte Felder mit außergalaktischen Nebeln zum Anschluß von Eigenbewegungen der Sterne. Ref. **12406**.
W. A. Jelistratow, Über die Untersuchung von Kreisen nach der Rosettenmethode. Ref. **2505**.
W. A. Jelistratow, J. E. Gordon, Untersuchung der Teilungsfehler des Pulkowoer Meridiankreises. Ref. **2506**.
B. A. Orlow, Über den Einfluß der Biegung auf die Ableitung eines absoluten Deklinationssystems. Ref. **2508**.
W. M. Wassiljew, Neubearbeitung der Längenbeobachtungen von Pulkowo. Ref. **13229**.
W. W. Lawdowskij, Genaue Örter des Planeten Pluto aus photographischen Beobachtungen in Pulkowo. Ref. 7809.
N. W. Fatschichin, Bestimmung der genauen Örter der Kleinen Planeten (39) Laetitia im Jahre 1950 und (6) Hebe in den Jahren 1950—1951. Ref. **7536**.
S. W. Romanskaja, W. I. Sacharow, Vorläufige Werte der Breitenveränderung von Pulkowo von 1950.8 bis 1951.8. Ref. **13225**.
4 (151): A. W. Sofronizkij, Über die physikalische Natur der Unterriesen in engen Bedeckungsveränderlichen. Ref. **11133**.
A. W. Markow, D. E. Schtschegolow, Über die mögliche Periodizität der Helligkeitsveränderung der Halbschattenmondfinsternisse. Ref. **7343**.
L. A. Mitrofanowa, Bestimmung relativer gf-Werte des FeII. Ref. **231**.

T. W. Krat, Die Photometrie astronomischer Negative im Falle sehr hoher Bildstärken. Ref. 2224.
N. N. Michelson, Ein selbstregistrierendes Kompensationsisophotometer. Ref. 1236.
N. N. Michelson, Der Einfluß der Verschiebung eines Negativs auf die Genauigkeit der photometrischen Messung. Ref. 2507.

294. Akademie der Wissenschaften der UdSSR und Astronomisches Hauptobservatorium Pulkowo.
A. A. Michajlow, Die Sonnenfinsternis am 30. Juni 1954 in der UdSSR. Ref. 6213.

Richmond Hill

295. Communications from the David Dunlap Observatory, University of Toronto.
Nr. 31: R. J. Northcott, Note on HD 201626, a new high-velocity R-type star. Ref. 9226.
32: J. F. Heard, The spectrum of Nova Scuti 1949. Ref. 11342.
33: W. R. Hossack, An oscilloscopic microphotometer for use with astronomical spectrograms. Ref. 2221.
34: H. B. Sawyer, Thirty-eight new variable stars in eleven globular clusters. Ref. 12139.

Rio de Janeiro

296. Almanaque Náutico para 1954. Ref. 413.

Riverview

297. Riverview College Observatory. Reprint.
Nr. 4: D. J. K. O'Connell, Father Edward Francis Pigot, S. J. Ref. 1028.
5: D. O'Connell, «According to Hoyle». Ref. 5417.

Roma

298. Osservatorio Astronomico Roma Monte Mario. Contributi Scientifici.
Nr. 182: G. Armellini, La nuova torre solare dell'Osservatorio astronomico di Roma. Ref. 1238.
183: G. Armellini Conti, Posizioni di pianeti e pianetini ed occultazioni lunari osservate nel 1952. § 73, 74, 75, 76, 77, 78.
184: M. Cimino, T. Fortini, Area, posizione eliografica e classifica delle macchie solari durante l'anno 1952, secondo i rilievi fotografici giornalieri dell'Osservatorio Astronomico di Roma (Monte Mario). Ref. 6370.
185: L. Gialanella, Osservazioni meridiane dell' ascensione retta di Mercurio e Venere nel 1952. Ref. 7101, 7116.
186: M. Cimino, Sulla variazione del profilo di alcune righe spettrali dal centro al lembo del Sole. III. Ref. 6403.
187: M. Cimino, T. Fortini, Fotometria fotografica dell'eclisse totale di luna del 29 gennaio 1953 e la luminescenza del suolo lunare per la radiazione ultravioletta solare. Ref. 7351.
188: M. Cimino, Sulla variazione del profilo di alcune righe spettrali dal centro al lembo del Sole. IV. Ref. 6404.
189: M. Cimino, Sulle soluzioni dell'equazione generale del potenziale newtoniano di una sfera fluida in equilibrio. Ref. 103.
190: M. A. Giannuzzi, Riduzione delle osservazioni dei diametri solari orizzontali, osservati a Greenwich, dal 1851 al 1937 e conferma dell'oscillazione con periodo di 23 anni trovata al Campidoglio. Ref. 6005.

191: G. Armellini, Osservazioni sul problema dei due corpi di masse variabili e sopra alcune sue applicazioni alla cosmogonia. Ref. 5404.
192: M. Cimino, Sull'equilibrio stellare convettivo in condizioni politropiche generalizzate. Ref. 5203.
193: M. Cimino, Il magnetismo stellare e i movimenti lenti della materia solare. Ref. 6120.
194: T. Fortini, Miglioramento delle orbite di cinque piccoli pianeti. Ref. 7536.
195: M. Cimino, Sulla variazione del profilo di alcune righe spettrali dal centro al lembo del Sole. V. Ref. 6405.
196: M. Cimino, Le variazioni del diametro solare osservate all'Osservatorio Astronomico di Roma e le recenti teorie elettrodinamiche stellari. Ref. 6004.
197: M. Cimino, Osservazioni della forma della corona e dei raggi coronali nell'eclisse totale di Sole del 25 febbraio 1952. Ref. 6210.
198: T. Fortini, Nuova determinazione della latitudine dell'Osservatorio di Monte Mario e confronto con i risultati ottenuti precedentemente da altri osservatori. Ref. 1238.
199: M. Poy, Orbita definitiva del pianetino 1196 Sheba. Ref. 7536.
200: G. Armellini, Sopra le variazioni dell'eccentricità nel problema astronomico dei due corpi di masse decrescenti. Ref. 4203.

San Fernando

299. Instituto y Observatorio de Marina de San Fernando. Sección de Astronomía. Serie B.
Nr. 1: Pequeños planetas. Ref. 7502.
300. Almanaque Nautico año 1954. Ref. 414.
301. Almanaque Nautico para uso de los navegantes año 1954. Ref. 429.

Sendai

302. Sendai Astronomiaj Raportoj.
2 18 (30): H. Nariai, On some linear equivalence in kinematic relativity. Ref. 4154.
19 (31): S. Kikuchi, Stellar dynamical meanings of Schürer's transformation. Ref. 4402.
20 (32): K. Suda, On the rotation problem of completely degenerate stellar configurations. Ref. 4308.
21 (33): K. Takakubo, An interpretation of interstellar gas clouds. Ref. 12521.
22 (34): Y. Hosokawa, On the rotation effect of velocity curves in eclipsing binary systems. Ref. 11108.
23 (35): Z. Hitotuyanagi, On the intensity formula of absorption lines. Ref. 5114.
24 (36): H. Nariai, Some remarks on Jordan's projective relativity. Ref. 4155.

Sonneberg

303. Mitteilungen der Sternwarte zu Sonneberg.
Nr. 41: C. Hoffmeister, Drei mehrfach beobachtete Meteore. Vgl. AJB 51 Ref. 8227.
C. Hoffmeister, Über die «Leuchtenden Nachtwolken». Vgl. AJB 52 Ref. 72168.

42: C. Hoffmeister, Das Problem des Ursprungs der Kometen. 1. Teil. Vgl. AJB 51 Ref. 8011.
C. Hoffmeister, Das Problem des Ursprungs der Kometen. 2. Teil. Vgl. AJB 52 Ref. 8008.
43: N. Richter, Kometen — ein kosmischer Auflösungsprozeß. Ref. 8026.
E. Ahnert, Strahlungsdruck, Poynting-Robertson-Effekt und interplanetare Materie. Ref. 201.
W. Götz, Die Schmidtkamera der Sternwarte Sonneberg. Ref. 1241.

304. Mitteilungen über veränderliche Sterne. Nr. 161—166. § 112.

Stalinabad

305. Bulletin des Astronomischen Observatoriums Stalinabad.
Nr. 7: O. W. Dobrowolskij, Zur Theorie der Kometenformen. Teil 2. Ref. 8009.
A. M. Bacharew, G. E. Jerlexowa, Beobachtungen der totalen Mondfinsternis vom 29.—30. Januar 1953. Ref. 7351.
G. E. Jerlexowa, Der Bedeckungsveränderliche CC Hercules. Ref. 11216.
8: O. W. Dobrowolskij, Zur Theorie der Kometenformen. Teil 3. Ref. 8010.
A. M. Bacharew, Über die Fehler bei der Beobachtung von Telemeteoren. Ref. 2501.
A. W. Solowjow, Über den Bedeckungsveränderlichen TY Capricorni. Ref. 11216.

St. Andrews

306. Reprints from the Observatory. University of St. Andrews.
Nr. 4: E. Finlay-Freundlich, Über die Rotverschiebung der Spektrallinien. Ref. 4122.
5: Vgl. AJB 52.
6: Nicht eingegangen.
7—8: Vgl. AJB 52.
9: E. Finlay-Freundlich, Der heutige Stand der empirischen Bestätigung der allgemeinen Relativitätstheorie. Ref. 4123.
10: E. Finlay-Freundlich, University Observatory, St. Andrews. Ref. 1101.
11: Nicht eingegangen.
12: E. Finlay-Freundlich, Emanuel von der Pahlen †. Ref. 1001.

Stockholm

307. Stockholms Observatoriums Annaler.
17 5: G. Larsson-Leander, A spectrographic and spectrophotometric study of 31 Cygni at the eclipse in 1951. Ref. 11118.
6: B. Lindblad, R. G. Langebartel, On the dynamics of stellar systems. Ref. 4406.
7: J. M. Ramberg, The distribution of light in the corona of the eclipse of 1914 August 21. II. Ref. 6202.
8: G. Larsson-Leander, The early post-maximum spectrum of Nova DK Lacertae (1950). Ref. 11330.

308. Stockholms Observatorium. Meddelande.
Nr. 75: Y. Öhman, N. E. Öhman, On a disturbance in a prominence probably initiated by a distant flare. Ref. 6634.

76: Y. Öhman, N. E. Öhman, On some solar observations made with an Hα monochromator. Ref. **6635**.
77: B. Lindblad, H. Kristenson, Chromospheric and photospheric gradients from cinematography of the flash spectrum. Ref. **6628**.
78: Y. Öhman, On some phenomena related to dark and bright prominences. Ref. **6633**.

309. Stockholms Observatoriums Årsberättelse för året 1952. Ref. **1101**.

Swarthmore

310. Reprints of articles published by the Sproul Observatory.
Nr. 80: S. L. Lippincott, Red dwarf flare stars. Ref. **11191**.
81: P. van de Kamp, J. E. Damkoehler, Parallax and orbital motion of 61 Cygni from photographs taken with the 24-inch Sproul refractor. Ref. **9306**.
P. van de Kamp, J. E. Damkoehler, Parallax and orbital motion of the multiple system σ Coronae Borealis A, B, c from photographs taken with the 24-inch Sproul refractor. Ref. **9306**.
82: S. L. Lippincott, Parallaxes and proper motions of six nearby stars from photographs taken with the 24-inch Sproul refractor. Ref. **9306**.
83: P. van de Kamp, Student observations of Delta Cephei. Ref. **11151**.
84: S. L. Lippincott, Parallax and orbital motion of Krüger 60. Ref. **9306**.
85: S. L. Lippincott, Note on the light-curve of the flare-up of Krüger 60 B, 1939 July 26. Ref. **11192**.

Sydney

311. Sydney Observatory. Astrographic Catalogue 1900.0.
34: Sydney Section R. A. 6^h to 12^h, Dec. $-59°$ to $-61°$. Ref. **9121**.
312. Sydney Observatory Papers.
Nr. 19: K. P. Sims, Occultations observed at Sydney Observatory during 1952. Ref. **7360**.
313. Commonwealth Scientific and Industrial Research Organization, Australia, Division of Radiophysics.
J. H. Piddington, Thermal theories of the high-intensity components of solar radio-frequency radiation. Ref. **6529**.
R. N. Bracewell, The sunspot number series. Ref. **6306**.
J. H. Piddington, R. D. Davies, Origin of the solar corona. Ref. **6721**.
W. N. Christiansen, J. A. Warburton, The distribution of radio brightness over the solar disk at a wavelength of 21 centimetres. I. A new highly directional aerial system. Ref. **6516**.
W. N. Christiansen, A high-resolution aerial for radio astronomy. Ref. **2108**.
F. J. Kerr, Radio astronomy at the URSI assembly. Ref. **12621**.
W. N. Christiansen, J. A. Warburton, The distribution of radio brightness over the solar disk at a wavelength of 21 centimetres. II. The quiet sun — one-dimensional observations. Ref. **6517**.

B. Y. Mills, A. G. Little, A high-resolution aerial system of a new type. Ref. 2127.
J. H. Piddington, Theories of solar phenomena depending on sunspot fields moving in the chromosphere and corona. Ref. 6350.
J. L. Pawsey, Radio astronomy in Australia. Ref. 12631.
R. Bracewell, A new instrument in radio astronomy. Ref. 1244.
J. P. Wild, J. D. Murray, W. C. Rowe, Evidence of harmonics in the spectrum of a solar radio outburst. Ref. 6534.
J. G. Bolton, O. B. Slee, Galactic radiation at radio frequencies. V. The sea interferometer. Ref. 12604.
J. G. Bolton, O. B. Slee, G. J. Stanley, Galactic radiation at radio frequencies. VI. Low altitude scintillations of the discrete sources. Ref. 12605.
B. Y. Mills, The radio brightness distributions over four discrete sources of cosmic noise. Ref. 12627.
E. G. Bowen, The influence of meteoritic dust on rainfall. Ref. 8301.
E. G. Bowen, Radiophysics Laboratory, Sydney. Ref. 1101.
A. P. Mitra, C. A. Shain, The measurement of ionospheric absorption using observations of 18.3 Mc/s cosmic radio noise. Ref. 7287.
J. P. Wild, Techniques for observation of radio-frequency radiation from the sun. Vgl. Ref. 6015.
J. L. Pawsey, S. F. Smerd, Solar radio emission. Vgl. Ref. 6015.
J. H. Piddington, R. D. Davies, Thermal radio emission from the sun and the source of coronal heating. Ref. 6720.

Tacubaya. Siehe Tonantzintla.

Tartu (Dorpat)

314. Publikationen (Publikazii) des Astronomischen Observatoriums Tartu.
32 5: A. J. Kipper, Über die Entstehung der Magnetfelder der Sterne. Ref. 9807.
A. J. Kipper, Über das kontinuierliche Spektrum der galaktischen Nebel. Ref. 12221.
G. G. Kusmin, Das dritte Integral der Sternbewegung und die Dynamik der stationären Galaxis. Ref. 4403.

Taschkent

315. Publikationen (Trudy) des Astronomischen Observatoriums Taschkent.
(2) 3: P. A. Sawizkij, Untersuchung der Eigenbewegungen von Sternen im Gebiet des offenen Sternhaufens NGC 6885. Ref. 12118.
P. P. Loginow, Über die Reduktionen von Meridianbeobachtungen. Ref. 2411.
J. M. Slonim, Die Sonnentätigkeit 1946. Ref. 6370, 6651.
P. P. Loginow, Über die innere Ausgleichung des Deklinationssystems von Sternpaaren aus Beobachtungen mit dem Zenitteleskop. Ref. 2412.
J. M. Slonim, Die Sonnentätigkeit 1947. Ref. 6370, 6651.
316. Zirkular des Astronomischen Observatoriums Taschkent. Nr. 250—267. Ref. 2334, 6370, 6651.

Thorn. Siehe Toruń.

Tokyo

317. Annals of the Tokyo Astronomical Observatory, University of Tokyo.

(2) **3** 3: S.-Y. Obi, T. Ishidzu, H. Horie, S. Yanagawa, Y. Tanabe, M. Sato, Tables of the Racah coefficients W (abcd; ef). I. Coefficients having all their variables integral. Ref. 113.

4: S. Iijima, Y. Katou, S. Okazaki, J. Matsumoto, Improvement of the JJC time signal. Ref. **2307**.
S. Iijima, Quartz crystal clocks in Tokyo. Ref. **2308**.
S. Iijima, Y. Katou, J. Matsumoto, N. Kouno, New equipments for clock comparison. Ref. **2309**.
M. Huruhata, Photoelectric studies of the night sky light. Ref. **72110**.
T. Nakamura, H. Tanabe, Photoelectric observations of RU Eridani. Ref. **11125**.
M. Notsuki, S. Nagasawa, I. Shimizu, A thallium-lamp photometer for the coronal observation. Ref. **1228**.
H. Yasuda, The measurement of instrumental errors of a meridian instrument by an interferometer. Ref. **2520**.
B. Takase, On the stability of the binary system in the fluctuating density field of the interstellar matter. Ref. **10009**.
T. Takenouchi, Preliminary report on the photoelectric observations of eclipses of Jupiter's satellites. Ref. **7630**.
K. Tuzi, The general aspect of the observation made with the Repsold transit instrument in Tokyo Astronomical Observatory. Ref. **9117**.
H. Hirose, On the prediction of the equal-limb-line for an occultation. Ref. **3202**.
K. Saito, Spectroscopic observations of the solar corona at the total solar eclipse on September 21, 1941. Ref. **6204**.
M. Huruhata, T. Dambara, M. Kitamura, A photoelectric study of YY Eridani. Ref. **11109**.
T. Hatanaka, A solution for the path of radio waves through the solar atmosphere by elliptic integrals. Ref. **6524**.

318. Tokyo Astronomical Bulletin. Second Series.

Nr. **53**: K. Tuzi, Meridian observation of right ascension of equatorial stars made with Repsold transit instrument. Preliminary result No. 2. Ref. **9118**.

54: F. Arata, Y. Hirai, H. Kurai, Occultation observations in Japan during 1951. Ref. **7360**.

55: M. Torao, Star list for the photographic zenith tube at the Tokyo Astronomical Observatory. Ref. **9115**.

56: S. Nakano, R. Fukaya, Meridian observations of the right ascension of minor planets during the year 1952. Ref. **7512**.

57: H. Hirose, K. Tomita, Photographic observations made with the Brashear astrograph (30). § **75, 78, 81**.

58: M. Notuki, Preliminary result of the coronal observation at Mt. Norikura. Ref. **6735**.

59: S. Nakano, H. Yasuda, R. Fukaya, H. Hara, Meridian observations of the right ascensions of the Moon and planets during the year 1952. Ref. **7101, 7116, 7301, 7401, 7601, 7701, 7801, 7805**.

60: K. Tuzi, Meridian observation of right ascension of equatorial stars made with Repsold transit instrument. Preliminary result No. 3. Ref. **9118**.

61: S. Fujii, Preliminary determination of right ascension of P.Z.T. stars for Tokyo. Ref. **9105**.

62: K. Tuzi, Meridian observation of right ascension of equatorial stars made with Repsold transit instrument. Preliminary result No. 4. Ref. **9118**.
63: S. Habara, Y. Otoguro, An annular eclipse of the sun, April 19, 1958. Ref. **6214**.

319. Tokyo Astronomical Observatory Reprints.

Nr. **104**: T. Hatanaka, F. Moriyama, A note on the long-period variation in the radio-frequency radiation from the quiet sun. Ref. **6525**.
105: Y. Kozai, Preliminary studies on the motion of asteroid Thule (279) II. Ref. **7509**.
106: K. Aoki, Observation of the partial solar eclipse (February 14, 1953) at the wave-length of 10 centimeters (3000 megacycles). Ref. **6212**.
107: N. Sekiguchi, Analysis of the nutation terms of the fortnight period using the international latitude observations. Ref. **3110**.
108: M. Huruhata, M. Kitamura, A photoelectric study of RZ Tauri. Ref. **11110**.

320. Tokyo Astronomical Observatory. Bulletin of Solar Phenomena.

4 4: October—December, 1952. Ref. **6370, 6536, 6651**.
5 1—3: January—September 1953. Ref. **6370, 6536, 6651**.

Maritime Safety Agency.

321. Japanese Ephemeris 1954. Ref. **415**.
322. Nautical Almanac 1954. Ref. **416**.
323. Abridged Nautical Almanac 1954. Ref. **429a**.

Tonantzintla y Tacubaya

324. Boletin de los Observatorios Tonantzintla y Tacubaya.

Nr. **6**: P. Pişmiş, La dinamica de un sistema doble de cumulos y el cumulo doble en Perseo. Ref. **12115**.
R. Toscano, Determinacion de la hora por medio de un par de estrellas observadas a diferentes alturas sin que entre como dato la latitud. Ref. **2329**.
7: Graciela González, Guillermina González, Lista de estrellas de alta luminosidad. Ref. **9704**.
G. Haro, A. Moreno, Estrellas con Hα en emision en las cercanias de IC 434. Ref. **9525**.
L. Münch, Estrellas «OB» y a de alta luminosidad en Cefeo. Ref. **9713**.
8: G. Haro, B. Iriarte, E. Chavira, Nuevas estrellas con emision en las regiones obscuras del Toro-Auriga-Orion investigadas por Joy. Ref. **9526**.
L. Münch, W. W. Morgan, Estrellas gigantes azules en las cercanias de Eta Carinae. Ref. **9714**.
L. Münch, Estrellas de alta luminosidad entre Vela y Cruz. Ref. **9715**.

Torino

(325). Contributi dell'Osservatorio Astronomico di Torino (Pino Torinese). Nuova Serie.

Nr. 18: N. Missana, Osservazioni di latitudine fatte alla seconda sala meridiana dell'Osservatorio Astronomico di Torino dal 6 settembre 1943 al 4 gennaio 1947. Ref. **1246**.

19: N. Missana, Correzioni delle orbite dei piccoli pianeti 1551 e 1552. § **75**.
20: N. Missana, Osservazione dell'eclisse di Sole del 1° settembre 1951. Ref. **6209**.
21: Nicht eingegangen.
22: A. Fresa, Curva di luce della variabile ad eclisse XX Cephei. Ref. **11104**.
23: A. Fresa, La variazione della latitudine dell'Osservatorio di Pino Torinese (I. Sala meridiana) e la verifica della legge Hattori. Ref. **13207**.

(326). Studi Monografici. Prima Serie.
Nr. **1**: P. Tempesti, Le popolazioni stellari di Baade. Ref. **12004**.

(327). Ufficio Centrale delle latitudini dell'U. A. I. — Osservatorio Astronomico di Torino (Pino Torinese). Pubblicazioni.
Nr. **1**: G. Cecchini, Declinazioni apparenti delle copie di stelle osservate nelle Stazioni Internazionali di Latitudine — Parallelo Nord. 1950. Ref. **13202**.
2: G. Cecchini, Variazioni delle latitudini terrestri e fenomeni geofisici. Vgl. AJB **50** Ref. **13202**.
3: G. Cecchini, Le variazioni di latitudine e il movimento del polo di rotazione terrestre in base alle osservazioni fatte nelle Stazioni Internazionali di Latitudine dal gennaio 1949 all' aprile 1950. Vgl. AJB **50** Ref. **13201**.
4: G. Cecchini, Declinazioni apparenti delle copie di stelle osservate nelle Stazione Internazionali di Latitudine — Parallelo Nord. 1951. Ref. **13202**.
5: G. Cecchini, Le variazioni di latitudine e il movimento del polo di rotazione terrestre in base alle osservazioni fatte nelle Stazioni Internazionali di Latitudine nel biennio 1949—1950. Vgl. AJB **51** Ref. **13203**.
6: G. Cecchini, Declinazioni apparenti delle copie di stelle osservate nelle Stazioni Internazionali di Latitudine — Parallelo Nord. 1952. Ref. **13202**.
7: G. Cecchini, Relazione sull'attività del Servizio Internazionale delle Latitudini dal 1949.0 al 1952.5 presentata alla Commissione della Variazione delle Latitudini (VIII Assemblea generale dell'U. A. I. Roma, 4—13 settembre 1952). Ref. **13003**.
8: G. Cecchini, Declinazioni apparenti delle copie di stelle osservate nelle Stazioni Internazionali di Latitudine — Parallelo Nord. 1953. Ref. **13202**.
9: G. Cecchini, Declinazioni apparenti delle copie di stelle osservate nelle Stazioni Internazionali di Latitudine — Parallelo Nord. 1954. Ref. **13202**.
10: G. Cecchini, Rapport sur l'activité du Bureau Central du Service International des Latitudes du 1er novembre 1952 au 30 octobre 1953. Ref. **13002**.

Tortosa

328. Boletín del Observatorio del Ebro.
38: Heliofísica 1950. Ref. **6370**.

Toruń (Thorn)

329. Bulletin of the Astronomical Observatory of N. Copernicus University in Toruń.

Nr. 11: W. Iwanowska, A spectrophotometric study of RR Lyrae type variables. Ref. 11149.
H. Tomasik, An attempt at establishing a colour temperature scale for some high velocity stars form the slope of their photographic energy curves. Ref. 9604.
C. Łubieńska-Iwaniszewska, Some physical and kinematical properties of the RR Lyrae type variables. Ref. 11155.
12: W. Dziewulski, Motions of high velocity stars. II. Ref. 12328.
W. Dziewulski, On the determination of vertices from the peculiar motions of subdwarfs. Ref. 12329.]
T. Rakowiecki, Formules pour le calcul de l'orbite et de l'éphéméride d'une binaire visuelle. Ref. 10120.
W. Dziewulski, Photographic observations of the short period variable UZ Leonis. Ref. 11216.
W. Dziewulski, Photographic observations of the short-period variable TV Leonis. Ref. 11216.
W. Dziewulski, Photographic observations of the short-period variable RY Comae. Ref. 11216.
W. Dziewulski, Photographic observations of the variable star SV Vulpeculae. Ref. 11216.
W. Dziewulski, Visual observations of the variable star XZ Draconis. Ref. 11216.
W. Dziewulski, Visual observations of the long-period variable star χ Cygni. Ref. 11216.

Toulouse

330. Observatoire de l'Université de Toulouse. Rapport annuel 1950—1951. Ref. 1101.

Trieste

331. Osservatorio Astronomico di Trieste.
Nr. 251: Annuario Astronomico per l'anno 1954 con le carte del cielo. Ref. 453.
252: Atti del Convegno degli Astrofili veneti tenuto a Treviso domenica 18 settembre 1949. Ref. 11106.
253: A. Abrami, Letteratura sulla Polodia preceduta da un esposto storico esplicativo del problema. Ref. 707.
254: B. Cester, Osservazioni di stelle doppie. Ref. 10128.

Tübingen

332. Mitteilungen des Astronomischen Instituts der Universität Tübingen.
Nr. 6: H. Siedentopf, G. Elwert, Radiofrequenzemission von Ultrastrahlungselektronen. Ref. 12643.
7: A. Behr, H. Siedentopf, Untersuchungen über Zodiakallicht und Gegenschein nach lichtelektrischen Messungen auf dem Jungfraujoch. Ref. 8404.
8: G. Elwert, Über die Bedeutung einer weichen Röntgenstrahlung der Sonnenkorona für die Bildung der normalen ionosphärischen E-Schicht. Ref. 6707.
9: Vgl. AJB 54.
10: H. Siedentopf, Radioastronomie. II. Beobachtungsergebnisse über kosmische Radioquellen. Ref. 12641.
11: Vgl. AJB 54.
12: Vgl. AJB 54.

13: H. Siedentopf, A. Behr, H. Elsässer, Photoelectric observations of the zodiacal light. Ref. 8411.

Uccle

333. Annales de l'Observatoire Royal de Belgique. Troisième Série.

6 3: J. Dommanget, Méthode empirique systématique d'amélioration des éléments orbitaux d'une étoile double visuelle. Ref. 10104.
J. Dommanget, Orbites des étoiles doubles visuelles ADS 16326 = BDS 12025 = A 632 et ADS 17178 = BDS 12696 = Hn 60. Ref. 10131.
J. Dommanget, Droites et coniques déterminées par la méthode des moindres carrés. Ref. 104.

334. Bulletin Astronomique de l'Observatoire Royal de Belgique à Uccle.

4 7: S. Arend, F. Rigaux, A. Schmitt, Observations photographiques de petites planètes, de Neptune et de comètes, faites en 1952 à l'astrographe double de 40 cm. Ref. 7536, 7805, § 81.
S. Arend, A. Schmitt, Observations photographiques de petites planètes et de comètes, faites en 1953 (1er semestre) à l'astrographe double de 40 cm. Ref. 7536, § 81.
S. Arend, L. Neven, J. Dommanget, Occultations d'étoiles observées à l'équatorial de 45 cm pendant la période 1942—1952. Ref. 7360.
J. Dommanget, Orbite de l'étoile double visuelle: ADS 5447 = BDS 3601 = $O\Sigma$ 156. Ref. 10131.
S. Arend, Orbite de l'étoile double visuelle: ADS 7307 = BDS 5030 = Σ 1338. Ref. 10131.
S. Arend, Orbite de l'étoile double visuelle: ADS 9019 = BDS 6619 = Σ 1781. Ref. 10131.
S. Arend, Orbite de l'étoile double visuelle: ADS 16057 = BDS 11828 = Σ 2924. Ref. 10131.

335. Communications de l'Observatoire Royal de Belgique.

49: J. Hunaerts, Interprétation du spectre d'émission de OH dans les comètes. Ref. 8015.
50: Vgl. AJB 52 Ref. 13220.
51: Vgl. AJB 52 Ref. 111126.
52: E. Vandekerkhove, Tables et graphiques concernant les fonctions de Planck, Stefan et Wien. Ref. 242.
53: G. Coutrez, Observations des taches solaires en 1952. Ref. 6370.
54: J. Hunaerts, La Nova Scuti 1952 (Arend). Vgl. AJB 52 Ref. 11339.
55: M. Castellano, P. J. Melchior, Sur un effet systématique dans l'enregistrement photographique de la position des graduations d'un cercle méridien. Vgl. AJB 52 Ref. 2502.
56: M. Migeotte, L. Neven, High-dispersion solar spectrograms between 15 μ and 24 μ. Vgl. AJB 52 Ref. 6416.
M. Migeotte, L. Neven, E. Vigroux, Structure fine de la bande d'absorption de l'ozone à 9.6 μ observée dans le spectre solaire et en laboratoire. Vgl. AJB 52 Ref. 7245.
E. Vigroux, M. Migeotte, L. Neven, Etude, à grande dispersion, des bandes d'absorption de l'ozone à 9 μ, 4.75 μ, 3.59 μ et 3.27 μ. Ref. 7259.
E. Vigroux, M. Migeotte, L. Neven, Largeurs équivalentes des bandes d'ozone à 9.6 μ, 4.75 μ et 3.27 μ. Ref. 7260.

57: P. Bourgeois, Rapport sur les travaux scientifiques effectués pendant l'année 1952. Ref. 1101.
58: D. de Smet-de Potter, M. Neyts, Etude spectrophotométrique et statistique d'une région obscure dans Cassiopée. Ref. 12519.
59: P. J. Melchior, Astronomia meridiana e Geofisica. Ref. 13217.
60: R. Coutrez, A. Koeckelenbergh, E. Pourbaix, Observations radioastronomiques de l'éclipse solaire du 25 février 1952. Ref. 6210.
61: E. Vandekerkhove, Une méthode spectrophotométrique de détermination des rayons stellaires. Ref. 9724.
62: J. Dommanget, La recherche de systèmes planétaires inconnus. Ref. 10002.
63: S. Arend, Paraboles de degré n passant par n+1 points dont les abscisses procèdent par intervalle constant. Ref. 101.
64: Vgl. AJB 54.
65: W. Benesch, M. Migeotte, L. Neven, Investigations of atmospheric CO at the Jungfraujoch. Ref. 7233.

336. Observations des taches solaires. Rotation 1327—1338. Ref. 6370.

Uppsala

337. Uppsala Astronomiska Observatoriums Annaler.
3 8: B. Westerlund, Luminosity effects and colour-equivalents as measured in short stellar spectra. II. F, G, and K stars. Ref. 9573.
9: C. Schalén, Theoretical investigations on reflection nebulae. Ref. 5323.
10: B. Westerlund, Luminosity effects and colour-equivalents as measured in short stellar spectra. III. Summary of classification criteria. Investigation of the region of the open cluster in Coma Berenices. Ref. 9574.

Utrecht

338. Sterrewacht «Sonnenborgh» Utrecht. Overdruk.
Nr. 1: M. G. J. Minnaert, De Utrechtse Sterrewacht en haar geschiedenis 1642—1853—1953. Ref. 1249.
2: C. de Jager, The structure of the metal meteorites and the problem of their origin. Ref. 8309.
3: C. de Jager, De ouderdom van de meteorenregen uit Perseus. Ref. 8261.
4: F. J. Dannenburg, De helderheden der planeten. Ref. 7007.
5: M. G. J. Minnaert, A search for temperature differences between the poles and the equator of the sun. Ref. 6418.
6: M. G. Minnaert, Discorso di M. G. J. Minnaert a nome dei partecipanti stranieri. Ref. 11109.
7: J. Houtgast, Gradients of line strengths in the chromosphere. Ref. 6621.
8: J. Houtgast, A high or a low kinetic temperature in the reversing layer of the sun? Ref. 6411.
9: J. Houtgast, J. Damen Sterck, Orde in de zonneverschijnselen, anno 1953. Ref. 6006.

Victoria

339. Publicatons of the Dominion Astrophysical Observatory Victoria, B. C.
9 7: A. B. Underhill, The shell star 14 Comae. Ref. 9571.

8: R. M. Petrie, Absolute magnitudes of the B stars determined from measured intensities of the Hγ line. Ref. 9718.
9: J. K. McDonald, Hydrogen absorption lines in the spectra of B-type stars. Ref. 9538.
10: R. M. Petrie, Wave-length standards for radial-velocity determinations from B-type spectra. Ref. 9222.

340. Contributions from the Dominion Astrophysical Observatory Victoria, B. C.
Nr. 28: A. McKellar, J. L. Climenhaga, A comparison of observed and calculated intensity profiles for the C_2 Swan bands in cometary spectra. Ref. 8020.
29: Vgl. AJB 52 Ref. 11120.
30: A. B. Underhill, The relative abundance of hydrogen to helium in stars. Ref. 5139.
31: R. M. Petrie, B. N. Moyls, Convergent point and space motion of the Ursa Major cluster. Ref. 12336.
32: A. B. Underhill, On the problem of the Hα emission in the shell stars. Ref. 9570.
33: P. Swings, A. McKellar, K. Narahari Rao, Spectra of the late N-type stars in the ultra-violet, violet and blue-green regions. Ref. 9567.

Washington

341. Astronomical Papers prepared for the use of the American Ephemeris and Nautical Almanac.
13 4: G. M. Clemence, Coordinates of the center of mass of the Sun and the five outer planets 1800—2060. Ref. 7005.
15 1: E. W. Woolard, Theory of the rotation of the Earth around its center of mass. Ref. 4310.
2: H. G. Hertz, The mass of Saturn and the motion of Jupiter 1884—1948. Ref. 7605.

342. Publications of the United States Naval Observatory. Second Series.
17 2: U. S. Lyons, L. R. Wylie, Observations of double stars made with the 26-inch equatorial of the U. S. Naval Observatory 1945—48. Ref. 10128.
3: A. Hall jr., H. E. Burton, U. S. Lyons, L. R. Wylie, G. M. Raynsford, W. M. Browne, J. L. Smith, Observations of satellites made with the 26-inch equatorial of the U. S. Naval Observatory 1928—47. Ref. 7012.

343. United States Naval Observatory Circular.
Nr. 41: W. Sawtell, Positions, areas, and counts of sunspots September—December 1952. Ref. 6370.
42: Solar summary for 1952. Ref. 6370.
43—46: W. Sawtell, Positions, areas, and counts of sunspots January—October 1953. Ref. 6370.

344. Smithsonian Institution. Publication.
4112: J. A. Ratcliffe, Radio Astronomy. Ref. 12632.
4113: L. O. Colbert, The sun, the moon, and the tides. Ref. 4302.
4131: C. G. Abbot, Long-range effects of the sun's variation on the temperature of Washington, D. C. Ref. 6801.
4135: C. G. Abbot, Solar radiation, a leading weather element. Ref. 6802.

345. Annual Report for 1952. Ref. 1101.

Wellington

346. Carter Observatory. Astronomical Bulletin.

Nr. **38**: Public sessions programme and astronomical data for 1953. Ref. 1251.

39: Report of the Carter Observatory Board for the year ended 1953, March 31. Ref. 1101.

40: Public sessions programme and astronomical data for 1954. Ref. 1251.

347. Carter Observatory. Reprint.

Nr. **19**: K. D. Adams, P. A. Read, Visual observations of Mars in 1952. Ref. 7402.

Wendelstein

348. Forschungsberichte der Kommission Observatorium Wendelstein der Bayerischen Akademie der Wissenschaften.

Nr. **6**: R. Müller, Über die Rotation der inneren Korona. Ref. 6717.

7: R. Müller, Katalog monochromatischer Koronastrahlen 1952. Ref. 6735.

8: A. Güttler, Über die Ost-West-Asymmetrie der Filamentbeobachtungen. Ref. 6620.

9: W. Kraul, Absolutanschluß der grünen Koronalinie $\lambda = 5303$ Å an die Sonnenmitte. Ref. 6713.

Wien

349. Mitteilungen der Universitäts-Sternwarte Wien.

6 6: J. Hopmann, Das System ADS 12345 = J 116. Vgl. AJB 52 Ref. 10123.

7: K. Ferrari d'Occhieppo, Zur Deutung einer antiken Entstehungstheorie der Milchstraße. Ref. 1309.

8: J. Hopmann, Photometrie von 420 visuellen Doppelsternen. Ref. 10109.

9: G. Schrutka-Rechtenstamm, Definitive Bahnbestimmung des Kometen 1930 III (Wilk). Vgl. AJB 52 Ref. 8126.

350. Mitteilungen der Universitäts-Sternwarte Wien.

J. Hopmann, Bericht über die Jahre 1945—1952. Ref. 1101.

Wrocław (Breslau)

351. Communications from the Wrocław Astronomical Observatory.

Nr. 1: S. Ninger-Kosibowa, Estimates of ten new variable stars in Centaurus. Ref. 11209.

2: S. Ninger-Kosibowa, The corrected elements of SY Aurigae. Ref. 11216.

3: S. Ninger-Kosibowa, The determination of the photovisual extinction. Ref. 7267.

Zürich

352. Publikationen der Eidgenössischen Sternwarte Zürich.

10 2: M. Waldmeier, Heliographische Karten der Photosphäre für das Jahr 1952. Ref. 6370.

353. Astronomische Mitteilungen der Eidgenössischen Sternwarte Zürich.

Nr. 181: M. Waldmeier, Synthese der Sonnenkorona. Ref. 6732.

182: M. Waldmeier, Die Randverdunkelung der radiofrequenten Sonnenstrahlung bei $\lambda = 10.7$ cm. Ref. **6533.**

183: M. Waldmeier, Die Sonnenfinsternis-Expedition der Schweizerischen Naturforschenden Gesellschaft. Ref. **6210.**

184: M. Waldmeier, Die Sonnenaktivität im Jahre 1952. Ref. **6370, 6651, 6735.**

354. Quarterly Bulletin on Solar Activity Nr. **97—100.** Ref. **6370, 6536, 6651, 6735.**

355. Tätigkeitsbericht der Eidgenössischen Sternwarte Zürich für das Jahr 1952. Ref. 1101.

Erster Teil

Allgemeines

§ 1

Mathematisches

101. **S. Arend,** Paraboles de degré n passant par n + 1 points dont les abscisses procèdent par intervalle constant. Commun. Obs. Roy. Belgique Nr. **63**, 49 S. — Verf. behandelt die Aufgabe, eine Parabel n-ten Grades durch n + 1 zu in gleichen Abständen aufeinanderfolgenden Argumentwerten gehörende Punkte zu legen. Er verwendet dazu die von S. Hausbrandt (Publ. Inst. géod. Varsovie Nr. 7) definierten Krakovianen auf zwei Arten und gibt Tafeln bis n = 10 zur Erleichterung der Rechnung, Kontrollformeln und mehrere ausführliche Zahlenbeispiele. Böh.

102. **S. Arend,** Los polinomios ortogonales y su aplicación en la representación matemática de fenómenos experimentales. Urania Barcelona **38** 200—216 = Publ. Sem. Astr. Geod. Univ. Madrid Nr. **22**.

103. **M. Cimino,** Sulle soluzioni dell' equazione generale del potenziale newtoniano di una sfera fluida in equilibrio. Boll. Unione Mat. Italiana (3) **8** 164—172 = Oss. Astr. Roma Monte Mario Contr. Sci. Nr. **189**.

104. **J. Dommanget,** Droites et coniques déterminées par la méthode des moindres carrés. Ann. Obs. Roy. Belgique (3) **6** 67—94, mit 4 Fig. und 1 Anhang. — In größter Allgemeinheit wird das Problem behandelt, durch eine gegebene Anzahl in einer Ebene liegender Punkte nach der Methode der Kleinsten Quadrate eine Gerade bzw. einen Kegelschnitt zu legen; insbesondere wird die Lösung gefunden, die von der Wahl der Koordinatenachsen unabhängig ist. Böh.

105. **W. Gleissberg,** Zur Anordnung zufälliger Fehler. Mitt. AG **1952** 15—16. — Ref. AG. — Vgl. nachstehendes Ref.

106. **W. Gleissberg,** Zur Anordnung zufälliger Fehler. AN **281** 145—150. — Es wird vorgeschlagen, als Maß für die Zufälligkeit der Anordnung einer gegebenen Reihe von Beobachtungsfehlern das geometrische Mittel aus der Wahrscheinlichkeit, daß in einer gleich langen Reihe zufällig angeordneter Fehler die mittlere Sprossenzahl einer Leiter von ihrem theoretischen Mittelwert 2.5 stärker abweicht als in der gegebenen Reihe, und aus der Wahrscheinlichkeit, daß in einer gleich langen Reihe zufällig angeordneter Fehler die mittlere Länge einer Zeichenfolge von ihrem theoretischen Mittelwert 2.0 stärker abweicht als in der gegebenen Reihe, zu wählen. Dieses Maß M läßt sich für jede gegebene Reihe von Beobachtungsfehlern nach einer hergeleiteten Formel berechnen, in der N die Anzahl der Fehler, aus denen die gegebene Reihe besteht, E die Anzahl der in ihr auftretenden Extrema und W die Anzahl der in ihr auftretenden Zeichenwechsel bedeutet. Verf.

107. **W. Großmann,** Grundzüge der Ausgleichungsrechnung nach der Methode der kleinsten Quadrate nebst Anwendungen in der Geodäsie. Berlin-Göttingen-Heidelberg, Springer-Verlag, 1953. 261 S. mit 54 Abb. Preis DM 19.80. — Besprechung in Österreichische Z. f. Vermessungswesen **42** 61.

108. **K. Horka,** Mathematik für Liebhaberastronomen. RH **34** 44—46, 67—69, 90—91 (tschechisch).

109. **D. Kotsakis,** Fehlertheorie und die Methode der Kleinsten Quadrate. Athen, 1953. 109 S. mit 15 Fig. (griechisch). — Einführung in die Fehlertheorie und Ausgleichungsrechnung nach der Methode der Kleinsten Quadrate mit besonderer Anwendung auf dem Gebiet der Astronomie und Geodäsie. Verf.

110. **D. Kotsakis,** Mathematical simplicity and elegancy in natural research. Bull. Soc. Math. Grèce **28,** 14 S. (griechisch).

111. **M. Mendes,** Systèmes d'équations intégrales et figures dérivées des ellipsoïdes hétérogènes en rotation. J. Math. pures et appliquées **32** 335—386 = Publ. Obs. Univ. Bordeaux (NS) Nr. **13.**

112. **H. Mineur,** Techniques de calcul numérique à l'usage des mathématiciens, astronomes, physiciens et ingénieurs. Vgl. AJB **52** Ref. 120. — Weitere Besprechung in Ann d'Astrophys **16** 62—63 (P. Couderc).

113. **S.-Y. Obi, T. Ishidzu, H. Horie, S. Yanagawa, Y. Tanabe, M. Sato,** Tables of the Racah coefficients W (abcd; ef). I. Coefficients having all their variables integral. Ann. Tokyo Astr. Obs. (2) **3** 87—142. — Die Transformationskoeffizienten, die dazu dienen, die Matrixelemente der Kopplungsschemata $J = (j_1 j_2) j_3$ und $J = j_1 (j_2 j_3)$ dreier Drehimpulsvektoren zueinander in Beziehung zu setzen, sind besonders im Hinblick auf kernphysikalische Anwendungen für ganzzahlige Werte und für halbzahlige Werte von j_1, $(j_1 j_2)$ und J bis zu Argumenten um etwa 10 tabuliert worden. Wellmann

114. **N. S. Petrow,** Die Grundlagen der Theorie der Meßfehler. Moskau, Wissenschaftlich-technischer Staatsverlag für den Kohlenbergbau, 1953. 87 S. mit 9 Abb. Preis 2 R. 40 Kop. (russisch). — Ref. in RJ Astr. Geod. UdSSR Nr. **5,** 1954; Ref. Nr. 3614 (russisch).

115. **B. M. Schtschigolew, P. T. Resnikowskij,** Über die Anwendung der Rungeschen Methode bei der numerischen Lösung der Gleichungen der Himmelsmechanik. Mitt. Astr. Sternberg-Inst. Nr. **92** S. 3—22 (russisch).

116. **G. Silva,** Sulla determinazione pratica dei coefficienti di un polinomio di funzioni sferiche. Rend. Accad. Nazionale Lincei, Cl. Sci. fis., mat., nat. (8) **12** 643—649, 1952 = Oss. Astr. Padova Pubbl. Nr. **98.**

117. **M. F. Subbotin,** Über die Interpolation der in den astronomischen Jahrbüchern gegebenen Größen. Astr Circ UdSSR Nr. 136 S. 8—9 (russisch).

118. **J. M. Torroja,** Calculo con cracovianos. Urania Barcelona **38** 191—199 = Publ. Sem. Astr. Geod. Univ. Madrid Nr. **21.**

119. **A. S. Tschebotarjow,** Einige Fragen über die Genauigkeit von Meßergebnissen. Publ. Zentr. Forschungsinst. für Geodäsie, Luftbildaufnahme und Kartographie **96** 43—63 (russisch). — Ref. in RJ Astr. UdSSR Nr. **3,** 1953; Ref. Nr. 170 (russisch).

120. **A. J. J. van Woerkom,** On cumulative sums of random numbers. AJ **58** 10—20, mit 5 Fig. — Verf. führt eine allgemeine statistische Untersuchung der ersten und zweiten Summenreihe einer zufälligen Zahlenfolge durch und dehnt sie auf den Fall aus, wo den Summenfolgen ein linearer bzw. quadratischer Ausdruck angeglichen ist. Die Theorie ist in befriedigender Übereinstimmung mit den Ergebnissen aus den Summenreihen von 15 experimentell erzeugten Zahlenfolgen. Die Methode wird auf die jährlichen Schwankungen der mittleren Länge des Mondes 1820—1950 angewandt und dabei die Annahme Brouwers (AJ **57** 125, AJB **52** Ref. **13102**) bestätigt. Böh.

§ 2

Physikalisches

201. **E. Ahnert,** Strahlungsdruck, Poynting-Robertson-Effekt und interplanetare Materie. Sterne **29** 39—45 = Mitt. Sternw. Sonneberg Nr. **43.**

202. **D. R. Bates,** Vibration spectrum of $N^{14} N^{15}$. ApJ **117** 236—237. — Berechnung einiger numerischer Daten über die Oszillatorenstärke der Fundamentalbande λ 42894 von $N^{14} N^{15}$. Kdr.

203. **E. Bergstrand,** On the precision of optical methods for the determination of the velocity of light. «Maintenance of Standards» Symposium, London, S. 75—88. — Ref. in Phys. Abstracts (A) **56** 410.

204. **L. J. F. Broer,** Instabiliteit en turbulentie. Ned. T. Natuurk. **19** 50—60 = Sterrekundig Colloquium van de Nederlandse Astronomen-Club Nr. **12.**

205. **E.-Å. Brunberg,** Experimental determination of electron orbits in the field of a magnetic dipole. J. Geophys. Res. **58** 272—275, mit 3 Fig. — Die Ablenkung von Elektronen mit Energien größer als 10^{10} eV in einem Dipolfeld (Terrella) wird experimentell untersucht. Die Richtung der Bahnen wird in Abhängigkeit der Teilchenenergie gegeben. U. Be.

206. **S. Chandrasekhar,** The stability of viscous flow between rotating cylinders in the presence of a magnetic field. Proc. Roy. Soc. (A) **216** 293—309, mit 2 Fig.

207. **J. P. Curtis, W. A. Rense,** A new method of measuring absorption coefficients in the extreme ultraviolet. AJ **58** 213. — Ref. AAS.

208. **A. E. Douglas,** Analysis of the $^2\Pi$-$^2\Sigma$ bands of the N_2^+ molecule. ApJ **117** 380—386, mit 1 Fig. — Eine Analyse der (2,0)-, (4,2)- und (1,0)-Banden des Übergangs A $^2\Pi$ — X $^2\Sigma$ des N_2^+ führt zu Konstanten des $^2\Pi$-Zustandes. Micz.

209. **A. E. Douglas, P. M. Routly,** On the spectra of the CN^+ and CN molecules. ApJ **117** 461—462. — Verf. haben mit einer Hohlkathode in schnell strömendem Helium, dem $C_2 N_2$ zugesetzt war, im Wellenlängenbereich λ 1900 — λ 8500 zahlreiche bisher nicht identifizierte Banden beobachtet. Einige werden dem CN^+ und CN zugeschrieben. Eine Rotationsanalyse der CN^+-Banden wird vorgenommen. Micz.

* * **J. Dufay,** Les spectres des gaz imaginaires. Naissance et mort des gaz imaginaires. Vgl. Ref. **5109.**

210. **F. N. Edmonds jr.,** Compton scattering by electrons with a Maxwellian distribution of thermal velocities. ApJ **117** 298—305, mit 2 Fig. — Verf. untersucht die Compton-Streustrahlung an thermisch bewegten Elektronen mit Maxwellscher Geschwindigkeitsverteilung auf Grund der Klein-Nishina-Formel und gelangt damit im wesentlichen zu den gleichen Ergebnissen, die Dirac mit Hilfe der klassischen Formel von Thomson für den Streukoeffizienten schon 1925 abgeleitet hatte. Kdr.

211. **G. Elste,** Die Entzerrung von Spektrallinien unter Verwendung von Voigt-Funktionen. ZfA **33** 39—73, mit 8 Abb. = Veröff. Univ.-Sternw. Göttingen Nr. **107.** — In Anlehnung an die Arbeit von C. H. van de Hulst und J. J. Reesinck werden Definition und Eigenschaften der Voigtfunktionen zusammengestellt und die Funktionen auf Grund einer Neuberechnung geeignet vertafelt. Für die Entzerrung von Spektrallinien wird ein Approximationsverfahren entwickelt, das unter Verwendung einer doppeltlogarithmischen Dar-

stellung der Voigtfunktionen eine befriedigende Approximation eines gegebenen Profils durch eine oder mehrere additiv zusammengesetzte Voigtfunktionen gestattet. Die Entzerrungsprobleme bei einfachen und zusammengesetzten scheinbaren Profilen lassen sich dann ohne Schwierigkeiten lösen, während bei einem zusammengesetzten Apparateprofil eine Netztafel zu Hilfe genommen werden muß, die jedoch für ein bestimmtes Apparateprofil nur einmal zu berechnen ist. Die praktische Anwendung der genannten Verfahren wird an folgenden Beispielen gezeigt: a) die Approximation des Apparateprofils des Göttinger Gitterspektrographen in der III. Ordnung durch eine Summe zweier Voigtfunktionen, b) die Entzerrung der mit dem Gitter in der III. Ordnung im September 1951 beobachteten Protuberanzenlinien He D 3 und Hβ. Schließlich werden die zur Berechnung der Tafeln benutzten Methoden angegeben. Verf.

212. **D. S. Erb, J. P. Curtis, W. A. Rense,** Ultraviolet absorption in air from 630 A to 1670 A. AJ **58** 214. — Ref. AAS.

* * **J. M. Gilles,** Sur une variante possible du cycle de Bethe-Weizsäcker. Vgl. Ref. **5208**.

213. **L. C. Green, M. M. Mulder,** Correlation energy in the ground state of He I. AJ **58** 40. — Ref. AAS.

214. **S. D. Gutschabasch,** Die Streuung des Lichts in einem Medium mit veränderlicher Streucharakteristik. Abh. Shdanow-Staatsuniv. Leningrad Nr. **153** S. 19—38, mit 2 Abb., 1952 = Publ. Astr. Obs. Leningrad **16** 19—38 (russisch). — Im Meere und besonders auch in der Erdatmosphäre ist die Lichtstreuung von der optischen Tiefe abhängig. Dieser Fall wird in Erweiterung früherer Arbeiten von W. W. Sobolew in genäherter und in strenger Form analytisch durchgerechnet. Petri

215. **H. L. Helfer,** Magneto-hydrodynamic shock waves. ApJ **117** 177—199, mit 9 Fig. — Ref. in Math. Rev. **14** 804, Phys. Abstracts (A) **56** 503. — Analog zur Theorie gewöhnlicher Stoßwellen in einem nichtleitenden Medium werden Stoßwellen in einem Medium mit unendlich hoher elektrischer Leitfähigkeit in einem Magnetfeld untersucht. Die schon von de Hoffmann und Teller angegebenen Grundgleichungen werden ausführlich für die drei Fälle diskutiert, daß die Fortpflanzungsrichtung der Wellenfront parallel, schief und senkrecht zum Magnetfeld gerichtet ist. Als astrophysikalisch wichtigstes Ergebnis hebt Verf. hervor, daß durch Stoßwellen schwache interstellare Magnetfelder verstärkt werden, unter Umständen bis zu Feldstärken, bei denen magnetische Energie und Druck gleich werden. Auch wird die eventuelle Bedeutung der Stoßwellen für die Bewegung von Sonnenprotuberanzen erörtert. Kdr.

216. **N. Herlofson,** Plasma resonance in ionospheric irregularities. Ark. Fys. **3** 247—297, 1951. — Ref. in Phys. Ber. **33** 1342.

217. **R. C. Herman, G. A. Hornbeck,** Vibration-rotation bands of OH. ApJ **118** 214—227, mit 3 Fig. — Verf. haben die im Ultraroten gelegene (4—0)-Sequenz der Rotations-Schwingungs-Banden des OH im Spektrum von Flammen beobachtet und teilen gemessene Wellenlängen sowie Identifizierungen mit. Unter Heranziehung anderweitig erhaltener Ergebnisse, insbesondere für die (5—1)- und (6—2)-Banden, werden Molekülkonstanten, Energieniveaus für $v = 4$, 5 und 6 sowie eine Reihe von anderen Daten abgeleitet. Micz.

218. **W. R. Jarmain, P. A. Fraser, R. W. Nicholls,** Vibrational transition probabilities of diatomic molecules: Collected results N_2, N_2^+, NO, O_2^+. ApJ **118** 228—233. — Zusammenstellung der Werte eines die spontanen Dipol-Übergangswahrscheinlichkeiten obiger Moleküle bestimmenden Integrals. Kdr.

219. **M. Johnson,** Experimental afterglows with Balmer decrements relevant to astronomical spectra. MN **113** 468—476, mit 2 Fig. — Die Herstellung von Bedingungen, die eine Ausbildung des Balmer-Dekrements, wie sie in Sternatmosphären auftritt, ermöglicht, scheint im Laboratorium unmöglich. Verf. versucht zumindest von Wand-Effekten in der Entladungsröhre durch Beobachtung des Nachleuchtens einer elektrodenlosen Ringentladung bei geringer Spannung, hoher Stromstärke und mehreren 10^6 Hz Frequenz loszukommen. Die Versuchsanordnung ermöglicht, das Nachleuchten tatsächlich erst nach völligem Verschwinden des angelegten Feldes zu beobachten. Die Messungen der Linienintensität werden lichtelektrisch mit Elektronenvervielfacher für reine Wasserstoff- sowie Wasserstoff-Neon- und Wasserstoff-Helium-Füllung ausgeführt. Übereinstimmung der Messungen kann weder für den Fall thermischer Anregung verschiedener Temperatur noch mit den Elektronenfangtheorien von Cillié oder Menzel erreicht werden. Die Ursachen für die Unstimmigkeiten werden kurz erörtert. Micz.

220. **R. V. Jones,** Pressure of radiation. Nature **171** 1089—1093. — Ref. in Phys. Abstracts (A) **56** 847.

221. **K. Katterbach,** Die Wellenfunktionen des Al III und Al IV. ZfA **32** 165—172, mit 1 Abb. — Die Wellenfunktionen für Al III und Al IV sind nach dem Verfahren von Hartree-Fock, für Al III mit Berücksichtigung der Rumpfpolarisation, berechnet. Die Energieparameter werden mit den ohne Austausch gerechneten verglichen und außerdem entsprechenden Parametern von Mg und Na gegenübergestellt. Die berechnete Energie von Al III ist in guter Übereinstimmung mit der Beobachtung. Verf.

222. **R. W. Kavanagh, E. K. Björnerud, S. S. Penner,** Nomogram for the evaluation of blackbody radiancy and of peak and total intensities for spectral lines with Doppler contour. J. Optical Soc. America **43** 380—382. — Ref. in Phys. Abstracts (A) **56** 613.

223. **R. W. Kavanagh, S. S. Penner,** Nomogram for the evaluation of blackbody radiancy and of peak and total intensities for spectral lines with Lorentz contour. J. Optical Soc. America **43** 383—384.

224. **G. Keller, M. Fenwick,** Tabulation of the incomplete Fermi-Dirac functions. ApJ **117** 437—446 = Contr. Perkins Obs. Nr. **35**. — Ein bestimmtes, bei der Behandlung von Absorptionsproblemen unter hohen Temperaturen und Drucken auftretendes Integral wird für einen größeren Bereich der Argumente tabuliert. Kdr.

225. **G. Kortüm, H. Maier,** Zur Frage der Abhängigkeit von Photostrom und Beleuchtungsstärke bei Photozellen und Photo-Sekundärelektronen-Vervielfachern. Z. Naturforschung **8a** 235—245, mit 7 Abb. — Photozellen mit Sekundär-Elektronenvervielfachung (sog. Multiplier) wurden in den letzten Jahren zunehmend für die photometrische Messung kleiner Strahlungsintensitäten herangezogen. Bei den zu diesem Zweck entwickelten Methoden wird fast immer vorausgesetzt, daß Beleuchtungsstärke und vom Vervielfacher gelieferte Stromstärke einander innerhalb der verlangten Meßgenauigkeit von etwa 1% proportional sind. In Analogie zu früheren Messungen an Photozellen wird gezeigt, daß diese für den Primär-Photoeffekt vorauszusetzende Proportionalität bei technischen Photozellen und Vervielfachern keineswegs immer vorhanden ist, sondern daß Abweichungen auftreten können, die diese Genauigkeit um mehr als eine Zehnerpotenz überschreiten. Photometrische Präzisionsmessungen sind mit Photozellen wie mit Vervielfachern nur möglich, wenn man echte Nullmethoden mit optischer Kompensation von Intensitätsänderungen benutzt. Verf.

226. **A. Kühl,** Über den Leistungsumfang der Theorie des Lichtsinns und die Möglichkeit ihrer Erweiterung. Mitt. AG **1952** 16—18. — Ref. AG.

227. **R. Lennuier,** L'étalon de longueur. Une radiation lumineuse remplacera-t-elle bientôt le mètre-étalon? BSAF **67** 357—371, mit 5 Fig.

228. **W. Lochte-Holtgreven, P. Schilling,** Über das Auftreten von Magnetfeldern in rotierenden Plasmen. Naturwissenschaften **40** 387. — Das nach Schlüter und Biermann zu erwartende Auftreten von elektrischen Strömen und damit gekoppelten Magnetfeldern in rotierenden Plasmen wurde erstmalig experimentell nachgewiesen. Die gemessenen Magnetfeldstärken entsprachen quantitativ der Theorie. Thi.

229. **R. Lüst, A. Schlüter, E. Trefftz,** Verallgemeinerte Multipolfelder. J. Rational Mechanics and Analysis **2** 485—517. — Es werden skalare und vektorielle verallgemeinerte Multipolfelder definiert, so daß bei Rückführung auf das Potential des Unipols statt der Funktion 1/r (wie bei den gewöhnlichen Multipolfeldern) eine beliebige kugelsymmetrische Stammfunktion g(r) auftritt. Es werden explizite Darstellungen dieser Felder, Differentiationsformeln und algebraische Zusammenhänge zwischen ihnen abgeleitet. Formeln für die Multiplikation zweier beliebiger Multipolfelder miteinander werden angegeben. Die Entwicklung eines vorgegebenen zylindersymmetrischen Feldes nach allgemeinen Multipolen und ihre Eindeutigkeit werden betrachtet. Im Anhang wird ein aus der Theorie stellarer Magnetfelder stammendes Beispiel näher ausgeführt. Verf.

230. **E. Miescher,** Etudes des spectres de bandes de N_2^+, NO et NO^+ dans la région de Schumann à l'aide de N^{15}. Vgl. Ref. **1199**, daselbst S. 137—140, hierzu Diskussion S. 196—197. — Ref. in Phys. Abstracts (A) **56** 825. — Die Spektroskopie elektrischer Entladungen in einer Heliumatmosphäre mit beigemischtem NO, in dem N^{15} auf 60% angereichert ist, erlaubt wegen der Isotopieverschiebungen eine definitive Analyse der Vibrationszustände der Systeme N_2^+ und NO. Ein neues, nach rot abschattiertes Bandensystem des NO^+ wurde aufgefunden. Die Wellenlänge der Bandenköpfe ist angegeben. Traving

231. **L. A. Mitrofanowa,** Bestimmung relativer gf-Werte des Fe II. Mitt. Astr. Hauptobs. Pulkowo **19** Nr. 4 (151) S. 45—48, mit 4 Abb. (russisch). — Diskussion über mehrere Anordnungen für Funkenspektren und Tabelle mit den Ergebnissen. Schrick

232. **N. S. Orlowa,** Streuungsdiagramme einiger Substanzen. Abh. Shdanow-Staatsuniv. Leningrad Nr. **153** S. 166—193, mit 7 Abb., 1952 = Publ. Astr. Obs. Leningrad **16** 166—193 (russisch). — Die Untersuchung zahlreicher mineralischer Stoffe, insbesondere von Quarzsanden, ergab, daß der Reflexionskoeffizient r in keinem Falle konstant ist, sondern mit dem Einfallswinkel i variiert, so daß das Lambertsche Cosinusgesetz nicht erfüllt wird. Die Formen der Streudiagramme weisen trotz unterschiedlicher Korngrößen und r-Absolutbeträge keine scharfen Unterschiede auf. Bei Gleichheit von Einfallswinkel i und Reflexionswinkel ε hat r meist ein Maximum. Zahlreiche Diagramme und Tabellen werden mitgeteilt. Petri

233. **D. C. Pack,** A note on the unsteady motion of a compressible fluid. Proc. Cambridge Phil. Soc. **49** 493—515. — Ref. in Phys. Abstracts (A) **56** 1050.

234. **D. Pejnović, B. Marković,** Über den Einfluß des Zeemaneffekts auf die Absorption des Lichtes. Glasnik Mat.-Fiz. Astr. (2) **8** 213—227, mit 9 Abb. (kroatisch mit deutscher Zusammenfassung).

235. **M. E. Pillow,** Application of calculated band-intensities to the examination of observed spectra. Vgl. Ref. **1199**, daselbst S. 105—115, mit 5 Fig., hierzu Diskussion S. 133—134. — Ref. in Phys. Abstracts (A) **56** 825. — Mittels «verzerrter» Wellenfunktionen berechnete Übergangswahrscheinlich-

keiten für die C_2 Swan-Banden (Tabelle am Schluß) werden benutzt, um die theoretischen Intensitäten mit Messungen von R. B. King (Kingscher Ofen) und mit geschätzten Intensitäten auf Spektralaufnahmen des blauen Konus einer Bunsenflamme zu vergleichen. Bei geeigneter Wahl der Anregungstemperatur ist die Übereinstimmung befriedigend. Ferner wird ein Vergleich mit den Swan-Banden im Kometen Brooks 1911 durchgeführt. Traving

236. **P. Proisy,** Spectre de NH_3 sous une faible pression. Ann. Physique (12) 8 5—13, mit 1 Tafel = Publ. Obs. Lyon **3** Nr. 20.

237. **K. N. Rao, K. S. Sarma,** Band spectrum of CO^+. The Baldet-Johnson system ($B\,^2\Sigma - A\,^2\Pi$). Vgl. Ref. **1199**, daselbst S. 141—146, mit 2 Fig., hierzu Diskussion S. 196—197. — Ref. in Phys. Abstracts (A) **56** 825. — Es wird in Ergänzung zweier früherer Publikationen über die CO^+ $B\,^2\Sigma - X\,^2\Sigma$ und $A\,^2\Pi - X\,^2\Sigma$ Banden die Analyse des CO^+ Bandensystems $B\,^2\Sigma - A\,^2\Pi$ durchgeführt. Traving

238. **N. Richter,** Radioaktiv angeregte Kristallphosphore als photometrische Standardlichtquellen. Sterne **29** 196—200, mit 3 Abb. — Ref. in Urania Kraków **25** 310—311.

239. **B. Rosen,** Tables de constantes et données numériques. 5. Atlas des longueurs d'onde caractéristiques des bandes d'émission et d'absorption des molécules diatomiques. Paris, Hermann et Cie. Dépositaires, 1952. 389 S. Preis fr. 5600. — Besprechung in Ann d'Astrophys **16** 131 (D. Barbier).

240. **H. Schüler,** On a new spectrum attributed to the C_2H_x molecule ($x = 1$, 2, or 3). Vgl. Ref. **1199**, daselbst S. 191—195, mit 3 Fig., hierzu Diskussion S. 196—197. — Ref. in Phys. Abstracts (A) **56** 826. — Ein in elektrischen Entladungen erzeugtes Spektrum des C_2H_x Moleküls (x vermutlich 1, wenn auch 2 oder 3 nicht ausgeschlossen werden können) koinzidiert mit einigen nicht identifizierten Banden in Kometenspektren (zwischen 5000 und 6000 Å). Die Mitwirkung des Wasserstoffs wird durch die Isotopieverschiebung gesichert, die auftritt, wenn statt der Ausgangssubstanz Acetylen (ferner wurden auch aromatische Kohlenwasserstoffe, Butadien und Äthylen benutzt), die entsprechende Deuteriumverbindung verwendet wird. Traving

241. **G. F. Sitnik,** Über das potentiometrische Schaltschema zur Kontrolle des elektrischen Verhaltens einer Glühlampe als Lichtquelle. Publ. Astr. Sternberg-Inst. **22** 3—11, mit 2 Abb. (russisch).

242. **E. Vandekerkhove,** Tables et graphiques concernant les fonctions de Planck, Stefan et Wien. Commun. Obs. Roy. Belgique Nr. **52,** 11 S. mit 5 Fig.

243. **E. Vigroux,** Contribution à l'étude expérimentale de l'absorption de l'ozone. Ann. Physique (12) 8 709—762, mit 15 Fig. = Contr. Inst. d'Astrophys. Paris (A) Nr. **152.** — Verf. hat unter anderem den astrophysikalisch und geophysikalisch interessanten Einfluß der Temperatur auf die Ozonabsorption untersucht. Loh.

244. **J. W. T. Walsh,** Photometry. London, Constable; New York, Macmillan Co., 1953. 2. verbesserte Auflage. 24 + 544 S. mit 281 Fig. Preis $ 12.75. — Besprechung in Phys. Abstracts (A) **56** 613, Rev. Sci. Instruments **24** 968 (D. H. Rank).

245. **K. Watanabe, M. Zelikoff,** Absorption coefficients of water vapor in the vacuum ultraviolet. J. Optical Soc. America **43** 753—755, mit 2 Fig. — Lichtelektrische Messungen der Absorption des Wasserdampfes im Gebiet

von λ 1060—1868 Å werden beschrieben, das Ergebnis in Form von Absorptionskurven mitgeteilt. Im Gebiet von λ 1860—1500 Å, wo Vergleichsmessungen anderer Autoren vorliegen, besteht gute Übereinstimmung mit diesen. Behr

246. **R. Wilson,** The ionized helium series originating from the fifth quantum level. MN **113** 557—570, mit 2 Fig. = Commun. Roy. Obs. Edinburgh Nr. **7**. — Die He II-Serie 5 ^{2}G — n ^{2}H^0 ist bisher in Sternspektren nicht beobachtet worden. Verf. hat im Spektrum von Oe 5-Sternen höhere Glieder der Serie (n = 13 bis n = 34) nachgewiesen. Die Linien sind äußerst flach, die Linientiefe beträgt nur etwa 1% der Intensität des Kontinuums, so daß sie nur durch numerische Überlagerung der Photometerregistrierungen mehrerer Spektralaufnahmen nach dem Verfahren von Greaves und Baker (Publ. Obs. Edinburgh **1** 15, AJB **49** Ref. **9505**) erkennbar werden. Linientiefen und Äquivalentbreiten für etwa die Hälfte der Linien werden mitgeteilt. Die Seriengrenze bei λ 5695 konnte nicht nachgewiesen werden. Die Wellenlängen der Linien wurden mit der Formel des Bohrschen Atommodells unter Berücksichtigung der Intensität der Feinstrukturkomponenten berechnet. Micz.

247. **R. H. Wilson jr.,** Measurements of terrestrial temperatures by comparison with the sun. Obs **73** 235—236. — Basierend auf dem Kirchhoffschen Gesetz der Linienumkehrung wird eine Anordnung beschrieben, wie sie zur Bestimmung der Temperatur sehr heißer Flammen durch Vergleich mit der Sonnenstrahlung benutzt wird. U. Be.

248. **R. H. Wilson jr.,** Use of the sun in flame temperature problems. Publ ASP **65** 295—296. — Ref. in Sky and Telescope **13** 7. — Ref. AAS. — In Ergänzung zu einer früheren Mitteilung (Publ ASP **64** 105, AJB **52** Ref. **6020**) berichtet Verf., daß es gelungen ist, mit der früher beschriebenen Methode die Temperatur der Cyan-Sauerstoff-Flamme zu **4640°** K ± 150° zu messen. Nachträglich wurde gefunden, daß die Methode schon **1934** von H. von Wartenberg und H. J. Reusch entwickelt und angewandt worden ist. O. G.

249. **A. A. Wyller,** New vibrational transition probabilities for the C_2 Swan bands. Vgl. Ref. **1199**, daselbst S. 97—104, mit 2 Fig., hierzu Diskussion S. 133—134. — Ref. in Phys. Abstracts (A) **56** **825**. — Für die wichtigsten der C_2 Swan-Banden werden mit approximativen Wellenfunktionen eines unharmonischen Oszillators nach der WKB-Methode verbesserte Übergangswahrscheinlichkeiten berechnet. Diese werden zum Vergleich zusammen mit zwei unabhängigen, experimentellen Ergebnissen veröffentlicht. Traving

250. **H. Zirin,** The exchange potential in an electron gas at nonzero temperature. Phys. Rev. (2) **90** 795 = Harv Repr (2) Nr. **49**. — Die von Slater für T = 0 durchgeführte Auswertung einer Formel von Dirac für das Austauschpotential eines Elektrons in einem Elektronengas wird durch Berechnung von Korrektionsfaktoren für höhere Temperaturen ergänzt. Kdr.

251. Neptunium in de natuur gevonden. Hemel en Dampkring **51** 170.

§ 3

Rechentafeln, Funktionstafeln, Rechenmaschinen

301. **J. Peters,** Sechsstellige Tafel der trigonometrischen Funktionen. Die Werte der sechs trigonometrischen Funktionen von 10′ zu 10′ des in 90° geteilten Quadranten und die Werte von ctg und cosec für jede Bogensekunde von 0° 0′ bis 1° 20′. Bonn-Hannover-Stuttgart, Ferd. Dümmlers Verlag, 1953. 293 S. Preis DM 35. —Besprechung in Phys. Blätter **9** 570—571.

302. Tables des fonctions de Legendre associées par le Centre National des Télécommunications et Service Mécanographique de l'Armée de Terre. Paris, Edition de la Revue d'Optique, 1952. Vol. 1. 292 S. — Besprechung in Ann d'Astrophys **16** 467 (M. Mayot).

303. Table of Arctan x. Washington, D. C., U. S. Government Printing Office, 1953. National Bureau of Standards Applied Mathematics Series Nr. 26. 13 + 170 S. Preis $ 1.75. — Ref. in Math. Rev. **14** 905.

304. Tables of 10^x (Antilogarithms to the base 10). Herausgegeben vom National Bureau of Standards. Washington, U. S. Government Printing Office, 1953. 8 + 543 S. Preis $ 3.50. — Besprechung in J RAS Canada **48** 114, Proc. Phys. Soc. (A) **67** 482 (J. H. Awbery).

Rechenmaschinen

305. **L. Biermann, H. Billing,** Moderne mathematische Maschinen. Naturwissenschaften **40** 7—13, mit 3 Abb. — Kurze Darstellung der Geschichte und der wesentlichen Züge programmgesteuerter elektronischer Rechenanlagen. Es werden die Göttinger Maschinen G 1 und G 2 beschrieben und einige einfache Beispiele für die Wirkungsweise und die Anwendung der Maschinen besprochen. Dv.

306. **L. Biermann, H. Billing, W. Hopmann, A. Schlüter,** Die Göttinger elektronischen Rechenmaschinen. Z. angew. Math. Mechanik **33** 48—60, mit 3 Abb. — Die Göttinger Arbeiten über elektronische programmgesteuerte Rechenmaschinen werden im I. Teil in ihrem Verhältnis zur neueren Entwicklung mathematischer Maschinen charakterisiert. Im II. Teil wird die bandgesteuerte Rechenmaschine im einzelnen beschrieben und ihre Arbeitsweise erläutert. Sie ist mit einem Aufwand von knapp 500 Röhren und 100 Relais erstellt. Verf.

* * **L. Biermann,** Kolloquium über Rechenanlagen in Göttingen. Vgl. Ref. 1151.

307. **A. D. Booth, K. H. V. Booth,** Automatic Digital Calculators. London, Butterworths Scientific Publications, 1953. 7 + 231 S. mit Fig.

308. **W. Braunbek,** Elektronische Rechenmaschinen. Universitas 8 175—182.

309. **H. Bückner, F. J. Weyl, L. Biermann, K. Zuse,** Probleme der Entwicklung programmgesteuerter Rechengeräte und Integrieranlagen. Aachen, Mathematisches Institut, 1953. 13 + 75 S. — Besprechung in Math. Rev. **15** 64.

310. **L. Couffignal,** Les machines à penser. Vgl. AJB **52** Ref. 307. — Weitere Besprechung in La Nature **81** 97, Nature **172** 371 (V. Vand).

311. **G. Ecker,** Programmgesteuerte Rechengeräte. Kosmos **49** 25.

312. **H. R. J. Grosch,** High speed arithmetic: The digital computer as a research tool. J. Optical Soc. America **43** 306—310. — Ref. in Phys. Abstracts (A) **56** 502. — Allgemeine, auch ökonomische Betrachtungen über die Anwendung elektronischer Rechenmaschinen, besonders im Hinblick auf optische Rechnungen. Behr

313. **H. Harmuth,** Programmsteuerung einer elektronischen Rechenmaschine. Acta Physica Austriaca **7** 390—401. — Ref. in Math. Rev. **15** 747.

314. **G. A. Korn, T. M. Korn,** Electronic Analog Computers. Vgl. AJB **52** Ref. **312**. — Weitere Besprechung in Rev. Sci. Instruments **24** 57—58 (J. P. Nash).

315. **D. K. Kulikow,** Die Mechanisierung der astronomischen Rechnungen. BIA **5** 512—545, mit 18 Abb. (russisch). — Ausführliche Darstellung der im Institut für Theoretische Astronomie der UdSSR benutzten Rechenanlagen nach dem Lochkartenverfahren und ihrer Verwendung bei einigen Routinearbeiten der Ephemeridenastronomie. Bucerius

316. **J. K. McDonald,** Electronic computing machine methods applied to the problem of model stellar atmospheres. AJ **58** 220. — Ref. AAS.

317. **G. Overhoff,** Stand der Entwicklung programmgesteuerter Rechenmaschinen in Deutschland. Phys. Blätter **9** 31—36. — Duale Zahlendarstellung. Übersetzung und Verschlüsselung von Dezimalzahlen. Rechenwerke. Rechengeschwindigkeit und Betriebssicherheit. Rechenmaschinen im Bau und in Entwicklung.

318. **K. Ramsayer,** Die erste Kleinfunktionsrechenmaschine. Z. angew. Math. Mech. **33** 215—216.

319. **A. A. Robinson,** Multiplication in the Manchester University high-speed digital computor. Electronic Engrg. **25** 6—10.

* * **D. W. Sagrebin,** Über die Berechnung der Mondephemeriden mit Lochkartenmaschinen. Vgl. Ref. **7326**.

320. **K. Serkowski,** Elektronowa maszyna oblicza położenia planet. Urania Kraków **24** 165—171, mit 1 Fig.

321. **K. Serkowski,** Najszybsze maszyny matematyczne. Urania Kraków **24** 197—203, mit 2 Fig.

322. **K. R. Symon, R. P. Poplawsky,** An electronic differential analyzer. Amer. J. Phys. **21** 53—61.

323. **B. Thüring,** Über die Bedeutung der modernen programmgesteuerten Großrechenmaschinen für die Weltraumforschung. Weltraumfahrt **1953** 110—115, mit 2 Abb. — Der Aufsatz charakterisiert kurz die einer Behandlung mit einer programmgesteuerten Rechenmaschine harrenden astronautischen Probleme und geht hierbei besonders auf die Zuse-Maschine Z 5 ein, die kürzlich erbaut und aufgestellt worden ist. In einem Diagramm gibt Verf. einige von ihm mit der Z 5 berechnete Lösungskurven des problème restreint (Gravitationsbahnen im Raum Erde-Mond). Verf.

324. **F.-A. Willers,** Mathematische Maschinen. Wiss. Ann. **2** 280—298, mit 12 Abb. — Analogiemaschinen. Automatische programmgesteuerte Ziffernrechenmaschinen.

325. SSEC outmoded by new calculator. Sky and Telescope **12** 180. — SSEC = Selective Sequence Electronic Calculator.

§ 4

Astronomische Jahrbücher, Ephemeriden, Kalender

401. Nautički Godišnjak za 1954. Herausgegeben vom Astronomischen-Numerischen Institut der Serbischen Akademie der Wissenschaften. Beograd, 1953. 320 S. mit 2 Sternkarten.

402. Berliner Astronomisches Jahrbuch für 1955. Herausgeber: Astronomisches Recheninstitut der Deutschen Akademie der Wissenschaften zu Berlin und Astronomisches Recheninstitut zu Heidelberg. Berlin, Akademie-Verlag, 1953. 180. Jahrgang. 8 + 128 + 454* S. Preis 12.— DM.

403. Efemérides Astronómicas para o ano de 1954. Observatório Astronómico da Universidade de Coimbra. Coimbra, 1953. 13 + 237 S.

404. The Nautical Almanac and Astronomical Ephemeris for the year 1954 for the meridian of the Royal Observatory at Greenwich. Published by order of the Lords Commissioners of the Admiralty. London, Her Majesty's Stationery Office, 1953. 6+562 S. Preis £ 1 5 s. 0 d. net.

405. Astronomisch-Geodätisches Jahrbuch für 1954. Herausgegeben vom Astronomischen Rechen-Institut in Heidelberg. Karlsruhe, Verlag G. Braun GmbH, 1953. 9 + 451 + [48] S.

406. **A. Kopff, F. Gondolatsch,** Der Jahrgang 1954 des Astronomisch-Geodätischen Jahrbuches. Phys. Verhandlungen 4 256 (Ref.).

407. Astronomisches Jahrbuch der UdSSR für das Jahr 1956. Unter Redaktion von A. M. Gishizkij herausgegeben vom Institut für Theoretische Astronomie der Akademie der Wissenschaften der UdSSR. Moskau-Leningrad, Verlag Akad. Wiss. UdSSR, 1953. 560 S. Preis 65 R. 85 Kop. (russisch).

408. Ergebnisse der Konferenz über das «Astronomische Jahrbuch der UdSSR». BIA 5 461—465 (russisch).

409. **A. M. Gishizkij,** Das «Astronomische Jahrbuch der UdSSR» (Kurzer historischer Abriß der Entstehung und Entwicklung des «Jahrbuchs»). BIA 5 476—497 (russisch).

410. **M. F. Subbotin,** Das «Astronomische Jahrbuch der UdSSR» und die Hauptaufgaben der Ephemeridenastronomie. BIA 5 466—475 (russisch). — Der Aufsatz erläutert die künftige Entwicklungstendenz des sowjetischen Astronomischen Jahrbuchs auf Grund der Beschlüsse der Ephemeriden-Kommission der IAU. Bucerius

411. Connaissance des Temps ou des mouvements célestes, à l'usage des astronomes et des navigateurs, pour l'an 1954, publiée par Le Bureau des Longitudes. Paris, Gauthier-Villars, 1953. 32 + 655 S.
Desgl. für 1955. 32 + 654 S.

412. **J. Bouška, V. Guth, F. Link,** Hvězdářská ročenka 1954. Prag, Verlag Akad. Wiss. 122 S. mit 28 Fig. Preis Kčs. 15. — 30. Jahrgang des tschechischen astronomischen Jahrbuchs.

413. Almanaque Náutico para 1954. Marinha do Brasil. Hydrografia e Navegação. 301 S. mit 1 Sternkarte.

414. Almanaque Nautico año 1954, publicado de orden de la superioridad por el Instituto y Observatorio de Marina de San Fernando (Cadiz) para el meridiano de Greenwich. Imprenta del Observatorio de Marina, 1953. Vol. **163.** 16 + 574 S. Preis 65 Pesetas.

415. Japanese Ephemeris 1954. Tokyo, Maritime Safety Agency. Publ. Nr. 684. 3 + 549 S.

416. Nautical Almanac 1954. Tokyo, Maritime Safety Agency, 1954. Publ. Nr. 681. 2 + 461 S. mit 3 Karten.

417. Apparent Places of Fundamental Stars 1954. Containing the 1535 stars in the Third Fundamental Catalogue (FK 3) of the Berliner Jahrbuch. Produced by international co-operation under the auspices of the International Astronomical Union. Published by Order of the Lords Commissioners of the Admiralty. London, Her Majesty's Stationery Office, 1953. 39 + 538 S.

418. Astronomische Grundlagen für den Kalender 1955. Herausgegeben vom Astronomischen Rechen-Institut in Heidelberg. Karlsruhe, Verlag G. Braun GmbH, 1953. 90 S. Nicht im Handel. Preis DM 8.

419. The Handbook of the British Astronomical Association 1954. Thirty-third year of publication. 60 S. Preis 5 s.

420. The Observer's Handbook for 1953. Published by The Royal Astronomical Society of Canada. C. A. Chant, Editor, R. J. Northcott, Assistant Editor, David Dunlap Observatory. Toronto, University of Toronto Press, 1952. **45.** year of publication. 79 S. Preis 50 cents.
Desgl. für 1954. **46.** year of publication. 79 S. Preis 50 cents.

421. Rocznik Astronomiczny Obserwatorjum Krakowskiego 1953. Supplemento Internationale Nr. **24.** Kraków 1953. 8 + 96 S. — Bedeckungsveränderliche, Präzessionsgrößen, Schiefe der Ekliptik, Sternbedeckungen.

422. Effemeridi Nautiche, 1954, 1955. Genova, Istituto Idrografico della Marina, 1953. 4 + 295 S. Preis £ 1500.

423. Nautisches Jahrbuch oder Ephemeriden und Tafeln für das Jahr 1954 zur Bestimmung der Zeit, Länge und Breite zur See nach astronomischen Beobachtungen. Herausgegeben vom Deutschen Hydrographischen Institut. Hamburg, 1953. **103.** Jahrgang. 39 + 365 S. (Ephemeriden für jeden Tag des Jahres 1954) + 30 S. (immerwährende Schalttafel).

424. **H. C. Freiesleben,** Nochmals (Nautisches) Jahrbuch 1953. Hansa **90** 332.

425. Nautisk Almanak 1954. Kopenhagen, Weilbach & Co., 1953. 194 + 32 S. Preis 10 Kr.

426. The Abridged Nautical Almanac for the year 1954. Published by Order of the Lords Commissioners of the Admiralty. London, Her Majesty's Stationery Office, 1953. 412 + 32 S. Preis 10 s. 6 d. net.

427. Ephémérides Nautiques ou extrait de la Connaissance des Temps pour l'an 1954, ouvrage publié par Le Bureau des Longitudes spécialement à l'usage des marins. Paris, Gauthier-Villars, 1953. 132 S. mit 2 Karten.

428. Almanaco marittimo italiano. Compilato a cura della Federazione italiana fra i corpi dei piloti dei porti. Roma, Federpiloti, 1952. 12 + 965 S. mit Tafeln. Preis Lire 5000. — Ref. in Coelum **21** 24.

429. Almanaque Nautico para uso de los navegantes año 1954, publicado de orden de la superioridad por el Instituto y Observatorio de Marina de San Fernando (Cadiz) para el meridiano de Greenwich. Imprenta del Observatorio de Marina, 1953. 2 + 415 + 20* S. Preis 50 Pesetas.

429a. Abridged Nautical Almanac 1954. Tokyo, Maritime Safety Agency, 1954. Publ. Nr. 683. 1 + 231 S. mit 3 Karten.

430. **P. F. Wylie**, The Pocket Nautical Almanac. Navigation Los Angeles **3** 349—352.

431. The Air Almanac 1954. London, Her Majesty's Stationery Office; Washington, Nautical Almanac Office, United States Naval Observatory, 1953. January-April, 240 S. + A 60; May-August, 248 S. + A 60; September-December, 246 S. + A 60. Preis je Band 10 s. 6 d.

432. **H. L. Sheppard**, The new Air Almanac. J. Inst. Navigation **6** 101—104.

433. The Star Almanac for Land Surveyors for the Year 1954. Prepared by H. M. Nautical Almanac Office, published by order of The Lords Commissioners of the Admiralty. London, Her Majesty's Stationery Office, 1953. 14 + 70 S. Preis 3 s. 6 d. net.

434. Almanacco Astronomico della Rivista Coelum per l'anno comune 1954, edito dall' Osservatorio Astronomico Universitario di Bologna. Bologna, Tipografia Compositori, 1953. 64 S. — Kalenderdaten, Auf- und Untergangszeiten von Sonne, Mond und Planeten, Finsternisse, Sternbedeckungen, Sterne. Cester

435. Annuaire de l'Observatoire Royal de Belgique. Jaarboek van de Koninklijke Sterrenwacht van België, 1954 (121e année). Bruxelles, Imprimerie M. Hayez, 1953. 207 S.

436. Annuaire Astronomique et Météorologique Camille Flammarion pour 1953. Publié par l'Observatoire de Juvisy. 89e année. 389 S. mit 70 Fig., Karten und Diagrammen.
Desgl. für 1954. 90e année. 389 S. mit 70 Fig., Karten und Diagrammen.

437. Kurzer astronomischer Kalender für das Jahr 1952. Herausgegeben von S. W. Drosdow, S. I. Seleschnikow, A. A. Jakowkin. Kiew, Verlag Akad. Wiss. Ukrain. Sowjetrepublik, 1951. 64 S. Preis 3 R. (russisch). — Besprechung in Bull. Astr.-Geod. Ges. UdSSR Nr. **13** (**20**) S. 52—53 (russisch, W. A. Bronstein).
Desgl. für 1954. 94 S. Preis 2 R. 50 Kop. (russisch). — Ref. in RJ Astr. Geod. UdSSR Nr. **6**, 1954; Ref. Nr. 3819 (russisch).

438. Astronomisches Jahrbuch des Astronomischen Observatoriums Kujbyschew für das Jahr 1951. Herausgegeben von A. M. Bacharew, I. W. Matwejew, N. K. Semakin. — Besprechung in Bull. Astr.-Geod. Ges. UdSSR Nr. **12** (**19**) S. 45—46 (russisch).

439. Anuario del Observatorio Astronómico de Madrid para 1954. Madrid, Talleres del Instituto Geográfico, 1953. 346 S.

440. Osservatorio astronomico di Brera in Milano. Anno 1954. Articoli generali del Calendario, ed effemeridi del Sole e della Luna per l'orizonte di Milano. Herausgegeben von G. Lampa. 20 S. — Kalenderdaten, Finsternisse, Mondephemeride, Auf- und Untergangszeiten des Mondes und der Sonne. Cester

441. Astronomischer Kalender. Veränderlicher Teil für das Jahr 1953. Unter Redaktion von K. K. Dubrowskij. Moskau, Technischer Staatsverlag, 1953. 203 S. mit Abb. Preis 4 R. 30 Kop. (russisch). — Enthält neben den üblichen Kalenderangaben auch einige allgemeinverständliche astronomische Aufsätze verschiedener Autoren, hauptsächlich über die Astronomie in der Sowjetunion. Loh.

442. Astronomischer Kalender. Veränderlicher Teil für das Jahr 1954. Unter Redaktion von P. I. Bakulin, K. K. Dubrowskij, A. G. Massewitsch, P. P. Parenago und P. I. Popow. Moskau, Staatsverlag für technisch-theoretische Literatur, 1953. 208 S. Preis 4 R. 45 Kop. (russisch). — Ref. in RJ Astr. Geod. UdSSR Nr. 6, 1954; Ref. Nr. 3818 (russisch).

443. Astronomischer Schulkalender für das Jahr 1953. Zusammengestellt von M. E. Nabokow, P. I. Popow und W. A. Schischakow. Moskau, Lehr-pädagogischer Verlag des Kultusministeriums der Russ. Sowjetrepublik, 1953. 63 S., mit 1 Abb. Preis 75 Kop. (russisch). — Ref. in RJ Astr. UdSSR Nr. 1, 1953; Ref. Nr. 204 (russisch).

444. Astronomischer Schulkalender für das Jahr 1954. Zusammengestellt von W. A. Schischakow, P. I. Popow, F. J. Sigel, Moskau, Lehr-pädagogischer Staatsverlag der Russ. Sowjetrepublik, 1953. 68 S. mit 3 Abb. und 1 Tafel. Preis 1 R. (russisch). — Ref. in RJ Astr. Geod. UdSSR Nr. 6, 1954; Ref. Nr. 3820 (russisch).

445. Osservatorio astronomico di Padova. Elementi astronomici per l'anno 1954. — Kalenderdaten, Sonnen- und Mondephemeriden, Finsternisse. Cester

446. Annuaire pour l'an 1954 publié par Le Bureau des Longitudes, avec un supplément pour l'an 1955. Paris, Gauthier-Villars, 1953. 8 + 622 + A 23 + B 6 + C 11 + D 61.

447. Anuario del Observatorio Astronomico Nacional de la Universidad de Chile para el año 1954. Santiago, 1953. 132 S.

448. Das Himmelsjahr. Sonne, Mond und Sterne im Jahr 1952. Herausgegeben für den Kosmos, Gesellschaft der Naturfreunde, von M. Gerstenberger. Stuttgart, Franckh'sche Verlagshandlung, 1952. 94 S. mit 108 Abb. Desgl. für 1953. 26. Jahrgang. 96 S. mit 108 Abb. Preis DM 3.90.

449. Das Himmelsjahr. Sonne, Mond und Sterne im Jahre 1954. Herausgegeben für den Kosmos, Gesellschaft der Naturfreunde, von M. Gerstenberger. Stuttgart, Franckh'sche Verlagshandlung, 1953. 96 S. mit 90 Abb. Preis DM 3.90.

450. Anuario del Observatorio Astronomico Nacional de Tacubaya para el año de 1954. Formado bajo la direccion del R. Toscano. Mexico, 1953. 231 S. mit 4 Sternkarten. Preis $ 15.00.

451. Annuario 1953. Osservatorio Astronomico «Vincenzo Cerulli», Collurania-Teramo. Teramo, Cooperativa Tipografica «Ars et Labor», 1953. 40 S. — Auf- und Untergangszeiten des Mondes und der Sonne, geographische Koordinaten der Sternwarte, Finsternisse, kurzer Bericht über den Wiederaufbau und die Tätigkeit des Observatoriums. Cester

452. Annuario 1954. Osservatorio Astronomico «Vincenzo Cerulli», Collurania-Teramo. Teramo, Cooperativa Tipografica «Ars et Labor», 1953. 74 S. — I. Teil: Kalenderdaten, Finsternisse, Auf- und Untergangszeiten des Mondes, Meteorologie und Seismik, kurzer Bericht über das Leben und die Entwicklung der Sternwarte. II. Teil: F. Zagar, Concezioni moderne sulle costituzione dell'universo. III. Teil: G. Peisino, La pagina dell'astrofilo. Cester

453. Osservatorio Astronomico di Trieste. Annuario Astronomico per l'anno 1954 con le carte del cielo. Trieste, 1953. Oss. Astr. Trieste Nr. 251. 68 S.

454. Bošković Almanah 1953. Hrvatskoga Prirodoslovnog Društva. Zagreb, 1953. 211 S. — Enthält neben dem Kalendarium Aufsätze von S. Hondl, D. Nikolić, M. d'Azambuja, R. Vernić und L. Randić.

455. **P. Ahnert,** Kalender für Sternfreunde 1953. Leipzig, Verlag J. A. Barth, 1953. 164 S. mit 58 Abb. Preis DM 3.60.

456. **Z. Bochníček, H. Slouka,** Hvězdné večery 1953. Prag, Verlag Orbis. 16 + 184 S. mit 56 Fig. Preis Kčs. 85. — Populärer Himmelskalender.

457. **J. Bouška, V. Guth, F. Link,** Hvězdářská ročénko na rok 1954. Prag, Verlag der tschechoslowakischen Akad. Wiss., 1953. **30.** Jahrgang. 121 S.

458. **E. Dolezal,** Sternkalender 1953. Wien, Gesellschaft für Natur und Technik, 1953.

459. **A. Ferretti-Torricelli,** Annuario della specola Cidnea per il 1953. Brescia, 1953. 32 S.

460. **R. A. Naef,** Der Sternenhimmel 1954. Kleines astronomisches Jahrbuch für Sternfreunde für alle Tage des Jahres zum Beobachten von bloßem Auge, mittels Feldstecher und Fernrohr, herausgegeben unter dem Patronat der Schweizerischen Astronomischen Gesellschaft. Aarau, Verlag H. R. Sauerländer, 1953. **14.** Jahrgang. 118 S.

461. **J. J. Raimond jr.,** Sterrengids 1954. Groningen, J. B. Wolters, 1953. 68 S. mit 37 Fig. Preis f 2.90.

462. **E. A. Beito,** Selected Stars 1953 Almanac. Navigation Los Angeles **3** 226—227.

463. **A. Kopff,** Die Sommerzeit in Deutschland. NAZ **7** 4. — Zusammenstellung der in Deutschland eingeführten Sommerzeiten von 1916—1949.

464. **J. Laniel,** Heures légales d'été!! Ann. Françaises Chronométrie (2) **23** 273. — Erlaß des französischen Innenministeriums über die Einführung der Sommerzeit in Algier vom 1. Mai bis 30. September. Larink

465. **I. D. Shongolowitsch,** Zur Geschichte der Entstehung der nautischen und aeronautischen astronomischen Ephemeriden in unserem Land. BIA **5** 498—511, mit 5 Abb. (russisch).

466. Standard dates for ephemerides. NAZ **7** 30, UAI Circ 1416. — 1954 Jan. 8—Dez. 24.

§ 5

Wissenschaftliche und populäre Bücher zur gesamten Astronomie

501. **G. Armellini,** I fondamenti scientifici dell'Astrofisica. Milano, Ulrico Hoepli, 1953. 19 + 462 S. mit 102 Fig. Preis Lire 3000.— Besprechung in Coelum **21** 24, La Ricerca Scientifica **23** 291 (L. Gialanella), Mem SA It (NS) **24** 98—99 (F. Zagar).

502. **H. Arnold,** Der gestirnte Himmel. Jena, Urania-Verlag, 1953. 79 S. mit 7 Abb., 4 Diagrammen und 8 Tafeln. Preis DM 5.40. — Besprechung in Sterne **30** 74—75 (C. Hoffmeister).

503. **S. Asklöf,** Populär astronomi. Wahlström & Widstrand. 155 S. Preis Kr. 8.50. — Besprechung in PAT **34** 74—75.

504. **G. A. Baitsell,** Science in Progress, 8th Series. Yale University Press, 1953. 285 S. Preis $ 6.00. — Besprechung in Sky and Telescope **13** 57.

505. **R. H. Baker,** An Introduction to Astronomy. Vgl. AJB **52** Ref. 504. — Weitere Besprechung in Rev. Sci. Instruments **24** 68 (J. B. Irwin).

506. **H. Bastian,** Weltall und Urwelt. (Kurzweilige Himmelskunde und Erdgeschichte). Berlin, Safari-Verlag, 1953. 438 S. mit 120 Tafeln und 43 Zeichnungen und Karten. — Besprechung in Sternenwelt **5** 156 (W. Sandner), Weltraumfahrt **1953** **96** (H. K. Kaiser).

507. **J. Bouška,** Radiová astronomie. Prag, Verlag Naše vojsko. 4 + 92 S. mit 32 Fig. Preis Kčs. 4.—. Einführung in die Radioastronomie. Inhalt: Elektrizität, Radiowellen, Radar, Radiofrequente Strahlung in der Astronomie, Sonne, Sonnenfinsternisse, Erde, Direkte Entfernungsbestimmung, Sternschnuppen, Galaxis, Radiosterne.

508. **J. Bouška,** Astronomie jednoduchých prostředků. Prag, Verlag Mladá fronta. 16 + 220 S. mit 152 Fig. und 3 Karten. Preis Kčs. 15.90. — Handbuch für Sternfreunde. Inhalt: Einführung in die Astronomie, Sternhimmel, Astronomische Instrumente, Astronomische Beobachtungen.

509. **W. Büdeler,** Teleskope, Raketen und Gestirne. München, Verlag Paul Müller; Zürich, Verlag Scientia A.G. 256 S. mit Abb. und 24 Tafeln. Preis DM 9.80; Fr. 11.65. — Besprechung in Orion Schaffhausen **4** 261, Sterne **30** 189—190, Weltraumfahrt **1953** 128 (H. K. Kaiser).

510. **G. Cecchini,** Il Cielo. Luci e Ombre nell'Universo. Vgl. AJB **52** Ref. 507. — Weitere Besprechung in Scientia **88** 219—220 (G. Abetti).

511. **R. W. Chapman, J. B. Mackie,** The Elements of Astronomy for Surveyors. London, Charles Griffin and Co. Ltd., 1953. 5. erweiterte und verbesserte Auflage. 245 S. Preis 26 s. — Besprechung in JBAA **63** 348, Sky and Telescope **13** 128—129 (S. I. Scheuer).

512. **M. Davidson,** Astronomy for Everyman. London, J. M. Dent, 1953. 18 + 494 S. mit 165 Fig. und 38 Tafeln. Preis 18 s. net. — Besprechung in Irish AJ **2** 152, JBAA **63** 225—227, Mitt. Planetenbeobachter **6** 30—31 (G. D. Roth), Obs **73** 248—249 (M. J. Smyth), Vega Nr. **4** S. 16.

513. **J. Delhaye,** Astronomie stellaire. Paris, Armand Colin, 1953. 212 S. mit 49 Fig. Preis 250 frs. — Besprechung in Ann d'Astrophys **17** 95—96 (D. Barbier), BSAF **67** 484, Ciel et Terre **70** 68—69 (A. Velghe), Gaz astr **36** 11—12. — Das Buch enthält eine gedrängte, aber sehr vollständige Darstellung der Probleme der Stellarastronomie unter besonderer Berücksichtigung der Forschungsergebnisse der letzten Jahre. Die drei ersten Kapitel behandeln die Eigenschaften der einzelnen Sterne, besonders soweit deren Kenntnis für die statistischen Untersuchungen erforderlich ist. Kap. 4 beschäftigt sich mit den Sternhaufen, enthält unter anderem eine Darstellung der beiden Populationen des Hertzsprung-Russell-Diagramms. Die Kap. 5 bis 7 geben den Aufbau und die Bewegungsvorgänge des Milchstraßensystems und eine kurze Darstellung einer allgemeinen Dynamik. Ein abschließendes Kapitel behandelt die außergalaktischen Sternsysteme und deren räumliche Verteilung. Den Fragen nach der Expansion des Weltalls und nach den Bewegungsvorgängen in den Armen der Spiralnebel (nach Lindblad) sind besondere Abschnitte gewidmet.

A. Kopff

514. **J. Dommanget,** Exploration du ciel. Namur, Ed. du Soleil Levant, 1953. 32 S. mit einer drehbaren Sternkarte. Preis 30 frs. — Besprechung in Ciel et Terre **70** 384 (H. Michel).

515. **K. Ferrari d'Occhieppo,** Kunde vom Weltall. Das Geheimnis der Sterne. Vgl. AJB **52** Ref. 516. — Weitere Besprechung in Gaz astr **36** 74—75, Naturwiss. Rundschau **6** 128 (H. Werner).

516. **A. Ferretti-Torricelli,** Guardare il firmamento. Brescia, Geroldi, 1953. 32 S. — Besprechung in Coelum **21** 130.

517. **A. Grane,** Rum, tid, rörelse. Stockholm, 1952. — Besprechung in Urania Kopenhagen **10** 73—74 (C. L. Janssen).

518. **J. A. Hynek,** Astrophysics. A Topical Symposium. Vgl. AJB **51** Ref. 517. — Weitere Besprechung in J RAS Canada **47** 124—125, Scientia **88** 146—147 (L. Gialanella).

519. **P. N. Karnizkij,** Grundbegriffe über das Weltgebäude im Physikunterricht der siebenjährigen Schule. Moskau, Lehr-pädagogischer Verlag, 1953. 82 S. mit Karten. Preis 1 R. 20 Kop. (russisch).

520. **H. Kienle,** Der gestirnte Himmel über dir. Vgl. AJB **52** Ref. 529. — Weitere Besprechung in Naturwiss. Rundschau **6** 128 (H. Werner).

521. **W. S. Krogdahl,** The Astronomical Universe. Vgl. AJB **52** Ref. 531. — Weitere Besprechung in Phys. Blätter **11** 40 (H. Lambrecht).

522. **B. W. Kukarkin,** Bau und Entwicklung der Sternenwelt. Kiew, Ges. zur Verbreitung politischer und wissenschaftlicher Kenntnisse der Ukrainischen Sowjetrepublik, 1953. 24 S. mit Abb. Preis 40 Kop. (ukrainisch).

523. **H. Lange,** Kreuz und quer durch die Sternenwelt. Hamburg, Thalia-Buchhandlung Erich Könnecke, 1953. 176 S. mit 80 Abb. — Besprechung in Hemel en Dampkring **52** 86 (J. Weenen), Sternenwelt **5** 196 (W. Sandner).

524. **G. Lenotti,** Pettegolezzi astronomici. Verona, Edizioni «Vita Veronese», 1953. 109 S. Preis L. 500. — Besprechung in Coelum **22** 58—59.

525. **P. Lum,** The Stars in our Heaven. London, Thames & Hudson. 245 S. mit 21 Tafeln. Preis 18 s. — Vgl. AJB **50** Ref. 531. — Weitere Besprechung in Scientia **88** 115 (L. Gialanella).

526. **H. Macpherson,** Guide to the Stars. London, Thomas Nelson & Sons, 1953. New and revised edition. Preis 6 s. — Besprechung in JBAA **64** 139.

527. **K. F. Ogorodnikow,** Wieviel Sterne gibt es am Himmel? Moskau, Staatsverlag für technisch-theoretische Literatur, 1953. 40 S. mit 13 Abb. Preis 65 Kop. (russisch).

528. **A. Opolski,** Astronomiczne podstawy geografii. Warschau, Państwowe Wydawnictwo Naukowe, 1953. — Besprechung in Urania Kraków **24** 344—345 (K. Rudnicki).

529. **P. P. Parenago,** Astronomische Observatorien (Wie man den Himmel studiert). Moskau, Staatsverlag für technisch-theoretische Literatur, 1953. 52 S. mit Abb. Preis 80 Kop. (russisch). — Besprechung in RJ Astr. Geod. UdSSR Nr. **4,** 1955; Ref. Nr. 1362 (russisch).

530. **P. P. Parenago,** Svět hvězd. Prag, Verlag Akad. Wiss. 104 S. mit 21 Fig. Preis Kčs 46. Übersetzung aus dem Russischen.

531. **C. Payne-Gaposchkin,** Stars in the Making. London, Eyre & Spottiswoode, 1953. 160 S. mit 67 Tafeln. Preis 25 s. — Vgl. auch AJB **52** Ref. 540. — Weitere Besprechung in Ann d'Astrophys **16** 181—182 (J. C. Pecker), JBAA **65** 48—49, J. Optical Soc. America **43** 623—624 (G. Gamow), Obs **74** 136 (P. J. D. Gething), Vega Nr. 8—**9** S. 35.

532. **J. S. Pickering,** The Stars Are Yours. New York, The Macmillan Co., 1953. 298 S. Preis $ 3.95. — Besprechung in Sky and Telescope **12** 188.

533. **A. Pontax,** L'univers dévoilé. 2me partie. Nouvelle synthèse astronomique. Athen, 1953. 200 S.

534. **P. I. Popow, K. L. Bajew, B. A. Woronzow-Weljaminow, R. W. Kunizkij,** Astronomie. Moskau, Lehr-pädagogischer Staatsverlag, 1953. 3. Auflage. 544 S. mit Abb. Preis 13 R. 20 Kop. (russisch). — Besprechung in RJ Astr. Geod. UdSSR Nr. 3, 1955; Ref. Nr. 899 (russisch).

535. **P. I. Popow,** Allgemeinverständliche praktische Astronomie. Moskau, Staatsverlag für technisch-theoretische Literatur, 1953. 3. verbesserte und ergänzte Auflage. 172 S. mit 63 Abb. und 6 Tafeln. Preis 3 R. 85 Kop. (russisch). — Ref. in RJ Astr. Geod. UdSSR Nr. 1, 1954; Ref. Nr. 1576 (russisch).

536. **S. Potuptschik,** Der Bau des Weltalls. Minsk, Verlag Akad. Wiss. Weißruss. Sowjetrepublik, 1953. 28 S. Preis 45 Kop. (russisch).

537. **P. Rousseau,** L'Astronomie nouvelle. Paris, A. Fayard, 1953. 358 S. mit 52 Fig. Preis fr. 700.— Besprechung in Ciel et Terre **69** 42—43 (H. Michel), La Nature **81** 256, Scientia **88** 283—284 (G. Abetti).

538. **L. Rudaux, G. de Vaucouleurs,** Manuel pratique d'Astronomie. Larousse. 328 S. mit 200 Fig. — Besprechung in BSAF **67** 80 (J. Texereau).

539. **E. Rybka,** Astronomia ogólna. Państwowe Wydawnictwo Naukowe, 1952. 480 S. mit 181 Fig. Preis zł. 36.75.— Besprechung in Urania Kraków **26** 164.

540. **I. F. Schewljakow,** Hinweise für die Lehrer der Schulen für Arbeiterjugend über die Durchführung der Pläne an Höheren Schulen. Astronomie. Moskau, Lehr-pädagogischer Verlag des Kultusministeriums der Russ. Sowjetrepublik, 1953. 60 S. Preis 85 Kop. (russisch).

541. **W. A. Schischakow,** Ein Hilfswerk für den Astronomielehrer in der Höheren Schule. Moskau, Lehr-pädagogischer Verlag des Kultusministeriums der Russ. Sowjetrepublik, 1952. Preis 2 R. 40 Kop. (russisch).

542. **W. A. Schischakow,** Aufgaben für die Schüler der Höheren Schule für Fernunterricht. Astronomie. X. Klasse. Moskau, Lehr-pädagogischer Verlag des Kultusministeriums der Russ. Sowjetrepublik, 1953. 3. Auflage. 52 S. Preis 70 Kop. (russisch).

543. **W. J. A. Schouten,** Het heelal in vogelvlucht. Baarn, Het Wereldvenster. 96 S. — Besprechung in Hemel en Dampkring **51** 15 (H. Groot).

544. **E. O. Tancock,** Starting Astronomy. Vgl. AJB **51** Ref. 555. — Weitere Besprechung in J RAS Canada **47** 248.

545. **O. Thomas,** Himmel und Weltall. Vgl. AJB **52** Ref. 561. — Weitere Besprechung in Naturwiss. Rundschau **6** 128 (H. Werner).

546. **D. Wattenberg,** Das Weltbild der modernen Astronomie. Berlin, Aufbau-Verlag, 1953. 56 S. mit 8 Abb. Preis DM 0.40.

547. **S. I. Wawilow,** Das Auge und die Sonne. Berlin, Akademie-Verlag, 1953. Übersetzt aus dem Russischen von D. Bebel. 100 S. mit 60 Abb. und 14 Tafeln. Preis DM 8. — Besprechung in Gaz astr **36** 75—76, Naturwiss. Rundschau **7** 169.

548. **S. I. Wawilow,** Despre luminǎ, Soare şi vedere. Moskau-Leningrad, Verlag Akad. Wiss. UdSSR, 1950. 122 S. mit 56 Abb. und 4 Tafeln (rumänisch).

549. **J. Weenen,** Gesleept door de zon. Baarn, Bosch en Keuning N. V. 207 S. mit 150 Fig. Preis f 8.90. — Besprechung in Hemel en Dampkring **51** 126 (W. J. Claas).

550. **H. P. Wilkins,** The True Book about the Stars. London, Frederick Muller Ltd., 1953. 135 S. Preis 6 s. — Besprechung in JBAA **64** 321 (W. H. Julian), Sky and Telescope **13** 199, 343—345 (M. D. Ashbrook).

551. **R. Wistar,** Man and His Physical Universe. An Integrated Course in Physical Science. New York, John Wiley and Sons Inc., 1953. 488 S. Preis $ 4.75. — Besprechung in Sky and Telescope **12** 242, **13** 92—93 (S. P. Wyatt jr.).

552. **B. A. Woronzow-Weljaminow,** Sammlung von Aufgaben und Übungen zur Astronomie. Vgl. AJB **49** Ref. 570. — Die 3. Auflage erschien 1953.

553. **B. A. Woronzow-Weljaminow,** Astronomie. Lehrbuch für die 10. Klasse der Höheren Schule. Moskau, Lehr-pädagogischer Staatsverlag, 1952. 6. Auflage. 176 S. mit 124 Abb. Preis 2 R. 65 Kop. (russisch). — Desgl. 7. Auflage 1953.

554. **B. A. Woronzow-Weljaminow,** Vyprávění o vesmíru. Prag, Verlag Orbis. 344 S. mit 107 Fig. Preis Kčs. 20.70. Übersetzung aus dem Russischen.

§ 6

Schriften allgemeiner Art

601. **C. W. Allen,** The framework of astronomy. Vgl. AJB **52** Ref. 601. — Besprechung in Nature **172** 490—491.

602. **C. J. Aston,** A further note on large and small quantities. JBAA **63** 150—152. — Enthält Skalen über Temperatur, Leuchtkraft und Dichte. Vgl. AJB **51** Ref. 602.

603. **C. E. Bajda, N. I. Suworow,** Die allgemeinbiologische Bedeutung der astrobotanischen Forschungen. Publ. Sektor Astrobotanik Akad. Wiss. Kasach. Sowjetrepublik **1** 18—24 (russisch).

604. **N. P. Barabaschew,** Der Kampf mit dem Idealismus auf dem Gebiet der kosmogonischen und kosmologischen Hypothesen. Charkow, Verlag der Univ., 1952. 120 S. Preis 3 R. (russisch).

605. **E. A. Beet,** Further work for cloudy evenings. JBAA **63** 335—337, mit 2 Fig. und 1 Tafel.

606. **A. Benhamouda,** Etoiles et Constellations. Ann. de l'Institut d'Etudes Orientales **9**, 210 S. (1951). — Besprechung in BSAF **67** 352.

607. **W. A. Calder,** Some demonstrations for the classroom. Sky and Telescope **12** 259—260, mit 3 Fig. — Es werden einige Versuchsanordnungen beschrieben zur Demonstration des Doppler-Effekts, des Lichtwechsels bei Veränderlichen und zur Darstellung der Phasenbeziehungen von Licht-, Volumen- und Radialgeschwindigkeits-Kurven bei pulsierenden Sternen. Schai.

608. **P. Erizzo,** L'astronomia e i giovanissimi. Coelum **21** 152—154. — Stellungnahme zum Problem der Popularisierung der Astronomie in Kreisen der Jugend. Cester

609. **M. Freeman, I. Freeman,** Fun with Astronomy. New York, Random House, 1953. 58 S. Preis $ 1.50. — Besprechung in Sky and Telescope **13** 94, 129 (M. D. Ashbrook).

610. **H. W. Geißler,** Der ewige Tempel. Studien zur Geschichte, zur Entwicklung und zu den Grundlagen der Astrologie. München-Planegg, Otto Wilhelm Barth-Verlag GbmH. — Besprechung in Sternenwelt **5** 34 (W. Jahn).

611. **M. Graubard,** Astrology and Alchemy: Two Fossil Sciences. New York, Philosophical Library, 1953. 382 S. Preis $ 5.00. — Besprechung in Sky and Telescope **13** 93—94, Strolling Astronomer **8** 47—48 (D. L. Cyr).

612. **G. A. Gurew,** Wissenschaft und Religion über den Bau des Weltalls. Vgl. AJB **51** Ref. 619. — Auch in weiteren regionalen Ausgaben und Landessprachen der UdSSR erschienen.

613. **R. E. Gussejnow,** Gibt es Leben auf anderen Planeten? Baku, Aserneschr, 1953. 80 S. mit Abb. Preis 1 R. (aserbajdshanisch).

614. **K. Heuer,** The End of the World: A Scientific Inquiry. New York, Rinehart and Co. Inc., 1953. 220 S. Preis $ 3.00. — Besprechung in Publ ASP **65** 262—263 (R. S. Richardson), Sky and Telescope **12** 242, **13** 21 (A. V. Shatzel), Urania Kopenhagen **10** 58.

615. **G. Horn-d'Arturo,** Mitologia delle costellazioni. Pubbl. Oss. Astr. Univ. Bologna **6** Nr. 2, mit 2 Tafeln. — Übersetzung des Werkes «Poeticon Astronomicon» (II. Buch) von Igino aus dem Lateinischen. Cester

616. **H. Spencer Jones,** Internationellt samarbete inom astronomien. PAT **34** 114—121.

617. **H. Kienle,** Werden und Vergehen im Weltall. Naturwiss. Rundschau **6** 492—496.

618. **H. Kienle,** Physik in kosmischen Dimensionen. Universitas 8 727—733.

619. **B. W. Kukarkin,** Astronomie und Politik. Acta Astr. Sinica **1** Nr. 1 S. 26—29 (chinesisch).

620. **O. A. Melnikow,** Über die Priorität der vaterländischen Astrospektroskopie. AJ UdSSR **30** 658—661 (russisch). — Auf Grund wenig bekannter älterer Veröffentlichungen und ungedruckten Archivmaterials referiert Verf. spektroskopische Pionierarbeiten auf folgenden Gebieten: 1. Nordlicht: O. W. Struve 1862, F. A. Bredichin nach 1870, I. I. Sikora um 1900. — 2. Saturnring: A. A. Belopolskij 1895, G. A. Tichow um 1910. — 3. Spektralkomparator sowie Einfluß von «blends» und Wachstumskurve: A. A. Belopolskij vor 1900. — 4. Selektive interstellare Absorption: G. A. Tichow 1909. Petri

621. **M. Morris, F. Hampson,** Dan Dare's Spacebook. London, Hulton Press Ltd., 1953. 69 S. — Besprechung in JBAA **63** 284.

622. **W. Petri,** Jugend und Alter im Weltall. Sternenwelt **5** 6—9. Berichtigung S. 76.

623. **S. Piotrowski,** Uwagi w sprawie programu astronomii w szkole średniej. Urania Kraków **24** 155—157.

624. **H. H. Price,** Some Aspects of the Conflict between Science and Religion. Cambridge University Press, 1953. Preis 3 s. 6 d. — Besprechung in JBAA **64** 93.

625. **N. K. Semakin,** Die Arbeit mit dem astronomischen Zirkel. Moskau, Wiss.-pädagogischer Staatsverlag des Kultusministeriums der Russ. Sowjetrepublik. 56 S. mit Abb. und 1 Tafel. Preis 65 Kop. (russisch). — Ref. in RJ Astr. UdSSR Nr. 1, 1953; Ref. Nr. 97 (russisch).

626. **F. J. Sigel,** Die Methodik einiger Formen astronomischer Arbeit außerhalb der Schule. Moskau, Institut für Lehrmethoden, 1953 (russisch). — Dissertationsreferat.

627. **G. Silva,** Leggi e ipotesi dell'Astronomia. Atti Istituto Veneto Sci. Lettere Arti, Cl. Sci. Mat. Nat. **111** 197—208 = Oss. Astr. Padova Pubbl. Nr. **102**.

628. **P. Swings,** Astrophysics and industry. Leaflet ASP Nr. 286, 8 S. = Inst. d'Astrophys. Univ. Liège Mém. 8° Nr. **349.** — Übersetzung in NAT **1953** 100—105.

629. **O. Thomas,** Atlas der Sternbilder. Vgl. AJB **52** Ref. **644.** — Weitere Besprechung in Gaz astr **35** 37.

630. **W. S. Tichomirow,** Über die Amplitude der jahreszeitlichen Veränderungen gewisser spektraler Reflexionseigenschaften von Pflanzen. Publ. Sektor Astrobotanik Akad. Wiss. Kasach. Sowjetrepublik **1** 37—41 (russisch). — Ref. in RJ Astr. UdSSR Nr. **2,** 1953; Ref. Nr. 720 (russisch).

631. **G. A. Tichow,** Ist Leben auf anderen Himmelskörpern möglich (Astrobiologie)? Publ. Sektor Astrobotanik Akad. Wiss. Kasach. Sowjetrepublik **1** 3—17 (russisch). — Ref. in RJ Astr. UdSSR Nr. **3,** 1953; Ref. Nr. 1319 (russisch).

632. **G. A. Tichow,** Astrobiologie. Verlag des Zentralkomitees des Leninschen Kommunistischen Jugendverbandes der UdSSR, 1953. 68 S. mit Abb. und 9 Tafeln. Preis 2 R. 50 Kop. (russisch). — Ref. in RJ Astr. Geod. UdSSR Nr. **3,** 1954; Ref. Nr. 2546 (russisch).

633. **G. de Vaucouleurs,** L'ésprit de l'homme à la conquête de l'univers. Vgl. AJB **51** Ref. **664.** — Weitere Besprechung in La Nature **81** 96.

634. **I. Velikovsky,** Mondes en collision. Paris, Librairie Stock, 1953. Übersetzung aus dem Englischen (vgl. AJB **50** Ref. **646**) durch H. Morisett. — Weitere Besprechung in BSAF **67** auf der 2. Umschlagseite des Maiheftes.

635. **A. J. M. Wanders,** Sterrenhemel en blinde vlek. Hemel en Dampkring **51** 3—4, mit 2 Fig.

636. **H. Werner,** Ergebnisse der vergleichenden Sternbilderkunde. Mitt. AG **1952** 16. — Ref. AG.

637. **S. P. Wyatt jr.,** Sky and teacher. Sky and Telescope **13** 19.

638. **E. Zinner,** Sternglaube und Sternforschung. Freiburg/München, Verlag Karl Alber, 1953. 14 + 171 S. mit 23 Fig. und 16 Tafeln. Preis DM 7.80. — Besprechung in Naturwiss. Rundschau **7** 81 (H. Werner), Sterne **30** 250—251 (H. Schneller), ZfMG **51** 242 (O. Volk).

639. Diskussion zur Frage der Möglichkeit des Lebens auf anderen Planeten. Bote Akad. Wiss. Kasach. Sowjetrepublik Nr. **5** S. 56—65 (russisch). — Ref. in RJ Astr. Geod. UdSSR Nr. **2,** 1954; Ref. Nr. 2005 (russisch).

640. Daylight observations. JBAA **63** 230—231.

641. Is man alone in space? J RAS Canada **47** 260.

642. Astronomy and meteorology. Sky and Telescope **12** 125.

643. Fachwissen des Sternfreundes. Sternenwelt **5** 29—30, 70—72, 110—112, 150—153, 189—191, mit 12 Abb. — Behandelt: Die Temperatur der Mondoberfläche, Sirius, Milchstraße, Sonnenflecken, Helligkeit der Venus, Finsternispaare, Häufigkeit der Sternschnuppen, Ebbe und Flut, Tagesmeteore, Merkurdurchgänge.

§ 7

Bibliographie, Neuausgaben, Gesamtausgaben, Lexika, Sammelwerke, Festschriften

701. Astronomischer Jahresbericht. Mit Unterstützung der Astronomischen Gesellschaft herausgegeben vom Astronomischen Rechen-Institut in Heidelberg. Berlin, in Kommission bei W. de Gruyter & Co., 1953. **50.** Band. 63 + 445 S. Die Literatur des Jahres 1950. Preis 50.— DM. Schriftleitung K. Heinemann unter Mitwirkung von W. Lohmann.

702. **K. Heinemann,** Astronomische Bibliographie. Zum Jubiläumsband 50 des «Astronomischen Jahresberichts». Sterne **29** 33—39, mit 2 Abb. — Behandelt Entstehung und Entwicklung des «AJB» und seine Stellung innerhalb der astronomischen Bibliographie.

703. **O. Struve,** Astronomischer Jahresbericht. Publ ASP **65** 95—96, mit 1 Tafel.

704. Astronomical News Letter. Issued and distributed by the Harvard College Observatory, Cambridge, Mass. for the Committee for the Distribution of Astronomical Literature of the American Astronomical Society and for Commission 5 of the International Astronomical Union. — Nr. **68**—**71**.

705. Extraits d'Astronomie du Bulletin Analytique du Centre National de la Recherche Scientifique. Section II A. (Continuation de la Bibliographie Mensuelle de l'Astronomie). Paris. — Vol. **14** Nr. 1—12.

* * Referatjournal. Astronomie. Vgl. S. XV Nr. 97.

706. **J. G. Perel,** Literaturanzeiger der in der UdSSR erschienenen astronomischen Veröffentlichungen. AJ UdSSR **30** 118—120, 245—248, 374—376, 475—478, 572—576, 679—684 (russisch).

707. **A. Abrami,** Letteratura sulla Polodia, preceduta da un esposto storico esplicativo del problema. Oss. Astr. Trieste Nr. **253**, 68 S. mit 6 Fig. — Bibliographie umfaßt 870 Veröffentlichungen.

708. **E. Guyot,** Dictionnaire des Termes utilisés dans la mesure du Temps. La Chaux-de-Fonds, Chambre Suisse de l'Horlogerie; Neuchâtel, Imprimerie centrale S. A., 1953. 125 S. mit 45 Fig. Preis sfrs. 6. — Besprechung in BSAF **67** 394—395, Coelum **21** 91.

709. **J. Humphries,** Abstracts. J. British Interplanetary Soc. **12** 43—47, 84—87, 137—140, 189—192, 242—245, 293—294. — Bibliographie astronautischer und verwandter Arbeiten.

710. M. A. Kowalskij, Ausgewählte Arbeiten zur Astronomie. Vgl. AJB **51** Ref. 721. — Besprechung in AJ UdSSR **30** 673—674 (J. G. Perel, russisch).

711. **F. C. Leonard,** Introducing meteoritics: the Journal of the Meteoritical Society and the Institute of Meteoritics of the University of New Mexico. Meteoritics **1** 1—4.

712. W. J. Struve, Studien zur Stellarastronomie. Übersetzt von M. S. Eigenson. Moskau-Leningrad, Verlag Akad. Wiss. UdSSR, 1953. 232 S. mit einem Bild von Struve. Preis 10 R. 50 Kop. (russisch). — Enthält neben Bemerkungen des Übersetzers ein Verzeichnis der Arbeiten von W. J. Struve und ein kurzes Verzeichnis der über ihn erschienenen Schriften. Loh.

713. A. Bibliography on Meteorites. Herausgegeben von H. Brown, mit Beiträgen von G. Kullerud, W. Nichiporuk, E. P. Henderson, F. Whipple,

S. Perry. Chicago, University of Chicago Press, 1953. 8 + 686 S. Preis $ 10. — Besprechung in Ann d'Astrophys **16** 415 (R. Rigollet), BSAF **67** 440, Hemel en Dampkring **52** 170 (J. J. Raimond jr.), J RAS Canada **48** 114—115, Meteoor **10** 23—24, Publ ASP **66** 35 (D. Alter), Sky and Telescope **13** 129, 163—164 (D. Hoffleit).

714. Bulletin Trimestriel de Documentation signalétique de Chronométrie générale. Ann. Françaises Chronométrie (2) **23b** 1—58, 61—101, 105—156, 161—211.

715. Viaggi interplanetari. Bibliografia delle ricerche sulla propulsione a reazione e sul volo extraplanetare. Coelum **21** 29—32, 61—64, 93—96, 133—136, 165—168, 195—198.

716. Index to major articles in The Strolling Astronomer 1947—1952. Strolling Astronomer **7** 79—83.

717. «Postępy Astronomii». Urania Kraków **24** 360—362. — Hinweis auf das Erscheinen dieser neuen Zeitschrift.

718. Register zum Bulletin der «Astronomisch-Geodätischen Gesellschaft der UdSSR» (1925—1952). Zusammengestellt von W. A. Bronstein. Moskau, Verlag Akad. Wiss. UdSSR, 1953. 32 S. Preis 2 R. 40 Kop. (russisch).

719. Russian astronomy. Irish AJ **2** 172.

720. Vega. An international monthly review of astronomical research. Herausgeber: R. M. Baum, C. D. Reid, E. G. Willams. Boughton, Chester, England. 1953 Nr. 1—11.

721. Verzeichnis der Arbeiten und Autoren zu den Bulletins des Astrophysikalischen Observatoriums Abastumani Nr. 1—15 (1937—1953). Bull. Astrophys. Obs. Abastumani Nr. **15** S. 265—270 (russisch).

722. **R. Leonardi,** Dizionario delle scienze pure ed applicate. Milano, Hoepli, 1950—1953. 2. Auflage. 2 Bände. 3090 S. mit 1886 Fig. Preis Lire 12.000. — Besprechung in Coelum **22** 24.

723. **W. E. Scott,** List of recent publications. J. Geophys. Res. **58** 121—126, 291—294, 423—427, 566—570. — Enthält die Titel von Arbeiten aus den Gebieten des Erdmagnetismus, der Erdelektrizität, kosmischen Strahlung, Hochatmosphäre, Erdkruste und des Erdinneren sowie Verschiedenes.

724. Landolt-Börnstein, Zahlenwerte und Funktionen aus Physik, Chemie, Astronomie, Geophysik und Technik. III. Band. Astronomie und Geophysik. Vgl. AJB **52** Ref. 736. — Weitere Besprechung in J. Atmosph. Terr. Phys. **3** 70—71 (W. R. Piggott), Naturwissenschaften **40** 149—150 (H. Lambrecht).

725. Mathematical Reviews. Published by the American Mathematical Society, Lancaster, Penn. — Vol. **14** Nr. 1—11.

726. Physics Abstracts. Section A of Science Abstracts (Physics). Edited and issued monthly by The Institution of Electrical Engineers, London. — Vol. **56** Nr. 661—672.

727. Physikalische Berichte. Herausgegeben vom Verband Deutscher Physikalischer Gesellschaften e. V. unter der Redaktion von H. Ebert und M. Schön. Akademie-Verlag, Berlin. — Band **32** Heft 1—12.

728. Zentralblatt für Mathematik und ihre Grenzgebiete. Springer-Verlag, Berlin-Göttingen-Heidelberg. Geleitet von H. L. Schmid. — Band **45** Heft 4—6. Band **46** Heft 1—10. Band **47** Heft 1—10. Band **48** Heft 1—10.

729. Galileo Galilei, Dialogue Concerning the Two Chief World Systems, Ptolemaic and Copernican. Übersetzt von S. Drake. Mit einer Einleitung von A. Einstein. Berkeley and Los Angeles, University of California Press; Cambridge University Press, 1953. 28 + 496 S. mit 31 Fig. und 2 Tafeln. Preis $ 10.— bzw. 75 s. Besprechung in JBAA **64** 248—251 (H. C. King), J RAS Canada **48** 154—157, Obs **74** 85—86 (A. Armitage), Sky and Telescope **13** 94, 307—309 (I. B. Cohen).

730. Galileo Galilei, Dialogue on the great world systems. Übersetzt von T. Salusbury, mit einer Einleitung und Bemerkungen von G. de Santillana. Chicago, University of Chicago Press, 1953. 58 + 506 S. mit 41 Fig. und 3 Tafeln. Preis $ 12.50.

731. Galileo Galilei, Opere. Herausgegeben von F. Flora. Mailand und Neapel Riciardi, 1953. 30 + 1139 S. Preis Lire 5000. — Besprechung in Coelum **21** 90—91

Zweiter Teil

Tätigkeit. Geschichte

§ 10

Personalien, Biographie, Briefwechsel

001. Nekrologe und Todesanzeigen

1950

L. J. Comrie, 1893 Aug. 15 — 1950 Dez. 11. MN **113** 294—304 (W. M. H. Greaves).

1951

A. Cotton, 1869—1951. Annuaire pour l'an 1954 publié par Le Bureau des Longitudes B 1—6 (J. Cabannes).

P. J. Stein, 1871 Febr. 27 — 1951 Dez. 27. AN **281** 138 (F. Becker).

1952

W. A. Albizkij, 1891 Juni 16 — 1952 Juni 15. Mitt. Astrophys. Obs. Krim **10** 3—7, mit Bild (G. A. Schajn).

C. P. Butler, 1871 Aug. 19 — 1952 Nov. 21. MN **113** 294 (F. J. M. Stratton).

A. R. Clute, 1874 — 1952 Sept. 16. J RAS Canada **47** 39.

P. Doig, 1882 — 1952 Okt. 13. Irish AJ **2** 151, JBAA **63** 76—77, mit Bild auf Tafel VIII, MN **113** 304—305 (J. G. Porter).

H. H. Furner, 1873 Sept. 18 — 1952 Juni 26. MN **113** 305—306 (P. J. Melotte).

R. A. Gregory, 1864 — 1952 Sept. 15. MN **113** 306—307 (W. N. McClean).

R. Mackenzie, 1876—1952 Nov. 17. MN **113** 307 (R. H. Stoy).

A. McIntire, † 1952 Dez. 21. Publ ASP **65** 60, Vega Nr. **3** S. 12.

F. R. Moulton, † 1952 Dez. 9. J. Optical Soc. America **43** 149, J RAS Canada **47** 84 (F. C. Leonard), Publ ASP **65** 60, Sky and Telescope **12** 128, Vega Nr. **3** S. 12.

E. von der Pahlen, 1882 Juli 4 — 1952 Juli 18. Naturwissenschaften **40** 589 = Repr. Obs. Univ. St. Andrews Nr. **12** (E. Finlay Freundlich).

R. H. Tucker, 1859 Oktober 29 — 1952. Publ ASP **65** 16—18 (R. F. Sanford).

L. Volta, 1876 Juli 27 — 1952 Okt. 7. Boll. Geod. Sci. affini **12** 139—141 (G. Silva), Coelum **21** 21—22, Mem SA It (NS) **24** 108—120, mit Bild (G. Silva), Rend. Istituto Lombardo Sci. e Lettere **86**, 15 S. mit Bild (F. Zagar) = Contr. Oss. Astr. Milano-Merate (NS) Nr. **42**.

F. Zweck, † 1952 Nov. 18. NAZ **7** 4.

1953

C. Białobrzeski, 1878 August 31 — 1953 Okt. 12. Postępy Astr. **1** 116 (A. Strzałkowski).

A. Colacevich, 1906 Juli 25 — 1953 Aug. 24. Ann d'Astrophys **16** 291—293 (G. Abetti), Boll.Geod. Sci. affini **12** 543—544 (G. Righini), Coelum **21** 177—181, mit Bild (M. G. Fracastoro), Mem SA It (NS) **24** 315, Sky and Telescope **13** 54, Soc. Nazionale Sci. Lettere Arti Napoli, Rend. Accad. Sci. Fis. Mat. (4) **20** 262—268, mit Bild = Oss. Astr. Capodimonte-Napoli Collezione Miscellanea **1** Nr. 8 (T. Nicolini).

A. Collard, † 1953 April 14. Ciel et Terre **69** 316, mit Bild.

H. L. Freeman, 1888 Sept. 5 — 1953 Febr. 27. Strolling Astronomer **7** 28—29 (L. F. Mawhinney).

P. L. Gatterer, 1886 Jan. 28 — 1953 Febr. 16/17. Mem SA It (NS) **24** 229—233, mit Bild (G. Junkes), Nature **171** 674—675 (E. van Someren).

J. Haag, 1882 Aug. 19. — 1953 Febr. 16. Ann. Françaises Chronométrie (2) **23** Supp. au Nr. 2 de 1953. Ferner: P. Mesnage, La vie et l'œuvre de Jules Haag. Ann. Françaises Chronométrie (2) **23** 141—156, mit Bild.

E. Hubble, 1889 Nov. 20—1953 Sept. 28. CR **237** 677—678 (E. Esclangon), 1586, Irish AJ **2** 239, JBAA **63** 361, **64** 40—41, J. Optical Soc.America **43** 1227—1228, J RAS Canada **47** 225—226 (C. A. Chant), NAT **1953** 159, Nature **172** 793 (F. J. M. Stratton), Obs **73** 216, Orion Schaffhausen **4** 185, Publ ASP **65** 300, Sky and Telescope **13** 7.

A. Jaquemard, † 1953. Orion Schaffhausen **4** 104 (E. Vautier).

A. Kwiek, 1916 —1953 August. Postępy Astr. **1** 48.

A. O. Leuschner, 1868—1953 April. NAT **1953** 158—159, Publ ASP **65** 269—273, mit Bild (D. Alter), Sky and Telescope **12** 237.

G. Loeser, † 1953 Juli 30. Weltraumfahrt **1953** 97, mit Bild (K. Schütte, H. Gartmann).

T. van Lohuizen, † 1953 Nov. 3. Hemel en Dampkring **51** 207, mit Bild (P. W. Steenbergen).

J. G. Ludewig, † 1953 Februar 9. Publ ASP **65** 172.

D. F. Mathe, † 1953 Juni 17. Sky and Telescope **12** 267.

H. Meyer-Bührer, † 1953 März. Orion Schaffhausen **4** 104.

A. Niklitschek, †. Astr. Nachrichtendienst Berlin-Treptow **5** 109.

J. Sławski, 1902 Juni 21 — 1953 Juni. Postępy Astr. **1** 48.

E. Warchałowski, 1885—1953 März 6. Postępy Astr. **1** 45—46, mit Bild (E. Stenz).

L. Ware, † 1953 Febr. 23. Publ ASP **65** 100.

F. E. Wright, † 1953 August 25. Publ ASP **65** 300.

1002. Personalien

H. D. Babcock erhielt die Catherine Wolfe Bruce Goldmedaille der Astronomical Society of the Pacific. J RAS Canada **47** 176, Publ ASP **65** 58, 65—69, mit Bild (G. E. Kron), 172.

W. Becker wurde zum Direktor der Astronomisch-meteorologischen Anstalt Basel gewählt. Orion Schaffhausen **4** 69.

J. van der Bilt, 77. Geburtstag. Hemel en Dampkring 51 78.

S. Chandrasekhar erhielt die Goldmedaille der Royal Astronomical Society. BAA Circ 339, JBAA 63 353—354 (R. H. Garstang), Nature 171 108, Publ ASP 65 99, Sky and Telescope 12 128.

A. V. Cleaver erhielt die Hermann Oberth-Medaille. Weltraumfahrt 1953 77.

R. Henseling, 70. Geburtstag. Astr. Nachrichtendienst Berlin-Treptow 5 121—122 (D. Wattenberg).

E. Hertzsprung, 80. Geburtstag. Hemel en Dampkring 51 191, mit Bild (J. J. Raimond jr.), Sternenwelt 5 166—168, mit 2 Abb. (W. Rabe), Urania Kopenhagen 10 77—78, mit Bild (C. L. Janssen), 79—81 (K. Lundmark), 83—89 (C. L. Janssen).

J. Jackson erhielt die Goldmedaille der Royal Astronomical Society. Nature 171 379—380.

H. Spencer Jones erhielt die Lorimer Medaille der Astronomical Society of Edinburgh. Obs 73 216.

J. Junkes, Direktor des Astrophysikalischen Laboratoriums der Vatikan-Sternwarte als Nachfolger von A. Gatterer. J. Optical Soc. America 43 626, Obs 73 167.

G. Keller, Direktor des Perkins Observatory, Delaware. Sky and Telescope 13 2.

G. Lemaître erhielt die Eddington Medaille der Royal Astronomical Society. BAA Circ 339, Hemel en Dampkring 51 208, JBAA 63 354—355 (M. Davidson), Nature 171 108, Publ ASP 65 99.

A. B. Meinel erhielt die Adolph Lomb Medaille der Optical Society of America. Publ ASP 65 171, Sky and Telescope 12 156.

J. H. Oort, Mitglied der National Academy of Sciences. Hemel en Dampkring 51 102.

A. Pannekoek, 80. Geburtstag. Hemel en Dampkring 51 11 (J. J. Raimond jr.).

J. P. M. Prentice erhielt die Jackson-Gwilt Medaille der Royal Astronomical Society. BAA Circ 339, JBAA 63 355—356 (J. G. Porter), Nature 171 108.

H. P. Wilkins erhielt die Encomienda de Alfonso X el Sabio. BAA Circ 345, JBAA 63 358.

1003. **E. N. da C. Andrade,** Eine Newton-Sammlung. Endeavour 10 68—75, mit 2 Abb.

1004. **W. Blaschke,** Vita ed opere del matematico Regiomontano. Matematiche 8 50—58. — Ref. in ZfMG 50 242.

1005. **W. Brunner,** Pioniere der Weltallforschung. Vgl. AJB 51 Ref. 1009. — Besprechung in Naturwiss. Rundschau 7 303—304 (H. Klauder).

1006. **E. Connor,** Jérôme de Lalande. Eighteenth-century champion of astronomy. Leaflet ASP Nr. 292, 8 S.

1007. **J. F. Cox,** Notice sur Georges Lecointe, membre de l'Académie. Annuaire Acad. roy. Belgique 119, 32 S. mit 2 Fig. = Inst. Astr. Bruxelles (2) Nr. 83.

1008. **A. Danjon,** François Arago, 26 février 1786 — 2 octobre 1853. BSAF 67 445—464, mit 5 Fig.

1009. **O. J. Eggen,** Sherburne Wesley Burnham and his double star catalogue. Leaflet ASP Nr. 295, 8 S.

1010. **J. Fust,** Jost Bürgi, Uhrmacher, Astronom und Mathematiker, zu seinem 400. Geburtstag. Orion Schaffhausen 4 51—57, mit 3 Abb.

1011. **O. Gingerich,** Messier and his catalogue. Sky and Telescope 12 255—258, 265, 288—291, mit 13 Fig. und Titelbild im Augustheft.

1012. **S. Günther,** Das literarische Werk Bruno H. Bürgels. Sterne **29** 222—226.

1013. **G. Järnefelt,** Karl Fridhiof Sundman. Minnestal vid Finska Vetenskaps-Societetens sammanträde den 21 maj 1951. Soc. Sci. Fennica Årsbok — Vuosikirja **30** C Nr. 2, 11 S. mit Bild.

1014. **M. Jones,** Profile of Astronomer Royal. J. Calendar Reform **23** 167—170, mit Bild.

1015. **M. Kamieński,** Uług-Bek, szach – astronom. Urania Kraków **24** 287—299, mit 2 Fig. und 3 Tafeln.

1016. **F. Kadavý,** Karel Novák. RH **34** 136, mit 1 Abb. (tschechisch).

1017. **M. Karpowicz,** William Herschel – Pionier astronomii gwiazdowej. Urania Kraków **24** 254—261, mit 1 Fig. und 1 Tafel.

1018. **T. N. Kary-Nijasow,** Die astronomische Schule Ulug-Beks. Moskau, Verlag Akad. Wiss. UdSSR, 1953. 330 S. mit 19 Tafeln (russisch). — Besprechung in Priroda **42** Nr. 6 S. 120—121 (P. G. Kulikowskij).

1019. **H. Kelly,** A centenary Christian Johann Doppler (1803—1853). JBAA **63** 189—190.

1020. **A. Kopff,** Zum 90. Geburtstage von Max Wolf. Ruperto-Carola. Mitt. der Vereinigung der Freunde der Studentenschaft der Univ. Heidelberg. **5.** Jahrgang Nr. 11/12 S. 68—70, mit 3 Abb.

1021. **P. G. Kulikowskij,** M. W. Lomonossow—Astronom und Astrophysiker. Vgl. AJB **51** Ref. **1028.** — Auch in weiteren regionalen Ausgaben und Landessprachen der UdSSR erschienen.

1022. **P. S. Laurie,** Flamsteed's magnetic observations. Obs **73** 104—105.

1023. **E. E. Levinger,** Galileo: First Observer of Marvellous Things. Julian Messner, 1952. 180 S. Preis $ 2.75. — Besprechung in Sky and Telescope **12** 242, 269 (R. H. Cresson).

1024. **G. de Lorenzo,** Kant e la Geografia fisica. Soc. Nazionale Sci. Lettere Arti Napoli, Rend. Accad. Sci. Fis. Mat. (4) **20** 79—89. — Betrifft die Beiträge von Kant zum Studium und Unterricht der Geophysik. Cester

1025. **W. Lorey,** Karl Friedrich Gauss. Zur 175. Wiederkehr seines Geburtstages. Math.-Phys. Semesterber. **3** 179—192.

1026. **R. Marion,** Naturaliste honore par la fondation Marie-Victorin. J RAS Canada **47** 203—206. — J. E. Guimont.

1027. **E. A. Milne,** Sir James Jeans. Vgl. AJB **52** Ref. **1032.** — Weitere Besprechung in Endeavour **12** 106 (H. Spencer Jones), Nature **172** 421 (S. Chapman).

1028. **D. J. K. O'Connell,** Father Edward Francis Pigot, S. J. Riverview Coll. Obs. Repr. Nr. **4,** 18 S.

1029. **K. Otavský,** 35 years of astronomical work of Karel Novák. RH **34** 132—134, mit 1 Abb. (tschechisch).

1030. **J. G. Perel,** Der russische, vielgereiste Astronom Wassilij Fjodorowitsch Fjodorow (1802—1855). AJ UdSSR **30** 107—110 (russisch). — Ref. in Astr. News Letter Nr. **73** S. 6—7.

1031. **J. G. Perel,** Die gesellschaftlich-literarische Tätigkeit von D. M. Perewoschtschikow. AJ UdSSR **30** 229—236 (russisch).

1032. **S. Plakidis, D. Kotsakis,** Drei große Forscher: A. S. Eddington, J. H. Jeans, E. A. Milne. Athen, 1953. 91 S. mit Abb. (griechisch).

1033. **N. Richter,** Joseph Haydn und Wilhelm Herschel. Eine denkwürdige Begegnung unterm Sternenhimmel. Sterne **29** 215—217.

* * **C. U. Sadykow,** Biruni und seine Arbeiten über Astronomie und mathematische Geographie. Vgl. Ref. **1343.**

1034. **C. U. Sadykow,** Der große Astronom des 11. Jahrhunderts Abu-Rejchan Biruni. Stalinabad, Verlag Akad. Wiss. Tadshik. Sowjetrepublik, 1953, 23 S. mit Abb. Preis 90 Kop. (tadshikisch).

1035. **H. Schimank,** Carl Friedrich Gauß. Abh. Braunschw. Wiss. Ges. **2** 123—140, 1950.

1036. **W. Schirach,** Huntsmen of the night skies. MN ASSA **12** 50—51. — Bericht über die Arbeit von Hermann Goldschmidt.

1037. **F. Schmeidler,** Die Bedeutung von Max Planck für die Astronomie. Sternenwelt **5** 124—127, mit 1 Abb.

1038. **J. B. Sidgwick,** William Herschel. London, Faber and Faber Ltd, 1953. 228 S. Preis 12 s. 6 d. — Besprechung in JBAA **64** 140.

1039. **F. J. Sigel,** Der berühmte russische Astronom F. A. Bredichin. Moskau, Verlag «Snanije», 1953. 40 S. mit 3 Abb. und 1 Bild. Preis 45 Kop. (russisch).

1040. **J. Witkowski, K. Kordylewski,** Pokłosie 50-letniej działalności naukowej Tadeusza Banachiewicza. Kraków, 1953. 38 S. mit Bild.

1041. **E. Zinner,** Neue Regiomontan-Forschungen und ihre Ergebnisse. Sudhoffs Archiv für Geschichte der Medizin und der Naturwissenschaften **37** 104—108.

1042. Il P. Vincenzo Coronelli dei frati minori conventuali, nel III centenario della nascita. Rom, a cura di «Miscellanea francescana», 1951. 526 S. mit 40 Tafeln. — Besprechung in Coelum **21** 24—25.

1043. Bruno H. Bürgel — Erinnerung an seinen 5. Todestag. Astr. Nachrichtendienst Berlin-Treptow **5** 93, mit 1 Fig.

1044. A. Einstein, Philosopher — Scientist. Herausgegeben von P. A. Schilpp. Evanston Ill., The Library of Living Philosophers, 1949. Vol. 7. 14 + 781 S. — Besprechung in Sterne **30** 190—192.

* * W. J. Struve, Studien zur Stellarastronomie. Vgl. Ref. 712.

1045. En souvenir de Camille Flammarion. BSAF **67** 436—438.

1046. The grave of the Rev. T. W. Webb. JBAA **63** 89, 285—286.

1047. The centenary of Christian Johann Doppler (1803—1853). J RAS Canada **47** 175—176.

1048. Stalin at the Tiflis Observatory. MN ASSA **12** 23.

1049. En Schumacher-anekdote. NAT **1953** 119.

Kopernikus

1050. **H. Barycz,** Mikolaj Kopernik — wielki uczony Odrodzenia. PWN, 1953. 80 S. — Besprechung in Urania Kraków **26** 152—153 (J. Gadomski).

1051. **E. Buchar,** Zpráva o koperníkových oslavách ve Varšavě. Věst. Českosl. akad. věd. **62** 292—293. — Ref. in RJ Astr. Geod. UdSSR Nr. **11**, 1954; Ref. Nr. 5425 (russisch).

1052. **J. Dick,** Nikolaus Kopernikus' De revolutionibus. Wiss. Ann. **2** 450—458, mit 5 Abb.

1053. **J. Gadomski,** Technika pracy Mikołaja Kopernika. Urania Kraków **24** 129—136, mit 4 Fig.

1054. **J. Gadomski,** Kopernik o kometach. Urania Kraków **24** 221—223, mit 1 Tafel.

1055. **J. Gadomski,** Jedyna metryka Kopernika. Urania Kraków **24** 253—254, mit 1 Tafel.

1056. **J. Gadomski,** Krzywa Lissajous — Kopernika. Urania Kraków **24** 285—287, mit 1 Tafel.

1057. **J. Gadomski,** Rękopis «De Revolutionibus». Urania Kraków **24** 317—322, mit 2 Tafeln.

1058. **J. Gadomski,** Katalog gwiazd Kopernika. Urania Kraków **24** 349—353, mit 2 Tafeln.

1059. **A. Gerlo,** Copernic et Simon Stevin. Ciel et Terre **69** 277—288.

1060. **W. Horbacki,** Uwagi o roli Kopernika w dziejach myśli naukowej. Urania Kraków **24** 161—165.

1061. **Z. Horský,** Mikuláš Koperník. Časopis **3** 61—63 (tschechisch).

1062. **Z. Horský,** Mikuláš Koperník. RH **34** 103—107 (tschechisch).

1063. **L. Landová-Štychová,** Polish celebrations of M. Kopernik. RH **34** 149—151 (tschechisch).

1064. **A. A. Michajlow,** Nikolaus Kopernikus. Bote Akad. Wiss. UdSSR Nr. **6** S. 32—41 (russisch).

1065. **J. Mohr,** Mikuláš Koperník. Prag, Verlag Orbis. 24 S. mit 4 Fig. Preis Kčs. 2.10.

1066. **J. M. Mohr,** Nikolaj Kopernik. Tschechoslow. Phys. J. **3** 316—318 (englisch). — Ref. in RJ Astr. Geod. UdSSR Nr. **3**, 1955; Ref. Nr. 812 (russisch).

1067. **F. J. Nesteruk,** Nikolaus Kopernikus als Hydrotechniker. Nachr. Akad. Wiss. UdSSR (Techn.) Nr. **9** S. 1341—1349 (russisch). — Ref. in RJ Astr. Geod. Nr. **3**, 1954; Ref. Nr. 2421 (russisch).

1068. **W. Norlind,** Copernicus and Luther: a critical study. Isis **44** 273—276.

1069. **K. Rudnicki,** Sesja Kopernikańska Polskiej Akademii Nauk. Postępy Astr. **1** 103—104, mit 1 Tafel.

1070. **E. Rybka,** Der große polnische Astronom. Priroda **42** Nr. 5 S. 3—14, mit 6 Abb. und 1 Tafel (russisch). — Bericht über Leben und Werk des Nikolaus Kopernikus.

1071. **E. Rybka,** Kopernik we Włoszech. Urania Kraków **24** 33—39.

1072. **H. Slouka,** Copernicus way to the solar system. RH **34** 108—113, mit 2 Fig. (tschechisch), Mat.-přír. rozhledy **32** 50—53, mit 3 Fig. (tschechisch).

1073. **E. Stenz,** Kopernik o atmosferze ziemskiej. Urania Kraków **24** 193—197, mit 4 Tafeln.

1074. **J. Štych,** Mikuláš Koperník. RH **34** 101—103 (tschechisch).

1075. **J. M. Szancer, S. Flukowski,** Kopernik. Warszawa, Państwowy Instytut Wydawniczy, 1953. Preis zł. 40. — Besprechung in Urania Kraków **25** 191—193 (K. Rudnicki).

1076. **S. Szymański, C. Wegner,** Frombork-mieszkanie i pracownia Mikołaja Kopernika. Urania Kraków **24** 1—9, mit 4 Fig.

1077. Zum 410. Todestag von Kopernikus. Feierliche Sitzung in der Akademie der Wissenschaften der UdSSR. Bote Akad. Wiss. UdSSR Nr. 6 S. 25—31 (russisch). — Ref. in RJ Astr. Nr. 3, 1953; Ref. Nr. 1024 (russisch).

1078. Onoranze polacche a Nicolò Copernico. Coelum 21 190.

1079. Mikolaj Kopernik. Kulturprobleme des neuen Polen 5 Nr. 5 (41) S. 1—11, mit 4 Abb.

1080. Kopernikus-Gedenkfeiern in aller Welt. Kulturprobleme des neuen Polen 5 Nr. 6 (42) S. 15—16.

1081. Das Kopernikus-Museum in Frombork. Kulturprobleme des neuen Polen 5 Nr. 7 (43) S. 9—10, mit 3 Abb.

1082. N. Kopernikus, Über die Kreisbewegungen der Weltkörper. Phys. Blätter 9 145—148.

1083. Z kroniki roku Kopernikowskiego. Urania Kraków 24 18—21.

1084. 480-lecie urodzin Mikołaja Kopernika. Urania Kraków 24 145—147, mit 1 Abb.

1085. Kopernikańska Sesja Naukowa P. A. N. Urania Kraków 24 331—335.

1086. Oslava díla Mikuláše Koperníka. Věst. Českosl. akad. věd. 62 119. — Ref. in RJ Astr. Geod. UdSSR Nr. 11, 1954; Ref. Nr. 5423 (russisch).

1087. M. Kopernik, O Obrotach Sfer Niebieskich. Warszawa, Wydawnictwo Naukowe, 1953. Preis zł. 50. — Besprechung in Urania Kraków 25 31—33 (F. Rapf).

§ 11

Tätigkeitsberichte von Instituten und Gesellschaften, Tagungen

1101. **Tätigkeitsberichte von Instituten**

Ann Arbor, Mich. The Observatories of the University of Michigan. AJ 58 253—259. L. Goldberg, R. R. McMath.

Armagh. Armagh Observatory in 1952. Irish AJ 2 138—140 = Armagh Obs. Leaflet Nr. 16. E. M. Lindsay. MN 113 318—319. E. M. Lindsay.

Babelsberg. Mitt. AG 1952 24—26. W. Grotrian.

Bamberg. Mitt. AG 1952 26—27.

Barcelona. Observatorio Fabra. Urania Barcelona 38 172—173.

Barcelona. Observatorio de la Universidad. Urania Barcelona 38 173.

Belgrad. Rapport annuel sur l'état et l'activité de l'Observatoire en 1952. Bull. Astr. Obs. Beograd 17 64—72. Desgl. für 1953. Bull. Astr. Obs. Beograd 18 Nr. 3—4 S. 23—31. V. V. Michkovitch.

Berlin. Astronomisches Recheninstitut. Mitt. AG 1952 27—28. A. Kahrstedt.

Bloemfontein, South Africa. Lamont-Hussey Observatory. Vgl. Ann Arbor.

Bloomington, Ind. Goethe Link Observatory. AJ 58 243—244. F. K. Edmondson.

Bonn. Mitt. AG 1952 28—31. F. Becker.

Bonn. Geschichte des Fixsternhimmels (1951/52). Mitt. AG 1952 31. J. Haas.

Bordeaux. Observatoire. Rapport présenté au Conseil de l'Université. Année scolaire 1951—1952. Bordeaux. 1953. 6 S. Desgl. Année scolaire 1952—1953. 6 S. P. Sémirot.

Cambridge, Engl. University of Cambridge. Report of the Observatories Syndicate for the year ending 1953 September 30. 4 S. Ferner: MN **113** 319—321. R. O. Redman.

Cambridge, Engl. Cavendish Laboratory. MN **113** 321—325. L. Bragg.

Cambridge, Mass. 107. annual report of the director of the Astronomical Observatory of Harvard College for the year ending September 30, 1952. Cambridge, Mass. Published by the University. 15 S. H. Shapley.

Canberra. Commonwealth Observatory. Report for 1951. Nature **171** 117. — Auszug aus dem in AJB **52** Ref. 1101 zitierten Bericht.

Commonwealth Observatory. Report of the Commonwealth Astronomer to the Board of Visitors for the year 1952. 5 S. R. v. d. R. Woolley.

Cape of Good Hope. Royal Observatory. Report for 1951. Nature **171** 161—162. — Auszug aus dem in AJB **52** Ref. 1101 zitierten Bericht.

Royal Observatory. MN **113** 315—318. R. H. Stoy. Ferner: Report of Her Majesty's Astronomer at the Cape of Good Hope to the Secretary of the Admiralty for the year 1952. 16 S. R. H. Stoy.

Charlottesville, Va. Leander McCormick Observatory. AJ **58** 244—245. H. L. Alden.

Christchurch, N. Z. Geophysical Observatory. MN **113** 353—354. J. W. Beagley.

Cleveland, Ohio. Warner and Swasey Observatory. AJ **58** 268—270. J. J. Nassau.

Columbus, Ohio. McMillin Observatory. AJ **58** 261—263. J. A. Hynek.

Delaware, Ohio. Perkins Observatory. AJ **58** 261—263. G. Keller.

Delaware, Ohio. Wesleyan Student Observatory. AJ **58** 261—263. J. E. Merrill.

Denver, Col. Chamberlin Observatory. AJ **58** 240—241. A. W. Recht.

Dublin. Dunsink Observatory. Irish AJ **2** 121—123. H. A. Brück. MN **113** 333—334. H. A. Brück.

Edinburgh. Royal Observatory. MN **113** 312—315. W. M. H. Greaves.

Evanston, Ill. Dearborn Observatory. AJ **58** 242. K. A. Strand.

Exeter. Norman Lockyer Observatory of the University College of the South West. MN **113** 333. D. L. Edwards.

Fort Davis, Tex. McDonald Observatory. AJ **58** 272—279. B. Strömgren.

Frankfurt a. M. Mitt. AG **1952** 31—32. K. Schiller.

Freiburg i. Br. Fraunhofer-Institut. Mitt. AG **1952** 32—36. K. O. Kiepenheuer.

Glasgow. University Observatory. MN **113** 325. W. M. Smart.

Göttingen. Universitäts-Sternwarte. Mitt. AG **1952** 36—39. P. ten Bruggencate.

Göttingen. Max-Planck-Institut für Physik. Abteilungen für Astrophysik und für Theoretische Physik. Mitt. AG **1952** 39—41. L. Biermann, C. F. v. Weizsäcker.

Granada. Observatorio Geofísico de Cartuja. Urania Barcelona **38** 167—168.

Greenwich. Royal Greenwich Observatory. Report of the Astronomer Royal to the Board of Visitors of the Royal Greenwich Observatory, presented at the annual visitation of the Royal Observatory, 1953 June 13. 30 S. H. Spencer Jones. — 1952 Mai 1 — 1953 April 30. Ferner: MN **113** 308—312. H. Spencer Jones. Nature **172** 1034.

Hamburg-Bergedorf. Mitt. AG **1952** 41—47 = Jahresbericht der Hamburger Sternwarte in Bergedorf für das Jahr 1952. O. Heckmann.

Hamburg. Deutsches Hydrographisches Institut. Jahresbericht Nr. 7 für das Jahr 1952. 67 S. G. Böhnecke.

Heidelberg. Astronomisches Rechen-Institut. Mitt. AG **1952** 51—53. A. Kopff.

Heidelberg, Landessternwarte. Mitt. AG **1952** 47—50. H. Kienle.

Hyderabad. Nizamiah Observatory. MN **113** 345—346. A. Ali.

Ithaca, N. Y. Fuertes Observatory. AJ **58** 243. R. W. Shaw.

Jena. Mitt. AG **1952** 53—55. H. Lambrecht.

Johannesburg. Union Observatory. Annual Report, Department of Education, Arts and Science, 1950. 2 S. Desgl. 1951. 1 S. Ferner: MN **113** 341—342. W. H. van den Bos.

Kiel. Mitt. AG **1952** 55. A. Unsöld.

Kiew. Tätigkeitsbericht des Astronomischen Observatoriums der Schewtschenko-Staatsuniversität Kiew für 1950. Publ. Astr. Obs. Kiew Nr. **5** S. 197—206 (russisch).

Desgl. für 1951. Publ. Astr. Obs. Kiew Nr. **5** S. 207—218 (russisch).

Kodaikanal. Solar Physics Observatory. Report for 1950. Nature **171** 1097. — Auszug aus dem in AJB **51** Ref. 1101 zitierten Bericht. Ferner: Annual report of the Kodaikanal Observatory for the year 1952. 11 S. A. K. Das. MN **113** 346—349. A. K. Das.

Lake Angelus, Pontiac, Mich. McMath-Hulbert Observatory. Vgl. Ann Arbor.

Leipzig. 1951/52. Mitt. AG **1952** 55—56. C. Fischer.

Lembang, Java. University of Indonesia, Bosscha Observatory. Report for the years 1951—1952. 8 S.

London. Imperial College Observatory, South Kensington. MN **113** 325—326. R. W. B. Pearse.

London. University of London Observatory. MN **113** 326. C. W. Allen.

Madison, Wis. Washburn Observatory. AJ **58** 270. A. E. Whitford.

Madrid. Seminario de Astronomía y Geodesia de la Universidad de Madrid. Urania Barcelona **38** 171—172.

Madrid. Observatorio Astronómico Nacional. Urania Barcelona **38** 173—174.

Malvern. Radar Research and Development Establishment. MN **113** 326—327. J. S. Hey.

Manchester. Jodrell Bank Experimental Station, University of Manchester. MN **113** 327—330 = Astr. Contr. Univ. Manchester (2) Jodrell Bank Repr. Nr. **79**. A. C. B. Lovell.

Mount Hamilton, Calif. Lick Observatory. AJ **58** 245—253. C. D. Shane.

Mount Stromlo. Commonwealth Observatory. MN **113** 349—350. R. v. d. R. Woolley.

Mount Wilson and Palomar Observatories. AJ **58** 259—261. I. S. Bowen.

München. Mitt. AG **1952** 57—60. E. Schoenberg.

Münster. Mitt. AG **1952** 61. J. Hellerich.

Neuchâtel. Rapport du directeur de l'Observatoire Cantonal de Neuchâtel à la Commission de l'Observatoire sur l'exercice 1952, suivi du rapport spécial sur les concours des chronomètres et des pendules observés en 1952. 32 S. mit 4 Anhängen. E. Guyot.

New Haven, Conn. Yale University Observatory. AJ **58** 270—272. D. Brouwer.

Ottawa. Dominion Observatory. J RAS Canada **47** 21—22, 177—178. MN **113** 335—337. C. S. Beals.

Oxford. University Observatory. MN **113** 331—332. H. H. Plaskett.

Paris. Bureau International de l'Heure. Bull hor (3) Nr. 9 S. 295—305. A. Danjon.

Perth. Observatory. MN **113** 353. H. S. Spigl.

Pittsburgh, Pa. Allegheny Observatory. AJ **58** 239—240. N. E. Wagman.

Potsdam. Astrophysikalisches Observatorium. Mitt. AG **1952** 61—64. W. Grotrian.

Pretoria. Radcliffe Observatory. MN **113** 342—345. A. D. Thackeray.

Princeton, N. J. Princeton University Observatory. AJ **58** 263—265. L. Spitzer jr.

Richmond Hill, Ont. David Dunlap Observatory. AJ 58 241. J. F. Heard. J RAS Canada 47 95—96. MN 113 337—338. J. F. Heard.

San Fernando. Observatorio de Marina. Urania Barcelona 38 174—175.

Santiago de Compostela. Observatorio Astronómico de la Universidad de Santiago de Compostela. Urania Barcelona 38 170—171.

Sonneberg. Mitt. AG 1952 65—67. N. Richter.

St. Andrews. University Observatory. MN 113 332—333 = Repr. Obs. Univ. St. Andrews Nr. 10. E. Finlay Freundlich.

Stockholm. Stockholms Observatoriums Årsberättelse för året 1952. K. Svenska Vet. Årsbok för år 1953 S. 143—150. B. Lindblad.

Swarthmore, Pa. Sproul Observatory. AJ 58 265. P. van de Kamp.

Sydney. Observatory. MN 113 350. H. Wood.

Sydney, N. S. W. Riverview College Observatory. MN 113 350. T. N. Burke-Gaffney.

Sydney. Radiophysics Laboratory. Annual report for 1951—52. Nature 172 978—981. Ferner: MN 113 350—353 = Commonwealth Sci. Industrial Res. Organization, Australia, Division Radiophys. E. G. Bowen.

Tortosa. Observatorio de Física Cósmica del Ebro. Urania Barcelona 38 168—170.

Toruń. Sprawozdanie z działalności Obserwatorium Astronomicznego Uniwersytetu M. Kopernika w Toruniu za okres 1950—1952. Postępy Astr. 1 109—113. W. Iwanowska, W. Dziewulski.

Toulouse. Observatoire de l'Université de Toulouse. Rapport annuel 1950—1951. 10 S. E. Paloque.

Tübingen. Mitt. AG 1952 67—69. H. Siedentopf.

Uccle. Observatoire Royal de Belgique. Commun. Obs. Roy. Belgique Nr. 57, 16 S. P. Bourgeois.

Upper Darby and Wynnewood, Pa. Flower and Cook Observatories. AJ 58 242. C. P. Olivier.

Valencia. Observatorio Astronómico de la Universidad. Urania Barcelona 38 175.

Victoria, B. C. Dominion Astrophysical Observatory, Victoria, B. C. J RAS Canada 47 121, 255—256. MN 113 338—341. R. M. Petrie.

Warszawa. Uzupełnienie do «Sprawozdania z działalności Obserwatorium Astronomicznego Uniwersytetu Warszawskiego w okresie 1945—1950 r.» Postępy Astr. 1 104—109. J. Gadomski.

Warszawa. Zakład Astronomii Praktycznej Politechniki Warszawskiej w latach 1950—1952. Postępy Astr. 1 113—116. F. Kępiński.

Washington, D. C. United States Coast and Geodetic Survey. AJ 58 265—266. R. W. Knox.

Washington, D. C. United States Naval Observatory. AJ 58 266—268. F. A. Graf.

Washington, D. C. The Smithsonian Institution. Report on the Astrophysical Observatory. Annual report for 1951—52, Nature 172 237—238. Annual Report Smithsonian Inst. for 1952 S. 130—135, mit 1 Fig. L. B. Aldrich.

Washington. Carnegie Institution of Washington. Annual report for 1951—52. Nature 171 424—425.

Wellington, N. Z. Carter Observatory. Report of the Carter Observatory Board for the year ended 1953, March 31. Carter Obs. Astr. Bull. Nr. 39, 11 S. I. L. Thomsen. Ferner: MN 113 354. I. L. Thomsen.

Wien. Bericht über die Jahre 1945—1952. Mitt. Univ.-Sternw. Wien, 10 S. J. Hopmann.

Williams Bay, Wis. Yerkes Observatory. AJ 58 272—279. B. Strömgren.

Wynnewood, Pa. Vgl. Upper Darby.

Zürich. Eidgenössische Sternwarte. Tätigkeitsbericht für das Jahr 1952. 6 S. mit 1 Tafel. M. Waldmeier.

* * Tätigkeitsberichte von Privat- und Volkssternwarten siehe unter § 12.

1102. American Association of Variable Star Observers

J RAS Canada **47** 249—252. The annual meeting of the AAVSO. M. W. Mayall.
Publ ASP **65** 170—171. The A. A. V. S. O.

1103. American Astronomical Society

Sky and Telescope **12** 130—131. Members and guests at the 88th meeting of the American Astronomical Society, Amherst College, December 29, 1952.

Sky and Telescope **13** 3—4, mit 2 Fig. Colorado conclave. C. M. Huffer.

Sky and Telescope **13** 50—51. American Astronomical Society, University of Colorado, August 26—30, 1953.

Die kurzen Berichte über die auf den Versammlungen gehaltenen Vorträge sind durch «Ref. AAS» gekennzeichnet.

1104. American Meteor Society

Meteoritics **1** 81—84. Reports of the American Meteor Society. C. P. Olivier.

1105. Astronomical Society of the Pacific

Publ ASP **65** 61. Minutes of the special meeting of the directors, November 29, 1952. S. Einarsson.

Publ ASP **65** 61—63. Minutes of the adjourned meeting of the directors, December 9, 1952. S. Einarsson.

Publ ASP **65** 101—104. Minutes of the sixtyfourth annual meeting of the Astronomical Society of the Pacific, January 14, 1953. S. Einarsson.

Publ ASP **65** 105—106. Minutes of the meeting of the newly elected Board of Directors, January 14, 1953. S. Einarsson.

Publ ASP **65** 107—108. Minutes of the meeting of the Board of Directors, January 28, 1953. S. Einarsson.

Publ ASP **65** 109—112. Annual report of the secretary-treasurer for the year ending December 31, 1952. S. Einarsson, V. Graves.

Publ ASP **65** 190—191. Santa Barbara meeting of the Astronomical Society of the Pacific.

Die kurzen Berichte über die auf den Versammlungen gehaltenen Vorträge sind durch «Ref. ASP» gekennzeichnet.

1106. Astronomical Society of South Africa

MN ASSA **12** 66—68. Report of the Council for the Session 1952—1953.

1107. Astronomische Gesellschaft

Mitt. AG **1952** 5—7. Bericht über die Versammlung der Astronomischen Gesellschaft in München, 22. bis 25. September 1952. H. Haffner.

Naturwiss. Rundschau **6** 78—79. Tagung der Astronomischen Gesellschaft (AG.) München vom 22. bis 26. September 1952. W. Jaschek.

Phys. Verhandlungen **4** 249—250. Astronomentagung in Bremen. F. Gondolatsch.

Sterne **29** 227—229. Versammlung der Astronomischen Gesellschaft in Bremen vom 7. bis 10. Oktober 1953. C. Hoffmeister.

Wiss. Ann. **2** 66—67. Kongreß der Deutschen Astronomischen Gesellschaft in München. N. Richter. — Bericht über die Tagung 1952 Sept. 22—26.

Die kurzen Berichte über die auf den Versammlungen gehaltenen Vorträge sind durch «Ref. AG» gekennzeichnet.

1108. Astronomisch-Geodätische Gesellschaft der UdSSR

Bull. Astr.-Geod. Ges. UdSSR Nr. **12** (**19**) S. 40—44 (russisch). Die Arbeit der Abteilungen der Astronomisch-Geodätischen Gesellschaft der UdSSR im Jahr 1950. — Berichte der Usbekistaner, Rigaer, Minsker, Stalingrader, Molotower, Smolensker, Jaroslawer und Kalininer Abteilungen.

Bull. Astr.-Geod. Ges. UdSSR Nr. **13** (**20**) S. 43—51 (russisch). Die Arbeit der Abteilungen der Astronomisch-Geodätischen Gesellschaft der UdSSR im Jahr 1951. — Berichte der Moskauer, Leningrader, Gorkijer, Kiewer, Charkower, Usbekistaner, Stalingrader, Dorpater und Rigaer Abteilungen.

1109. Astronomisk Selskab

NAT **1953** 79—80. Den ordinære generalforsamling.

1110. British Astronomical Association

JBAA **63** 293—315. Report of the Council on the work of the session 1952 July 1 to 1953 June 30, to be presented to members of the Association at the annual general meeting 1953 October 28. — Enthält unter anderem die Berichte folgender Sektionen: Solar Section (D. W. Dewhirst), Lunar Section (H. P. Wilkins), Mercury and Venus Section (H. Mc Ewen), Mars Section (P. M. Ryves), Jupiter Section (A. F. O'D. Alexander), Saturn Section (M. B. B. Heath), Comet Section (G. Merton), Meteor Section (J. P. M. Prentice), Aurora and Zodiacal Light Section (D. A. Maclean), Variable Star Section (W. M. Lindley), Instruments and Observing Methods (W. H. Steavenson), Computing Section (J. G. Porter).

JBAA **64** 1—19, mit 2 Fig. und 6 Tafeln. Report of the annual general meeting of the Association.

Nature **171** 244. British Astronomical Association: Annual general meeting.

1111. British Interplanetary Society

J. British Interplanetary Soc. **12** 74—75. Seventh annual general meeting.

J. British Interplanetary Soc. **12** 298—302. Eighth annual general meeting. A. C. Clarke.

1112. Deutsche Gesellschaft für Chronometrie

Phys. Blätter **9** 512—514. Tagung der Deutschen Gesellschaft für Chronometrie in Stuttgart. E. Joerg.

1113. Gesellschaft für Weltraumforschung

Weltraumfahrt **1953** 20—21, mit 2 Abb. Fünf Jahre Gesellschaft für Weltraumforschung.

Weltraumfahrt **1953** 126, mit 1 Abb. 6. Jahreshauptversammlung der GfW.

1114. Internationale Astronautische Föderation

Naturwiss. Rundschau **6** 167—168, mit 1 Abb. 3. Internationaler Astronautischer Kongreß in Stuttgart. W. Jaschek.

Orion Schaffhausen **4** 79. Kongreß für Astronautik. — Bericht über den in Stuttgart gehaltenen dritten internationalen Kongreß über Raumfahrt.

Sky and Telescope **12** 317. Astronauts meet in Switzerland. F. I. Ordway.

Weltraumfahrt **1953** 1—2. Das Fundament der Internationalen Astronautischen Föderation. G. Loeser.

Weltraumfahrt **1953** 122—125, mit 6 Abb. Der 4. Internationale Astronautische Kongreß.

1115. International Astronomical Union

Boll. Geod. Sci. affini **12** 111—112. Congresso Mondiale di Astronomia. VIII Assemblea generale dell' Unione Astronomica Internazionale. G. B. Pacella.

Bošković Almanah 1953 S. 198—209. Kongres internacionalne astronomske unije u Rimu.

BSAF **67** 431—435, mit 7 Fig. D'un congrès à l'autre. G. C. Flammarion.

Bull hor (3) Nr. 8 S. 237—264. Huitième assemblée générale de l'Union Astronomique Internationale. N. Stoyko.

Časopis **3** 1—3 (tschechisch). Kosmogonisches Symposium auf dem Kongreß der I. A. U. in Rom 1952. F. Link.

Experientia **9** 156—159. VIII. Kongreß der Internationalen Astronomischen Union (IAU). Rom, 3.—13. September 1952. J. O. Fleckenstein.

Hemel en Dampkring **51** 29—37, mit 6 Fig. Rome, de achtste algemene vergadering van de Internationale Astronomische Unie. J. J. Raimond jr.

Irish AJ **2** 124—126. The Rome meeting of the International Astronomical Union and the convegno «Volta». H. A. Brück.

MN ASSA **12** 8—10. The Rome meeting of the International Astronomical Union.

PAT **34** 1—8, mit 4 Fig. Den Internationella Astronomiska Unionens generalförsamling i Rom 4—13 September 1952. B. Lindblad.

Priroda **42** Nr. 2 S. 62—71, mit 3 Abb. (russisch). Die internationale Astronomentagung in Rom. E. K. Charadse.

Publ ASP **65** 11—15. Meeting of the eighth general assembly of the International Astronomical Union. H. H. Swope. — Vgl. auch Aufsatz in Sternenwelt **5** 146 unter dem Titel: Astronomen und Galaxien.

Science **117** 315—318. The International Astronomical Union. O. Struve.

Urania Barcelona **38** 229—238, mit 2 Fig. VIII asamblea de la Unión Astronómica Internacional.

Urania Barcelona **38** 238—243. Discurso de su Santidad a los membros de la VIII asamblea general de la Unión Astronómica Internacional.

Urania Kopenhagen **10** 4—8. Foredragene paa Romamødet.

1116. Meteoritical Society

Meteoritics **1** 89—91. The Meteoritical Society. L. LaPaz.

Meteoritics **1** 91—95. Report on the 15th meeting of the Society. J. A. Russell.

Sky and Telescope **12** 319—320. Meteoriticists meet.

1117. Nederlandse Vereniging voor Weer- en Sterrenkunde

Hemel en Dampkring **51** 18—20.

Hemel en Dampkring **51** 105—106 = Werkgroep Meteoren Med. Nr. 27. Verslag van de Werkgroep Meteoren over het jaar 1952. S. G. Fonk.

1118. Polnische Astronomische Gesellschaft

Urania Kraków **24** 14—17. Walue zebranie Polskiego Towarzystwa Astronomicznego. — Tagung in Warschau am 16. 11. 1952.

Urania Kraków **24** 329—331. Pierwszy sympozjon Polskiego Towarzystwa Astronomicznego.

1119. Polnische Gesellschaft für Liebhaber der Astronomie

Urania Kraków **24** 182—183, mit 1 Abb. Sprawozdanie Koła Warszawskiego P. T. M. A. za rok 1952. J. Gadomski.

1120. Royal Astronomical Society

MN **113** 273—293, mit Bild von H. Dingle. Annual general meeting of 1953 February 13.

Obs 73 41—49. Anniversary meeting and annual general meeting of the Royal Astronomical Society.

Obs 73 169—176. The Royal Astronomical Society at Newcastle-upon-Tyne.

1121. **Royal Astronomical Society of Canada**

J RAS Canada 47 67—86. Minutes of annual meeting of the Royal Astronomical Society of Canada.

1122. **Royal Astronomical Society of New Zealand**

Southern Stars 15 125—137. Annual meeting 6th December, 1952. Report of the Council for the year ended 30th September 1953. Reports of Sections.

Southern Stars 15 151—155. The annual meeting of 5th December, 1953.

1123. **Schweizerische Astronomische Gesellschaft**

Orion Schaffhausen 4 142—144. Bericht über die 11. Generalversammlung der Schweizerischen Astronomischen Gesellschaft in Luzern am 30/31. Mai 1953. E. Maier.

1124. **Società Astronomica Italiana**

Boll. Geod. Sci. affini 12 538—542. Terza Riunione della Società Astronomica Italiana (Pisa e Firenze, 26—27 Settembre 1953). G. Righini.

Coelum 21 163. Terza riunione della Società Astronomica Italiana.

Coelum 21 191. La III^{a} riunione della Società Astronomica Italiana a Firenze ed a Pisa.

Die kurzen Berichte über die auf der Versammlung gehaltenen Vorträge sind durch «Ref. Soc. Astr. Italiana» gekennzeichnet.

1125. **Société Astronomique de France**

BSAF 67 262—268. Assemblée générale annuelle de la Société Astronomique de France du 24 juin 1953. A. Hamon.

BSAF 67 283—286. La vie de la Société Astronomique de France (1952—1953). G. C. Flammarion.

BSAF 67 469—473. Allocution inaugurale du nouveau président (8 novembre 1953). P. Chêvenard.

1126. **Société Belge d'Astronomie, de Météorologie et de Physique du Globe**

Ciel et Terre 69 266—267. Assemblée générale statutaire du 14 mars 1953. E. Hoge.

1127. **Société Chronométrique de France**

Ann. Françaises Chronométrie (2) 23 136—140. Assemblée Générale du 29 Novembre 1952.

1128. **Société Suisse de Chronométrie**

Ann. Françaises Chronométrie (2) 23 79.

XXVIIe Assemblée Générale des 7 et 8 Juin 1952 à Interlaken.

Ann. Françaises Chronométrie (2) 23 287. XXVIIIe Assemblée Générale des 30 et 31 mai 1953, à Bâle.

1129. **Svenska Astronomiska Sällskapet**

PAT 34 55—58. Svenska Astronomiska Sällskapet. Styrelsens berättelse för år 1952.

1130. **V. Dahlkamp,** Gründung einer «Vereinigung der Sternfreunde». Sterne **29** 232—233.

1131. **J. L. Greenstein,** The NSF and astronomy. Sky and Telescope **12** 282, 285. — NSF = National Science Foundation.

1132. **W. H. Haas,** Sixth anniversary of the A. L. P. O. Strolling Astronomer **7** 29—30.

1133. **G. Hilde,** Die Berliner Tagung der Sternfreunde vom 8. bis 11. August 1953. Sterne **29** 233—235.

1134. **E. Mädlow,** Geschäftsbericht des Bundes der Sternfreunde (Planetensektion) 1952/53. Mitt. Planetenbeobachter **6** 18—21.

1135. **I. A. Parschin,** Über die Arbeit der Unterabteilung für Astronomie der wissenschaftlichen Session der Leningrader Shdanow-Staatsuniversität des Leninordens in den Jahren 1952—1953. Bote Staatsuniv. Leningrad Nr. **5** S. 129—131 (russisch). — Ref. in RJ Astr. Geod. UdSSR Nr. 1, 1954; Ref. Nr. 1494 (russisch).

1136. **W. A. Schischakow, A. S. Scharow,** Der sechste astronomische Schülerwettbewerb. Bull. Astr.-Geod. Ges. UdSSR Nr. **13** (**20**) S. 41—42 (russisch).

1137. **E. W. Turner,** The Junior Astronomical Society. Vega Nr. **3** S. 11.

1138. Nineteenth annual James Arthur lecture on the sun. Annual Report Smithsonian Inst. for 1952 S. 7. — Vorbericht.

1139. Vereinigung der Sternfreunde (VdS) tagte in Berlin. Astr. Nachrichtendienst Berlin-Treptow **5** 113—114.

1140. Seconda riunione di astrofili a Venezia. Coelum **21** 26—27.

1141. IVª Assemblea di astrofili a Verona ed Asiago. Coelum **21** 33.

1142. Quarta assemblea di astrofili a Verona ed Asiago. Coelum **21** 65.

1143. IVª Assemblea di astrofili a Verona ed Asiago (28—29 Giugno 1953). Coelum **21** 122—125.

1144. La Società dei Variabilisti Italiani. Coelum **21** 131—132.

1145. Office-bearers and Council for 1954. J. Astr. Soc. Victoria **6** 80.

1146. Fifty-first annual report for the year ending January 31, 1953. Memorial House, Nantucket Mass. 47 S. mit einem Bild von Maria Mitchell. — Bericht der Nantucket Maria Mitchell Association.

Tagungen

1147. **W. W. Arsentjew,** Die Zusammenkunft der Astronomen Moskaus und der chinesischen Volksrepublik. AJ UdSSR **30** 370—371 (russisch). — Die Zusammenkunft fand am 23. März 1953 im Sternberg-Institut Moskau statt. Ref. in Phys. Blätter **9** 475—476.

1148. **L. d'Azambuja,** Le colloque de physique solaire organisé à Rome et à Florence par l'Académie de Lincei en septembre 1952. BSAF **67** 129—139, mit 3 Fig.

1149. **A. M. Bacharew,** Die fünfte Tagung der UdSSR über Kometen und Meteore in Stalinabad. AJ UdSSR **30** 371—373 (russisch).

1150. **V. Barocas, G. Righini,** The eleventh Volta congress. Publ ASP **65** 70—72.

1151. **L. Biermann,** Kolloquium über Rechenanlagen in Göttingen. Mitt. Max-Planck-Ges. 1953 S. 38—40, Phys. Blätter **9** 231—233.

1152. **B. J. Bok,** Three weeks of symposia. Sky and Telescope **13** 12—14, 45—49. mit 10 Fig. — Über drei im Jahre 1953 abgehaltene Symposia wird berichtet: 1. Symposium in Groningen vom 22.—27. Juni über «Co-ordination of Galactic Research». 2. Cambridge-Symposium vom 6.—11. Juli unter dem Thema «Gas Dynamics of the Interstellar Clouds». 3. Symposium über Radio-Astronomie an der Experimental-Station Jodrell Bank, Manchester, vom 13.—15. Juli. Schai.

1153. **J. G. Bolton,** Radio astronomy at U. R. S. I. Obs **73** 23—26. — Bericht über die Sitzungen der Kommission Radio-Astronomie während der 10. Generalversammlung der Internationalen Wissenschaftlichen Radio Union (U. R. S. I.) in Sydney. Zu folgenden Themen wurden neue Ergebnisse vorgetragen und diskutiert: Die Sonne, Dynamik ionisierter Medien, Interstellarer Wasserstoff, Die diskreten Quellen. O. G.

1154. **R. Hanbury Brown,** A symposium on radio-astronomy at Jodrell Bank. Obs **73** 185—198, mit 1 Tafel = Astr. Contr. Univ. Manchester (2) Jodrell Bank Repr. Nr. **92**. — Die Hauptthemen des Symposiums waren: Sonnenkorona (besonders Temperatur und Elektronendichte), Radio-Sterne (Beobachtung, Identifizierung einzelner Quellen und Verteilung schwächerer Quellen), Beobachtungstechnik und Struktur der Milchstraße (Verteilung des interstellaren Gases). O. G.

1155. **G. Burbidge, M. Burbidge,** Symposium on astrophysics. Obs **73** 258—259. — Bericht über das Michigan-Symposium Juni 29 — Juli 24.

1156. **A. Due Rojo,** El congreso internacional de astronáutica. Londres, Septiembre de 1951. Razón y Fe **144** Nr. **646** S. 377—383. — Ref. in Urania Barcelona **38** 251.

1157. **W. W. Fedynskij,** Erweiterte Konferenz der Kommission für Meteore und Kometen beim Astronomischen Rat der Akademie der Wissenschaften der UdSSR am 18. Mai 1952. AJ UdSSR **30** 115—116 (russisch). — Ref. in Astr. News Letter Nr. **73** S. 15—16, Urania Kraków **24** 209—210.

1158. **W. G. Fessenkow,** Tagung über Probleme der Möglichkeit des Lebens auf anderen Planeten. AJ UdSSR **30** 244 (russisch). — 1952 Sept. 25—27 in Alma-Ata.

1159. **S. W. Gorak, D. E. Pantschenko,** Tagung über moderne Theorien zur Entstehung und Entwicklung der Erde. Nachr. Akad. Wiss. UdSSR Nr. **6** S. 571—573 (russisch). — Ref. in RJ Astr. Geod. Nr. **4**, 1954; Ref. Nr. 3182 (russisch).

1160. **V. Guth,** 1st Czechoslovak conference on meteor astronomy held at Skalnaté Pleso on March 26 to 28, 1953. BAC **4** 87—90 (mit russ. Zusammenfassung).

1161. **C. H. Holton,** Convention at Washington. Sky and Telescope **13** 15—18, mit 5 Fig. — Bericht über die Generalversammlung der Astronomical League in Washington vom 4.—7. Sept. 1953.

1162. **J. Hunaerts,** Les processus nucléaires dans les astres. Ciel et Terre **69** 302—310.

1163. **E. W. Karuss,** Erweiterte Sitzung des Gelehrten Rates des Geophysikalischen Instituts der Akademie der Wissenschaften der UdSSR über Fragen der Entstehung, des Aufbaues und der Entwicklung der Erde (Dezember 1952). Nachr. Akad. Wiss. UdSSR (geophys.) Nr. **2** S. 196—199 (russisch).

1164. **M. Kopecký, F. Link, J. Kleczek, M. Blaha,** Berichte von der Konferenz über Sonnenphysik in Ondřejov. Časopis **3** 17—28, 45—48 (tschechisch).

1165. **E. L. Krinow,** Die fünfte Meteoritenkonferenz. Bote Akad. Wiss. UdSSR Nr. **10** S. 130—133 (russisch). — Ref. in RJ Astr. Geod. UdSSR Nr. **4**, 1954; Ref. Nr. 2894 (russisch).

1166. **B. W. Kukarkin,** Zwei internationale astronomische Tagungen. Bote Akad. Wiss. UdSSR Nr. **10** S. 79—84 (russisch). — Ref. in RJ Astr. Geod. UdSSR Nr. **5**, 1954; Ref. Nr. 3297 (russisch).

1167. **P. G. Kulikowskij,** Die achte internationale astronomische Tagung (Nachtrag). AJ UdSSR **30** 469 (russisch).

1168. **P. Kulikowskij,** Die internationale astronomische Tagung 1953. AJ UdSSR **30** 566—571, mit 1 Bild (russisch).

1169. **F. Link,** Physique solaire. Conférence organisée à l'Observatoire d'Astrophysique à Ondřejov du 9 au 10 janvier 1953. BAC **4** 52.

1170. **W. A. Magnizkij,** Tagung über den Zusammenhang der Grundprobleme der Geologie und Geophysik mit Fragen der Kosmogonie. Nachr. Akad. Wiss. UdSSR (Geophys.) Nr. **3** S. 285—286 (russisch). — Leningrad, 1953 Februar.

1171. **H. W. Milner,** Convention of western amateur astronomers. Publ ASP **65** 260—261.

1172. **R. Müller,** Arbeitsgemeinschaft Ionosphäre. Sternenwelt **5** 141—142.

1173. **M. G. Nowljanskaja,** Konferenz der Kommission für Geschichte der physikalisch-mathematischen Wissenschaften der Akademie der Wissenschaften der UdSSR. AJ UdSSR **30** 116—117 (russisch). — Die Konferenz fand am 17. Okt. 1952 statt und galt dem Gedächtnis W. J. Struves.

1174. **W. Oberender,** Arbeitsbesprechung über Radioastronomie in Berlin. Sterne **29** 229—232.

1175. **E. Öpik,** Symposium on «Nuclear processes in celestial bodies». Irish AJ **2** 239—240.

1176. **L. Perek,** Conference of variable stars in Brno. RH **34** 116—118 (tschechisch).

1177. **M. Plavec,** Erste tschechoslowakische Meteorkonferenz. Časopis **3** 77—83 (tschechisch).

1178. **P. I. Popow,** Die sowjetische Tagung über Fragen der Stellarkosmogonie. Bull. Astr.-Geod. Ges. UdSSR Nr. **13** (**20**) S. 39—41 (russisch). — Betrifft die Tagung vom 19.—22. Mai 1952.

1179. **C. F. Powell,** Particles of cosmic radiation. Nature **172** 477—479. — Bericht über eine von der Univ. Toulouse vom 6. bis 12. Juli 1953 veranstaltete Konferenz über kosmische Strahlung.

1180. **P. J. van Rhijn,** Een astronomen conferentie op Vosbergen bij Groningen. Hemel en Dampkring **51** 208.

1181. **G. Righini,** Conferenza del prof. Patrick Blackett sui raggi cosmici e il Sole (Arcetri, 12 gennaio 1953). Boll. Geod. Sci. affini **12** 124—125.

1182. **F. E. Roach,** The Liège conference on the optical study of the earth's atmosphere. J. Optical Soc. **43** 624—625. — Bericht über die Tagung vom 3. bis 4. Sept. 1951.

1183. **M. Rudkjøbing,** Symposium i Paris i sommeren 1953. NAT **1953** 106—109.

1184. **W. I. Sacharow,** Die 10. astrometrische Konferenz der UdSSR. Astr Circ UdSSR Nr. 137 S. 18 (russisch). — Die Tagung fand vom 8.—11. Dezember 1952 in Pulkowo statt.

1185. **W. S. Safronow,** Konferenz des Astronomischen Rats der Akademie der Wissenschaften der UdSSR und des Instituts für Physik und Astronomie der Akademie der Estnischen Sowjetrepublik in Tartu vom 27. bis 29. Mai 1953. AJ UdSSR **30** 465—468 (russisch).

1186. **W. Safronow,** Tagung der Kommission für Kosmogonie über die Physik der Nebel und des interstellaren Mediums in Simeïs. AJ UdSSR **30** 675—677 (russisch).

1187. **D. W. Sagrebin,** Die Beratung über das Astronomische Jahrbuch der UdSSR. Bote Akad. Wiss. UdSSR Nr. **2** S. 87—89 (russisch). — Ref. in RJ Astr. Geod. UdSSR Nr. **1**, 1954; Ref. Nr. 1492 (russisch).

1188. **M. M. Shapiro,** International congress on cosmic radiation at Bagnères de Bigorre. Science **118** 701—707. — Ref. in Phys. Abstracts (A) **57** 598.

1189. **R. L. Smith-Rose,** International Scientific Radio Union. Meeting in Sydney. Nature **171** 628—631.

1190. **T. L. Stisson,** Im Komitee für Meteorite der Akademie der Wissenschaften der UdSSR. AJ UdSSR **30** 464—465 (russisch).

1191. **K. Strnad,** Report from the conference of popular observatories and astronomical worker's clubs in Czechoslovakia. RH **34** 16—19 (tschechisch).

1192. **P. Swings,** Note sur le quatrième colloque international d'astrophysique tenu à Liège les 19 et 20 septembre 1952. Bull. Cl. Sci. Acad. roy. Belgique (5) **39** 456—457 = Inst. d'Astrophys. Univ. Liège Mém 8° Nr. **354**.

1193. **A. T. Tschekirda,** Sitzung der Kommission für Planetenphysik beim Astronomischen Rat der Akademie der Wissenschaften der UdSSR vom 8.—10. Juni 1953. Astr Circ UdSSR Nr. 140 S. 21—22 (russisch).

1194. **G. Westerhout,** Het radio-astronomisch symposium in Manchester. Hemel en Dampkring **51** 183—187, mit 4 Fig.

1195. **W. Zonn,** Sympozjum o ewolucji gwiazd na Zjeździe Międzynarodowej Unii Astronomicznej (Rzym, wrzesień 1952 r.). Urania Kraków **24** 9—14.

* * Ergebnisse der Konferenz über das «Astronomische Jahrbuch der UdSSR». Vgl. Ref. 408.

1196. Trzecia konferencja poświęcona zagadnieniom ruchu bieguna Ziemi. Bote Akad. Wiss. UdSSR **7** 77, 1952. — Ref. in Urania Kraków **24** 238.

1197. Diskussion über die Möglichkeit des Lebens auf anderen Planeten. Bote Akad. Wiss. Kasach. Sowjetrepublik Nr. **5** S. 56—65 (russisch). — Fand im Februar 1953 in Leningrad statt.

1198. Il colloquio di astrofisica di Parigi. (29 Giugno — 3 Luglio). Coelum **21** 154—157.

1199. La Physique des Comètes. Communications présentées au quatrième Colloque International d'Astrophysique, tenu à Liège les 19, 20 et 21 septembre 1952. Introduction par P. Swings. Extrait des Mémoires in 8° de la Société Royale des Sciences de Liège. Quatrième Série, Tome XIII, Fasc. I—II, 389 S. mit Fig. Louvain, Imprimerie Ceuterick, 1953 = Inst. d'Astrophys. Univ. Liège Mém. 8° Nr. **352**. — Ref. in Ann d'Astrophys **16** 182—183 (D. Barbier). — Die einzelnen Beiträge sind in den entsprechenden Paragraphen aufgeführt.

11100. Second symposium on space travel. Held at Hayden Planetarium. J. British Interplanetary Soc. **12** 10.

11101. The Fourth International Astronautical Congress, Zürich, 1953. J. British Interplanetary Soc. **12** 303—306.

11102. Optical study of the atmosphere of the earth. J. Optical Soc. America **43** 67. — Bericht über das Symposium in Lüttich vom 3. bis 4. Sept. 1951.

11103. Symposium at University of Michigan. J RAS Canada **47** 221—222. — 1952 Juni 29 — Juli 24.

11104. U. R. S. I. meeting held in Ottawa. J RAS Canada **47** 257—258.

11105. Colloquium on the design of astronomical instruments. Obs **73** 176—184. — In dem Kolloquium wurden hauptsächlich besprochen: Montierungen für große Spiegel, ein Servo-Mechanismus zum Ausgleich von Biegungseffekten für einen großen Schmidt-Spiegel, ein verbessertes photographisches Zenitteleskop für Zeitbestimmungen, konstruktive Einzelheiten verschiedener Schmidt-Kameras und Erfahrungen an Aufnahmen mit dem Edinburgher 16/24"-Schmidt-Teleskop. O. G.

11106. Atti del Convegno degli Astrofili veneti tenuto a Treviso domenica 18 settembre 1949. Oss. Astr. Trieste Nr. **252**, 39 S. mit 5 Fig.

11107. Tagung über Planetenphysik in Charkow. Phys. Blätter **9** 563.

11108. Convegno di Scienze Fisiche, Matematiche e Naturali, 14—19 Settembre 1952. Tema: Problemi della Fisica Solare. Roma, Accademia Nazionale dei Lincei, 1953. 333 S. mit Abb. Preis L. 3000. — Besprechung in Obs **74** 134—135 (H. von Klüber), Oss. e Mem. Oss. Astrofis. Arcetri Nr. **69** S. 155—161 (G. Righini). — Die einzelnen Beiträge sind in den entsprechenden Paragraphen aufgeführt.

11109. Discorso di M. G. J. Minnaert a nome dei partecipanti stranieri. Roma, Accad. Nazionale Lincei, Atti XI Convegno Volta, vgl. vorstehendes Ref., daselbst S. 18—21 = Sterrewacht «Sonnenborgh» Utrecht Overdruk Nr. **6**.

11110. Michigan symposium on astrophysics. Sky and Telescope **12** 156. — Vorbericht.

11111. The limits of telescopic resolution: a symposium. Strolling Astronomer **7** 42—44, 56—59, 99—102, 108—111, mit 1 Fig.

11112. Das Ergebnis der Konferenz der Akademie der Wissenschaften der UdSSR zur Frage der Entwicklung der Fixsterne (19.—22. Mai 1952). Acta Astr. Sinica **1** Nr. 1 S. 83—86 (chinesisch).

§ 12

Sternwarten, Planetarien

1201. **Achimota**

Sky and Telescope **13** 7. Radio astronomy in the tropics.

1202. **Albuquerque**

L. LaPaz, Meteorite-sectioning equipment at the Institute of Meteoritics. Meteoritics **1** 49—57, mit 6 Abb.

L. LaPaz, The Institute of Meteoritics of the University of New Mexico. Meteoritics **1** 62—65, mit 1 Abb.

F. C. Leonard, Introducing meteoritics: The Journal of the Meteoritical Society and the Institute of Meteoritics of the University of New Mexico. Vgl. Ref. **711**.

1203. **Arcetri**

G. Abetti, Il telescopio «Attilio Colacevich» dell' Osservatorio di Arcetri. Atti Fondazione G. Ronchi **8** 373—379, mit 5 Fig. = Pubbl. Istituto Nazionale Ottica (4) 157. — Geschichte der Konstruktion zweier von Colacevich entworfener Telescope: das erste — mit einem Spiegel von 25 cm und Korrekturplatte von 16 cm — wurde 1942 vollendet und erfolgreich verwandt. Deshalb wurde das zweite — mit einem Spiegel von 50 cm und Korrekturplatte von 32 cm — nach einer besonderen Arbeitsmethode hergestellt: eine Linse ebnet das Feld und erlaubt die Benutzung gewöhnlicher Platten. Gute Resultate wurden in den folgenden Jahren erzielt. Cester

B. Righini Crinò, Détermination du pouvoir résolvant d'un spectrographe au moyen de raies d'absorption et de raies d'émission. Ann d'Astrophys **16** 294—306, mit 6 Fig. — Für den Spektrographen im Sonnenturm der Sternwarte Arcetri wurden Instrumentalprofile von Spektrallinien theoretisch berechnet. Bei λ 6900 Å ergab sich die theoretische Breite zu etwa 0.05 Å. Demgegenüber betragen die empirisch bestimmten Breiten für die Absorptionslinien des O_2 0.107 Å, für die Emissionslinien λ 6438 des Cd 0.132 Å. Kdr.

1204. **Asiago**

G. Mannino, Lo spettrosensitometro dell'Osservatorio Astrofisico di Asiago. Mem SA It (NS) **24** 387—391, mit 2 Fig. = Contr. Oss. Astrofis. Asiago Nr. **40**. — Ein nach der Methode von Hirsch und Schön gebautes Spektralsensitometer wird kurz beschrieben. Der Kollimator besitzt anstelle einer rechteckigen eine exponentielle Blende. Cester

1205. **Babelsberg**

F. Hinderer, Das neue lichtelektrische Photometer der Sternwarte Babelsberg. Phys. Verhandlungen **4** 257—258 (Ref.).

1206. **Bloemfontein**

E. M. Lindsay, The ADH (Armagh-Dunsink-Harvard) telescope. Irish AJ **2** 140—146 = Armagh Obs. Leaflet Nr. **17**.

1207. **Brorfelde**

E. Høg, Det nye observatorium i Brorfelde. NAT **1953** 149—154, mit 2 Fig. — Bericht über die neue Sternwarte der Universität Kopenhagen bei Brorfelde nahe Holbaek auf Sjaelland.

NAT **1953** 118—119. Den nye meridiankreds i Brorfelde.

1208. **Collurania-Teramo**

Coelum **21** 129. Onoranze a Vincenzo Cerulli.

1209. **Fort Davis**

T. Page, The B-spectrograph of the McDonald Observatory and its use for cometary spectra. Vgl. Ref. 1199, daselbst S. 49—52, mit 1 Fig., hierzu Diskussion S. 133—134. — Ref. in Phys. Abstracts (A) **56** 825. — Es wird ein neuer lichtstarker (Schmidt-Kamera f : 0.65) Gitterspektrograph mit einer Dispersion von 300—400 Å/mm für den Gebrauch im Primärfocus des Mc. Donald Reflektors beschrieben zusammen mit den ersten Resultaten bei seiner Verwendung für die Kometenspektroskopie. Auf Infrarotaufnahmen des Kometen Bester (1947 k) wurde eine neue Bande bei 7906 Å gefunden. Andere Aufnahmen desselben Kometen mit in den Schweif gelegter Spaltrichtung zeigen 13 Banden des CO^+ mit Intensitätsverteilungen entsprechend einer Rotationstemperatur von 300° K, sowie zum ersten Male eine Bande des CO_2^+. Weiterhin wurde festgestellt, daß die Helligkeiten verschiedener Banden sehr unterschiedlich mit der heliozentrischen Distanz variieren. Traving

1210. **Genf**

Nature **171** 331. Astronomy at Geneva.

1211. **Golossejewo**

A. S. Zessjulewitsch, Versuchsbeobachtungen am Vertikalkreis nach der Talcottschen Methode. Mitt. Astr. Hauptobs. Akad. Wiss. Ukrain. Sowjetrepublik **1** 85—112 (russisch). — Für die geographische Breite des Vertikalkreises der Sternwarte der Akademie bei Golossejewo ergab sich +50° 21 55!72 ± 0!04. Loh.

1212. **Göttingen**

H. Haffner, Das neue Irisphotometer der Göttinger Sternwarte. Nachr Akad. Wiss. Göttingen Math.-Phys. Kl. (2a) Jahrgang 1953 Nr. 4 S. 49—65 mit 7 Abb. = Veröff. Univ.-Sternw. Göttingen Nr. **106**. — Besondere Merkmale des Photometers: Abbildung der Iris (12 Lamellen) in die Emulsionsebene, veränderlicher (75 bis 200 mal) Verkleinerungsmaßstab. Vergleichslichtweg. Intermittierende Beleuchtung einer 931 A-Zelle. Anzeige des Abgleichs mit magischem Auge. Übersichtsfeld (3 mm Durchmesser) und Irisbild auf Mattscheibe 40 mal vergrößert sichtbar, ebenso Koordinaten und Iriseinstellung. Meßfehler kleiner als 0.01 mag. Verf.

1213. **Greenwich**

JBAA **63** 358—359. Royal Greenwich Observatory-transfer to Herstmonceux.
Nature **171** 374. Flamsteed's Observatory.
Nature **171** 1140. The Greenwich meridian.
Obs **73** 258. The Octagon Room at Greenwich.
Sky and Telescope **12** 180. Museum at Greenwich.

1214. **Granada**

A. Due Rojo, El cincuentenario del Observatorio de Cartuja. Urania Barcelona **38** 67—80, mit 14 Fig.

1215. **Hamburg-Bergedorf**

P. Wellmann, Die spektrographische Einrichtung des Bergedorfer 1 m-Spiegelteleskops. ZfA **33** 115—119, mit 4 Abb. = Mitt. Sternwarte Hamburg-Bergedorf **22** Nr. 237. — Der neue Cassegrain-Einsatz, der Spektrograph und der Antrieb des 1 m-Reflektors werden kurz beschrieben. Verf.

1216. Heidelberg

K. Bahner, G. Miczaika, Lichtelektrische Arbeiten an der Heidelberger Sternwarte. Vgl. Ref. 9403.

1217. Herstmonceux Castle

Siehe Greenwich.

1218. Johannesburg

H. C. Lagerweij, The fiftieth anniversary of the Union Observatory. MN ASSA 12 30—31.

1219. Kiew

N. A. Tschernega, Bestimmung der Breite des Astronomischen Observatoriums Kiew aus Beobachtungen in den Jahren 1949—1950. Publ. Astr. Obs. Kiew Nr. 5 S. 155—168 (russisch). — Meridiankreis: $\varphi = 50^\circ 27' 11''.98 \pm 0''.10$ im System des FK 3.

1220. Kislowodsk

Siehe Pulkowo.

1221. Kodaikanal

Nature 172 383. Recording photoelectric photometer at Kodaikanal Observatory.

Nature 172 485. Kodaikanal Observatory during the past fifty years.

1222. Krim

P. P. Dobronrawin, S. B. Pikelner, Die neuen Arbeiten des Astrophysikalischen Observatoriums auf der Krim. Priroda 42 Nr. 7 S. 50—56, mit 4 Abb. (russisch). — Beschreibung der Sternwarten in Simeïs und Partisanskoje, des Instrumentariums und Rückblick sowie Ausblick auf die geleistete Arbeit.

1223. Lausanne

M. Flückiger, Le réflecteur de 62 cm de l'Observatoire universitaire de Lausanne. Orion Schaffhausen 4 126—131, mit 4 Fig.

M. Flückiger, Le microphotomètre photoélectrique de l'Observatoire universitaire de Lausanne. Orion Schaffhausen 4 161—164, mit 2 Fig.

1224. Leningrad

S. S. Shurawlew, Die ersten Arbeitsergebnisse am Sonnentelescop des Astronomischen Observatoriums der Staatsuniversität Leningrad. Bote Univ. Leningrad (Math., Phys., Chem.) Nr. 2 S. 63—68 (russisch). — Ref. in RJ Astr. UdSSR Nr. 1, 1953; Ref. Nr. 496 (russisch).

1225. Manchester

W. W. Arsentjew, Das neue Radioteleskop. Priroda 42 Nr. 8 S. 90—91 (russisch). — Kurze Beschreibung des geplanten großen Radioteleskops der Jodrell Bank Station.

A. C. B. Lovell, Radio astronomy at Jodrell Bank. Vgl. Ref. 12626.

J RAS Canada 47 37—38. A new radio telescope at Manchester.

1226. Moskau

I. S. Schtscherbina-Samojlowa, Untersuchung des Spektrographen des Kutschinoer Astrophysikalischen Observatoriums des Staatlichen Astronomischen Sternberg-Instituts. Mitt. Astr. Sternberg-Inst. Nr. 93 S. 11—53, mit 28 Abb. (russisch).

1227. **Mount Hamilton**

O. J. Eggen, The 120-inch telescope. Sky and Telescope **12** 91—92, mit 4 Fig.

H. H. Voigt, Das Gebäude des neuen Drei-Meter-Spiegels der Lick-Sternwarte. Sterne **29** 236—238, mit 1 Abb.

H. H. Voigt, Das 20-inch-Programm der Licksternwarte. Sterne **29** 238—240.

1228. **Mount Norikura**

M. Notsuki, S. Nagasawa, I. Shimizu, A thallium-lamp photometer for the coronal observation. Ann. Tokyo Astr. Obs. (2) **3** 182—185, mit 6 Fig. — Die Intensität der grünen Koronalinie (5303 AE) wird verglichen mit der Intensität einer künstlichen Linie im grünen Lichte einer Thallium-Lampe (5350AE), die in der Fokalebene des Koronaspektrographen durch eine Hilfsoptik neben der Koronalinie erzeugt wird. Ihre Intensität kann durch einen optischen Keil geändert werden. Beide Linien werden gegen den gleichen Hintergrund, das kontinuierliche Spektrum des diffusen Lichtes gesehen. Keil und Neutralfilter sind photoelektrisch geeicht. Als Intensitätsnormal dient die Intensität der Mitte der Sonnenscheibe. Thi.

1229. **Mount Palomar**

D. Alter, C. H. Cleminshaw, Palomar Observatory. Vgl. AJB **52** Ref. 1224. — Weitere Besprechung in Urania Kopenhagen **10** 11.

W. A. Baum, The new photon-counting photometer for the 200-inch telescope. AJ **58** 211. — Ref. AAS.

P. W. Merrill, Über neuere Arbeiten auf dem Mt. Wilson und auf dem Mt. Palomar. Phys. Blätter **9** 129—130.

J. J. Raimond jr., De Hale Telescope in bedrijf. Hemel en Dampkring **51** 45—49, mit 3 Fig. Mit einer Berichtigung S. 95.

1230. **Mount Stromlo**

A. R. Hogg, The Commonwealth Observatory. Leaflet ASP Nr. 294, 8 S. mit 1 Fig. — Ref. in Southern Stars **15** 167—168.

1231. **Mount Wilson**

Siehe Mount Palomar.

1232. **Neuenburg**

M. de Saussure, 10 Jahre Station für Astrophysik, Pierre-à-Bot ob Neuenburg. (Über verschiedene Methoden der Photometrie). Orion Schaffhausen **4** 119—125, mit 6 Abb.

1233. **Oak Ridge**

Sky and Telescope **12** 74. Harvard radio telescope.

1234. **Ondřejov**

F. Link, Programme météorique d'Ondřejov. BAC **4** 53—54 (mit russ. Zusammenfassung). — Beschreibung der Organisation von zwei Meteorstationen, die der Bestimmung geozentrischer Bahnen dienen sollen. Ein Vorschlag zum III. Geophysikalischen Jahr 1957—58. Link

1235. **Pic-du-Midi**

Coelum **21** 186—188. Novità nelle comunicazioni e negli impianti del Pic du Midi de Bigorre.

1236. Pulkowo

M. N. Gnewyschew, Die astronomische Bergstation. Priroda **42** Nr. 9 S. 47—52, mit 5 Abb. und 1 Tafel (russisch). — Beschreibung der Beobachtungsstation der Pulkowoer Sternwarte bei Kislowodsk im Kaukasus in 2130 m Höhe.

N. F. Kuprewitsch, Ein photoelektrisches Spektralphotometer für Sterne. Astr Circ UdSSR Nr. 137 S. 8—9 (russisch). — Vorläufige Mitteilung über ein Instrument zur lichtelektrischen Registrierung von Sternspektren. Das in Pulkowo 1952 konstruierte Spektralphotometer ist an das Melnikow-Ionissiani-Teleskop anmontiert und besteht aus einem Spiegelspektrographen mit einer Prismen- und Beugungsvorrichtung. Die Registrierung eines Spektrums auf Kinofilm wird automatisch mit einem Oszillographen durchgeführt. Sterne bis zur dritten Größe können damit sicher registriert werden. Loh.

W. Lohmann, Der Wiederaufbau der Sternwarte Pulkowo. Phys. Blätter **9** 322—325.

A. A. Michajlow, Der Wiederaufbau der Sternwarte Pulkowo. Priroda **42** Nr. 1 S. 64—69, mit 10 Abb. (russisch).

N. N. Michelson, Ein selbstregistrierendes Kompensationsisophotometer. Mitt. Astr. Hauptobs. Pulkowo **19** Nr. **4** (151) S. 69—96, mit 17 Abb. (russisch). — Zwei Photoelemente, die von der gleichen Lichtquelle durch einen photometrischen Keil bzw. durch die Schwärzungsfläche eines Negativs erreicht werden, lösen bei Helligkeitsgleichheit auf elektronischem Wege die Belichtung eines Photopapiers aus, das sich synchron mit dem Negativ bewegt. Die automatische Führung des Negativs bewirkt auf diese Weise die Aufzeichnung einer Isophote. Als Beispiele sind der Orion- und der Andromedanebel mit Helligkeitsintervallen von je $0^{m}.5$ zwischen den Isophoten angegeben. Schrick

Das Astronomische Hauptobservatorium der Akademie der Wissenschaften der UdSSR in Pulkowo (1839—1953). Moskau-Leningrad, Verlag Akad. Wiss. UdSSR, 1953. 112 S. mit Abb. Preis 3 R. 80 Kop. (russisch). — Besprechung in RJ Astr. Geod. UdSSR Nr. **9, 1954**; Ref. Nr. **4733** (russisch).

1237. Richmond Hill

J RAS Canada **47** 223—224. David Dunlap Observatory.

1238. Roma

G. Armellini, La nuova torre solare dell'Osservatorio astronomico di Roma. Coelum **21** 46—48, mit 3 Fig. = Oss. Astr. Roma Monte Mario Contr. Sci. Nr. **182**. — Bericht über das Projekt des neuen Sonnenturms der Sternwarte zu Monte Mario, Rom. Cester

T. Fortini, Nuova determinazione della latitudine dell'Osservatorio de Monte Mario e confronto con i risultati ottenuti precedentemente da altri osservatori. Rend. Accad. Nazionale Lincei, Cl. Sci. fis., mat., nat. (8) **15** 194—199 = Oss. Astr. Roma Monte Mario Contr. Sci. Nr. **198**. — $\varphi = 41° 55' 19''.44 \pm 0''.03$.

1239. Sacramento Peak

D. H. Menzel, The new Solar Observatory at Sacramento Peak (New Mexico). Vgl. Ref. **11108**, daselbst S. 292.

1240. Skalnaté Pleso

A. Mrkos, Our new Maksutov photographic telescope. RH **34** 157—161, mit 3 Abb. (tschechisch). — Erfahrungen mit einer neuen Kamera 440/330 mm der Sternwarte Skalnaté Pleso. J. B.

1241. Sonneberg

W. Götz, Die Schmidtkamera der Sternwarte Sonneberg. Sterne **29** 83—89, mit 5 Abb. und Berichtigung S. 159 = Mitt. Sternw. Sonneberg Nr. **43**.

1242. St. Andrews

E. Finlay Freundlich, R. L. Waland, A new telescope in Scotland. Sky and Telescope **12** 176—177, mit 4 Fig.

E. Finlay Freundlich, Die Entwicklung des astronomischen Fernrohres. Vgl. Ref. 1312.

1243. Stockholm

T. Elvius, Stockholms Observatorium under 200 år. NAT **1953** 128—142, mit 8 Fig.

B. Lindblad, Stockholms Observatoriums utveckling och verksamhet. PAT **34** 99—113, mit 18 Fig.

J. M. Ramberg, Stockholms Observatorium 200 år. PAT **34** 96—121, mit 19 Fig. — Bericht über das 200-jährige Jubiläum der Stockholmer Sternwarte. Wiedergabe der Vorträge von B. Lindblad und H. Spencer Jones. Ra.

NAT **1953** 118. Stockholm-Observatoriets 200-års jubilæum.

1244. Sydney

R. Bracewell, A new instrument in radio astronomy. Obs **73** 200—201, mit 1 Fig. = Commonwealth Sci. Industrial Res. Organization, Australia, Div. Radiophys. — Eine neue von B. Y. Mills für das Radiophysics Laboratory, Sydney, konstruierte Antenne wird beschrieben. Sie hat zwei senkrecht gekreuzte Streifen von Dipolen und erreicht bei Benutzung einer Wechselschaltung das gleiche Auflösungsvermögen wie eine quadratische Antenne, deren Seitenlänge gleich der Streifenlänge der neuen Antenne ist. O. G.

1245. Taschkent

W. P. Schtscheglow, Aus der Vergangenheit der russischen Wissenschaft. Zur Geschichte des Astronomischen Observatoriums Taschkent. Pjotr Karlowitsch Saleskij. AJ UdSSR **30** 442—452, mit 1 Bild (russisch).

1246. Torino

N. Missana, Osservazioni di latitudine fatte alla seconda sala meridiana dell'Osservatorio Astronomico di Torino dal 6 settembre 1943 al 4 gennaio 1947. Mem SA It (NS) **24** 349—367, mit 4 Fig. = Contr. Oss. Astr. Torino (NS) Nr. 18. — $\varphi = 45° 2' 20''.864$.

1247. Uccle

J. Verbaandert, Examen comparatif des résultats obtenus au moyen du chronomètre électronique Cintel et du chronographe Belin dans les services horaires de l'Observatoire Royal de Belgique. Vgl. Ref. 2331.

1248. Uppsala

PAT **34** 69—70, mit 1 Fig. Ett unikt fotografi av Uppsala observatorium.

1249. Utrecht

C. de Jager, The photoelectric star photometer of the Utrecht Observatory. BAN **12** 93—94, mit 1 Fig.

M. G. J. Minnaert, De Utrechtse Sterrewacht en haar geschiedenis 1642—1853—1953. Sterrewacht «Sonnenborgh» Utrecht Overdruk Nr. 1, 28 S. mit 9 Fig.

J. J. Raimond jr., Het eeuwfeest van de Utrechtse Sterrewacht. Hemel en Dampkring **51** 190—191, mit 1 Fig.

1250. **Warschau**

Kulturprobleme des neuen Polen **5** Nr. 5 (41) S. 18—19. Das Warschauer Astronomische Observatorium.

Urania Kraków **24** 300. Zabytkowe przyrządy dla Obserwatorium Astronomicznego U. W.

1251. **Wellington**

Carter Obs. Astr. Bull. Nr. **38**, 8 S. mit 1 Fig. Public sessions programme and astronomical data for 1953.

Carter Obs. Astr. Bull. Nr. **40**, 15 S. mit 2 Fig. Public sessions programme and astronomical data for 1954.

1252. **Wien**

T. Widorn, Die atmosphärischen Verhältnisse bei astronomischen Beobachtungen in Wien. Anzeiger Österreich. Akad. Wiss. Math.-naturwiss. Kl. **90** 151, Sitzber. Österreich. Akad. Wiss. Math.-naturwiss. Kl. Abteilung IIa **162** 169—178, mit 7 Abb. = Mitt. Univ.-Sternw. Wien **6** Nr. 11.— Die Anzahl der klaren Nächte, die Ruhe und Durchsichtigkeit der Luft, welche für den Umfang und die Genauigkeit der astronomischen Beobachtungen wichtig sind, und die die Wahl des Arbeitsgebietes mitbestimmen, werden für die Wiener Universitätssternwarte untersucht. Verf.

1253. **J. Dick,** Ein deutsches Meridianvorhaben in Australien. Sterne **29** 89—94, mit 1 Abb. Berichtigung S. 159.

1254. **A. Gougenheim,** Sur le role géophysique incombant aux observatoires astronomiques. BA **17** 117—119.

1255. **A. P. FitzGerald,** From Parsonstown to Palomar. Irish AJ **2** 240—241, mit Tafel 19.

1256. **W. H. Haas,** Some astronomical highlights of a visit to England. Strolling Astronomer **7** 117—120.

1257. **C. Hoffmeister,** Bericht über die Sternwarten in Südafrika. Phys. Verhandlungen **4** 254—255 (Ref.).

1258. **H. E. Huntley,** Radio-astronomy in the tropics. Nature **172** 108.— Ref. in Sternenwelt **5** 187. — Bericht über die Errichtung einer radioastronomischen Station in Achimota, Goldküste.

1259. **W. Jahn,** Astronomische Forschung auf der Südhalbkugel der Erde. Sternenwelt **5** 1—5, 117—120, 157—161, mit 12 Abb. — Betrifft die Sternwarten Südafrikas, Australiens und Südamerikas.

1260. **M. Karpowicz,** Sprawa budowy centralnego Obserwatorium Astronomicznego w Polsce. Postępy Astr. **1** 46—48. — Allgemeine Bemerkungen über die Errichtung einer zentralen Sternwarte (vermutlich bei Warschau), ihr Instrumentarium und ihr Arbeitsvorhaben. Loh.

1261. **J. Kučírek,** Visiting Soviet Astronomers. RH **34** 174—179, mit 4 Fig. (tschechisch).

1262. **N. I. Kutscherow,** Die Wahl des Ortes zur Errichtung eines Planetenobservatoriums. Publ. Sektor Astrobotanik Akad. Wiss. Kasach. Sowjetrepublik **1** 73—83 (russisch).

1263. **W. Lohmann,** Die Astronomie in der Sowjetunion. Phys. Verhandlungen **4** 256 (Ref.). — Gliederung des Berichtes.

1264. **R. Müller,** Hochstationen für Sonnenbeobachtungen. Sternenwelt **5** 23.

1265. **N. Richter,** Günstiger Verlauf der Forschungsreise von Prof. C. Hoffmeister in Südwestafrika. Sterne **29** 81—82. — Zwischenbericht über den Verlauf der Expedition.

1266. **N. Richter,** Beendigung der Afrika-Expedition der Sternwarte Sonneberg. Sterne **29** 226.

1267. **N. Richter,** Prof. Hoffmeisters Südwestafrika-Expedition vor dem erfolgreichen Abschluss. Wiss. Ann. **2** 527.

* * **S. Saxov,** Meteorer og radar. Vgl. Ref. 8231.

1268. **W. H. Steavenson,** School observatories. JBAA **63** 270—273.

1269. **Tschan Juj Tsche,** Die Astronomie in China. AJ UdSSR **30** 662—665 (russisch). — Ref. in Sterne **31** 28—29.

1270. **R. v. d. R. Woolley,** Astrophysics at the Australian University. Australian J. Sci. **14** 107—108, 1952 = Sonderdruck Commonwealth Obs. Canberra.

1271. **W. Zonn,** Über die Wege der Entwicklung der polnischen Astronomie. AJ UdSSR **30** 666—672 (russisch).

1272. **W. Zonn,** Astronomia w Czechosłowacji. Postępy Astr. **1** 51—54. — Verf. besuchte die Sternwarten Böhmens und der Slowakei und berichtet nun über seine Eindrücke und die dort durchgeführten und geplanten Beobachtungen. Loh.

1273. Die polnische Astronomie der Gegenwart. Kulturprobleme des neuen Polen **5** Nr. 7 (43) S. 3—8, mit 7 Abb.

1274. Dedication of Institute of Meteoritics Building. Publ ASP **65** 58.

1275. New observatory. Publ ASP **65** 226. — Am 14. Mai 1953 wurde das James Richard Jewett-Observatorium des State College von Washington eingeweiht. Den Festvortrag hielt Dr. R. M. Petrie über «Erforschung der Milchstraße». Direktor des neuen Observatoriums ist Dr. S. G. Hacker. O. G.

1276. New astrophysics laboratory. Sky and Telescope **12** 74.

1277. Astronomy at Illinois. Sky and Telescope **13** 4.

1278. Geplante Neuausgabe des Handbuchs: «Les Observatoires Astronomiques et les Astronomes». Sterne **29** 235.

Alte Sternwarten

1279. **S. Melmore,** Nathanial Pigott's observatory 1781—1793. Ann. Science **9** 281—286. — Ref. in RJ Astr. Geod. UdSSR Nr. **11,** 1954; Ref. Nr. 5435 (russisch).

1280. **W. A. Nilsen,** Das architektonische Äußere der Sternwarte Ulug Beks in Samarkand. Publ. Inst. für Geschichte und Archäologie Akad. Wiss. Usbek. Sowjetrepublik **5** 101—127 (russisch). — Ref. in RJ Astr. UdSSR Nr. **3,** 1953; Ref. Nr. 1017 (russisch).

1281. **N. V. E. Nordenmark,** Stjärneborg. PAT **34** 143—144, mit 2 Fig. — Wiedergabe zweier Aufnahmen von der vollendeten Überdachung der Ruinen von Stjärneborg und Mitteilung einer geplanten Freilegung von Uraniborg. Ra.

1282. **W. A. Schischkin,** Die Sternwarte Ulug Beks und ihre Erforschung. Publ. Inst. für Geschichte und Archäologie Akad. Wiss. Usbek. Sowjetrepublik **5** 3—100 (russisch). — Ref. in RJ Astr. UdSSR Nr. **3,** 1953; Ref. Nr. 1016 (russisch).

1283. **W. A. Schischkin, W. A. Nilsen,** Die Sternwarte Ulug Beks. Taschkent, Verlag Akad. Wiss. Usbek. Sowjetrepublik, 1953. 123 S. mit Abb. Preis 6 R. (russisch).

1284. **W. P. Schtscheglow,** Über die geographischen Koordinaten und das Azimut des Sextanten der Sternwarte Ulug Beks in Samarkand. AJ UdSSR **30** 224—228, mit 1 Abb. und 1 Tafel (russisch).

1285. **M. F. Soonawala,** Maharaja Sawai Jai Singh II of Jaipur and His Observatories. Jaipur, Indien, Jaipur Astronomical Society, 1952. 43 S. Preis 2 Rupien. — Besprechung in Nature **172** 645 (H. Spencer Jones), Sky and Telescope **13** 199—200, 309 (G. Gasteyer).

1286. **L. S. T. Symms,** Observations of the old meridian mark at Chingford. Obs **73** 250—251. — Vor der Übersiedlung des Royal Observatory von Greenwich nach Herstmonceux wurden Azimut-Beobachtungen der alten Meridianmarke mit dem Airy-Meridiankreis zusammen mit Durchgangsbeobachtungen von Zirkumpolarsternen in oberer und unterer Kulmination und Messungen von Neigungs- und Kollimationsfehlern des Meridiankreises durchgeführt. O. G.

1287. **M. Vaňátko,** Alte Sternwarte in Senftenberg. RH **34** 86—87 (tschechisch).

1288. Uraniaklubbens Udflugt til Hven. Urania Kopenhagen **10** 46—49, mit 2 Fig.

1289. **Privat- und Volkssternwarten**

Astr. Nachrichtendienst Berlin-Treptow **5** 146—148. Neue Volkssternwarte in Jena. R. Eschrich.

BSAF **67** 53—55, mit 2 Fig. M. Mangin: Un grand astronome amateur lorrain. G. Florsch.

Gaz astr **35** 37. Un nouvel observatoire populaire. — Specola Cidnea, Brescia (Italien).

JBAA **63** 286. The Bishopsworth Observatory. A. F. Collins.

JBAA **64** 39. School observatories. J. Hargreaves.

Mitt. Archenhold-Sternw. Nr. **30**, 13 S. mit 5 Abb. Jahresbericht der Archenhold-Sternwarte 1952. D. Wattenberg.

MN **113** 354. Godlee Observatory, Manchester. J. C. Farrer, S. W. R. Mottram, G. C. Marlowe.

MN **113** 355. Observatory of the Hampstead Scientific Society. M. Davies-Scourfield, H. Wildey.

MN **113** 355. Dr. J. L. Haughton's Observatory, Charmouth, Dorset.

MN **113** 355. Mr. M. B. B. Heath's Observatory, Kingsteignton, S. Devon.

MN **113** 355. Mr. F. M. Holborn's Observatory, Peaslake, Surrey.

MN **113** 355. Mr. Patrick Moore's Observatory, East Grinstead, Sussex.

MN **113** 356. Dr. W. H. Steavenson's Observatory, Cambridge.

MN **113** 356. Mr. H. Wildey's Observatory, Hampstead.

MN **113** 356. Mr. H. P. Wilkins' Observatory, Bexleyheath, Kent.

NAT **1953** 155, mit 1 Fig. Nordiske amatørobservatorier. Viggo Buhls Observatorium, Vejle.

Nature **171** 154. Wilfred Hall Telescope.

Nature **172** 186. The Wilfred Hall telescope.

Obs **73** 167. The Wilfred Hall telescope.

RH **34** 123—127 (tschechisch). 25 years of the National peoples observatory in Prague. L. Landová-Štychová.

RH **34** 129—132 (tschechisch). 25 years of the National Peoples Observatory in Prague. F. Kadavý.

Sky and Telescope **12** 207, mit 2 Fig. Wilkie Observatory. D. C. Dornberg.

Sky and Telescope **12** 287, 294, mit 2 Fig. The development of a student-amateur observatory. V. W. Killick. — Die Sternwarte des Sacramento Junior College.

Sterne **29** 207—208, mit 1 Abb. Neue Instrumente auf der Volkssternwarte München.

Sterne **29** 244—245, mit 1 Abb. Eine Arbeitsgemeinschaft junger Astronomen in Schönebeck (Elbe). G. Eschenhagen.

Sterne **29** 245—246, mit 1 Abb. Eröffnung der Volkssternwarte Recklinghausen. C. Hoffmeister.

Sterne **29** 246, mit 2 Abb. Volkssternwarte Bochum der Öffentlichkeit übergeben. N. Richter.

Sternenwelt **5** 53—56, mit 2 Abb. Eine Schulsternwarte in Brasilien. O. Dreyer.

Sternenwelt **5** 103—104, mit 1 Abb. Einweihung der Volkssternwarte Bochum. H. Kaminski.

Urania Kopenhagen **10** 41, mit 1 Fig. Amatørens Observatorium. O. Jönsson.

Urania Kopenhagen **10** 50—53. Beretning om Uraniaobservatoriets Drift i Finansaaret 1952/53. C. L. Janssen.

Urania Kraków **24** 150—151, mit 2 Fig. Komunikat z Obserwatorium Ludowego w Prościejowie.

Veröff. Wilhelm-Foerster-Sternw. Berlin Nr. 4. Tätigkeitsbericht 1951/52.

Planetarien

1290. **F. Heiland,** Astronomie im Zeiss-Planetarium. Jena, VEG Gustav-Fischer-Verlag, 1953. Zweite, verbesserte Auflage. 72 S. mit 53 Abb. und 1 Sternkarte. Preis DM 1.50. — Besprechung in Sterne **30** 78 (C. Hoffmeister).

1291. **H. Letsch,** Das Zeiss-Planetarium. Jena, VEB Gustav-Fischer-Verlag, 1953. 3. Auflage. 80 S. mit 79 Abb. Preis DM 2. — Besprechung in RJ Astr. Geod. UdSSR Nr. **3**, 1955; Ref. Nr. 902 (russisch, W. I. Moros), Sterne **30** 77—78 (C. Hoffmeister).

1292. **C. A. Lewis,** A small planetarium in Detroit. Sky and Telescope **12** 260, mit 1 Fig.

1293. **L. E. Salanave,** A planetarium for San Francisco. Publ ASP **65** 5—10, mit 1 Fig. — Ref. in JBAA **63** 229—230.

1294. **H. Werner,** Die Sterne dürfet ihr verschwenden. Stuttgart, Verlag Gustav Fischer, 1953. 180 S. mit 245 Abb. Preis DM 19. — Besprechung in Coelum **22** 60, Naturwiss. Rundschau **7** 304 (H. Klauder), Optik **12** 56, Orion Schaffhausen **4** 370—371, Phys. Blätter **10** 188—189 (W. Lohmann), Sky and Telescope **13** 277, **14** 109—110 (A. V. Shatzel), Sterne **30** 78 (C. Hoffmeister), Universitas **10** 196—197 (N. Richter). — In sechs Kapiteln wird von den Anfängen, den natürlichen Anblick des Himmels nachzuahmen, bis zur Verwirklichung im Zeiss-Planetarium, über dessen astronomische Grundlagen, Wirkungsweise und Anwendungsmöglichkeiten ausführlich berichtet.

1295. **H. Werner,** Neue Zusatzeinrichtung zum Zeiss-Planetarium für die Darstellung der säkularen Eigenbewegungen von Fixsternen. Phys. Verhandlungen **4** 258—259 (Ref.).

1296. Voeu au sujet de l'emplacement du Planetarium. Bull. Cl. Sci. Acad. roy. Belgique (5) **39** 229.

1297. Een Zeiss-Planetarium in Parijs. Hemel en Dampkring **51** 13.

1298. Nieuwe planetaria. Hemel en Dampkring **51** 169—170.

1299. Mrs. Olive Grunow's planetarium. J RAS Canada **47** 36—37.

12100. Nyt planetarium. NAT **1953** 38.

12101. The Morrison Planetarium. Publ ASP **65** 59.

12102. Planetarium for Providence. Sky and Telescope **12** 160.

12103. Hayden Planetarium black-light murals. Sky and Telescope **12** 175, mit 2 Fig.

12104. Roger Williams Planetarium. Sky and Telescope **12** 237.

12105. Fels Planetarium anniversary. Sky and Telescope **13** 39.

§ 13

Geschichte und Fortschritte der Astronomie

1301. **R. Böker,** Die Entstehung der Sternsphaere Arats. Ber. Verh. Sächs. Akad. Wiss. math.-naturw. Kl. **99** Heft 5, 1952. — Auszug und Erweiterung der Arbeit des Verf. in Sterne **29** 217, vgl. nachstehendes Ref.

1302. **R. Böker,** Zur Systematik der griechischen Sternbildsetzung. Sterne **29** 217—222. — Vgl. vorstehendes Ref.

1303. **L. Carnera,** Ricordi d'un astronomo quasi ottuagenario. Coelum **21** 82—84, 108—114. — Erinnerungen eines fast 80jährigen Astronomen.

1304. **G. A. Davis jr.,** Sah and Sopdet. Sky and Telescope **12** 93, mit 1 Fig. — Von den im alten Ägypten gebrauchten Namen von Sternen und Sternbildern sind nur wenige überliefert. So waren Sirius und Orion unter der Bezeichnung Sah und Sopdet bekannt. Der Name Sah findet sich als Pyramideninschrift schon im 3. Jahrtausend v. Chr. Ferner kommen beide Benennungen für Sirius und Orion im Totenbuch vor. U. Baehr

1305. **A. Dermul,** Catalogues d'étoiles VIII. Bradley. Gaz astr **35** 21—29. — Vgl. AJB **50** Ref. **1406**, AJB **51** Ref. **1411**.

* * **J. Dick,** Die Geschichte des Fixsternhimmels. Vgl. Ref. **9103**.

1306. **A. Dittrich,** Astronomy of the Maya. RH **34** 77—79 (tschechisch).

1307. **A. Dittrich,** The Babylonian theory of the motion of the Sun. RH **34** 216—219, mit 1 Fig. (tschechisch).

1308. **J. L. E. Dreyer,** A History of Astronomy from Thales to Kepler. New York, Dover Publications Inc., 1953. 10 + 438 S. Preis $ 3.95. Mit einer Einleitung von W. H. Stahl. — Besprechung in Isis **44** 396—397 (W. D. Stahlman), Obs **74** 137 (C. A. Roman), Sky and Telescope **12** 321, **13** 126 (O. Neugebauer).

1309. **K. Ferrari d'Occhieppo,** Zur Deutung der antiken Entstehungstheorie der Milchstraße. Anzeiger der Österreich. Akad. Wiss. Math.-naturw. Kl. **90** 45—51 = Mitt. Univ.-Sternw. Wien **6** Nr. 7. — Das Ergebnis dieser Untersuchung ist über den Einzelfall hinaus ein überzeugender Beweis dafür, daß man in den alten, von der Kunstdichtung noch möglichst unberührten astral-mythologischen Überlieferungen einen reellen Kern tatsächlicher Beobachtungen finden kann, ohne daß es deshalb notwendig wäre, die Kontinuität der Bewegungsvorgänge in unserem Planetensystem aufzugeben und sie voreilig durch willkürliche Katastrophenhypothesen zu ersetzen. Verf.

1310. **J. O. Fleckenstein,** 100 Jahre solarterrestrische Erscheinungen. Zur Entdeckung der $11^1/_9$ jährigen Periode der Sonnenfleckentätigkeit durch Rudolf Wolf (1852). Experientia **8** 476—477, 1952.

1311. **J. O. Fleckenstein,** Ein Basler Problem der sphärischen Astronomie aus dem Nachlaß von Johann I und Nikolaus I Bernoulli. Verhandlungen der Naturforschenden Ges. Basel **63** 273—295, mit 3 Abb., 1952. — Ref. in ZfMG **49** 4.

1312. **E. Finlay Freundlich,** Die Entwicklung des astronomischen Fernrohres. Wiss. Ann. **2** 657—668, mit 6 Abb.

1313. **M. Galli,** Le prove mecchaniche della rotazione terrestre secondo Galileo. Boll. Unione mat. Ital. (3) **8** 328—336. — Ref. in ZfMG **51** 243.

* * **O. Gingerich,** Messier and his catalogue. Vgl. Ref. **1011.**

1314. **G. E. W. Gosnell,** Greenwich prime meridian marks. JBAA **63** 104—107. — Geschichte des Null-Meridians von Greenwich und seine Markierung in England.

1315. **A. C. Hampshire,** Who invented the sextant? Nautical Mag. **170** 268—271. — Ref. in RJ Astr. Geod. UdSSR Nr. **11,** 1954; Ref. Nr. 5436 (russisch).

1316. **L. A. Harding,** A Brief History of the Art of Navigation. New York, The William-Frederick Press, 1952. 138 S. mit 58 Fig. Preis $ 3.75. — Besprechung in J. Inst. Navigation **6** 328 (E. G. R. Taylor).

1317. **L. Hautecœur,** Cultes solaires, rois solaires, coupoles solaires. BSAF **67** 339—346. — Die Symbole der Astralkulte, vornehmlich die des Sonnenkults in seinen mannigfachen Variationen, haben sich aus der frühesten Antike bis ins Mittelalter und sogar bis in die Neuzeit erhalten. Im morgenländischen und abendländischen Kulturraum findet man zu allen Zeiten diese Symbole entweder im jeweiligen religiösen Kult vertreten oder in übertragender Anwendung als Attribut der Macht eines souveränen Herrschers. U. Baehr

1318. **E. L. Hawke,** A red sun and moon in 1783. Obs **73** 211—212.

1319. **H. Heckscher,** Stones from the sky? Sky and Telescope **12** 210—212, mit 5 Fig.

* * **C. L. Janssen,** Om Dobbeltstjerner. Vgl. Ref. **10112.**

1320. **P. A. Kirchvogel,** Das Astronomisch-Physikalische Kabinett des Hessischen Landesmuseums. Phys. Blätter **9** 259—263.

1321. **D. Kotsakis,** Der Beitrag der Gelehrten Griechenlands zur Förderung der Astronomie während der Turkokratie (1453—1821). Sonderdruck aus Deltion (Milit. Geogr. Dienst), 1953. 16 S. (griechisch).

1322. **D. Kotsakis,** Die Astronomie in Griechenland und Dionysios Pyrros (1777—1853). Sonderdruck aus «Astronomische Nachrichten» Nr. **26—27,** 10 S. (griechisch).

1323. **A. Lomax,** The man who made the sextant. Nautical Mag. **170** 329—330. — Ref. in RJ Astr. Geod. UdSSR Nr. **11,** 1954; Ref. Nr. 5437 (russisch).

* * **G. de Lorenzo,** I vulcani della Luna. Vgl. Ref. **7369.**

1324. **S. Melmore,** A red sun and moon in 1783. Obs **73** 105—106, 212.

1325. **J. M. Millás-Vallicrosa,** Über die astronomischen Tafeln des Königs Peter IV. von Aragon. Actes 7. Congr. Internat. d'Histoire Sci. Jerusalem, Août 1953 S. 451—454 (spanisch). — Ref. in ZfMG **52** 2.

1326. **J. M. Millás-Vallicrosa,** Die enzyklopädische Schrift Yêsodé hatĕbuná u-migdal ha-ĕmuná von R. Abraham bar Ḥiyya ha-Bargeloni. Kritische Ausgabe mit Übersetzung, Vorwort und Anmerkungen. Madrid, Consejo Superior de Investigaciones Cientificas, Inst. Arias Montano, 1952. 96 + 52 S. in Hebräisch (spanisch). — Besprechung in ZfMG **49** 3 (H. I. Hermelink).

1327. **H. Mortensen,** Om gamle Himmelglober. Urania Kopenhagen **10** 54—58, mit 2 Fig.

1328. **C. Mugler,** Deux thèmes de la cosmologie grecque: Devenir cyclique et pluralité des mondes. Paris, Librairie C. Klincksieck, 1953. 193 S. — Philosophie- und astronomiegeschichtliche Untersuchung über die Entwicklung des Problems der ewigen Wiederkehr und der daraus erwachsenen Vorstellung einer Vielzahl von Welten bei den griechischen Denkern. Inhalt: Kapitel 1: La conception cosmologique du retour éternel. Kapitel 2: La conception astronomique du retour éternel. Kapitel 3: La crise de la pensée cosmologique et la solution de Platon. Kapitel 4: La pluralité des mondes. Substitution d'une représentation cosmologique nouvelle au mythe du retour éternel. Sticker

1329. **G. Nebbia,** Aspetti storici del volo interplanetario. II. Coelum **21** 6—10. — Fortsetzung des Aufsatzes in Coelum **20** 129 (AJB **52** Ref. **1423**).

1330. **O. Neugebauer,** The Exact Sciences in Antiquity. Vgl. AJB **52** Ref. **1312**. — Weitere Besprechung in ZfMG **49** 2 (H. I. Hermelink).

1331. **O. Neugebauer,** On the «Hippopede» of Eudoxus. Scripta Math. **19** 225—229. — Ref. in RJ Astr. Geod. UdSSR Nr. **3**, 1955; Ref. Nr. 809 (russisch).

1332. **A. V. Nielsen,** Ole Rømers Triduum og de første egenbevægelser. NAT **1953** 81—86. — Verf. berichtet über die Meridianbeobachtungen aus dem Jahre 1706 von O. Rømer und ihre Verwendung zur Bestimmung von Eigenbewegungen durch Mayer, Maskelyne, Triesnecker und Piazzi. Die Genauigkeit der Rømerschen Beobachtungen wird beurteilt. Ra.

1333. **D. Nikolić,** Doprinos Jugoslavena astronomskim naukama. Bošković Almanah 1953 S. 188—197.

1334. **P. I. Nissen Jøker,** En rettelse og et par oplysninger. Urania Kopenhagen **10** 53—54.

1335. **K. Novák,** Astronomical events in old books. RH **34** 195—205 (tschechisch).

1336. **K. Numazawa,** Background of myths on the separation of sky and earth from the point of view of cultural history. Scientia **88** 28—35.

1337. **K. F. Ogorodnikow,** Von den ersten Sternbeobachtungen zur heutigen Wissenschaft über den Aufbau des Weltalls. Leningrad, Ges. zur Verbreitung politischer und wissenschaftlicher Kenntnisse der UdSSR, 1953. 32 S. Preis 45 Kop. (russisch).

1338. **J. G. Perel,** Ein vergessenes Werk zur Geschichte der Astronomie. AJ UdSSR **30** 100—106, mit 2 Abb. (russisch). — Charakterisierung des 1809 in St. Petersburg erschienenen Buches «Kurze Geschichte der Astronomie» von P. J. Gamaleja.

1339. **J. G. Perel,** Fragen der Astronomie auf den Tagungen der russischen Naturforscher und Ärzte. AJ UdSSR **30** 352—365 (russisch).

1340. **J. G. Perel,** Aus der Vergangenheit der russischen astronomischen Journalistik. AJ UdSSR **30** 557—562 (russisch).

1341. **A. Rome,** The calculation of an eclipse of the sun according to Theon of Alexandria. Proc. Internat. Congr. Math. (Cambridge, Mass., Aug. 30—Sept. 6, 1950) **1** 209—219, 1952. — Ref. in ZfMG **49** 4.

1342. **E. Rybka,** Wkład Astronomów Polskich do Nauki Swiatowej. Warszawa, Państwowe wydawnictwo popularno-naukowe, 1953. 76 S. mit Abb. Preis Zloty 3. — Besprechung in AJ UdSSR **31** 398—399 (J. G. Perel, russisch).

1343. **C. U. Sadykow,** Biruni und seine Arbeiten über Astronomie und mathematische Geographie. Moskau, Staatsverlag für technisch-theoretische Literatur. 152 S. mit Abb. Preis 4 R. 40 Kop. (russisch). — Ref. in RJ Astr. Geod. UdSSR Nr. 1, 1954; Ref. Nr. 1486 (russisch).

1344. **H. Sawyer Hogg,** The introduction of the Copernican system to England. V. Thomas Harriot and the beginnings of telescopic astronomy in England. J RAS Canada **47** 15—20. — Vgl. AJB **52** Ref. 1315.

1345. **K. I. Schafranowskij,** Eine vergessene, am Anfang des 18. Jahrhunderts in Rußland gravierte Karte des Sternhimmels. Nachr. Geogr. Ges. UdSSR **85** 195—199 (russisch). — Ref. in RJ Astr. UdSSR Nr. 1, 1953; Ref. Nr. 16 (russisch).

1346. **J. Schaumberger,** Ziqpu-Gestirne nach neuen Keilschrifttexten. Z. Assyriologie (NF) **16** (**50**) 224—229. — Ref. in ZfMG **51** 2.

1347. **A. Scherer,** Gestirnnamen bei den indogermanischen Völkern. Heidelberg, Carl Winter, 1953. 276 S. mit 8 Tafeln. Preis DM 22.50. — Verf. hat sich die Aufgabe gestellt, den gesamten sich auf den Sternhimmel beziehenden Wortschatz der indogermanischen Völker sorgfältig zu untersuchen und ihn an Hand des heutigen Stands seiner Wissenschaft aufs neue in Kürze kritisch zu beleuchten. Das überaus reiche Material verteilt sich auf sieben Kapitel, die, von der allgemeinen Bezeichnung «Stern» oder «Himmelskörper» ausgehend, über Sonne und Mond, Planeten, Kometen, Fixsterne und Sternbilder bis zu den Namen der Gradbezirke vordringen. Ein vollständiges Wortregister, das die Einzelsprachen der Reihe nach aufführt, beschließt das Ganze und macht eine eingehende Orientierung auch für den Laien vergleichsweise leicht. Den Abschluß bilden acht Tafeln mit gutem Bildmaterial, zum weitaus größten Teil aus F. Bolls «Sphæra» bzw. der von W. Gundel besorgten dritten Auflage seiner Schrift «Sternglaube und Sterndeutung» genommen. Es handelt sich seit den Tagen Bolls bzw. Gundels um die erste wieder vollwertige Arbeit auf diesem Gebiet, die auch der sprachlich und geschichtlich interessierte Astronom mit Freude und Gewinn lesen wird. Werner Wolf

1348. **F. A. Schibanow,** Der Beitrag der russischen geodätischen Wissenschaft des 19. Jahrhunderts zur Bestimmung der Gestalt und der Ausmaße der Erde. Mitt. Geogr. Ges. UdSSR Nr. **4** S. 463—468 (russisch). — Ref. in RJ Astr. UdSSR Nr. 3, 1953; Ref. Nr. 1018 (russisch).

1349. **H. Schimank,** Zeit und Zeitmessung, kulturgeschichtlich betrachtet. Phys. Blätter **9** 498—507.

1350. **D. J. Schove,** London aurorae of A. D. 1661. JBAA **63** 266—270, mit einem Nachtrag von J. Paton.

1351. **B. Sticker,** Weltzeitalter und astronomische Perioden. Saeculum **4** 241—249. — Der Begriff des Großen Jahres findet sich in erster Linie bei den Griechen, so bei Plato, Aristoteles und Eudemos. Nach Ablauf dieser Periode soll sich nicht nur das Geschehen im Kosmos, sondern auch jedes Ereignis auf der Erde in der gleichen Weise im ewigen Kreislauf wiederholen. In diesem umfassenden Sinn war die Lehre vom Großen Jahr aber erst in der pythagoräischen Schule vertreten, während es sich bei den vorpythagoräischen Astronomen nur um einen rein äußerlichen Befund handelt, gemäß dem alle Planeten nach Ablauf eines Großen Jahres wieder in ihre Ausgangsstellung zurückkehren. Es kann kein Zweifel bestehen, daß die pythagoräische Vorstellung von der Großperiode auf babylonischen Einfluß zurückgeht, der auch sonst durch das Vorhandensein ähnlicher Perioden in Persien und Indien nachweisbar ist. U. Baehr

1352. **R. Šimon,** Über eine Veröffentlichung von J. Stepling aus dem Jahre 1754 über den kosmischen Ursprung der Meteorite. RH **34** 235 (tschechisch).

* * **O. Struve,** The history of the chemical elements. Vgl. Ref. 5426.

1353. **W. L. Tschenakal,** Russische Instrumentenbauer der ersten Hälfte des 18. Jahrhunderts. Leningrad, Staatsverlag, 1953. 254 S. mit 58 Abb. Preis 7 R. 95 Kop. (russisch). — Besprechung in AJ UdSSR **31** 298—299 (J. G. Perel).

1354. **Tschu Ke-Tschen,** Der Beitrag der chinesischen Gelehrten zur Astronomie im Altertum und im Mittelalter. Priroda **42** Nr. 10 S. 66—75, mit 4 Abb. (russisch).

1355. **Q. Vetter,** Šest století matematického a astronomického učení na universitě Karlově v Praze. Věst. Královské české společ. nauk. Třída mat.-přírodověd. 1953 S. 1—40 (mit russischer Zusammenfassung). — Ref. in RJ Astr. Geod. UdSSR Nr. 11, 1954; Ref. Nr. 5432 (russisch).

1356. **B. L. van der Waerden,** Die Bewegung der Sonne nach griechischen und indischen Tafeln. Sitzber. Bayer. Akad. Wiss. **1952** Math.-naturwiss. Kl. 219—232, mit 2 Fig. — Ref. in Math. Rev. **14** 831. — Es werden zwei von O. Neugebauer veröffentlichte Tafeln behandelt, eine griechische (in Centaurus **1** 266—270, 1951) und eine bei den Tamils in Pondicherry mündlich überlieferte (in Osiris **10** 252—276, 1952). Beide Tafeln geben die Zeiten des Eintritts der Sonne in die Tierkreiszeichen. Die Untersuchung ergibt zunächst in beiden Fällen, daß die Tafeln nicht nach der babylonischen Methode mit Hilfe arithmetischer Reihen, sondern auf Grund der alexandrinischen Anschauung über die Sonnenbewegung konstruiert sind. Bei der griechischen Tafel handelt es sich um eine einfache Exzenterbewegung, was unmittelbar aus einer Zeichnung abgeleitet wird. Bei der Analyse der indischen Tafel werden die 12 Zeitpunkte durch eine Fourier-Reihe dargestellt und untersucht, welches Modell der Sonnenbewegung der Reihe am besten entspricht. Es ergibt sich für die Sonnenbewegung ein Epizykel mit veränderlichem Radius oder noch besser ein Konzenter mit Ausgleichspunkt. U. Baehr

1357. **E. Whittaker,** Von Euklid zu Eddington. Wien, Humboldt-Verlag, 1952. Sammlung Die Universität, Bd. **22.** 283 S. — Besprechung in Naturwiss. Rundschau **7** 126 (H. Degen).

1358. **J. Witkowski,** Kopernikańska teoria ruchu planet na tle antycznych systemów. Postępy Astr. **1** 5—12, mit 1 Abb. — Kurze Darstellung der Auffassungen über die Weltsysteme des Altertums, wobei insbesondere auf Plato, Eudoxos, Aristoteles, Ptolomäus und Hipparch eingegangen wird. Durch seine Reform wies Kopernikus seinen Nachfolgern Kepler und Newton den Weg zur Entmystifizierung der Probleme. Loh.

1359. **B. A. Woronzow-Weljaminow,** Die erste russische Sternkarte. AJ UdSSR **30** 552—556, mit 2 Tafeln (russisch). — Beschreibung der ersten gedruckten russischen Sternkarte, die sich in der Handschriftenabteilung der Bibliothek Akad. Wiss. UdSSR in Leningrad befindet. Die auf Wunsch von Zar Peter I von I. F. Kopijewskij entworfene Karte wurde 1699 von Jakob Tessing in Amsterdam veröffentlicht. Loh.

1360. **Z. Žába,** L'orientation astronomique dans l'ancienne Egypte, et la précession de l'axe du monde. Prag, Verlag Akad. Wiss. 80 S. mit 7 Fig. und 2 Beilagen. Preis Kčs. 40.

1361. **E. Zinner,** Astronomie. Geschichte ihrer Probleme. Freiburg, Verlag Karl Alber, 1951. 12 + 404 S. mit 34 Abb. Preis DM 23.— Besprechung in Z. Naturforschung **9a** 992 (G. Elwert).

1362. Astronomia w Czechosłowacji od lat najdawniejszych do dzisiaj. Prag, 1952. 343 S. Preis 198 Kčs. — Besprechung in Urania Kraków **24** 186—189, mit 3 Tafeln (T. Banachiewicz).

1363. Hunderte Jahre Zählung der Sonnenrotationen. Orion Schaffhausen **4** 181.

1364. Hundred years from the death of Christian Doppler. RH **34** 114—116, mit 1 Abb. (tschechisch).

1365. Irish solar eclipses. Sky and Telescope **12** 206. — Ref. der Arbeit von O'Connor, vgl. AJB **52** Ref. 1425.

1366. Erdmagnetismus und Sonnenflecken — vor 100 Jahren. Sternenwelt **5** 146—147.

1367. 150 rocznica powstania meteorytyki jako nauki (1803—1953). Urania Kraków **24** 362—363.

Fortschritte der Astronomie

1368. **J. Cabannes,** Les progrès récents de l'astronomie. BSAF **67** 279—282, mit Bild.

1369. **R. Guldal,** Astronomiske begivenheter i 1952. Naturen Nr. **17** 532—544, mit 8 Fig. = Inst. Teoret. Astrofysikk Blindern-Oslo Småtrykk Nr. **5**.

* * **U. Güntzel-Lingner,** Über den gegenwärtigen Stand der Erforschung der Doppelsternbahnen. Vgl. Ref. **10003**.

1370. **A. R. Hogg,** Astronomical developments in Australia. J RAS Canada **47** 1—9, mit 1 Fig. = Sonderdruck Commonwealth Obs. Canberra.

1371. **F. C. Leonard,** Recent and future developments in meteoritics. Meteoritics **1** 66—80.

1372. **F. Link,** Über die Entwicklungstendenz von verschiedenen Gebieten der Astronomie. Časopis **3** 4—5, mit 1 Fig. (tschechisch).

1373. **W. W. Scharonow,** Die Fortschritte der sowjetischen Planetenforschung. Bote Akad. Wiss. UdSSR Nr. **5** S. 34—37 (russisch).

1374. **J. R. Shakeshaft,** Radio-astronomy. Advanc. Sci. London **10** 294—298. — Geschichte und Fortschritte der Radioastronomie 1940—1952.

1375. **H. Shapley,** Report on programmes of galactic measurement. Irish AJ **2** 181—192 = Harv Repr Nr. **375**. — Zusammenfassender Bericht über Planung und bisherige Ergebnisse der an der Boyden und der Agassiz Station bearbeiteten Programme: Ausdehnung des Milchstraßensystems in Richtung zum Antizentrum (RR Lyr-Sterne). Die galaktische Korona. Das Fenster in Centaurus. Die innere Metagalaxis. Lokale Schwankungen der scheinbaren Nebelverteilung am Südhimmel. Veränderliche und Kugelhaufen in den Magellanschen Wolken. Die Veränderlichen in Sgr, Sco und Oph. Haffner

1376. **B. Šternberk,** Entwicklung und Probleme der gegenwärtigen Chronometrie. Časopis **3** 29—36, mit 6 Fig. (tschechisch).

1377. De ti vigtigste astronomiske begivenheder i 1952. NAT **1953** 30—31.

Dritter Teil

Instrumente. Beobachtungstechnik

§ 20

Allgemeines, Optik, Beobachtungsanleitungen, Alte Instrumente

2001. **R. Brandt,** Das Fernrohr des Sternfreundes, Sternenwunder im Feldstecher. Sternenwelt **5** 193—195, mit 2 Abb.

2002. **E. B. Brown,** Gleanings for ATM's. Sky and Telescope **12** 78—80, 107—110, 136—139, 164—166, 190—192, 219—222, 244—246, 271—273, 298—299, 323—325, **13** 23—24, 58—61, mit 48 Fig.

2003. **A. Brun,** L'idée géniale de B. Schmidt et ses conséquences pour le progrès de l'optique et de l'astronomie. BSAF **67** 420—426, mit 9 Fig. — Allgemeinverständliche Darstellung der dem «klassischen» Schmidt-Spiegel zugrunde liegenden Idee und Beschreibung jenes Systems sowie verschiedener Varianten nach Vandekerkhove, Baker, Maxutow und Rösch.
König

2004. **M. Daisomont,** Les objectifs astronomiques collés. Ciel et Terre **69** 319—321.

2005. **M. Daisomont,** Giuseppe Campani et la taille des objectifs astronomiques simples. Orion Schaffhausen **4** 101—103.

2006. **W. Dshumanijasow,** Untersuchung der Lichtstärke von acht Objektiven. Nachr. Akad. Wiss. Turkmen. Sowjetrepublik Nr. **6** S. 93—95 (russisch). — Ref. in RJ Astr. Geod. UdSSR Nr. **6, 1954**; Ref. Nr. 4010 (russisch).

2007. **V. Erhart, J. Erhart,** Adjustable correction of astigmatism of Cassegrain reflectors. RH **34** 80—83, 136—139, mit 5 Fig. (tschechisch).

2008. **J. Friends,** Limits of magnitude penetration with small instruments. JBAA **63** 279—280, mit einem Nachtrag von W. H. Steavenson.

2009. **E. Giovanoli,** Eine rationelle Prüfmethode für kurzbrennweitige Hohlspiegel. Orion Schaffhausen **4** 157—160, mit 3 Fig.

2010. **W. A. Granger,** An observing lamp and desk. JBAA **63** 115—116, mit 1 Fig.

2011. **G. van Herk,** Astronomische Instrumenten. Den Haag, Servire, 1953. 2. Auflage. 170 S. mit 132 Fig. Preis f 3.90. — Besprechung in Hemel en Dampkring **51** 126 (J. J. Raimond jr.).

2012. **S. Hondl,** Über das mit Wasser gefüllte Fernrohr nach Boscovich. (Nachtrag). Glasnik Mat.-Fiz. Astr. (2) **8** 49—51.

2013. **G. Horn-d'Arturo,** The tessellated mirror. JBAA **63** 71—74, mit 1 Fig. und 2 Tafeln. — Ref. in Postępy Astr. **1** 102, Sky and Telescope **12** 291.

2014. **P. Husnot,** Construction facile et économique d'un puissant télescope d'amateur. Vgl. AJB **52** Ref. 2026. — Weitere Besprechung in Orion Schaffhausen **4** 115.

2015. **F. J. Kelly,** Limiting visual magnitudes for small telescopes. Sky and Telescope **12** 271—273, mit 1 Fig.

2016. **H. D. de Knegt,** Ervaringen met een hulpkijker. Hemel en Dampkring **51** 16—17.

2017. **H. Köhler,** Chromatisch nicht korrigierte Astrographenobjektive. Optik **10** 464—470. — Phys. Verhandlungen **4** 66 (Ref.).

2018. **W. Liben, B. Goldberg,** A new line board test for paraboloidal reflectors. J. Optical Soc. America **43** 347—352, mit 12 Fig. — Verf. beschreiben ein neues Verfahren zur Prüfung von Parabolspiegeln, das aus dem Tschikolew-Test weiterentwickelt wird. Während beim Tschikolew-Test ein System gerader Linien abgebildet wird, benützen sie eine Anzahl konzentrischer Ringe und können damit auch quantitative Prüfungen vornehmen. Behr

2019. **E. H. Linfoot, E. Wolf,** Diffraction images in systems with an annular aperture. Proc. Phys. Soc. (B) **66** 145—149. — Ref. in Phys. Ber. **33** 1548.

2020. **W. Lutge,** A few hints on telescope making. J. Astr. Soc. Victoria **6** 79.

2021. **V. Marcon,** Come costruirsi un telescopio. Vgl. Ref. **11106,** daselbst S. 33—38.

2022. **A. B. Meinel,** Aspheric field corrections for large telescopes. ApJ **118** 335—344, mit 5 Fig. — Die Einführung asphärischer Flächen in Korrektionssysteme für Parabolspiegel führt zu mehreren Lösungsfamilien, bei denen Fehler 3. und 5. Ordnung behoben sind. Die gegebenen theoretischen Entwicklungen liefern für praktische Zwecke Näherungslösungen. Diese wären noch genauer durchzurechnen, und zwar unter Berücksichtigung der Brechungsindizes, wovon hier zunächst abgesehen ist. König

2023. **A. B. Meinel,** Aspheric field correctors for astronomical telescopes. J. Optical Soc. America **43** 811. — Ref. Optical Soc. America.

2024. **M. S. Nawaschin,** Das selbstgebaute Fernrohr. Moskau, Technischer Staatsverlag, 1953. 171 S. mit Abb. Preis 5 R. 10 Kop. (russisch).

2025. **C. Recla,** Ancora sulla lente di Barlow. Considerazione teoriche e dati pratici utili per l'astrofilo. Coelum **21** 12—16, mit 1 Fig. — Theoretische Betrachtungen und praktische Anwendungen der Barlowschen Linse. Cester

2026. **D. W. Rosebrugh,** Visibility of small details. Strolling Astronomer **7** 112—114.

2027. **D. H. Sadler,** An improved astrograph. J. Inst. Navigation **6** 373—379, mit 2 Fig.

2028. **M. Sauer,** Neue Entwicklungsrichtung beim Bau astronomischer Objekte. Sternenwelt **5** 148—149.

2029. **H. Soetens,** De vervaardiging van een Schmidt Camera. VIII. Meteoor 8 35—38, mit 6 Fig. — Vgl. AJB **52** Ref. **2004.**

2030. **J. Tuominen,** A Schmidt-camera for radiowaves. Obs **73** 26—27. — Nach einem kurzen Vergleich zwischen Schmidt-Spiegel und parabolischem Spiegel zeigt Verf., daß im Bereich der längeren Radiowellen ein sphärischer Spiegel ohne Korrektionsplatte verwendet werden kann. O. G.

2031. **Washer, Gardner,** Method for Determining the Resolving Power of Photographic Lenses. U. S. Government Printing Office, 1953. 27 S. Preis $ 1.00. — Besprechung in Sky and Telescope **12** 269.

2032. **P. R. Yoder jr., F. B. Patrick, A. E. Gee,** Analysis of Cassegrainian type telescopic systems. J. Optical Soc. America **43** 811. — Ref. Optical Soc. America.

2033. Amateur Telescope Making. Book III. Herausgegeben von A. G. Ingalls. New York, Scientific American Inc., 1953. 8 + 644 S. Preis $ 7.00 bzw. 52 s. 6 d. — Besprechung in Coelum **22** 155—156, JBAA **64** 246—248 (H. C. King), J. Astr. Soc. Victoria **7** 41, J RAS Canada **48** 111 (D. A. MacRae) Publ ASP **66** 262 (T. R. Cave jr.), Sky and Telescope **13** 129, 233—235 (L. N. Schoenig), Strolling Astronomer **7** 168—169 (J. T. Carle).

2034. Astronomical Photoelectric Photometry. Herausgegeben von F. B. Wood. Washington, American Association for the Advancement of Science; British agents: Bailey Bros. and Swinfen Ltd., 1953. 5 + 141 S. mit 40 Fig. Preis $ 3.75 bzw. 33 s. — Besprechung in Ann d'Astrophys **17** 159 (A. Lallemand), Irish AJ **3** 27, J RAS Canada **48** 113, Mem SA It (NS) **25** 419—420 (A. Kranjc), Obs **74** 179—181 (H. E. Butler), Publ ASP **66** 150 (W. A. Baum), Sky and Telescope **13** 199, 342—343 (H. J. Smith).

2035. Een slijpmal van beton. Hemel en Dampkring **51** 214.

2036. Late renaissance scientific instruments. JBAA **63** 88.

2037. Mosaikspegeln. PAT **34** 72—74, mit 1 Fig.

2038. New substance for lenses. Sky and Telescope **12** 156.

2039. O lunetă astronomică. Ştiinţă şi tehnică **5** Nr. 9 S. 28—29.

Beobachtungsanleitungen

2040. **D. P. Avigliano,** An introduction to observing Jupiter. Sky and Telescope **12** 301—302, 327, mit 5 Fig.

2041. **N. P. Barabaschew, W. W. Scharonow,** Einige Hinweise zur Organisation der photographischen, photometrischen und kolorimetrischen Beobachtungen des Planeten Mars während der Opposition 1954. Astr Circ UdSSR Nr. 143 S. 20—21 (russisch).

2042. **J. C. Bartlett jr.,** Some stellar exercises for planetarians. Strolling Astronomer **7** 23—27.

2043. **N. J. Bugoslawskaja, W. W. Basilewitsch,** Anleitung zur Beobachtung der Sonne. Acta Astr. Sinica **1** 131—143 (chinesisch). — Übersetzung aus dem Russischen.

2044. **C. L. Friend,** Searching for comets. Sky and Telescope **12** 194—195, mit 3 Fig.

2045. **C. Hoffmeister,** Zur Beobachtung der Mondfinsternisse. Sterne **29** 166.

2046. **C. de Jager,** De totale zonsverduistering, een programma voor amateurs. Hemel en Dampkring **51** 224—226, mit 1 Fig.

2047. **R. G. Knittel, A. J. Thompson,** Still lunar photography. Sky and Telescope **12** 108—110, mit 1 Fig.

2048. **M. Du Martheray,** L'observation de «l'étoile projectile» de Barnard. Orion Schaffhausen **4** 149—152, mit 2 Fig.

2049. **J. Mergentaler,** Uwagi o obserwacjach Słońca. Urania Kraków **24** 147—148.

2050. **P. Muller,** Pour observer les couples serrés d'étoiles doubles. BSAF **67** 192.

2051. **H.-J. Nitschmann,** Über die amateurmäßige Beobachtung der Sonne. Sterne **29** 23—28, mit 5 Abb.

2052. **A. Novák,** Über die Sonnenbeobachtung. Mat.-přír. rozhledy **32** 154—158, mit 2 Fig. (tschechisch).

2053. **I. D. Nowikow,** Versuch, den Himmel mit einfachsten Mitteln zu photographieren. Bull. Astr.-Geod. Ges. UdSSR Nr. **12** (**19**) S. 34—37, mit 6 Abb. (russisch).

2054. **E. Pettit,** Photography of the canals of Mars. Publ ASP **65** 197—201. — Ref. ASP.

2055. **E. Pettit,** Photography of the canals of Mars. Sky and Telescope **13** 27.

2056. **G. Ruggieri,** Invito all' osservazione. Coelum **21** 85—87. — Aufforderung zur systematischen Beobachtung durch italienische Liebhaber mit Hinweisen auf besonders interessante Tätigkeitsgebiete. Cester

2057. **W. Sandner,** Über die Beobachtung des Planeten Merkur. Orion Schaffhausen **4** 94—97, mit 1 Fig.

2058. **W. W. Scharonow,** Die Sonne und ihre Beobachtung. Moskau, Staatsverlag für technisch-theoretische Literatur, 1953. 2. Auflage. 220 S. mit 65 Abb. und 8 Tafeln. Preis 4 R. 75 Kop. (russisch). — Ref. in Priroda **43** Nr. 7 S. 119—120 (S. M. Poloskow), RJ Astr. Geod. UdSSR Nr. **1**, 1954; Ref. Nr. 1577 (russisch).

2059. **B. Šternberk,** Time measurements for amateurs. RH **34** 27—29 (tschechisch).

2060. **B. Szczepkowski, A. Wróblewski,** Jeszcze o obserwacjach Słońca. Urania Kraków **24** 241—243.

2061. **R. de Terwangne,** L'étude du ciel à l'œil nu et à la jumelle. Gaz astr **35** 1—7.

2062. **J. Texereau,** Conseils aux jeunes observateurs. BSAF **67** 57—60, mit 1 Fig.

2063. **C. C. Wylie,** The study of fireballs. Publ ASP **65** 266.

2064. **E. Zeier,** Astronomie ohne Fernrohr: Der Mond. Prakt. Schulphys. **28** 146—149, 1951.

2065. For the beginner: Some notes on the amateur's telescope. Strolling Astronomer **7** 120—121.

Alte Instrumente

2066. **C. V. Solver,** The discovery of an early bearing-dial. J. Inst. Navigation **6** 294—296, mit 2 Fig.

2067. Tycho Brahes instrumenter. NAT **1953** 111—116, mit 1 Fig. — Dänische Übersetzung von Tycho Brahes Beschreibung seiner Instrumente in «Astronomiae instauratae mechanica». Hier wird die Übersetzung gegeben von «Quadrans maximus chalybeus ...., De aliis quibusdam instrumentis ..., Sextans bifurcatus, Semicirculus ...., Radius astronomicus, Annulus astronomicus».

§ 21

Beobachtungsinstrumente

2101. **H. Auer,** Der Zeiss-Refraktor nach seiner Wiederaufstellung in der Westkuppel. Deutsches Museum Abh. u. Ber. **21** Heft 1 S. 27—32, mit 2 Abb.

2102. **F. G. Back,** A large range variable magnification telescope. J. Optical Soc. America **43** 1195—1199, mit 6 Fig. — Verf. beschreibt ein neues Fernrohr, dessen Vergrößerung im Bereich von 1 : 10 kontinuierlich geändert werden kann. Die für die Konstruktion notwendigen Bedingungen und die auftretenden Fehler werden diskutiert. Behr

2103. **H. Baderscheider,** Eine interessante Fernrohrmontierung. Sternenwelt **5** 136, mit 2 Abb.

2104. **J. van Bladel,** The application of radar to astronomy and meteorology. Bull. Sci. Ass. Ingen. Montefiore **66** 635—657 (französisch). — Ref. in Phys. Abstracts (A) **57** 526.

2105. **Z. Brkić,** Anomalies locales dans l'inclinaison de l'axe de la lunette méridienne. Bull. Astr. Obs. Beograd **17** 48—55, mit 4 Fig. — Die Neigungsbestimmungen am Meridian-Instrument der Sternwarte Belgrad lassen Schwankungen von tages- und jahreszeitlicher Periode erkennen, die in enger Beziehung zu den Temperaturschwankungen im Beobachtungsraum stehen. Daneben tritt noch eine säkulare Änderung auf. Bo.

2106. **H. B. Buie,** An English reflector. Sky and Telescope **12** 246, mit 2 Fig.

2107. **F. Caliumi,** Montature di strumenti astronomici. Vgl. Ref. 11106, daselbst S. 39.

2108. **W. N. Christiansen,** A high-resolution aerial for radio astronomy. Nature **171** 831—833, mit 6 Fig. = Commonwealth Sci. Industrial Res. Organization, Australia, Division Radiophys. — Ref. in Phys. Abstracts (A) **56** 950. — Das in Sydney errichtete Interferenzempfangssystem zur Sonnenbeobachtung bei 21 cm Wellenlänge wird beschrieben. 32 Parabolspiegel mit je sechs Fuß Durchmesser sind äquidistant auf einer geradlinigen Strecke von 700 Fuß Länge aufgestellt. Das Auflösungsvermögen beträgt 3′, der Winkelabstand der benachbarten Ordnungen 1°7. Die Sonne kann in einem schmalen Streifen der Breite 3 abgetastet werden. Thi.

2109. **W. H. Close,** Two Atlanta telescopes. Sky and Telescope **12** 136—139, mit 7 Fig.

2110. **M. Collin,** A large, inexpensive Springfield telescope. Sky and Telescope **13** 58—61, mit 3 Fig.

2111. **C. Cristescu,** Studiul turioanelor cercului meridian. Bul. ştiinţ. Acad. R. P. Române (mat., fiz.) **5** 357—372 (mit russischer und französischer Zusammenfassung). — Ref. in RJ Astr. Geod. UdSSR Nr. **9, 1954**; Ref. Nr. 4790 (russisch).

2112. **M. Duchesne,** Un récepteur de lumière à très haute sensibilité: le télescope électronique. Etude et amélioration. BA **17** 1—88, mit 40 Fig. — Die von der Photokathode lichtelektrisch emittierten Elektronen werden in einem elektrischen Feld beschleunigt und elektronenoptisch auf einem fluoreszierenden Schirm oder einer photographischen Platte fokussiert. Die Einzelheiten eines solchen Elektronenteleskops werden entwickelt und berechnet, insbesondere die Elektronenbahnen sowie Lage, Größe und Güte der

Abbildung. Erfahrungsgemäß wächst die lichtelektrische Empfindlichkeit einer Ag-Cs_2O-Cs-Oberfläche mit abnehmender Temperatur. Loh.

* * **M. Duchesne,** Influence de la température sur la sensibilité aux électrons de quelques émulsions photographiques non chromatisées. Application au télescope électronique à enregistrement photographique. Vgl. Ref. 2240.

2113. **M. Gadsden,** A cheap Maksutov Camera. JBAA **64** 36—38, mit 2 Fig.

2114. **G. Godoli,** Il coronografo. Coelum **21** 181—185, mit 4 Fig. — Beschreibung des Koronographen.

2115. **F. L. Goodwin,** Burnham Society sponsors large telescope. Sky and Telescope **12** 287.

2116. **J. P. Hamilton,** Another «great Melbourne reflector». J. Astr. Soc. Victoria **6** 73—76, mit 1 Fig.

2117. **A. Hamon,** Au sujet d'un procédé d'entrainement automatique de l'axe horaire des équatoriaux et de la correction en ascension droite. BSAF **67** 292—297, mit 5 Fig.

2118. **J. S. Hindle,** An improved Herschelian telescope. Sky and Telescope **12** 107—108, mit 1 Fig.

* * **J. Hopmann,** Photometrie von 420 visuellen Doppelsternen. Vgl. Ref. **10109.**

2119. **C. L. Janssen,** Brilleglaskikkerten. Urania Kopenhagen **10** 19—25, 70—72, mit 1 Fig.

2120. **J. Klepešta,** The greatest and smallest Maksutov and Schmidt telescopes. RH **34** 30—37, mit 4 Abb. (tschechisch).

2121. **J. Klepešta,** Große Spiegelteleskope. Vesmír **32** 314—316, mit 5 Abb. (tschechisch).

2122. **J. D. Kraus, E. Ksiazek,** New techniques in radio astronomy. Electronics **26** 148—152. — Ref. in Phys. Abstracts (A) **57** 251, Phys. Ber. **33** 1017.

2123. **J. D. Kraus,** The Ohio State radio telescope. Sky and Telescope **12** 157—159, mit 9 Fig.

2124. **A. Kutter,** Der Schiefspiegler, ein Spiegelteleskop für hohe Bilddefinition. Biberach a. d. Riss, Fritz Weichardt, 1953. 88 S. mit 31 Fig. — Besprechung in Gaz astr **35** 52—53 (G. D. Roth), Strolling Astronomer **7** 111—112 (G. D. Roth).

2125. **A. Lallemand,** Le télescope électronique. BSAF **67** 257—261, mit 3 Fig.

2126. **J. V. Lawrence,** Inexpensive portable planetary telescopes. Sky and Telescope **12** 219—222, mit 6 Fig.

* * **J. Lemmens,** Sur un oculaire spécialement destiné à l'observation à l'aide d'un réfracteur zénithal. Vgl. Ref. **2227.**

2127. **B. Y. Mills, A. G. Little,** A high-resolution aerial system of a new type. Australian J. Phys. **6** 272—278, mit 5 Fig. = Commonwealth Sci. Industrial Res. Organization, Australia, Division Radiophys. — Ref. in Phys. Abstracts (A) **57** 126. — Für das Meterwellengebiet wird ein einfaches Antennensystem angegeben, das eine Bündelöffnung unter 1° besitzt. Zwei linear angeordnete Dipolsysteme sind gekreuzt montiert und werden im Wechsel in Phase und in Gegenphase gekoppelt. Eine Radioquelle, die in dem Winkelbereich liegt, der beiden Dipolsystemempfangsbereichen gemeinsam ist, liefert ein moduliertes Signal. Thi.

2128. **M. S. Nawaschin,** Ein selbstgebautes Spiegelteleskop. Moskau, Staatsverlag für technisch-theoretische Literatur, 1953. 240 S. mit 75 Abb. Preis 5 R. 10 Kop. (russisch). — Ref. in RJ Astr. Geod. UdSSR Nr. **1**, 1954; Ref. Nr. 1578 (russisch).

2129. **E. J. Öpik,** A vibrating camera for meteor photography. Irish AJ **2** 193—202, mit 4 Fig. und Tafel 14 und 15 = Armagh Obs. Leaflet Nr. **20.** — Beschrieben wird eine Meteorkamera, welche während der Exposition derart bewegt wird, daß die optische Axe mit 1000 Umdrehungen pro Minute einen kleinen Konus beschreibt. Durchgehende Meteore hinterlassen auf der Platte eine zykloidenartige Spur, welche an den Spitzen verstärkt erscheint. Hierdurch wird im Normalfall etwa die doppelte, in sehr günstigen Fällen die vier- bis fünffache Ausbeute erzielt. König

2130. **S. W. Orlow,** Die Reflektoren von Maxutow und Schmidt. AJ UdSSR **30** 546—551, mit 5 Abb. und 1 Tafel (russisch). — Nach allgemeinen Ausführungen über Schmidt-Telescope wird eine Spiegelkamera mit Öffnungsverhältnis 1 : 1.5 und einem praktisch aberrationsfreien Gesichtsfeld von 17° beschrieben, bei der die Ebene der Eintrittsblende durch den Krümmungsmittelpunkt des sphärischen Spiegels geht. Als Korrektionsplatte dient eine beidseitig sphärisch gekrümmte Glasscheibe, deren Krümmungsmittelpunkte gleichfalls mit dem des Spiegels zusammenfallen. Die Fokalfläche befindet sich auf der dem Spiegel zugekehrten Seite dieser Meniskusscheibe. Die Kamera ist speziell für Aufnahmen von Kometen- und Meteorspektren gedacht. Petri

2131. **A. F. Panow,** Ein Liebhaberteleskop. Bull. Astr.-Geod. Ges. UdSSR Nr. **12** (**19**) S. 37—39, mit 4 Abb. (russisch).

2132. **N. N. Pawlow,** Über Wärmeeffekte in umlegbaren Passageninstrumenten. AJ UdSSR **30** 85—92, mit 1 Abb. (russisch). — Ref. in Astr. News Letter Nr. **73** S. 12. — Bericht über Feststellungen an zwei photoelektrischen Passageninstrumenten in Leningrad. Den stärksten Einfluß auf die Beobachtungen übt die thermische Biegung aus. Den besten Schutz vor thermischen Effekten bieten weißer Anstrich oder gut reflektierende Außenschicht. Loh.

2133. **W. W. Podobed,** Untersuchung kleiner Teile der Kreisteilung. AJ UdSSR **30** 348—351, mit 2 Abb. (russisch). — Ref. in Astr. News Letter Nr. **73** S. 13.

2134. **H. Rohr,** Ein neues, großes Spiegelteleskop in Deutschland. Orion Schaffhausen **4** 58—63, mit 2 Fig. — Bericht über das 2-Meter Universal-Spiegelteleskop (Vgl. AJB **50** Ref. **2123**).

2135. **F. Salomon,** An open-tube reflector. Sky and Telescope **12** 110, mit 1 Fig.

2136. **K. Serkowski,** Astronomische Instrumente. Warschau, Staatlicher Verlag für Lehrbücher, 1952. 104 S. mit 70 Abb. und Tafeln (polnisch). Preis zł. 5.60. — Besprechung in AJ UdSSR **30** 456—457 (P. G. Kulikowskij, russisch), Urania Kraków **24** 124—125 (B. Rompolt).

* * **C. H. Smiley, M. Quick,** Personal equation and the modern marine sextant. Vgl. Ref. 2516.

2137. **H. I. Smith,** A versatile portable mounting. Sky and Telescope **12** 164—166, mit 6 Fig.

2138. **A. Stauß,** Fernrohrmontierungen und ihre Schutzbauten für Sternfreunde. München, Druck und Vertrieb «Uni», 1953. 68 S. mit 18 Abb. und 36 Tafeln. Preis DM 8.— Besprechung in J. Astr. Soc. Victoria **7** 28—29, Mitt. Planetenbeobachter **6** 30 (G. D. Roth), NAT **1954** 152, Orion Schaffhausen **4** 77—78, 114—115, Sterne **29** 30—31 (R. Brandt), Vega Nr. **4** S. 16.

2139. **B. Valníček,** Elektronisches Fernrohr. RH **34** 230—232, mit 3 Fig. (tschechisch).

2140. **V. Vanýsek,** Polar-telescope. RH **34** 153—157, mit 3 Fig. (tschechisch).

2141. **V. Ward,** Portable 10-inch reflector. Sky and Telescope **12** 324—325, mit 2 Fig.

2142. **W. W. Witkewitsch, R. L. Sorotschenko,** Ein Interferenz-Radioteleskop. AJ UdSSR **30** 631—635, mit 3 Abb. (russisch). — Es wird vorgeschlagen, an Stelle einer einzigen, sehr langen Antenne zahlreiche kleinere Antennenelemente in linearer Anordnung nebeneinander zu verwenden, um so eine hohe Auflösung in einer Richtung zu erzielen, wobei besonders an Sonnenbeobachtungen gedacht ist. In der Praxis dürfte die Abstimmung der einzelnen Elemente schwierig sein. Petri

2143. **W. W. Witkewitsch,** Das breitbandige Radiointerferometer. DAN **91** 1301—1303, mit 2 Abb. (russisch).

2144. **H. Wood,** Two adjustments of equatorial telescopes. Obs **73** 209—211. — Verf. hat die Justierung eines Astrographen untersucht. Er beschreibt Methode und Ergebnisse der Prüfung des senkrechten Schneidens von Deklinations- und Polachse und der Lage des Instrumentenpols. O. G.

2145. Télescope à monture équatoriale construit par M. le Commandant Sevoz. BSAF **67** 334—336, mit 1 Fig.

2146. Télescope construit par M. Boudrant. BSAF **67** 379—380, mit 1 Fig.

2147. A long focus Herschelian telescope. J. Astr. Soc. Victoria **6** 81—82.

2148. Et kæmpe-radioteleskop. NAT **1953** 37—38, mit 1 Fig.

2149. 48-tums schmidtteleskopet. PAT **34** 70—72, mit 1 Fig.

2150. Electrophotography. Sky and Telescope **12** 286, 291, mit 2 Fig. — Behandelt die Bildwandlerapparatur von Lallemand und Duchesne.

2151. Moon-position camera. Sky and Telescope **13** 5—6, mit 2 Fig. — Ref. AAS.

2152. Podwójny teleskop dla obserwacji fotoelektrycznych. Urania Kraków **24** 54—55. — Nach Observatory **72** 31, 1952.

* * Colloquium on the design of astronomical instruments. Vgl. Ref. 11105.

* * Weitere Instrumente siehe auch § **12**.

§ 22

Zusatz- und Auswertgeräte, Photographie

2201. **M. T. Antunes,** On the influence of protecting spherical glass domes of Moll thermopiles used for solar measurements. Bol. Soc. Portuguesa Cienc. Nat. **4** Part 2 S. 163—197 (französisch). — Ref. in Phys. Abstracts (A) **57** 251.

* * **A. N. Argue,** Photoelectric stellar photometry using an E.M.I. photomultiplier. Vgl. Ref. **9402**.

2202. **E. B. Armstrong,** Electron image-forming devices in astronomy. Irish AJ **2** 147—151, mit 1 Fig. = Armagh Obs. Leaflet Nr. 18. — Allgemeine

Beschreibung der Arbeitsweise von Bildwandlern und ihrer Anwendung in der Astronomie durch Lallemand und Duchesne (CR **233** 305 und **235** 503).
Bahner

2203. **H. W. Babcock,** The solar magnetograph. ApJ **118** 387—396, mit 6 Fig. und 2 Tafeln. — Ref. in Sterne **30** 135—136. — Es wird ein Instrument zur Registrierung und Messung schwacher solarer Magnetfelder beschrieben, das auf der Beobachtung von Linienverschiebungen, hervorgerufen durch einen geeigneten Analysator, bei Vorhandensein von Polarisation infolge des Zeemaneffekts beruht. Die spektrale Lichtzerlegung wird durch ein Gitter von hohem Auflösungsvermögen (600000) und maximaler Lichtstärke in der fünften Ordnung bewirkt, so daß wahre Profile selbst von Linien mit nur 0.1 Å Halbwertsbreite erhalten werden können. Der Analysator ist eine elektrooptische Verzögerungsplatte aus Ammoniumdihydridphosphat ($NH_4H_2PO_4$), deren Verzögerungswirkung infolge einer angelegten Wechselspannung von 120 Hz zwischen $+\lambda/4$ und $-\lambda/4$ schwankt. Als Detektor dient eine Anordnung aus zwei Spalten und zwei Elektronenvervielfachern in Verbindung mit einem Differentialverstärker. Eine automatische Vorrichtung ermöglicht selbständiges Abtasten des gesamten Sonnenbildes innerhalb von 60 Minuten. Eine Kompensationseinrichtung bewirkt automatisch die Kompensation des differentiellen Dopplereffekts infolge Rotation der Sonne. Die Registrierung des «magnetischen Sonnenbildes» erfolgt mit einer Photokamera über einen Oszillographenschirm. Felder von etwa 1 Gauß Stärke sind nachweisbar. Verf. erwähnt einige bisher erhaltene Resultate, von denen besonders die Auffindung schwacher Magnetfelder in hohen heliographischen Breiten bemerkenswert ist. Micz.

* * **H. W. Babcock,** The possibility of compensating astronomical seeing. Vgl. Ref. **7231.**

2204. **K. Bahner, G. R. Miczaika,** Ein Gerät zur Entzerrung von Eichkurven lichtelektrischer Plattenphotometer. ZfA **32** 64—68, mit 3 Abb. = Mitt. Landessternw. Heidelberg Nr. **93.** — Ref. in Phys. Abstracts (A) **56** 751. — Es wird ein Gerät beschrieben, das auf Grund der exponentiellen Kennlinie einer Regelröhre die Eichkurve eines lichtelektrischen Plattenphotometers in weiten Grenzen zu verändern gestattet. Verf.

2205. **A. Baillet, D. Barbier, F. Bosson, A. Lallemand, J. Maguery,** Description d'un photomètre automatique pour l'étude de la lumière du ciel nocturne. Ann. Géophys. **9** 309—316, mit 5 Fig. — Le photomètre, décrit ici, mesure au cours d'un cycle (sept minutes) l'intensité de la lumière du ciel nocturne, isolée par un filtre convenable, le long d'un petit cercle de distance zénithale fixe et au zénith. Description de la réalisation mécanique et des circuits électriques. Le récepteur est un photomultiplicateur de A. Lallemand. Verf.

2206. **J. C. Bartlett jr.,** The filter. Strolling Astronomer **7** 53—56.

2207. **J. Bouška,** Metallinterferenzfilter in der Astrophysik. Časopis **3** 48—52, mit 7 Fig. (tschechisch).

2208. **E. Buchar,** Sur un nouveau micromètre impersonnel de l'appareil circumzénithal. BAC **4** 77—85, mit 3 Fig. (russisch mit französischer Zusammenfassung). — Beschreibung eines neuen unpersönlichen Mikrometers für das Zirkumzenital. J. B.

* * **H. Camichel,** Nouvelle méthode de mesure des diamètres des petits astres et ses résultats. Vgl. Ref. **2404.**

2209. **L. Carnera,** Le livelle ed i micrometri dei telescopi zenitali nelle Stazioni Internazionali di Latitudine. Memorie Accad. Nazionale Lincei, Cl. Sci. fis., mat., nat. (8) **4** 91—136. — Kritische Untersuchung der Beobachtungen, der Mikrometer und der Messungen der Libellenkonstanten der Stationen des internationalen Breitendienstes von 1941 bis 1949. Cester

* * **A. W. J. Cousins, R. Guelke,** Photoelectric observations of occultations at the Cape Observatory. Vgl. Ref. **7354.**

2210. **A. Danjon, J. Texereau, B. Guinot,** Réalisation d'un astrolabe à prisme impersonnel. Étude et résultats. CR **237** 281—284. — Das am Observatoire von Paris erbaute und erprobte Instrument bringt wesentliche Verbesserungen gegenüber älteren Instrumenten dieser Art. Ein vor dem Okular angebrachtes Wollastonprisma erzeugt vom direkten und reflektierten Bild eines Sterns je zwei Bilder; beobachtet wird die Koinzidenz des ordentlichen Bildes des einen mit dem außerordentlichen Bild des anderen Strahlengangs. Durch Verschieben des Wollastonprismas in Richtung der optischen Achse kann diese Koinzidenz über eine gewisse Zeit hinweg beobachtet werden, während welcher die Stellung des Prismas mittels eines Kontaktrades automatisch registriert wird. Die Verschiebung des Prismas erfolgt durch einen Motor mit einer Geschwindigkeit, die durch einen sinnvollen Übertragungsmechanismus stets proportional zum Sinus des Azimuts, also zur Höhenänderung des Sterns ist. Der mittlere Fehler einer Beobachtung wird zu $\pm 0\overset{s}{.}20$ angegeben. Bo.

2211. **P. Djurković,** Influence de la réfraction sur la valeur du tour de la vis micrométrique déduite des observations de passages. Bull. Astr. Obs. Beograd **18** Nr. 3—4 S. 16—23, mit 2 Fig. — Bestimmt man den Schraubenwert des α-Mikrometers eines Refraktors durch Beobachtung von Fadendurchgängen bei ruhendem Fernrohr, so muß man den Einfluß der Refraktion berücksichtigen. Die allgemeinen Formeln hierfür werden entwickelt und für spezielle Fälle, zum Beispiel für Meridiannähe, diskutiert. Bo.

2212. **R. B. Dunn,** A quartz polaroid birefringent filter for the K line. AJ **58** 38. — Ref. AAS.

* * **D. S. Evans, J. C. R. Heydenrych, J. D. N. van Wyk,** Observations of occultations of Antares with the Radcliffe reflector. Vgl. Ref. **7355.**

2213. **F. E. Fowler, D. S. Johnson, D. E. Billings,** An isophotal contour densitometer. J. Optical Soc. America **43** 63. — Ref. in Phys. Abstracts (A) **56** 308, Phys. Ber. **33** 2499.

2214. **M. Françon,** Bernard Lyot et l'observation de la couronne solaire en dehors des éclipses. Phys. Verhandlungen **4** 71 (Ref.).

2215. **M. Garrigue,** Un nouveau photomètre binoculaire nocturne. Bull. Cl. Sci. Acad. roy. Belgique (5) **39** 426—434, mit 1 Fig. und 1 Tafel. — Ref. in Phys. Abstracts (A) **57** 386. — Beschreibung eines solchen Photometers zur Messung des Nachthimmellichts im integralen, blauen, grünen und roten Licht. Loh.

2216. **O. L. Goble,** A photoelectric densitometer. J. Sci. Instruments **30** 110—113. — Ref. in Phys. Abstracts (A) **56** 696.

2217. **M. Golay,** Etude d'un photomètre photoélectrique, monté sur le télescope Schær de 100 cm. Archives Sci. **6** Nr. 2, 10 S. mit 4 Fig. = Publ. Obs. Genève (A) **5** Nr. 13 (47). — Das beschriebene Photometer verwendet die RCA-Vervielfacher 931 A und 1 P 21. Es wird die Zeit gemessen, die für die Aufladung eines Kondensators auf eine feste Spannung durch den Photostrom benötigt wird. Sie wird im allgemeinen mit Hilfe eines Telephonzählwerks in $^1/_{10}$ sec ausgezählt. Kurze Zeiten werden mit Hilfe eines Registrierchronographen gemessen. Thi.

2218. **M. Golay,** Investigation of a photoelectric photometer, attached to the 100 cm Schær telescope. Arch. Sci. Genf **6** 57—66 (französisch). — Ref. in Phys. Abstracts (A) **57** 126.

2219. **R. Hardie,** A six-color photoelectric photometer. AJ **58** 40. — Ref. AAS.

2220. **F. J. Heyden,** Phototubes observe total solar eclipse. Electronics **26** 176—179. — Ref. in Phys. Abstracts (A) **57** 798, Phys. Ber. **33** 1632.

2221. **W. R. Hossack,** An oscilloscopic microphotometer for use with astronomical spectrograms. J RAS Canada **47** 195—202, mit 7 Fig. = Commun. David Dunlap Obs. Nr. **33**.

2222. **O. E. Kådner,** Some remarks on high-speed film registration of star transits. Boll. Geod. Sci. affini **12** 519—522 (mit italienischer Übersetzung). — Verf. schlägt eine neue Methode zur Registrierung von Sterndurchgängen vor, die auf der Photographierung der Sternbewegung im Gesichtsfeld des Durchgangsinstruments mittels Zeitlupe beruht. Die persönliche Gleichung sollte dadurch völlig ausgeschaltet werden. Cester

* * **K. O. Kiepenheuer,** Photoelectric measurements of solar magnetic fields. Vgl. Ref. **6121, 6122**.

2223. **W. W. Konin,** Untersuchung des Schraubenwertes eines Okularmikrometers. Mitt. Astr. Hauptobs. Akad. Wiss. Ukrain. Sowjetrepublik **1** 113—131, mit 5 Abb. (russisch).

2224. **T. W. Krat,** Die Photometrie astronomischer Negative im Falle sehr hoher Bildstärken. Mitt. Astr. Hauptobs. Pulkowo **19** Nr. 4 (151) S. 49—68, mit 12 Abb. (russisch). — Die Bildstärken können bei kontinuierlichen und Absorptionsspektren durch Kontaktkopien auf wenig empfindlichen, jedoch kontraststarken Platten verringert werden. Zu dichte Emissionsspektren dagegen lassen sich durch Herauslösen eines Anteils des geschwärzten Korns auf einen Schwärzungsgrad reduzieren, der eine größere Genauigkeit der Auswertung gewährleistet. Schrick

2225. **D. Labs, J. Stock,** Ein lichtelektrisches Sternphotometer mit Wechselstromverstärkung. Die Lichtkurve des Bedeckungsveränderlichen AK Herculis. ZfA **33** 74—77, mit 3 Abb. = Mitt. Sternw. Hamburg-Bergedorf **22** Nr. 236. — Es wird ein lichtelektrisches Photometer beschrieben, das mit Wechsellicht arbeitet. Photoelektrische Beobachtungen des Lichtwechsels von AK Her werden mitgeteilt. Verf.

2226. **H. Leinbach,** A simple spectroscope for solar prominence observations. Sky and Telescope **12** 78—80, mit 2 Fig.

2227. **J. Lemmens,** Sur un oculaire spécialement destiné à l'observation à l'aide d'un réfracteur zénithal. Bull. Cl. Sci. Acad. roy. Belgique (5) **39** 1047—1051, mit 2 Fig. = Inst. Astr. Bruxelles (2) Nr. **93**. — Beschreibung des Aufbaues eines Spezialokulars für einen Zenitrefraktor, das die Nachteile des Nadirokulars von Danjon und Couder vermeidet. Die Methode zur Bestimmung des Zenitpunktes im Gesichtsfeld wird erläutert. Böh.

2228. **F. Link, L. Neužil,** Dispositif pour étalonnage photométrique des clichés météoriques. BAC **4** 85—87, mit 1 Fig. (mit russischer Zusammenfassung). — Die Meteorkamera wird auf eine Drehscheibe gesetzt, wobei die Rotation der Kamera der Winkelgeschwindigkeit der Meteore angepaßt ist. Die Objektive werden durch einen Kollimator beleuchtet, der in seiner Fokalebene eine Intensitätsskala besitzt. Dies ermöglicht, die Skala unter den gleichen Bedingungen wie die Meteorspur auf die Platte zu kopieren. Der Anschluß an die Sterne und die Bestimmung der Skala werden beschrieben. Link

2229. **D. A. MacRae,** Electric spectrophotometry. AJ **58** 43, Sky and Telescope **12** 150, mit 1 Fig. — Ref. AAS.

2230. **F. D. Miller,** Schmidt objective-prism spectroscopy at moderately high dispersion. AJ **58** 44—45. — Ref. AAS.

2231. **L. W. Mirsojan,** Über einen Parameter des kontinuierlichen Spektrums der Sterne. DAN Armen. Sowjetrepublik **16** Nr. 5 S. 129—136 (russisch mit armenischer Zusammenfassung). — Ref. in RJ Astr. Geod. UdSSR Nr. 1, 1954; Ref. Nr. 1659 (russisch).

2232. **P. Muller,** Sur deux dispositifs à double image et à grande course pour les mesures micrométriques en astronomie. CR **236** 1953—1955. — Verf. beschreibt seine schon 1937 entwickelte Lösung des Problems der Anwendung des Doppelbildprinzips auf Mikrometermessungen von kleinen Durchmessern und Doppelsternen. T. L.

2233. **W. W. Radsijewskij,** Über die Möglichkeit, die Sonne mit einem Photophon zu untersuchen. Bull. Astr.-Geod. Ges. UdSSR Nr. **13** (**20**) S. 3—6 (russisch).

2234. **A. Reiz,** Fotoelektrisk registrering av meridianpassager. PAT **34** 9—18, mit 7 Fig. — Vgl. AJB **52** Ref. **2328.**

2235. **A. G. Smith,** An electronic eyepiece for astronomical telescopes. Sky and Telescope **12** 323—324, mit 2 Fig.

2236. **R. I. Tait, F. C. Chalklin,** A direct-reading microdensitometer. J. Sci. Instruments **30** 268—270. — Ref. in Phys. Abstracts (A) **56** 1065.

2237. **J. Widmer,** Ein Helioskop zur Selbstherstellung. Orion Schaffhausen **4** 98—100, mit 1 Fig.

2238. Badania własności fotopowieláczy. Urania Kraków **24** 237. — Ref. der in AJB **52** Ref. **2237** zitierten Arbeit von Smyth.

* * Weitere Zusatz- und Auswertgeräte siehe § **12.**

Photographie

2239. **P. Berthier, B. Morignat,** Sur l'hypersensibilisation des plaques Eastman Kodak IN. JO **36** 119—120, mit 1 Fig. — Systematische Versuche mit durch Ammoniak hypersensibilisierten Eastman Kodak IN Platten zeigen, daß die damit erreichte Empfindlichkeit mindestens bis zum 10. Tag nach dem Hypersensibilisierungsprozeß noch ansteigt, und zwar zuerst rasch, dann nur noch langsam. Der Gewinn gegen sofort am ersten Tag benutzte Platten beträgt das 1.6fache. H. M.

2240. **M. Duchesne,** Influence de la température sur la sensibilité aux électrons de quelques émulsions photographiques non chromatisées. Application au télescope électronique à enregistrement photographique. BA **17** 107—116, mit 2 Fig. — Ref. in Phys. Abstracts (A) **57** 248.

2241. **M. Green,** The equation of the characteristic curve of photographic emulsions. I. Appl. Spectrosc. **7** 24—32. — Ref. in Phys. Abstracts (A) **56** 1046.

2242. **M. Hack,** Photographic effect of intermittence in a case of particular astrophysical interest. Atti Fond. Ronchi **8** 353—358 (italienisch). — Ref. in Phys. Abstracts (A) **57** 1014.

2243. **J. M. Hedges, J. W. Mitchell,** Some experiments on photographic sensitivity. Phil. Mag. **44** 357—388. — Ref. in Phys. Abstracts (A) **56** 500.

2244. **K. Karský,** Photographic irradiation. RH **34** 55—57, mit 1 Fig. (tschechisch).

2245. **P. Lee, G. L. Weissler,** The characteristics of ultraviolet-sensitized photographic plates in the vacuum ultraviolet. J. Optical

Soc. America **43** 512—515, mit 2 Fig. — Die Schwärzungskurven D (log t) für Eastman 103a—OUV-Platten wurden untersucht. Es ergab sich innerhalb der Meßgenauigkeit von 4% konstante Gradation im Gebiet von λ 360 Å bis 1320 Å. Bei größeren Wellenlängen schwankt γ im Bereich von 0.6 bis 1.4. Bei λ 3150 Å erreicht γ gerade den gleichen Wert wie im Vakuum-UV; daher wird diese Wellenlänge zur Kalibrierung in Luft für Aufnahmen im Vakuum empfohlen. Behr

2246. **E. A. Makarowa,** Über den Einfluß des photographischen Schleiers auf die Messung relativer Intensitäten. Publ. Astr. Sternberg-Inst. **22** 133—138, mit 8 Abb. (russisch).

2247. **G. Merton,** Photography and the Amateur Astronomer. Hounslow West, British Astronomical Association, 1953. 24 S. Preis 2 s. — Besprechung in Sky and Telescope **12** 217, Sterne **30** 31.

2248. **C. B. Neblette,** Photography—Its Materials and Processes. London, Macmillan, 1953. 7 + 500 S. Preis 47s. 6d. — Besprechung in Proc. Phys. Soc. (B) **66** 990 (A. J. Herz).

2249. **H. K. Paetzold,** Zur Wahl des Aufnahmematerials bei der Astrophotographie. Sterne **29** 10—15, mit 2 Abb.

2250. **J. P. Pskowskij,** Erfahrung über die Verstärkung des Negativbildes mittels Zusatzbelichtung. Mitt. Astr. Sternberg-Inst. Nr. **94** S. 37—41, mit 4 Abb. (russisch). — Bericht über Versuche, durch Zusatzbelichtung unter sonst gleichen Bedingungen die Reichweite der Platten zu vergrößern. Verf. konnte etwa eine Größenklasse gewinnen. Loh.

2251. **J. Stock,** Die Schwärzungsabhängigkeit der isophoten Wellenlänge bei chromatischen Objektiven. AN **281** 75—78, mit 4 Abb. = Mitt. Sternw. Hamburg-Bergedorf **9** Nr. 86. — Fokal-photographisch mit einem chromatischen Objektiv gewonnene Sternhelligkeiten können nach Befund des Verf. meßbar mit der bildstärkeabhängigen Wirkung nichtfokaler Bildsäume behaftet sein. Sie zeigen dann eine helligkeitsabhängige Farbgleichung gegen lichtelektrische Messungen, die von diesem Effekt frei sind. Bei gegebener Platten-Filter-Kombination ist die Größe des Effekts von der Steilheit der Farbkurve des Objektivs bestimmt. Die Steilheit dieser Farbkurve ist aber für das Durchmesserwachstum der Bilder mitbestimmend und damit für die Steilheit der Schwärzungskurve und die Genauigkeit der ihr entnommenen Helligkeiten. Zu jeder Platten-Filter-Kombination gibt es eine «ungünstige» Steilheit der Farbkurve (1.5 mm/100 mμ für Agfa-Astro + Schottfilter BG3 + GG13). Verf. macht stark idealisierende Annahmen und wertet seine Ergebnisse wesentlich qualitativ. Lübeck

2252. **A. Vassy,** Fondements théoriques de la photographie. Paris, Editions de la Revue d'Optique, 1953. 146 S. Preis 1000 ff. — Besprechung in Ciel et Terre **70** 154 (J. Hunaerts).

2253. **M. T. Vigón, A. S. Bretón,** Factors that determine the form of the characteristic curve of an emulsion as a function of the spectral composition of the light of exposure. II. New experimental verification. An. Real Soc. Españ. Fis. Quim. **49** (A) 55—62 (spanisch). — Ref. in Phys. Abstracts (A) **57** 382.

2254. **D. Wattenberg,** Die Kinematografie in der Astronomie. Z. Film- und Fototechnik Bild und Ton **1953** Heft 9/10, 9 S. mit 23 Abb. = Mitt. Archenhold-Sternw. Nr. **33.** — Durch Heranziehung einiger Beispiele wird dargetan, in welcher Hinsicht die Kinematografie zum Helfer des Astronomen geworden ist. Die Erfolge liegen durchweg auf dem Gebiete der Sonnenforschung. Auf einige kinematografische Möglichkeiten zur Beobachtung des Mondes, der Planeten und der Fixsterne wird hingewiesen.

§ 23

Uhren, Chronographen, Zeitdienst, Sonnenuhren

2301. **R. M. Aller,** Las señales horarias como reloj en las observaciones. Urania Barcelona **38** 81—83.

2302. **R. Baillaud,** Quelques événements chronométriques en 1952—53. Ann. Françaises Chronométrie (2) **23** 279—281.

2303. **B. Decaux,** Les problèmes de signaux horaires et de fréquences étalons à l'assemblée générale de l'U.R.S.I. Sydney 1952. Ann. Françaises Chronométrie (2) **23** 122—123. — Zusammenfassender Bericht für die Generalversammlung der Société Chronométrique de France am 29. Nov. 1952 in Paris. Besprochen werden Sendemethoden, Ausbreitungsgeschwindigkeit der Zeitzeichen (wobei eine Geschwindigkeit im leeren Raum von 299792 $\pm$ 2 km/sec angegeben wird), Atomuhren. Larink

2304. **P. Devaux,** Chronographe à tube cathodique au 1/100e de microseconde. Ann. Françaises Chronométrie (2) **23** 247—253, mit 2 Fig. — Beschreibung eines Apparates, der den Eintritt von zwei Zeitsignalen mit einer Genauigkeit von 10^{-7} bis 10^{-8} sec mißt, falls die Zeitsignale innerhalb 0.15 sec aufeinander folgen. Mit derselben Genauigkeit kann die Länge eines Signals, das kürzer als 0.15 sec ist, gemessen werden. Larink

2305. **L. Genoux,** Transformation du chronographe Gautier de l'Observatoire de Besançon en chronographe imprimant à roue phonique. Précision dont il est susceptible. Ann. Françaises Chronométrie (2) **23** 270—272, mit 1 Fig. — Ein Gautierscher Druckchronograph, früher mit Gewichtsantrieb, wird jetzt durch eine Quarzuhr getrieben. Die 1000 Hertz-Schwingung der nach MZ gehenden Quarzuhr wird in eine Schwingung von 1000 Hertz in der Sternzeitsekunde verwandelt. Aus einer mitgeteilten graphischen Darstellung ist ersichtlich, daß die Gangschwankungen des Chronographen etwa auf ein Zehntel der Werte vor dem Umbau gesunken sind und nunmehr höchstens einige Millisekunden betragen. Larink

2306. **A. Godefroy,** Récepteur radioélectrique pour l'enregistrement des signaux horaires. Ann. Géophys. **9** 245—247, mit 3 Fig.

* * **E. Guyot,** Dictionnaire des Termes utilisés dans la mesure du Temps. Vgl. Ref. 708.

2307. **S. Iijima, Y. Katou, S. Okazaki, J. Matsumoto,** Improvement of the JJC time signal. Ann. Tokyo Astr. Obs. (2) **3** 147—150, mit 4 Fig. — Die neue Apparatur für das JJC-Zeitsignal und die damit erreichte Genauigkeitssteigerung wird kurz beschrieben. v. d. Heide

2308. **S. Iijima,** Quartz crystal clocks in Tokyo. Ann. Tokyo Astr. Obs. (2) **3** 151—156, mit 9 Fig. — Zwei in Japan gebaute Quarzuhren werden beschrieben. Von ihnen wird ein Synchronmotor betrieben, der gleichzeitig Sekundenkontakte mittlerer Zeit und Sternzeit geben kann. v. d. Heide

2309. **S. Iijima, Y. Katou, J. Matsumoto, N. Kouno,** New equipments for clock comparison. Ann. Tokyo Astr. Obs. (2) **3** 157—164, mit 9 Fig. — Vier Geräte für den Zeitvergleich werden kurz beschrieben. Die erreichten mittleren Fehler sind in Millisekunden $\pm$0.4, $\pm$0.2, $\pm$0.005, $\pm$0.0005. v. d. Heide

2310. **A. I. Konstantinow,** Untersuchung einiger Unzulänglichkeiten der genauen Zeitbestimmung. Moskau, Inst. für Geodäsie, Luftbildaufnahme und Kartographie, 1952 (russisch). — Dissertationsreferat.

2311. **E. Lange,** Die neuere Entwicklung der astronomischen Zeitbestimmung. Askania-Warte **10** Nr. 41 S. 4—9, mit 2 Abb., 1952.

2312. **L. J. Lukeš,** Zeitbestimmung und Zeitsignale. Mat.-přír. rozhledy **32** 61—64, mit 3 Fig. (tschechisch).

2313. **Mijadsi,** Die Erhöhung der Genauigkeit der Zeitbestimmung. Kagaku **23** 203—205 (japanisch). — Ref. in RJ Astr. Geod. UdSSR Nr. 5, 1954; Ref. Nr. 3380 (russisch).

2314. **K. Novák,** Elektromagnetische Pendeluhr. RH **34** 58—63, mit 5 Abb. (tschechisch).

2315. **K. Novák,** Precise clock improvement. RH **34** 219—223, mit 4 Abb. (tschechisch).

2316. **M. Rudolph,** Chronomètre à compteur électronique à la microseconde type D.R.T. du Laboratoire Central de l'Armement. Ann. Françaises Chronométrie (2) **23** 254—262, mit 10 Fig. — Beschreibung eines Zählwerks im Dezimalsystem mit der Genauigkeit von $\pm 0\overset{s}{.}001$. Die Betriebssicherheit des Gerätes wird besonders hervorgehoben. Larink

2317. **A. Scheibe,** Pendeluhren, Quarzuhren und Atomuhren als Zeitstandards. Ein Vergleich. Z. angewandte Phys. **5** 307—317, mit 20 Abb. — Für alle Uhren, die für Zeitmessungen höchster Genauigkeit konstruiert worden sind, wird das Grundsätzliche ihres Aufbaues, unterstützt durch Figuren und Schaltskizzen, ausführlich beschrieben; ihre Gangleistungen werden angegeben und miteinander verglichen. Die Untersuchung zeigt die Überlegenheit der Quarzuhr über Pendel- und NH_3-Uhr; die Quarzuhr wird von der Cs-Uhr übertroffen, über deren Leistungen noch keine ausführliche Veröffentlichung vorliegt. Verf. schlägt vor, die Cs-Uhr lediglich als Resonator zur scharfen Kontrolle der Quarzuhrgänge zu benutzen, um dadurch den technischen Aufwand, den eine dauernd laufende Cs-Uhr erfordert, stark zu verringern. Böh.

2318. **P. I. Schulgin,** Die Verzögerung der elektromagnetischen Systeme des Zeitdienstes am Astronomischen Observatorium Taschkent. Taschkent, Inst. Math. Mechanik, 1953 (russisch). — Dissertationsreferat.

2319. **P. Seligman,** Time. MN ASSA **12** 24—28, mit 2 Fig. — Inhaltsangabe eines Vortrages. Die Zeit wird vom philosophischen Standpunkt aus betrachtet. v. d. Heide

2320. **G. Silva,** Come si misura il tempo. Rend. Sem. Mat. Fis. Milano **22** 187—211, 1951 = Commissione Italiana Metrologia Pubbl. Nr. **1** S. 87—111 = Oss. Astr. Padova Pubbl. Nr. **101**. — Nach einigen einleitenden historischen Notizen über die Zeitmessung und nach der strengen Definition von Stern- und Sonnenzeit gibt Verf. Vergleiche zwischen der astronomischen Zeit und der aus den Revolutionsbewegungen des Mondes um die Erde und der Erde und Planeten um die Sonne abgeleiteten (Newtonschen) Zeit. Ferner werden die Abnahme der Rotationsgeschwindigkeit der Erde und die Fluktuationen besprochen, die in letzter Zeit durch Verwendung moderner Uhren bekannt geworden sind. Zagar

2321. **H. M. Smith,** Quartz clocks of the Greenwich Time Service. MN **113** 67—80, mit 6 Fig. — Verf. beschreibt die in der Sternwarte Greenwich entwickelten und für den dortigen Zeitdienst in Gebrauch befindlichen Quarzuhren. Besonders eingegangen wird auf ein der Genauigkeit der Quarzuhren entsprechendes Verfahren, sie durch Frequenzmessungen zu vergleichen. Quantitatives Material über die Wirkungsweise der Greenwicher Quarzuhren aus mehreren Jahren wird mitgeteilt; es zeigt die Überlegenheit der Quarzuhren über die Pendeluhren. Abschließend wird über laufende Versuche, die Stabilität der Uhren weiter zu steigern, berichtet. Micz.

2322. **K. A. Steins,** Über die Auswahl der Sterne zur Bestimmung der Uhrkorrektionen. AJ UdSSR **30** 540—545, mit 1 Abb. (russisch). — Ref. in Astr. News Letter Nr. **73** S. 14—15. — Auf Grund einer analytischen Untersuchung und der Erfahrungen des Rigaer Zeitdienstes werden für $\varphi = 57°$ folgende Kombinationen vorgeschlagen: Entweder Sterne mit $30° < \delta < 50°$ und dazu Nordsterne, oder noch besser: Zenitsterne und ein polnaher Stern. Bei Zenitsternen ist nach Swerew auch der Einfluß von Zapfenfehlern am geringsten. Auf die Berechnung von Gewichten kann verzichtet werden. Petri

2323. **N. W. B. Stone, K. W. T. Elliott, P. H. Bigg,** The influence of barometric pressure on watch and chronometer rates. Brit. J. appl. Phys. **4** 379—382. — Ref. in Phys. Abstracts (A) **57** 129.

2324. **A. Stoyko, N. Stoyko,** L'heure définitive des signaux horaires en 1953 et l'influence du déplacement du pôle. Bull hor (E) Nr. **7** S. 277—330.

2325. **A. Stoyko,** La précision des services horaires de 26 observatoires en 1953 et l'influence du déplacement du pôle. Bull hor (E) Nr. **9** S. 381—389, mit 1 Fig.

2326. **G. Tiercy,** Commentaires sur le service chronométrique de l'Observatoire de Genève après quelques modifications récentes. Publ. Obs. Genève (A) **5** Nr. 11 (45), 12 S. mit 3 Fig.

2327. **G. Tiercy,** Sur une formule de calcul de points servant à classer les chronomètres observés. Publ. Obs. Genève (A) **5** Nr. 12 (46), 11 S.

2328. **W. N. Titow,** Einfache Kammerton-Quarzuhren. Leningrad, Inst. Metrologie UdSSR, 1953 (russisch). — Dissertationsreferat.

2329. **R. Toscano,** Determinacion de la hora por medio de un par de estrellas observadas a diferentes alturas sin que entre como dato la latitud. Bol. Obs. Tonantzintla y Tacubaya Nr. **6** S. 18—29, mit 3 Fig. (mit engl. Ref.). — Keine Präzisionsmethode. Es wird eine Genauigkeit von einer halben Zeitsekunde erstrebt. Larink

2330. **O. W. Tupizyn,** Untersuchung der Arbeitsstabilität des Mechanismus astronomischer Uhren mit freiem und mit Arbeitspendel. Moskau, Technische Hochschule, 1953 (russisch). — Dissertationsreferat.

2331. **J. Verbaandert,** Examen comparatif des résultats obtenus au moyen du chronomètre électronique Cintel et du chronographe Belin dans les services horaires de l'Observatoire Royal de Belgique. Ann. Françaises Chronométrie (2) **23** 171—180, mit 6 Fig. — Verf. findet keine systematischen Unterschiede; der Belinsche Chronograph hat eine geringere Genauigkeit, ist aber bei gestörtem Empfang dem elektronischen Zählwerk überlegen. Beim Vergleich der Quarzuhren findet man den wahrscheinlichen Fehler für Belin $\pm 0^s.0004$, für Cintel $\pm 0^s.0001$. Larink

2332. Time Service. Observations with reversible transit and wireless time signals 1939. Greenwich Astronomical Results 1939, A 25—A 62.
Desgl. für 1945. Greenwich Astronomical Results 1945, A 13—A 41.

2333. Horloge électronique. La Nature 81 50.

2334. **Zeitsignale**

Regelmäßige Mitteilungen:

AN, Bull hor, Bull. Obs. Astr. Belgrad, Circ. Astr. Obs. Taschkent

Sendezeiten:

Ann. Françaises Chronométrie (2) **23** 78. Tableau des signaux horaires français émis à partir du 1er Janvier 1953 par la Station radiotélégraphique de Pontoise, et commandés par l'Observatoire de Paris B.I.H.

BSAF **67** 479—480. Unification de signaux horaires radioélectriques. N. Stoyko.

Coelum **21** 59. Variazione recente dei segnali orari.

Sonnenuhren

2335. **H. Egger,** About sundials. Sky and Telescope **12** 231—232, mit 6 Fig.

2336. **H. Michel,** Catalogue des cadrans solaires du Musée de la Vie Wallonne à Liège. Ciel et Terre **69** 199—215, mit 11 Fig.

§ 24

Beobachtungs- und Reduktionsmethoden

2401. **G. van Biesbroeck,** A rapid method of obtaining positions from wide-angle plates. AJ **58** 232. — Ref. AAS.

2402. **J.-E. Blamont,** Nouvelle méthode d'observation de l'émission atmosphérique des raies D du sodium. CR **237** 1320—1322, mit 3 Fig. — Vorläufige Ergebnisse über die Emission der Na-D-Linien des Dämmerungshimmels. Mittels eines Magnetfeldes (Zeeman-Effekt) wurde das störende noch vorhandene Sonnenlicht ausgeschaltet. Labs

2403. **F. F. Bulatowa,** Vergleich der Methoden von A. N. Deutsch und I. A. König zur photographischen Bestimmung des Ortes eines Objekts bei zwei Anhaltssternen. AJ UdSSR **30** 655—657, mit 1 Abb. — Ref. in Astr. News Letter Nr. **73** S. 20. — Prinzipiell unterscheiden sich die Verfahren nur wenig. Während König bis zu Gliedern 3. Ordnung geht, ist die Methode von Deutsch einfacher, besonders wenn man die X-Achse des Meßapparates parallel zur Verbindungslinie der Anhaltssterne legt. Die Genauigkeit reicht für Aufnahmen mit kurzbrennweitigen Astrographen aus und ist am größten, wenn die Anhaltsterne mit dem zu bestimmenden Objekt möglichst in einer Geraden liegen.

2404. **H. Camichel,** Nouvelle méthode de mesure des diamètres des petits astres et ses résultats. Ann d'Astrophys **16** 41—46, mit 1 Fig. — Ref. in PAT **34** 148—149, mit 1 Fig. — Beschreibung eines neuen Mikrometers. Zur Messung der scheinbaren Durchmesser von Planetenscheiben hat Verf. ein Verfahren entwickelt, das im wesentlichen auf der Erzeugung und dem Vergleich mit einem leuchtenden, scheibenförmigen Bild im Gesichtsfeld in der Nähe der Planetenscheibe beruht und dessen Helligkeit, Farbe und Durchmesser der Planetenscheibe möglichst nahe angepaßt wird. Der Durchmesser kann meßbar verändert werden. Durchmesserbestimmungen werden für einige Satelliten von Jupiter und Saturn, sowie für Uranus und Neptun mitgeteilt. Micz.

2405. **A. N. Deutsch,** Bemerkung zur Bestimmung des photographischen Ortes des Objekts bei zwei Anhaltssternen. AJ UdSSR **30** 653—654 (russisch). — Ref. in Astr. News Letter Nr. **73** S. 19—20. — An Stelle der Deklination der Plattenmitte wird die mittlere Deklination der beiden Anhaltssterne eingeführt. Verf. gibt Formeln und ein Vergleichsbeispiel. Petri

2406. **M. Flückiger,** La méthode de la grille en photométrie stellaire. Orion Schaffhausen **4** 64—69.

2407. **P. Hugon,** Méthode graphique de détermination de l'azimut d'un astre par l'heure et par l'hauteur. Navigation Paris 1953 Nr. 2 S. 67—72.

2408. **L. A. Katassjow, A. K. Sosnowa,** Zur Methodik der Ausmessung von Meteorphotographien. Nachr. naturwiss. Abteilung Akad. Wiss. Tadshik. Sowjetrepublik Nr. **2** S. 5—9 (russisch). — Ref. in RJ Astr. UdSSR Nr. 1, 1953; Ref. Nr. 410 (russisch).

2409. **E. N. Kramer,** Über die Bestimmung der Zeit des Meteoraufleuchtens mit Hilfe rotierender Sektoren. Astr Circ UdSSR Nr. 135 S. 10—12 (russisch). — Ref. in Urania Kraków **24** 336. — Verf. zeigt, daß die Genauigkeit der Zeitbestimmung des Meteoraufleuchtens mit dieser Vorrichtung völlig den Forderungen der Meteorastronomie genügt. Loh.

2410. **R. B. Leighton,** Color cinephotography in the observation of the planets. Publ ASP **65** 197. — Ref. ASP.

* * **J. Lemmens,** Déterminations de latitude à l'aide d'un réfracteur zénithal visuel. Vgl. Ref. **13214.**

2411. **P. P. Loginow,** Über die Reduktionen von Meridianbeobachtungen. Publ. Astr. Obs. Taschkent (2) **3** 52—82, mit 4 Abb. (russisch).

2412. **P. P. Loginow,** Über die innere Ausgleichung des Deklinationssystems von Sternpaaren aus Beobachtungen mit dem Zenitteleskop. Publ. Astr. Obs. Taschkent (2) **3** 123—151, mit 1 Abb. und 1 Tafel (russisch).

2413. **L. A. Panaiotow,** Eine neue Methode zur Bestimmung der Radialgeschwindigkeiten von Sternen mit Objektiv-Geradsichtprismen. Astr Circ UdSSR Nr. 139 S. 7—8 (russisch). — Dem eigentlichen Objektivprisma wird in der Mitte ein kleines, entgegengesetzt wirkendes Prisma aufgesetzt, das kurze strichartige Sternbilder erzeugt, die als Meßmarken dienen. Die Durchmesser der Prismen betragen 10 bzw. 1.5 cm, die lineare Dispersion 170 Å/mm bei H_γ und 60 cm Brennweite. Eine halbstündige Belichtung ergab auswertbare Spektren bis $6^m.8$. Petri

2414. **M. Plavec,** Über die Methoden der Entfernungsbestimmung im Weltall. Mat.-přír. rozhledy **32** 98—104, mit 3 Fig. (tschechisch).

* * **M. de Saussure,** 10 Jahre Station für Astrophysik, Pierre-à-Bot ob Neuenburg. Vgl. Ref. **1232.**

* * **E. Vandekerkhove,** Une méthode spectrophotométrique de détermination des rayons stellaires. Vgl. Ref. **9724.**

2415. **H. W. Wells,** Radio interferometer technique applied to measurement of meteor velocities. J. Geophys. Res. 58 284—286, mit 2 Fig. — Es wird gezeigt, wie mit der Ryleschen Interferometeranordnung auf 49.8 MHz die Meteorgeschwindigkeit bestimmt werden kann. U. Be.

§ 25

Systematische, Instrumentelle, Methodische Fehler

2501. **A. M. Bacharew,** Über die Fehler bei der Beobachtung von Telemeteoren. Bull. Astr. Obs. Stalinabad Nr. 8 S. 21—24 (russisch). — Ref. in Urania Kraków **25** 248. — Aus gemeinsam mit Dobrowolskij durchgeführten Beobachtungen werden Schlüsse über folgende Fehler gezogen: 1. Fehler beim

Eintragen in die Karte, 2. Helligkeitsfehler, 3. Fehler in der Bestimmung der Flugdauer und 4. verschiedene Fehler in der Beurteilung physischer Merkmale. Loh.

2502. **M. F. Bykow,** Bestimmung der systematischen Fehler bei der Beobachtung von Sternen des absoluten Rektaszensionskatalogs. Bote Akad. Wiss. UdSSR Nr. **4** S. 109 (russisch).

* * **R. Cayrel,** Sur une cause d'erreur en spektrophotométrie. Vgl. Ref. **9513.**

* * **R. Cayrel,** Effets secondaires renforçant une cause d'erreur en spectrophotométrie. Vgl. Ref. **9514.**

2503. **H. Eichhorn,** Ein verkürztes Verfahren zur exakten Bestimmung von Schrauben- und Skalenfehlern und Untersuchung des Töpferschen Meßapparates der Wiener Universitätssternwarte. Anzeiger Österreich. Akad. Wiss. Math.-naturw. Kl. **90** 217—218, Sitzber. Österreich. Akad. Wiss. Math.-naturwiss. Kl. Abteilung II a **162** 327—348, mit 1 Abb. = Mitt. Univ.-Sternw. Wien **7** Nr. 2. — Die Zurhellensche Methode zur Bestimmung von fortschreitenden Fehlern einer Meßschraube und einer Skala wird in rechentechnischer Hinsicht wesentlich verbessert, so daß man sich reichlich zwei Drittel an Rechenarbeit erspart. Mit dem verbesserten Verfahren werden die Schrauben des Töpferschen Meßapparates der Wiener Universitäts-Sternwarte untersucht und ihre Brauchbarkeit zu photographisch-astrometrischen Präzisionsmessungen bestätigt. Auch die übrigen Fehler dieses Meßapparates werden bestimmt und genaue Vorschriften gegeben, wie man von den an diesem Meßapparat erhaltenen rohen Schraubenablesungen zu idealen rechtwinkligen Koordinaten kommen kann. Verf.

2504. **J. P. Gorelow,** Über die Änderung der Neigung der horizontalen Achse des Passageninstruments Bamberg in Abhängigkeit von der Temperaturänderung. Mitt. Astr. Sternberg-Inst. Nr. **90—91** S. 49—63, mit 2 Abb. (russisch). — Aus 8 Beobachtungsreihen werden Temperaturschwankungen der Luft in der Beobachtungshütte als Ursache der Neigungsänderung erkannt. Loh.

2505. **W. A. Jelistratow,** Über die Untersuchung von Kreisen nach der Rosettenmethode. Mitt. Astr. Hauptobs. Pulkowo **19** Nr. 3 (150) S. 18—30 (russisch). — Die von G. Fayet erweiterte Methode von H. Bruns wird durch Entwicklung strenger Formeln vervollkommnet. Schrick

2506. **W. A. Jelistratow, J. E. Gordon,** Untersuchung der Teilungsfehler des Pulkowoer Meridiankreises. Mitt. Astr. Hauptobs. Pulkowo **19** Nr. 3 (150) S. 31—55 (russisch). — Anschließend an die Veröffentlichung der Untersuchung der Limben A und B von 5° zu 5° im Jahre 1939 wurde 1940/41 der Kreis B in Abständen von je 10' nach der Methode von H. Bruns untersucht. Der mittlere quadratische Fehler der Verbesserungen an die 10'-Teilstriche wird mit $\pm$ 0."05 angegeben. Schrick

2507. **N. N. Michelson,** Der Einfluß der Verschiebung eines Negativs auf die Genauigkeit der photometrischen Messung. Mitt. Astr. Hauptobs. Pulkowo **19** Nr. 4 (151) S. 97—129, mit 16 Abb. (russisch). — Die Arbeit enthält eine theoretische Untersuchung über die Änderung des gemessenen Lichtstroms bei differentieller Verschiebung des Negativs in Richtung der optischen Achse. Die Überlegungen werden auf flächenhafte Objekte, scharfe Übergänge in der Schwärzungsverteilung und Sternbilder angewandt. Bei letzteren ist das Anwachsen der Fehler einerseits proportional der relativen Defokussierung, andererseits steigt er etwa quadratisch mit dem Durchmesser der Sternbildchen. Schrick

2508. **B. A. Orlow,** Über den Einfluß der Biegung auf die Ableitung eines absoluten Deklinationssystems. Mitt. Astr. Hauptobs. Pulkowo **19** Nr. 3 (150) S. 56—69 (russisch). — Zu der Erscheinung der Biegung trägt außer der Rohrbiegung hauptsächlich die Änderung der optischen Achse durch Verlagerung der Objektivlinsen in der Fassung bei. Bis heute sind, wie Verf. nachweist, noch keine befriedigenden Lösungen zur Bestimmung und Eliminierung der Biegung gefunden worden. Schrick

2509. **N. N. Pawlow,** Über die an den Vertikalkreisen von Ertel und Repsold bestimmten Unterschiede der Deklinationssysteme der Sterne. AJ UdSSR **30** 210—217 (russisch). — Ref. in Astr. News Letter Nr. 73 S. 12. — Die Unterschiede der am Ertelschen und Repsoldschen Vertikalkreis in Pulkowo bzw. Nikolajew erhaltenen Deklinationssysteme lassen sich durch rohrinnere Refraktion auf Grund von Temperaturunterschieden erklären. Loh.

2510. **G. P. Pilnik,** Über die zu bestimmende Neigung eines Passageninstruments. Mitt. Astr. Sternberg-Inst. Nr. **90—91** S. 3—48, mit 8 Abb. (russisch). — Verf. führt experimentelle Untersuchungen zur Lösung folgender Fragen durch: 1) Änderung der Neigung durch Berührung der Säule durch den Beobachter. 2) Der Einfluß der Körperwärme des Beobachters auf das Instrument. 3) Der systematische Unterschied der Neigungen i_{ew}—i_{we} und ihre Ursache. Es zeigt sich, daß diese Effekte nicht völlig ausgeschaltet, aber durch entsprechende Versuche erkannt und eliminiert werden können. Loh.

2511. **G. P. Pilnik,** Von der Reihenfolge der Beobachtungen abhängige Fehler bei der Zeitbestimmung mit dem Passageninstrument. Moskau, Staatsuniv., 1953 (russisch). — Dissertationsreferat.

2512. **W. W. Podobed,** Bestimmung der Neigungs- und Azimutverbesserungen der Horizontalachse wegen der Zapfenungleichheit. Mitt. Astr. Sternberg-Inst. Nr. **94** S. 3—11, mit 6 Abb. (russisch).

2513. **T. B. Sabanina,** Untersuchung der Zapfen des großen Passageninstruments der Sternwarte Pulkowo. Leningrad, Astr. Hauptobs. Akad. Wiss. UdSSR, 1953 (russisch). — Dissertationsreferat.

2514. **C. R. Schakirowa,** Die systematischen, in verschiedenen Nachtstunden am Passageninstrument beobachteten Fehler in den Uhrkorrektionen. Moskau, Staatsuniv., 1953 (russisch). — Dissertationsreferat.

2515. **M. G. Schostak,** Vergleichende Abschätzung der Genauigkeit und relativen Güte verschiedener Methoden zur Bestimmung von Zeit und Breite (mit Universalinstrument). Abh. Arkt. Seehochschule Nr. 4 S. 69—90 (russisch). — Ref. in RJ Astr. Geod. UdSSR Nr. **10**, **1954**; Ref. Nr. 5149 (russisch).

2516. **C. H. Smiley, M. Quick,** Personal equation and the modern marine sextant. Navigation Los Angeles **3** 353—356. — Ref. in RJ Astr. Geod. UdSSR Nr. **3**, 1955; Ref. Nr. 963 (russisch).

2517. **W. Wassiljew,** Über die Verbesserung von Fehlern, die sich durch ungleichmäßige Veränderungen der Instrumententemperatur in astronomische Beobachtungen einschleichen. Astr Circ UdSSR Nr. 140 S. 9—11 (russisch). — Durch Berücksichtigung sehr kleiner, elektrisch gemessener Temperaturunterschiede an einem Passageninstrument wurden Verbesserungen der Zeitkorrektionen bis 35% erzielt. Thermisch besonders empfindlich sind die Achsenenden des Instruments. Petri

2518. **W. M. Wassiljew,** Über das Auftreten von Temperaturunterschieden in Passageninstrumenten des Zeitdienstes und über den

Einfluß dieser Unterschiede auf Beobachtungsfehler. DAN **88** 631—633 (russisch). — In drei Passageninstrumenten ergaben sich in verschiedenen Teilen der Instrumente Temperaturunterschiede, die zur Erklärung systematischer Unterschiede der Beobachtungsergebnisse in Frage kommen. Loh.

2519. **A. W. Wehlau,** Incompleteness factors in the computation of velocity distributions. Publ ASP **65** 214—215. — Ref. ASP.

2520. **H. Yasuda,** The measurement of instrumental errors of a meridian instrument by an interferometer. Ann. Tokyo Astr. Obs. (2) **3** 186—191, mit 3 Fig. — Es wird gezeigt, daß die durch Zapfenfehler verursachten Korrektionen in Azimut und Neigung interferometrisch mit einer Genauigkeit von ± 0ˢ01 bestimmt werden können. v. d. Heide

Vierter Teil

Sphärische Astronomie. Chronologie

§ 30

Allgemeines, Tafeln

* * **E. W. Anderson, D. H. Sadler,** The Genesis of the E. A. N. T. s. Vgl. Ref. 13301.

3001. **A. Danjon,** Astronomie générale (Astronomie sphérique et Eléments de Mécanique céleste). Paris, J. et R. Sennac, 1952—53. 446 S. mit 192 Fig. Preis frs. 5750. — Besprechung in BSAF **66** 451—452, Coelum **21** 57. — Das als Lehr- und Handbuch angelegte Werk enthält in seinem ersten Teil alle Gebiete der sphärischen Astronomie (außer der Bildung eines Fundamentalkatalogs), im zweiten Teil die Grundbegriffe der Himmelsmechanik (einschließlich Bahnbestimmung, Mondtheorie, Finsternissen, Rotation und Photometrie des Mondes und der Planeten), als Anhang die Grundlagen der numerischen Infinitesimalrechnung und eine Sammlung von Tafeln. Böh.

* * **J. Dohm,** HO 249 and the new Air Almanac. Vgl. Ref. 13309.

* * **R. L. Duncombe, W. A. Scott,** Computing the revised edition of H. O. 249 (A. P. 3270). Vgl. Ref. 13310.

3002. **J. G. van de Flier,** True azimuth of Polaris by nomogram. Navigation Los Angeles **3** 274—276.

3003. **W. A. Granger,** A sidereal time calculator. JBAA **63** 113—115, mit 1 Fig. — Beschreibung eines einfach herzustellenden Gerätes zur Berechnung von Sternzeit, Stundenwinkel oder AR. aus den beiden anderen Größen. T. L.

3004. **K. S. Jurjew,** Tabellen für Sonnen- und Sternpeilungen für nördliche und südliche Breiten von 30° bis 40°. Moskau-Leningrad, Verlag «Seetransport», 1953. 6 S. + 45 Tabellenblätter. Preis 10 R. 50 Kop. (russisch).

3005. **M. M. Lepskij,** Die scheinbaren Bewegungen der Planeten in stereographischer Projektion auf die Ekliptikebene. Bull. Astr.-Geod. Ges. UdSSR Nr. **13** (**20**) S. 31—35, mit 2 Abb. (russisch).

* * **J. C. Lieuwen,** Record Tables. Vgl. Ref. **13317**.

3006. K. Pilowski, Bemerkungen zu den Grundlagen der sphärischen Astronomie. AN **281** 59—67. — Es wird vorgeschlagen, als sphärisches Koordinatensystem für den Fundamentalkatalog ein durch zwei geeignet ausgewählte Sterne definiertes System zu verwenden und damit die Bahnebene und die Rotationsachse der Erde aus seiner Grundlegung auszuschalten. In diesem Zusammenhang wird das Problem des Inertialsystems erörtert. Fernerhin wird eine Möglichkeit einer rein empirischen Festlegung der Verlagerung der Erdachse besprochen, die an Stelle der nur unter gewissen Voraussetzungen geltenden theoretischen Entwicklung treten sollte. Im Anschluß daran werden einige Bemerkungen zu astronomisch-geodätischen Aufgaben gemacht. Verf.

3007. J. Procházka, Sférická astronomie. Prag, Verlag Naše vojsko. 220 S. mit 61 Fig. Preis Kčs. 46.15. — Lehrbuch der sphärischen Astronomie für Technische Hochschulen.

3008. W. Schaub, Vorlesungen über sphärische Astronomie. Vgl. AJB **50** Ref. **3005**. — Weitere Besprechung in Scientia **88** 65—66 (L. Carnera).

3009. H. Straßl, Neuere nomographische Untersuchungen. Phys. Verhandlungen **4** 258 (Ref.).

3010. W. G. Wassiljew, Tafeln zur Beobachtung von Sternpaaren in Meridiannähe mit Differenzen der Zenitdistanzen von weniger als 5°. Teil 1. Südliche Sterne in Verbindung mit Polaris. Abh. der arktischen Makarow-Seehochschule Nr. **4** S. 199—231 (russisch). — Ref. in RJ Astr. Geod. UdSSR Nr. **6**, 1954; Ref. Nr. 3816 (russisch).

3011. G. I. Westland, Another coordinate converter. JBAA **63** 340—342, mit 2 Fig. — Konstruktion eines etwas komplizierteren Gerätes zur Koordinatenumwandlung als das in Ref. **3012** erwähnte, aber ohne dessen Nachteile. T. L.

3012. E. A. Whitaker, A spherical coordinate converter. JBAA **63** 145—150, mit 5 Fig. — Das Gerät gestattet die Ablesung von Höhe und Azimut aus Deklination und Stundenwinkel für jede geographische Breite sowie ähnliche Koordinatentransformationen; die Genauigkeit wird mit $^1/_4$° angegeben. T. L.

3013. Ephemeriden Zingerscher Paare für 1953. Publ. des zentralen Forschungsinstituts für Geodäsie, Luftbildaufnahme und Kartographie der UdSSR Nr. **95**, 273 S. Preis 39 R. 50 Kop. (russisch).

3014. Sight Reduction Tables for Air Navigation. Vol. II: Latitudes 0°—39°, Declinations 0°—29°. London, Her Majesty's Stationery Office, 1953. 10 + 242 S.
Desgl. Vol. III: Latitudes 40°—89°, Declinations 0°—29°. 10 + 338 S.

3015. Rising and setting diagrams for high northern latitudes HD 489. London, Hydr. Department, 1953. — Hilfsmittel zur Bestimmung der Auf- und Untergänge von Sonne und Mond, Dämmerungstafeln. Fr.

3016. Methodische Anleitung zum Verständnis astronomischer Tabellen. Redigiert von P. I. Popow. Moskau, Lehr-pädagogischer Staatsverlag, 1953. 44 S. (russisch). — Die Broschüre enthält Erläuterungen zu den verschiedenen vom Verlag herausgegebenen Tabellen.

3017. Tables d'azimuts No. 902. Paris, Service Hydrographique, 1953.

* * Tables of computed altitude and azimuth, H. D. 486. Vgl. Ref. **13330**.

3018. For the beginner: the computing and use of colongitude. Strolling Astronomer **7** 46—47.

§ 31

Astronomische Koordinaten und Konstanten, Ortsbestimmung

3101. **P. I. Bakulin,** Bestimmung der Präzessionsbewegung aus Eigenbewegungen von Sternen der flachen Untersysteme. Astr Circ UdSSR Nr. 139 S. 6—7 (russisch). — 870 Sterne (574 B 0 – B 5, 220 Überriesen, 42 langperiodische Cepheiden, 34 O-Sterne) wurden in den Systemen des GC und des FK 3 ausgewertet. Das System beeinflußt merklich nur die Deklination des Sonnenapex und die galaktische Rotationskonstante B. Die aus den Eigenbewegungen der Überriesen abgeleiteten Korrektionswerte werden bevorzugt und lauten im Mittel $100\,\Delta p = +0\overset{s}{.}65 \pm 0\overset{s}{.}15$ (w. F.), $100\,\Delta E = +0\overset{s}{.}68 \pm 0\overset{s}{.}15$ (w. F.). Petri

3102. **P. I. Bakulin,** Bestimmung der Präzessionskonstanten aus Eigenbewegungen von Sternen der flachen Untersysteme. Moskau, Lomonossow-Staatsuniv., 1953. 11 S. (russisch). — Dissertationsreferat.

3103. **B. Hildner,** Refraction at sea. J. Inst. Navigation **6** 314—320.

3104. **B. N. Himmelfarb,** Über die Erklärung der Abhängigkeit der Aberrationskonstanten vom Spektraltyp eines Sterns. AJ UdSSR **30** 237 (russisch). — Ref. in Astr. News Letter Nr. **73** S. 7. — Kritische Bemerkung zu der in AJB **51** Ref. **3105** zitierten Arbeit von Diwari.

3105. **A. I. Kotschetkow,** Ausarbeitung eines neuen Systems der sphärischen Koordinaten und Formeln zur Berechnung astronomischer Beobachtungen. Moskau, Inst. für Geodäsie, Luftbildaufnahme und Kartographie, 1953 (russisch). — Dissertationsreferat.

3106. **S. Leone,** Rifrazione differenziale. Mem SA It (NS) **24** 323—330, mit 2 Fig. = Contr. Oss. Astr. Milano-Merate (NS) Nr. **44**. — Es werden Korrektionskoeffizienten für die differentielle Refraktion für Merate abgeleitet. Cester

3107. **G. Merton,** Photographic places by a position-line method. MN **113** 428—449, mit 5 Fig. = Commun. Univ. Obs. Oxford Nr. **39**. — Verf. beschreibt eine neue Methode zur Ableitung der sphärischen Koordinaten eines Gestirns aus Messungen der Distanzen von mindestens drei Anschlußsternen auf photographischen Platten. Ähnlich wie bei der Standlinienmethode der Nautik werden aus diesen Distanzen auf graphischem Wege Korrektionen abgeleitet, die an eine genäherte Position anzubringen sind, um die exakten Werte der Koordinaten zu erhalten. Kdr.

3108. **J. G. Porter, D. H. Sadler,** The accurate calculation of apparent places of stars. MN **113** 455—467. — Die gewünschte Genauigkeitssteigerung der Sternephemeriden erfordert auch die Berücksichtigung der Glieder 2. Ordnung bei der Berechnung der scheinbaren Örter nach den üblichen Formeln. Die Ausdrücke hierfür werden abgeleitet und eine Methode vorgeschlagen, welche der von Fabritius überlegen ist. Die Glieder 2. Ordnung sollen dabei mit ausreichender Genauigkeit durch Anbringung der Korrektionen $J \operatorname{tg}^2 \delta$ bzw. $J' \operatorname{tg} \delta$ berücksichtigt werden, wobei J und J' tabuliert werden können. Um diese möglichst klein zu halten, soll die Reduktion auf den scheinbaren Ort vom mittleren Ort des jeweils nächstliegenden Jahresanfangs (statt wie bisher des vorangehenden) ausgehen, sowie im Prinzip Präzession und Nutation erst nach der Aberration angebracht werden. T. L.

3109. **M. dos Reis,** Sobre a teoria da refracção astronómica. Publ. Obs. Astr. Univ. Coimbra Nr. 1, 7 S. — Es wird gezeigt, wie die Hypothese von Ivory über die Temperaturänderung der Atmosphäre mit dem Druck, welche der Radauschen Refraktionstheorie zugrunde liegt, modifiziert werden kann, daß sie die empirischen Daten besser darstellt. T. L.

3110. **N. Sekiguchi,** Analysis of the nutation terms of the fortnight period using the international latitude observations. Publ. Astr. Soc. Japan **5** 49—54, mit 1 Fig. = Tokyo Astr. Obs. Repr. Nr. **107**. — Der Versuch, aus den Beobachtungen des Breitendienstes eine Korrektion für den Koeffizienten des Nutationsgliedes mit 14tägiger Periode abzuleiten, ergibt, daß diese unterhalb der Fehlergrenze liegen muß; dieses Resultat ist in Übereinstimmung mit der Untersuchung von H. R. Morgan. T. L.

3111. **W. M. Shepherd,** The deformation of a photographic plate in a Schmidt camera. MN **113** 450—454, mit 2 Fig. — In Kameras vom Schmidt-Typ bedarf es häufig einer Biegung der photographischen Platte, um sie der Fokalfläche während der Belichtung besser anzupassen. Messungen zur Bestimmung von Koordinaten werden gemacht, nachdem die Biegung der Platte wieder aufgehoben ist. Verf. leitet die Korrektionen ab, die notwendig sind, um die entsprechenden Koordinaten zur Zeit der Aufnahme zu finden. Numerische Werte werden sowohl für Glas als auch für Zelluloid als Schichtträger berechnet. Micz.

3112. **G. W. Starizyn,** Das tägliche Glied in den Beobachtungen von Sterndurchgängen durch den Meridian am lichtelektrisch registrierenden Passageninstrument. Leningrad, Astr. Hauptobs. Pulkowo, 1953. 14 S. (russisch). — Dissertationsreferat.

* * **M. F. Subbotin,** Das «Astronomische Jahrbuch der UdSSR» und die Hauptaufgaben der Ephemeridenastronomie. Vgl. Ref. **410**.

3113. **S. Uemae,** On the nutation terms used in declinations of stars for the International Latitude Service. Publ. Astr. Soc. Japan **4** 163—171. — Die in den Reduktionsgrößen des Berliner Jahrbuchs vernachlässigten Nutationsterme hat Ross bei der Ableitung der Polschwankungen durch Korrektionen berücksichtigt. Da ein Teil dieser Glieder ab 1916 und weitere ab 1938 bei der Berechnung der Reduktionsgrößen einbezogen worden sind, müssen die Ross-Korrektionen von 1916 an durch die hier bis 1955 tabellierten ersetzt werden. Außerdem ist eine Tafel gegeben, die die Überkorrektion in den Resultaten des Breitendienstes 1922—1934 rückgängig zu machen gestattet. T. L.

3114. **E. W. Woolard,** A redevelopment of the theory of nutation. AJ **58** 1—3. — Nach den Beschlüssen der IAU-Tagungen 1948 und 1952 sollen für die Vorausberechnungen der scheinbaren Örter der Fundamentalsterne ab 1960 alle Glieder der Nutation mit Koeffizienten größer als 0."0002 berücksichtigt werden. Die Arbeit enthält die hierbei auftretenden Glieder der Nutation und die für die Brownschen Tafeln verbesserten Ausgangsgrößen. Kox

§ 32

Finsternisse, Bedeckungen

3201. **G. van den Bergh,** Zichtbaarheid van totale maansverduisteringstetraden. Hemel en Dampkring **51** 8—9.

* * **F. Gondolatsch,** Erdrotation, Mondbewegung und das Zeitproblem der Astronomie. Vgl. Ref. **13109**.

3202. **H. Hirose,** On the prediction of the equal-limb-line for an occultation. Ann. Tokyo Astr. Obs. (2) **3** 218—222, mit 1 Fig. — Neue Methode zur Ableitung der Linie auf der Erdoberfläche, von deren Punkten aus eine Sternbedeckung in der gleichen selenographischen Breite gesehen wird. Für Beobachter auf einer solchen Linie ist «in den meisten Fällen» eine genügende Elimination des Effekts der Libration und der Profil-Ungenauigkeiten möglich. Larink

* * **C. Hoffmeister,** Zur Beobachtung der Mondfinsternisse. Vgl. Ref. **2045.**

3203. **H. Kristenson,** Om metodiken vid geodetiska mätningar med hjälp av solförmörkelser. NAT **1953** 41—48, mit 5 Fig. — Verf. berichtet über seine in AJB **51** Ref. **3208** zitierte Arbeit.

3204. **V. Letfus,** L'influence de l'ozonosphère sur la densité de l'ombre dans les éclipses de lune. BAC **4** 36—44, mit 11 Fig. (mit russ. Zusammenfassung). — Verf. berechnet aus der bekannten Verteilung des Ozons in der Erdatmosphäre den Einfluß der Ozonabsorption auf die Schattendichte bei den Mondfinsternissen. Die theoretischen Ergebnisse werden mit drei Mondfinsternissen aus den Jahren 1942 und 1943 verglichen; es wird gute Übereinstimmung gefunden. Eine kleine Differenz zwischen der beobachteten und berechneten Schattendichte kann durch die Absorption meteorischen Staubes erklärt werden. J. B.

3205. **H. K. Paetzold,** Über die visuelle Erdschattengrenze bei Mondfinsternissen. ZfA **32** 303—310, mit 4 Abb. — Es werden Ausbildung und Lage der visuellen Schattengrenze bei Mondfinsternissen mittels eines rotierenden Sektors modellmäßig untersucht und der Einfluß der verschiedenen Faktoren, wie der Dichteverlauf in der Atmosphäre, die Ozonschicht, eine absorbierende Schicht in 90 km Höhe und die Dunstschicht diskutiert. Verf.

3206. **W. W. Scharonow,** Das Problem der photometrischen Beobachtungen der Mondfinsternisse. Bote Univ. Leningrad (Math., Phys., Chem.) 8 47—61 (russisch). — Ref. in RJ Astr. UdSSR Nr. 2, 1953; Ref. Nr. 856 (russisch).

3207. **V. Vanýsek,** Sternbedeckungen. Mat.-přír. rozhledy **32** 138—142, mit 2 Fig. (tschechisch).

§ 33

Chronologie, Kalenderwesen

3301. **E. Achelis,** The stabilized world calendar. J. Calendar Reform **23** 161—166. — Der älteste direkte Vorläufer unseres jetzigen Kalenders ist der ägyptische Kalender, der in der ältesten Zeit in Ägypten eingeführt und später durch Neubestimmung der Jahreslänge zu 365.25 Tagen reformiert wurde. Cäsar übernahm diesen Kalender zur Reformierung des völlig unzureichenden römischen Kalenders, und Konstantin der Große ersetzte die römische Zählweise der Monatstage nach Iden und Kalenden durch die das ganze Jahr durchlaufende Woche zu sieben Tagen. Die Anpassung des Kalenders an den Lauf der Sonne wurde 1582 durch die Gregorianische Reform vollendet. Reformbedürftig bleibt somit nur noch die innere Struktur des Gregorianischen Kalenders, durch Beseitigung 1. der ungleich langen Teile des Jahres, 2. der in den Monatslängen vorhandenen Asymmetrie und 3. der Verschiebung des Jahresanfangs durch alle Tage der Woche. U. Baehr

3302. **H. A. Ali,** The crescent and the moon. J. Calendar Reform **23** 63—68. — Durch irrtümliche Deutung von zwei Koranversen bestehen in der islamischen

Welt Bedenken gegen den Ersatz des reinen Lunarkalenders durch einen den Lebensbedürfnissen besser angepaßten Kalender. In Wirklichkeit verurteilt der Ausspruch Mohameds nur die Verwirrung, die durch Entgegenwirken von Schaltung und religiöser Vorschrift bei eigenmächtiger Handhabung des Gebots zustande kommt. Es ist zu hoffen, daß der Widerstand gegen eine Reform überwunden wird, und daß diese zunächst einmal durch Anpassung des jetzigen Kalenders an den Lauf der Sonne durchführbar ist. Eine endgültige Reform könnte dann später vorgenommen werden. U. Baehr

3303. **A. M. Bonelli,** From the astronomer's viewpoint. J. Calendar Reform **23** 69—70. — Bald nach dem ersten Weltkrieg wurde von der UAI ein Kalendervorschlag vorgelegt, der bereits in allen wesentlichen Punkten dem späteren vom Völkerbund empfohlenen Weltkalender entsprach. Der Weltkalender beseitigt durch seine innere Symmetrie und durch die Kommensurabilität seiner Zeitelemente die beiden Hauptmängel des Gregorianischen Kalenders. Wegen dieser seiner Überlegenheit über die meisten beim Völkerbund eingegangenen Kalendervorschläge wurde der Weltkalender als weiterhin zu empfehlender Vorschlag ausgewählt. U. Baehr

3304. **J. Dick,** Die Zeitrechnung der französischen Revolution. Sternenwelt **5** 59—61.

3305. **W. F. A. Ellison,** The mystic numbers: Daniel and the apocalypse. Irish AJ **2** 153—158. — Nach einer einleitenden Behandlung des Finsternis-Zyklus werden einige aus dem Saros abgeleitete Zeitintervalle zu gewissen Zahlenangaben im Propheten Daniel und in der Apokalypse in Beziehung gesetzt. U. Baehr

3306. **H. Hagge,** Wann haben wir im nächsten Jahre Ostern? Sterne **29** 180—184. — In einfacher und klarer Darstellung wird gezeigt, auf Grund welcher Zahlenverhältnisse in den Umlaufzeiten von Sonne und Mond die Julianische Epakte und daraus durch Berücksichtigung von Sonnen- und Mondgleichung der Gregorianische Ostervollmond ermittelt werden kann. Zwei beigefügte Tafeln erleichtern die Anwendung des Verfahrens, dessen Stichhaltigkeit an Beispielen nachgewiesen wird. U. Baehr

3307. **I. F. Polak,** Zeit und Kalender. Vgl. AJB **49** Ref. **3311**. — Auch in weiteren regionalen Ausgaben und Landessprachen der UdSSR erschienen.

3308. **G. Ricci,** Nuovo metodo per le ricerche cronologiche dei calendari. Rend. Accad. Nazionale Lincei, Cl. Sci. fis., mat., nat. (8) **14** 50—56, mit 1 Tafel. — Verf. schlägt eine neue Methode für chronologische Kalenderuntersuchungen vor, indem die mittleren Neumonde nach Beginn des Julianischen und Gregorianischen Jahres formelmäßig festgelegt werden. Cester

3309. **M. N. Saha,** India's calendar confusions. J RAS Canada **47** 97—105, mit Bild von Saha = J. Calendar Reform **22** 108—114. — Das astrologische Element hat in Indien von jeher jeden wirklichen Fortschritt, vor allem auch auf astronomischem Gebiet, unterdrückt. In Bezug auf die Zeitrechnung macht sich dieser Übelstand dadurch bemerkbar, daß eine große Anzahl mit Astrologie und sonstigem Aberglauben beladener Kalender nebeneinander in Gebrauch sind. Für die in letzter Zeit in Indien zu Bedeutung gekommene Astrophysik andererseits gibt es nur zwei dem wachsenden Bedürfnis entsprechende Wirkungsstätten. Somit ergibt sich als erste Forderung die Einführung eines einheitlichen, dem Fortschritt in jeder Hinsicht genügenden Kalenders und als zweite Forderung die Schaffung eines zentral gelegenen Observatoriums, eines indischen Greenwich, auf das alle territorial bedingten Zahlen- und Zeitangaben zu beziehen sind. U. Baehr

3310. **A. Saldaña,** Calendario perpetuo en forma de abaco. Curiosidades relativas al calendario. Urania Barcelona **38** 20—35. — Verf. beschreibt einen immerwährenden Kalender und gibt dazu zwei Nomogramme zur Ermittlung des Wochentags zu gegebenem Datum sowie die Lösungen einiger Häufigkeitsfragen des Kalenders. Gü.

3311. **K. L. Schmitz,** Zur internationalen Kalenderreform: Der immerwährende Einmonats-Kalender. Düsseldorf, Verlag Michael Triltsch, 1953. 22 S. — In dem Kalendervorschlag wird die laufende siebentägige Woche durch zwei unbenannte Tage unterbrochen. Diese fallen auf jeden 22. und 29. Monatstag und tragen die Bezeichnung Festtag bzw. Lohntag. Die so entstandenen Monate zu 30 Tagen erhalten an passender Stelle zur Unterbringung weiterer säkularer und religiöser Gedenktage weitere 5 oder 6 Schalttage. Der Kalender bietet eine gleichmäßige Struktur der einzelnen Monate. Ferner enthalten Halbjahre, Quartale und Tertiale die gleiche Anzahl von Arbeitstagen. U. Baehr

3312. **J. Stokley,** International data line. J. Calendar Reform **23** 135—137. — Die Datumgrenze ist eine auf Grund internationaler Vereinbarung ungefähr dem 180. Längengrad folgende Markierungslinie. Nach allgemeiner Erläuterung des Sachverhalts wird an Beispielen gezeigt, welche Besonderheiten in der Zeitzählung in den Gebieten auftreten können, die im Bereich der Datumgrenze liegen. U. Baehr

3313. **O. R. Walkey,** A reformed calendar. JBAA **63** 224. — Die Unterbrechung der 7 Tage-Woche würde ein Kalender vermeiden, der bei einer regulären Länge von 364 Tagen alle fünf oder sechs Jahre eine Schaltwoche dem Jahre hinzufügte. Da der Gregorianische Zyklus eine Länge von 400 Jahren hat, ergeben sich im ganzen in diesem Zeitraum $4 \times 100 + 97$ Schalttage, was genau 71 Schaltwochen ausmacht. U. Baehr

3314. A reformed calendar. JBAA **63** 124—125. — Unter der dem Völkerbund seinerzeit vorgelegten großen Anzahl von Kalendervorschlägen wurden zwei Vorschläge als die wertvollsten ausgewählt. In dem einen Fall handelt es sich um einen Entwurf, der das Jahr in 13 Monate zu je 28 Tagen einteilt, während der zweite Vorschlag den inzwischen viel besprochenen Weltkalender betrifft. Der Einführung des Weltkalenders widersetzten sich bisher prinzipiell nur Juden und Siebentageadventisten. U. Baehr

3315. New British time machine. J. Calendar Reform **23** 131—133, mit 1 Fig. — Es handelt sich um eine Apparatur, die es ermöglicht, zu jedem Jahrestag zwischen 1800 und 2199 nach Chr. den Wochentag und weiter zu jedem Jahre die Daten von Ostern und Pfingsten durch einfache Einstellung zu finden. Das Zeitintervall läßt sich nach vorwärts und rückwärts erweitern. Der Erfinder ist ein Mr. Robin, der, ohne astronomische oder mathematische Kenntnisse zu besitzen, sich aus Liebhaberei in jahrelangen Versuchen um die Herstellung seiner Zeitmaschine bemüht hat. Es wird ein allgemeiner Einblick in das Funktionieren der Maschine gegeben. U. Baehr

3316. Calendar reform. Nature **171** 1004.

* * Journal of Calendar Reform 1953. — Enthält zahlreiche Beiträge allgemeinen, besonders wirtschaftlichen Charakters über die Bestrebungen einer Kalenderreform und über den Weltkalender.

Fünfter Teil

Theoretische Astronomie

§ 40

Allgemeines, Tafeln

4001. **E. G. Barter,** Relativity and Reality. NewYork, Philosophical Library, 1953. 131 S. Preis $4.75. — Besprechung in Sky and Telescope **13** 21.

4002. **S. Herrick,** Tables for Rocket and Comet Orbits. Washington, D. C., U. S. Government Printing Office, 1953. National Bureau of Standards, Applied Mathematics, Series Nr. 20. 24 + 100 S. Preis $1.75. — Besprechung in Phys. Abstracts (A) **56** 835—836 (M. W. Ovenden), Ciel et Terre **69** 322—324, JBAA **64** 141, J. British Interplanetary Soc. **13** 189 (D. F. Lawden), Math. Rev. **14** 1131—1132 (E. Leimanis), MN ASSA **12** 83—85 (W. P. Hirst), Sky and Telescope **12** 269.

4003. **F. Hoyle,** La Nature de l'Univers. Vgl. AJB **52** Ref. **4001**. — Weitere Besprechung in La Nature **81** 256.

4004. **E. E. Kühne,** Tafel für r^{-3} mit dem Argument r^2 (r^2 von 1—100). Veröff. Astr. Recheninst. Berlin, 35 + 11 S. — Ref. in Sterne **31** 78. — Die Tafel der fünfziffrigen Werte von r^{-3} mit dem Argument r^2 ist aus einer vom Verf. beschriebenen größeren Tafel entstanden, die die gleichen Werte mit acht geltenden Ziffern gibt. Zur Erleichterung der Interpolation mit zweistelligen ersten Differenzen ist eine spezielle Interpolationstafel beigefügt. Zwei Beispiele für die Interpolation sind gegeben.

4005. **H. Quiring,** Der Traum des Descartes — Eine Verschlüsselung seiner Ätherwirbeltheorie. Universitas 8 955—961.

4006. **R. J. Trumpler, H. F. Weaver,** Statistical Astronomy. Berkeley and Los Angeles, University of California Press; London, Cambridge University Press, 1953. 20 + 644 S. Preis $7.50 bzw. 56s. 6d. — Besprechung in Ann d'Astrophys **16** 131 (D. Barbier), Coelum **21** 89—90, JBAA **64** 207 (R. H. Garstang), Nature **172** 1017 (W. M. Smart), Obs **74** 131—132 (R. H. Garstang), Publ ASP **65** 165—166 (S. Sharpless), Sky and Telescope **12** 188, 241—242 (B. J. Bok).

4007. **B. Thüring,** Analyse der Beziehungen zwischen Inertialsystem, Gravitation, Präzession und Eigenbewegungen der Fixsterne. AN **281** 49—58, mit 1 Abb. — Es wird der Nachweis geführt, daß eine eindeutige mechanische Festlegung des Inertialsystems und eine eindeutige Bestimmung des allgemeinen Gravitationsgesetzes bzw. des kosmischen Kraftgesetzes allein aus der Beobachtung der Bewegung von Planeten oder Fixsternen unmöglich ist. Dies entspricht ganz der bekannten Tatsache, daß Präzession und Eigenbewegungen der Fixsterne nicht ohne Benutzung eines eindeutig machenden Prinzips ermittelt werden können. Es gelingt nun, die unrichtige Hypothese von der «Regellosigkeit der Pekuliarbewegungen» durch das hypothesenfreie «Prinzip von der Bestimmung der Träger des Fundamental-Koordinatensystems» zu ersetzen und damit die seit langem bestehenden logischen Schwierigkeiten in diesem Problemkreis zu beseitigen. Dies drückt sich unter anderem darin aus, daß nunmehr Präzession und Eigenbewegungen der Fixsterne getrennt voneinander ermittelt werden können. Verf.

§ 41

Raum, Zeit, Licht, Gravitation, Relativitätstheorie, Kosmologie

4101. **R. A. Alpher, J. W. Follin jr., R. C. Herman,** Initial conditions in the expanding universe and element synthesis. Phys. Rev. (2) **91** 479. — Ref. Am. Phys. Soc.

4102. **R. A. Alpher, J. W. Follin jr., R. C. Herman,** Physical conditions in the initial stages of the expanding universe. Phys. Rev. (2) **92** 1347—1361, mit 3 Fig. — Aus der allgemeinen Relativitätstheorie wird ein allgemeines, nichtstatisches, homogenes, isotropes Weltmodell abgeleitet. Für ein Medium, das aus Elementarteilchen und Strahlung mit Übergangsmöglichkeiten zwischen beiden besteht, wird unter anderem der zeitliche Verlauf von Druck und Temperatur sowie des für die Elementbildung so wichtigen Konzentrationsverhältnisses Proton:Neutron für den Anfangszustand der expandierenden Welt berechnet. Zum Zeitpunkt des Beginns der Bildung der chemischen Elemente liegt das Verhältnis Proton:Neutron etwa zwischen 4.5:1 und 6.0:1. Die Ergebnisse weichen — im wesentlichen wegen der Annahme von Materie-Strahlung-Umwandlung — von denen von Hayashi ab. Hunger

4103. **T. Araki,** Über das Erschaffen der Materie und das sich ausdehnende Universum. Publ. Astr. Soc. Japan **5** 44—47 = Contr. Inst. Astrophys. Kyoto Univ. Nr. **34.** — Die fortgesetzte Materieerzeugung gemäß theoretischen Ansätzen von H. Bondi, T. Gold, F. Hoyle und P. Jordan wird als Einströmen von schon vorhandener Materie in unser Universum behandelt, wobei die vierdimensionale Raum-Zeit-Welt als Unterraum einer objektiv höherdimensionalen Welt gedacht wird. Dv.

4104. **W. A. Baum,** The cosmological distance scale. AJ **58** 211. — Ref. AAS.

4105. **J. Becquerel, P. Couderc,** Sur le déplacement des raies spectrales des galaxies et la loi de Hubble-Humason. Confrontation avec la théorie de Lemaître. CR **236** 983—986. — Verf. geht davon aus, daß die starke Rotverschiebung in den Spektren entfernter Galaxien kein Doppler-Effekt zu sein braucht («Rezessionsgeschwindigkeiten»). Das empirische Gesetz von Hubble-Humason wird für einen homogenen, isotropen, abgeschlossenen Raum modifiziert. Es werden Gleichungen gegeben, die prinzipiell bei Steigerung der Beobachtungsgenauigkeit und bei tieferem Vordringen in den Raum erlauben würden, die Theorie von Lemaître zu prüfen. Die jüngsten Beobachtungen deuten nur auf eine schwache Expansion hin. Gli.

4106. **J. Becquerel, P. Couderc,** Sur quelques conséquences de l'expansion de l'univers, au sujet de l'exploration de l'espace. CR **236** 1313—1316. — Es wird im Anschluß an eine vorangegangene Arbeit (vgl. vorstehendes Ref.) das Problem für den Fall untersucht, daß die «Rezessionsgeschwindigkeiten» die Lichtgeschwindigkeit übersteigen. Es werden mehrere Zahlenbeispiele im Modell von Lemaître gegeben. Gli.

* * **G. van Biesbroeck,** The relativity shift at the 1952 February 25 eclipse of the sun. Vgl. Ref. **6210.**

4107. **A. E. H. Bleksley,** A new approach to cosmology. IV. S. African J. Sci. **50** 61—64. — Ref. in Phys. Abstracts (A) **57** 251.

4108. **M. Born,** Theoretische Bemerkungen zu Freundlichs Formel für die stellare Rotverschiebung. Nachr. Akad. Wiss. Göttingen, Math.-Phys. Kl. (2a) Jahrgang 1953 Nr. 7 S. 102—108. — Die von Freundlich (vgl. Ref. **4122**) aufgestellte Hypothese zur Deutung der Rotverschiebung bedeutet eine neue, fremdartige Abweichung von bisher anerkannten Gesetzen und ist nicht mit der üblichen relativistischen Vorstellung vereinbar. Bei Annahme der Hypothese ergeben sich interessante Gesichtspunkte bei der Deutung einer Reihe astronomischer Beobachtungen. Behr

4109. **R. L. Brahmachary,** Sur la possibilité d'un nouveau modèle statique de cosmologie. Naturwissenschaften **40** 51, 313—314. — Es werden Rechnungen über die Form der Metrik homogener Weltmodelle unter Einschluß elektrischer Ladungen, die ebenfalls wie die Materie kontinuierlich verteilt gedacht sind, im Rahmen der allgemeinen Relativitätstheorie angestellt. Die Weltmodelle von Einstein und de Sitter erscheinen als Spezialfälle. Dv.

4110. **R. L. Brahmachary,** Sur les propriétés d'un modèle instable de cosmologie contenant un «fluide imparfait». Naturwissenschaften **40** 456—457. — Rechnungen über den Materietensor im Rahmen der allgemeinen Relativitätstheorie in ihrer Anwendung auf die Kosmologie führen zu instabilen, auch schwingenden Weltmodellen mit nicht konstanter Materiedichte. Dv.

4111. **E. Cassirer,** Substance and function and Einstein's theory of relativity. Übersetzt von W. C. Swabey und M. C. Swabey. New York, Dover Publications, Inc., 1953. 12 + 465 S. Preis $ 3.95.

4112. **L. Castoldi,** A new relativistic dynamic universe. Geofis. pura appl. **26** 1—9 (italienisch). — Ref. in Phys. Abstracts (A) **57** 1364.

4113. **P. Couderc,** L'expansion de l'univers. Vgl. AJB **50** Ref. **4113**. — Weitere Besprechung in J RAS Canada **47** 212.

4114. **P. Couderc,** Les théories de l'univers en expansion. BSAF **67** 29—32. — Allgemeinverständliche Skizze der Rotverschiebung der Spiralnebellinien und der darauf basierenden theoretischen Modelle einer expandierenden Welt. Kdr.

4115. **L. Courvoisier,** Der Einfluß der «Lorentz-Kontraktion» der Erde auf den Gang der Quarzuhren. Experientia **9** 286, mit 1 Abb.

4116. **L. Courvoisier,** «Relativ» oder «absolut»? Beobachtungen zur Bestimmung der «absoluten» Erdbewegung. Experientia **9** 317—325. — Ref. in Phys. Abstracts (A) **57** 390. — Es werden die wichtigsten der zahlreichen verschiedenen Beobachtungen und die Beobachtungsmethoden, nach denen Verf. gemäß der Absoluttheorie die «absolute» Translationsbewegung der Erde im Laufe der Zeit bestimmen konnte, besprochen und die Ergebnisse in einer Schlußtabelle zusammengestellt.

* * **A. K. Das,** Can matter be created out of cosmic radiation? Vgl. Ref. **12706**.

4117. **H. Dingle,** The President's address on science and modern cosmology. MN **113** 393—407. Gekürzte Übersetzung von W. Petri ins Deutsche unter dem Titel: Wissenschaft und moderne Kosmologie, Naturwiss. Rundschau 8 176—180. — Kritische Erörterung einiger neuerer kosmologischer Gedankengänge vom philosophischen Standpunkt aus. Kdr.

4118. **P. A. M. Dirac,** The Lorentz transformation and absolute time. Physica **19** 888—896.

4119. **A. Einstein,** L'éther et la théorie de la relativité. La géométrie et l'expérience. Aus dem Deutschen übersetzt von M. Solovine. Paris, Gauthier-Villars, 1953. 3. verbesserte Auflage. 29 S. Preis fr. 300.

4120. **K. Ferrari d'Occhieppo,** Die nebularstatistische Auswirkung der Jordanschen Kosmologie. Anzeiger der Österreich. Akad. Wiss. Math.-naturw. Kl. **90** 214.

4121. **W. A. Fok,** Die heutige Theorie von Raum und Zeit. Priroda **42** Nr. 12 S. 13—26 (russisch). — Inhalt: 1. Die alte Theorie von Raum und Zeit; 2. Das Ausbreitungsgesetz der Wellenfront als Ausdruck der Eigenschaften von Raum und Zeit; 3. Inertialsysteme und Lorentztransformation; 4. Der Intervallbegriff; 5. Die Bedeutung der Relativitätstheorie; 6. Raum, Zeit und Schwere; 7. Die Verallgemeinerung des Ausbreitungsgesetzes der Wellenfront und der Ausdruck für das Quadrat des Intervalls; 8. Schwerefeld und Schweregleichungen; 9. Die Bedingungen für die Koordinaten und die Grenzbedingungen; 10. Schweregleichungen und Bewegungsgleichungen; 11. Die Unrichtigkeit der Ansichten Einsteins über die Theorie der Schwere und über die Allgemeine Relativitätstheorie; 12. Über die philosophischen Ansichten Einsteins. Loh.

4122. **E. Finlay Freundlich,** Über die Rotverschiebung der Spektrallinien. Nachr. Akad. Wiss. Göttingen, Math.-Phys. Kl. (IIa) Jahrgang 1953 Nr. 7 S. 95—102, mit 2 Abb. = Repr. Obs. Univ. St. Andrews Nr. **4**. — Aus der Tatsache, daß die von der Relativitätstheorie geforderte Rotverschiebung der Spektrallinien in Abhängigkeit vom Gravitationspotential der Strahlungsquelle weder auf der Sonne noch bei Sternen mit Sicherheit hat beobachtet werden können, daß andererseits eine bisher nicht erklärbare Radialgeschwindigkeitskomponente bei frühen Spektraltypen (K-Effekt) beobachtet wurde, entwickelt Verf. eine Hypothese, nach der die Rotverschiebung durch Energieverlust der Lichtquanten durch Proton-Proton-Wechselwirkung als Funktion der Temperatur und des Lichtweges entstehen soll. Auf diese Weise wird auch die kosmologische Rotverschiebung erklärt, wenn man dem intergalaktischen Raum eine Temperatur von einigen Graden zuschreibt. Behr

4123. **E. Finlay Freundlich,** Der heutige Stand der empirischen Bestätigung der allgemeinen Relativitätstheorie. Phys. Blätter **9** 14—23, mit 1 Abb. = Repr. Obs. Univ. St. Andrews Nr. **9**. — Ref. in Urania Kraków **25** 375—376. — Während hinsichtlich der Periheldrehung der Merkurbahn Übereinstimmung zwischen der Relativitätstheorie und der Beobachtung besteht, liegen bei der Rotverschiebung und der Lichtablenkung im Schwerefeld der Sonne noch ernste, offenbar verbürgte Widersprüche vor. Die beobachtete Rotverschiebung nimmt am Sonnenrand, wo allein ein von bekannten sonnenatmosphärischen Einflüssen ungestörter Wert beobachtet werden kann, nicht den geforderten, sondern einen fast doppelt so großen Wert an. Im Fall der Lichtablenkung sind die Aussichten auf eine bündige Antwort günstiger. Die bisherigen Resultate deuten aber darauf hin, daß auch hier der beobachtete Wert merklich über dem vorausgesagten liegt. Haffner

4124. **G. Gamow,** The Creation of the Universe. New York, The Viking Press; London, Macmillan and Co. Ltd., 1952. 12 + 148 S. mit 40 Abb. und 11 Tafeln. Preis 21s. — Besprechung in Endeavour **12** 164—165 (M. A. Ellison).

4125. **G. Gamow,** Expanding universe and the origin of galaxies. K. Danske Vidensk. Selsk. mat.-fys. Medd. **27** Paper 10, 15 S. — Ref. in Phys. Abstracts (A) **56** 598.

4126. **G. García,** Nuevas investigaciones y resultados «Sobre el universo en expansion y el origen de las nebulosas». Actas Acad. Nacional Ci. Exact. Fis. Nat. Lima **16** 3—44. — Ref. in Math. Rev. **15** 657.

4127. **J. J. Gilvarry,** Relativity precession of the asteroid Icarus. Phys. Rev. (2) **89** 1046. — Ref. in Sky and Telescope **12** 237. — Die relativistische Periheldrehung für den Planetoiden Icarus wurde zu 10.05 pro Jahrhundert berechnet. Dieser Betrag ist zirka 1/4 des Merkurwertes und ist größer als für die übrigen Planeten. Icarus wurde 1949 von Baade entdeckt. Sein Perihel liegt innerhalb der Merkurbahn. Er hat die kleinste bekannte Periheldistanz. Eine Abschätzung der bei Merkur und Icarus erreichbaren Genauigkeit in der Messung der Periheldrehung zeigt, daß sie bei Icarus zu einem weiteren Test für die allgemeine Relativitätstheorie führen kann. Priester

4128. **J. J. Gilvarry,** Relativity advances of the perihelia of minor planets. Publ ASP **65** 173—178. — Verf. zeigt, daß 1566 Icarus mit einer relativistischen Bewegung seines Perihels von 10′ pro Jahrhundert ein geeignetes Objekt zur Prüfung der allgemeinen Relativitätstheorie ist; andere Kleine Planeten sind dafür weit weniger brauchbar. Böh.

4129. **B. N. Himmelfarb,** Zur Erklärung der Aberration der Sterne in der Relativitätstheorie. Fortschritte Phys. Wiss. **51** Nr. 1 S. 99—114 (russisch). — Ref. in RJ Astr. Geod. UdSSR Nr. **1**, 1954; Ref. Nr. 1892 (russisch).

4130. **H. Hönl,** Über das Mach'sche Prinzip. Z. Naturforschung **8a** 2—6. — Ref. in Hemel en Dampkring **52** 89—91. — Es wird das Machsche kosmologische Prinzip als ein «regulatives» (nicht «konstitutives») Prinzip der Erfahrung aufgefaßt, das in der Größenordnungsbeziehung $\varkappa M \cong R$ zwischen Gesamtmasse M des Universums und mittlerem (positivem) Krümmungsradius R des Kosmos seinen gemäßen Ausdruck findet ($\varkappa$ Gravitationszahl). Mit dieser Forderung ist nur ein räumlich geschlossener endlicher Kosmos vereinbar. Verf.

4131. **H. E. Ives,** Genesis of the query «Is there an ether?» J. Optical Soc. America **43** 217—218. — Historische Ergänzungen zu einer Arbeit von P. A. M. Dirac, Nature **168** 906 (AJB **51** Ref. **4114**) über die Frage: «Gibt es einen Weltäther?» Behr

4132. **C. L. Janssen,** Universets Dimensioner. Urania Kopenhagen **10** 33—40.

4133. **G. Järnefelt,** An attempt to work out a finite system corresponding to a special case of Schrödinger's non-relativistic model of the linear harmonic oscillator. CR 12e Congrès Math. Scandinaves S. 116—134 = Sonderdruck Astr. Obs. Helsinki. — Einleitend werden die Möglichkeiten betrachtet, die Euklidische Geometrie der Ebene mit ihren wesentlichen Axiomen diskontinuierlich aufzufassen und sie auf ein endliches System auf Grund der algebraischen Theorie endlicher Körper zu begrenzen. Nach kurzer Darstellung einfacher Lösungsmöglichkeiten der Schrödingergleichung für einen linearen harmonischen Oszillator wird auch hier ein diskontinuierliches Modell zu finden versucht. Dv.

4134. **G. Järnefelt,** Ein endliches Weltbild. Vortrag, gehalten 17. 6. 1953 in der Joachim-Jungius-Gesellschaft, Hamburg; 9. 10. 1953 in der Finnischen Akad. Wiss., Helsinki; 2. 11. 1953 in der Astr. Gesellschaft Ursa, Helsinki, 17 S. mit Fig. = Sonderdruck Astr. Obs. Helsinki. — Schilderung von Versuchen, die gewöhnliche Euklidische Geometrie des Kontinuums durch eine Geometrie mit nur endlich vielen Punkten mittels Galois-Körper zu ersetzen. Ausblick nach Anwendungsmöglichkeiten auf das naturwissenschaftliche Weltbild. Dv.

4135. **P. Jordan,** Schwerkraft und Weltall. Vgl. AJB **52** Ref. **4116**. — Weitere Besprechung in Ann d'Astrophys **16** 61 (M. Mayot), Nature **172** 3—4 (W. H. McCrea), Scientia **88** 148 (B. Ferretti), Weltraumfahrt **1953** 61 (H. K. Kaiser).

4136. **P. Jordan,** Das Technetium als Prüfstein kosmologischer Theorien. Naturwissenschaften **40** 407—408. — Es ist sehr unwahrscheinlich, daß es 1.) Tc-Isotope mit Halbwertzeiten über 3×10^5 Jahre gibt, und daß es 2.) möglich ist, Tc in den Sternen aus leichteren Elementen aufzubauen. Trotzdem ist in einigen, vermutlich extrem jungen Sternen TcI nachgewiesen; ob TcII in der Sonnenatmosphäre vorkommt, ist noch nicht sicher. Vielleicht entstehen ständig noch neue Sterne in Gebieten extremer Raumkrümmung im Sinne der mehrfach geäußerten Vermutungen des Verf., wobei Tc mit entstünde. Auf jeden Fall führt die Auffindung von Tc in Sternspektren zu «gewichtigen Folgerungen». Dv.

4137. **P. Jordan,** Empirische Anhaltspunkte zur Dirac'schen Hypothese einer kosmologisch veränderlichen Gravitations-«Konstanten». Phys. Blätter **9** 149—153. — Wenn die Gravitations-«Konstante» vor größenordnungsmäßig 10^9 Jahren erheblich größer war als jetzt, kann die Entwicklung von Planeten einschließlich der Erde und ihrer Atmosphären so verlaufen sein, daß nach der Entstehung eine Expansion erfolgte, die zu Aufbrüchen in der Oberfläche führte, und es kann verständlich erscheinen, daß Titan noch eine Atmosphäre besitzt; ebenso lassen sich die Rillen und die Spuren von Windeinflüssen auf dem Erdmond deuten. Dv.

4138. **P. Kustaanheimo,** On some special functions in Galois fields. CR 12e Congrès Math. Scandinaves S. 169—175 = Sonderdruck Astr. Obs. Helsinki. — Beispiele zur Übertragung der klassischen Mechanik auf diskontinuierliche Raum-Zeit-Bestimmungen werden gegeben. Vielleicht kann in Zukunft wie bei der normalen Quantenmechanik eine solche «Finitisierung» der klassischen Mechanik deren experimentelle Ergebnisse ebenfalls besser darstellen, als es mit Differentialgleichungen möglich ist. Es wird auf eine Verbindung zwischen der Fluchtbewegung der extragalaktischen Nebel und der ständigen Materieerzeugung hingewiesen, die bei diskontinuierlichen, endlichen Weltmodellen unter einem neuartigen Gesichtspunkt erscheint. Dv.

4139. **P. Kustaanheimo,** A note on the transformability of spherically symmetric metrics. Sonderdruck Astr. Obs. Helsinki, 4 S. — Beweis, daß jede kugelsymmetrische Metrik in eine isotrope Metrik transformiert werden kann. Dv.

4140. **P. Kustaanheimo, B. Qvist,** Some remarks on Sendai Astronomiaj Raportoj nro 23. Soc. Sci. Fenn. Comment. Phys.-Math. **16** Nr. 12, 3 S. — Ref. in Math. Rev. **14** 1133.

4141. **M. v. Laue,** Die Relativitätstheorie. 2. Band. Die allgemeine Relativitätstheorie. Braunschweig, Friedr. Vieweg & Sohn, 1953. Die Wissenschaft. Einzeldarstellungen aus der Naturwissenschaft und der Technik Bd. 68. 3., neu bearbeitete Auflage. 4 + 204 S. mit 12 Abb. Preis DM 15.80. — Besprechung in Optik **10** 362 (G. Joos), Phys. Blätter **10** 476—477 (E. Fues), ZfMG **50** 213—214 (M. Pinl).

4142. **S. B. Lukjanow,** Die Aberration des Lichts. AJ UdSSR **30** 302—314, mit 3 Abb. (russisch). — Verf. macht den Vorschlag, ein einheitliches, bevorzugtes Bezugssystem zu postulieren, in welchem die Richtungen der Lichtausbreitung und der Blicklinie zusammenfallen. Von diesem Standpunkt aus wird die Erscheinung der Aberration beurteilt. Loh.

4143. **I. Malandrone,** Conferme sperimentali della teoria della relatività. Universo **33** 795—796. — Ref. in RJ Astr. Geod. UdSSR Nr. **2**, 1955; Ref. Nr. 733 (russisch).

4144. **L. M. Małachowski,** The experiments with the fundamentals of classical laws of motion. Kirkcaldy, Printed by The Allen Lithographic Co., 1953. 12 S. mit 5 Fig.

4145. **W. Martin,** Durch Grundlagenforschung zu neuen Erkenntnissen über das Wesen des Lichts und zu einer vollkommenen Lösung des Lichtproblems. Bietigheim, Turm-Verlag, 1953. 96 S. Preis brosch. DM 4.80.

4146. **W. H. McCrea,** Cosmology. Phys. Soc., Reports Progr. Phys. **16** 321—363. — Ref. in Math. Rev. **16** 294, Phys. Abstracts (A) **56** 1050, ZfMG **51** 202.

4147. **G. C. McVittie,** The age of the universe in the cosmology of general relativity. AJ **58** 129—134. — Ref. in Sky and Telescope **13** 54. — Es werden die Schwierigkeiten aufgezeigt, die bei Zugrundelegung der Hubbleschen Konstante für die Expansion des Weltalls entstehen, wenn man einen Zahlenwert für das Weltalter bekommen will. Man kann nur bei genauer Festlegung von Axiomen zu definitiven Aussagen kommen. Die Beobachtungen lassen auf jeden Fall eine große Zahl von Weltalterangaben zu, unter denen nicht ohne Willkür eine Auswahl zu treffen ist. Dv.

4148. **S. N. Milford,** Possible tests on the red shift. AJ **58** 43—44. — Ref. AAS.

4149. **E. A. Milne,** Modern Cosmology and the Christian Idea of God. Vgl. AJB **52** Ref. **4126.** — Weitere Besprechung in Nature **171** 584—585 (H. Spencer Jones).

4150. **G. Mirto,** Una delle ipotesi relativistiche confermata dagli astronomi. Universo **33** 537—540. — Ref. in RJ Astr. Geod. UdSSR Nr. **2,** 1955; Ref. Nr. 731 (russisch).

4151. **G. Mirto,** Conferme sperimentali della teoria della relativita. Universo **33** 796—798. — Ref. in RJ Astr. Geod. UdSSR Nr. **2,** 1955; Ref. Nr. 732 (russisch).

4152. **C. Møller,** The Theory of Relativity. Vgl. AJB **52** Ref. **4127.** — Weitere Besprechung in Endeavour **12** 54 (E. T. Whittaker), Nature **171** 140—141 (J. L. Synge).

* * **P. Moon, D. E. Spencer,** Binary stars and the velocity of light. Vgl. Ref. **10005.**

4153. **H. Nariai,** On a new time-scale in kinematic relativity. Publ. Astr. Soc. Japan **5** 108. — Kurze vorläufige Mitteilung über eine Erweiterung der Milneschen Definition einer kosmischen Zeitskala. Dv.

4154. **H. Nariai,** On some linear equivalence in kinematic relativity. Sci. Rep. Tôhoku Univ. (1) **37** 240—248 = Sendai Astr. Rap. **2** Nr. 18 (30). — Ref. in Math. Rev. **15** 835.

4155. **H. Nariai,** Some remarks on Jordan's projective relativity. Sci. Rep. Tôhoku Univ. (1) **37** 423—430 = Sendai Astr. Rap. **2** Nr. 24 (36).

4156. **A. Papapetrou,** Die Relativitätstheorie und ihre neuere Entwicklung. Wiss. Ann. **2** 593—609.

4157. **H. Poincaré,** Les limites de la loi de Newton. BA **17** 121—178, 181—269, mit 77 Fig. — Wiedergabe einer von H. Poincaré im Winter 1906—07 gehaltenen Vorlesung. Darlegung und Kritik aller damals (vor der Relativitätstheorie) unternommenen Versuche, die Abweichungen der Bewegungen im Sonnensystem vom Newtonschen Anziehungsgesetz zu erklären und das Wesen der Gravitationskraft zu verstehen. Böh.

4158. **J. J. Raimond jr.,** Het waarneembare deel van het heelal twee maal zo groot als we meenden. Hemel en Dampkring **51** 65—71, mit 6 Fig.

4159. **L. Roy,** Expansion de l'univers et champ cosmologique. CR **236** 763—765. — Unter der Voraussetzung einer zu jedem Zeitpunkt t und in jeder Richtung gleichmäßigen Dilatation des Universums $dr/dt = k \cdot r$ wird die Dilatationsgeschwindigkeit k eine universelle Konstante. Mit den heutigen

Kenntnissen von den Massen der Galaxien wird für verschiedene Systemabstände r das Verhältnis H/h des kosmologischen zum Newtonschen Gravitationsfeld abgeschätzt. Sofern aber neben der Dilatation auch die transversalen Geschwindigkeiten der Sternsysteme berücksichtigt werden müssen, tritt keine gleichmäßige Expansion auf und k verliert seine universelle Bedeutung. Gli.

4160. **E. Ruckhaber,** Die Ätherwirbeltheorie vielfach bewiesen. Die Folgen für die Relativitätsphysik. Berlin, Verlag R. Schikowski, 1953. 24 S. mit 2 Abb.

4161. **D. W. Sciama,** On the origin of inertia. MN **113** 34—42. — Am Beispiel der geradlinigen Bewegung und der gleichförmigen Rotation versucht Verf. eine Gravitationstheorie zu entwickeln, in der die Begriffe «Trägheit» und «Inertialsystem» nicht a priori verwandt werden, sondern die Trägheit eines Körpers dem Einfluß entfernter Massen zugeschrieben wird. Kdr.

4162. **S. Sharpless,** The scale of the universe. Leaflet ASP Nr. 290, 7 S.

4163. **H. Slouka,** New distances in the universe. RH **34** 209—212 (tschechisch).

4164. **O. Struve,** The distance scale of the universe. Sky and Telescope **12** 203—205, 238—240, mit 12 Fig. — Ref. in NAT **1954** 15—18, mit 1 Fig. unter dem Titel: Revision af universets afstands-skala. — Verf. beschreibt die Entfernungsbestimmung im Kosmos mit Hilfe der Perioden-Leuchtkraftbeziehung. Die Methode der Festsetzung des Nullpunktes dieser Beziehung durch H. Shapley wird dargestellt. Ausführlich werden die von W. Baade am 200″ Mt. Palomar-Teleskop gewonnenen Beobachtungsbefunde und die daraus resultierende Verdopplung der Entfernungen im Universum aufgezeigt. Schai.

4165. **P. Tempesti,** La verifica della deviazione della luce nel campo gravitazionale del Sole. Coelum **21** 137—145, 169—177, mit 3 Fig. — Ref. in Irish AJ **3** 58—59. — Allgemeinverständliche Darstellung der Ergebnisse über die Prüfung der Lichtablenkung am Sonnenrand. Cester

4166. **B. Thüring,** Du problemoj de lumdisvastiĝo en la mondspaco. Scienca Revuo **5** 47—51. — 1. Unter Ablehnung des üblichen Ätherbegriffes wird die Existenz eines materiellen, hochkomplexen Lichtwellenträgers (lumondujo) von logischen und empirischen Gesichtspunkten aus begründet. Eine durch die Sonnengravitation erzwungene Inhomogenität von 0.002% am Sonnenrand bei entfernungsproportionaler Abnahme derselben kann die beobachtete Lichtablenkung hervorrufen. 2. Es wird gezeigt, daß eine stets zunehmende Erhöhung der Emissionsfrequenzen der Atome, die ihrerseits durch die Existenz eines materiellen Lichtwellenträgers erzwungen wird, das Phänomen der Rotverschiebung der Spektrallinien der Galaxien erklärt. Es genügt hierzu der für Laboratoriumsverhältnisse unmeßbar kleine Energieverlust eines im Atomverband sich bewegenden Elektrons von $4/3 \times 10^{-15}\%$ pro Sekunde. Verf.

4167. **G. J. Whitrow,** A query concerning the steady-state theory of the homogeneous expanding universe. Obs **73** 205—206. — Verf. geht von der Eigenschaft der kosmologischen Modelle von Bondi, Gold und Hoyle aus, daß für jeden Beobachter ein Welthorizont existiert, durch den Materie aus dem theoretisch beobachtbaren Gebiet mit Lichtgeschwindigkeit nach außen strömt. Er leitet daraus ein Gedankenexperiment ab, das zum Widerspruch gegen die Erwartungen führt. O. G.

4168. **M. B. Wilnizkij,** Die Frage über Raum und Zeit in der klassischen Physik. Kiew, Abteilung für Gesellschaftswissenschaften Akad. Wiss. UdSSR, 1953 (russisch). — Dissertationsreferat.

4169. **F. Zagar,** Concezioni moderne sulla costituzione dell'Universo. Teramo, Cooperativa Tipografica «Ars et Labor», 1953. 28 S. mit 1 Fig. — Vortrag, gehalten am 17. Mai 1953 in Collurania-Teramo. Historische Übersicht über die verschiedenen kosmologischen Anschauungen und Darstellung der Prinzipien der heutigen Kosmologien. Auf die Prüfung kosmologischer Theorien durch die Beobachtung wird besonders eingegangen. Cester

4170. **G. Zimmermann,** Der Maßstab des Universums. Sternenwelt 5 169—173, mit 2 Fig.

4171. **F. Zwicky,** Neue Methoden der kosmologischen Forschung. Helvet. phys. Acta 26 241—254. — Ref. in Phys. Abstracts (A) 56 950, ZfMG 50 453.

4172. The scale of the universe. J RAS Canada 47 174—175.

4173. Une nouvelle preuve de la relativité. La Nature 81 133. — Notiz über die von van Biesbroeck aus Aufnahmen während der Sonnenfinsternis vom 25. 2. 1952 abgeleitete Ablenkung des Sternenlichts am Sonnenrand, die sich zu 1!70 ergab. Loh.

4174. Clustering by expansion. Sky and Telescope 12 179—180, mit 1 Fig.

§ 42

Himmelsmechanik, Störungstheorie

4201. **C. Agostinelli,** Sopra un caso del problema ristretto dei tre corpi più generale di quello di Hill. Boll. Unione Mat. Italiana (3) 8 377—384. — Die Bewegungsgleichungen eines von einem Planeten und der Sonne nach dem Newtonschen Gesetz angezogenen Mondes werden aufgestellt, wobei die Masse des Mondes und die Exzentrizität und Neigung der Sonnenbahn um den Planeten vernachlässigt sind; die Sonnenparallaxe ist berücksichtigt (im Gegensatz zu Hills parallaxenlosem Mondproblem). Einige Eigenschaften der periodischen Bahnen werden studiert. Cester

4202. **F. A. Andrade,** Orbitas no-planas de una particula en el campo de una esfera en rotación en la teoría de Birkhoff. Rev. Mexic. Fis. 1 38—43, 1952. — Ref. in Phys. Ber. 33 5.

* * **G. Armellini,** Osservazioni sul problema dei due corpi di masse variabili e sopra alcune sue applicazioni alla cosmogonia. Vgl. Ref. 5404.

4203. **G. Armellini,** Sopra le variazioni dell'eccentricità nel problema astronomico dei due corpi di masse decrescenti. Rend. Accad. Nazionale Lincei, Cl. Sci. fis., mat., nat. (8) 15 345—351 = Oss. Astr. Roma Monte Mario Contr. Sci. Nr. 200. — Durch korpuskulare Emission vergrößert sich die oskulierende Bahnexzentrizität. Cester

4204. **J. W. Batrakow,** Über die Anwendung der Schwarzschildschen periodischen Lösungen zum Lückenproblem im Ring der Kleinen Planeten. Leningrad, Staatsuniv., 1953 (russisch). — Dissertationsreferat.

4205. **E. de Caro,** Sulla variazione degli elementi orbitali nel moto relativo di due astri di masse variabili. Atti Accad. Gioenia Catania (6) 8 141—158. — Ref. in Math. Rev. 15 903, ZfMG 51 236—237.

4206. **E. de Caro,** Espressione generale della velocità areolare nel moto relativo di due corpi di masse variabili. Atti Accad. Gioenia Catania (6) 9 12—18 = Oss. Astrofis. Catania Contr. Astrofis. Nr. 75. — Ableitung eines allgemeinen Ausdrucks für die Flächengeschwindigkeit im Problem der relativen Bewegung zweier Körper mit veränderlicher Masse. Zagar

4207. **J. Chazy,** Mécanique Céleste. Equations canoniques et variation des constantes. Paris, Presses Universitaires de France, 1953. «Euclide», Introduction aux études scientifiques. Mathématiques et astronomie mathématique. 7 + 270 S. mit 17 Fig. — Besprechung in Scientia **88** 341 (G. Abetti). — Inhaltsangabe der einzelnen Kapitel: I. Kanonische Gleichungen und ihre Transformationstheorie; II. Anwendung der Variationsrechnung, allgemeine Relativitätstheorie und astronomische Konsequenzen; III. Satz von Poincaré über die Entwicklung der Lösung eines Systems von Differentialgleichungen nach Potenzen eines Parameters; IV. Integrationstheorie von Jacobi, Anwendung auf die elliptische Bewegung; V. Methode der Variation der Konstanten, gestörte Bewegung in der Ellipse; VI. Anwendung der Störungsgleichungen (störende Kraft proportional $1/r^3$, Störungskraftfelder mit Symmetrieeigenschaften, Einfluß eines widerstehenden Mittels). Böh.

4208. **G. E. Chrapowizkaja,** Über einen Fall des Einfangs im Dreikörperproblem. BIA **5** 435—444, mit 3 Abb. (russisch). — Numerischer Beitrag zur Frage der Möglichkeit von Einfangbewegungen im eingeschränkten Dreikörperproblem. Bucerius

4209. **K. N. Dodd,** Some calculations involving the restricted three body problem. MN **113** 484—492, mit 2 Fig. — Nach den Ansätzen des eingeschränkten Dreikörperproblems wurde eine Anzahl von Bahnen eines Teilchens mit zu vernachlässigender Masse im Kraftfeld von zwei gleichen endlichen Massen, die sich in Kreisbahnen umeinander bewegen, mit Hilfe der elektronischen Rechenmaschine der Universität Manchester berechnet. Die Ergebnisse wurden auf das Problem der Bewegung eines Doppelsterns durch eine interstellare Wolke angewandt. In den behandelten Fällen resultierte eine Abnahme des Drehimpulses und des Abstandes der Komponenten des Doppelsternsystems. Kdr.

4210. **G. N. Duboschin,** Über die Differentialgleichungen der Bewegung für Begleiter der Planeten. AJ UdSSR **30** 315—331 (russisch). — Verf. diskutiert die Aufstellung und Form der Differentialgleichungen der Bewegung für Begleiter irgendeines Großen Planeten des Sonnensystems, weil oft in einschlägigen Arbeiten ein und dieselben Differentialgleichungen der planetozentrischen Bewegung benutzt werden, ohne darauf hinzuweisen, unter welchen vereinfachenden Voraussetzungen diese Gleichungen aufgestellt worden sind, und mit welcher Genauigkeit die gesuchten Funktionen bestimmt werden können. Loh.

4211. **C. G. Fernández,** Campo gravitacional de Birkhoff de un punto masa en movimiento orbitrario en la teoría de Birkhoff. Rev. Mexic. Fis. **1** 11—27, 1952. — Ref. in Phys. Ber. **33** 5.

4212. **J. O. Fleckenstein,** Les cas d'exception au théorème de Laplace sur les perturbations séculaires des éléments vectoriels des orbites planétaires. Experientia **9** 252. — Ref. in Phys. Ber. **33** 1624.

4213. **J. L. Gasarjan,** Über den Chazyschen Beweis der Unmöglichkeit des Einfangs im Dreikörperproblem. Mitt. Astr. Sternberg-Inst. Nr. **92** S. 23—45, mit 2 Abb. (russisch). — Ref. in Urania Kraków **25** 249. — Während Chazy den Einfang als unmöglich bewies, weist Verf. nach, daß die Frage der Möglichkeit eines Einfangs noch offen bleibt. Loh.

4214. **J. Grémillard,** Sur certaines solutions périodiques du problème des trois corps. CR **236** 49—51. — Als Fortsetzung seiner Arbeit in CR **234** 2339 (vgl. AJB **52** Ref. **4215**) nimmt Verf. die darin eingeführte Größe p—q als ungerade ganze Zahl >1 an und beweist die Existenz periodischer Lösungen der 3. Sorte, bei der die Anfangsexzentrizitäten von der Ordnung p—q—1, die Anfangsneigung von der Ordnung 1 in Bezug auf den früher definierten Parameter ϱ sind. Böh.

4215. **J. Grémillard,** Sur la recherche des solutions périodiques de la troisième sorte. CR **236** 1952—1953. — Verf. bestätigt die Richtigkeit von Poincarés Schlußweise (Méthodes Nouvelles **1** 144—152) zur Bestimmung der Anfangsexzentrizitäten und -neigungen bei den periodischen Bahnen 3. Sorte, indem er das Verschwinden eines der zwei bei diesem Extremalproblem anzusetzenden Lagrangeschen Multiplikatoren beweist. Böh.

4216. **W. W. Heinrich,** On new particular integrals of the satellite problem of three bodies. Věstník Královské České Společnosti Nauk. Třída Matemat.-Přírodověd. Nr. **4,** 45 S. — Ref. in Math. Rev. **15** 653.

* * **S. Herrick,** Icarus and the variation of parameters. Vgl. Ref. **7506.**

4217. **N. B. Jelenewskaja,** Entwicklung der Störungsfunktion in eine Fourier-Reihe bezüglich der Neigung. Teil 2. Entwicklung der Störungsfunktion im räumlichen, kreisförmigen, eingeschränkten Dreikörperproblem in eine Fourier-Reihe bezüglich der Neigung. BIA **5** 271—302, mit 1 Abb. (russisch). — Die Arbeit ist bemerkenswert durch die Einführung einer neuen zweiparametrigen Funktion

$$J_n^*(\alpha, x) = \frac{1}{2\pi}\int_0^{2\pi} \frac{\cos ny}{(1 - x\cos y)^\alpha}\, dy,$$ die nach dem Vorbild der Theorie der

Bessel-Funktionen untersucht wird. Bucerius

4218. **N. G. Kotschina,** Beispiele der hyperbolischen und hyperbolisch-elliptischen Bewegung im eingeschränkten, hyperbolischen Dreikörperproblem. BIA **5** 445—454, mit 5 Abb. (russisch). — Numerischer Beitrag zur Frage der Möglichkeit von Einfangbewegungen im eingeschränkten Dreikörperproblem. Bucerius

4219. **A. Masotti,** Linea indicatrice della equazione del centro nei moti kepleriani. Atti IV Congr. Unione mat. ital. **2** 531—533. — Ref. in RJ Astr. Geod. UdSSR Nr. **3,** 1955; Ref. Nr. **924** (russisch).

4220. **J. Meffroy,** Sur les termes séculaires du développement des grands axes par rapport aux masses. CR **236** 778—780. — Verf. zeigt erneut, daß in den Störungen der großen Halbachse von der 3. Ordnung in Bezug auf die Massen rein säkulare Glieder auftreten und leitet dafür (Haretu und Eginitis ergänzend) die zugehörigen Ausdrücke ab. Böh.

4221. **J. Meffroy,** Sur les termes séculaires du développement des grands axes par rapport aux masses. CR **236** 2482—2484. — Als Fortsetzung vorstehender Arbeit wird bewiesen, daß die Störungen der großen Halbachse 3. Ordnung ein rein säkulares Glied enthalten, wenn die beiden Exzentrizitäten, die Neigung und das Verhältnis der beiden großen Halbachsen beliebig und hinreichend klein sind. Böh.

4222. **G. A. Merman,** Neue Kriterien der hyperbolischen und hyperbolisch-elliptischen Bewegungen im Dreikörperproblem. AJ UdSSR **30** 332—339 (russisch). — Ref. in Astr. News Letter Nr. **73** S. 10—11, Math. Rev. **15** 356.

4223. **G. A. Merman,** Über die hinreichenden Bedingungen für den Einfang im eingeschränkten, hyperbolischen Dreikörperproblem bei engen, doppelten Annäherungen. BIA **5** 325—372, mit 5 Abb. (russisch). — Es werden (schwer übersehbare) hinreichende Kriterien in Gestalt von Ungleichungen für die Anfangsbedingungen aufgestellt und eine enge Begegnung der beiden endlichen Massen als geometrische Deutung von fünf notwendigen Kriterien für den Einfang angegeben. Bucerius

4224. **G. A. Merman,** Beispiel eines Einfangs im ebenen, eingeschränkten, hyperbolischen Dreikörperproblem. BIA **5** 373—391 (russisch). — Es wird ein numerisches Beispiel zur Erläuterung der Einfangstheorie (Vgl. Ref. 4223) gerechnet. Bucerius

4225. **D. Mihailović,** Bemerkung über das Jacobische Integral im asteroidischen Dreikörperproblem für den Fall der elliptischen Bahn des störenden Körpers. Bull. Soc. Math. Phys. Serbie **3** Nr. 3—4 S. 61—65, 1951 (serbo-kroatisch mit deutscher Zusammenfassung). — Ref. in Math. Rev. **15** 904.

4226. **D. Mihailović,** Su un metodo più generale per la riduzione del problema di due corpi colle masse permutabile al problema di due corpi della meccanica celeste. Bull. Soc. Math. Phys. Serbie **5** Nr. 1—2 S. 67—76 (serbo-kroatisch mit italienischer Zusammenfassung). — Ref. in Math. Rev. **15** 653.

4227. **D. Mihailović,** Application of vector elements to the solution of the problem of two bodies with variable sum of masses. Bull. Soc. Math. Phys. Serbie **5** Nr. 3—4 S. 93—109 (serbo-kroatisch mit englischer Zusammenfassung). — Ref. in Math. Rev. **15** 904.

4228. **J. Moser,** Periodische Lösungen des restringierten Dreikörperproblems, die sich erst nach vielen Umläufen schließen. Math. Ann. **126** 325—335. — Ref. in Math. Rev. **15** 749.

4229. **J. Moser,** Über periodische Lösungen kanonischer Differentialgleichungssysteme. Nachr. Akad. Wiss. Göttingen Math.-Phys. Kl. (IIa) Jahrgang 1953 Nr. 3 S. 23—48. — Für ein kanonisches System von Differentialgleichungen mit zwei Freiheitsgraden, das ein von der Hamiltonschen Funktion unabhängiges positiv definites Integral besitzt, wird nachgewiesen, daß die Lösungen in der Umgebung einer periodischen Bahn für große Werte von t sich mittels einer Invarianten darstellen lassen. Diese Invariante wird weiterhin benutzt, periodische Lösungen für ein allgemeineres kanonisches System von zwei Freiheitsgraden nachzuweisen, dessen Hamiltonsche Funktion noch von einem kleinen Parameter abhängt; die Methode wird auf das restringierte Dreikörperproblem angewandt. Böh.

4230. **A. A. Orlow,** Fast kreisförmige periodische Bewegungen eines materiellen Punktes unter Einwirkung der Newtonschen Anziehung eines Sphäroids. Mitt. Astr. Sternberg-Inst. Nr. **88—89** S. 3—38 (russisch).

4231. **A. A. Orlow,** Über die Integration der Differentialgleichungen der gestörten Bewegung in rechtwinkligen Koordinaten nach der Methode des kleinen Parameters. Mitt. Astr. Sternberg-Inst. Nr. **88—89** S. 39—53 (russisch).

4232. **B. Popović,** Les équations nouvelles des perturbations dans le mouvement des planètes. Bull. Acad. Serbe Sci. (NS) **5**, Cl. Sci. Math. Nat. Sci. Math. **1** 123—126, 1952. — Ref. in Math. Rev. **15** 903.

4233. **W. F. Proskurin,** Über den Einfang im Beispiel von O. J. Schmidt. BIA **5** 429—434, mit 1 Abb. (russisch). — Numerischer Beitrag zur Frage der Möglichkeit von Einfangbewegungen im eingeschränkten Dreikörperproblem. Bucerius

4234. **W. W. Radsijewskij,** Der räumliche Fall des restringierten Problems dreier strahlender und gravitierender Körper. AJ UdSSR **30** 265—273, mit 1 Abb. (russisch). — Ref. in Astr. News Letter Nr. **73** S. 10,

Postępy Astr. 1 100, Urania Kraków 24 365. — Es wird die räumliche Bewegung eines Teilchens unendlich kleiner Masse im Photogravitationsfeld zweier endlicher Körper untersucht, die sich in Kreisbahnen um den Massenschwerpunkt bewegen. In diesem Fall können die Flächen der Nullgeschwindigkeit des Teilchens sieben Doppelpunkte haben. Zwei neue Librationspunkte L_6 und L_7, in der Arbeit als komplanar bezeichnet, liegen außerhalb der Bahnebene der endlichen Körper. In der Arbeit werden die Librationsachsen eingehend untersucht, die der geometrische Ort der Librationspunkte für Teilchen verschiedener Durchmesser sind, und Daten für den Durchgang der Erde durch die Librationsachsen des Systems Sonne-Jupiter-Teilchen gegeben. Verf. (übersetzt)

4235. **W. W. Radsijewskij,** Das photogravitative Zweikörperproblem bei anisotroper Strahlung. DAN **90** 351—354, mit 1 Abb. (russisch). — Verf. untersucht die Bewegung eines kugelförmigen Teilchens im Schwere- und Strahlungsfeld eines Sterns, wobei angenommen wird, daß die Intensität der Strahlung an der Oberfläche des Sterns mit dem Abstand vom Äquator wächst. Nach Einführung eines Fourier-Ansatzes für die Strahlungskraft werden die Bewegungsgleichungen für schräg zum Äquator verlaufende Bahnen aufgestellt und ihre allgemeine Lösung angegeben. Ein Beispiel wird durchgerechnet. Durch Zusammenstöße der Teilchen untereinander wird ein Teil in die Äquatorebene abgedrängt. Dadurch wird die Anisotropie verstärkt und der Einfang interstellarer Materie begünstigt. Loh.

4236. **W. W. Radsijewskij,** Die allgemeine Lösung eines Falles des Dreikörperproblems. DAN **91** 1309—1311, mit 1 Abb. (russisch). — Untersuchung der Bewegung zweier Massenpunkte in einer homogenen, sphärischen, kosmischen Wolke unter der Wirkung der gegenseitigen Anziehung der Massenpunkte und der Anziehung durch die Wolke. Wenn die Dichte der Wolke genügend klein ist, so daß die Massenpunkte keinen Widerstand erfahren, kann die Bewegung der Massenpunkte auf ein Abelsches Integral zurückgeführt werden. Loh.

4237. **J. A. Rjabow,** Über die analytische Theorie der Bewegung der Kleinen Planeten der Trojanergruppe. Moskau, Staatsuniv., 1953 (russisch). — Dissertationsreferat.

4238. **S. G. Scharaf,** Entwicklung einiger Funktionen der Koordinaten der elliptischen Bewegung in Reihen bis zur 9. Potenz der Exzentrizität. BIA **5** 303—314 (russisch). — Fortsetzung der Entwicklungen von Leverrier, Boquet, Cayley bis e^9 incl. Nach der Methode von Cauchy werden $(a/r)^2$, cos v, sin v, cos E, sin E nach Vielfachen der mittleren Anomalie entwickelt. Bucerius

* * **B. M. Schtschigolew, P. T. Resnikowskij,** Über die Anwendung der Rungeschen Methode bei der numerischen Lösung der Gleichungen der Himmelsmechanik. Vgl. Ref. 115.

4239. **P. Sconzo,** Una notevole applicazione delle espressioni di Kühnert relative alla serie f e g di Lagrange. Mem SA It (NS) **24** 381—386. — Verf. entwickelt ein Verfahren zur Bahnbestimmung aus drei Beobachtungen, wenn die Vektoren r_0 und $\dot{r}_0$ zur Nullepoche genähert bekannt sind, das dem Bahnverbesserungsverfahren in Hergets Lehrbuch S. 46 analog ist, verzichtet jedoch auf die Reihenentwicklungen für die Größen f und g, sondern verwendet dafür die endlichen Ausdrücke von Kühnert, wodurch die Beschränkung auf kurze Zwischenzeiten wegfällt; die Lösung wird in sukzessiven Näherungen auf rein algebraische Weise (unter Vermeidung der Differentiale df und dg) gefunden. Das Verfahren wird an einem Zahlenbeispiel (Planet 1950 SA) ausführlich erläutert. Böh.

4240. **K. A. Sitnikow,** On the possibility of capture in the problem of three bodies. Mat. Sbornik **32** 693—705 (russisch). — Ref. in Math. Rev. **15** 356.

4241. **W. M. Smart,** Celestial Mechanics. London-New York-Toronto, Longmans, Green & Co. Ltd., 1953. 7 + 381 S. mit 35 Fig. Preis 70 s. — Besprechung in JBAA **64** 140—141, J RAS Canada **48** 236 (G. Roy), Math. Rev. **15** 903 (R. G. Langebartel), Obs **74** 83—85 (D. H. Sadler).

4242. **A. Soudan,** Sur de nouveaux éléments canoniques du mouvement elliptique. CR **236** 1533—1535. — Nach Gedankengängen Andoyers (BA **30** 425, 1913) wird gezeigt, wie die Systeme kanonischer Veränderlicher bei der Bewegung in der Ellipse von Delaunay, Levi-Cività, Hill, de Sitter und Jekhowsky durch Spezialisierung erhalten werden können. Ein neues System wird gewonnen. Böh.

4243. **L. N. Sretenskij,** The motion of three particles on rotating orbits. Bote Univ. Moskau (Phys., Math., Naturwiss.) **8** 15—19 (russisch). — Ref. in Math. Rev. **15** 653.

4244. **R. Vernić,** Problem triju tijela. Bošković Almanah 1953 S. 145—187, mit 23 Fig.

4245. **R. Vernić,** Periodische Lösungen im Dreikörperproblem. Glasnik Mat.-Fiz. Astr (2) **8** 247—266 (mit kroatischer Zusammenfassung). — Ref. in Math. Rev. **16** 181. — Beweis des Satzes, daß die Lagrangeschen exakten Lösungen die einzigen periodischen Lösungen des allgemeinen Dreikörperproblems sind. Böh.

* * Himmelsmechanische Probleme des Raketenflugs siehe § **134**.

§ 43

Figur der Himmelskörper, Rotation, Gezeiten

4301. **C. Agostinelli,** Figure di equilibrio prossime all'ellissoide di una massa liquida omogenea attratta da più corpi lontani con la legge di Newton. Rend. Circ. Mat. Palermo (2) **1** 281—322. — Ref. in Math. Rev. **14** 1131.

4302. **L. O. Colbert,** The sun, the moon, and the tides. Annual Report Smithsonian Inst. for 1952 S. 185—200, mit 7 Fig. = Smithsonian Inst. Publ. 4113. — Beschreibung der Verschiedenartigkeit des Gezeitenphänomens in verschiedenen Häfen: New York, Pensacola, San Franzisco, Seattle, Honolulu, San Diego. Beschreibung der Gezeitenvorgänge in geschlossenen Wasserbecken. Gezeitentheorie von R. H. Harris. Gezeitenbassins im Atlantischen, Indischen und Pazifischen Ozean. Beschreibung und Karte der Flutstundenlinien im Atlantischen Ozean. Notwendigkeit und Durchführung der Gezeitenvorhersage. Gegenseitiges Verhältnis der Gezeitenwirkungen von Sonne und Mond. Go.

4303. **H. Jeffreys,** The figures of rotating planets. MN **113** 97—105. — Auf Grund der bisher nur auf die Erde angewandten Theorie der Figur eines rotierenden Planeten von Darwin und de Sitter werden gewisse, von Ramsey und Miles berechnete Modelle für Jupiter und Saturn erörtert. Kdr.

4304. **R. A. Lyttleton,** The Stability of Rotating Liquid Masses. London, Cambridge University Press, 1953. 8 + 150 S. mit 19 Abb. und 6 Tafeln. Preis 35 s. bzw. $ 6.50. — Besprechung in Math. Rev. **15** 355 (S. Chandrasekhar), Obs **73** 161—163 (H. Jeffreys), Phil. Mag. **44** 1411, Sky and Telescope **13** 21.

4305. **L. Mestel,** Rotation and stellar evolution. MN **113** 716—745. — Nach Sweet (vgl. AJB **50** Ref. **4313**) können bei schnell rotierenden Sternen die durch die Rotation bedingten Strömungen die Sternmaterie so stark durchmischen, daß ihre chemische Zusammensetzung homogen bleibt. Verf. zeigt nun, daß die Rotationsströmungen eine nichtsphärische Verteilung von μ herbeiführen, wodurch eine zweite Art von Strömungen in Gang gesetzt wird, die den Rotationsströmungen entgegen gerichtet sind und diese abstoppen können. Beim gleichförmig rotierenden Cowling-Modell wird eine Durchmischung ganz verhindert, bei anderen Modellen und Rotationsverhältnissen die Tendenz zur Durchmischung im allgemeinen mindestens stark herabgesetzt. Die kosmogonische Bedeutung dieser Ergebnisse wird besprochen. Kdr.

4306. **C. Mineo,** Sul modo di risolvere una indeterminazione nel problema di Clairaut generalizzato delle configurazioni degli astri fluidi rotanti in equilibrio relativo. Rend. Accad. Nazionale Lincei, Cl. Sci. fis., mat., nat. (8) **14** 724—727. — Verf. bestimmt nach seiner eigenen Methode die Koeffizienten der Gleichung von Ljapunow über die Schichtung in Gleichgewichtsfiguren flüssiger rotierender Sterne. Dabei wird die Poissonsche Gleichung angewandt und angenommen, daß die Dichte dieser Gleichung genügt. Es wird darauf hingewiesen, daß Unbestimmtheiten bei der Approximation von einigen Autoren in verschiedener Weise eliminiert worden sind. Cester

4307. **R. C. H. Russell, D. H. Macmillan,** Waves and Tides. New York, Philosophical Library, 1953. 348 S. Preis $ 6.00. — Besprechung in Sky and Telescope **12** 188, 321 (J. Ashbrook).

4308. **K. Suda,** On the rotation problem of completely degenerate stellar configurations. Sci. Reports Tôhoku Univ. (1) **37** 307—319, mit 1 Fig. = Sendai Astr. Rap. **2** Nr. 20 (32). — Die Grundgleichungen für den Aufbau von Sternen, die aus vollständig entarteter Materie bestehen und langsam mit gleichförmiger Winkelgeschwindigkeit rotieren, werden numerisch integriert und die Resultate tabuliert. Kdr.

4309. **P. A. Sweet, A. E. Roy,** The structure of rotating stars. I. MN **113** 701—715, mit 3 Fig. — Verf. entwickeln eine sukzessive Störungstheorie zur Lösung der den Aufbau gleichförmig rotierender Sterne bestimmenden Gleichungen, wenn das Energieerzeugungsgesetz vorgegeben ist. Für das rotierende Cowling-Modell mit dem Ansatz $\varepsilon \sim \varrho \cdot T^{17}$ für die Energieerzeugung wird die Lösung erster Ordnung numerisch integriert. Verglichen mit dem entsprechenden nichtrotierenden Stern sind L und T_c kleiner, ϱ_c größer, während M_{bol}, g_s und T_e breitenabhängig sind. Im Masse-Leuchtkraft- und Farben-Helligkeitsdiagramm kann die Rotation für einen Stern eine Verschiebung bis zu 0.5 Größenklassen bewirken. Kdr.

4310. **E. W. Woolard,** Theory of the rotation of the Earth around its center of mass. Washington, Astr. Papers prepared for the use of the American Ephemeris and Nautical Almanac **15** 1—165, mit 6 Fig. — Ref. in Sky and Telescope **14** 155—156. — Neuentwicklung der dynamischen Theorie der Erdrotation. Anlaß: Ableitung neuer Nutationsausdrücke zur Erlangung der notwendigen Genauigkeitssteigerung bei der Berechnung scheinbarer Sternörter. Aufstellung und Lösung der Bewegungsgleichungen. Theoretische und numerische Bestimmung der Ausdrücke für Präzession und Nutation. Go.

§ 44

Sternsysteme

4401. **S. v. Hoerner,** Beitrag zur Turbulenztheorie der Spiralnebel. ZfA **32** 51—58, mit 6 Abb. — Ref. in Mitt. AG **1952** 13—14. — Aus der Theorie v. Weizsäckers lassen sich auf zwei getrennten Wegen Aussagen gewinnen über die radiale Verteilung der Flächendichte in Spiralnebeln. Einerseits aus der Vorgeschichte und zeitlichen Entwicklung der Nebel, andererseits aus der Theorie der Armentstehung und der empirischen Armform, erhalten wir übereinstimmend innen eine steile Spitze der Flächendichte und einen gleichmäßigen flachen Abfall nach außen. Das gleiche Bild zeigen Messungen der Flächenhelligkeit an mehreren Nebeln. Verf.

4402. **S. Kikuchi,** Stellar dynamical meanings of Schürer's transformation. Sci. Reports Tôhoku Univ. (1) **37** 302—306 = Sendai Astr. Rap. **2** Nr. 19 (31). — Eine von Schürer in seinen Untersuchungen zur Dynamik der Sternsysteme (AJB **45** Ref. **9060**) eingeführte raum-zeitliche Koordinatentransformation wird hinsichtlich ihrer dynamischen Bedeutung kommentiert. Kdr.

4403. **G. G. Kusmin,** Das dritte Integral der Sternbewegung und die Dynamik der stationären Galaxis. Publ. Astr. Obs. Tartu **32** 332—368 (russisch). — Die Arbeit lehnt sich an Lindblads Theorie über das dritte Integral (das Energie-Integral der Z-Koordinate) an, das allerdings nur bei kreisbahnnahen Bewegungen mit genügender Genauigkeit ein Bewegungsintegral ist. Es kann insbesondere nicht zur Erklärung der Dreiachsigkeit der Geschwindigkeitsverteilung der Objekte des sphärischen Untersystems benutzt werden. Deshalb begründet Verf. nach einer Erörterung der Prinzipien der Dynamik einer stationären Galaxis und der Bewegungsintegrale eine allgemeinere Theorie dieses dritten Integrals. Vieles ist nach Meinung des Verf. selbst nicht neu in dieser Arbeit, deren Wert hauptsächlich in einer systematischen Darstellung und einer Beseitigung gewisser bestehender Unklarheiten zu sehen ist. Loh.

4404. **D. N. Limber,** The analysis of counts of the extragalactic nebulae in terms of a fluctuating density field. ApJ **117** 134—144. — Übertragung der Theorie von Chandrasekhar und Münch für Helligkeitsschwankungen in der Milchstraße (ApJ **115** 103, AJB **52** Ref. **4403**) auf außergalaktische Nebel, deren räumliche Verteilung als fluktuierendes Dichtefeld aufgefaßt wird. Es werden vier Spezialfälle behandelt: konstante absolute Nebelhelligkeit bei für eine bestimmte galaktische Breite konstanter und fluktuierender interstellarer Absorption und Gauß-Verteilung der absoluten Nebelhelligkeiten, ebenfalls bei konstanter und fluktuierender Absorption. Kdr.

4405. **D. N. Limber,** Fluctuations in brightness of the Milky Way. ApJ **117** 145—168, mit 8 Fig. — Die Untersuchungen von Chandrasekhar und Münch (ApJ **115** 103, vgl. AJB **52** Ref. **4403**) werden für Systeme endlicher Ausdehnung fortgesetzt. Die Analyse der Photometrie der südlichen Milchstraße von Pannekoek und Koelbloed wird ausführlich wiederholt, besonders hinsichtlich der Breitenabhängigkeit der Helligkeitsschwankungen. Befriedigende Übereinstimmung zwischen Theorie und Beobachtung ergibt sich für eine effektive Dicke der galaktischen Absorptionsschicht von $0\overset{m}{.}40$ mit Dichtefluktuationen, deren Skala und Schwankung $^1/_{100}$ der Schichtdicke bzw. das Fünffache der mittleren Dichte betragen. Kdr.

4406. **B. Lindblad, R. G. Langebartel,** On the dynamics of stellar systems. Stockholms Obs. Ann. **17** Nr. 6, 61 S. mit 14 Fig. und 2 Tafeln. — In Erweiterung früherer Arbeiten wird die wellenförmige Ausbreitung einer Störung in einem rotierenden abgeplatteten Sternsystem untersucht. Es werden Wellen vom Typ $f(r)e^{i(\sigma t + s\theta)}$ betrachtet, wobei Θ den Azimutwinkel in der Symmetrieebene des Systems bezeichnet. Die Dichtevariation $\delta\varrho$ wird aus der Geschwindigkeitsstreuung $\delta\alpha^2$ gewonnen gemäß $\delta\varrho/\varrho = \delta\alpha^2/\alpha^2$. Das Sternsystem wird als eine Superposition homogener Sphäroide mit abnehmender Dicke bei zunehmender Dichte aufgefaßt. Die Instabilitätsbedingungen werden für verschiedene Werte der Abplattung hergeleitet. Instabile Wellen werden für die Entwicklung der Spiralstruktur in Sternsystemen verantwortlich gemacht. Fricke

4407. **J. Neyman, E. L. Scott, C. D. Shane,** On the spatial distribution of galaxies: A specific model. ApJ **117** 92—133, mit 13 Fig. = Contr. Lick Obs. (2) Nr. **45**. — Die theoretischen Entwicklungen einer früheren Arbeit (vgl. AJB **52** Ref. **4411**) werden nach Erweiterung durch vier zusätzliche Postulate und Spezialisierung einiger Formeln auf Nebelzählungen angewandt, die am Lick-Observatorium durchgeführt wurden. Die statistische Analyse dieses Materials läßt die fundamentalen Annahmen der ersten Arbeit über die Verteilung der Nebel im Raum berechtigt erscheinen. Es ergeben sich: die mittlere Anzahl von Haufenzentren pro pc^3 zwischen 0.12 und 34×10^{-18}, der mittlere Durchmesser eines Nebelhaufens zu 10^6 pc und eine obere Grenze der mittleren Anzahl von Nebeln pro Haufen von etwa 290. Für die Streuung der absoluten Nebelhelligkeiten ist als wahrscheinlichster Wert $1^m\!.25$ anzunehmen. Kdr.

4408. **J. Neyman, E. L. Scott,** Frequency of separation and of interlocking of clusters of galaxies. Proc. National Acad. Sci. USA **39** 737—743. — Diese Arbeit bildet eine Fortsetzung der Untersuchungen der Verf. in ApJ **116 144** (AJB **52** Ref. **4411**) und ApJ **117** 92 (Ref. **4407**). In diesen wurde eine Wahrscheinlichkeitstheorie über die räumliche Verteilung von Galaxien entwickelt. Die hier vorliegende Arbeit gibt die Erklärung der den obigen Arbeiten zu Grunde liegenden mathematischen Voraussetzungen und eine Darstellung der Begriffe aus der Wahrscheinlichkeitsrechnung. Schai.

4409. **V. Nobile,** Sulla opportunità di direttive generali nella ricerca di leggi di coordinamento fra i moti stellari. III. Rend. Accad. Nazionale Lincei, Cl. Sci. fis., mat., nat. (8) **14** 169—174. — Verf. zeigt, wie das in zwei früheren Arbeiten entwickelte Verfahren zur Verteilung der Sterne in Sonnenumgebung auch auf die übrigen Räume der Galaxis anwendbar ist. Cester

4410. **J. J. de Orús,** Contribution to Chandrasekhar's theory of the dynamics of stellar systems. Collectanea Math. **5** 121—149, mit 1 Tafel, 1952 (spanisch mit englischer Zusammenfassung). — Ref. in Math. Rev. **15** 924.

§ 45

Bahnbestimmung

4501. **L. Batson,** A simplification in orbit computation. AJ **58** 169—170. — Verf. führt in die Grundgleichungen der Methode von Stumpff die Bewegungsgleichungen der Erde ein und erhält schließlich (ohne Determinanten höherer als 2. Ordnung zu benutzen) außer einer Beziehung für $\mathbf{x}'$ ein Gleichungssystem der Form $\varrho/R = A\ [1 - (r/R)^{-3}]$, $(r/R)^2 = (\varrho/R)^2 + B\ \varrho/R + 1$, zu dessen Auflösung eine Tafel für ϱ/R als Funktion von A und B gegeben ist. Böh.

4502. **H. Bucerius,** Bahnbestimmung als Randwertproblem. IV. AN **281** 97—106, mit 1 Abb. = Veröff. Sternw. München **4** Nr. 11. — Es wird theoretisch und rechnerisch gezeigt, daß die um die Gaußsche Gleichung verkürzte allgemeine Bahnbestimmungsmethode nur in den Charlierschen Räumen D und C_2 sowie in einem sichelförmigen Teilbereich von A_2 und B konvergiert, sonst divergiert. Die Konvergenztheorie der ungekürzten Gaußschen Methode fügt zu den üblichen Konvergenzbeschränkungen noch diejenigen durch die singuläre Fläche hinzu. Verf.

4503. **W. P. Hirst,** Notes on orbit computing. MN ASSA **12** 13—17, 36—48, mit 2 Fig. — Fortsetzung und Schluß der Arbeiten in MN ASSA **11** 17, 25, 56, 99 (vgl. AJB **52** Ref. **4502**). Enthält Bestimmung des Verhältnisses Sektor: Dreieck und Ableitung der Elemente sowie die ganz ausführlich dargestellte Anwendung der Methode von Veithen-Merton auf den Planeten 1952 OH. Böh.

4504. **I. I. Iljinskij,** Varianten allereinfachster Art zur Bahnbestimmung aus drei Beobachtungen. AJ UdSSR **30** 636—652, mit 3 Abb. (russisch). — Ref. in Astr. News Letter Nr. **73** S. 18—19. — In Fortführung einer früheren Arbeit wird ein Verfahren entwickelt, das statt α und δ die geozentrischen Längen und Breiten und als Unbekannte die Verhältnisse der Dreiecksflächen an Stelle der geozentrischen Distanzen verwendet. Die X-Achse liegt in Richtung der geozentrischen Länge des Objekts zur Zeit der mittleren Beobachtung. Der differentielle Aufbau des Formelsystems vereinfacht die teils graphisch, teils maschinell oder logarithmisch durchzuführenden Rechnungen sehr, setzt aber auch voraus, daß die heliozentrischen Bewegungen zwischen den Beobachtungen nur klein sind. Petri

4505. **B. de Jekhowsky,** Nouvelle méthode pour la détermination des orbites paraboliques. CR **237** 970—972. — Zur Bestimmung einer Parabel aus drei Beobachtungen benutzt Verf. als Ausgangsdaten die Koordinaten des 1. und 2. Orts und die zeitlichen Ableitungen der Koordinaten des mittleren Orts. Ausgehend von den Grundgleichungen Andoyers (Cours de Mécanique Céleste I) erhält er schließlich zur Bestimmung von Δ_2 und r_2 ein System der Form $G\Delta_2^2 + H\Delta_2 + K = 2/r_2$, $\Delta_2^2 + 2S\Delta_2 + R_2^2 = r_2^2$, das im Näherungsverfahren, beginnend mit einer Annahme für r_2, in den Gleichungen $f_1 = 1 - \tau_1^2/2r_2^3$, $g_1 = \tau_1 - \tau_1^3/6r_2^3$ aufzulösen ist. Böh.

4506. **P. P. Lawrinenko,** Bestimmung der Bahnelemente in einem Fall der gestörten zentralen Bewegung. Mitt. Polytechn. Inst. Kiew **12** 35—42 (russisch). — Ref. in RJ Astr. Geod. UdSSR Nr. 1, 1955; Ref. Nr. 91 (russisch).

* * **K. Schütte,** Die Bahnbestimmung aus dem Vektor der Bahngeschwindigkeit und der Einfluß einer Änderung desselben auf die Bahnelemente. Vgl. Ref. **13421**.

* * Bahnbestimmung von visuellen Doppelsternen siehe § **101**.

Sechster Teil

Theoretische Astrophysik

§ 50

Allgemeines

5001. **D. Barbier,** La notion de température en astrophysique. Ciel et Terre **69** 1—11 = Contr. Inst. d'Astrophys. Paris (A) Nr. **140**. — Nach einer Einführung über den Begriff der Temperatur und die Strahlungsgesetze wird das Temperaturproblem in der Astrophysik beschrieben. Die Abfassung ist in populärem Ton gehalten. Die einzelnen Kapitel des Artikels sind: Das Innere der Sterne, die Photosphäre, die Oberfläche der Sterne, die Sonnenkorona, ausgedehnte Atmosphären, Nebel, interstellare Materie, Kometen, Planeten und Satelliten. Labs

5002. **S. Chandrasekhar, E. Fermi,** Problems of gravitational stability in the presence of a magnetic field. ApJ **118** 116—141, mit 2 Fig. — Bei den ersten der behandelten Probleme handelt es sich um den Virialsatz, der allgemein unter Einschluß magnetischer Glieder abgeleitet wird. Aus ihm folgt, daß durch ein Magnetfeld die dynamische Stabilität einer Konfiguration herabgesetzt wird. Dann wird die Stabilität eines unendlich langen Zylinders in einem achsenparallelen Magnetfeld gegen radiale und transversale Schwingungen behandelt. Im ersten Fall ist der Zylinder durchweg stabil, im zweiten Fall nur für Schwingungen, deren Wellenlänge unterhalb eines kritischen, von der magnetischen Feldstärke abhängigen Grenzwerts liegt. Weiter wird gezeigt, daß eine Flüssigkeitskugel mit gleichförmigem Magnetfeld im Innenraum und einem Dipolfeld im Außenraum sich nicht im Gleichgewicht befinden kann, sondern sich durch Kontraktion in der Feldrichtung abplatten wird. Als letztes Problem wird die Gravitationsstabilität in einem unendlich ausgedehnten homogenen Medium diskutiert. Hier wird nachgewiesen, daß die Jeanssche Bedingung durch ein Magnetfeld nicht verändert wird. Kdr.

5003. **S. Chandrasekhar,** Problems of stability in hydrodynamics and hydromagnetics. MN **113** 667—678, mit 4 Fig. — Verf. referiert über neuere Arbeiten, in denen er und seine Mitarbeiter mehrere ältere hydrodynamische Stabilitätsprobleme unter Berücksichtigung des Einflusses eines Magnetfeldes neu diskutierten. Kdr.

5004. **K. N. Dodd,** A case of gaseous accretion. Proc. Cambridge Phil. Soc. **49** 486—492. — Ref. in Phys. Abstracts (A) **56** 1052, ZfMG **50** 453.

5005. **J. W. Dungey,** Conditions for the occurence of electrical discharges in astrophysical systems. Phil. Mag. (7) **44** 725—738. — Ref. in Phys. Abstracts (A) **56** 951, ZfMG **50** 453.

5006. **R. Lüst,** Magneto-hydrodynamische Stoßwellen auf Sternen und im interstellaren Raum. Mitt. AG **1952** 12—13. — Ref. AG.

5007. **R. Lüst,** Magneto-hydrodynamische Stoßwellen in einem Plasma unendlicher Leitfähigkeit. Z. Naturforschung **8a** 277—284. — Es werden analog zu den normalen ebenen hydrodynamischen Stoßwellen die Grundgleichungen für die magneto-hydrodynamischen ebenen Stoßwellen in einem Plasma mit unendlicher Leitfähigkeit angegeben. Die Analogie zwischen den bekannten und den neugewonnenen Erhaltungssätzen der Magneto-Hydrodynamik wird diskutiert. Schließlich werden magneto-hydrodynamische Stoßwellen parallel, senkrecht und schief zum Magnetfeld näher untersucht; außerdem wird jeweils der Grenzübergang zu unendlich schwachen Stößen betrachtet. Verf.

5008. **P. W. Merrill,** Side lights on cosmic chemistry. Proc. Amer. Phil. Soc. **97** 356—358. — Ref. in Phys. Abstracts (A) **57** 126.

5009. **M. Minnaert,** Toepassingen van de theorie der turbulentie in verschillende gebieden der astrophysica. Ned. T. Natuurk. **19** 75—76 = Sterrekundig Colloquium van de Nederlandse Astronomen-Club Nr. **12.**

5010. **E. N. Parker,** On the instability of gaseous media. AJ **58** 46. — Ref. AAS.

5011. **R. Seeliger,** Die Theorien des Plasmazustandes der Materie. Wiss. Ann. **2** 21—27.

§ 51

Sternatmosphäre, Spektrum

5101. **L. H. Aller,** Astrophysics — The Atmospheres of the Sun and Stars. New York, The Ronald Press Comp., 1953. 9 + 412 S. mit 115 Fig. Preis $12.00. — Besprechung in Ann d'Astrophys **16** 415 (D. Chalonge), J RAS Canada **47** 247—248, PAT **34** 151—152, Publ ASP **65** 166—168 (H. C. Arp), Sky and Telescope **12** 242, 295 (P. C. Keenan).

5102. **D. Barbier,** Les atmosphères stellaires. Vgl. AJB **52** Ref. **5103.** — Weitere Besprechung in Scientia **88** 258—259 (G. Abetti).

5103. **P. L. Bhatnagar, M. Krook, R. N. Thomas,** Kinetic temperature, electron temperature and turbulence in stellar atmospheres. AJ **58** 35. — Ref. AAS.

5104. **P. B. Bouvier,** Les équations intégrales de Milne pour une atmosphère parfaitement diffusante. Archives Sci. **6** 262—268 = Publ. Obs. Genève (A) **5** Nr. **14** (48). — Die Milneschen Integralgleichungen der Atmosphärentheorie werden für den Fall erörtert, daß die Diffusion der Strahlung nicht isotrop ist, sondern gemäß einer Phasenfunktion $p(\cos\theta)$ variiert. Auch wird die Polarisation der Strahlung berücksichtigt. Kdr.

5105. **G. R. Burbidge, E. M. Burbidge,** The outer atmospheres of some Be stars. ApJ **117** 407—430, mit 13 Fig. = Contr. McDonald Obs. Nr. **220.** — Verf. diskutiert die Struktur besonders der H-Linien in den Spektren von sechs Be-Sternen, die als «pole on»-Sterne angesehen werden dürfen, und sucht daraus Schlüsse über den Aufbau der äußersten Atmosphärenschichten zu ziehen. An den Profilen der Absorptionskomponenten werden charakteristische Unterschiede gegen normale B-Sterne derselben Leuchtkraftklasse festgestellt, die auf den Einfluß der Elektronenstreuung in den äußersten Schichten in Verbindung mit Verzerrung der Profile infolge Rotation zurückgeführt werden. Auf Grund der gemessenen Äquivalentbreiten der Emissionskomponenten wird für 11 Cam ein Modell aufgestellt, das wahrscheinlich auch bei den anderen behandelten Sternen anwendbar ist. Danach ist über die Photosphäre eine streuende Hülle gelagert, deren Dicke in den Polgegenden relativ gering ist, in der Äquatorzone aber mehrere Sternradien betragen kann. Kdr.

5106. **I. W. Busbridge,** Coherent and non-coherent scattering in the theory of line formation. MN **113** 52—66 = Commun. Univ. Obs. Oxford Nr. **37**. — Für die exakte Lösung Chandrasekhars zum Problem der Linienbildung im Milne-Eddington-Modell wird unter der Voraussetzung kohärenter Streuung und einer linearen Näherung für die Planck-Funktion eine neue Ableitung gegeben. Ferner wird für vollständige Nichtkohärenz, wenn Planck-Funktion und kontinuierliche Absorption von Frequenz und optischer Tiefe unabhängig sind, eine exakte Lösung abgeleitet und damit ein Ergebnis von Sobolew (AJ UdSSR **26** 129, AJB **49** Ref. **5133**) bestätigt. Kdr.

5107. **R. Canavaggia, J. C. Pecker,** Les géantes jaunes. II. Spectres continus. Ann d'Astrophys **16** 47—59, mit 7 Fig. = Contr. Inst. d'Astrophys. Paris (B) Nr. **96**. — Für die 25 in Teil I (vgl. AJB **52** Ref. **5108**) behandelten Atmosphärenmodelle gelber Riesen werden der monochromatische Strahlungsfluß für 17 Wellenlängen, die Strahlungs- und Farbtemperatur und der Balmer-Sprung berechnet und tabuliert. Kdr.

5108. **W. C. DeMarcus,** Model atmospheres of hydrogen planets. AJ 58 36—37, mit 1 Fig. — Ref. AAS.

5109. **J. Dufay,** Les spectres des gaz imaginaires. Naissance et mort des gaz imaginaires. BSAF **67** 145—149, 193—196, mit 3 Fig. — Allgemeinverständliche Beschreibung der Vorgänge und Gesetze, die zur Ausstrahlung der verbotenen Linien in Sonnenkorona, Gasnebeln und oberer Erdatmosphäre führen: Entdeckung der verbotenen Linien; Benennung der zugehörigen auf der Erde unbekannten Elemente als Nebulium, Coronium, Geocoronium; Auffindung des periodischen Systems und Fall der Hypothese, daß diese Linien von erdfremden Elementen emittiert werden; Spektren ionisierter Atome; erlaubte und verbotene Übergänge; Dipol-, Quadrupol- und magnetische Dipolstrahlung; Übergangswahrscheinlichkeiten und Lebensdauer metastabiler Zustände; Emissionsbedingungen für verbotene Linien in Nebeln, Sonnenkorona und oberer Erdatmosphäre. Labs

5110. **J. Dufay,** Les raies interdites de la haute atmosphère, des nébuleuses et de la couronne solaire. BSAF **67** 169—174, mit 2 Fig. — Mehr ins einzelne gehende Ergänzung zu vorstehender Arbeit. Experimentelle Erzeugung der verbotenen OI-Linie 5577.2; Geschichte der Entdeckung der metastabilen OI-Terme; verbotene Übergänge, die in Gasnebeln beobachtet werden und deren Einordnung in die Termschemen der Atome; Identifizierung der Koronalinien durch Grotrian und Edlén als Übergänge hochionisierter Atome; Ionisationstemperatur der Korona; verbotene Absorptionslinien im Sonnenspektrum. Labs

5111. **J. W. Dungey,** A family of solutions of the magneto-hydrostatic problem in a conducting atmosphere in a gravitational field. MN **113** 180—187, mit 2 Fig. — Für die hydrostatische Gleichgewichtsbedingung wird eine Schar partikulärer Lösungen abgeleitet für den zweidimensionalen Fall eines homogenen isothermen Gases in einem konstanten Gravitationsfeld bei Anwesenheit eines Magnetfeldes. Der Verlauf der magnetischen Feldlinien wird qualitativ erläutert und an Hand der Ergebnisse das Problem der ruhenden Protuberanzen diskutiert. Kdr.

5112. **G. A. Gursadjan,** Über die Stabilität der Form abgestoßener Gashüllen von Sternen. Nachr. Akad. Wiss. Armen. Sowjetrepublik (phys.-math., naturwiss., techn.) **6** Nr. 2 S. 19—42 (russisch). — Ref. in RJ Astr. Geod. UdSSR Nr. **4**, 1955; Ref. Nr. 1474 (russisch).

5113. **G. A. Gursadjan,** Über die Hydrodynamik abgestoßener Gashüllen von Sternen. Nachr. Akad. Wiss. Armen. Sowjetrepublik (phys.-math., naturwiss., techn.) **6** Nr. 3 S. 53—63 (russisch mit armenischer Zusammenfassung). — Ref. in RJ Astr. Geod. UdSSR Nr. **4**, 1955; Ref. Nr. 1475 (russisch).

5114. **Z. Hitotuyanagi,** On the intensity formula of absorption lines. Publ. Astr. Soc. Japan **5** 96—101 = Sendai Astr. Rap. **2** Nr. 23 (35). — Tubergs Formel zur Berechnung der Kontur von Absorptionslinien wird auf beliebige Austrittswinkel der Strahlung ausgedehnt. Oster

5115. **S.-S. Huang,** The variational method for problems of radiative transfer. I. Isotropic scattering with a constant net flux. ApJ **117** 211—214 = Berkeley Repr. Nr. **34**. — Vgl. Ref. **5117**.

5116. **S.-S. Huang,** The variational method for problems of radiative transfer. II. The formation of absorption lines in the Milne-Eddington model. ApJ **117** 215—220 = Berkeley Repr. Nr. **34**. —Vgl. Ref. 5117.

5117. **S.-S. Huang,** The variational method for problems of radiative transfer. III. Reflection effect. ApJ **117** 221—224 = Berkeley Repr. Nr. **34**. — Die Variationsmethode zur Lösung der Integralgleichung des Strahlungstransports, die von Marshak für die analoge Integralgleichung der Neutronendiffusion entwickelt wurde, wird so vereinfacht, daß sie die Ableitung von Näherungslösungen für zahlreiche Probleme auf schnellem Wege erlaubt. Zur Erläuterung werden drei Spezialfälle genauer behandelt. Die Ergebnisse stimmen, soweit Vergleichsmöglichkeiten bestehen, mit der exakten Lösung und den Ergebnissen anderer Methoden gut überein. Kdr.

* * **S.-S. Huang, O. Struve,** A study of line profiles: the spectrum of Rho Leonis. Vgl. Ref. **9528**.

5118. **M. Kanno,** On the radiation field of Be-atmospheres with spherical symmetry. Publ. Astr. Soc. Japan **5** 14—27, mit 2 Fig. = Contr. Inst. Astrophys. Kyoto Univ. Nr. **32**. — Verf. berechnet das Strahlungsfeld der H-Atmosphären von Be-Sternen unter Zugrundelegung sphärischer Symmetrie und einer Effektivtemperatur von 19600°. Dabei wird angenommen, daß die Ionisation in der Hauptsache von den angeregten Zuständen her erfolgt. Es zeigt sich, daß der Strahlungsdruck allein die Dimensionen der Atmosphäre nicht zu erklären vermag. Oster

5119. **D. Koelbloed,** Turbulentie in de atmospheren der sterren. Ned. T. Natuurk. **19** 68—74, mit 1 Fig. = Sterrekundig Colloquium van de Nederlandse Astronomen-Club Nr. **12**.

5120. **T. Kogure,** On the radiation field of the Wolf-Rayet star. Publ. Astr. Soc. Japan **5** 1—13, mit 2 Fig. = Contr. Inst. Astrophys. Kyoto Univ. Nr. **31**.— Es wird das Strahlungsfeld für Wolf Rayet Sterne mit fünf Temperaturwerten zwischen 26000° und 80000° und der Annahme einer reinen He- bzw. einer reinen C-Hülle berechnet. Das Ergebnis zeigt größere Ähnlichkeit mit dem Feld der H-Hüllen von Be-Sternen als mit dem planetarischer Nebel. Insbesondere ergeben sich für die Dicke der Hülle Werte bis zu 10 Sonnenradien. Oster

5121. **V. Kourganoff, I. W. Busbridge,** Basic Methods in Transfer Problems. Radiative Equilibrium and Neutron Diffusion. Vgl. AJB **52** Ref. 5120. — Weitere Besprechung in AJ UdSSR **32** 95—96 (W. W. Sobolew), Ann d'Astrophys **16** 61—62 (M. Minnaert), Nature **172** 924—925 (W. H. McCrea).

5122. **A. Masani,** Contributo allo studio delle atmosfere stellari. I. Il gradiente adiabatico. Mem SA It (NS) **24** 15—30 = Contr. Oss. Astr. Milano-Merate (NS) Nr. **40**. — Ref. in Phys. Abstracts (A) **56** 953. — Verf. berechnet den adiabatischen Gradienten für Sterne, die aus H und He oder aus H allein bestehen. Oster

* * **R. Michard,** Contribution à l'étude physique de la photosphère et des taches solaires. Vgl. Ref. **6343**.

5123. **J. E. Milligan, L. H. Aller,** The calculation of model atmospheres for hot main-sequence stars. AJ 58 45. — Ref. AAS.

5124. **S. Miyamoto,** A relationship between the emission line contours and the stability of the atmospheres of the P Cygni stars. Publ. Astr. Soc. Japan **4** 157—162, mit 1 Fig. = Contr. Inst. Astrophys. Kyoto Univ. Nr. **30**. — Die Stabilität der Atmosphären der P Cygni-Sterne gegenüber dem Strahlungsdruck wird untersucht. Die Auswärtsströmung in den Typen I und II (Beals Klassifikation) kann durch den Strahlungsdruck verursacht sein. Die stationären Hüllen bzw. Auswärtsströmungen der Atmosphären des Typs III müssen anderen Ursachen zugeschrieben werden. Priester

5125. **S. Miyamoto,** On the interpretation of shell spectra. Publ. Astr. Soc. Japan **5** 28—37, mit 1 Fig. = Contr. Inst. Astrophys. Kyoto Univ. Nr. **33**. — Der allgemeine Charakter des Strahlungsfeldes in den Hüllen der Sterne frühen Spektraltyps wird erörtert. Die Theorie wird auf das Hüllenspektrum von Pleione und auf die Ti II Anomalie im Spektrum der Nova Herculis **1934** angewendet. Priester

5126. **S. Miyamoto,** The atmospheres of the P Cygni stars. Publ. Astr. Soc. Japan **5** 55—73, mit 2 Fig. = Contr. Inst. Astrophys. Kyoto Univ. Nr. **35**. — Theoretische Modelle für Auswärts-Strömungen in den Atmosphären der P Cygni-Sterne als Wirkung des Strahlungsdruckes werden untersucht. Bei B Supergiganten kann die Strömung durch den Strahlungsdruck des Lyman Kontinuums und der Elektronen-Streuung zustande kommen. Atmosphären mit verzögerter Auswärtsbewegung sind nur möglich, wenn das Gas an der Oberfläche der Photosphäre einen großen Impuls erhält. Es wird vorgeschlagen, zwischen diesen beiden Gruppen der P Cygni-Sterne zu unterscheiden. Priester

5127. **E. N. Parker,** Instability of thermal fields. ApJ **117** 431—436. — Die allgemeinen Bedingungen für die Stabilität einer Gleichgewichtsverteilung der kinetischen Temperatur in einem gasförmigen Medium werden aufgestellt. Spezialisierung für den Fall einer stark ionisierten reinen Wasserstoffatmosphäre ergibt, daß in einer solchen das Temperaturfeld durch die frei-freien Emissionsprozesse stabilisiert wird, während die frei-gebundenen Prozesse immer, die gebunden-gebundenen Prozesse im allgemeinen instabilisierend wirken. Die Aktivität die Sonne wird mit einer in mehrfacher Hinsicht bestehenden thermischen Instabilität der Sonnenatmosphäre in Verbindung gebracht. Kdr.

5128. **C. Pecker,** Raccord zone radiative-zone adiabatique: cas d'une atmosphère composée d'hydrogène et d'hélium. CR **236** 585—587, mit 1 Fig. — Nach der für eine reine H-Atmosphäre entwickelten Methode, eine Strahlungsgleichgewichtszone an eine adiabatische Zone anzupassen (vgl. AJB **51** Ref. **5114**, **5115** und **5116**), wird jetzt der Fall einer H-He-Atmosphäre (85% H, 15% He) behandelt. Es werden fünf Lösungen des Problems gefunden, von denen jedoch eine ausscheidet, da die ihr entsprechende Grenze zwischen beiden Zonen sehr tief liegt. Kdr.

5129. **C. Pecker,** Contribution à l'étude de la zone convective des étoiles. Ann d'Astrophys **16** 321—413, mit 18 Fig. = Contr. Inst. d'Astrophys. Paris (B) Nr. **104**. — Einleitend wird für eine reine H-Atmosphäre und eine nach Atomzahlen aus 85% H und 15% He bestehende Atmosphäre die Entropie, der Druck und der adiabatische Gradient als Funktion von P_e und T neu berechnet. Sodann wird die Anpassung einer äußeren Strahlungsgleichgewichtszone an eine konvektive Zone im adiabatischen Gleichgewicht eingehend erörtert. Notwendige Bedingung hierfür ist außer Stetigkeit von Temperatur und Temperaturgradient auch Stetigkeit von $d^2 B/d\tau^2$ an der Grenze von Strahlungsgleichgewicht und konvektivem Gleichgewicht. Unter Verwendung der Näherungslösung 2. Ordnung von Chandrasekhar für die Transportgleichung läßt sich das Problem auf die Lösung von sieben Gleichungen mit sieben Unbekannten reduzieren. Genauere Diskussion der Lösungen zeigt, daß bei einer reinen H-Atmosphäre die möglichen Modelle im (log g, log T_e)-Diagramm auf einer Geraden liegen, die bei den A-Sternen fast senkrecht zur Hauptreihe verläuft. Strenge Lösungen für sonnenähnliche Sterne existieren nicht, hier liegt das Gleichgewicht in der Konvektionszone zwischen adiabatischem und Strahlungsgleichgewicht. Im Falle einer H-He-Atmosphäre ordnen sich die Modelle längs vier Geraden an, von denen aber nicht allen physikalische Realität zukommen dürfte. Abschließend werden an Hand der theoretischen Ergebnisse die Beobachtungsdaten für eine Anzahl von Sternen interpretiert. Speziell für die Metalliniensterne ergibt sich dabei, daß diese wenig He enthalten und sich durchweg im Strahlungsgleichgewicht befinden. Kdr.

5130. **C. Pecker,** La condition de continuité du flux. CR **236** 894—896, mit 1 Fig. = Contr. Inst. d'Astrophys. Paris (A) Nr. **142.** — Es wird nachgewiesen, daß die im vorstehenden Ref. erwähnte Methode, eine Strahlungsgleichgewichtszone an eine Konvektionszone anzupassen, von speziellen Annahmen über die Struktur der letzteren unabhängig ist. Kdr.

5131. **C. Pecker,** Etude du diagramme gravité-flux. CR **236** 993—995, mit 1 Fig. = Contr. Inst. d'Astrophys. Paris (A) Nr. **144.** — Die Eigenschaften der vier Modelltypen, die den Lösungen des Anpassungsproblems für eine H-He-Atmosphäre entsprechen (Ref. **5128**), werden zusammengestellt. Die Modelle sind im (log g, log T_e) - Diagramm längs vier Geraden angeordnet, die das Diagramm in verschiedene Gebiete aufteilen. Der Charakter der Atmosphärenstruktur in diesen Gebieten wird kurz erörtert. Kdr.

5132. **J.-C. Pecker,** Tables d'ionisation nécessaires pour l'étude des étoiles B dont l'atmosphère contient de l'hydrogène et de l'hélium. Contr. Inst. d'Astrophys. Paris (B) Nr. **100,** 5 S. — Die Tabellen enthalten Elektronendruck, Dichte und Molekulargewicht als Funktion von Temperatur und Druck, ferner Gasdruck und Elektronendiffusionskoeffizienten in Abhängigkeit von Temperatur und Elektronendruck, und zwar für drei verschiedene Mischungsverhältnisse Helium zu Wasserstoff. Weiter sind die Plancksche Funktion und die Gewichte zur Berechnung des Rosseland- und des Planckschen Mittelwertes des Absorptionskoeffizienten tabuliert. Thi.

5133. **G. N. Plass, D. I. Fivel,** Influence of Doppler effect and damping on line-absorption coefficient and atmospheric radiation transfer. ApJ **117** 225—233. — Der allgemeine Ausdruck für den Linienabsorptionskoeffizienten wird in eine Potenzreihe entwickelt und an Hand dieser Entwicklung der Einfluß des Doppler-Effekts zunächst unter Laboratoriumsbedingungen diskutiert. Bei Anwendung auf den Strahlungstransport in der Erdatmosphäre ergeben sich durch Berücksichtigung des Doppler-Effekts bis in mindestens 50 km Höhe keine wesentlichen Änderungen. Kdr.

5134. **A. Przybylski,** The maximum effect of convection in stellar atmospheres on the observed properties of stellar spectra. I. MN **113** 683—700. — Es werden eine Reihe von Atmosphärenmodellen für G0- bis A0-Sterne gerechnet, und zwar einmal mit dem dem Strahlungsgleichgewicht entsprechenden Temperaturgradienten, zweitens mit dem adiabatischen Gradienten in dem Gebiet, in dem dieser den ersteren unterschreitet. Für alle Modelle werden monochromatischer Strahlungsfluß F_λ und Farbgradient $\Phi = -d(\ln \lambda^5 F_\lambda) / d(1/\lambda)$ abgeleitet, ferner die Differenz der Φ-Werte zweier entsprechender Modelle, die maximal — bei schnell rotierenden Be-Sternen — 0.58 betragen kann. Die Ergebnisse sollen später zur Bestimmung des Betrags an atmosphärischer Konvektion in reellen Sternen benützt werden. Kdr.

5135. **G. Righini, M. Rigutti,** L'oscuramento al bordo nel caso di un' atmosfera grigia. Mem SA It (NS) **24** 201—213, mit 2 Fig. = Oss. e Mem. Oss. Astrofis. Arcetri Nr. **69, 1954.** — Für eine graue Atmosphäre wird die Randverdunklung unter Berücksichtigung des Blanketing-Effekts berechnet. Die im integralen Sonnenlicht beobachtete Verdunklung stimmt mit den theoretischen Ergebnissen befriedigend überein. Cester

5136. **D. W. N. Stibbs,** On a problem in the theory of formation of absorption lines. MN **113** 493—504, mit 1 Fig. = Commun. Univ. Obs. Oxford Nr. **40.** — Unter der Voraussetzung, daß die Quellenfunktion linear von der optischen Tiefe abhängt, das Verhältnis von Linienabsorption zu kontinuierlicher Absorption konstant ist, und die Linienstreuung sowohl einen kohärenten als auch einen nicht-kohärenten Anteil besitzt, wird die Strahlungsintensität berechnet, die aus einer halbunendlichen planparallelen Atmosphäre austritt. Verf. gelingt es, für den allgemeinen Fall eine exakte Lösung der Transportgleichung aufzufinden, die sich bei Verschwinden des kohärenten Teils der Streuung noch wesentlich vereinfachen läßt. Kdr.

5137. **J. B. Sykes,** The integral equation of limb-darkening. MN **113** 198—210, mit 2 Fig. = Commun. Univ. Obs. Oxford Nr. **38.** — Mit Hilfe einer neuen Transformation wird die Integralgleichung der Randverdunklung in die bekannte Integralgleichung übergeführt, die eine beobachtete Funktion mit einer durch eine Apparat-Funktion verzerrten wahren Funktion verbindet. Zu deren Lösung kann auf ältere Arbeiten zurückgegriffen werden; Verf. benützt den 1946 von v. d. Hulst vorgeschlagenen Potenzreihenansatz (vgl. AJB **45** Ref. **3520**) zur weiteren Behandlung des Problems. Kdr.

5138. **P. N. Tschirwinskij,** Über die quantitativen Gesetzmäßigkeiten der chemischen Zusammensetzung der Himmelskörper. Publ. Astr. Obs. Kiew Nr. **5** S. 105—142 (russisch). — Im ersten Teil der Arbeit werden die Ergebnisse der Untersuchung über die chemische Zusammensetzung der Meteorite zusammengestellt und kurz diskutiert. Im zweiten Teil wird analog die Erdkugel als Ganzes und ihre Kruste betrachtet. Darnach werden nach Wiedergabe der von Russell für die Sonne und Payne und Russell für die Sterne erhaltenen Daten in einem Anhang die von Goldberg-Aller (1943) und Unsöld (1939) für die Sonne abgeleiteten Werte tabuliert. Loh.

5139. **A. B. Underhill,** The relative abundance of hydrogen to helium in stars. J RAS Canada **47** 153—159 = Contr. Dominion Astrophys. Obs. Victoria Nr. **30.** — Ref. in JBAA **64** 144—145. — Der Aufsatz enthält eine vergleichende Zusammenstellung neuerer Methoden und Ergebnisse zur Bestimmung des Verhältnisses He : H im Sterninnern und in Sternatmosphären. Danach dürfte die Zahl der He-Atome etwa 4—5% der Zahl der H-Atome betragen. Kdr.

* * **G. B. Whitham,** The propagation of weak spherical shocks in stars. Vgl. Ref. **5240.**

5140. **R. v. d. R. Woolley, D. W. N. Stibbs,** The Outer Layers of a Star. Oxford, Geoffrey Cumberlege at the Clarendon Press; London, Oxford University Press, 1953. 11 + 306 S. mit 47 Fig. und 69 Tafeln. Preis 40 s. — Berichtigung in Obs **73** 159. — Besprechung in JBAA **63** 347—348, MN ASSA **12** 32, Nature **172** 924—925 (W. H. McCrea), Obs **74** 82—83 (T. G. Cowling), Proc. Phys. Soc. (B) **67** 446, Urania Barcelona **39** 199, Urania Kopenhagen **10** 74—75, ZfA **34** 81—82 (P. ten Bruggencate).

5141. **F. Zagar,** Sul calcolo del gradiente adiabatico. Rend. Istituto Lombardo Sci. e Lettere **86** 66—75 = Contr. Oss. Astr. Milano-Merate (NS) Nr. **41.** — Verf. gibt eine Formelzusammenstellung zur Berechnung des adiabatischen Gradienten einer aus H und He zusammengesetzten Sternatmosphäre. Cester

§ 52

Sterninneres

5201. **J. Bouška,** Energiequellen der Sterne. Vesmír **32** 301, mit 1 Fig. (tschechisch).

5202. **L. D. Chatterji,** Radial pulsations of the two stellar models. II. Proc. Nat. Acad. Sci. India (A) **21** 118—125, 1952. — Ref. in Phys. Abstracts (A) **57** 1124.

5203. **M. Cimino,** Sull'equilibrio stellare convettivo in condizioni politropiche generalizzate. Rend. Accad. Nazionale Lincei, Cl. Sci. fis., mat., nat. (8) **14** 779—783 = Oss. Astr. Roma Monte Mario Contr. Sci. Nr. **192.**

5204. **J. A. Crawford,** Stars with helium energy sources. Publ ASP **65** 210—213, mit 1 Fig. = Berkeley Repr. Nr. **47.** — Ref. ASP.

5205. **T. A. Emin-Sade,** Modell eines Sterns mit konvektivem Kern und dem Absorptionsgesetz $K = \frac{K_0}{T^2}$. AJ UdSSR **30** 64—67 (russisch). — Das vom Verf. diskutierte Modell zeichnet sich durch starke Konzentration der Masse nach dem Innern und hohe Zentraltemperatur aus. Wendet man das Modell auf wirkliche Sterne an, dann sind Lösungen bei vorausgesetztem C-N-Zyklus nur bei einem sehr kleinen Gehalt an schweren Elementen möglich. Bei Voraussetzung der Protonen-Reaktion ergeben sich zu hohe Zentraltemperaturen. Das Modell hat also nur einen negativen Wert. Loh.

5206. **T. A. Emin-Sade,** Berechnung eines Sternmodells mit konvektivem Kern und dem Absorptionsgesetz $K = K_0 \cdot \frac{1}{T^2}$. Nachr. Akad. Wiss. Aserbajdshan. Sowjetrepublik Nr. **3** S. 49—63 (russisch mit aserbajdshanischer Zusammenfassung).

5207. **E. A. Frieman, L. Motz,** The proton-proton reaction and energy production in the sun. Phys. Rev. (2) **89** 648—650. — Der Proton-Proton-Einfangquerschnitt wurde mit Hilfe der kürzlich von Feshbach und Schwinger berechneten Deuteron-Wellenfunktionen sowie des neuesten Wertes des Fermi-G-Faktors neu berechnet. Die Energieerzeugung des p-p Zyklus wurde neu bestimmt, und das Ergebnis auf die Sonne angewandt, wobei die Epsteinschen Helligkeitsberechnungen zugrunde gelegt wurden. Es zeigt sich, daß unter den für die Sonne gemachten Annahmen über Temperatur und Druck der p-p Zyklus erheblich mehr Energie liefert als der C-N Zyklus. Verf. (übersetzt)

5208. **J. M. Gilles,** Sur une variante possible du cycle de Bethe-Weizsäcker. Bull. Cl. Sci. Acad. roy. Belgique (5) **39** 196—204, mit 1 Fig. — Die Variante besteht darin, den Teil des Zyklus $N^{14} + p \rightarrow O^{15}$, $O^{15} \rightarrow N^{15} + \beta^+$ durch $N^{14} + \beta^- \rightarrow C^{14}$, $C^{14} + p \rightarrow N^{15}$ zu ersetzen. Eine Diskussion der Energieausbeuten unter sterninneren Verhältnissen zeigt aber, daß die Variante bedeutungslos ist. Loh.

* * **L. E. Gurewitsch,** Die Struktur der Hauptreihe und die chemische Zusammensetzung ihrer Sterne. Vgl. Ref. **9705.**

5209. **F. Hoyle, D. N. F. Dunbar, W. A. Wenzel, W. Whaling,** A state in C^{12} predicted from astrophysical evidence. Bull. Amer. Phys. Soc. **28** Nr. 5 S. 23. — Ref. in RJ Astr. Geod. UdSSR Nr. **2,** 1955; Ref. Nr. 728 (russisch).

5210. **F. Hoyle, D. N. F. Dunbar, W. A. Wenzel, W. Whaling,** A state in C^{12} predicted from astrophysical evidence. Phys. Rev. (2) **92** 1095. — Ref. Am. Phys. Soc.

* * **J. Hunaerts,** Les processus nucléaires dans les astres. Vgl. Ref. **1162.**

5211. **G. Keller,** The effect of electron screening on thermonuclear energy generation. ApJ **118** 142—146, mit 1 Fig. = Contr. Perkins Obs. Nr. **36.** — Die bei der Berechnung der stellaren Energieerzeugung im allgemeinen vernachlässigte abschirmende Wirkung der Elektronen in der Umgebung eines Kerns wird abgeschätzt. Verf. findet, daß bei Berücksichtigung des Effekts die Energieausbeute etwas vergrößert wird, und zwar im Falle des C-N-Zyklus bei der Sonne etwa um einen Faktor 1.5, bei roten Zwergen um einen Faktor 3 und mehr. Kdr.

* * **A. J. Kipper,** Über die Entstehung der Magnetfelder der Sterne. Vgl. Ref. **9807.**

* * **S. W. Koslowskaja,** Vergleichende Analyse des inneren Aufbaues und der Zusammensetzung der Erdplaneten und der Monde. Vgl. Ref. **7016.**

5212. **J. Kubikowski,** Skład chemiczny wnętrza gwiazd. Urania Kraków **24** 203—207.

5213. **R. Kurth,** Die Homologie-Sätze der Theorie des Sternaufbaus. ZfA **32** 11—18. — Die vorliegende Note soll vor allem der gedanklichen Klärung des Homologiebegriffs dienen, sowie der mathematischen Hypothesen, die seiner Anwendung zugrunde liegen. Die systematische Auswertung des Homologieansatzes liefert im ganzen drei voneinander unabhängige Relationen zwischen beobachtbaren Größen, und zwar zwischen der Gesamtmasse einerseits und Leuchtkraft, Radius bzw. Temperatur des Sternmodells andererseits. Sie werden von den Hauptreihensternen grob erfüllt. Für rotierende Sterne kommt noch eine Periode-Dichte-Beziehung dazu; ebenfalls (jedoch mit gewissem Vorbehalt) für pulsierende Sterne. Mit diesen Relationen erscheint der Anwendungsbereich des Homologiebegriffs im wesentlichen ausgeschöpft. Verf.

5214. **R. S. Kushwaha,** Anharmonic oscillations of a particular model. Bull. Calcutta Math. Soc. **45** 75—81. — Ref. in Math. Rev. **15** 654.

5215. **P. Ledoux,** Sur l'existence d'un noyau convectif au centre des étoiles. CR **236** 2381—2383 = Inst. d'Astrophys. Univ. Liège Coll. 4⁰ Nr. **44.** — Der Einfluß eines im Zusammenhang mit der Energieerzeugung im Sterninnern sich herausbildenden Gradienten des mittleren Molekulargewichts auf die Entstehung von Konvektion wird erörtert. Unter Umständen kann dadurch die Bildung eines konvektiven Kerns im Sternzentrum verhindert und die Sternentwicklung wesentlich beeinflußt werden. Kdr.

5216. **R. D. Levee,** A gravitationally contracting stellar model. ApJ **117** 200—210, mit 4 Fig. = Berkeley Repr. Nr. **35.** — Es wird ein homolog kontrahierendes Sternmodell mit $\varepsilon \sim T$ unter Annahme des Kramersschen Opazitätsgesetzes bei zu vernachlässigendem Strahlungsdruck berechnet. Die Dichte-, Temperatur-, Massen- und Leuchtkraftverteilung sind fast die gleichen wie diejenigen des Standard-Modells, während ϱ_c und T_c etwas größer sind. Der Polytropenindex variiert vom Zentrum bis zur Oberfläche von 2.97 bis 3.25. Die Masse-Leuchtkraft-Beziehung hat die Form $L \sim M^{5.5} \times R^{-0.5}$ und die Zeitskala wird für die Sonne von der Ordnung 5×10^7 Jahre gefunden. Kdr.

5217. **D. Maravall Casesnoves,** Relativistic theory of the attraction of a sphere, pulsating or with spin. Application to the Cepheids. Rev. Mat. Hisp.-Amer. (4) **13** 175—187 (spanisch). — Ref. in Math. Rev. **15** 657.

5218. **A. Masani,** Sull'importanza della pressione di radiazione agli effetti della instabilità per moti convettivi nell'interno delle stelle. Mem SA It (NS) **24** 377—380 = Contr. Oss. Astr. Milano-Merate (NS)

Nr. 45. — Bemerkung über den analytischen Ausdruck zur Stabilität konvektiver Bewegungen der Sternmaterie. Cester

5219. **A. G. Massewitsch,** Über den Aufbau und die Energiequellen der Riesen später Spektralklassen. Publ. Astr. Sternberg-Inst. **22** 21—65, mit 19 Abb. (russisch). — Die Arbeit ist in den Jahren 1945/46 entstanden, ihre Publikation hat sich jedoch ohne Schuld der Autorin verzögert. Gewisse Ergebnisse sind bereits an anderer Stelle veröffentlicht worden. Inhalt: I. Einleitung, S. 21—30; II. Grunddaten, S. 30—32; III. Das Standard-Modell, S. 32—33; IV. Das Punktquellenmodell, S. 34—44; V. Das Modell mit konvektivem Kern, S. 44—52; VI. Das Modell eines Riesen mit energetischer Zone und isothermem Kern, S. 52—61; Schluß, S. 61—63; Schlußfolgerungen, S. 63—65. Loh.

5220. **J. Meurers,** Die Entwicklung der Theorie des inneren Aufbaus der Sterne. Sterne **29** 46—54.

5221. **P. Naur, D. E. Osterbrock,** Convective cores in stars. ApJ **117** 306—310, mit 1 Fig. — Die Bedingung für das Auftreten von Konvektion im Sterninneren wird in eine Form gebracht, die den Einfluß des Absorptions- und Energieerzeugungsgesetzes zu übersehen erlaubt. Für Sterne mit Energieerzeugung nach der p-p-Reaktion, also späte G-Zwerge, sowie K- und M-Zwerge, ist danach Strahlungsgleichgewicht bis zum Zentrum anzunehmen, während Hauptreihensterne früher als F 5 sicher konvektive Kerne besitzen. Die Existenz eines konvektiven Sonnenkerns wird als unwahrscheinlich betrachtet. Kdr.

5222. **P. Naur,** Solens of stjernernes energi. NAT **1953** 121—127, mit 1 Fig. — Bericht über neuere Untersuchungen der Atomprozesse im Innern der Sterne. Ra.

5223. **D. E. Osterbrock,** The internal structure of red dwarf stars. ApJ **118** 529—546, mit 4 Fig. — Ref. in Irish AJ **3** 60, Sky and Telescope **12** 179. — Unter der Voraussetzung, daß sich die roten Zwerge durchweg im Strahlungsgleichgewicht befinden, läßt sich deren Aufbau noch nicht zufriedenstellend erklären. In der Arbeit wird daher eine Reihe von Modellen unter Berücksichtigung einer äußeren Wasserstoffkonvektionszone berechnet. Dabei resultieren wesentlich niedrigere Zentraltemperaturen, womit die Schwierigkeit einer zu hohen Energieerzeugung nach der p-p-Reaktion wegfällt. Die Konvektionszonen erstrecken sich bis in etwa R/3 Tiefe. Anwendung der Modelle auf Castor C und α Cen B ergibt mit den beobachteten M, L und R normale chemische Zusammensetzungen. Bei Krüger 60 A treten Abweichungen auf, die Verf. als Anzeichen dafür auffaßt, daß in diesem Fall noch andere physikalische Faktoren wirksam sind (Wärmeleitung oder Entartung). Kdr.

* * **S. Piotrowski,** Teoretyczna interpretacja zależności widmo-jasność i masa-jasność. Vgl. Ref. **9720.**

* * **C. Plumpton, V. C. A. Ferraro,** On the magnetic oscillations of a gravitating liquid star. Vgl. Ref. **9808.**

5224. **C. Prasad,** Radial oscillations of a composite model. Proc. Nat) Inst. Sci. India **19** 739—745. — Ref. in Math. Rev. **15** 750, Phys. Abstracts (A **57** 673, Phys. Ber. **33** 2779.

5225. **V. C. Reddish,** Energy generation in faint blue stars. Obs **73** 119—120. — Salpeter hat gezeigt, daß Sterne mit erschöpftem Wasserstoffvorrat Energie aus einer Heliumreaktion gewinnen können, wenn im Sterninnern Temperaturen von 2×10^8 °K erreicht werden. Verf. weist darauf hin, daß solche Sterne M_{pv} von $+ 4^m$ bis 0^m, mit der Zeit ansteigende Oberflächentemperatur und eine Lebensdauer von 10^6 bis 10^7 Jahren haben müssen. Er gibt einige Sterne an, die ihrem Spektrum nach zu dieser Klasse gehören könnten. O. G.

5226. **A. O. Resnikow,** Sternmodelle mit isothermen Kernen. Leningrad, Shdanow-Staatsuniv., 1953. 8 S. (russisch). — Dissertationsreferat.

5227. **T. C. Roy,** Stellar model with large radius. Proc. Nat. Inst. Sci. India **19** 317—321. — Ref. in Phys. Abstracts (A) **57** 672—673.

5228. **M. Rudkjøbing,** On the chemical composition and the energy production of Y Cyg. Ann d'Astrophys **16** 65—72 = Publ. Københavns Obs. Nr. **162.** — Da frühere Bearbeitungen des Problems unwahrscheinlich hohe C- und N-Gehalte für Y Cyg ergeben, wird die chemische Zusammensetzung dieses Doppelsterns mit verbesserten Daten für den C-N-Zyklus neu bestimmt. Für das Mittel beider Komponenten wird ein Punktquellenmodell mit T_e = 38000° berechnet und die Zusammensetzung 38% H, 54% He und 8% schwere Elemente gefunden. Auf C und N zusammen entfallen 1% der Sternmasse. Das Alter von Y Cyg wird aus Leuchtkraft und He-Gehalt auf 15×10^6 Jahre geschätzt. Kdr.

5229. **M. Rudkjøbing,** Revised calculation of the energy production of Y Cygni. Ann d'Astrophys **16** 414 = Publ. Københavns Obs. Nr. **162.** — Berücksichtigung des Einflusses der thermischen Bewegung schwerer Kerne bei der Berechnung der Energieerzeugung bewirkt geringe Änderungen der früher (vgl. Ref. 5228) vom Verf. mitgeteilten Werte für Leuchtkraft und chemische Zusammensetzung von Y Cygni. Kdr.

5230. **E. E. Salpeter,** Energy production in stars. Annual Rev. Nuclear Sci. **2** 41—62. — Ref. in RJ Astr. Geod. UdSSR Nr. 2, 1955; Ref. Nr. 607 (russisch).

5231. **E. Schatzman,** Sur certaines réactions nucléaires d'importance astrophysique (IV). Ann d'Astrophys **16** 162—178 = Contr. Inst. d'Astrophys. Paris (B) Nr. **101.** — Verf. untersucht drei Varianten der Proton-Proton-Reaktion und eine bei großem ϱ und T ablaufende Reaktionskette, bei der aus 4 He nacheinander ^{8}Be, ^{12}C und ^{16}O aufgebaut werden, auf ihre Empfindlichkeit gegen Dichte- und Temperaturvariationen. Für jeden der vier Prozesse werden die Exponenten von Dichte und Temperatur im Energieerzeugungsgesetz abgeschätzt, und ihr Einfluß auf die Stabilität der Sterne wird kurz erörtert. Kdr.

5232. **M. Schwarzschild, I. Rabinowitz, R. Härm,** Inhomogeneous stellar models. III. Models with partially degenerate isothermal cores. ApJ 118 326—334, mit 3 Fig. — In analoger Weise wie in Teil I und II (vgl. AJB 52 Ref. 5218 und 5224) durchgeführte Modellrechnungen zeigen, daß chemisch inhomogene Modelle mit einem teilweise entarteten isothermen Kern, dessen Wasserstoffgehalt erschöpft ist, Radien von der Größenordnung derjenigen der roten Riesen besitzen können. Jedoch trifft dies nur in einem sehr engen Bereich für das Verhältnis des inneren zum äußeren Molekulargewicht und der Kernmasse zur Gesamtmasse zu. Ob die roten Riesen in Wirklichkeit diese Bedingungen erfüllen, wird als unwahrscheinlich betrachtet. Kdr.

5233. **H. K. Sen,** The magnetic versus the gravitational field in a homogeneous, incompressible, pulsating sphere of infinite conductivity. AJ 58 227. — Ref. AAS.

5234. **S. A. Shewakin,** Ein diskretes Sternmodell. II. AJ UdSSR **30** 52—63, mit 1 Abb. (russisch). — Die Arbeit ist eine Weiterführung der in AJ UdSSR **29** 37—48, 1952 (vgl. AJB **52** Ref. **5227**) begonnenen Untersuchung. Das vom Verf. jetzt entwickelte Modell ist ein nichtkonservatives mit zwei Freiheitsgraden, das für die Diskussion pulsierender Sterne von Bedeutung ist. Das Modell wird zur Bestimmung der Gravitationsstabilität der Ionisationszone und des Einflusses der Ionisation auf die Schwingungsperiode eines Sterns diskutiert. Loh.

5235. **S. A. Shewakin,** Zur Theorie der Cepheiden. I. AJ UdSSR **30** 161—179 (russisch). — Ref. in Astr. News Letter Nr. **72** S. 10—13, Postępy Astr. **1** 43—44. — Es wird die Amplitude der Schwankungen des Strahlungsflusses im Stern und in seiner Hülle (Heliumzone der kritischen zweifachen Isoniation) bei gegebener Amplitude der quasi-adiabatischen, unendlich kleinen Pulsationen des Sterns unter Annahme des Energietransports durch Strahlung bestimmt. Die Größe der positiven Dissipation im Sterninnern wird berechnet; der hieraus erhaltene kleine Wert für das Abklingen der freien (ohne Berücksichtigung der Wirkung der Zone) Schwingungen des Sterns — größenordnungsmäßig 10 bis 100 Jahre — führt zu dem Schluß, daß die Schwingungen der Cepheiden Selbstschwingungen sind. Als Mechanismus, der die Selbstschwingungen aufrecht erhält, wird die Heliumionisationszone angenommen; es zeigt sich, daß bei einem Gehalt von etwa 15% He (nach Atomzahlen) in der Sternhülle und bei einem bestimmten Aufbau des Sterns in der Zone der kritischen zweifachen Ionisation des Heliums das Helium eine negative Dissipation bewirkt, die die positive Dissipation im Sterninnern kompensieren und die dadurch zur Entstehung von Selbstschwingungen führen kann. Verf. (übersetzt)

5236. **P. Stoll,** Physik der Energieerzeugung in Sternen. Orion Schaffhausen **4** 132—137, mit 3 Abb. (mit franz. Zusammenfassung). — Zusammenfassung eines Vortrages.

5237. **O. Struve,** The internal constitution of some stars. Sky and Telescope **13** 8—11, mit 2 Fig. und Bild von A. S. Eddington. — Verf. versucht, die aus Helligkeits- und Farbenindexmessungen sich ergebende anomale Lage der Komponenten von Doppelsternen im Russell-Diagramm auf Grund der Theorie des Sternaufbaus zu interpretieren. Es gelingt jedoch nicht, einen plausiblen physikalischen Grund für die beobachteten Anomalien aufzufinden. Kdr.

5238. **E. I. Suschkina,** Modell eines roten Riesen mit isothermem Kern. AJ UdSSR **30** 180—183 (russisch). — Ref. in Astr. News Letter Nr. **72** S. 14—15. — Die Rechnungen werden für einen Stern mit Radius, Masse und Leuchtkraft von Capella durchgeführt. Der He-Gehalt der Atmosphäre wird vernachlässigt und angenommen, daß die Energie in einer dünnen Schicht am isothermen Kern nach dem C-N-Zyklus erzeugt wird. Die zur Umwandlung des Wasserstoffs der energieliefernden Zone in Helium erforderliche Zeit ergibt sich zu 4×10^6 Jahren. Loh.

5239. **T. L. Swihart,** Sirius and the carbon cycle. ApJ **118** 577—579. — Da noch unsicher ist, ob die Lebensdauer von N^{14} größer oder kleiner als die von C^{12} ist und welcher der beiden Kerne daher die Energieerzeugung nach dem C-Zyklus bestimmt, versucht Verf., die Frage durch Modellrechnungen für Sirius zu klären und findet, daß beide Annahmen zu etwa gleich wahrscheinlichen chemischen Zusammensetzungen führen. Kdr.

* * **A. B. Underhill,** The relative abundance of hydrogen to helium. Vgl. Ref. 5139.

5240. **G. B. Whitham,** The propagation of weak spherical shocks in stars. Commun. pure and applied Math. **6** 397—414, mit 1 Fig. = Astr. Contr. Univ. Manchester (3) Nr. **13**. — Das Problem der Ausbreitung von Stoßwellen in Sternen konnte bisher nur in einigen, für wirkliche Sterne wenig repräsentativen Spezialfällen gelöst werden. Um zu allgemeineren Resultaten zu gelangen, betrachtet Verf. zunächst die linearisierte Theorie des Problems und gibt hierfür eine Entwicklung an, die zwar keine vollständige Lösung darstellt, aber unter bestimmten Bedingungen gültig ist. Sie läßt sich nach einer vom Verf. an anderer Stelle entwickelten Methode verbessern und ergibt dann für schwache Störungen eine Lösung der korrekten nicht-linearen Theorie. Eine spezielle Diskussion erfordern die Verhältnisse in den oberflächennahen Schichten eines polytropen Sterns, da hier die Gültigkeitsbedingungen der obigen Lösung nicht erfüllt sind. Kdr.

5241. **C. A. Whitney, R. N. Thomas,** Comment on the progressive wave in Cepheid atmospheres. AJ 58 235. — Ref. AAS.

5242. **H. Zirin,** Radiative opacity of stellar matter. AJ 58 50, Sky and Telescope **12** 178—179. — Ref. AAS.

5243. Theory of white dwarfs. Irish AJ **2** 168—170. — Besprechung der Arbeit von L. Mestel in MN **112** 583, AJB **52** Ref. **5215**.

§ 53

Nebel, Interstellare Materie

5301. **T. A. Agekjan,** Die Dynamik des Durchgangs von Sternen durch Wasserstoffwolken. Abh. Shdanow-Staatsuniv. Leningrad Nr. **153** S. 39—47, mit 1 Abb., 1952 = Publ. Astr. Obs. Leningrad **16** 39—47 (russisch). — Während bei dem früher behandelten Durchgang durch Staubwolken das gesamte Strahlungsspektrum des Sterns durch Lichtdruck dynamisch wirksam wird, gehen im Falle der Wasserstoffwolken nur die Quanten der Lymanserie und des Lyman-Grenzkontinuums bei der Berechnung der «lichtdynamischen Masse» m_L des Systems Stern-Wolke ein. Für Sterne früher als B 8 sind die m_L größer als die gewöhnliche Sternmasse, und die Sterne werden beim Durchgang durch Wasserstoffwolken positiv beschleunigt. Das Umgekehrte gilt für die späteren Typen. Ein O 8-Stern soll bei einer gleichmäßigen Wasserstoffdichte von 3×10^{-24} g/cm³ und einer Relativgeschwindigkeit zur Wolke von 8.1 km/sec einen Geschwindigkeitszuwachs von 1 km/sec während der Dauer einer galaktischen Rotation erhalten. Hierzu käme noch die Beschleunigung durch den Staubgehalt des interstellaren Mediums, die bei Sternen früher als die Sonne ebenfalls positiv ist. Petri

* * **T. A. Agekjan,** Über die Ursachen des Anwachsens der Restgeschwindigkeiten der Sterne. Vgl. Ref. **12323**.

5302. **L. H. Aller,** Thermal effects of collisional line excitation in gaseous nebulae. ApJ **118** 547—554. — Stoßanregung von Ionen des O, Ne, N und anderer Elemente in Gasnebeln mit anschließender Ausstrahlung verbotener Linien bewirkt eine Erniedrigung der Elektronentemperatur, für die ältere Bestimmungen aus den Intensitäten von Nebellinien Werte bei 10000° ergaben. Neuerdings aufgetretene Unstimmigkeiten veranlassen Verf. zu einer Neudiskussion des Problems, bei der sich ergibt, daß die Elektronentemperatur in planetarischen Nebeln 25000—30000° nicht übersteigen kann, wenn nicht vollständige Ionisation des Wasserstoffs vorliegt. Kdr.

5303. **J. W. Chamberlain,** Collisional excitation of hydrogen in a gaseous nebula. ApJ **117** 387—398, mit 1 Fig. — Bei hinreichend hohen Elektronentemperaturen kann die Emission eines Gasnebels auf Stoßanregung des Wasserstoffs zurückgeführt werden. Die in diesem Fall bei statistischem Gleichgewicht bestehenden Verhältnisse werden genauer diskutiert. Es ergibt sich ein gegenüber Strahlungsanregung wesentlich stärkerer Abfall der Linienintensitäten längs der Balmer-Serie besonders bei optisch dicken Nebeln. Abschließend wird der Fall, daß beide Anregungsmechanismen wirksam sind, in Abhängigkeit vom Abstand des die Strahlungsanregung bewirkenden Sterns erörtert. Kdr.

5304. **J. W. Chamberlain,** The excitation of the network nebulae. ApJ **117** 399—406, mit 3 Fig. — Für sieben ausgewählte Punkte in den Cirrus-Nebeln im Schwan werden aus Filter-Aufnahmen im Lichte von Hα und einiger Linien des [O II] und [O III] durch Anschluß an M 32 Flächenhelligkeiten abgeleitet und daraus die Emissionen in erg cm⁻³ sec⁻¹ geschätzt. Es wird versucht, an Hand dieses Materials die Frage nach dem Anregungsmechanismus in den Nebeln zu klären; doch erweist sich hierfür das Material als unzureichend. Kdr.

5305. **B. Donn,** The problem of the evolution of interstellar grains. AJ 58 38. — Ref. AAS.

5306. **B. Donn,** On the theory of interstellar grains. Phys. Rev. (2) **89** 898. — Ref. Am. Phys. Soc.

* * **G. A. Gursadjan,** Über die Stabilität der Form abgestoßener Gashüllen von Sternen. Vgl. Ref. **5112**.

* * **G. A. Gursadjan,** Über die Hydrodynamik abgestoßener Gashüllen von Sternen. Vgl. Ref. **5113**.

5307. **D. ter Haar,** On the size of interstellar clouds. ZfA **32** 251—256. — Aus der Annahme, interstellare Wolken seien die größten Turbulenzkörper, innerhalb derer keine Turbulenz vorkommt, folgt $\varrho \cdot D = \text{const}$ (ϱ = mittlere Dichte, D = Durchmesser einer Wolke). Die Beobachtungsdaten an 29 Wolken von Schoenberg und Bok scheinen diesen Schluß zu bestätigen. Abschätzung der Lebenszeit interstellarer Wolken unter dem Einfluß von differentieller galaktischer Rotation, Feldfluktuationen und Zusammenstößen mit anderen Wolken. Haffner

5308. **A. Hattori, I. Kawaguchi, S. Miyamoto, T. Saigusa,** Note on the optical thickness and the temperature of the planetary nebulae. Publ. Astr. Soc. Japan **4** 152—156, mit 1 Fig. = Contr. Inst. Astrophys. Kyoto Univ. Nr. **29**. — Wie von Wurm und Singer (ZfA **30** 153, AJB **52** Ref. **12239**) gezeigt wurde, ist das Intensitätsverhältnis der He II Linie λ 4686 / Hβ in den Spektren der planetarischen Nebel ein Indikator für die Höhe der optischen Dicke der Nebelhüllen. Die Autoren leiten einen analytischen Ausdruck für das genannte Intensitätsverhältnis als Funktion der optischen Dicke ab. Der gefundene Ausdruck wird auf eine Reihe von Nebeln mit bekannten Intensitäten der beiden Linien angewandt. Die Autoren kommen in Übereinstimmung mit Wurm und Singer zu dem Ergebnis, daß in vielen Nebeln hoher Anregung die UV-Strahlung des Zentralsternes nur zu einem Bruchteil absorbiert wird. Wurm

5309. **S. A. Kaplan,** Über die Kondensation des interstellaren Gases auf den Teilchen des kosmischen Staubes. Abh. Staatsuniv. Lwow (Phys.-Math.) **22** 111—114 (russisch). — Ref. in RJ Astr. Geod. UdSSR Nr. 8, 1954; Ref. Nr. 4520 (russisch).

5310. **S. A. Kaplan,** Die Wechselwirkung des interstellaren Wasserstoffs mit kosmischem Staub und die Dichte der Lα-Strahlung im interstellaren Raum. Abh. Univ. Lwow (phys.-math.) **22** Nr. 5 S. 115—120 (russisch). — Ref. in RJ Astr. Geod. UdSSR Nr. 11, 1954; Ref. Nr. 5665 (russisch).

5311. **S. A. Kaplan, T. T. Zap,** Die Ionisationsfunktionen der Elemente CI, NaI, KI, CaI, CaII im interstellaren Raum. Astr Circ UdSSR Nr. 137 S. 6—8 (russisch). — In Anlehnung an eine Arbeit von Kaplan (AJ UdSSR **29** 649—653, vgl. AJB **52** Ref. **12312**) berechnen Verf. die Ionisationsfunktionen der genannten Elemente für das Temperaturintervall 10° bis 16000°. Die Ergebnisse unterscheiden sich teilweise von den Strömgrenschen und Seatonschen. Loh.

5312. **S. A. Kaplan, W. I. Pronik,** Über den turbulenten Charakter der Bewegung der interstellaren Gaswolken. DAN **89** 643—646, mit 2 Abb. (russisch). — Der statistischen Arbeit liegt das Beobachtungsmaterial von Adams (vgl. AJB **49** Ref. **12501**) zugrunde. Unter der Voraussetzung, daß die Wolken im Mittel die halbe Entfernung der Sterne besitzen, in deren Spektrum sie sich verraten, wird das Material in Gruppen gleicher mittlerer Entfernung zusammengefaßt und die Korrelation zwischen der mittleren quadratischen Differenz der Radialgeschwindigkeiten und den wirklichen Entfernungen zwischen den Sternen bestimmt. Bis zu einem Winkelabstand von 40° stimmen empirische und die auf Grund der Annahme von Isotropie abgeleitete theoretische Korrelation überein. Bei größeren Winkelentfernungen, also bei Entfernungen über 50 pc, ist das nicht mehr der Fall. Die Turbulenz kann dann nicht mehr als isotrop angesehen werden. Loh.

5313. **S. A. Kaplan,** Die quantitativen Merkmale der Turbulenz des interstellaren Gases. DAN **89** 801—804 (russisch). — In Anlehnung an die bereits früher erfolgte Abschätzung der Dissipationskonstanten $\varepsilon \approx 3.2 \times 10^{-4}$ erg/gr sec betrachtet Verf. weitere damit zusammenhängende Merkmale der turbulenten Bewegung interstellarer Wolken und auch die Frage über die Herkunft der Energie dieser Turbulenz. Als Hauptquelle der turbulenten Bewegung der Gaswolken betrachtet Verf. Fluktuationen des Strahlungsdrucks heißer Sterne, wobei den H II-Gebieten eine Mittlerrolle zugeschrieben wird. Die Berechnung der Dissipationskonstanten führt jetzt zu einem etwas kleineren Wert. Abschließend wird noch auf die Bedeutung der Komprimierbarkeit des interstellaren Gases und ihre Folgen für das vorliegende Problem hingewiesen. Loh.

5314. **W. I. Krassowskij,** Über einige Eigenschaften des kosmischen Staubs. DAN **89** 805—808 (russisch). — Infolge der Beweglichkeit der Elektronen ist bei Fehlen von Strahlung mit einer negativen Aufladung des interstellaren Staubs zu rechnen. Ist jedoch ein starkes Strahlungsfeld vorhanden, dann ist auf Grund des lichtelektrischen Effekts mit einer positiven Aufladung der Teilchen zu rechnen. Durch die Aufladung vergrößert sich der effektive Querschnitt eines Staubteilchens. Die Kondensation des interstellaren, ionisierten Gases ist wirksamer an negativen Ladungsträgern. Beim Vorbeifließen interstellarer Materie an einem Stern führt die Übergabe kinetischer Energie der geladenen Teilchen an das ionisierte Gas zu einer Verdichtung der interstellaren Materie und zu ihrem Einfang. Wahrscheinlich sind auf diese Art gewisse gasförmige und staubförmige Fasernebel sowie einige planetarische Nebel entstanden. Es wird vermutet, daß die kosmische Radiostrahlung teilweise durch kontinuierliche Photoemission und Wiederaufladung der Stäubchen entstehen. Loh.

5315. **W. I. Krassowskij,** Über die Wechselwirkung der staub-gasförmigen interstellaren Materie. DAN **92** 907—910 (russisch). — Es wird gezeigt, daß die Bildung von Molekülen auf kosmischen Staubteilchen nur in Zonen stark verdichteten oder erwärmten interstellaren Gases möglich ist. Loh.

5316. **A. I. Lebedinskij,** Staub und Gas im interstellaren Raum. DAN **92** 507—510 (russisch). — Verf. untersucht die Ausbreitung der bei chemischen Reaktionen in kosmischen Staubteilchen frei werdenden Energie in diesen Teilchen. Loh.

5317. **D. C. Pack,** The motion of a gas cloud expanding into a vacuum. MN **113** 43—51, mit 4 Fig. = Astr. Contr. Univ. Manchester (3) Nr. 8. — Die Expansion einer halb-unendlichen Gaswolke in ein Vakuum wird nach der Charakteristikenmethode behandelt, mit deren Hilfe sich die Ergebnisse früherer Bearbeitungen (vgl. AJB **50** Ref. **5307**, **5304**) in einfacher Weise ableiten und erläutern lassen. Die Expansion der Wolken kann nur unter speziellen Anfangsbedingungen kontinuierlich bleiben, im allgemeinen aber müssen Stoßwellen in ihr auftreten. Die hohen Expansionsgeschwindigkeiten der früheren Lösungen werden bestätigt und auch durch Abänderung der Anfangsbedingungen als nicht vermeidbar nachgewiesen. Kdr.

5318. **E. N. Parker,** The interstellar structures. I. Gas clouds. ApJ **117** 169—176, mit 1 Fig. — Verf. untersucht, ob die Annahme, das interstellare Medium bestehe aus diskreten Wolken mit zufällig verteilten Bewegungsrichtungen, mit den Beobachtungen zu vereinbaren ist. Die Häufigkeit und Inelastizität von Zusammenstößen zwischen Wolken müßte dann zu erheblich geringeren Translationsgeschwindigkeiten führen, als beobachtet werden. Ferner läßt sich eine starke Tendenz zu statistischem Gleichgewicht nachweisen, bei dem die Wolken entweder sehr komprimiert oder fast vollständig diffus sein sollten, was ebenfalls empirisch nicht bestätigt wird. Als Ausweg aus den Schwierigkeiten wird eine gewisse Ordnung der Translationsgeschwindigkeiten und damit eine Verminderung der Zahl von Zusammenstößen zwischen Wolken vermutet. Kdr.

5319. **S. B. Pikelner,** Interstellares Gas und Magnetfelder. Mitt. Astrophys. Obs. Krim **10** 74—96 (russisch). — Von der Existenz eines galaktischen Magnetfeldes mit einer Feldstärke von über 10^{-6} Gauß ausgehend, zeigt Verf., daß durch dessen Irregularität in einem ionisierten Gas Bewegungen des Gases induziert werden. Diese bewirken eine Verdünnung eines Teiles des interstellaren Gases, das sich dadurch in große Abstände von der galaktischen Hauptebene erstreckt und stärkere innere Bewegungen hat, während sich die dichteren Wolken in der Hauptebene halten und bewegen. Es scheint möglich, durch den Verdünnungs- und Bewegungseffekt die sonst unverständlich große Breite der Ca II-Linien im Spektrum früher Überriesen erklären zu können. Loh.

5320. **S. B. Pikelner, G. A. Schajn,** Der Charakter der Turbulenz im interstellaren Medium. Mitt. Astrophys. Obs. Krim **10** 97—103, mit 2 Abb. und 1 Tafel (russisch). — Verf. diskutieren die Möglichkeit, die Theorie der Turbulenz auf die Gebiete des ionisierten Wasserstoffs anzuwenden und bestimmen dazu unter Verwendung von Simeïser H_α-Aufnahmen nach der Allerschen Methode die Korrelations- und Spektralfunktionen der Verdichtungselemente in drei Schnitten im Gebiet bei $\alpha = 20^h 5^m$, $\delta = +36°$. Es ergeben sich sehr unterschiedliche Funktionen, die den Schluß gestatten, daß die Turbulenz in dem betrachteten Gebiet uneinheitlich und nicht isotrop ist, wenn man eben nur durch Turbulenz bedingte Dichtefluktuationen zuläßt und von anderen Ursachen absieht. Loh.

5321. **S. B. Pikelner,** Die Ionisation des Heliums in den Nebeln und die Temperaturen der O-Sterne. Mitt. Astrophys. Obs. Krim **10** 183—199, mit 1 Abb. (russisch). — Verf. betrachtet die Ionisation des He I und He II in der Nähe heißer Sterne und zeigt, daß das Verhältnis der Radien der Ionisationszonen die Oberflächentemperatur des Sterns zu berechnen erlaubt, wenn diese Temperatur die Strahlung jenseits der Grenzen der Hauptserien bestimmt. Aus den von Wyse (vgl. AJB **44** Ref. 8805) ermittelten relativen Linienintensitäten des Orion-Nebels ergibt sich das Häufigkeitsverhältnis He : H = 0.22. Die nach der Zanstraschen Methode bestimmten Temperaturen der Kerne der planetarischen Nebel sind aus den He-Linien gewöhnlich höher als aus den H-Linien. Die gewöhnliche Erklärung dieser Tatsache durch unvollständige Absorption des Lyman-Kontinuums durch den Nebel kann in der Mehrzahl der Fälle die Diskrepanz, besonders bei den höheren Temperaturen, nicht erklären. Offensichtlich entspricht die Strahlung jenseits der He II-Serie aus bislang noch unbekannten Ursachen einer höheren Temperatur als die Strahlung im Lyman-Kontinuum. Loh.

5322. **W. S. Safronow,** Über die mögliche Herkunft der Bewegungsenergie der interstellaren Materie. DAN **89** 987—990 (russisch). — In Fortführung einer früheren Arbeit zeigt Verf., daß die ultraviolette Strahlung heißer Sterne jenseits der Grenze der Lyman-Serie ($\lambda < \lambda_c = 912$ Å) in der Lage ist, das hauptsächlich aus Wasserstoff bestehende interstellare Gas zu ionisieren. Bei der nachfolgenden Rekombination wird ein Teil der aufgenommenen Energie in kinetische umgewandelt, sodaß eine Strömung von wärmeren zu kälteren Gebieten erfolgt. An diesem Prozeß nehmen nur Riesen und Überriesen der Typen O 5 bis B 1 teil. Infolge der Absorption verbleibt der größte Teil der Strahlungsenergie in der Galaxis. Auch Wolken mit geringen Staubbeimengungen werden von solchen Sternen durch die Wirkung des Strahlungsdrucks in Bewegung gesetzt. Loh.

5323. **C. Schalén,** Theoretical investigations on reflection nebulae. Nova Acta Reg. Soc. Sci. Upsaliensis (4) **15** Nr. 10, 25 S. mit 5 Fig. = Uppsala Astr. Obs. Ann. **3** Nr. 9. — Untersuchungen über die Farbdifferenzen zwischen einem Punkt in einem Reflexionsnebel und dem beleuchtenden Stern werden für die drei Fälle: Stern vor dem Nebel, Stern hinter dem Nebel und Stern im Nebel durchgeführt, unter der allgemeineren Annahme, daß Einfalls- und Ausfallsebene einen von Null verschiedenen Winkel miteinander bilden. Als Ergebnis zeigt sich, daß die Farbdifferenzen praktisch nicht von der Größe dieses Winkels abhängig sind. Thi.

5324. **M. J. Seaton,** Electron excitation of forbidden lines occurring in gaseous nebulae. Proc. Roy. Soc. (A) **218** 400—416. — In analoger Weise wie für O I (Phil. Trans. (A) **245** 469, 1953) werden nach der Hartree-Fock-Methode Wirkungsquerschnitte für Elektronenanregung der Ionen N II, O II, O III, Ne III und S II berechnet. Die wesentlichste Vereinfachung dabei besteht in der Vernachlässigung von Energiedifferenzen, deren Einfluß abgeschätzt wird. Die Genauigkeit der berechneten Werte dürfte bei $\pm$ 40% liegen, während geschätzte Werte für andere Ionen innerhalb eines Faktors 2 als korrekt anzusehen sind. Kdr.

5325. **J. Takibajew, D. Kaipow,** Instabile sternbildende Teilchen. Bote Akad. Wiss. Kasach. Sowjetrepublik Nr. **5** S. 101—104 (russisch).

5326. **J. Warzée,** Sur la possibilité de déduire immédiatement, du diagramme différentiel de Wolf, la distance et le pouvoir absorbant d'une nébuleuse obscure, ainsi que la dispersion σ des magnitudes absolues. Mém. Acad. Roy. Belgique Cl. Sci. **28** Nr. 4, 42 S. mit 9 Fig. — Unter der Voraussetzung, daß die Kurve, die die Variation von $A(m)$ mit m im Wolf-Diagramm darstellt, eine Gerade ist (Gaußsche Verteilung der Leuchtkräfte, Sterndichte nach dem Gesetz von Seeliger), wird eine Gleichung für die Distanz des Dunkelnebels hergeleitet. Diese liefert die Entfernung mit Hilfe des Wolf-Diagramms ohne Kenntnis der Dispersion σ in den absoluten Helligkeiten der Sterne. Mögliche Fehlerquellen werden diskutiert. Das Diagramm liefert weiterhin die Größe der Absorption ε im Nebel und erlaubt die Herleitung von σ. Die Methode wird auf Fälle erweitert, in denen ε nicht mehr direkt dem Diagramm entnommen werden kann, dann auf den Fall mehrerer Dunkelnebel hintereinander und schließlich, wenn das Gesetz von Seeliger bei der räumlichen Sterndichte nicht mehr erfüllt ist. Beispiele erläutern die Ableitungen. Gli.

§ 54

Kosmogonie der Himmelskörper

5401. **R. A. Alpher, R. C. Herman,** The origin and abundance distribution of the elements. Annual Rev. Nuclear Sci. **2** 1—40. —Ref. in RJ Astr. Geod. UdSSR Nr. **4**, 1955; Ref. Nr. 1607 (russisch).

* * **R. A. Alpher, J. W. Follin jr., R. C. Herman,** Initial conditions in the expanding universe and element synthesis. Vgl. Ref. 4101.

5402. **W. A. Ambarzumjan,** Das Problem der Entstehung der Sterne im Lichte neuerer Arbeiten der sowjetischen Astrophysiker. Bote Akad. Wiss. UdSSR Nr. **12** S. 49—60 (russisch). — Ref. in RJ Astr. Geod. UdSSR Nr. **4**, 1954; Ref. Nr. 3186 (russisch).

5403. **W. A. Ambarzumjan,** Über Protosterne. DAN Armen. Sowjetrepublik **16** 97—102 (russisch). — Ref. in RJ Astr. Geod. UdSSR Nr. **1**, 1954; Ref. Nr. 1888 (russisch).

5404. **G. Armellini,** Osservazioni sul problema dei due corpi di masse variabili e sopra alcune sue applicazioni alla cosmogonia. Rend. Accad. Nazionale Lincei, Cl. Sci. fis., mat., nat. (8) **14** 727—733 = Oss. Astr. Roma Monte Mario Contr. Sci. Nr. **191**. — Nach einer kurzen Behandlung der Grundgleichungen der Dynamik im Zweikörperproblem mit veränderlichen Massen wird bewiesen, daß die Hypothese Ambarzumjans über die Änderung der Sternmassen die durch die Beobachtungen bestätigte Form der Doppelsternbahnen erklärt. Die Exzentrizität der Bahn verändert sich im umgekehrten Verhältnis zur Masse. Cester

* * **R. Brandt,** Neue Untersuchungen über diffuse Gasnebel in der Milchstraße und ihre Beziehungen zur Kosmogonie. Vgl. Ref. **12204**.

5405. **E. M. Burbidge, G. R. Burbidge,** The abundances of the elements. Obs **73** 69—74. — Die kurzen Referate über astronomisch wichtige Beiträge zu einer Konferenz über die Häufigkeit der Elemente (Yerkes Observatory 1952 Nov.) betreffen theoretische Methoden für die Analyse von Sternatmosphären, gegenwärtige Beobachtungsdaten über stellare Häufigkeiten, unterschiedliche chemische Zusammensetzung von Sternen verschiedener Geschwindigkeit und von verschiedenen Spektraltypen, das Wasserstoff-Helium-Verhältnis, Isotopenhäufigkeiten, Konvektionszonen und Zusammensetzungen im Sterninnern, Wirkungsquerschnitte für Kernreaktionen, Sternentwicklung, Häufigkeiten in der ursprünglichen kosmischen Strahlung und Ursprung der Elemente. O. G.

* * **E. de Caro,** Sulla variazione degli elementi orbitali nel moto relativo di due astri di masse variabili. Vgl. Ref. **4205**.

5406. **W. G. Fessenkow, D. A. Roshkowskij,** Einige Daten über die Natur der sich aus gas-staubförmigen Nebeln bildenden Sterne. AJ UdSSR **30** 3—14, mit 6 Tafeln (russisch). — Ref. in Urania Kraków **24** 274—275. — Auf Aufnahmen mit einem Maxutow-Teleskop gelang den Verf. die Auffindung zahlreicher Nebelfasern mit jeweils einigen, also kettenförmig angeordneten Verdickungen, die mit großer Wahrscheinlichkeit als Sterne in einem prästellaren Zustand angesprochen werden. Die Entfernungen voneinander werden auf einige Hundertstel pc abgeschätzt, die Zeit der Entwicklung bis zu einem Zeitpunkt, in dem eine Verdickung als Stern aufgefaßt werden darf, auf größenordnungsmäßig eine halbe Million Jahre. Die Entstehung von Sternen ist also eng mit der Entwicklung gas-staubförmiger Nebel gekoppelt. Daraus läßt sich vielleicht auch die Ausbildung von Aureolen und Schlingen um gewisse Sterne verstehen. Loh.

5407. **G. Gamow,** Origin of protogalaxies. AJ **58** 39. — Ref. AAS.

5408. **F. Hoyle,** On the fragmentation of gas clouds into galaxies and stars. ApJ **118** 513—528. — Verf. skizziert den mutmaßlichen Entwicklungsgang einer ausgedehnten Wasserstoffwolke der Dichte 10^{-27} g · cm^{-3}. Danach soll eine solche durch «Gravitationsturbulenz» zunächst in Wolken von Galaxien und jede Galaxis dann in Sterne der Population II zerfallen. Ferner werden spekulative Betrachtungen über Größe und Entwicklung einer Galaxie und die Bildung von Sternen der Population I angestellt. Kdr.

5409. **P. Jordan,** Fortschritte im Problem der Sternentstehung. Naturwissenschaften **40** 541—545. — Es werden die Schwierigkeiten, die der intuitiven Deutung der Sternentstehung durch Kondensation aus interstellarer Materie entgegenstehen, anschaulich und ausführlich aufgezeigt. Besonders unverständlich sind expandierende Sterngruppen, wie die O-Assoziation um ζ Persei nach A. Blaauw. Man kommt zu der wahrscheinlichsten Annahme, daß diese Gruppe vor 1.3 Millionen Jahren durch Explosion eines 230 Sonnenmassen schweren Sterns entstand, wobei unklar bleibt, wie sich so ein massereicher Stern bildet. Es wird auf die Zusammenhänge zwischen planetarischen Nebeln, Radiostrahlungsquellen und Supernovae hingewiesen. Dv.

5410. **S. A. Kaplan,** Über die Bildung der Sterne. AJ UdSSR **30** 391—393, mit 1 Abb. (russisch). — Ref. in Postępy Astr. **2** 39—40, mit 1 Fig. — In Anlehnung an Parenago (vgl. AJB **51** Ref. **9724**) nimmt Verf. an, daß der Lebensweg neugebildeter Sterne nicht nur an einer bestimmten Stelle des oberen Teiles der Hauptreihe beginnt und dann entlang dieser verläuft, sondern daß die Sterne innerhalb eines gewissen Abschnitts in die obere Hauptreihe eintreten können. Von der Leuchtkraftformel und der Masse-Leuchtkraft-Funktion ausgehend, leitet Verf. nun eine Beziehung zwischen der ursprünglichen und der heute beobachteten Leuchtkraftfunktion ab. Unter gewissen plausiblen Annahmen für die eingehenden Parameter zeigt sich dann, daß Sterne mit $M = -5^m$, 10 $\mathfrak{M}_{\odot}$ und Spektraltyp B1 in der ursprünglichen Leuchtkraftfunktion am häufigsten sind. Etwa 80% aller Sterne haben Anfangsmassen zwischen 6 und 18 $\mathfrak{M}_{\odot}$. Loh.

5411. **R. O. Kapp,** Theories about the origin and disappearence of matter. Obs **73** 113—116. — Verf. vertritt in einer Diskussion verschiedener Theorien über Entstehen und Verschwinden von Materie die Auffassung, daß Partikel rein zufällig, das heißt ausdrücklich ohne Ursache, sowohl entstehen als auch verschwinden können. Aus anderen Theorien werden Folgerungen abgeleitet, die teils den Beobachtungen direkt widersprechen, teils als unwahrscheinlich angesehen werden müssen. O. G.

5412. **J. Kleczek,** Entwicklung der Sterne und die Korpuskularstrahlung. Vesmír **32** 162—163, mit 2 Fig. (tschechisch).

5413. **A. March,** Urnebel und Weltentstehung im Universum. Universitas 8 281—288.

5414. **A. G. Massewitsch,** Die Entwicklung eines Sterns der Hauptreihe bei unterschiedlicher chemischer Zusammensetzung von Hülle und konvektivem Kern. AJ UdSSR **30** 508—516, mit 3 Abb. (russisch). — Es werden die möglichen Wege der stetigen Entwicklung der Sterne behandelt, die einen konvektiven Kern besitzen, in Kern und Hülle verschiedene chemische Zusammensetzung aufweisen und in deren Hüllen das Absorptionsgesetz $K = K_0\, \varrho^{\,0.875}\, T^{-3.5}$ gilt. Die unter Annahme konstanter Masse und einer nur durch korpuskulare Ausstrahlung veränderlichen Masse durchgeführten Rechnungen werden auf eine Reihe von Hauptreihensternen oberhalb der Sonne angewandt. Die Entwicklungswege verlaufen im Sinne des H-R-Diagramms kurze Stücke nach rechts und oben, bei veränderlicher Masse nach rechts mit Umkehr in einigen Fällen. Loh.

5415. **W. H. McCrea,** The rate of accretion of matter by stars. MN **113** 162—179. — Die Frage, ob Sterne hoher Leuchtkraft, denen heute ein nur geringes Alter zuzubilligen ist, tatsächlich erst vor relativ kurzer Zeit entstanden sind, oder ob es sich hierbei um alte Sterne geringer Masse handelt, die sich durch Einfangen interstellaren Gases «verjüngt» haben, wird eingehend erörtert. Bei den derzeitigen Durchschnittswerten für die Dichte der interstellaren Materie und für die Sterngeschwindigkeiten kommt die Einfanghypothese nicht in Frage. In Ausnahmefällen jedoch, beim Eindringen langsam bewegter Sterne in Wolken überdurchschnittlicher Dichte, kann das Einfangen interstellarer Materie einen wesentlichen Entwicklungsfaktor darstellen. Kdr.

* * **L. Mestel,** Rotation and stellar evolution. Vgl. Ref. **4305**.

* * **G. R. Miczaika,** Evolutionary trends in the H-R diagram of galactic clusters. Vgl. Ref. **12114**.

5416. **M. E. Nabokow,** Der evolutionäre Zusammenhang der Unregelmäßigen, Halbregelmäßigen und Mira-Sterne. Astr Circ UdSSR Nr. 140 S. 12—13 (russisch). — Aus der Verteilung der genannten Sterne bis $m_{pg} = 11$ wird gefolgert, daß diese ein einheitliches System in verschiedenen

Stufen der Entwicklung und entsprechend unterschiedlicher (mit dem «Alter» abnehmender) galaktischer Abflachung darstellen. Die Unregelmäßigen gelten als besonders jung und fallen mit Anhäufungen von Dunkelmaterie zusammen. Bei den Halbregelmäßigen scheinen die Relativgeschwindigkeiten gegenüber der Sonne mit der Periode anzuwachsen. Petri

5417. **D. O'Connell,** «According to Hoyle». Irish AJ **2** 127—138, mit 12 Tafeln = Riverview Coll. Obs. Repr. Nr. **5**. — Drei australische Rundfunkvorträge, die sich kritisch mit Hoyles Rundfunkvorträgen über 1. Entstehung des Sonnensystems, 2. Entstehung und Entwicklung des Universums, 3. die Bedeutung der Religion im Menschenleben auseinandersetzen. Dv.

5418. **E. J. Öpik,** Stellar associations and supernovae. Irish AJ **2** 219—233, mit Tafel 18 = Armagh Obs. Leaflet Nr. **22**. — Die expandierenden Hüllen der Supernovae, die Wasserstoffringe (wie im Orion und in der Großen Magellanschen Wolke), die Bewegungshaufen und die expandierenden Assoziationen werden unter einer gemeinsamen kosmogonischen Arbeitshypothese zusammengefaßt: Aus der expandierenden, beim Durchlaufen des interstellaren Gases an Masse zunehmenden Hülle einer Supernova kondensieren die Sterne einer Assoziation. Wenn bei jedem derartigen Prozeß nur eine neue potentielle Supernova hervorgeht, dann werden kettenreaktionsartig laufend Sterne geboren in dem Maße, in dem die Dichte der interstellaren Materie abnimmt. Die Supernovae bilden so die Hauptquelle des Sterninhalts einer Galaxis. Haffner

5419. **W. Petri,** Sternsysteme in der Entwicklung. Sternenwelt **5** 97—101, mit 4 Abb.

* * **K.-H. Schmidt,** Die Assoziation der Sterne frühen Spektraltyps im Orion. Vgl. Ref. **12349**.

5420. **E. Schoenberg,** Nebelfasern zerfallen in Sterne. Sternenwelt **5** 162—165, mit 6 Abb.

5421. **M. Schwarzschild, L. Spitzer jr.,** On the evolution of stars and chemical elements in the early phases of a galaxy. Obs **73** 77—79. — Ref. in Sky and Telescope **12** 286 unter dem Titel: Ancient massive stars. — Die sehr geringe Häufigkeit der Metalle in den ältesten Sternen der Population II, die große Zahl der weißen Zwerge und der Rotexzeß entfernter elliptischer Nebel werden zusammen als Anzeichen dafür gedeutet, daß in der ersten Entwicklung eines galaktischen Systems eine große Zahl relativ massiver Sterne von kurzer Lebensdauer gebildet worden ist. Der «Tod» dieser Sterne soll die Ursache für die Entstehung des größeren Teils der schweren Elemente und auch der weißen Zwerge gewesen sein. O. G.

5422. **H. Siedentopf,** Entwicklung im Weltall. Deutsches Museum Abh. u. Ber. **21** Heft 1, 26 S. mit 16 Abb.

5423. **H. Slouka,** About various star age. RH **34** 37—39, mit 1 Fig. (tschechisch).

5424. **O. Struve,** Stellar Evolution. Vgl. AJB **50** Ref. **5427**. — Weitere Besprechung in Scientia **88** 115 (J. Gauzit).

5425. **O. Struve,** Comments on V. G. Fessenkov's theory of star formation. AJ **58** 230—231. — Ref. AAS.

5426. **O. Struve,** The history of the chemical elements. Sky and Telescope **12** 152—155, mit 3 Fig.

5427. **E. I. Suschkina,** Über die Entwicklung der roten Riesen. AJ UdSSR **30** 274—278, mit 3 Abb. (russisch). — Verf. rechnet in Anlehnung an Sorokin (AJ UdSSR **29** 25, AJB **52** Ref. **5228**) eine Reihe von Modellen roter Riesen mit isothermem Kern durch. Während der Entwicklung werden Masse des Sterns

(= $4\mathfrak{M}_\odot$) und chemische Zusammensetzung der Hülle (40% H) als unveränderlich betrachtet; nur die Masse des isothermen Kerns wächst durch die Umwandlung von H in He in der energieliefernden Zone ein wenig. Solange die Entartung des isothermen Kerns gering ist, verbleibt der Stern in seiner Entwicklung in der Nähe der Hauptreihe, wobei Leuchtkraft und Radius etwas zunehmen. Bei größerem Radius des Sterns kann der isotherme Kern nur dann stabil bleiben, wenn in seinem Innern Entartung einsetzt. Daraufhin wandert der Stern aber im Hertzsprung-Russell-Diagramm in 4×10^8 Jahren nach rechts und etwas abwärts zum Riesenast. Loh.

5428. **Tschen Bjao,** Fragen zur Entwicklung der Hauptreihensterne. Tjanwen sjuebao (Acta Astr. Sinica) **1** Nr. 1 S. 87—95 (chinesisch). — Aus Arbeiten von W. G. Fessenkow und A. G. Massewitsch zusammengefaßter Bericht.

5429. Publikationen der zweiten Tagung über Fragen der Kosmogonie vom 19. bis 22. Mai 1952. Verlag Akad. Wiss. UdSSR, 1953. 582 S. mit Abb. und Tafeln. Preis 27 R. 90 Kop. (russisch). — Ref. in RJ Astr. Geod. UdSSR Nr. **3**, 1955; Ref. Nr. 1159 (russisch). — Im Anschluß an einen Vortrag von W. A. Ambarzumjan über die Entstehung der Sterne und Sternsysteme (S. 9—78) sprachen zahlreiche sowjetische Astronomen über die verschiedensten Probleme der Kosmogonie. Der größte Teil der Vorträge und Diskussionen ist ohne Einzeltitel im Wortlaut wiedergegeben. Loh.

5430. Age and evolution of the ζ Persei group of O- and B-type stars. Nature **171** 1005. — Ref. der in AJB **52** Ref. 5404 zitierten Arbeit von A. Blaauw.

5431. Origin of protogalaxies. Sky and Telescope **12** 149—150. — Ref. AAS.

5432. Przyznanie nagród Fiesjenkowowi i Rożkowskiemu. Urania Kraków **24** 81—82. — Ref. aus Bote Akad. Wiss. UdSSR **9** 117, 1952.

* * Über die Ergebnisse der Tagung zur Frage der Entstehung der kosmischen Strahlung und ihrer Rolle in der Kosmogonie. Vgl. Ref. **12733**.

§ 55

Kosmogonie des Planetensystems

5501. **T. Arldt,** Zur Entstehung der Erde und der Planeten. Naturwiss. Rundschau **6** 508—509. — Besprechung sowjetischer Arbeiten von W. G. Fessenkow, O. J. Schmidt und W. S. Safronow.

5502. **C. S. Beals,** The end of the world. J RAS Canada **47** 49—64. — Populärer Vortrag über die Frage nach der Zukunft und dem Ende der Erde auf Grund der Vorstellungen der heutigen Astronomie. Kdr.

5503. **H. P. Berlage,** The masses of planets and satellites derived from the disc theory of the origin of the solar system. Proc. Section Sci. K. Nederl. Akad. Wetensch. (B) **56** 56—66. — Es wird gezeigt, daß die Scheibentheorie über die Entstehung des Planetensystems in der vom Verf. angenommenen Form zu einer Formel für die Massen der Planeten und für die Massen der Körper irgendeines sekundären Systems führt, die sich leicht den beobachteten Werten anpassen läßt und außerdem auf eine bestimmte Antwort auf einige damit in Verbindung stehende Fragen hinweist. Verf. (übersetzt)

5504. **H. Bondi,** Accretion and the origin of comets. Vgl. Ref. **1199,** daselbst S. 332—336, hierzu Diskussion S. 386—389. — Eine genauere Begründung der Lyttletonschen Theorie der Kometenentstehung durch «Accretion» wird gegeben. Weder die Störungen durch Planeten noch anfängliche Dichte- und Geschwindigkeitsschwankungen innerhalb der interstellaren Wolke können den Prozeß der «Accretion» verhindern. Hat dieser einmal eingesetzt, so verstärkt sich der «Accretion»-Strom laufend, und es bilden sich infolge Instabilität Konglomerate, die in Richtung auf den Schwerpunkt Sonne + Planeten beschleunigt werden. Bestehen die interstellaren Wolken vorwiegend aus Staubpartikeln, dann werden die Konglomerate als Kometen sichtbar. Hunger

5505. **C. B. Collins, R. D. Russell, R. M. Farquhar,** The maximum age of the elements and the age of the earth's crust. Canad. J. Phys. **31** 402—418. — Ref. in Phys. Abstracts (A) **56 497.**

5506. **D. ter Haar,** On Kuiper's theory of the origin of the solar system. Proc. Roy. Soc. Edinburgh (A) **64** 1—8. — Ref. in Phys. Abstracts (A) **57** 671.

5507. **F. G. Houtermans,** Determination of the age of the earth from the isotopic composition of meteoritic lead. Nuovo Cimento **10** 1623 — 1633. — Ref. in Phys. Abstracts (A) **57** 518.

5508. **M. P. Iwanowskij,** Die Entstehung der Welten. Abriß der heutigen Vorstellungen über die Entstehung und Entwicklung des Sonnensystems. Leningrad, «Junge Garde», 1951. 378 S. mit Abb. (russisch). — Besprechung in AJ UdSSR **30** 111—**114** (P. P. Dobronrawin, russisch).

* * **C. de Jager,** The structure of the metal meteorites and the problem of their origin. Vgl. Ref. 8309.

* * **M. L. Jaschtschenko, F. K. Gerling,** Alter und Herkunft der Tektite. Vgl. Ref. 8310.

5509. **G. P. Kuiper,** Satellites, comets, and interplanetary material. Proc. National Acad. Sci. USA **39** 1153—1158. — Verf. bringt mechanische und physikalisch-chemische Argumente dafür vor, daß die Satelliten der Planeten ihren Ursprung zwei verschiedenen Prozessen verdanken, der Weg ihrer Bildung also nicht für alle gleich war. Die großen Satelliten entwickelten sich nach Kuiper aus dem Aufteilen des Gasnebels, der den Planeten bei seiner Bildung umgab. Diese Aufteilung und Zerfetzung des Nebels tritt als Folge einer Gravitationsinstabilität auf. Für das Auftreten dieser Instabilität existiert jedoch eine Grenzdichte im Nebel, unterhalb welcher dieselbe ausbleibt. Die kleinsten Satelliten müssen sich andererseits (was nach dem Autor aus ihren kleinen Massen folgt) in Nebeln gebildet haben, deren Dichte die genannte Grenzdichte unterschritt. Die Formung der Satelliten geschieht hier durch Massenaufsammlung eines kleinen Kondensationskernes. Zu den kleinen Satelliten zählen auch die Kometen und Kleinen Planeten. Wurm

5510. **G. P. Kuiper,** Note on the origin of the asteroids. Proc. National Acad. Sci. USA **39** 1159—1161. — Verf. zeigt, daß die früher von ihm aufgestellte Hypothese zur Bildung der Kleinen Planeten aufgegeben werden muß, und hält es nach seinen Untersuchungen zur Kosmogonie der Satelliten für am wahrscheinlichsten, daß die Planetoiden durch einen Wachstumsvorgang in einem gravitationsstabilen Nebel entstanden sind. Böh.

5511. **G. P. Kuiper,** Comets and the dissipation of the solar nebula. Vgl. Ref. **1199,** daselbst S. 361—385, hierzu Diskussion S. 386—389. — Eine kritische Diskussion der sogenannten Solar-Nebel-Theorie über die Entstehung des Sonnensystems wird gegeben. Studiert wird der Zeitraum nach der Bildung der Protoplaneten, in dem die restliche Materie aus dem interplanetarischen Raum entfernt wird, und die Protoplaneten zum größten Teil verdampfen. Für den Vorgang der Dispersion der interplanetarischen Materie wird in erster Linie die solare Korpuskelstrahlung (ähnlich der Beschleunigung der Kometenschweifmaterie nach Biermann) verantwortlich gemacht. Hunger

5512. **A. Lebedinsky,** Recent Soviet theories on the origin of the solar system. JBAA **63** 274—277.

5513. **B. J. Lewin,** Die Kosmogonie des Planetensystems und die Entwicklung der Sonne. DAN **91** 471—474 (russisch). — Unter Voraussetzung der Gültigkeit der Masse-Leuchtkraft-Funktion und des Drehimpulssatzes wird eine Formel abgeleitet, die die Temperatur der Oberfläche eines sich um die Sonne bewegenden schwarzen Körpers bestimmt. Wenn man annimmt, daß sich die Planeten aus festen Teilchen gebildet haben, darf nach dieser Formel die Masse der Sonne nicht das 2.5-fache ihres heutigen Betrages überstiegen haben, weil sonst in der Merkurbahn die Temperaturen zu hoch wären, und die Existenz fester Partikel ausgeschlossen wäre. Die protoplanetare Wolke hat sich wahrscheinlich durch Einfangprozesse um die Sonne gebildet. Loh.

5514. **B. J. Lewin,** Einige Fragen der Entwicklung, des Aufbaues und der Zusammensetzung der Erde. Nachr. Akad. Wiss. UdSSR (Geophys.) Nr. **4** S. 289—306 (russisch). — Ref. in RJ Astr. UdSSR Nr. **3**, 1953; Ref. Nr. 1388 (russisch).

5515. **B. J. Lewin,** Die Entstehung der Erde und Planeten. Ufa, Staatsverlag der Baschkirischen Autonomen Sowjetrepublik, 1953. 31 S. mit Abb. Preis 40 Kop. (baschkirisch).

5516. **R. A. Lyttleton,** On the origin of comets' tails. Vgl. Ref. **1199**, daselbst S. 351—360, hierzu Diskussion S. 386—389. — Bei einem Periheldurchgang mit $R \sim 1$ A. E. überwiegt die Gravitationskraft der Sonne bei weitem die inneren Gravitationskräfte eines Kometenkerns. Der Kern besteht daher aus einem Schwarm unabhängiger Partikel, von denen mindestens ein Teil bei jedem Periheldurchgang miteinander in Kollision gerät und so aus größeren Partikeln kleinere Spaltprodukte und schließlich die Schweifmaterie des Kometen entsteht. Die beobachteten Unterschiede in den Dimensionen der Kometen vor und nach dem Periheldurchgang finden auf Grund ähnlicher Überlegungen eine einfache Erklärung. Hunger

* * **R. A. Lyttleton,** The Comets and their Origin. Vgl. Ref. 8019.

5517. **W. H. McCrea,** Notes on the Lyttleton theory of comets. Vgl. Ref. **1199**, daselbst S. 337—350, mit 1 Fig., hierzu Diskussion S. 386—389. — Die von der Beobachtung geforderten Bahndrehimpulse der Kometen erhält man auf der Basis der Lyttletonschen Theorie, wenn man in der interstellaren Wolke Dichte- oder Geschwindigkeitsinhomogenitäten von $\approx 100\%$ über einer Ausdehnung von ≈ 0.1 pc annimmt. Die Diskrepanz zwischen Theorie und Beobachtung bezüglich der Entfernung von der Sonne, in der die Kometen entstehen, 1000 A. E. (Lyttleton) bzw. 50000 A. E. (Oort), kann man mit Hilfe einer etwas modifizierten Form der Lyttletonschen Theorie beseitigen. Hunger

5518. **J. Mohr,** Jak vznikla naše Země? Prag, Verlag Orbis. 4 + 28 S. mit 8 Fig. Preis Kčs. 2.40. — Entstehung unserer Erde.

* * **D. O'Connell,** «According to Hoyle». Vgl. Ref. **5417**.

5519. **J. H. Oort,** Inferences on the origin of comets derivable from the distribution of the reciprocal major axes. Vgl. Ref. **1199**, daselbst S. 324—331, hierzu Diskussion S. 386—389. — Die Verteilung $\bar{n}$ der Kometen über $1/a$ (a große Bahnhalbachse) zeigt ein sehr scharfes Maximum bei $1/a = 0$ bis 5×10^{-5} A. E., das heißt, ein erheblicher Teil der Kometen kommt aus Entfernungen > 40000 A. E. Eine Statistik der Störungen der Kometenbahnen durch Planeten liefert eine symmetrische Verteilungsfunktion in $\Delta(1/a)$ (Störung der großen Halbachse bei einem Periheldurchgang), die eine erheblich größere mittlere Breite besitzt als das sehr enge Maximum von $\bar{n}(1/a)$. Daraus muß man schließen, daß der größte Teil der beobachteten Kometen neu ist,

das heißt, daß er zum ersten Mal aus dem Kometenreservoir $a > 40000$ A.E. kommend die Sonne passierte. Bei jedem Periheldurchgang nimmt die Helligkeit des Kometen und damit die Möglichkeit, beobachtet zu werden, ab. Zwischen alten und neuen Kometen scheinen charakteristische Unterschiede zu bestehen.
Hunger

5520. **W. W. Radsijewskij,** Über die Entstehung der vorplanetarischen Wolke in der kosmogonischen Theorie von O. J. Schmidt. DAN **90** 517—520, mit 1 Abb. (russisch). — Verf. behandelt das Problem des Einfangs einer kosmischen Staubwolke von der Sonne, wobei auf die Vergrößerung der effektiven Masse der Sonne besonders geachtet wird. Bei einer Zunahme der effektiven Masse von 10^{20} gr/sec im Verlauf von einer Million Jahre werden alle Teilchen innerhalb einer Kugel mit einem Radius von 10^{18} cm und Geschwindigkeiten unter 2×10^4 cm/sec von der Sonne eingefangen. Während dieser und den nachfolgenden Entwicklungen dürfen andere physikalische Bedingungen nicht außer Acht gelassen werden. Loh.

5521. **L. V. Robinson,** On the origin of comets. AJ **58** 226. — Ref. AAS.

5522. **E. Schatzmann,** Remarques sur la théorie cosmogonique de G. P. Kuiper. Ann d'Astrophys **16** 179—180 = Contr. Inst. d'Astrophys. Paris (B) Nr. **102**. — Verf. bespricht kurz einige nach seiner Ansicht anfechtbare Punkte der Kuiperschen Theorie der Planetenentstehung, und zwar die Frage der Turbulenz im ursprünglichen Sonnennebel und die von Kuiper gegebene Begründung für Größe und Richtung der Rotationsgeschwindigkeiten der Planeten.
Kdr.

5523. **O. J. Schmidt,** Die Entstehung der Planeten und ihrer Begleiter. Tjanwen sjuebao (Acta Astr. Sinica) **1** Nr. 1 S. 110—130 (chinesisch). — Übersetzung des im AJB **50** Ref. **5524** zitierten Aufsatzes ins Chinesische.

5524. **O. J. Schmidt,** Vier Vorträge über die Hypothese der Erdentstehung. Tiflis, Verlag Akad. Wiss. Georg. Sowjetrepublik, 1953. 84 S. Preis 1 R. 40 Kop. (georgisch).

5525. **W. M. Smart,** The Origin of the Earth. Vgl. AJB **51** Ref. **5529**. — Weitere Besprechung in Nature **171** 3—4 (W. M. H. Greaves).

5526. **W. M. Smart,** L'origine de la Terre. Paris, Payot, 1952. 236 S. mit 42 Fig. und 6 Tafeln. Preis fr. 900. — Übersetzung des vorstehenden Werkes ins Französische. — Besprechung in La Nature **81** 256.

5527. **K. A. Steins,** Über die Entstehung der langperiodischen Kometen. AJ UdSSR **30** 184—195, mit 1 Abb. (russisch). — Ref. in Astr. News Letter Nr. **72** S. 15—17. — Verf. kommt auf Grund seiner Rechnungen über die Veränderung der reziproken Bahnhalbachsen durch Jupiterstörungen zum Schluß, daß in kosmogonischen Fragen die Kometen als Glieder des Sonnensystems zu betrachten sind. Loh.

5528. **O. Stojanowa,** Die Entstehung der Erde und die tektonischen Bewegungen im Licht der Hypothese von O. J. Schmidt. Geographija **3** Nr. 6 S. 19—21 (bulgarisch). — Ref. in RJ Astr. Geod. UdSSR Nr. 1, 1954; Ref. Nr. 1886 (russisch).

5529. **G. F. Sultanow,** Die theoretischen Verteilungen der Bahnelemente der Splitter des hypothetischen Olbersschen Planeten. Mitt. Astr. Sternberg-Inst. Nr. 88—**89** S. 54—60, mit 1 Abb. (russisch). — Ref. in Urania Kraków **25** 247. — Unter gewissen Voraussetzungen und methodisch in Anlehnung an Moissejew (vgl. AJB **35** Ref. **6506**) leitet Verf. die Verteilungsfunktionen der großen Halbachsen, der Bahndrehimpulse und der Jacobischen Konstanten der Splitter des Olbersschen Planeten für den Fall ab, daß dieser im Perihel in einige grobe, und diese in kleinere Brocken zerfielen. Loh.

5530. **G. F. Sultanow,** Über die Entstehung der Kleinen Planeten. Nachr. Akad. Wiss. Aserbajdshan. Sowjetrepublik Nr. 7 S. 65—82 (russisch). — Ref. in RJ Astr. UdSSR Nr. 3, 1953; Ref. Nr. 1388 (russisch).

5531. **H. C. Urey,** Comments on planetary convection as applied to the earth. Phil. Mag. **44** 227—230. — Ref. in Phys. Abstracts (A) **56** 676.

* * **H. C. Urey, H. Craig,** The composition of the stone meteorites and the origin of the meteorites. Vgl. Ref. 8331.

5532. **F. E. Wickman,** Hur man sökt bestämma jordens ålder. PAT **34** 135—142, mit 1 Fig. — Es wird über die Methoden, aus dem radioaktiven Zerfall das Alter der Erde zu bestimmen, gemeinverständlich berichtet. Ra.

* * **J. Witkowski,** Oppenheim's phenomenon and its bearing on the origin of comets. Vgl. Ref. 8035.

5533. **S. K. Wsechswjatskij,** Neue Arbeiten über die Herkunft der Kometen und die Auswurftheorie. Publ. Astr. Obs. Kiew Nr. **5** S. 3—57, mit 9 Abb. (russisch). — Inhalt: Einleitung, S. 3—7; Die kurzperiodischen Kometen und die Einfangtheorie, S. 7—14; Über die Geschwindigkeit des Kometenschwundes, S. 14—22; Die Verteilung der Bahnen der Auswurfprodukte, S. 23—31; Die beobachteten Besonderheiten des Systems der periodischen und parabolischen Kometen, S. 32—41; Abschätzung der Zahl und Gesamtmasse der im Sonnensystem gebildeten Kometen, S. 41—48; Auswurftheorie und Probleme des Sonnensystems, S. 48—57. Loh.

5534. Fragen der Geologie und Geophysik in der kosmogonischen Theorie des Akademiemitglieds O. J. Schmidt. Bote Akad. Wiss. UdSSR Nr. 4 S. 88—90 (russisch). — Ref. in RJ Astr. UdSSR Nr. 2, 1953; Ref. Nr. 932 (russisch).

5535. Beurteilung des Buches von O. J. Schmidt «Vier Lektionen über die Theorie der Entstehung der Erde». Magyar tud. akad. mat. fis. oszt. kösl. **3** 579—601 (ungarisch). — Ref. in RJ Astr. Geod. UdSSR Nr. 3, 1955; Ref. Nr. 1152 (russisch).

Siebenter Teil

Sonne

§ 60

Astrometrische Beobachtungen, Allgemeines

6001. **Astrometrische Beobachtungen**

Greenwich Astronomical Results 1939, A 7—A 10. Observed right ascensions, declinations and diameters.

Desgl. für 1945. Greenwich Astronomical Results 1945, A 5—A 8.

6002. **G. A. Aristow,** Die Sonne. Vgl. AJB **50** Ref. **6002**. — Die 2. Auflage erschien 1953.

6003. G. A. **Aristow,** Erde und Sonne. Baku, Zentrales Unterrichtsbüro des Komitees für kulturell-volksbildende Institutionen beim Ministerrat der Aserbajdshanischen Sowjetrepublik, 1953. 40 S. (russisch oder aserbajdshanisch).

6004. **M. Cimino,** Le variazioni del diametro solare osservate all'Osservatorio Astronomico di Roma e le recenti teorie elettrodinamiche stellari. Vgl. Ref. **11108,** daselbst S. 220—228, 247—249, mit 1 Fig. = Oss. Astr. Roma Monte Mario Contr. Sci. Nr. **196.** — Ref. in Urania Kraków **26** 119. — Verf. diskutiert ausführlich die von ihm aus dem 60jährigen römischen Material nachgewiesene Pulsation des Sonnendurchmessers, die eine 22jährige Periode nahelegt. Er vergleicht seine Werte mit den teilweise widersprechenden Beobachtungen von Ambronn und Schur und den theoretischen Untersuchungen von Cowling, Richardson und Schwarzschild. U. Be.

6005. **M. A. Giannuzzi,** Riduzione delle osservazioni dei diametri solari orizzontali, osservati a Greenwich, dal 1851 al 1937 e conferma dell'oscillazione con periodo di 23 anni trovata al Campidoglio. Mem SA It (NS) **24** 305—314, mit 2 Fig. = Oss. Astr. Roma Monte Mario Contr. Sci. Nr. **190.** — Die in Greenwich von 1851 bis 1937 beobachteten Durchgangszeiten der Sonne werden auf die mittlere Entfernung von der Erde reduziert. Die daraus abgeleiteten Sonnendurchmesser lassen eine 22—24jährige Schwankung erkennen, die auch schon Cimino aus Beobachtungen in Campidoglio zwischen 1876 und 1937 gefunden hat. Cester

6006. **J. Houtgast, J. Damen Sterck,** Orde in de zonneverschijnselen, anno 1953. Hemel en Dampkring **51** 227—228, mit 1 Beilage = Sterrewacht «Sonnenborgh» Utrecht Overdruk Nr. **9.**

6007. **F. Link, Z. Švestka,** Slunce a jeho vlivy na Zemi. Prag, Verlag Akad. Wiss. 168 S. mit 62 Fig., 14 Beilagen. Preis Kčs. 16.— Monographie über die Sonne und ihre Einflüsse auf die Erde. Inhalt: Einführung, Photosphäre, Photosphärische Erscheinungen, Chromosphäre, Protuberanzen, Korona, Sonnenstrahlung, Sonnentätigkeit, Sonnentheorien. J. B.

6008. **A. G. Massewitsch,** Aufbau und Entwicklung der Sonne. Moskau, «Snanije», 1953. 32 S. mit 15 Abb. (russisch). — Ref. in RJ Astr. UdSSR Nr. **3,** 1953; Ref. Nr. 1117 (russisch).

6009. **A. G. Massewitsch,** Die Sonne, ihr Bau und ihre Entwicklung. Moskau, Verlag «Snanije», 1953. 24 S. mit Abb. Preis 45 Kop. (russisch).

6010. **J. Mergentaler,** Słonce i gwiasdy. Urania Kraków **24** 44—48, 74—81, 103—112, 231—236, 261—267, mit 10 Abb. und 4 Tafeln.

* * **H. Quiring,** Höhenwind und Kepler-Bewegung. Vgl. Ref. **7609.**

* * **W. W. Scharonow,** Zusammenstellung von Farbvergleichen des Mondes und der Sonne. Vgl. Ref. **7327.**

* * **W. W. Scharonow,** Die Sonne und ihre Beobachtung. Vgl. Ref. **2058.**

6011. **E. M. Schifrina,** Der Sonnenstrahl und seine Umwandlung. Leningrad, Hydrometeorologischer Verlag, 1953. 100 S. mit 33 Abb. Preis 1 R. 90 Kop. (russisch).

6012. **P. Terpstra,** Zonnewijzers. Groningen, J. B. Wolters, 1953. 148 S. mit 68 Fig. Preis f 3.90. — Besprechung in Hemel en Dampkring **52** 84—85 (P. H. van Cittert).

6013. **M. Waldmeier,** Distorsion des Sonnenrandes. ZfA **33** 17—19. — Verf. gibt eine Beschreibung der Beobachtung einer Distorsion des westlichen Sonnenrandes am 6. März 1953.

6014. **H. S. Zim,** The Sun. Morrow, 1953. 64 S. Preis $ 2.00. — Besprechung in Sky and Telescope **12** 162.

6015. The Solar System. Vol. I. The Sun. Herausgegeben von G. P. Kuiper. Chicago, University of Chicago Press; London, Cambridge University Press, 1953. 19 + 745 S. mit zahlreichen Fig. und Tafeln. Preis $ 12.50 bzw. 4 £ 14s. — Besprechung in Ann d'Astrophys **17** 95 (D. Barbier), JBAA **65** 45—48 (D. W. Dewhirst), J RAS Canada **49** 44—45, Mem SA It (NS) **26** 233—234 (G. Godoli), NAT **1954** 74—76, Obs **74** 178—179 (H. H. Plaskett), Publ ASP **66** 151—154 (E. Pettit), Proc. Phys. Soc. (B) **68** 188—189 (M. G. Adam), Sky and Telescope **13** 164, 340—341 (P. ten Bruggencate). — Inhalt: 1. L. Goldberg, Introduction, S. 1—35; 2. B. Strömgren, The sun as a star, S. 36—87; 3. M. Minnaert, The photosphere, S. 88—185; 4. C. E. Moore, The identification of solar lines, S. 186—206; 5. H. C. van de Hulst, The chromosphere and the corona, S. 207—321; 6. K. O. Kiepenheuer, Solar activity, S. 322—465; 7. J. L. Pawsey, S. F. Smerd, Solar radio emission, S. 466—531; 8. T. G. Cowling, Solar electrodynamics, S. 532—591; 9. Empirical problems and equipment, S. 592—721, enthält kleinere Beiträge verschiedener Autoren. Appendix. Tables. Index.

6016. Planetary influences on the sun. Nature **171** 956—957. — Ref. der in AJB **52** Ref. **6013** zitierten Arbeit von Kopecký, Mayer und Borovičková.

§ 61

Theorie, Rotation, Magnetfeld

6101. **H. Alfvén,** Magneto-hydrodynamic phenomena and their importance to solar physics. Vgl. Ref. **11108**, daselbst S. 250—252. — Es wird über einige Experimente zur Darstellung magneto-hydrodynamischer Effekte mit Quecksilber in Gegenwart starker Magnetfelder berichtet. In Zusammenhang damit wird darauf hingewiesen, daß die reine Hydrodynamik zur Beschreibung der Vorgänge auf der Sonne nicht anwendbar ist. Bru.

6102. **I. Epstein, L. Motz,** On the sun's interior. ApJ **117** 311—312. — Auf Grund neuerer Daten für die Energieerzeugung nach der p-p-Reaktion wurde ein verbessertes Sonnenmodell berechnet. Danach enthält die Sonne 99.8% H, 0% He und 0.2% schwere Elemente. Die Zentraltemperatur beträgt 1.2×10^7 Grad und die Zentraldichte 110 g cm^{-3}. Ein eventuell vorhandener konvektiver Kern kann nur höchstens 3% der Masse bzw. 8% des Radius umfassen. Kdr.

6103. **L. Motz,** The apsidal motion and radius of gyration of the proton-proton solar model. ApJ **118** 147—150, mit 1 Fig. — Für ein Sonnenmodell, dessen Energieerzeugung die nach neueren Daten verbesserte Proton-Proton-Reaktion zugrunde liegt, wird die Konstante der Apsidendrehung und der Gyrationsradius berechnet. Der effektive Polytropenindex des Modells ergibt sich kleiner, als die Beobachtungen erwarten lassen. Auch weicht das Modell beträchtlich von einer früher vom Verf. gefundenen Beziehung zwischen Gyrationsradius und Apsidenkonstante ab. Kdr.

6104. **B. M. Rubaschew,** Über die Gliederung der allgemeinen Zirkulation der Sonne. Bull. Kommission Sonnenforschung Nr. **8**—**9** S. 6—10 (russisch).

6105. **E. L. Schodo,** Bemerkungen zu der Arbeit von E. L. Schodo «Die Rotation der Sonnenphotosphäre aus Fleckenbeobachtungen» in den Mitteilungen des Astronomischen Observatoriums der Staatsuniversität Odessa, Band II, Heft II. Mitt. Astr. Obs. Odessa **3** 337—340, mit 1 Abb. (russisch). — Vgl. AJB **52** Ref. **6106**.

* * **P. N. Tschirwinskij,** Über die quantitativen Gesetzmäßigkeiten der chemischen Zusammensetzung der Himmelskörper. Vgl. Ref. 5138.

Theorie der Atmosphäre

6106. **K. H. Böhm,** Das Strahlungsgleichgewicht in der Sonnenatmosphäre. Phys. Verhandlungen **4** 251 (Ref.).

* * **J. W. Dungey,** A family of solutions of the magneto-hydrostatic problem in a conducting atmosphere in a gravitational field. Vgl. Ref. 5111.

6107. **D. H. Menzel,** Some basic facts of oscillating plasma. Vgl. Ref. 11108, daselbst S. 288—289. — Es wird gezeigt, daß in einem nur aus Elektronen und Protonen bestehenden Plasma radiofrequente Strahlung durch quasikohärente Oszillationen der Elektronen erzeugt werden kann. Bru.

6108. **R. Michard,** Sur la teneur en hydrogène et en hélium de l'atmosphère solaire. Vgl. Ref. **11108**, daselbst S. 44—49. — Aus einer Analyse des kontinuierlichen Spektrums wird für die Sonne der log N_H/N_{Metall} zu 4.38 ± 0.4 und der Quotient N_{He}/N_H zu 0.115 ± 0.075 bestimmt. In einer ergänzenden Note wird das Ergebnis einer Neubestimmung mitgeteilt: log N_H/N_{Metall} $= 3.9$ und $N_{He}/N_H = 0$, woraus folgt, daß die Methode von Michard noch sehr unsicher ist. U. Be.

6109. **M. Minnaert,** Turbulentie in de oppervlaktelagen der zon. Ned. T. Natuurk. **19** 61—67, mit 3 Fig. = Sterrekundig Colloquium van de Nederlandse Astronomen-Club Nr. **12**.

6110. **S. Miyamoto,** Theoretical contour for the solar Lyman Alpha radiation. Publ. Astr. Soc. Japan **5** 74—87, mit 1 Fig. = Contr. Inst. Astrophys. Kyoto Univ. Nr. **36**. — Es wird eine theoretische Voraussage des Emissionsprofils von Ly α gemacht. Die Intensität ist mit dem Grad der Überanregung in der Chromosphäre eng korreliert. Die Breite der Linie berechnet der Autor zu 12 Å, hervorgerufen durch die große optische Dicke der Chromosphäre für Ly α-Strahlung. Priester

6111. **A. A. Nikitin,** Über die Anregung der Sauerstoffatome in der Sonnenatmosphäre. Abh. Shdanow-Staatsuniv. Leningrad Nr. **153** S. 3—18, mit 1 Abb., 1952 = Publ. Astr. Obs. Leningrad **16** 3—18 (russisch). — Die Linien $\lambda = 4364$ und 3692 Å werden als sehr wahrscheinlich und die Linie $\lambda = 3947$ Å wird als vermutlich den Sauerstoffübergängen ($3\,^3S$—$4\,^3P$) bzw. ($3\,^3S$—$5\,^3P$) und ($3\,^5S$—$4\,^5P$) zugeordnet. Nach eingehender Diskussion wird nahegelegt, daß die Niveaus $3\,^3S$ durch $\lambda = 1300$ Å- und $3\,^5S$ durch $\lambda = 1360$ Å-Linienemission aus dem $2\,^3P$-Niveau selektiv angeregt werden. Diese kurzwellige, anregende Strahlung soll von Korona und oberer Chromosphäre ausgehen. Vergleiche mit den Anregungsverhältnissen in den Atmosphären anderer Sterne (Novae, Metallsterne) werden gezogen. Petri

* * **E. N. Parker,** Instability of thermal fields. Vgl. Ref. **5127**.

6112. **E. Schatzman,** Une nouvelle théorie de la granulation solaire. Bull. Cl. Sci. Acad. roy. Belgique (5) **39** 960—970, mit 3 Fig. = Inst. Astr. Bruxelles (2) Nr. **90**. — Verf. schlägt vor, zur Deutung der beobachteten Granulationsstruktur der Sonnenoberfläche den Durchgang von Druckwellen durch die Photosphäre heranzuziehen. Der Ursprung der Druckwellen wird in die Wasserstoffkonvektionszone gelegt. Es ergibt sich, daß nur die oberflächennächsten Schichten hierfür in Frage kommen, da Wellen aus tieferen Schichten vor Erreichen der optisch sichtbaren Gebiete abgedämpft werden. Oster

6113. **H. Scheffler,** Der Intensitätsabfall am Sonnenrand im Ultraviolett und die Temperaturschichtung in der Sonnenatmosphäre. Phys. Verhandlungen **4** 251 (Ref.).

6114. **Y. Suzuki,** Non-homogeneous temperature radiation, and its application to the sun. IV. Publ. Astr. Soc. Japan **5** 38—43, mit 1 Fig. — Das Linienspektrum der Sonne wird nach einem vom Autor eingeführten Verfahren diskutiert, das die Temperaturschichtung in der Sonnen-Atmosphäre ersetzt. Priester

* * **G. Thiessen,** Der Effekt der interstellaren Polarisation in der Sonnenkorona. Vgl. Ref. **6729.**

6115. **A. Unsöld,** The constitution of the solar atmosphere. Vgl. Ref. **11108,** daselbst S. 22—33. — Verf. gibt eine zusammenfassende Darstellung der Untersuchungen über den Zustand der Sonnenatmosphäre. Besonders berücksichtigt werden Temperatur- und Schichtungsfragen sowie Konvektions- und Turbulenzprobleme. U. Be.

6116. **E. Vitense,** Die Wasserstoffkonvektionszone der Sonne. ZfA **32** 135—164, mit 11 Abb. = Sonderdruck Sternw. Kiel. — Es wird ein Modell der Wasserstoffkonvektionszone untersucht unter Berücksichtigung des Zusammenwirkens von konvektivem und Strahlungsenergietransport. Dabei ergibt sich, daß die Temperaturschichtung bis etwa $\bar{\tau} = 2$ dem Zustande des Strahlungsgleichgewichtes entspricht, dann folgt eine ausgedehnte Übergangszone, an die sich erst etwa bei $\log P_g = 7.5$ bis 8 eine praktisch adiabatische Schichtung anschließt. Die Dicke der Konvektionszone ergibt sich je nach Größe des angenommenen Mischungsweges der Turbulenzelemente zu 65000 bis 160000 km. Die Turbulenzelemente der Konvektionszone, die an der Sonnenoberfläche als Granulationselemente sichtbar werden, können ohne Schwierigkeit bis etwa $\bar{\tau} = 0.3$ aufsteigen, wo sie noch beobachtet werden. Die Untersuchung eines bis $\bar{\tau} = 0.3$ aufsteigenden Granulationselementes liefert Geschwindigkeiten von 2—4 km/sec. Vergleicht man die Temperatur eines solchen Elementes mit der mittleren Temperatur seiner Umgebung bei gleichem Druck, d. h. in gleicher geometrischer Tiefe, so erhält man maximale Temperaturdifferenzen von etwa 3500° bei einer mittleren Temperatur von 6300°. Vergleicht man dagegen die Temperatur eines Granulationselementes mit seiner Umgebung bei gleichen optischen Tiefen τ, wie es für die Deutung der Beobachtungen notwendig ist, so ergibt die Rechnung maximale Temperaturdifferenzen von 1000° und mittlere Temperaturdifferenzen von ungefähr 300°. Verf.

Magnetfeld

6117. **G. Abetti,** Sul luogo probabile dei poli magnetici solari. Vgl. Ref. **11108,** daselbst S. 269—275. — Aus der Krümmung der polaren Koronastrahlen wird eine Symmetrieachse abgeleitet. Es liegt nahe, diese Achse mit der Achse des allgemeinen Magnetfeldes zu identifizieren und die Koronastrahlen als Kraftlinien dieses Feldes zu deuten. U. Be.

6118. **H. W. Babcock, H. D. Babcock,** Mapping the magnetic fields of the sun. Vgl. Ref. **11108,** daselbst S. 266—268. — Beschreibung der von den Autoren entwickelten Anlage, die Magnetfelder der Sonne photoelektrisch nachzuweisen. Benutzt wurde meist die Fe-Linie 5250.2. Die ersten Ergebnisse werden mitgeteilt: das allgemeine Feld der Sonne ist 1952 < 1 Gauss. Es gibt lokale Felder, die nicht notwendig mit Sonnenfleckengruppen verknüpft sind. U. Be.

6119. **H. W. Babcock, T. G. Cowling,** Reports on the progress of astronomy: General magnetic fields in the sun and stars. MN **113** 357—381, mit 4 Fig. — Ref. in Irish AJ **3** 119. — Im ersten Teil gibt Babcock einen Überblick über die Ergebnisse der letzten Jahre zum Problem der allgemeinen Magnetfelder der Sonne und der Sterne. Vor allem interessieren die Angaben über das solare Feld, dessen Existenz in den Polgegenden jetzt gesichert erscheint (H $\sim$ 1 Gauß, Feldrichtung entgegengesetzt der des Erdfeldes), sowie eine Liste von 35 Sternen, bei denen bisher fast durchweg variable und zum Teil mit Umkehrung der Feldrichtung verbundene Magnetfelder gemessen wurden. Im zweiten Teil bespricht Cowling die vorliegenden theoretischen Ansätze zur Deutung der Felder und ihrer Veränderlichkeit mit dem Ergebnis, daß eine voll befriedigende Theorie beider Phänomene noch nicht gegeben wurde. Kdr.

6120. **M. Cimino,** Il magnetismo stellare e i movimenti lenti della materia solare. Scientia (6) 88 230—235, mit 1 Fig. = Oss. Astr. Roma Monte Mario Contr. Sci. Nr. **193.** — Bericht über neuere Untersuchungen in bezug auf die mit Änderungen des solaren Magnetfeldes verbundenen Bewegungen der Sonnenmaterie. Besonders wird auf die vom Verf. entdeckte Schwankung des Sonnendurchmessers eingegangen und auf die von Richardson und Schwarzschild gebrachten Erklärungen des solaren Magnetismus hingewiesen. Cester

6121. **K. O. Kiepenheuer,** Photoelectric measurements of solar magnetic fields. ApJ **117** 447—453, mit 2 Fig. — Verf. beschreibt eine Apparatur, mit der schwache Zeeman-Effekte in Fraunhofer-Linien des Sonnenspektrums bestimmt werden können. Sie beruht auf der lichtelektrischen Messung von Polarisationseffekten in den Linienflügeln durch Modulation des Lichts mit einer rotierenden $\lambda/2$-Platte. Für die Messungen wurde die Fe-Linie λ 5250.218 benutzt. Die Apparatur wurde zunächst (Dez. 1950—Jan. 1951) am 40'-Yerkes-Refraktor, später (März-April 1951) am 150 Fuß-Sonnenturm der Mt. Wilson-Sternwarte angebracht. Während der ersten Beobachtungsperiode kann kein allgemeines Magnetfeld der Sonne mit $>$3 oder $>$4 Gauß vorhanden gewesen sein. Die Mt. Wilson-Beobachtungen schließen eine longitudinale Feldstärke $>$1 Gauß außerhalb des Fleckengürtels aus. Dagegen wurden örtliche Felder bis zu 30° Ausdehnung gefunden, die keine Flecken enthalten, auch in größeren Breiten auftreten und eine Feinstruktur besitzen. In diesen Gebieten wurden gelegentlich Feldstärken von mehr als 20 Gauß gemessen. Micz.

6122. **K. O. Kiepenheuer,** Photoelectric measurements of solar magnetic fields. Vgl. Ref. **11108**, daselbst S. 264—266, 268, mit 2 Fig. = Mitt. Fraunhofer-Inst. Freiburg Nr. **17.** — Im Flügel der Eisenlinie λ 5250.218 wird die von der Feldstärke abhängige Gesamtpolarisation lichtelektrisch gemessen. 1951 wurde kein allgemeines Magnetfeld der Sonne größer ein Gauß gefunden. Dagegen wurden lokale Felder von einigen Gauß entdeckt, welche nicht mit Hales «unsichtbaren Flecken» identisch sind und auch außerhalb der Fleckenzone auftraten. Bru.

6123. **K. O. Kiepenheuer,** Ist das allgemeine Magnetfeld der Sonne meßbar? Z. Naturforschung **8a** 225—227 = Mitt. Fraunhofer-Inst. Freiburg Nr. **10.** — Die Messung des Zeeman-Effekts an Fraunhofer-Linien wird beschrieben. Die kleinste noch meßbare Feldstärke wird vorwiegend durch die Lichtstärke der Anordnung und nicht durch ihr spektrographisches Auflösungsvermögen bestimmt. Das Verhalten solarer Magnetfelder unterscheidet sich wesentlich von demjenigen in vacuo. Infolge der guten elektrischen Leitfähigkeit der Sonnenmaterie sind die Feldlinien eingefroren und nehmen als eingeprägte Materialeigenschaft an der Konvektion teil. Die Verteilung des beobachtbaren Feldes wird daher die Zellenstruktur der Wasserstoffkonvektionszone besitzen. Gemessen wird im allgemeinen nur der Mittelwert dieses fluktuierenden Mikrofeldes. Ein inneres, allgemeines Feld der Sonne kann nur durch Konvektion an die Oberfläche gelangen und wird günstigstenfalls nur in stark verzerrter Form nachweisbar sein. Verf.

* * **S. F. Singer,** Cosmic rays and the sun's magnetic field. Vgl. Ref. **6513**

§ 62
Sonnenfinsternisse

6201. Sonnenfinsternis 1842 Juni 21

N. I. Lobatschewskij, Gesammelte Werke, Band 5. Moskau-Leningrad, Technischer Staatsverlag, 1951. — Enthält auf Seite 419—499 den Bericht Lobatschewskijs über seine Beobachtung der Sonnenfinsternis in Pensa.

A. D. Dubjago, Die Reise N. I. Lobatschewskijs nach Pensa zur Beobachtung der Sonnenfinsternis von 1842. Seite 87—98 des Buches: Einhundertfünfundzwanzig Jahre Nichteuklidische Geometrie Lobatschewskijs 1826—1951. Moskau-Leningrad, Technischer Staatsverlag, 1952 (russisch). — Besprechungen in AJ UdSSR **30** 238—241 (S. N. Korytnikow, russisch).

6202. Sonnenfinsternis 1914 August 21

J. M. Ramberg, The distribution of light in the corona of the eclipse of 1914 August 21. Stockholms Obs. Ann. **17** Nr. 7, 22 S. mit 4 Fig. und 2 Tafeln.

6203. Sonnenfinsternis 1936 Juni 19

W. A. Bronstein, Beobachtungen der Himmelshelligkeit während der totalen Sonnenfinsternis vom 19. Juni 1936. Bull. Astr.-Geod. Ges. UdSSR Nr. **14** (**23**) S. 3—15, mit 5 Abb. (russisch).

6204. Sonnenfinsternis 1941 September 21

K. Saito, Spectroscopic observations of the solar corona at the total solar eclipse on September 21, 1941. Ann. Tokyo Astr. Obs. (2) **3** 223—226, mit 4 Fig. — Es werden die Wellenlängen von sechs Protuberanzen- und fünf Korona-Linien im Bereich von 6500—4000 Å mitgeteilt, die auf einer mit Zölostat und Spaltspektrograph erhaltenen Aufnahme gemessen werden konnten. Die Werte stimmen mit älteren Ergebnissen überein. Thi.

6205. Sonnenfinsternis 1945 Juli 9

P. Kustaanheimo, Comparison between the photometries of the solar corona of the total eclipse of July 9, 1945, as performed at the observatories of Stockholm and Helsinki. Ann. Acad. Sci. Fennicae (A) Math.-Phys. Nr. **159**, 14 S. = Sonderdruck Astr. Obs. Helsinki. — In 8 Tabellen wird ein Vergleich gegeben zwischen der Koronavermessung von Ramberg (AJB **50** Ref. **6202**) und Meßreihen, die aus finnischen Rotfilteraufnahmen (AJB **49** Ref. **6204**) erhalten wurden. Die Aufnahmen im gelben Licht stimmen nicht so gut wie die im roten Licht mit den Ergebnissen von Ramberg überein. U. Be.

6206. Sonnenfinsternis 1947 Mai 20

Sky and Telescope **12** 237. Solar eclipse results.

6207. Sonnenfinsternis 1948 Mai 8/9

Sky and Telescope **12** 206, mit 1 Fig. Lunar profiles from a beaded eclipse.

6208. Sonnenfinsternis 1948 November 1

R. d'E. Atkinson, Cinematography of partial solar eclipses. MN **113** 18—33, mit 4 Fig. — Außerhalb, jedoch in unmittelbarer Nähe der Totalitätszone einer totalen Sonnenfinsternis bleibt der Sonnenrand sichelförmig unbedeckt, und die Sichel ändert ihren Positionswinkel in der Umgebung der zeitlichen Mitte der Finsternis sehr rasch. Messungen des Positionswinkels können zur genauen

Bestimmung der Mondkoordinaten benutzt werden. Verf. berichtet über einen solchen Versuch durch eine Expedition nach Mombasa anläßlich der Finsternis 1948 November 1. Die Aufnahmen wurden mit einer kinematographischen Apparatur gemacht, deren optische und mechanische Eigenschaften dargelegt werden. Ferner werden Formeln entwickelt, die unter anderem die Bewegung der Sichel beschreiben und es ermöglichen, den günstigsten Beobachtungsort zu finden. Auch ringförmige Finsternisse können herangezogen werden. Micz.

R. d'E. Atkinson, J. D. Pope, Cinematography of partial solar eclipses. II. Observations at the eclipse of 1948 November 1, at Mombasa. MN **113** 635—646, mit 3 Fig. und 1 Tafel. — Die von den Verf. entwickelte Methode (MN **113** 18, vgl. vorstehendes Ref.) zur kinematographischen Messung des Positionswinkels des hellen Sonnenbogens während einer partiellen Finsternis und seiner Änderung mit der Zeit wurde bei der Finsternis 1948 November 1 in Mombasa angewandt. Verf. beschreiben die Apparatur und die Arbeit in Mombasa. Eine Diskussion der Ergebnisse wird später folgen. Micz.

6209. Sonnenfinsternis 1951 September 1

N. Missana, Osservazione dell'eclisse di Sole del 1° settembre 1951. Mem SA It (NS) **24** 373—376, mit 1 Fig. = Contr. Oss. Astr. Torino (NS) Nr. **20**. — Berichtigung in Mem SA It (NS) **25** 192. — Bestimmung des letzten Kontaktes nach den Methoden von Danjon und Minnaert. Cester

G. Righini, M. C. Ballario, G. Godoli, Determinazione dell' oscuramento al bordo durante l'eclisse parziale di Sole dell' 1—9—1951. Mem SA It (NS) **24** 3—14, mit 5 Fig. = Oss. e Mem. Oss. Astrofis. Arcetri Nr. **68**. — Die Randverdunklung wird in verschiedenen Wellenlängen für $0.98 \leq \sin \vartheta \leq 1$ nach der Unsöldschen Methode aus Beobachtungen in Arcetri abgeleitet. Die Ergebnisse stimmen mit denen aus Utrecht und Göttingen befriedigend überein. Cester

J.-L. Steinberg, L'observation radioélectrique des éclipses de Soleil de 1951 et 1952. Vgl. Ref. **6531**.

6210. Sonnenfinsternis 1952 Februar 25

W. Abbott, Thermocouple measurements during the partial solar eclipse of February 25, 1952. AJ **58** 33. — Ref. AAS.

L. Accardi, Misure di campo elettrico atmosferico eseguite in occasione dell' eclisse parziale di Sole del 25 - 2 - 1952. Soc. Nazionale Sci. Lettere Arti Napoli, Rend. Accad. Sci. Fis. Mat (4) **20** 49—52.

R. G. Athay, D. E. Billings, J. W. Evans, W. O. Roberts, Preliminary intensities of Balmer lines from the flash spectrum of the 1952 solar eclipse. AJ **58** 33—34. — Ref. AAS.

R. G. Athay, D. E. Billings, J. W. Evans, W. O. Roberts, Intensities in the Balmer lines and continuum at the 1952 eclipse. AJ **58** 210—211. — Ref. AAS.

R. G. Athay, J. W. Evans, W. O. Roberts, The active region on the west solar limb during the eclipse of 1952, 25 February. Obs **73** 244—245. — 20 Flash-Spektren im Bereich von 3400—8800 Å werden untersucht im Hinblick auf den aktiven Bereich am Westrand der Sonne. Die gefundenen Ergebnisse können verstanden werden, wenn dort Elektronendichte und Elektronentemperatur erhöht sind. U. Be.

M. d'Azambuja, Potpuna pomrčina Sunca od Februara 1952. Bošković Almanah 1953 S. 112—144, mit 13 Fig.

M. d'Azambuja, La couronne solaire observée à Khartoum lors de l'éclipse du 25 février 1952. Obs **73** 28. — Der von v. Klüber (Obs **72** 207, AJB **52** Ref. **6211**) erwähnte große Koronastrahl am NE-Rand der Sonne bei der Finsternis vom 25. 2. 52 kam aus der Gegend einer jungen, hellen Fackel. In diesem Zusammenhang wird vermutet, daß helle Fackelgebiete allgemein Ursprung von Koronastrahlen und damit die Quelle erdmagnetischer M-Störungen sein könnten. Bru.

A. M. Bacharew, Beobachtungen der Sonnenfinsternis vom 25. Februar 1952 in Stalinabad. Bull. Astr.-Geod. Ges. UdSSR Nr. **14** (**23**) S. 24—30, mit 2 Abb. (russisch). — Bericht über Kontaktbeobachtungen, meteorologische Beobachtungen, Messungen des Gradienten des elektrischen Potentials an der Erdoberfläche, sowie über Beleuchtung und Strahlungsintensität. Loh.

C. J. Beck, D. J. Lovell, E. O. Hulburt, Atmospheric attenuation at Khartoum, Sudan. J. Optical Soc. America **43** 405—406, mit 2 Fig.

G. van Biesbroeck, The relativity shift at the 1952 February 25 eclipse of the sun. AJ **58** 87—88. — Ref. in Sternenwelt **5** 145—146. — Mit dem schon 1947 in Brasilien benutzten 20 Fuß-Fernrohr wurde erneut die Konstante der Lichtablenkung im Schwerefeld der Sonne bestimmt. Die für gleichzeitige Abbildung eines 90° entfernten Hilfsfeldes zur Bestimmung des Skalenwertes benutzte, um 45° gegen die optische Achse geneigte Planplatte wurde diesmal sorgfältig vor Erwärmung durch die Sonne geschützt. Die Kontrollaufnahme wurde nach einem halben Jahr mit dem unberührt in Khartoum verbliebenen Fernrohr ausgeführt. Die Genauigkeit war durch böigen Wind während der Finsternis beeinträchtigt. Ergebnis 1".70 ± 0".10 (m. F.); (Theorie: 1".75). Dv.

H. A. Brück, Measurements of line widths in the flash spectrum. Vgl. Ref. **11108**, daselbst S. 78—81. — Mit einem Perot-Fabry Etalon wurden bei der Finsternis 1952 zwei Aufnahmen des Flash-Spektrums erhalten, aus welchen untere Grenzen für die Breite der Chromosphärenlinien angegeben werden können. Bru.

H. A. Brück, D. A. Jackson, An attempt to measure interferometrically the widths of chromospheric lines at the total solar eclipse of 25 February 1952. Proc. Roy. Soc. (A) **216** 183—193, mit 1 Fig. und 1 Tafel = Contr. Dunsink Obs. Nr. **7**. — Ref. in Phys. Abstracts (A) **56** 387—388.

L. Casertano, Misure di luminosità del cielo effettuate all'Osservatorio Vesuviano durante l'eclisse solare del 25/2/1952. Soc. Nazionale Sci. Lettere Arti Napoli, Rend. Accad. Sci. Fis. Mat. (4) **20** 38—48.

L. Casertano, Il grado di polarizzazione del cielo misurato all'Osservatorio Vesuviano durante l'eclisse solare del 25/2/1952. Soc. Nazionale Sci. Lettere Arti Napoli, Rend. Accad. Sci. Fis. Mat. (4) **20** 53—57.

B. E. Chasanow, Meteorologische Beobachtungen während der Sonnenfinsternis vom 25. Februar 1952. Bull. Astr.-Geod. Ges. UdSSR Nr. **14** (**23**) S. 31—36, mit 2 Abb. (russisch).

R. L. Chotinok, Bestimmung der genauen Grenzen des Streifens der totalen Phase der Sonnenfinsternis vom 25. Februar 1952 aus Beobachtungen in Turkmenistan. Nachr. Akad. Wiss. Turkmen. Sowjetrepublik Nr. **2** S. 89—90 (russisch). — Ref. in RJ Astr. Geod. UdSSR Nr. **1**, 1954; Ref. Nr. 1652 (russisch).

M. Cimino, Osservazioni della forma della corona e dei raggi coronali nell' eclisse totale di sole del 25 febbraio 1952. Vgl. Ref. **11108**, daselbst S. 214—218, mit 1 Fig. = Oss. Astr. Roma Monte Mario Contr. Sci. Nr. **197**. — Beschreibung der Finsternis 1952, insbesondere der Form der Korona. Bru.

M. Cimino, Osservazioni fotometriche e polarimetriche della corona solare durante l'eclisse totale di Sole del 25 febbraio 1952. I. Rend. Accad. Nazionale Lincei, Cl. Sci. fis., mat., nat. **15** 39—44. — Verf. beschreibt die Beobachtungsmethode zur Bestimmung der scheinbaren Helligkeit und des Polarisationsgrades in verschiedenen Koronagebieten. Zur Messung der Helligkeit wurde ein registrierendes Mikrophotometer benutzt. Cester

A. Colacevich, Risultati preliminari relativi allo spettro della corona esterna ottenuti nell'eclisse totale di sole del 25 febbraio 1952. Vgl. Ref. **11108**, daselbst S. 186—192, 207—208, mit 1 Fig. — Bei der Finsternis 1952 wurde ein Spektrum der äußeren Korona erhalten, in welchem auf einem starken Kontinuum die Linien H, K, 3908, H_ζ, 3765 und H_γ bis etwa 70′ Abstand vom Sonnenrand in Emission auftraten. Mögliche Ursachen dieser eigenartigen Erscheinung werden diskutiert. Bru.

A. Colacevich, Misure di polarizzazione della luce della corona eseguite in occasione dell'eclisse totale di sole del 25 febbraio 1952 a Chartum. Vgl. Ref. 11108, daselbst S. 202—208, mit 1 Fig. = Oss. Astr. Capodimonte-Napoli Contr. Astr. (2) **3** Nr. 17. — Die Polarisation der Sonnenkorona wurde photographisch unter Verwendung von Polarisationsfolien bestimmt. Als vorläufiges Ergebnis wird mitgeteilt, daß der maximale Polarisationsgrad in einem Abstand von 5′ vom Sonnenrand erreicht wurde, und zwar 30% an den Polen und 36% am Äquator. Bru.

R. Coutrez, A. Koeckelenbergh, E. Pourbaix, Observations radioastronomiques de l'éclipse solaire du 25 février 1952. Commun. Obs. Roy. Belgique Nr. **60**, 21 S. mit 6 Fig.

R. Coutrez, A. Koeckelenbergh, E. Pourbaix, Eclipse of the corona on 169 Mc/s, 1952 February 25. Obs **73** 239—241, mit 1 Fig. — Die Beobachtungen scheinen zu zeigen, daß es in der Sonnenkorona diskrete Radioquellen gibt, welche an der Basis weißer Koronastrahlen liegen und mit einem Intensitätsmaximum in der grünen Koronalinie verknüpft sind. Bru.

A. Danjon, Sur les observations spectroscopiques et spectrophotométriques de la couronne solaire faites à Khartoum le 25 février 1952 par Bernard Lyot assisté de M. Khairy Aly. CR **237** 854—855.

F. Delobeau, L'éclipse de soleil du 25–2–1952 à Gao. Ann. Géophys. **9** 317—324, mit 9 Fig. — Ref. in RJ Astr. Geod. UdSSR Nr. **1**, 1955; Ref. Nr. 261 (russisch). — Bericht über ionosphärische Beobachtungen.

D. L. Dimock, D. E. Billings, R. G. Athay, R. N. Thomas, Analysis of the Balmer continuum from the 1952 eclipse. AJ **58** 213. — Ref. AAS.

S. O. Eklund, Notes on recent eclipse expeditions. MN ASSA **12** 31—32.

S. Estrabaud, Influence de l'éclipse solaire du 25 février 1952 sur la région ionosphérique E en Afrique Équatoriale. CR **236** 833—835, mit 2 Fig. — Beobachtungen der ionosphärischen E_1- und E_2-Schicht gestatten eine teilweise Lokalisierung von Aktivitätszonen in der Sonnenkorona. Labs

M. G. Fracastoro, Isofote preliminari della corona solare del 25 febbraio 1952. Vgl. Ref. 11108, daselbst S. 192—202, 207—208, mit 4 Fig. — Die Isophoten der Korona von 1952 Febr. 25 werden für die Wellenlängen 4300, 5400 und 6300 Å gegeben und ihre Herstellung ausführlich beschrieben. U. Be.

M. G. Fracastoro, La corona solare del 25 febbraio 1952. Memorie Accad. Nazionale Lincei, Cl. Sci. fis., mat., nat. (8) **4** 49—90, mit 24 Fig. — Aus 16 auf der italienischen Expedition nach Kartum während der Finsternis erhaltenen Aufnahmen werden Isophoten abgeleitet und daraus die Abhängigkeit der Koronastrahlung vom Abstand von der Sonne bestimmt. Ergebnisse früherer Sonnenfinsternisbeobachtungen werden kritisch diskutiert. Cester

F. J. Heyden, C. A. Beck, D. J. Lovell, W. B. Fussell, J. H. Hancock, E. O. Hulburt, Spectra and intensity of light from solar crescents near totality of eclipse of February 25, 1952. ApJ **118** 412—428, mit 10 Fig. und 1 Tafel. — Während der totalen Sonnenfinsternis 1952 Febr. 25 wurden in Kartum Spektralaufnahmen geringer Dispersion von der Sonnensichel in der Nähe des zweiten und dritten Kontakts in Abständen von 3/4 sec erhalten. Die Spektren dienten zur Ableitung der Energieverteilung zwischen λ 3800 und λ 5800 Wellenlänge. Die Energieverteilung erwies sich über die äußersten 1.2% des Sonnenradius nahezu konstant und etwas röter als bei 5% Randabstand. Micz.

W. Jaschek, Wellenlängenabhängigkeit der Polarisation in einem Koronastrahl. (Totale Sonnenfinsternis vom 25. 2. 1952 in Khartoum). Mitt. AG **1952** 9. — Ref. AG.

W. Jaschek, Die österreichische Sonnenfinsternisexpedition. Naturwiss. Rundschau **6** 24—25, mit 3 Abb.

A. N. Karpow, Änderung einiger meteorologischer Faktoren in Stalingrad während der Sonnenfinsternis vom 25. Februar 1952. Bull. Astr.-Geod. Ges. UdSSR Nr. **14** (**23**) S. 16—23, mit 6 Abb. (russisch).

H. von Klüber, Den totale solformørkelse den 25. Februar 1952. NAT **1953** 1—18, mit 14 Fig.

B. Lyot, A. Dollfus, Étude des spectres de la couronne solaire obtenus à Khartoum pendant l'éclipse totale de Soleil du 25 février 1952. CR **237** 855—859, mit 2 Fig. — Zwischen 3000 und 6800 Å wurden in einer Protuberanz 262 Linien beobachtet. Mit Ausnahme der Linie 4311 werden alle Koronalinien gefunden, weiterhin vier sichere und eine zweifelhafte neue Linie. Die Intensitätsverteilung der Koronalinien in der Protuberanz gestattet eine Klassifizierung in vier Gruppen. Labs

C. M. Minnis, Ionospheric measurements at Khartoum during the total eclipse on 25 February, 1952. Proc. Mixed Commission on the Ionosphere, Canberra (1952) 38—42. — Ref. in Phys. Abstracts (A) **58** 428.

R. Müller, Observations of the red corona line at λ 6374 at the time of the 1952 eclipse. Obs **73** 27—28. — Die Intensitätsmessungen der roten Koronalinie vom 22., 23. und 24. 2. 1952 vom Wendelstein-Observatorium werden mitgeteilt. Bru.

G. M. Nikolskij, Die Struktur der Sonnenkorona am 25. Februar 1952. AJ UdSSR **30** 286—294, mit 5 Abb. (russisch).

O. F. Perers, Ionospheric observations made by the Swedish solar eclipse expedition to Italy on February 25, 1952. Proc. Mixed Commission on the Ionosphere, Canberra (1952) 50—62. — Ref. in Phys. Abstracts (A) **58** 428.

W. B. Pietenpol, W. A. Rense, Observations of the zodiacal light during total solar eclipse of February 25, 1952. Phys. Rev. **90** 345. — Ref. Am. Phys. Soc.

W. R. Piggott, Ionospheric measurements at Ibadan, Nigeria during the eclipse of the sun, February 25, 1952. Proc. Mixed Commission on the Ionosphere, Canberra (1952) 42—50. — Ref. in Phys. Abstracts (A) **58** 428.

F. I. Polowikow, Über einige Beobachtungen der Sonnenfinsternis vom 25. Februar 1952. Publ. Kirgis. Staatsuniv. Nr. **2** S. 129—135 (russisch). — Ref. in RJ Astr. Geod. UdSSR Nr. **4**, 1954; Ref. Nr. 3111 (russisch).

P. N. Polupan, Photometrie der Korona im Licht der Linie λ 5303 Å. Astr Circ UdSSR Nr. 141 S. 5—8, mit 1 Abb. (russisch). — Der radiale monochromatische Intensitätsverlauf wurde in vier Positionswinkeln gemessen. In 0.6 Distanz zeigte sich ein steiles Maximum, dem nach außen ein flacher Abfall folgt. Petri

M. Protitch, Observations des éclipses partielles de Lune et de Soleil observées au cours de 1952. Bull. Astr. Obs. Beograd **17** 63.

K. Rawer, Ergebnisse afrikanischer Ionosphärenbeobachtungen während der Sonnenfinsternis am 25. Februar 1952. Phys. Verhandlungen **4** 13 (Ref.).

R. O. Redman, Chromospheric observations at the total solar eclipse of 1952 February 25. Vgl. Ref. **11108**, daselbst S. 72—78. — Nach einem Überblick über die Einwände, welche gegen die von Redman aus Linienbreiten von Balmerlinien abgeleitete Chromosphärentemperatur von 30000° erhoben wurden, wird über neue Aufnahmen des Chromosphärenspektrums im gelben und ultravioletten Bereich berichtet. Als vorläufiges Ergebnis wird mitgeteilt, daß die schmalste Balmerlinie (H 22) in 4000 km Höhe eine Halbwertsbreite von 0.34 Å hatte, was einer Temperatur von 17000° entspricht. Aus der Breite der Zr II-Linie 3674.730 Å folgt eine Turbulenzgeschwindigkeit in der Sehrichtung von 2.5 km/sec. In niedrigeren Niveaus sind die Balmerlinien H 20 bis H 30 um ca. 50% verbreitert, was vermutlich auf den Stark-Effekt zurückzuführen ist. Bru.

R. O. Redman, Photometric observations of the corona 1952 February 25, made by Dr. D. E. Blackwell with a lead-sulphide cell. Vgl. Ref. **11108**, daselbst S. 208—209. — Die Helligkeit der Korona wurde bis zu $r = 3.5$ mit einer Bleisulfid-Zelle bei 1.9 μ und mit einem Multiplier bei 0.43 μ gemessen. Die Helligkeit im Infraroten ist mehr als doppelt so hoch als bei reiner Elektronenstreuung zu erwarten wäre. Dieser Überschuß kann durch eine zwischen Sonne und Erde befindliche Staubwolke (Teilchengröße 3×10^{-3} cm, Teilchendichte 12×10^{-16} cm^{-3}) erklärt werden. Bru.

W. A. Rense, J. M. Jackson, B. Todd, Measurements of the inner zodiacal light during the total solar eclipse of February 25, 1952. J. Geophys. Res. 58 369—376, mit 3 Fig. — Photographische Bestimmung von Intensität und Polarisationsgrad des inneren Zodiakallichts von 5°5 bis 13° Sonnenabstand. Die Aufnahmen wurden bei der Finsternis Febr. 25, 1952 aus 10500 m Höhe vom Flugzeug aus gemacht. Die beobachteten Werte bestätigen die Schlüsse, die aus den bisherigen Korona- und Zodiakallichtmessungen gezogen wurden. U. Be.

G. Righini, Lo spettro della cromosfera solare nell'eclisse del 1952. Vgl. Ref. 11108, daselbst S. 82—83. — Bei der Finsternis 1952 wurden mit einem Konkavgitter-Spektrographen beim dritten Kontakt 16 Chromosphärenspektren im Bereich 3000—4000 Å erhalten. Über 100 Linien wurden identifiziert. Bru.

G. Righini, Lo spettro della corona solare nell' eclissi del 25 febbraio 1952. Vgl. Ref. 11108, daselbst S. 210—213. — Das Koronaspektrum von 1952 Febr. 25 zeigt keine neuen, noch unbekannten Linien. Ein Vergleich mit dem Koronaspektrum von 1936 Juni 19 weist einige Intensitätsvariationen verschiedener Linien auf. U. Be.

A. Romañá, Expedición a Guinea para la observación del eclipse total del Sol del 25 de febrero de 1952. Urania Barcelona 38 175—187, mit 10 Fig.

O. E. H. Rydbeck, Swedish radio scientific work at the eclipse of February 25, 1952. Vgl. Ref. 11108, daselbst S. 290—291. — Es wurden optische, ionosphärische und radioastronomische Beobachtungen (λ 2 m) durchgeführt. Die Ionisierung der E- und der F 1-Schicht, sowie die Radiostrahlung zeigten einen stärkeren Finsterniseffekt als auf Grund der Bedeckungsverhältnisse zu erwarten war. Als Ursache dieser Anomalie kommt ein langes Filament auf der Sonne in Frage. Bru.

A. Schulberg, Die Expedition des Astronomischen Observatoriums der Universität Odessa zur Beobachtung der Sonnenfinsternis vom 25. Februar 1952. Mitt. Astr. Obs. Odessa 3 319—321 (russisch). — Vorläufiger Bericht über die Beobachtungen am Ort $\lambda = 4^h 26^m$, $\varphi = 44° 27'$.

T. O. Soldatow, Sonnenfreunde. Priroda 42 Nr. 5 S. 114—115 (russisch). — Bericht über das Verhalten von Tieren.

A. Sosnowa, Die photographische Bestimmung der Integralhelligkeit der Sonnenkorona während der Sonnenfinsternis vom 25. Februar 1952. Astr Circ UdSSR Nr. 139 S. 8—9 (russisch).

J.-L. Steinberg, L'observation radioélectrique des éclipses de Soleil de 1951 et 1952. Vgl. Ref. 6531.

N. Sytinskaja, A. Susslow, T. Schpagina, N. S. Orlowa, D. D. Poloshenzew, Vorläufige Ergebnisse der von der Expedition der Universität Leningrad durchgeführten Beobachtungen der totalen Sonnenfinsternis vom 25. Februar 1952. Astr Circ UdSSR Nr. 136 S. 10—13 (russisch). — Inhalt: Photographische Bestimmung der Integralhelligkeit in Pitnjak; photographische Bestimmung der Integralhelligkeit auf der Station «Steppe»; visuelle Messung der Integralhelligkeit der Korona und der Himmelshelligkeit; die Himmelshelligkeit während der totalen Phase; die Landschafts- und Himmelshelligkeit während der totalen Phase. Loh.

A. D. Teremenko, Beobachtungen der Sonnenfinsternis vom 25. Februar 1952 vom Flugzeug aus. Bull. Astr.-Geod. Ges. UdSSR Nr. 14 (23) S. 37—38, mit 2 Abb. (russisch). — Beschreibung der Wahrnehmung sichelförmiger, vom Flugzeug ausgehender Schatten.

P. Vittozzi, Radiazione solare diretta, globale e diffusa a Napoli; in occasione dell'eclisse solare del 25 febbraio 1952. Soc. Nazionale Sci. Lettere Arti Napoli, Rend. Accad. Sci. Fis. Mat. (4) 20 20—37. — Bericht über die am Inst. Geophys. Neapel ausgeführten Messungen der Sonnenstrahlung während der Finsternis. Die direkte Strahlung war geringer, als zu erwarten war. Auf die wahrscheinlichen Ursachen dieses Effekts wird hingewiesen. Cester

M. Waldmeier, Die Sonnenfinsternis-Expedition der Schweizerischen Naturforschenden Gesellschaft. Astr. Mitt. Sternw. Zürich Nr. **183**, 11 S. mit 2 Abb. und 2 Tafeln.

O. P. Wassiljanowskaja, Die Expedition zur Beobachtung der totalen Sonnenfinsternis am 25. Februar 1952. Nachr. Naturwiss. Abteilung Akad. Wiss. Tadshik. Sowjetrepublik Nr. **2** S. 3—4 (russisch). — Ref. in RJ Astr. UdSSR Nr. 1, 1953; Ref. Nr. 337 (russisch).

G. Zanotelli, On some anomalies of the ionospheric critical frequency during an eclipse of the sun. Vgl. Ref. **7295**.

Sky and Telescope **12** 92. Relativity shift confirmed.

Sky and Telescope **12** 128. Animal behavior eclipse expedition. — Hinweis auf Beobachtungen über das Verhalten von Tieren während der Sonnenfinsternis 1952 Febr. 25.

Sterne **29** 169—170. Die Rötung der äußeren Sonnenkorona. — Besprechung der Arbeit von Blackwell in MN **112** 652, AJB **52** Ref. **6211**.

Urania Kraków **24** 275—277. Greenwich'ska ekspedycja zaćmieniowa.

6211. Sonnenfinsternis 1952 August 20

I. Ranzi, The ionosphere during the partial eclipse of the sun on August 20, 1952, at Buenos Aires. Alta Frequenza **22** 59—71 (italienisch). — Ref. in Phys. Abstracts (A) **56** 945.

6212. Sonnenfinsternis 1953 Februar 14

K. Aoki, Observation of the partial solar eclipse (February 14, 1953) at the wave-length of 10 centimeters (3000 megacycles). Report Ionosph. Res. Japan **7** 109—115, mit 5 Fig. = Tokyo Astr. Obs. Repr. Nr. **106**. — Ref. in Phys. Abstracts (A) **57** 528.

A. A. Kawerin, Beobachtungen der partiellen Sonnenfinsternis vom 14. Februar 1953 in Irkutsk. Astr Circ UdSSR Nr. 136 S. 23 (russisch).

6213. Sonnenfinsternis 1954 Juni 30

M. M. Lepskij, Die totale Sonnenfinsternis am 30. Juni 1954 in der Weißrussischen Sowjetrepublik. Nachr. Akad. Wiss. Weißruss. Sowjetrepublik Nr. **5** S. 197—198 (russisch). — Ref. in RJ Astr. Geod. UdSSR Nr. **4**, 1954; Ref. Nr. 3115 (russisch).

E. Mädlow, Eine Vorschau auf die Sonnenfinsternis vom 30. Juni 1954. Sterne **29** 185—196, mit 13 Abb.

J. Meeus, De totale zonsverduistering van 30 Juni 1954. Hemel en Dampkring **51** 217—223, mit 3 Fig.

A. A. Michajlow, Die Sonnenfinsternis am 30. Juni 1954 in der UdSSR. Moskau-Leningrad, Verlag Akad. Wiss. UdSSR, 1953. 12 S. mit 1 Abb. und 2 Karten (russisch). — Vorschau.

J. M. Ramberg, Den totala solförmörkelsen den 30 juni 1954. PAT **34** 77—95, mit 6 Fig. und 1 Karte. — Beschreibung des vorausberechneten Verlaufs der Finsternis in Skandinavien. Wetterstatistik und Bericht über die von den schwedischen Sternwarten und dem schwedischen Reichsamt für Landesaufnahme geplanten Beobachtungen. Ra.

P. W. Stevens, Next year's favorable total eclipse. Sky and Telescope **12** 214—215, mit 2 Fig. — Vorschau.

Inst. Theoret. Astrophys. Blindern-Oslo Report Nr. **2**, 39 S. Climatological data from Norway with regard to the solar eclipse, June 30, 1954.

Nature **171** 505. Total eclipse of the sun on June 30, 1954. — Vgl. AJB **52** Ref. **6213**.

Urania Kraków **24** 17—18, mit 1 Fig. Zaćmienie Słońca 30. VI. 1954. — Vorschau.

6214. Sonnenfinsternis 1958 April 19

S. Habara, Y. Otoguro, An annular eclipse of the sun, April 19, 1958. TAB (2) Nr. **63** S. 567—569.

§ 63

Flecke, Fackeln

6301. H. Alfvén, Identification of sunspots. Tellus 5 423—445. — Ref. in Phys. Abstracts (A) 57 672.

6302. R. Ananthakrishnan, Spectrophotometric study of sunspots. Proc. Indian Acad. Sci. (A) **37** 268—286, mit 6 Fig. und 5 Tafeln = Sonderdruck Kodaikanal Obs. — Spektralphotometrische Untersuchungen von Sonnenflecken geben eine Änderung des Verhältnisses Umbra/Photosphäre zwischen 32% (λ 6620) bis 15% (λ 5078) und einen diskontinuierlichen Übergang von Umbra zu Penumbra. Diskussion der Theorie von Odgers über den hellen Ring um Sonnenflecken zeigt, daß sich die Flecken tiefer unter der Photosphäre befinden müssen. U. Be.

* * **I. S. Astapowitsch,** Gegenschein und Sonnenaktivität. Vgl. Ref. 8401.

* * **A. M. Bacharew,** Die Helligkeit der Mondfinsternisse und die Sonnenaktivität. Vgl. Ref. 7337.

6303. J. C. Bartlett jr., Some statistical notes on Jovian spots and sunspots. Strolling Astronomer **7** 155—159, mit 1 Fig.

6304. U. Becker, K. O. Kiepenheuer, Über ein solares Maß der Fleckentätigkeit. ZfA **33** 132—141, mit 6 Abb. = Mitt. Fraunhofer-Inst. Freiburg Nr. **12**. — Mit Hilfe der Sichtbarkeitsfunktion der Sonnenflecken und durch Extrapolation ihrer beobachteten zeitlichen Entwicklung werden tägliche Werte der jeweils auf der ganzen Sonnenoberfläche vorhandenen Anzahl von Sonnenflecken für das Jahr 1948 abgeleitet. Es wird gezeigt, daß dieses globale Maß der solaren Fleckentätigkeit praktisch frei von der Rotationsperiode der Sonne und somit auch von der heliozentrischen Stellung des Beobachters ist. Verf.

* * **M. Beyer,** Brightness of comets and solar activity. Vgl. Ref. 8005.

* * **L. Biermann,** Physical processes in comet tails and their relation to solar activity. Vgl. Ref. 8006.

6305. M. Blaha, M. Kopecký, Zur physikalischen Interpretation der Sonnenfleckenformel von Stewart und Panofsky. AN **281** 151—152. — Die von Gleissberg angegebenen Geschwindigkeiten der Fleckenneubildungen und Fleckenauflösungen repräsentieren weder die durchschnittlichen Geschwindigkeiten, noch die kleinsten Geschwindigkeiten, welche notwendig wären, um die Kurve der ausgeglichenen Monatsmittel der Relativzahlen hervorzubringen. Somit ist es klar, daß diese Funktionen nur durch zufällige Eigenschaften der Gleichung von Stewart und Panofsky gebildet werden. Verf.

6306. R. N. Bracewell, The sunspot number series. Nature **171** 649—650, mit 2 Fig. = Commonwealth Sci. Industrial Res. Organization, Australia, Division Radiophys. — Verf. schlägt eine neue Darstellung der Kurve der jährlichen Sonnenflecken-Relativzahlen vor, und zwar geht er von der üblichen Form mit 11jähriger Periode dadurch, daß er den Werten für jeden zweiten Zyklus negatives Vorzeichen gibt, zu einer Kurve mit 22jähriger Periode über. Folgerungen aus der neuen Darstellung werden noch nicht gezogen. Kdr.

6307. **Z. Britvić,** Eruptivna teorija magnetskih ciklusa Sunčevih pjega. Naučna Misao Nr. 1 S. 41—57, mit 5 Fig. (mit engl. Zusammenfassung).

6308. **D. Caponiti,** L'andamento dell'attività solare dedotto dalle osservazioni eseguite a Palermo e a Catania dal 1877 al 1952. Boll. Accad. Gioenia Catania (4) **2,** 9 S. = Oss. Astrofis. Catania Contr. Astrofis. Nr. **76.** — Aus den Beobachtungen der Sonnentätigkeit von 1877 bis 1952 wird eine 11-, 22- und 80jährige Periode sowie ein lineares Glied abgeleitet. Cester

* * **N. A. Chinkulowa,** Über die Veränderung der Gesamtzahl der Koronaelektronen mit der Phase der Sonnentätigkeit. Vgl. Ref. **6702.**

6309. **A. K. Das, A. S. Ramanathan,** Distribution of radiation flux across a sunspot. ZfA **32** 91—103, mit 15 Fig. = Sonderdruck Kodaikanal Obs. — Mit Berichtigung in ZfA **33** 78. — Aus Spektroheliogrammen zweier großer Sonnenflecke wird das Intensitätsverhältnis Umbra – Photosphäre zu etwa 40% bei $\lambda = 4000$ Å abgeleitet. Es nimmt zu kürzeren Wellenlängen hin ab. Ferner wird der Kontrast zwischen Fleck und Untergrund mit wachsender Höhe über der Photosphäre bestimmt. Für den hellen Ring um die Penumbra finden Verf. eine Aufhellung von etwa 2% über den Photosphärenwert; auch konnten sie in einigen Fällen Secchi's hellen Ring um die Umbra nachweisen. Oster

6310. **J.-F. Denisse,** Sur le contrôle de l'activité géomagnétique par les taches solaires. CR **236** 1856—1858, mit 2 Fig. — Bezüglich ihres geomagnetischen Einflusses lassen sich die Sonnenflecken in zwei deutlich verschiedene Gruppen einteilen: 1. R-Flecken, deren Zentraldurchgang von einer Radiostrahlung begleitet ist und die etwa drei Tage später ein Anwachsen der geomagnetischen Aktivität bewirken; und 2. Q-Flecken, die keine Radioemission zeigen und nach deren Durchgang die magnetische Aktivität absinkt. Labs

6311. **P. Djurković,** Champs d'activité de taches solaires. Bull. Astr. Obs. Beograd **18** Nr. 1—2 S. 16—22, mit 3 Fig. — Es wird ein neues Maß für die solare Fleckentätigkeit während längerer Zeiträume vorgeschlagen. Hierzu wird die Aktivität der einzelnen Herde mit Gewichten versehen und aufsummiert. Die Gewichtsfunktion ist zu $\sum_{\nu} t_{\nu} (K_{\nu} + f_{m\nu})$ angenommen, wobei $\Sigma\, \nu$ die Anzahl der Rotationen, t_{ν} die Sichtbarkeitsdauer der einzelnen Gruppe in Tagen bedeuten. K_{ν} charakterisiert den Typus der Gruppe in der Züricher Klassifikation, $f_{m\nu}$ ist das Rotationsmittel der Relativzahl. Oster

6312. **J. W. Dungey,** Bailey's theory of sunspot noise. J. Atmosph. Terr. Phys. **4** 148—162. — Die exakte Fassung der Theorie von Bailey (vgl. AJB **50** Ref. **6101**) zur Erklärung der Störstrahlung der Sonnenflecken im solaren Rauschen wird mit den Grenzbedingungen gegeben. U. Be.

6313. **W. Gleissberg,** Nachweis des achtzigjährigen Sonnenfleckenzyklus in alten Nordlichtbeobachtungen. Naturwissenschaften **40** 336. — Aus alten Aufzeichnungen über Nordlichterscheinungen im 5. bis 7. Jahrhundert n. Chr. läßt sich die Existenz eines 73jährigen Zyklus entnehmen. Thi.

6314. **W. Gleissberg,** Voraussage über die Epoche des nächsten Sonnenfleckenmaximums. ZfA **33** 31—38. — Unter der Annahme, daß die Vierermittel der Charakteristiken der Fleckenzyklen in dem aus den Zyklen Nr. 15—18 bestehenden Zyklensatz noch nicht ihre Extremwerte erreicht haben, wird gezeigt, daß mit der sehr hohen Wahrscheinlichkeit von 99% zu erwarten ist, daß das Intervall zwischen dem letztvergangenen und dem kommenden Fleckenmaximum unter seinem Mittelwert von 11.1 Jahren liegen und daher das nächste Fleckenmaximum schon vor Juni 1958 eintreten wird. Verf.

6315. **M. N. Gnewyschew,** Über die Arbeit von A. F. Bogorodskij und I. G. Koltschinskij «Über die Verteilung der Sonnenfleckengruppen in Länge». Bull. Kommission Sonnenforschung Nr. **8**—**9** S. 58—59 (russisch). — Betrifft die in AJB **50** Ref. **6302** zitierte Veröffentlichung.

6316. **R. S. Gnewyschewa,** Über die Stabilität des Systems der Wolfschen Fleckenrelativzahlen im Pulkowoer Katalog der Sonnentätigkeit. Bull. Kommission Sonnenforschung Nr. **8**—**9** S. 22—23 (russisch).

6317. **R. S. Gnewyschewa,** Über das System der Bestimmung der Flächen der Sonnenflecken im Pulkowoer Katalog der Sonnentätigkeit. Bull. Kommission Sonnenforschung Nr. **8**—**9** S. 27—30 (russisch).

6318. **F. J. Göschl,** Bemerkung zur Stellungnahme von Herrn Prof. Dr. R. Müller zum Vorhersage-Diagramm der Sonnentätigkeit. Sterne **29** 109, mit 1 Abb. — Vgl. Ref. **6345.**

6319. **W. Grotrian,** Über die Struktur der Magnetfelder normal geformter einpoliger Sonnenflecken. Vgl. Ref. **11108,** daselbst S. 257—263, 268, mit 3 Abb. — Es wird eine neue Formel gegeben, die den radialen Verlauf der magnetischen Feldstärke in einem Sonnenfleck wiedergibt. Dadurch wird auch der absolute Wert des Induktionsflusses durch einen Sonnenfleck geändert. Schließlich wird ein Beispiel eines unipolaren Sonnenfleckes gegeben, dessen Feldstärkenverlauf durch Isofeldstärkenkurven dargestellt wird.
U. Be.

6320. **W. Grotrian,** Polaritäten und Maximalwerte magnetischer Feldstärken von Sonnenflecken in den uəɹqɐſ 1946—1951. Publ. Astr. Obs. Potsdam **29** Heft **4** Nr. 97. 11 + 160 S. mit 7 Abb. und graphischer Darstellung der Beobachtungsergebnisse. — In Form heliographischer Karten werden für 472 Beobachtungstage der Jahre 1946 bis 1951 Maximalfeldstärken und Polaritäten größerer Sonnenflecke und Fleckengruppen angegeben. Eine eingehende Beschreibung der Meß- und Auswertmethoden sowie ein Vergleich mit den Ergebnissen am Mt. Wilson ist beigefügt. Oster

6321. **E. A. Gurtowenko,** Die Struktur der K_2- und K_3-Linien im Gebiet der Flecken. Astr Circ UdSSR Nr. 133 S. 8—10 (russisch).

6322. **N. J. Heines,** The sunspot minimum. Sky and Telescope **12** 224.

6323. **M. Jorand,** Le rayonnement radioélectrique des taches solaires sur 160 Mc/sec de 1948 à 1951. Ann d'Astrophys **16** 151—161, mit 5 Fig. — 1948—1951 erhaltene Registrierungen der solaren Hochfrequenzstrahlung bei 160 MHz werden mit einem statistischen Verfahren diskutiert, um zu ermitteln, wie lange Sonnenflecken vor und nach dem Durchgang durch den Zentralmeridian zu der Strahlung beitragen. Ihr Anteil kann vom 4. Tag vor dem Durchgang bis zum 3. Tag danach nachgewiesen werden und besteht vielleicht noch etwas länger. Verf. leiten aus diesem Richteffekt als Höhe der emittierenden Schicht vor dem Sonnenmittelpunkt 1.10 Sonnenradien (70000 km oberhalb der Chromosphäre) ab. Die Hauptstrahlrichtung scheint um etwa 15° gegen die Vertikale nach Westen geneigt zu sein. Micz.

6324. **K. O. Kiepenheuer,** Was ist ein Aktivitätszentrum auf der Sonne? Vgl. Ref. **11108,** daselbst S. 105—113, mit 1 Abb. = Mitt. Fraunhofer-Inst. Freiburg Nr. **15.** — Die Entwicklungsgeschichte eines Aktivitätszentrums (Gesamtheit aller photo-chromosphärischen Vorgänge bei Fleckenbildung) wird beschrieben. Das Phänomen wird als lokale magnetische Störung gedeutet. Diese Hypothese wird mit Beobachtungen belegt. U. Be.

6325. **K. O. Kiepenheuer,** Begriff und Messung der Aktivität der Sonne. Scientia 88 289—292. — Die Wolfsche Sonnenfleckenrelativzahl ist kein wirklich solares Maß, sondern wesentlich durch die heliozentrische Stellung des Erdbeobachters mitbestimmt. Die Eliminierung dieses Einflusses ist nur im statistischen Sinne möglich. Der den Ablauf aller beobachtbaren solaren Phänomene bestimmende gemeinsame Faktor scheint, soweit der direkten Beobachtung zugänglich, magnetischer Natur zu sein. Die Gewinnung eines verläßlichen Aktivitätsmaßes aus diesem Magnetfeld ist noch nicht möglich. Die aus solar-terrestrischen Effekten ableitbaren Aktivitätszahlen sind ähnlich wie die Fleckenrelativzahlen mehr durch die heliozentrische Stellung der Erde als durch die wahre Intensität der wirksamen solaren Strahlungsquellen bedingt. Sie scheiden daher als solares Maß aus. Verf.

6326. **V. Killick,** Beginn des neuen Sonnenflecken-Zyklus. Sternenwelt 5 186. — Auffindung des ersten Flecks am 13. August 1953.

6327. **T. D. Kinman,** Motions in the sun at the photospheric level. III. The Evershed effect in sunspots of different sizes. MN 113 613—634, mit 7 Fig. = Commun. Univ. Obs. Oxford Nr. **41**. — Verf. hat mit der Evershed-Methode Radialgeschwindigkeiten von 315 Punkten in einem großen und drei kleinen Sonnenflecken bestimmt und für Streulichteinfluß verbessert. Die Messungen des großen Flecks bestätigen die bekannte Tatsache, daß die Bewegung im Innern ausschließlich radial und horizontal verläuft, in der Penumbra ein Maximum erreicht und sich bis in die Photosphäre erstreckt. Die Geschwindigkeit in den Flecken scheint mit dem Radius der Umbra zu wachsen. Die Zeit, die die Materie benötigt, um auf die Höchstgeschwindigkeit beschleunigt zu werden, ist von der Umbragröße unabhängig und beträgt etwa 1.3×10^4 sec. Verf. schließt, daß die während des Wanderns von der Umbra in die Photosphäre pro Gramm Materie absorbierte Wärme für alle Flecken die gleiche ist. Micz.

6328. **A. Kiral,** Fortschreitende Änderung der Gestalt der Sonnenfleckenkurve. Naturwissenschaften **40** 477—478. — Die von Gleissberg gefundene ständige Zunahme der Asymmetrie der 11jährigen Fleckenkurve seit der Entdeckung der Flecken durch Galilei wird bestätigt auch bei einer feineren Einteilung der 30 Zyklen in 4 bzw. 5 Gruppen, für welche die Wahrscheinlichkeit der Zufälligkeit des Ergebnisses nur $^1/_{12}$ bzw. $^1/_{60}$ ist. Thi.

6329. **J. Kleczek,** Relations between flares and sunspots. BAC 4 9—14, mit 4 Fig. (mit russ. Zusammenfassung). — Die «Eruptionsaktivität» der gesamten Sonne hängt von dem Häufigkeitsverhältnis der einzelnen Fleckentypen und der Eruptionswahrscheinlichkeit innerhalb der Fleckentypen ab. Dies wird an den Zyklen 17 und 18 gezeigt. U. Be.

6330. **M. Kopecký,** The statistics of spots on the rotating sun. BAC 4 1—9, mit 6 Fig. (russisch mit engl. Zusammenfassung). — Der Zusammenhang zwischen Entwicklungs- und Sichtbarkeitsfunktion der Sonnenflecken und der Rotationsdauer der Sonne wird theoretisch untersucht. Als die geeignetsten Größen zur Charakterisierung der Fleckentätigkeit erscheinen die Zahl der Fleckengruppen auf der gesamten Sonne und ihre entsprechenden Lebensdauern. Die Abhängigkeit dieser beiden Größen vom Zyklus wird diskutiert. U. Be.

6331. **M. Kopecký,** The decay of spots towards the solar limb. BAC 4 67—71, mit 4 Fig. (russisch mit engl. Zusammenfassung). — Die scheinbare Abnahme der Fleckengruppenzahl zum Sonnenrand hin hängt ab von: 1. der kleinsten sichtbaren Fleckengröße, 2. dem jeweiligen Alter der Gruppe, 3. der Verteilungsfunktion der Gruppenlebensdauer und 4. dem Verlauf der Sichtbarkeitsfunktion. Es zeigt sich keine befriedigende Übereinstimmung zwischen theoretischer und beobachteter Abnahme. U. Be.

6332. **M. Kopecký,** Die Methoden zur Bestimmung der Zahl der entstehenden Sonnenfleckengruppen und ihrer Lebensdauer. BAC 4 76 (russisch).

6333. **M. Kopecký, P. Mayer,** Distribution of sunspots according to their size and life-time. BAC **4** 90—94, mit 3 Fig. (russisch mit engl. Zusammenfassung). — Angabe einer statistischen Methode zur Bestimmung des Zusammenhangs zwischen Zahl der Fleckengruppen und ihrer Lebensdauer aus der Beziehung zwischen der Zahl der Gruppen und ihren Flächen. Für photographische Überwachung scheint 5×10^{-6} der sichtbaren Sonnenscheibe die kleinste noch sichtbare Fleckenfläche zu sein. U. Be.

6334. **M. Kopecký,** Methods for the determination of the number of formed sunspot groups and their life-time. BAC **4** 125—128, mit 2 Fig. (russisch mit engl. Zusammenfassung). — Zwei neue Methoden zur Bestimmung der auf der ganzen Sonne entstehenden Fleckengruppen und deren Lebensdauer werden angegeben und mit der ursprünglichen Methode (vgl. Ref. **6330**) verglichen. U. Be.

6335. **M. Kopecký,** Number of sunspot groups appearing and disappearing at various distances from the central meridian. BAC **4** 181—186, mit 4 Fig. (russisch mit engl. Zusammenfassung). — Untersuchung der von Maunder gefundenen Asymmetrie, daß am Ostrand der Sonne mehr Fleckengruppen zum Vorschein kommen als am Westrand verschwinden. Als Deutung wird die nichtkontinuierliche Beobachtung der Sonne angesehen. Beobachtung und Rechnung zeigen gleichen Verlauf. U. Be.

6336. **M. Kopecký,** Über die Lebensdauer der Sonnenflecken. RH **34** 213—216, mit 2 Fig. (tschechisch).

6337. **L. I. Krissenko,** Über die Entwicklung der aktiven Gebiete der Sonne. Bull. Kommission Sonnenforschung Nr. 8—**9** S. 11—14 (russisch).

* * **F. Link,** Sur le nombre des découvertes de comètes dans les différents cycles solaires. Vgl. Ref. **8018**.

6338. **R. E. Loughhead,** The equations for a problem arising in Dungey's investigation of Bailey's theory of sunspot noise. J. Atmosph. Terr. Phys. **4** 163—174. — Fortführung der Untersuchung von Dungey (Ref. **6312**) über die Entstehung der Störstrahlung von Sonnenflecken, wobei außer der axialsymmetrischen Lösung auch noch partikuläre Lösungen des Problems betrachtet werden. U. Be.

6339. **W. Mattig,** Die magnetische Feldstärke in Sonnenflecken. Naturwissenschaften **40** 523.

6340. **W. Mattig,** Die radiale Verteilung der magnetischen Feldstärke in normalen Sonnenflecken. ZfA **31** 273—281, mit 2 Abb. = Mitt. Astrophys. Obs. Potsdam Nr. **35**. — An Hand des am Einsteinturm in Potsdam gewonnenen Beobachtungsmaterials wird die von Broxon angegebene Formel für den Verlauf der Feldstärke in normalen Sonnenflecken nachgeprüft und durch eine neue empirische Formel ersetzt. Verf.

6341. **I. W. Maximow,** Über die säkularen Veränderungen des elfjährigen Zyklus der Sonnentätigkeit. DAN **92** 1149—1152, mit 2 Abb. (russisch).

6342. **J. Mergentaler,** O obliczaniu liczb Wolfa. Urania Kraków **24** 243—244.

6343. **R. Michard,** Contribution à l'étude physique de la photosphère et des taches solaires. Ann d'Astrophys **16** 217—286, mit 34 Fig. = Contr. Inst. d'Astrophys. Paris (B) Nr. **103**. — In Teil I werden zunächst unter Verwendung der theoretischen Absorptionskoeffizienten des H^- nach Chandrasekhar und Breen und der aus Randverdunklungs- und Intensitätsmessungen im infraroten und visuellen Gebiet abgeleiteten Quellenfunktionen sechs Sonnenatmosphärenmodelle mit verschiedenen He- und Metallhäufigkeiten berechnet. Als wahrscheinlichste chemische Zusammensetzung wird die betrachtet, die das beobachtete Kontinuum in Nähe des Balmersprungs am besten darstellt. Verf. findet einen He-Gehalt, der den Unsöldschen Wert von 18% erheblich unterschreitet. Ferner wird das schon von anderen Autoren bemerkte Vorhandensein einer noch unbekannten, nur in den äußeren Schichten merklichen Absorptionskomponente im UV neben H^- und H bestätigt. Aus den beobachteten Quellenfunktionen wird nach Korrektur wegen des Einflusses der Linien der kontinuierliche Strahlungsfluß in verschiedenen Tiefen τ berechnet. Er ist für kleine τ gleich dem Gesamtfluß, beträgt jedoch in tieferen Schichten (Konvektionszonen) nur 85—90% davon. Um über das schließlich anzunehmende Modell entscheiden zu können, wird noch das Linienspektrum des Fe, Ti und Ti^+ erörtert und daraus auf eine geringe Temperaturerniedrigung des Modells in den äußersten Schichten geschlossen. In Teil II berichtet Verf. über spektralphotometrische Messungen an 250 Spektren von 32 Sonnenflecken, die meisten davon in verschiedenen Abständen vom Zentrum der Sonnenscheibe. Beobachtungsapparatur und -verfahren werden beschrieben und die anzubringenden Korrektionen diskutiert. Es wurde an sechs Stellen zwischen 3200 Å und 6700 Å das Verhältnis I'/I der Intensität im Fleckenzentrum zu der in der benachbarten Photosphäre gemessen und daraus die Änderung von I /I mit Mittelpunktabstand, Wellenlänge, Größe und Magnetfeld der Flecken abgeleitet. In Teil III wird aus diesen Messungen und solchen anderer Autoren nach den für die allgemeine Photosphäre entwickelten Methoden ein empirisches Modell für einen typischen großen Sonnenfleck entwickelt. Kdr.

6344. **R. Michard,** Les conditions physiques dans les taches solaires, déduites de leur spectre. CR **236** 182—184 = Contr. Inst. d'Astrophys. Paris (A) Nr. 138. — Ref. in Sternenwelt **5** 146. — Aus den vom Verf. früher mitgeteilten Daten für größere Sonnenflecke (vgl. AJB **52** Ref. **6317**) wird geschlossen, daß ein Fleck relativ durchsichtig und relativ leer sei. Ferner ergibt sich aus der Abnahme der magnetischen Fleckenfelder bei Annäherung an den Sonnenrand eine Abnahme der Feldstärke nach oben von etwa 1.5 Gauß pro km. Kdr.

6345. **R. Müller,** Zur Frage der planetarischen Steuerung der Sonnentätigkeit. Sterne **29** 107—108, mit 1 Abb. — Kritik zu dem Aufsatz in Sterne **28** 247 (vgl. AJB **52** Ref. **6335**).

6346. **H. W. Newton,** Observational aspects of the sunspot cycle. JBAA **63** 94—98.

6347. **H. W. Newton,** Reports on the progress of astronomy: Solar activity. Sunspots. MN **113** 382.

6348. **L. Pajdušaková-Mrkosová,** Sur la réduction du nombre relatif de taches au centre du disque. BAC **4** 109—112, mit 3 Fig. (mit russ. Zusammenfassung). — Es werden verschiedene Methoden angegeben, nach denen die Relativzahl der Sonnenflecken so reduziert wird, daß jede Fleckengruppe als im scheinbaren Mittelpunkt der Sonnenscheibe stehend betrachtet werden kann. U. Be.

6349. **L. Pajdušáková-Mrkosová,** Distribution des types de taches sur le disque solaire. BAC **4** 176—179, mit 3 Fig. (mit russ. Zusammenfassung). — Die Verteilungsfunktion der Fleckentypen über die Scheibe wird untersucht. Weiterhin werden Angaben über die zeitliche Veränderung des Fleckentypus durch die Entwicklung der Gruppe gemacht. Es zeigen sich einige Asymmetrien. U. Be.

6350. **J. H. Piddington,** Theories of solar phenomena depending on sunspot fields moving in the chromosphere and corona. MN **113** 188—197 = Commonwealth Sci. Industrial Res. Organization, Australia, Division Radiophys. — Die Theorien solarer Erscheinungen, die mit der Vorstellung von Induktionsströmen in den Außenschichten der Sonne, bedingt durch die Bewegung der Magnetfelder der Flecken, arbeiten, werden kritisch betrachtet. Verf. kommt zu dem Schluß, daß alle diese Theorien wegen Vernachlässigung der mechanischen Rückwirkungen bei der Bewegung der Fleckenfelder ernsten Einwänden ausgesetzt sind. Kdr.

* * **J. H. Piddington, R. D. Davies,** Thermal radio emission from the sun and the source of coronal heating. Vgl. Ref. **6720.**

6351. **R. S. Richardson, M. Schwarzschild,** On the possibility of a 22-year oscillation of the sun. Vgl. Ref. 11108, daselbst S. 228—249, mit 4 Fig. — Untersuchungen der Eigenbewegungen in heliographischer Länge und Breite von Sonnenflecken, um die Frage einer 22-jährigen Schwingungsperiode in diesen Größen nachzuweisen. Das Ergebnis deutet nach den Autoren auf eine 22-jährige Periode. Das hieraus resultierende Magnetfeld der Sonne wird angegeben. U. Be.

6352. **G. N. Rodionow,** Über die Bestimmung der Fläche der Sonnenflecken. Bull. Kommission Sonnenforschung Nr. 8—**9** S. 24—26 (russisch).

6353. **G. N. Rodionow,** Die Berechnung der scheinbaren Tiefe der Sonnenflecken. Bull. Kommission Sonnenforschung Nr. 8—**9** S. 31—34 (russisch).

6354. **A. Romañá, J. M. Torroja Menéndez,** El llamado «efecto-Tierra» en la actividad solar. Publ. Inst. Nacional Geofís. (Observatorio del Ebro), Madrid, **1944.** 120 S. aus Rev. Geofís. Nr. **9, 12, 15.** — Nach einer historischen Übersicht über die Versuche, einen Einfluß der Erde auf die Erscheinungen der Sonnenatmosphäre nachzuweisen, werden an Hand von Beobachtungen der Observatorien in Arcetri, Arosa, Catania, Coimbra, Greenwich, Kalocsa, Kenley, Kodaikanal, Madrid, Tortosa, Zi-ka-wei und Zürich 26 Asymmetrieeffekte mit folgendem Ergebnis untersucht: 1. Sicher erwiesen: Fleckengruppen und Ca-Flocculi bilden sich vorwiegend auf der E-Hälfte und verschwinden vorwiegend auf der W-Hälfte der Scheibe; Fleckenzahlen und -flächen nehmen zur Mitte der sichtbaren Hemisphäre hin beständig zu. 2. Fast sicher erwiesen: E-Überschuß der Fleckenzahlen. 3. Vorerst nur sehr wahrscheinlich: Eine in der heliozentrischen Breite B_0 der Erde periodische Variation der mittleren heliographischen Breite der beobachteten Flecken, ihrer Flächen und der Neubildung von Fleckengruppen N und S des Äquators. 4. Nicht nachgewisen: E-Überschuß der Fleckenflächen. 5. Unbegründet: Verschiedenes. Gü.

6355. **B. M. Rubaschew,** Das Auftreten langjähriger Schwankungen der Sonnentätigkeit in der Helligkeit der Großen Planeten. Bull. Kommission Sonnenforschung Nr. 8—**9** S. 40—46 (russisch).

* * **B. M. Rubaschew,** Das Auftreten langjähriger Schwankungen der Sonnentätigkeit in der Zirkulation der Jupiteratmosphäre. Vgl. Ref. **7611.**

6356. **G. Schirdewahn,** Bericht über die Auswertung von Sonnenbeobachtungen 1952. Mitt. Archenhold-Sternw. Berlin-Treptow Nr. **32,** 10 S.

6357. **A. Schlüter, S. Temesváry,** Über den Aufbau der Sonnenflecken. Mitt. AG **1952** 10—11. — Ref. AG.

6358. **E. H. Schröter,** Ein Versuch zur Bestimmung des Verlaufes der magnetischen Feldstärke über die Fläche eines Sonnenfleckes. ZfA **33** 20—30, mit 5 Abb. = Mitt. Astrophys. Obs. Potsdam Nr. **38.** — Es wird das im Einsteinturm gewonnene Material für den Sonnenfleck J_1^* (Mt. Wilson — Nr. 10793) vom 4. 10. 1951 ausgewertet, kritisch bearbeitet und durch Kurven gleicher magnetischer Feldstärke über die Fleckenfläche dargestellt. Die Unsymmetrie im Aufspaltungsverlauf der beiden durch die angewandte Polarisationsoptik entstehenden Spektren wird als Äußerung des «Evershed-

Effekts» gedeutet. Der Verlauf der Kurven gleicher Feldstärke wird mit dem Verlauf der Umbra und Penumbra der direkten Sonnenfotographie verglichen. Es wird sodann die Möglichkeit der Verfälschung des Feldstärkenverlaufes durch Nachführungsfehler, Luftunruhe, Reduktions- und Ausgleichsverfahren der Meßergebnisse diskutiert. Verf.

* * **R. Shapiro,** A planetary-atmospheric response to solar activity. Vgl. Ref. 7027.

6359. **W. Szymanski,** O asymetrii rozkładu plam w stosunku do centralnego południka tarczy słonecznej. Urania Kraków **24** 307—309, mit 1 Fig.

6360. **T. Takakura,** On the directivity of solar radio emission from the sunspots. J. Phys. Soc. Japan 8 422. — Ref. in Phys. Abstracts (A) **56** 952.

6361. **T. Takakura,** A method of analysis of the directivity of solar radio emission from sunspots. Nature **171** 445, mit 1 Fig. — Die Frage, ob für die Radioemission der Sonnenflecken den zentralen Teilen der Sonnenscheibe ein größeres Gewicht zukommt als den Randgebieten, wird für eine Frequenz von 3260 MHz negativ beantwortet. Für 1200, 600 und 200 MHz ergab sich kein sicheres Resultat. Kdr.

6362. **G. Thiessen,** Die magnetische Feldstärke in Sonnenflecken. Naturwissenschaften **40** 218—219. — Ref. in Phys. Ber. **32** 1489: Verf. weist darauf hin, daß die von Mattig angegebenen Formeln über die Feldstärke und Flußverteilung in einem Sonnenfleck auf einer falschen Auswertung der Beobachtungen beruhen und die Formeln von Broxon und von Chapman den Sachverhalt richtig wiedergeben. Ochsenfeld

6363. **W. F. Tschistjakow,** Der säkulare Gang der Sonnentätigkeit aus dem Auftreten der Minima. Bull. Astr.-Geod. Ges. UdSSR Nr. **13** (**20**) S. 29—30, mit 2 Abb. (russisch). — Die Fleckenrelativzahl im Minimum der Sonnentätigkeit W_{min} ist näherungsweise umso kleiner, je größer der zeitliche Abstand zweier aufeinanderfolgender Minima ist. Trägt man W_{min} als Funktion der Zeit auf, so findet man um 1810 und 1910 ausgeprägte Minima und um 1770 und 1850 Maxima. Loh.

6364. **S. W. Visser,** Wanneer komt het volgende zonnevlekken-maximum? Hemel en Dampkring **51** 1—3.

6365. **J. W. Warwick,** Remarks on the structure of sunspots. AJ 58 48. — Ref. AAS.

6366. **S. K. Wsechswjatskij, E. E. Semanek, A. N. Sergejewa,** Über die Maß-Systeme der Sonnenaktivität. Publ. Astr. Obs. Kiew Nr. **5** S. 147—154, mit 1 Abb. (russisch). — Für die an sowjetischen Sternwarten regelmäßig durchgeführten Beobachtungen der Sonnentätigkeit werden Reduktionsfaktoren für die einzelnen Sternwarten in bezug auf das Mittel der fünf Institute mit den längsten Beobachtungsreihen und der größten Erfahrung abgeleitet. Für die Zeit von 1942 bis 1950 werden Fleckenrelativzahlen, Fleckenflächen, Protuberanzenflächen und Fackelindizes angegeben. Auf die Bedeutung einer Uniformisierung der Beobachtungen wird hingewiesen. Loh.

6367. The next sunspot maximum. Sky and Telescope **12** 286.

6368. Rozpoczynający się cykl aktywności Słońca. Urania Kraków **24** 115—116. — Ref. der in AJB **52** Ref. **6330** zitierten Arbeit von Tschistjakow.

6369. Wpływ aktywności Słońca na natężenie promieniowania kosmicznego. Urania Kraków **24** 142—143. — Aus Fortschritte Phys. Wiss. **47** 629, 1952 (russisch).

6370. Beobachtungen von Sonnenflecken

AJ 58 174. Summary of sunspot observations at Mount Holyoke College, 1952. A. H. Farnsworth.

Astr Circ UdSSR Nr. 137 S. 11—12 (russisch). Die photosphärische Aktivität der Sonne 1951—1952. A. P. Moissejew.

Astr Circ UdSSR Nr. 142 S. 5—6 (russisch). Der stürmische Ausbruch der Sonnenaktivität im August 1953. A. P. Moissejew.

Bol. Obs. Ebro 38, 58 S. Heliofísica 1950.

Bol. Astr. Obs. Madrid 4 Nr. 6 S. 41—67, mit 6 Fig. Observaciones de manchas solares (Números relativos de Wolf). Observaciones realizadas en los Observatorios de Madrid, Valencia, Cartuja (Granada) y Ebro en 1952. E. Gullón, M. Martin Lorón, L. Lagomacini, M. V. Martí, P. R. Peiró. — Rotationen 1315—1328.

Bol. Astr. Obs. Madrid 4 Nr. 6 S. 69—94, mit 4 Fig. Observaciones de manchas solares. II. Estadística de manchas y superficie de las mismas. E. Gullón.

Bol. Mensual Obs. Cartuja Granada. Observaciones astronómicas y sísmicas. Enero a Diciembre de 1952. 9 S. J. A. Burgos, A. Due. — Rotationen Nr. 1315—1328.

Boll. Accad. Gioenia Catania (4) 2, 8 S. = Oss. Astrofis. Catania Contr. Astrofis. Nr. 77. L'attività del Sole nell' anno 1952. C. Strano, G. Leonardi.

BSAF 67 21—23, 56, 122, 139, 202, 232, 299, 324, 429—430, 464, mit 15 Fig. L'activité solaire. M. d'Azambuja.

BSAF 67 300. Nombres relatifs de Wolf pour l'année 1952. M. Waldmeier.

Bull. Astr. Obs. Beograd 17 27—30. Activité des taches solaires au cours de 1952. M. Protitch, U. Živanović, O. Kovačević.

Bull. Astr. Obs. Beograd 18 Nr. 1—2 S. 27—29. Activité des taches solaires au cours du premier semestre 1953, observée à l'Observatoire astronomique de Belgrade. M. Protitch, U. Živanović, O. Kovačević.

Bull. Astr. Obs. Beograd 18 Nr. 3—4 S. 14—16. Activité des taches solaires au cours du second semestre 1953, observée à l'Observatoire astronomique de Belgrade. M. Protitch, U. Živanović, O. Kovačević.

Ciel et Terre 69 33—39, mit 2 Fig. Les taches solaires en 1952. G. Coutrez.

Ciel et Terre 69 45, 108, 158—159, 220, 276, 324—325. Observations des taches solaires. G. Coutrez. — Rotationen 1327—1338.

Ciel et Terre Suppl. 1953 Nr. 1—12, mit Fig. = Commun. Obs. Roy. Belgique Nr. 53. Observations des taches solaires. G. Coutrez. — Rotationen Nr. 1327—1338.

Circ. Astr. Obs. Kiew Nr. 61—65 (russisch). Die Sonnentätigkeit von März bis Juli 1952. W. N. Golowzyn.

Circ. Astr. Obs. Taschkent Nr. 250—261, 1952. Die Sonnenaktivität von Dezember 1951 bis November 1952. J. M. Slonim, K. Kuleschowa.

Circ. Astr. Obs. Taschkent Nr. 262—267. Die Sonnenaktivität von Dezember 1952 bis Oktober 1953. J. M. Slonim, K. Kuleschowa, A. Kalmykow.

Coelum 21 17—18, 54, 87—88, 127, 161, 188—189, mit 6 Fig. — Beobachtungen von Oktober 1952 bis September 1953.

Greenwich Photo-heliographic Results 1941, C 1 – C 89. Positions and areas of sunspots and faculæ for each day in the year 1941. Ledgers of groups of sunspots for the year 1941. Total areas of sunspots and faculæ 1941.

Desgl. für 1942. Greenwich Photo-heliographic Results 1942. C 1 – C 71.

Desgl. für 1943. Greenwich Photo-heliographic Results 1943. C 1 – C 55.

Harv Card 1218. H. W. Dodson. — Beobachtung 1953 August 13.

Hemel en Dampkring 51 13, 44, 56, 79, 108, 125, 147, 176, 196, 216, 232. Zonnevlekkengetallen.

J. Geophys. Res. 58 109—115, 261—269, 405—415, 543—550, mit 2 Fig. Geomagnetic and solar data. — 1952 Okt. – 1953 Sept.

J. Geophys. Res. 58 405—407, mit 1 Fig. Final relative sunspot-numbers for 1952. M. Waldmeier.

Mem SA It (NS) **24** 175—183 = Oss. Astr. Roma Monte Mario Contr. Sci. Nr. 184. Area, posizione eliografica e classifica delle macchie solari durante l'anno 1952, secondo i rilievi fotografici giornalieri dell' Osservatorio Astronomico di Roma (Monte Mario). M. Cimino, T. Fortini.

Mitt. Astr. Obs. Odessa **3** 323—335 (russisch). Sonnenfleckenbeobachtungen am Astronomischen Observatorium Odessa. A. O. Kalenderjan, E. L. Schodo. — 1937 Mai - 1938 April.

MN **113** 262—265. Mean areas and heliographic latitudes of sunspots in the year 1948. — Mitteilung über die von Flecken und Fackeln besetzte Fläche der Sonne und ihre mittlere heliographische Breite während des Jahres 1948.

MN **113** 786—788. Mean areas and heliographic latitudes of sunspots in the year 1949.

Obs **73** 213—214. Solar notes.

Orion Schaffhausen **4** 70. Prov. Sonnenfleckenrelativzahlen für 1952 und Januar 1953.

Orion Schaffhausen **4** 107. Jahresmittel der Sonnenfleckenrelativzahlen 1947—1952.

Orion Schaffhausen **4** 181. Provisorische Sonnenfleckenrelativzahlen für Januar—September 1953.

Publ. Astr. Obs. Taschkent (2) **3** 83—122, mit 7 Abb. und 5 Tafeln (russisch). Die Sonnentätigkeit 1946. J. M. Slonim.

Publ. Astr. Obs. Taschkent (2) **3** 152—203, mit 11 Abb. und 3 Tafeln (russisch). Die Sonnentätigkeit 1947. J. M. Slonim.

Publ ASP **65** 51—53, 93—94. Summary of Mount Wilson magnetic observations of sunspots for September and October, November and December, 1952.

Publ ASP **65** 78—80, mit 1 Fig. Sunspot activity during 1952. T. Cragg.

Publ ASP **65** 162—164. Summary of Mount Wilson magnetic observations of sunspots for January and February, 1953.

Publ ASP **65** 223—225. Summary of Mount Wilson magnetic observations of sunspots for March and April, 1953.

Publ ASP **65** 256—257. High latitude sunspot, August 13, 1953. H. W. Dodson.

Publ ASP **65** 258—259. Summary of Mount Wilson magnetic observations of sunspots for May and June, 1953.

Publ ASP **65** 296—297. Summary of Mount Wilson magnetic observations of sunspots for July and August, 1953.

Publ. Istanbul Univ. Obs. Nr. **47**, 7 S. Observations des taches solaires en 1952. E. Balli.

Publ. Sternw. Zürich **10** 29—46, mit 14 Abb. Heliographische Karten der Photosphäre für das Jahr 1952. M. Waldmeier. — Rotationen 1315—1328.

Quarterly Bull. Solar Activity Nr. **97—100** S. 279—350, mit 4 Fig. Published by the Eidgen. Sternw. Zürich. — 1952 Jan.—Dez.

Sky and Telescope **12** 83, 112, 142, 169, 196, 224, 248, 277, 306. Sunspot numbers.

Sterne **29** 110. Definitive Sonnenflecken-Relativzahlen für 1952. M. Waldmeier.

Sternenwelt **5** 22—23. Die Sonnentätigkeit im 3. und 4. Quartal 1952.

Tokyo Astr. Obs. Bull. Solar Phenomena **4** 47—63, **5** 1—46, mit 18 Fig. — 1952 Okt. — 1953 Sept.

Urania Kopenhagen **10** 2. Solpletvirksomheden. O. Engelstoft.

Urania Kopenhagen **10** 93—95, mit 1 Fig. Solpletaktiviteten. O. Engelstoft.

Urania Kraków **24** 82—85, mit 6 Fig. Obserwacje plam słonecznych w roku 1952. B. Szczepkowski, A. Wróblewski.

Urania Kraków **24** 117—119, mit 1 Abb. Aktywność Słońca w 1952 r. J. Mergentaler.

Urania Kraków **24** 366. Minimum aktywności Słońca. W. Szymański.

US Naval Obs. Circ. Nr. **41, 43, 44, 45, 46,** 35 S. Positions, areas, and counts of sunspots September 1952 — October 1953. W. Sawtell.

US Naval Obs. Circ. Nr. **42,** 16 S. Solar summary for 1952.

Veröff. Fraunhofer-Inst. Freiburg. Sonnen-Zirkular 1952 Okt.—1953 Sept.

VJS Naturf. Ges. Zürich **98** 109—122, mit 2 Abb. = Astr. Mitt. Sternw. Zürich Nr. **184.** Die Sonnenaktivität im Jahre 1952. M. Waldmeier.

§ 64

Photosphäre, Spektrum

6401. **W. S. Berditschewskaja,** Der Aufbau der Sonnenphotosphäre aus Beobachtungsdaten. AJ UdSSR **30** 279—285, mit 2 Abb. (russisch). — Der Arbeit liegen die Messungen von ten Bruggencate, Gollnow und Jäger (vgl. AJB **50** Ref. **6402**) über die Randverdunklung und die daraus folgende Abhängigkeit der Temperatur von der optischen Tiefe zugrunde. Außerdem wurden die Ergebnisse Barbiers (vgl. AJB **46** Ref. **4403**) berücksichtigt. Verf. berechnet nun den Gesamtdruck und die Konzentration der Wasserstoffatome in Abhängigkeit von der linearen Tiefe unter der Voraussetzung, daß die H^--Ionen für die Absorption (a_{H^-}) verantwortlich sind. Den Übergang von optischer (τ_λ) auf lineare Tiefe (h) vermittelt $d\tau_\lambda = a_{H^-} \cdot p_e n_H dh$; für $h = 0$ ist $T = 5713°$ gesetzt. Die Ergebnisse der numerischen Rechnungen für $h = -223$ bis $h = +61$ km sind tabuliert. Ein Vergleich der Temperaturschichtung mit der von Münch unter Voraussetzung von Strahlungsgleichgewicht abgeleiteten erbringt einige (kleinere) Unterschiede. Loh.

6402. **E. T. Byram, T. Chubb, H. Friedman, N. Gailar,** Lyman-alpha radiation in the solar spectrum. Phys. Rev. (2) **91** 1278—1279, mit 1 Fig. — Die Intensität der L_α-Linie im Sonnenspektrum wurde mit Hilfe eines zwischen λ 1180 und λ 1300 Å empfindlichen Photonenzählers bei drei Raketenaufstiegen im Mai 1952 in Abhängigkeit von der Raketenhöhe (Maximum 128 km) gemessen. L_α wurde erst in einer Höhe von 74 km meßbar. Unter anderem ergab sich eine Gesamtintensität außerhalb der Erdatmosphäre von 0.10 ± 0.02 erg/cm² sec. Hunger

6403. **M. Cimino,** Sulla variazione del profilo di alcune righe spettrali dal centro al lembo del Sole. III. Rend. Accad. Nazionale Lincei., Cl. Sci. fis., mat., nat. (8) **14** 243—250, mit 1 Fig. = Oss. Astr. Roma Monte Mario Contr. Sci. Nr. **186.** — Vgl. die beiden nachstehenden Referate.

6404. **M. Cimino,** Sulla variazione del profilo di alcune righe spettrali dal centro al lembo del Sole. IV. Rend. Accad. Nazionale Lincei, Cl. Sci. fis., mat., nat. (8) **14** 500—505, mit 4 Fig. = Oss. Astr. Roma Monte Mario Contr. Sci. Nr. **188.** — Vgl. nachstehendes Referat.

6405. **M. Cimino,** Sulla variazione del profilo di alcune righe spettrali dal centro al lembo del Sole. V. Rend. Accad. Nazionale Lincei, Cl. Sci. fis., mat., nat. (8) **15** 33—39, mit 2 Fig. = Oss. Astr. Roma Monte Mario Contr. Sci. Nr. **195.** — Der Bericht stellt eine Fortsetzung zweier vorangegangener Veröffentlichungen über die Probleme des infraroten Tripletts des Ca II dar. Cester

6406. **H. E. Clearman,** The solar spectrum from λ 2285 to λ 3000 A. ApJ **117** 29—40, mit 4 Fig. — Es wird eine erweiterte Liste der Wellenlängen und Intensitäten von Linien des Sonnenspektrums zwischen λ 2285 und λ 3000 sowie ihrer Identifizierungen mitgeteilt. Eine vorläufige Liste war bereits von

Hopfield und Clearman (Phys. Rev. **73** 877, AJB **48** Ref. **6408**) veröffentlicht worden; die Spektren wurden anläßlich von V 2-Aufstiegen erhalten. Die in dem Bereich nachweisbaren Elemente werden einzeln diskutiert; für einige starke Linien wurden die Äquivalentbreiten geschätzt. Aus dem Intensitätsverhältnis der Emissionslinien H und K des Ca II sowie Mg II λ 2796 wird ein Häufigkeitsverhältnis Mg/Ca = 12 gefunden. Micz.

6407. A. K. Das, K. D. Abhyankar, Difference of temperature between pole and equator of the sun. Nature **172** 496—497 = Sonderdruck Kodaikanal Obs. — Ref. in Phys. Abstracts (A) **57** 4.

6408. B. Edlén, Some new identifications of infrared solar spectrum lines. Vgl. Ref. **11108**, daselbst S. 56—58. — Im infraroten Sonnenspektrum werden 12 Linien als Multipletts von Ca II und 21 weitere Linien, darunter die letzte bisher unidentifiziert gebliebene starke Linie λ 10123.9 Å, als C I Linien identifiziert. Bru.

6409. G. Fjodortschenko, Spektralphotometrie der H_α-Linie in verschiedenen heliographischen Breiten. Astr Circ UdSSR Nr. 133 S. 10—12 (russisch). — Die zugrundeliegenden Aufnahmen wurden am Littrow-Spektroheliographen der Sternwarte Kiew bei einer Dispersion von 22 Å/mm bei H_α aufgenommen. Die Kontur der H_α-Linie verändert sich hauptsächlich in ihrem inneren Teil um etwa 2 Å, wobei die Linie mit abnehmender heliographischer Breite weiter wird. Demgegenüber zeigen die Linienflügel keine wesentlichen Veränderungen. Loh.

6410. L. Goldberg, E. A. Müller, Carbon monoxide in the sun. ApJ **118** 397—411, mit 3 Fig. — Auf Registrierungen von Spektren des Sonnenrandes zwischen 2.29 μ und 2.50 μ Wellenlänge, ausgeführt mit einem Infrarotspektrometer und einer PbS-Zelle, konnten fast 300 Linien der (2,0)-, (3,1)-, (4,2)-, (5,3)-, (6,4)-, und (7,5)-Banden des Kohlenmonoxyds identifiziert werden. Die gemessenen Wellenlängen dienen zur Ableitung von Rotations- und Schwingungskonstanten. Ein Vergleich mit anderweitigen Ergebnissen auf Grund von Laboratoriumsmessungen ergibt gute Übereinstimmung außer für hohe Rotationsquantenzahlen. Gemessene Äquivalentbreiten einer Reihe von CO-Linien führen auf eine Häufigkeit von 1.45×10^{19} Molekülen über 1 cm^2 Sonnenoberfläche und 4300° K Anregungstemperatur. Dieser Wert kommt der (Anregungs-) Grenztemperatur der Sonnenatmosphäre, die sich aus der Mitte-Rand-Variation ergibt, sehr nahe. Micz.

6411. J. Houtgast, A high or a low kinetic temperature in the reversing layer of the sun? Vgl. Ref. **11108**, daselbst S. 33—44, 49, mit 5 Fig. = Sterrewacht «Sonnenborgh» Utrecht Overdruk Nr. 8. — Gegen die Ableitung einer Temperatur von 12000° und sehr geringen Turbulenz für die umkehrende Schicht aus Dopplerbreiten von Fraunhoferlinien durch B. Bell wird der Einwand erhoben, daß die Höhenverteilung der wirksamen Atome hätte berücksichtigt werden müssen. Verbesserte Rechnungen an Linien von Fe I, O I und C I werden durchgeführt. Bru.

6412. F. W. Jäger, Versuche zur Messung der Polarisation in Fraunhofer-Linien. Phys. Verhandlungen **4** 250 (Ref.).

6413. F. S. Johnson, J. D. Purcell, R. Tousey, N. Wilson, A new photograph of the Mg II doublet at 2800 A in the sun. ApJ **117** 238—239, mit 1 Fig. — Verf. beschreiben das Aussehen des Mg II-Doubletts 3 s ^2S—3 p $^2P^0$ des Sonnenspektrums bei λ 2800, das sie im September 1952 beim Flug einer Aerobee-Rakete in Höhen zwischen 77 und 85 km aufgenommen haben. Micz.

6414. **W. Krat,** Über einige Besonderheiten der Sonnengranulation. DAN **89** 647—649, mit 1 Tafel (russisch). — Im Sonnenturm von Pulkowo wurde auf Aufnahmen mit nur 0.003 sec Belichtungsdauer die Sonnengranulation untersucht. Nach Befreiung von Beugungseffekten ergaben sich für die Durchmesser der Granulen weniger als 0ʺ35 und für ihre Entfernungen 0ʺ3 bis 0ʺ4. Die mittlere Lebensdauer betrug 2^m. Fackelgranulen zeigen die Tendenz, am früheren Ort wieder zu entstehen. Eine seitliche Bewegung mit merklicher Geschwindigkeit zeigen die Granulen nicht. Loh.

* * **B. Lindblad, H. Kristenson,** Chromospheric and photospheric gradients from cinematography of the flash spectrum. Vgl. Ref. **6628.**

6415. **J. L. Locke, L. Herzberg,** The absorption due to carbon monoxide in the infrared solar spectrum. Canadian J. Phys. **31** 504—516, mit 4 Fig. = Contr. Dominion Obs. Ottawa **2** Nr. 13. — Ref. in Phys. Abstracts (A) **56** 599.

6416. **C. Macris,** Recherches sur la granulation photosphérique. Ann d'Astrophys **16** 19—40, mit 6 Fig. — Aus einer größeren Anzahl 1943 auf dem Pic-du-Midi von Lyot gewonnenen Aufnahmen der Sonnengranulation wurden einige besonders guter Qualität zur Neubestimmung der Dimensionen und der Lebensdauer der Granulen vermessen. Die Durchmesser gehorchen einer Gauß-Verteilung mit dem Mittelwert 1ʺ5 im gelb-grünen Gebiet. Eine Verlängerung der Granulen parallel zum Sonnenäquator und eine Verkleinerung ihrer Dimensionen in Fleckennähe sind angedeutet. Die Lebensdauer wurde in Fackelgebieten zu einigen Minuten bestimmt, nicht wesentlich verschieden von derjenigen der Granulen in der normalen Photosphäre. Dagegen werden für die granulationsartigen hellen Stellen in der Penumbra von Flecken Lebensdauern von der Ordnung einer halben Stunde gefunden. Kdr.

* * **R. Michard,** Contribution à l'étude physique de la photosphère et des taches solaires. Vgl. Ref. **6343.**

6417. **W. A. Miller,** Some details of the solar disk revealed by high-resolution, white-light photography. AJ **58** 223. — Ref. AAS.

6418. **M. G. J. Minnaert,** A search for temperature differences between the poles and the equator of the sun. Vgl. Ref. **11108,** daselbst S. 50—56, mit 2 Fig. = Sterrewacht «Sonnenborgh» Utrecht Overdruk Nr. **5.** — Mit einem lichtelektrischen Photometer wird 1952 die Temperaturdifferenz zwischen Pol und Äquator zu höchstens 15° gefunden (Pol wärmer). U. Be.

6419. **S. Miyamoto,** Residual intensity and contour of the solar K-line. ZfA **31** 282—297, mit 1 Fig. = Contr. Inst. Astrophys. Kyoto Univ. Nr. **28.** — Die hohe Restintensität der K-Linie und die große Breite der K_2-Emission werden erklärt unter Benutzung der Elektronenstöße und der nicht-kohärenten Streuung in der Chromosphäre. Priester

6420. **O. C. Mohler, A. K. Pierce, R. R. McMath,** Table of infrared solar lines, 1.4—2.5 μ. ApJ **117** 41—65, mit 3 Fig. — Auf Registrierungen des Sonnenspektrums zwischen 1.4 und 2.5 μ Wellenlänge mit einer PbS-Zelle wurden Wellenlängen und Äquivalentbreiten von 888 Linien gemessen. Wellenlängen wurden nach dem Verfahren übergreifender Spektren verschiedener Ordnung im Anschluß an Linien des sichtbaren und nahen infraroten Bereichs bestimmt. Die mittleren Fehler liegen zwischen ± 0.13 und ± 0.17 Å für die Enden des untersuchten Bereichs; die Fehler der Äquivalentbreiten werden zu 10—100% geschätzt. Etwa 470 Linien konnten dem H, K, C, Al, Na, Si, Mg, Ca, Ni, Fe und CO zugeordnet werden. Die gemessenen Wellenlängen stimmen im allgemeinen besser mit den aus Termanalysen vorausgesagten als mit den im Laboratorium gemessenen überein. Micz.

6421. **C. E. Moore,** Infrared multiplets and the solar spectrum. J. Optical Soc. America **43** 1014—1019. — Es wird die Identifikation des Sonnenspektrums im infraroten Spektralbereich (λ 6600—13500 Å) diskutiert. Bedeutsam ist die Auffindung zahlreicher Nicht-Metall-Linien (CI, NI, OI), die im sichtbaren Bereich kaum vorhanden sind. An ausgewählten Beispielen (CI, NI, OI, Na I, Al I, Si I, Ti I, Fe I) wird die Methode eindeutiger Identifikationen und die innere Konsistenz durch Benutzung von Termintervallen dargestellt. Die Ergebnisse zeigen eine erstaunlich hohe Genauigkeit der solaren Wellenzahlen (10^{-6}), die im allgemeinen diejenige der Laboratoriumsmessungen im Infraroten übersteigt. Voigt

6422. **G. Newkirk jr.,** Carbon monoxide in the solar atmosphere. AJ 58 223. — Ref. AAS.

* * **J.-C. Pecker,** La température des étoiles. Vgl. Ref. **9602.**

6423. **R. Peyturaux,** Sur l'assombrissement centre-bord du Soleil entre 6000 Å et 23000 Å. CR **236** 896—897, mit 1 Fig. = Contr. Inst. d'Astrophys. Paris (A) Nr. **143.** — Ergebnisse von Randverdunklungsmessungen ($\cos \vartheta = 0.2$ bis 0.8) bei Wellenlängen, in denen das Kontinuum sicher erfaßt wird (14 Wellenlängen zwischen $\lambda\lambda$ 6071 und 23130 Å). Labs

6424. **W. B. Pietenpol, W. A. Rense, F. C. Walz, D. S. Stacey, J. M. Jackson,** Lyman alpha-line photographed in the sun's spectrum. Phys. Rev. (2) **90** 156. — Ref. in Phys. Ber. **32** 2141: Am 12. Dez. 1952 wurde bei einem Raketenaufstieg in New Mexiko in 80 km Höhe eine Aufnahme des Sonnenspektrums unterhalb 2000 Å bei einer Belichtungszeit von 28 sec gemacht. Ein großer Teil der Energie ist in der Linie L_α (1216 Å) konzentriert, die deutlich über dem Untergrund erscheint. Die Linie ist etwa 6 Å breit. Außerhalb der Erdatmosphäre wird ihre Intensität zu 3×10^{-8} Watt/cm² geschätzt. Die Sonnenaktivität war etwas stärker als normal. Schön

6425. **W. Priester,** Photometrie von Fraunhofer-Linien mit der Lummer-Platte, angewandt auf die Mitte-Rand-Variation der Natrium D-Linien. ZfA **32** 200—250, mit 16 Abb. = Veröff. Univ.-Sternw. Göttingen Nr. **105.** — Teil I: Dargelegt wird ein neuartiges Verfahren zur Photometrie von Absorptionsspektren, die mit einem Interferometer von hohem Auflösungsvermögen ($A_{th} = 370000$) erzeugt wurden. Das mit breitem Vorzerleger-Spalt aufgenommene Interferometer-Spektrum wird so photometriert, daß der Registrierspalt in einem Kannelierungsstreifen des kontinuierlichen Spektrums geführt wird, wobei die Längsausdehnung des Spaltes stets senkrecht zur Dispersionsrichtung des Interferometers bleibt. Diese einfache Art der Photometrierung von Kannelierungsspektren macht jedoch eine zusätzliche Korrektion (Spaltbildkorrektur) erforderlich. In § 6 wird eine Methode zur Gewinnung des Apparateprofils der Lummer-Platte angeführt, die allgemein für Spektrographen von hohem Auflösungsvermögen verwendbar ist. Der § 7 enthält die Ergebnisse der Photometrie, die am Beispiel der Mitte-Rand-Variation der Natrium D-Linien des Sonnenspektrums dargestellt wurde. Teil II: Die Profile der Na D-Linien werden zur Untersuchung der physikalischen Struktur der Sonnenatmosphäre herangezogen. Durch Vergleich der beobachteten Mitte-Rand-Variation mit der theoretisch berechneten Variation der Linienflügel, die mit zwei von E. Vitense angegebenen Sonnenmodellen ermittelt wurde, werden Aussagen über die Temperatur- und Druckschichtung in oberflächennahen Schichten ($\tau_0 < 0.1$) der Sonnenatmosphäre gemacht. Verf.

6426. **H. van Regemorter,** Détermination de la température de la surface du Soleil, par l'étude de l'intensité des raies du vanadium. CR **236** 1536—1538, mit 1 Fig. = Contr. Inst. d'Astrophys. Paris (A) Nr. **145.** — Verf. berechnet aus der Intensität der neutralen Vanadium-Linien (nach

Äquivalentbreiten aus dem Utrecht-Atlas) für die Sonne eine Grenztemperatur von 4151 ± 30°. Er vergleicht diesen Wert mit Ergebnissen anderer Autoren. Labs

6427. **M. Reichel,** Zur Theorie der Spektroheliogramme. ZfA **33** 79—114, mit 7 Abb. = Sonderdruck Sternw. Kiel. — Verf. gibt eine quantitative Deutung der von L. d'Azambuja in Meudon aufgenommenen Spektroheliogramme an Hand neuerer Modelle der Photosphäre und der Fackeln. Mit ihrer Hilfe werden die relativen Intensitätsänderungen beim Übergang von der normalen Photosphäre zu den Fackelflächen durch numerische Integration bestimmt. Rechnung und Beobachtung passen sowohl für die Sichtbarkeitsfunktion der Fackelflächen als auch für die chromosphärische Granulation gut zusammen. Oster

6428. **W. A. Rense, B. Todd,** Problems in solar ultraviolet spectroscopy. AJ 58 225. — Ref. AAS.

6429. **W. A. Rense,** Intensity of Lyman-alpha line in the solar spectrum. Phys. Rev. (2) **91** 299—302, mit 3 Fig. — Ref. in Phys. Abstracts (A) **56** 827. — Bei einem Raketenaufstieg im Dezember 1952 wurde in etwa 81 km Höhe ein Sonnenspektrum aufgenommen. Jenseits von λ 1800 Å wurde nur die Linie L_α beobachtet. Sie weist in Emission ein schmales Hauptmaximum und zwei kleinere Nebenmaxima auf. Die Breite beträgt etwa 5 Å, während die Gesamtintensität außerhalb der Erdatmosphäre auf 0.05 mikrowatt/cm² geschätzt wird. Verf. (übersetzt)

6430. **W. A. Rense,** Intensity of Lyman-alpha line in solar spectrum. Phys. Rev. (2) **92** 850. — Ref. Am. Phys. Soc.

6431. **G. Righini, M. C. Ballario, G. Godoli,** Su di una determinazione dell' oscuramento al bordo del disco solare. Vgl. Ref. **11108,** daselbst S. 59—61. — Die Methode wird beschrieben, wie man bei partiellen Sonnenfinsternissen die Mitte-Rand-Variation für die randnächsten Teile der Sonne ableitet. Die Ergebnisse einer praktischen Ausführung 1951 Sept. 1 werden erwähnt. U. Be.

* * **E. Schatzmann,** Une nouvelle théorie de la granulation solaire. Vgl. Ref. **6112.**

6432. **I. S. Schtscherbina-Samojlowa,** Die Linien des Natriums im Spektrum des Zentrums und des Randes der Sonne. AJ UdSSR **30** 414—425, mit 9 Abb. (russisch). — Der Untersuchung liegt das am Beugungsspektrographen der Kutschinoer Abteilung des Sternberg-Instituts erhaltene Beobachtungsmaterial zu Grunde. Darnach verändern sich die Konturen verschiedener Na-Linien beim Übergang von der Mitte zum Rand nicht einheitlich. Loh.

6433. **F. E. Stuart, J. H. Rush,** Further evidence of 15,000 km cellular structure in the solar photosphere. AJ **58** 231. — Ref. AAS.

6434. **K. Wegener,** Über die Temperatur der Sonne nach dem Wienschen Verschiebungsgesetz. Geofis. pur. appl. **23** 145—146, 1952. — Ref. in Phys. Ber. **33** 1910.

6435. **R. v. d. R. Woolley,** The far ultraviolet solar spectrum of the quiet sun as it affects the ionosphere. Sonderdruck Commonwealth Obs. Canberra. — Die Energie des kontinuierlichen Spektrums und der Linienemission der Sonnenkorona und der Chromosphäre der ungestörten Sonne im fernen UV werden berechnet. In Erdentfernung stehen demnach aus der Korona 11.8×10^8 Quanten/cm² sec unter 912 Å, aus der Chromosphäre 30×10^8 Quanten/cm² sec über 12.2 eV zur Verfügung. Diese Energiebeträge sind zur Bildung der drei ionosphärischen Schichten, welche im Fleckenminimum 41×10^8 Quanten/cm² sec erfordern, ausreichend. Bru.

6436. Het ultraviolette deel van het zonnespectrum. Hemel en Dampkring **51** 171.

6437. Photographs obtained of far ultra-violet solar spectrum. J RAS Canada **47** 258.

6438. UV solar spectrum. Sky and Telescope **12** 254, mit 1 Fig.

6439. Lyman Alpha. Sky and Telescope **13** 39. — Ref. in Sterne **30** 136, Hemel en Dampkring **52** 14. — Bericht über die erste Auffindung der Linie L_α des Sonnenspektrums in einer Spektralaufnahme, die bei einem Raketenaufstieg in 81 km Höhe gewonnen wurde, mit kurzer Kennzeichnung des Linienprofils. Gü.

6440. Raketenmessungen weisen die ultraviolette Wasserstoffserie im Sonnenspektrum nach. Weltraumfahrt **1953** 59.

§ 65

Strahlung

6501. **T. E. Aurén,** Studies of the solar radiation. Ark. Geofys. **1** 395—439. —Ref. in Phys. Ber. **33** 1018

6502. **W. M. Conn, G. Braught,** The separation of incident and emitted radiations in a solar furnace by means of rotating sectors. Phys. Rev. (2) **89** 898. — Ref. Am. Phys. Soc.

* * **B. Garfinkel,** The mean daily insolation. Vgl. Ref. **7206**.

* * **B. Garfinkel,** The mean annual insolation. Vgl. Ref. **7207**.

6503. **D. N. Gongadse, G. K. Sulakwelidse,** Einige Untersuchungsergebnisse der Intensität der direkten Sonnenstrahlung auf den Hängen des Elbrus. Publ. zentr. aerolog. Obs. Nr. **10** S. 48—54 (russisch). — Ref. in RJ Astr. Geod. UdSSR Nr. **2** 1954; Ref. Nr. 2276 (russisch).

6504. **E. R. Mustel,** Das Problem des Materieabflusses aus stationären Sternen. Mitt. Astrophys. Obs. Krim **10** 143—151 (russisch). — Ref. in Urania Kraków **25** 247—248. — Verf. schätzt den jährlichen Massenverlust der Sonne auf Grund folgender Ursachen ab: 1. Wärmedissipation der Wasserstoffatome aus der Korona, die sich auf etwa 6×10^{16} bis 6×10^{17} gr/Jahr beläuft. 2. Korpuskularströme aus aktiven Gebieten der Sonne, die zu magnetischen Stürmen und Nordlichtern führen. Sie ergeben maximal 1.3×10^{17} gr/Jahr. 3. Die Beiträge der eruptiven Protuberanzen, die etwa 10^{17} gr/Jahr ausmachen. Insgesamt ergibt sich immer noch 200 mal weniger, als das Äquivalent des (Wellen-)Strahlungsverlustes erbringt. Loh.

6505. **B. W. Petuchow,** Wassererwärmende Sonnenöfen. Moskau, Verlag Akad. Wiss. UdSSR, 1953. 68 S. mit 48 Abb. und 4 Tafeln. Preis 4 R. (russisch). — Ref. in RJ Astr. Geod. UdSSR Nr. **3** 1954; Ref. Nr. 2734 (russisch).

6506. **B. W. Petuchow,** Sluneční energie. Prag, Staatsverlag der techn. Literatur. 40 S. mit 19 Fig. Preis Kčs. 1.90. — Übersetzung aus dem Russischen: Die Sonnenenergie.

* * **R. H. Wilson jr.,** Use of the sun in flame temperature problems. Vgl. Ref. **248**.

6507. Zonne-energie-centrales. Hemel en Dampkring **51** 210—211.

6508. Słońce jako wzorzec temperatury. Urania Kraków **24** 112—114.

6509. Ile energii promienistej Słońca otrzymuje Ziemia. Urania Kraków **24** 303.

Solare kosmische Strahlung

* * **D. I. Dawton, H. Elliot,** Day and night measurements of the total cosmic ray intensity at balloon altitudes. Vgl. Ref. **12708.**

* * **W. L. Hinsburg,** Über den statistischen Mechanismus der Beschleunigung der Teilchen auf der Sonne und in Sternhüllen. Vgl. Ref. **12714.**

6510. **V. Sarabhai, U. D. Desai, R. P. Kane,** Daily variation of meson intensity and its possible solar origin. Nature **171** 122—123, mit 2 Fig. — Ref. in Phys. Abstracts (A) **56** 549.

6511. **V. Sarabhai, R. P. Kane,** World-wide effects of continuous emission of cosmic rays from the sun. Phys. Rev. (2) **90** 204—206, mit 1 Fig. — Die tägliche Variation der Mesonen-Intensität, charakterisiert durch Amplitude und Zeitpunkt des Maximums, wird nach den Beobachtungen von Huancayo, Cheltenham und Christchurch für die Zeit von 1937—1946 analysiert. Es zeigt sich, daß die tägliche Variation verursacht ist durch eine Anisotropie der primären kosmischen Strahlung als Folge der solaren Emission von Partikeln hoher Energie. Die Sonne ist eine kontinuierlich strahlende Quelle für kosmische Strahlung. Die Stärke der Emission variiert mit dem Sonnenfleckenzyklus. Priester

6512. **V. Sarabhai, R. P. Kane,** Effects of the geomagnetic field on solar cosmic rays. Phys. Rev. (2) **92** 415—419, mit 1 Fig. — Der Einfluß des Erdmagnetfeldes auf die Bahnen der solaren kosmischen Strahlung wird untersucht mit Aufteilung der magnetischen Feldstärke in eine Ost-West-, Nord-Süd- und Vertikalkomponente im Hinblick auf die Beobachtung der täglichen Variation der kosmischen Strahlung. Es ergibt sich, daß der Zeitpunkt der Maximalintensität in höheren Breiten später liegen muß. Priester

6513. **S. F. Singer,** Cosmic rays and the sun's magnetic field. Vgl. Ref. 11108, daselbst S. 252—256. — Die bisherige Ansicht, daß die Breitenvariation der kosmischen Strahlung die Existenz eines allgemeinen solaren Magnetfeldes beweist, ist nach neueren Messungen und Überlegungen nicht mehr haltbar. Die gefundenen Effekte können auch andere Ursachen haben. Bru.

Solare Radiostrahlung

6514. **I. Alon, J. Arsac, J.-L. Steinberg,** Sur la distribution de la brillance radioélectrique sur le Soleil à la fréquence de 9350 Mc/s. CR **237** 300—302, mit 1 Fig. — Mit Hilfe von Interferometermessungen der Intensitätsverteilung der Sonnenscheibe bei $\lambda = 3.2$ cm lassen sich die entsprechenden Finsternisbeobachtungen verbessern. Die Verteilung zeigt eine Aufhellung am Sonnenrand. Labs

6515. **E.-J. Blum,** Sur une dissymétrie du rayonnement radioélectrique du Soleil observé en ondes décimétriques. CR **237** 135—137, mit 2 Fig. — Ref. in Phys. Abstracts (A) **56** 1051.

6516. **W. N. Christiansen, J. A. Warburton,** The distribution of radio brightness over the solar disk at a wavelength of 21 centimetres. I. A new highly directional aerial system. Australian J. Phys. **6** 190—202, mit 6 Fig. und 1 Tafel = Commonwealth Sci. Industrial Res. Organization, Australia, Division Radiophys. — Ref. in Phys. Abstracts (A) **56** 826, Phys. Ber. **33** 1630.

6517. **W. N. Christiansen, J. A. Warburton,** The distribution of radio brightness over the solar disk at a wavelength of 21 centimetres.

II. The quiet sun — one-dimensional observations. Australian J. Phys. 6 262—271, mit 5 Fig. = Commonwealth Sci. Industrial Res. Organization, Australia, Division Radiophys. — Tägliche eindimensionale Registrierungen des Intensitätsverlaufs bei 21 cm über die Sonnenscheibe ergeben die Existenz einer zeitlich konstanten, ungestörten Emission aus der unteren Enveloppe der übereinander gezeichneten Registrierungen. Die Intensitätsverteilung besitzt eine ausgeprägte Randaufhellung im Einklang mit einer Chromosphärentemperatur von 10^4 und einer Koronatemperatur von $0.3—3 \times 10^6$ Grad. Thi.

6518. **A. E. Covington,** Three most intense solar noise bursts on a wave-length of 10.7 centimetres. J RAS Canada **47** 106—108, mit 3 Fig.

6519. **A. E. Covington, H. W. Dodson,** Absorption of 10.7-centimetre solar radiation during flare of May 19, 1951. J RAS Canada **47** 207—211, mit 4 Fig.

* * **A. K. Das, K. Sethumadhavan,** Eruptive prominence of February 26, 1953, and associated radio noise-burst. Vgl. Ref. **6611.**

6520. **A. K. Das, B. N. Bhargava,** Radio noise-bursts from solar M-regions. Nature **172** 855—856, mit 1 Fig. = Sonderdruck Kodaikanal Obs. — Verf. berichten über einige chrochetähnliche Störungen in Magnetogrammen im August 1953 und den mit diesen in Beziehung stehenden Rauscheruptionen bei 100 MHz. Loh.

6521. **R. D. Davies,** Radio observations at the time of an ascending solar prominence. Nature **172** 447—448. — Im Verlauf des Protuberanzenaufstiegs vom 26. Febr. 1953 wurden Rauschmessungen in verschiedenen Frequenzen angestellt. Der erste Rauschausbruch wurde schon sechs Stunden vor dem Aufsteigen der Protuberanz beobachtet, der zweite während des Aufsteigens und der dritte beim Zurückströmen der Protuberanzenmaterie. Demgegenüber zeigten zwei kleinere Protuberanzen aus 1952 keine Rauscheffekte. Loh.

* * **H. W. Dodson, E. R. Hedeman, A. E. Covington,** Solar flares and associated 2800 Mc/sec radiation. Vgl. Ref. **6612.**

* * **J. W. Dungey,** Bailey's theory of sunspot noise. Vgl. Ref. **6312.**

6522. **G. Eriksen,** Solar radio noise recording equipment built for the solar observatory at Harestua. Inst. Theoret. Astrophys. Blindern-Oslo Report Nr. **3,** 18 S. mit 15 Fig. — Ref. in Sternenwelt **5** 186—187. — Es wird eine Empfangsanlage zur Registrierung der Sonnenstrahlung bei $\lambda = 1.5$ m beschrieben. Als Antenne wird ein 7.5 m Würzburgspiegel (Halbwertsbreite zirka 18°) verwendet. Der Empfänger arbeitet nach dem Kompensationsverfahren und verwendet in den Eingangsstufen zwei Dezimeter-Trioden Type GL—446 A. Der Rauschfaktor des Empfängers wird mit 4.8 (6.8) db angegeben. Auf die Mischröhre folgt ein 6-stufiger Zwischenfrequenz-Verstärker, der mit einem Dämpfungsglied versehen ist, um den Rauschfaktor unabhängig von der Gleichrichtercharakteristik messen zu können. An den Zwischenfrequenz-Gleichrichter schließt sich ein Gleichspannungsverstärker an, der mit der Frequenz von 100 Hz zwischen der teilkompensierten Richtspannung und einer Vergleichsspannung umgeschaltet wird, um den Nullpunktsgang zu vermindern. Durch einen Regelmechanismus wird die Vergleichsspannung gleich der Meßspannung gemacht und registriert. Ferner werden Angaben über einen kapazitiven HF-Umschalter gemacht, der es gestatten soll, den gesamten Empfänger im Schaltverfahren nach Dicke zu betreiben. Daene

6523. **R. E. Gussejnow,** Einige radio-optische Eigenschaften der Sonnenatmosphäre. Baku, Kirow-Staatsuniv., 1953. 12 S. (russisch). — Dissertationsreferat.

6524. **T. Hatanaka,** A solution for the path of radio waves through the solar atmosphere by elliptic integrals. Ann. Tokyo Astr. Obs. (2) **3** 234—245, mit 8 Fig. — In einer sphärisch symmetrischen Sonnenatmosphäre läßt sich der Weg einer Radiowelle durch ein zweidimensionales Problem bestimmen. Mit einem geeigneten plausiblen Ansatz für die Elektronendichte der Korona führt die Lösung auf ein elliptisches Integral. Es werden Lösungsverfahren angegeben. Als Anwendung werden die Radioausstrahlung eines Sonnenflecks und die Frequenzabhängigkeit ihrer Bündelung, ferner die Verfinsterung einer nicht-solaren Radioquelle durch die Korona und die Absorption von Radiowellen in ionisierten Medien behandelt. Thi.

6525. **T. Hatanaka, F. Moriyama,** A note on the long-period variation in the radio-frequency radiation from the quiet sun. Publ. Astr. Soc. Japan **4** 145—151, mit 3 Fig. = Tokyo Astr. Obs. Repr. Nr. **104**. — Die scheinbare Temperatur der Sonne für den Radiofrequenzbereich wird mit variierenden Werten für die Elektronendichte in Korona und Chromosphäre berechnet. Das Ziel ist, Änderungen mit dem Sonnenfleckenzyklus zu finden. Schwankungen der Elektronendichte in der Korona innerhalb eines Faktors 2 werden zugelassen; dabei soll die Form der Dichteverteilung erhalten bleiben. Die Autoren finden gute Übereinstimmung mit den Beobachtungen von Covington (10.7 cm) über fünf Jahre. Die Übereinstimmung mit den bei fünf verschiedenen Frequenzen erhaltenen scheinbaren Temperaturen ist weniger befriedigend, doch wird in der Theorie und der Beobachtung ein Maximum bei zirka 1000 MHz gefunden. Priester

6526. **J. S. Hey,** Solar radio emissions at 4-metres wave-length during 1947—1950 inclusive and their relation to solar activity. Rep. Nr. 372 R.R.D.E., Ministry of Supply, Malvern. — Abstract in MN **113** 653. — Ref. in Phys. Abstracts (A) **57** 1121.

* * **M. Jorand,** Le rayonnement radioélectrique des taches solaires sur 160 Mc/sec de 1948 à 1951. Vgl. Ref. **6323**.

6527. **P. A. O'Brien,** The distribution of radiation across the solar disk at metre wave-lengths. MN **113** 597—612, mit 10 Fig. — Die Intensitätsverteilung über die Sonnenscheibe bei 1.4, 3.7 und 7.9 m Wellenlänge wurde mit einer Interferometeranordnung gemessen. Der Radius der Scheibe wächst mit der Wellenlänge, die Äquivalenttemperatur beträgt beim 1.6-, 2.2- und 2.8-fachen des optischen Sonnenradius 10% des Wertes der Scheibenmitte für die einzelnen Wellenlängen. Bei 1.4 m wurde mit einem Interferometer, dessen Achsen gegen die Rotationsachsen der Sonne geneigt waren, versucht, die Form der Scheibe zu bestimmen. Der Mittelpunktsabstand von Punkten, an denen die Helligkeitstemperatur auf die Hälfte des Zentralwertes gefallen ist, ist am Äquator etwa 25% größer als an den Polen. Micz.

6528. **P. A. O'Brien,** The radio «brightness» across the solar disk at a wavelength of 1.4 metres and its relation to the coronal line emission. Obs **73** 106—109, mit 2 Fig. — 1. Sonnenbeobachtungen in der Wellenlänge 1.4 m mit Interferometer von 1951 Oktober bis 1952 Mai ergaben deutliche Abnahme des Koronadurchmessers während der Beobachtungszeit. Die Intensitäten der grünen Koronalinie λ 5303 Å nach Wendelstein- und Kanzelhöhe-Beobachtungen zeigen eine entsprechende Abnahme. 2. Ein 1952 Apr. 1 beobachtetes Emissionsgebiet (λ 1.4 m) läßt sich identifizieren mit dem während der Sonnenfinsternis 1952 Febr. 25 sichtbaren langen Koronastrahl. O. G.

* * **J. H. Piddington, R. D. Davies,** Thermal radio emission from the sun and the source of coronal heating. Vgl. Ref. **6720**.

6529. **J. H. Piddington,** Thermal theories of the high-intensity components of solar radio-frequency radiation. Proc. Phys. Soc. (B) **66**

97—104 = Commonwealth Sci. Industrial Res. Organization, Australia, Division Radiophys. — Als hochintensive Komponente der Radiostrahlung der Sonne wird eine solche definiert, für die die Temperatur den Wert von 10^{10}° K erreicht oder überschreitet (bisher vielfach als «outburst» oder «isolated burst» bezeichnet). Keine der bisherigen Theorien über den Ursprung dieser Strahlung ist in der Lage, die Beobachtungen zu erklären. Verf. meint, daß alle Varianten dieser hochintensiven Komponente durch geordnete (nicht thermische) Elektronenbewegungen verursacht werden. Labs

6530. **H. K. Sen,** An estimate of the density and motion of solar material from observed characteristics of solar radio outbursts. Austral. J. Phys. **6** 67—72. — Ref. in Phys. Abstracts (A) **56** 504.

6531. **J.-L. Steinberg,** L'observation radioélectrique des éclipses de Soleil de 1951 et 1952. BSAF **67** 313—323, mit 10 Fig. — Nach einer kurzen Diskussion der radiofrequenten Strahlung der ungestörten Sonne wird auf die große Bedeutung der Sonnenfinsternisse für die Untersuchung der Intensitätsverteilung der radiofrequenten Strahlung auf der Sonnenscheibe und für die Bestimmung der Form der Radio-Sonne hingewiesen. Die Beobachtungsergebnisse von französischen Expeditionen bei zwei Sonnenfinsternissen, der ringförmigen am 1. Sept. 1951 und der totalen am 25. Febr. 1952, in verschiedenen Wellenlängen der radiofrequenten Strahlung, werden ausführlich erörtert. Es zeigt sich, daß die Form der Radio-Sonne zur Zeit dieser Finsternisse merklich elliptisch ist, wie auch aus Koronabeobachtungen zu erwarten war. H. M.

* * **T. Takakura,** On the directivity of solar radio emission from the sunspots. Vgl. Ref. **6360.**

* * **T. Takakura,** A method of analysis of the directivity of solar radio emission from sunspots. Vgl. Ref. **6361.**

6532. **B. Vauquois, P. Coupiac, M. Laffineur,** Etude expérimentale des orages radioélectriques solaires. CR **237** 1630—1632, mit 1 Fig. = Contr. Inst. d'Astrophys. Paris (A) Nr. **154.** — Bei Beobachtungen von Radioausbrüchen, die von einzelnen bipolaren Sonnenfleckengruppen stammen, findet man einen von der Wellenlänge abhängigen Richtungseffekt. Labs

* * **M. Waldmeier,** Die radiofrequente Strahlung koronaler Kondensationen bei $\lambda = 10.7$ cm. Vgl. Ref. **6731.**

6533. **M. Waldmeier,** Die Randverdunkelung der radiofrequenten Sonnenstrahlung bei $\lambda = 10.7$ cm. ZfA **32** 116—124, mit 3 Abb. = Astr. Mitt. Sternw. Zürich Nr. **182.** — Es wurde die aus koronalen Kondensationen über Fleckengruppen vom Typus F stammende radiofrequente Strahlung bei $\lambda =$ 10.7 cm untersucht für verschiedene Abstände der Kondensation vom Sonnenzentrum. Die Randintensität beträgt 22% der Zentrumsintensität. Diese starke Abnahme gegen den Sonnenrand ist weniger durch Absorption bedingt als vielmehr durch die Form der Kondensation. Diese läßt sich durch ein halbes 3achsiges Ellipsoid darstellen mit den Halbachsen $a = 0.153$, $b = 0.076$ und $c = 0.069$ Sonnenradien. Verf.

6534. **J. P. Wild, J. D. Murray, W. C. Rowe,** Evidence of harmonics in the spectrum of a solar radio outburst. Nature **172** 533—534, mit 3 Fig. = Commonwealth Sci. Industrial Res. Organization, Australia, Division Radiophys. — Verf. haben die Intensitätsverteilung des Spektrums der Radioeruption vom 21. Nov. 1952 zwischen 38 und 220 MHz als Funktion der Zeit gemessen. Das Aufsteigen der Quelle vollzog sich mit einer Geschwindigkeit von 475 km/sec und begann in etwa 2.5×10^4 km Höhe über der Photosphäre. Loh.

6535. **R. D. Young,** The thermal component of radio frequency radiation from the sun. AJ **58** 237. — Ref. AAS.

6536. **Beobachtung der Radiostrahlung**

Quarterly Bull. Solar Activity Nr. **97—100**, S. 279—350, mit 4 Fig. Published by the Eidgen. Sternw. Zürich. — 1952 Jan.—Dez.

Tokyo Astr. Obs. Bull. Solar Phenomena **4** 47—63, **5** 1—46, mit 18 Fig. — 1952 Okt.—1953 Sept.

Veröff. Fraunhofer-Inst. Freiburg Sonnen-Zirkular 1952 Okt.—1953 Sept.

* * Beobachtungen der solaren Radiostrahlung bei Finsternissen siehe § **62**.

§ 66

Chromosphäre, Flares, Protuberanzen

6601. **L. d'Azambuja,** Le mouvement des protubérances vers les pôles du soleil. Vgl. Ref. 11108, daselbst S. 137—143, 154—155. — Verf. bespricht die von ihm gefundene Polbewegung der Filamente und die Folgerungen, die man aus dieser Bewegung für die meridionale Zirkulation auf der Sonne ziehen muß. U. Be.

6602. **H. W. Babcock,** The flash spectrum without eclipse. Obs **73** 241—242, mit einer Bemerkung von R. O. Redman. — Spektroskopische Probleme der Chromosphäre können mit Erfolg durch Aufnahme von Flash-Spektren außerhalb von Finsternissen in Angriff genommen werden. Mit einem großen Sonnenteleskop und einem Gitterspektrographen können mit tangentialem Spalt unter günstigen Verhältnissen Spektren erhalten werden, deren Linienreichtum jenem der Finsternisspektren zumindest gleichkommt, deren Auflösungsvermögen aber größer ist. Mit modernen Gittern sollte ein Auflösungsvermögen von 500000 und eine Dispersion von 0.1 Å/mm erreichbar sein. Bru.

6603. **M. C. Ballario,** Sui brillamenti cromosferici in luce di idrogeno e in luce di calcio. Vgl. Ref. 11108, daselbst S. 117—119. — Vergleich der Importance-Skalen für chromosphärische Eruptionen von Arcetri und Meudon. Bru.

6604. **T. J. Bartlett, B. Witte, W. O. Roberts,** Eruptive prominence associated with limb flare of May 8, 1951. ApJ **117** 292—297, mit 3 Fig. — Ein am Sonnenrand am 8. Mai 1951 beobachteter Flare war von einer eruptiven Protuberanz begleitet. Radialgeschwindigkeitsmessungen einiger heller Knoten in der Protuberanz lassen erkennen, daß sie Kräften unterworfen gewesen sind, die die Gravitationskraft weit überstiegen. Ein einfaches Bewegungsgesetz zur Beschreibung der komplizierten Bewegungsvorgänge konnte nicht aufgefunden werden. Micz.

6605. **U. Becker,** Über eine Beziehung zwischen den Filamenten und der Helligkeitsverteilung der Korona in der Eisenlinie λ5303. ZfA **33** 147—173, mit 15 Abb. = Mitt. Fraunhofer-Inst. Freiburg Nr. **14**. — Die synoptischen Karten des Fraunhofer-Instituts der Jahre 1947—1951 werden zur Untersuchung der geometrischen Anordnung von Filamenten und Korona-isophoten (λ 5303) auf der Sonnenscheibe benutzt. Es ergibt sich, daß Filamente und Isophoten einander bevorzugt senkrecht schneiden oder parallel verlaufen. Die überzufällige Häufigkeit dieser beiden Schnittwinkel kann nicht durch systematische Eigenschaften in der Anordnung der Filamente allein und der Isophoten allein hervorgerufen sein. Es ist wahrscheinlich, daß die Häufigkeit der Schnittwinkel um 0° und 90° durch die Symmetrie und die Stabilität der koronalen Strömungssysteme um die Filamente bedingt ist. Verf.

6606. **D. E. Billings, W. O. Roberts,** Isophotal contour photometry of a solar flare. AJ **58** 35—36. — Ref. AAS.

6607. **D. E. Billings, W. O. Roberts,** Isophotal photometry of a solar flare. ApJ **118** 429—435, mit 3 Fig. und 1 Tafel. — Verf. berichten über die Isophotenphotometrie eines am 12. April 1950 beobachteten Flare auf der Sonne. Die Photometrie wurde mit einem elektronisch arbeitenden Isophotenphotometer ausgeführt, das auf einen Oszillographenschirm die Isophoten abbildet. Derartige Darstellungen werden für verschiedene Entwicklungsphasen des Flare gegeben. Außerdem wird der Verlauf der integrierten Strahlung mitgeteilt. Die gesamte Energie, die die Erde im Licht von Hα während der Erscheinung des Flare von der Sonne empfangen hat, übersteigt den Wert bei ruhiger Sonne in einer entsprechenden Zeitdauer um 9×10^{21} erg. Micz.

6608. **P. ten Bruggencate,** Die Temperatur von Protuberanzen. Vgl. Ref. **11108**, daselbst S. 163—166, 170—171. — Für die Linien H_α und H_β des Wasserstoffs und die D_3-Linie des He in Protuberanzen wird aus Linienprofilen die Temperatur bestimmt. Für kleine Energiedifferenzen $\Delta E \approx 3.5$ eV muß man mit $T \approx 4000°$ rechnen, für große Energiedifferenzen $\Delta E \geq 10$ eV dagegen mit $T \approx 14400°$. U. Be.

6609. **P. ten Bruggencate,** Die Temperatur von Protuberanzen. Mitt. AG **1952** 9. — Ref. AG.

* * **A. E. Covington, H. W. Dodson,** Absorption of 10.7-centimetre solar radiation during flare of May 19, 1951. Vgl. Ref. **6519.**

6610. **A. K. Das,** Reports on the progress of astronomy: Solar activity. Prominences. MN **113** 382—384.

6611. **A. K. Das, K. Sethumadhavan,** Eruptive prominence of February 26, 1953, and associated radio noise-burst. Nature **172** 446—447, mit 4 Fig. = Sonderdruck Kodaikanal Obs. — Der Aufstieg einer Protuberanz am 26. 2. 1953 wird sehr ausführlich beschrieben und über die gleichzeitige Beobachtung von drei bursts auf 100 MHz berichtet. Bru.

* * **R. D. Davies,** Radio observations at the time of an ascending solar prominence. Vgl. Ref. **6521.**

6612. **H. W. Dodson, E. R. Hedeman, A. E. Covington,** Solar flares and associated 2800 Mc/sec radiation. AJ **58** 213—214. — Ref. AAS.

6613. **H. W. Dodson, E. R. Hedeman, J. Chamberlain,** Ejection of hydrogen and ionized calcium atoms with high velocity at the time of solar flares. ApJ **117** 66—72, mit 6 Fig. — Verf. beschreiben Ausstöße hoher Geschwindigkeit (teilweise > 750 km/sec) von H- und Ca II-Atomen während des Beginns von fünf Flares in der Nähe des Sonnenrandes. Gleichzeitige Registrierungen der solaren Hochfrequenzstrahlung mit 51, 200 und 2800 MHz Frequenz zeigen Ausbrüche, die enger mit diesen Materieausstößen als mit dem Ausbruch der Hα-Flares verbunden zu sein scheinen. Micz.

6614. **H. W. Dodson, E. R. Hedeman, L. Owren,** Solar flares and associated 200 Mc/sec radiation. ApJ **118** 169—196, mit 10 Fig. = Inst. Theoret. Astrophys. Blindern-Oslo Repr. Nr. 4. — Registrierungen der Sonnenstrahlung bei 200 MHz Frequenz werden mit dem Auftreten von Flares verglichen. Von 194 Flares beeinflußten 78% die solare Strahlung. Verf. unterscheiden zwischen «frühen» und «späten» Phänomenen in den Strahlungsregistrierungen. Der erste Typ besteht in sehr plötzlichen und isolierten Ausbrüchen, die zeitlich mit dem Beginn der Flare zusammenfallen; sie sind vermutlich mit Auswürfen hochbeschleunigter Materie verbunden. Die zweite Art weist einen langsamen Anstieg der Intensität und eine überlagerte Unruhe auf; sie tritt etwa um die Zeit des Maximums der Flare-Aktivität oder danach auf. Gelegentlich erscheinen beide Arten in Verbindung mit demselben Flare. Betrachtungen über die Position der Flares auf der Sonnenscheibe und über die Form sowie Intensität der Radioausbrüche werden angestellt. Micz.

6615. **H. W. Dodson, O. C. Mohler,** Spectroheliographic observations, 1952 February 25. Obs **73** 116—119, mit 1 Fig. — Ein Vergleich zwischen den Finsternisbeobachtungen am 25. Febr. 1952 und Spektroheliogrammen wird gegeben und die Beobachtungen zueinander in Beziehung gesetzt. U. Be.

6616. **F. P. Dolder, W. O. Roberts,** Solar limb flares and the yellow coronal line. AJ **58** 37. — Ref. AAS. — Vgl. auch Sky and Telescope **12** 150.

* * **A. Dollfus,** Observations d'émissions de la couronne associées avec des protubérances. Vgl. Ref. **6704**.

6617. **G. W. Drobjasgo,** Über die Wandlung der hellen Flocculi in den Wasserstofflinien H_ε. Bull. Kommission Sonnenforschung Nr. **8—9** S. 15 (russisch).

* * **J. W. Dungey,** A family of solutions of the magneto-hydrostatic problem in a conducting atmosphere in a gravitational field. Vgl. Ref. **5111**.

6618. **M. A. Ellison,** A photometric survey of solar flares, plages and prominences in H_α light, carried out at the Royal Observatory, Edinburgh, 1947—52. Vgl. Ref. **11108**, daselbst S. 84—96, mit 7 Fig. — Linienprofile und Zentralintensitäten von H_α in einer Anzahl chromosphärischer Eruptionen, Fackeln, Protuberanzen und Filamenten werden mitgeteilt. (Gekürzte Wiedergabe der umfassenden Studie in Publ. Roy. Obs. Edinburgh Vol. I, No. 5, 1952; vgl. AJB **52** Ref. **6623**). Bru.

6619. **A. Güttler,** Über die Ost-West-Asymmetrie der Filamentbeobachtungen und die Strömungen in der äußeren Sonnenatmosphäre. Mitt. AG **1952** 10. — Ref. AG.

6620. **A. Güttler,** Über die Ost-West-Asymmetrie der Filamentbeobachtungen. ZfA **32** 273—297, mit 7 Abb. = Forschungsber. Obs. Wendelstein Nr. 8. — Ref. in Obs **73** 238—239. — Verf. untersucht den bekannten systematischen Ost-Überschuß der Filamentbeobachtungen (K_3, Coimbra 1929—1936: 23%; H_α, Wendelstein 1946—1951: 7%). Diese in höheren heliographischen Breiten zurückgehende Asymmetrie wird auf die Basis- und die Vertikalneigung der Protuberanzen zurückgeführt, die beide eine systematische Verringerung der absorbierenden Schichtdicken auf der Westhälfte der Scheibe im Vergleich zur Osthälfte bewirken. Hierdurch entgeht auf jener ein größerer Teil der schwachen Filamente der Beobachtung als auf der Osthälfte, was nach einer Diskussion der beobachteten Filamentdicken an Hand entsprechender Modellprotuberanzen nachgewiesen wird. Bei der schmalen H_α-Linie wird der Effekt durch eine in den Beobachtungen des Observatoriums Kodaikanal nachweisbare gegenläufige EW-Asymmetrie der Radialgeschwindigkeiten verringert. Die von d'Azambuja gefundene Vertikalneigung der Protuberanzen von 10° W erweist sich als zwischen 7 und 40° heliographischer Breite merklich konstant. Verf.

* * **H. L. Helfer,** Magneto-hydrodynamic shock waves. Vgl. Ref. 215.

6621. **J. Houtgast,** Gradients of line strengths in the chromosphere. Vgl. Ref. **11108**, daselbst S. 68—72, mit 3 Fig. = Sterrewacht «Sonnenborgh» Utrecht Overdruk Nr. 7. — Bei der Finsternis 1952 wurden beim zweiten und dritten Kontakt je sechs Flash-Spektren mit einer Cook-Prismenkamera aufgenommen. Aus zwei Spektren davon werden die Intensitätsgradienten von 30 ausgewählten Linien im Bereich 3750—4900 Å bestimmt. Bru.

6622. **G. S. Iwanow-Cholodny,** Spektralphotometrische Untersuchung des physikalischen Zustandes von Wasserstoff und Helium in den Protuberanzen. Pulkowo, Astr. Hauptobs. Akad. Wiss. UdSSR, 1953 (russisch). — Dissertationsreferat.

6623. **J. T. Jefferies,** Emission of radiation from model hydrogen chromospheres. Austral. J. Phys. **6** 22—44. — Ref. in Phys. Abstracts (A) **56** 505.

6624. **K. O. Kiepenheuer,** Über die Beziehung zwischen Protuberanzen und Korona. Vgl. Ref. 11108, daselbst S. 148—155 = Mitt. Fraunhofer-Inst. Freiburg Nr. **16**. — Beschreibung des «Kondensationsprozesses» von Koronamaterie, die nach Verf. zur Protuberanzenbildung führen soll. Die Wirkung eines Magnetfeldes auf Protuberanzen und Korona wird untersucht. U. Be.

* * **J. Kleczek,** Relations between flares and sunspots. Vgl. Ref. **6329**.

6625. **J. Kleczek, B. Nábělek,** Solar asymmetry. VI. BAC **4** 193—194 (mit russ. Zusammenfassung). — Die Ost-West-Asymmetrie chromosphärischer Eruptionen läßt sich nicht als meteorologischer Auswahleffekt deuten. U. Be.

6626. **L. I. Krissenko,** Die photographische Aufnahme der Sonne im Lichte des Wasserstoffs und Kalziums am Spektrohelioskop des Astronomischen Observatoriums Charkow. Bull. Kommission Sonnenforschung Nr. 8—**9** S. 19—21 (russisch).

6627. **L. Larmore,** A study of the motions of solar prominences. ApJ **118** 436—452, mit 9 Fig. und 3 Tafeln = Astr. Papers Univ. California **1** Nr. **14**. — Ref. in Sterne **31** 97—98. — Die Bewegungen der Materieknoten von vier Protuberanzen wurden auf Filmaufnahmen, erhalten im Licht von H_α mit dem Koronographen des High Altitude Observatory in Climax/Colorado, gemessen. Die vier Protuberanzen umfassen je eine vom aktiven, eruptiven, aktiv-eruptiven und vom Flecken-Typus. Es wurden keine plötzlichen Geschwindigkeitszunahmen beobachtet. Die Zeitabhängigkeit des Abstandes der Protuberanzen vom Sonnenrand kann vielmehr durch Parabeln mit hoher Genauigkeit dargestellt werden. Verf. bestimmt graphisch für 85 Materieknoten radiale und tangentiale Beschleunigungskomponenten. Die Trajektorien entsprechen denen, die nach der Theorie von Evans (vgl. AJB **46** Ref. **4609**) über die Bewegung von geladenen Partikeln der Protuberanzenmaterie in einem elektromagnetischen Feld zu erwarten sind. Micz.

6628. **B. Lindblad, H. Kristenson,** Chromospheric and photospheric gradients from cinematography of the flash spectrum. Vgl. Ref. 11108, daselbst S. 61—68, mit 2 Fig. = Stockholms Obs. Medd. Nr. **77**. — Aus kinematographischen Aufnahmen des Flash-Spektrums bei der Finsternis von 1945 wurde der Intensitätsgradient von 12 Gliedern der Balmer-Serie, von He $\lambda\lambda$ 5876 und 4472, von H und K von Ca II und einigen Metallinien, sowie im Kontinuum bei λ 4800 Å bestimmt. Bru.

6629. **D. H. Menzel, J. W. Evans,** The behavior and classification of solar prominences. Vgl. Ref. 11108, daselbst S. 119—136, 154—155, mit 10 Fig. = Harv Repr Nr. **381**. — Ref. in Urania Kraków **26** 172—173. — Nach Durchmusterung von Protuberanzenfilmen wird eine neue Klassifikation der Protuberanzen vorgeschlagen, die aus 3 Haupttypen und 10 Untertypen besteht. Eine magneto-hydrodynamische Erklärung der Typen wird gegeben. U. Be.

6630. **D. H. Menzel, B. Bell,** The variation in prominence distribution over the sunspot cycle. Vgl. Ref. 11108, daselbst S. 143—147, 154—155, mit 5 Fig. = Harv Repr Nr. **380**. — Aus den Filamentkarten von d'Azambuja konstruieren die Autoren durch Überlagerung Karten, die die Filamenttätigkeit für jeweils 1 Jahr geben. Gewisse Eigenschaften der Filamentverteilung werden magneto-hydrodynamisch gedeutet. U. Be.

6631. **D. H. Menzel,** Magnetic hydrodynamics theory of prominences and of the aurora borealis. Vgl. Ref. 11108, daselbst S. 257. — Bericht über eine Untersuchung des Verf., der Bewegungsvorgänge behandelt, die auf der Sonne zur Beschleunigung von Protonen und Elektronen führen und die für die Theorie der Nordlichter von Bedeutung sind. U. Be.

6632. **J. Mergentaler,** Niespodzianki geoaktywności Słońca. Postępy Astr. 1 97—99, mit 1 Fig. — Nach einem Vergleich der Fadinghäufigkeit mit den Fleckenrelativzahlen von 1930 bis 1952 in Anlehnung an R. Bureau wird in Anschluß an die Arbeit von Behr und Siedentopf (vgl. AJB **52** Ref. **6607**) die Frage aufgeworfen, warum im letzten Zyklus die Flarehäufigkeit wider Erwarten niedrig war. Eine eindeutige Antwort läßt sich darauf nicht geben, doch meint Verf., daß Veränderungen in dem von Fleckenfeldern überlagerten allgemeinen solaren Magnetfeld hierbei eine wichtige Rolle spielen. Das bedeutet qualitativ eine Weiterführung der von Giovanelli (vgl. AJB **48** Ref. **6618**) entwickelten Theorie. Loh.

6633. **Y. Öhman,** On some phenomena related to dark and bright prominences. Vgl. Ref. **11108**, daselbst S. 156—163, 170—171, mit 2 Fig. = Stockholms Obs. Medd. Nr. **78**. — Verf. diskutiert die von ihm schon mehrmals untersuchten «dunklen» Protuberanzen. Außerdem macht er noch auf eine Eigenart bei ruhenden Protuberanzen aufmerksam, wonach sich bei diesen in einigem Abstand in Richtung zum Pol gelegentlich eine kräftige spießförmige Protuberanz befindet. U. Be.

6634. **Y. Öhman, N. E. Öhman,** On a disturbance in a prominence probably initiated by a distant flare. Obs **73** 203—204, mit 1 Tafel = Stockholms Obs. Medd. Nr. **75**. — Beschreibung einer Filamentstörung durch eine entfernte Eruption. Die Störung hat sich mit einer Geschwindigkeit zwischen 100 und 200 km/sec ausgebreitet. U. Be.

6635. **Y. Öhman, N. E. Öhman,** On some solar observations made with an Hα monochromator. Obs **73** 236—237, mit 1 Tafel = Stockholms Obs. Medd. Nr. **76**. — Beschreibung einiger chromosphärischer Beobachtungen bei einer Eruption. Die Beobachtungen sind mit einem Interferenzfilter Lyotscher Bauart ausgeführt. U. Be.

6636. **K. Otavský,** Über die Beobachtung der Protuberanzen im Koronographen einfacher Bauart. RH **34** 140—142, mit 1 Fig. (tschechisch).

* * **J. H. Piddington,** Theories of solar phenomena depending on sunspot fields moving in the chromosphere and corona. Vgl. Ref. **6350**.

6637. **T. S. Rasmadse,** Über das Erscheinen der Sonnenaktivität in den Eruptionen. Mitt. Akad. Wiss. Georg. Sowjetrepublik **14** 603—606 (russisch und georgisch). — Ref. in RJ Astr. Geod. UdSSR Nr. 8, 1954; Ref. Nr. 4550 (russisch).

6638. **G. Righini,** Misure della larghezza di Hα sui flocculi e sui filamenti. Vgl. Ref. **11108**, daselbst S. 113—117. — Die Linienbreiten von H_α in hellen Flocculi und in dunklen Filamenten werden mit dem Linienschieber am Haleschen Spektroheliokop gemessen. Im Zentrum der Scheibe ist sie für beide Erscheinungen im Mittel 0.9 Å. Sie nimmt für die Flocculi gegen den Sonnenrand erheblich zu, für die Filamente etwas ab. Den gleichen Gang zeigt die Zentralintensität von H_α. Bru.

6639. **G. Righini,** Lo spettro di una protuberanza quiescente. Vgl. Ref. **11108**, daselbst S. 166—171. — Das Spektrum einer ruhenden Protuberanz zeigte zwischen λλ 3685 und 8662 Å 49 Emissionslinien. Ein Vergleich mit der Durchmusterung des Spektrums einer eruptiven Protuberanz (Grotrian) zeigt typische Unterschiede. U. Be.

6640. **J. H. Rush, W. O. Roberts,** Recent studies of chromospheric spicules. AJ **58** 226. — Vgl. auch Sky and Telescope **13** 6. — Ref. AAS.

6641. **H. K. Sen,** The non-Maxwellian distribution in a shock front and the anomaly of the chromospheric temperature. Phys. Rev. (2) **92** 861—866, mit 1 Fig. — Ref. in AJ **58** 46. — Es wird versucht, Abweichungen vom thermodynamischen Gleichgewicht in der Sonnenchromosphäre durch Annahme einer von der Maxwellschen abweichenden Geschwindigkeitsverteilung für die Partikel zu erklären. Dazu wird die sich in Stoßfronten ergebende Geschwindigkeitsverteilung abgeschätzt. Nimmt man Stoßwellen mit einer Mach-Zahl von etwa 2.5—3 an, so erhält man bei einer ursprünglichen Chromosphärentemperatur von 6000° die von R. O. Redman gemessenen Dopplerbreiten ($T_{\text{kin.}} \approx 30000°$). Die Absorptions- und Emissionskoeffizienten für Radiowellen nehmen mit steigender Stärke der Stoßfronten gegenüber den mit einer Maxwell-Verteilung gerechneten Werten ab. Es treten dadurch bei dieser Art der Betrachtung keine Widersprüche zwischen hohen Dopplerbreiten und einer niedrigen Temperatur für Radioemission auf. Traving

6642. **A. B. Sewerny,** Über die magnethydrodynamischen Bewegungen in den Sonnenprotuberanzen. DAN **91** 1051—1054, mit 1 Abb. (russisch). — Verf. untersucht unter Berücksichtigung der Komprimierbarkeit des Protuberanzengases und des Einflusses der Schwerebeschleunigung die Bewegung des Protuberanzenplasmas im Magnetfeld eines Sonnenflecks. Wenn das anfängliche Feld der Schwerebeschleunigung parallel ist, können sich magnethydrodynamische Wellen ohne Dämpfung nur entlang der Sonnenoberfläche ausbreiten. Stehen Anfangsfeld und Schwerebeschleunigung senkrecht aufeinander, dann kann die Dämpfung der Wellen, die sich in der Vertikalen ausbreiten, einige Stunden dauern. Loh.

6643. **A. B. Sewerny, W. L. Chochlowa,** Untersuchung der Bewegungen und des Leuchtens der Sonnenprotuberanzen. Mitt. Astrophys. Obs. Krim **10** 9—53, mit 18 Abb. und 7 Tafeln (russisch). — Aus kinematographischen Aufnahmen von Protuberanzen im Lichte von Hα mittels eines engen Interferenzpolarisationsfilters in den Jahren 1948—1950 und teilweise 1951 ergab sich: Die Protuberanzen kann man auf Grund der in ihnen vorherrschenden Bewegungen in eruptive, elektromagnetische und chaotische einteilen; diese Klassifikation weicht also völlig von der Pettitschen ab, die sich mehr auf Form und Wandlung der Protuberanzen stützt. Die Eigentümlichkeiten der drei Klassen werden an Beispielen näher erläutert und einige Schlüsse über die Natur der Bewegungen und der Protuberanzen selbst daraus gezogen. Die Helligkeit der leuchtenden Knoten und Spritzer unterliegt Schwankungen; die Abklingzeit ist der Knotenfläche proportional. Die Auflösung hängt wahrscheinlich mit der Aufheizung durch die Korona zusammen. Loh.

6644. **A. Spitalnaja,** Spektralphotometrie der Wasserstofflinie Hα im Spektrum der Sonnenchromosphäre. Bote Univ. Leningrad Nr. **11** S. 89—94 (russisch). — Ref. in RJ Astr. Geod. UdSSR Nr. **4,** 1955; Ref. Nr. 1527 (russisch).

6645. **Z. Švestka,** Recurrent and revived active regions on the sun. BAC **4** 186—192, mit 7 Fig. (mit russ. Zusammenfassung). — Statistische Untersuchungen über die Eruptionshäufigkeit in solaren Aktivitätszentren. Der größte Beitrag an Eruptionen wird von den rekurrenten und wiederauflebenden Zentren geliefert. Die Beziehung zwischen der Zahl der Eruptionen und der Relativzahl wird diskutiert. U. Be.

6646. **T. Takakura, K. Baba, K. Nunogaki, H. Mitani,** The 3000 Mc ion plasma noise radiated from arc discharge and solar eruption. J. Phys. Soc. Japan 8 426—427. — Ref. in Phys. Abstracts (A) **57** 62.

6647. Temperature of the chromosphere. Nature **171** 375. — Ref. der in AJB **51** Ref. **6625** zitierten Arbeit von S. Miyamoto.

6648. Photographs of the sun's chromosphere. Sky and Telescope **12** 235, mit 1 Fig.

6649. Cromospheric temperatures. Sky and Telescope **13** 5. — Ref. AAS.

6650. Solar prominence model. Sky and Telescope **13** 14. — Ref. AAS.

* * Jupiter and the sun. Vgl. Ref. 7613.

6651. Beobachtungen der Chromosphäre, Flares und Protuberanzen

Ann. Geofis. **6** 199—211, mit 9 Tafeln. Numeri caratteristici dei flocculi di idrogeno e di calcio e dei filamenti d'idrogeno per gli anni 1950—51—52. G. Godoli.

Bol. Astr. Obs. Madrid **4** Nr. 6 S. 3—39, mit 6 Fig. Protuberancias solares. Resumen de las observaciones realizadas durante el año 1952. E. Gullón.

Boll. Accad. Gioenia Catania (4) **2**, 8 S. = Oss. Astrofis. Catania Contr. Astrofis. Nr. **77**. L'attività del Sole nell'anno 1952. C. Strano, G. Leonardi.

BSAF **67** 21—23, 56, 122, 139, 202, 232, 299, 324, 429—430, 464, mit 15 Fig. L'activité solaire. M. d'Azambuja.

Bull. Astrophys. Obs. Abastumani Nr. **15** S. 169—262 (russisch mit georgischer Zusammenfassung). Spektrohelioskopische Beobachtungen auf dem Kanobili 1941—1944. S. M. Tschchaidse, N. I. Georgobiani.

Bull. Kommission Sonnenforschung Nr. **8—9** S. 16—18 (russisch). Beobachtungen von Protuberanzen im Lichte von H_β und D_3. M. N. Gnewyschew.

Circ. Astr. Obs. Kiew Nr. 61—65 (russisch). Die Sonnentätigkeit von März bis Juli 1952. W. N. Golowzyn.

Circ. Astr. Obs. Taschkent Nr. 250—261, 1952. Die Sonnenaktivität von Dezember 1951 bis November 1952. J. M. Slonim, K. Kuleschowa.

Circ Astr. Obs. Taschkent Nr. 262—267. Die Sonnenaktivität von Dezember 1952 bis Oktober 1953. J. M. Slonim, K. Kuleschowa, A. Kalmykow.

Coelum **21** 17—18, 54, 87—88, 127, 161, 188—189, mit 6 Fig. — Beobachtungen von Oktober 1952 bis September 1953.

Greenwich Photo-heliographic Results 1941, C 91—C 95. Observations of solar flocculi 1941.

Desgl. für 1942. Greenwich Photo-heliographic Results 1942, C 73—C 78.

Desgl. für 1943. Greenwich Photo-heliographic Results 1943, C 57—C 63.

J. Geophys. Res. **58** 109—115, 261—269, 405—415, 543—550, mit 2 Fig. Geomagnetic and solar data. — 1952 Okt.—1953 Sept.

Kodaikanal Obs. Bull. Nr. **135** S. 1—7, mit 2 Fig. Summary of prominence observations for the first half of 1951. A. K. Das.

Kodaikanal Obs. Bull. Nr. **138** S. 1—7, mit 2 Fig. Summary of prominence observations for the first half of 1952. A. K. Das.

Mem SA It (NS) **24** 185—190, mit 2 Fig. = Oss. e Mem. Oss. Astrofis. Arcetri Nr. **69**. Osservazioni di protuberanze e della cromosfera solare eseguite nel 1952. M. Hack.

Mem SA It (NS) **24** 191—193 = Oss. e Mem. Oss. Astrofis. Arcetri Nr. **69**. Brillamenti cromosferici osservati alla torre solare di Arcetri nel 1952. M. C. Ballario.

Publ. Astr. Obs. Taschkent (2) **3** 83—122, mit 7 Abb. und 5 Tafeln (russisch). Die Sonnentätigkeit 1946. J. M. Slonim.

Publ. Astr. Obs. Taschkent (2) **3** 152—203, mit 11 Abb. und 3 Tafeln (russisch). Die Sonnentätigkeit 1947. J. M. Slonim.

Publ. Astrophys. Obs. Ondřejov Nr. **24**, 47 + 96 S. Catalogue de l'activité des éruptions chromosphériques. II. J. Kleczek. — In Ergänzung zu dem früher erschienenen ersten Teil des Katalogs der chromosphärischen Eruptionen (vgl. AJB **52** Ref. **6654**) werden im vorliegenden zweiten Teil für die Jahre 1937—46 in graphischer Darstellung die Zeiten gegeben, zu denen die Sonne im Spektrohelioskop oder mit dem Spektroheliographen überwacht wurde. Die daraus entnommene, ebenfalls angeführte totale Zeitdauer der Überwachung pro Tag ermöglicht es dann, die beobachtete Zahl der Eruptionen statistisch zu korrigieren. H. M.

Quarterly Bull. Solar Activity Nr. **97—100**, S. 279—350, mit 4 Fig. Published by the Eidgen. Sternw. Zürich. — 1952 Jan.—Dez.

Tokyo Astr. Obs. Bull. Solar Phenomena **4** 47—63, **5** 1—46, mit 18 Fig. — 1952 Okt.—1953 Sept.

Urania Barcelona **38** 53—59, mit 6 Abb. Protuberancias solares. Resumen de las observaciones realizadas en el Observatorio de Madrid durante el año 1952. Altura de la cromosfera en el mismo año. E. Gullón.

Veröff. Fraunhofer-Inst. Freiburg Sonnen-Zirkular 1952 Okt.—1953 Sept.

VJS Naturf. Ges. Zürich **98** 109—122, mit 2 Abb. = Astr. Mitt. Sternw. Zürich Nr. 184. Die Sonnenaktivität im Jahre 1952. M. Waldmeier.

§ 67

Korona

* * **U. Becker,** Über eine Beziehung zwischen den Filamenten und der Helligkeitsverteilung der Korona in der Eisenlinie λ 5303. Vgl. Ref. **6605**.

6701. **D. E. Billings, D. H. Liebenberg, W. O. Roberts,** Evolution of coronal regions. AJ **58** 211—212. — Ref. AAS.

6702. **N. A. Chinkulowa,** Über die Veränderung der Gesamtzahl der Koronaelektronen mit der Phase der Sonnentätigkeit. Publ. Astr. Obs. Kiew Nr. **5** S. 143—145, mit 1 Abb. (russisch). — Ref. in Urania Kraków **26** 118. — Die während der fünf Sonnenfinsternisse am 8. 1. 1918, 20. 9. 1922, 24. 1. 1925, 8. 1. 1937 und 9. 8. 1945 lichtelektrisch mit einer Kaliumzelle gemessenen Integralhelligkeiten der Korona laufen der Fleckenhäufigkeits- und Protuberanzenprofilflächenfunktion parallel. Unter der Annahme, daß das Koronalicht durch Streuung des photosphärischen Lichts an freien Elektronen entsteht, ergeben sich dann entsprechende Schwankungen der Gesamtzahl der Elektronen. Loh.

* * **E. P. Dolder, W. O. Roberts,** Solar limb flares and the yellow coronal line. Vgl. Ref. **6616**.

6703. **A. Dollfus,** Sur la température de la couronne solaire. Vgl. Ref. **11108**, daselbst S. 184—186. — Das Linienprofil der roten Koronalinie λ 6374 wird zur Temperaturbestimmung ausgewertet. Es ergibt sich — Linienverbreiterung nur durch thermischen Doppler-Effekt bedingt — eine Temperatur von etwa 2×10^6 Grad. Zwischen 1942, 1949 und 1952 wurde keine Variation festgestellt. U. Be.

6704. **A. Dollfus,** Observations d'émissions de la couronne associées avec des protubérances. Vgl. Ref. **11108**, daselbst S. 219—220. — Das Verhalten der Korona-Emissionslinien in der unmittelbaren Nachbarschaft von Protuberanzen wird in zwei Fällen beschrieben.

6705. **A. Dollfus,** La largeur de la raie 6374 Å et la température de la couronne solaire. CR **236** 996—998, mit 2 Fig. — Messungen der Koronalinie 6374 mit einem Gitterspektrographen (3.2 Å/mm und Auflösung 50 000). Die Äquivalentbreite war nie größer als 0.94 Å. Sie ist unabhängig von der Sonnenaktivität. Die Intensität der Linie wächst, wenn sich die Koronatemperatur lokal erniedrigt, erreicht bei $T = 2.0 \times 10^6$ ihren höchsten Wert, um wieder zu fallen, wenn $T < 1.7 \times 10^6$ ist. Labs

6706. **J. W. Dungey,** A theoretical model for arches in the solar corona. Nature **171** 618, mit 1 Fig. — Es wurde das Gleichgewicht einer isothermen und homogenen Atmosphäre in einem Gravitations- und Magnetfeld untersucht und eine Schar von partikulären Lösungen des Problems gefunden, die sich zur Interpretation von Bögen in der Sonnenkorona als geeignet erweist. Kdr.

6707. G. Elwert, Über die Bedeutung einer weichen Röntgenstrahlung der Sonnenkorona für die Bildung der normalen ionosphärischen E-Schicht. J. Atmosph. Terr. Phys. **4** 68—77, mit 6 Abb. = Mitt. Astr. Inst. Univ. Tübingen Nr. 8. — Die Untersuchung schließt an eine andere Arbeit des Verf. (vgl. AJB **52** Ref. **6706**) an, in welcher die Strahlung der Sonnenkorona im Gebiet weicher Röntgenstrahlen berechnet wurde. Hierüber wird zunächst in Teil I berichtet. Aufgabe der Arbeit ist es, die Wirkung dieser Strahlung in der Erdatmosphäre zu untersuchen. Dabei interessiert besonders die Höhe, in der die Strahlung absorbiert wird und die Zahl der im Gleichgewicht von Ionisation und Rekombination vorhandenen Elektronen. Die erhaltenen Ergebnisse passen gut zur normalen ionosphärischen E-Schicht. Dies wird in Teil II ausgeführt. Verf.

6708. G. Elwert, Linienemission der Korona im Gebiet weicher Röntgenstrahlen. Mitt. AG **1952** 8—9. — Ref. AG.

6709. M. Françon, Bernard Lyot und die Beobachtung der Sonnenkorona außerhalb der Finsternisse. Optik **10** 512—513.

6710. N. A. Jakowkin, Über die Theorie der Sonnenkorona. Leningrad, Astr. Hauptobs. Akad. Wiss. UdSSR, 1953 (russisch). — Dissertationsreferat.

* * **K. O. Kiepenheuer,** Über die Beziehung zwischen Protuberanzen und Korona. Vgl. Ref. **6624**.

6711. W. A. Krat, Die Dissipation der Sonnenkorona und die Korpuskularstrahlung. Bull. Kommission Sonnenforschung Nr. 8—**9** S. 1—5 (russisch).

6712. W. A. Krat, Über die Inhomogenität der Sonnenkorona. DAN **91** 757—758 (russisch). — Kurze Beschreibung einer während der Finsternis von 1945 beobachteten Protuberanz, deren spektroskopische Eigenschaften völlig ungewöhnlich waren. Ihrer Dichte nach unterschied sich die Protuberanz nicht von den dichtesten Fasern der inneren Korona. Nach einem Hinweis auf die Äquivalentbreiten der Protuberanz und der Korona wird festgestellt, daß es in der Korona Gebiete gibt, in denen die Temperatur zwei Größenordnungen niedriger ist als die mittlere Koronatemperatur. Loh.

6713. W. Kraul, Absolutanschluß der grünen Koronalinie $\lambda = 5303$ Å an die Sonnenmitte. ZfA **33** 174—185, mit 9 Abb. = Forschungsber. Obs. Wendelstein Nr. **9**. — Mittels einer photographisch-photometrischen Methode wird die Totalintensität der grünen Koronalinie $\lambda = 5303$ Å gemessen und in Äquivalentbreiten des Spektrums der Sonnenmitte ausgedrückt. Die Intensitäten werden mit den entsprechenden von R. Müller in der «Wendelsteinskala» geschätzten Werten verglichen und so wird der Absolutanschluß dieser Skala erhalten. Es wird ein vereinfachtes Verfahren entwickelt, das bei guten Streulichtverhältnissen jederzeit eine rasche Überprüfung der Wendelsteinskala erlaubt. Der Vergleich mit anderen Stationen zeigt eine befriedigende Übereinstimmung der absoluten Koronaintensitäten. Verf.

6714. G. A. Lejkin, Über die Ursache der hohen Temperatur der Sonnenkorona und den Einfluß des interstellaren Magnetfeldes auf die Sterne. DAN **88** 33—36 (russisch). — Der von der Korona erfolgende Energieabfluß von 10^{28} erg/sec kann durch von außen auf die Sonne stürzende Materie nur zu einem kleinen Bruchteil kompensiert werden. Durch Stoßwellen von der Sonnenoberfläche kann auch kein Ausgleich erfolgen, wohl aber durch magnet-hydrodynamische Wellen, wenn in der Chromosphäre ein beständiges Magnetfeld $\geqq 10$ Gauß existiert. Die Aufheizung der Korona könnte auch auf die Auswirkung induzierter Ströme in der im interstellaren Magnetfeld rotierenden Korona zurückgeführt werden. Dadurch wird die Sonnenrotation stark gebremst. Der Prozeß ist auch auf Sterne übertragbar. Die induzierten elektrischen Felder können Ladungsträger stark beschleunigen und zum Verlassen des Sterns bringen. Loh.

6715. **R. Müller,** Correlation of magnetic M-storms with the monochromatic corona. Obs **73** 75—77, mit 1 Fig. — Das Maximum einer von Februar bis August 1952 vorhandenen M-Störung wurde im Mittel 3.1 Tage nach dem Erscheinen eines hellen, grünen Koronagebietes am Ostrand der Sonne beobachtet. Bru.

6716. **R. Müller,** Vergleich zwischen Finsterniskorona und monochromatischer Koronabeobachtung. Sternenwelt **5** 62—63, mit 2 Abb.

6717. **R. Müller,** Über die Rotation der inneren Korona. ZfA **32** 104—115, mit 6 Abb. = Forschungsberichte Obs. Wendelstein Nr. **6.** — Ähnlichkeiten und Wiederholungstendenzen der monochromatischen Sonnenkorona λ 5303 Å werden zur Ableitung der Rotation der inneren Korona benutzt. Das Gesetz der Sonnenrotation mit seiner Abnahme der Winkelgeschwindigkeit vom Äquator gilt offensichtlich nicht für die innere Korona. Die mittlere Winkelgeschwindigkeit für alle Breitenzonen der inneren Korona wird zu $\xi = 14^{\circ}\!.11$ in Übereinstimmung mit derjenigen der Flecken in 18° heliographischer Breite gefunden. Der Beobachtungsbefund wird dahin diskutiert, daß die innere Korona nicht an der Sonnenrotation teilnimmt. Verf.

6718. **W. Petri,** Die Rotation der Sonnenkorona in verschiedenen Breiten. Naturwissenschaften **40** 408. — Aus der Zeit, die photometrisch erfaßbare und wiedererkennbare Strukturen der Korona brauchen, um vom Ost- zum Westrand der Sonne zu wandern, wurde die Abhängigkeit des täglichen Rotationswinkels von der heliographischen Breite abgeleitet. Die zugrundeliegenden Beobachtungen sind im Licht der Linie Fe XIV λ 5303 ausgeführt worden. Wellmann

6719. **W. Petri,** Rotation und Kimmzeit der inneren Sonnenkorona. Phys. Verhandlungen **4** 250—251 (Ref.).

* * **J. H. Piddington,** Theories of solar phenomena depending on sunspot fields moving in the chromosphere and corona. Vgl. Ref. **6350.**

6720. **J. H. Piddington, R. D. Davies,** Thermal radio emission from the sun and the source of coronal heating. MN **113** 582—596, mit 6 Fig. = Commonwealth Sci. Industrial Res. Organization, Australia, Division Radiophys. — Messungen der thermischen Radioemission der Sonne zwischen 600 MHz und 9400 MHz bestätigen die hohe Temperatur der Korona und führen zur Annahme noch heißerer Gebiete oberhalb der Sonnenflecken. Verf. versuchen, diese Gebiete als Ursprung der Koronaenergie zu deuten. Mit den mehrere Jahre überdeckenden Meßdaten wird versucht, den Strahlungsanteil aus den mit Flekken verbundenen Gebieten vom Rest abzutrennen. Die mit Flecken in Zusammenhang stehenden Strahlungszentren scheinen langlebiger zu sein als die Flekken selbst. Die nicht von solchen Zentren herrührende Strahlung ist daher geringer als häufig vermutet wurde. Verf. nehmen an, daß die heißen Gasmassen oberhalb der Flecken, erzeugt von einem unbekannten Agens, die Korona innerhalb weniger Tage völlig aufbauen können. Micz.

6721. **J. H. Piddington, R. D. Davies,** Origin of the solar corona. Nature **171** 692—693, mit 3 Fig. = Commonwealth Sci. Industrial Res. Organization, Australia, Division Radiophys. — Ref. in Phys. Ber. **32** 1896: Beim Auftreten von Sonnenflecken wächst die Strahlung oberhalb 600 MHz weit über das normale Rauschen hinaus an. Beobachtungen wurden über mehrere Jahre hindurch gemacht. Diese zusätzliche Strahlung rührt von Zonen sehr hohen Druckes und hoher Temperatur her (ca. 10^7 K). Die Strahlung klingt erst mehrere Monate nach dem Verschwinden der Sonnenflecken ab. Daher wurde oft das Rauschen bei Abwesenheit von Flecken zu hoch angegeben. Es erklärt den großen Abfall der Strahlung, der 1950 festgestellt worden war. Die Emissionszonen sind möglicherweise eine der Energiequellen zur Erhaltung der Sonnenkorona. Busz

6722. **S. Poloskow,** Beurteilung des Buches von I. S. Schklowskij «Die Sonnenkorona». AJ UdSSR **30** 459—464 (russisch).

6723. **W. O. Roberts, R. Grenchik, D. E. Billings,** Origin of white-light coronal streamers. AJ 58 225—226. — Ref. AAS.

6724. **M. Ryle,** Some investigations of the solar corona by radio methods. Vgl. Ref. 11108, daselbst S. 276—283, mit 1 Fig. — Die Radiostrahlung der ruhigen Sonne bei verschiedenen Wellenlängen wird zur Bestimmung des Temperaturverlaufs in Abhängigkeit von der Höhe in der Korona benutzt. Die in die Rechnung eingehende Elektronendichte der Korona stammt aus optischen Beobachtungen. Es wird ferner gezeigt, wie aus den Bedeckungen von Radiosternen durch die Korona die Elektronendichte der Korona in großen Abständen vom Sonnenrand bestimmt werden kann. U. Be.

6725. **M. Schmidt,** Brightness, polarization and electron density of streamers in the solar corona. BAN **12** 61—67, mit 3 Fig. — Auswertung zweier Finsternisaufnahmen der Korona von 1937 Juni 8 mit Polarisatoren. Für die drei sichtbaren Koronastrahlen werden Helligkeit und Elektronendichte, sowie aus dem Polarisationsgrad ihre Orientierung im Raum abgeleitet. Zu zwei Strahlen lassen sich Filamente finden. Der dritte Strahl scheint zu einem aufgelösten Filament zu gehören, das schon 1936 von einem Koronastrahl begleitet war. Oster

6726. **M. S. Selzer,** Der Infrarotexzess und die Integralstrahlung der Korona nach radiometrischen Messungen. Leningrad, Astr. Hauptobs. Akad. Wiss. UdSSR, 1953 (russisch). — Dissertationsreferat.

6727. **W. S. Sokolowa,** Die zerstreute und die strahlenförmige Korona im Jahre 1941. Publ. Sektor Astrobotanik Akad. Wiss. Kasach. Sowjetrepublik **1** 49—60 (russisch). — Ref. in RJ Astr. UdSSR Nr. **3**, 1953; Ref. Nr. 1282 (russisch).

6728. **G. Thiessen,** Der Effekt der interstellaren Polarisation in der Sonnenkorona. Naturwissenschaften **40** 17. —In der Fraunhofer-Komponente der Korona sollte ein durch das solare Magnetfeld bedingter Polarisationseffekt analog dem Vorgang bei der interstellaren Polarisation auftreten. Aus den Beobachtungen von Öhman ergibt sich die Existenz eines solchen Effektes nach der Theorie von Davis-Greenstein. Thi.

6729. **G. Thiessen,** Der Effekt der interstellaren Polarisation in der Sonnenkorona. ZfA **32** 173—184 = Mitt. Sternw. Hamburg-Bergedorf **22** Nr. 234. — Ref. in Sterne **29** 107. — Es wird zunächst qualitativ gezeigt, daß in der Fraunhofer-Komponente der Sonnenkorona ein Polarisationseffekt zu erwarten ist, der analog dem Vorgang bei der interstellaren Polarisation durch eine teilweise räumliche Ausrichtung länglicher Staubpartikel erzeugt wird. Dieser Polarisationseffekt ist davon abhängig, ob ein magnetischer Mechanismus nach Davis-Greenstein oder nach Spitzer-Tuckey oder auch ein rein mechanischer Mechanismus nach Gold wirksam ist. Die vorliegenden Beobachtungen von Öhman sprechen eindeutig für die Existenz eines solchen Polarisationseffektes, und zwar nach dem Davis-Greenstein-Mechanismus der paramagnetischen Absorption. Dadurch liegt zugleich ein weiterer unabhängiger Beweis für die Existenz eines allgemeinen solaren Magnetfeldes im Außenraum der Sonne vor. Das Beobachtungsmaterial ist noch sehr klein und sollte bei künftigen Finsternis-Beobachtungen erweitert werden, um die Existenz des vorhergesagten Effektes mit Sicherheit prüfen zu können. Verf.

6730. **M. Waldmeier,** Neue Ergebnisse der Koronaforschung. Vgl. Ref. 11108, daselbst S. 171—184, 186, mit 3 Abb. — Einige neuere Arbeiten des Verf. über Temperatur, Dichte und Turbulenz in der Korona werden besprochen. U. Be.

6731. **M. Waldmeier,** Die radiofrequente Strahlung koronaler Kondensationen bei $\lambda = 10.7$ cm. Vgl. Ref. 11108, daselbst S. 283—288, mit 1 Abb. — Nach der Stichtagmethode wird die Mitte-Rand-Variation der 10.7 cm-Strahlung koronaler Kondensationen über F- und großen E-Gruppen bestimmt und die Größe der Kondensationen bei Annahme einer Temperatur von 800000° berechnet. Bru.

6732. **M. Waldmeier,** Synthese der Sonnenkorona. ZfA **31** 304—315, mit 2 Abb. = Astr. Mitt. Sternw. Zürich Nr. 181. — Ref. in Orion Schaffhausen **4** 361. — Es wird zum erstenmal der Versuch gemacht, die Intensität der koronalen Emissionslinien 5303 und 6374 Å längs des Sonnenrandes zu berechnen. Als Beobachtungsmaterial dienen die Intensitäten des kontinuierlichen Lichtes der Korona bei der totalen Sonnenfinsternis vom 9. Juli 1945 und die gleichzeitig am Koronagraphen des Aroser Observatoriums beobachteten Linienemissionen. Die kontinuierliche Emission ist proportional $\int N_e \, dy$, die monochromatische $\int N_e^2 \, dy$, woraus sich das verschiedene Verhalten der beiden Emissionen erklärt. Die Ergebnisse zwingen zur Annahme, daß die Elektronenverteilung in der Korona bedeutenden örtlichen Variationen unterliegt und oft stark von der meistens postulierten sphärischen Verteilung abweicht. Verf.

6733. **R. v. d. R. Woolley,** The solar corona. Suppl. zu Australian J. Sci. **10** Nr. 2, 10 S., 1947 = Sonderdruck Commonwealth Obs. Canberra. — Inhalt dieser Masson Lecture (1947): 1. Allgemeine Beschreibung der Korona; 2. Spektrum; 3. Theorie der Natur der Korona; 4. Die hohe Temperatur; 5. Die Ionisation in der Korona; 6. Der Wärmetransport; 7. Das Emissionsspektrum im fernen Ultraviolett; 8. Die Korona als Quelle des solaren Rauschens; 9. Die Aufrechterhaltung der Korona; 10. Die Herkunft der Wärme in der Korona.

6734. The solar corona. J RAS Canada **47** 37. — Ref. der Arbeit von Machin und Smith in Nature **170** 319 (vgl. AJB **52** Ref. **12621**).

6735. **Koronabeobachtungen**

Forschungsberichte Obs. Wendelstein Nr. **7**, 10 S. Katalog monochromatischer Koronastrahlen 1952. R. Müller.

Quarterly Bull. Solar Activity Nr. **97—100**, S. 279—350, mit 4 Fig. Published by the Eidgen. Sternw. Zürich. — 1952 Jan.—Dez.

TAB (2) Nr. **58** S. 481—496. Preliminary result of the coronal observation at Mt. Norikura. M. Notuki.

Veröff. Fraunhofer-Inst. Freiburg Sonnen-Zirkular 1952 Okt.—1953 Sept.

VJS Naturf. Ges. Zürich **98** 109—122, mit 2 Abb. = Astr. Mitt. Sternw. Zürich Nr. **184**. Die Sonnenaktivität im Jahre 1952. M. Waldmeier.

* * Koronabeobachtungen während Sonnenfinsternissen siehe § **62**.

§ 68

Sonnentätigkeit in Beziehung zu terrestrischen Erscheinungen

6801. **C. G. Abbot,** Long-range effects of the sun's variation on the temperature of Washington, D.C. Smithsonian Misc. Coll. **122** Nr. 1, 14 S. = Smithsonian Inst. Publ. Nr. 4131. — Ref. in Nature **172** 1089—1090 (C. E. P. Brooks).

6802. **C. G. Abbot,** Solar radiation, a leading weather element. Smithsonian Misc. Coll. **122** Nr. 4, 35 S. = Smithsonian Inst. Publ. Nr. 4135. — Ref. in Nature **172** 1089—1090 (C. E. P. Brooks).

6803. **R. Ananthakrishnan,** Geomagnetic activity and the sunspot cycle. Nature **172** 854—855. — Zur Zeit der Fleckenmaxima (1915—1919, 1926—1930, 1935—1939, 1945—1949) ist die Zahl der hochaktiven Tage enger mit den mittleren täglichen Protuberanzenprofilflächen korreliert als mit den Züricher Fleckenrelativzahlen. Loh.

6804. **J. W. Beagley,** Ionospheric and geomagnetic effects of solar flares. New Zealand J. Sci. Technol. (B) **35** 141—151. — Ref. in Phys. Abstracts (A) **57** 787.

6805. **U. Becker,** Über eine Beziehung zwischen erdmagnetischer Unruhe und der Anordnung der Sonnenflecken. ZfA **32** 195—199, mit 4 Abb. = Mitt. Fraunhofer-Inst. Freiburg Nr. **11**. — 1. Der simultane Durchgang zweier auf der Nord- und Südhalbkugel der Sonne gelegenen Fleckengruppen hat zwei bis drei Tage später ein überzufälliges Absinken der erdmagnetischen Unruhe zur Folge. 2. Werden Tage mit geringer erdmagnetischer Unruhe ($\Sigma K_1 \leq 16$) ausgesucht, so zeigt die mittlere Längenverteilung der Fleckenbedeckung der Sonne charakteristische Maxima 40° West vom Zentralmeridian auf der nördlichen und südlichen Halbkugel. Verf.

6806. **J. F. Denisse,** Les centres solaires d'activité radioélectrique et leur influence sur l'activité géomagnétique. Ciel et Terre **69** 53—67, mit 6 Fig. — In mehrjährigen Beobachtungen wird die erdmagnetische Aktivität mit der radioelektrischen Aktivität der Sonne verglichen. Teilt man die optischen Aktivitätszonen auf der Sonne in solche mit Radioemission und solche ohne radioelektrische Aktivität, so zeigt sich, daß nur die Radiowellen emittierende Gruppe eine gesteigerte magnetische Aktivität — 1 bis 2 Tage nach Zentralmeridiandurchgang — hervorruft. Dagegen scheinen die optisch auffallenden Zentren ohne radioelektrische Aktivität eine Tendenz zur Verminderung der mittleren erdmagnetischen Aktivität einige Tage nach dem Zentralmeridiandurchgang zu zeigen. Gli.

6807. **M. S. Eigenson,** Über die säkulare Veränderung der Sonnenaktivität und ihre geophysikalischen Folgen. Mitt. Geogr. Ges. UdSSR **85** 286—287 (russisch). — Ref. in RJ Astr. UdSSR Nr. **2**, 1953; Ref. Nr. 819 (russisch).

6808. **M. S. Eigenson,** Über den 5—6-jährigen Zyklus der Sonnenaktivität und die sonnenbedingten geophysikalischen Erscheinungen. Mitt. Geogr. Ges. UdSSR **85** 287—289 (russisch). — Ref. in RJ Astr. UdSSR Nr. **2**, 1953; Ref. Nr. 820 (russisch).

6809. **M. A. Ellison,** The Hα radiation from solar flares in relation to sudden enhancements of atmospherics on frequencies near 27 Kc/s. J. Atmosph. Terr. Phys. **4** 226—239, mit 5 Fig. = Commun. Roy. Obs. Edinburgh Nr. **6**. — Beobachtungen der Hα-Emission von zehn Sonnenflares werden mit dem plötzlichen Anstieg der Atmospherics (S.E.A.) bei 27 kHz verglichen. Zwischen dem Flare-Maximum und dem Maximum des S.E.A. liegen im Mittel 7 Minuten. Der Autor interpretiert dies als «Trägheit» der D-Schicht. Die enge Relation zwischen den S.E.A.s und 413 Flares der Klassen 1, 2, 3 über vier Jahre wird analysiert. Die Verbindung zwischen beiden Ereignissen ist mittags und nachmittags höher als am Morgen. Ferner ist sie im Winter höher als im Sommer. Priester

6810. **M. Ghosh,** On the comparative increases of the F1 and F2 ionizations from sunspot minimum to sunspot maximum. J. Geophys. Res. **58** 41—51, mit 4 Fig. — Die stärkere Variation der Ionisation in der F_2-Schicht im Vergleich zur F_1-Schicht im Laufe des Sonnenfleckenzyklus läßt sich durch stärkere Temperaturzunahme und Abnahme des Rekombinationskoeffizienten mit der Höhe im Rahmen der üblichen Theorie deuten. Damit entfällt die Notwendigkeit, für die Ionisation der F_1- und F_2-Schicht verschiedene Quellen auf der Sonne anzunehmen. U. Be.

6811. **G. Godoli,** Le piogge della Libia e l'attività solare. Ann. Geofis. **6** 125—135, mit 4 Tafeln. — Der Regen in Libyen hängt sehr deutlich von der Sonnenaktivität ab. Cester

6812. **Z. Gregor, L. Křivský,** The variation of the frontal zone during the year in the area of the Atlantic and Europe and in relation to the solar activity. Publ. Astrophys. Obs. Ondřejov Nr. **23** S. 5—35, mit 12 Fig. (mit russ. Zusammenfassung).

6813. **H. K. Kallmann,** The continuous layer formation in the atmosphere under the influence of solar radiation. Phys. Rev. (2) **90** 153—154, mit 2 Fig. — Die sich unter dem Einfluß der ruhigen sowie der gestörten Sonnenstrahlung ausbildenden ionosphärischen Schichten werden theoretisch untersucht. Im Gegensatz zu den Rechnungen von Chapman (konstante Temperatur und konstantes mittleres Molekulargewicht) und zu den Rechnungen von Nicolet (mit der Höhe zunehmende Temperatur, konstantes Molekulargewicht) wird jetzt für beide Parameter die Variation mit der Höhe berücksichtigt. Es ergibt sich das beobachtete Minimum der Elektronendichte zwischen der E- und F_1-Schicht in etwa 120 km Höhe. Dieser qualitative Verlauf bleibt auch unter der Einwirkung der gestörten Sonnenstrahlung erhalten, abgesehen von einer allgemeinen Vergrößerung der Elektronendichte und von einer leichten Höhenänderung des Ortes der maximalen Elektronendichte in der E-Schicht. Traving

6814. **U. Köhler,** Die Wettervorfühligkeit — ein solarer Effekt. Naturwissenschaften **40** 360—361, mit 1 Fig. — Ref. in Phys. Abstracts (A) **56** 1125—1126.

6815. **H. Koppe,** Sonnenaktivität, Großwetter und wetterbezogene Reaktionen. Ann. Met. **4** 87—96, 1951. — Ref. in Phys. Ber. **33** 474—475.

6816. **D. Kotsakis,** Die unsichtbare Sonnenstrahlung und ihr Einfluß auf die Erde. Sonderdruck aus «Deltion» des Milit. Geod. Instituts Athen Nr. **49—50,** 16 S. mit 3 Fig. (griechisch). — Kritische und halbpopuläre Darstellung.

6817. **L. Křivský,** Relation of sunspot recurrency to the duration of cold and warm seasons. BAC **4** 44—47, mit 3 Fig. (mit russ. Zusammenfassung). — Ausgehend von einem Beobachtungsmaterial über den Beginn der Jahreszeiten in den Jahren 1881—1938 wird der Zusammenhang zwischen der Länge der Jahreszeiten und dem von M. S. Eigenson eingeführten Wiederkehr-Index der Sonnenflecken geprüft. Es zeigt sich, daß kurz nach dem Minimum dieses Index die Winter am längsten, kurz nach dem Maximum am kürzesten sind. Die Beziehungen der Jahreszeitenlänge zur gewöhnlichen Sonnenfleckenrelativzahl sind ähnlich, aber weniger deutlich ausgeprägt. Man kann diese Erscheinung so deuten, daß die geringe Sonnenaktivität die normalen Zirkulationsverhältnisse im Winter nicht beeinflußt, während größere Sonnenaktivität diese stört und damit den Winter verkürzt. H. M.

6818. **L. Křivský,** Äußerung der chromosphärischen Eruptionen in den atmosphärischen Störungen. BAC **4** 196.

6819. **L. Křivský,** The long-range variability of annual precipitation in Prague-Klementinum in the period 1805—1951 and in relation to the solar activity. Publ. Astrophys. Obs. Ondřejov Nr. **23** S. 37—72, mit 8 Fig. (mit russ. Zusammenfassung).

6820. **G. Lampariello,** Das elektrische Erdfeld und das magnetische Sonnenfeld; ein Versuch ihre Beziehung auf Grund der relativistischen Elektrodynamik zu erklären. Z. angew. Math. Mechanik **33** 275—279. — Ref. in ZfMG **51** 238.

* * **J. Mergentaler,** Niespodzianki geoaktywności Słońca. Vgl. Ref. **6632.**

6821. **R. Müller,** Solare Einflüsse auf das Wettergeschehen? Sternenwelt **5** 69.

6822. **T. Nagata, M. Tazima,** The solar flare type variation in geomagnetic field and the integrated electric conductivity of the ionosphere. III. Effect of the earth. Rep. Ionosphere Res. Japan **5** 113—121, 1951. — Ref. in Phys. Abstracts (A) **57** 1245.

6823. **T. Nagata,** The solar flare type variation in geomagnetic field and the integrated electric conductivity of the ionosphere. IV. The conductivity of the ionosphere over Japan. Rep. Ionosphere Res. Japan **5** 123—128, 1951. — Ref. in Phys. Abstracts (A) **57** 1245.

6824. **H. W. Newton, H. F. Finch,** Geomagnetic storms and solar activity, 1952. Obs **73** 35—37. — Charakterisierung der Fleckentätigkeit im Jahre 1952 und der erdmagnetischen Unruhe. Eine Liste der magnetischen Stürme in Abinger für 1952 wird gegeben. U. Be.

6825. **S. B. Nicholson, T. Cragg,** Solar flares and geomagnetism. Publ ASP **65** 201—202. — Ref. ASP.

6826. **J. Nordø,** A statistical discussion of a possible connection between solar activity and sea-level pressure. Inst. Weather and Climate Res. Norwegian Acad. Sci. and Letters Publ. Nr. **2,** 41 S. mit 2 Fig. = Inst. Theoret. Astrophys. Blindern-Oslo Publ. Nr. **2.** — Zur Prüfung des Einflusses der Sonnentätigkeit auf das Wetter wird für alle isolierten großen chromosphärischen Eruptionen zwischen dem 1. Juli 1935 und dem 30. Juni 1952 untersucht, ob ein merkbarer Zusammenhang mit dem Luftdruck an einigen norwegischen Stationen speziell in Oslo-Blindern besteht. Die Diskussion wird nach den verschiedensten Gesichtspunkten durchgeführt, doch läßt sich kein Zusammenhang entdecken. Im Anschluß daran werden auch noch andere ähnliche Versuche einer sorgfältigen Kritik unterzogen. H. M.

6827. **G. Righini, G. Godoli,** Sull'influenza solare nelle esperienze di girointerazione. Ann. Geofis. **6** 11—19, mit 9 Fig. — Der Einfluß der Sonne auf die Gyrointeraktion ist äußerst unwahrscheinlich. Cester

6828. **D. van Sabben,** Relationship between radio-propagation disturbance, geomagnetic activity and solar noise. J. Atmosph. Terr. Phys. **3** 194—199, mit 3 Fig. — Verf. untersucht den Zusammenhang zwischen erdmagnetischen Störungen, Radiostörungen (Verbindung Amsterdam—New York) und der solaren Radiostrahlung. Die maximale Radiostörung ereignet sich 7 Stunden später als die erdmagnetische Störung; die solare Radiostrahlung setzt etwa 5 Tage vor der Magnetstörung ein. U. Be.

6829. **D. van Sabben,** Solar-flare effects and magnetic storms. J. Atmosph. Terr. Phys. **3** 270—273, mit 1 Fig. — In the years 1949—50—51 there appeared to be no increase in storm-probability after the occurence of a solar-flare-effect, exept perhaps in the probability of severe magnetic storms. Verf.

6830. **M. Sugiura,** The solar diurnal variation in the amplitude of sudden commencements of magnetic storms at the geomagnetic equator. J. Geophys. Res. **58** 558—559, mit 1 Fig. — Aus dem Vergleich von 183 SC's, die in Huancayo und Cheltenham beobachtet wurden, wird auf das Verhalten der SC am magnetischen Äquator geschlossen. Am magnetischen Äquator ist die Amplitude der Horizontalkomponente verstärkt. U. Be.

6831. **H. Troeger,** Der Einfluß der Sonnentätigkeit auf die Witterung. Meteorol. Rundschau **6** 19—20. — Ref. in Phys. Ber. **32** 1910: Die Sonnenfackeln senden eine stärkere, die Sonnenflecken eine schwächere Strahlung als die normale Sonnenoberfläche aus. Es fehlte bisher an theoretisch fundierten Auswertmöglichkeiten, die gleichzeitige Abnahme oder Zunahme von Fackeln und Flecken mit Witterungserscheinungen zu kombinieren. Als statistische Möglichkeit wird jedoch, unter Abwandlung eines Vorschlages von F. Baur, eine graphische Darstellungsart mit Beispielen vorgeführt. Hierbei ergeben sich gesetzmäßige Beziehungen zwischen Fackel- und Fleckenzahl einerseits und Witterungserscheinungen andererseits. Für eine prognostische Auswertung der Zusammenhänge wird eine schnellere Mitteilung der jeweiligen Fackelflächen gefordert. Vocke

6832. **B. Trumpy,** Time variations of cosmic ray intensity associated with geomagnetic and solar activity. Physica **19** 645—667, mit 11 Fig. — The magnetic disturbances have been studied on the basis of the registrations from the magnetic observatories Dombås, Rude Skov and Cheltenham. No simple connection excists between the changes of the earth's magnetic field during a storm and the corresponding changes in the cosmic ray intensity. Possible theories for the decreases of the cosmic ray intensity during magnetic storms have been discussed. Verf. (gekürzt)

6833. **B. Valníček,** Les éruptions chromosphériques et le temps. BAC **4** 48—51, mit 11 Fig. (mit russ. Zusammenfassung). — Für 1936 und 1947 werden für einige Tage vor und nach starker Eruptionstätigkeit Isobarenkarten für Europa und den Nordatlantik gezeichnet und Schlüsse auf die atmosphärische Zirkulation in diesem Gebiet gezogen. U. Be.

6834. **B. Valníček,** Les éruptions chromosphériques et le temps. BAC **4** 97—99, mit 3 Fig. (mit russ. Zusammenfassung). — Niederschlag, Luftdruck und Temperatur an drei Stationen der C. S. R. zeigen eine 27tägige Wiederholungstendenz nach Auftreten einer kräftigen Eruption. U. Be.

6835. **B. Valníček,** Les éruptions chromosphériques et le temps. BAC **4** 179—181, mit 4 Fig. (mit russ. Zusammenfassung). — Verf. konstruiert Isobarenkarten im 5000 m-Niveau für 5 Tage vor und 5 Tage nach kräftigen Eruptionen. Es ergeben sich typische Druckvariationen über Europa und dem Nordatlantik. U. Be.

6836. **P. A. Wayman,** Coronal observations and magnetic storms. Obs **73** 202—203. — Die M-Störungen des Erdmagnetismus werden möglicherweise von solaren Partikeln mit einer Laufzeit von 22 Tagen verursacht. Bru.

6837. Solar variation and precipitation at Peoria, Illinois. Nature **172** 143. — Ref. einer Arbeit von C. G. Abbot, Smithsonian Misc. Coll. **117** Nr. 16, 1952.

6838. Hvilke Faktorer er afgørende for Vejrets Udfald. Urania Kopenhagen **10** 104—107. — Ref. der in AJB **52** Ref. **6801** zitierten Arbeit von C. G. Abbot.

6839. **Solar-terrestrische Beobachtungen**

J. Geophys. Res. **58** 109—115, 261—269, 405—415, 543—550, mit 2 Fig. Geomagnetic and solar data. — 1952 Okt.—1953 Sept.

Urania Barcelona **38** 59. Datos relativos a la actividad solar y geomagnética en 1951.

Veröff. Fraunhofer-Inst. Freiburg Sonnen-Zirkular 1952 Okt.—1953 Sept.

Achter Teil

Planeten und Monde

§ 70

Sonnensystem, Allgemeines

* * **E. Ahnert,** Strahlungsdruck, Poynting-Robertson-Effekt und interplanetare Materie. Vgl. Ref. 201.

7001. **K. L. Bajew,** Erde und Planeten. Vgl. AJB **50** Ref. **7002.** — Auch in weiteren regionalen Ausgaben und Landessprachen der UdSSR erschienen.

7002. **J. Bardwell, G. Herzberg,** Laboratory experiments on the detectability of silane (SiH_4) and methyl deuteride (CH_3D) in the atmospheres of the outer planets. ApJ **117** 462—465, mit 1 Fig. — Die gelegentlich geäußerte Vermutung, einige im infraroten Spektrum der äußeren Planeten Jupiter, Uranus und Neptun beobachtete Banden gehören dem SiH_4 an, ließ sich durch Laboratoriumsexperimente nicht bestätigen. Auch der Nachweis von DH_3D-Banden in den planetarischen Spektren auf Grund der Laboratoriumsergebnisse gelang nicht. Micz.

7003. **H. P. Berlage,** On the composition of the bodies of the solar system. Proc. Section Sci. K. Nederl. Akad. Wetensch. (B) **56** 45—55, mit 1 Fig. — Verf. unternimmt den Versuch, die heutigen Ansichten über den inneren Aufbau der Körper des Sonnensystems in einen gemeinsamen Rahmen zu bringen. Verf. (übersetzt)

7004. **G. Bruhat, E. Schatzman,** Les Planètes. Vgl. AJB **52** Ref. **7004.** — Weitere Besprechung in Naturwissenschaften **40** 539 (A. Unsöld), Naturwiss. Rundschau **7** 304 (H. Degen).

* * **H. Camichel,** Nouvelle méthode de mesure des diamètres des petits astres et ses résultats. Vgl. Ref. **2404.**

7005. **G. M. Clemence,** Coordinates of the center of mass of the Sun and the five outer planets 1800—2060. Washington, Astr. Papers prepared for the use of the American Ephemeris and Nautical Almanac **13** 321—363.

7006. **F. K. Dalton,** Star-dust from the missing planet. J RAS Canada **47** 10—14, mit 5 Fig. — Verf. berichtet über neuere Untersuchungen der Struktur, der Härte und des Nickelgehalts kleiner Ni-Fe-Partikel, die in der Umgebung des Meteorkraters in Arizona gefunden wurden. Es wird der Standpunkt vertreten, daß die Meteoriten, und damit auch diese Teilchen, von dem hypothetischen Planeten zwischen Mars und Jupiter herrühren, durch dessen Explosion die Kleinen Planeten entstanden seien. Kdr.

7007. **F. J. Dannenburg,** De helderheden der planeten. Hemel en Dampkring **51** 94—95, mit 1 Fig. = Sterrewacht «Sonnenborgh» Utrecht Overdruk Nr. 4.

7008. **A. Dauvillier,** Sur la structure interne des planètes géantes. CR **237** 951—953. — Verf. gibt ein Modell des Inneren der Großen Planeten, ausgehend von einer kosmischen Häufigkeitsverteilung und den atomaren chemischen Affinitäten. Er zeigt durch Anwendung der kinetischen Gastheorie, wie die Planeten ihren nicht gebundenen Wasserstoff und ihr Helium verloren haben. Labs

7009. **O. J. Eggen,** Vulcan. Leaflet ASP Nr. 287, 8 S.

7010. **G. Fournier,** Les planètes lointaines. La Nature 81 84—87, mit 4 Fig.

7011. **E. J. Gunn,** New notes on the positions of the planets. Vega Nr. 7 S. 25—26, 8—9 S. 31—33.

7012. **A. Hall jr., H. E. Burton, U. S. Lyons, L. R. Wylie, G. M. Raynsford, W. M. Browne, J. L. Smith,** Observations of satellites made with the 26-inch equatorial of the US. Naval Observatory 1928—47. Publ. US Naval Obs. 17 91—133. — Beobachtungen der Satelliten von Saturn, Mars, Uranus und Neptun.

7013. **C. L. Janssen,** Planeten Vulcan. Urania Kopenhagen **10** 61—70.

7014. **M. S. Kiefer,** Planet X. Julian Messner, 1953. 62 S. Preis $1.60. — Besprechung in Sky and Telescope **12** 242.

7015. **J. Kleczek,** Měsíce průvodci planet. Prag, Verlag Orbis. 16 + 36 S. mit 46 Fig. Preis Kčs. 4.50. — Mond und andere Satelliten.

7016. **S. W. Koslowskaja,** Vergleichende Analyse des inneren Aufbaues und der Zusammensetzung der Erdplaneten und der Monde. DAN **92** 903—906 (russisch). — Die Gleichungen des hydrostatischen Gleichgewichts werden unter der Voraussetzung integriert, daß die Planeten der Erdgruppe einheitliche Zusammensetzung haben, so daß man terrestrische Daten zugrunde legen kann. Loh.

7017. **G. P. Kuiper,** The Atmospheres of the Earth and Planets. Vgl. AJB **52** Ref. 7012. — Weitere Besprechung in J. Optical Soc. America **43** 320—321 (W. R. Brode).

* * **R. B. Leighton,** Color cinephotography in the observation of the planets. Vgl. Ref. 2410.

7018. **B. Lyot,** L'aspect des planètes au Pic du Midi dans une lunette de 60 cm d'ouverture. BSAF **67** 3—21, mit 33 Fig. — Ausführliche Besprechung in Mitt. Planetenbeobachter **6** 22—25, 26—27 (R. Sommer).

7019. **E. Mädlow,** Noch einmal: Krise der Amateur-Planetenbeobachtung? Sterne **29** 16—23 = Mitt. Archenhold Sternw. Nr. 29.

7020. **P. A. Moore,** Solar system notes. J. British Interplanetary Soc. **12** 34—35, 67—68.

7021. **A. E. Roy,** Miss Blagg's formula. JBAA **63** 212—215 = Glasgow Univ. Obs. Repr. Nr. 33. — Die Formel gibt eine Verbesserung des Titius-Bodeschen Gesetzes und die Möglichkeiten der Anwendung auf die Systeme von Jupiter, Saturn und Uranus. Schai.

7022. **A. E. Roy,** Laws of planetary distances. JBAA **63** 316—320. — Die Titius-Bodesche Reihe und mögliche Verbesserungen werden erläutert und ihre Anwendung auf die Satellitensysteme ausgedehnt. Es wird versucht, eine Interpretation dieser Reihen durch neuere Theorien über die Entstehung des Sonnensystems zu geben. Schai.

* * **B. M. Rubaschew,** Das Auftreten langjähriger Schwankungen der Sonnentätigkeit in der Helligkeit der Großen Planeten. Vgl. Ref. 6355.

7023. **W. W. Scharonow,** Der visuelle kolorimetrische Vergleich der Planeten mit der Sonne. AJ UdSSR **30** 532—539 (russisch). — Ein Rosenbergsches Photometer mit Blaukeil und Vorsatz für direkten Sonnenanschluß lieferte folgende Werte der Farbenindexdifferenzen (Planet extrafokal minus Sonne): Mond 0.329; Venus 0.090 (unabhängig vom Phasenwinkel); Mars 1.20; Jupiter 0.138; Saturn 0.37; Sonnenkorona 0.039 (Mittel der Finsternisse 1941, 1945 und 1952). Sämtliche Werte sind positiv, bedeuten also eine Rötung. Als theoretische Genauigkeit des Verfahrens wird $\pm 0^{m}.002$ und als praktische Genauigkeit einer Meßreihe $\pm 0^{m}.03$ angegeben. Änderungen des Luftzustandes wurden berücksichtigt. Petri

7024. **W. W. Scharonow,** Über den Einfluß der Atmosphäre auf die beobachteten Durchmesser der Planeten und Monde. Astr Circ UdSSR Nr. 142 S. 3—5 (russisch). — Der geodätische Radius wird durch Refraktion nur sehr wenig, durch Absorption bereits merklich vergrößert. Die Entstehung des Schattensaums bei Finsternissen ist kompliziert. Die Arbeit von K. F. Tschistjakow und W. M. Tschernow (vgl. Ref. 7257) wird abgelehnt. Petri

7025. **W. W. Scharonow,** Die illustrative Albedo als Ausdruck des Reflexionsvermögens der Körper des Sonnensystems. Wiss. Bull. Staatsuniv. Leningrad Nr. **31** S. 6—7 (russisch). — Ref. in RJ Astr. UdSSR Nr. **2**, 1953; Ref. Nr. 839 (russisch).

7026. **F. Schmeidler,** Neue Grundlagen für die Bewegung der äußeren Planeten. Sternenwelt **5** 37—42, mit 3 Abb.

7027. **R. Shapiro,** A planetary-atmospheric response to solar activity. J. Meteorol. **10** 350—355. — Ref. in Phys. Abstracts (A) **57** 671.

7028. **A. G. Smith,** Lunar and planetary observations with electronic image converters. Strolling Astronomer **7** 72—74, mit 1 Fig.

7029. **H. C. Urey,** The Planets. Their Origin and Development. Vgl. AJB **52** Ref. 7030. — Weitere Besprechung in Naturwiss. Rundschau **6** 128 (H. Hermann).

7030. **T. de Vries,** Het tekenen aan de kijker. Hemel en Dampkring **51** 96—101, mit 5 Fig.

7031. **P. Wild,** Entfernungsbestimmungen im Sonnensystem und im interstellaren Raum. Orion Schaffhausen **4** 165—175, mit 7 Abb.

7032. Documents pour l'observation des occultations d'étoiles par les planètes. DOB **6** Nr. 2 Fasc. 3, 4 S. mit 3 Fig.

7033. Photographische Aufnahmen von Planeten am Fünf-Meter-Spiegel auf Palomar Mountain. Sterne **29** 164—165.

7034. For the beginner: What to record with every lunar and planetary observation. Strolling Astronomer **7** 63—65.

7035. For the beginner: Some precepts concerning lunar and planetary drawings. Strolling Astronomer **7** 87—88.

7036. For the beginner: The computing of central meridian. Strolling Astronomer **7** 96—98.

7037. Budowa wielkich planet. Urania Kraków **24** 52—54. — Ref. zu der in AJB **52** Ref. 7015 zitierten Arbeit von Massewitsch.

7038. Observations and Comments. Strolling Astronomer **7** 12—16, 38—41, 59—61, 74—78, 93—95, 103—107, 123, 159—161, 169—173, mit Fig. — Enthält zahlreiche Mitteilungen, zumeist von Amateuren, über physische Beobachtungen des Planetensystems.

§ 71

Merkur, Venus

7101. Merkur. Astrometrische Beobachtungen

Greenwich Astronomical Results 1939, A 19. Observed right ascensions, declinations and diameters.

Mem SA It (NS) **24** 141—143 = Oss. Astr. Roma Monte Mario Contr. Sci. Nr. **185**. Osservazioni meridiane dell'ascensione retta di Mercurio e Venere nel 1952. L. Gialanella.

TAB (2) Nr. **59** S. 481—488. Meridian observations of the right ascensions of the Moon and planets during the year 1952. S. Nakano, H. Yasuda, R. Fukaya, H. Hara.

7102. Merkur. Physische Beobachtungen

BSAF **67** 61—75, mit 5 Fig. und 2 Tafeln. Observation visuelle et photographique des planètes Mercure et Vénus à l'Observatoire du Pic du Midi. A. Dollfus.

Mitt. Planetenbeobachter **6** 24. Merkur im Februar—März 1953.

7103. **S. Archer,** Observations of the transit of Mercury: 1953 November 14th. MN ASSA **12** 98.

7104. **H. P. Bhatt,** Planetary Tables. Volume First: Tables of Mercury. Bhadra, Ahmedabad (Indien), Gujarat Vidya Sabha, 1953. 55 S. Preis 2 Rupien. — Besprechung in Sky and Telescope **13** 345.

7105. **J. T. Carle,** The Mercury transit of Nov. 14, 1953. Strolling Astronomer **7** 121—123. — Hinweis.

7106. **A. P. FitzGerald,** Transits of Mercury. Irish AJ **2** 203—209, mit 3 Fig. und Tafel 16. — Die Voraussetzungen für das Zustandekommen und die Häufigkeit der Merkurdurchgänge werden dargelegt und die ersten Beobachtungen angeführt. Auf ihre Bedeutung für die Bestimmung der Fluktuationen der Erdrotation und den Nachweis der relativistischen Merkurperihelbewegung wird hingewiesen. T. L.

7107. **G. Fournier,** La planète Mercure, monde singulier. La Nature **81** 330—332, mit 3 Fig.

7108. **W. Malsch,** Beobachtung des Merkurdurchgangs am 14. November 1953 in Karlsruhe. Sternenwelt **5** 191.

7109. **K. Rudnicki,** Ruch perihelium Merkurego. Urania Kraków **24** 322—329.

* * **W. Sandner,** Über die Beobachtung des Planeten Merkur. Vgl. Ref. 2057.

7110. **F. G. Watson,** The transit of Mercury — November 14, 1953. Sky and Telescope **12** 311—312, mit 2 Fig. — Eine Vorschau auf den Merkurdurchgang 1953 sowie auf die bis zum Jahre 1999 zu erwartenden Durchgänge.

7111. Passage de Mercure devant le soleil de 14 novembre 1953. BSAF **67** 348—349, mit 1 Fig. — Vorschau.

7112. Transito del pianeta Mercurio sul disco solare. Coelum **21** 194. — 1953 Nov. 14.

7113. Transit of Mercury, November 14, 1953. J RAS Canada **47** 220—221, mit 1 Fig. — Vorschau.

7114. The solar transit of Mercury on November 14, 1953. Strolling Astronomer **7** 142—144. — Beobachtungen.

7115. **Bedeckung von ε Geminorum durch Merkur, 1953 Juni 11**
BAA Circ 339, JBAA **63** 157, 357—358, MN ASSA **12** 28, 58.

7116. **Venus. Astrometrische Beobachtungen**
Greenwich Astronomical Results 1939, A 19. Observed right ascensions, declinations and diameters.
Desgl. für 1945. Greenwich Astronomical Results 1945, A 9.
Mem SA It (NS) **24** 141—143 = Oss. Astr. Roma Monte Mario Contr. Sci. Nr. **185**. Osservazioni meridiane dell'ascensione retta di Mercurio e Venere nel 1952. L. Gialanella.
TAB (2) Nr. **59** S. 481—488. Vgl. Ref. 7101.

7117. **Venus. Physische Beobachtungen**
Astr Circ UdSSR Nr. 138 S. 7 (russisch). Kolorimetrische Beobachtungen von Venus und Jupiter. W. W. Scharonow.
BSAF **67** 61—75, mit 5 Fig. und 2 Tafeln. Observation visuelle et photographique des planètes Mercure et Vénus à l'Observatoire du Pic du Midi. A. Dollfus.
Bull. Astr.-Geod. Ges. UdSSR Nr. **12** (**19**) S. 3—9, mit 5 Abb. (russisch). Venusbeobachtungen 1949 und 1950. I. T. Sotkin, A. N. Tschigorin.
Coelum **21** 53—54, mit 5 Fig. Aspetti di Venere dovuti alla turbolenza atmosferica.
JBAA **63** 260—263, mit 4 Zeichnungen auf Tafel XIV. Recent observations of Venus. P. Moore.
RH **34** 120, mit 14 Abb. (tschechisch). Photographische Aufnahmen des Planeten Venus im Jahre 1953. A. Rükl.
Sterne **29** 163—164, mit 4 Abb. Filtervisuelle Venusbeobachtungen 1953, Januar—April. G. D. Roth.
Strolling Astronomer **7** 30—35, mit 6 Fig. Venus after inferior conjunction 1951 through 1952 to the present time. J. C. Bartlett jr.
Strolling Astronomer **7** 65—72, mit 11 Fig. The apparent south pole of Venus with some notes on the inclination. J. C. Bartlett jr.
Strolling Astronomer **7** 72—74, mit 1 Fig. Lunar and planetary observations with electronic image converters. A. G. Smith.
Vega Nr. **2** S. 7, mit 2 Fig. Some recent observations on Venus. J. B. Hutchings.
Vega Nr. **4** S. 14—15. A note on the study of certain Venusian bright areas with the aid of colour filters. A. P. Lenham.
Vega Nr. **7** S. 26—28, mit 1 Fig. The markings of Venus. P. Moore.

7118. **K. Hruška,** Venus. RH **34** 233—234 (tschechisch).

7119. **A. A. Nefedjew,** Über den Durchmesser der Venus. Abh. Lenin-Staatsuniv. Kasan **113** Nr. 5, 14 S. = Bull. Astr. Engelhardt-Obs. Nr. **30** S. 3—16 (russisch). — Ref. in Urania Kraków **25** 374—375. — Seit 1940 wurden am Heliometer des Engelhardt-Observatoriums Durchmessermessungen von Venus, Mars und Jupiter durchgeführt. Hier wird zunächst über die Venusbeobachtungen berichtet. Es zeigte sich, daß der Durchmesser nicht konstant ist, sondern daß zwischen 1940—44 und 1951 ein Unterschied von 0.″3 besteht, wobei der mittlere Fehler nur ±0.″04 beträgt. Vermutlich kann dieser Unterschied dem Einfluß der Sonnenstrahlung auf die Eigenschaften der Venusatmosphäre zugeschrieben werden. Loh.

7120. **W. Sandner,** On the rotation of the planet Venus. Vega Nr. **10** S. 37—40.

7121. **W. W. Scharonow,** Refraktion und Dämmerungserscheinungen in der Venusatmosphäre. Bote Staatsuniv. Leningrad 8 Nr. 8 S. 51—80 (russisch). — Ref. in RJ Astr. Geod. UdSSR Nr. 1, 1954; Ref. Nr. 1807 (russisch).

7122. **I. T. Sotkin,** Über die Verlängerung der Hörnerspitzen der Venus. Bull. Astr.-Geod. Ges. UdSSR Nr. **12** (**19**) S. 9—12, mit 3 Abb. (russisch).

* * **G. A. Tichow,** Die Hypothese über die Paläobotanik des Mars und der Venus. Vgl. Ref. **7416.**

7123. Occultation by Venus. Harv Card 1203. — Vorausberechnung der Bedeckung von BD +0°5084 durch Venus 1953 Feb. 3.

§ 72

Erde

Allgemeines

7201. **H. D. Babcock,** What's in the air? Leaflet ASP Nr. 291, 8 S. mit 2 Fig.

7202. **J. M. Bullen, C. H. Cummack,** The lunar diurnal-variation of the earth's magnetic field for all elements at Amberley, New Zealand. J. Geophys. Res. **58** 554—556. — Aus den stündlichen Registrierungen der Komponenten des erdmagnetischen Feldes von 1931 bis 1935 in Amberlay (Neu-Seeland) wird die mondtägige Variation abgeleitet. U. Be.

7203. **J. Coulomb,** La constitution physique de la Terre. Vgl. AJB **52** Ref. **7208.** — Weitere Besprechung in Scientia **88** 178—179 (M. Gortani).

7204. **J. Coulomb,** Les pulsations du champ magnétique terrestre. Annuaire pour l'an 1954 publié par Le Bureau des Longitudes A1—23, mit 6 Fig.

7205. **J. Dubois,** Sur l'ombre de la Terre. BSAF **67** 401—414, mit 17 Fig.

7206. **B. Garfinkel,** The mean daily insolation. AJ **58** 196—199, mit 2 Fig. — Als «insolation» definiert ist die von der Sonne auf eine Planetenoberfläche eingestrahlte Energie pro Zeit- und Flächeneinheit. Für einen kugelförmigen, rotierenden Planeten ohne Atmosphäre, der auf einer Kreisbahn um die Sonne läuft, wird das «Tages»-Mittel der insolation als Funktion der planetographischen Breite und der planetozentrischen Sonnendeklination berechnet und diskutiert. Lübeck

7207. **B. Garfinkel,** The mean annual insolation. AJ **58** 200—205, mit 3 Fig. — Für einen kugelförmigen, rotierenden Planeten ohne Atmosphäre, der auf einer Ellipse um die Sonne läuft, wird das «Jahres»-Mittel der insolation (zur Definition vgl. vorstehendes Ref.) als Funktion der planetographischen Breite und der Bahnschiefe gegen den Planetenäquator berechnet und diskutiert. Lübeck

7208. **J. A. Jacobs,** Temperature-pressure hypothesis and the earth's interior. Canad. J. Phys. **31** 370—376. — Ref. in Phys. Abstracts (A) **56** 496.

7209. **J. A. Jacobs,** Temperature of the interior of the earth. Nature **171** 835. — Diskussion der Anwendbarkeit der vom Verf. als Temperatur-Druck-Hypothese bezeichneten Annahme über den Zusammenhang zwischen Druck und thermischem Ausdehnungskoeffizienten auf das Erdinnere (vgl. AJB **52** Ref. **7210**). Kdr.

7210. **J. A. Jacobs,** The earth's inner core. Nature **172** 297—298, mit 1 Fig. — Unter der Voraussetzung, daß der Erdkern hauptsächlich aus Eisen und der Erdmantel aus Silikaten besteht, wird eine Schmelzpunktskurve entworfen und diskutiert. Vermutlich begann die Verfestigung im Erdzentrum. Loh.

7211. **H. Jeffreys,** The Earth, its Origin, History and Physical Constitution. Cambridge, University Press, 1952. 3. Auflage. 14 + 392 S. mit 30 Fig. und 10 Tafeln. Preis 70 s. net. — Besprechung in Nature **171** 408—409 (B. Gutenberg).

7212. **W. M. Kasatschewskij,** Die photometrische Bestimmung des Reflexionsvermögens der Erdkugel. Alma Ata, Astrophys. Inst. Akad. Wiss. Kasach. Sowjetrepublik, 1953 (russisch). — Dissertationsreferat.

7213. **A. O. Kelly, F. Dachille,** Target: Earth. Pensacola, Fla., Pensacola Engraving Co., 1953. 263 S. Preis $ 5.90. — Besprechung in Sky and Telescope **13** 94.

7214. **E. A. Ljubimowa,** Die Rolle der Temperaturleitfähigkeit im Wärmehaushalt der Erde. Nachr. Akad. Wiss. UdSSR (Geophys.) Nr. **6** S. 523—525 (russisch). — Ref. in RJ Astr. Geod. UdSSR Nr. 8, 1954; Ref. Nr. 4618 (russisch).

7215. **E. A. Lopuchin,** Die tägliche natürliche Beleuchtung in Taschkent. Nachr. Akad. Wiss. UdSSR (Geophys.) Nr. **5** S. 469—473 (russisch). — Ref. in RJ Astr. Geod. UdSSR Nr. 4, 1954; Ref. Nr. 3046 (russisch).

7216. **M. Mackiewicz,** O insolacji w Polsce. Urania Kraków **24** 277—279, mit 1 Fig.

7217. **W. A. Magnizkij,** Die Grundlagen der Physik der Erde. Moskau, Verlag für geodätische Literatur, 1953. 290 S. mit 107 Abb. Preis 10 R. (russisch). — Ref. in RJ Astr. Geod. UdSSR Nr. **3**, 1954; Ref. Nr. 2821 (russisch).

7218. **E. J. Öpik,** A climatological and astronomical interpretation of the ice ages and of the past variations of terrestrial climate. Contr. Armagh Obs. Nr. **9**, 79 S. mit 23 Fig. — Eine Diskussion der klimatologischen Faktoren (Ein- und Ausstrahlung der Erde, Wärmetransport in der Erdatmosphäre, Bewölkung) führt zu dem Schluß, daß zur Erklärung der Eiszeiten reelle Schwankungen der globalen Einstrahlung anzunehmen sind. Da jedoch hierfür die Schwankungen der Erdbahnelemente nicht ausreichen, und auch der Einfluß von Änderungen der mittleren Bewölkung nur gering sein kann, wird die Ursache in Variationen der Leuchtkraft der Sonne erblickt. Eine schon früher vom Verf. (vgl. AJB **50** Ref. **5224**, **5225**) entwickelte Vorstellung zur Erklärung solcher Fluktuationen der Sonnenstrahlung, die danach primär auf einer Steigerung der Energieerzeugung beruhen, wenn nach Verbrauch eines Teils des Wasserstoffs im Sonnenkern neuer Wasserstoff durch Diffusion nach innen gelangt, womit im weiteren Verlauf Aufbauänderungen und eine Abnahme der Leuchtkraft verbunden sind, wird ausführlich dargestellt und ausgebaut. Als Ursache der überlagerten kürzeren Fluktuationen werden sekundäre Störungen der äußeren Sonnenschichten, vor allem der chemischen Zusammensetzung, erörtert. Kdr.

7219. **E. J. Öpik,** Convective transfer in the problem of climate. Geophys. Bull. School of Cosmic Physics Dublin Nr. 8, 12 S.

7220. **E. J. Öpik,** On the causes of palaeoclimatic variations and of the ice ages in particular. J. Glaciology **2** 213—218 = Armagh Obs. Leaflet Nr. **19**. — Eine quantitative Methode der klimatologischen Analyse wird entwickelt, wobei das Prinzip von geometrischer Ähnlichkeit auf den konvektiven Wärmetransport angewandt ist, unter der Annahme, daß der letztere sich mit der 1.5 Potenz der Temperaturdifferenz ändert. — Es wird gezeigt, daß die Veränderlichkeit der Elemente der Erdbahn nicht imstande ist, das Phänomen der Eiszeiten zu erklären. — Die paläoklimatischen Schwankungen sind höchstwahrscheinlich der Veränderlichkeit der Sonnenstrahlung zuzuschreiben. Dieselbe entspricht periodischen Umwälzungen im Sonneninnern, die durch das Zusammenspiel von Kernreaktion und Gasdiffusion verursacht werden, und die sich nach jeweiligen 250 Millionen Jahren wiederholen. Komplikationen seitens der Außenhülle der Sonne erzeugen zusätzliche kürzere Schwankungen, von der Größenordnung von 100000 Jahren, die mit dem periodischen Vorstoßen und Zurückweichen des Eises während des Quartärs zu identifizieren sind. — Diese Hypothese wird durch Berechnungen der Lichtänderungen eines Sternes von Sonnenmasse unterstützt. Verf.

7221. **M. T. Prilepin,** Über die Dichte und Komprimierbarkeit der Erdhülle. Publ. Inst. Ing. Geodäsie, Luftbildaufnahme und Kartographie Moskau Nr. **16** S. 89—96 (russisch). — Ref. in RJ Astr. Geod. UdSSR Nr. 2, 1954; Ref. Nr. 2406 (russisch).

7222. **E. Schoenberg,** Die Ursachen der Eiszeiten nach den Anschauungen von Öpik. Sternenwelt **5** 86—91.

7223. **H. Shapley,** Climatic Change. Cambridge, Mass., Harvard University Press, 1953. 318 S. Preis $ 6.00. — Besprechung in JBAA **65** 175.

7224. **A. G. Smith,** Effect of spectral class on daylight visibility of stars. J. Optical Soc. America **43** 806. — Verf. weist darauf hin, daß der Spektraltyp eines Sterns und der damit verbundene spezifische Farbkontrast keinen nennenswerten Einfluß auf die Sichtbarkeit am Dämmerungshimmel hat. Vgl. Ref. **7225**. Behr

7225. **R. Tousey, M. J. Koomen,** The visibility of stars and planets during twilight. J. Optical Soc. America **43** 177—183, mit 4 Fig. — Aus den bekannten Werten der Himmelshelligkeit, der atmosphärischen Transmission und der Augenempfindlichkeit werden Karten der Sichtbarkeit verschieden heller Sterne während der Dämmerung konstruiert, die vor allem für die praktische Nautik von Nutzen sein können. Behr

* * **P. N. Tschirwinskij,** Über die quantitativen Gesetzmäßigkeiten der chemischen Zusammensetzung der Himmelskörper. Vgl. Ref. **5138**.

7226. Climatic fluctuations. Irish AJ **2** 167.

7227. A new determination of the earth's radius and the moon's distance. J RAS Canada **47** 38—39. — Ref. der Arbeit von O'Keefe und Anderson in AJ **57** 108 (AJB **52** Ref. **7212**).

Atmosphäre

7228. **A. Adel,** Absorption line width in the infrared spectrum of atmospheric carbon dioxide. Phys. Rev. (2) **90** 1024—1025, mit 1 Fig. — Linienbreiten im Spektrum der atmosphärischen CO_2-Banden bei 15 μ wurden aus den beobachteten Linienkonturen abgeleitet, wobei der Einfluß der endlichen Spaltbreite des Spektralapparates eliminiert wurde. Als obere Grenze der Halbwertsbreite ergab sich 0.12 cm^{-1}. Hunger

7229. **R. Anthony,** Observation of non-Rayleigh scattering in the spectrum of the day sky in the region 0.56 to 2.2 microns. J. Meteorol. **10** 60—63. — Ref. in Phys. Abstracts (A) **57** 791.

7230. **E. B. Armstrong,** A note on the use of the Fabry-Perot etalon for upper atmosphere temperature measurements. J. Atmosph. Terr. Phys. **3** 274—281, mit 4 Fig. = Contr. Armagh Obs. Nr. **10**. — Die Temperatur eines monochromatischen Strahlers ist genähert aus der Ringbreite im Fabry-

Perot-Interferenzspektrum hoher Ordnung zu finden, sicherer aus dem Verhältnis der Intensitäten im Ring und daneben (Kontrast). Anwendung auf λ 5577 erlaubt Temperaturschätzung für hohe Atmosphärenschichten. Frühere Arbeiten werden diskutiert. Der Kontrast ist verfälscht durch die zwischen den Ringen wirksame Intensität des Himmelsgrundes. Der Fehler wird abgeschätzt.
Lübeck

7231. **H. W. Babcock,** The possibility of compensating astronomical seeing. Publ ASP **65** 229—236, mit 2 Fig. — Verf. schlägt eine Einrichtung vor zur Kompensierung der durch atmosphärische Turbulenz verursachten wechselnden Vergrößerung der Sternbildchen in einem Fernrohr. Ein Schlierenbild des Objektivs, das durch einen hellen Kontrollstern erzeugt wird, ruft durch elektronische Übertragung eine entsprechende Deformation des Ölfilms auf einem Hilfsspiegel hervor. Damit könnte für ein kleines Feld die Kompensation erreicht werden. O. G.

* * **D. Barbier,** Comparaison des spectres cométaires et de la haute atmosphère terrestre. Vgl. Ref. 8003.

7232. **D. R. Bates, A. Dalgarno,** The altitudes of the luminous layers in the earth's atmosphere. J. Atmosph. Terr. Phys. **4** 112—123.

7233. **W. Benesch, M. Migeotte, L. Neven,** Investigations of atmospheric CO at the Jungfraujoch. J. Optical Soc. America **43** 1119—1123, mit 5 Fig. = Commun. Obs. Roy. Belgique Nr. **65** = Inst. d'Astrophys. Univ. Liège Coll. 4° Nr. **49.** — Auf dem Jungfraujoch wurden in einer Höhe von 3580 m in den Jahren 1950/51 eine Reihe von Infrarotspektren der Sonne in verschiedenen Höhen mit einem Thermoelement registriert. Untersuchungen der CO-Bande bei λ 4.6 μ zeigen, daß der CO-Gehalt der Atmosphäre in extremen Fällen um den Faktor 5 schwanken kann. Überraschenderweise treten auch innerhalb einer Stunde starke Fluktuationen auf, für die es kein meteorologisches Analogon gibt. Behr

7234. **F. Burdecki,** An investigation of the optical turbulence of the atmosphere. MN ASSA **12** 60—62, mit 5 Fig.

7235. **S. Chandrasekhar,** The onset of convection by thermal instability in spherical shells. Phil. Mag. (7) **44** 233—241, mit Berichtigung S. 1129—1130. — Ref. in Phys. Abstracts (A) **56** 533, ZfMG **51** 239.

7236. **D. Deirmendjian, Z. Sekera,** Quantitative evaluation of multiply scattered and diffusely reflected light in the direction of a stellar source in a Rayleigh atmosphere. J. Optical Soc. America **43** 1158—1165, mit 3 Fig. — Nach der von Chandrasekhar gegebenen Erweiterung der Rayleighschen Theorie wird das Streulicht einer punktförmigen Lichtquelle in der Erdatmosphäre in Richtung zum Beobachter unter Berücksichtigung von mehrfacher Streuung und diffuser Reflexion berechnet. Es zeigt sich, daß in einer reinen Rayleigh-Atmosphäre bei nicht zu großer Zenitdistanz der Anteil des Streulichts im visuellen Spektralbereich etwa 10^{-5} der Beleuchtungsstärke der Lichtquelle selbst beträgt. Die von mehreren Beobachtern gegenüber der Rayleighschen Theorie gefundene erhöhte Transparenz der Atmosphäre am blauen Ende des visuellen Spektralbereichs wird auf die Anwesenheit von Staubpartikeln mit großer Vorwärtsstreuung zurückgeführt. Behr

7237. **J. van Diggelen,** Atmosferische dichtheden afgeleid uit visuele lichtkrommen. Meteoor **9** 29—32, mit 3 Fig.

7238. **L. Goldberg, E. A. Müller,** The vertical distribution of nitrous oxide and methane in the earth's atmosphere. J. Optical Soc. America **43** 1033—1036, mit 6 Fig. — Linienintensitäten in der 2.16 μ-Bande von N_2O und der 1.66 μ-Bande von CH_4 im Sonnenspektrum wurden auf dem Mt. Wilson bei verschiedenen Sonnenhöhen beobachtet. Die Beobachtungsergebnisse sind nicht vereinbar mit der bisherigen Annahme, daß diese Gase in dünnen Schichten in Höhen über 15 km vorkommen. Die Annahme völliger Durchmischung mit den übrigen Bestandteilen der Atmosphäre führt zu keinen Widersprüchen mit den Beobachtungen. Behr

7239. **R. Grandmontagne,** Température de l'atmosphère et discontinuités crépusculaires. CR **236** 1066—1067. — Die Hypothese, daß das Temperaturmaximum der Erdatmosphäre durch Abnahme der Dämmerung in höheren Schichten hervorgerufen wird, wird durch neue Messungen des Verf. bestärkt. Labs

7240. **R. Grandmontagne,** Remarques sur le calcul des températures de l'atmosphère. Publ. Obs. Lyon (1) **5** Nr. 23, 4 S. mit 3 Fig.

7241. **A. Hammad,** Calculation of the polarization of a sunlit sky composed of pure air molecules. J. Optical Soc. America **43** 184—187, mit 2 Fig. — Unter Berücksichtigung der optischen Anisotropie der Luftmoleküle, aber unter Voraussetzung gleichmäßiger Durchmischung wird die Polarisation des Tageshimmelslichtes berechnet. Korrekturen wegen Staubgehalt der Luft werden nicht angebracht. Die von der Theorie geforderten Werte stehen in besserer Übereinstimmung mit der Beobachtung, als die Ergebnisse früherer Theorien, die mit kugelsymmetrischen Luftmolekülen gerechnet hatten. Behr

7242. **G. Keller,** On the theory of astronomical seeing. AJ **58** 42—43. — Ref. AAS.

7243. **G. Keller,** Astronomical «seeing» and its relation to atmospheric turbulence. AJ **58** 113—125, mit 7 Fig. = Contr. Perkins Obs. (2) Nr. 1. — Die Gesamtdicke der Luftschichten, die die Szintillation erzeugen, die Anordnung der Teilschichten und das Spektrum ihrer Turbulenzelement-Durchmesser beeinflussen die Intensitätsverteilung im fokalen Bild eines Sterns, und können aus ihr abgeleitet werden. Der erste Teil der Arbeit schildert die Verhältnisse qualitativ, der zweite Teil bringt die mathematische Theorie. Dabei werden die Eigenschaften der Atmosphäre durch Autokorrelationsfunktionen beschrieben. Wellmann

7244. **F. Link,** Poussières météoriques dans l'atmosphère terrestre. BAC **4** 158—161, mit 1 Fig. (mit russ. Zusammenfassung). — In der Erdatmosphäre entsteht aus Meteorstaub eine Schicht (vgl. AJB **50** Ref. **7009**), die sich durch die Extinktion des Lichtes äußert. Es besteht zwischen der Extinktion und der Menge des Meteormaterials eine Beziehung, die erst in der letzten Zeit durch ozeanographische Sondierungen (Irish AJ **1** 145, AJB **51** Ref. **8322**) und direkte Sammlung meteorischen Staubes (Ref. **8330**) bestätigt wurde. Link

7245. **F. Link,** Sondages météoriques de la haute atmosphère. BAC **4** 168—170, mit 2 Fig. (mit russ. Zusammenfassung). — Nach Berichtigung der von Ceplecha (vgl. Ref. **8205**) abgeleiteten Dichte der hohen Atmosphäre wird ein neuer Dichteverlauf ($\varphi = 50°$) gegeben und mit den Werten für Cambridge ($\varphi = 42°$) und New Mexico ($\varphi = 32°$) verglichen. Es zeigt sich eine Zunahme des Dichtegradienten gegen den Äquator. Link

7246. **R. Michard,** L'atmosphère terrestre source de difficultés pour l'astronome. BSAF **67** 465—468, mit 2 Fig. — Refraktion, Atmosphärische Turbulenz, Szintillation.

7247. **W. E. K. Middleton,** Vision Through the Atmosphere. Vgl. AJB **52** Ref. **7244**. — Weitere Besprechung in Nature **172** 1118 (J. W. T. Walsh).

7248. **H. E. Moses, T.-Y. Wu,** The dissociation and recombination of oxygen in the upper atmosphere assuming three-body recombinations. Phys. Rev. (2) **91** 458. — Ref. Am. Phys. Soc.

7249. **H. E. Moses, T.-Y. Wu,** A self-consistent calculation of the dissociation of oxygen in the upper atmosphere. II. Three-body recombinations. Phys. Rev. (2) **91** 1408—1409, mit 1 Fig. — Die Dichten von atomarem und molekularem Sauerstoff in Abhängigkeit von der Höhe in der Erdatmosphäre werden für eine vorgegebene Temperaturschichtung unter der Annahme von strahlungslosen Dreierstoß-Rekombinationsprozessen berechnet. Die Ergebnisse müssen noch als unsicher gelten, da die benutzten Stoßquerschnitte nicht zuverlässig bekannt sind. Hunger

* * **H. E. Newell jr.,** High Altitude Rocket Research. Vgl. Ref. **13419.**

7250. **H. Nielsen,** Polarisation des Himmelslichtes. Naturwissenschaften **40** 360. — Ref. in Phys. Abstracts (A) **56** 1126.

7251. **E. W. Pjaskowskaja-Fessenkowa,** Einige Eigenschaften der atmosphärischen Streufunktion. DAN 88 53—56 (russisch).

* * **H. Quiring,** Höhenwind und Kepler-Bewegung. Vgl. Ref. **7609.**

7252. **A. Rossini,** Forma e altezza dell'atmosfera terrestre. Coelum **21** 10—12, mit 1 Fig.

7253. **F. Schmeidler,** Über die Abhängigkeit der Bedingungen für visuelle astronomische Beobachtungen von der Wetterlage. AN 281 157—169, mit 2 Abb. = Veröff. Sternw. München **4** Nr. 12. — An Hand der Beobachtungen mit dem Münchner Vertikalkreis, die in einem insgesamt siebenjährigen Zeitraum, verteilt auf die Jahre 1940—1950, ausgeführt wurden, wird die Abhängigkeit der Beobachtungsmöglichkeiten von der Wetterlage statistisch untersucht. Die Häufigkeit heiterer Nächte ist am größten im Spätsommer, am geringsten in den Monaten April und Dezember; die mittlere Gesamtzahl heiterer Nächte pro Jahr in München beträgt 88. Die bei jedem einzelnen Sterndurchgang in einer vierstufigen Skala geschätzte Bildqualität ist im Mittel am besten im Herbst und am schlechtesten im Frühjahr. Verf. (gekürzt)

* * **F. Schmid,** Atmosphärisch-optische Zusammenhänge mit dem Perseidenstrom. Vgl. Ref. 8261.

7254. **J. H. Shaw, J. N. Howard,** The ozone band near 4.7 μ in the solar spectrum. ApJ **117** 460—461. — Auf Registrierungen des infraroten Sonnenspektrums bei 4.7 μ Wellenlänge gefundene Banden werden dem Ozon zugeschrieben. Neben einem kräftigen Q-Zweig zwischen 2105 und 2110 cm^{-1} wird bei höheren Frequenzen der R-Zweig bis 2135 cm^{-1} identifiziert; der P-Zweig ist schwach und erstreckt sich bis zu wenigstens 2080 cm^{-1}. Micz.

7255. **D. G. Stamow,** Die Polarisation des Himmels und die Trübung der Atmosphäre. Moskau, Hydrophysikalisches See-Institut Akad. Wiss. UdSSR, 1953 (russisch). — Dissertationsreferat.

7256. **R. H. Stoy,** Observing conditions in South Africa. MN ASSA **12** 80—83.

7257. **W. M. Tschernow, W. F. Tschistjakow,** Über die kosmischen Dimensionen der Erde. Astr Circ UdSSR Nr. 140 S. 19—20 (russisch). — Versuch, aus der Breite des Erdschattensaumes bei Mondfinsternissen die optisch wirksame Höhe der Erdatmosphäre zu bestimmen. Mittelwert: 327 $\pm$ 75 km. Petri

7258. **W. M. Tschernow, W. F. Tschistjakow,** Die Struktur des Erdschattens. Astr Circ UdSSR Nr. 141 S. 8—12, mit 1 Abb. (russisch). — Eine Isophotenkarte des Kernschattens der Erde auf Grund von 172 Schätzungen der integralen Helligkeit des verfinsterten Mondes von 1924 bis 1953 zeigt unter anderem einen gleichmäßigeren Verlauf in der Äquatorgegend und größere Helligkeit am Ostrand. Letztere wird durch die geringere Verunreinigung der Troposphäre am

Morgen erklärt. Die Vorausberechnung der Helligkeit von Mondfinsternissen scheint möglich zu sein. Petri

7259. **E. Vigroux, M. Migeotte, L. Neven,** Etude, à grande dispersion, des bandes d'absorption de l'ozone à 9 μ, 4.75 μ, 3.59 μ et 3.27 μ. Physica **19** 140—142 = Contr. Inst. d'Astrophys. Paris (A) Nr. **137** = Commun. Obs. Roy. Belgique Nr. **56** = Inst. d'Astrophys. Univ. Liège Mém. 8° Nr. **361.**

7260. **E. Vigroux, M. Migeotte, L. Neven,** Largeurs équivalentes des bandes d'ozone à 9.6 μ, 4.75 μ et 3.27 μ. Physica **19** 143—144 = Contr. Inst. d'Astrophys. Paris (A) Nr. **137** = Commun. Obs. Roy. Belgique Nr. **56** = Inst. d'Astrophys. Univ. Liège Mém. 8° Nr. **362.**

7261. **F. L. Whipple,** Exploration of the upper atmosphere by meteoritic methods. Vgl. AJB **52** Ref. **619.** Abschnitt 8 in dem Buch von H. E. Landsberg. 50 S. — Besprechung in Sky and Telescope **12** 217.

7262. **E. Wöhlisch,** Ein Kunstgriff zur unmittelbaren Erkennung der Polarisation des Himmelslichtes. Naturwissenschaften **40** 238.

Extinktion

7263. **J. A. Curcio, L. F. Drummeter, C. C. Petty, H. S. Stewart, C. P. Butler,** An experimental study of atmospheric transmission. J. Optical Soc. America **43** 97—102, mit 10 Fig. — Verf. berichten über Beobachtungen der atmosphärischen Transparenz in Bodennähe auf einem horizontalen Lichtweg von einigen km Länge in verschiedenen Gegenden der Vereinigten Staaten und auf einer Insel im Zentralpazifik. Es wird die bekannte Wellenlängenabhängigkeit der Transmission im Bereich von λ 2800—6000 Å sowie ein steiler Extinktionsanstieg unterhalb λ 3000 Å bestätigt. Die einzelnen Meßreihen, auch am gleichen Ort, unterscheiden sich wesentlich. Die beste Durchsicht ergab sich in der Nevada-Wüste, New Mexico. Eine theoretische Deutung der Beobachtungen wird nicht gegeben. Behr

7264. **T. Elder, J. Strong,** The infrared transmission of atmospheric windows. J. Franklin Inst. **255** 189—208. — Ref. in Phys. Abstracts (A) **56** 946.

7265. **E. Leutenegger,** Die Extinktion des Lichtes. Orion Schaffhausen **4** 83—89.

7266. **L. W. Mirsojan,** Über die atmosphärische Extinktion. Nachr. Akad. Wiss. Armen. Sowjetrepublik **6** Nr. 2 S. 13—18 (russisch). — Ref. in RJ Astr. UdSSR Nr. **3,** 1953; Ref. Nr. 1208 (russisch).

7267. **S. Ninger-Kosibowa,** The determination of the photovisual extinction. CR Soc. Sci. Lettres Wrocław **3, 4** S. = Commun. Wrocław Astr. Obs. Nr. **3.**

7268. **V. Oskanjan,** Déterminations visuelles de l'extinction à l'Observatoire de Belgrade. Bull. Astr. Obs. Beograd **17** 17—25, mit 4 Fig. — An den mit Hilfe eines Keilphotometers gemessenen Helligkeitsdifferenzen von Sternen in verschiedenen Zenitdistanzen (bis z = 85°) gegenüber dem Stern λ UMi werden durch Ausgleichung Extinktionskoeffizienten bestimmt. Die für verschiedene Azimutrichtungen getrennt durchgeführten Bestimmungen lassen Unterschiede erkennen, die durch die verschiedene Beschaffenheit des Geländes in der weiteren Umgebung der Sternwarte erklärt werden können. Bo.

7269. **N. N. Sytinskaja,** Das Verhältnis der Werte des Durchlässigkeitskoeffizienten der Erdatmosphäre in verschiedenen Spektralbereichen. Wiss. Bull. Staatsuniv. Leningrad Nr. **31** S. 5—6 (russisch). — Ref. in RJ Astr. UdSSR Nr. **2,** 1953; Ref. Nr. 718 (russisch).

Halo

7270. **K. Rapp,** Sonnenhalo und Nebensonnen am 19. Juni 1953. Orion Schaffhausen **4** 147.

7271. **W. M. Tschernow,** Seltene Haloformen. Priroda **42** Nr. 7 S. 86—87, mit 2 Abb. (russisch).

7272. **Halobeobachtungen**

Astr. Nachrichtendienst Berlin-Treptow **5** 37. Statistik der Halo-Erscheinungen 1952.

Gaz astr **35** 12—14. Les halos et l'allure du temps en 1952. G. D. Roth.

Gaz astr **35** 17. Observations de halos à Bad Homburg en 1952. G. Schindler.

RH **34** 118—119, mit 2 Fig. (tschechisch). Sonnenhalo am 21. April 1953. A. Rükl.

Ionosphäre

7273. **C. W. Allen,** World-wide diurnal variations in the F 2 region. J. Atmosph. Terr. Phys. **4** 53—67, mit 11 Fig. = Commun. Univ. London Obs. Nr. **11**.

7274. **P. S. Amand, D. R. Williams,** A possible relationship between the ionosphere and the nightglow. Phys. Rev. (2) **92** 534. — Ref. Am. Phys. Soc.

7275. **W. C. Bain,** Observations on the propagation of very long radio waves reflected obliquely from the ionosphere during a solar flare. J. Atmosph. Terr. Phys. **3** 141—152, mit 6 Fig.

7276. **E. Bauer, T.-Y. Wu,** Origin of ionization in the E layer of the ionosphere. Phys. Rev. (2) **91** 458. — Ref. Am. Phys. Soc.

7277. **E. Bauer, T.-Y. Wu,** Origin of the E-layer of the ionosphere. Phys. Rev. (2) **92** 1101—1105, mit 1 Fig. — Die Elektronendichte in der E-Schicht der Ionosphäre wird unter Benutzung der Ergebnisse von Moses und Wu (Phys. Rev. **87** 628, 1952) über die Verteilung von molekularem und atomarem Sauerstoff in der Atom-Molekel-Übergangszone berechnet. Dabei werden außer der direkten Ionisation des O_2 auch der wichtigere Prozeß der Selbstionisation von hochangeregtem O_2 berücksichtigt. Es wird mit dissoziativer Rekombination gerechnet. Die Resultate stimmen hinsichtlich der Höhe der Schicht und der maximalen Elektronendichte befriedigend mit der Beobachtung überein. Der Versuch einer entsprechenden Durchrechnung der F_1-Schicht führt zur richtigen Höhe dieser Schicht, doch zeigt er vor allem die bei der Deutung des beobachteten hohen Rekombinationskoeffizienten auftretenden Schwierigkeiten. Traving

7278. **E. T. Byram, T. A. Chubb, H. Friedman,** The contribution of solar X-rays to E-layer ionization. Phys. Rev. (2) **92** 1066—1067, mit 1 Fig. — Nach einleitenden Bemerkungen über die Entwicklung der Auffassung, daß die E-Schicht durch solare Röntgenstrahlung erzeugt wird, berichtet Verf. über Messungen mit einer Viking im Dez. 1952. Die Röntgenstrahlung wurde mit Photonenzählern gemessen, wobei durch dünne Filterfolien einzelne Spektralbereiche ausgewählt wurden. Die nur zum Teil geglückten Messungen lassen aber immerhin den Schluß zu, daß die solare Röntgenstrahlung von der Größenordnung 1 bis 2 erg/cm² sec ist und zur Erklärung der Entstehung der E-Schicht völlig ausreicht. Loh.

7279. **E. Chvojková,** Ursprung der ionosphärischen F_1-Schicht. BAC **4** 20 (russisch).

7280. **E. Chvojková,** Über die Entstehung der F_1-Schicht. BAC **4** 101—109, mit 6 Abb. (mit russ. Zusammenfassung). — Es wird bewiesen, daß die Aufspaltung der F-Schicht in zwei Teile eher durch die Wärmewirkung zu erklären ist als durch die Vermutung, F_1 und F_2 entstehen infolge der Ionisation von zwei verschiedenen Gasen. Verf.

7281. **T. L. Eckersley,** Recombination and diffusion and spread echoes from the ionosphere. Proc. Phys. Soc. (B) **66** 1025—1038, mit 12 Fig.

7282. **M. A. Ellison,** A note on the D-layer ionization caused by solar flares. Vgl. Ref. **11108**, daselbst S. 97—104, mit 3 Fig. — Die Entwicklung der $H\alpha$-Emission großer chromosphärischer Eruptionen wird mit dem Verlauf der ionosphärischen und erdmagnetischen Effekte verglichen. Aus dem Nacheilen der terrestrischen Effekte ist zu schließen, daß die ionisierende Strahlung nicht von H-Atomen emittiert wird. Bru.

7283. **M. A. Ellison,** The sun and the ionosphere. Scientia **88** 45—52, mit 2 Fig. — Nach einleitenden geschichtlichen Bemerkungen gibt Verf. einen Überblick über das Wissen um die Beziehungen zwischen Sonne und Erde, speziell der Ionosphäre. Auf folgende sachliche Einzelheiten wird hingewiesen: Die täglichen und jahreszeitlichen Schwankungen der Elektronendichte, ihr Zusammenhang mit dem Sonnenfleckenzyklus, die Veränderlichkeit der Sonne im Ultravioletten, die Einwirkung der Flares auf die D-Schicht und die Aussendung geladener Partikel von der Sonne, die magnetische Stürme, ionosphärische Stürme und Nordlichter verursachen. Loh.

* * **G. Elwert,** Über die Bedeutung einer weichen Röntgenstrahlung der Sonnenkorona für die Bildung der normalen ionosphärischen E-Schicht. Vgl. Ref. **6707**.

7284. **I. Lucas,** Leitfähigkeit der Ionosphäre und erdmagnetische Gezeiten. Naturwissenschaften **40** 239, mit 2 Abb.

7285. **S. Matsushita,** Lunar tidal variations in the sporadic E-region. Rep. Ionosphere Res. Japan **7** 45—52. — Ref. in Phys. Abstracts (A) **57** 1243—1244.

7286. **A. P. Mitra, R. E. Jones,** Determination of the location of the ionospheric current system responsible for geomagnetic effects of solar flares. J. Atmosph. Terr. Phys. **4** 141—147, mit 2 Fig. — Es wird nachgewiesen, daß das Stromsystem, das die erdmagnetischen Effekte solarer Eruptionen hervorruft, 100—130 km, oder, wenn es ein unabhängiges System ist, 60 km hoch liegt. U. Be.

7287. **A. P. Mitra, C. A. Shain,** The measurement of ionospheric absorption using observations of 18.3 Mc/s cosmic radio noise. J. Atmosph. Terr. Phys. **4** 204—218, mit 12 Fig. = Commonwealth Sci. Industrial Res. Organization, Australia, Division Radiophys.

7288. **K. Rawer,** Die Ionosphäre. Ihre Bedeutung für Geophysik und Radioverkehr. Vgl. AJB **52** Ref. **7289**. — Weitere Besprechung in Ciel et Terre **71** 43—44 (M. Nicolet), Nature **172** 514 (C. M. Minnis), Phys. Blätter **9** 383 (H. H. Klinger).

7289. **K. Rawer, E. Argence,** Considérations critiques relatives à la formation de la région E de l'ionosphère. Ann. Géophys. **9** 1—25, mit 14 Fig. — Verf. prüfen, ob Photoionisation des molekularen Sauerstoffs oder Ionisation durch weiche Röntgenstrahlung die Ursache der Entstehung der E-Schicht sein können. Die erste Erklärungsmöglichkeit kommt nur in Frage, wenn O_2 in einer Höhe von etwa 130 km dissoziiert wird. Die Röntgenstrahlung wird sicher zur Ionisation beitragen; sie bewirkt, nach den vorhandenen Beobachtungen zu urteilen, zwischen 95 und 110 km Höhe sogar eine zu große Ionisation. Loh.

7290. **A. K. Saha,** On the law of the variation of E-region maximum with the zenith distance of the sun. Indian J. Phys. **27** 431—438. — Ref. in Phys. Abstracts (A) **57** 788.

7291. **K. Watanabe, F. Marmo, E. D. Y. Inn,** Formation of the D layer. Phys. Rev. (2) **90** 155—156, mit 1 Fig. — Mit einem Vakuummonochromator werden im Spektralbereich λ 1050—1900 Å bzw. 1050—2300 Å die Wirkungsquerschnitte für Photoionisation des O_2- und des NO-Moleküls durch Messung des erzeugten Ionenstromes bestimmt. Für die Ionisationsquerschnitte des NO ergibt sich gegenüber früheren Abschätzungen der etwa 25-fache Wert. Der Einfluß dieser Ergebnisse auf die Bildung der verschiedenen ionosphärischen Schichten wird diskutiert. Traving

7292. **A. A. Weiss,** Solar ionospheric tides in the F_2 region. J. Atmosph. Terr. Phys. **3** 30—40, mit **4** Fig. — Ref. in Phys. Abstracts (A) **57** 1473.

7293. **A. A. Weiss,** Solar tides in the F_2 region from the study of night-time critical frequencies. J. Atmosph. Terr. Phys. **4** 175—183, mit 5 Fig. — Ref. in Phys. Abstracts (A) **57** 519.

* * **R. v. d. R. Woolley,** The far ultraviolet solar spectrum of the quiet sun as it affects the ionosphere. Vgl. Ref. **6435**.

7294. **T. Yonezawa,** An analysis of electron density variations in the F_2-layer after sunset. Rep. Ionosphere Res. Japan **5** 1—12. — Ref. in Phys. Abstracts (A) **58** 426.

7295. **G. Zanotelli,** On some anomalies of the ionospheric critical frequency during an eclipse of the sun. Ann. Geofis. **6** 367—372 (italienisch). — Ref. in Phys. Abstracts (A) **57** 1479.

7296. Das neue Ursigramm für Europa. Sternenwelt **5** 141.

7297. **Beobachtungen der Ionosphäre**

Service de Prévision Ionosphérique Militaire. SPIM - O - 75 F bis 78 F. Observations ionosphériques. Station de Fribourg. — Messungen von Sept.—Dez. 1952.

Veröff. Fraunhofer-Inst. Freiburg Sonnen-Zirkular 1952 Okt.—1953 Sept.

Licht des Nachthimmels

7298. **L. Auberger,** Note sur l'origine du rayonnement du ciel nocturne. J. Geophys. Res. **58** 231—233. — Verf. schlägt vor, einige Banden im Nachthimmelspektrum, die allgemein den Herzberg-Sauerstoffbanden zugeschrieben werden, bisher unbekannten Stickstoffbanden zuzuordnen. U. Be.

7299. **D. Barbier,** Etude photométrique de la région ultraviolette de la lumière du ciel nocturne. Ann d'Astrophys **16** 96—128, mit 18 Fig. — Die mit einem automatisch registrierenden Photometer am Observatorium Haute Provence erhaltenen Beobachtungen des Nachthimmellichtes 3100—3900 Å werden diskutiert. Der große Anteil des Himmelsstreulichtes erschwert die Interpretation. Es ist wahrscheinlich, daß die Herzberg Banden des O_2 in einer Höhe von 200—250 km emittiert werden; doch können Höhen zwischen 100 und 400 km auf Grund der Messungen nicht ausgeschlossen werden. Priester

72100. **D. Barbier,** Photométrie de la région ultraviolette de la lumière du ciel nocturne. CR **236** 276—277 = Contr. Inst. d'Astrophys. Paris (A) Nr. **139**. — Der ultraviolette, hauptsächlich aus Herzberg O_2-Banden bestehende Teil des Nachthimmels wird beobachtet. Die wahrscheinliche Höhe der Emission liegt bei 200 $\pm$ 50 km. Die Variationen dieser Banden sind denen der grünen Nachthimmellinie sehr ähnlich. Labs

72101. **D. Barbier,** Quelques résultats sur le spectre de la lumière du ciel nocturne. CR **237** 599—601 = Contr. Inst. d'Astrophys. Paris (A) Nr. **151**. — Durch moderne empfindliche Platten war es möglich, die Spaltbreite des Nachthimmelspektrographen zu verkleinern und so eine genauere Identifikation der Banden (Herzberg O_2 und Vegard-Kaplan N_2) vorzunehmen. Auch im Bereich 6500 bis 5000 Å können so neuere Beobachtungen erzielt werden, über die später ausführlich berichtet werden soll. Labs

72102. **P. Berthier,** Altitude de l'émission des bandes du proche infrarouge des molécules OH et O_2 de la haute atmosphère durant la nuit. CR **237** 928—930. — Photometrische Intensitätsmessungen der Banden in zwei Zenitdistanzen ergeben eine Emissionshöhe von 130 bis 150 km. Labs

72103. **J. W. Chamberlain, N. J. Oliver,** Stellar absorption lines in night-sky spectra. ApJ **118** 197—199, mit 2 Fig. — Verf. führen einen Vergleich des Nachthimmelspektrums mit dem Spektrum des gestreuten Sonnenlichts im Wellenlängenbereich zwischen λ 5000 und etwa λ 3900 aus. Die Spektren wurden mit 65 Å/mm Dispersion erhalten, und es wird wahrscheinlich gemacht, daß die im Nachthimmelspektrum beobachteten und zum Teil nicht identifizierten Emissionsbanden nicht reell sind, sondern durch das kombinierte Licht der Hintergrundsterne hervorgerufen werden. Diese Erklärung beseitigt auch die Widersprüche zwischen den beobachteten Intensitäten echter Emissionsbanden dieses Bereichs und den theoretischen Übergangswahrscheinlichkeiten. Dem Nachthimmelkontinuum im Blauen wird gänzlich stellarer Ursprung zugeschrieben. Micz.

72104. **J. W. Chamberlain, N. J. Oliver,** OH in the airglow at high latitudes. Phys. Rev. (2) **90** 1118—1119. — Es werden Messungen an den im Nachthimmelleuchten auftretenden hoch angeregten OH-Banden im nahen infraroten sowie im rot-grünen Spektralbereich durchgeführt. Die Aufnahmen wurden in Nordgrönland mit einem Gitterspektrographen mit Schmidt-Kamera f/0.8 (138 Å/mm in der 1. Ordnung) gewonnen. Die gemessenen Wellenlängen sind in guter Übereinstimmung mit denen anderer Autoren, erreichen jedoch nicht die Genauigkeit von Laboratoriumsmessungen, die bisher leider nur die niedrig angeregten Schwingungszustände der OH-Ionen erfassen konnten ($v \leq 6$). Es wird die Frage aufgeworfen, ob das galaktische Sternlicht im beobachteten Spektralbereich ein Kontinuum hervorrufen könnte, in dem die Intervalle zwischen stellaren Absorptionslinien als schwache Emissionen erscheinen würden. Traving

72105. **N. B. Diwari,** Photometrische Beobachtungen des Nachthimmels. Priroda **42** Nr. 3 S. 88—89 (russisch).

72106. **J. Dufay, P. Berthier, B. Morignat,** Nouvelle évaluation de l'altitude de la couche atmosphérique émettant la raie verte de l'oxygène dans la lumière du ciel nocturne. CR **237** 828—830. — Aus Messungen der Intensitätsverhältnisse der grünen Sauerstofflinie bei 78°5 und 11°5 Zenitdistanz wird auf eine Emissionshöhe von 250 km (F_2-Schicht) geschlossen. Labs

72107. **A. Foderaro, T. M. Donahue,** Production of sodium airglow excitation by imprisonment of resonance radiation. Phys. Rev. (2) **91** 1561. — Die bisher unerklärbar hohe Intensität des Nachthimmelleuchtens in den NaD-Linien wird auf die «eingesperrte» Resonanzstrahlung zurückgeführt, die von der Tagesseite der Erde auf die Nachtseite hinüber diffundiert. Die nichtveröffentlichte Rechnung, der die Annahme einer kugelschalenförmigen Na-Verteilung (100 km dick, 10^{+11} Atome pro cm^2 Säule und 300° K) zugrunde liegt, wird nach dem von T. Holstein (Phys. Rev. **72** 1212, 1947) entwickelten Verfahren durchgeführt. Der mögliche Einfluß einer Reflektion der Resonanzstrahlung an der Erdoberfläche (Albedo ≈ 0.4) wird erörtert. Traving

72108. **W. Galbraith, J. V. Jelley,** Light pulses from the night sky associated with cosmic rays. Nature **171** 349—350. — Ref. in Phys. Abstracts (A) **56** 591, Phys. Blätter **9** 229—230.

72109. **Z. Horský, F. Link,** Calculs de la brillance de la couche de sodium. BAC **4** 162—165, mit 5 Fig. (mit russ. Zusammenfassung). — Es werden verschiedene Modelle der Na-Schicht durchgerechnet. Auf den Einfluß der Refraktion wird hingewiesen. Link

72110. **M. Huruhata,** Photoelectric studies of the night sky light. Ann. Tokyo Astr. Obs. (2) **3** 165—174, mit 5 Fig. — Die photoelektrisch in den Jahren 1946—1948 gemessenen täglichen, jahreszeitlichen und jährlichen Intensitätsänderungen der fünf Hauptemissionsgebiete des Nachthimmellichtes (5577, 6300, 5893, 7000—7800, 8500—11000 Å) werden mitgeteilt und diskutiert. Es besteht ein positiver Korrelationskoeffizient zwischen der Elektronendichte der F_2-Schicht und der Intensität aller fünf Emissionsgebiete (in 20 Nächten beobachtet). Für die Höhe der das Nachthimmellicht erzeugenden Schichten ergibt sich im Mittel 300 km, das ist zugleich die Höhe der ionosphärischen F_2-Schicht. Thi.

72111. **M. Huruhata,** Photoelectric studies of the night sky light. III. Rep. Ionosphere Res. Japan **6** 31—35, 1952. — Ref. in Phys. Abstracts (A) **57** 1247—1248.

72112. **J. V. Jelley, W. Galbraith,** Light pulses from the night sky. Phil. Mag. **44** 619—622. — Ref. in Phys. Abstracts (A) **56** 1042.

72113. **A. V. Jones, H. Gush,** Spectrum of the night sky in the range, 1.2—2 μ. Nature **172** 496, mit 1 Fig. — Ref. in Phys. Abstracts (A) **57** 116.

72114. **A. B. Meinel,** Origin of the continuum in the night-sky spectrum. ApJ **118** 200—204, mit 2 Fig. — Eine Neudiskussion des Kontinuums des Nachthimmelspektrums legt nahe, daß es tatsächlich auf Sternlicht zurückgeführt werden muß und sein Ursprung nicht in der Atmosphäre zu suchen ist. Der Typ des Spektrums ist etwa F8 bei Hδ und F0 bei H und K (Ca). Eine Emissionsbande bei λ 3914 wird als N_2^+ (0,0) identifiziert. Auf Grund der Versuche von Fan und dem Verf., Nordlichtspektren durch Bombardieren von Luft mit Ionen, die auf mehrere 100000 eV beschleunigt wurden, zu erzeugen, wird geschlossen, daß es sich hierbei um die Strahlung eines permanenten Nordlichts handelt, die durch Partikeln der kosmischen Strahlung angeregt wird. Micz.

72115. **R. Pastiels,** Les émissions lumineuses du ciel nocturne. Ciel et Terre **69** 289—296, mit 2 Fig.

72116. **S. B. Pikelner, K. K. Tschuwajew,** Über den wahrscheinlichen Mechanismus des Leuchtens des Nachthimmels im kontinuierlichen Spektrum. DAN **88** 661—663 (russisch). — Es wird die Ausstrahlung der F-Schicht unter der Annahme berechnet, daß sie von negativen Sauerstoffionen ausgeht. Die Rechnungen stimmen für λ 5220 Å gut mit den Beobachtungen überein. Loh.

72117. **M. E. Pillow,** Intensity distribution among bands of the Herzberg system of O_2. Proc. Phys. Soc. (A) **66** 733—736. — Ref. in Phys. Ber. **33** 973.

72118. **G. N. Plass,** The contribution of the 15 micron CO_2 band to the earth's radiation balance. Phys. Rev. (2) **91** 458. — Ref. Am. Phys. Soc.

72119. **F. E. Roach, H. B. Pettit, D. R. Williams, P. S. Amand, D. N. Davis,** A four-year study of [OI] 5577 Å in the nightglow. Ann d'Astrophys **16** 185—205, mit 15 Fig. — Verf. berichten über eine vier Jahre umfassende Meßreihe der Intensität der Nachthimmellinie [OI] 5577 von einer 5415 amerikanischen Fuß hoch gelegenen Station (Cactus Peak, Breite +36° 05′) in Kalifornien. Insgesamt wurden für 66 Nächte Isophotendarstellungen der Intensitätsverteilung über die Sphäre erhalten. Die mittlere Strahlungsintensität schwankt zwischen 50×10^6 und 350×10^6 Quanten/cm² sec. Minimum- und Maximumintensität einer Nacht sind der mittleren Intensität proportional. Eine Beziehung zur Sonnenaktivität wurde nicht gefunden, dagegen scheint eine negative Korrelation mit der magnetischen Aktivität zu bestehen. Das jahreszeitliche Maximum tritt im September—November ein, das Minimum im Mai—Juli. Die Anregung der Linie scheint sich am Abend von Osten nach Westen zu bewegen, kommt während des mitternächtlichen Intensitätsmaximums zu einem Stillstand und bewegt sich gegen Morgen mit einer starken Südkomponente zurück nach Osten. Micz.

72120. **F. E. Roach, D. R. Williams, H. Pettit,** Diurnal variation of [O I] 5577 in the nightglow. ApJ **117** 456—460, mit 4 Fig. — Es wird über Intensitätsänderungen der verbotenen Sauerstofflinie λ 5577 ($^1S_0$—$^1D_2$) im Nachthimmelspektrum und den Verlauf ihrer Helligkeit über die Sphäre berichtet. Die Helligkeitsverteilung ist oft wolkenförmig und zeigt Bewegungseffekte. Die Messungen wurden im südlichen Kalifornien und in der Haute Provence erhalten. Der zeitliche Verlauf ist an beiden Orten ähnlich. Micz.

72121. **F. E. Roach, D. R. Williams, H. B. Pettit,** The diurnal variation of [O I] 5577 in the nightglow: geographical studies. J. Geophys. Res. 58 73—82, mit 3 Fig. — Simultanbeobachtungen der verbotenen Sauerstofflinie λ 5577 des Nachthimmellichtes auf dem Cactus Peak (Kalifornien) und dem Observatorium Haute Provence (Frankreich) werden mitgeteilt und diskutiert. Als Emissionshöhe der Strahlung ergeben sich 180 km. Es scheint ein Zusammenhang zwischen der Strahlung in λ 5577 und den Polarlichtern zu bestehen. U. Be.

72122. **F. E. Roach, H. B. Pettit, D. R. Williams, P. S. Amand,** The height of upper atmosphere emissions by the van Rhijn method. Phys. Rev. (2) **92** 534. — Ref. Am. Phys. Soc.

72123. **K. K. Tschuwajew,** Elektrophotometrische Untersuchungen des Nachthimmelleuchtens in einigen Spektralbereichen. Mitt. Astrophys. Obs. Krim **10** 54—73, mit 8 Abb. (russisch). — Die photoelektrischen Beobachtungen wurden 1951 Mai—1952 April mittels Elektronenvervielfacher auf der Krim durchgeführt, wobei durch Verwendung von Interferenzfiltern voneinander getrennte Gebiete um 4720, 4910, 5220, 5580 und 5900 Å erfaßt werden konnten. Im Licht des Nachthimmels wurde dabei auch ein kontinuierlicher Untergrund, wenigstens von 4720 bis 5580 Å, festgestellt. In einigen Fällen konnte auch dessen Energieverteilung bestimmt werden. Die Integralhelligkeit des Kontinuums schwankt; sie kann zweimal größer oder dreimal kleiner als die des kombinierten Stern- und Zodiakallichts sein. Für die effektive Höhe der [O I] 5577-Strahlung ergeben sich Werte zwischen 155 und 200 km. Loh.

72124. **A. Vassy, E. Vassy,** Lueur nocturne et activité aurorale. J. Geophys. Res. 58 283—284. — Einige Bemerkungen zu der Arbeit von Pettit, Roach und Williams (Ref. 72121) über den Zusammenhang zwischen Nachthimmelleuchten und Polarlicht. Verf. machen auf eigene ältere Arbeiten über das gleiche Thema und das gleiche Ergebnis aufmerksam. U. Be.

Polarlicht

72125. **D. R. Bates, G. Griffing,** Scale height determinations and auroras. J. Atmosph. Terr. Phys. **3** 212—216, mit 3 Fig.

72126. **A. Beiser,** On the origin of auroral forms. J. Geophys. Res. 58 275—276, mit 1 Fig. — Verf. versucht, die verschiedenen Nordlichtformen durch die geometrischen und elektromagnetischen Eigenschaften eines einfallenden Partikelstrahles unter der Wirkung des erdmagnetischen Feldes zu erklären. U. Be.

72127. **W. H. Bennett, E. O. Hulburt,** Magnetic self-focusing of auroral protons. Phys. Rev. (2) **91** 1562. — Es wird auf einen Effekt aufmerksam gemacht, der verhindert, daß die Ströme solarer Protonen auf dem Weg zur Erde durch elektrostatische Abstoßung zerstreut werden. Dieser Effekt ist die magnetische Selbstfokussierung eines Ionenstromes. Berechnungen zeigen, daß ein Strom von Protonen und Elektronen, der von der Sonne im weiten Winkelbereich emittiert wird, sich schnell in einen Strom zusammenzieht, der einen Durchmesser von der Größe eines Nordlichtbereiches besitzt. Priester

72128. **J. C. Cain,** Auroral radio-echo table and diagram for a station in geomagnetic latitude 56°. J. Geophys. Res. **58** 377—380, mit 1 Fig. — Für die Forschungsstelle Jodrell Bank (geomagnetische Breite 56°) wird ein Nomogramm gezeichnet, das für die beobachteten Nordlichtechos sofort die Lage des Echopunktes gibt. U. Be.

72129. **J. W. Chamberlain, N. J. Oliver,** Atomic and molecular transitions in auroral spectra. J. Geophys. Res. **58** 457—472, mit 4 Fig. — Verf. geben ausführliche Tabellen für erlaubte und verbotene Übergänge der Atomlinien und Molekülbanden in Nordlichtern. Besprechung der Übergänge von N I, N II, N III, O I, O II, O III und der einzelnen Systeme der N_2-Banden. U. Be.

72130. **R. P. Chapman, B. W. Currie,** Radio noise from aurora. J. Geophys. Res. **58** 363—367, mit 1 Fig. — Während 1949 auf $\lambda = 10$ cm Radiostrahlung von Nordlichtern beobachtet wurde, ergaben sich 1951 und 1952 keinerlei Hinweise auf eine Strahlung. Es werden sämtliche möglichen Fehlerquellen untersucht. Der Befund wird schließlich mit der starken Abnahme der Sonnenaktivität und der Nordlichtstörungen seit 1949 in Verbindung gebracht. U. Be.

72131. **S. Chapman,** The geometry of radio echoes from aurorae. J. Atmosph. Terr. Phys. **3** 1—29, mit 8 Fig. — Ref. in Phys. Abstracts (A) **57** 1484—1485.

72132. **S. Chapman,** Notes on auroral geometry and optics: I. To locate an elevated point viewed from two ground stations in the same diametral plane. J. Geophys. Res. **58** 347—352, mit 6 Fig. — Ein Nomogramm wird gerechnet, das in der Praxis der Nordlichtbeobachtungen Verwendung findet. Die Höhe eines Nordlichts kann aus den zwei Blickwinkeln von zwei Beobachtungsstationen bestimmt werden. U. Be.

72133. **S. Chapman, D. W. N. Stibbs,** Solar eclipses and the aurora borealis. Sky and Telescope **13** 35—39, mit 9 Fig. — Die Möglichkeiten des Nachweises von Polarlichtern am Tag werden aufgezeigt. Die zu erwartenden Beobachtungsmöglichkeiten bei der Sonnenfinsternis Juni 30, 1954 und bei späteren Finsternissen im Bereich der Polkalotten werden besprochen. Schai.

72134. **B. W. Currie, P. A. Forsyth, F. E. Vawter,** Radio reflections from aurora. J. Geophys. Res. 58 179—200, mit 9 Fig. — Ausführliche Untersuchung der Radioechos von Nordlichtern auf 106 und 56 MHz in Saskatoon (Kanada). Bestätigung der Ansicht, daß die Nordlichtechos von kleinen Gebieten des strahlenförmigen Nordlichts stammen (vgl. Ref. **72137**). Entstehen die Echos durch kritische Reflexion, so folgt für 56 MHz eine Elektronendichte der reflektierenden Nordlichtteile von 4×10^7 pro cm^3, für 106 MHz etwa 1.4×10^8 pro cm^3. Die Reflexionshöhe ist etwa 110 km. U. Be.

72135. **C. Y. Fan, A. B. Meinel,** Laboratory ionic-impact emission spectra. ApJ **118** 205—213, mit 3 Fig. — Um die Frage nach den das Nordlicht anregenden Partikeln zu klären, haben die Verf. ihre Versuche mit hochbeschleunigten Ionen, die in Luft Lichtemission bewirken, fortgesetzt (vgl. ApJ **115** 330, AJB **52** Ref. 72133). Als beschleunigte Partikeln dienten Protonen (40—230 KeV), Deuteronen (75—320 KeV), He^+-Ionen (150—450 KeV) und Ne^+-Ionen (400 KeV). Es ergab sich, daß das Intensitätsverhältnis der NII- und N_2^+-Emissionen nahezu unabhängig von der Energie der bombardierenden Teilchen ist und im wesentlichen von ihrer Art bestimmt wird. Es kann daher zwischen Protonen und schwereren Ionen unterschieden werden, ohne daß von ihnen selbst zugehörige Emissionslinien beobachtet sein müssen. Es ist ferner möglich, das Häufigkeitsverhältnis zwischen Protonen und schwereren Ionen in dem anregenden Partikelstrom zu bestimmen. Das H:He-Verhältnis scheint dem in der Sonnenatmosphäre gefundenen nahezukommen. Micz.

72136. **V. C. A. Ferraro,** The aurorae. Advances in Phys. **2** 265—320. — Ref. in Phys. Abstracts (A) **56** 1126—1127.

72137. **P. A. Forsyth,** Radio measurements and auroral electron densities. J. Geophys. Res. **58** 53—66, mit 3 Fig. — Nordlichtechos auf 56 und 106 MHz werden auf ihren Reflexionsmechanismus untersucht. Teilweise Reflexion an der Oberfläche der Nordlichtgebiete und Streuung von verschieden stark ionisierten Gebieten geben keine befriedigende Darstellung der Beobachtungen. Der wahrscheinlichste Mechanismus ist offensichtlich Reflexion der kritischen Frequenz an kleinen Raumgebieten des Nordlichts. Mit dieser Annahme liegt dann die Elektronendichte bei $10^8/cm^3$. U. Be.

72138. **N. C. Gerson,** A note on auroral interaction. J. Atmosph. Terr. Phys. **4** 81—82. — Ref. in Phys. Abstracts (A) **57** 1314.

* * **W. Gleissberg,** Nachweis des achtzigjährigen Sonnenfleckenzyklus in alten Nordlichtbeobachtungen. Vgl. Ref. **6313.**

72139. **L. Harang,** The Aurorae. Vgl. AJB **51** Ref. **72124.** — Weitere Besprechung in Ann d'Astrophys **16** 181 (D. Barbier), Rev. Sci. Instruments **24** 320 (L. M. Branscomb).

72140. **L. Harang, B. Landmark,** Radio echoes observed during aurorae and terrestrial magnetic storms using 35 and 74 Mc./s. waves simultaneously. Nature **171** 1017—1018, mit 1 Fig. — Ref. in Phys. Abstracts (A) **56** 1126.

72141. **S. I. Issajew,** Die Polarlichter. Verlag des nördlichen Hauptseeweges, 1952. Preis 1 R. 10 Kop. (russisch).

72142. **F. Jacka,** The southern auroral zone as defined by the position of homogeneous arcs. Austral. J. Phys. **6** 219—228. — Ref. in Phys. Abstracts (A) **56** 816.

72143. **R. E. Jensen, B. W. Currie,** Orientations of auroral displays in west-central Canada. J. Geophys. Res. **58** 201—208, mit 3 Fig. — Die Orientierung der Nordlichtbogen in bezug auf den geomagnetischen Meridian zeigt einen ausgeprägten Gang mit der Jahreszeit. Wird dieser eliminiert, so verschwindet der tägliche Gang, ebenso die Variation mit der Lage der Beobachtungsstation. U. Be.

72144. **A. V. Jones, D. M. Hunten, G. G. Shepherd,** Rotational temperatures of auroral N_2^+ bands. ApJ **118** 350—351, mit 1 Fig. — Die Aufnahme eines Nordlichtspektrums hoher Dispersion zeigt die Rotationsfeinstruktur des R-Zweigs der (0,0)-Bande des N_2^+ (Kopf bei λ 3914) völlig aufgelöst. Eine Temperaturbestimmung aus der Intensitätsverteilung über die Rotationslinien ergibt 330° $\pm$40° K. Die Höhe der emittierenden Atmosphärenschicht wurde mit Aufnahmen von zwei Stationen zu 100—120 km ermittelt. Micz.

72145. **D. S. Kimball,** The aurora. Sky and Telescope **13** 40—42, 44, mit 7 Fig. — Beschreibung des Phänomens der Polarlichter und Darstellung ihres bevorzugten Vorkommens auf der Erde. Hinweis auf die geplante Erforschung im Geophysikalischen Jahr 1957—58. Schai.

72146. **B. C. Landseer-Jones,** The streaming of charged particles through a magnetic field as a theory of the aurora. J. Atmosph. Terr. Phys. **3** 41—57. — Ref. in Phys. Abstracts (A) **57** 1485.

72147. **D. W. R. McKinley, P. M. Millman,** Long duration echoes from aurora, meteors, and ionospheric back-scatter. Canadian J. Phys. **31** 171—181, mit 2 Tafeln = Contr. Dominion Obs. Ottawa **2** Nr. 12. — Ref. in Phys. Abstracts (A) **56** 380.

72148. **J. H. Meek,** Correlation of magnetic, auroral, and ionospheric variations at Saskatoon. J. Geophys. Res. **58** 445—456, mit 7 Fig. — Variationen in der Horizontalkomponente des Erdfeldes, in der Lage und Intensität des Nordlichtes und in den kritischen Frequenzen der Ionosphäre werden in ihrer gegenseitigen Beeinflussung untersucht. Für fünf Nächte wird das Verhalten der einzelnen Größen graphisch dargestellt; es werden daraus Folgerungen gezogen. U. Be.

72149. **A. B. Meinel, D. H. Schulte,** A note on auroral motions. ApJ **117** 454—455, mit 2 Fig. — Verf. haben auf Nordlichtaufnahmen mit einer lichtstarken Weitwinkel-Filmkamera gefunden, daß die bekannte Westbewegung der Nordlichterscheinungen nur am Abend vorherrscht, sich mit fortschreitender Nacht aber in eine Ostbewegung umkehrt. Zur Erklärung wird ein System zirkulierender Bewegungen in oberen Atmosphärenschichten angenommen, welche die Strukturelemente der Nordlichter mitnehmen. Micz.

72150. **O. Oldenberg,** Anregung des sonnenbestrahlten Nordlichtes. Z. Physik **133** 15—20, 1952. — Das Spektrum des sonnenbestrahlten Nordlichtes besteht im wesentlichen aus den blauen Banden des N_2^+-Ions und den roten, verbotenen Linien des O-Atoms. Während nach Bates die Banden des N_2^+ durch zwei aufeinanderfolgende Vorgänge (Stoßionisation und Fluoreszenzanregung durch Sonnenlicht) hervorgerufen werden, müssen wir für die Linien des O Anregung in einem Vorgang, vermutlich Elektronenstoß, annehmen. Diese Unterscheidung läßt erwarten, daß der blaue Bestandteil eine viel längere Lebensdauer hat als der rote und deshalb viel stärker dem Abtreiben durch Winde ausgesetzt ist. Verf.

72151. **N. J. Oliver, S. J. Wolnik, J. C. Scanlon, J. W. Chamberlain,** Some remarks on spectra of low-intensity auroras. J. Optical Soc. America **43** 710. — Vorläufige kurze Beschreibung und Zusammenstellung der Besonderheiten einer Anzahl Spektren schwacher Nordlichter, die mit einem lichtstarken Spektrographen hoher Auflösung in Alaska, in der Zone maximaler Nordlichthäufigkeit, im Winter 1952/53, nahe der Zeit des Sonnenfleckenminimums, aufgenommen wurden. Behr

72152. **W. Petrie, R. Small,** The intensities of atomic and molecular features in the auroral spectrum. Canad. J. Phys. **31** 911—926. — Ref. in Phys. Abstracts (A) **57** 117.

72153. **W. Petrie,** Rotational temperatures of auroral nitrogen bands. J. Atmosph. Terr. Phys. **4** 5—9, mit 2 Fig. und 3 Tafeln. — Ref. in Phys. Abstracts (A) **57** 1249.

72154. **L. Vegard,** The Doppler displacement of the ionospheric hydrogen lines and its bearing on the auroral theory and solar terrestrial relationships. Proc. Mixed Commission on the Ionosphere, Canberra (1952) 135—144. — Ref. in Phys. Abstracts (A) **58** 428.

72155. Northern lights created in the laboratory. J RAS Canada **47** 127. — Ref. der Arbeit von Meinel und Fan in Physics Today, November 1952. Vgl. auch ApJ **115** 330 (AJB **52** Ref. 72133).

72156. «Northern lights» in the laboratory. Sky and Telescope **12** 98. — Vgl. vorstehendes Ref.

72157. **Polarlichtbeobachtungen**

Astr Circ UdSSR Nr. **144** S. 18 (russisch). Polarlicht in Gorkij. W. G. Teufel. — 1953 Okt. 15.

Astr Circ UdSSR Nr. **144** S. 18—19 (russisch). Das Polarlicht vom 15. Oktober 1953. A. P. Moissejew.

Obs **73** 37—38. Auroral notes.

Szintillation

* * **J. G. Bolton, O. B. Slee, G. J. Stanley,** Galactic radiation at radio frequencies. VI. Low altitude scintillations of the discrete sources. Vgl. Ref. **12605**.

72158. **A. Couder,** Les conditions micrométéorologiques de l'observation télescopique: tentative pour les améliorer. CR **236** 780—782. — Konstruktive Verbesserungen an Reflektoren und deren Kuppeln, um die direkt vor dem Kuppelspalt und im Rohr entstehende Luftszintillation zu vermindern. Labs

72159. **W. D. Heintz,** Szintillation. Sternenwelt **5** 16—19, mit 2 Abb.

72160. **J. van Isacker,** The scintillation of stars. Publ. Inst. Roy. Météorol. Belgique Nr. 8, 110 S. (französisch). — Ref. in Phys. Abstracts (A) **57** 1363.

72161. **W. A. Krassilnikow, W. I. Tatarskij,** Über die Abhängigkeit der mittleren quadratischen Fluktuationen der Phase und der Amplitude von den Ausmaßen des Objektivs bei der Beobachtung der Szintillation der Sterne. DAN **88** 435—438, mit 3 Abb. (russisch). — Ref. in Phys. Abstracts (A) **56** 822.

72162. **N. F. Kuprewitsch,** Die photoelektrische Registrierung der Szintillation der Sterne. Astr Circ UdSSR Nr. 138 S. 5—6 (russisch). — Mit einer aus kurzbrennweitiger (30 cm) Spiegeloptik, Prismenspektrograph, Elektronenvervielfacher und Oszillograph bestehenden Apparatur wurden bei Eintrittsöffnungen von 8, 14 und 25 cm und Zenitdistanzen 67° und 25° schnelle monochromatische Helligkeitsfluktuationen von α Lyrae registriert, die bis $+1^m$ und -0.5^m vom Mittelwert abwichen. Der Effekt ist bei kleiner Öffnung und großer Zenitdistanz am stärksten. Petri

72163. **F. Nettelblad,** Studies of astronomical scintillation. Results from photoelectric observations. Lund Medd. (2) Nr. **130,** 98 S. mit Fig. und 9 Tafeln. — An 12 hellen Fixsternen und am Saturn werden Intensitätsszintillationen mit Spiegeln von 25 cm Öffnung (Lund) und 102 cm Öffnung (Stockholm) in Verbindung mit einem Photomultiplier und einem Oszillographen gemessen. Ziel der Arbeit ist der Nachweis solcher Szintillationsparameter, die ein Maß für die Eignung eines Platzes zu astronomischen Beobachtungen ergeben. Von wesentlicher Bedeutung ist dabei die Variation dieser Parameter mit der Öffnung des Instruments, mit der Zenitdistanz des Sterns, mit der Nachtstunde der Beobachtung sowie ihre Verbindung mit meteorologischen Daten. Verf. gibt einführend eine Darstellung aller Szintillationsphänomene, ihrer Quellen und ihres Zusammenwirkens, eine knappe Darlegung bedeutenderer theoretischer und experimenteller Beiträge zum Szintillationsproblem und abschließend eine wohl alles Wesentliche enthaltende Szintillationsbibliographie. Lübeck

72164. **A. Strzałkowski,** Dlaczego gwiazdy «mrugają». Urania Kraków **24** 223—231, mit 5 Fig.

72165. Osservazioni quantitative sulla scintillazione. Coelum **21** 18—19. —Ref. über die in AJB **52** Ref. 72158 zitierte Arbeit von Ellison und Seddon.

Sonstige Erscheinungen

72166. **E. V. Ashburn,** Brightness and color of the twilight sky. J. Optical Soc. America **43** 805—806. — Kritische Bemerkungen zu der unter Ref. 72175 zitierten Arbeit von E. O. Hulburt, vor allem zahlreiche von Hulburt nicht zitierte Meßreihen anderer Autoren betreffend, die eine ausführlichere Gegenüberstellung von Theorie und Beobachtung ermöglicht hätten. Behr

72167. **I. S. Astapowitsch,** Anomale Dämmerungen im August 1953. Astr Circ UdSSR Nr. **144** S. 16—17 (russisch).

72168. **P. Berthier,** Variations d'intensité des raies 6300 et 6364 Å de l'oxygène au cours des crépuscules du matin et du soir. CR **236** 1593—1595, mit 2 Fig. — Mit einem Zwei-Prismen-Spektrographen (f: 0.65, 347 Å/mm bei 6300 Å) werden Spektren in 78°5 Zenitdistanz gewonnen (Haute Provence). Es zeigt sich eine beträchtliche Asymmetrie der Intensität der Nachthimmellinien (Dämmerungslinien) 6300 und 6364 (Intensität als Funktion des Sonnenstandes) zwischen Abend- und Morgendämmerung. Die maximale Intensität wird in 90 bis 100 km Höhe beobachtet. Labs

72169. **P. Berthier,** Sur l'émission crépusculaire et nocturne des bandes de OH et O_2 dans le proche infrarouge. CR **236** 1808—1810. — Photometrische Messungen der Intensität der Dämmerungsbanden im Laufe der Nacht. Die Verstärkung der (0.1) Bande des O_2 in der Abenddämmerung wird bestätigt. Sie ist von einer weniger kräftigen Verstärkung der OH-Bande begleitet. Im Laufe der Nacht beobachtet man eine heftige Variation, welche von Januar bis März 1953 einen systematischen Verlauf zeigte. Labs

72170. **E. J. Bugoslawskaja,** Drei Beobachtungen des grünen Strahls. Bull. Astr.-Geod. Ges. UdSSR Nr. **12** (**19**) S. 32—34 (russisch).

72171. **I. A. Chwostikow,** Das Rätsel der leuchtenden Nachtwolken. Moskau, Verlag «Snanije», 1953. 32 S. mit 11 Abb. und 4 Tafeln. Preis 45 Kop. (russisch).

72172. **M. Dufay,** Etude de l'émission de la molécule d'azote ionisée et de l'atome neutre d'azote au crépuscule. Ann. Physique (12) **8** 813—862, mit 17 Fig. — Die Intensität der N_2^+-Banden ist veränderlich; mit der magnetischen Aktivität besteht eine klare Korrelation. Die Emissionen erfolgen zwischen 90 und 125 km Höhe, manchmal auch noch etwas höher, in der E-Schicht. Die Ionisation des N_2 dürfte von UV-Strahlung $<$910 Å oder Röntgenstrahlung der Korona herrühren. Nach einer Beschreibung des Verhaltens einiger Linien wird geschlossen, daß Stickstoff oberhalb von 120 oder 160 km im atomaren Zustand vorkommt. Loh.

72173. **M. Dufay,** Intensité de la raie $^4S—^2D$ de l'atome d'azote au crépuscule. CR **236** 2160—2161. — Die Untersuchung der verbotenen Stickstofflinie 5199 ist unter verbesserten Beobachtungsbedingungen fortgesetzt worden. Durch Vergleich mit der Linie 5577 wurde gefunden, daß ihre mittlere Intensität einer Emission von 1.5×10^7 Quanten cm^{-2} sec^{-1} entspricht. Dieses Resultat wird unter der Annahme einer Fluoreszenzanregung diskutiert. Labs

72174. **C. Hoffmeister,** Atmosphärische Staubtrübung und Dämmerungsanomalie, beobachtet in Südwestafrika. Sterne **29** 169. — Vgl. auch Naturwissenschaften **40** 335—336. — Ref. in Phys. Abstracts (A) **56** 1042.

72175. **E. O. Hulburt,** Explanation of the brightness and color of the sky, particularly the twilight sky. J. Optical Soc. America **43** 113—118, mit 7 Fig. — Ref. in Sky and Telescope **12** 181—182. — Verf. zeigt, daß bei der theoretischen Berechnung der atmosphärischen Transmission und der Helligkeit und Farbe des Zenitdämmerungshimmels unter Annahme reiner Rayleigh-Streuung an Luftmolekülen keine befriedigende Übereinstimmung mit den Beobachtungen erzielt wird. Diese kann jedoch erreicht werden, wenn man die Absorption der Chappuis-Bande einer Ozonschicht von 2.2 mm Druck berücksichtigt. Beobachtung und Rechnung zeigen, daß Luftmoleküle in einer Höhe von 60 km und darüber nicht mehr nennenswert die Helligkeit des Dämmerungshimmels beeinflussen. Behr

72176. **T. S. Jacobsen,** The green flash at sunset and at sunrise. Sky and Telescope **12** 233—236, mit 3 Fig.

72177. **I. N. Jaroslawzew,** Die Verteilung der Himmelshelligkeiten. Nachr. Akad. Wiss. UdSSR (Geophys.) Nr. **1** S. 83—94 (russisch). — Ref. in RJ Astr. Geod. UdSSR Nr. **3**, 1954; Ref. Nr. 2637 (russisch).

72178. **N. A. Møller Nicolaisen,** Solens grønne glimt. NAT **1953** 117—118. — Beobachtung des grünen Strahls, 1953 Mai 30.

72179. **I. I. Putilin,** Beobachtungen des grünen Strahls 1950—1951. Bull. Astr.-Geod. UdSSR Ges. Nr. **12** (**19**) S. 26—32, mit 11 Abb. (russisch).

72180. **N. D. Rosenbljum,** Die Sichtbedingungen für leuchtende Nachtwolken. Bull. Astr.-Geod. Ges. UdSSR Nr. **12** (**19**) S. 20—25, mit 6 Abb. (russisch).

72181. **W. F. Tschistjakow, W. G. Teufel,** Über die scheinbare Grenze der leuchtenden Nachtwolken. Astr Circ UdSSR Nr. 139 S. 9—12, mit 1 Abb. (russisch). — Die silbrigen Wolken in 30—82 km Höhe werden durch Lumineszenz der ultravioletten Sonnenstrahlen an Eiskristallen erklärt. Petri

72182. **W. Weigel,** Beobachtung leuchtender Nachtwolken in der Nacht vom 29. zum 30. Juni 1953 auf dem Brocken. Sterne **29** 205—206.

72183. **Beobachtungen leuchtender Nachtwolken**

Astr Circ UdSSR Nr. 139 S. 12 (russisch). Leuchtende Nachtwolken. D. J. Martynow. — Beobachtung in der Nacht vom 14. zum 15. Juni in Kasan.

Astr Circ UdSSR Nr. 142 S. 12—14 (russisch). Leuchtende Nachtwolken 1953. W. G. Teufel.

Sterne **29** 207. Beobachtung von leuchtenden Nachtwolken. W. Collmann. — Beobachtungsort Hamburg.

§ 73

Mond

7301. **Astrometrische Beobachtungen**

Greenwich Astronomical Results 1939, A 11—A 18. Observed right ascensions, declinations and diameters.

TAB (2) Nr. **59** S. 481—488. Vgl. Ref. 7101.

Allgemeines

7302. **E. C. Abendanon,** De Buitenkant der Maan. L'Aja, Blommendaal, 1953. 14 + 635 S. mit 1 Mondkarte. — Besprechung in Coelum **21** 130.

7303. **D. W. G. Arthur,** Simple methods for the determination of the scale of lunar photographs. JBAA **63** 215—219, mit 2 Fig. — Die Beziehungen zur Bestimmung der Skalen von Mondaufnahmen werden aufgezeigt und die Formeln durch ein Rechenbeispiel erläutert. Schai.

7304. **D. W. G. Arthur,** Selenographic triangulation: points of the third order. JBAA **64** 29—31, mit 1 Fig.

7305. **N. P. Barabaschew,** Über die Farbkontraste auf der Mondoberfläche. Priroda **42** Nr. 12 S. 88—90, mit 1 Abb. und 1 Tafel (russisch).

7306. **F. Billerbeck-Gentz,** Der zunehmende Mond. Eine selenographische Studie. Sternenwelt **5** 10—14, mit 2 Abb.

7307. **A. P. Borissowa,** Versuch eines statistischen Vergleichs des Reflexionsvermögens von terrestrischen Felsengesteinen und von Mondobjekten. Bote Staatsuniv. Leningrad 8 Nr. 8 S. 89—95 (russisch). — Ref. in RJ Astr. Geod. UdSSR Nr. **1**, 1954; Ref. Nr. 1811 (russisch).

7308. **R. Boudrant,** Photographie de la Lune au télescope standard de 200 mm. BSAF **67** 233—235, mit 2 Fig.

7309. **R. Brandt,** Aufnahmen des aschgrauen Mondlichtes. Sterne **29** 204—205, mit 2 Abb.

7310. **N. A. Budnikowa,** Versuch eines statistischen Vergleichs der Farbe von terrestrischen Felsengesteinen und von Mondobjekten. Bote Staatsuniv. Leningrad (Math., Phys., Chem.) 8 Nr. 8 S. 81—87 (russisch). — Ref. in RJ Astr. Geod. UdSSR Nr. **3**, 1954; Ref. Nr. 2756 (russisch).

7311. **J. van Diggelen,** Waaruit bestaat de korst van de maan? Hemel en Dampkring **51** 177—182, mit 6 Fig. = Werkgroep Meteoren Med. Nr. **31**.

7312. **G. Gamow,** The Moon. New York, Published by H. Schuman, 1953. 118 S. Preis $ 2.50. — Besprechung in J. British Interplanetarry Soc. **13** 57—58 (P. Moore), Sky and Telescope **13** 164.

7313. **W. W. Heinrich,** On a surprising possibility in the Lunar theory. Věstník Královské České Společnosti Nauk. Třída Matemat.-Přírodověd. Nr. **13**, 30 S. — Ref. in Math. Rev. **15** 653.

7314. **J. C. Jaeger,** The surface temperature of the moon. Austral. J. Phys. **6** 10—21. — Ref. in Phys. Abstracts (A) **56** 503.

7315. **K. Kozieł,** O libracji i figurze księżyca. Urania Kraków **24** 171—179, mit 1 Tafel.

7316. **E. Lindemann,** Moon model photographs and the interpreting problem. Strolling Astronomer **7** 84—86, mit 2 Fig.

7317. **J. N. Lipskij,** Berechnung der Masse der Mondatmosphäre auf Grund von Polarisationsuntersuchungen. Publ. Astr. Sternberg-Inst. **22** 66—123, mit 36 Abb. (russisch). — Ref. in J RAS Canada **48** 228, Urania Kraków **25** 249—250. — Methodisch an Fessenkow angelehnt, leitet Verf. Formeln zur Bestimmung der Polarisation des Lichtes einzelner Mondgebiete ab. Dazu wurden ferner photographische Aufnahmen des Mondes am Vierfach-Koronagraphen von Pulkowo bei drei Stellungen des Polaroids und durch Grün- und Blaufilter gemacht. Die Masse einer Luftsäule von 1 cm² Querschnitt ist nicht kleiner als der 2000. Teil der terrestrischen, gleiche chemische Zusammensetzung vorausgesetzt. Loh.

7318. **D. Macnaughton,** The angular acceleration of the motion of the Moon. JBAA **63** 188—189. — Verf. zeigt, daß der (über die Zeit gemittelte) mittlere Abstand Erde-Sonne >1 ist; er wird also kleiner, wenn die Exzentrizität abnimmt, obwohl die kleine Halbachse größer wird. Da Entsprechendes für $1/r^3$

gilt, muß die säkulare Abnahme der Erdbahnexzentrizität eine Akzeleration des Mondes bewirken. T. L.

7319. **E. A. Makarowa,** Über das Niederfallen von Meteoriten auf den Mond. Priroda **42** Nr. 9 S. 127—128 (russisch). — Antwort auf eine Leseranfrage.

7320. **K. K. Markow,** Über die Existenz von Spuren einer Atmosphäre auf dem Begleiter der Erde in der Vergangenheit. Mitt. Geogr. Ges. UdSSR **85** 215—216 (russisch). — Ref. in RJ Astr. UdSSR Nr. **1**, 1953; Ref. Nr. 389 (russisch).

7321. **P. Moore,** A Guide to the Moon. New York, W. W. Norton & Co. Inc.; London, Eyre & Spottiswoode Ltd., 1953. 256 S. mit 26 Fig. und Tafeln. Preis $ 3.95 bzw. 16 s. — Besprechung in Endeavour **13** 163 (H. Spencer Jones), JBAA **64** 42—43 (K. W. Abineri), J. British Interplanetary Soc. **13** 126—127 (A. E. Roy), J RAS Canada **47** 171—172, Mitt. Planetenbeobachter **6** 30, PAT **35** 166—167, Sky and Telescope **13** 94, 162 (J. T. Carle), Strolling Astronomer **7** 86—87 (W. H. Haas), Vega Nr. **6** S. 23—24.

7322. **N. S. Orlowa,** Über einen Vergleich photometrischer Beobachtungen des Mondes mit den Formeln für das Reflexionsvermögen und unter sich. Wiss. Bull. Staatsuniv. Leningrad Nr. **31** S. 3—4 (russisch). — Ref. in RJ Astr. UdSSR Nr. **2**, 1953; Ref. Nr. 852 (russisch).

7323. **G. Ruggieri,** Carta della Luna. Venezia 1953. — Besprechung in Coelum **21** 130.

7324. **J. Sadil,** Měsíc. Prag, Verlag Orbis. 40 + 244 S. mit 107 Fig. Preis Kčs. 24.70. — Monographie über den Mond.

7325. **D. W. Sagrebin,** Eine Korrektionsmethode der Brownschen Tafeln zur Verbesserung der Mondephemeride. AJ UdSSR **30** 93—99 (russisch). — Ref. in Astr. News Letter Nr. **73** S. 9—10. — Um die Mondephemeride für das Argument Ephemeridenzeit zu erhalten, muß in den Brownschen Mondtafeln das empirische Glied weggelassen und eine Korrektion an die mittlere Mondlänge angebracht werden. Hierfür gibt Verf. Formeln und Tabellen, aus denen man die Korrektionen an λ, β und π ermitteln kann. T. L.

7326. **D. W. Sagrebin,** Über die Berechnung der Mondephemeriden mit Lochkartenmaschinen. BIA **5** 546—559 (russisch). — Bericht über die am Institut für Theoretische Astronomie nach dem Hollerith-Verfahren durchgeführten Mond-Ephemeridenrechnungen für 1955 bis 1957 auf Grund der Brownschen Tafeln. Bucerius

7327. **W. W. Scharonow,** Zusammenstellung von Farbvergleichen des Mondes und der Sonne. Astr Circ UdSSR Nr. 138 S. 7 (russisch).

7328. **R. Stair, R. Johnston,** The ultraviolet spectral radiant energy from the moon. J. Optical Soc. America **43** 328. — Ref. Optical Soc. America.

7329. **R. Stair, R. Johnston,** Ultraviolet spectral radiant energy reflected from the moon. J. Res. National Bureau Standards **51** 81—84. — Ref. in Phys. Abstracts (A) **57** 671.

7330. **G. Viete,** Geologie und Selenologie. Sterne **29** 4—10, mit 1 Abb. — Referierende Bemerkungen zur Frage der Strukturen der Mondoberfläche.

7331. **A. J. M. Wanders,** The position of the lunar terminator. JBAA **63** 107—111, mit 1 Fig. — Über die Definition des Mond-Terminators und der Berechnung seiner Position.

7332. **T. Weimer,** Recherches sélénographiques: Allongement du sélénoïd; libration physique; profils lunaires. Ann. Univ. Paris **23** 655—656. — Ref. in RJ Astr. Geod. UdSSR Nr. **3**, 1955; Ref. Nr. 1123 (russisch).

7333. **H. P. Wilkins,** The other side of the moon. J. British Interplanetary Soc. **12** 1—5, mit 1 Fig. — Ref. in Urania Kraków **25** 311.

* * **A. J. J. van Woerkom,** On cumulative sums of random numbers. Vgl. Ref. 120.

7334. Documents pour l'étude des phénomènes météoriques lunaires. DOB **6** Nr. 11 Fasc. 4, 4 S. mit 3 Fig.

* * A new determination of the earth's radius and the moon's distance. Vgl. Ref. 7227.

7335. Månens profil. NAT **1953** 35—37.

* * Lunar profiles from a beaded eclipse. Vgl. Ref. 6207.

7336. Obserwacje atmosfery Księżyca. Urania Kraków **24** 51. — Ref. der in AJB **52** Ref. 7304 zitierten Arbeit von Dollfus.

Mondfinsternisse

7337. **A. M. Bacharew,** Die Helligkeit der Mondfinsternisse und die Sonnenaktivität. Bull. Astr.-Geod. Ges. UdSSR Nr. **14** (**23**) S. 50—51, mit 1 Abb. (russisch). — Aus dem Beobachtungsmaterial von 1917 bis 1950 ergibt sich keine klare Beziehung zwischen beiden.

7338. **J. Bouška, F. Link, Z. Linková,** Ephéméride détaillée des éclipses de lune en 1954. BAC **4** 170—174, mit 1 Fig. — Ausgangsdaten, polare und rechtwinklige Koordinaten des Mondes relativ zum Schattenzentrum für jede 10. Minute in Weltzeit, Verlauf der Terminators und Elemente nach Kosik zur Bestimmung der Schattenvergrößerung aus Kraterkontakten. Link

7339. **M. M. Dagajew,** Die Helligkeit der Mondfinsternisse. Bull. Astr.-Geod. Ges. UdSSR Nr. **14** (**23**) S. 52—57, mit 2 Abb. (russisch). — Zwischen der Helligkeit der Mondfinsternisse und den Sonnenfleckenrelativzahlen besteht kein Zusammenhang.

7340. **G. Hilde,** Die Photographie des Kernschattens auf dem Mond. Sterne **29** 247—248, mit 2 Abb.

7341. **A. Kawerin,** Die Halbschatten-Mondfinsternisse im Jahre 1955. Astr Circ UdSSR Nr. 138 S. 11—12 (russisch).

7342. **F. Link, Z. Linková,** Catalogue des éclipses de lune 1889—1938. I. Agrandissement de l'ombre terrestre. Publ. Astrophys. Obs. Ondřejov Nr. **25** S. 5—106, mit 23 Fig. — Zur Bestimmung der Vergrößerung des Erdschattens werden in Fortsetzung der klassischen Arbeit von Hartmann die notwendigen berechneten und beobachteten Daten für die Mondfinsternisse zwischen 1889 und 1938 zusammengestellt. Die Reduktion wird dabei nach der Methode von Kosik vollzogen. Für jede Finsternis werden nach einem graphischen Verfahren die beobachteten Entfernungen und Positionswinkel der Krater in bezug auf die Achse des Schattenkegels einer empirischen Beziehung angepaßt. Im Anschluß daran ist noch ein Katalog von Mondkratern mit ihren sphärischen und rechtwinkligen selenographischen Koordinaten beigefügt. H. M.

7343. **A. W. Markow, D. E. Schtschegolew,** Über die mögliche Periodizität der Helligkeitsveränderung der Halbschattenmondfinsternisse. Mitt. Astr. Hauptobs. Pulkowo **19** Nr. 4 (151) S. 34—44, mit 8 Abb. (russisch). — Aus visuellen und photographischen Messungen bei fünf Finsternissen zwischen 1925 und 1950 ergab sich während der Minima der Sonnenaktivität geringere Halbschattenbeleuchtung als während der Maxima. Als Ursache wird ein Einfluß der Sonnenaktivität auf sehr hohe Schichten der Erdatmosphäre angesehen. Schrick

7344. **H. K. Paetzold,** Zur Lage der Schattengrenze auf dem verfinsterten Mond. Mitt. AG **1952** 11. — Ref. AG.

7345. **W. M. Tschernow,** Die Charakteristik von Mondfinsternissen. Astr Circ UdSSR Nr. 135 S. 13—16 (russisch). — Für achtzehn Finsternisse von 1917 bis 1952 teilt Verf. in einer Tabelle das Eintreten gewisser Ereignisse während der Finsternis mit. Abschließend werden auch noch die Integralhelligkeiten für die Verfinsterungsmitte mit angegeben. Loh.

7346. **W. M. Tschernow, W. F. Tschistjakow,** Der Einfluß der Erdatmosphäre auf die Helligkeit der Mondfinsternisse. Bull. Astr.-Geod. Ges. UdSSR Nr. **14** (**23**) S. 39—49, mit 6 Abb. (russisch). — Der Hauptteil des von der Erdatmosphäre gebrochenen Lichts verteilt sich auf einen Ring nicht weit vom Schattenrand. Die brechenden Eigenschaften der Atmosphäre in verschiedenen Teilen der Erdkugel hängen von der Dichteverteilung und Zirkulation der Luft ab und sind daher jahreszeitlichen und täglichen Schwankungen unterworfen. Auch Vulkantätigkeit trägt zur Trübung bei. Loh.

7347. **Mondfinsternis 1949 April 13**

Oss. Astr. Trieste Nr. **252** S. 29. Luce lunare durante la eclisse del 13 aprile 1949. G. Romano.

7348. **Mondfinsternis 1950 September 26**

J. Bouška, B. Růžičková, Enlargement and form of the earth's shadow during the moon's eclipse of September 26, 1950. BAC **4** 14—18 (mit russ. Zusammenfassung).

S. W. Makarow, M. A. Swetschnikow, Die Kontur des Erdschattens bei der Mondfinsternis vom 26. September 1950. Abh. Shdanow- Staatsuniv. Leningrad Nr. **153** S. 158—165, mit 1 Abb., 1952 = Publ. Astr. Obs. Leningrad **16** 158—165 (russisch). — Von vier Beobachtern wurden an 31 Objekten die Konturen des Erdschattens bestimmt. Der beobachtete Radius des Erdschattens war um 0.0241 größer als der berechnete, in befriedigender Übereinstimmung mit dem Jahrbuchwert 0.02. Petri

7349. **Mondfinsternis 1952 Februar 11**

M. Protitch, Observations des éclipses partielles de Lune et de Soleil observées au cours de 1952. Bull. Astr. Obs. Beograd **17** 63. — Beobachtung des letzten Kontaktes.

7350. **Mondfinsternis 1952 August 5**

E. Buchar, Eclipse partielle de lune du 5 août 1952. BAC **4** 18—19 (mit russ. Zusammenfassung).

M. Protitch, Observations des éclipses partielles de Lune et de Soleil observées au cours de 1952. Bull. Astr. Obs. Beograd **17** 63. — Kontaktbeobachtungen und Kratereintritte.

7351. **Mondfinsternis 1953 Januar 29**

P. Ahnert, Die totale Mondfinsternis vom 29./30. Januar 1953. Sterne **29** 1—3, mit 1 Abb.

I. S. Astapowitsch, Beobachtungen der totalen Mondfinsternis am Astrophysikalischen Laboratorium Aschchabad 1953 Januar 29./30. Astr Circ UdSSR Nr. 137 S. 12—15 (russisch). — Kontakte.

I. S. Astapowitsch, Die kinematographische Beobachtung der totalen Mondfinsternis am Astrophysikalischen Laboratorium Aschchabad 1953 Januar 30. Astr Circ UdSSR Nr. 137 S. 15—17 (russisch).

I. S. Astapowitsch, Kinematographische Aufnahme der Mondfinsternis vom 29./30. Januar 1953 in Aschchabad. Nachr. Akad. Wiss. Turkmen. Sowjetrepublik Nr. 4 S. 91—92 (russisch). — Ref. in RJ Astr. Geod. UdSSR Nr. 2, 1954; Ref. Nr. 2309 (russisch).

A. M. Bacharew, G. E. Jerlexowa, Beobachtungen der totalen Mondfinsternis vom 29.—30. Januar 1953. Bull. Astr. Obs. Stalinabad Nr. 7 S. 26—28 (russisch). — Lichtkurve, Kraterantritte, Färbungen.

A. Charin, Die totale Mondfinsternis vom 29. Januar 1953. Astr Circ UdSSR Nr. 135 S. 21—22 (russisch). — Beobachtungen in Tomsk.

M. Cimino, T. Fortini, Fotometria fotografica dell'eclisse totale di luna del 29 gennaio 1953 e la luminescenza del suolo lunare per la radiazione ultravioletta solare. Rend. Accad. Nazionale Lincei, Cl. Sci. fis., mat., nat. (8) **14** 619—626, mit 3 Fig. = Oss. Astr. Roma Monte Mario Contr. Sci. Nr. **187**. — Bericht über Beobachtungen in Monte Mario.

R. L. T. Clarkson, Total eclipse of the moon, Jan. 29/30, 1953. Vega Nr. **3** S. 11.

E. Esclangon, Observation de l'éclipse totale de Lune du 29—30 janvier 1953. CR **236** 439. — Während der Finsternis am 29./30. Jan. 1953 werden 1. eine Asymmetrie des Mondschattens und 2. eine blaßblaue Färbung des Schattenrandes während der Totalität festgestellt. Labs

J. H. Focas, Etude de la lumière polarisée de la Lune pendant l'éclipse totale de Lune du 29—30 janvier 1953, à Athènes. CR **237** 296—298. — Mit einem visuellen Polarimeter vom Lyotschen Typ wurden Messungen bei sehr kleinem Visionswinkel zwischen 0° 26′ und 1° 55′ durchgeführt. Die Polarisationsebene war stets normal zur Visionsebene, und der Anteil des polarisierten Lichtes variierte zwischen −0.4/1000 und −1.5/1000. Er geht mit dem Visionswinkel gegen Null. Nach der Totalität ergab sich im Oceanus Procellarum ein außergewöhnlich hoher Wert von −6.6/1000. Gli.

C. Hoffmeister, Beobachtung der Mondfinsternis 1953 Januar 29—30 in Südwestafrika. Sterne **29** 165—166.

J. Hopmann, Beobachtung der totalen Mondfinsternis vom 30. Jänner 1953 auf der Universitätssternwarte Wien. Anzeiger der Österreich. Akad. Wiss. Math.-naturw. Kl. **90** 169, Sitzber. Österreich. Akad. Wiss. Math.-naturwiss. Kl. Abteilung IIa **162** 77—98, mit 4 Abb. = Mitt. Univ.-Sternw. Wien **6** Nr. 10. — Die Finsternis wurde an sechs verschiedenen Instrumenten, bzw. nach vier verschiedenen Verfahren durch insgesamt 10 Beobachter messend verfolgt, wobei einmal die Zeitpunkte des Antrittes des Erdschattens an einzelne Mondkrater bestimmt wurden, sodann der Helligkeitsverlauf des Gesamtlichtes des Mondes, ferner der Helligkeitsverlauf an drei ausgewählten Stellen der Mondoberfläche. Schließlich wurden an zahlreichen Stellen des Mondes Farbwerte während der Finsternis festgelegt. Verf.

E. Mädlow, Totale Mondfinsternis — wenigstens ein Teilerfolg! Mitt. Planetenbeobachter **6** 1—2.

E. Mädlow, H. Mielke, Auswertung von Schattenantrittsbeobachtungen bei der totalen Mondfinsternis vom 29./30. Januar 1953. Sterne **29** 166—169 = Mitt. Archenhold-Sternw. Nr. **34**.

R. A. Naef, Zur totalen Mondfinsternis vom 29./30. Januar 1953. Orion Schaffhausen **4** 112. — Beobachtung in der Schweiz.

G. Persson, Den totale måneformørkelse d. 29.—30. januar 1953. Urania Kopenhagen **10** 42—43.

K. Raepke, Obserwacja całkowitego zaćmienia Księżyca z 29 na 30 stycznia 1953 r. Urania Kraków **24** 217.

W. G. Teufel, Die Mondfinsternis vom 29. Januar 1953. Astr Circ UdSSR Nr. 135 S. 18—19 (russisch). — Beobachtungen in Schtscherbakow.

W. M. Tschernow, Die totale Mondfinsternis vom 29.—30. Januar 1953. Astr Circ UdSSR Nr. 135 S. 16—18 (russisch). — Beobachtungen in Saporoshje.

W. F. Tschistjakow, Die totale Mondfinsternis vom 30. Januar 1953. Astr Circ UdSSR Nr. 135 S. 19—21 (russisch). — Beobachtungen in Kaliningrad (Königsberg).

Astr. Nachrichtendienst Berlin-Treptow 5 33—34. E. Mädlow.

BSAF 67 41—47, mit 2 Fig. L'éclipse totale de Lune des 29—30 janvier 1953. J. Dubois. — Beobachtungen.

BSAF 67 116, 241—248, 297—298, mit 1 Fig. L'éclipse totale de Lune des 29—30 janvier 1953. C. Roques, E. Roques, R. Marson, W. Groubé, H. d'Halluin, J. Ferré, B. Solas, G. Creton, M. Rousseau.

Coelum 21 51—53, mit 1 Fig. L'eclisse totale di Luna del 29—30 gennaio 1953.

Gaz astr 35 14—17. Observations de l'éclipse totale de Lune du 29—30 janvier 1953. L. O. Giacomelli.

JO 36 109—110. Observations of the total eclipse of the moon on 29—30 January 1953, made at the Nizamiah Observatory, Hyderabad.

NAZ 7 12. Totale Mondfinsternis 1953 Januar 29—30. C. Hoffmeister. — Beobachtung in Südwestafrika.

Orion Schaffhausen 4 72. Eclipse de lune du 29/30 janvier 1953. — Beobachtung in Genf.

Orion Schaffhausen 4 117—118, mit 8 Fig. L'éclipse totale de Lune des 29—30 janvier 1953. S. Chilardi. — Beobachtung in Lausanne.

PAT 34 59—61, mit 3 Fig. Månförmörkelsen den 29/30 januari 1953.

Sky and Telescope 12 167—168, mit 1 Fig. Reports of the lunar eclipse in January.

Vega Nr. 2 S. 6—7. Total eclipse of the moon, 29—30th Jan., 1953. Some first reports.

7352. Mondfinsternis 1953 Juli 26

Sky and Telescope 13 28. Lunar eclipse observed.

7353. Mondfinsternis 1954 Januar 19

W. Malsch, Schattenkontakte bei der totalen Mondfinsternis am 19. Januar 1954. Sternenwelt 5 192.

Sternbedeckungen

7354. **A. W. J. Cousins, R. Guelke,** Photoelectric observations of occultations at the Cape Observatory. MN 113 776—780, mit 3 Fig. und 1 Tafel. — Es wird ein einfaches lichtelektrisches Gerät beschrieben, das zur Registrierung von Sternbedeckungen durch den Mond dient. Der durch das Mondlicht erzeugte Photostrom wird kompensiert. Als Anzeigeinstrument wird ein Kathodenstrahloszillograph verwendet. Verf. teilen die Registrierungen mehrerer Bedeckungen von Antares mit. Aus dem Kurvenverlauf werden Winkeldurchmesser zwischen 0ʺ035 und 0ʺ045 abgeleitet. Vorausgesetzt wurde dabei, daß die Sternscheibe gleichförmig erhellt ist und der bedeckende Mondrand keine Unregelmäßigkeiten aufweist. Micz.

7355. **D. S. Evans, J. C. R. Heydenrych, J. D. N. van Wyk,** Observations of occultations of Antares with the Radcliffe reflector. MN 113 781—785, mit 5 Fig. und 1 Tafel. — Es wird eine lichtelektrische Apparatur zur Registrierung von Sternbedeckungen durch den Mond beschrieben. Sie besteht aus Elektronenvervielfacher, Verstärker und Kathodenstrahloszillograph als Anzeigeinstrument. Die Apparatur wurde anläßlich einer Bedeckung von Antares benutzt. Die erhaltenen Registrierungen werden diskutiert. Verf. bestimmen unter anderem den Winkelabstand der beiden Komponenten von Antares. Micz.

7356. **D. S. Evans,** Occultation of Antares. Obs 73 206—209. — Besprechung in Irish AJ 3 58. — Auf kritische Bemerkungen von T. Gold (Obs 73 21)

antwortet Verf., daß nach Modellrechnungen der Einfluß der Rauhigkeit des Mondrandes auf die Bedeckungslichtkurve für Antares nicht so groß anzunehmen ist, daß die früheren Schlüsse auf besondere Form des Antares illusorisch würden.
O. G.

7357. **F. M. McBain,** Discussion of occultations observed in 1949 and 1950. AJ 58 205—207, mit 1 Fig. — Verf. hat die Beobachtungen von Sternbedeckungen durch den Mond in den Jahren 1949 und 1950 bearbeitet. Das Ergebnis aus 415 Beobachtungen an rund 100 Sternwarten ergibt eine Verbesserung der mittleren Länge des Mondes für 1952 und 1953 von $-3\overset{''}{.}0$; das entspricht einer Verbesserung von $-0\overset{h}{.}00152$ für die Zeiten der Vorausberechnungen der Mondbedeckungen. Kox

7358. **Vorausberechnungen**

BSAF **67** 39—40, 82, 125, 165, 209, 253, 306, 309, 354, 397, 442, 486, mit 2 Fig. Phénomènes intéressants. G. Fournier.

Bull. Astr. Obs. Beograd **17** 61—62. Predictions for 1955 of occultations of stars by the moon visible at Belgrade.

Desgl. für 1956. Bull. Astr. Obs. Beograd **18** Nr. 3—4 S. 10—11.

Hemel en Dampkring **51** 40—41, mit 1 Fig. De bedekking van de Pleiaden in de nacht van 19 op 20 Maart 1953. S. P. Bertram, B. T. Perdijk.

Hemel en Dampkring **51** 83, 148, 194, 229. Werkgroep Bedekkingen. A. Mak, P. de Bruijn.

Hemel en Dampkring **51** 173. De Pleiadenbedekking in de nacht van 26 op 27 September 1953. B. T. Perdijk.

JBAA **63** 118—119. Occultations of the Pleiades on 1953 March 19. G. E. Taylor.

NAT **1953** 98—100. Okkultationer af stjerner ved månen 1954, beregnet for København. 29. Liste.

Rocznik Astronomiczny Obserwatorjum Krakowskiego 1953. Suppl. Internationale Nr. **24** S. 93—95. Occultationes de stellas per luna. — Vorausberechnungen für Poznania, Wrocławia, Torunia, Krakowa und Warszawy.

Sky and Telescope **12** 84, 112, 142, 197, 250, 276, 305, 328, **13** 30, 62. Occultations predictions.

Sternenwelt **5** 31, 73, 153.

7359. **Vorausberechnung von Bedeckungen Kleiner Planeten**

Orion Schaffhausen **4** 144. — Vorausberechnung der in Südafrika sichtbaren Bedeckung von Juno 1954 Mai 9.

Sky and Telescope **12** 168. An occultation of Ceres.

7360. **Beobachtungen und Reduktionen**

AA(c) **5** 49—50. Occultations of stars by the moon observed in the Astronomical Observatory of Wrocław University in the years 1946—1951. A. Opolski, E. Rybka.

AJ **58** 175. Occultations of stars by the moon observed during 1952 with the 8-inch equatorial at South Hadley, Mass. A. H. Farnsworth, M. Hazen.

Astr Circ UdSSR Nr. 134 S. 12 (russisch). Beobachtungen von Sternbedeckungen in Kitab. G. A. Lange. — 1952 Dez. 21 und 23.

Astr Circ UdSSR Nr. 135 S. 22—23 (russisch). Beobachtungen von Sternbedeckungen am Astronomischen Observatorium Charkow. K. N. Kusmenko, W. C. Plushnikow. — 1952 Juli 2—1953 Jan. 26.

Astr Circ UdSSR Nr. 135 S. 23 (russisch). Beobachtungen von Sternbedeckungen am Observatorium Abastumani. W. P. Dshapiaschwili. — 1952 Sept. 27—Nov. 26.

Astr Circ UdSSR Nr. 140 S. 17 (russisch). Beobachtungen von Sternbedeckungen am Städtischen Astronomischen Observatorium Irkutsk. A. Kawerin. — 1952 Apr. 6—27, 1953 Apr. 18—25.

Astr Circ UdSSR Nr. 140 S. 18 (russisch). Beobachtungen von Sternbedeckungen in Taschkent. K. Kuleschowa, B. Tirnstein. — 1953 Jan. 23—Juni 24.

Astr Circ UdSSR Nr. 140 S. 18—19 (russisch). Beobachtungen von Sternbedeckungen am Astronomischen Observatorium der Staatsuniversität Kiew. A. K. Ossipow. — 1952 Febr. 28—Okt. 6.

Astr Circ UdSSR Nr. 142 S. 10—11 (russisch). Beobachtungen von Sternbedeckungen am Astronomischen Engelhardt-Observatorium in den Jahren 1952—1953. S. T. Chabibullin. — 1952 Dez. 25—1953 Aug. 30.

Astr Circ UdSSR Nr. 142 S. 11—12 (russisch). Beobachtungen von Sternbedeckungen am Taschkenter Astronomischen Observatorium der Akademie der Wissenschaften der Usbekischen Sowjetrepublik. K. F. Kuleschowa. — 1953 Aug. 21—Sept. 14.

Astr Circ UdSSR Nr. 143 S. 23 (russisch). Beobachtungen von Sternbedeckungen am Astronomischen Observatorium der Schewtschenko-Staatsuniversität Kiew. A. K. Ossipow. — 1953 Aug. 19—Sept. 19.

Astr Circ UdSSR Nr. 143 S. 23—24 (russisch). Beobachtungen von Sternbedeckungen am Astronomischen Observatorium Charkow. K. N. Kusmenko, W. C. Plushnikow. — 1953 Febr. 24—Sept. 30.

BAB 4 148—149. Occultations d'étoiles observées à l'équatorial de 45 cm pendant la période 1942—1952. S. Arend, L. Neven, J. Dommanget.

BAC 4 100. Observations of occultations made at the University Observatory, Prague in the year 1952. J. Bouška.

BSAF 67 141—142, mit 1 Fig. Occultation des Pléiades les 6 et 7 octobre 1952. Roques.

BSAF 67 206. Occultation des Pléiades le 19 mars 1953. L. Rebuffat. — Beobachtung in Metz.

Bull. Astr. Obs. Beograd 17 25—26. Occultations d'étoiles par la Lune, observées à l'Observatoire de Belgrade en 1952. Z. Brkić, P. Djurković, L. Mitić, V. Oskanjan, L. Paunović, Z. Petović, M. Protitch, S. Simić, B. Ševarlić, U. Živanović.

Bull. Astr. Obs. Beograd 18 Nr. 1—2 S. 15. Occultations d'étoiles par la Lune, observées au cours du premier semestre 1953 à Belgrade. Z. Brkić, P. Djurković, L. Paunović, L. Mitić, V. Oskanjan, M. Protitch, B. Ševarlić, U. Živanović, Z. Petović, D. Šaletić.

Bull. Astr. Obs. Beograd 18 Nr. 3—4 S. 6—7. Occultations d'étoiles par la Lune, observées à l'Observatoire de Belgrade en 1953. Z. Brkić, Č. Čepinac, P. Djurković, L. Mitić, V. Oskanjan, D. Paunović, L. Paunović, Z. Petović, M. Protitch, D. Šaletić, B. Ševarlić, U. Živanović.

Bull. Soc. des Amis des Sci. et des Lettres de Poznań (B) Sci. Math. Nat. 12 211—213 = Poznań Repr. Nr. 30. Occultations of stars by the moon. Observed at the Astronomical Observatory of the Poznań University 1949—1952. H. Hurnik.

J. and Proc. Roy. Soc. New South Wales 87 19—20 = Sydney Obs. Papers Nr. 19. Occultations observed at Sydney Observatory during 1952. K. P. Sims.

Mem SA It (NS) 24 145—153 = Oss. Astr. Roma Monte Mario Contr. Sci. Nr. 183. Posizioni di pianeti e pianetini ed occultazione lunari osservate nel 1952. G. Armellini Conti. — Roma Monte Mario.

MN 113 266—267. Occultations of stars by the Moon observed at the Nizamiah Observatory, Hyderabad, during the year 1952. M. Ghouse, M. Ramanathan, B. Narasimhan.

NAT 1953 29—30. Observationer af okkultationer af stjerner ved månen. Medd. Nr. 29. — 1952 Jan. 7—Nov. 30.

NAZ 7 3, 12, 39. W. Malsch. — Beobachtung in Karlsruhe.

NAZ 7 10. J. Hopmann, L. Fischer. — Beobachtung in Wien während der totalen Mondfinsternis 1953 Jan. 30.

NAZ 7 16, 32, mit Berichtigung S. 32. H. v. Bronsart, M. Gerstenberger, M. Runck, R. Schneider. — Beobachtungen in Stuttgart.

Orion Schaffhausen 4 153. Occultation de quelques étoiles des Pléiades. M. Flückiger. — Lausanne.

Publ. Astr. Obs. Kiew Nr. 5 S. 193—195 (russisch). Beobachtungen von Sternbedeckungen am Astronomischen Observatorium Kiew in den Jahren 1948—1950. — 1948 Jan. 16—1950 Sept. 30.

TAB (2) Nr. 54 S. 453—462. Occultation observations in Japan during 1951. F. Arata, Y. Hirai, H. Kurai.

Sky and Telescope 12 140, 1 Fig. A photograph of the moon in the Pleiades, December 27—28, 1952. L. Secretan.

Sky and Telescope 12 140. The Pleiades occultations. L. Secretan, E. A. Halbach.

Union Circ 6 148—151. Occultations of stars by the moon, 1951. J. A. Bruwer, E. L. Johnson.

Urania Kraków 24 249. Obserwacje zakrycia Plejad przez Księżyc dnia 19 marca 1953 roku. W. Maksymowicz.

Mondformationen

7361. **D. W. G. Arthur,** A Minor Triangulation of the Mare Imbrium. Selbstverlag, 17 Waterloo Rd., Wokingham, Berkshire, England. 17 S. Preis 3s. — Besprechung in JBAA 63 225, Sky and Telescope 12 196 unter dem Titel: Mare Imbrium measurements, Vega Nr. 6 S. 24.

7362. **D. W. G. Arthur,** The classification of the smaller lunar craters. JBAA 64 32—34, mit 1 Fig.

7363. **F. Benario,** A new theory about the origin of the surface features of the Moon. Strolling Astronomer 7 18—23.

7364. **F. Benario,** The bubble theory. An explanation of the moon's surface features. An answer to my critics. Vega Nr. 11 S. 41—44.

7365. **J. Bouška, F. Hřebík, Z. Švestka,** Catalogue des cratères lunaires. Publ. Astrophys. Obs. Ondřejov Nr. 25 S. 107—115. — Enthält die sphärischen und selenographischen Koordinaten (nach Neison) von 279 Mondkratern.

7366. **J. Bouška,** Über die Entstehung der Mondkrater. Vesmír 32 14, mit 2 Abb. (tschechisch).

7367. **L. S. Copeland,** Queen of the untraveled seas. Sky and Telescope 12 66—69, mit 5 Fig. — Verf. gibt eine detaillierte Beschreibung des Mare Imbrium sowie seiner einzelnen Formationen, wie Ringwälle und Gebirgszüge nach Ausdehnung, Größe und Höhe. Schai.

7368. **L. M. Granderye,** Acerca de la visibilidad y las dimensiones de los objetos lunares; sus consecuencias. Urania Barcelona 38 16—19. — Verf. diskutiert die Bedeutung der Auflösungsgrenze für die Beobachtung der Mondformationen. Die kleinsten photographisch noch nachweisbaren Oberflächendetails liegen bei 45 m, während der visuell beobachtende Amateur sich mit 0.5 bis 2 km begnügen muß. Verf. empfiehlt, dies bei der Beurteilung von Mondtheorien zu berücksichtigen. Gü.

7369. **G. de Lorenzo,** I vulcani della Luna. Soc. Nazionale Sci. Lettere Arti Napoli, Rend. Accad. Sci. Fis. Mat. (4) 20 165—173. — Diskussion des Werkes von Kant «Über die Vulkane im Monde». Cester

7370. **P. A. Moore,** Changes on the moon. Vega Nr. 1 S. 1—2, Nr. 2 S. 6, Nr. 3 S. 9—10.

7371. **A. Paluzíe Borrell,** Formación de los cráteres lunares. Urania Barcelona 38 89—166, mit 11 Fig. — Die vorliegende Untersuchung ist eine kritische Studie über die Hypothesen der Entstehung der Mondkrater, in der sich Verf. auf 177 Originalarbeiten stützt. Nach einleitenden Bemerkungen über die vulkanische und meteorische Entstehung von Kratern auf der Erde werden die einzelnen, den Mond betreffenden Hypothesen geschildert und die Schwierigkeiten hervorgehoben. Das Endergebnis ist sehr ernüchternd: es gibt keine einzige Theorie, die allen Anforderungen gerecht wird. Aller Wahrscheinlichkeit nach können nur endogene Kräfte für die Entstehung der terrestrischen und der Mondkrater verantwortlich gemacht werden. Sowenig die Geologie die Entstehung des Erdreliefs zu erklären vermag, sowenig vermag es die Selenologie in bezug auf das Mondrelief. Baumann

7372. **A. Paluzíe-Borrell,** Lunar theories. Vega Nr. 5 S. 17—18, mit 2 Fig.

7373. **P. F. Sabanejew,** Über die Entstehung der Ringwälle auf dem Mond. Bull. Astr.-Geod. Ges. UdSSR Nr. **13 (20)** S. 7—20, mit 17 Abb. (russisch). — Es werden Versuche beschrieben, in denen Verf. ebene Flächen aus verschiedenen Substanzen mit Körpern verschiedener Gestalt und physikalischer Beschaffenheit unter verschiedenen Winkeln und mit verschiedenen Geschwindigkeiten bombardiert. Aus den Ringwall- und Kraterbildungen wird geschlossen, daß diese auf dem Mond durch den Auffall kompakter, jedoch zerfallbarer Materie kugel- und linsenähnlicher Körper entstanden sein könnten. Dabei kommt es mehr auf die Masse als auf die Geschwindigkeit der Flugkörper an, welche die Mondoberfläche meist sehr steil getroffen haben müssen. Loh.

7374. **R. Steinmann,** Die Entstehung der Oberflächenformen des Mondes nach den Vorstellungen von A. W. Chabakow. Sternenwelt 5 120—124, mit 4 Abb.

7375. **N. N. Sytinskaja, W. W. Scharonow,** Untersuchung des Reflexionsvermögens der Mondoberfläche. Abh. Shdanow-Staatsuniv. Leningrad Nr. **153** S. 114—154, mit 7 Abb., 1952 = Publ. Astr. Obs. Leningrad **16** 114—154 (russisch). — Für zahlreiche ausgewählte Objekte der Mondoberfläche wurde für verschiedene Einfallswinkel i und Reflexionswinkel ε das Reflexionsvermögen B bestimmt — ausgedrückt durch das Verhältnis der tatsächlich gemessenen Helligkeit B zu der Helligkeit weißer Idealflächen unter gleichen Beleuchtungsbedingungen (B_0) und normal zum Lichteinfall (B_n). Für jedes Objekt werden Diagramme mitgeteilt: $\varrho = \frac{B}{B_n}$ über Phasenwinkel ψ und Tabellen mit i, ε, ϱ und $r = \frac{B}{B_0} = \varrho \sec i$. Petri

7376. **N. N. Sytinskaja,** Katalog der absoluten Werte des visuellen Reflexionsvermögens von 104 Mondgebilden. AJ UdSSR **30** 295—301, mit 3 Abb. (russisch). — Die Werte für das Reflexionsvermögen von 104 Mondformationen werden aus verschiedenen Quellen in ein homogenes System gebracht. Der Katalog wird schließlich für einige statistische Erörterungen verwandt. Loh.

7377. **N. Sytinskaja,** Die Abhängigkeit zwischen den Stufen der visuellen Helligkeitsskala von Mondobjekten und den absoluten Werten des Helligkeitsfaktors. Astr Circ UdSSR Nr. **144** S. 11—12 (russisch). — Ein Vergleich der alten zehnstufigen Schröterschen Skala (N) mit dem vom Verf. in AJ UdSSR **30** 295 (vgl. Ref. **7376**) publizierten Katalog des Helligkeitsfaktors (ϱ) ergab $\varrho = 0.047 + 0.136$ N. Petri

* * **T. de Vries,** Het tekenen aan de kijker. Vgl. Ref. **7030**.

7378. Lunar crater catalogue. Sky and Telescope **12** 277.

7379. Mitteilungen über Mondformationen

Irish AJ **2** 160—163, mit 1 Tafel und 1 Karte. The Moon: Western Mare Imbrium (Photograph by the 100-inch Mount Wilson reflector, Sept. 15, 1919).

JBAA **63** 116—118, mit 1 Fig. und 2 Tafeln. Vendelinus. H. P. Wilkins.

JBAA **63** Tafel XIV vor S. 241. Gassendi. H. P. Wilkins.

JBAA **63** 249, 1 Fig. The Stag's-Horn Mountains and the Straight Wall. P. Moore.

JBAA **63** 337—339, mit 1 Fig. Selenographic positions in the Mare Humorum. D. W. G. Arthur.

JBAA **64** 34—36, mit 1 Fig. Lunar summit craters. P. Moore.

Mitt. Planetenbeobachter **6** 29. Farbbeobachtungen in Mondkratern. G. D. Roth.

Orion Schaffhausen **4** 111—112, mit 1 Abb. Hell strahlender Punkt im Mondkrater östlich Herodotus. H. Renfer.

Oss. Astr. Trieste Nr. **252** S. 24—27, mit 1 Fig. Il cratere lunare Flamsteed e i suoi dintorni. G. Ruggieri.

Strolling Astronomer **7** 11—12, mit 1 Fig. The moon's east limb. H. P. Wilkins.

Strolling Astronomer **7** 36, mit 1 Fig. Haze. H. P. Wilkins.

Strolling Astronomer **7** 37—38, mit 1 Fig. Legendre. H. P. Wilkins.

Strolling Astronomer **7** 47—51, mit 3 Fig. Some observations on the moon's east limb together with a note on the formations Messier and Pickering. R. M. Baum.

Strolling Astronomer **7** 51—52, mit 1 Fig. Petavius. H. P. Wilkins.

Strolling Astronomer **7** 72—74, mit 1 Fig. Lunar and planetary observations with electronic image converters. A. G. Smith.

Strolling Astronomer **7** 147. Is there a natural bridge on the moon?

Strolling Astronomer **7** 147—150, mit 2 Fig. Gigantic natural bridge found on the moon. J. J. O'Neil. — Besprechung in Orion Schaffhausen **4** 258—259.

Strolling Astronomer **7** 153—155. Unusual lunar shadows. D. P. Avigliano.

Strolling Astronomer **7** 166—168, mit 6 Fig. Aspects of Linné. D. P. Avigliano.

Urania Barcelona **38** 87—88, mit 1 Fig. El cráter lunar Atlas. H. P. Wilkins.

Vega Nr. **2** S. 5—6, Nr. **4** S. 13—14, mit 4 Fig. About the moon. H. P. Wilkins.

Weltraumfahrt **1953** 28—29, mit 1 Abb. Gibt es auf dem Mond einen Tunnel? H. H. Nininger.

Weitere Mitteilungen vgl. Ref. **7038**.

§ 74

Mars

7401. Astrometrische Beobachtungen

Greenwich Astronomical Results 1939, A 20. Observed right ascensions, declinations and diameters.

Mem SA It (NS) **24** 145—153 = Oss. Astr. Roma Monte Mario Contr. Sci. Nr. **183**. Posizioni di pianeti e pianetini ed occultazioni lunari osservate nel 1952. G. Armellini Conti. — α.

TAB (2) Nr. **59** S. 481—488. Vgl. Ref. **7101**.

7402. Physische Beobachtungen

BAC **4** 95—97, mit 2 Fig. (mit russ. Zusammenfassung). North polar cap of Mars in the years 1947—1948 and 1950. J. Široký.

BSAF **67** 1. Umschlagseite des Märzheftes und S. 106. — Zwei Aufnahmen von Mars vom 23. Sept. 1941 und 16. Mai 1952.

BSAF **67** 76—77, mit 2 Fig. Récentes observations de Mars. G. Fournier.

BSAF **67** 85—106, mit 10 Fig. und 2 Tafeln. Etude visuelle de la surface de la planète Mars avec un pouvoir séparateur 0".2. A. Dollfus.

Bull. Astr.-Geod. Ges. UdSSR Nr. **12** (**19**) S. 12—15, mit 2 Abb. (russisch). Marsbeobachtungen 1950. G. A. Postnow, O. N. Jefimow, W. S. Milejew, E. A. Sokolinskij.

Gaz astr **35** 8—11, mit 1 Fig. Observations de Mars en 1952. W. Sandner.

Mitt. Planetenbeobachter **6** 7—10. Die Mars-Opposition 1952 (Schlußbericht). W. Carnuth.

Southern Stars **15** 155—167, mit 2 Tafeln und 1 Fig. = Carter Obs. Repr. Nr. **19**. Visual observations of Mars in 1952. K. D. Adams, P. A. Read.

Sterne **29** 75—79, mit 2 Abb. Mars-Beobachtungen 1952. W. Sandner.

Urania Kopenhagen **10** 8—9, mit 2 Fig. Marsobservationer i Maj 1952. G. Persson.

Vega Nr. **5** S. 19—20, mit 1 Fig. Mars in 1952. W. Carnuth.

7403. **J. Ashbrook,** A new determination of the rotation period of the planet Mars. AJ **58** 145—155. — Ref. in BSAF **68** 83—84, Sterne **29** 235, Orion Schaffhausen **4** 254, Sky and Telescope **13** 54. — Durch einen Vergleich von 42 Beobachtungsreihen (hauptsächlich zwischen 1877 und 1952) mit den im Nautical Almanac benutzten Rotationselementen wird die siderische Umdrehungszeit des Mars zu $24^h\,37^m\,22^s\!.6689 \pm 0^s\!.0026$ (m. F.) in Ephemeridenzeit gefunden. Die wahrscheinlichste Lage des Marsnordpols ergibt sich zu: RA = 317°.3, Dekl. = +53°.9 (1905.0). Der mittlere Fehler der Rotationsdauer ist von gleicher Größenordnung wie die Unregelmäßigkeiten der Erddrehung. Neue photographische oder visuelle Beobachtungen werden empfohlen. In einem Anhang werden eigene visuelle Beobachtungen des Verf. auf der Yale-Sternwarte nach dem Verfahren von M. Beyer mitgeteilt. Dv.

7404. **E. H. Collinson,** The planet Mars. JBAA **64** 4—17, mit 2 Fig. und 6 Tafeln. — Zusammenfassende Darstellung.

7405. **J. Herrmann,** Phobos und Deimos — die beiden Marsmonde. Orion Schaffhausen **4** 139—141. — Aus «Reutlinger Sternbote».

* * **M. S. Kiefer,** Planet X. Vgl. Ref. **7014**.

7406. **J. Klepešta,** Farbaufnahmen des Planeten Mars. Vesmír **32** 133, mit 1 Abb. (tschechisch).

7407. **K. I. Koslowa,** Vergleich des Reflexionsvermögens der «Meere» des Mars mit dem spektralen Reflexionsvermögen einiger irdischer Pflanzen. Bote Akad. Wiss. Kasach. Sowjetrepublik Nr. **4** S. 84—89 (russisch).

7408. **W. Lohmann,** Alte und neue Probleme der Marsforschung. Phys. Blätter **9** 109—123. — Die Gebilde der Oberfläche. Die Atmosphäre. Probleme des Lebens.

7409. **E. P. Martz,** Heterochromatic photography and photometry of Mars in 1937 and 1939. AJ **58** 221—222. Vgl. auch Sky and Telescope **13** 52, mit 1 Fig. — Ref. AAS.

7410. **G. de Mottoni,** Proposta di una classificazione razionale dei fenomeni marziani. Mem SA It (NS) **24** 135—140, mit **4** Fig.

7411. **H. Paetzold,** Zur Frage des Sauerstoffgehaltes der Marsatmosphäre. Phys. Verhandlungen **4** 255 (Ref.).

* * **E. Pettit,** Photography of the canals of Mars. Vgl. Ref. **2054, 2055.**

7412. **B. Rosen,** Origine possible de la couche violette dans l'atmosphère de Mars. Ann d'Astrophys **16** 288—289. — Das Verschwinden von Oberflächendetails auf der Marsscheibe im kurzwelligen Licht ($\lambda < 4500$ Å) wird auf in der Marsatmosphäre suspendierten Kohlenstaub zurückgeführt. Kdr.

7413. **W. Schaub,** Der innere Marsmond Phobos — ein Mond in Auflösung? Weltraumfahrt **1953** 65—67, mit 1 Abb. — Verf. versucht, die beim inneren Marsmond beobachtete Zunahme der Winkelgeschwindigkeit qualitativ an einem vereinfachten Modell durch eine sich ablösende «Staubflut» zu deuten, derzufolge es zur Bildung eines Staubringes kommt, mit und in dem sich der Mond bewegt. Bei Jupiter V mögen die gleichen Verhältnisse herrschen. Voraussetzung für diese Hypothese ist die Annahme, daß beide Monde nahe, oder innerhalb der Rocheschen Grenze umlaufen. Verf.

7414. **H. Strughold,** The Green and Red Planet. Albuquerque, University of New Mexico Press, 1953. 107 S. Preis $ 4.00. — Besprechung in Sky and Telescope **13** 57, 126—128 (J. Mayer).

7415. **H. Strughold,** Das Leben auf dem Mars. Weltraumfahrt **1953** 24—28. — Ref. in Naturwiss. Rundschau **6** 286—287. — Verf. untersucht die Möglichkeit organischen Lebens auf den Planeten. Er kommt zu dem Schluß, daß die Temperatur auf den Planeten Venus und Mars ein «latentes» Leben nicht ausschließt. Die Existenz höherer Lebewesen auf dem Mars wird in das Reich der Phantasie verwiesen, weil der vorhandene Sauerstoffdruck viel zu niedrig ist. Eine niedere Vegetation auf dem Mars wird für möglich gehalten; sie scheint durch gewisse Beobachtungen wahrscheinlich gemacht zu sein. Schaub

7416. **G. A. Tichow,** Die Hypothese über die Paläobotanik des Mars und der Venus. Bote Akad. Wiss. Kasach. Sowjetrepublik Nr. 1 S. 100—104 (russisch). — Ref. in RJ Astr. UdSSR Nr. 1, 1953; Ref. Nr. 371 (russisch).

7417. **C. W. Tombaugh,** Some research suggestions for the coming opposition of Mars. AJ **58** 231—232. Vgl. auch Sky and Telescope **13** 52. — Ref. AAS. — Weitere Besprechung in Orion Schaffhausen **4** 237 unter dem Titel: Erstellung einer Reliefkarte des Planeten Mars.

7418. **O. W. Troizkaja,** Über die Existenzmöglichkeit einer Vegetation auf dem Mars. Vgl. AJB **52** Ref. **7419.** — Ref. in Naturwiss. Rundschau **6** 426.

7419. **R. v. d. R. Woolley,** Monochromatic magnitudes of Mars in 1952. MN **113** 521—525. — Ref. in Irish AJ **3** 33—34. — Auf Spektren des Planeten Mars, erhalten im Sommer 1952, wurden monochromatische Helligkeiten bei 7 verschiedenen Wellenlängen zwischen λ 4050 und λ 6360 gemessen. Nach Reduktion auf die Einheitsentfernung Sonne—Mars und Mars—Erde werden Phasenkoeffizienten sowie Albedo der Planetenoberfläche abgeleitet. Micz.

7420. **A. G. Worobjow,** Neue Daten über den Atmosphärendruck auf dem Mars. Priroda **42** Nr. 6 S. 84—85 (russisch). — Kurzer zusammenfassender Bericht über ältere und neuere Untersuchungen.

7421. The temperature of Mars. J RAS Canada **47** 173—174.

§ 75

Kleine Planeten

7501. Ephemeriden Kleiner Planeten für das Jahr 1954. Herausgegeben vom Institut für Theoretische Astronomie der Akademie der Wissenschaften der UdSSR. Moskau-Leningrad, Verlag Akad. Wiss. UdSSR, 1953. 176 S. (russisch). — Enthält die Elemente von 1588 Kleinen Planeten, Oppositionsdaten und Ephemeriden von 1229 Kleinen Planeten, die 1954 in Opposition kommen. Redaktion: N. S. Jachontowa. — Eine Übersetzung des Vorworts wurde in Cincinnati durch P. Musen besorgt.

7502. Instituto y Observatorio de Marina de San Fernando, Sección de Astronomía (B) Nr. 1. Pequenos planetas. 2 + 53 S. — Enthält die Örter von Kleinen Planeten aus Beobachtungen in San Fernando mit dem Himmelskartenrefraktor, im wesentlichen für die Jahre 1946—1950.

7503. **W. K. Arkadjew,** Über den Zerfall der Kleinen Planeten. DAN **88** 225—228, mit 1 Abb. (russisch). — Ein Asteroid von der Größe und Form des Eros kann bei der beobachteten Rotationsgeschwindigkeit nicht zerfallen. Ein aus Granit bestehender Körper derselben Form und Rotation zerfällt erst bei einer Länge von etwa 4000 km. Loh.

7504. **S. I. Beljawskij,** Die photographische Beobachtung der Kleinen Planeten. Priroda **42** Nr. 10 S. 76—77 (russisch). — Kurzer geschichtlicher Überblick und Skizzierung der Tätigkeit der sowjetischen Sternwarten auf diesem Gebiet.

7505. **M. Castellano, R. Barbatelli,** Determinazioni di ascensione retta dei pianetini Vesta e Cerere e del pianeta Urano. Rend. Accad. Nazionale Lincei, Cl. Sci. fis., mat., nat. (8) **15** 44—46 = Oss. Astr. Capodimonte-Napoli Oss. **1** Nr. 3.

* * **J. J. Gilvarry,** Relativity precession of the asteroid Icarus. Vgl. Ref. **4127**.

* * **J. J. Gilvarry,** Relativity advances of the perihelia of minor planets. Vgl. Ref. **4128**.

7506. **S. Herrick,** Icarus and the variation of parameters. AJ **58** 156—164, mit 1 Fig. = Astr. Papers Univ. California **2** Nr. 2. — Nach einem Hinweis auf die Bedeutung von Icarus für die Bestimmung der Sonnenparallaxe, der Merkurmasse und seiner relativistischen Perihelbewegung werden einleitend für die Oppositionen 1949—1959 und die besonders günstige von 1968 die Beobachtungsbedingungen durch Zahlenangaben beschrieben. In allen Einzelheiten wird die Berechnung der Störungen durch alle Planeten nach der Methode der Variation der Parameter ($a = eP$, $b = e\sqrt{pQ}$; Publ ASP **60** 321, vgl. AJB **48** Ref. **4213**) ausführlich dargelegt. Verf. vergleicht diese Methode mit denen von Cowell und Encke, weist auf einige zur Störungsrechnung für ein solches Objekt noch zu lösende Aufgaben hin und erörtert davon besonders die Wahl anderer unabhängiger Veränderlicher. Böh.

7507. **B. de Jekhowsky,** Sur la détermination des distances géocentrique ϱ et héliocentrique r des astéroides dans la méthode Lagrange-Andoyer. JO **36** 13—14. — Das für die Bahnbestimmungsmethode von Andoyer grundlegende Gleichungssystem zur Bestimmung von r und $\varDelta$: $\varDelta = P + (Q + q\varDelta)/r^3$, $r^2 = \varDelta^2 + 2S\varDelta + R^2$ läßt sich auf die Form bringen

$\Delta^3 = b\,\Delta^2 + c\,\Delta + d$, die mit $\Delta = \Delta_0 + b/3$ übergeht in $\Delta_0^3 = B\,\Delta_0 + C$. Die Auflösung dieser kubischen Gleichung liefert zu dem vorgegebenen Wert von r einen Wert für Δ_0 und damit für Δ; nach einigen Iterationen des Verfahrens erhält man die definitiven Werte von r und Δ. Zwei Beispiele zeigen, daß hierfür bei Beginn mit der gröbsten ersten Annahme $r = 2.5$ vier Näherungen ausreichen. Böh.

7508. **A. Kahrstedt,** Berichtigung zu dem Artikel «Die Genauigkeit numerischer Integrationen von speziellen Störungen über längere Zeiträume (Astron. Nachr. 280.24). AN **281** 188.

7509. **Y. Kozai,** Preliminary studies on the motion of asteroid Thule (279). (II). Publ. Astr. Soc. Japan **4** 172—179, mit 4 Fig. = Tokyo Astr. Obs. Repr. Nr. **105**. — 1. Unter denselben Voraussetzungen wie in Teil I dieser Arbeit (vgl. AJB **52** Ref. **4504**), jedoch mit Berücksichtigung der gegenseitigen Neigung zwischen Thule und Jupiter, werden die langperiodischen Störungen der Bahnebene von Thule bestimmt. 2. Auf eine halb analytische, halb numerische Integrationsmethode werden bei Vernachlässigung der gegenseitigen Neigung die Elementenstörungen mit der Periode gleich der synodischen Umlaufszeit berechnet. Böh.

7510. **E. L. Krinow,** Planeten-Zwerge (Asteroiden). Moskau, Verlag Akad. Wiss. UdSSR, 1951. — Besprechung in Bull. Astr.-Geod. Ges. UdSSR Nr. **12** (**19**) S. 46—47 (russisch, I. I. Putilin). — Inhalt: 1. Das Sonnensystem; 2. Die Entdeckung der Kleinen Planeten; 3. Der Asteroidengürtel; 4. Physikalische Eigenschaften der Kleinen Planeten; 5. Die meteorische Materie im interplanetaren Raum; 6. Die Herkunft der Kleinen Planeten. Loh.

* * **G. P. Kuiper,** Note on the origin of the asteroids. Vgl. Ref. **5510**.

7511. **B. J. Lewin,** Über die Durchmesser der Kleinen Planeten. Astr. Circ UdSSR Nr. 141 S. 3—5 (russisch). — In der Formel $\varrho = C - 0.2\,g$ (Bauschinger) ist für C 3.140 statt 3.3135 zu setzen. Die bisherigen photometrischen Radien ϱ sind um 1.49 zu verkleinern. Die Gesamtmasse aller Asteroiden ergäbe bei 3 g/cm^3 Dichte eine Kugel von 498 km Radius = $^1/_{3850}$ Erdmasse. Petri

7512. **S. Nakano, R. Fukaya,** Meridian observations of the right ascension of minor planets during the year 1952. TAB (2) Nr. **56** S. 473—475. — Ceres, Pallas, Juno, Vesta.

7513. **M. Plavec,** On the relations between minor planets and meteor streams. BAC **4** 195. — Verf. berechnet die Bahnen der Kleinen Planeten Hermes und Adonis sowie die Bahnen der Meteorströme Pisciden, Scorpio-Sagittariiden und Virginiden und zeigt, daß beide Bahnen niemals in Übereinstimmung gewesen sind. Die Ähnlichkeit unter den Bahnen, die Hoffmeister gefunden hat, ist nicht reell. Es scheint eher, daß gewisse Kleine Planeten und Meteorströme zu einem gemeinsamen System gehören. J. B.

7514. **W. F. Proskurin, T. I. Maschinskaja,** Darstellung der Ceres-Beobachtungen unter Berücksichtigung der Störungen erster Ordnung. BIA **5** 315—321, mit 1 Abb. (russisch). — Für 19 Normalörter von 1801 bis 1946 wird ein Vergleich mit einer Theorie der Ceres (vgl. AJB **52** Ref. 7516) durchgeführt. Die Störungen 2. Ordnung erweisen sich als nicht vernachlässigbar. Bucerius

7515. **K. Reinmuth,** Katalog von 6500 genauen photographischen Positionen Kleiner Planeten. Veröff. Staatl. Sternw. Heidelberg-Königstuhl **16**, 156 S. — Die genauen Positionen der Kleinen Planeten sind aus Aufnahmen der Königstuhl-Sternwarte gewonnen, wobei auch diejenigen Positionen im Katalog enthalten sind, die bereits früher schon in den AN von verschiedenen Beobachtern veröffentlicht worden sind. Ein Anhang enthält die Örter von 141 schwächeren Vergleichssternen.

7516. **P. Sconzo,** L'anello dei piccoli pianeti tra Marte e Giove. Scientia **88** 261—266. — Verf. unterstreicht die Bedeutung der Kleinen Planeten für die Himmelsmechanik und weist auf die Notwendigkeit einer besonders engen Zusammenarbeit der Beobachter und Theoretiker hin. Cester

7517. **G. F. Sultanow,** Die theoretische Verteilung der Bahnelemente der Splitter des hypothetischen Olbers'schen Planeten. Nachr. Akad. Wiss. Aserbajdshan. Sowjetrepublik Nr. 8 S. 15—31, DAN Aserbajdshan Sowjetrepublik **9** 3—7 (russisch). — Ref. in RJ Astr. UdSSR Nr. **1**, 1953; Ref. Nr. 465 (russisch).

7518. **J.-T. Tschan, T.-Z. Che,** In den Jahren 1949—1950 durchgeführte photographische Beobachtungen von Kleinen Planeten am Observatorium Zsyzynschan. Acta Astr. Sinica **1** Nr. 1 S. 144—148 (chinesisch). — Ref. in RJ Astr. Geod. UdSSR Nr. **5**, 1954; Ref. Nr. 3401 (russisch). — Die Beobachtungen sind in AJ UdSSR **30** 218—223 abgedruckt und im Nachweis der Beobachtungen und Berechnungen Kleiner Planeten (Ref. **7536**) aufgenommen.

7519. **G. A. Tschebotarjow,** Analytische Theorie der Bewegung von Hilda. BIA **5** 249—270 (russisch). — Unter Verzicht auf die Störungen des Saturn und der kurzperiodischen Störungsglieder von Jupiter wird eine linearisierte Störungstheorie des Kleinen Planeten Hilda auf Grund einer periodischen Ausgangslösung entwickelt und mit den Ergebnissen numerischer Methoden verglichen. Auswertung der analytischen Theorie für mehrere Jahrhunderte vorwärts und rückwärts führt zu Aussagen über die Entwicklung des Hilda-Bahntyps. Bucerius

7520. **G. A. Tschebotarjow,** Die Entwicklung der Bahnen des äußeren Randes des Asteroidenrings. BIA **5** 393—411 (russisch). —Ref. in Urania Kraków **25** 248—249. — Anwendung der Theorie des Verf. (vgl. Ref. **7519**) auf sieben Planetoiden der Hilda-Gruppe für mehrere Jahrhunderte voraus und zurück. Es ergeben sich erhebliche Elementenänderungen, besonders bei den großen Halbachsen. Bucerius

7521. **G. Westerhout,** Een nieuwe, bejzondere kleine planeet. Hemel en Dampkring **51** 193. — 1953 RA.

7522. Petite planète à mouvement rapide. BSAF **67** 349—350, mit Berichtigung S. 394. — 1953 RA.

7523. Données sur l'organisation du système des petites planètes. DOB **6** Nr. 2 Fasc. 1, 6 S. mit 3 Fig. = Contr. Inst. d'Astrophys. Paris (A) Nr. **136**.

7524. Documents pour l'observation de l'occultation d'une étoile par Vesta le 15 avril 1953. DOB **6** Nr. 4 Fasc. 1, 2 S. mit 1 Fig.

7525. Documentation générale: petites planètes. DOB **6** Nr. 8 Fasc. 1, 7 S. mit 2 Fig.

7526. Asteroid Icarus. J RAS Canada **47** 259.

7527. Fleet new object. Sky and Telescope **12** 182. — Betrifft 1953 EA.

7528. Vesta in der Opposition 1953. Sternenwelt **5** 113, mit 1 Abb.

7529. Ein ungewöhnlicher Planetoid. Sternenwelt **5** 179. — 1953 EA.

7530. Dziesiątki nowych planetoid na jednej kliszy. Urania Kraków **24** 180.

Helligkeiten Kleiner Planeten

7531. **M. Beyer,** Der Lichtwechsel und die Lage der Rotationsachse des Planeten 433 Eros während der Opposition 1951—52. AN 281 121—130, mit 7 Abb. = Mitt. Sternw. Hamburg-Bergedorf 9 Nr. 87. — Photovisuelle Helligkeiten des Eros von 1951 Sept. 2—1952 Mai 2 und Diskussion der Messungen im Vergleich mit denen aus der Opposition 1937—38. Maximalhelligkeit und Phasenwinkel stimmen mit den früher erhaltenen Werten überein. Bestimmung der Rotationsachse, deren von Stobbe vermutete sehr rasche Schwankungen nicht nachweisbar sind. Die Rotationszeit ergibt sich etwas länger als die von Stobbe gefundene. Böh.

7532. **J. Cuffey,** Pallas, Vesta, Ceres and Victoria: photoelectric photometry. AJ 58 212. — Ref. AAS.

7533. **O. Günther,** Photometrische Beobachtungen der Pallas in der Opposition 1951. AN 281 131—132, mit 1 Abb. = Mitt. Univ. Sternw. Münster Nr. 3. — Helligkeiten der Pallas an 149 Tagen der Opposition 1951, Darstellung durch eine Sinuskurve zu den Phasen nach der in AN 280 83 (vgl. AJB 51 Ref. 7556) vom Verf. für den Rotationslichtwechsel abgeleiteten Formel, Bestimmung des Phasenkoeffizienten. Böh.

7534. Documents pour l'étude physique des petites planètes. DOB 6 Nr. 2 Fasc. 2, 6 S., Nr. 3 Fasc. 2, 4 S., Nr. 4 Fasc. 2, 8 S., Nr. 5 Fasc. 2, 7 S., Nr. 6 Fasc. 2, 4 S., Nr. 7 Fasc. 2, 4 S., Nr. 8 Fasc. 2, 4 S., Nr. 9 Fasc. 2, 4 S., Nr. 10 Fasc. 2, 8 S., Nr. 11 Fasc. 2, 4 S., Nr. 12 Fasc. 2, 6 S. mit 31 Fig.

7535. Asteroid light curves. Sky and Telescope 12 129, mit 5 Fig. — Ref. AAS.

7536. Nachweis der Beobachtungen und Berechnungen Kleiner Planeten

Außer dieser Liste ist noch der Katalog von K. Reinmuth mit 6500 genauen photographischen Positionen Kleiner Planeten (vgl. Ref. 7515) einzusehen.

Zeichenerklärung:

* = genäherter Ort, Id = identisch, Eph = Ephemeride, El = Elemente

Abkürzung des Beobachtungsortes

Abastumani	Aba	Kasan	Kas	Pulkowo	Pul
Algier	Alg	Kiel	Kil	Richmond Hill	RiH
Alma Ata	AlA	Kiew	Kiw	Rom	Rom
Arcetri	Arc	Kitab	Kit	Rostow	Ros
Athen	Ath	Kobe	Kob	Rutherford	Rut
Babelsberg	Bab	Kodaikanal	Kod	San Fernando (Cadiz)	SFe
Barcelona	Bar	Königsberg	Kön	Santiago	San
Belgrad	Bel	Kopenhagen	Kop	Saragossa	Sar
Bergedorf	Bgf	Krakau	Kra	Saratow	Saw
Berkeley	Bky	Kyoto	Kyo	Sarreguemines	Sag
Besançon	Bes	Lagny	Lag	Schwäbisch Hall	SHa
Blaye	Bla	La Plata	LaP	Seto-Mura	SMu
Bloemfontein	Blf	Leiden	Lei	Simada	Sia
Bloomington	Blo	Leipzig	Lzg	Simeis	Sim
Bordeaux	Bor	Lemberg (Lwow)	Lem	Sizuoka	Siz
Bosque Alegre	BoA	Lissabon	Lis	Skalnaté Pleso	SPl
Budapest	Bud	London	Lon	Sonneberg	Son
Buenos Aires	BAi	Madrid	Mad	Spetsai	Spe
Bukarest	Buk	Mailand	Mai	Stalinabad	Sta
Cambridge, Engl.	CaE	Moskau	Mos	Stuttgart	Stu
Cambridge, Mass.	CaM	Mt. Hamilton	MtH	Suma	Sum
Cape of Good Hope	Cap	Mt. Palomar	MtP	Sydney	Syd
Castel Gandolfo	CaG	Mt. Stromlo	MtS	Tacubaya	Tac
Charkow	Chw	Mt. Wilson	MtW	Tartu	Tar
Charlottesville	Cha	München	Mün	Taschkent	Tkt
Cordoba	Cor	Nanking	Nan	Teramo	Ter
Düsseldorf	Düs	Neapel	Nap	Tokyo	Tok
Eva Peron	EVA	New Haven	NHv	Tomsk	Tom
Flagstaff	Fla	Nizza	Niz	Toulouse	Tou
Fort Davis	FtD	Northfield	Nor	Triest	Tri
Frauenfeld	Fra	Oak Ridge	Oak	Torino	Tor
Golossejewo	Gol	Odessa	Oda	Tucson	Tuc
Greenwich	Gre	Ohte	Oht	Turku	Tuk
Hamburg	Ham	Okayama	Oka	Uccle	Ucc
Headley	Hea	Ottawa	Ott	Utrecht	Utr
Heidelberg	Hei	Oxford	Oxf	Warschau	War
Hyderabad	Hyd	Padua	Pad	Washington	Was
Innsbruck	Inn	Palermo	Pal	Wien	Wie
Istanbul	Ist	Paris	Par	Wiesbaden	Wis
Johannesburg	Joh	Pittsburgh	Pit	Williams Bay	WiB
Joh. Yale-Columbia	JoY	Poznań	Poz	Wilna	Wil
Juvisy	Juv	Prag	Pra	Würzburg	Wür
Karlsruhe	Kar	Pretoria	Pre	Zô-Sè	ZoS

1 Ceres
49: Mitt. Astr. Sternberg-Inst. Nr. 94 Mos. SFe Astr. (B) Nr. 1 SFe. — 50: Kiew Publ. Nr. 5 S. 171 Kiw. SFe Astr. (B) Nr. 1 SFe. — 51: JO 36 15 Alg. UC Nr. 113 S. 161 Joh*. — 52: MPC 916 Bar. Belgrade Bull. 17 33 Bel. MPC 898 Cor. MPC 884 Kar. MPC 924 Kyo*. Madrid Bol. 4 Nr. 6, MPC 879 Mad. Rend. Accad. Lincei (8) 15 45 Nap (nur α). Mem SA It (NS) 24 150 = Roma Monte Mario Contr. Nr. 183, MPC 884 Rom. MPC 984 SFe. TAB (2) Nr. 56 S. 473, 475 Tok (nur α). — 53: MPC 898, 899 Cor. Rend. Accad. Lincei (8) 15 45 Nap (nur α). MPC 949 Rom
Eph (1953) Sternenhimmel 13 88, Urania Kraków 24 32, 64, 380

2 Pallas
46: SFe Astr. (B) Nr. 1 SFe. — 50: Kiew Publ. Nr. 5 S. 171 Kiw. AJ UdSSR 30 219 Nan. SFe Astr (B) Nr. 1 SFe. — 51: JO 36 15 Alg. Mitt. Astr. Sternberg-Inst. Nr. 94 Mos. — 52: MPC 894 Alg*. MPC 990 Alg. MPC 939 Ath. MPC 916 Bar. MPC 913, 914 Cor. Mem SA It (NS) 24 150 = Roma Monte Mario Contr. Nr. 183, MPC 884 Rom. TAB (2) Nr. 56 S. 474 Tok (nur α). Astr Circ UdSSR Nr. 136 Wil*. — 53: MPC 914 Cor
Eph (1953) Astr. Nachr. Berlin-Treptow 5 140, Sternenhimmel 13 88, Urania Kraków 24 316, 380

3 Juno
48: SFe Astr. (B) Nr. 1 SFe. — 50: Kiew Publ. Nr. 5 S. 171 Kiw. Mitt. Astr. Sternberg-Inst. Nr. 94 Mos. AJ UdSSR 30 219 Nan. SFe Astr. (B) Nr. 1 SFe. — 51: JO 36 15 Alg. — 52: MPC 939 Ath. MPC 916 Bar. MPC 869, 870 Cor. Mitt. Astr. Sternberg-Inst. Nr. 94 Mos. Mem SA It (NS) 24 150 = Roma Monte Mario Contr. Nr. 183, MPC 883 Rom. MPC 984 SFe. Krim Mitt. 10 220 Sim*. TAB (2) Nr. 56 S. 474 Tok (nur α). — 53: Belgrade Bull. 17 33 Bel. TAB (2) Nr. 57 S. 477 Tok*
Eph (1953) Astr. Nachr. Berlin-Treptow 5 140, Sternenhimmel 13 88, Urania Kraków 24 316, 380

4 Vesta
39: Greenwich Astr. Results 1939 Gre. — 45: Greenwich Astr. Results 1945 Gre. — 49: Mitt. Astr. Sternberg-Inst. Nr. 94 Mos. SFe Astr. (B) Nr. 1 SFe. — 50: Kiew Publ. Nr. 5 S. 172 Kiw. Mitt. Astr. Sternberg-Inst. Nr. 94 Mos. AJ UdSSR 30 221 Nan. SFe Astr. (B) Nr. 1 SFe. — 52: MPC 915 Bar. Belgrade Bull. 17 34 Bel. MPC 885 Kar. Mitt. Astr. Sternberg-Inst. Nr. 94 Mos. Rend. Accad. Lincei (8) 15 44 Nap (nur α). Mem SA It (NS) 24 146, 150 = Roma Monte Mario Contr. Nr. 183, MPC 883, 884 Rom. MPC 888 SFe. Krim Mitt. 10 215 Sim*. TAB (2) Nr. 56 S. 474, 475 Tok (nur α). — 53: Belgrade Bull. 18 Nr. 3—4 Bel. MPC 973 Joh. MPC 972 Kyo*. Astr Circ UdSSR Nr. 143 Sim*
Eph (1953) Astr. Nachr. Berlin-Treptow 5 88, 108, 140, Sky and Telescope 12 197, 249, 306, Sternenhimmel 13 88, Urania Kraków 24 192, 252, 284, 348, 380

5 Astraea
48: SFe Astr. (B) Nr. 1 SFe. — 50: Kiew Publ. Nr. 5 S. 172 Kiw. AJ UdSSR 30 219 Nan. Poznań Repr. Nr. 31 Poz. SFe Astr. (B) Nr. 1 SFe. — 51: UC Nr. 113 S. 161 Joh*

6 Hebe
46: SFe Astr. (B) Nr. 1 SFe. — 49: SFe Astr. (B) Nr. 1 SFe. — 50: Pulkowo Mitt. Nr. 150 S. 158 Pul. — 51: Pulkowo Mitt. Nr. 150 S. 158 Pul. — 52: MPC 939 Ath. MPC 915 Bar. Mitt. Astr. Sternberg-Inst. Nr. 94 Mos. MPC 888 SFe. Krim Mitt. 10 216 Sim*. — 53: Belgrade Bull. 18 Nr. 3—4 Bel. MPC 971 Kyo*. MPC 992, 993 Mad. MPC 995 Niz*
Eph (1953) Astr. Nachr. Berlin-Treptow 5 88, BAA Circ Nr. 343, Sky and Telescope 12 224, Sternenwelt 5 73, Urania Kraków 24 220

7 Iris
49: SFe Astr. (B) Nr. 1 SFe. — 50: Kiew Publ. Nr. 5 S. 172 Kiw. AJ UdSSR 30 219 Nan. SFe Astr. (B) Nr. 1 SFe. — 52: MPC 915 Bar. — 53: MPC 978 Bar. MPC 931 Joh. MPC 947 Mad. MPC 998 Syd
Eph (1953) Sky and Telescope 12 169

8 Flora
40: RI 2198 Wür[1]). — 48: SFe Astr. (B) Nr. 1 SFe. — 50: Kiew Publ. Nr. 5 S. 172 Kiw. AJ UdSSR 30 219 Nan*. SFe Astr. (B) Nr. 1 SFe. — 51: UC Nr. 113 S. 161 Joh*. — 53: MPC 978 Bar. Belgrade Bull. 18 Nr. 1—2 Bel. Astr Circ

[1]) Berichtigung in NAZ 7 32.

UdSSR Nr. 136 Kiw*. MPC 917 Mad. Astr Circ UdSSR Nr. 138 Sim*. MPC 928, 929, 931 Tuk*. BAB 4 140, MPC 980 Ucc
Eph (1953) Astr. Nachr. Berlin-Treptow 5 29

9 Metis
49: SFe Astr. (B) Nr. 1 SFe. — 51: Poznań Repr. Nr. 31 Poz. — 52: MPC 864, UC Nr. 113 S. 152 Joh
Eph (1953) Urania Kraków 24 380
Eph (1953/54) BAA Circ Nr. 347

10 Hygiea
41: SFe Astr. (B) Nr. 1 SFe. — 49: SFe Astr. (B) Nr. 1 SFe. — 50: SFe Astr. (B) Nr. 1 SFe. — 51: Poznań Repr. Nr. 31 Poz. — 52: MPC 911 Kyo*. Astr Circ UdSSR Nr. 133 Lem*. MPC 984 SFe

11 Parthenope
43: SFe Astr. (B) Nr. 1 SFe. — 46: SFe Astr. (B) Nr. 1 SFe. — 49: SFe Astr. (B) Nr. 1 SFe. — 50: Kiew Publ. Nr. 5 S. 173 Kiw. SFe Astr. (B) Nr. 1 SFe. — 51: MPC 883 RiH. TAB (2) Nr. 57 S. 478, 479 Tok*. — 53: MPC 978 Bar. Belgrade Bull. 18 Nr. 1—2 Bel. Astr Circ UdSSR Nr. 136 Kiw*. MPC 917 Mad. MPC 987 SFe. Astr Circ UdSSR Nr. 138 Sim*. MPC 928, 930 Tuk*. BAB 4 140, MPC 980 Ucc. Astr Circ UdSSR Nr. 140 Wil*
Eph (1953) Astr. Nachr. Berlin-Treptow 5 28

12 Victoria
46: SFe Astr. (B) Nr. 1 SFe. — 48: SFe Astr. (B) Nr. 1 SFe.—49: SFe Astr.(B) Nr.1 SFe. — 50: Kiew Publ. Nr. 5 S. 173 Kiw. Poznań Repr. Nr. 31 Poz. SFe Astr. (B) Nr. 1 SFe. — 52: MPC 915 Bar. MPC 888 SFe. — 53: MPC 978 Bar. MPC 940 Joh. Astr Circ UdSSR Nr. 141 Kiw*. MPC 987 SFe*. MPC 987 SFe
Eph (1953) BAA Circ Nr. 341, Sky and Telescope 12 197, Sternenwelt 5 73, Urania Kraków 24 160

13 Egeria
47: SFe Astr. (B) Nr. 1 SFe. — 49: SFe Astr. (B) Nr. 1 SFe. — 52: MPC 864, UC Nr. 113 S. 152 Joh

14 Irene
48: SFe Astr. (B) Nr. 1 SFe. — 49: AJ UdSSR 30 219 Nan. — 50: Kiew Publ. Nr. 5 S. 173 Kiw. SFe Astr. (B) Nr. 1 SFe. — 51: UC Nr. 113 S. 161 Joh*. TAB (2) Nr. 57 S. 477, 478 Tok*. — 52: MPC 916 Bar. MPC 864, UC Nr. 113 S. 152 Joh. MPC 886 Kyo*. Astr Circ UdSSR Nr. 133 Lem*. Krim Mitt. 10 222 Sim*. — 53: Belgrade Bull. 18 Nr. 3—4 Bel

15 Eunomia
46: SFe Astr. (B) Nr. 1 SFe. — 49: SFe Astr. (B) Nr. 1 SFe.—50: Kiew Publ. Nr. 5 S. 174 Kiw. SFe Astr. (B) Nr. 1 SFe. AJ UdSSR 30 219, 220 Nan. — 51: MPC 884 Kar. Poznań Repr. Nr. 31 Poz. TAB (2) Nr. 57 S. 480 Tok*. — 52: MPC 885 Kar. MPC 888 SFe. — 53: MPC 978 Bar. MPC 931 Joh. Astr Circ UdSSR Nr. 144 Lem*. MPC 998 Syd[2])
Eph (1953) Astr. Nachr. Berlin-Treptow 5 49

16 Psyche
48: SFe Astr. (B) Nr. 1 SFe. — 49: SFe Astr. (B) Nr. 1 SFe. — 50: Kiew Publ. Nr. 5 S. 174 Kiw. Poznań Repr. Nr. 31 Poz. SFe Astr. (B) Nr. 1 SFe. — 52: MPC 915 Bar. MPC 888 SFe. Krim Mitt. 10 215 Sim*. — 53: MPC 978 Bar*. Belgrade Bull. 18 Nr. 1—2 Bel. MPC 959 Blo*. Astr Circ UdSSR Nr. 141 Kiw*. MPC 971 Kyo*. Astr Circ UdSSR Nr. 144 Lem*. MPC 947 Mad. MPC 998 Syd. BAB 4 140, MPC 982 Ucc

17 Thetis
46: SFe Astr. (B) Nr. 1 SFe. — 49: SFe Astr. (B) Nr. 1 SFe. — 50: Kiew Publ. Nr. 5 S. 174 Kiw. AJ UdSSR 30 220 Nan. SFe Astr. (B) Nr. 1 SFe. — 51: Poznań Repr. Nr. 31 Poz. TAB (2) Nr. 57 S. 478, 479, 480 Tok*. — 53: MPC 978 Bar. Belgrade Bull. 18 Nr. 1—2 Bel. Astr Circ UdSSR Nr. 138 Kiw*. Astr Circ UdSSR Nr. 144 Lem*. MPC 917, 918 Mad. MPC 923 Niz*. Astr Circ UdSSR Nr. 138 Sim*. Astr Circ UdSSR Nr. 141 Tar. BAB 4 140, MPC 910 Ucc. Astr Circ UdSSR Nr. 140 Wil*

18 Melpomene
46: SFe Astr. (B) Nr. 1 SFe. — 49: SFe Astr. (B) Nr. 1 SFe. — 50: Kiew Publ. Nr. 5 S. 174 Kiw. AJ UdSSR 30 221 Nan. SFe Astr. (B) Nr. 1 SFe. — 52: MPC 888 SFe. Krim Mitt. 10 216 Sim*. — 53: Belgrade Bull. 18 Nr. 3—4 Bel. MPC 971 Kyo*. MPC 992, 993 Mad. MPC 995 Niz*
Eph (1953) Astr. Nachr. Berlin-Treptow 5 88, Sky and Telescope 12 224, Sternenwelt 5 73, Urania Kraków 24 220

19 Fortuna
50: SFe Astr. (B) Nr. 1 SFe. — 51: UC Nr. 113 S. 161

[2]) Berichtigung in MPC 1146.

Joh*. — 53: MPC 978 Bar. MPC 938 Kyo*. Astr Circ UdSSR Nr. 144 Lem*. MPC 917 Mad. MPC 948 Rom. MPC 986 SFe. Astr Circ UdSSR Nr. 141 Tar. Astr Circ UdSSR Nr. 137 Wil*
Eph (1952/53) Astr. Nachr. Berlin-Treptow **5** 9, Sky and Telescope **12** 84

20 Massalia
47: SFe Astr. (B) Nr. 1 SFe. — 48: SFe Astr. (B) Nr. 1 SFe. — 49: SFe Astr. (B) Nr. 1 SFe. — 52: Astr Circ UdSSR Nr. 136 AlA*. MPC 916 Bar. MPC 851, 852, 967 Blo*. MPC 864, UC Nr. **113** S. 152 Joh. MPC 984 SFe. — 53: Belgrade Bull. **18** Nr. 3—4 Bel. Astr Circ UdSSR Nr. 144 Kiw*. MPC 993 Mad. Astr Circ UdSSR Nr. 143 Sim*
Eph (1953) BAA Circ Nr. 344, Sky and Telescope **12** 306

21 Lutetia
47: SFe Astr. (B) Nr. 1 SFe. — 49: SFe Astr. (B) Nr. 1 SFe. — 50: Kiew Publ. Nr. **5** S. 174 Kiw. SFe Astr. (B) Nr. 1 SFe. — 51: TAB (2) Nr. 57 S. 478 Tok*. — 53: MPC 978 Bar. Belgrade Bull. **18** Nr. 1—2 Bel. MPC 950, NAZ **7** 26 Hei*. MPC 941, 942 Kyo*. MPC 917 Mad. Astr Circ UdSSR Nr. 141 Tar. MPC 929 Tuk*. Astr Circ UdSSR Nr. 140 Wil*

22 Kalliope
46: SFe Astr. (B) Nr. 1 SFe. — 49: SFe Astr. (B) Nr. 1 SFe. — 51: TAB (2) Nr. 57 S. 478 Tok*. — 52: Astr Circ UdSSR Nr. 136 Kiw*. — 53: Astr Circ UdSSR Nr. 140 AlA*. MPC 978 Bar. Belgrade Bull. **18** Nr. 1—2 Bel. Astr Circ UdSSR Nr. 144 Lem*. MPC 987 SFe. MPC 928, 929, 930 Tuk*
Eph (1953) Astr. Nachr. Berlin-Treptow **5** 29

23 Thalia
50: Kiew Publ. Nr. **5** S. 175 Kiw. SFe Astr. (B) Nr. 1 SFe. — 52: MPC 889 SFe[3]). — 53: MPC 982 Joh

24 Themis
49: SFe Astr. (B) Nr. 1 SFe. — 50: Kiew Publ. Nr. **5** S. 175 (?) Kiw. AJ UdSSR **30** 220, 221 Nan. SFe Astr. (B) Nr. 1 SFe. — 53: MPC 941, 942 Kyo*. MPC 917 Mad. Astr Circ UdSSR Nr. 141 Tar. BAB **4** 140, MPC 980, 981 Ucc. Astr Circ UdSSR Nr. 140 Wil*

25 Phocaea
50: Kiew Publ. Nr. **5** S. 175 Kiw. AJ UdSSR **30** 219, 220 Nan. SFe Astr. (B) Nr. 1 SFe. — 52: JO **36** 121 Alg. — 53: MPC 912 Alg*. JO **36** 121, MPC 990 Alg. MPC 931 Joh. MPC 998 Syd[4])

26 Proserpina
46: SFe Astr. (B) Nr. 1 SFe. — 49: SFe Astr. (B) Nr. 1 SFe. — 50: Kiew Publ. Nr. **5** S. 175 Kiw. SFe Astr. (B) Nr. 1 SFe. — 52: MPC 915 Bar. — 53: MPC 949 Joh. MPC 992 Mad

27 Euterpe
46: SFe Astr. (B) Nr. 1 SFe. — 49: SFe Astr. (B) Nr. 1 SFe. — 50: Kiew Publ. Nr. **5** S. 175 Kiw. AJ UdSSR **30** 221 Nan. SFe Astr. (B) Nr. 1 SFe. — 52: Belgrade Bull. **17** 34 Bel. MPC 864, UC Nr. **113** S. 152 Joh. Madrid Bol. **4** Nr. 6 Mad. MPC 889 SFe. Krim Mitt. **10** 217, 218 Sim*. — 53: MPC 971, 972 Kyo*. MPC 996 Niz*. Astr Circ UdSSR Nr. 143 Sim*

28 Bellona
47: SFe Astr. (B) Nr. 1 SFe. — 48: SFe Astr. (B) Nr. 1 SFe. — 49: SFe Astr. (B) Nr. 1 SFe. — 52: MPC 916 Bar. Madrid Bol. **4** Nr. 6, MPC 872 Mad. — 53: Belgrade Bull. **18** Nr. 3—4 Bel. MPC 993 Mad. Astr Circ UdSSR Nr. 143 Sim*

29 Amphitrite
48: SFe Astr. (B) Nr. 1 SFe. — 49: SFe Astr. (B) Nr. 1 SFe. — 50: Kiew Publ. Nr. **5** S. 176 Kiw. — 52: MPC 939 Ath. MPC 915 Bar. MPC 888 SFe. Krim Mitt. **10** 218 Sim*. — 53: MPC 998 Syd
Eph (1953) Sky and Telescope **12** 224

30 Urania
49: SFe Astr. (B) Nr. 1 SFe. — 51: TAB (2) Nr. 57 S. 477 Tok*. — 52: MPC 864, UC Nr. **113** S. 152 Joh. — 53: Belgrade Bull. **18** Nr. 3—4 Bel

31 Euphrosyne
49: SFe Astr. (B) Nr. 1 SFe. — 52: Madrid Bol. **4** Nr. 6 Mad. MPC 889 SFe. Krim Mitt. **10** 216 Sim*. — 53: MPC 940 Joh
El NAZ **7** 19

32 Pomona
46: SFe Astr. (B) Nr. 1 SFe. — 48: SFe Astr. (B) Nr. 1 SFe. — 49: SFe Astr. (B) Nr. 1 SFe. — 50: SFe Astr. (B) Nr. 1 SFe. — 52: MPC 915 Bar. MPC 888 SFe. — 53: Belgrade Bull. **18** Nr. 3—4 Bel. Astr Circ UdSSR Nr. 141 Kiw*. MPC 995, 996 Niz*. Astr Circ UdSSR Nr. 143 Sim*

33 Polyhymnia
46: SFe Astr. (B) Nr. 1 SFe.

[3]) Berichtigung in MPC 996.

[4]) Berichtigung in MPC 1083.

— 51: MPC 928 Tuk*. — 53: MPC 921 Niz*

34 Circe
48: SFe Astr. (B) Nr. 1 SFe. — 50: Kiew Publ. Nr. 5 S. 176 Kiw. — 52: MPC 915 Bar. Madrid Bol. 4 Nr. 6 Mad. MPC 889 SFe. Krim Mitt. 10 217, 218 Sim*. — 53: Belgrade Bull. 18 Nr. 3—4 Bel. MPC 996 Niz*. Astr Circ UdSSR Nr. 143 Sim*

36 Atalante
51: TAB (2) Nr. 57 S. 478, 480 Tok*. — 53: Astr Circ UdSSR Nr. 141 Tar

37 Fides
49: SFe Astr. (B) Nr. 1 SFe. — 52: Astr Circ UdSSR Nr. 133 AlA*. Madrid Bol. 4 Nr. 6 Mad. Krim Mitt. 10 216 Sim*. — 53: MPC 989 Alg*. MPC 949 Joh. MPC 992 Mad

38 Leda
47: SFe Astr. (B) Nr. 1 SFe. — 50: Kiew Publ. Nr. 5 S. 176 (?) Kiw. Poznań Repr. Nr. 31 Poz. SFe Astr. (B) Nr. 1 SFe. — 52: UC Nr. 113 S. 155 Joh*. — 53: MPC 949 Joh. MPC 992, 993 Mad

39 Laetitia
39: SFe Astr. (B) Nr. 1 SFe. — 46: SFe Astr. (B) Nr. 1 SFe. — 49: SFe Astr. (B) Nr. 1 SFe. — 50: Kiew Publ. Nr. 5 S. 176 Kiw. Mitt. Astr. Sternberg-Inst. Nr. 94 Mos. AJ UdSSR 30 220 Nan. Pulkowo Mitt. Nr. 150 S. 157 Pul. SFe Astr. (B) Nr. 1 SFe. Pulkowo Mitt. Nr. 150 S. 157 Tkt. — 51: Mitt. Astr. Sternberg-Inst. Nr. 94 Mos. TAB (2) Nr. 57 S. 480 Tok*. — 53: MPC 978 Bar. Astr Circ UdSSR Nr. 138 Kiw*. Astr Circ UdSSR Nr. 144 Lem*. MPC 918 Mad. Astr Circ UdSSR Nr. 138 Sim*. MPC 930, 931 Tuk*. Astr Circ UdSSR Nr. 140 Wil*

40 Harmonia
46: SFe Astr. (B) Nr. 1 SFe. — 49: SFe Astr. (B) Nr. 1 SFe. — 52: MPC 951 Bar. MPC 864, UC Nr. 113 S. 152 Joh. MPC 889 SFe*. Krim Mitt. 10 219 Sim*. — 53: Belgrade Bull. 18 Nr. 3—4 Bel. Astr Circ UdSSR Nr. 144 Kiw*
Eph (1953) Sky and Telescope 12 328

41 Daphne
39: SFe Astr. (B) Nr. 1 SFe. — 49: SFe Astr. (B) Nr. 1 SFe. — 51: TAB (2) Nr. 57 S. 480 Tok*. — 52: MPC 888 SFe. — 53: MPC 978 Bar. Belgrade Bull. 18 Nr. 1—2 Bel. Astr Circ UdSSR Nr. 141 Kiw*. Astr Circ UdSSR Nr. 144 Lem*. MPC 949 Rom. MPC 987 SFe*. MPC 987 SFe. Astr Circ UdSSR Nr. 140 Wil*
Eph (1953) Astr. Nachr. Berlin-Treptow 5 79, BAA Circ Nr. 341, Sky and Telescope 12 197, Sternenwelt 5 73, Urania Kraków 24 160

42 Isis
47: SFe Astr. (B) Nr. 1 SFe. — 52: MPC 916 Bar. Belgrade Bull. 17 34 Bel. Astr Circ UdSSR Nr. 136 Kiw*. MPC 887 Kyo*. Astr Circ UdSSR Nr. 133 Lem*. Mem SA It (NS) 24 150 = Roma Monte Mario Contr. Nr. 183, MPC 884 Rom. MPC 984 SFe. Astr Circ UdSSR Nr. 134 Tar*

43 Ariadne
46: SFe Astr. (B) Nr. 1 SFe. — 49: SFe Astr. (B) Nr. 1 SFe. — 52: MPC 915 Bar. MPC 864, UC Nr. 113 S. 152 Joh. Krim Mitt. 10 218 Sim*

44 Nysa
40: RI 2198 Wür[5]). — 49: SFe Astr. (B) Nr. 1 SFe. — 51: TAB (2) Nr. 57 S. 477 Tok*. — 52: MPC 853, 854, 855 Blo*[6]). MPC 864, UC Nr. 113 S. 152 Joh. MPC 984 SFe*. Krim Mitt. 10 220 Sim*. — 53: Belgrade Bull. 18 Nr. 3—4 Bel. Astr Circ UdSSR Nr. 144 Kiw*
Eph (1953) Sky and Telescope 12 328

45 Eugenia
48: SFe Astr. (B) Nr. 1 SFe. — 50: Kiew Publ. Nr. 5 S. 176 Kiw. SFe Astr. (B) Nr. 1 SFe. — 51: TAB (2) Nr. 57 S. 477 Tok*. — 52: MPC 862, 967 Blo*. MPC 874 Kyo*. MPC 984 SFe. Krim Mitt. 10 221 Sim*. — 53: Belgrade Bull. 18 Nr. 3—4 Bel

46 Hestia
46: SFe Astr. (B) Nr. 1 SFe. — 49: SFe Astr. (B) Nr. 1 SFe. — 50: Kiew Publ. Nr. 5 S. 176 Kiw. Poznań Repr. Nr. 31 Poz. SFe Astr. (B) Nr. 1 SFe. — 52: BAB 4 135 Ucc*. BAB 4 131 Ucc. — 53: MPC 940 Joh. MPC 987 SFe. MPC 998 Syd

47 Aglaja
50: Kiew Publ. Nr. 5 S. 177 Kiw. AJ UdSSR 30 221 Nan. Poznań Repr. Nr. 31 Poz. SFe Astr. (B) Nr. 1 SFe. — 52: MPC 915 Bar. — 53: BAB 4 140, MPC 980 Ucc

48 Doris
50: Kiew Publ. Nr. 5 S. 177 Kiw. SFe Astr. (B) Nr. 1

[5]) Berichtigung in NAZ 7 32.

[6]) Berichtigung in MPC 904.

SFe. — 51: TAB (2) Nr. 57 S. 478, 479 Tok*. — 53: MPC 956 Blo*. MPC 938 Kyo*. MPC 921, 922 Niz*. MPC 986 SFe. Astr Circ UdSSR Nr. 138 Sim*. Astr Circ UdSSR Nr. 137 Wil*

49 Pales
49: SFe Astr. (B) Nr. 1 SFe. — 50: Poznań Repr. Nr. 31 Poz. — 52: BAB 4 131 Ucc. — 53: MPC 931 Joh. MPC 947 Mad

50 Virginia
51: UC Nr. 113 S. 161 Joh*. — 52: MPC 916 Bar. Belgrade Bull. 17 34 Bel. MPC 862, 967 Blo*. MPC 888 Kyo*. Madrid Bol. 4 Nr. 6, MPC 873 Mad. Astr Circ UdSSR Nr. 133 Lem*. Mem SA It (NS) 24 150 = Roma Monte Mario Contr. Nr. 183, MPC 884 Rom. MPC 984 SFe

51 Nemausa
43: SFe Astr. (B) Nr. 1 SFe. — 46: SFe Astr. (B) Nr. 1 SFe. — 47: SFe Astr. (B) Nr. 1 SFe. — 49: SFe Astr. (B) Nr. 1 SFe. — 50: Kiew Publ. Nr. 5 S. 177 Kiw. AJ UdSSR 30 220 Nan. SFe Astr. (B) Nr. 1 SFe. — 51: JO 36 15 Alg. MPC 868 San. TAB (2) Nr. 57 S. 478 Tok*. — 52: JO 36 16 Alg. MPC 915 Bar. MPC 869 San. MPC 888 SFe. — 53: MPC 912 Alg*. MPC 990 Alg. MPC 978 Bar. Belgrade Bull. 18 Nr. 1—2 Bel. MPC 947 Mad. MPC 949 Rom. MPC 987 SFe[7])
Eph (1953) Astr. Nachr. Berlin-Treptow 5 79, NAZ 7 6, Sky and Telescope 12 169, UAI Circ 1387

52 Europa
48: SFe Astr. (B) Nr. 1 SFe. — 49: SFe Astr. (B) Nr. 1 SFe. — 51: TAB (2) Nr. 57 S. 477 Tok*. — 52: MPC 915 Bar. UC Nr. 113 S. 155 Joh*. MPC 984 SFe. Krim Mitt. 10 219 Sim*. — 53: MPC 972 Kyo*. MPC 996 Niz*. Astr Circ UdSSR Nr. 143 Sim*

53 Kalypso
52: Astr Circ UdSSR Nr. 134 AlA*. MPC 916 Bar. MPC 851 Blo*. Madrid Bol. 4 Nr. 6, MPC 872 Mad. — 53: MPC 972 Kyo*. Astr Circ UdSSR Nr. 143 Sim*

54 Alexandra
51: UC Nr. 113 S. 161 Joh*. — 52: MPC 886 Kyo*. Astr Circ UdSSR Nr. 133 Lem*

55 Pandora
41: SFe Astr. (B) Nr. 1 SFe. — 48: SFe Astr. (B) Nr. 1 SFe. — 50: Kiew Publ. Nr. 5 S. 177 Kiw. SFe Astr. (B) Nr. 1 SFe. — 52: MPC 888 SFe. Krim Mitt. 10 215 Sim*. — 53: MPC 931 Joh. MPC 971 Kyo*. MPC 947 Mad. MPC 995 Niz*

56 Melete
49: SFe Astr. (B) Nr. 1 SFe. — 53: Astr Circ UdSSR Nr. 141 Kiw*. MPC 992 Mad
Eph (1953) Sky and Telescope 12 224

57 Mnemosyne
49: SFe Astr. (B) Nr. 1 SFe. — 52: Astr Circ UdSSR Nr. 133 AlA*. Madrid Bol. 4 Nr. 6 Mad. MPC 889 SFe. Krim Mitt. 10 216 Sim*. BAB 4 131 Ucc. — 53: Belgrade Bull. 18 Nr. 1—2 Bel

58 Concordia
49: SFe Astr. (B) Nr. 1 SFe. — 51: TAB (2) Nr. 57 S. 479 Tok*. — 53: MPC 941, 942 Kyo*. MPC 922, 923 Niz*. Astr Circ UdSSR Nr. 138 Sim*

59 Elpis
48: SFe Astr. (B) Nr. 1 SFe. — 49: SFe Astr. (B) Nr. 1 SFe. — 52: BAB 4 131 Ucc. — 53: MPC 978 Bar*[8]). Belgrade Bull. 18 Nr. 1—2 Bel. MPC 971 Kyo*. MPC 995 Niz*

60 Echo
49: SFe Astr. (B) Nr. 1 SFe. — 52: UC Nr. 113 S. 156 (?) Joh*[9]). MPC 864, UC Nr. 113 S. 152 Joh. Krim Mitt. 10 219, 220 Sim*

61 Danaë
50: Kiew Publ. Nr. 5 S. 177 Kiw. — 52: MPC 864, UC Nr. 113 S. 152 Joh. — 53: Astr Circ UdSSR Nr. 144 Kiw*

62 Erato
52: UC Nr. 113 S. 155 Joh*. Krim Mitt. 10 217, 218 Sim*. BAB 4 131 Ucc. — 53: MPC 949 Joh

63 Ausonia
48: SFe Astr. (B) Nr. 1 SFe. — 50: Kiew Publ. Nr. 5 S. 178 Kiw. SFe Astr. (B) Nr. 1 SFe. — 53: MPC 978 Bar. MPC 917 Mad. MPC 921 Niz*. MPC 986 SFe. Astr Circ UdSSR Nr. 136 Wil*

64 Angelina
47: SFe Astr. (B) Nr. 1 SFe. — 49: SFe Astr. (B) Nr. 1 SFe. — 51: Poznań Repr. Nr. 31 Poz[10]). TAB (2) Nr. 57 S. 478 Tok*. — 53: Astr Circ UdSSR Nr. 140 AlA*. MPC 978 Bar. Astr Circ UdSSR Nr. 136 Kiw*. MPC 938 Kyo*. MPC 922 Niz*.

[7]) Berichtigung in MPC 1062.
[8]) Berichtigung in MPC 1021.
[9]) Als unidentifiziert bezeichnet.
[10]) Irrtümlich als 65 Angelina bezeichnet.

MPC 949 Rom. MPC 987 SFe. MPC 930, 931 Tuk*. Astr Circ UdSSR Nr. 137, 140 Wil*
Eph (1953) Astr. Nachr. Berlin-Treptow **5** 28, Sky and Telescope **12** 84

65 Cybele
49: SFe Astr. (B) Nr. 1 SFe. — 50: Kiew Publ. Nr. 5 S. 178 Kiw. — 51: UC Nr. **113** S. 161 Joh*. — 52: MPC 886 Kyo*

66 Maja
49: SFe Astr. (B) Nr. 1 SFe. — 52: UC Nr. **113** S. 155 Joh*. — 53: MPC 971, 972 Kyo*. Astr Circ UdSSR Nr. 143 Sim*

67 Asia
48: SFe Astr. (B) Nr. 1 SFe. — 52: MPC 886 Kyo*. Astr Circ UdSSR Nr. 133 Lem*. Astr Circ UdSSR Nr. 136 Wil*

68 Leto
46: SFe Astr. (B) Nr. 1 SFe. — 49: SFe Astr. (B) Nr. 1 SFe. — 51: TAB (2) Nr. 57 S. 480 Tok*. — 53: MPC 923 Niz*. Astr Circ UdSSR Nr. 138 Sim*. MPC 928, 929 Tuk*. BAB **4** 140, MPC 980 Ucc

69 Hesperia
49: SFe Astr. (B) Nr. 1 SFe. — 50: Kiew Publ. Nr. 5 S. 178 Kiw. SFe Astr. (B) Nr. 1 SFe. — 52: MPC 916 Bar. Astr Circ UdSSR Nr. 136 Kiw*. MPC 920 Niz*. Astr Circ UdSSR Nr. 134 Tar*. Astr Circ UdSSR Nr. 136 Wil*. — 53: MPC 986 SFe

70 Panopaea
51: TAB (2) Nr. 57 S. 479 Tok*

71 Niobe
48: SFe Astr. (B) Nr. 1 SFe

72 Feronia
50: SFe Astr. (B) Nr. 1 SFe. — 51: TAB (2) Nr. 57 S. 479 Tok*. — 53: MPC 958 Blo*. MPC 938 Joh. MPC 917 Mad. Astr Circ UdSSR Nr. 141 Tar. BAB **4** 140, MPC 910 Ucc

73 Klytia
53: Astr Circ UdSSR Nr. 140 AlA*. MPC 938 Kyo*. MPC 921, 922 Niz*. MPC 930, 931 Tuk*

74 Galatea
50: Kiew Publ. Nr. 5 S. 178 Kiw. AJ UdSSR **30** 220, 221 Nan. SFe Astr. (B) Nr. 1 SFe. — 52: BAB **4** 131 Ucc. — 53: Belgrade Bull. **18** Nr. 1—2 Bel. MPC 953, 954 Kyo*. MPC 923 Niz*. Astr Circ UdSSR Nr. 138 Sim*

75 Eurydike
53: MPC 978 Bar. Belgrade Bull. **18** Nr. 1—2 Bel. MPC 931 Joh. MPC 971 Kyo*. MPC 947 Mad. MPC 995 Niz*

76 Freia
50: Kiew Publ. Nr. 5 S. 178 Kiw. SFe Astr. (B) Nr. 1 SFe. — 52: MPC 888 SFe. — 53: MPC 931 Joh. MPC 954 Kyo*. MPC 995 Niz*

77 Frigga
47: SFe Astr. (B) Nr. 1 SFe. — 49: SFe Astr. (B) Nr. 1 SFe. — 52: UC Nr. **113** S. 155 Joh*. Krim Mitt. **10** 216, 218 Sim*. — 53: MPC 982 Joh. MPC 995 Niz*

78 Diana
48: SFe Astr. (B) Nr. 1 SFe. — 50: Kiew Publ. Nr. 5 S. 178 Kiw. AJ UdSSR **30** 221 Nan. SFe Astr. (B) Nr. 1 SFe. — 52: MPC 915 Bar. MPC 888 SFe. Krim Mitt. **10** 215 Sim*. — 53: MPC 949, 982 Joh. MPC 998 Syd

79 Eurynome
49: SFe Astr. (B) Nr. 1 SFe. — 50: SFe Astr. (B) Nr. 1 SFe. — 51: JO **36** 11 Niz. TAB (2) Nr. 57 S. 478 Tok*. — 53: Astr Circ UdSSR Nr. 138 Kiw*. MPC 918 Mad. Astr Circ UdSSR Nr. 138 Sim*. MPC 998 Syd. Astr Circ UdSSR Nr. 141 Tar

80 Sappho
48: SFe Astr. (B) Nr. 1 SFe. — 50: SFe Astr. (B) Nr. 1 SFe. — 51: TAB (2) Nr. 57 S. 477, 478 Tok*. — 52: MPC 916 Bar. Astr Circ UdSSR Nr. 136 Wil*. — 53: MPC 917 Mad. MPC 921 Niz*. MPC 986 SFe

81 Terpsichore
46: SFe Astr. (B) Nr. 1 SFe. — 51: TAB (2) Nr. 57 S. 478 Tok*. — 53: MPC 950, NAZ **7** 26 Hei*. MPC 941, 942 Kyo*. MPC 917 Mad. MPC 929 Tuk*. BAB **4** 140, MPC 981 Ucc

82 Alkmene
51: MPC 888 SFe. TAB (2) Nr. 57 S. 479 Tok*. — 53: Belgrade Bull. **18** Nr. 1—2 Bel. MPC 953, 954 Kyo*. Astr Circ UdSSR Nr. 144 Lem*. MPC 947 Mad. Astr Circ UdSSR Nr. 138 Sim*

83 Beatrix
50: Kiew Publ. Nr. 5 S. 179 Kiw. AJ UdSSR **30** 221 Nan. — 52: Astr Circ UdSSR Nr. 133 AlA*. MPC 915 Bar. MPC 888 SFe. BAB **4** 131 Ucc. — 53: Astr Circ UdSSR Nr. 143 Sim*

84 Klio
49: SFe Astr. (B) Nr. 1 SFe. — 52: MPC 851 Blo*. UC Nr. **113** S. 155 Joh*

85 Io
50: Kiew Publ. Nr. 5 S. 179

Kiw. — 51: TAB (2) Nr. 57 S. 478 Tok*[11]). — 52: MPC 984 SFe. Astr Circ UdSSR Nr. 134 Tar*

86 Semele
51: UC Nr. 113 S. 161 Joh*. — 52: UC Nr. 113 S. 155 Joh*

87 Sylvia
51: UC Nr. 113 S. 161 Joh*. — 52: MPC 916 Bar. MPC 864, UC Nr. 113 S. 152 Joh. MPC 886 Kyo*. Krim Mitt. 10 222 Sim*

88 Thisbe
49: SFe Astr. (B) Nr. 1 SFe. — 50: Poznań Repr. Nr. 31 Poz. — 53: MPC 978 Bar. Belgrade Bull. 18 Nr. 1—2 Bel. MPC 931 Joh. MPC 971 Kyo*. MPC 947 Mad. MPC 995 Niz*

89 Julia
48: SFe Astr. (B) Nr. 1 SFe. — 50: Kiew Publ. Nr. 5 S. 179 Kiw. SFe Astr. (B) Nr. 1 SFe. — 51: UC Nr. 113 S. 161 Joh*. UC Nr. 113 S. 159 Joh. — 52: Mem SA It (NS) 24 150 = Roma Monte Mario Contr. Nr. 183, MPC 884 Rom. MPC 984 SFe*. Astr Circ UdSSR Nr. 136 Wil*

90 Antiope
49: SFe Astr. (B) Nr. 1 SFe. — 50: Kiew Publ. Nr. 5 S. 179 Kiw[12]). SFe Astr. (B) Nr. 1 SFe. — 53: MPC 938 Kyo*. MPC 922 Niz*

91 Aegina
49: SFe Astr. (B) Nr. 1 SFe. — 52: MPC 864, UC Nr. 113 S. 152 Joh. — 53: Belgrade Bull. 18 Nr. 3—4 Bel. MPC 972 Kyo*. MPC 993 Mad. Astr Circ UdSSR Nr. 143 Sim*

92 Undina
48: SFe Astr. (B) Nr. 1 SFe. — 50: SFe Astr. (B) Nr. 1 SFe. — 52: MPC 916 Bar. UC Nr. 113 S. 155 Joh*. Krim Mitt. 10 219 Sim*. — 53: Astr Circ UdSSR Nr. 144 Kiw*

93 Minerva
49: SFe Astr. (B) Nr. 1 SFe. — 50: AJ UdSSR 30 221 Nan. SFe Astr. (B) Nr. 1 SFe. — 53: MPC 931 Joh

94 Aurora
53: MPC 986 SFe. Astr Circ UdSSR Nr. 141 Tar

95 Arethusa
51: UC Nr. 113 S. 161 Joh*. — 52: Madrid Bol. 4 Nr. 6, MPC 873 Mad

96 Aegle
53: MPC 978 Bar. MPC 986 SFe. Astr Circ UdSSR Nr. 138 Sim*. Astr Circ UdSSR Nr. 141 Tar

97 Klotho
49: SFe Astr. (B) Nr. 1 SFe. — 53: Belgrade Bull. 18 Nr. 3—4 Bel. MPC 993 Mad. Astr Circ UdSSR Nr. 143 Sim*

98 Ianthe
52: MPC 864, UC Nr. 113 S. 152 Joh

99 Dike
51: UC Nr. 113 S. 161 Joh*. UC Nr. 113 S. 159 Joh. — 52: MPC 862 (?) Blo*. MPC 887, 888 Kyo*

100 Hekate
50: Kiew Publ. Nr. 5 S. 179 Kiw[13]). — 51: TAB (2) Nr. 57 S. 479, 480 Tok*. — 53: MPC 922 (?) Niz*. BAB 4 140, MPC 900, 910 Ucc

101 Helena
39: RI 2198 Wür[14]). — 47: SFe Astr. (B) Nr. 1 SFe. — 49: SFe Astr. (B) Nr. 1 SFe. — 50: SFe Astr. (B) Nr. 1 SFe. — 53: MPC 978 Bar. MPC 917 Mad. MPC 986 SFe. Astr Circ UdSSR Nr. 138 Sim*. Astr Circ UdSSR Nr. 141 Tar

102 Miriam
53: MPC 958 Blo*. MPC 938 Joh. BAB 4 140, MPC 910 Ucc

103 Hera
47: SFe Astr. (B) Nr. 1 SFe. — 48: SFe Astr. (B) Nr. 1 SFe. — 50: Kiew Publ. Nr. 5 S. 179 Kiw. SFe Astr. (B) Nr. 1 SFe. — 52: MPC 916 Bar. MPC 864, UC Nr. 113 S. 152 Joh. Krim Mitt. 10 221 Sim*. — 53: Belgrade Bull. 18 Nr. 3—4 Bel

104 Klymene
51: UC Nr. 113 S. 161 Joh*. — 52: MPC 887 Kyo*. Madrid Bol. 4 Nr. 6, MPC 873 Mad. MPC 984 SFe

105 Artemis
51: UC Nr. 113 S. 161 Joh*. — 52: MPC 874 Kyo*. Krim Mitt. 10 222 Sim*

106 Dione
50: Kiew Publ. Nr. 5 S. 180 Kiw. — 51: UC Nr. 113 S. 161 Joh*. — 52: MPC 851 Blo*. MPC 864, UC Nr. 113 S. 152 Joh. — 53: MPC 993 Mad

107 Camilla
49: SFe Astr. (B) Nr. 1 SFe. — 52: MPC 916 Bar. MPC 886 Kyo*

108 Hecuba
49: SFe Astr. (B) Nr. 1 SFe. — 51: UC Nr. 113 S. 161

---

[11]) Irrtümlich als 55 Io bezeichnet.
[12]) Für November lies Oktober.
[13]) Irrtümlich zugeordnet. Vorläufige Bezeichnung 1950 SP, MPC 756.
[14]) Berichtigung in NAZ 7 32.

Joh*. — 52: MPC 916 Bar. MPC 919 Niz

109 Felicitas
52: MPC 862, UC Nr. **113** S. 152 Joh. — 53: MPC 993 Mad. Astr Circ UdSSR Nr. 143 Sim*

110 Lydia
49: SFe Astr. (B) Nr. 1 SFe. — 52: Astr Circ UdSSR Nr. 136 AlA*. MPC 916 Bar. MPC 864, UC Nr. **113** S. 152 Joh. Krim Mitt. **10** 218, 219 Sim*. — 53: Astr Circ UdSSR Nr. 144 Kiw*. Astr Circ UdSSR Nr. 143 Sim*

111 Ate
50: Kiew Publ. Nr. **5** S. 180 Kiw. SFe Astr. (B) Nr. 1 SFe. — 52: MPC 915 Bar. MPC 888 SFe. — 53: MPC 949 Joh

112 Iphigenia
49: SFe Astr. (B) Nr. 1 SFe. — 50: SFe Astr. (B) Nr. 1 SFe. — 52: MPC 915 Bar

113 Amalthea
49: SFe Astr. (B) Nr. 1 SFe. — 52: Astr Circ UdSSR Nr. 134 AlA*. MPC 916 Bar. MPC 851 Blo*. MPC 864, UC Nr. **113** S. 152 Joh. Madrid Bol. **4** Nr. 6, MPC 872 Mad. MPC 889 SFe[15])

114 Kassandra
49: SFe Astr. (B) Nr. 1 SFe. — 51: TAB (2) Nr. 57 S. 478, 479 Tok*. — 53: MPC 951, 952, NAZ **7** 27, 30, 31 Hei*. MPC 953, 954 Kyo*. Astr Circ UdSSR Nr. 144 Lem*. MPC 947 Mad. Astr Circ UdSSR Nr. 138 Sim*. Astr Circ UdSSR Nr. 140 Wil*

115 Thyra
50: SFe Astr. (B) Nr. 1 SFe. — 51: UC Nr. **113** S. 161 Joh*. — 52: MPC 916 Bar. MPC 874 Kyo*. Astr Circ UdSSR Nr. 133 Lem*. Mem SA It (NS) **24** 150 = Roma Monte Mario Contr. Nr. **183**, MPC 884 Rom. MPC 984 SFe*. MPC 984 SFe. Krim Mitt. **10** 222 Sim*

116 Sirona
52: JO **36** 11 Niz. Krim Mitt. **10** 216 Sim*. — 53: MPC 993 Mad

117 Lomia
49: SFe Astr. (B) Nr. 1 SFe. — 52: MPC 865, UC Nr. **113** S. 152 Joh

118 Peitho
39: RI 2198 Wür[16]). — 50: Kiew Publ. Nr. **5** S. 180 Kiw. AJ UdSSR **30** 221 Nan. JO **36** 11 Niz. — 52: JO **36** 11 Niz. Krim Mitt. **10** 216 Sim*. — 53: MPC 982 Joh

119 Althaea
48: SFe Astr. (B) Nr. 1 SFe. — 50: SFe Astr. (B) Nr. 1 SFe. — 51: UC Nr. **113** S. 161 Joh*. TAB (2) Nr. 57 S. 477 Tok*. — 52: MPC 916 Bar. MPC 863, NAZ **7** 5 Hei*. MPC 874 Kyo*. MPC 984 SFe. Krim Mitt. **10** 221 Sim*. Astr Circ UdSSR Nr. 134 Tar*

120 Lachesis
52: MPC 911 Kyo*[17]). Madrid Bol. **4** Nr. 6, MPC 879 Mad

121 Hermione
50: SFe Astr. (B) Nr. 1 SFe. — 51: MPC 888 SFe. TAB (2) Nr. 57 S. 479 Tok*. MPC 928 Tuk*. — 53: MPC 986 SFe. BAB **4** 140, MPC 899, 900 Ucc

122 Gerda
50: SFe Astr. (B) Nr. 1 SFe. — 52: Astr Circ UdSSR Nr. 136 AlA*. MPC 851, 852, 967 Blo*. MPC 865, UC Nr. **113** S. 152 Joh. — 53: Astr Circ UdSSR Nr. 143 Sim*

123 Brunhild
39: RI 2198 Wür[18]). — 48: SFe Astr. (B) Nr. 1 SFe. — 51: UC Nr. **113** S. 161 Joh*

124 Alkeste
49: SFe Astr. (B) Nr. 1 SFe. — 52: Astr Circ UdSSR Nr. 136 AlA*. MPC 915 Bar. Madrid Bol. **4** Nr. 6 Mad. MPC 889 SFe. Krim Mitt. **10** 218 Sim*. — 53: Belgrade Bull. **18** Nr. 3—4 Bel. MPC 993 Mad. Astr Circ UdSSR Nr. 143 Sim*

125 Liberatrix
49: SFe Astr. (B) Nr. 1 SFe. — 52: Krim Mitt. **10** 215 Sim*. — 53: MPC 940 Joh. MPC 971 Kyo*. BAB **4** 140, MPC 982 Ucc

126 Velleda
48: SFe Astr. (B) Nr. 1 SFe. — 51: UC Nr. **113** S. 161 Joh*. TAB (2) Nr. 57 S. 477 Tok*. — 52: MPC 888 Kyo*. MPC 984 SFe. BAB **4** 131, MPC 878 Ucc

127 Johanna
52: MPC 915 Bar. BAB **4** 131 Ucc. — 53: MPC 949 Joh

128 Nemesis
52: Krim Mitt. **10** 216, 217 Sim*. BAB **4** 131, 132 Ucc. — 53: MPC 989 Alg*. MPC 949 Joh. MPC 992 Mad. MPC 998 Syd

129 Antigone
48: SFe Astr. (B) Nr. 1 SFe.

[15]) Berichtigung in MPC 996.
[16]) Berichtigung in NAZ **7** 32.
[17]) Berichtigung in MPC 945.
[18]) Berichtigung in NAZ **7** 32.

— 49: SFe Astr. (B) Nr. 1 SFe. — 52: MPC 916 Bar. MPC 854 Blo*. Astr Circ UdSSR Nr. 136 Kiw*. Astr Circ UdSSR Nr. 133 Lem*. Krim Mitt. **10** 220, 221 Sim*

130 Elektra
40: RI 2198 Wür[19]). — 50: Kiew Publ. Nr. **5** S. 180 Kiw. SFe Astr. (B) Nr. 1 SFe. — 51: TAB (2) Nr. 57 S. 477 Tok*. — 52: Madrid Bol. **4** Nr. 6, MPC 873 Mad. — 53: Astr Circ UdSSR Nr. 141 Kiw*. MPC 993 Mad. Astr Circ UdSSR Nr. 143 Sim*
Eph (1953) Sky and Telescope **12** 277

131 Vala
50: JO **36** 11 Niz

132 Aethra
53: MPC 960 Blo*. MPC 940 Joh

133 Cyrene
48: SFe Astr. (B) Nr. 1 SFe. — 52: UC Nr. **113** S. 155 Joh*. Krim Mitt. **10** 216, 217 Sim*. — 53: MPC 982 Joh. MPC 995 Niz*

134 Sophrosyne
39: RI 2198 Wür[20]). — 47: SFe Astr. (B) Nr. 1 SFe. — 49: SFe Astr. (B) Nr. 1 SFe. — 51: Poznań Repr. Nr. **31** Poz[21]). — 53: MPC 978 Bar*. Belgrade Bull. 18 Nr. 1—2 Bel. Astr Circ UdSSR Nr. 136 Kiw*. MPC 917 Mad. Astr Circ UdSSR Nr. 138 Sim*. MPC 928, 929, 930 Tuk*. BAB **4** 140, MPC 979 Ucc[22])

135 Hertha
49: SFe Astr. (B) Nr. 1 SFe. — 51: Poznań Repr. Nr. **31** Poz. TAB (2) Nr. 57 S. 478 Tok*. — 53: MPC 938 Kyo*. MPC 921, 922 Niz*. MPC 986 SFe. Astr Circ UdSSR Nr. 141 Tar

136 Austria
48: SFe Astr. (B) Nr. 1 SFe. — 50: Kiew Publ. Nr. **5** S. 180 Kiw

137 Meliboea
52: Madrid Bol. **4** Nr. 6, MPC 873 Mad

138 Tolosa
50: Kiew Publ. Nr. **5** S. 181 Kiw. — 51: UC Nr. **113** S. 161 Joh*. — 52: MPC 920 Niz*

139 Juewa
49: SFe Astr. (B) Nr. 1 SFe. — 51: UC Nr. **113** S. 161 Joh*. — 52: MPC 865, UC Nr. **113** S. 152 Joh. — 53: MPC 993 Mad

140 Siwa
50: Kiew Publ. Nr. **5** S. 181 Kiw. SFe Astr. (B) Nr. 1 SFe. TAB (2) Nr. 57 S. 479 Tok*. — 53: MPC 956 Blo*. MPC 921 Niz*

141 Lumen
51: UC Nr. **113** S. 161 Joh*. Poznań Repr. Nr. **31** Poz. — 53: MPC 956 (?) Blo*. MPC 986 SFe[23]). BAB **4** 140, MPC 899, 900 Ucc

142 Polana
51: UC Nr. **113** S. 161 Joh*. TAB (2) Nr. 57 S. 477 Tok*. — 52: MPC 887 Kyo*

143 Adria
53: MPC 938 Kyo*. MPC 922 Niz*. MPC 930, 931 Tuk*

144 Vibilia
52: Krim Mitt. **10** 216 Sim*. BAB **4** 132 Ucc. — 53: MPC 949 Joh. MPC 998 Syd

145 Adeona
51: TAB (2) Nr. 57 S. 478 Tok*. — 53: MPC 959 Blo*. MPC 947 Mad. MPC 930 Tuk*

146 Lucina
48: SFe Astr. (B) Nr. 1 SFe. — 50: SFe Astr. (B) Nr. 1 SFe. — 51: TAB (2) Nr. 57 S. 478 Tok*. — 52: MPC 857 Blo*. MPC 865, UC Nr. **113** S. 152 Joh

147 Protogeneia
52: MPC 865, UC Nr. **113** S. 152 Joh. Krim Mitt. **10** 218 Sim*

148 Gallia
52: BAB **4** 132 Ucc

149 Medusa
52: MPC 916 Bar. MPC 887 Kyo*. Astr Circ UdSSR Nr. 133 Lem*

150 Nuwa
51: UC Nr. **113** S. 161 Joh*. — 52: Astr Circ UdSSR Nr. 134 AlA*. MPC 919 Niz*. Krim Mitt. **10** 221 Sim*. — 53: Belgrade Bull. 18 Nr. 3—4 Bel

151 Abundantia
53: MPC 949 Joh

152 Atala
51: UC Nr. **113** S. 161 Joh*. — 52: MPC 865, UC Nr. **113** S. 152 Joh

153 Hilda
51: UC Nr. **113** S. 161 Joh*. TAB (2) Nr. 57 S. 477 Tok*. — 52: Krim Mitt. **10** 219, 220 Sim*. — 53: Astr Circ UdSSR Nr. 143 Sim*

[19]) Berichtigung in NAZ **7** 32.
[20]) Berichtigung in NAZ **7** 32.
[21]) Irrtümlich als 154 Sophrosyne bezeichnet.
[22]) Berichtigung in MPC 1021.
[23]) Berichtigung in MPC 1062.

154 Bertha
52: Madrid Bol. 4 Nr. 6 Mad. Krim Mitt. 10 216, 218 Sim*

156 Xanthippe
49: SFe Astr. (B) Nr. 1 SFe. — 50: Kiew Publ. Nr. 5 S. 181 Kiw. SFe Astr. (B) Nr. 1 SFe. — 52: MPC 924 Kyo*[24]). Madrid Bol. 4 Nr. 6, MPC 879 Mad. MPC 920 Niz*

158 Koronis
51: UC Nr. 113 S. 161 Joh*. — 52: MPC 887 Kyo*

159 Aemilia
52: MPC 920 Niz*

160 Una
50: AJ UdSSR 30 220, 221 Nan. — 51: TAB (2) Nr. 57 S. 479 Tok*. — 53: Belgrade Bull. 18 Nr. 1—2 Bel. MPC 953, 954 Kyo*. MPC 923 Niz*. Astr Circ UdSSR Nr. 138 Sim*

161 Athor
53: Astr Circ UdSSR Nr. 138 Kiw*. MPC 953, 954 Kyo*. Astr Circ UdSSR Nr. 144 Lem*. Astr Circ UdSSR Nr. 141 Tar

162 Laurentia
51: UC Nr. 113 S. 161 Joh*. — 52: MPC 856, 858, 860, 861 Blo*. MPC 864, NAZ 7 5 Hei*. MPC 887 Kyo*. MPC 919, 920 Niz*

163 Erigone
52: MPC 915 Bar. MPC 888 SFe. BAB 4 132 Ucc. — 53: MPC 940 Joh. BAB 4 140, MPC 982 Ucc

164 Eva
52: Krim Mitt. 10 218 Sim*. — 53: MPC 940 Joh

165 Loreley
48: SFe Astr. (B) Nr. 1 SFe. — 52: UC Nr. 113 S. 155 Joh*. — 53: MPC 949 Joh

166 Rhodope
51: UC Nr. 113 S. 161 Joh*. — 53: Astr Circ UdSSR Nr. 140 AlA*. MPC 956, 957 Blo*. MPC 922 Niz*. MPC 930, 931 Tuk*

167 Urda
52: Belgrade Bull. 17 34 Bel. Madrid Bol. 4 Nr. 6 Mad. Krim Mitt. 10 217, 218 Sim*[25]). — 53: MPC 971, 972 Kyo*. Astr Circ UdSSR Nr. 143 Sim*

168 Sibylla
51: TAB (2) Nr. 57 S. 479 Tok*. — 53: MPC 938 Kyo*. MPC 921 Niz*. BAB 4 140, MPC 910, 979, 980, 981 Ucc

169 Zelia
52: MPC 916 Bar. MPC 887 Kyo*. Astr Circ UdSSR Nr. 133 Lem*

170 Maria
48: SFe Astr. (B) Nr. 1 SFe. — 51: UC Nr. 113 S. 161 Joh*. — 52: MPC 852 Blo*. MPC 865, UC Nr. 113 S. 152 (?) Joh

171 Ophelia
51: UC Nr. 113 S. 159 Joh. — 52: Krim Mitt. 10 221, 222 Sim*
El BIA 5 322

172 Baucis
47: SFe Astr. (B) Nr. 1 SFe. — 48: SFe Astr. (B) Nr. 1 SFe. — 50: SFe Astr. (B) Nr. 1 SFe. — 51: UC Nr. 113 S. 161 Joh*. TAB (2) Nr. 57 S. 477 Tok*. — 52: MPC 916 Bar. MPC 857 Blo*. MPC 887 Kyo*. MPC 984 SFe

173 Ino
40: RI 2198 Wür[26]). — 49: SFe Astr. (B) Nr. 1 SFe. — 50: Kiew Publ. Nr. 5 S. 181 Kiw. SFe Astr. (B) Nr. 1 SFe. — 53: MPC 912 Alg*. JO 36 146 = Alger Publ. 1953 S. 220, MPC 990 Alg. Belgrade Bull. 18 Nr. 1—2 Bel. BAB 4 140, MPC 981 Ucc
Eph (1954) MPC 991
El JO 36 143 = Alger Publ. 1953 S. 217, MPC 991

174 Phaedra
53: MPC 957 Blo*

175 Andromache
52: MPC 853 Blo*. UC Nr. 113 S. 155 Joh*

176 Iduna
51: TAB (2) Nr. 57 S. 480 Tok*. — 53: MPC 931 Joh

177 Irma
53: Astr Circ UdSSR Nr. 138 Sim*

178 Belisana
50: Kiew Publ. Nr. 5 S. 181 Kiw. — 53: MPC 989 Alg*. MPC 940 Joh. MPC 995 Niz*

179 Klytaemnestra
48: SFe Astr. (B) Nr. 1 SFe. — 52: UC Nr. 113 S. 155 Joh*. — 53: Astr Circ UdSSR Nr. 143 Sim*

180 Garumna
51: UC Nr. 113 S. 161 Joh*. — 52: MPC 857, 862, 967 Blo*

181 Eucharis
48: SFe Astr. (B) Nr. 1 SFe. — 50: SFe Astr. (B) Nr. 1 SFe. — 52: Krim Mitt. 10 219 Sim*. BAB 4 132, MPC 878 Ucc. — 53: Astr Circ

[24]) Berichtigung in MPC 967.
[25]) Irrtümlich als 164 Urda bezeichnet.
[26]) Berichtigung in NAZ 7 32.

UdSSR Nr. 141 Kiw*. MPC 993 Mad. Astr Circ UdSSR Nr. 143 Sim*

182 Elsa
51: UC Nr. 113 S. 161 Joh*. — 53: MPC 978 Bar. MPC 956 Blo*. MPC 938 Kyo*. MPC 922 Niz*. MPC 987 SFe. BAB 4 140, MPC 910 Ucc[27]). Astr Circ UdSSR Nr. 137 Wil*

183 Istria
51: UC Nr. 113 S. 164 Joh. — 53: Astr Circ UdSSR Nr. 141 Tar. MPC 929 Tuk*. BAB 4 140, MPC 910 Ucc

184 Dejopeja
52: MPC 915 Bar. — 53: MPC 940 Joh. MPC 998 Syd

185 Eunike
47: SFe Astr. (B) Nr. 1 SFe. — 50: SFe Astr. (B) Nr. 1 SFe. — 51: TAB (2) Nr. 57 S. 477 Tok*. — 52: MPC 916 Bar. Madrid Bol. 4 Nr. 6, MPC 873 Mad. MPC 984 SFe
Eph (1953) Sky and Telescope 12 328

186 Celuta
48: SFe Astr. (B) Nr. 1 SFe. — 51: UC Nr. 113 S. 161 Joh*. — 52: Madrid Bol. 4 Nr. 6, MPC 879 Mad

187 Lamberta
51: UC Nr. 113 S. 164 Joh. — 52: MPC 888 Kyo*

188 Menippe
51: UC Nr. 113 S. 161 Joh*

189 Phthia
51: TAB (2) Nr. 57 S. 478 Tok*

190 Ismene
49: SFe Astr. (B) Nr. 1 SFe. — 52: Krim Mitt. 10 218 Sim*. — 53: MPC 971 Kyo*. Astr Circ UdSSR Nr. 138 Sim*

191 Kolga
51: JO 36 121 Alg. MPC 859 (?), 860 (?) Blo*

192 Nausikaa
50: Kiew Publ. Nr. 5 S. 181 Kiw. SFe Astr. (B) Nr. 1 SFe. — 51: UC Nr. 113 S. 161 Joh*. UC Nr. 113 S. 159 Joh. — 53: Astr Circ UdSSR Nr. 136 Kiw*. Astr Circ UdSSR Nr. 144 Lem*. MPC 986 SFe*. MPC 987 SFe. Astr Circ UdSSR Nr. 141 Tar. BAB 4 143, MPC 900 Ucc*. BAB 4 140, MPC 900 Ucc. Astr Circ UdSSR Nr. 137 Wil*
Eph (1952/53) Astr. Nachr. Berlin-Treptow 5 9, Sky and Telescope 12 84

194 Prokne
48: SFe Astr. (B) Nr. 1 SFe. — 52: MPC 916 Bar. Belgrade Bull. 17 33 Bel. MPC 863, NAZ 7 5 Hei*. Mem SA It (NS) 24 150 = Roma Monte Mario Contr. Nr. 183, MPC 883 Rom. Krim Mitt. 10 221 Sim*

195 Eurykleia
52: Astr Circ UdSSR Nr. 133 AlA*. BAB 4 132 Ucc. — 53: MPC 949 Joh

196 Philomela
47: SFe Astr. (B) Nr. 1 SFe. — 50: Kiew Publ. Nr. 5 S. 181 Kiw. SFe Astr. (B) Nr. 1 SFe. — 51: UC Nr. 113 S. 161 Joh*. TAB (2) Nr. 57 S. 477, 478 Tok*. — 52: MPC 865, UC Nr. 113 S. 152 Joh. — 53: MPC 855 Blo*

197 Arete
52: MPC 865, UC Nr. 113 S. 152 Joh. — 53: Belgrade Bull. 18 Nr. 3—4 Bel

198 Ampella
49: SFe Astr. (B) Nr. 1 SFe. — 52: Astr Circ UdSSR Nr. 133 AlA*. MPC 865, UC Nr. 113 S. 152 Joh[28]). Krim Mitt. 10 218 Sim*

199 Byblis
52: Krim Mitt. 10 219 Sim*

200 Dynamene
49: SFe Astr. (B) Nr. 1 SFe. — 51: UC Nr. 113 S. 161 Joh*. — 52: MPC 916 Bar. MPC 887 Kyo*. MPC 984 SFe

201 Penelope
49: SFe Astr. (B) Nr. 1 SFe. — 53: MPC 995 Niz*. MPC 998 Syd

202 Chryseïs
49: Kiew Publ. 4 111 Kiw. SFe Astr. (B) Nr. 1 SFe. — 50: SFe Astr. (B) Nr. 1 SFe. — 52: MPC 915 Bar. — 53: MPC 971 Kyo*. MPC 947 Mad. MPC 987 SFe

203 Pompeja
51: UC Nr. 113 S. 161 Joh*. — 52: MPC 924 Kyo*. Madrid Bol. 4 Nr. 6, MPC 879 Mad[29]). MPC 984 SFe

204 Kallisto
52: MPC 889 SFe. Krim Mitt. 10 216, 217 Sim*. BAB 4 132 Ucc. — 53: Astr Circ UdSSR Nr. 143 Sim*

205 Martha
52: BAB 4 132, MPC 878 Ucc. Krim Mitt. 10 219, 220 Sim*. — 53: MPC 993 (?) Mad

206 Hersilia
52: Madrid Bol. 4 Nr. 6, MPC 879 Mad

[27]) Berichtigung in MPC 945.
[28]) Berichtigung in MPC 945.
[29]) Berichtigung in MPC 904.

207 Hedda
50: Kiew Publ. Nr. **5** S. 182 Kiw. — 51: UC Nr. **113** S. 161 Joh*. — 53: MPC 917 Mad

208 Lacrimosa
51: UC Nr. **113** S. 161 Joh*. — 52: MPC 852, 853, 854, 955 Blo*. UC Nr. **113** S. 155 Joh*. Krim Mitt. **10** 220 Sim*

210 Isabella
51: TAB (2) Nr. 57 S. 478, 479 Tok*. — 53: MPC 923 Niz*. Astr Circ UdSSR Nr. 138 Sim*. Astr Circ UdSSR Nr. 141 Tar. BAB 4 140, MPC 910 Ucc

211 Isolda
48: SFe Astr. (B) Nr. 1 SFe. — 50: SFe Astr. (B) Nr. 1 SFe. — 51: UC Nr. **113** S. 161 Joh*. — 52: MPC 853, 854, 855 Blo*[30]). MPC 865, UC Nr. **113** S. 152 Joh. Krim Mitt. **10** 220 Sim*

212 Medea
52: JO **36** 121 Alg. Krim Mitt. **10** 217 Sim*. — 53: MPC 989 Alg*. MPC 940 Joh

213 Lilaea
49: SFe Astr. (B) Nr. 1 SFe. — 50: SFe Astr. (B) Nr. 1 SFe. — 51: TAB (2) Nr. 57 S. 479, 480 Tok*. MPC 929 Tuk*. — 53: BAB 4 140, MPC 979 Ucc[31])

214 Aschera
52: Krim Mitt. **10** 218 Sim*. — 53: MPC 982 Joh. MPC 995 Niz*

215 Oenone
51: TAB (2) Nr. 57 S. 479 Tok*. — 53: MPC 938 Joh. BAB **4** 140, MPC 979 Ucc

216 Kleopatra
49: SFe Astr. (B) Nr. 1 SFe. — 51: TAB (2) Nr. 57 S. 478 Tok*. — 52: MPC 885 Kar. MPC 874 Kyo*. Astr Circ UdSSR Nr. 133 Lem*. Mem SA It (NS) **24** 150 = Roma Monte Mario Contr. Nr. **183**, MPC 884 Rom. Krim Mitt. **10** 222 Sim*

217 Eudora
48: SFe Astr. (B) Nr. 1 SFe. — 52: Krim Mitt. **10** 216 Sim*. — 53: Astr Circ UdSSR Nr. 143 Sim*

218 Bianca
50: Kiew Publ. Nr. **5** S. 182 (?) Kiw. — 53: Astr Circ UdSSR Nr. 138 Kiw*. MPC 947 Mad

219 Thusnelda
41: SFe Astr. (B) Nr. 1 SFe. — 52: Belgrade Bull. **17** 34 Bel. MPC 852 Blo*. MPC 984 SFe. Krim Mitt. **10** 220 Sim*. BAB 4 132, MPC 878 Ucc. Astr Circ UdSSR Nr. 136 Wil*

220 Stephania
53: MPC 960 Blo*. MPC 940 Joh

221 Eos
52: MPC 916 Bar. MPC 984 SFe. Krim Mitt. **10** 221 Sim*. BAB 4 132, MPC 878 Ucc. — 53: Belgrade Bull. 18 Nr. 3—4 Bel

223 Rosa
53: MPC 953, 954 Kyo*. Astr Circ UdSSR Nr. 141 Tar

224 Oceana
51: UC Nr. **113** S. 161 Joh*. — 52: MPC 857, 862, 967 Blo*. MPC 874 Kyo*. Krim Mitt. **10** 221 Sim*. — 53: Belgrade Bull. 18 Nr. 3—4 Bel

225 Henrietta
52: Belgrade Bull. **17** 33 Bel. MPC 861 Blo*. MPC 863, NAZ **7** 5 Hei*. MPC 887 Kyo*. Madrid Bol. **4** Nr. 6, MPC 873 Mad. MPC 920 Niz*

226 Weringia
53: MPC 995 Niz*

227 Philosophia
53: BAB **4** 140, MPC 900, 910 Ucc

228 Agathe
53: Astr Circ UdSSR Nr. 140 AlA*

229 Adelinda
51: UC Nr. **113** S. 161 Joh*. — 52: MPC 856, 858, 860 Blo*. MPC 864, NAZ **7** 5 Hei*. MPC 887 Kyo*. MPC 920 Niz*

230 Athamantis
47: SFe Astr. (B) Nr. 1 SFe. — 50: SFe Astr. (B) Nr. 1 SFe. — 51: UC Nr. **113** S. 161 Joh*. — 52: MPC 916 Bar. MPC 886 Kyo*. Astr Circ UdSSR Nr. 133 Lem*. Krim Mitt. **10** 222 Sim*. Astr Circ UdSSR Nr. 134 Tar*
El Astr Circ UdSSR Nr. 133

231 Vindobona
51: UC Nr. **113** S. 161 Joh*. — 52: MPC 919, 920 Niz*

232 Russia
53: MPC 960 (?) Blo*. MPC 995 Niz*

233 Asterope
49: SFe Astr. (B) Nr. 1 SFe. — 53: MPC 992 Mad

234 Barbara
49: SFe Astr. (B) Nr. 1 SFe. — 53: Belgrade Bull. 18 Nr. 3—4 Bel. Astr Circ UdSSR Nr. 141 Kiw*. MPC

[30]) Berichtigung in MPC 904.

[31]) Berichtigung in MPC 1021.

996 Niz*. Astr Circ UdSSR Nr. 143 Sim*

235 Carolina
53: MPC 917 Mad. MPC 921 Niz*

236 Honoria
53: MPC 938 Kyo*. MPC 921 Niz*

238 Hypatia
49: SFe Astr. (B) Nr. 1 SFe. — 52: Krim Mitt. **10** 217, 218 Sim*. — 53: Belgrade Bull. **18** Nr. 3—4 Bel. MPC 971 Kyo*. Astr Circ UdSSR Nr. 143 Sim*

239 Adrastea
51: TAB (2) Nr. 57 S. 478, 479 Tok*. — 53: MPC 957 Blo*. MPC 923 Niz*

240 Vanadis
52: Madrid Bol. **4** Nr. 6 Mad. Krim Mitt. **10** 216 Sim*. BAB **4** 132 Ucc. — 53: MPC 961 Blo*. MPC 982 Joh

241 Germania
50: Kiew Publ. Nr. 5 S. 188 Kiw[32]). SFe Astr. (B) Nr. 1 SFe. — 52: Astr Circ UdSSR Nr. 136 AlA*. MPC 865, UC Nr. **113** S. 152 Joh. — 53: Astr Circ UdSSR Nr. 143 Sim*

243 Ida
51: UC Nr. **113** S. 161 Joh*. — 52: MPC 911 Kyo*. MPC 920 Niz*

244 Sita
53: Astr Circ UdSSR Nr. 140 AlA*. MPC 957 Blo*. MPC 923 Niz*. BAB **4** 140, MPC 980 Ucc

245 Vera
52: Madrid Bol. **4** Nr. 6 Mad. Krim Mitt. **10** 217, 218 Sim*. — 53: MPC 949 Joh

246 Asporina
52: Astr Circ UdSSR Nr. 136 AlA*. MPC 916 Bar. Madrid Bol. **4** Nr. 6, MPC 872 Mad. Krim Mitt. **10** 219 Sim*

247 Eukrate
47: SFe Astr. (B) Nr. 1 SFe. — 51: MPC 928, 929, 930 Tuk*. — 53: Astr Circ UdSSR Nr. 138 Kiw*. MPC 917 Mad. Astr Circ UdSSR Nr. 138 Sim*. Astr Circ UdSSR Nr. 141 Tar. BAB **4** 140, MPC 910 Ucc
Eph (1953) Astr Circ UdSSR Nr. 133

248 Lameia
51: UC Nr. **113** S. 161 Joh*

249 Ilse
51: UC Nr. **113** S. 164 Joh. — 53: MPC 957 Blo*. MPC 938 Joh

250 Bettina
49: SFe Astr. (B) Nr. 1 SFe. — 51: UC Nr. **113** S. 161 Joh*. UC Nr. **113** S. 159 Joh. — 52: MPC 856, 857 Blo*. MPC 865, UC Nr. **113** S. 152 Joh. MPC 886 Kyo*. Krim Mitt. **10** 222 Sim*

251 Sophia
53: MPC 941, 942 Kyo*. MPC 923 Niz*

252 Clementina
52: MPC 854 (?) Blo*. MPC 919 Niz. Krim Mitt. **10** 221 Sim*. BAB **4** 132, MPC 878 Ucc

253 Mathilde
53: MPC 971 Kyo*. MPC 995 Niz*. Astr Circ UdSSR Nr. 138 Sim*

255 Oppavia
51: UC Nr. **113** S. 161 Joh*. — 52: BAB **4** 132, MPC 878 Ucc

257 Silesia
52: Krim Mitt. **10** 216 Sim*

258 Tyche
46: SFe Astr. (B) Nr. 1 SFe. — 50: SFe Astr. (B) Nr. 1 SFe. — 51: TAB (2) Nr. 57 S. 478 Tok*. — 53: MPC 978 Bar. MPC 958 Blo*

259 Aletheia
52: Krim Mitt. **10** 215, 216 Sim*. — 53: MPC 949 Joh

261 Prymno
49: SFe Astr. (B) Nr. 1 SFe. — 52: Astr Circ UdSSR Nr. 133 AlA*. MPC 915 Bar. MPC 888 SFe. BAB **4** 132 Ucc. — 53: MPC 971, 972 Kyo*. Astr Circ UdSSR Nr. 143 Sim*

262 Valda
51: UC Nr. **113** S. 161 Joh*. — 53: MPC 929 Tuk*. BAB **4** 140, MPC 980 Ucc

263 Dresda
53: MPC 960 Blo*. MPC 940 Joh

264 Libussa
51: UC Nr. **113** S. 161 Joh*

266 Aline
49: SFe Astr. (B) Nr. 1 SFe. — 52: UC Nr. **113** S. 155 Joh*. Krim Mitt. **10** 216, 217 Sim*. — 53: MPC 940 Joh. MPC 971 Kyo*. MPC 995 Niz*. MPC 998 Syd. BAB **4** 140, MPC 982 Ucc

267 Tirza
52: MPC 853 Blo*

268 Adorea
52: Madrid Bol. **4** Nr. 6 Mad.

[32]) Als unidentifiziert bezeichnet. Wahrscheinlich 241 Germania zugehörig, MPC 756.

Krim Mitt. **10** 217, 218 Sim*. — **53**: MPC 982 Joh

269 Justitia
50: Kiew Publ. Nr. 5 S. 182 Kiw. SFe Astr. (B) Nr. 1 SFe. — 51: TAB (2) Nr. 57 S. 478 Tok*. — **53**: MPC 921 Niz*. BAB 4 140, MPC 910 Ucc

270 Anahita
49: SFe Astr. (B) Nr. 1 SFe. — 52: MPC 916 Bar. Belgrade Bull. **17** 34 Bel. MPC 863, NAZ **7** 5 Hei*. MPC 874 Kyo*. MPC 984 SFe. Krim Mitt. **10** 221 Sim*. Astr Circ UdSSR Nr. 134 Tar*. Astr Circ UdSSR Nr. 136 Wil*

271 Penthesilea
52: Krim Mitt. **10** 215 Sim*. — 53: MPC 931 Joh

272 Antonia
53: MPC 941, 942 Kyo*. Astr Circ UdSSR Nr. 138 Sim*. MPC 928, 929 Tuk*. BAB **4** 140, MPC 980 Ucc

273 Atropos
52: Belgrade Bull. **17** 33 Bel. MPC 857, 862, 967 Blo*. MPC 874 Kyo*. Krim Mitt. **10** 221 Sim*

274 Philagoria
52: JO **36** 121 Alg. Krim Mitt. **10** 217 Sim*. BAB **4** 132 Ucc

275 Sapientia
50: JO **36** 11 Niz. — 53: MPC 971 Kyo*. MPC 999 Syd

276 Adelheid
51: TAB (2) Nr. 57 S. 479 Tok*

277 Elvira
52: MPC 865, UC Nr. **113** S. 152 Joh. — 53: Astr Circ UdSSR Nr. 143 Sim*

278 Paulina
52: Astr Circ UdSSR Nr. 136 AlA*. UC Nr. **113** S. 155 Joh*. Krim Mitt. **10** 218 Sim*

281 Lucretia
52: UC Nr. **113** S. 155 Joh*

283 Emma
50: Kiew Publ. Nr. **5** S. 182 Kiw. AJ UdSSR **30** 220, 221 Nan. SFe Astr. (B) Nr. **1** SFe. — 51: TAB (2) Nr. 57 S. 479, 480 Tok*

286 Iclea
52: MPC 862, 967 Blo*. MPC 874 Kyo*. Krim Mitt. **10** 221 Sim*

287 Nephthys
46: SFe Astr. (B) Nr. 1 SFe. — 47: SFe Astr. (B) Nr. **1** SFe. — 49: SFe Astr. (B) Nr. 1 SFe. — 50: Kiew Publ. Nr. **5** S. 182 Kiw. AJ UdSSR **30** 219 Nan. SFe Astr. (B) Nr. **1** SFe. — 51: TAB (2) Nr. 57 S. 478 Tok*. — **53**: MPC 978 Bar. Belgrade Bull. **18** Nr. 1—2 Bel. Astr Circ UdSSR Nr. 144 Lem*. MPC 947 Mad. Astr Circ UdSSR Nr. 138 Sim*. MPC 930, 931 Tuk*

288 Glauke
52: MPC 861 Blo*

289 Nenetta
51: MPC 928 Tuk*. — 53: BAB 4 140, MPC 910 Ucc

291 Alice
53: MPC 959, 960 Blo*. MPC 931 Joh. MPC 971 Kyo*. BAB 4 140, MPC 981, 982 Ucc

292 Ludovica
51: UC Nr. **113** S. 161 Joh*. UC Nr. **113** S. 159 Joh

293 Brasilia
52: MPC 915 (?) Bar. — 53: MPC 960 Blo*. MPC 940 Joh

294 Felicia
52: MPC 861, 862 Blo*. MPC 887 Kyo*

295 Theresia
53: MPC 938 Kyo*. MPC 922, 931 Niz*. BAB 4 141, MPC 980 Ucc

296 Phaëtusa
52: BAB 4 132 (?) Ucc. — 53: MPC 949 Joh

297 Caecilia
51: UC Nr. **113** S. 161 Joh*. — 52: MPC 865, UC Nr. **113** S. 152 Joh

298 Baptistina
51: UC Nr. **113** S. 161 Joh*

300 Geraldina
52: MPC 852 Blo*. MPC 865, UC Nr. **113** S. 152 Joh. — 53: Astr Circ UdSSR Nr. 143 Sim*

301 Bavaria
51: MPC 865, UC Nr. **113** S. 152 Joh. — 52: Krim Mitt. **10** 221 Sim*

302 Clarissa
50: JO **36** 11 Niz. — 52: Krim Mitt. **10** 218 Sim*. — 53: MPC 982 Joh

303 Josephina
39: RI 2198 Wür[33]). — 52: BAB 4 135 Ucc*. BAB **4** 132 Ucc. — 53: MPC 940 Joh

304 Olga
52: Astr Circ UdSSR Nr. 136 AlA*. MPC 862 Blo*.

[33]) Berichtigung in NAZ **7** 32.

MPC 886 Kyo*. MPC 984 SFe. Krim Mitt. **10** 222 Sim*. Astr Circ UdSSR Nr. 136 Wil*

305 Gordonia
52: Astr Circ UdSSR Nr. 136 AlA*. UC Nr. **113** S. 155 Joh*. Krim Mitt. **10** 218 Sim*

306 Unitas
46: SFe Astr. (B) Nr. 1 SFe. — 49: SFe Astr. (B) Nr. 1 SFe. — 50: Kiew Publ. Nr. **5** S. 183 Kiw. AJ UdSSR **30** 220 Nan. SFe Astr. (B) Nr. 1 SFe. — 53: Belgrade Bull. **18** Nr. 1—2 Bel. Astr Circ UdSSR Nr. 138 Kiw*. Astr Circ UdSSR Nr. 138 Sim*. Astr Circ UdSSR Nr. 141 Tar

307 Nike
52: MPC 865, UC Nr. **113** S. 152 Joh

308 Polyxo
50: SFe Astr. (B) Nr. 1 SFe. — 51: UC Nr. **113** S. 161 Joh*. — 52: MPC 887 Kyo*. Madrid Bol. **4** Nr. 6, MPC 873 Mad. MPC 984 SFe

309 Fraternitas
52: Krim Mitt. **10** 218 Sim*. — 53: Astr Circ UdSSR Nr. 143 Sim*

310 Margarita
51: UC Nr. **113** S. 161 Joh*. — 52: MPC 919 Niz*

311 Claudia
52: Madrid Bol. **4** Nr. 6, MPC 879 Mad. MPC 920 Niz*

312 Pierretta
51: UC Nr. **113** S. 161 Joh*. — 52: MPC 860 Blo*. MPC 911 Kyo*

313 Chaldaea
41: SFe Astr. (B) Nr. 1 SFe. — 50: Kiew Publ. Nr. **5** S. 183 Kiw. SFe Astr. (B) Nr. 1 SFe. — 52: MPC 915 Bar. Belgrade Bull. **17** 33 Bel. Krim Mitt. **10** 217 Sim*. — 53: MPC 996 Niz*. Astr Circ UdSSR Nr. 143 Sim*

314 Rosalia
52: UC Nr. **113** S. 159 Joh. BAB **4** 132, MPC 878 Ucc[34])

316 Goberta
34: RI 981, 1041, 1061, UC Nr. **93** S. 118 Joh*[35]). RI 1099, UC Nr. **93** S. 115 Joh[35]). — 53: MPC 971, 972 Kyo*

317 Roxane
50: Kiew Publ. Nr. **5** S. 183 Kiw. — 53: MPC 949 Joh

318 Magdalena
52: BAB **4** 132 Ucc

319 Leona
52: UC Nr. **113** S. 160 Blf. — 53: MPC 979 Joh

321 Florentina
53: MPC 940 Joh

322 Phaeo
53: MPC 938 Kyo*. Astr Circ UdSSR Nr. 138 Sim*

323 Brucia
46: SFe Astr. (B) Nr. 1 SFe. — 52: BAB **4** 132 Ucc

324 Bamberga
49: SFe Astr. (B) Nr. 1 SFe. — 51: UC Nr. **113** S. 161 Joh*. — 53: MPC 978 Bar. Astr Circ UdSSR Nr. 136 Kiw*. Astr Circ UdSSR Nr. 144 Lem*. MPC 948 Rom. MPC 986 SFe*. MPC 987 SFe. Astr Circ UdSSR Nr. 141 Tar. Astr Circ UdSSR Nr. 137 Wil*
Eph (1952/53) Astr. Nachr. Berlin-Treptow **5** 9[36]), Sky and Telescope **12** 84

325 Heidelberga
51: UC Nr. **113** S. 161 Joh*. — 52: MPC 855 Blo*. MPC 865, UC Nr. **113** S. 152 Joh. Krim Mitt. **10** 221, 222 Sim*

326 Tamara
39: RI 2198 Wür[37]). — 52: MPC 888 SFe. Krim Mitt. **10** 216 Sim*. BAB **4** 132 Ucc

327 Columbia
53: MPC 949 Joh

328 Gudrun
52: Krim Mitt. **10** 215 Sim*. — 53: MPC 932 Joh

329 Svea
52: Belgrade Bull. **17** 34 Bel. MPC 887 Kyo*

331 Etheridgea
51: UC Nr. **113** S. 161 Joh*. — 52: MPC 911 Kyo*. MPC 920 Niz*

332 Siri
52: Astr Circ UdSSR Nr. 133 AlA*. BAB **4** 132 Ucc. — 53: MPC 940 Joh

333 Badenia
52: MPC 865, UC Nr. **113** S. 152 Joh

334 Chicago
52: UC Nr. **113** S. 155 Joh*. — 53: MPC 996 Niz*

335 Roberta
46: SFe Astr. (B) Nr. 1 SFe. — 50: Kiew Publ. Nr. **5** S. 183 Kiw. — 51: TAB (2) Nr. 57 S. 479 Tok*. — 53:

---

[34]) Berichtigung in MPC 904.
[35]) Irrtümlich zugeordnet. Vorläufige Bezeichnung 1934 FS, MPC 895.
[36]) Irrtümlich als 423 Bamberga bezeichnet.
[37]) Berichtigung in NAZ **7** 32.

MPC 923 Niz*. Astr Circ UdSSR Nr. 138 Sim*. MPC 929, 931 Tuk*

336 Lacadiera
49: SFe Astr. (B) Nr. 1 SFe. — 52: UC Nr. **113** S. 155 Joh*. MPC 889 SFe

337 Devosa
51: Astr Circ UdSSR Nr. 132 Kas. TAB (2) Nr. 57 S. 478 Tok*. — 53: MPC 932 Joh. Astr Circ UdSSR Nr. 138 Sim*. Astr Circ UdSSR Nr. 141 Tar

338 Budrosa
52: MPC 916 (?) Bar. MPC 860 Blo*. MPC 888, 911 Kyo*. Madrid Bol. **4** Nr. 6, MPC 879 Mad

339 Dorothea
52: BAB **4** 132 Ucc. — 53: MPC 952, NAZ **7** 27, 30, 31 Hei*. MPC 953, 954 Kyo*. Astr Circ UdSSR Nr. 138 Sim*

340 Eduarda
53: BAB **4** 141, MPC 899, 900 Ucc

341 California
51: TAB (2) Nr. 57 S. 478 Tok*. — 53: Astr Circ UdSSR Nr. 138 Sim*. Astr Circ UdSSR Nr. 141 Tar

342 Endymion
52: Astr Circ UdSSR Nr. 133 AlA*. UC Nr. **113** S. 155 Joh*. Krim Mitt. **10** 217, 218 Sim*. — 53: MPC 989 Alg*. MPC 995, 996 Niz*. Astr Circ UdSSR Nr. 143 Sim*

343 Ostara
51: UC Nr. **113** S. 161 Joh*. — 52: MPC 924 Kyo*

344 Desiderata
46: SFe Astr. (B) Nr. 1 SFe

345 Tercidina
48: SFe Astr. (B) Nr. 1 SFe. — 50: SFe Astr. (B) Nr. 1 SFe. — 51: UC Nr. **113** S. 161 Joh*. TAB (2) Nr. 57 S. 478 Tok*

346 Hermentara
48: SFe Astr. (B) Nr. 1 SFe. — 52: MPC 855 Blo*. MPC 865, UC Nr. **113** S. 152 Joh. — 53: Belgrade Bull. **18** Nr. 3—4 Bel

347 Pariana
49: SFe Astr. (B) Nr. 1 SFe. —51: TAB (2) Nr. 57 S. 478 Tok*. — 53: Astr Circ UdSSR Nr. 140 AlA*. Belgrade Bull. 18 Nr. 1—2 Bel. Astr Circ UdSSR Nr. 138 Kiw*. Astr Circ UdSSR Nr. 141 Tar. MPC 930 Tuk*

348 May
37: MPC 867, UC Nr. **113** S. 154 Joh. — 38: MPC 867, UC Nr. **113** S. 154 Joh. — 42: MPC 867, UC Nr. **113** S. 154 Joh. — 52: MPC 865, UC Nr. **113** S. 152 Joh

349 Dembowska
46: SFe Astr. (B) Nr. 1 SFe. — 49: SFe Astr. (B) Nr. 1 SFe. — 50: AJ UdSSR **30** 219 Nan. SFe Astr. (B) Nr. 1 SFe. — 51: UC Nr. **113** S. 161 Joh*. — 52: MPC 916 Bar. Astr Circ UdSSR Nr. 136 Kiw*. Astr Circ UdSSR Nr. 144 Lem*. MPC 984 SFe

350 Ornamenta
51: UC Nr. **113** S. 164 Joh. — 52: MPC 865, UC Nr. **113** S. 152 Joh

351 Yrsa
53: MPC 986 SFe. BAB **4** 141, MPC 899, 900 Ucc

352 Gisela
50: Kiew Publ. Nr. **5** S. 184 Kiw. AJ UdSSR **30** 221 Nan. SFe Astr. (B) Nr. 1 SFe. — 52: Astr Circ UdSSR Nr. 136 AlA*. MPC 915 Bar. — 53: Astr Circ UdSSR Nr. 141 Kiw*. MPC 996 Niz*. Astr Circ UdSSR Nr. 143 Sim*

353 Ruperto-Carola
52: Krim Mitt. **10** 215 Sim*

354 Eleonora
46: SFe Astr. (B) Nr. 1 SFe. — 47: SFe Astr. (B) Nr. 1 SFe. — 49: SFe Astr. (B) Nr. 1 SFe. — 50: Kiew Publ. Nr. **5** S. 184 Kiw. AJ UdSSR **30** 219 Nan. SFe Astr. (B) Nr. 1 SFe. — 52: Astr Circ UdSSR Nr. 133 Lem*. MPC 984 SFe

355 Gabriella
51: UC Nr. **113** S. 161 Joh*. UC Nr. **113** S. 159 Joh. — 52: MPC 864, NAZ **7** 5 Hei*

356 Liguria
51: Poznań Repr. Nr. **31** Poz. TAB (2) Nr. 57 S. 478 Tok*. — 53: MPC 953 Kyo*. MPC 918 Mad. MPC 923 Niz*. Astr Circ UdSSR Nr. 138 Sim*. Astr Circ UdSSR Nr. 141 Tar

357 Ninina
52: MPC 865, UC Nr. **113** S. 152 Joh

358 Apollonia
52: Krim Mitt. **10** 218 Sim*. — 53: MPC 940 Joh

359 Georgia
53: Astr Circ UdSSR Nr. 143 Sim*

360 Carlova
48: SFe Astr. (B) Nr. 1 SFe. — 51: TAB (2) Nr. 57 S. 477 Tok*

361 Bononia
51: UC Nr. **113** S. 161 Joh*. — 52: MPC 865, UC Nr. **113** S. 152 Joh

362 Havnia
47: SFe Astr. (B) Nr. 1 SFe. — 49: SFe Astr. (B) Nr. 1 SFe. — 52: MPC 865, UC Nr. **113** S. 152 Joh

363 Padua
50: SFe Astr. (B) Nr. 1 SFe. — 53: MPC 959 Blo*. MPC 932 Joh. MPC 971 Kyo*

364 Isara
49: SFe Astr. (B) Nr. 1 SFe. — 51: TAB (2) Nr. 57 S. 479, 480 Tok*. — 53: Belgrade Bull. **18** Nr. 1—2 Bel. MPC 971 Kyo*

366 Vincentina
51: MPC 928 Tuk*. — 53: MPC 955 Blo*. MPC 921 Niz*. Astr Circ UdSSR Nr. 138 Sim*

367 Amicitia
53: MPC 982 Joh

368 Haidea
53: Astr Circ UdSSR Nr. 143 Sim*

370 Modestia
53: MPC 949 Joh

371 Bohemia
51: UC Nr. **113** S. 161 Joh*. — 52: MPC 874 Kyo*. Krim Mitt. **10** 221 Sim*. — 53: Belgrade Bull. **18** Nr. 3—4 Bel

372 Palma
49: SFe Astr. (B) Nr. 1 SFe. — 52: UC Nr. **113** S. 155 Joh*. — 53: MPC 940 Joh. MPC 999 Syd

373 Melusina
52: UC Nr. **113** S. 155 Joh*

374 Burgundia
48: SFe Astr. (B) Nr. 1 SFe. — 52: MPC 865, UC Nr. **113** S. 152 Joh. JO **36** 11 Niz. Krim Mitt. **10** 217, 218 Sim*. — 53: Astr Circ UdSSR Nr. 144 Kiw*. Astr Circ UdSSR Nr. 143 Sim*

375 Ursula
52: MPC 865, UC Nr. **113** S. 152 Joh. — 53: MPC 999 Syd

376 Geometria
48: SFe Astr. (B) Nr. 1 SFe. — 51: UC Nr. **113** S. 162 Joh*. — 52: MPC 887 Kyo*

377 Campania
50: Kiew Publ. Nr. 5 S. 184 Kiw. SFe Astr. (B) Nr. 1 SFe. — 53: MPC 954 Kyo*

378 Holmia
51: UC Nr. **113** S. 162 Joh*. — 53: Belgrade Bull. **18** Nr. 3—4 Bel
El Astr Circ UdSSR Nr. 140

379 Huenna
52: Astr Circ UdSSR Nr. 136 AlA*. MPC 865, UC Nr. **113** S. 152 Joh. Krim Mitt. **10** 219 Sim*. — 53: Astr Circ UdSSR Nr. 143 Sim*

380 Fiducia
52: Krim Mitt. **10** 216 Sim*. BAB **4** 132 Ucc. — 53: MPC 982 Joh

381 Myrrha
52: Krim Mitt. **10** 15 Sim*. MPC 928 Tuk*. BAB **4** 132 Ucc. — 53: Astr Circ UdSSR Nr. 141 (?) Kiw*. MPC 999 Syd

382 Dodona
52: MPC 858 Blo*. MPC 887 Kyo*

383 Janina
52: MPC 865, UC Nr. **113** S. 152 Joh[38])

384 Burdigala
51: UC Nr. **113** S. 162 Joh*. — 52: UC Nr. **113** S. 155 Joh*

385 Ilmatar
49: SFe Astr. (B) Nr. 1 SFe. — 52: MPC 865, UC Nr. **113** S. 152 Joh. — 53: Astr Circ UdSSR Nr. 143 Sim*

386 Siegena
49: SFe Astr. (B) Nr. 1 SFe. — 50: AJ UdSSR **30** 220 Nan. SFe Astr. (B) Nr. 1 SFe. — 53: MPC 917 Mad

387 Aquitania
49: SFe Astr. (B) Nr. 1 SFe. — 50: AJ UdSSR **30** 221 Nan. SFe Astr. (B) Nr. 1 SFe. — 53: MPC 978 Bar. MPC 922 Niz*. Astr Circ UdSSR Nr. 141 Tar

388 Charybdis
48: SFe Astr. (B) Nr. 1 SFe. — 52: UC Nr. **113** S. 155 Joh*. — 53: MPC 982 Joh

389 Industria
46: SFe Astr. (B) Nr. 1 SFe. — 49: SFe Astr. (B) Nr. 1 SFe. — 50: Kiew Publ. Nr. 5 S. 184 Kiw. SFe Astr. (B) Nr. 1 SFe. — 51: MPC 888 SFe. TAB (2) Nr. 57 S. 478 Tok*. — 53: MPC 894 Alg*

390 Alma
51: UC Nr. **113** S. 162 Joh*

392 Wilhelmina
52: MPC 919 Niz*. Krim Mitt. **10** 220 Sim*. BAB **4** 132, MPC 878 Ucc

393 Lampetia
49: SFe Astr. (B) Nr. 1 SFe. — 53: MPC 932 Joh. Astr Circ UdSSR Nr. 141 Tar

394 Arduina
52: Krim Mitt. **10** 216 Sim*. — 53: MPC 949 Joh

[38]) Berichtigung in MPC 945.

395 Delia
53: MPC 982 Joh

396 Aeolia
52: Krim Mitt. 10 221 Sim*

397 Vienna
52: MPC 865, UC Nr. **113** S. 152, 159 Joh. Krim Mitt. **10** 217 Sim*
Eph (1953) Astr Circ UdSSR Nr. 133
El Astr Circ UdSSR Nr. 133

398 Admete
39: RI 2198 Wür[39])

399 Persephone
51: MPC 928 Tuk*. — 53: MPC 955 Blo*. MPC 921 Niz*

400 Ducrosa
51: UC Nr. **113** S. 162 (?) Joh*. — 52: UC Nr. **113** S. 156 Joh*[40])

401 Ottilia
51: UC Nr. **113** S. 162 Joh*. — 52: MPC 854, 855, 856, 857 Blo*. Krim Mitt. **10** 222 Sim*

402 Chloë
49: SFe Astr. (B) Nr. **1** SFe. — 52: MPC 888 SFe. BAB **4** 132 Ucc. — 53: MPC 971 Kyo*

403 Cyane
51: UC Nr. **113** S. 162 Joh*

405 Thia
51: TAB (2) Nr. 57 S. 480 Tok*

406 Erna
50: AJ UdSSR **30** 221 Nan

407 Arachne
50: Kiew Publ. Nr. **5** S. 184 Kiw. AJ UdSSR **30** 221 Nan. SFe Astr. (B) Nr. 1 SFe. — 53: MPC 959 Blo*. MPC 932 Joh

408 Fama
51: MPC 928 Tuk*. — 53: MPC 922 Niz*

409 Aspasia
47: SFe Astr. (B) Nr. 1 SFe. — 48: SFe Astr. (B) Nr. 1 SFe. — 50: SFe Astr. (B) Nr. 1 SFe. — 51: UC Nr. **113** S. 161 Joh*. — 52: MPC 916 Bar. MPC 984 SFe. Krim Mitt. **10** 221 Sim*

410 Chloris
52: MPC 865, UC Nr. **113** S. 152 Joh

411 Xanthe
53: MPC 995 Niz*. Astr Circ UdSSR Nr. 143 Sim*

412 Elisabetha
53: MPC 982 Joh. MPC 995 Niz*

413 Edburga
53: Belgrade Bull. 18 Nr. 3—4 Bel

414 Liriope
51: UC Nr. **113** S. 162 Joh*

415 Palatia
50: Kiew Publ. Nr. **5** S. 184 (?) Kiw. SFe Astr. (B) Nr. 1 SFe. — 52: Krim Mitt. **10** 215 Sim*

416 Vaticana
52: JO **36** 11 Niz. MPC 889 SFe*. Krim Mitt. **10** 217 Sim*. BAB **4** 132 Ucc. — 53: MPC 993 Mad

417 Suevia
52: JO **36** 11 Niz. — 53: Astr Circ UdSSR Nr. 142 AlA. MPC 989, 990 Alg*
Eph (1953) MPC 934
El MPC 934

419 Aurelia
46: SFe Astr. (B) Nr. 1 SFe. — 50: AJ UdSSR **30** 219 Nan. — 51: TAB (2) Nr. 57 S. 479 Tok*. — 53: MPC 938 Kyo*. MPC 921 Niz*. BAB **4** 141, MPC 910, 979, 980, 981 Ucc

420 Bertholda
51: UC Nr. **113** S. 162 Joh*. — 52: MPC 865, UC Nr. **113** S. 152, 159 Joh. Krim Mitt. **10** 219, 220 Sim*. — 53: MPC 993 Mad. Astr Circ UdSSR Nr. 143 Sim*

422 Berolina
52: MPC 865, UC Nr. **113** S. 152 Joh

423 Diotima
49: SFe Astr. (B) Nr. 1 SFe. — 50: SFe Astr. (B) Nr. 1 SFe. — 52: MPC 888 SFe[41]). — 53: Astr Circ UdSSR Nr. 141 Kiw*. MPC 971 Kyo*. MPC 995 Niz*. Astr Circ UdSSR Nr. 144 Lem*

424 Gratia
51: TAB (2) Nr. 57 S. 479 Tok*. — 53: Belgrade Bull. 18 Nr. 1—2 Bel. MPC 923, 924 Niz*. Astr Circ UdSSR Nr. 138 Sim*. Astr Circ UdSSR Nr. 141 Tar. MPC 929, 930 Tuk*

425 Cornelia
53: MPC 982 Joh

426 Hippo
49: SFe Astr. (B) Nr. 1 SFe

427 Galene
52: Krim Mitt. **10** 217 Sim*. — 53: MPC 949 Joh

429 Lotis
53: MPC 921 Niz*

431 Nephele
51: UC Nr. **113** S. 162 Joh*. — 52: MPC 862, 967 Blo*. MPC 888 Kyo*. Madrid Bol. **4** Nr. 6, MPC 873 Mad

[39]) Berichtigung in NAZ **7** 32.
[40]) Als unidentifiziert bezeichnet.
[41]) Berichtigung in MPC 996.

432 Pythia
50: SFe Astr. (B) Nr. 1 SFe. — 51: UC Nr. 113 S. 162 Joh*. — 53: MPC 938 Kyo*. MPC 917 Mad. Astr Circ UdSSR Nr. 138 Sim*[42]). Astr Circ UdSSR Nr. 141 Tar

433 Eros
31: SFe Astr. (B) Nr. 1 SFe. — 51: JO 36 16 Alg. TAB (2) Nr. 57 S. 478 Tok*. — 52: JO 36 16 Alg
Eph (1953) NAZvM 193
Eph (1954) NAZvM 204

435 Ella
51: UC Nr. 113 S. 162 Joh*. — 52: Astr Circ UdSSR Nr. 136 AlA*. MPC 911 Kyo*[43]). MPC 920 Niz*. Astr Circ UdSSR Nr. 134 Tar*

436 Patricia
53: MPC 932 Joh

437 Rhodia
53: MPC 940 Joh
Eph (1953) Astr Circ UdSSR Nr. 133
El Astr Circ UdSSR Nr. 133

439 Ohio
52: Astr Circ UdSSR Nr. 136 AlA*

441 Bathilde
52: UC Nr. 113 S. 155 Joh*

442 Eichsfeldia
50: Kiew Publ. Nr. 5 S. 185 Kiw. — 53: MPC 978 Bar. Belgrade Bull. 18 Nr. 1—2 Bel. MPC 941, 942 Kyo*. MPC 917 Mad. Astr Circ UdSSR Nr. 141 Tar. MPC 929 Tuk*. BAB 4 141, MPC 980 Ucc

443 Photographica
53: MPC 993 Mad. Astr Circ UdSSR Nr. 143 Sim*

444 Gyptis
52: Astr Circ UdSSR Nr. 136 Kiw*. — 53: MPC 917 Mad. MPC 986 SFe. Astr Circ UdSSR Nr. 141 Tar. BAB 4 141, MPC 899 Ucc

445 Edna
50: AJ UdSSR 30 221 Nan. SFe Astr. (B) Nr. 1 SFe. — 53: MPC 932 Joh

446 Aeternitas
53: Belgrade Bull. 18 Nr. 1—2 Bel. MPC 923, 924 Niz*. Astr Circ UdSSR Nr. 138 Sim*. Astr Circ UdSSR Nr. 141 Tar

447 Valentine
53: MPC 978 Bar*. MPC 928, 929, 930 Tuk*. BAB 4 141, MPC 979 Ucc

448 Natalie
53: MPC 954 (?) Kyo*

449 Hamburga
50: Kiew Publ. Nr. 5 S. 185 Kiw. — 51: UC Nr. 113 S. 162 Joh*. — 52: MPC 856, 858, 860, 861 Blo*. MPC 887 Kyo*

450 Brigitta
53: MPC 921 Niz*

451 Patientia
49: SFe Astr. (B) Nr. 1 SFe. — 50: Kiew Publ. Nr. 5 S. 185 Kiw. SFe Astr. (B) Nr. 1 SFe. — 51: UC Nr. 113 S. 162 Joh*. — 52: MPC 916 Bar. MPC 865, UC Nr. 113 S. 152 Joh. MPC 984 SFe

453 Tea
52: UC Nr. 113 S. 155 Joh*

454 Mathesis
51: TAB (2) Nr. 57 S. 477 Tok*. — 52: MPC 865, UC Nr. 113 S. 152 Joh

455 Bruchsalia
52: MPC 865, UC Nr. 113 S. 152 Joh. — 53: Belgrade Bull. 18 Nr. 3—4 Bel

456 Abnoba
51: UC Nr. 113 S. 162 Joh*[44]). UC Nr. 113 S. 159 Joh. — 53: MPC 995, 996 Niz*[45]). Krim Mitt. 10 222 Sim*

458 Hercynia
52: MPC 911 Kyo*. MPC 984 SFe

459 Signe
53: MPC 930, 931 Tuk*. BAB 4 141 (?), MPC 981 (?) Ucc

460 Scania
52: Krim Mitt. 10 218 Sim*. — 53: MPC 949 Joh

462 Eriphyla
52: Krim Mitt. 10 217 Sim*. BAB 4 132 Ucc. — 53: MPC 972 Kyo*. MPC 996 Niz*. Astr Circ UdSSR Nr. 143 Sim*

463 Lola
52: MPC 858 Blo*. MPC 887, 888 Kyo*

464 Megaira
53: MPC 956 Blo*. MPC 922 Niz*

465 Alekto
51: UC Nr. 113 S. 162 Joh*

466 Tisiphone
51: UC Nr. 113 S. 164 Joh. — 52: UC Nr. 113 S. 155 Joh*. MPC 865, UC Nr. 113 S. 152, 159 Joh. — 53: MPC

---

[42]) Berichtigung in Register Astr Circ UdSSR Nr. 80—150.
[43]) Berichtigung in MPC 945.
[44]) Berichtigung in MPC 904.
[45]) Beob. Jul 16 irrtümlich zugeordnet, 466 Tisiphone zugehörig, MPC 1146.

989, 990 Alg*. MPC 979 Joh. MPC 996 Niz*[46]). Astr Circ UdSSR Nr. 143 Sim*

468 Lina
53: MPC 940 Joh

469 Argentina
52: JO **36** 11 Niz. Krim Mitt. **10** 215 Sim*. — 53: MPC 949 Joh

470 Kilia
51: TAB (2) Nr. 57 S. 478 Tok*. — 53: MPC 917 Mad. Astr Circ UdSSR Nr. 138 Sim*. Astr Circ UdSSR Nr. 141 Tar. MPC 931 Tuk*

471 Papagena
49: SFe Astr. (B) Nr. **1** SFe. — 50: SFe Astr. (B) Nr. 1 SFe. — 51: UC Nr. **113** S. 162 Joh*. — 53: MPC 978 Bar. Belgrade Bull. **18** Nr. 1—2 Bel. Astr Circ UdSSR Nr. 136 Kiw*. MPC 922 Niz*. MPC 987 SFe. Astr Circ UdSSR Nr. 137 Wil*
Eph (1953) Astr. Nachr. Berlin-Treptow **5** 28

472 Roma
50: SFe Astr. (B) Nr. **1** SFe. — 52: MPC 916 Bar[47]). MPC 888 SFe

474 Prudentia
52: Belgrade Bull. **17** 34 Bel. Madrid Bol. **4** Nr. 6, MPC 872, 873 Mad. Krim Mitt. **10** 219, 220 Sim*

475 Ocllo
51: UC Nr. **113** S. 162 Joh*. UC Nr. **113** S. 159 Joh

476 Hedwig
49: SFe Astr. (B) Nr. **1** SFe. — 52: Astr Circ UdSSR Nr. 136 AlA*. MPC 865, UC Nr. **113** S. 152 Joh. — 53: Astr Circ UdSSR Nr. 143 Sim*

477 Italia
50: JO **36** 12 Niz. — 53: MPC 960 Blo*. MPC 940 Joh. MPC 971 Kyo*

478 Tergeste
48: SFe Astr. (B) Nr. **1** SFe. — 51: UC Nr. **113** S. 162 Joh*. — 52: Krim Mitt. **10** 219 Sim*. — 53: Astr Circ UdSSR Nr. 144 Kiw*

479 Caprera
52: BAB **4** 133 Ucc. — 53: BAB **4** 141, MPC 981 Ucc

480 Hansa
52: UC Nr. **113** S. 155 Joh*. — 53: Belgrade Bull. **18** Nr. 3—4 Bel

481 Emita
46: SFe Astr. (B) Nr. **1** SFe. — 50: Kiew Publ. Nr. **5** S. 185 Kiw. SFe Astr. (B) Nr. **1** SFe. — 53: Belgrade Bull. **18** Nr. 1—2 Bel. MPC 971 Kyo*

483 Seppina
53: MPC 957, 958 Blo*. MPC 938 Joh. Astr Circ UdSSR Nr. 138 Sim*. BAB **4** 141, MPC 981 Ucc

484 Pittsburghia
51: UC Nr. **113** S. 162 Joh*. MPC 928 Tuk*. — 53: MPC 921 Niz*

485 Genua
47: SFe Astr. (B) Nr. **1** SFe. — 50: SFe Astr. (B) Nr. **1** SFe. — 52: Krim Mitt. **10** 216, 217, 218 Sim*. — 53: MPC 961 Blo*. MPC 996 Niz*

486 Cremona
53: MPC 973 Joh

487 Venetia
51: TAB (2) Nr. 57 S. 480 Tok*. — 53: Belgrade Bull. **18** Nr. 1—2 Bel. MPC 923, 924 Niz*. Astr Circ UdSSR Nr. 138 Sim*. MPC 929, 930 Tuk*

488 Kreusa
47: MPC 5 Joh*[48]). — 50: SFe Astr. (B) Nr. **1** SFe. — 52: MPC 915 Bar. MPC 888 SFe. Krim Mitt. **10** 215 Sim*. — 53: MPC 961 Blo*. MPC 949 Joh. MPC 999 Syd

489 Comacina
52: Krim Mitt. **10** 220 Sim*

490 Veritas
52: Krim Mitt. **10** 219 Sim*. — 53: MPC 993 Mad. Astr Circ UdSSR Nr. 144 Kiw*. Astr Circ UdSSR Nr. 143 Sim*

491 Carina
52: Krim Mitt. **10** 219 Sim*. — 53: Astr Circ UdSSR Nr. 143 Sim*

492 Gismonda
51: UC Nr. **113** S. 162 Joh*. — 52: MPC 911 Kyo*. MPC 920 Niz*

493 Griseldis
52: MPC 858, 859 Blo*[49])

494 Virtus
39: RI 2198 Wür[50]). — 52: MPC 865, UC Nr. **113** S. 152 Joh. Krim Mitt. **10** 218 Sim*. — 53: MPC 973 Joh

495 Eulalia
52: Krim Mitt. **10** 219 Sim*

496 Gryphia
53: MPC 940 Joh
Eph (1953) Astr Circ UdSSR Nr. 133
El Astr Circ UdSSR Nr. 133

[46]) Irrtümlich 456 Abnoba zugeordnet, MPC 1146.
[47]) Berichtigung in MPC 996.
[48]) Berichtigung in MPC 945.
[49]) Berichtigung in MPC 945.
[50]) Berichtigung in NAZ **7** 32.

497 Iva
50: Kiew Publ. Nr. 5 S. 185 Kiw
Id mit 1950 TD_3, Madrid Bol. 4 Nr. 6
El Madrid Bol. 4 Nr. 6

498 Tokio
49: SFe Astr. (B) Nr. 1 SFe. — 52: Krim Mitt. 10 215 Sim*. MPC 928 Tuk*. BAB 4 133 Ucc. — 53: MPC 961 Blo*. MPC 949 Joh

500 Selinur
51: UC Nr. 113 S. 162 Joh*. — 52: MPC 886 Kyo*

501 Urhixidur
51: UC Nr. 113 S. 162 Joh*. UC Nr. 113 S. 159 Joh

502 Sigune
52: UC Nr. 113 S. 159 Joh

503 Evelyn
51: TAB (2) Nr. 57 S. 479 Tok*. — 53: MPC 978 Bar. MPC 952, NAZ 7 27, 30, 31 Hei*. MPC 953, 954 Kyo*. Astr Circ UdSSR Nr. 144 Lem*. MPC 947 Mad. Astr Circ UdSSR Nr. 138 Sim*

504 Cora
52: MPC 911 Kyo*. Madrid Bol. 4 Nr. 6, MPC 879 Mad

505 Cava
47: SFe Astr. (B) Nr. 1 SFe. — 51: UC Nr. 113 S. 162 Joh*. — 53: Astr Circ UdSSR Nr. 141 Tar

506 Marion
51: UC Nr. 113 S. 162 Joh*. — 52: MPC 865, UC Nr. 113 S. 152 Joh. — 53: MPC 971, 972 Kyo*. MPC 996 Niz*. Astr Circ UdSSR Nr. 143 Sim*

507 Laodica
53: Astr Circ UdSSR Nr. 140 AlA*. MPC 978 Bar. MPC 938 Kyo*. MPC 922 Niz*

508 Princetonia
53: MPC 929 Tuk*. BAB 4 141, MPC 980 Ucc

509 Jolanda
51: UC Nr. 113 S. 162 Joh*. — 52: Belgrade Bull. 17 34 Bel. Madrid Bol. 4 Nr. 6, MPC 872, 873 Mad. Krim Mitt. 10 219 Sim*

510 Mabella
50: Kiew Publ. Nr. 5 S. 185 Kiw. — 53: MPC 958 Blo*. Astr Circ UdSSR Nr. 141 Tar. BAB 4 141, MPC 910 Ucc

511 Davida
47: SFe Astr. (B) Nr. 1 SFe. — 48: SFe Astr. (B) Nr. 1 SFe. — 49: SFe Astr. (B) Nr. 1 SFe. — 50: AJ UdSSR 30 221 Nan. SFe Astr. (B) Nr. 1 SFe. — 52: MPC 915 Bar. Mem SA It (NS) 24 150 = Roma Monte Mario Contr. Nr. 183, MPC 883 Rom. MPC 888 SFe. — 53: MPC 978 Bar. Belgrade Bull. 18 Nr. 1—2 Bel. Astr Circ UdSSR Nr. 138 Kiw*. Astr Circ UdSSR Nr. 144 Lem*. MPC 931 Tuk*. BAB 4 141, MPC 981 Ucc. Astr Circ UdSSR Nr. 140 Wil*

512 Taurinensis
52: MPC 911 Kyo*. Madrid Bol. 4 Nr. 6, MPC 879 Mad

513 Centesima
53: BAB 4 141, MPC 980, 981 Ucc

514 Armida
52: MPC 924 Kyo*

517 Edith
51: UC Nr. 113 S. 162 Joh*. — 52: UC Nr. 113 S. 155 Joh*. — 53: Belgrade Bull. 18 Nr. 3—4 Bel

518 Halawe
51: JO 36 12 Niz

519 Sylvania
53: MPC 959, 960 Blo*. MPC 932 Joh. MPC 971 Kyo*. BAB 4 141, MPC 981, 982 Ucc
Eph (1953) Astr Circ UdSSR Nr. 133

520 Franziska
53: MPC 969 Joh

521 Brixia
52: MPC 865, UC Nr. 113 S. 152 Joh. — 53: Belgrade Bull. 18 Nr. 3—4 Bel

522 Helga
53: MPC 922 Niz*

523 Ada
52: UC Nr. 113 S. 155 Joh*. — 53: Astr Circ UdSSR Nr. 143 Sim*

524 Fidelio
52: MPC 865, UC Nr. 113 S. 152 Joh. — 53: Astr Circ UdSSR Nr. 143 Sim*

526 Jena
53: MPC 938 Kyo*. MPC 922 Niz*

527 Euryanthe
53: MPC 942 Kyo*. Astr Circ UdSSR Nr. 138 Sim*. MPC 929, 930 Tuk*. BAB 4 141, MPC 910 Ucc

528 Rezia
53: Astr Circ UdSSR Nr. 140 AlA*

529 Preziosa
52: UC Nr. 113 S. 155 (?) Joh*[51]). — 53: MPC 973 Joh

[51]) Als unidentifiziert bezeichnet.

530 Turandot
52: MPC 856 Blo*. MPC 886 Kyo*. Krim Mitt. **10** 222 Sim*. — 53: Belgrade Bull. 18 Nr. 3—4 Bel

532 Herculina
46: SFe Astr. (B) Nr. 1 SFe. — 48: SFe Astr. (B) Nr. 1 SFe. — 50: AJ UdSSR **30** 219 Nan. Poznań Repr. Nr. **31** Poz. SFe Astr. (B) Nr. 1 SFe. — 51: UC Nr. **113** S. 162 Joh*. — 52: MPC 865, UC Nr. **113** S. 152 Joh. MPC 984 SFe. — 53: Belgrade Bull. **18** Nr. 3—4 Bel

533 Sara
52: MPC 887 Kyo*

534 Nassovia
53: MPC 954 Kyo*

535 Montague
51: TAB (2) Nr. 57 S. 479 Tok*. — 53: Belgrade Bull. 18 Nr. 1—2 Bel. MPC 917 Mad. MPC 923 Niz*. Astr Circ UdSSR Nr. 138 Sim*[52]). Astr Circ UdSSR Nr. 141 Tar. MPC 929, 930 Tuk*

536 Merapi
51: UC Nr. **113** S. 164 Joh

537 Pauly
52: BAB 4 133, MPC 878 Ucc

538 Friederike
53: MPC 952, NAZ 7 27, 30, 31 Hei*. MPC 953, 954 Kyo*. Astr Circ UdSSR Nr. 138 Sim*

539 Pamina
53: MPC 932 Joh

540 Rosamunde
51: TAB (2) Nr. 57 S. 479 Tok*. — 53: Belgrade Bull. **18** Nr. 1—2 Bel. MPC 959 Blo*. MPC 932 Joh. MPC 971 Kyo*. MPC 947 Mad

541 Deborah
51: UC Nr. **113** S. 162 Joh*. — 52: MPC 888 Kyo*

542 Susanna
52: Krim Mitt. **10** 217 Sim*

543 Charlotte
51: JO **36** 121 Alg. UC Nr. **113** S. 162 Joh*. — 52: Astr Circ UdSSR Nr. 136 AlA*. JO **36** 121 Alg. MPC 874 Kyo*. Krim Mitt. **10** 221 Sim*

544 Jetta
53: MPC 959 Blo*. MPC 932 Joh

545 Messalina
49: SFe Astr. (B) Nr. 1 SFe. — 52: BAB 4 133 Ucc. — 53: MPC 917 Mad

546 Herodias
52: MPC 915 Bar. — 53: MPC 940 Joh

547 Praxedis
50: Kiew Publ. Nr. 5 S. 185 Kiw

548 Kressida
52: MPC 854, 855, 856, 857 Blo*. Krim Mitt. **10** 221, 222 Sim*

550 Senta
49: SFe Astr. (B) Nr. 1 SFe. — 53: MPC 949 Joh. MPC 999 Syd

551 Ortrud
53: MPC 960 Blo*. MPC 940 Joh

552 Sigelinde
53: Astr Circ UdSSR Nr. 143 Sim*

554 Peraga
49: SFe Astr. (B) Nr. 1 SFe. — 51: TAB (2) Nr. 57 S. 478 Tok*. — 53: Belgrade Bull. **18** Nr. 3—4 Bel. MPC 917, 918 Mad

555 Norma
53: MPC 979 Joh

556 Phyllis
50: Kiew Publ. Nr. 5 S. 186 (?) Kiw. — 52: UC Nr. **113** S. 155 Joh*. Krim Mitt. **10** 216, 217, 218 Sim*. — 53: MPC 996 Niz*

558 Carmen
52: MPC 855, 857 Blo*. MPC 886 Kyo*

559 Nanon
51: UC Nr. **113** S. 162 Joh*. MPC 928 Tuk*

560 Delila
52: MPC 851, 853 Blo*

561 Ingwelde
52: Astr Circ UdSSR Nr. 136 AlA*

562 Salome
52: Krim Mitt. **10** 216 Sim*

563 Suleika
47: SFe Astr. (B) Nr. 1 SFe. — 49: SFe Astr. (B) Nr. 1 SFe. — 51: UC Nr. **113** S. 162 Joh*. — 53: MPC 978 Bar. MPC 917 Mad. MPC 986 SFe. Astr Circ UdSSR Nr. 138 Sim*. Astr Circ UdSSR Nr. 141 Tar

564 Dudu
51: UC Nr. **113** S. 164 Joh El Astr Circ UdSSR Nr. 144

566 Stereoskopia
50: Kiew Publ. Nr. 5 S. 186, 188 Kiw[53]). SFe Astr. (B) Nr. 1 SFe. — 51: TAB (2) Nr. 57 S. 479, 480 Tok*. — 53: MPC 522 Niz*. Astr Circ UdSSR Nr. 141 Tar. BAB 4 141, MPC 979 Ucc[54])

[52]) Berichtigung in Register Astr Circ UdSSR Nr. 80—150.

[53]) Auf S. 188 als unidentifiziert bezeichnet.

[54]) Berichtigung in MPC 1021.

567 Eleutheria
49: SFe Astr. (B) Nr. 1 SFe. — 52: MPC 924 Kyo*

568 Cheruskia
52: MPC 865, UC Nr. **113** S. 152 Joh. — 53: MPC 940 Joh

569 Misa
51: UC Nr. **113** S. 162 Joh*. — 52: MPC 851, 853 Blo*. MPC 865, UC Nr. **113** S. 152 Joh. — 53: MPC 993 Mad

570 Kythera
53: MPC 941, 942 Kyo*. MPC 923 Niz*. BAB **4** 141, MPC 980 Ucc

571 Dulcinea
50: JO **36** 12 Niz

573 Recha
51: UC Nr. **113** S. 162 Joh*. UC Nr. **113** S. 159 Joh. — 52: Astr Circ UdSSR Nr. 136 AlA*. MPC 919 Niz*. Krim Mitt. **10** 221, 222 Sim*

575 Renate
53: MPC 958 Blo*

576 Emanuela
51: UC Nr. **113** S. 162 Joh*. — 52: MPC 859 Blo*. BAB **4** 133 (?), MPC 878 (?) Ucc

577 Rhea
53: MPC 932 Joh

578 Happelia
50: Kiew Publ. Nr. **5** S. 186 Kiw. — 53: MPC 922 Niz*. Astr Circ UdSSR Nr. 141 Tar. MPC 928, 930, 931 Tuk*

579 Sidonia
50: SFe Astr. (B) Nr. 1 SFe. — 51: UC Nr. **113** S. 162 Joh*. — 52: MPC 859 Blo*. Madrid Bol. **4** Nr. 6, MPC 879 Mad. Astr Circ UdSSR Nr. 134 Tar*

580 Selene
51: TAB (2) Nr. 57 S. 479 Tok*. — 53: MPC 942 Kyo*. MPC 922 Niz*

582 Olympia
51: UC Nr. **113** S. 162 Joh*. TAB (2) Nr. 57 S. 478 Tok*. — 53: Belgrade Bull. **18** Nr. 1—2 Bel

584 Semiramis
48: SFe Astr. (B) Nr. 1 SFe[55]). — 51: UC Nr. **113** S. 162 Joh*. TAB (2) Nr. 57 S. 477 Tok*. — 52: Astr Circ UdSSR Nr. 133 Lem*. MPC 984 SFe

585 Bilkis
52: Astr Circ UdSSR Nr. 136 AlA*. MPC 851 Blo*

586 Thekla
52: MPC 924 Kyo*

588 Achilles
51: TAB (2) Nr. 57 S. 479 Tok*

589 Croatia
52: Astr Circ UdSSR Nr. 136 AlA*. BAB **4** 133, MPC 878 Ucc. — 53: Astr Circ UdSSR Nr. 143 (?) Sim*

590 Tomyris
53: MPC 930 Tuk*

591 Irmgard
51: UC Nr. **113** S. 162 Joh*. — 52: MPC 858 Blo*

592 Bathseba
51: TAB (2) Nr. 57 S. 479 Tok*. — 53: Astr Circ UdSSR Nr. 140 AlA*. MPC 957 Blo*. MPC 923 Niz*. BAB **4** 141, MPC 980 Ucc

593 Titania
50: SFe Astr. (B) Nr. 1 SFe. — 52: MPC 865, UC Nr. **113** S. 153 Joh

595 Polyxena
52: Astr Circ UdSSR Nr. 133 AlA*. MPC 866, UC Nr. **113** S. 153 Joh. Krim Mitt. **10** 218 Sim*. — 53: MPC 973 Joh

597 Bandusia
51: TAB (2) Nr. 57 S. 479 Tok*. — 53: MPC 922 Niz*

598 Octavia
52: BAB **4** 133 Ucc. — 53: MPC 941 Joh

599 Luisa
52: Krim Mitt. **10** 216, 217 Sim*. BAB **4** 133 Ucc

600 Musa
53: Belgrade Bull. **18** Nr. 1—2 Bel. Astr Circ UdSSR Nr. 138 Sim*. Astr Circ UdSSR Nr. 141 Tar. MPC 929, 930 Tuk*

602 Marianna
52: MPC 866, UC Nr. **113** S. 153 Joh

604 Tekmessa
52: UC Nr. **113** S. 155 Joh*

605 Juvisia
51: UC Nr. **113** S. 162 Joh*. UC Nr. **113** S. 159 Joh. — 52: MPC 874 Kyo*. Krim Mitt. **10** 221 Sim*

606 Brangäne
51: UC Nr. **113** S. 162 Joh*. — 52: MPC 860 Blo*. MPC 911 Kyo*

607 Jenny
53: MPC 941 Joh

608 Adolfine
53: Astr Circ UdSSR Nr. 143 Sim*

[55]) Statt 1946 lies 1948.

609 Fulvia
53: MPC 954 Kyo*

611 Valeria
52: MPC 874 Kyo*. Krim Mitt. **10** 221 Sim*

613 Ginevra
53: MPC 957 Blo*. MPC 922 Niz*. MPC 930, 931 Tuk*

614 Pia
53: MPC 959 Blo*. MPC 969 Joh

615 Roswitha
52: MPC 866, UC Nr. **113** S. 153 Joh

616 Elly
53: Astr Circ UdSSR Nr. 141 Tar

617 Patroclus
51: UC Nr. **113** S. 162 Joh*. UC Nr. **113** S. 159 Joh. — 52: MPC 866, UC Nr. **113** S. 153 Joh[56])

618 Elfriede
51: UC Nr. **113** S. 162 Joh*

619 Triberga
52: MPC 936 NHv

620 Drakonia
51: UC Nr. **113** S. 162 Joh*

622 Esther
51: TAB (2) Nr. 57 S. 479 Tok*. — 53: Astr Circ UdSSR Nr. 138 Sim*. MPC 930, 931 Tuk*. BAB **4** 141, MPC 981 Ucc

623 Chimaera
51: UC Nr. **113** S. 162 Joh*

625 Xenia
51: TAB (2) Nr. 57 S. 477 Tok*

626 Notburga
53: MPC 932 Joh

628 Christine
53: MPC 912, 989 Alg*. MPC 923 Niz*. MPC 930 Tuk*

629 Bernardina
52: Krim Mitt. **10** 217 Sim*. BAB **4** 133 Ucc

630 Euphemia
51: UC Nr. **113** S. 162 Joh*. — 52: MPC 861 (?) Blo*

631 Philippina
53: MPC 932 Joh

632 Pyrrha
51: UC Nr. **113** S. 162 Joh*

633 Zelima
53: BAB **4** 141, MPC 979 Ucc

634 Ute
51: TAB (2) Nr. 57 S. 479 Tok*. — 53: MPC 956 Blo*. MPC 922 Niz*

635 Vundtia
52: Astr Circ UdSSR Nr. 136 AlA*. — 53: Astr Circ UdSSR Nr. 143 Sim*

636 Erika
52: Krim Mitt. **10** 215 Sim*. — 53: MPC 932 Joh. MPC 971 Kyo*

637 Chrysothemis
52: MPC 881 Blo

638 Moira
52: BAB **4** 133 Ucc. — 53: MPC 973 Joh

639 Latona
49: SFe Astr. (B) Nr. 1 SFe. — 53: MPC 958 Blo*. MPC 932 Joh

640 Brambilla
51: UC Nr. **113** S. 162 Joh*

641 Agnes
53: MPC 979 Joh

644 Cosima
52: MPC 866, UC Nr. **113** S. 153 Joh

646 Kastalia
53: MPC 979 Joh. Astr Circ UdSSR Nr. 143 Sim*

647 Adelgunde
52: MPC 851, 967 Blo*

648 Pippa
51: UC Nr. **113** S. 162 Joh*. — 52: Astr Circ UdSSR Nr. 136 AlA*. MPC 874 Kyo*

649 Josefa
52: MPC 859, 862, 955 Blo*

650 Amalasuntha
53: Astr Circ UdSSR Nr. 143 Sim*

651 Antikleia
52: Krim Mitt. **10** 216 Sim*. — 53: MPC 982 Joh

652 Jubilatrix
51: UC Nr. **113** S. 162 Joh*. — 52: MPC 955 Blo*

654 Zelinda
52: MPC 860, 861, 862, 955 Blo*. Astr Circ UdSSR Nr. 144 Lem*. MPC 984 SFe

655 Briseïs
52: MPC 866, UC Nr. **113** S. 153 Joh. Krim Mitt. **10** 219 Sim*. — 53: Astr Circ UdSSR Nr. 143 Sim*

656 Beagle
53: Astr Circ UdSSR Nr. 140 AlA*. MPC 938 Kyo*. MPC 922 Niz*[57])

657 Gunlöd
51: UC Nr. **113** S. 162 Joh*. — 52: MPC 919 (?) Niz. BAB **4** 133, MPC 878 Ucc

658 Asteria
53: MPC 941 Joh

[56]) Berichtigung in MPC 945.

[57]) Berichtigung in MPC 967.

660 Crescentia
49: SFe Astr. (B) Nr. 1 SFe. — 50: AJ UdSSR **30** 220 Nan. SFe Astr. (B) Nr. 1 SFe. — 51: TAB (2) Nr. 57 S. 480 Tok*. — 53: Astr Circ UdSSR Nr. 144 Lem*. MPC 930 Tuk*

661 Cloelia
50: Kiew Publ. Nr. **5** S. 186 Kiw. — 52: MPC 863, NAZ **7** 5 Hei*. Krim Mitt. **10** 221, 222 Sim*

662 Newtonia
53: MPC 971 Kyo*

664 Judith
53: MPC 989 Alg*. MPC 992 Mad

665 Sabine
52: MPC 866, UC Nr. **113** S. 153 Joh. — 53: Belgrade Bull. 18 Nr. 3—4 Bel. Astr Circ UdSSR Nr. 143 Sim*

666 Desdemona
53: MPC 959 Blo*

667 Denise
52: BAB **4** 133 Ucc

669 Kypria
53: Astr Circ UdSSR Nr. 140 AlA*. BAB 4 141, MPC 980 Ucc

670 Ottegebe
53: Astr Circ UdSSR Nr. 140 AlA*. BAB 4 141, MPC 910, 980, 981 Ucc

671 Carnegia
52: MPC 888 Kyo*. MPC 920 Niz*

673 Edda
53: MPC 957 Blo*. MPC 938 Kyo*. MPC 922 Niz*. BAB 4 141, MPC 980 Ucc

674 Rachele
48: SFe Astr. (B) Nr. 1 SFe. — 50: SFe Astr. (B) Nr. 1 SFe. — 51: UC Nr. **113** S. 162 Joh*. — 52: MPC 866, UC Nr. **113** S. 153 Joh

675 Ludmilla
49: SFe Astr. (B) Nr. 1 SFe. — 50: Poznań Repr. Nr. **31** Poz. — 52: MPC 866, UC Nr. **113** S. 153 Joh. Krim Mitt. **10** 217 Sim*. — 53: MPC 960 Blo*. MPC 941 Joh. MPC 999 Syd

676 Melitta
52: BAB **4** 133 Ucc

677 Aaltje
51: UC Nr. **113** S. 162 Joh*. — 52: MPC 874 Kyo*. Krim Mitt. **10** 221 Sim*

678 Fredegundis
49: SFe Astr. (B) Nr. 1 SFe. — 51: UC Nr. **113** S. 162 Joh*. — 52: UC Nr. **113** S. 155 Joh*

679 Pax
49: SFe Astr. (B) Nr. 1 SFe. —52: Belgrade Bull. **17** 34 Bel. BAB **4** 133 Ucc
Eph (1953) Sky and Telescope **12** 306

680 Genoveva
53: MPC 923 Niz*. MPC 930 Tuk*

683 Lanzia
52: UC Nr. **113** S. 155 Joh*. — 53: MPC 996 Niz*

684 Hildburg
51: MPC 928 Tuk*

685 Hermia
52: UC Nr. **113** S. 155 Joh*

686 Gersuind
51: TAB (2) Nr. 57 S. 478 Tok*

688 Melanie
53: MPC 971 Kyo*. MPC 996 (?) Niz*[58]). Astr Circ UdSSR Nr. 143 Sim*

690 Wratislavia
52: Astr Circ UdSSR Nr. 133 AlA*. UC Nr. **113** S. 155 Joh*. Krim Mitt. **10** 218 Sim*. — 53: Belgrade Bull. 18 Nr. 3—4 Bel. Astr Circ UdSSR Nr. 141 Kiw*. MPC 971 Kyo*. MPC 996 Niz*. Astr Circ UdSSR Nr. 143 Sim*

691 Lehigh
53: Belgrade Bull. 18 Nr. 1—2 Bel. MPC 923 Niz*

692 Hippodamia
53: BAB **4** 141 (?), MPC 981 (?) Ucc

693 Zerbinetta
53: MPC 932 Joh

694 Ekard
48: SFe Astr. (B) Nr. 1 SFe. — 51: UC Nr. **113** S. 162 Joh*. — 52: MPC 916 Bar. Madrid Bol. **4** Nr. 6, MPC 872 Mad

695 Bella
49: SFe Astr. (B) Nr. 1 SFe. — 52: UC Nr. **113** S. 155 Joh*. — 53: Belgrade Bull. 18 Nr. 3—4 Bel

696 Leonora
53: MPC 982 Joh

697 Galilea
51: UC Nr. **113** S. 159 Joh. — 52: MPC 860 Blo*. MPC 911 Kyo*

699 Hela
52: UC Nr. **113** S. 160 Blf[59])

700 Auravictrix
53: MPC 947 Mad. Astr

[58]) Berichtigung in MPC 1146.

[59]) Beob. Mai 2 irrtümlich zugeordnet, 1952 JB zugehörig, MPC 1008.

Circ UdSSR Nr. 138 Sim*. MPC 930 Tuk*

701 Oriola
51: UC Nr. 113 S. 162 Joh*. UC Nr. 113 S. 159 Joh. — 52: MPC 854 Blo*. BAB 4 133, MPC 878 Ucc

702 Alauda
50: Kiew Publ. Nr. 5 S. 186 Kiw. — 53: MPC 978 Bar. MPC 938 Kyo*. MPC 917 Mad. Astr Circ UdSSR Nr. 141 Tar. BAB 4 141, MPC 910, 979, 981 Ucc

704 Interamnia
50: SFe Astr. (B) Nr. 1 SFe. — 51: UC Nr. 113 S. 162 Joh*. — 52: MPC 866, UC Nr. 113 S. 153 Joh. MPC 984 SFe. Krim Mitt. 10 219, 220 Sim*. — 53: Belgrade Bull. 18 Nr. 3—4 Bel
Eph (1953) Sky and Telescope 12 306

705 Erminia
53: MPC 932 Joh[60])

707 Steïna
51: UC Nr. 113 S. 162 Joh*

708 Raphaela
51: UC Nr. 113 S. 162 Joh*. — 52: MPC 857, 862, 967 Blo*. UC Nr. 113 S. 159 Joh. MPC 874 Kyo*

709 Fringilla
39: RI 2198 Wür[61]). — 52: MPC 866, UC Nr. 113 S. 153 Joh. — 53: Astr Circ UdSSR Nr. 141 Kiw*. MPC 971, 972 Kyo*

710 Gertrud
40: RI 2223 Aba*[62]). — 51: UC Nr. 113 S. 162 Joh*

711 Marmulla
52: Astr Circ UdSSR Nr. 136 AlA*. MPC 854 Blo*. MPC 919 Niz. Krim Mitt. 10 221, 222 Sim*

712 Boliviana
47: SFe Astr. (B) Nr. 1 SFe. — 51: MPC 928 Tuk*. — 53: MPC 932 Joh

713 Luscinia
51: TAB (2) Nr. 57 S. 478 Tok*. — 52: MPC 955 Blo*. BAB 4 133, MPC 878 Ucc

714 Ulula
49: SFe Astr. (B) Nr. 1 SFe. — 51: UC Nr. 113 S. 162 Joh*. — 52: Krim Mitt. 10 219, 220 Sim*[63]). BAB 4 133, MPC 878 Ucc

715 Transvaalia
52: Krim Mitt. 10 216 Sim*. — 53: MPC 982 Joh

716 Berkeley
52: Astr Circ UdSSR Nr. 133 AlA*[64]). JO 36 121 Alg. BAB 4 133 Ucc

717 Wisibada
50: Kiew Publ. Nr. 5 S. 186 Kiw. — 53: BAB 4 141, MPC 980, 981 Ucc

718 Erida
52: Madrid Bol. 4 Nr. 6 Mad. Krim Mitt. 10 216 Sim*. BAB 4 135 Ucc*. BAB 4 133 Ucc. — 53: MPC 973 Joh. Astr Circ UdSSR Nr. 143 Sim*

720 Bohlinia
53: MPC 923 Niz*. Astr Circ UdSSR Nr. 138 Sim*[65]). Astr Circ UdSSR Nr. 141 Tar. MPC 931 Tuk*

722 Frieda
52: UC Nr. 113 S. 155 Joh*

723 Hammonia
51: UC Nr. 113 S. 162 Joh*[66]). — 52: MPC 887 Kyo*

725 Amanda
52: Astr Circ UdSSR Nr. 136 AlA*. MPC 856 Blo*. MPC 866, UC Nr. 113 S. 153 Joh

726 Joëlla
52: MPC 920 (?) Niz*

727 Nipponia
51: UC Nr. 113 S. 162 Joh*. — 53: MPC 938 Kyo*

729 Watsonia
53: MPC 938 Kyo*. MPC 921 Niz*

731 Sorga
53: MPC 942 Kyo*. BAB 4 141, MPC 910 Ucc

734 Benda
53: MPC 956 Blo*. BAB 4 141, MPC 899, 900 Ucc

735 Marghanna
52: MPC 866, UC Nr. 113 S. 153 Joh
Id mit 1952 OH = 1952 OJ = 1952 QA = 1952 QB, MPC 1119, NAZ 8 27

736 Harvard
51: MPC 928 Tuk*. — 53: BAB 4 141, MPC 980 Ucc

737 Arequipa
52: BAB 4 133 Ucc. — 53: Astr Circ UdSSR Nr. 141 Kiw[67]). Astr Circ UdSSR Nr. 144 Lem*

[60]) Berichtigung in MPC 1182.
[61]) Berichtigung in NAZ 7 32.
[62]) Irrtümlich zugeordnet, RI 2255. Vorläufige Bezeichnung 1940 PE, MPC 968.
[63]) Irrtümlich als 114 Ulula bezeichnet.
[64]) Als A_7 bezeichnet, MPC 1054.
[65]) Berichtigung in Register Astr Circ UdSSR Nr. 80—150.
[66]) Irrtümlich als 123 Hammonia bezeichnet.
[67]) Irrtümlich als 737 Tjilaki bezeichnet.

738 Alagasta
52: MPC 851 Blo*. MPC 866, UC Nr. **113** S. 153 Joh

739 Mandeville
51: UC Nr. **113** S. 162 Joh*. TAB (2) Nr. 57 S. 479 Tok*

740 Cantabia
51: TAB (2) Nr. 57 S. 477 Tok*. — 52: MPC 854 Blo*

741 Botolphia
53: MPC 938 Kyo*. BAB **4** 141, MPC 899 Ucc

742 Edisona
51: UC Nr. **113** S. 162 Joh*. — 52: MPC 866, UC Nr. **113** S. 153 Joh

743 Eugenisis
51: UC Nr. **113** S. 162 Joh*. — 52: Krim Mitt. **10** 220 Sim*. — 53: Belgrade Bull. 18 Nr. 3—4 Bel

744 Aguntina
53: Astr Circ UdSSR Nr. 138 Sim*. Astr Circ UdSSR Nr. 141 Tar. BAB **4** 141, MPC 910 Ucc

746 Marlu
52: Krim Mitt. **10** 217 Sim*

747 Winchester
52: Astr Circ UdSSR Nr. 136 AlA*. MPC 853, 854, 855 Blo*[68]). UC Nr. **113** S. 155 Joh*. Krim Mitt. **10** 220 Sim*

749 Malzovia
53: MPC 922 Niz*. BAB **4** 141, MPC 900 Ucc

751 Faina
47: SFe Astr. (B) Nr. 1 SFe. — 51: UC Nr. **113** S. 162 Joh*. UC Nr. **113** S. 159 Joh. — 53: MPC 923 Niz*. MPC 930 Tuk*

752 Sulamitis
52: Astr Circ UdSSR Nr. 136 AlA*. MPC 866, UC Nr. **113** S. 153 Joh. Krim Mitt. **10** 219 Sim*. — 53: Astr Circ UdSSR Nr. 143 Sim*

753 Tiflis
52: Astr Circ UdSSR Nr. 133 AlA*. MPC 915 Bar. JO **36** 12 Niz. Krim Mitt. **10** 216, 217 Sim*. BAB **4** 133 Ucc

754 Malabar
52: Krim Mitt. **10** 220 Sim*

755 Quintilla
53: BAB **4** 141, MPC 980, 981 Ucc

757 Portlandia
51: UC Nr. **113** S. 162 Joh*. — 52: MPC 888 Kyo*

758 Mancunia
51: TAB (2) Nr. 57 S. 477 Tok*. — 52: Astr Circ UdSSR Nr. 136 AlA*

759 Vinifera
51: UC Nr. **113** S. 164 Joh

760 Massinga
51: UC Nr. **113** S. 163 Joh*. — 52: Astr Circ UdSSR Nr. 136 AlA*. Krim Mitt. **10** 221 Sim*

761 Brendelia
51: UC Nr. **113** S. 163 Joh*. — 52: MPC 858, 860, 861 Blo*. MPC 887 Kyo*. MPC 920 Niz*

762 Pulcova
51: UC Nr. **113** S. 163 Joh*. — 52: MPC 874 Kyo*. MPC 919 Niz*

763 Cupido
52: Astr Circ UdSSR Nr. 136 AlA*
Eph (1953) Astr Circ UdSSR Nr. 133
El Astr Circ UdSSR Nr. 133

764 Gedania
51: UC Nr. **113** S. 163 Joh*. — 52: BAB **4** 133, MPC 878 Ucc

766 Moguntia
53: MPC 932 Joh

767 Bondia
51: JO **36** 121 Alg. UC Nr. **113** S. 163 Joh*. UC Nr. **113** S. 159 Joh

768 Struveana
51: UC Nr. **113** S. 159 Joh. — 52: MPC 858, 862 Blo*. MPC 887, 888 Kyo*

769 Tatjana
52: UC Nr. **113** S. 155 Joh*

770 Bali
52: MPC 866, UC Nr. **113** S. 153 Joh

772 Tanete
52: MPC 866, UC Nr. **113** S. 153 Joh

773 Irmintraud
53: Astr Circ UdSSR Nr. 138 Sim*. BAB **4** 141, MPC 900 Ucc

774 Armor
53: MPC 958 Blo*. MPC 917 Mad. BAB **4** 141, MPC 910 Ucc

776 Berbericia
49: SFe Astr. (B) Nr. 1 SFe. — 51: UC Nr. **113** S. 163 Joh*. TAB (2) Nr. 57 S. 477 Tok*. — 52: MPC 866, UC Nr. **113** S. 153 Joh

778 Theobalda
52: MPC 955 Blo*. Madrid Bol. **4** Nr. 6, MPC 879 Mad

[68]) Berichtigung in MPC 904.

779 Nina
53: MPC 938 Kyo*. MPC 921 Niz*. BAB 4 143, MPC 982 Ucc*. BAB 4 141, MPC 910, 979, 981 Ucc

780 Armenia
53: MPC 922 Niz*. Astr Circ UdSSR Nr. 138 Sim*. MPC 928, 929 Tuk*

781 Kartvelia
52: MPC 856, 858 Blo*. MPC 866, UC Nr. 113 S. 153 Joh

782 Montefiore
53: MPC 960 Blo*. MPC 949 Joh

783 Nora
53: BAB 4 141, MPC 910 Ucc

784 Pickeringia
53: MPC 949 Joh

785 Zwetana
52: MPC 866, UC Nr. 113 S. 153 Joh

786 Bredichina
51: TAB (2) Nr. 57 S. 479 Tok*

788 Hohensteina
53: MPC 952, NAZ 7 31 Hei*

790 Pretoria
51: UC Nr. 113 S. 163 Joh*. — 52: Krim Mitt. 10 220 Sim*

791 Ani
52: Astr Circ UdSSR Nr. 136 AlA*. Krim Mitt. 10 218 Sim*. BAB 4 133 Ucc. — 53: MPC 973 Joh. MPC 972 Kyo*. MPC 996 Niz*. Astr Circ UdSSR Nr. 143 Sim*

792 Metcalfia
52: MPC 924 Kyo*. — 53: MPC 920, 921 Niz*

793 Arizona
53: MPC 928, 929 Tuk*. BAB 4 141, MPC 980 Ucc

794 Irenaea
52: Krim Mitt. 10 217 Sim*. BAB 4 133 (?) Ucc

796 Sarita
52: UC Nr. 113 S. 155 Joh*

797 Montana
53: MPC 960 Blo*. MPC 932 Joh. BAB 4 142, MPC 981, 982 Ucc

799 Gudula
52: Astr Circ UdSSR Nr. 133 AlA*

800 Kressmannia
51: UC Nr. 113 S. 163 Joh*

801 Helwerthia
53: MPC 954 Kyo*. Astr Circ UdSSR Nr. 138 Sim*

802 Epyaxa
52: MPC 857 Blo*[69])

803 Picka
51: UC Nr. 113 S. 163 Joh*. — 52: MPC 874 Kyo*. Krim Mitt. 10 222 Sim*

804 Hispania
49: SFe Astr. (B) Nr. 1 SFe. — 50: Kiew Publ. Nr. 5 S. 187 Kiw. AJ UdSSR 30 220 Nan. SFe Astr. (B) Nr. 1 SFe. — 51: TAB (2) Nr. 57 S. 479 Tok*. — 53: Astr Circ UdSSR Nr. 140 AlA*. MPC 978 Bar. MPC 917 Mad. MPC 923 Niz*. Astr Circ UdSSR Nr. 138 Sim*[70]). MPC 928, 929, 931 Tuk*. BAB 4 142, MPC 980 Ucc

805 Hormuthia
52: MPC 911 (?) Kyo*

806 Gyldenia
51: UC Nr. 113 S. 163 Joh*. — 52: MPC 858 Blo*

808 Merxia
53: MPC 956 Blo*. MPC 938 Kyo*

809 Lundia
53: Astr Circ UdSSR Nr. 143 Sim*

811 Nauheima
53: MPC 954 Kyo*

813 Baumeia
51: UC Nr. 113 S. 163 Joh*. UC Nr. 113 S. 159 Joh. — 53: BAB 4 142, MPC 900 Ucc

814 Tauris
52: Astr Circ UdSSR Nr. 136 AlA*. BAB 4 133 Ucc

817 Annika
52: MPC 866, UC Nr. 113 S. 153 Joh

818 Kapteynia
52: MPC 866, UC Nr. 113 S. 153 Joh

820 Adriana
51: UC Nr. 113 S. 164 Joh

821 Fanny
53: MPC 954 Kyo*. MPC 923 Niz*

822 Lalage
53: MPC 921 Niz*. BAB 4 142, MPC 910 Ucc

824 Anastasia
53: MPC 938 Kyo*. MPC 922 Niz*

826 Henrika
52: Astr Circ UdSSR Nr.

[69]) Irrtümlich zugeordnet, 1016 Anitra zugehörig, MPC 1008.

[70]) Berichtigung in Register Astr Circ UdSSR Nr. 80—150.

133 AlA*. UC Nr. 113 S. 155 Joh*[71]). Krim Mitt. 10 218 Sim*

828 Lindemannia
53: MPC 956 Blo*. MPC 922 Niz*. BAB 4 142, MPC 910 Ucc

829 Academia
52: UC Nr. 113 S. 155 Joh*. — 53: MPC 982 Joh

830 Petropolitana
53: MPC 955, 956 Blo*. MPC 938 Kyo*

833 Monica
51: UC Nr. 113 S. 165 Blf

834 Burnhamia
49: SFe Astr. (B) Nr. 1 SFe. — 51: TAB (2) Nr. 57 S. 479, 480 Tok*. — 53: MPC 921 Niz*. BAB 4 142, MPC 910 Ucc[72])

835 Olivia
53: MPC 921 Niz*. BAB 4 142, MPC 910 Ucc

836 Jole
52: MPC 955 (?) Blo*

838 Seraphina
53: Astr Circ UdSSR Nr. 140 AlA*. MPC 939 Joh

839 Valborg
53: MPC 932 Joh

840 Zenobia
52: BAB 4 133 Ucc

844 Leontina
53: MPC 942 Kyo*. MPC 922, 923 Niz*. Astr Circ UdSSR Nr. 138 Sim*[73])

846 Lipperta
53: MPC 960 Blo*. MPC 941 Joh. MPC 995 Niz*

847 Agnia
51: UC Nr. 113 S. 163 Joh*. — 52: Krim Mitt. 10 220 Sim*

848 Inna
52: UC Nr. 113 S. 155 Joh*[74]). — 53: Astr Circ UdSSR Nr. 143 Sim*

849 Ara
47: SFe Astr. (B) Nr. 1 SFe. — 48: SFe Astr. (B) Nr. 1 SFe. — 52: MPC 866, UC Nr. 113 S. 153 Joh. — 53: MPC 993 Mad. MPC 996 Niz*

850 Altona
53: MPC 995 Niz*. Astr Circ UdSSR Nr. 143 Sim*

851 Zeissia
53: MPC 960, 961 Blo*. MPC 949 Joh

852 Wladilena
53: Belgrade Bull. 18 Nr. 3—4 Bel

853 Nansenia
52: Krim Mitt. 10 221 Sim* El Astr Circ UdSSR Nr. 137

857 Glasenappia
52: MPC 851, 852, 967 Blo*. MPC 866, UC Nr. 113 S. 153 Joh

858 El Djezair
53: MPC 923 Niz*. Astr Circ UdSSR Nr. 138 Sim*. MPC 929, 930 Tuk*

859 Bouzaréah
53: MPC 942 Kyo*. Astr Circ UdSSR Nr. 141 Tar. MPC 929 Tuk*. BAB 4 142, MPC 910 Ucc

860 Ursina
51: UC Nr. 113 S. 163 Joh*. — 52: MPC 919 Niz. Krim Mitt. 10 221 Sim*

861 Aïda
52: MPC 851 Blo*. — 53: MPC 973 Joh

862 Franzia
51: UC Nr. 113 S. 163 Joh*. UC Nr. 113 S. 159 Joh. — 52: MPC 853, 854, 855 Blo*[75]). MPC 866, UC Nr. 113 S. 153 Joh. Krim Mitt. 10 220 Sim*

864 Aase
52: Krim Mitt. 10 216, 217 Sim*

866 Fatme
52: MPC 852 Blo*. — 53: MPC 993 Mad. Astr Circ UdSSR Nr. 143 Sim*[76])

868 Lova
53: MPC 995 Niz*. Astr Circ UdSSR Nr. 138 Sim*

869 Mellena
52: Astr Circ UdSSR Nr. 133 AlA*. BAB 4 133 Ucc

872 Holda
53: MPC 954 Kyo*. MPC 995 Niz*

877 Walküre
53: MPC 954 Kyo*

880 Herba
53: MPC 969 Joh

882 Swetlana
53: MPC 957 Blo*. BAB 4 142, MPC 980 Ucc

884 Priamus
51: UC Nr. 113 S. 163 Joh*

885 Ulrike
53: MPC 957, 958 Blo*

[71]) Als unidentifiziert bezeichnet.
[72]) Berichtigung in MPC 945.
[73]) Irrtümlich zugeordnet. Vorläufige Bezeichnung 1953 FN_1, MPC 1176.
[74]) Als unidentifiziert bezeichnet.
[75]) Berichtigung in MPC 904.
[76]) Irrtümlich als 865 Fatme bezeichnet.

886 Washingtonia
53: Astr Circ UdSSR Nr. 140 AlA*. MPC 930 Tuk*[77])

888 Parysatis
52: MPC 866, UC Nr. **113** S. 153 Joh. MPC 886 Kyo*. Krim Mitt. **10** 222 Sim*

891 Gunhild
52: MPC 851 Blo*

892 Seeligeria
52: BAB **4** 135 Ucc*. BAB **4** 133 Ucc

894 Erda
52: MPC 874 Kyo*. Krim Mitt. **10** 221 Sim*

895 Helio
51: UC Nr. **113** S. 163 Joh*[78]). — 52: UC Nr. **113** S. 155 Joh*

896 Sphinx
52: UC Nr. **113** S. 155 Joh*

899 Jokaste
52: UC Nr. **113** S. 155 Joh*

901 Brunsia
51: UC Nr. **113** S. 163 Joh*. — 53: MPC 921 Niz*

903 Nealley
18: AN **208** 40 Bgf[79]). AN **209** 171 Wie[79]). — 24: BZ **6** 52 Hei*[80]). AN **223** 399 Hei[80]). — 30: Madrid Anuario 1931 Mad*[81]). AN **240** 287, **241** 181 Sim*[81]). TAB 59 Tok[81]). — 33: BAB **1** 191, RI 718 Ucc*[82]). — 36: BZ **18** 73, RI 1462 Bgf*[83]). Budapest Mitt. Nr. **7**, RI 1473 Bud*[83]). — 39: BZ **21** 41 (?), RI 1939 (?) Bgf*[84]). — 41: Pulkowo Mitt. Nr. **143** S. 5 Sim*[85]). — 47: MPC 54, 55 Niz*[86])
Nicht id. mit 1913 TM, 1923 NQ, NAZ **7** 14
El MPC 944, NAZ **7** 14

904 Rockefellia
51: UC Nr. **113** S. 164 Joh. — 52: Krim Mitt. **10** 217 Sim*

905 Universitas
53: BAB **4** 142 (?), MPC 981 (?) Ucc

906 Repsolda
51: UC Nr. **113** S. 163 Joh*. TAB (2) Nr. 57 S. 477 Tok*. — 52: MPC 866, UC Nr. **113** S. 153 Joh. MPC 886 Kyo*. Krim Mitt. **10** 222 Sim*

907 Rhoda
51: TAB (2) Nr. 57 S. 479 Tok*. — 53: MPC 995 Niz*

908 Buda
52: UC Nr. **113** S. 156 Joh*[87])

909 Ulla
53: Belgrade Bull. **18** Nr. 1—2 Bel. MPC 923, 924 Niz*. Astr Circ UdSSR Nr. 138 Sim*. Astr Circ UdSSR Nr. 141 Tar. MPC 929, 930 Tuk*. BAB **4** 142, MPC 910 Ucc

911 Agamemnon
53: BAB **4** 142, MPC 900, 910, 979 Ucc

912 Maritima
50: AJ UdSSR **30** 221 Nan. — 52: Astr Circ UdSSR Nr. 133 AlA*. Krim Mitt. **10** 216 Sim*. BAB **4** 133 (?) Ucc

913 Otila
52: MPC 856, 857 Blo*

914 Palisana
50: Kiew Publ. Nr. **5** S. 187 Kiw. SFe Astr. (B) Nr. **1** SFe. — 53: MPC 932 Joh

916 America
51: UC Nr. **113** S. 163 Joh*. UC Nr. **113** S. 159 Joh

917 Lyka
52: MPC 860 Blo*. MPC 911 Kyo*. Madrid Bol. **4** Nr. 6, MPC 879 Mad

919 Ilsebill
52: MPC 881 Blo. UC Nr. **113** S. 159 Joh. — 53: MPC 940 Joh

920 Rogeria
53: Astr Circ UdSSR Nr. 143 Sim*

921 Jovita
52: Astr Circ UdSSR Nr. 136 AlA*. MPC 851, 852 Blo*. Madrid Bol. **4** Nr. 1, MPC 873 Mad

924 Toni
52: BAB **4** 133 Ucc. — 53: MPC 971 Kyo*. Astr Circ UdSSR Nr. 138 Sim*

925 Alphonsina
52: MPC 866, UC Nr. **113** S. 153 Joh. — 53: MPC 990 Alg*. Belgrade Bull. **18** Nr. 3—4 Bel. Astr Circ UdSSR Nr. 144 Kiw*. MPC 996 Niz*. Astr Circ UdSSR Nr. 143 Sim*

926 Imhilde
52: UC Nr. **113** S. 155 Joh*. UC Nr. **113** S. 159 Joh

---

77) Berichtigung in MPC 967.
78) Irrtümlich als 890 Helio bezeichnet.
79) Beob. Okt 10 oder Nov 22 wahrscheinlich nicht zugehörig, NAZ **7** 14.
80) Irrtümlich zugeordnet, NAZ **7** 14. Vorläufige Bezeichnung 1924i, MPC 968.
81) Irrtümlich zugeordnet, NAZ **7** 14. Vorläufige Bezeichnung 1930 SC_1, MPC 968.
82) Irrtümlich zugeordnet, NAZ **7** 14. Vorläufige Bezeichnung 1933 BX, MPC 968.
83) Irrtümlich zugeordnet, NAZ **7** 14. Vorläufige Bezeichnung 1936 TJ, MPC 968.
84) Irrtümlich zugeordnet, NAZ **7** 14. Vorläufige Bezeichnung 1939 EN, MPC 968.
85) Irrtümlich zugeordnet, NAZ **7** 14. Vorläufige Bezeichnung 1941 QG, MPC 968.
86) Irrtümlich zugeordnet, NAZ **7** 14. Vorläufige Bezeichnung 1947 QC, MPC 968.
87) Als unidentifiziert bezeichnet.

927 Ratisbona
51: UC Nr. **113** S. 163 Joh*. — 52: MPC 887 Kyo*

928 Hildrun
51: JO **36** 121 Alg. — 53: MPC 894 Alg*. JO **36** 121, MPC 990 Alg. MPC 978 Bar

929 Algunde
52: MPC 920 Niz*

930 Westphalia
51: UC Nr. **113** S. 163 Joh*. UC Nr. **113** S. 159 Joh

931 Whittemora
51: UC Nr. **113** S. 163 Joh*. — 53: MPC 938 Kyo*. MPC 917 Mad. BAB **4** 142, MPC 899 Ucc

932 Hooveria
48: SFe Astr. (B) Nr. **1** SFe. — 50: Kiew Publ. Nr. **5** S. 187 Kiw. — 51: UC Nr. **113** S. 163 Joh*. — 52: MPC 894 Alg*. MPC 860 Blo*. MPC 911 Kyo*

934 Thuringia
52: MPC 855 Blo*. Krim Mitt. **10** 221, 222 Sim*

935 Clivia
53: MPC 979 Joh

936 Kunigunde
52: UC Nr. **113** S. 155 Joh*. Krim Mitt. **10** 218 Sim*. — 53: MPC 973 Joh. MPC 972 Kyo*. Astr Circ UdSSR Nr. 143 Sim*

937 Bethgea
53: MPC 960 Blo*. MPC 941 Joh

940 Kordula
52: MPC 955 Blo*. MPC 924 Kyo*

941 Murray
34: RI 1075 Bar*[88]) El Astr Circ UdSSR Nr. 144

943 Begonia
52: MPC 855 Blo*

945 Barcelona
52: UC Nr. **113** S. 159 Joh

946 Poësia
51: UC Nr. **113** S. 163 Joh*. — 52: MPC 860 Blo*. BAB **4** 133, MPC 878 Ucc

947 Monterosa
53: MPC 928 Tuk*

948 Jucunda
53: Belgrade Bull. **18** Nr. 1—2 Bel

949 Hel
52: BAB **4** 133 Ucc. — 53: MPC 941 Joh

951 Gaspra
52: Astr Circ UdSSR Nr. 136 AlA*. UC Nr. **113** S. 155 Joh*. Krim Mitt. **10** 220 Sim*

952 Caia
50: JO **36** 12 Niz. — 51: UC Nr. **113** S. 163 Joh*. — 52: Astr Circ UdSSR Nr. 136 AlA*. MPC 862 Blo*. MPC 886 Kyo*. Krim Mitt. **10** 222 Sim*

953 Painleva
53: MPC 957 Blo*. MPC 942 Kyo*. MPC 923 Niz*. MPC 929 Tuk*. BAB **4** 142, MPC 910, 980 Ucc

954 Li
53: MPC 954 Kyo*

956 Elisa
52: Astr Circ UdSSR Nr. 136 AlA*

957 Camelia
51: MPC 928 Tuk*

958 Asplinda
52: MPC 919 (?) Niz*. — 53: Belgrade Bull. **18** Nr. 3—4 (?) Bel

960 Birgit
51: UC Nr. **113** S. 163 Joh*

961 Gunnie
51: UC Nr. **113** S. 163 Joh*. UC Nr. **113** S. 159 Joh

962 Aslög
53: MPC 923 Niz*
El Rend. Accad. Lincei (8) **15** 24 = Roma Monte Mario Contr. Nr. **194**

963 Iduberga
53: MPC 942 (?) Kyo*. BAB **4** 142, MPC 910 Ucc

965 Angelica
52: MPC 920 Niz*. — 53: MPC 970 Blf

966 Muschi
51: UC Nr. **113** S. 163 Joh*. — 52: MPC 859 Blo*

967 Helionape
53: MPC 957 Blo*. Astr Circ UdSSR Nr. 138 Sim*. MPC 930, 931 Tuk*. BAB **4** 142, MPC 981 Ucc

968 Petunia
53: MPC 995 Niz*[89])

969 Leocadia
51: UC Nr. **113** S. 163 Blf*

971 Alsatia
51: TAB (2) Nr. 57 S. 479 Tok*. — 53: MPC 959 Blo*. MPC 930 Tuk*

972 Cohnia
51: UC Nr. **113** S. 163 Joh*. — 52: MPC 854, 855 Blo*. Krim Mitt. **10** 220 Sim*

---

[88]) Berichtigung in Astr Circ UdSSR Nr. 144.

[89]) Irrtümlich 1286 Banachiewicza zugeordnet, MPC 1146.

973 Aralia
53: MPC 949 Joh

974 Lioba
52: Astr Circ UdSSR Nr. 136 AlA*. MPC 856, 857 Blo*. MPC 866, UC Nr. **113** S. 153 Joh. Krim Mitt. **10** 222 Sim*

975 Perseverantia
51: UC Nr. **113** S. 163 Joh*. — 52: MPC 866, UC Nr. **113** S. 153 Joh[90])

976 Benjamina
41: UC Nr. **113** S. 163 Joh*. — 52: MPC 854, 855 Blo*

977 Philippa
51: UC Nr. **113** S. 163 Joh*

978 Aidamina
52: MPC 916 Bar. MPC 857 Blo*. MPC 887 Kyo*

980 Anacostia
48: SFe Astr. (B) Nr. 1 SFe. — 51: UC Nr. **113** S. 163 Joh*. — 52: MPC 866, UC Nr. **113** S. 153 Joh

981 Martina
53: Astr Circ UdSSR Nr. 141 Tar. BAB 4 142 (?), MPC 980 (?) Ucc

982 Franklina
53: MPC 956 Blo*. MPC 921 Niz*

984 Gretia
51: MPC 928 Tuk*. — 53: MPC 957 Blo*

986 Amelia
53: MPC 930 Tuk*

987 Wallia
53: MPC 957 Blo*. MPC 939 Joh

990 Yerkes
52: MPC 857 Blo*. Krim Mitt. **10** 221 Sim*

992 Swasey
52: Krim Mitt. **10** 219 Sim*

994 Otthild
52: MPC 866, UC Nr. **113** S. 153 Joh

995 Sternberga
52: UC Nr. **113** S. 160 Blf. UC Nr. **113** S. 155 Joh*

996 Hilaritas
51: UC Nr. **113** S. 163 Blf*

997 Priska
53: MPC 959 (?) Blo*[91]). MPC 965 (?) Blo[91])

1001 Gaussia
52: MPC 858 Blo*. MPC 887 Kyo*

1002 Olbersia
53: MPC 921 Niz*

1003 Lilofee
53: Astr Circ UdSSR Nr. 140 AlA*. MPC 938 Kyo*. MPC 922 Niz*

1004 Belopolskya
52: Krim Mitt. **10** 216 Sim*. — 53: MPC 941 Joh

1008 La Paz
53: BAB 4 142, MPC 980 Ucc

1010 Marlene
52: MPC 866, UC Nr. **113** S. 153 Joh[92])

1011 Laodamia
50: MPC 437 Blo[93])

1012 Sarema
52: UC Nr. **113** S. 159 Joh

1015 Christa
53: MPC 923 Niz*. Astr Circ UdSSR Nr. 138 Sim*. MPC 929 Tuk*. BAB 4 142, MPC 910 Ucc

1016 Anitra
52: MPC 857 Blo*[94])

1018 Arnolda
50: AJ UdSSR **30** 220, 221 Nan

1021 Flammario
52: Astr Circ UdSSR Nr. 136 AlA*. Krim Mitt. **10** 218 Sim*. BAB 4 133 Ucc. — 53: MPC 982 Joh

1022 1924 RT
52: MPC 916 (?) Bar. Krim Mitt. **10** 219 Sim*

1023 Thomana
52: Krim Mitt. **10** 219 Sim*. — 53: Astr Circ UdSSR Nr. 143 Sim*

1024 Hale
52: MPC 866, UC Nr. **113** S. 153 Joh

1025 Riema
51: UC Nr. **113** S. 164 Joh

1028 1923 PG
53: MPC 982 Joh

1029 La Plata
53: MPC 950, 951, NAZ 7 26 Hei*. BAB 4 142, MPC 981 Ucc

1030 1924 RQ
52: BAB 4 133, MPC 878 Ucc

1031 Arctica
52: MPC 886 Kyo*

1032 Pafuri
52: MPC 852 Blo*. UC Nr. **113** S. 155 Joh*

[90]) Berichtigung in MPC 945.
[91]) Irrtümlich zugeordnet, MPC 1009. Vorläufige Bezeichnung 1953 GL_1, MPC 1021.
[92]) Berichtigung in MPC 945.
[93]) Berichtigung in MPC 967.
[94]) Irrtümlich 802 Epyaxa zugeordnet, MPC 1008.

1033 Simona
53: Astr Circ UdSSR Nr. 142 AlA[95]). MPC 954 (?) Kyo*

1035 Amata
51: UC Nr. 113 S. 163 Joh*. UC Nr. 113 S. 159 Joh. — 52: BAB 4 133, MPC 878 Ucc

1036 Ganymed
50: Kiew Publ. Nr. 5 S. 187 Kiw. Poznań Repr. Nr. 31 Poz. SFe Astr. (B) Nr. 1 SFe. MPC 936 Tok. — 52: JO 36 121 Alg. — 53: MPC 912 Alg*. JO 36 121, MPC 990 Alg
El Mitt. Astr. Sternberg-Inst. Nr. 92

1041 Asta
52: UC Nr. 113 S. 159 Joh. Krim Mitt. 10 217 Sim*. BAB 4 133 Ucc

1043 Beate
52: Krim Mitt. 10 216 Sim*. — 53: MPC 989 Alg*

1048 Feodosia
51: JO 36 121 Alg. — 53: MPC 894 Alg*. JO 36 121, MPC 990 Alg. MPC 923 Niz*. MPC 930 Tuk*

1049 Gotho
52: MPC 866, UC Nr. 113 S. 153 Joh. Krim Mitt. 10 221 Sim*

1051 Merope
52: Astr Circ UdSSR Nr. 133 AlA*. Krim Mitt. 10 216, 217 Sim*. BAB 4 135 Ucc*. BAB 4 133 Ucc. — 53: MPC 989 Alg*

1054 Forsytia
50: JO 36 12 Niz. — 53: BAB 4 142 (?), MPC 981 (?) Ucc

1055 Tynka
51: TAB (2) Nr. 57 S. 478 Tok*. — 53: MPC 942 Kyo*

1056 Azalea
52: MPC 858, 859, 861 Blo*. MPC 887 Kyo*

1058 Grubba
51: UC Nr. 113 S. 163 Joh*

1060 Magnolia
52: MPC 861 Blo*

1061 Paeonia
52: UC Nr. 113 S. 159 Joh
Id mit 1936 SM, MPC 904, NAZ 7 3

1062 Ljuba
53: MPC 956 Blo*. MPC 938 Kyo*. MPC 921 Niz*. BAB 4 142, MPC 910 Ucc

1063 Aquilegia
52: MPC 866, UC Nr. 113 S. 153 Joh

1064 Aethusa
51: JO 36 121 Alg. — 53: MPC 894 Alg*. JO 36 121, MPC 990 Alg

1065 Amundsenia
51: UC Nr. 113 S. 165 Blf

1066 Lobelia
52: MPC 857, 862, 967 Blo*. MPC 962 Blo. UC Nr. 113 S. 159 Joh. MPC 874 Kyo*. Krim Mitt. 10 221 Sim*

1069 Planckia
52: Krim Mitt. 10 222 Sim*

1070 Tunica
53: BAB 4 142, MPC 981 Ucc

1071 Brita
52: Krim Mitt. 10 215 Sim*

1073 Gellivara
51: UC Nr. 113 S. 164 Joh

1074 Beljawskya
53: Astr Circ UdSSR Nr. 140 AlA*. MPC 921 Niz*. BAB 4 142, MPC 910 Ucc

1075 Helina
51: UC Nr. 113 S. 165 Joh. — 52: MPC 866, UC Nr. 113 S. 153 Joh

1076 Viola
52: UC Nr. 113 S. 159 Joh

1078 Mentha
52: MPC 851, 852, 967 Blo*

1079 Mimosa
52: Astr Circ UdSSR Nr. 133 AlA*. — 53: MPC 969 Joh

1082 Pirola
51: BAB 4 100, MPC 627 Ucc[96]). — 53: MPC 959, 960 Blo*
El Astr Circ UdSSR Nr. 143

1083 Salvia
53: Astr Circ UdSSR Nr. 138 Sim*. MPC 929, 930 Tuk*. BAB 4 142, MPC 910 Ucc

1084 Tamariwa
53: BAB 4 142, MPC 980, 981 Ucc

1085 Amaryllis
53: MPC 950, NAZ 7 26 Hei*. MPC 929 Tuk*

1086 Nata
52: JO 36 12 Niz. — 53: MPC 932 Joh

1087 Arabis
53: MPC 973 Joh

1088 Mitaka
53: MPC 993 (?) Mad

[95]) Irrtümlich 1950 VA zugeordnet, Astr Circ UdSSR Nr. 148.

[96]) Irrtümlich zugeordnet, Astr Circ UdSSR Nr. 143. Vorläufige Bezeichnung 1951 AZ, MPC 1147.

1091 Spiraea
53: MPC 922 Niz*

1093 Freda
52: Krim Mitt. 10 218 Sim*. — 53: MPC 949 Joh

1094 Siberia
52: UC Nr. 113 S. 159 Joh. BAB 4 134, MPC 878 Ucc

1096 Reunerta
53: MPC 961 Blo*. MPC 950 Joh

1097 Vicia
53: MPC 957, 958 Blo*. MPC 965 Blo[97])

1100 Arnica
52: MPC 854 Blo*[98])

1101 Clematis
52: MPC 859 (?) Blo*. MPC 963 (?) Blo

1102 Pepita
53: MPC 960 Blo*. MPC 971 Kyo*. Astr Circ UdSSR Nr. 138 Sim*

1105 Fragaria
53: MPC 973 Joh

1107 Lictoria
52: Krim Mitt. 10 217 Sim*. BAB 4 134 Ucc. — 53: MPC 950 Joh
El NAZ 1 27[99])

1110 Jaroslawa
51: TAB (2) Nr. 57 S. 478 (?) Tok*

1111 Reinmuthia
53: MPC 951, NAZ 7 26, 27 Hei*. MPC 930, 931 Tuk*. BAB 4 142, MPC 980, 981 Ucc

1113 Katja
53: MPC 958 Blo*. BAB 4 142, MPC 910 Ucc

1114 Lorraine
53: MPC 960 Blo*. MPC 971 Kyo*. MPC 995 (?) Niz*. Astr Circ UdSSR Nr. 138 Sim*

1115 Sabauda
53: MPC 950, 969 Joh

1116 Catriona
51: UC Nr. 113 S. 165 Joh

1118 Hanskya
53: Astr Circ UdSSR Nr. 140 AlA*. MPC 957 Blo*. MPC 923 Niz*

1120 Cannonia
53: MPC 942 Kyo*. BAB 4 142, MPC 980, 981 Ucc

1121 Natascha
52: UC Nr. 113 S. 156 Joh*[100])

1122 Neith
52: Krim Mitt. 10 217 Sim*. — 53: Astr Circ UdSSR Nr. 143 Sim*

1123 Shapleya
51: UC Nr. 113 S. 163 Joh*. — 53: MPC 957 Blo*. MPC 942 Kyo*. MPC 929 Tuk*. BAB 4 142, MPC 910, 980 Ucc

1126 Otero
53: Astr Circ UdSSR Nr. 138 Sim*. BAB 4 142, MPC 900 Ucc

1128 Astrid
53: MPC 941 Joh. MPC 995 Niz*

1129 Neujmina
51: TAB (2) Nr. 57 S. 479 Tok*. — 53: MPC 957 Blo*

1130 Skuld
52: MPC 852 Blo*

1131 Porzia
52: MPC 852 (?) Blo*

1132 Hollandia
51: UC Nr. 113 S. 163 Joh*. UC Nr. 113 S. 159 Joh

1133 Lugduna
52: MPC 955 Blo*. MPC 924 Kyo*

1135 Colchis
53: MPC 939 Joh. BAB 4 142, MPC 979 Ucc[101])

1137 Raïssa
51: UC Nr. 113 S. 163 Joh*. — 52: MPC 955 Blo*. MPC 924 Kyo*. — 53: MPC 920 Niz*

1139 Atami
53: MPC 996 Niz*

1140 Crimea
51: UC Nr. 113 S. 163 Joh*

1142 Aetolia
53: Astr Circ UdSSR Nr. 141 Tar. MPC 931 Tuk*

1143 Odysseus
53: MPC 921 Niz*

1144 Oda
53: BAB 4 142, MPC 981 Ucc

1145 Robelmonte
52: Krim Mitt. 10 217 Sim*. — 53: Astr Circ UdSSR Nr. 143 Sim*

1147 Stavropolis
53: MPC 950 Joh

1148 Raraju
51: TAB (2) Nr. 57 S. 479 Tok*

1149 1929 PF
53: MPC 941 Joh

[97]) Berichtigung in MPC 1159.
[98]) Berichtigung in MPC 904.
[99]) Berichtigung in NAZ 6 21.
[100]) Als unidentifiziert bezeichnet.
[101]) Berichtigung in MPC 1021.

1152 Pawona
53: MPC 942 Kyo*. MPC 923 Niz*

1153 Wallenbergia
50: JO **36** 12 Niz. — 53: MPC 982 Joh

1154 Astronomia
53: MPC 951, 952, NAZ **7** 27, 30, 31 Hei*. MPC 954 Kyo*. Astr Circ UdSSR Nr. 138 Sim*

1155 Aënna
52: MPC 866, UC Nr. **113** S. 153 Joh

1160 Illyria
53: MPC 979 Joh

1163 Saga
53: MPC 922 Niz*

1164 Kobolda
52: MPC 853 Blo*

1165 Imprinetta
52: Krim Mitt. **10** 217, 218 Sim*. — 53: Astr Circ UdSSR Nr. 143 Sim*

1166 Sakuntala
53: BAB **4** 142, MPC 899, 900 Ucc

1170 Siva
53: MPC 951, NAZ **7** 26, 27 Hei*. BAB **4** 142, MPC 980, 981 Ucc

1171 Rusthawelia
51: UC Nr. **113** S. 163 Joh*. — 52: MPC 853, 854, 855 Blo*. Krim Mitt. **10** 220, 222 Sim*. — 53: Belgrade Bull. **18** Nr. 3—4 Bel

1172 Äneas
52: Krim Mitt. **10** 221 Sim*

1175 Margo
51: UC Nr. **113** S. 163 Joh*. — 52: MPC 919 Niz*

1176 Lucidor
52: MPC 860 Blo*. MPC 888, 911 Kyo*

1177 Gonnessia
51: UC Nr. **113** S. 163 Joh*. — 52: JO **36** 121 Alg. UC Nr. **113** S. 155 Joh*[102]). Krim Mitt. **10** 219 Sim*. — 53: MPC 989 Alg*

1178 Irmela
53: BAB **4** 142, MPC 980, 981 Ucc

1181 Lilith
53: MPC 921 Niz*

1184 Gaea
51: UC Nr. **113** S. 163 Joh*. — 52: MPC 854, 855 Blo*. MPC 919 Niz*. Krim Mitt. **10** 222 Sim*

1185 Nikko
52: Krim Mitt. **10** 215 Sim*

1186 Turnera
53: BAB **4** 142, MPC 910, 979 Ucc

1192 Prisma
53: MPC 959 (?) Blo*

1193 Africa
El MPC 976[103]), Rend. Accad. Lincei (8) **15** 24 = Roma Monte Mario Contr. Nr. **194**

1194 Aletta
46: UAI Circ 1065, UC Nr. **106** S. 189 Joh*[104]). — 51: UC Nr. **113** S. 163 Joh*. UC Nr. **113** S. 159 Joh
El MPC 976, Rend. Accad. Lincei (8) **15** 24 = Roma Monte Mario Contr. Nr. **194**

1195 Orangia
52: BAB **4** 134 (?), MPC 878 (?) Ucc
El MPC 977, Rend. Accad. Lincei (8) **15** 24[105]) = Roma Monte Mario Contr. Nr. **194**[105])

1196 Sheba
48: Krim Mitt. **4** 198 Sim*[106]). — 52: Krim Mitt. **10** 218 Sim*
El[107]) MPC 977, Rend. Accad. Lincei (8) **15** 187 = Roma Monte Mario Contr. Nr. **199**

1199 Geldonia
51: UC Nr. **113** S. 163 Joh*

1200 Imperatrix
51: UC Nr. **113** S. 163 Joh*. — 52: MPC 863, NAZ **7** 5 Hei*

1205 Ebella
49: MPC 248 Niz*[108])
El MPC 943, NAZ **7** 13

1208 Troilus
51: UC Nr. **113** S. 164 Joh

1209 Pumma
51: UC Nr. **113** S. 165 Joh

1211 Bressole
53: Astr Circ UdSSR Nr. 140 AlA*. MPC 922 Niz*

1212 Francette
52: MPC 894, UC Nr. **113** S. 160 Blf. MPC 855 Blo*

1213 Algeria
51: UC Nr. **113** S. 165 Blf

[102]) Beob. Mai 17 irrtümlich 1327 Namaqua zugeordnet, MPC 1064.
[103]) Berichtigung in MPC 1021, 1096.
[104]) Irrtümlich zugeordnet, MPC 976, Rend. Accad. Lincei (8) **15** 24 = Roma Monte Mario Contr. Nr. **194**. Vorläufige Bezeichnung 1946 OH, MPC 1021.
[105]) Irrtümlich als 1196 Orangia bezeichnet.
[106]) Irrtümlich zugeordnet, MPC 977. Vorläufige Bezeichnung 1948 JP, MPC 1021, 1062.
[107]) Berichtigung in MPC 996.
[108]) Irrtümlich zugeordnet, MPC 943, NAZ **7** 13. Vorläufige Bezeichnung 1949 BK, MPC 945.

1214 Richilde
52: MPC 919 Niz. Krim Mitt. **10** 220 Sim*

1215 1932 BA
51: JO **36** 121 Alg. — 53: MPC 894 Alg*. MPC 929 Tuk*. BAB 4 142, MPC 980 Ucc

1217 Maximiliana
52: MPC 920 (?) Niz*

1220 Crocus
53: MPC 957 (?) Blo*. MPC 965 (?) Blo

1223 Neckar
51: TAB (2) Nr.57 S.479 Tok*. — 53: MPC 942 Kyo*. MPC 922 Niz*

1224 Fantasia
51: UC Nr.**113** S.163 Joh*

1225 Ariane
53: MPC 957 Blo*. MPC 922 Niz*

1227 Geranium
53: MPC 950 Joh

1229 Tilia
52: UC Nr.**113** S.160 Blf

1232 Cortusa
52: MPC 866, UC Nr. **113** S. 153 (?) Joh. Krim Mitt. **10** 219 Sim*

1234 Elyna
51: UC Nr.**113** S.163 Joh*

1237 Geneviève
51: UC Nr.**113** S.163 Joh*. — 52: MPC 894 Alg*. JO **36** 121, MPC 990 Alg. MPC 911 Kyo*

1238 Predappia
52: MPC 859, 861, 862, 967 Blo*. MPC 963, 964 Blo

1240 Centenaria
53: MPC 941 Joh

1242 Zambesia
51: UC Nr.**113** S.163 Joh*. — 52: MPC 920 Niz*

1247 Memoria
53: MPC 954 Kyo*. MPC 995 Niz*

1248 Jugurtha
53: BAB 4 142, MPC 981 Ucc

1249 Rutherfordia
52: MPC 924 Kyo*. — 53: MPC 920, 921 Niz*

1250 Galanthus
52: MPC 860, 861, 862 Blo*

1251 Hedera
53: MPC 982 Joh

1252 Celestia
51: TAB (2) Nr. 57 S. 477 Tok*

1257 Móra
51: UC Nr.**113** S.163 Joh*. UC Nr. **113** S. 159 Joh. — 52: MPC 860, 861 Blo*. MPC 864, NAZ **7** 5 Hei*

1259 Ógyalla
50: JO **36** 12 Niz. — 51: UC Nr.**113** S.163 Joh*

1261 Legia
El AN **268** 269 [109])

1264 Letaba
52: MPC 866, UC Nr. **113** S.153, 159 Joh

1265 Schweikarda
Eph (1953) MPC 867

1266 Tone
53: MPC 932 Joh

1267 Geertruida
53: MPC 950, 951, NAZ **7** 26, 27 Hei*. BAB 4 142 (?), MPC 981 Ucc

1268 Libya
53: MPC 932 Joh

1269 Rollandia
51: UC Nr.**113** S.163 Joh*. — 52: MPC 853 Blo*. MPC 866, UC Nr.**113** S.153 Joh

1270 Datura
52: MPC 881 Blo

1271 Isergina
52: MPC 852 Blo*. — 53: Astr Circ UdSSR Nr. 143 Sim*

1274 Delportia
51: UC Nr.**113** S.163 Joh*

1275 Cimbria
53: MPC 961 Blo*. MPC 996 Niz*

1276 Ucclia
52: MPC 852 Blo*

1277 Dolores
51: UC Nr.**113** S.164 Joh

1278 Kenya
52: MPC 856, 858 Blo*. MPC 866, UC Nr.**113** S.153 Joh

1279 Uganda
51: UC Nr.**113** S.163 Joh*. UC Nr. **113** S. 159 Joh

1280 Baillauda
51: UC Nr.**113** S.163 Joh*

1281 Jeanne
53: MPC 971 Kyo*. BAB 4 142 (?), MPC 982 Ucc

1285 Julietta
53: MPC 950 Joh

1286 Banachiewicza
53: MPC 995 Niz*[110])

[109]) Berichtigung in NAZ **7** 39.

[110]) Irrtümlich zugeordnet, 968 Petunia zugehörig, MPC 1146.

1287 Lorcia
52: Krim Mitt. **10** 216 Sim*

1289 Kutaissi
52: MPC 866, UC Nr. **113** S. 153 Joh. Krim Mitt. **10** 220 Sim*

1290 Albertine
53: MPC 956 (?) Blo*. BAB 4 142 Ucc
Eph (1953) MPC 880

1291 Phryne
53: MPC 960 Blo*. MPC 995 Niz*

1292 Luce
52: Krim Mitt. **10** 216, 218 Sim*

1295 Deflotte
53: MPC 894 Alg*. JO **36** 121, MPC 990 Alg

1296 Andrée
53: MPC 894 Alg*. MPC 938 Kyo*. MPC 921 Niz*

1297 Quadea
51: UC Nr. **113** S. 165 Blf. — 52: MPC 852 Blo*. UC Nr. **113** S. 159 Joh

1299 Mertona
53: MPC 922 Niz*

1300 Marcelle
53: MPC 930 Tuk*

1302 Werra
52: MPC 924 Kyo*. MPC 920 Niz*

1303 Luthera
52: UC Nr. **113** S. 155 Joh*. — 53: MPC 973 Joh

1304 Arosa
51: UC Nr. **113** S. 163 Joh*. TAB (2) Nr. 57 S. 478 Tok*. — 52: MPC 866, UC Nr. **113** S. 153 Joh

1305 Pongola
53: MPC 950, 951, NAZ **7** 26, 27 Hei*. Astr Circ UdSSR Nr. 138 Sim*. Astr Circ UdSSR Nr. 141 Tar. MPC 931 Tuk*. BAB 4 143, MPC 980, 981 Ucc

1306 Scythia
52: MPC 866, UC Nr. **113** S. 153 Joh. Krim Mitt. **10** 220 Sim*. — 53: Astr Circ UdSSR Nr. 143 Sim*

1307 Cimmeria
50: AJ UdSSR **30** 220 Nan

1308 Halleria
53: Astr Circ UdSSR Nr. 143 Sim*

1310 Villigera
Eph (1953) MPC 926, NAZ **7** 7
El MPC 925, NAZ **7** 7

1312 Vassar
53: BAB 4 143 (?), MPC 981 (?) Ucc

1314 Paula
52: BAB 4 134 (?) Ucc

1315 Bronislawa
53: MPC 921 Niz*

1317 Silvretta
52: MPC 886 Kyo*. Krim Mitt. **10** 222 Sim*

1321 Majuba
53: Astr Circ UdSSR Nr. 140 AlA*. MPC 921 Niz*. BAB 4 143, MPC 910 Ucc

1322 Coppernicus
53: MPC 970 Blo

1323 Tugela
51: UC Nr. **113** S. 163 Joh*. UC Nr. **113** S. 159 Joh

1324 Knysna
53: BAB 4 143, MPC 910 Ucc

1325 Inanda
53: MPC 950, 951, NAZ **7** 26 Hei*

1326 Losaka
Eph (1952) MPC 926
Eph (1954) MPC 926
El MPC 943, NAZ **7** 13

1327 Namaqua
52: UC Nr. **113** S. 155 Joh*[111]). UC Nr. **113** S. 159 Joh

1329 Eliane
51: UC Nr. **113** S. 163 Joh*

1332 Marconia
52: MPC 866, UC Nr. **113** S. 153 Joh. — 53: Astr Circ UdSSR Nr. 143 Sim*

1334 Lundmarka
53: MPC 989 Alg*. JO **36** 121, MPC 990 Alg

1336 Zeelandia
52: UC Nr. **113** S. 159 Joh. — 53: MPC 973 Joh. Astr Circ UdSSR Nr. 143 Sim*

1337 Gerarda
52: MPC 881, 961 Blo

1340 Yvette
53: MPC 950, 951, NAZ **7** 26, 27 Hei*. BAB 4 143, MPC 980, 981 Ucc

1342 Brabantia
53: MPC 979 Joh

1344 Caubeta
52: MPC 866, UC Nr. **113** S. 153 Joh
Id. mit 1952 KF (?), MPC 903

1345 Potomac
52: MPC 856 Blo*

[111]) Irrtümlich zugeordnet, 1177 Gonnessia zugehörig, MPC 1064.

1346 Gotha
52: BAB 4 134 (?), MPC 878 (?) Ucc

1348 Michel
52: MPC 881 Blo

1351 1934 TF
53: BAB 4 143, MPC 900 Ucc

1352 Wawel
52: MPC 955 Blo*. MPC 920 Niz*

1353 Maartje
52: Krim Mitt. 10 219 Sim*. — 53: Astr Circ UdSSR Nr. 143 Sim*

1354 Botha
52: UC Nr. 113 S. 155 Joh*[112])
Benennung MPC 908

1355 Magoeba
Benennung MPC 908

1356 Nyanza
52: UC Nr. 113 S. 155 Joh*

1357 Khama
Benennung MPC 908

1358 Gaika
53: MPC 921 Niz*
Benennung MPC 909

1359 Prieska
52: MPC 867, UC Nr. 113 S. 153 Joh

1360 Tarka
Benennung MPC 909

1363 Herberta
53: Astr Circ UdSSR Nr. 140 AlA*

1364 Safara
53: MPC 957 Blo*. MPC 929 Tuk*

1365 1928 RK
51: UC Nr. 113 S. 163 Joh*

1366 Piccolo
53: Astr Circ UdSSR Nr. 138 Sim*. BAB 4 143, MPC 900 Ucc

1367 1934 NA
52: MPC 851, 852 Blo*. MPC 867, UC Nr. 113 S. 153, 159 Joh

1368 Numidia
51: UC Nr. 113 S. 165 Blf. UC Nr. 113 S. 163 Joh*

1369 Ostanina
52: MPC 859 Blo*. MPC 920 Niz*

1372 Haremari
52: UC Nr. 113 S. 160 Blf

1374 Isora
51: UC Nr. 113 S. 165 Blf

1377 Roberbauxa
53: MPC 894 Alg*

1378 Leonce
51: UC Nr. 113 S. 163 Joh*. UC Nr. 113 S. 159 Joh. — 52: BAB 4 134 (?), MPC 878 (?) Ucc

1379 1936 FC
52: BAB 4 134 Ucc

1380 Volodia
Eph (1953) MPC 880

1381 Danubia
30: Pulkowo Bull. 14 Nr. 4 Sim[113])

1382 Gerti
52: UC Nr. 113 S. 155 Joh*. Krim Mitt. 10 216, 218 Sim*

1385 Gelria
53: MPC 960 Blo*. MPC 995 (?) Niz*[114]). Astr Circ UdSSR Nr. 138 Sim*

1388 Aphrodite
53: BAB 4 143, MPC 900 Ucc

1390 Abastumani
52: UC Nr. 113 S. 155 Joh* Krim Mitt. 10 218 Sim*

1393 Sofala
Benennung MPC 909

1394 Algoa
51: UC Nr. 113 S. 163 Joh*. — 52: MPC 860 Blo*. MPC 887 Kyo*
Benennung MPC 909

1396 Outeniqua
Benennung MPC 909

1397 Umtata
53: MPC 953, 954 Kyo*
Benennung MPC 909

1401 Lavonne
52: MPC 874 (?) Kyo*

1403 1936 QA
53: BAB 4 143, MPC 981 Ucc

1407 Lindelöf
53: MPC 940 Joh

1408 Trusanda
52: MPC 860 (?) Blo*. MPC 963 (?) Blo. BAB 4 134 (?), MPC 878 (?) Ucc

1409 Isko
52: Krim Mitt. 10 222 Sim*

1412 Lagrula
51: JO 36 121 Alg. UC Nr. 113 S. 163 Blf*. — 52: MPC 859, 861, 862, 967 Blo*. MPC 888 Kyo*. BAB 4 135, MPC 878 Ucc

1413 Roucarie
53: MPC 912 Alg*. MPC 956 Blo*. BAB 4 143, MPC 980 Ucc

[112]) Als unidentifiziert bezeichnet.
[113]) Irrtümlich 1930 QT zugeordnet, NAZ 7 32.
[114]) Berichtigung in MPC 1146.

1414 Jérôme
Eph (1953) MPC 934

1415 Malautra
51: UC Nr. **113** S. 163 Joh*

1416 Renauxa (= σ 209)
51: JO **36** 121 Alg. — 53: Astr Circ UdSSR Nr. 140 AlA*. MPC 894 Alg*. JO **36** 122, MPC 990 Alg. MPC 923 Niz*. Astr Circ UdSSR Nr. 138 Sim*[115])

1417 Walinskia
52: MPC 881 Blo

1418 Fayeta
50: Kiew Publ. Nr. **5** S. 187 Kiw. — 52: JO **36** 122 Alg. — 53: MPC 950 Joh
Eph (1951/52) JO **36** 21
El JO **36** 21

1419 Danzig
52: Krim Mitt. **10** 218 Sim*. — 53: MPC 996 Niz*. Astr Circ UdSSR Nr. 143 Sim*

1421 1936 FQ
53: MPC 960 Blo*. MPC 969 Joh

1422 Strömgrenia
52: MPC 961 (?) Blo. — 53: Astr Circ UdSSR Nr. 143 Sim*

1423 Jose
53: Astr Circ UdSSR Nr. 140 AlA*

1424 Sundmania
51: UC Nr. **113** S. 163 Joh*. — 52: MPC 860 Blo*. BAB **4** 134, MPC 878 Ucc

1426 1937 GF
53: MPC 956 Blo*

1427 Ruvuma
51: UC Nr. **113** S. 165 Joh
Benennung MPC 909

1428 Mombasa
51: UC Nr. **113** S. 164 Joh*
Benennung MPC 909

1429 Pemba
53: MPC 960 Blo*. MPC 966 Blo. MPC 940 Joh
Benennung MPC 909

1430 1937 NK
52: MPC 881 Blo. — 53: MPC 960 (?) Blo*. MPC 966 (?) Blo. MPC 940 Joh

1431 1937 OB
53: MPC 959 Blo*. MPC 965, 966 Blo

1432 Ethiopia
52: MPC 859 Blo*. MPC 962 Blo. MPC 920 Niz*
Benennung MPC 909

1433 Geramtina
53: MPC 939 (?) Joh. BAB **4** 143, MPC 910 Ucc

1434 Margot
52: Krim Mitt. **10** 219 Sim*. — 53: Astr Circ UdSSR Nr. 143 Sim*

1437 Diomedes
52: MPC 920 Niz*

1438 Wendeline
53: MPC 969 Joh

1440 Rostia
53: MPC 979 Joh

1442 Corvina
53: Astr Circ UdSSR Nr. 140 AlA*. MPC 922 Niz*

1445 Konkolya
52: MPC 854, 855 Blo*
El AN **268** 269[116])

1447 1938 BB
52: MPC 895, UC Nr. **113** S. 160 Blf. MPC 856 Blo*

1449 1938 DO
52: MPC 854, 855 Blo*. MPC 961 Blo. UC Nr. **113** S. 159 Joh

1452 1938 DZ_1
38: Urania Barcelona **38** 13 = Madrid Publ. Nr. **20** Bud. — 49: BAB **4** Nr. 4, Urania Barcelona **38** 13 = Madrid Publ. Nr. **20** Ucc[117])
El Urania Barcelona **38** 12 = Madrid Publ. Nr. **20**

1454 1936 DO
El AN **268** 269[118])

1455 Mitchella
El AN **268** 269[119]), **270** 94[119])

1456 1937 NG
El AN **268** 269[120])

1457 Ankara
El AN **268** 269[121])

1458 Mineura
53: MPC 957, 958, 959 Blo*. MPC 954 Kyo*. Astr Circ UdSSR Nr. 138 Sim*
El AN **268** 269[122])

1459 Magnya
El AN **268** 269[123])

1460 1937 WC
El AN **268** 269[124])

1461 1937 YL
51: UC Nr. **113** S. 164 Joh*. — 52: MPC 864, UC Nr. **113** S. 156 Joh*[125]). MPC 867,

[115]) Als σ 209 bezeichnet, Astr Circ UdSSR Nr. 147, MPC 1041.
[116]) Berichtigung in NAZ **7** 39.
[117]) Irrtümlich zugeordnet, Urania Barcelona **38** 14 = Madrid Publ. Nr. **20**. Vorläufige Bezeichnung 1949 FG_1, MPC 1176.
[118]) Berichtigung in NAZ **7** 39.
[119]) Berichtigung in NAZ **7** 39.
[120]) Berichtigung in NAZ **7** 39.
[121]) Berichtigung in NAZ **7** 39.
[122]) Berichtigung in NAZ **7** 39.
[123]) Berichtigung in NAZ **7** 39.
[124]) Berichtigung in NAZ **7** 39.
[125]) Als unidentifiziert bezeichnet.

UC Nr. 113 S. 153 Joh
El AN 268 269[126])

1462 1938 CA
El AN 268 269[127])

1463 1938 CB
52: MPC 854, 855 Blo*. UC Nr. 113 S. 156 Joh*[128])
El AN 268 269[129])

1465 Autonoma
53: BAB 4 143 (?), MPC 899 (?) Ucc
El AN 268 269[130])

1466 Mündleria
El AN 268 269[131])

1467 Mashona
Benennung MPC 909

1468 Zomba
51: UC Nr. 113 S. 165 Joh
Benennung MPC 909

1469 Linzia
53: MPC 954 Kyo*

1470 1938 SD
Eph (1953) MPC 880

1471 1938 SL_1
52: MPC 920 Niz*

1472 1938 UQ
51: UC Nr. 113 S. 165 Joh

1474 Beira
Benennung MPC 909

1475 Yalta
53: Astr Circ UdSSR Nr. 143 (?) Sim*

1476 1936 RA
53: MPC 979 Joh
El AN 268 269[132])

1481 Tübingia
Nicht id. mit 1933 FT_1 = 1933 FY_1, MPC 942, NAZ 7 14

1482 Sebastiana
53: MPC 912, 989 Alg*. MPC 951, 952, NAZ 7 27, 30, 31 Hei*

1484 1938 HC
52: MPC 867, UC Nr. 113 S. 153 Joh
El AN 268 269[133])

1488 1938 XE
52: MPC 894, UC Nr. 113 S. 160 Blf

1490 Limpopo
51: MPC 928 Tuk*
Benennung MPC 909

1491 1938 EJ
52: MPC 894, UC Nr. 113 S. 160 Blf
El AN 268 269[134])

1493 Sigrid
53: MPC 971, 972 Kyo*. Astr Circ UdSSR Nr. 143 Sim*

1494 1938 SJ
51: MPC 928 Tuk*

1497 1938 SB_1
52: MPC 851, 853 Blo*

1499 1938 UF
51: MPC 928 Tuk*

1502 Arenda
53: MPC 921, 922 Niz*

1504 1939 FM
50: MPC 966 Blo*. — 52: MPC 859 Blo*. MPC 920 Niz*

1505 Koranna
52: MPC 867, UC Nr. 113 S. 153, 160 Joh
Benennung MPC 909

1506 Xosa
52: MPC 860 (?) Blo*. MPC 963 (?) Blo
Benennung MPC 909

1508 1938 UO
52: MPC 857 (?), 859 (?) Blo*[135]). MPC 962 (?) Blo

1509 Esclangona
52: UC Nr. 113 S. 160 Joh

1510 1939 DC
43: JO 36 12 Niz. — 52: MPC 881, 961 Blo. UC Nr. 113 S. 160 Joh. JO 36 12 Niz. Krim Mitt. 10 215 Sim*. — 53: MPC 969 Joh

1513 1940 EB
53: MPC 957, 958, 959 Blo*. MPC 965, 966 Blo[136]). MPC 939 Joh

1516 1938 BG
52: MPC 895, UC Nr. 113 S. 160 Blf. MPC 856, 857 Blo*. MPC 962 Blo

1517 1938 FD
42: Turku Informo Nr. 5 Tuk*[137]). — 53: Astr Circ UdSSR Nr. 143 Sim*
Nicht id. mit 1942 CD, MPC 975
El MPC 975

1518 1938 UA
53: MPC 950, 951, NAZ 7 26 Hei*

1520 1938 UY
52: UC Nr. 113 S. 160 Blf. — 53: MPC 989 Alg*. MPC 970 Blf

[126]) Berichtigung in NAZ 7 39.
[127]) Berichtigung in NAZ 7 39.
[128]) Als unidentifiziert bezeichnet.
[129]) Berichtigung in NAZ 7 39.
[130]) Berichtigung in NAZ 7 39.
[131]) Berichtigung in NAZ 7 39.
[132]) Berichtigung in NAZ 7 39.
[133]) Berichtigung in NAZ 7 39.
[134]) Berichtigung in NAZ 7 39.
[135]) Berichtigung in MPC 945.
[136]) Berichtigung in MPC 1159.
[137]) Beob. Feb 17 irrtümlich zugeordnet, 1942 CD zugehörig, MPC 975.

1522 1938 WO
52: MPC 894, UC Nr. 113 S. 160 Blf

1525 1939 SC
El MPC 897

1527 1939 UG
52: MPC 854, 855 Blo*. MPC 867, UC Nr. 113 S. 153 (?) Joh[138])

1528 Conrada
52: MPC 851, 852, 853 Blo*. MPC 881 Blo. UC Nr. 113 S. 160 Joh[139]). Krim Mitt. 10 219 Sim*
El Urania Barcelona 38 3 = Madrid Publ. Nr. 17

1529 1938 BC
52: MPC 955 (?) Blo*. MPC 964 (?) Blo

1536 1939 SE
52: MPC 857 Blo*[140]). MPC 962 Blo

1538 1940 RF
53: MPC 923 (?) Niz*

1539 1940 UB
53: MPC 956 Blo*. MPC 964, 965 Blo[141]). MPC 922 Niz*

1541 1939 CK
53: BAB 4 143, MPC 980, 981 Ucc
El MPC 908, NAZ 7 13

1542 1941 QE
52: MPC 919 Niz*

1543 1941 SJ
Eph (1953) MPC 880

1544 1941 UK
52: Astr Circ UdSSR Nr. 136 AlA*. MPC 861 Blo*
El MPC 896, NAZ 7 13

1545 1941 UW
52: MPC 881 Blo

1546 1941 SG_1
52: MPC 919 Niz*

1547 1929 CZ
53: MPC 979 Joh

1549 Mikko
Id mit 1935 SG_1 (?), MPC 897
Id mit 1935 SG_1, 1951 ME, MPC 908, NAZ 7 13
El AN 268 269[142]), MPC 896, 908, NAZ 7 13

1550 1937 WD
53: Belgrade Bull. 18 Nr. 3—4 Bel

1551 1938 DC_1
El Mem SA It (NS) 24 370

1552 1938 DE_1
33: MPC 635, NAZ 5 19 Hei[143])
Nicht id. mit 1933 FL_1, Mem SA It (NS) 24 371
El Mem SA It (NS) 24 370

1553 Bauersfelda
52: MPC 853 (?) Blo*
Benennung MPC 994

1554 1940 RE
52: MPC 851 Blo*. — 53: Belgrade Bull. 18 Nr. 3—4 Bel

1555 Dejan
41: BAB 3 148 Ucc[144])
Eph (1953) MPC 880

1556 1942 AA
52: MPC 856, 858, 861 Blo*. MPC 881, 882, 962 Blo. MPC 867, UC Nr. 113 S. 153 Joh

1558 1942 BD
El Rend. Accad. Lincei (8) 15 24 = Roma Monte Mario Contr. Nr. 194

1560 1942 XB
52: MPC 881 Blo

1563 Noël
53: MPC 959, 960 Blo*. MPC 966 Blo. MPC 940 Joh. BAB 4 143, MPC 982 Ucc

1564 Srbija
52: UC Nr. 113 S. 160 Joh. BAB 4 134, MPC 878 Ucc. — 53: Belgrade Bull. 18 Nr. 3—4 Bel
El AN 268 269[145])

1566 Icarus
49: AJ 58 157 = California Astr. Papers 2 Nr. 2 MtP, MtW. — 50: AJ 58 158 = California Astr. Papers 2 Nr. 2 MtP. — 52: AJ 58 158 = California Astr. Papers 2 Nr. 2, MPC 937 Pre. — 53: MN ASSA 12 98 Blf. MN ASSA 12 87 Cap, Pre
Eph (1953) AJ 58 157 = California Astr. Papers 2 Nr. 2, Harv Card 1216, MPC 946, UAI Circ 1413
El AJ 58 158 = California Astr. Papers 2 Nr. 2

1567 1941 HN
53: MPC 960 Blo*. MPC 966 Blo. MPC 969 Joh

1568 Aisleen
52: MPC 881 Blo. — 53: MPC 970 Blo. MPC 979 Joh. MPC 996 Niz*
Benennung MPC 941

1569 Evita
52: JO 36 122 Alg. — 53: MPC 961 Blo*. MPC 969 Joh

1572 Posnania
52: Astr Circ UdSSR Nr. 133 AlA*. JO 36 122 Alg. — 53: MPC 940 Joh
El BIA 5 455

---

[138]) Als unidentifiziert bezeichnet.
[139]) Berichtigung entsprechend MPC 809.
[140]) Berichtigung in MPC 945.
[141]) Berichtigung in MPC 996.
[142]) Berichtigung in NAZ 7 39.
[143]) Beob. Mrz 25 irrtümlich zugeordnet, Mem SA It (NS) 24 371. 1933 FL_1 zugehörig, AN 249 211, RI 765.
[144]) Berichtigung in BAB 4 135.
[145]) Berichtigung in NAZ 7 39.

Benennung MPC 877
Id mit 1949 TD, MPC 877
Id mit 1949 QE_2, NAZ **7** 32

1574 Meyer
51: JO **36** 122 Alg
Benennung JO **36** 20
El JO **36** 19

1575 Winifred
52: MPC 955 Blo*. MPC 882 Blo
Id mit 1950 HF_1, MPC 969

1576 1948 SA
52: UC Nr. **113** S. 160 Blf. UC Nr. **113** S. 160 Joh

1577 1949 BA
51: JO **36** 122 Alg. JO **36** 20 Blo, LaP
Numerierung JO **36** 20
El JO **36** 20

1578 Kirkwood
52: MPC 881 Blo

1579 1948 SB
52: UC Nr. **113** S. 160 Joh

1580 Betulia
52: MPC 877 MtH. — 53: MPC 967 MtH

1581 Abanderada
Benennung MPC 877

1582 Martir
52: MPC 859 (?) Blo*. MPC 963 (?) Blo
Benennung MPC 877

1583 Antilochus
52: BAB **4** 134 Ucc. — 53: MPC 933 MtH
El Bull. Astr.-Geod. Ges. UdSSR Nr. **12** S. 37

1584 1927 CR
Eph (1953) MPC 896

1585 Union
48: AJ 58 173 MtH. — 49: AJ 58 173 MtH. — 50: AJ 58 173 MtH, MtW. — 52: MPC 961, 962 Blo[146])
Benennung MPC 941

1586 1939 CJ
39: MPC 875 Bgf, Tuk
Numerierung MPC 875
El MPC 875

1587 1933 FS_1
53: MPC 894 Alg*. MPC 956, 957 Blo*. MPC 964, 970 Blo
Numerierung MPC 882
Eph (1953) MPC 882
El MPC 882

1588 1951 MH
52: MPC 892 EVA
Numerierung MPC 891
Eph (1953/54) MPC 892
El MPC 891[147])

1589 1950 RK
52: JO **36** 122 Alg
Numerierung MPC 892
Eph (1953) MPC 892
El MPC 892

1590 1933 NA
Numerierung MPC 898
Id mit 1936 HB, 1943 OD, MPC 898, NAZ **7** 3
Eph (1952) MPC 898
El MPC 898, NAZ **7** 2

1591 Baize
52: MPC 905 FtD, WiB
Numerierung MPC 905
Benennung BSAF **67** 393, MPC 943
El BSAF **67** 393, MPC 905

1592 1951 LA
52: MPC 905 FtD, WiB
Numerierung MPC 906
El MPC 906

1593 1951 LB
52: MPC 905 FtD. — 53: MPC 905 MtH
Numerierung MPC 907
El MPC 907

1594 1949 WA
51: MPC 637 Blo*[148]). MPC 640 Blo[148]). — 52: MPC 997 Alg
Numerierung MPC 997
El MPC 997

1907 ZU
Eph (1953) MPC 883

1913 TM Vgl. 903 Nealley

1914 UW
El NAZ **7** 38

1916 ZV
16: AN **217** 287 (?), 290 (?) Bgf[149])
El NAZ **7** 38

1916 s
16: AN **217** 287 (?), 290 (?) Bgf[150])

1917 Σ 90, Σ 91
El NAZ **7** 31

1921 KE
21: BZ **3** 62 Hei*[151]). AN **247** 267 Hei[151])
El NAZ **7** 31

1923 NQ Vgl. 903 Nealley

1923 OD
Id mit 1932 RB, MPC 904[152])

1924 i
24: BZ **6** 52 Hei*[153]). AN **223** 399 Hei[153])
El MPC 968, NAZ **7** 14

146) Berichtigung in MPC 1021.
147) Berichtigung in MPC 945.
148) Irrtümlich zugeordnet, MPC 997. Vorläufige Bezeichnung 1951 EV_1, MPC 1021.
149) Beob. Sep 23 irrtümlich zugeordnet, NAZ 7 38. Vorläufige Bezeichnung 1916s, MPC 1040.
150) Beob. Sep 23 irrtümlich 1916 ZV zugeordnet, NAZ 7 38. Vorläufige Bezeichnung MPC 1040.
151) Irrtümlich zugeordnet oder fehlerhaft, NAZ 7 31.
152) In MPC 229 irrtümlich als 1934 RB bezeichnet, MPC 904.
153) Irrtümlich 903 Nealley zugeordnet, NAZ 7 14. Vorläufige Bezeichnung MPC 968.

1926 PE
52: MPC 881 Blo[154])

1926 VH
52: MPC 851 Blo*. MPC 881 Blo. JO **36** 12 Niz

1926 WA
El MPC 925, NAZ **7** 5

1929 CL
Id mit 1950 SD, MPC 885, 942, NAZ **7** 7

1930 ME
Id mit 1942 FB, NAZ **7** 38
El NAZ **7** 38

1930 QT
30: Pulkowo Bull. **14** Nr. 4 Sim[155])

1930 SC₁
30: Madrid Anuario 1931 Mad*[156]). AN **240** 287, **241** 181 Sim*[156]). TAB 59 Tok[156])

1931 CE
El NAZ **7** 31

1931 FH
52: MPC 881 Blo. JO **36** 12 Niz
Eph (1953) MPC 883

1931 JA
Id mit 1937 AB (?), 1938 KC (?), NAZ **7** 38
El NAZ **7** 38

1931 KB
52: MPC 881 Blo

1931 TL
52: MPC 856, 858, 860, 861 Blo*. MPC 882, 963 Blo. MPC 864, NAZ **7** 5 Hei*

1931 TL_1
52: MPC 853, 854, 855 Blo*[157]). MPC 961, 962 Blo[157])

1932 PC
32: MPC 867, UC Nr. **113** S. 154 Joh

1932 RB = 1923 OD

1933 BX
33: BAB **1** 191, RI 718 Ucc*[158])

1933 FL_1 Vgl. 1552 1938 DE_1

1933 FT_1 Vgl. 1481 Tübingia
Id mit 1933 FY_1, MPC 936, NAZ **7** 14

1933 FY_1 = 1933 FT_1 Vgl. 1481 Tübingia

1933 GA
33: BAB **1** 227, RI 784 Ucc[159])
El NAZ **7** 38

1933 JA
33: BAB **1** 227, RI 784 Ucc[160])

1933 QC
33: BAB **1** 247, MPC 1014, NAZ **7** 38, RI 823 Ucc[161])
El NAZ **7** 38

1933 QE
El Belgrade Bull. **17** 32

1933 QN_1
33: BAB **1** 247, MPC 1014, NAZ **7** 38, RI 823 Ucc[162])

1934 FS
34: RI 981, 1041, 1061, UC Nr. **93** S. 118 Joh*[152]). RI 1099, UC Nr. **93** S. 115 Joh[163])

1934 GA
Id mit 1934 GB, MPC 936, NAZ **7** 7

1934 GB = 1934 GA

1934 JB
Id mit 1951 NL, NAZ **7** 32
El NAZ **7** 19

1934 RB Vgl. 1923 OD

1934 TD
El NAZ **7** 31

1935 FJ, GL, SC
El NAZ **7** 19

1935 SG_1 = 1549 Mikko

1935 TB
52: MPC 855, 862, 967 Blo*[164])

1935 UN
El NAZ **7** 31

1935 US
52: MPC 955 Blo*. MPC 964 Blo. BAB **4** 134, MPC 878 Ucc

[154]) Irrtümlich zugeordnet, MPC 1081, NAZ **8** 7. Vorläufige Bezeichnung 1952 HW_1, MPC 1089.
[155]) Irrtümlich zugeordnet, 1381 Danubia zugehörig, NAZ **7** 32.
[156]) Irrtümlich 903 Nealley zugeordnet, NAZ **7** 14. Vorläufige Bezeichnung MPC 968.
[157]) Irrtümlich zugeordnet, MPC 1082, NAZ **8** 7. Vorläufige Bezeichnung 1952 OZ, MPC 1058 (Berichtigung in MPC 1062).
[158]) Irrtümlich 903 Nealley zugeordnet, NAZ **7** 14. Vorläufige Bezeichnung MPC 968.
[159]) Berichtigung in BAB **4** 135, RI 849. Irrtümlich zugeordnet, NAZ **7** 38. Vorläufige Bezeichnung 1933 JA, MPC 1040.
[160]) Berichtigung in BAB **4** 135, RI 849. Irrtümlich 1933 GA zugeordnet, NAZ **7** 38. Vorläufige Bezeichnung MPC 1040.
[161]) Beob. Aug 26 irrtümlich zugeordnet, MPC 1014, NAZ **7** 38. Vorläufige Bezeichnung 1933 QN_1, MPC 1040.
[162]) Irrtümlich 1933 QC zugeordnet, MPC 1014, NAZ **7** 38. Vorläufige Bezeichnung MPC 1040.
[163]) Irrtümlich 316 Goberta zugeordnet. Vorläufige Bezeichnung MPC 895.
[164]) Irrtümlich zugeordnet, MPC 1013, NAZ **7** 38. Vorläufige Bezeichnung 1952 QG_1, MPC 1021.

1936 BD
El NAZ **7** 19

1936 HB = 1590 1933 NA

1936 QV
El AN **268** 269[165])

1936 SM = 1061 Paeonia

1936 TE
Id mit 1936 TH, MPC 936, NAZ **7** 7

1936 TH = 1936 TE
El AN **268** 269[166])

1936 TJ
36: BZ **18** 73, RI 1462 Bgf*[167]). Budapest Mitt. Nr. 7, RI 1473 Bud*[167])

1937 AB = 1931 JA (?)

1937 QC
El AN **268** 269[168])

1937 QF
52: MPC 854, 855, 857 Blo*

1937 RA, RB
El AN **268** 269[169])

1937 RD
El NAZ **7** 19

1937 TB, TD, TG, TH
El AN **268** 269[170])

1937 TS
Id mit 1937 VO, MPC 936, NAZ **7** 7

1937 UD, UE
El AN **268** 269[171])

1937 VO = 1937 TS

1937 YA
El AN **268** 269[172])

1938 BH
El AN **268** 269[173])

1938 DS
El AN **268** 269[174])

1938 DX$_1$
El MPC 944, NAZ **7** 13

1938 EG
38: RI 1739 Ucc[175])
El NAZ **7** 31

1938 HA
El MPC 944, NAZ **7** 13

1938 KC = 1931 JA (?)

1939 CD
Eph (1953) MPC 983

1939 DE
El Belgrade Bull. **17** 32

1939 EN
39: BZ **21** 41, RI 1939 Bgf*[176])

1939 FC
El Belgrade Bull. **17** 32

1939 FF
El MPC 944, NAZ **7** 13

1939 GA, GB, GE
El Belgrade Bull. **17** 32

1940 DA
Id mit 1951 RU, MPC 885

1940 PE
40: RI 2223 Aba*[177])

1940 QF
40: RI 2198 Wür[178])

1941 QG
41: Pulkowo Mitt. Nr. **143** S. 5 Sim*[179])

1942 CD Vgl. 1517 1938 FD
42: Turku Informo Nr. 5 Tuk*[180])

1942 FB = 1930 ME

1942 HE
42: MPC 867, UC Nr. **113** S. 154 Joh
El MPC 925, NAZ **7** 5

1942 KA
52: UC Nr. **113** S. 160 Blf. MPC 863 Blo
Id mit 1945 FA, NAZ **7** 2
Eph (1953) MPC 983, NAZvM 190
El MPC 897[181]), NAZ **7** 2

1943 OD = 1590 1933 NA

1945 FA = 1942 KA

1946 OH
46: UAI Circ 1065, UC Nr. **106** S. 189 Joh*[182])

1946 SA
46: NAZ **7** 19 Niz
El NAZ **7** 19

---

[165]) Berichtigung in NAZ **7** 39.
[166]) Berichtigung in NAZ **7** 39.
[167]) Irrtümlich 903 Nealley zugeordnet, NAZ **7** 14. Vorläufige Bezeichnung MPC 968.
[168]) Berichtigung in NAZ **7** 39.
[169]) Berichtigung in NAZ **7** 39.
[170]) Berichtigung in NAZ **7** 39.
[171]) Berichtigung in NAZ **7** 39.
[172]) Berichtigung in NAZ **7** 39.
[173]) Berichtigung in NAZ **7** 39.
[174]) Berichtigung in NAZ **7** 39.
[175]) Berichtigung in BAB **4** 135.
[176]) Irrtümlich 903 Nealley zugeordnet, NAZ **7** 14. Vorläufige Bezeichnung MPC 968.
[177]) Irrtümlich 710 Gertrud zugeordnet, RI 2255. Vorläufige Bezeichnung MPC 968.
[178]) Berichtigung inNAZ **7** 32.
[179]) Irrtümlich 903 Nealley zugeordnet, NAZ **7** 14. Vorläufige Bezeichnung MPC 968.
[180]) Irrtümlich 1517 1938 FD zugeordnet, MPC 975.
[181]) Berichtigung in MPC 996.
[182]) Irrtümlich 1194 Aletta zugeordnet, MPC 976, Rend. Accad. Lincei (8) **15** 24 = Roma Monte Mario Contr. Nr. **194**. Vorläufige Bezeichnung MPC 1021.

1947 BG
47: MPC 515 WiB[183])
El MPC 925, NAZ 7 5

1947 EB
47: MPC 515 WiB[184])

1947 QC
47: MPC 54, 55 Niz*[185])
El MPC 969, NAZ 7 14

1948 EU
El MPC 944, NAZ 7 13

1948 EX
Id mit 1948 GC, MPC 936

1948 GC = 1948 EX

1948 JP
48: Krim Mitt. 4 198 Sim*[186])

1948 VE
48: BAB 4 Nr. 4, MPC 388 Ucc[187]), [188])
El[188]) MPC 925, NAZ 7 5

1948 WE
52: MPC 859, 860 Blo*. MPC 963 Blo

1948 WO
48: BAB 4 Nr. 4, MPC 388 Ucc[189])
El[189]) MPC 925, NAZ 7 5

1949 BK
49: MPC 248 Niz*[190])

1949 EA
51: JO 36 122 Alg. — 53: MPC 912 Alg*

1949 FG_1
49: BAB 4 Nr. 4, Urania Barcelona 38 13 = Madrid Publ. Nr. 20 Ucc[191])

1949 ON_1, OO_1
El NAZ 7 19

1949 QE_2 = 1572 Posnania
Eph (1953) MPC 935
El MPC 935, NAZ 7 19

1949 SF
49: NAZ 7 27 Hei
El NAZ 7 38

1949 TC, TD = 1572 Posnania
49: NAZ 7 27 Hei

1949 TE
49: NAZ 7 27 Hei
El NAZ 7 38

1950 BJ
51: MPC 629, UC Nr. 113 S. 165 Blf[192]). MPC 630, UC Nr. 113 S. 165 Joh[192])

1950 BK
Eph (1953) MPC 947, NAZvM 184
El NAZ 7 19

1950 CA
51: JO 36 122 Alg. — 52: MPC 894 Alg*. MPC 860 Blo*[193])

1950 DE
Eph (1953) MPC 970

1950 DJ
Eph (1953) MPC 983, NAZvM 190

1950 DO
52: MPC 863, NAZ 7 5 Hei*

1950 DS
El MPC 925, NAZ 7 5

1950 EA
52: MPC 858 Blo*. MPC 882 Blo
Eph (1953) MPC 970

1950 FC
Eph (1954) Belgrade Bull. 18 Nr. 1—2
El Belgrade Bull. 18 Nr. 1—2

1950 FL
Id mit 1950 FN, MPC 936

1950 FM
50: Kiew Publ. Nr. 5 S. 188 Kiw[194])

1950 FN = 1950 FL

1950 GE
53: MPC 894, 912 Alg*[195])

1950 GF
50: JO 36 122 Alg. — 51: JO 36 122 Alg. — 53: MPC 894, 912 Alg*[196]). MPC 955, 956 Blo*. MPC 964 Blo
El MPC 953

1950 HJ
Eph (1953) MPC 893

[183]) Beob. Mrz 12, 18 irrtümlich zugeordnet, MPC 925, NAZ 7 6. Vorläufige Bezeichnung 1947 EB, MPC 945 (Berichtigung in MPC 1021).
[184]) Irrtümlich 1947 BG zugeordnet, MPC 925, NAZ 7 6. Vorläufige Bezeichnung MPC 945 (Berichtigung in MPC 1021).
[185]) Irrtümlich 903 Nealley zugeordnet, NAZ 7 14. Vorläufige Bezeichnung MPC 968.
[186]) Irrtümlich 1196 Sheba zugeordnet, MPC 977. Vorläufige Bezeichnung MPC 1021 (Berichtigung in MPC 1062).
[187]) Beob. Nov 9 (irrtümlich zugeordnet, MPC 925, NAZ 7 6) Zugehörigkeit bestätigt, MPC 945, NAZ 7 39.
[188]) Beob. Nov 24, 25, 27 irrtümlich zugeordnet. Vorläufige Bezeichnung 1948 WO, MPC 945, NAZ 7 39.
[189]) Irrtümlich 1948 VE zugeordnet. Vorläufige Bezeichnung MPC 945, NAZ 7 39.
[190]) Irrtümlich 1205 Ebella zugeordnet, MPC 943, NAZ 7 13. Vorläufige Bezeichnung MPC 945.
[191]) Irrtümlich 1452 1938 DZ_1 zugeordnet, Urania Barcelona 38 13 = Madrid Publ. Nr. 20. Vorläufige Bezeichnung MPC 1176.
[192]) Berichtigung in MPC 1135, 1180, NAZ 8 33.
[193]) Irrtümlich zugeordnet, MPC 1058. Vorläufige Bezeichnung 1952 UT_1, MPC 1089.
[194]) Als unidentifiziert bezeichnet.
[195]) Irrtümlich zugeordnet, 1950 GF zugehörig, MPC 945.
[196]) Irrtümlich 1950 GE zugeordnet, MPC 945.

1950 HE$_1$
50: Kiew Publ. Nr. **5** S. 188 Kiw[197])

1950 HF$_1$ = 1575 Winifred
Eph (1953) Astr Circ UdSSR Nr. 133
El Astr Circ UdSSR Nr. 133

1950 HL$_1$
50: MPC 966 Blo*

1950 MB
Eph (1953) MPC 893

1950 OO
El NAZ **7** 31

1950 OP
50: MPC 970 Blo
El NAZ **7** 38

1950 PD, PE
El Belgrade Bull. **17** 31

1950 QO
50: MPC 953 FtD

1950 QZ
50: Kiew Publ. Nr. **5** S. 188 Kiw[198])

1950 RA
Eph (1953) MPC 893
Eph (1954) Belgrade Bull. **18** Nr. 1—2 [199])
El Belgrade Bull. **18** Nr. 1—2[199])

1950 RB
Eph (1954) Belgrade Bull. **18** Nr. 1—2[200])
El Belgrade Bull. **18** Nr. 1—2[200])

1950 RH
50: JO **36** 122 Alg. — 51: JO **36** 122 Alg. — 53: MPC 937 WiB
Eph (1953) MPC 877, 893
El JO **36** 18

1950 RJ
Eph (1953) MPC 893

1950 RN
Id mit 1950 SO, MPC 936

1950 SD = 1929 CL
Eph (1953) MPC 872
El MPC 872, NAZ **7** 2

1950 SJ
50: MPC 871, NAZ **7** 1 Ucc
Eph (1952) MPC 871
Eph (1953) MPC 926
El MPC 871, NAZ **7** 2

1950 SL
Eph (1953) MPC 876
El MPC 876[201]), NAZ **7** 2

1950 SO = 1950 RN

1950 SP
50: Kiew Publ. Nr. **5** S. 179 Kiw[202])

1950 TD$_3$ = 497 Iva
50: Madrid Bol. **4** Nr. 6 Mad
El Madrid Bol. **4** Nr. 6

1950 UA
53: Astr Circ UdSSR Nr. 142 AlA[203])

1950 VA
50: JO **36** 122 Alg. — 51: JO **36** 122 Alg. — 53: Astr Circ UdSSR Nr. 142 AlA[204]). MPC 937 MtH
Eph (1953) MPC 893

1950 WA
50: JO **36** 122 Alg. — 51: JO **36** 122 Alg. — 52: JO **36** 122 Alg. — 53: Astr Circ UdSSR Nr. 142 AlA[205]). MPC 912, 989 Alg*. MPC 951, 952, NAZ **7** 27, 30, 31 Hei*

1951 AA
Id mit 1951 AX, MPC 969

1951 AJ, AL
El Belgrade Bull. **17** 31

1951 AX = 1951 AA

1951 AZ
51: BAB **4** 100, MPC 627 Ucc[206])

1951 DE
51: JO **36** 123 Alg. — 53: JO **36** 123 Alg
Eph (1953) MPC 912

1951 EV
52: UC Nr. **113** S. 160 Blf
Eph (1953) MPC 893

1951 ED$_1$ Vgl. 1951 EQ$_1$

1951 EQ$_1$
52: JO **36** 123 Alg[207])
Eph (1953) MPC 893

1951 EU$_1$
51: MPC 903 EVA

1951 EV$_1$
51: MPC 637 Blo*[208]). MPC 640 Blo[208])

1951 GA
51: UC Nr. **113** S. 164 Joh*

1951 GB
51: UC Nr. **113** S. 165 Blf

1951 GG, GH, GJ
51: MPC 903 EVA

---

[197]) Als unidentifiziert bezeichnet.
[198]) Als unidentifiziert bezeichnet.
[199]) Irrtümlich 1950 RB zugeordnet, MPC 1096.
[200]) Irrtümlich zugeordnet, 1950 RA zugehörig, MPC 1096.
[201]) Berichtigung in MPC 945.
[202]) Irrtümlich 100 Hekate zugeordnet. Vorläufige Bezeichnung MPC 756.
[203]) Irrtümlich zugeordnet, 1950 WA zugehörig, Astr Circ UdSSR Nr. 148.
[204]) Irrtümlich zugeordnet, 1033 Simona zugehörig, Astr Circ UdSSR Nr. 148.
[205]) Irrtümlich 1950 UA zugeordnet, Astr Circ UdSSR Nr. 148.
[206]) Irrtümlich 1082 Pirola zugeordnet, Astr Circ UdSSR Nr. 143. Vorläufige Bezeichnung MPC 1147.
[207]) Irrtümlich als 1951 ED$_1$ bezeichnet.
[208]) Irrtümlich 1594 1949 WA zugeordnet, MPC 997. Vorläufige Bezeichnung MPC 1021.

1951 HA, JB, KB, KC, KD
51: UC Nr. **113** S. 164 Joh*

1951 KP
51: MPC 903 EVA

1951 LC, MA, MB, MC, MD, ME = 1549 Mikko, **MF**
51: UC Nr. **113** S. 164 Joh*

1951 MG
51: UC Nr. **113** S. 164 Joh*. MPC 875 Joh
Id mit 1951 NF, MPC 876
El MPC 876

1951 MJ
51: MPC 903 EVA

1951 NC, ND
51: UC Nr. **113** S. 164 Joh*

1951 NF = 1951 MG

1951 NJ, NK
51: MPC 903 EVA

1951 NL = 1934 JB

1951 OA
51: JO **36** 123 Alg. — 52: MPC 860 Blo*[209]). MPC 963 Blo
El JO **36** 19

1951 OB, OC, OD, PD
51: UC Nr. **113** S. 164 Joh*

1951 QA
52: MPC 860 Blo*[210])
Eph (1953) MPC 877

1951 QF, QG, QH
51: UC Nr. **113** S. 164 Joh*

1951 RA
51: JO **36** 123 Alg. TAB (2) Nr. 57 S. 478 Tok*

1951 RB
Id mit 1951 RV_1, MPC 969

1951 RJ
51: MPC 946, NAZ **7** 1 Hei
El NAZ **7** 2

1951 RQ
Id mit 1951 SR, MPC 969

1951 RU = 1940 DA
51: MPC 946, NAZ **7** 1 Hei
El NAZ **7** 2

1951 RX
51: MPC 871, NAZ **7** 1 Hei
Eph (1953) MPC 872
El MPC 871, NAZ **7** 2

1951 RZ
Id mit 1951 RK_1, MPC 969

1951 RK_1 = 1951 RZ, **RV_1** = 1951 RB

1951 SB
Id mit 1951 SO, MPC 969

1951 SC
51: JO **36** 123 Alg

1951 SD
51: MPC 953 FtD

1951 SN
51: MPC 903 EVA

1951 SO = 1951 SB, **SR** = 1951 RQ

1951 TE
51: MPC 928 Tuk*

1951 US, UT, UU
51: MPC 903 EVA

1951 UV (= Tokyo 1951 C)
51: TAB (2) Nr. 57 S. 478 Tok*
Vorläufige Bezeichnung MPC 1041

1951 VB, WK
51: MPC 903 EVA

1951 WO
Id mit 1951 XA, MPC 969

1951 WR (= Tokyo 1951 D), **WS** (= Tokyo 1951 E)
51: TAB (2) Nr. 57 S. 479 Tok*
Vorläufige Bezeichnung MPC 1041

1951 XA = 1951 WO

1951 XH
51: MPC 966 Blo

1952 BA, BB, BC
52: BAB **4** 134 Ucc

1952 DA (= Alger CK)
52: JO **36** 123 Alg. — 53: MPC 989 Alg*[211])
Eph (1953) MPC 912
El JO **36** 48, MPC 895

1952 DB (= Alger CL)
52: JO **36** 123 Alg. — 53: MPC 990 Alg*. MPC 979 Joh
Eph (1953) MPC 912
El JO **36** 48, MPC 895

1952 DC
52: BAB **4** 134 Ucc

1952 EA
52: Astr Circ UdSSR Nr. 133 AlA*. JO **36** 123 Alg. MPC 881 Blo. BAB **4** 134 Ucc[212])
Eph (1953) Belgrade Bull. **18** Nr. 1—2, MPC 970
El Belgrade Bull. **18** Nr. 1—2

1952 FB (= A_6)
52: Astr Circ UdSSR Nr. 133 AlA*[213]). JO **36** 123, 124 Alg. BAB **4** 134 Ucc. — 53: MPC 989 Alg*
Eph (1953) MPC 912
El JO **36** 154, MPC 907

---

[209]) Irrtümlich 1951 QA zugeordnet, MPC 945.
[210]) Irrtümlich zugeordnet, 1951 OA zugehörig, MPC 945.
[211]) Berichtigung in MPC 1212.
[212]) Berichtigung in MPC 1112.
[213]) Als A_6 bezeichnet, MPC 1054.

1952 FM
Id mit 1952 HW, MPC 936

1952 FN
Id mit 1952 HT, MPC 936

1952 FO (= A_2), **FP** (= A_3), **FQ** (= A_4), **FR** (= A_5), **FS** (= A_8)
52: Astr Circ UdSSR Nr. 133 AlA*
Vorläufige Bezeichnung MPC 1054

1952 HA
52: JO **36** 124 Alg. MPC 881 Blo. Krim Mitt. **10** 216, 217 Sim*. BAB **4** 134 Ucc. — 53: MPC 961 Blo*. MPC 966 Blo. MPC 979 Joh
Eph (1953) MPC 926

1952 HB
52: JO **36** 124 Alg. BAB **4** 134 Ucc

1952 HL, HM
52: UC Nr. **113** S. 155 Joh*[214])

1952 HT = 1952 FN

1952 HW = 1952 FM

1952 HQ_1, HR_1, HS_1, HT_1, HU_1
52: Krim Mitt. 10 216, 217, 218 Sim*

1952 HW_1
52: MPC 881 Blo[215])

1952 JB
52: UC Nr. **113** S. 160 Blf[216])

1952 KA, KB, KD
52: UC Nr. **113** S. 155 Joh*[217])

1952 KE, KF = 1344 Caubeta (?)
52: MPC 903 EVA*

1952 KL
52: MPC 864, UC Nr. **113** S. 155 Joh*[218])

1952 LA, LB, LC, LD
52: UC Nr. **113** S. 155 Joh*[219])

1952 LF, ME, MF, MG
52: MPC 851 Blo*

1952 MH
52: MPC 851, 967 Blo*

1952 MJ, MK, ML, MM, MN
52: MPC 851, 852 Blo*

1952 MO
52: Krim Mitt. 10 219 Sim*

1952 OF, OG
52: UC Nr. **113** S. 156 Joh*[220])

1952 OH[221]) = 735 Marghanna
52: MPC 876 Cor. MPC 867, UC Nr. **113** S. 153, 160 Joh. — 53: MN ASSA **12** 99 Cap
Eph (1953/54) MPC 935
El MN ASSA 12 36, MPC 927

1952 OJ = 735 Marghanna

1952 OL, OM, ON, OO, OP, OQ, OR, OS, OT, OU
52: MPC 853, 854 Blo*

1952 OV, OW, OX
52: Krim Mitt. **10** 220 Sim*

1952 OY (= A_9)
52: Astr Circ UdSSR Nr. 136 AlA*
Vorläufige Bezeichnung MPC 1041

1952 OZ
52: MPC 853, 854, 855 Blo*[222]). MPC 961, 962 Blo[222])

1952 PA, PB
52: UC Nr. **113** S. 156 Joh*[223])

1952 PD, PE, PF, PG
52: MPC 854 Blo*

1952 PH
52: Krim Mitt. **10** 221, 222 Sim*

1952 PJ
52: MPC 919 Niz*

1952 QA = **1952 QB** = 735 Marghanna

1952 QJ, QL
52: MPC 863, NAZ **7** 5 Hei*

1952 QU, QV, QW
52: MPC 854, 855 Blo*

1952 QX
52: MPC 855 Blo*
Id mit 1952 SC, MPC 936

1952 QY
52: MPC 862 Blo*

1952 QZ
52: Krim Mitt. 10 221 Sim*

1952 QA_1
52: Krim Mitt. **10** 221, 222 Sim*
Id mit 1952 SD, MPC 969

1952 QB_1, QC_1, QD_1
52: Krim Mitt. **10** 221 Sim*

---

214) Als unidentifiziert bezeichnet.
215) Irrtümlich 1926 PE zugeordnet, MPC 1081, NAZ **8** 7. Vorläufige Bezeichnung MPC 1089.
216) Irrtümlich 699 Hela zugeordnet, MPC 1008.
217) Als unidentifiziert bezeichnet.
218) Als unidentifiziert bezeichnet.
219) Als unidentifiziert bezeichnet.
220) Als unidentifiziert bezeichnet.
221) Irrtümlich numeriert und benannt, MPC 1116, 1119.
222) Irrtümlich 1931 TL_1 zugeordnet, MPC 1082, NAZ **8** 7. Vorläufige Bezeichnung MPC 1058 (Berichtigung in MPC 1062).
223) Als unidentifiziert bezeichnet.

1952 QG$_1$
52: MPC 855, 862, 967 Blo*[224])

1952 RA, RB, RC, RD, RE
52: MPC 855 Blo*

1952 RF
52: MPC 863, NAZ 7 5 Hei*

1952 RG
52: MPC 864, UC Nr. 113 S. 156 Joh*[225])

1952 RJ
52: MPC 895 Blf

1952 SA
52: MPC 856, 858, 859, 861 Blo*. MPC 863, 882, 963 Blo. MPC 864, UC Nr. 113 S. 156 Joh*[226])
Eph (1954) Belgrade Bull. 18 Nr. 1—2, MPC 913
El Belgrade Bull. 18 Nr. 1—2, MPC 913

1952 SB, SC = 1952 QX, SD = 1952 QA$_1$, SE, SF
52: MPC 856, 857 Blo*

1952 SG
52: MPC 856 Blo*
Id mit 1952 SS, MPC 936

1952 SH, SJ, SK
52: MPC 856 Blo*

1952 SL
52: MPC 857 Blo*. MPC 962 Blo

1952 SM, SN, SO, SP, SQ, SR, SS = 1952 SG, ST, SU, SV, SW, SX, SY SZ, SA$_1$, SB$_1$
52: MPC 857, 858 Blo*

1952 SC$_1$, SD$_1$, SE$_1$
52: MPC 862, 967 Blo*

1952 SL$_1$, SM$_1$, SN$_1$
52: MPC 919, 920 Niz*

1952 TA, TB, TC, TD
52: MPC 858 Blo*

1952 TE, TF
52: BAB 4 134, MPC 878 Ucc

1952 UA, UB, UC, UD, UE, UF, UG, UH, UJ, UK[227]), UL, UM, UN
52: MPC 858, 859, 860 Blo*

1952 UO
52: MPC 859, 861, 862, 967 Blo*. MPC 963, 964 Blo

1952 UP
52: MPC 859 Blo*

1952 UQ
52: MPC 859, 862 (?), 967 (?) Blo*

1952 UR
52: MPC 859, 861, 862, 967 Blo*. MPC 963, 964 Blo

1952 US
52: MPC 859 Blo*

1952 UT, UU
52: MPC 859, 861, 862, 967 Blo*. MPC 963, 964 Blo

1952 UV
52: MPC 859 Blo*

1952 UW
52: MPC 859, 861, 862, 967 Blo*. MPC 963, 964 Blo

1952 UX, UY, UZ, UA$_1$, UB$_1$, UC$_1$, UD$_1$, UE$_1$, UF$_1$, UG$_1$
52: MPC 860 Blo*

1952 UH$_1$
52: MPC 860 Blo*. MPC 864, NAZ 7 5 Hei*

1952 UJ$_1$, KU$_1$, UL$_1$
52: MPC 860, 861 Blo*

1952 UM$_1$, UN$_1$, UO$_1$, UP$_1$, UQ$_1$, UR$_1$
52: MPC 863, 864, NAZ 7 5 Hei*

1952 UT$_1$
52: MPC 860 Blo*[228])

1952 UV$_1$ (= Belgrad 1952 x), **UW$_1$** (= Belgrad 1952 y)
52: Belgrade Bull. 17 34 Bel
Vorläufige Bezeichnung MPC 1176

1952 VA, VB, VC[229]), VD, VE, VF
52: MPC 861, 862 Blo*

1952 VG
52: MPC 920 Niz*

1952 WA, WB, WC, WD
52: MPC 862, 967 Blo*

1952 WE
52: MPC 911 Kyo*

1952 WF
52: MPC 955 Blo*

1952 WG (= A_{10}), **WH** (= A_{11}), **WJ** (= A_{12})
52: Astr Circ UdSSR Nr. 136 AlA*
Vorläufige Bezeichnung MPC 1041

1952 WK
52: Astr Circ UdSSR Nr. 136 Kiw*[230])
Vorläufige Bezeichnung MPC 1041

1952 XA
52: MPC 924 Kyo*
El MPC 953

---

224) Irrtümlich 1935 TB zugeordnet, MPC 1013, NAZ 7 38. Vorläufige Bezeichnung MPC 1021.
225) Als unidentifiziert bezeichnet.
226) Als unidentifiziert bezeichnet.
227) Berichtigung in MPC 904.
228) Irrtümlich 1950 CA zugeordnet, MPC 1058. Vorläufige Bezeichnung MPC 1089.
229) Berichtigung in MPC 904.
230) Als unidentifiziert bezeichnet.

1952 YA
52: MPC 920 Niz*

1952 YB, YC, YD, YE, YF, YG, YH
52: MPC 955 Blo*

1953 AA, AB, AC
53: BAB 4 143, MPC 879 Ucc

1953 AD, AE, AF, AG
53: MPC 920, 921 Niz*

1953 AH, AJ, AK
53: MPC 955 Blo*

1953 CA
53: MPC 910 Ucc*. BAB 4 143, MPC 900, 979 Ucc

1953 CB, CC, CD, CE
53: MPC 921, 922 Niz*

1953 CF
53: MPC 938 Kyo*

1953 CG, CH, CJ, CK
53: MPC 956, 957 Blo*

1953 CL (= Belgrad 1953 x)
53: Belgrade Bull. 18 Nr. 1—2[231]), MPC 1062 Bel

1953 DA, DB, DC
53: MPC 956 Blo*

1953 DD (= A_{13}), **DE** (= A_{14}), **DF** (= A_{15}), **DG** (= A_{16})
53: Astr Circ UdSSR Nr. 140 AlA*
Vorläufige Bezeichnung MPC 1041

1953 EA (= Objekt Wilson)
53: Harv Card 1207 MtH. Astr.Nachr. Berlin-Treptow 5 56, Coelum 21 88, Harv Card 1206, NAZvM 174, 177, NAZ 7 11, UAI Circ 1394 MtP*. Harv Card 1207, UAI Circ 1398 MtP. Harv Card 1208 WiB
Vorläufige Bezeichnung UAI Circ 1399
Eph (1953) Astr. Nachr. Berlin-Treptow 5 56, Harv Card 1207, 1209, NAZvM 175, UAI Circ 1395, 1396, 1398, 1399
El BAA Circ Nr. 340, Harv Card 1208, NAZ 7 11, Sky and Telescope 12 182, UAI Circ 1399

1953 EB, EC, ED, EE
53: MPC 900, 911 Ucc*. BAB 4 143, MPC 980, 981 Ucc

1953 EF, EG
53: MPC 922, 923 Niz*

1953 EH
53: MPC 923, 924 Niz*. MPC 929, 930 Tuk*

1953 EJ, EK
53: MPC 923, 924 Niz*

1953 EL, EM, EN, EO
53: MPC 929, 930, 931 Tuk*

1953 EP
53: MPC 950, 951, NAZ 7 26, 27 Hei*. BAB 4 143, MPC 941, 980, 981 Ucc

1953 EQ, ER, ES, ET, EU
53: MPC 942 Kyo*

1953 EV, EW
53: MPC 950, NAZ 7 26 Hei*

1953 EX
53: MPC 956 Blo*. MPC 965 Blo

1953 EY, EZ, EA_1, EB_1, EC_1, ED_1
53: MPC 956, 957 Blo*

1953 EE_1 (= A_{17})
53: Astr Circ UdSSR Nr. 140 AlA*[232]). MPC 957 Blo*

1953 EF_1, EG_1
53: MPC 957 Blo*

1953 EH_1[233]), **EJ_1**
53: BAB 4 143, MPC 980 Ucc

1953 EK_1 (= A_{19})
53: Astr Circ UdSSR Nr. 140 AlA*[234]). BAB 4 143, MPC 980, 981 Ucc

1953 FA
53: MPC 931 Tuk*

1953 FB (= σ 211), **FC** (= σ 212), **FD** (= σ 213), **FE** (= σ 214), **FF** (= σ 215)
53: Astr Circ UdSSR Nr. 138 Sim*
Vorläufige Bezeichnung Astr Circ UdSSR Nr. 147, MPC 1041

1953 FG, FH, FJ, FK, FL, FM, FN, FO, FP, FQ, FR, FS, FT, FU, FV, FW, FX, FY, FZ, FA_1, FB_1, FC_1, FD_1
53: MPC 950, 951, NAZ 7 26, 27 Hei*

1953 FE_1, FF_1, FG_1, FH_1, FJ_1, FK_1
53: MPC 957, 958 Blo*

1953 FL_1 (= σ 210)
53: Astr Circ UdSSR Nr. 138 Sim*
Vorläufige Bezeichnung MPC 1041

1953 FM_1 (= A_{18})
53: Astr Circ UdSSR Nr. 140 AlA*
Vorläufige Bezeichnung MPC 1041

1953 FN_1
53: Astr Circ UdSSR Nr. 138 Sim*[235])

[231]) Als 1953 x bezeichnet.
[232]) Als A_{17} bezeichnet, MPC 1041.
[233]) Berichtigung in MPC 1021.
[234]) Als A_{19} bezeichnet, MPC 1041.
[235]) Irrtümlich 844 Leontina zugeordnet. Vorläufige Bezeichnung MPC 1176.

1953 GA
53: Astr Circ UdSSR Nr. 142 AlA. MPC 989 Alg*. JO **36** 124, MPC 990 Alg. MPC 960 Blo*. MPC 966 Blo. MPC 932, 950 Joh. MPC 954 Kyo*
Eph (1953) MPC 932
Eph (1954) MPC 997
El MPC 932, 997

1953 GB
53: MPC 970 Blo. MPC 940 Joh

1953 GC, GD
53: BAB **4** 143, MPC 941, 981 Ucc

1953 GE, GF, GG, GH, GJ, GK, GL, GM, GN, GO, GP, GQ, GR
53: MPC 951, 952, NAZ **7** 27, 30, 31 Hei*

1953 GS, GT
53: MPC 954 Kyo*

1953 GU, GV, GW
53: MPC 958 Blo*

1953 GX, GY[236])
53: MPC 958 Blo*. MPC 965 Blo

1953 GZ, GA_1, GB_1, GC_1, GD_1, GE_1, GF_1, GG_1, GH_1
53: MPC 958, 959 Blo*

1953 GJ_1, GK_1
53: BAB **4** 143, MPC 981 Ucc

1953 GL_1
53: MPC 959 Blo*[237]). MPC 965 Blo[237])

1953 JA
53: MPC 933, 950 Joh. MPC 972 Kyo
Eph (1953) MPC 933
El MPC 933

1953 JB
53: MPC 959 Blo*. MPC 972 Blo. BAB **4** 143, MPC 941, 982 Ucc
El MPC 978

1953 JC, JD, JE, JF, JG, JH
53: MPC 959, 960 Blo*

1953 JJ
53: MPC 995 Niz*

1953 JK
53: MPC 971 Kyo*[238])

1953 JL (= Belgrad 1953 y)
53: Belgrade Bull. **18** Nr. 1—2[239]), MPC 1062 Bel

1953 KA
53: MPC 995 Niz*

1953 LA
53: MPC 952, NAZ **7** 31 Hei*

1953 LB, LC, LD
53: MPC 960 Blo*

1953 LF
53: MPC 995 Niz*

1953 NA, NB
53: MPC 973 Joh
Eph (1953) MPC 973, 974
El MPC 973, 974

1953 NC
53: MPC 995, 996 Niz*

1953 OA
53: MPC 979 Joh

1953 OB, OC
53: MPC 996 Niz*

1953 PA (= σ 216)
53: Astr Circ UdSSR Nr. 143, MPC 1003 Sim*. MPC 974 Ucc
Vorläufige Bezeichnung Astr Circ UdSSR Nr. 147, MPC 1147
Eph (1953) MPC 974, 983, 991, NAZvM 190
El MPC 974

1953 PB, PC, PD, PE, PF
53: MPC 996 Niz*

1953 PK (= σ 215 a), **QA** (= σ 217)
53: Astr Circ UdSSR Nr. 143, MPC 1003 Sim*
Vorläufige Bezeichnung Astr Circ UdSSR Nr. 147, MPC 1147[240])

1953 RA (= Objekt Arend)
53: Belgrade Bull. **18** Nr. 3—4 Bel[241]). MPC 992 Cor. Astr. Nachr. Berlin-Treptow **5** 126, NAZvM 187 Hei*. MPC 992 Joh. Astr. Nachr. Berlin-Treptow **5** 126, Coelum **21** 189, Harv Card 1220[242]), NAZvM 187, UAI Circ 1419 Ucc*. Harv Card 1221, MPC 975, NAZ **7** 34, UAI Circ 1420, 1421, 1422 Ucc. MPC 994 WiB
Eph (1953) Astr. Nachr. Berlin-Treptow **5** 127, BSAF **67** 349, Coelum **21** 189, Harv Card 1221, MPC 975, 991, NAZvM 188, 189, UAI Circ 1421
El BSAF **64** 349, Gaz Astr **35** 52, Harv Card 1221, MPC 975, NAZvM 188[243]), UAI Circ 1421, 1422[244])

1953 RB
Eph (1953) MPC 983, 992, NAZvM 189

1953 RC (= σ 218)
53: Astr Circ UdSSR Nr. 143, MPC 1003 Sim*

---

236) Berichtigung in MPC 1159.
237) Irrtümlich 997 Priska zugeordnet, MPC 1009. Vorläufige Bezeichnung MPC 1021.
238) Als unsicher bezeichnet. Vorläufige Bezeichnung MPC 1021.
239) Als 1953 y bezeichnet.
240) Berichtigung in MPC 1180.
241) Irrtümlich zugeordnet, MPC 1165, NAZ **9** 1. Vorläufige Bezeichnung 1953 TF_3, MPC 1176.
242) Als Objekt Arend bezeichnet, MPC 975.
243) Berichtigung in NAZvM 191.
244) Berichtigung in UAI Circ 1423.

Vorläufige Bezeichnung Astr Circ UdSSR Nr. 147, MPC 1147

1953 SJ
53: Astr Circ UdSSR Nr. 144 Kiw*

Vorläufige Bezeichnung MPC 1147

1953 TB (= σ 219), **TC** (= σ 220), **TD** (= σ 221)
53: Astr Circ UdSSR Nr. 143, MPC 1003 Sim*[245])

Vorläufige Bezeichnung Astr Circ UdSSR Nr. 147, MPC 1147

1953 TF$_3$
33: Belgrade Bull. 18 Nr. 5—4 Bel[246])

7537. Kleine Planeten. Verzeichnis der Beobachter und Berechner

G. Adamopoulos
H. Alikoski
S. Arend
G. Armellini Conti
J. Ashbrook
A. Awraamow
H. Barton
Bersinsch
M. J. Bester
G. van Biesbroeck
J. Bobone
S. Böhme
L. Boyer
M. W. Bratijtschuk
G. Bruns
J. A. Bruwer
E. J. Bugoslawakaja
C. Cailliatte
R. Carrasco
Č. Čepinac
F. B. Chanina
N. A. Chinkulowa
J. Churms
Codina
L. E. Cunningham
E. Delporte
Detlawa
M. A. Dīrikis
J. Dobrzycki
I. M. Drob
A. D. Dubjago
P. G. Duchnowskij
R. L. Duncombe
Eisentals
N. W. Fatschichin
M. W. Feast
T. Fortini
J. L. Gasarjan
E. Gauß
W. M. Gawriljuk
I. Groeneveld
J. K. Gulak
U. Haug
S. Herrick
H. Hirose
W. P. Hirst
K. Hurukawa
G. M. Idliss
W. A. Iswekow
M. Itzigsohn
W. Jahn
Jansone
H. M. Jeffers
F. Jeffries
N. B. Jelenewskaja
E. L. Johnson
S. W. Karjagina
Kaulinja
O. Kippes
E. K. Kochan
W. P. Konoplewa
R. P. Kraft
I. A. Kurzemnieze
M. Laugier
P. Laurie
A. Lejkin
J. v. B. Lourens
H. v. Lüde
G. R. Lukschajte
E. Makarowa
S. G. Makower
W. Malsch
W. S. Matjagin
K. Mayrhofer
D. McLeish
N. Missana
G. Merton
T. Mitani
O. Möller
M. Mündler
P. Musen
S. B. Nicholson
M. M. Onoprijenko
J. J. de Orús
Osolnieks
L. Oterma
M. Pascual
A. Patry
J. S. Podrjadtschik
I. Pólit
P. N. Polupan
B. Popović
M. Poy
P. Prêtre
M. Protitch
A. Puch
E. Rabe
C. K. Raudsaar
G. Reaves
K. Reinmuth
F. Rigaux
W. G. Rijwes
W. H. Robertson
R. F. Rodgers
E. Roemer
G. Roland
D. A. Roshkowskij
A. M. Rutllant
E. W. Sandakowa
P. F. Schajn
A. Schmitt
P. Sconzo
C. D. Shane
K. P. Sims
Sipola
H. J. Smith
N. W. Steschenko
W. Strobel
L. Symms
A. D. Thackeray
K. Tomita
J. M. Torroja
I. I. Tschulik
L. N. Tulenkowa
Y. Väisälä
S. Vasilevskis
A. Vélez
W. D. Victor
G. Wells
L. Werzan
A. G. Wilson
H. Wood
B. A. Woronkow

[245]) Berichtigung in MPC 1180.

[246]) Irrtümlich 1953 RA zugeordnet, MPC 1165. NAZ 9 1. Vorläufige Bezeichnung MPC 1176.

§ 76

Jupiter

7601. Astrometrische Beobachtungen

Greenwich Astronomical Results 1939, A 21. Observed right ascensions, declinations and diameters.

Desgl. für 1945. Greenwich Astronomical Results 1945, A 10.

Mem SA It (NS) **24** 145—153 = Oss. Astr. Roma Monte Mario Contr. Sci. Nr. **183**. Posizioni di pianeti e pianetini ed occultazioni lunari osservate nel 1952. G. Armellini Conti. — α.

TAB (2) Nr. **59** S. 481—488. Vgl. Ref. 7101.

7602. Physische Beobachtungen

Astr Circ UdSSR Nr. 138 S. 7 (russisch). Kolorimetrische Beobachtungen von Venus und Jupiter. W. W. Scharonow.

BAA Circ 339, 346. Jupiter.

BSAF **67** 3—21, mit 33 Fig. L'aspect des planètes au Pic du Midi dans une lunette de 60 cm d'ouverture. B. Lyot.

Bull. Astr.-Geod. Ges. UdSSR Nr. **12** (**19**) S. 15—17, mit 2 Abb. (russisch). Jupiter im Januar-Februar 1942. W. L. Kurt.

Coelum **21** 1—6, 41—46, mit 5 Fig. mit einer Berichtigung S. 92. La macchia rossa di Giove. G. Ruggieri.

JBAA **63** 120. The apparent doubling of a satellite's shadow on Jupiter's disk. B. M. Peek.

JBAA **63** 240, mit 2 Aufnahmen auf Tafel XIII. — Jupiteraufnahmen im blauen und roten Licht.

JBAA **63** 251—260, mit 2 Tafeln. British Astronomical Association. Report of Section. Thirty-fourth report of the Jupiter Section. Apparitions of 1943—44, 1944—45, 1946 and 1947. A. F. O'D. Alexander.

JBAA **63** 328—335, mit Appendix 2. Appendices to the thirty-fourth report of the Jupiter Section. B. M. Peek.

JBAA **63** 345. Jupiter 1952—53. The outburst of activity on the South Equatorial Belt. W. E. Fox.

Kop Akt Medd 355. Forstyrrelser på Jupiter. — Beobachtung 1952 Dez. 25.

Orion Schaffhausen **4** 112—113. Störungen auf Jupiter. E. Leutenegger.

Orion Schaffhausen **4** 176—179, mit 2 Fig. Jupiter en 1952. E. Antonini, M. Du Martheray.

Oss. Astr. Trieste Nr. **252** S. 20—23, mit 3 Fig. Il pianeta Giove nella opposizione del 1949. G. Ruggieri.

Strolling Astronomer **7** 88—93, mit 3 Fig. The changeable appearance of Jupiter's red spot. E. J. Reese.

Strolling Astronomer **7** 125—133, mit 6 Fig. Jupiter: The 1952—53 apparition. E. J. Reese, R. G. Brookes.

Strolling Astronomer **7** 138—142, mit 6 Fig. Some recent observations of Jupiter by K. Komoda. E. J. Reese.

Strolling Astronomer **7** 162—166, mit 4 Fig. Jupiter: Interim report. R. G. Brookes.

UAI Circ 1387. Disturbances on Jupiter. — Beobachtung 1952 Dez. 25.

Urania Kraków **24** 339—343, mit 1 Fig. und 2 Tafeln. Obserwacje Jowisza w okresie 2. II. 1953—1. IV. 1953. A. Wróblewski.

Vega Nr. **3** S. 10. Some researches on the observations of Jupiter, 1914—1943. A. P. Lenham.

* * **J. C. Bartlett jr.,** Some statistical notes on Jovian spots and sunspots. Vgl. Ref. 6303.

7603. **R. G. Brookes,** For the beginner: Data on Jupiter in 1954. Strolling Astronomer 7 151—153.

7604. **F. J. Hargreaves,** The rotation period of the solid nucleus of Jupiter. JBAA 63 278—279. — Bemerkung zu einer Untersuchung von E. J. Reese (vgl. Ref. 7610).

7605. **H. G. Hertz,** The mass of Saturn and the motion of Jupiter 1884 — 1948. Washington, Astr. Papers prepared for the use of the American Ephemeris and Nautical Almanac 15 167—215. — Ableitung eines neuen Wertes der Saturnmasse aus Jupiterbeobachtungen. Verwendung und Diskussion aller Jupiterbeobachtungen, die zeitlich nach der Herstellung der Jupitertafeln von Hill liegen; hauptsächlich Beobachtungsreihen von Cape, Greenwich, Washington. Resultat: reziproker Wert der Saturnmasse 3497.64 ± 0.27. Go.

7606. **S. L. Hess,** Variations in atmospheric absorption over the disks of Jupiter and Saturn. ApJ 118 151—160, mit 2 Fig. — Ref. in Sterne 30 137—138. — In der Arbeit wird mit Hilfe von Spektralaufnahmen die Variation der Methanabsorption bei λ 6190 auf der Jupiter- und Saturnscheibe sowie der Ammoniakabsorption bei λ 6441 auf der Jupiteroberfläche untersucht. Der Absorptionsbetrag nimmt auf Jupiter nach dem Rande hin ein wenig ab, während er auf Saturn etwas zunimmt. Verf. schließt daraus auf Änderung der Wolkenhöhe mit wachsendem Abstand von der Scheibenmitte bei Jupiter. Die Messungen der Ammoniakabsorption in der Jupiteratmosphäre sprechen für eine Temperaturabnahme vom Äquator zu den Polen und eine niedrigere Temperatur am Morgenrand als am Abendrand der Scheibe. Micz.

7607. **M. A. Kljakotko,** Über den Aufbau der Jupiteratmosphäre. Bull. Astr.-Geod. Ges. UdSSR Nr. 13 (20) S. 21—24 (russisch). — Einige der Schlußfolgerungen des Verf. lassen sich kurz so formulieren: Die dunklen Streifen ziehen sich in einer Schicht hin, die höher liegt als die, zu der die hellen Zonen gehören. Allem Anschein nach nimmt die Winkelgeschwindigkeit, von lokalen Abweichungen abgesehen, mit der Höhe ab. In den dunklen Streifen müssen die Spektrallinien enger sein als in den hellen Zonen. Loh.

7608. **A. P. Lenham,** Variations of rotation periods and latitudes of Jovian features. JBAA 63 143—145, mit 2 Fig.

7609. **H. Quiring,** Höhenwind und Kepler-Bewegung. Z. Naturforschung 8a 395—396, mit 1 Abb.

7610. **E. J. Reese,** A possible clue to the rotation period of the solid nucleus of Jupiter. JBAA 63 219—221, mit 1 Fig. und Nachtrag S. 222. — Von Zeit zu Zeit werden heftige Störungen in der Jupiteratmosphäre beobachtet. Verf. deutet diese Erscheinungen als Vulkanausbrüche auf dem festen Planetenkern. Eine Diskussion dieses Phänomens, von 1919 bis jetzt, läßt es naheliegend erscheinen, daß es sich um zwei voneinander unabhängige Vulkane handelt. Aus den Beobachtungen ergibt sich eine Rotationsperiode für den festen Planetenkern von $9^h\,55^m\,43^s$. Schai.

7611. **B. M. Rubaschew,** Das Auftreten langjähriger Schwankungen der Sonnentätigkeit in der Zirkulation der Jupiteratmosphäre. Bull. Kommission Sonnenforschung Nr. 8—9 S. 47—57 (russisch).

7612. **E. Schatzman,** Jupiter, Saturne et la cosmologie locale. BSAF 67 373—376, mit 3 Fig.

* * **R. Shapiro,** A planetary-atmospheric response to solar activity. Vgl. Ref. 7027.

7613. Jupiter and the sun. J RAS Canada 47 127.

7614. Storms on Jupiter. Sky and Telescope 12 128.

7615. Zur Rotation des festen Kerns von Jupiter. Sterne 29 235—236.

7616. For the beginner: Some suggestions for observing Jupiter. Strolling Astronomer 7 144—147.

7617. Obserwacja złączenia II. satelity Jowisza, Europy, z gwiazdą sigma Barana w nocy z 19 na 20 listopada 1952 r. Urania Kraków 24 23—26, mit 1 Fig.

Sternbedeckungen durch Jupiter

7618. **F. M. Bateson,** Note on the occultation of Sigma Arietis by Jupiter. JBAA 63 120—121. — Beobachtung.

7619. **W. A. Baum, A. D. Code,** A photometric observation of the occultation of σ Arietis by Jupiter. AJ 58 108—112, mit 3 Fig. — Die Bedeckung von σ Arietis durch die Atmosphäre des Jupiter am 20. Nov. 1952 wurde photoelektrisch beobachtet. Aus der beobachteten Lichtkurve von σ Arietis kann man schließen, daß das mittlere Molekulargewicht der Jupiteratmosphäre 3.3 ist, in guter Übereinstimmung mit den früheren Schätzungen. Kox

7620. **E. Buchar,** Occultation de l'étoile BD + 15° 447 par Jupiter le 9 octobre 1952. BAC 4 174—175 (mit russ. Zusammenfassung).

7621. **A. D. Code,** The occultation of Sigma Arietis by Jupiter. JBAA 63 190—191, mit 1 Fig.

7622. **W. H. Haas,** The occultation of the star Sigma Arietis by Jupiter on November 20, 1952. Strolling Astronomer 7 2—4. — Beobachtungen.

7623. **K. Kordylewski,** Eine Beobachtung der Konjunktion des II. Jupitertrabanten Europa mit σ Arietis am 20. November 1952. AA(c) 5 54—55.

7624. **E. Pettit, R. S. Richardson,** Motion pictures of the occultation of σ Arietis by Jupiter on November 20, 1952. Publ ASP 65 91—92, mit 1 Fig. — Von der Bedeckung von σ Ari durch Jupiter 1952 Nov. 20 wurden am Coudé-Fokus des 100′-Teleskops mit einer Filmkamera etwa 200 Bilder erhalten. Durch unerwartete technische Schwierigkeiten läßt sich aus den Aufnahmen keine genaue Eintrittszeit ermitteln. Auffallende Helligkeitsschwankungen des Sterns sind wohl mit Turbulenz in der Jupiteratmosphäre zu erklären. O. G.

7625. **L. E. Salanave,** Occultation of Sigma Arietis by Jupiter. Publ ASP 65 48.

7626. Sigma Arietis occultata da Giove. Coelum 21 127.

Jupitermonde

7627. **J. Ashbrook,** Observations of eclipses of Jupiter's satellites. AJ 58 195.

7628. **J. C. Bartlett jr.,** Peculiar optical phenomena associated with the transits and occultations of the four large satellites of Jupiter Strolling Astronomer 7 5—7, 10—11.

* * **H. Camichel,** Nouvelle méthode de mesure des diamètres des petits astres et ses résultats. Vgl. Ref. 2404.

7629. **M. Plavec,** Jupitermonde. Mat.-přír. rozhledy **32** 165—169, mit 1 Fig. (tschechisch).

7630. **T. Takenouchi,** Preliminary report on the photoelectric observations of eclipses of Jupiter's satellites. Ann. Tokyo Astr. Obs. (2) **3** 196—210, mit 13 Fig. — Der genaue Helligkeitsverlauf der Verfinsterung der Jupitermonde und seine theoretische Interpretation lassen Schlüsse auf den physikalischen Zustand des Jupiter und seiner Satelliten zu. Es wird die wahrscheinlichste Lichtkurve unter Berücksichtigung aller mitwirkenden Faktoren berechnet. Sie wird mit der beobachteten Lichtkurve des dritten Mondes Ganymed verglichen. Als Intensitätsnormal ist dabei die Helligkeit des 4. Satelliten gewählt worden. Thi.

7631. Jupiter and his major satellites. J. Astr. Soc. Victoria **6** 76—77.

7632. Jupitermond I—IV

BSAF **67** 16—20. — Zeichnungen der Satelliten Jo, Europa, Ganymed, Callisto.

7633. Jupitermond VI

J. Bobone, Observations of comets, Phoebe and Jupiter VI. AJ **58** 172—173 = Obs. Córdoba Tirada Aparte Nr. **60**.

7634. Jupitermond VII

S. S. Tokmalajewa, Die analytische Theorie der Bewegung des VII. Jupitermondes. Leningrad, Astr. Hauptobs. Akad. Wiss. UdSSR, 1953 (russisch). — Dissertationsreferat.

7635. Jupitermond VIII

D. Kulikow, Darstellung der Beobachtungen des VIII. Jupitermondes. Astr Circ UdSSR Nr. 137 S. 2 (russisch).

D. Kulikow, Ephemeride des VIII. Jupitermondes. Astr Circ UdSSR Nr. 144 S. 3—4 (russisch).

D. A. Roshkowskij, Beobachtungen des VIII. Jupitermondes am Bergobservatorium des Astrophysikalischen Instituts der Akademie der Wissenschaften der Kasachischen Sowjetrepublik. Astr Circ UdSSR Nr. 137 S. 1 (russisch).

7636. Jupitermond IX

S. Herrick, C. G. Hilton, Ephemeris of Jupiter's ninth satellite. Publ ASP **65** 294—295.

7637. Jupitermond X

Harv Card 1234. P. Musen. — Ephemeride 1953 Okt. 30—1954 März 29.

7638. Jupitermond XI

Harv Card 1234. P. Musen. — Ephemeride 1953 Okt. 30—1954 März 29.

7639. Jupitermond XII

I. I. Putilin, Der zwölfte Jupiterbegleiter. Bull. Astr.-Geod. Ges. UdSSR Nr. **13** (**20**) S. 38 (russisch).

Orion Schaffhausen **4** 107. Jupiter-Trabant XII. — Elemente.

§ 77
Saturn

7701. **Astrometrische Beobachtungen**

AJ **58** 172—173 = Obs. Córdoba Tirada Aparte Nr. **60**. Observations of comets, Phoebe and Jupiter VI. J. Bobone.

Greenwich Astronomical Results 1939, A 21. Observed right ascensions, declinations and diameters.

Desgl. für **1945**. Greenwich Astronomical Results **1945**, A 10.

JO **36** 24. Observations méridiennes de planètes effectuées à l'Observatoire de Besançon. V. Maitre, J. Loubereau. — α, δ.

Mem SA It (NS) **24** 145—153 = Oss. Astr. Roma Monte Mario Contr. Sci. Nr. **183**. Posizioni di pianeti e pianetini ed occultazioni lunari osservate nel 1952. G. Armellini Conti. — α.

TAB (2) Nr. **59** S. 481—488. Vgl. Ref. 7101.

7702. **Physische Beobachtungen**

BAA Circ 343. Saturn's North Equatorial Belt.

BAA Circ 345. White spot on Saturn.

BSAF **67** 3—21, mit 33 Fig. L'aspect des planètes au Pic du Midi dans une lunette de 60 cm d'ouverture. B. Lyot.

BSAF **67** 14. — Zeichnungen von Titan.

JBAA **63** 140—143. An analysis of Saturn intensity observations (II) 1949, 1950, 1951 and 1952. A. P. Lenham.

JBAA **63** 342—345, mit 1 Fig. Drawing the planet Saturn. M. B. B. Heath.

JBAA **64** 23—25. Saturn in 1952—3. M. B. B. Heath. — Bericht der Saturnsektion der BAA.

Mitt. Planetenbeobachter **6** 11—17, mit 9 Abb. Saturn 1951/52 (Schlußbericht). G. D. Roth.

Mitt. Planetenbeobachter **6** 28. Saturn. G. D. Roth.

Strolling Astronomer **7** 114—117, mit 2 Fig. Saturn in 1953. T. Cragg.

Vega Nr. **6** S. 21—22. The north equatorial belt of Saturn. C. D. Reid.

Vega Nr. 8—**9** S. 29—31, mit 6 Fig. Saturn in 1953. G. D. Roth.

7703. **A. F. O'D. Alexander,** Saturn's rings — minor divisions and Kirkwood's gaps. JBAA **64** 26—29.

7704. **M. W. Bannowa,** Versuch der Ableitung von Isophoten auf der Saturnscheibe. Abh. Shdanow-Staatsuniv. Leningrad Nr. **153** S. 155—157, mit 1 Abb., 1952 = Publ. Astr. Obs. Leningrad **16** 155—157 (russisch). — Nach Aufnahmen von W. W. Scharonow mit dem 30zölligen Pulkower Refraktor auf Isochrom-Platten mit Gelbfilter anläßlich der Opposition 1937 wurde eine Isophotenkarte der Saturnscheibe gewonnen. Der Absolutanschluß erfolgte nach Scharonow, der für die Scheibenmitte 0.720 der Helligkeit einer rein weißen Normalfläche ermittelt hatte. Petri

* * **H. Camichel,** Nouvelle méthode de mesure des diamètres des petits astres et ses résultats. Vgl. Ref. **2404**.

7705. **T. A. Cragg,** Saturn: a general discussion of what needs to be done. Strolling Astronomer **7** 53.

7706. **M. B. B. Heath,** The longitude of Saturn's central meridian. JBAA **63** 111—113, mit 1 Fig. — Ableitung der Formel für die Rotation von Saturn bei beliebiger Periode; für die Durchgangsepoche des Zentralmeridians wurde 1950 Jan. 1, 0^h Weltzeit angenommen. T. L.

7707. **M. B. B. Heath,** La longitud del meridiano central de Saturno. Urania Barcelona **38** 84—86, mit 1 Fig. — Vgl. vorstehendes Ref.

7708. **H. G. Hertz,** A determination of the mass of Saturn. AJ **58** 42. — Ref. AAS.

* * **H. G. Hertz,** The mass of Saturn and the motion of Jupiter 1884—1948. Vgl. Ref. **7605.**

* * **S. L. Hess,** Variations in atmospheric absorption over the disks of Jupiter and Saturn. Vgl. Ref. **7606.**

7709. **H. Jeffreys,** On the masses of Saturn's satellites. MN **113** 81—96. — Neudiskussion der wichtigsten Massenbestimmungen der Saturnmonde und Ableitung verbesserter Massenwerte für Mimas, Enceladus, Tethys, Dione, Rhea und Titan. Kdr.

7710. **E. Mädlow,** Über einen abnormen Bewegungsvorgang auf Saturn. Mitt. AG **1952** 12. — Ref. AG.

7711. **E. Mädlow,** Über einen abnormen Bewegungsvorgang auf Saturn. Mitt. Planetenbeobachter **6** 3—4. — Ref. AG.

* * **H. Quiring,** Höhenwind und Kepler-Bewegung. Vgl. Ref. **7609.**

7712. **G. D. Roth,** Außergewöhnliche Rotation eines Dunkelobjektes im NEB auf Saturn. AN **281** 89—92, mit 1 Abb. — An einer am 3. Nov. 1949 von W. H. Haas in 14—20° nördlicher chronozentrischer Breite erstmals beobachteten, etwa 35° in Länge ausgedehnten, ungewöhnlich langlebigen Dunkelzone im NEB des Saturn zeigte sich eine außerordentliche Beschleunigung der Rotationszeit, die zu Anfang der Berichtszeit $10^h\,14^m$ (1949 Nov. 3), gegen Ende $9^h\,33^m$ (1950 Juni 21) betrug. Realität und zeitlicher Verlauf der Rotation der Dunkelzone werden diskutiert. Verf.

* * **E. Schatzman,** Jupiter, Saturne et la cosmologie locale. Vgl. Ref. **7612.**

7713. Jupiter als Waagschale für den Planeten Saturn. Phys. Blätter **9** 271. — Saturnmasse = 95.33 Erdmassen.

§ 78

Uranus, Neptun, Pluto, Transpluto

7801. **Uranus. Astrometrische Beobachtungen**

Greenwich Astronomical Results **1939**, A 21. Observed right ascensions and declinations.

Desgl. für 1945. Greenwich Astronomical Results **1945**, A 10.

JO **36** 24. Observations méridiennes de planètes effectuées à l'Observatoire de Besançon. V. Maitre, J. Loubereau. — α, δ.

Mem SA It (NS) **24** 145—153 = Oss. Astr. Roma Monte Mario Contr. Sci. Nr. **183.** Posizioni di pianeti e pianetini ed occultazioni lunari osservate nel 1952. G. Armellini Conti. — α.

Rend. Accad. Nazionale Lincei, Cl. Sci. fis., mat., nat. (8) **15** 44—47 = Oss. Astr. Capodimonte-Napoli Oss. **1** Nr. 3. Determinazioni di ascensione retta dei pianetini Vesta e Cerere e del pianeta Urano. M. Castellano, R. Barbatelli.

TAB (2) Nr. **59** S. 481—488. Vgl. Ref. **7101.**

7802. Uranus. Physische Beobachtungen

BSAF **67** 3—21, mit 33 Fig. L'aspect des planètes au Pic du Midi dans une lunette de 60 cm d'ouverture. B. Lyot.

JBAA **63** 223—224, mit 1 Fig. The magnitude of Uranus. F. M. Holborn.

Sterne **29** 165. Die Oppositionshelligkeit des Uranus 1953. W. Malsch.

Weitere Mitteilungen vgl. Ref. **7038.**

* * **H. Camichel,** Nouvelle méthode de mesure des diamètres des petits astres et ses résultats. Vgl. Ref. **2404.**

7803. **H. L. Giclas,** Photoelectric magnitudes and color of Uranus. AJ **58** 215. — Ref. AAS.

7804. **G. D. Roth,** Photometry of the planet Uranus. Vega Nr. **1** S. 2—3.

7805. Neptun. Astrometrische Beobachtungen

BAB **4** 134. A. Schmitt. — α, δ.

Greenwich Astronomical Results 1939, A 22. Observed right ascensions and declinations.

Desgl. für 1945. Greenwich Astronomical Results 1945, A 10.

Mem SA It (NS) **24** 145—153 = Oss. Astr. Roma Monte Mario Contr. Sci. Nr. **183.** Posizioni di pianeti e pianetini ed occultazioni lunari osservate nel 1952. G. Armellini Conti. — α, δ.

TAB (2) Nr. **59** S. 481—488. Vgl. Ref. **7101.**

7806. Neptun. Physische Beobachtungen

BSAF **67** 3—21, mit 33 Fig. L'aspect des planètes au Pic du Midi dans une lunette de 60 cm d'ouverture. B. Lyot.

Weitere Mitteilungen vgl. Ref. **7038.**

* * **H. Camichel,** Nouvelle méthode de mesure des diamètres des petits astres et ses résultats. Vgl. Ref. **2404.**

7807. **O. Günther,** Der Rotationslichtwechsel des Neptun. Phys. Verhandlungen **4** 255—256 (Ref.).

7808. **I. I. Putilin,** Die Bahn von Nereid. Bull. Astr.-Geod. Ges. UdSSR Nr. **13** (**20**) S. 36—37 (russisch).

7809. Pluto. Astrometrische Beobachtungen

Mitt. Astr. Hauptobs. Pulkowo **19** Nr. 3 (150) S. 145—153 (russisch). Genaue Örter des Planeten Pluto aus photographischen Beobachtungen in Pulkowo. W. W. Lawdowskij. — Auswertung von 40 Aufnahmen während des Zeitraums von der Entdeckung bis 1951. Schrick

TAB (2) Nr. **57** S. 478, 479.

* * **M. S. Kiefer,** Planet X. Vgl. Ref. **7014.**

7810. **W. Strubell,** Pluto und Transpluto. Sterne **29** 111—113. — Ref. in Postępy Astr. **2** 156—157.

7811. **A. Strzałkowski,** Czy odkrycie Plutona było przypadkiem. Urania Kraków **24** 39—44, mit 1 Fig.

Neunter Teil

Kometen. Meteore. Meteorite. Zodiakallicht

§ 80

Kometen im allgemeinen

8001. **I. S. Astapowitsch,** Sechsundzwanzig mit Kometen verbundene Meteorströme. Astr Circ UdSSR Nr. 142 S. 6—10 (russisch). — Ref. in Urania Kraków **25** 247. — Ein Vergleich von 320 theoretischen Kometenradianten nach E. N. Kramer mit dem Aschchabader Katalog von Meteorradianten ergibt die Realität von 11—14% der Kramerschen Radianten. In einer Tabelle werden 26 Kometen bekannten Meteorströmen zugeordnet. Petri

8002. **F. Baldet,** La photométrie photographique des comètes. Vgl. Ref. **1199**, daselbst S. 21—24, hierzu Diskussion S. 46. — Ref. in Phys. Abstracts (A) **56** 823. — Es wird ein Verfahren photographischer Photometrie beschrieben, welches auf der Benutzung extrafokaler Aufnahmen mit einem sphärisch nicht voll korrigierten Objektiv beruht. Die Bilder der Sterne sind so zum Rande hin abschattiert, daß sie von dem des Kometenkopfes ununterscheidbar sind. Wenn der Kometenschweif nicht mit abgebildet ist, liefert die lichtelektrische Photometrie der Aufnahme die Kometenhelligkeit mit einem Fehler von $\pm 0^{m}\!.03$, im anderen Falle treten größere Fehler auf, die sich besser durch visuellen Vergleich mit Sternen bekannter Helligkeit vermeiden lassen. Der systematische Fehler dürfte $0^{m}\!.05$ nicht übersteigen. Dies wird einerseits durch Vergleich verschieden lange (Verhältnis 1:10) exponierter Aufnahmen untereinander und andererseits durch Vergleich mit Aufnahmen mit Schraffierkassette festgestellt. Traving

8003. **D. Barbier,** Comparaison des spectres cométaires et de la haute atmosphère terrestre. Vgl. Ref. **1199**, daselbst S. 263—276, hierzu Diskussion S. 277—278 = Contr. Inst. d'Astrophys. Paris (A) Nr. **130**. — Die Spektren von Kometen werden mit den Emissionsspektren der oberen Erdatmosphäre verglichen: Polarlicht, Nachthimmelleuchten und Zwielicht. Während die Anregung des Polarlichts und des Nachthimmelleuchtens durch Stöße solarer Korpuskel erfolgt, kommt die Emission der Kometen und das Zwielicht durch Fluoreszenz zustande. Wie die Untersuchungen des N_2^+-Spektrums nahelegen, besteht aber ein Unterschied in der Ionisation: So scheint die Kometenmaterie vorwiegend durch UV-Strahlung ($\lambda < 800$ Å) zu erfolgen, während in der Erdatmosphäre die Materie durch weiche Röntgenstrahlung der Korona ionisiert wird. Hunger

8004. **J. C. Bartlett jr.,** Jupiter's other family. Strolling Astronomer **7** 133—137.

8005. **M. Beyer,** Brightness of comets and solar activity. Vgl. Ref. **1199**, daselbst S. 236—246, mit 6 Fig., hierzu Diskussion S. 277—278. — Bei 32 von insgesamt 44 beobachteten Kometen zeigte sich eine klare Abhängigkeit der Gesamthelligkeit von der Sonnenaktivität (Fleckenrelativzahl). Die Natur dieses Zusammenhangs ist noch ungeklärt. Korpuskularstrahlung scheint nicht in Frage zu kommen, da keine merkliche Phasenverschiebung zwischen Relativzahl und Helligkeit beobachtet wurde. Hunger

8006. **L. Biermann,** Physical processes in comet tails and their relation to solar activity. Vgl. Ref. **1199**, daselbst S. 251—262, hierzu Diskussion S. 277—278. — Der Strahlungsdruck der Sonne reicht nicht aus, die beobachteten großen Beschleunigungen der CO^+- und N_2^+-Ionen zu erklären. Dagegen treten bereits ohne Einwirkung von Magnetfeldern ausreichende Beschleunigungen durch solare Korpuskeln auf, wenn man $n_p \approx 10^3 cm^{-3}$(solare Protonen), $v_p \approx 10^8$ cm/sec und $n_m \approx 10^1$ cm^{-3} (Zahl der Schweifionen) annimmt. Hieraus folgt eine enge Korrelation zwischen solarer korpuskularer Aktivität (geomagnetische Stürme) und den Beschleunigungen in Kometenschweifen, die durch einige Beobachtungen anscheinend bestätigt wird. Die Ionisation von CO und N_2 ($\chi_r \sim 15$ eV) und die zeitliche Variation der Ionendichte in den Kometenschweifen läßt sich mittels der Annahme eines Ladungsaustausches zwischen Kometenmolekül und solarem Proton verstehen. Hunger

8007. **J. Bouška, V. Vanýsek,** Absolute Helligkeiten der Kometen. Časopis **3** 53—56, mit 2 Fig. (tschechisch).

8008. **M. A. Dirikis,** Über die Bestimmung der ursprünglichen Bahnen der langperiodischen Kometen. AJ UdSSR **30** 80—84 (russisch). — Verf. berechnet die obere Grenze der Größe der Störungen von 1/a durch Jupiter, Saturn, Mars, Erde, Venus und Merkur bei einer Bewegung des Kometen von $r = \infty$ bis $r = r_0$. Loh.

8009. **O. W. Dobrowolskij,** Zur Theorie der Kometenformen. Teil 2. Bull. Astr. Obs. Stalinabad Nr. **7** S. 3—25, mit 2 Abb. (russisch). — In der vorliegenden Arbeit betrachtet Verf. die Wärme- und Korpuskularstrahlung der Sonne als mögliche Ursachen der Staubabsonderung und bringt Anwendungen auf eine Reihe von Kernmodellen. Über die Ejektion staubförmiger Materie werden einige allgemeine Gesetzmäßigkeiten aufgestellt. Loh.

8010. **O. W. Dobrowolskij,** Zur Theorie der Kometenformen. Teil 3. Bull. Astr. Obs. Stalinabad Nr. **8** S. 3—20, mit 9 Abb. (russisch). — Die früher entwickelte Theorie über die Bewegung der Kometenhüllen (vgl. AJB **52** Ref. **8004** und vorstehendes Ref.) wird auf die Hülle des Kometen Donati 1858 VI angewandt, für den besonders viele Mikrometermessungen der Hüllendurchmesser vorliegen. Loh.

8011. **A. D. Fokker jr.,** Some notes on the fountain model of cometary envelopes and streamers. Vgl. Ref. **1199**, daselbst S. 201—219, mit 7 Fig., hierzu Diskussion S. 277—278. — Unter Zugrundelegung des «Springbrunnenmodells» von Eddington werden die Schweifstrukturen der Kometen Daniel (1907), Beljawsky (1911) und Brooks (1911) berechnet und mit der Beobachtung verglichen. Es zeigt sich, daß sich die Form der Schweife durch diese Theorie gut darstellen läßt; dagegen macht es Schwierigkeiten, die Helligkeitsverteilung in den Schweifen zu erklären. Hunger

8012. **W. R. S. Garton,** Observation of the 4050 Å band group in a King furnace. Proc. Phys. Soc. (A) **66** 848—849. — Mitteilung über die Erzeugung der Kometenbande 4050 Å im Laboratorium in einem Kohleofen Kingscher Bauart. Labs

8013. **R. Goupil, R. Herman,** Conditions d'émission et origine du groupe 4050 Å des noyaux cométaires. Ann d'Astrophys **16** 444—465, mit 24 Fig. — Zur Identifizierung der Bandengruppe 4050 Å in Kometenspektren wurden experimentelle Untersuchungen angestellt, welche ergaben, daß das Auftreten dieser Banden mit dem der CH-Banden korreliert ist, daß dagegen kein Zusammenhang mit den C_2-Banden zu bestehen scheint. Vermutet wird, daß bei der Entstehung der 4050-Gruppe das C_3-Molekül beteiligt ist. Es werden daher theoretisch die Reaktionen $C_2 + C \rightarrow C_3$ und $C_2 + CH \rightarrow C_3 + H$ diskutiert. Verf. finden, daß für C_3 unter bestimmten Annahmen Elektronenübergänge möglich sind, denen Emissionen in der Nähe von 4050 Å entsprechen. Andererseits scheint die Existenz von C_3 bei Anwesenheit von H zweifelhaft zu sein. Kdr.

8014. R. Goupil, Energie potentielle de la molécule triatomique C_3 et origine du groupe 4050 Å des noyaux cométaires. CR **236** 1542—1544. — Da mehrfach versucht wurde, die im Spektrum von Kometenkernen auftretende, noch unidentifizierte Liniengruppe bei 4050 Å dem C_3-Molekül zuzuschreiben, berechnet Verf. die potentielle Energie dieses Moleküls. Die Diskussion zeigt, daß Übergänge vorkommen, deren Wellenlängen in der Nähe von 4050 Å liegen. Das Gewicht dieser Übereinstimmung wird jedoch durch mehrere durch die Näherungsrechnung bedingte Umstände eingeschränkt. Kdr.

* * **S. Herrick,** Tables for Rocket and Comet Orbits. Vgl. Ref. **4002.**

8015. J. Hunaerts, Interprétation du spectre d'émission de OH dans les comètes. Vgl. Ref. 1199, daselbst S. 59—96, mit 10 Fig., hierzu Diskussion S. 133—134 = Commun. Obs. Roy. Belgique Nr. **49.** — Der allgemeine Mechanismus des Fluoreszenzleuchtens wird im Hinblick auf die OH-Emissionsbanden der Kometen theoretisch untersucht. Die erforderlichen Übergangswahrscheinlichkeiten basieren auf den experimentellen Werten nach R. J. Dywer und O. Oldenberg. Die Absorption in den Fraunhoferlinien der anregenden Sonnenstrahlung wird berücksichtigt. Zur Bestimmung der Verteilung des OH auf die unteren Rotationszustände dient ein iteratives Verfahren (Berechnung mehrerer Absorptions- und Emissionsprozesse nacheinander). Theoretisch berechnete OH-Banden (0—0) bei λ 3064 Å und (1—1) bei λ 3122 Å des Systems $A\ ^2\Sigma^+ — X\ ^2\Pi$ werden mit Beobachtungen verglichen. Mit diesen ist die Annahme einer Boltzmannverteilung auf die unteren Rotationsterme unvereinbar. Traving

8016. E. N. Kramer, Kometenradianten und der Zusammenhang der Meteorströme mit den Kometen. Mitt. Astr. Obs. Odessa **3** 163—247, mit 3 Abb. (russisch). — Nach der Darstellung der Methoden zur Berechnung von Kometenradianten legt Verf. seine eigene Methode dar, die sich bei der Suche nach möglichen Vereinfachungen der Lösung des Problems ergab. Ein Katalog der abgeleiteten Radianten ist beigegeben. Loh.

8017. L. Kresák, A nomogram for computing the apparent brightness of comets. BAC **4** 72—75, mit 1 Fig. (mit russ. Zusammenfassung). — Nomogramm zur graphischen Bestimmung der Kometenhelligkeiten, wenn die geozentrische und heliozentrische Entfernung des Kometen und der Exponent n bekannt sind. Das Nomogramm ist für die geozentrischen Distanzen 0.01—10, für die heliozentrischen Distanzen 0.10—10 und für $n = 2.0 — 8.0$ benutzbar. J. B.

8018. F. Link, Sur le nombre des découvertes de comètes dans les différents cycles solaires. Vgl. Ref. 1199, daselbst S. 247—250, mit 2 Fig., hierzu Diskussion S. 277—278. — Die Zahl der Kometenentdeckungen seit dem Jahre 1755 zeigt einen charakteristischen Gang mit den Sonnenfleckenzyklen. Verf. glaubt, diesen Zusammenhang auf den Einfluß der Sonnenaktivität auf die terrestrischen, atmosphärischen Beobachtungsbedingungen zurückführen zu können. Hunger

8019. R. A. Lyttleton, The Comets and their Origin. London, New York, Cambridge University Press, 1953. 10 + 173 S. mit 15 Fig. und 13 Tafeln. Preis $ 5.00 bzw. 25 s. — Besprechung in J. British Interplanetary Soc. **13** 60—61 (M. W. Ovenden), Endeavour **12** 218—219 (H. Spencer Jones), MN ASSA **12** 32, Obs **75** 35 (J. G. Porter), Sky and Telescope **12** 217, **13** 20, Urania Kopenhagen **10** 58, Vega Nr. **4** S. 16.

8020. **A. McKellar, J. L. Climenhaga,** A comparison of observed and calculated intensity profiles for the C_2 Swan bands in cometary spectra. Vgl. Ref. 1199, daselbst S. 116—132, mit 5 Fig., hierzu Diskussion S. 133—134 = Contr. Dominion Astrophys. Obs. Victoria Nr. 28. — Eine Anwendung der Theorie der Fluoreszenzanregung auf die Intensitäten der C_2 Swan Banden in Kometenspektren. Aus dem Vergleich mit der Beobachtung folgt: 1. Aus den Intensitäten der (0,0) und (1,0) Banden bei heliozentrischen Distanzen von 0.48 bis 1.40 A. E. ein Absinken der Anregungstemperaturen bei größeren Abständen. 2. Die berechneten Profile der (0,0) und (1,0) Banden sind in guter Übereinstimmung mit den gemessenen. Die Anregung der verschiedenen Niveaus bei normaler Elektronenkonfiguration entspricht einer Temperatur von 2 bis 3000° K. Traving

8021. **G. Merton,** Reports on the progress of astronomy: Comets (1952). MN **113** 386—392.

8022. **L. Pajdušáková-Mrkosová,** Recherche de comètes à l'Observatoire de Skalnaté Pleso. Vgl. Ref. **1199**, daselbst S. 17—20, hierzu Diskussion S. 46. — Seit der Gründung des Observatoriums 1943 wurde unter Benutzung eines Doppelrefraktors von je 10 cm Objektivöffnung (1:4.5) die visuelle Suche nach Kometen systematisch durchgeführt. Seither (bis September 1952) konnten neun Kometen entdeckt werden, im Mittel je einer in etwa 200 Beobachtungsstunden. Ferner wurde auf photographischem Wege — die Kassette wird der vorausberechneten Bahn entsprechend nachgeführt — nach wiederauftauchenden periodischen Kometen gesucht. Es war hierdurch möglich, drei Kometen, teilweise noch als sehr lichtschwache Objekte (18^m), wieder aufzufinden. Traving

8023. **S. M. Poloskow,** Radiostrahlung der Kometen. AJ UdSSR **30** 68—75 (russisch). — Ref. in J RAS Canada **48** 122—123, Urania Kraków **24** 239—240. — Das kontinuierliche Spektrum von Kometen im Radiowellengebiet, das hauptsächlich durch frei-freie Übergänge entstehen könnte, ist so schwach, daß es völlig unmöglich ist, es mit den heutigen Instrumenten festzustellen. Demgegenüber sollte es möglich sein, gewisse aus der Feinstruktur des Grundzustands von Molekülen resultierende (Übergänge und damit) monochromatische Emissionen bei den allerhellsten und günstig zu beobachtenden Kometen gerade noch messen zu können. Loh.

8024. **J. G. Porter,** Comets and Meteor Streams. Vgl. AJB **52** Ref. 8012. — Weitere Besprechung in Ann d'Astrophys **16** 181 (D. Barbier), Geochim. Cosmochim. Acta **4** 104 (F. A. Paneth), Nature **172** 883 (M. Davidson), Orion Schaffhausen **4** 371.

8025. **P. Proisy,** Le spectre de NH_3 et le spectre des comètes. Vgl. Ref. 1199, daselbst S. 164—190, hierzu Diskussion S. 196—197 = Publ. Obs. Lyon **3** Nr. 21. — Die Studie über die Identifikation des NH_3 in Kometenspektren enthält eine ausführliche Tabelle der beobachteten NH_3 (eventuell auch NH und NH_2) Banden in den Spektren folgender Kometen: Cunningham 1940c, Whipple 1942g, Peltier 1936a, Brooks 1911c, Bester 1947k, 1947n und 1948l. Traving

8026. **N. Richter,** Kometen — ein kosmischer Auflösungsprozeß. Wiss. Ann. **2** 7—21, mit 5 Abb. = Mitt. Sternw. Sonneberg Nr. **43**. — Behandelt: Historische Entwicklung der Kometenforschung. Unsere Kenntnisse vom Aufbau eines Kometen. Kometen als kosmischer Auflösungsprozeß. Kosmogonische Schlußfolgerungen, Lebensdauer. Zum Schluß wird ein Modell eines typischen Kometen gegeben.

* * **L. V. Robinson,** On the origin of comets. Vgl. Ref. 5521.

* * **B. Rosen, P. Swings,** Carbon stars, comets and combustion phenomena. Vgl. Ref. 9556.

8027. **B. Rosen,** Sur l'émission cométaire vers λ 4050 Å. Vgl. Ref. 1199, daselbst S. 147—163, mit 1 Fig., hierzu Diskussion S. 196—197. — Es wird ein kritischer Überblick über die mit dem Auftreten der nicht identifizierten Bandengruppe bei 4050 Å verbundenen weiteren spektralen Erscheinungen gegeben. Besonders im Hinblick auf Experimente mit Entladungen und Flammen wird ein möglicher Zusammenhang mit den Übergangsstadien bei der Bildung von Graphitteilchen in einer wasserstoffhaltigen Atmosphäre erörtert. Eine genaue Identifikation ist noch nicht möglich. Traving

8028. **E. Schatzman,** La structure et l'évolution des noyaux cométaires. Vgl. Ref. 1199, daselbst S. 313—323, hierzu Diskussion S. 386—389 = Contr. Inst. d'Astrophys. Paris (A) Nr. **131.** — Es wird angenommen, daß der Kern eines Kometen aus einer Wolke diskreter Partikel besteht, die durch Gravitationskräfte zusammengehalten wird. Dann können unter bestimmten Umständen folgende Entwicklungen eintreten, wie an Hand von Gleichgewichtsbetrachtungen gezeigt wird: 1. Kondensation der Wolke, 2. Dispersion der Wolke und 3. ohne daß Kondensation oder Dispersion eintritt, eine stetig zunehmende Verarmung an Partikeln. Hunger

8029. **F. J. Sigel,** Die Kometen. Moskau, Staatsverlag für technisch-theoretische Literatur, 1953. 72 S. mit Abb. Preis 1 R. 5 Kop. (russisch). — Ref. in RJ Astr. Geod. UdSSR Nr. **6,** 1954; Ref. Nr. 3782 (russisch).

8030. **R. Steinmann,** Die Natur der Kometen. Sternenwelt **5** 91—97, mit 7 Abb.

8031. **P. Swings,** Nouvelles correspondances entre les spectres des comètes et des étoiles N. Ann d'Astrophys **16** 307—314, mit 1 Fig. = Inst. d'Astrophys. Univ. Liège Coll. 4° Nr. **50.** — Verf. weist auf einige noch unidentifizierte Emissionsbanden im Spektrum von Kometenkernen zwischen λ 3600 Å und λ 3850 Å hin, die nahe mit Absorptionsbanden im Spektrum von N-Sternen zusammenfallen. Es ist zu vermuten, daß sie dem gleichen, wahrscheinlich mehratomigen Molekül zuzuschreiben sind. Bei einigen anderen Banden im Bereich λ 4200—λ 5200 Å ist die Koinzidenz zwischen kometarischen Emissionen und N-Stern-Absorptionen weniger ausgeprägt. Kdr.

8032. **P. Swings,** Radiations cométaires inexpliquées. Vgl. Ref. 1199, daselbst S. 53—58, hierzu Diskussion S. 133—134. — Die Grundlagen für eine zuverlässige Identifikation noch unbekannter Banden in Kometenspektren werden diskutiert, sowohl hinsichtlich der Beobachtung wie auch in Bezug auf die bandenspektroskopische Laboratoriumsarbeit. Es sollten für den Vergleich mit Kometenspektren auch solche sehr kühler Kohlenstoffsterne mit herangezogen werden, wie z. B. durch das gemeinsame Auftreten der Gruppe bei 4050 Å nahegelegt wird. Traving

8033. **V. Vanýsek,** The photometric parameters of comets. Vgl. Ref. 1199, daselbst S. 30—31, hierzu Diskussion S. 46. — Die Helligkeitsbeobachtungen von 99 Kometen werden benutzt, um in der bekannten Formel $I = I_0 \Delta^{-2} r^{-n}$ (Δ geozentrische, r heliozentrische Entfernung) den Exponenten n zu bestimmen. In Übereinstimmung mit J. H. Oort und M. Schmidt nimmt n von den periodischen Kometen ($n = 4.9$) zu den «neuen» Kometen ($n = 3.1$) systematisch ab. Als Arbeitshypothese wird eine ursprünglich aus einem Staub- (niedriges $n = 2$) und einem Gasanteil (hohes $n \approx 5$) bestehende Koma angenommen, deren Staubanteil nach wenigen Periheldurchgängen verlorengeht. Traving

8034. **F. L. Whipple,** On the icy conglomerate model for comets. Vgl. Ref. 1199, daselbst S. 281—288, mit 1 Fig. = Harv Repr Nr. **374.** — Verf. berichtet über die verschiedenen Untersuchungen am Harvard College Observatory, die sich mit der Natur der Kometen, ihrer Entwicklung und der Zusammenhänge mit interplanetarischen Meteorströmen befassen. Hunger

8035. **J. Witkowski,** Oppenheim's phenomenon and its bearing on the origin of comets. Bull. Soc. Amis Sci. Lettres Poznań (B) Sci. mat. nat. **12** 205—210 = Poznań Obs. Repr. Nr. **29**.

8036. **K. Wurm,** On the structure of the CO^+ tails in comets. Vgl. Ref. **1199**, daselbst S. 220—235, mit 5 Fig., hierzu Diskussion S. 277—278. — Die Mehrzahl der Kometen mit CO^+-Emission besitzt eine strahlige Schweifstruktur, ein kleinerer Teil dagegen in Wolken aufgelöste Schweife. Im ersten Fall war die Abnahme der Ejektionsgeschwindigkeit stetig, im zweiten Fall unstetig. Die üblicherweise angegebenen Repulsivkräfte $\mu \sim 10^3$ g sind offenbar übertrieben. Die sorgfältig von Jägermann durchgeführten Bestimmungen liefern $\mu \sim 35$ g. Hunger

§ 81

Einzelne Kometen

8101. **F. Baldet, G. de Obaldia,** Catalogue général des orbites de comètes de l'an −466 à 1952. Vgl. AJB **52** Ref. **8101**. — Besprechung in Ann d'Astrophys **16** 181, BSAF **67** 206, Coelum **21** 186, Meteoor **10** 23.

8102. **J. Bouška,** Catalogue of comets observed during the period 1936—1949. AA(c) **5** 33—39.

8103. **J. Bouška,** Cometary study X. Absolute brightness of the comets 1950 b, 1951 a, and 1951 b. BAC **4** 119—120, mit 1 Fig. (mit russ. Zusammenfassung).

8104. **J. Bouška,** Absolute brightness of comets. Vgl. Ref. **1199**, daselbst S. 25—29, hierzu Diskussion S. 46. — Es werden die absoluten Helligkeiten $H_0 = m - 5 \log \Delta - 2.5\, n \log r$ (Δ geozentrische, r heliozentrische Entfernung), ferner der Exponent n zusammen mit einer kurzen Beschreibung für 24 von 1941 bis 1951 beobachtete Kometen angegeben. Traving

8105. **S. El-Din Hamid, F. L. Whipple,** On the motions of 64 long-period comets. AJ **58** 100—108 = Harv Repr (2) Nr. 48. — Ref. in Naturwiss. Rundschau **6** 509. — Zur Prüfung des von Whipple in ApJ **111** 375 (vgl. AJB **50** Ref. **8026**) und ApJ **113** 464 (vgl. AJB **51** Ref. **8026**) entworfenen Modells eines Kometen werden für **64** langperiodische Kometen mit $q < 1.5$ definitive Bahnen und Korrektionen Δk der Gaußschen Konstanten (entsprechend einem Materialverlust des Kometen proportional der Sonneneinstrahlung) abgeleitet. Im Mittel ergibt sich $\Delta k/k = -0.53\ (\pm\ 0.10) \times 10^{-5}$. Die Werte von Δk ermöglichen eine Abschätzung für den Massenverlust und den Höchstradius des Kometenkerns und werden nach Korrelationen zu verschiedenen physikalischen Daten des Kometen untersucht. Böh.

8106. **E. N. Kramer,** Verzeichnis der zuverlässigsten Kometenradianten. Vgl. Ref. **8218**.

Kometen. Gruppe (1)[1]

8107. D'Arrestscher Komet (1950 a = 1943 III)

AJ 58 80 (O).

A. W. Recht, Comet d'Arrest, 1943—50. AJ 58 225. — Ref. AAS.

8108. Erster Borrellyscher Komet (1932 IV = 1925 VIII)[2]

NAZ 7 18 (El, Eph). UAI Circ 1408 (Eph).

8109. Zweiter Brooksscher Komet (1953 b = 1946 IV)

Auffindung: H. M. Jeffers, E. Roemer, Mt. Hamilton, 1953 Juni 18.

Astr Circ UdSSR Nr. 136 S. 4—5 (Eph, El), Nr. 137 S. 3 (El, Eph), Nr. 140 S. 1—2 (An, O), Nr. 144 S. 2 (O). BAA Circ 341 (Eph), 343 (An, H). BAAH 1953 (El, Eph). DOB 6 Nr. 8 Fasc. 2 S. 4 (Ka, Not). Harv Card 1213 (An), 1214 (O, H). Kop Akt Medd 359 (An). NAZ 7 17 (An, El). UAI Circ 1389 (Eph), 1400 (Eph), 1410 (An, O, H).

W. P. Konoplewa, Über die Helligkeitsveränderung der kurzperiodischen Kometen $Brorsen_1$ und $Brooks_2$. Publ. Astr. Obs. Kiew Nr. 5 S. 59—81 (russisch). — In der Zeit von 1889 bis 1946 nahm die Helligkeit H_{10} (= m − 5 log Δ − 10 log r) des Kometen $Brooks_2$ von $7^m.2$ auf $11^m.1$ ab. Loh.

8110. Erster Brorsenscher Komet (1879 I = 1873 VI)

W. P. Konoplewa, Über die Helligkeitsveränderung der kurzperiodischen Kometen $Brorsen_1$ und $Brooks_2$. Publ. Astr. Obs. Kiew Nr. 5 S. 59—81 (russisch). — In der Zeit von 1846 bis 1879 nahm die Helligkeit H_{10} (= m — 5 log Δ − 10 log r) des Kometen $Brorsen_1$ von $7^m.7$ auf $9^m.3$ ab. Loh.

8111. Comas-Solàscher Komet (1951 h = 1944 II)

Astr Circ UdSSR Nr. 133 S. 1 (Eph), Nr. 139 S. 1—3 (O, H). BAB 4 134 (O). JO 36 17 (O). UAI Circ 1397 (Eph), 1399 (O), 1407 (O, H), 1420 (Not).

8112. Danielscher Komet (1950 d = 1943 IV)

AJ 58 81 (O).

8113. Enckescher Komet (1953 f = 1950 e)[3]

Auffindung: L. E. Cunningham, Mt. Wilson/Palomar, 1953 Sept. 3.

AJ 58 81 (O). Astr Circ UdSSR Nr. 135 S. 2—3 (El, Eph), Nr. 143 S. 4 (An, Not). BAA Circ 346 (An). BAAH 1954 (El, Eph). Harv Card 1225 (O, Eph). Kop Akt Medd 361 (An). NAZ 7 37 (An). UAI Circ 1423 (An, O, Eph), 1429 (Eph). UC 6 168 (O).

A. Wilkens, Zur Theorie der Säkularbeschleunigung des Enckeschen Kometen. Mitt. AG 1952 11—12. — Ref. AG.

S. K. Wsechswjatskij, Über die Helligkeitsänderung des Kometen Encke-Backlund. Astr Circ UdSSR Nr. 134 S. 2—4 (russisch). — Ref. in Urania Kraków 24 306. — Die Helligkeit des Kometen nimmt durchschnittlich um knapp 2^m im Jahrhundert ab. Bei den einzelnen Oppositionen sind die Helligkeitszunahmen und -abnahmen praktisch symmetrisch zum Perihel. Loh.

Astr. Nachrichtendienst Berlin-Treptow 5 131—132. Frühere Erscheinungen des Enckeschen Kometen.

BSAF 67 372. Retour de la comète périodique d'Encke (1953 f).

---

[1] Vgl. AJB 48 S. 210 Anmerkung.
[2] In Publ. Kwasan Obs. 1 Nr. 4 mit Komet 1925 IX bezeichnet.
[3] In Astr Circ UdSSR mit Komet Encke-Backlund bezeichnet.

8114. Fayescher Komet (1947 IX = 1940 II)

BAAH 1954 (El, Eph).

W. I. Tscherednitschenko, Die säkulare Helligkeitsänderung des kurzperiodischen Kometen Faye. Publ. Astr. Obs. Kiew Nr. 5 S. 83—104, mit 1 Abb. (russisch). — Die von 1843 bis 1947 verfügbaren Helligkeitsbeobachtungen des Kometen ergeben eine Helligkeitsabnahme von etwa 3^m in 50 Jahren. Loh.

8115. Finlayscher Komet (1953 i = 1926 V)

Auffindung: J. Churms, Johannesburg, 1953 Dez. 7.

Astr Circ UdSSR Nr. 137 S. 4 (Eph). BAA Circ 347 (An, Eph). BAAH 1953 (El, Eph). Kop Akt Medd 362 (An). NAZ 7 29—30 (El, Eph). UAI Circ 1393 (Eph), 1432 (An), 1433 (Eph).

8116. Forbesscher Komet (1948 VIII = 1942 III)

BAAH 1954 (El, Eph). UAI Circ 1430 (Eph).

8117. Giacobini-Zinnerscher Komet (1946 V = 1940 I)

BAAH 1953 (Eph). UAI Circ 1408 (Eph), 1422 (Not).

NAT 1953 34—35. Stjerneskud i forbindelse med komet Giacobini-Zinner. Vgl. Ref. 8257.

8118. Grigg-Skjellerupscher Komet (1952 b = 1947 II)[4]

AJ 58 83 (O). UC 6 157 (O).

8119. Kopffscher Komet (1951 e = 1945 V)

AJ 58 82 (O). TAB (2) Nr. 57 S. 479 (O). UC 6 169 (O).

8120. Zweiter Neujminscher Komet (1927 I = 1916 II)

Astr Circ UdSSR Nr. 140 S. 2—3 (El, Eph). UAI Circ 1433 (El, Eph).

8121. Dritter Neujminscher Komet (1951 g = 1929 III)

AJ 58 82 (O).

8122. Otermascher Komet (1942 VII)

AJ 58 84 (O). BAAH 1953 (Eph). UAI Circ 1389 (Eph). UC 6 169 (O).

8123. Pons-Brooksscher Komet (1953 c = 1884 I)

Auffindung: E. Roemer, Mt. Hamilton, 1953 Juni 20.

Astr Circ UdSSR Nr. 140 S. 1—2 (An, O, Eph), Nr. 142 S. 2 (Eph), Nr. 143 S. 4 (O, H), Nr. 144 S. 1—2 (O, H), Nr. 144 S. 3 (Eph). BAA Circ 343 (An, El, Eph), 344 (El, Eph), 345 (H, Eph), 346 (H, Eph), 347 (H). DOB 6 Nr. 9 Fasc. 3 S. 2—4 (Eph ,Ka), Nr. 11 Fasc. 1 S. 3—4 (Ka). Harv Card 1213 (An), 1214 (O, H), 1215 (El, Eph), 1229—1230 (El, Eph), 1235 (Eph). Kop Akt Medd 359 (An). NAZ 7 17 (An), 25 (El), 33—34 (El, Eph), 37 (H). UAI Circ 1410 (An, O, H), 1411 (El, Eph), 1419 (El, Eph), 1422 (O, Not), 1429 (El, Eph), 1432 (H).

F. Baldet, Retour de la comète périodique Pons-Brooks (1812—1841 I—1953c). BSAF 67 222—223.

C. de Jager, De terugkeer van de komeet Pons-Brooks. Meteoor 9 49—50, mit 1 Fig.

R. Sommer, Zur Geschichte des periodischen Kometen Pons-Brooks. VdS Nachrichten 1953 54—55.

V. Vanýsek, Komet Pons-Brooks. RH 34 190—191 (tschechisch).

G. Zimmermann, Komet Pons-Brooks. Sternenwelt 5 187.

---

[4]) Mit Komet 1952 c bezeichnet.

DOB **6** Nr. 3 Fasc. 1, mit 3 Fig. Le retour de la comète Neptunienne Pons-Brooks.

DOB **6** Nr. 9 Fasc. 1, 4 S. mit 5 Fig. Premières photographies de la comète Pons-Brooks.

Sternenwelt **5** 149. Pons-Brooks'scher Komet.

8124. **Pons-Winneckescher Komet** (**1951 c** = **1945 IV**)

AJ **58** 82 (O). UC **6** 167 (O).

8125. **Zweiter Reinmuthscher Komet** (**1953 d** = **1947 VII**)

Auffindung: G. van Biesbroeck, Fort Davis, 1953 Juli 5.

Astr Circ UdSSR Nr. 139 S. 4 (Eph), Nr. 140 S. 2 (An, O, H). BAA Circ 343 (An). BAAH 1953 (El, Eph). Kop Akt Medd 359 (An). NAZ **7** 25 (An, O). UAI Circ 1405 (Eph), 1412 (An, O, H).

8126. **Schaumassescher Komet** (**1951 l** = **1943 V**)

AJ **58** 83 (O). BAB **4** 134 (O). Bull. Astr. Obs. Beograd **17** Nr. 3—4 S. 35 (O). JO **36** 17 (O). TAB (2) Nr. **57** S. 478, 479, 480 (O).

K. M. Yoss, Photometric and spectrophotometric observations of periodic comet Schaumasse. Vgl. Ref. 1199, daselbst S. 32—45, mit 10 Fig., Diskussion hierzu S. 46. — Aufnahmen dieses Kometen am 24—36′ Curtis Schmidt-Spiegel der Universität Michigan — zum Teil mit Farbfilter bzw. mit einem 10° Objektivprisma — werden diskutiert und mit drei direkten photoelektrischen Registrierungen der Helligkeitsverteilung in einem Ost-West-Schnitt über den Kometenkopf verglichen. Die Isophoten im blauen und im roten Licht zeigen merkliche Unterschiede vor allem in der Richtung des Schweifes. Im Roten weicht letzterer stärker vom Radiusvektor Sonne-Komet ab. Traving

8127. **Erster Schwassmann-Wachmannscher Komet** (**1941 IX** = **1925 II**)[5]

AJ **58** 84 (O). AN **281** 187, 188 (O, H). BAAH 1954 (Eph). NAZ **7** 11 (O, H). UAI Circ 1397 (O, H), 1408 (O, H), 1429 (Eph).

N. Richter, Die Helligkeitsschwankungen des Kometen 1925 II und ihre Korrelation zu erdmagnetischen Ereignissen. Phys. Verhandlungen **4** 253 (Ref.).

8128. **Zweiter Schwassmann-Wachmannscher Komet** (**1947 l** = **1942 I**)

BAAH 1954 (El, Eph).

8129. **Zweiter Tempelscher Komet** (**1951 d** = **1946 III**)

AJ **58** 82 (O). UC **6** 168 (O).

8130. **Tuttlescher Komet** (**1939 X**)

Astr Circ UdSSR Nr. 133 S. 2 (Eph). BAAH 1953 (El, Eph). NAZ **7** 18 (El, Eph). UAI Circ 1407 (Eph).

8131. **Tuttle-Giacobini-Kresakscher Komet** (**1951 f** = **1907 III**)

AJ **58** 82 (O). TAB (2) Nr. **57** S. 477, 478 (O).

L. Kresák, The periodic comet Tuttle (1858 III) — Giacobini (1907 III) — Kresák (1951 IV). BAC **4** 27—36, mit 1 Fig. (mit russ. Zusammenfassung).

G. Zimmermann, Der periodische Komet Tuttle-Giacobini-Kresak. Sternenwelt **5** 133—134, mit 1 Abb.

8132. **Erster Väisäläscher Komet** (**1949 h** = **1939 IV**)

AJ **58** 80 (O).

---

[5]) In Publ. Kwasan Obs. **1** Nr. 4 mit Komet 1925 III bezeichnet.

8133. Erster Wolfscher Komet (1950 c = 1942 VI)

AJ 58 81 (O).

AA(c) 5 44—48. List of Prof. M. Kamieński's papers on the motion and on the origin of the comet P/Wolf I published in the period 1908—1952.

Kometen. Gruppe (2)[6])

8134. Komet 1898 VII (= 1898 d) Coddington-Pauly

E. Sinding, The future orbit of comet 1898 VII (Coddington-Pauly). Dan. Mat. Fys. Medd. **27** Nr. 11, 13 S. = Publ. Københavns Obs. Nr. **161**.

8135. Komet 1908 III (= 1908 c) Morehouse

W. P. Bidelman, The spectra of certain stars whose atmospheres may be deficient in hydrogen. Vgl. Ref. **9504**.

P. Stumpff, Die Bewegung der Materie im Schweif des Kometen Morehouse. Phys. Verhandlungen **4** 253—254 (Ref.).

8136. Komet 1914 IV (= 1914 e) Campbell

J. Dobrzycki, The definitive orbit of comet 1914 e (Campbell). Bull. Soc. des Amis des Sci. et des Lettres de Poznań (B) Sci. Math. Nat. **12** 113—122 = Poznań Repr. Nr. **28**.

8137. Komet 1925 III (= 1925 b) Reid[7])

UAI Circ 1432 (El).

8138. Komet 1925 VI (= 1925 a) Shajn-Comas Solá[8])

I. W. Galibina, Bestimmung der ursprünglichen Bahn des Kometen 1925 VII. BIA **5** 412—419, mit 2 Abb. (russisch).

M. J. Schmakowa, Untersuchung der Bahnform des Kometen 1925 VII (Schajn-Comas Solá). BIA **5** 420—428, mit 1 Abb. (russisch). — Störungen der großen Halbachse und der Exzentrizität nach den Störungsgleichungen für parabelnahe Elemente werden bis 1919 zurückverfolgt. (Elliptische Bahn).

Bucerius

8139. Komet 1930 VI (= 1930 d) Schwassmann-Wachmann 3 (P)

D. A. Kalnin, Bestimmung der definitiven Bahn des Kometen Schwassmann-Wachmann 3, 1930 VI. Leningrad, Astr. Hauptobs. Akad. Wiss. UdSSR, 1953 (russisch). — Dissertationsreferat.

8140. Komet 1932 V (= 1932 k) Peltier-Whipple

G. Schrutka-Rechtenstamm, Definitive Bahnbestimmung des Kometen 1932 V (Peltier-Whipple). Anzeiger der Österreichischen Akad. Wiss. Math.-naturw. Kl. **90** 229 = Sitzber. Österreich. Akad. Wiss. Math.-naturwiss. Kl. Abteilung IIa **162** 451—493. — Von diesem Kometen, bei dem 477 Beobachtungen aus $4^1/_2$ Monaten vorliegen, wurde die Bahn bestimmt, die allen Beobachtungen am besten genügt. Sämtliche möglichen Korrektionen, wie Störungen, Korrektionen der Sonnenörter, Neureduktion der Sternörter und dergleichen wurden angebracht. Es wurden mehrere Bahnen berechnet, die sich vor allem darin unterscheiden, welche Beobachtungen man anerkennt oder nicht.

Verf.

8141. Komet 1939 I (= 1939 a) Kozik-Peltier

Bull. Obs. Astr. Beograd **17** Nr. 1—2 S. 1 (O).

---

[6]) Vgl. AJB **48** S. 210 Anmerkung.
[7]) In Publ. Kwasan Obs. 1 Nr. 4 mit 1925 IV bezeichnet.
[8]) In Publ. Kwasan Obs. 1 Nr. 4 mit Komet 1925 VII bezeichnet.

8142. **Komet 1947 VIII (= 1948 k) Wirtanen**
AJ 58 79 (O).

8143. **Komet 1947 X (= 1947 m) Honda**
NAZ 7 33 (El).
Ähnlichkeit mit Komet 1952 f Mrkos, NAZ 7 1. Nicht wahrscheinlich, NAZ 7 33.

8144. **Komet 1948 IV (= 1948 g) Honda-Bernasconi**
P. Proisy, Sur la présence de NH_2 dans le spectre de la comète Honda-Bernasconi (1948 g). CR **236** 2034—2036.

8145. **Komet 1948 XI (= 1948 l) Eclipse Comet**
Nature **172** 280. The comet of November 1948.

8146. **Komet 1948 XII (= 1948 n) Honda-Mrkos-Pajdusakova (P)**
Astr Circ UdSSR Nr. 139 S. 4 (Eph), Nr. 143 S. 5 (Eph). BAA Circ 346 (Not). BAAH 1953 (El, Eph). DOB **6** Nr. 11 Fasc. 1 (Ka, Not), Nr. 12 Fasc. 4 (Ka, Not). NAZ 7 18—19 (El, Eph). UAI Circ 1402 (Eph), 1424 (Not), 1425 (El, Eph), 1427 (El, Not), 1428 (El, Eph, Not), 1434 (Eph).

8147. **Komet 1949 I (= 1948 h) Wirtanen**
AJ 58 79 (O).

8148. **Komet 1949 IV (= 1949 c) Bappu-Bok-Newkirk**
AJ 58 79 (O).

8149. **Komet 1949 a Johnson**
AJ 58 79 (O).

8150. **Komet 1950 b Minkowski**
AJ 58 80 (O). JO **36** 16 (O). UC **6** 166 (O)[9]). Vgl. Ref. 8103.

8151. **Komet 1951 a Pajdusakova**
AJ 58 81 (O). TAB (2) Nr. 57 S. 477 (O). Vgl. Ref. 8103.

8152. **Komet 1951 b Arend-Rigaux (P)**
AJ 58 81—82 (O). JO **36** 16 (O). Vgl. Ref. 8103.

8153. **Komet 1951 i Wilson-Harrington**
AJ 58 83 (O), 172 (O) = Obs. Córdoba Tirada Aparte Nr. 60. BAB **4** 134 (O). Bull. Astr. Obs. Beograd **17** Nr. 3—4 S. 35 (O). JO **36** 17 (O). UC **6** 157, 167 (O).

8154. **Komet 1951 j Arend (P)**
AJ 58 83 (O). JO **36** 17 (O).

8155. **Komet 1951 k (= 1924 IV) Harrington (P)**[10])
AJ 58 83 (O). JO **36** 17 (O).

8156. **Komet 1952 a Harrington-Wilson (P)**
Astr Circ UdSSR Nr. 139 S. 1—3 (O, H). UAI Circ 1426 (Id).
BSAF **67** 419. La comète Harrington-Wilson (1952 a) et la comète périodique Taylor (1916 I) sont-elles un seul et même astre?

8157. **Komet 1952 c Mrkos**
AJ 58 83, 172 = Obs. Córdoba Tirada Aparte Nr. **60** (O). BAB **4** 134 (O). UAI Circ 1392 (H). UC **6** 158 (O).

---

[9]) Mit Komet 1950 c bezeichnet.
[10]) In der Literatur auch als Wolf-Harrington bezeichnet.

8158. Komet 1952 d Peltier

AJ 58 84 (O). BAB 4 134 (O). Bol. Astr. Obs. Madrid 4 Nr. 6 S. 95 (O). BSAF 67 51 (H). Bull. Astr. Obs. Beograd 17 Nr. 3—4 S. 35 (O). UAI Circ 1389 (O. Berichtigung zu 1366), 1392 (H).

8159. Komet 1952 e Harrington

Astr Circ UdSSR Nr. 134 S. 1—2 (O, H), Nr. 135 S. 1 (O, H), S. 2 (H), Nr. 136 S. 4 (O, H), Nr. 137 S. 4 (O), Nr. 139 S. 1—3 (O, H). BAA Circ 339 (H, Eph). UAI Circ 1388 (Eph), 1389 (O, H), 1393 (O, H), 1398 (O), 1405 (O), 1407 (El, Eph), 1408 (El).

8160. Komet 1952 f Mrkos

AJ 58 173 = Obs. Córdoba Tirada Aparte Nr. 60 (O). Astr Circ UdSSR Nr. 133 S. 1 (An). BAA Circ 339 (H). Harv Card 1203 (O), 1204 (El), 1205 (O, El, Eph), 1214 (Eph). Kop Akt Medd 355 (Not). MN ASSA 12 20 (O). NAZ 7 1 (El). TAB (2) Nr. 57 S. 480 (O). UAI Circ 1387 (O, H), 1388 (O, H), 1390 (El, Eph), 1393 (O), 1394 (O), 1399 (O), 1411 (Eph). UC 6 158 (O). Vega 1 7—8, 12 (H).

NAZ 7 1 (El), auf eine Ähnlichkeit mit Komet 1947 X wird hingewiesen. NAZ 7 33. Ähnlichkeit unwahrscheinlich.

8161. Komet 1953 a Mrkos-Honda

Entdeckung: A. Mrkos, Skalnaté Pleso, 1953 April 12. Unabhängig entdeckt von M. Honda, Kurashiki, 1953 April 12.

Astr Circ UdSSR Nr. 137 S. 1 (An), Nr. 138 S. 1 (O, H), Nr. 138 S. 2 (El, Eph), Nr. 140 S. 1 (O), Nr. 142 S. 1 (O), Nr. 143 S. 5—6 (H). BAB 4 143 (O). BAA Circ 340 (An), 341 (El, Eph), 342 (H, El, Eph), 344 (El, Eph). BSAF 67 163 (O), 248—249 (H). Bull. Astr. Obs. Beograd 18 Nr. 1—2 S. 7 (O), S. 22—23 (El). Harv Card 1210 (An), 1211 (O, El, Eph), 1217 (El, Eph). Kop Akt Medd 356 (An), 357 (El, Eph), 358 (El, Eph). NAZ 7 11 (An, O), 17 (O), 18 (O, H), 25 (O), 29 (O, H) 33 (El). NAZvM Nr. 185 (El, Eph), Nr. 195 (Eph). Sterne 29 206—207 (O, H). UAI Circ 1401 (An), 1402 (O, H) 1403 (O, H, El, Eph), 1404 (O, H), 1406 (O, Eph), 1407 (O, H, El, Eph), 1408 (O), 1409 (O), 1413 (Eph), 1415 (H), 1416 (O, El), 1418 (El, Eph), 1422 (Berichtigung), 1424 (El, Eph)

A. M. Bacharew, Die Integralhelligkeit des Kometen 1953 a Mrkos-Honda. Astr Circ UdSSR Nr. 140 S. 4—5 (russisch).

8162. Komet 1953 e Harrington (P)

Entdeckung: R. G. Harrington, Mt. Palomar, 1953 Aug. 14.

Astr Circ UdSSR Nr. 141 S. 1 (An, O). BAA Circ 344 (An), 345 (Not). Harv Card 1219[11]) (An), 1222 (Eph), 1223 (O, El, Eph), 1224 (Eph). Kop Akt Medd 360 (An). NAZ 7 29 (An, O), 37 (El, Berichtigung zu 29). UAI Circ 1417 (An), 1418 (O, H), 1420 (Eph), 1422 (O, El, Eph). Vega 1 4 (O), 11—12 (El, H).

8163. Komet 1953 g Abell

Entdeckung: G. O. Abell, Mt. Palomar, 1953 Okt. 15.

Astr Circ UdSSR Nr. 143 S. 4 (An, Not), Nr. 144 S. 1—2 (O, H), Nr. 144 S. 2—3 (El, Eph). BAA Circ 346 (An). Harv Card 1226 (An), 1227, (O, El, Eph), 1228 (Eph), 1230 (El, Eph), 1232 (Eph). Kop Akt Medd 361 (An). NAZ 7 37 (An). UAI Circ 1424 (An), 1425 (O, El, Eph), 1426 (O, H, El, Eph), 1430 (El, Eph), 1431 (Eph).

8164. Komet 1953 h Pajdusakova

Entdeckung: L. Pajdusakova, Skalnaté Pleso, 1953 Dez. 3.

BAA Circ 346 (An), 347 (El, Eph). Harv Card 1231 (An, O), 1233 (El, Eph), 1236 (El, Eph). Kop Akt Medd 361 (An), 362 (Eph). UAI Circ 1430 (An), 1431 (O, H, El, Eph), 1432 (O, H, El, Eph), 1434 (El, Eph).

---

[11]) Mit Komet 1953b bezeichnet. Berichtigung in Harv Card 1220.

8165. Weitere Mitteilungen über Kometen

Astr. Nachrichtendienst Berlin-Treptow **5** 10, 37, 66, 80, 82—83, 89, 98, 101—102, 109, 112, 127, 130—133, 139, 145.

BSAF **67** 51, 122, 163, 248—249 mit Berichtigung S. 304, 301, 350—351, 419, 439, 483.

Coelum **21** 20, 88, 128, 161, 194.

DOB **6** Nr. 3 Fasc. 1, 6 S., Nr. 9 Fasc. 3, 4 S., Nr. 11 Fasc. 1, 4 S., Nr. 12 Fasc. 4, 2 S. mit 7 Fig. Documents pour l'observation des comètes.

Gaz astr **35** 46—51, 70—71.

Hemel en Dampkring **51** 16, 123. Waarneming van Kometen.

J. Astr. Soc. Victoria **6** 82.

JBAA **63** 232, 287, 297—298, 360—361, **64** 51—53.

De Meteoor **9** 23, 49—51.

NAT **1953** 33, 34, 77, 110, 156. J. M. Vinter Hansen.

NAZvM Nr. 172, 176, 177, 178, 179, 180, 181, 182, 183, 184, 185, 186, 188, 192, 194, 195, 196, 198, 199, 200, 201, 202, 203, 204, 205.

Obs **73** 34—35, 87, 127—128, 165—166, 214—215, 259—260. Comet notes,

Orion Schaffhausen **4** 145.

PAT **34** 59, 147—148. Kometer.

Sky and Telescope **12** 98, 306.

Sternenwelt **5** 14—15. Die Kometen des Jahres 1952. R. Sommer.

Sternenwelt **5** 28, 149, 183, 187.

Urania Kraków **24** 81, 299—300.

Vega **1** 3—4, 7—8, 11—12, 15, 33.

Werkgroep Meteoren Medd. **30** S. 3—4, mit 1 Fig.

8166. Kometen. Verzeichnis der Beobachter und Berechner

G. O. Abell
Alcock
D. A. Appleby
S. Arend
I. S. Astapowitsch
A. M. Bacharew
W. E. Beart
J. J. Bennet
G. van Biesbroeck
J. Bobone
Z. Bochníček
A. F. Bogorodskij
P. Bourge
L. Boyer
J. L. Brady
J. A. Bruwer
W. H. F. Calve
R. Carrasco
S. T. Chabibullin
E. K. Charadse
D. Chawtassi
D. H. Christ
J. Churms
Cristescu
L. E. Cunningham
E. Dibaj
C. Dinwoodie
S. W. Drosdow
R. Dsigwaschwili
A. D. Dubjago
E. S. Farr
J. Feinstein
J. G. Freeman
R. I. Gabdrakipowa
Gawrilow
P. J. D. Gething
T. A. Goodchild
J. L. Gossner
W. Götz
Granger
H. Grunow
C. D. Gulmedow
V. Guth
R. G. Harrington
B. J. Harris
I. Hasegawa
P. Herget
T. Higami
H. Hirose
M. Honda
K. Hurukawa
T. Ina
M. Itzigsohn
G. Jackisch
Jakowkin
H. M. Jeffers
E. L. Johnson
A. Jones
W. H. Julian
N. Kalandadse
H. Kern
I. G. Koltschinskij
W. P. Konoplewa
T. A. Kotschlaschwili
L. Kresák
S. M. Laustsen
V. A. Lett
J. v. B. Lourens
R. Luss
E. Mädlow
S. G. Makower
Marcus
D. J. Martynow
D. McLeish
G. Merton
H. Mielke
T. Mitani
E. A. Mitrofanowa
A. G. Mowbray
A. Mrkos
H. Mühle
P. Musen
L. Pajdušáková
D. Paperlein

J. Pesch
B. Popović
Poroubek
J. G. Porter
P. Prêtre
M. Protitch
A. Puch
E. K. Rabe
C. K. Raudsaar
N. Richter
F. Rigaux
R. Rigollet
W. G. Rijwes
E. Roemer
C. E. Rogati
D. A. Roshkowskij
T. W. Russo
R. Šášky
A. P. Sawruchin
A. Schmitt
O. Schneider
W. H. Steavenson
Stone
K. A. Thernöe
I. L. Thomsen
K. Tomita
A. F. Torondshadse
Trutescu
R. I. Tschuprina
F. K. Ustanowa
J. M. Vinter Hansen
Vlaicu
Vozarova
R. L. Waterfield
A.Weber
R. Weber
B. O. Wheel
S. Wierzbiński

§ 82

Meteore

8201. **M. Almond, J. G. Davies, A. C. B. Lovell,** The velocity distribution of sporadic meteors. IV. Extension to magnitude +8, and final conclusions. MN **113** 411—427, mit 4 Fig. = Astr. Contr. Univ. Manchester (2) Jodrell Bank Repr. Nr. 85. — Das Beobachtungsmaterial über die Geschwindigkeitsverteilung sporadischer Meteore wird um eine weitere Reihe von 362 Geschwindigkeiten ergänzt und umfaßt nun 951 Meteore zwischen 3^m und 8^m. Seine einheitliche Bearbeitung ergibt keine Änderung der Geschwindigkeitsverteilung mit der Helligkeit. Rund 90% der Meteore besitzen elliptische Geschwindigkeiten und weniger als 1% hyperbolische Geschwindigkeiten. Die der restlichen 10% liegt in der Nähe des parabolischen Grenzwertes. Kdr.

* * **A. M. Bacharew,** Über die Fehler bei der Beobachtung von Telemeteoren. Vgl. Ref. 2501.

* * **J. C. Bartlett jr.,** Jupiter's other family. Vgl. Ref. 8004.

8202. **R. N. Bracewell,** Meteors and rain. Obs **73** 249—250. — Bowen hat für die Regenfälle im Januar in den Jahren 1900—1953 übereinstimmend an verschiedenen Stationen in Australien drei Maxima gefunden. Er nimmt an, daß die Kondensationskerne von Meteorstaub gebildet werden, der in 100 km Höhe zunächst zur Ruhe gekommen und dann im Laufe eines Monats in die Troposphäre herabgesunken ist. Damit ergibt sich eine Beziehung der Januarmaxima zu drei bekannten Meteorschauern. O. G.

8203. **I. C. Browne, T. R. Kaiser,** The radio echo from the head of meteor trails. J. Atmosph. Terr. Phys. **4** 1—4, mit 2 Fig. = Astr. Contr. Univ. Manchester (2) Jodrell Bank Repr. Nr. 86. — Verf. zeigen, daß die Intensität des Echos vom Kopf eines gleichförmigen Meteorschweifs im Verhältnis zum Schweifecho direkt proportional der Radiowellenlänge und indirekt proportional der Differenz der Entfernungen der beiden Echostellen zu erwarten ist. Anwendung auf ein Meteor, für das geeignete Beobachtungen voröffentlicht sind, ergab Zahlenwerte, die den üblichen Vorstellungen entsprechen. O. G.

8204. **V. Bumba,** Long-enduring meteor trains. I. Statistical results. BAC **4** 147—158, mit 11 Fig. (mit russ. Zusammenfassung). — Verf. untersucht die Eigenschaften der langdauernden meteorischen Spuren. Das Material ist dem Katalog von Olivier entnommen. J. B.

8205. **Z. Ceplecha,** Meteor photographs. I. Air densities. BAC **4** 55—60, mit 4 Fig. und 1 Tafel (mit russ. Zusammenfassung). — Aus Aufnahmen von

14 Sternschnuppen an zwei Stationen werden Geschwindigkeiten, Höhen und Helligkeiten für einzelne Punkte berechnet. Am Ende der Spuren werden Verzögerungen von etwa 100 km/sec' gefunden. Aus den Beobachtungen wird die Luftdichte in 60—100 km Höhe bestimmt. J. B.

8206. **Z. Ceplecha,** Meteor photographs. II. The photographed breakage of meteor 131 a. BAC 4 113—119, mit 6 Fig. (mit russ. Zusammenfassung). — Der Zerfall eines Meteores wurde an zwei Stationen photographiert. Aus den Aufnahmen wurde die Geschwindigkeitskomponente und die Masse der beiden Teile bestimmt. Die Ursache des Zerfalles wird diskutiert. Eine Methode zur Prüfung der Theorie von Hoppe ist angegeben. J. B.

8207. **Z. Ceplecha,** Frequencies of sporadic meteors in the years 1947, 1948 and 1949. BAC 4 121—124, mit 3 Fig. — Bearbeitung der Sternschnuppenbeobachtungen von Amateuren aus den Jahren 1947—1949. Für jeden Beobachtungstag werden mittlere Häufigkeiten gegeben. J. B.

8208. **R. L. Closs, J. A. Clegg, T. R. Kaiser,** An experimental study of radio reflections from meteor trails. Phil. Magazine (7) **44** 313—324, mit 11 Fig. = Astr. Contr. Univ. Manchester (2) Jodrell Bank Repr. Nr. **77**. — Beobachtung von Meteoren eines Stroms mit gut definiertem Radianten (Arietiden) mit einer Einrichtung zum Senden und Empfangen von transversal und parallel polarisierten Signalen sollte zur Prüfung theoretischer Ergebnisse dienen. Verf. machen es wahrscheinlich, daß die Abweichungen der beobachteten Polarisationsverhältnisse von den theoretischen Werten Fehlern der Apparatur zuzuschreiben sind. Abschätzungen werden für die Elektronenzahl/cm, den Diffusionskoeffizienten und die Zahl der Partikel/cm^3 gemacht. O. G.

* * **W. Dieminger,** Radioastronomie. III. Die Radioortung von Meteoren. Vgl. Ref. **12614**.

8209. **W. G. Elford, D. S. Robertson,** Measurements of winds in the upper atmosphere by means of drifting meteor trails. II. J. Atmosph. Terr. Phys. 4 271—284, mit 10 Fig. — Ref. in Phys. Abstracts (A) **57** 790.

8210. **C. D. Gulmedow,** Die tägliche Variation der Meteore mit großer Flugdauer. Nachr. Akad. Wiss. Turkmen. Sowjetrepublik Nr. **2** S. 96 (russisch). — Ref. in RJ Astr. UdSSR Nr. 1, 1953; Ref. Nr. 413 (russisch).

8211. **N. Herlofson,** Stjerneskuddenes fysikk. Naturen Nr. **16** 490—500, mit 6 Fig. = Inst. Teoret. Astrofys. Blindern-Oslo Småtrykk Nr. **4**.

* * **N. Herlofson,** Plasma resonance in ionospheric irregularities. Vgl. Ref. 216.

8212. **W. Herr,** Aktivierungsanalyse. Angewandte Chemie **64** 679—685, 1952. — Nachweis von Gallium, Rhenium, Palladium und Gold in Meteoren.

8213. **J. Hoppe,** Eine Erweiterung der physikalischen Theorie der Sternschnuppen. Phys. Verhandlungen **4** 254 (Ref.).

8214. **M. C. Kadyrow,** Vorläufiger Katalog von Radianten aus dem Jahre 1946 nach Beobachtungen in Aschchabad (Fortsetzung). Nachr. Akad. Wiss. Turkmen. Sowjetrepublik Nr. **1** S. 95—96 (russisch).

8215. **T. R. Kaiser,** Radio echo studies of meteor ionization. Phil. Magazine Suppl. **2** 495—544, mit 25 Fig. = Astr. Contr. Univ. Manchester (2) Jodrell Bank Repr. Nr. **82**. — Verf. behandelt die Ionisation in Meteorschweifen und die Reflexion von Radiowellen an diesen Schweifen theoretisch mit Unterscheidung der abklingenden Echos (Elektronenzahl $\alpha < 2.4 \times 10^{12}$ cm^{-1}) und der anhaltenden Echos ($\alpha > 2.4 \times 10^{12}$ cm^{-1}). Er vergleicht mit experimentellen Ergebnissen, wobei die Eigenschaften der verwendeten Apparaturen besonders diskutiert werden. Dabei werden Ergebnisse für die Meteore (besonders Höhen,

Massen, geschätzte Gesamtzahlen) und für die hohe Atmosphäre (Windgeschwindigkeiten und -richtungen und Erklärung des Bestehens der ionosphärischen E-Schicht während der Nacht) abgeleitet. O. G.

8216. **T. R. Kaiser, J. S. Greenhow,** On the decay of radio echoes from meteor trails. Proc. Phys. Soc. (B) **66** 150—151 = Astr. Contr. Univ. Manchester (2) Jodrell Bank Repr. Nr. **75**. — Antwort auf einen Einwand von J. Feinstein in Proc. Phys. Soc. (B) **65** 741 (vgl. AJB **52** Ref. 8209) gegen die Theorie der Lebensdauer von Meteorspuren nach T. R. Kaiser und R. L. Closs in Phil. Mag. **43** 1 (vgl. AJB **52** Ref. 8214) sowie J. S. Greenhow in Proc. Phys. Soc. (B) **65** 169 (vgl. AJB **52** Ref. 8211). Labs

8217. **D. Kalab,** Jak obserwujemy meteory. Urania Kraków **24** 367—368, mit 2 Fig.

8218. **E. N. Kramer,** Verzeichnis der zuverlässigsten Kometenradianten. Astr Circ UdSSR Nr. 143 S. 6—12 (russisch).

* * **F. Link,** Poussières météoriques dans l'atmosphère terrestre. Vgl. Ref. **7244**.

* * **F. Link,** Sondages météoriques de la haute atmosphère. Vgl. Ref. 7245.

8219. **L. A. Manning,** The strength of meteoric echoes from dense columns. J. Atmosph. Terr. Phys. **4** 219—225, mit 4 Fig. — Die Stärke der Radarechos von Meteorbahnen wird untersucht und es wird nachgewiesen, daß bei Berücksichtigung der Refrakion die Intensität der Echos um 30% niedriger liegt, als wenn man die Refraktion gleich null setzt. U. Be.

8220. **L. A. Manning, O. G. Villard jr., A. M. Peterson,** The length of ionized meteor trails. Trans. Amer. Geophys. Un. **34** 16—21. — Ref. in Phys. Abstracts (A) **56** 822.

8221. **G. Mawyjewa,** Die tägliche Variation der stündlichen Zahl der Meteore nach Beobachtungen in Aschchabad von 1942 bis 1945. Nachr. Akad. Wiss. Turkmen. Sowjetrepublik Nr. **4** S. 95 (russisch). — Ref. in RJ Astr. Geod. UdSSR Nr. **2**, 1954; Ref. Nr. 2324 (russisch).

* * **D. W. R. McKinley, P. M. Millman,** Long duration echoes from aurora, meteors, and ionospheric back-scatter. Vgl. Ref. **72147**.

8222. **D. W. R. McKinley,** Effect of radar sensitivity on meteor echo durations. Canad. J. Phys. **31** 758—767. — Ref. in Phys. Abstracts (A) **56** 822.

8223. **D. W. R. McKinley,** Meteor echo duration and radio wave length. Canad. J. Phys. **31** 1121—1135. — Ref. in Phys. Abstracts (A) **57** 127.

8224. **P. M. Millman,** Photographic meteor spectra (Appendix 1). J RAS Canada **47** 217—218. — Liste umfaßt die Nummern 109—133 mit Beobachtungen aus den Jahren 1950—52.

8225. **W. W. Nardin,** Die Verteilung der Meteore nach der Helligkeit in der Geschwindigkeitsfunktion. Nachr. Akad. Wiss. Turkmen. Sowjetrepublik Nr. **3** S. 95—96 (russisch).

* * **E. J. Öpik,** A vibrating camera for meteor photography. Vgl. Ref. 2129.

8226. **M. Plavec,** Interplanetary double meteors. BAC **4** 60—67 (mit russ. Zusammenfassung). — Verf. untersucht die Ursachen für den Zerfall der Doppelmeteore und kommt zu dem Schluß, daß die Hauptursache der Poynting-Robertson-Effekt ist. Die Doppelmeteore mit sehr exzentrischen Bahnen zerfallen sehr rasch. J. B.

8227. **W. W. Radsijewskij, E. P. Rasbitnaja,** Die Bremsung nichtsphärischer Körper durch die Sonnenstrahlung. AJ UdSSR **30** 616—618 (russisch). — Eine früher abgeleitete Formel behält ihre Gültigkeit auch für den Fall nichtsphärischer Teilchen und ohne Rücksicht auf deren Reflexionsvermögen, sofern sich die Orientierung der Teilchen im Raum hinreichend schnell und statistisch isotrop ändert. Petri

8228. **R. Rigollet,** Photographie des météores en Haute Provence. BSAF **67** 152—154, mit 3 Fig. = Contr. Inst. d'Astrophys. Paris (A) Nr. **146.** — Es wird kurz eine Apparatur beschrieben, mit der Meteorspuren aufgenommen werden sollen. Das 7teilige Objektiv von 71 mm Durchmesser zeichnet ein Feld von 40° aus, und ein vor dem Objektiv rotierender Sektor ermöglicht es, die Meteorgeschwindigkeiten zu bestimmen. Zwei Beispiele derartiger Aufnahmen sind reproduziert. H. M.

8229. **D. S. Robertson, D. T. Liddy, W. G. Elford,** Measurements of winds in the upper atmosphere by means of drifting meteor trails. I. J. Atmosph. Terr. Phys. **4** 255—270, mit 13 Fig. und 2 Tafeln. — Ref. in Phys. Abstracts (A) **57** 790.

8230. **J. A. Russell,** Asymmetrical lines in the spectra of meteors. Meteoritics **1** 103—105, mit 1 Abb.

8231. **S. Saxov,** Meteorer og radar. NAT **1953** 60—64. — Verf. berichtet über Radarbeobachtungen von Meteoren und über seinen Besuch der kanadischen Radarstationen in der Nähe von Ottawa. Ra.

8232. **I. T. Sotkin,** Genäherte Bestimmung einer Bolidenbahn in der Atmosphäre. Bull. Astr.-Geod. Ges. UdSSR Nr. **13 (20)** S. 25—28, mit 3 Abb. (russisch).

8233. **W. E. Stepan,** Einige Untersuchungsergebnisse teleskopischer Meteore. Nachr. Akad. Wiss. Turkmen. Sowjetrepublik Nr. **5** S. 98—100 (russisch). — Ref. in RJ Astr. Geod. UdSSR Nr. **6, 1954**; Ref. Nr. 3986 (russisch).

8234. **R. N. Thomas, W. C. White,** The physical theory of meteors. IV. Inquiry into the radiation problem — a laboratory model. ApJ **118** 555—567 = Harv Repr Nr. **378.** — Aus der Ähnlichkeit der atomaren Spektren von natürlichen und künstlichen Meteoren (hochbeschleunigte Kugeln aus Al, Mg und anderen Stoffen) wird versucht, Schlüsse über den Anregungsmechanismus für das Leuchten natürlicher Meteore zu ziehen. Wahrscheinlich handelt es sich dabei um unelastische Zusammenstöße von Luft und Meteoratomen. Gleichgewicht zwischen Meteor und umgebender Luft stellt sich bei diesem Prozeß nicht ein. Im Gegensatz zu natürlichen Meteoren zeigen künstliche auch ein molekulares Spektrum (Banden von Metalloxyden), deren Untersuchung die obigen Schlüsse betreffs des Anregungsmechanismus zu bestätigen scheint. Kdr.

8235. **O. G. Villard jr., A. M. Peterson, L. A. Manning, V. R. Eshleman,** Extended-range radio transmission by oblique reflection from meteoric ionization. J. Geophys. Res. **58** 83—93, mit 3 Fig. — Die Funkausbreitung bei 14 MHz mit Signalen von schwachen Sendern wird in Hinblick auf gelegentlich auftretende Überreichweite untersucht. Es ist sicher, daß die Übertragung durch Reflexionen an Meteoren erfolgt. Anregungen für weitere Untersuchungen werden gegeben. U. Be.

8236. **P. Volmer,** Vérification à l'aide d'un radar de l'altitude de disparition des traînées météoriques dont le radiant est connu. CR **237** 1065—1067, mit 2 Fig. = Contr. Inst. d'Astrophys. Paris (A) Nr. **153.** — Theoretisch wird der Abstand, unter dem die nächsten Radioechos von Meteorbahnen beobachtet werden können, als Funktion des Stundenwinkels des zugehörigen Radianten berechnet. Die so erhaltenen Werte werden mit den Beobachtungen verglichen. Labs

* * **H. W. Wells,** Radio interferometer technique applied to measurement of meteor velocities. Vgl. Ref. 2415.

8237. **F. L. Whipple,** Winds in the upper atmosphere by meteor-train photography. J. Meteorology **10** 390—392, mit 1 Fig. = Harv Repr (2) Nr. 52.

8238. **C. C. Wylie,** The study of shadow-casting meteors. Leaflet ASP Nr. 288, 8 S. mit 2 Fig.

8239. Section d'étude des corps interplanétaires: correspondance. DOB **6** Nr. 10 Fasc. 1, 4 S. mit 1 Fig.

8240. Section d'étude des corps interplanétaires: le policeman-météores. DOB **6** Nr. 12 Fasc. 1, 4 S. mit 2 Fig.

8241. Artificial meteors. Irish AJ **2** 171.

8242. Meteor-terminologie. Meteoor **8** 33—34, **9** 24.

8243. Meteorbeobachtungen mittels Radar. Phys. Blätter **9** 83. — Besprechung der Arbeit von McKinley in J. appl. Phys. **22** 202—213, 1951, und älterer Literatur, mit eingehender Diskussion der theoretischen Voraussetzungen.

8244. Meteor train statistics. Sky and Telescope **12** 74—75. — Ref. über Arbeiten von M. Plavec.

Meteorströme

* * **I. S. Astapowitsch,** Sechsundzwanzig mit Kometen verbundene Meteorströme. Vgl. Ref. 8001.

8245. **C. de Jager,** Radianten en meteoorzwermen. Meteoor **9** 7.

8246. **D. Kaláb,** Das Alter der meteorischen Ströme. Vesmír **32** 351, mit 1 Fig. (tschechisch).

8247. **E. N. Kramer,** Das Radiationsfeld von Meteorströmen. Astr Circ UdSSR Nr. 144 S. 14—15 (russisch). — Unter der Annahme einer kometarischen Herkunft der Meteorströme wurden ohne Berücksichtigung der Störungen von den Planeten Gleichungen abgeleitet, die Epoche und Koordinaten des theoretischen Radianten mit den Bahnelementen des Kometen und den Parametern des Auswurfs aus der Kometenbahn verbinden. Für das zu den Perseiden gehörende Meteor vom 13. 8. 1940 erfolgte danach der Auswurf im Planetoidenring mit einer kometozentrischen Geschwindigkeit von 1 km/sec. Loh.

8248. **B. J. Lewin,** Die Leuchtkraftfunktion der Meteorströme und die Verteilung der Meteorkörper nach Masse. DAN **90** 513—516 (russisch). — Für die Leuchtkraftfunktion $A(m) = dN(m)/dm$ ergibt sich empirisch $A(m) = A(0) \cdot \varkappa^m$, und für $\varkappa$ im Mittel aus 14 Meteorströmen 2.7 mit den Extremen 4.4 und 1.7. Die daraus abgeleitete Verteilungsfunktion der Massen, vorausgesetzt, daß die Leuchtkraft der Anfangsmasse M proportional ist, befolgt etwa ein M^{-2}-Gesetz. Loh.

8249. **B. J. Lewin,** Die Stärke eines Meteorstroms und die Dichte der Meteorkörper im Schwarm. DAN **90** 737—740 (russisch). — Für neun Meteorströme und vier Meteorschauer wird die räumliche Dichte bis zu Meteoren ein und derselben unteren Grenzmasse ($\approx 10^{-2}$ bis 10^{-3} gr) berechnet. Sie ist bei den Strömen am größten bei den Geminiden (220×10^{-9} km^{-3}), am kleinsten bei den Leoniden und Orioniden (10^{-9} km^{-3}). Die Dichten der vier Schauer von 1866, 1872/1885, 1933 und 1946 liegen wesentlich darüber. Loh.

8250. **W. Malsch,** Beobachtung eines schwachen Meteorschwarms. NAZvM 197. — 1953 Okt. 13.

* * **M. Plavec,** On the relations between minor planets and meteor streams. Vgl. Ref. 7513.

8251. **M. Plavec,** The evolution of meteoric streams. RH **34** 205—208 (tschechisch).

* * **J. G. Porter,** Comets and Meteor Streams. Vgl. Ref. 8024.

8252. Documents pour l'étude des courants météoriques. DOB **6** Nr. 7 Fasc. 1, 4 S. mit 2 Fig.

8253. Radio observations of meteor streams. Nature **172** 751.

8254. **Aquariden**

B.-A. Lindblad, A radar investigation of the Delta Aquarid meteor shower of 1950. Chalmers Tekn. Högsk. Handl. Nr. **129,** 26 S. — Ref. in Phys. Abstracts (A) **56** 822—823.

B.-A. Lindblad, The peculiar orbit of the Delta Aquarid meteors. Obs **73** 157—159 = Lund Medd. (1) Nr. 183.

A. P. Sawruchin, Die Mai-Aquariden des Jahres 1951 nach Beobachtungen in Aschchabad. Nachr. Akad. Wiss. Turkmen. Sowjetrepublik Nr. **6** S. 95 (russisch). — Ref. in RJ Astr. Geod. UdSSR Nr. **6,** 1954; Ref. Nr. 3993 (russisch).

8255. **Draconiden**

C. de Jager, De Draconiden 1952 zijn ook met het blote oog gezien. Meteoor **9** 28.

W. M. Tschernow, Beobachtungen der Draconiden. Astr Circ UdSSR Nr. 144 S. 19 (russisch).

H. van Woerden, De komende terugkeer van de Draconiden. Hemel en Dampkring **51** 127—128.

H. van Woerden, De Draconiden van 9 October. Hemel en Dampkring **51** 172—173.

H. van Woerden, De Draconiden van 9 October. Meteoor **9** 35—39.

H. van Woerden, Waar bleuen de Draconiden? Meteoor **9** 44.

Hemel en Dampkring **51** 124. De Draconiden in 1952.

NAZvM 197. W. Malsch. — Beobachtung.

UAI Circ 1424. The Draconid shower. A. V. Nielsen, B.-A. Lindblad.

Urania Kraków **24** 303. Deszcz Giacobinid (Drakonid II) z 1952 r.

8256. **Geminiden**

J. Ermusz, Obserwacje Geminid. Urania Kraków **24** 152—154, mit 1 Fig. — Beob. von 11.—12. 12. 1952.

A. Pacholczyk, Obserwacje Geminid. Urania Kraków **24** 85—89, mit 5 Fig.

8257. **Giacobiniden**

BAA Circ 345, NAZvM 191, UAI Circ 1422. Possible meteor shower October 9—10.

BSAF **67** 483—484. L'essaim météorique des Giacobinides.

Kop Akt Medd 360. Meddelande angaende en eventuell meteorskur från kometen Giacobini-Zinner natten den 9—10 Oktober 1953. K. Lundmark, A. V. Nielsen.

NAT **1953** 34—35. Stjerneskud i forbindelse med komet Giacobini-Zinner.

Orion Schaffhausen **4** 70. Giacobiniden-Schauer 1952.

8258. **Leoniden**

BSAF **67** 143—144. J. F. de Oliveira.

8259. Lyriden

A. M. Bacharew, Die Telemeteore der Lyriden 1953. Astr Circ UdSSR Nr. 138 S. 9—10 (russisch).

J. van Diggelen, De helderheid der Lyriden. Meteoor **9** 12—13, mit 3 Fig.

R. P. van Stapele, De radiant van de Lyriden. Meteoor **9** 13—15, mit 2 Fig.

W. G. Teufel, Über Meteorschwärme. Astr Circ UdSSR Nr. 138 S. 10—11 (russisch). — Verf. berichtet über das Auftreten enger Schwärme innerhalb der Lyriden im April 1952 und 1953 und vermutet, daß sie jeweils dem Zerspringen eines einzelnen Meteors ihre Entstehung verdanken. Loh.

H. van Woerden, Waarneming van de Lyriden. Hemel en Dampkring **51** 55.

8260. Orioniden

R. P. van Stapele, De Orioniden van 1952. Meteoor **9** 39—40, 45—46, mit 4 Fig.

B. Sułkowski, Orionidy. Urania Kraków **24** 152. — Beob. vom 18. 10. 1952.

8261. Perseiden

J. Ermusz, Obserwacje Perseid w roku 1953. Urania Kraków **24** 372—373, mit 2 Fig.

C. de Jager, De ouderdom van de meteorenregen uit Perseus. Hemel en Dampkring **51** 133—139, mit 4 Fig. = Werkgroep Meteoren Med. Nr. **30** = Sterrewacht «Sonnenborgh» Utrecht Overdruk Nr. **3**.

L. Kresák, M. Vozárová, The Perseids 1952. I. On the structure of the Perseid meteor stream. BAC **4** 128—139, mit 4 Fig. (mit russ. Zusammenfassung).

L. Kresák, M. Vozárová, The Perseids 1952. II. The statistics of magnitudes and the age of the Perseid meteor stream. BAC **4** 139—144, mit 3 Fig. (mit russ. Zusammenfassung). — Ref. in Irish AJ **3** 32—33.

R. Maeckelberghe, Bondig verslag over de Perseiden-campagne 1953 in Belgie. Meteoor **9** 34.

P. M. Millman, The typical Perseid meteor spectrum. Nature **172** 853—854, mit 1 Fig. — Ref. in Irish AJ **3** 28—29, Meteoor **10** 23.

A. Paroubek, R. Šášky, M. Vozárová, The Perseids 1952. III. The real heights and radiants. BAC **4** 144—147 (mit russ. Zusammenfassung).

J. A. Russell, Asymmetrical lines in the spectra of meteors. Vgl. Ref. 8230.

A. Sawruchin, Die Aktivität des Meteorstroms der Perseiden im Jahre 1953 nach Beobachtungen in der Ortschaft Wannowskij im Aschchabader Gebiet. Astr Circ UdSSR Nr. 143 S. 24—26 (russisch).

F. Schmid, Atmosphärisch-optische Zusammenhänge mit dem Perseidenstrom. Orion Schaffhausen **4** 180—181.

B. Sułkowski, Perseidy. Urania Kraków **24** 151—152. — Beob. vom 9.—11. 8. 1952.

M. A. Swetschnikow, G. P. Swinzowa, Die Perseiden 1951. Bull. Astr.-Geod. Ges. UdSSR Nr. **12** (**19**) S. 17—20 (russisch).

F. W. Wright, F. L. Whipple, The photographic Perseid meteors. AJ **58** 49—50. — Ref. AAS.

F. W. Wright, F. L. Whipple, The photographic Perseid meteors. Harvard College Obs. Techn. Report Nr. **11**, 38 S. mit 6 Fig. = Harv Repr (2) Nr. **47**. — Ref. in Sky and Telescope **12** 180 unter dem Titel: Perseid statistics. — Es werden die Ergebnisse der Bearbeitung photographischer Aufnahmen von 115 Perseiden, davon 23 mit Doppelbeobachtungen von verschiedenen Orten aus, mitgeteilt und diskutiert. Neue Werte für die Koordinaten des Radianten und deren tägliche Änderung werden abgeleitet. Ein merklicher Unterschied gegenüber den Ergebnissen aus visuellen und Radarbeobachtungen besteht nicht. Die Doppelbeobachtungen liefern Bahnelemente mit einer Streuung, die in Übereinstimmung ist mit der Theorie der Entstehung des Schwarmes aus den Bestandteilen des Kometen 1862 III, als Folge von Störungen durch die Planeten. Bo.

BSAF **67** 1. und 2. Umschlagseite des Aprilheftes. R. Rigollet, M. Flückiger. — Aufnahme 1952 August 11.
J RAS Canada **47** 218—219. Montreal Perseid observations, 1951 and 1952.
J RAS Canada **47** 253—254. Regina Perseid observations, 1952.
Meteoor **9** 25. De Perseiden 1953: een eclatant succes.

8262. Quadrantiden

G. E. D. Alcock, J. P. M. Prentice, The Quadrantid meteor shower radiants form duplicate observations. JBAA **63** 186—188, mit 1 Fig.
J. Bouška, Orbit of the Quadrantids. BAC **4** 165—168, mit 2 Fig. (mit russ. Zusammenfassung).
P. M. Millman, D. W. R. McKinley, The Quadrantid meteor shower. J RAS Canada **47** 237—246, mit 4 Fig. = Contr. Dominion Obs. Ottawa **2** Nr. 15. — Ref. in Meteoor **10** 23.
J. P. M. Prentice, The hourly rate of the Quadrantid meteor shower at maximum. JBAA **63** 175—186, mit 4 Fig.
UAI Circ 1411. The secular perturbations of the Quadrantids. L. Sehnal.

8263. Weitere Mitteilungen

Astr Circ UdSSR Nr. 141 S. 12—13 (russisch). Über die Beobachtungen von Telemeteoren in Turkmenien. W. Stepan.
Sterne **29** 247. Bericht über Sternschnuppenbeobachtungen. E. Thost.
UAI Circ 1428. Secular perturbations of the Scorpius-Sagittarius system. E. Ahnert-Rohlfs.
Urania Kraków **24** 338—339. Odkrycie nowego roju meteorów. — Radiant bei φ Aql.

Einzelne Meteore

8264. Beobachtungen von Feuerkugeln

1952	Sept.	20	BSAF **67** 51. Bolides, étoiles filantes. R. Theil.
	Okt.	15	Orion Schaffhausen **4** 113. Meteore. B. Känzig.
	Okt.	27	Orion Schaffhausen **4** 113. Meteore. B. Känzig.
	Nov.	1	Coelum **21** 28. Bolide. R. Rizzi.
	Nov.	22	Orion Schaffhausen **4** 71. Meteor-Beobachtung. H. Habermayr.
	Nov.	28	BSAF **67** 26. Bolides, étoiles filantes. J. Commin.
	Dez.	13	BSAF **67** 51. Bolides, étoiles filantes. J. Colas.
			BSAF **67** 110. Bolides, étoiles filantes. J. Chevry.
	Dez.	20	BSAF **67** Mars 1953, 2. Umschlagseite. Dans la haute atmosphère. Observation d'une trainée météorique persistante. M. Agniel, J. Blamont, G. Courtès.
1953	Jan.	29	BSAF **67** 143, mit 1 Fig. Bolides, étoiles filantes. W. Groubé. — Beobachtung $22^h 25^m$.
			BSAF **67** 143, mit 1 Fig. Bolides, étoiles filantes. W. Groubé. — Beobachtung $23^h 38^m$.
	Febr.	5	Orion Schaffhausen **4** 113. Meteore. K. Rapp.
	Febr.	28	Orion Schaffhausen **4** 113. Meteore. G. Klaus.
	März	13	Coelum **21** 89. Bolidi. Zamperoni.
	März	19	Coelum **21** 89. Bolidi. D. Quaglia, Alberti-Poja.
	April	7	Meteoor **9** 47—48, mit 2 Fig. Photoelectrische helderheidsbepaling van de vuurbol van 7. 4. 1953. H. van Woerden.
	April	9	BSAF **67** 177. Bolides, étoiles filantes. G. Gauthier.
	April	15	Astr. Nachrichtendienst Berlin-Treptow **5** 80.

1953	Mai	5	Coelum **21** 128, mit 1 Fig. Bolide di aspetto cometario. F. Gianni, P. Giannini.
			Coelum **21** 162. Bolidi. F. Gianni.
	Mai	6	BSAF **67** 347—348, mit 1 Fig. Un brillant météore dans le ciel de Bangui. R. Garnier.
	Mai	7	BSAF **67** 478. M. Barthelemy.
	Mai	8	BSAF **67** 478. E. Beaumont.
	Juni	6	BSAF **67** 440. Brillants météores. H. d'Halluin.
	Juni	28	Coelum **21** 161—162. Bolidi. Repetto.
			Orion Schaffhausen **4** 147. Simultane Beobachtung einer Feuerkugel in Locarno und Meilen (Zürich) am 28. Juni 1953. K. Rapp, R. A. Naef.
	Juli	20	Coelum **21** 162, mit 1 Fig. Bolidi. G. Firpo, P. Repetto, F. Gianni.
	Juli	28	Coelum **21** 128. Bolide? D. Quaglia.
	Aug.	12	Coelum **21** 192. Bolidi. D. Quaglia.
			Orion Schaffhausen **4** 179. Ein ungewöhnlich helles Meteor am 12. August 1953. F. Wieser.
	Aug.	13	Coelum **21** 192. Bolidi. D. Quaglia.
	Aug.	15	Coelum **21** 192. Bolidi. D. Quaglia.
	Sept.	6	BSAF **67** 440. Brillants météores. H. d'Halluin.
	Juli	16	BSAF **67** 477—478. Bolides étoiles filantes. C. Pasquier.
	Sept.	17	Coelum **21** 191. Bolidi. G. Conato.
	Sept.	24	Coelum **21** 191. Bolidi. F. del Zanna.
	Sept.	28	BSAF **67** 392—393. Magnifique bolide. J. Blanchard.
			BSAF **67** 478. J. Collette.
	Okt.	2	Ciel et Terre **69** 254. Observation d'un bolide. J. Dommanget.
	Okt.	10	Coelum **21** 192. Bolidi. F. Pacini.
	Okt.	13	BSAF **67** 440. Brillants météores. P. Sémirot.

8265. Elemente von Feuerkugeln

1949	Juli	2	JO **36** 148—153, mit 1 Fig. = Contr. Inst. d'Astrophys. Paris (B) Nr. **99**. Le bolide du 2 juillet 1949. R. Rigollet.
1951	Okt.	2	NAT **1953** 56—60, mit 1 Fig. Banen for Aarhus-meteoritterne. A. V. Nielsen.
1952	Febr.	17/18	Meteoritics **1** 84—88. The great daylight fireball of 1952 February 17/18: A. M. S. Nr. 2327. C. P. Olivier.
	Juli	27	Sterne **29** 170—182, mit 1 Abb. Die Feuerkugel vom 27. Juli 1952. R. Kippenhahn.
	Okt.	14	Meteoor **8** 39—40, **9** 1—4, mit 4 Fig. Ontmoette de aarde een stuk van een komeet? II. J. van Diggelen. — Vgl. AJB **52** Ref. 8265.
1953	April	7/8	Meteoor **9** 19—23, mit 3 Fig. De vuurbol in de nacht van 7 op 8 April. J. van Diggelen. — Mit Berichtigung in Meteoor **9** 27.

8266. Mitteilungen über Meteore

NAZvM 197. Photographische Meteorspur. H. Oleak. — Beobachtung 1953 Okt. 13.

Urania Kraków **24** 154, mit 1 Fig. Obserwacje meteorów. J. Sztajniker.

Urania Kraków **24** 215—217, mit 2 Fig. Obserwacje meteorów w okresie od 19.3. do 28. 3. 1953 r. A. Pacholczyk.

Urania Kraków **24** 249. Obserwacja bolidu. A. Umiastowski.

Urania Kraków **24** 343—344. Obserwacje bolidów. M. Czernik, W. Jodłowski, A. Maciejewski, W. Ziółkowski.

Urania Kraków **24** 371—372. Obserwacje meteorów. J. Ermusz.

§ 83

Meteorite

8301. **E. G. Bowen,** The influence of meteoritic dust on rainfall. Australian J. Phys. **6** 490—497, mit 5 Fig. = Commonwealth Sci. Industrial Res. Organization, Australia, Division Radiophys. — Ref. in Vega Nr. **18/20** S. 79—80.

8302. **J. D. Buddhue,** A possible explanation of the nickel in ancient asiatic coins. Meteoritics **1** 60—61. — Ref. Meteoritic Soc.

8303. **E. S. Burxer, B. W. Mirska,** Die chemische Zusammensetzung des Steinmeteorits Jelenowka. Geolog. J. **13** 80—81 (ukrainisch). — Ref. in RJ Astr. Geod. UdSSR Nr. **2,** 1954; Ref. Nr. 2330 (russisch).

8304. **K. F. Chackett, P. Reasbeck, E. J. Wilson,** Recent studies on iron meteorites. II. Determination of the helium content. Geochim. Cosmochim. Acta **3** 261—271, mit 7 Fig. und 2 Tafeln. — Nach einer Beschreibung der Methode zur Bestimmung des Heliumgehalts von Meteoriten wird dies für 68 Meteoritproben durchgeführt. Nur im Carbo-Meteorit zeigt sich dabei eine klare Abhängigkeit des Heliumgehalts von der Tiefe unter der Oberfläche in dem Sinn, daß der Gehalt nach innen abnimmt und erst von 20 cm Tiefe an konstant bleibt. Für einige weitere Meteorite wurde das He^3/He^4-Verhältnis bestimmt, das zwischen 18 und 32% liegt. Über den Einfluß der kosmischen Strahlung soll später berichtet werden. Loh.

8305. **J. C. Dalton, J. Golden, G. R. Martin, E. R. Mercer, S. J. Thomson,** Recent studies on iron meteorites. III. Determination of the uranium and thorium contents. Geochim. Cosmochim. Acta **3** 272—287, mit 5 Fig. — Zur Isolierung des Urans, Thoriums und einiger ihrer radioaktiven Abkömmlinge dienende Methoden werden beschrieben. Der Gehalt dieser Elemente ist von der Größenordnung 10^{-8} gr/gr Meteorit; er ist für 15 Proben nach einzelnen Methoden angegeben. Loh.

8306. **J. C. Dalton, F. A. Paneth, P. Reasbeck, S. J. Thomson, K. I. Mayne,** Cosmic-ray production of helium in meteorites and their ages. Nature **172** 1168—1169, mit 1 Fig. — Verf. haben eine Reihe heliumarmer Meteorite mit einem Häufigkeitsverhältnis $He^3 : He^4 \leq 0.31$ analysiert. Unter Berücksichtigung des Einflusses der kosmischen Strahlung auf die Bildung von Helium in Meteoriten ergab sich für die untersuchten Meteorite ein Höchstalter von 2.5×10^8 Jahren. Loh.

8307. **T. van Dijk,** Het spectraal-analytisch onderzoek van een ijzer meteoriet. V. Meteoor **9** 5—6, mit 1 Fig.

8308. **W. B. Guillou,** On the pre-atmospheric geocentric velocities of meteorites. Meteoritics **1** 58—59. — Ref. Meteoritic Soc.

8309. **C. de Jager,** The structure of the metal meteorites and the problem of their origin. Vgl. Ref. **1199,** daselbst S. 289—298, mit 2 Fig. = Werkgroep Meteoren Med. Nr. **28** = Sterrewacht «Sonnenborgh» Utrecht Overdruk Nr. **2.** — Es werden einige neuere Arbeiten über die Herkunft und Entstehung der Meteorite kritisch diskutiert. Es ergibt sich unter anderem, daß die Meteorite nicht in planetenähnlichen Gebilden, sondern in Himmelskörpern nur von der Größenordnung $\sim$ 1 km entstanden sind. Hunger

8310. **M. L. Jaschtschenko, E. K. Gerling,** Alter und Herkunft der Tektite. Publ. Labor. Geol. Präkambrium Nr. **2** S. 232—246 (russisch). — Ref. in RJ Astr. Geod. UdSSR Nr. **5,** 1954; Ref. Nr. 3579 (russisch).

8311. **M. A. R. Khan,** The probably meteoritic origin of certain specimens of nickel coins struck in Bactria before 200 B. C. Meteoritics 1 60. — Ref. Meteoritic Soc.

8312. **E. L. Krinow,** Einige Gesetzmäßigkeiten über die Niederfälle von Steinmeteoriten. DAN **90** 979—982, mit 1 Abb. (russisch). — Die von Meteoritregen betroffene Fläche der Erdoberfläche hat im allgemeinen elliptische Form und ist von der Größenordnung 10 bis 100 km^2. Dabei nimmt die Zahl der Meteorite eines Schwarms mit wachsender Fläche ab. Loh.

8313. **E. L. Krinow,** Die Klassifikation der Oberflächenstruktur der Schmelzkruste von Meteoriten. DAN **92** 503—505, mit 1 Tafel (russisch). — Verf. schlägt vor: Klasse I (Kruste der Vorderseite) mit den Typen 1. dichte, 2. hüglige Oberfläche. Klasse II (Kruste der Seitenflächen) mit den Typen 1. stromlinige, 2. narbige, 3. netzartige, 4. porige Oberfläche. Klasse III (Kruste der Rückseite) mit den Typen 1. warzige, 2. schlackige Oberfläche. Loh.

8314. **F. C. Leonard,** Meteoritical and other great-circle problems. Meteoritics 1 39—48.

8315. **G. R. Martin,** Recent studies on iron meteorites. IV. The origin of meteoritic helium and the age of meteorites. Geochim. Cosmochim. Acta **3** 288—309, mit 3 Fig. — Die auf Grund von Kernprozessen durch die Einwirkung der kosmischen Strahlung auf Eisenmeteorite entstehende Heliummenge wird berechnet. Die Tiefenabhängigkeit wird berücksichtigt, ferner der Massenverlust beim Durchdringen der Erdatmosphäre abgeschätzt. Die meisten der untersuchten Meteorite haben ein Alter von 75×10^6 Jahren, und es scheint, als ob sie ihre Herkunft einem Katastrophenprozeß verdanken. Drei heliumfreie Meteorite können so jedoch nicht erklärt werden. Loh.

8316. **P. M. Millman,** A catalogue of Canadian meteorites. J RAS Canada **47** 29—33. — Liste unfaßt 23 Meteorite.

8317. **P. M. Millman,** The geographical distribution of Canadian meteorites. J RAS Canada **47** 92—94, mit 1 Fig.

8318. **P. M. Millman,** Notes on Canadian meteorites. J RAS Canada **47** 162—165. — Enthält Ergänzungen zum Meteoritenkatalog, siehe vorstehendes Referat.

8319. **G. Mueller,** The properties and theory of genesis of the carbonaceous complex within the Cold Bokevelt meteorite. Geochim. Cosmochim. Acta **4** 1—10.

8320. **G. J. Neuerburg,** Moissanite: An exclusively meteoritic mineral. Meteoritics 1 59. — Ref. Meteoritic Soc.

8321. **F. A. Paneth,** Recent studies on iron meteorites. I. Introduction. Geochim. Cosmochim. Acta **3** 257—260, mit 1 Fig. — Allgemeiner Bericht über die Untersuchung des Helium-, Uran- und Thoriumgehalts von Stein- und Eisenmeteoriten und über den Wandel der Untersuchungsmethoden seit 1926. In einer Tabelle sind die in einem Gramm Eisenmeteorit enthaltenen Elemente Uran, Radium, Radon und Thorium zusammengestellt. Loh.

8322. **F. A. Paneth, P. Reasbeck, K. I. Mayne,** Production by cosmic rays of helium-3 in meteorites. Nature **172** 200—201, mit 2 Fig. — Durch eine Untersuchung des Heliumgehalts und des Verhältnisses He^3:He^4 im Carbo-Meteorit wird bestätigt, daß ein merklicher Teil des He seine Entstehung der Einwirkung der kosmischen Strahlung verdankt. Heliumgehalt und He^3:He^4-Verhältnis nehmen mit der Tiefe allgemein ab; das Verhältnis durchläuft dabei aber einige Zentimeter unter der Oberfläche noch ein Maximum. Loh.

8323. **C. Patterson, H. Brown, G. Tilton, M. Inghram,** Concentration of uranium and lead and the isotopic composition of lead in meteoritic material. Phys. Rev. (2) **92** 1234—1235. — In einigen Meteoriten wurde der Uran- und Bleigehalt untersucht, wobei sich für Uran die Häufigkeit 1 Atom/10^8 Si-Atome und für Blei 80 Atome/10^8 Si-Atome ergaben. Die Häufigkeiten der Bleiisotope 204, 206, 207 und 208 stehen im Verhältnis 1:9.4:10.3:29.2. Loh.

8324. **W. H. Pinson, L. H. Ahrens, M. L. Franck,** The abundances of Li, Sc, Sr, Ba and Zr in chondrites and some ultramafic rocks. Geochim. Cosmochim. Acta **4** 251—260, mit 1 Fig.

8325. **J. Pokrzywnicki,** Meteorytyka w Związku Radzieckim i w Polsce. Urania Kraków **24** 244—249.

8326. **A. N. Sawarizkij, L. G. Kwascha,** Die Meteorite der UdSSR. Die Kollektion der Akademie der Wissenschaften der UdSSR. Vgl. AJB **52** Ref. 8314. — Besprechung in Deutsche Literaturzeitung **74** 562—564 (W. Petri).

8327. **S. F. Singer,** Meteorites as cosmic-ray meters. Phys. Rev. (2) **90** 168. — Es wird berechnet, daß in Eisenmeteoriten der durch kosmische Strahlung produzierte Heliumgehalt etwa zu 30% das He^3-Isotop enthalten muß. Daraus ergibt sich eine Methode, die Beiträge der kosmischen Strahlung und der Radioaktivität (Uran und Thorium) zum gesamten Heliumgehalt des Meteorits zu trennen. Die Anwesenheit von He^3 in Eisenmeteoriten wurde experimentell bestätigt. Hierdurch hat man die Möglichkeit, frühere Altersbestimmungen zu verbessern. Der He^3-Anteil ist ein Maß für die Menge der kosmischen Strahlung, die auf das Meteor während seiner Lebenszeit eingefallen ist. Priester

8328. **S. F. Singer,** Meteorites and cosmic rays. Vgl. Ref. **1199**, daselbst S. 299—309. — Die Bildung von He erfolgt in Meteoriten 1. durch radioaktive Prozesse (nur He^4) und 2. durch den Beschuß von kosmischer Ultrastrahlung (He^3 und He^4). Subtrahiert man den Ultrastrahlungsanteil von der gesamten gemessenen He-Menge eines Meteoriten (He^3 läßt sich messen, $He^4_{ult.}$ in Einheiten von He^3 berechnen), so erhält man erheblich niedrigere Werte für die Lebensalter der Meteorite (z. B. 75×10^6a an Stelle von 200×10^6a für Bethany Harvard). Da der Meteorit während des Zeitraums zwischen Verfestigung und dem Eintritt in die Erdatmosphäre auf seinem Fluge die kosmische Ultrastrahlung zeitlich und räumlich integriert, ergibt sich die Möglichkeit, empirisch die He-Produktion pro sec durch kosmische Strahlung zu ermitteln und, durch Vergleich mit den berechneten Werten, auf die Intensität der kosmischen Strahlung zu schließen. In großen Meteoriten ist die Produktion von He ein Oberflächeneffekt. Es läßt sich daher durch Messung des He-Gehalts abschätzen, wieviel Masse ein Meteorit beim Eindringen in die Erdatmosphäre verloren hat. Es zeigte sich bei fünf untersuchten Meteoriten, daß dieser Massenverlust klein ist. Hunger

8329. **N. N. Sytinskaja,** Untersuchung der Albedo und der Farbe von Steinmeteoriten. Astr Circ UdSSR Nr. 136 S. 22 (russisch). — Verf. bestimmt mit einem Polarisationsastrophotometer Reflexionsvermögen und Farbe von 83 Steinmeteoriten aus der Sammlung des Meteoritkomitees der Akad. Wiss. UdSSR. Die Ergebnisse werden in einer Tabelle zusammengestellt. Loh.

8330. **W. J. Thomsen,** The annual deposit of meteoritic dust. Sky and Telescope **12** 147—148, mit 2 Fig. — Ref. in Naturwiss. Rundschau **6** 286.

* * **P. N. Tschirwinskij,** Über die quantitativen Gesetzmäßigkeiten der chemischen Zusammensetzung der Himmelskörper. Vgl. Ref. **5138**.

8331. **H. C. Urey, H. Craig,** The composition of the stone meteorites and the origin of the meteorites. Geochim. Cosmochim. Acta 4 36—82, mit 6 Fig. — Zahlreiche chemische, in der Literatur zugängliche Analysen von Steinmeteoriten wurden durchstudiert. Dabei stellte sich heraus, daß die Chondrite hinsichtlich Eisengehalt und Oxydationszustand des Eisens zwei Gruppen vermutlich verschiedener Herkunft bilden. Die Goldschmidtschen Häufigkeiten für Eisen und Nickel sind zu groß. Loh.

8332. **J. Weenen,** Nederlandse meteorieten. Meteoor 9 46—47.

* * A Bibliography on Meteorites. Vgl. Ref. 713.

8333. Bombardement de la Terre par des micrométéorites. BSAF 67 36.

8334. Chlorine in meteorites. Sky and Telescope 12 206. — Ref. der Untersuchung von E. Salpeter, vgl. AJB 52 Ref. 8313.

8335. 6000 ton meteorytów na dobę. Urania Kraków 24 57.

8336. Mikrometeoryty w atmosferze i w przestrzeni. Urania Kraków 24 208—209.

8337. Meteoryty na wystawie «Budowa Wszechświata». Urania Kraków 24 363—365.

Einzelne Meteorite

8338. **S. S. Fonton, T. L. Stisson,** Neuer Meteorit. Bote Akad. Wiss. UdSSR Nr. 4 S. 84 (russisch). — Kurzer Bericht über den am 4. Dez. 1952 im Rostower Gebiet niedergestürzten Meteoriten.

8339. **J. R. Horan,** The Murray, Calloway County, Kentucky, aerolite (CN = +0881.366). Meteoritics 1 114—121, mit 4 Abb.

8340. **C. de Jager, T. van Dijk,** Enkele bijzonderheden van de meteorietenval van Sichot-Alin. Hemel en Dampkring 51 56—58, mit 6 Fig. = Werkgroep Meteoren Med. Nr. 29.

8341. **E. Jeremine, A. Sandrea,** Sur la météorite de Guidder. Geochim. Cosmochim. Acta 4 83—88, mit 4 Tafeln. — Mineralogische und chemische Analyse zweier Meteorite des Schauers vom 7. Januar 1949 bei Guidder in Kamerun.

8342. **L. LaPaz,** Preliminary note on the Belly River, Alberta, Canada, aerolite (CN = +1130,495). Meteoritics 1 106—108, mit 1 Abb.

8343. **L. LaPaz,** Preliminary note on the Lake Murray, Carter County, Oklahoma, siderite (CN = +0970,341). Meteoritics 1 109—113, mit 2 Abb.

8344. **F. C. Leonard,** Preliminary note on the Neenach, Los Angeles County, California, aerolite (CN = +1185,348). Meteoritics 1 28.

8345. **S. Murayama,** The peculiar structure of the Shirahagi, Japan, siderite (CN = ∓1375,367). Meteoritics 1 99—102, mit 7 Abb.

8346. **A. V. Nielsen,** The path and orbit of the Århus meteorites. Medd. Ole Rømer-Obs. Århus Nr. 23, 32 S. mit 11 Fig.

8347. The east-Siberian meteorite explosion of 12th February, 1947. Irish AJ 2 215—216.

8348. Neuer Meteoritenfund und seine Analyse. Sterne 29 79—80, mit 3 Abb. — Betrifft Meteorit von Kansas-Nebraska, USA.

Meteoritenkrater

8349. **P. W. Healy, L. LaPaz, F. C. Leonard,** On the identification of terrestrial meteorite craters. J RAS Canada **47** 160—161. — Ref. in Irish AJ **3** 29—30.

8350. **D. Hoffleit,** On the origin of Chubb Crater. J RAS Canada **47** 126.

8351. **R. Karpoff,** The meteorite crater of Talemsane in Southern Algeria (CN = ∓0041,333). Meteoritics **1** 31—38, mit 3 Abb.

8352. **E. R. Kreins,** Results of a systematic study of the ratio of meteorite to oxidite at the Barringer Meteorite Crater of Arizona. Meteoritics **1** 29—30.

8353. **L. LaPaz,** The discovery and interpretation of nickel-iron granules associated with meteorite craters. J RAS Canada **47** 191—194.

8354. **N. Rostoker,** The formation of craters by high-speed particles. Meteoritics **1** 11—27, mit 5 Abb.

8355. **S. A. Sacharow, A. M. Bacharew,** Der Meteoritenkrater im östlichen Pamir. DAN Tadshik. Sowjetrepublik Nr. **6** S. 3—8 (russisch).

8356. Kratery kosmiczne. Urania Kraków **24** 55—56.

§ 84

Zodiakallicht, Gegenschein

8401. **I. S. Astapowitsch,** Gegenschein und Sonnenaktivität. Bull. Kommission Sonnenforschung Nr. **8—9** S. 35—39 (russisch).

8402. **A. Behr, H. Siedentopf,** Zur Struktur des Zodiakallichts. Experientia **9** 134—135. — Ref. in Phys. Abstracts (A) **56** 684, Phys. Ber. **33** 1638—1639.

8403. **A. Behr, H. Siedentopf,** Untersuchungen über Zodiakallicht und Gegenschein nach lichtelektrischen Messungen auf dem Jungfraujoch. Mitt. AG **1952** 8. — Ref. AG.

8404. **A. Behr, H. Siedentopf,** Untersuchungen über Zodiakallicht und Gegenschein nach lichtelektrischen Messungen auf dem Jungfraujoch. ZfA **32** 19—50, mit 20 Abb. = Mitt. Astr. Inst. Univ. Tübingen Nr. 7. — Ref. in Sternenwelt **5** 147. — Beschreibung der Meßeinrichtung und der Beobachtungen im Frühjahr 1952. Für den polarisierten Anteil des Zodiakallichts ergab sich eine nahezu symmetrische Lage zur Ekliptik mit elliptischen Isophoten im Achsenverhältnis 1:2. Der unpolarisierte Anteil zeigt eine deutliche Asymmetrie und stärkere Konzentration zur Ekliptik. Unter der Annahme, daß der polarisierte Anteil durch Thomson-Streuung an freien Elektronen entsteht, ergibt sich für die Elektronendichte in Erdnähe ein Wert von 600 cm^{-1}, ein Anstieg auf 1000 cm^{-1} in 0.6 A.E. Abstand von der Sonne. Der unpolarisierte Anteil wird auf Streuung an Staubteilchen in der Ekliptik zurückgeführt. Die Dichte der Staubpartikel ist außerhalb der Venusbahn konstant, innerhalb der Venusbahn fällt sie zur Sonne hin ab. Behr

8405. **N. Donitch,** Sur la position de la lumière zodiacale dans l'espace. BA **17** 97—105, mit 5 Fig. —Auf 24 Aufnahmen des Zodiakallichts vom 23. 3. 1946 bis 9. April 1947 in Tamanrasset (Agfa Rot Rapid-Platten; Kamera mit Saphir-Boyer-Objektiv, f = 5 cm, Diaphragma 1/4) wurde jeweils ein Punkt auf der Achse des Lichts möglichst nahe am Bildzentrum gewählt und die Position dieser Punkte vermessen. Ihre Lage zwischen 65° und 162° heliozentrischer Länge deutet darauf hin, daß die Ebene des Zodiakallichts durch das Sonnenzentrum (oder nahezu durch das Zentrum) geht und eine geringe Neigung gegen die Ekliptik zeigt: Länge des aufsteigenden Knotens ist 110° 12′, die Neigung gegen die Ekliptik ist 2° 9′. Damit weicht die Ebene des Zodiakallichts von der Äquatorebene der Sonne ab. Gli.

8406. **J. M. Jackson, W. A. Rense,** Origin of the zodiacal light. Phys. Rev. (2) **90** 345. — Ref. Am. Phys. Soc.

8407. **M. Plavec,** Zodiakallicht. Vesmír **32** 88—89, mit 1 Abb. (tschechisch).

8408. **W. W. Radsijewskij,** Zur Theorie des Gegenscheins. AJ UdSSR **30** 377—382, mit 1 Abb. (russisch). — Ref. in Postępy Astr. **1** 100. — In Anlehnung an seine unter Ref. 4234 zitierte Arbeit geht Verf. von der Überlegung aus und beweist, daß im Falle der Existenz periodischer Bahnen in der Nähe der reduzierten Librationspunkte erwartet werden kann, daß sich auch um L_2 und von der Erde bis zu L_2 eine Anhäufung von Staub und Gas ausbildet. Dies entspräche einem Kompromiß zwischen den Hypothesen von Gyldén-Moulton und Fessenkow. Die Lebensdauer der Partikel im Gegenschein ist aller Wahrscheinlichkeit nach von der Größenordnung eines Monats. Loh.

8409. **V. H. Regener,** The automatic recording of the zodiacal light. Phys. Rev. (2) **92** 1093. — Ref. Am. Phys. Soc.

* * **W. A. Rense, J. M. Jackson, B. Todd,** Measurements of the inner zodiacal light during the total solar eclipse of February 25, 1952. Vgl. Ref. 6210.

* * **F. E. Roach, H. B. Pettit, D. R. Williams, P. S. Amand,** The height of upper atmosphere emissions by the van Rhijn method. Vgl. Ref. 72122.

8410. **R. J. Runge,** Procedure for the evaluation of automatic zodiacal light recordings. Phys. Rev. (2) **92** 1093. — Ref. Am. Phys. Soc.

8411. **H. Siedentopf, A. Behr, H. Elsässer,** Photoelectric observations of the zodiacal light. Nature **171** 1066—1067, mit 1 Fig. = Mitt. Astr. Inst. Univ. Tübingen Nr. 13. — Ref. in Phys. Abstracts (A) **56** 752.

8412. **H. Siedentopf,** Diffuse Materie im Sonnensystem. Phys. Verhandlungen **4** 254 (Ref.).

8413. Soviet studies of the Gegenschein. JBAA **63** 229.

8414. Recent Gegenschein studies in the Soviet Union. Nature **171** 555. — Ref. in Sky and Telescope **12** 237.

8415. Zodiacal light observed by sea captain. Sky and Telescope **12** 156.

Zehnter Teil

Sterne

§ 90

Allgemeines

9001. C. Bertaud, Le principe de Doppler-Fizeau en astronomie stellaire. BSAF **67** 227—231, 325—329, 415—419, mit 9 Fig. — Die für Studierende geschriebene Arbeit gibt einen Überblick über Messung und Auswertung von Radialgeschwindigkeiten in der Astronomie. Die einzelnen Abschnitte behandeln: Sonnenbewegung, galaktische Rotation, Schnelläufer, spektroskopische Doppelsterne, Radialgeschwindigkeiten der Cepheiden, der β Canis Majoris-Sterne, Rotation der Sonne, Rotation von Bedeckungsveränderlichen und von Einzelsternen, expandierende Hüllen. Gli.

9002. G. Horn d'Arturo, Objet aspect stellaire. UAI Circ 1400. — Objekt wurde einmal beobachtet; Natur unbekannt.

* * **J. Mergentaler,** Słońce i gwiazdy. Vgl. Ref. **6010**.

§ 91

Positionen, Kataloge, Fundamentalsystem, Karten

9101. L. D. Agafonowa, A. I. Nefedjewa, Absolute Deklinationen von 536 Sternen des Fundamentalkatalogs Schwacher Sterne. Abh. Lenin-Staatsuniv. Kasan **113** Nr. 6, 116 S. = Mitt. Astr. Engelhardt-Obs. Nr. **28** (russisch).

9102. I. Barney, Revised catalogue of the positions and proper motions of 10358 stars. Contained in the Astronomische Gesellschaft Zone between declinations +25° and +30°, on the system of the FK3, and reduced without applying proper motions to the equinox 1950.0. Trans. Astr. Obs. Yale Univ. **24**, 10 + 209 S.

* * **A. N. Deutsch,** Über den dunklen Begleiter des Sterns 61 Cygni. Vgl. Ref. **10001**.

9103. J. Dick, Die Geschichte des Fixsternhimmels. Sterne **29** 129—138, mit 3 Abb. — Bericht über die Entstehung der «GFH» und den Fortgang der Arbeiten bis zur Gegenwart.

9104. J. O. Fleckenstein, Erdkreisel der Geophysik und Fundamentalsystem der Astronomie. Experientia **9** 437—457, mit 23 Abb. — Die Rotation des Erdkreisels erfolgt nicht ungestört: Die Erdachse ist Verlagerungen unterworfen, und die Rotationsgeschwindigkeit um diese Achse ist veränderlich. Die theoretischen Grundlagen (Kreisel- und Rotationstheorie der Erde), die Beobachtungen dieser Erscheinungen (Breiten- und Zeitdienst) sowie ihre geophysikalischen Konsequenzen werden erörtert. Besonders wird auf den Einfluß dieser Effekte auf das Fundamentalsystem hingewiesen und die Notwendigkeit aufgezeigt, dessen Genauigkeit durch «elektronische» Hilfsmittel (Quarzuhren) zu steigern. T. L.

9105. **S. Fujii,** Preliminary determination of right ascension of P.Z.T. stars for Tokyo. TAB (2) Nr. **61** S. 521—529.

9106. **A. A. Gorynja,** Katalog der Deklinationen von 585 schwachen Sternen für das Äquinoktium 1950.0, und die Untersuchung des Meridiankreises des Astronomischen Observatoriums Kiew. Kiew, Staatsuniv., 1953. 8 S. (russisch). — Dissertationsreferat.

9107. **A. Guljajew, W. Korshew,** Untersuchung zweier Zonenkataloge des Astronomischen Observatoriums der Yale-Universität. AJ UdSSR **30** 340—347, mit 5 Abb. (russisch). — Ref. in Astr. News Letter Nr. 73 S. 13, Postępy Astr. **2** 107. — Die beiden Yale-Kataloge Vol. **9** (1933) und **10** (1934) wurden mit dem AGK_2A-Katalog (1943) verglichen. Es zeigte sich, daß die beiden Yale-Kataloge trotz guter innerer Genauigkeit starke systematische Fehler auf Grund der unzureichenden Genauigkeit der Örter der nur an einem Instrument beobachteten Anhaltssterne besitzen. Loh.

9108. **W. W. Konin,** Katalog der Deklinationen von 319 Sternen für das Äquinoktium 1950.0 aus Beobachtungen am Odessaer Meridiankreis in den Jahren 1947—1950. Mitt. Astr. Obs. Odessa **3** 61—121, mit 9 Abb. (russisch).

9109. **A. Kopff,** Mitteilung über die Verbesserung des FK3 und die Bildung eines FK3 Supp. AN **281** 139—140.

9110. **A. Kopff,** Note on the revision of the FK3 and the formation of an FK3 supplement. AJ **58** 207—208. — Übersetzung des deutschen Berichtes, vgl. AJB **52** Ref. **9109** und vorstehendes Ref.

9111. **A. Kopff,** Supplement-Katalog des FK3 (FK3 Supp). Astronomisch-Geodätisches Jahrbuch für **1954** S. [1]—[44]. — Im ersten Teil des Verzeichnisses sind die Sterne vom Nordpol bis −10° mit genauen Örtern und EB gegeben. Im zweiten Teil sind für den Südhimmel genäherte Örter zusammengestellt.

9112. **G. S. Kossin,** Neubearbeitung der am Repsoldschen Vertikalkreis 1901—1902 und 1911—1912 durchgeführten Beobachtungen. Bote Akad. Wiss. UdSSR Nr. **4** S. 109—110 (russisch).

9113. **H. Nowacki,** Vergleich des FK3 mit dem Normalkatalog N30 von H. R. Morgan. Vorläufige Mitteilung. NAZ **7** 21—24.

* * **K. Pilowski,** Bemerkungen zu den Grundlagen der sphärischen Astronomie. Vgl. Ref. **3006.**

* * **J. G. Porter, D. H. Sadler,** The accurate calculation of apparent places of stars. Vgl. Ref. **3108.**

9114. **P. Rybka,** Katalog słabych gwiazd. Urania Kraków **24** 136—142.

* * **B. Thüring,** Analyse der Beziehungen zwischen Inertialsystem, Gravitation, Präzession und Eigenbewegungen der Fixsterne. Vgl. Ref. **4007.**

9115. **M. Torao,** Star list for the photographic zenith tube at the Tokyo Astronomical Observatory. TAB (2) Nr. **55** S. 463—471.

9116. **L. F. Tschernijew,** Katalog der Deklinationen und Eigenbewegungen von 125 polnahen Sternen für das Äquinoktium 1950.0. Bote Akad. Wiss. UdSSR Nr. **4** S. 110 (russisch). Mitt. Astr. Obs. Odessa **3** 123—162, mit 5 Abb. (russisch).

9117. **K. Tuzi,** The general aspect of the observation made with the Repsold transit instrument in Tokyo Astronomical Observatory.

Ann. Tokyo Astr. Obs. (2) **3** 211—217, mit 3 Fig. — Bericht über die mit dem Passageninstrument von 135 mm Öffnung und 212 cm Brennweite in den Jahren 1935 bis 1954 erhaltenen Beobachtungen von Mond, Planeten, Zodiakalsternen und von Sternen des AGK zwischen −5° und +5° Deklination. Nachweis der zahlreichen Einzelveröffentlichungen der Ergebnisse in TAB. Zusammenstellung der Instrumentalfehler aus den Jahren 1950 bis 1952. Larink

9118. K. Tuzi, Meridian observation of right ascension of equatorial stars made with Repsold transit instrument. Preliminary result Nr. 2, Nr. 3, Nr. 4. TAB (2) Nr. **53** S. 417—452, Nr. **60** S. 489—519, Nr. **62** S. 531—565.

* * **S. Vasilevskis,** The Lick proper-motion program and its relationship to some meridian-circle catalogues. Vgl. Ref. **9216.**

9119. Catalogue of Horrebow star-pairs for the determination of northern latitudes. Nature **171** 505—506. — Ref. der in AJB **52** Ref. **9106** zitierten Arbeit von Kalaja.

9120. Astrographic Catalogue 1900.0. Potsdam-Oxford Section Dec. +31° to + 34°. From photographs taken by F. A. Bellamy and H. G. Scott Barrett and measured at the University Observatory Oxford by the methods initiated by H. H. Turner. Vol. **1**: Measures of rectangular co-ordinates and diameters of 79035 stars images on 160 plates with centres in Dec. +32°. Published under the auspices of the International Astronomical Union. Paris, 1953. 18 + 238 S. Appendix: Standard co-ordinates of the stars in the Catalogue of the Astronomische Gesellschaft (Leiden). 2 + 36 S.

9121. Astrographic Catalogue 1900.0. Sydney Section. Dec. −51° to −65°. From photographs taken at the Sydney Observatory New South Wales, Australia. Vol. **34**. R. A. 6^h to 12^h. Dec. −59° to −61°. Sydney, 1953. 3 + 100 S.

9122. First Cape Catalogue of Stars for the equinox 1950.0. Catalogue of 5070 fundamental and Boss stars. Compiled from observations made with the reversible transit circle at The Royal Observatory, Cape of Good Hope in the years 1936—1944 under the direction of J. Jackson. London, Her Majesty's Stationery Office, 1953. 26 + 102 S.

9123. Geschichte des Fixsternhimmels, enthaltend die Sternörter der Kataloge des 18. und 19. Jahrhunderts. Abteilung II. Der südliche Sternhimmel. Band **10**, Zweite Lieferung, $9^h 25^m$—$9^h 55^m$ Rektaszension. Herausgegeben von J. Haas. Karlsruhe, Kommissionsverlag G. Braun, 1953. Preis DM 30.
Desgl. Band **15.** 14^h Rektaszension.
Desgl. Band **16.** 15^h Rektaszension.

9124. Zweiter Katalog der Astronomischen Gesellschaft für das Äquinoktium 1950. Örter der Sterne bis zur neunten Größe zwischen dem Nordpol und 2° südlicher Deklination, abgeleitet aus photographischen Himmelsaufnahmen der Sternwarten Bergedorf und Bonn unter der Leitung von R. Schorr † und A. Kohlschütter. **6.** Band: Deklination +40° bis +45° Bergedorf. Herausgegeben von der Hamburger Sternwarte. Hamburg-Bergedorf, Verlag der Sternwarte, 1953. Vorwort + 257 S.
Desgl. **7.** Band: Deklination +35° bis +40° Bergedorf. Vorwort + 266 S.
Desgl. **8.** Band: Deklination +30° bis +35° Bergedorf. Vorwort + 266 S.
Desgl. **9.** Band: Deklination +25° bis +30° Bergedorf. Vorwort + 308 S. — Besprechung in Sky and Telescope **13** 386.

9125. Bonner Durchmusterung. Nördlicher Teil. Deklinations-Zonen −1° bis +89°. Sternverzeichnis. Vgl. AJB **52** Ref. **9125.** — Weitere Besprechungen in Coelum **23** 27, Mitt. AG **1954** 132 (C. Hoffmeister), Naturwiss. Rundschau **7** 81 (H. Werner), Sterne **31** 31—32.

9126. Bonner Durchmusterung. Südlicher Teil. Deklinationszonen −2° bis −22°. Sternverzeichnis. Vgl. AJB **51** Ref. **9121**. — Weitere Besprechung in Mitt. AG **1954** 132 (C. Hoffmeister), Sterne **31** 31—32.

Sternkarten

9127. **K. Camp,** New World Planisphere. New York, Louise Brandwein, Fenimore Rd. and Cornell St., Scarsdale, 1953. — Preis $10.00. — Besprechung in Sky and Telescope **14** 338, 341.

9128. **J. Klepešta,** Otáčivá mapa hvězdné oblohy. Prag, Verlag Orbis. Preis Kčs. 10.60. — Drehbare Sternkarte, Durchmesser 21 cm.

9129. **A. A. Michajlow,** Über die allergünstigsten Projektionen für Sternkarten. Mitt. Astr. Hauptobs. Pulkowo **19** Nr. 3 (150) S. 1—11 (russisch). — Die Projektionsarten für den 1952 in der UdSSR herausgegebenen neuen Sternatlas werden entwickelt. Die Parameter der verwendeten Projektionen sind von Grad zu Grad aus beigegebenen Tabellen zu entnehmen.
Schrick

9130. **M. A. Orr,** An Easy Guide to Southern Stars. Edinburgh, Gall & Inglis. Preis 2/6d. — Besprechung in Vega Nr. **6** S. 24.

9131. **J. Texerau, R. Sagot, B. Koltirine,** Revue des constellations. BSAF **67** 84, 127—129, 167—168, 211—212, 255—256, 311—313, 356, 399—400, 444, 488—489, mit 16 Fig. und 6 Karten.

9132. Bonner Durchmusterung. Südlicher Teil. Deklinationszonen −2° bis −22°. Sternatlas. Herausgegeben von der Universitätssternwarte Bonn. Bonn, Ferd. Dümmlers Verlag, 1951. 2. berichtigte Auflage. 24 S. Preis DM 75. — Besprechung in Mitt. AG **1954** 132 (C. Hoffmeister), Sterne **31** 31—32, Z. Naturforschung **8a** 220 (F. Schmeidler).

9133. The Constellations and How to Find Them: Southern and Northern Hemisphere. Edinburgh, Gall & Inglis. Preis Vol. N. 3/6, Vol. S. 7/6. — Besprechung in Vega Nr. **6** S. 24.

9134. An Easy Guide to the Constellations, with a Star Atlas. Edinburgh, Gall & Inglis. Preis 2/6d. — Besprechung in Vega Nr. **6** S. 24.

9135. A New Popular Star Atlas. Epoch 1950.0. London, Gall & Inglis. 16 Karten. Preis 6/—. — Besprechung in Vega Nr. **6** S. 24.

9136. Webb's Atlas of the stars. JBAA **63** 158—159.

9137. A new celestial globe. JBAA **63** 287.

9138. A Swiss planisphere. Sky and Telescope **12** 196.

§ 92
Eigenbewegung, Radialgeschwindigkeit

9201. **S. Arend,** Etoiles à mouvement propre notable. UAI Circ 1392. — Anzeige von zwei Sternen 11. und 13. Größe mit jährlicher EB von 0ʺ.88 bzw. 0ʺ.99.

9202. **S. Arend,** Etoile à grand mouvement propre. UAI Circ 1411. — Anzeige eines Sterns 11.6 Größe mit jährlicher EB = 0ʺ.52.

9203. **N. M. Artjuchina,** Bestimmung und Untersuchung der Eigenbewegungen von Sternen im Gebiet des nördlichen Pols der Galaxis. AJ UdSSR **30** 625—630, mit 1 Abb. (russisch). — Die Bearbeitung von

1073 Sternen im Gebiet des offenen Sternhaufens Coma Berenices, größtenteils nach Astrographenaufnahmen aus Moskau, Pulkowo und Taschkent, ergab 37 weite Doppel- und mehrfache Systeme mit Eigenbewegungen >0″.040/a, 50 Sterne mit EB >0″.1/a und einen Mittelwert der Achsenverhältnisse der Geschwindigkeitsellipsen in der galaktischen Ebene von 0.79 ± 0.03. Die relative Häufigkeit von Unterzwergen und Sternen des zweiten Teils der Hauptreihe wurde in Anlehnung an Arbeiten von Parenago an Hand der Geschwindigkeitsstreuungen abgeschätzt. Die Zahl der absolut schwachen Sterne im Coma-Sternhaufen dürfte klein sein. Verf. vermutet auf Grund eines Vergleichs der Häufigkeitsverteilungen in Plejaden, Hyaden, Praesepe und Coma, daß das auch für andere offene Sternhaufen gilt. Petri

* * **E. J. Bugoslawskaja, K. S. Mansurowa,** Die Eigenbewegung des planetarischen Nebels NGC 6826 (GC 4514). Vgl. Ref. 12205.

9204. **J. Delhaye, A. Blaauw,** New proper motions in the ζ Persei association. BAN **12** 72—75, mit 1 Fig. — Ausgehend von neuen Pariser Meridiankreisbeobachtungen werden neue, genauere Eigenbewegungen der 17 Sterne der expandierenden ζ Persei-O-Assoziation abgeleitet; Expansions-«Alter» jetzt: 1.5 Millionen Jahre. Die abweichende Eigenbewegung von *o* Persei wird versuchsweise gedeutet als hervorgerufen durch eine unsichtbare Masse, vielleicht eine Wolke in dem Stadium vor der Entstehung eines Sterns aus ihr. Wenn die Vermutung zutrifft, müßte sich eine Veränderlichkeit der Eigenbewegung von *o* Persei in einigen Jahrzehnten zeigen. Dv.

* * **A. N. Deutsch, W. W. Lawdowskij, N. W. Fatschichin, N. W. Gamalej,** Ausgewählte Felder mit außergalaktischen Nebeln zum Anschluß von Eigenbewegungen der Sterne. Vgl. Ref. 12406.

9205. **W. Dieckvoss, O. Heckmann, H. Kox,** Bericht über Eigenbewegungsarbeiten im Perseus. Phys. Verhandlungen **4** 257 (Ref.).

9206. **N. W. Fatschichin,** Über die Genauigkeit der Bestimmung der absoluten Eigenbewegungen von Sternen mittels außergalaktischer Nebel. Astr Circ UdSSR Nr. 134 S. 7—8 (russisch). — Die Ausmessung von Versuchsaufnahmen am Normalastrographen von Pulkowo zeigte, daß die Genauigkeit der Nebelörter halb so groß ist wie die der Sternörter. Dasselbe gilt auch für die Plattenkonstanten. Bei der Überführung der Eigenbewegungen in absolute ist die Genauigkeit des Anschlusses an außergalaktische Nebel dieselbe wie beim Anschluß an Sterne. Loh.

9207. **E. P. Fjodorow,** Über die Bestimmung von Eigenbewegungen aus Daten von Breitenbeobachtungen. Astr Circ UdSSR Nr. 143 S. 16—17 (russisch). — Ein Vergleich der Eigenbewegungen von 60 Sternpaaren aus den Epochen 1912.0—1922.7 (μ_1) und 1922.7—1935.0 (μ_2) ergab $\mu_1 - \mu_2 = +0''.0027 +0''.0075 \cos(\alpha + 144°)$. Petri

9208. **R. G. Hall,** The proper motion of BD +28°4211. Publ ASP **65** 154—155. — BD +28° 4211 ist ein O-Stern mit ungewöhnlichem Spektrum und dem größten bisher bekannten negativen Farbenindex. Die Eigenbewegung wurde aus dem Vergleich von neuen Yerkes-Platten, bei deren Aufnahme der Stern durch einen rotierenden Sektor abgeschwächt wurde, mit Örtern des Astrographischen Katalogs Oxford bestimmt. Die erhaltene Eigenbewegung macht es wahrscheinlich, daß der Stern mindestens 5 Größenklassen unter der Hauptreihe liegt. O. G.

9209. **D. K. Karimowa,** Eigenbewegungen von 67 Sternen. Mitt. Astr. Sternberg-Inst. Nr. **95** S. 28—34, mit 1 Tafel (russisch). — Enthält aus zahlreichen Katalogen abgeleitete Eigenbewegungen von Sternen, von denen mikrometrische Anschlüsse an außergalaktische Nebel existieren. Loh.

9210. **A. König,** Eigenbewegungen von 66 Sternen in der Umgebung von α Persei. AN **281** 107—112, mit 1 Abb. = Mitt. Landessternw. Heidelberg Nr. **92**. — Ziel der Arbeit war zu untersuchen, ob das bis 1901 zurückreichende Plattenmaterial des Heidelberger Bruce-Teleskops zur Ableitung von Eigenbewegungen auswertbar ist, bzw. welche Genauigkeit erreicht werden kann. Aus zwei Plattenpaaren mit 47ª1 Epochendifferenz wurden die Eigenbewegungen von 66 Sternen bestimmt, welche beim Durchblinken stärkere EB erkennen ließen. Der mittlere Fehler einer EB beträgt im Mittel aus beiden Plattenpaaren ±0ʺ006 innerhalb eines Bereichs von 2°4 Abstand von der Plattenmitte; in dem äußeren Teil des etwa 6° × 6° umfassenden Feldes ist der mittlere Fehler ±0ʺ008. Systematische, von der Helligkeit oder der Lage auf der Platte abhängige Effekte waren nicht nachzuweisen. Die erhaltenen Eigenbewegungen bevorzugen in PW den Bereich von 105°—165°, in welchem sich $^2/_3$ aller Werte zusammendrängen. Verschiedene Überlegungen zeigen, daß das Gros dieser «Hauptgruppe» wahrscheinlich aus schnell bewegten Zwergen besteht. Verf.

9211. **V. Nechvile,** Mouvements propres des étoiles dans la région de la nébuleuse M 57 de la Lyre. JO **36** 111—118, mit 2 Fig. — Aus zwei Aufnahmen von der Gegend des Ringnebels in der Leier aus den Jahren 1889 und 1922 werden Eigenbewegungen schwacher Sterne bis zur 15. Größe bestimmt. Für 32 Sterne mit größeren Eigenbewegungen werden die Daten ausführlich in einem Katalog gegeben. Die Verteilung der Eigenbewegungen von 102 Sternen, bei denen die Beträge merklicher sind, wird diskutiert. Für den Ringnebel selber und für seinen Zentralstern ließ sich keine Eigenbewegung feststellen, die oberhalb der Meßfehlergrenze gelegen ist. H. M.

9212. **G. Pels, A. Blaauw,** Proper motions of faint early-type stars in high galactic latitudes. BAN **12** 7—9. — Für 24 dieser von Humason und Zwicky 1947 mitgeteilten Sterne werden Eigenbewegungen abgeleitet aus alten, neu vermessenen Platten der Photographischen Himmelskarte, teilweise aus den Platten für die Karten, und aus neuen, in Leiden aufgenommenen Platten. Die Tabelle gibt für 33 Sterne relative und absolute Eigenbewegungen, teilweise kombiniert mit von Luyten und Miller 1951 mitgeteilten Werten, die ebenfalls neu auf absolute Eigenbewegungen reduziert wurden. Die wahrscheinlichen Fehler der Eigenbewegungskomponenten liegen zwischen ±0ʺ005 und ±0ʺ011 pro Jahr. Dv.

9213. **J. Ruprecht,** Eigenbewegung und Radialgeschwindigkeit der Sterne. Mat.-přír. rozhledy **32** 178—182, mit 4 Fig. (tschechisch).

* * **P. A. Sawizkij,** Untersuchung der Eigenbewegungen von Sternen im Gebiet des offenen Sternhaufens NGC 6885. Vgl. Ref. 12118.

9214. **M. I. Uranowa,** Über die Eigenbewegungen von Sternen im Gebiet der Nova Lacertae 1910. Mitt. Astr. Sternberg-Inst. Nr. **95** S. 3—7 (russisch). — Bestimmung der Eigenbewegungen von elf Sternen aus zwei Aufnahmen mit dem Moskauer Astrographen in den Jahren 1911 und 1946. Loh.

9215. **V. Vanýsek,** Bewegungen der Sterne. Vesmír **32** 299—301, mit 5 Abb. (tschechisch).

9216. **S. Vasilevskis,** The Lick proper-motion program and its relationship to some meridian-circle catalogues. AJ **58** 126—128, mit 1 Fig. = Lick Obs. Bull. Nr. **526**. — Betrachtungen über die zu erwartende Genauigkeit der Eigenbewegungen und der Präzessionskonstanten aus dem Anschluß von Sternen an Spiralnebel mit scharfem Kern von 16^m: Für eine Epochendifferenz von 25 Jahren kann ±ʺ004/Jahr (wahrsch. F.) für jeweils ein Intervall von einer Größenklasse um 8^m, 12^m und 16^m erreicht werden. Die bisher geplanten Kataloge schwacher Sterne von Larink und Swerew besitzen zu wenig Sterne für einen brauchbaren Anschluß der Sternpositionen an das System der extragalaktischen Nebel. Dv.

9217. R. Weber, Observation de l'étoile de Barnard avec une chambre photographique à court foyer. BSAF **67** 377—378, mit 2 Fig.

9218. Eigenbewegungen einzelner Sterne

Lal. 46650	S. L. Lippincott. Vgl. Ref. **9306**.
LPM 837	
Ross 47	
Ross 128	
Wolf 359	
Wolf 1346	

Radialgeschwindigkeiten

* * **C. S. Beals, J. B. Oke,** On the relation between distance and intensity for interstellar calcium and sodium lines. Vgl. Ref. **12502**.

* * **C. Bertaud,** Le principe de Doppler-Fizeau en astronomie stellaire. Vgl. Ref. **9001**.

9219. H. J. Gramatzki, Über eine unzulässige Vereinfachung der Dopplerformel bei der Berechnung der Radialgeschwindigkeiten. Sterne **29** 104—106. — Bei der theoretischen Behandlung des optischen Dopplereffekts ist nicht die rein geometrische Entfernung, sondern die optische Weglänge einzusetzen.

* * **A. van Hoof, O. Struve,** Differential radial velocities in Beta Canis Majoris. Vgl. Ref. **11181**.

9220. G. R. Miczaika, Radialgeschwindigkeitsmessungen von ζ Tauri 1949—1951. ZfA **31** 298—303, mit 2 Abb. = Mitt. Landessternw. Heidelberg Nr. **91**. — Radialgeschwindigkeitsmessungen von ζ Tauri ergeben für 1949—1951 aus den scharfen H-Linien ein von Zyklus zu Zyklus unterschiedliches Verhalten des Sterns. Geschwindigkeiten aus den Linien des He I, Ca II und Fe II erlauben infolge der Schwierigkeit ihrer Messung nur die Betrachtung mittlerer Kurven für jedes Element, die untereinander sehr ähnlich und in Phase mit der Kurve der H-Linien sind. Die Konstanz der Periode von $132^{d}.91$ erscheint über einen Zeitraum von etwa 50 Jahren gesichert. Verf.

9221. R. M. Petrie, Wave-length standards for radial-velocity determinations from B-type spectra. Publ ASP **65** 193. — Ref. ASP.

9222. R. M. Petrie, Wave-length standards for radial-velocity determinations from B-type spectra. Publ. Dominion Astrophys. Obs. Victoria **9** 297—320, mit 4 Fig. und 1 Tafel. — Für die Radialgeschwindigkeitsbestimmungen mit Einprismen-Spektrographen werden Standard-Wellenlängen gegeben. Diese Werte wurden aus mehr als 500 Spektrogrammen von 35 B-Sternen abgeleitet und durch Geschwindigkeitsmessungen an A-Sternen und Sternen späten Spektraltyps kontrolliert. Übereinstimmung mit Laboratoriumsmessungen wurde gefunden. Zur Bestimmung von Radialgeschwindigkeiten wird eine Liste von 80 Spektrallinien gegeben. Schai.

9223. J. Sahade, Radial velocities of five southern proper-motion stars. ApJ **117** 234—235, mit 2 Fig. = Obs. Córdoba Tirada Aparte Nr. **58**. — Mitteilung von Radialgeschwindigkeitsmessungen von fünf südlichen Sternen (CD −48°1011, −58°5564, −45°13677, −49°13515, −73°1672), die der näheren Sonnenumgebung angehören. Micz.

9224. R. E. Wilson, General Catalogue of Stellar Radial Velocities. Prepared at the Mount Wilson Observatory, Pasadena. Carnegie Institution of Washington Publ. Nr. 601 = Papers Mt. Wilson Obs. 8, 10 + 344 S. — Besprechung in ApJ **119** 689 (A. Blaauw), J RAS Canada **48** 111—113, Obs **74** 87 (R. H. Garstang), Publ ASP **66** 36 (R. F. Sanford), Sky and Telescope **13** 129. — Der Katalog enthält die Radialgeschwindigkeitsmessungen von 15106 Sternen, Sternhaufen und galaktischen Nebeln, die bis Jan. 1951 bekannt waren. Die Radialgeschwindigkeiten sind als «weighted means» in einem einheitlichen System im Katalogteil mit Nennung der Observatorien und der Plattenzahl gegeben, während im Anhang die unkorrigierten Meßwerte der einzelnen Observatorien veröffentlicht sind. Die systematischen Korrektionen zur Reduktion der Messungen auf das Standardsystem sind in der Einleitung zusammengestellt. Der Katalog gibt ferner: Objektbezeichnung (meist GC-Nr.) HD-Nr.; Ort für 1950 (RA auf $0^m.1$; Dekl. auf Bogenminuten); scheinbare Helligkeit, meist visuell, möglichst aus dem HD-Katalog; Größe der Eigenbewegung; Spektraltyp, möglichst mit Angabe der Leuchtkraftklasse (c, g, sg, d, sd). Die Güte der Radialgeschwindigkeitsbestimmungen wird in fünf Qualitätsklassen a—e ausgedrückt. In den Anmerkungen stehen Angaben über Veränderlichkeit, spektroskopische Doppelsterne, bereits vorliegende Bahnbestimmungen solcher Systeme. Gli.

9225. Wave-lengths for radial-velocity determinations of stars. Nature **171** 637. — Ref. der in AJB **52** Ref. **9220** zitierten Arbeit von K. O. Wright.

9226. Radialgeschwindigkeiten einzelner Sterne

α Cen	A. J. Wesselink. Vgl. Ref. **10122.**
27 CMa	O. Struve. Vgl. Ref. **9562.**
XI_1 CMa	D. H. McNamara, Radial-velocity observations of the Beta Canis Majoris stars: XI_1 Canis Majoris and Delta Ceti. Publ ASP **65** 193—194. — Ref. ASP.
δ Cet	D. H. McNamara. Vgl. XI_1 CMa.
102 Her	O. Struve. Vgl. Ref. **9562.**
γ Ori	O. Struve, The radial velocity of Gamma Orionis. Publ ASP **65** 250—251 = Berkeley Repr. Nr. **50.**
61 UMa	H. Haupt, Radial velocity observations of 61 Ursae Majoris. Publ ASP **65** 219—221.
HD 201626	R. J. Northcott, Note on H. D. 201626, a new high-velocity R-type star. J RAS Canada **47** 65—66 = Commun. David Dunlap Obs. Nr. **31.**

§ 93

Parallaxe

9301. P. van de Kamp, Stars nearer than five parsecs. Publ ASP **65** 73—77. — Verf. hat eine Liste der Sterne mit Parallaxen $>0''.195$ zusammengestellt mit Angaben über Ort, Entfernung, Bewegung, Spektrum und Helligkeit dieser Sterne. Kleinere Tabellen enthalten die Häufigkeiten der absoluten Helligkeiten und der Spektren sowie Angaben über die Massen von Doppelstern-Komponenten. Die mittlere Dichte der Materie im betrachteten Raum beträgt etwa 4×10^{-24} gr/cm³. O. G.

* * **J. Mergentaler,** Jasności absolutne gwiazd. Vgl. Ref. **9711.**

9302. K. Rudnicki, O astronomicznych jednostkach długości. Urania Kraków **24** 97—103.

9303. K. A. Strand, Dynamical parallaxes from photographic observations. AJ **58** 229—230. — Ref. AAS.

9304. Wykorzystanie ujemnych paralaks. Urania Kraków **24** 115.

9305. Sąsiedztwo Słońca. Urania Kraków **24** 303—304.

9306. **Parallaxen einzelner Sterne**

α Cen	A. J. Wesselink. Vgl. Ref. **10122**.
ζ Cnc	C. Gasteyer, The quadruple system ζ Cancri. Vgl. Ref. **10131**.
σ CrB	P. van de Kamp, J. E. Damkoehler, Parallax and orbital motion of the multiple system σ Coronae Borealis A, B, c from photographs taken with the 24-inch Sproul refractor. AJ **58** 25—28 = Repr. Sproul Obs. Nr. **81**.
61 Cyg	P. van de Kamp, J. E. Damkoehler, Parallax and orbital motion of 61 Cygni from photographs taken with the 24-inch Sproul refractor. AJ **58** 21—25 = Repr. Sproul Obs. Nr. **81**.
Krüger 60	S. L. Lippincott, Parallax and orbital motion of Krüger 60. AJ **58** 135—141 = Repr. Sproul Obs. Nr. **84**.
Lal. 46650	S. L. Lippincott. Vgl. Ross **47**.
LPM 837	S. L. Lippincott. Vgl. Ross **47**.
Ross 47	S. L. Lippincott, Parallaxes and proper motions of six nearby stars from photographs taken with the 24-inch Sproul refractor. AJ **58** 54—60 = Repr. Sproul Obs. Nr. **82**.
Ross 128	S. L. Lippincott. Vgl. Ross **47**.
Wolf 359	S. L. Lippincott. Vgl. Ross **47**.
Wolf 1346	S. L. Lippincott. Vgl. Ross **47**.

§ 94

Helligkeit, Farbe

9401. **P. R. Annear,** Stellar spectra and colors in an irregular region in Cygnus. ApJ **118** 77—91, mit 5 Karten. — In einem Feld von 4°1 Durchmesser im Cygnus wurden Spektraltypen nach Objektivprisma-Aufnahmen und photographische Helligkeiten von 1019 Sternen bis zur scheinbaren Helligkeit 12^m0 bestimmt. Von 557 Sternen wurden auch Rotindizes gemessen. Die Ergebnisse werden in einem Katalog mitgeteilt. Micz.

9402. **A. N. Argue,** Photoelectric stellar photometry using an E. M. I. photomultiplier. Proc. Roy. Irish Acad. **55** A 117—132, mit 7 Fig. = Contr. Dunsink Obs. Nr. **6**. — Die Photomultiplier R. C. A. 1 P 21 und E. M. I. 5060 werden in Einrichtung und Arbeitsweise miteinander verglichen. Die Leistungsfähigkeit des Typs E. M. I. 5060 wird mit Hilfe von Ergebnissen einer Prüfung mit einer Standardlampe nachgewiesen sowie durch Vergleich gemessener Sternhelligkeiten und Sternfarben mit Werten und Genauigkeiten anderer Autoren. Lübeck

9403. **K. Bahner, G. Miczaika,** Lichtelektrische Arbeiten an der Heidelberger Sternwarte. Mitt. AG **1952** 20. — Ref. AG.

9404. **W. A. Baum,** Photoelectric photometry of faint objects. Publ ASP **65** 208—209. — Ref. ASP. — Ref. in PAT **35** 166.

* * **E. S. Brodskaja,** Spektren und Helligkeiten von 400 O- bis B 5-Sternen im Milchstraßenfeld mit dem Zentrum bei $\alpha = 23^h27^m$, $\delta = +61°$. — Vgl. Ref. **9508**.

9405. **C. Cailliatte,** Etude photométrique de quelques séquences stellaires par la méthode de Fabry. JO **36** 125—130. — Für 54 Sterne, die sich auf 13 ausgesuchte Felder verteilen und für die in einer früheren Arbeit (vgl. AJB **51** Ref. **9404**) provisorische Helligkeiten nach Messungen mit der Fabry-Methode abgeleitet worden waren, werden nun verbesserte Helligkeiten mitgeteilt, die sich nach Anbringen einer systematischen Korrektion auf Grund von neuen Messungen und unter Berücksichtigung des Einflusses der Himmelshelligkeit ergeben. Für einen Teil der Sterne werden auch genäherte Farbenindizes aufgeführt. Ein ausführlicher Vergleich mit andern Helligkeitsangaben ist hinzugefügt. H. M.

9406. **A. N. Cox,** The transfer of the north polar standard sto the southern hemisphere. ApJ **117** 83—91, mit 1 Fig. = Publ. Goethe Link Obs. Indiana Univ. Nr. **10.** — Verf. hat Helligkeiten des sogenannten (S′)-Systems des Südhimmels, das durch Helligkeiten von Sternen der Harvard E-Regionen bei −45° Dekl. gegeben ist, über die Harvard C-Regionen bei +15° an die Polsequenz angeschlossen. Die lichtelektrischen Vergleiche zwischen E- und C-Feldern wurden in Kapstadt, die Vergleiche der C-Felder mit der Polsequenz in Indiana ausgeführt. Helligkeiten der Felder C 2, C 3, C 4, C 12, E 2, E 3, E 4, E 5 und der Polsequenz werden mitgeteilt. Lineare Transformationsformeln zur Reduktion der Helligkeiten und Farben des südlichen (S′)-Systems auf das (P, V)-System der Polsequenz (ApJ **112** 469, AJB **50** Ref. **9414**) werden abgeleitet. Micz.

9407. **H. L. Johnson, W. W. Morgan,** Fundamental stellar photometry for standards of spectral type on the revised system of the Yerkes Spectral Atlas. ApJ **117** 313—352, mit 14 Fig. = Contr. McDonald Obs. Nr. **216.** — Ref. in Sky and Telescope **12** 319. — Es wird ein System von Helligkeiten und Farbenindizes vorgeschlagen, das zur ursprünglichen Festlegung des Nullpunktes der Farbenindizes durch die Farbe eines A0-Hauptreihensterns zurückkehrt. Zur Definition enthält es zugleich verfärbte und unverfärbte Sterne aus allen Teilen des Hertzsprung-Russell-Diagramms, einschließlich weißer Zwerge. Für diese Sterne werden Helligkeiten und Farben aus Messungen in drei Wellenlängenbereichen mitgeteilt. Eine Standardhauptreihe, definiert durch Sterne großer Parallaxe sowie aus den galaktischen Haufen NGC 2362, Plejaden, Praesepe und dem Ursa Major-Strom wird aufgestellt. Zur photometrischen Bestimmung von Spektraltypen und Verfärbung von B-Sternen wird eine Methode beschrieben. Ein Katalog von 290 Standardsternen außerhalb der Haufen ist der Arbeit beigefügt. Micz.

9408. **P. van de Kamp,** The twenty brightest stars. Publ ASP **65** 30—31.

* * **I. M. Kopylow,** Spektren und Helligkeiten von 731 schwachen O- bis B 5-Sternen im Milchstraßenfeld mit dem Zentrum bei $\alpha = 1^h25^m$, $\delta = +61° 50'$ (1950). Vgl. Ref. **9533.**

9409. **G. E. Kron, H. S. White, S. C. B. Gascoigne,** Red and infrared magnitudes for 138 stars observed as photometric standards. ApJ **118** 502—510, mit 2 Fig. = Contr. Lick Obs. (2) Nr. **49.** — Ref. in Sterne **30** 240—241. — Die Mitteilung stellt eine Erweiterung der in ApJ **113** 324, 1951 (vgl. AJB **51** Ref. **9418**) gegebenen dar. Sie enthält photoelektrisch gemessene Rot- und Infrarothelligkeiten von 138 Sternen; ein Teil davon gehört den Harvard-Standard-Regionen C und D an. Andere sind entlang eines Äquatorstreifens zwischen etwa +20° und −20° Dekl. verteilt. Die in diesem Streifen enthaltenen Sterne wurden so ausgewählt, daß sie einen möglichst weiten Farbbereich überdecken. Die Farbenindizes des (B, V)-Systems von Johnson und Morgan werden mit den (R, I)-Farbenindizes der Verf. verglichen; die Beziehung zwischen beiden ist nicht linear und zeigt Leuchtkrafteffekte. Der G-Stern $\varkappa$ Ceti erwies sich als veränderlich mit etwa $0^{m}.1$ Amplitude. Micz.

9410. **G. E. Kron, S. C. B. Gascoigne,** Red and infrared magnitudes for 27 southern hemisphere stars of early spectral type. ApJ **118** 511—512 = Contr. Lick. Obs. (2) Nr. **50.** — Tabelle enthält die Ergebnisse lichtelektrischer Messungen, dabei fünf Sterne späteren Spektraltyps, darunter drei vom Nordhimmel. Dv.

9411. **W. J. Luyten,** A further search for faint blue stars. AJ 58 75—78. — Von 70 nahe dem galaktischen Nordpol aufgefundenen Sternen, die «viel blauer als erwartet» erscheinen, werden Ort, m_{pg} (11.0 bis 18.8) und ein Farbenindex mitgeteilt. Die extrem-blauen Sterne werden der Weiterbeobachtung empfohlen. Für 8 von diesen Sternen werden die absolute Eigenbewegung, m_{pv} und je zwei Farbenindizes höherer Genauigkeit gegeben (Tabelle II mit zwei Druckfehlern in der Spalte m_{pg}). Zusammengestellt und diskutiert werden 7 weiße Sterne in der Praesepe (Ort, m_{pg} 18.0 bis 18.4, Farbenindex) und 12 blaue Sterne in den Hyaden (m_{pg} 12.5 bis 14.8, m_{pv}, Farbenindex, Spektrum, relative Eigenbewegung). Lübeck

* * **G. R. Miczaika,** The color-luminosity diagram of the Ursa Major group. Vgl. Ref. **12332.**

9412. **W. W. Morgan, D. L. Harris, H. L. Johnson,** Some characteristics of color systems. ApJ 118 92—105, mit 10 Fig. = Contr. McDonald Obs. Nr. **224.** — Es werden Beziehungen zwischen verschiedenen Systemen von Farbenindizes (B—V, Sechsfarben-Photometrie von Stebbins und Whitford) abgeleitet, und zwar getrennt für Hauptreihensterne, gelbe Riesen und interstellar verfärbte Sterne. Die Beziehungen unterscheiden sich zum Teil merklich voneinander für die einzelnen Gruppen und sind im allgemeinen nicht linear. Ferner werden das Verhältnis von interstellarer Rotverfärbung zu visueller Gesamtabsorption für einige Farbenindexsysteme und Standardfarben im B—V-System für unverfärbte Sterne des Spektralbereichs O 7–A 2 mitgeteilt. Micz.

* * **E. R. Mustel,** Die bolometrischen Korrektionen und die Farbenindizes für Sterne früher Spektralklassen. Vgl Ref. **9716.**

9413. **W. B. Nikonow,** Versuch der Aufstellung eines Fundamentalkatalogs photoelektrischer Farbäquivalente von B 8- und B 9-Sternen. Bull. Astrophys. Obs. Abastumani Nr. **14,** 234 S. mit 84 Abb. und 3 Tafeln (russisch mit georgischer Zusammenfassung). — Die Beobachtungen wurden in den Jahren 1940—1948 am 33 cm-Refraktor von Abastumani mittels lichtelektrischer Antimon-Cäsium-Zellen und Farbfiltern durchgeführt. Für B 8—B 9-Sterne sind die effektiven Wellenlängen 527 bzw. 388 mμ. Die Photoströme wurden mittels eines Gleichstromverstärkers verstärkt, die erhaltenen Farbäquivalente auf Atmosphärenfreiheit reduziert. Es wurden 1047 Sterne bis zur Größe 7.5 gemessen, die S. 157—185 katalogisiert sind (C_0 = außeratmosphärisches Farbäquivalent). Auch einige Nicht-B 8-B 9-Sterne wurden mit beobachtet; Vergleiche mit anderen Systemen folgen. Zur Bestimmung der Farbenexzesse dienen die S. 202 angegebenen Normalfarben im photometrischen System des Verf. Nach Vergleichen wird eine allerdings nicht sehr sichere Beziehung zwischen Farbäquivalent und absoluter Größe abgeleitet (S. 205—206). Loh.

* * **S. S. Provin,** Light-variations of peculiar A stars. Vgl. Ref. **9553.**

9414. **L. N. Radlowa,** Infrarothelligkeiten roter Sterne. Mitt. Astr. Sternberg-Inst. Nr. **95** S. 8—22, mit 4 Abb. (russisch). — In den Gebieten um $23^h 0^m$, $+15° 0'$; $21^h 0^m$, $+15° 0'$; $20^h 40^m$, $+15° 40'$; $1^h 24^m$, $+24° 0'$; $6^h 35^m$, $+23° 30'$ bestimmte Verf. in Anschluß an die Standardfelder C 11 und C 12 von Payne-Gaposchkin Blau- und Rothelligkeiten zahlreicher Sterne. Die effektiven Wellenlängen sind 4000 bzw. 8800 Å. Es wurden hauptsächlich rote Sterne erfaßt. Loh.

9415. **L. N. Radlowa,** Infrarote Sterne im Gebiet von P Cygni. Mitt. Astr. Sternberg-Inst. Nr. **95** S. 23—27, mit 1 Tafel (russisch). — Verf. bestimmte analog zu der unter Ref. **9414** zitierten Arbeit Blau- und Rothelligkeiten von Sternen um P Cygni. Loh.

9416. **E. Rybka,** A determination of the photoelectric magnitudes of stars in Wrocław Observatory. AA(c) **5** 40—43. — Der hohen individuellen Genauigkeit lichtelektrisch gewonnener Sternhelligkeiten und Sternfarben ist die Anwendung mittlerer Extinktionen nicht angemessen. Nach Möglichkeit ist der für Ort und Zeit der lichtelektrischen Messung und für die Farbe des gemessenen Sterns gültige Extinktionskoeffizient zu benutzen. Dieser ließe sich leicht finden, wenn für eine ausreichende Zahl verschiedenfarbiger Sterne, die gleichmäßig über den Himmel verteilt sind, die außeratmosphärische Helligkeit bekannt wäre. Verf. plant, die außeratmosphärische Helligkeit lichtelektrisch für je einen A-Stern und einen K-Stern ($5^m.5$—$6^m.5$) in den Selected Areas 1—115 zu bestimmen. Benutzt werden zwei identische Photometer mit Multiplier 1 P 21 und einem radioaktiven Präparat als Vergleichslichtquelle in Krakau (20 cm-Refraktor) und auf einer Nebenstation (25 cm-Refraktor). Die Arbeit gibt Teilergebnisse der Beobachtungen in Krakau. Die Messungen scheinen zu bestätigen, daß die NPS-Helligkeiten zwischen 4^m und 6^m fehlerhaft sind. Lübeck

9417. **E. Rybka,** BD +56°798 — a star of unusual colour-index. AA(c) **5** 50—51.

9418. **K.-H. Schmidt,** Die Methode der Farbdifferenzen. Sterne **29** 66—75, mit 6 Abb. — Behandelt: 1. Farbdifferenz und Spektraltyp. 2. Verfärbung und Entfernung von offenen Sternhaufen. 3. Anwendung auf das allgemeine Sternfeld.

9419. **K.-H. Schmidt,** Die Farbdifferenz der M-Sterne. Sterne **29** 113—114, mit 1 Abb.

9420. **O. Struve,** Color-magnitude diagrams and stellar evolution. Sky and Telescope **12** 63—65, 75, mit 7 Fig. — Verf. gibt eine allgemeinverständliche Übersicht der Arbeiten am Farben-Helligkeitsdiagramm der Sterne der Sonnenumgebung (Population I) und den Mitgliedern von Kugelhaufen (Population II). Die von diesen Ergebnissen ausgehenden theoretischen Überlegungen über die Entwicklung der Sterne werden dargestellt.

9421. **B. Šternberk,** The colour of stars. RH **34** 151—153 (tschechisch).

9422. **S. Taffara,** Fotometria fotografica delle regioni stellari: Perseo (con centro α 1900 4^h 7^m δ 1900 +32°0′), regione polare Nord, selected area n. 49. Mem SA It (NS) **24** 155—173 = Contr. Oss. Astrofis. Asiago Nr. **33**. — Verf. bestimmt aus Aufnahmen in Asiago die photographischen Helligkeiten von 1472 Sternen des Gebiets. Cester

9423. **G. A. Tichow,** Die nach der Methode des Längsspektrographen bestimmten Farben der Sterne in den Kapteynschen Eichfeldern 44—91. Publ. Sektor Astrobotanik Akad. Wiss. Kasach. Sowjetrepublik **1** 42—48 (russisch).

9424. **K. M. Yoss,** Color equivalents for faint proper motion stars. AJ **58** 236—237. — Ref. AAS.

9425. **W. P. Zcssewitsch,** Aufstellung eines großen photometrischen Standards in Aquarius. Mitt. Astr. Hauptobs. Akad. Wiss. Ukrain. Sowjetrepublik **1** 3—66, mit 3 Abb. (russisch). — Von einer großen Zahl von Sternen bis zur 12. Größe in der Umgebung von $\alpha = 22^h$, $\delta = 0°$ wurden in Anschluß an die Nordpolarsequenz photographische Größen bestimmt. Das Reduktionsverfahren wird ausführlich beschrieben. Dem Katalog S. 42—66 geht ein Verzeichnis der photographischen Größen und zumeist auch der Farbenindizes von Pol-Sternen bis zu $\delta = 77°$ voran. Loh.

9426. Färgbestämmingar för 14 000 stjärnor. PAT **34** 62.

§ 95

Spektrum

9501. **Y. Andrillat, H. Andrillat,** Etude spectrophotométrique de BD 30° 3639 de 8750 Å à 3670 Å. CR **236** 51—53. — Auf Spektren von BD 30° 3639 werden viele neue Emissionslinien des Kerns und des Nebels im Bereich $\lambda\lambda$ 3639 bis 8750 identifiziert. Aus Messungen der relativen Linienintensitäten wird der Kern als WC8 klassifiziert. Die Elektronentemperatur ergibt sich zu $T_e \approx 2700°$. Labs

9502. **Y. Andrillat,** Etude spectrophotométrique d'étoiles de Wolf-Rayet dans le proche infrarouge. CR **237** 784—787. — Neue Klassifikationskriterien für Wolf-Rayet-Sterne und Kerne planetarischer Nebel. Vergleich der Intensitäten einiger infraroter Linien von He I, He II, C II, C III und C IV. Labs

* * **P. R. Annear,** Stellar spectra and colors in an irregular region in Cygnus. Vgl. Ref. **9401**.

9503. **J. Ax,** Ein spektralphotometrischer Vergleich zwischen Schnellläufern und normalbewegten Sternen. ZfA **32** 257—272, mit 2 Abb. = Mitt. Sternw. Hamburg-Bergedorf **22** Nr. 235. — Objektivprismenaufnahmen kleiner Dispersion von 13 Schnelläufern und normalbewegten Sternen der Spektraltypen F 6, G 0 und G 2 verschiedener Leuchtkräfte wurden auf meßbare Unterschiede in den spektralen Eigenschaften untersucht. Die Ergebnisse widersprechen nicht den bisherigen Befunden, soweit sie die CN-Absorption und die Metallinien betreffen. Sonst wurden keine verbürgten Unterschiede zwischen den beiden Geschwindigkeitsgruppen gefunden. Verf.

9504. **W. P. Bidelman,** The spectra of certain stars whose atmospheres may be deficient in hydrogen. ApJ **117** 25—28, mit 1 Fig. = Contr. McDonald Obs. Nr. **215**. — Eine Reihe von Sternen, die C_2-Banden in ihrem Spektrum aufweisen, haben ungewöhnlich geringe Intensität der Wasserstofflinien verglichen mit der Mehrzahl anderer Sterne gleicher Temperatur. Einige Sterne gehören zu den unregelmäßigen Veränderlichen vom Typ R Coronae Borealis, andere scheinen unveränderlich zu sein. Im Spektrum von R CrB selbst treten C I-, O I- und N I-Linien hoher Anregung und zum Teil ungewöhnlicher Intensität auf. Verf. findet, daß die Sterne mit kräftigen C_2-Banden und schwachen H-Linien keine oder nur geringe Anzeichen für das Auftreten von C^{13} erkennen lassen, während für das Verhältnis $C^{12}:C^{13}$ für normale Kohlenstoffsterne früher 3:1 gefunden wurde. Im Spektrum des R CrB-Sterns SV Sagittae wurden starke Banden der (1, 0)-Sequenz des Swan-Systems des C_2 gefunden; einige andere müssen vielleicht der (10, 9)- und (11, 10)-Sequenz des Swan-Systems zugeordnet werden. Sie wurden bisher in Sternspektren nicht beobachtet, traten aber vielleicht im Spektrum des Kometen Morehause auf. Micz.

9505. **V. M. Blanco,** A new Wolf-Rayet star in Aquila. Publ ASP **65** 152. — Auf einer Objektivprismen-Infrarotaufnahme wurde ein bisher unbekannter Stern der WC-Sequenz gefunden. $m_{vis} \approx 10^m\!.5$, Ort 1950: $\alpha = 18^h\,41^m\!.5$, $\delta = -3°\,52'$. O. G.

9506. **M. Bloch, M.-L. Tcheng,** Mesures des discontinuités de Paschen. CR **237** 782—784. — Erste Ergebnisse der Bestimmung des Paschensprungs bei hellen Sternen und dessen Vergleich mit dem Balmersprung. Im Mittel gilt für B8 — A5-Sterne $D_P = 0.20\, D_B$. Labs

9507. **K. R. W. Brewer,** HD 50169, a spectrum variable with emission at Hα. ApJ **118** 265—280 = Commun. Univ. London Obs. Nr. **12**. — Der A-Stern HD 50169 zeigt Hα in Emission und mit veränderlicher Intensität. Eine genauere Untersuchung seines Spektrums — Verf. gibt ein Verzeichnis gemessener Linien zwischen λ 3853 und λ 5044 — ergibt, daß die Absorptionslinien des Sr II, Cr I, Cr II und Eu II ungewöhnlich kräftig sind. Eine Reihe von Linien, die möglicherweise vom Grundzustand des Co I ausgehen, ist ebenfalls kräftig. Eine Linie unbekannten Ursprungs bei λ 4172 ist veränderlich in Intensität, vielleicht sind auch die Ti II-Linien variabel. Das Spektrum von HD 50169 ähnelt dem von 73 Draconis, einem anderen Spektrumveränderlichen. Micz.

9508. **E. S. Brodskaja,** Spektren und Helligkeiten von 400 O- bis B5-Sternen im Milchstraßenfeld mit dem Zentrum bei $\alpha = 23^h 27^m$, $\delta = +61°$. Mitt. Astrophys. Obs. Krim **10** 104—119, mit 3 Abb. und 1 Tafel (russisch). — Es werden Sterne heller als $12^m_.5$ erfaßt, deren Spektren aus Objektivprismenaufnahmen mit einer Dispersion von 250 Å/mm bei Hδ klassifiziert wurden. Photographische Helligkeiten sind beigefügt. Loh.

9509. **E. M. Burbidge, G. R. Burbidge,** A new shell star. Obs **73** 86—87. — Spektren von HD 35165 = HR 1772 werden kurz beschrieben und zwei neue Aufnahmen abgebildet. Besonders auffallend sind die breiten flachen He I-Linien. Verf. schließen, daß der Stern schon seit der Zeit der Aufnahmen für den Henry Draper-Katalog ein Hüllenstern ist. O. G.

9510. **G. R. Burbidge, E. M. Burbidge,** The Balmer decrement in some Be stars. ApJ **118** 252—261 = Contr. McDonald Obs. Nr. **227**. — Die Äquivalentbreiten der Balmer-Emissionslinien in den Spektren von vier Be-Sternen wurden gemessen. Es ergab sich eine Intensitätsabnahme der Linien nach den höheren Gliedern der Serie hin, die relativ schwächer war, als die für planetarische Nebel entwickelte Theorie erwarten ließ. Dieser Effekt läßt sich möglicherweise, wie an einem vereinfachten Modell gezeigt wird, durch Berücksichtigung der Selbstabsorption erklären. Kdr.

9511. **C. G. Burwell,** Classifying stars by their spectra. Leaflet ASP Nr. 289, 8 S. mit 1 Fig.

9512. **W. Buscombe,** Line intensities in the spectra of cool carbon stars. I. R stars in the violet. ApJ **118** 459—462. — Im Spektrum der drei R-Sterne HD 182040, HD 156074 und HD 16115 wurden zwischen λ 3900 und λ 4600 auf Spektren mit 10 Å/mm Dispersion Äquivalentbreiten von etwa 150 Absorptionslinien gemessen. Die Atomlinien der drei Sterne unterscheiden sich kaum voneinander, dagegen scheint die Häufigkeit von CH-Molekülen etwa um einen Faktor 10 geringer zu sein als in den Atmosphären der beiden anderen Sterne. Abschließend wird kurz auf die Opazität der Atmosphären dieser Sterne in verschiedenen Spektralbereichen eingegangen. Micz.

9513. **R. Cayrel,** Sur une cause d'erreur en spectrophotométrie. Ann d'Astrophys **16** 129—130 = Contr. Inst. d'Astrophys. Paris (B) Nr. **98**. — Es werden Betrachtungen über Art und Größe des Fehlers angestellt, der dadurch entsteht, daß der Registrierspalt eines Mikrophotometers nicht so schmal gemacht werden kann, daß er praktisch nur Stellen mit gleicher Schwärzung überdeckt. Es erfolgt eine Mittelung über die Durchlässigkeiten der Platte und nicht über die aufgefallenen Intensitäten. Der hierdurch entstehende Fehler bei Äquivalentbreitenmessungen wird diskutiert. Thi.

9514. **R. Cayrel,** Effets secondaires renforçant une cause d'erreur en spectrophotométrie. Ann d'Astrophys **16** 466 = Contr. Inst. d'Astrophys. Paris (B) Nr. **105**. — Die nicht zu vernachlässigende Spaltbreite bei einem Mikrophotometer bewirkt systematische Fehler bei der Messung von Äquivalentbreiten von Absorptionslinien. Dieser Fehler wird durch Sekundäreffekte infolge begrenzter Genauigkeit der Fokussierung noch vergrößert. Es werden einige Vorschläge zu seiner Verringerung gemacht. Kdr.

9515. **R. Cayrel, S. Taffara,** Relation largeur équivalente — profondeur centrale pour des raies d'absorption. Formulation analytique de la relation et comparaison avec l'observation. Mem SA It (NS) **24** 265—274, mit 1 Fig. = Contr. Oss. Astrofis. Asiago Nr. **39.** — Für die schwachen und mittleren Linien kann man eine Beziehung zwischen Äquivalentbreiten und Linientiefen ableiten, die sich analytisch einfach darstellen läßt. Ein Vergleich zwischen Beobachtung und obiger analytischer Darstellung führt zu befriedigender Übereinstimmung. Es wird auf einige praktische Folgerungen hingewiesen. Cester

9516. **D. Chalonge, L. Divan,** Classification stellaire à trois paramètres applicable aux étoiles des populations I et II. CR **237** 298—300 = Contr. Inst. d'Astrophys. Paris (A) Nr. **150.** — Die Schwierigkeit (Mehrdeutigkeit) der Sternklassifikation nach dem Chalongeschen (λ_1, D)-System (Ann d'Astrophys **15** 201, AJB **52** Ref. **9512**) lassen sich durch Einordnen der Sterne in ein dreidimensionales (λ_1, D, φ)-Schema weitgehend überwinden. Labs

9517. **D. Chalonge,** Recherches de spectrophotométrie stellaire. Experientia **9** 201—206. — Ref. in Phys. Ber. **33** 1625—1626.

9518. **M. W. Feast,** The absolute magnitude and spectrum of the class S star π^1 Gruis. MN **113** 510—515, mit 1 Tafel = Commun. Radcliffe Obs. Nr. **26.** — Ref. in Sterne **30** 235—236. — π^1 Gruis besitzt ein Spektrum vom Spektraltyp S. Ein schwacher Begleiter hat die gleiche Radialgeschwindigkeit, so daß sie zusammen wahrscheinlich ein physisches System bilden. Der Begleiter ist ein Stern vom Typ G 0 V, so daß dem S-Stern die Helligkeit eines normalen Riesen von 0^m bis -1^m absoluter Leuchtkraft zukommt. Einige spektroskopische Leuchtkraftkriterien sprechen für Überriesennatur, andere dagegen für Riesencharakter, jedoch scheint ihre Anwendbarkeit in einem Stern dieses Spektraltyps zweifelhaft. Micz.

9519. **J. L. Greenstein,** A peculiarity of the spectrum of PI Pegasi. ApJ **117** 269—271, mit 2 Fig. — Der F5-Riese π Pegasi besitzt in seinem Spektrum Linien, die durch Rotation ungewöhnlich stark verbreitert sind. Coudé-Spektren zeigen tiefe und scharfe Absorptionskomponenten in den Linienprofilen H, K und Hα; Andeutungen dafür sind auch in einigen anderen vorhanden. Im Vergleich zur Radialgeschwindigkeit des Sterns ergeben sie eine um +7 km/sec vergrößerte Geschwindigkeit. Als Ursache der Erscheinung werden Doppelsternnatur und — Verf. hält dies für wahrscheinlicher — Existenz einer ausgedehnten Hülle um den Stern erörtert. Micz.

9520. **M. Hack,** Etude du spectre d'absorption de 243 étoiles de types spectraux compris entre O_6 et F_8 pour la recherche de critères quantitatifs de classification spectrale bidimensionelle. Ann d'Astrophys **16** 417—443, mit 11 Fig. — Für 243 Sterne der Spektraltypen O_6 bis F_8 wurden an Spektrogrammen geringer Dispersion (225 Å/mm bei Hγ), soweit möglich, Balmersprung und Zentralintensitäten der Balmerlinien Hγ bis H 9 gemessen, ferner Intensitäten einiger He-Linien, der K-Linie, der G-Bande und einiger Metallinien. Das Verhalten dieser Größen in Abhängigkeit von Spektraltyp und Leuchtkraft wurde untersucht mit dem Ziel, quantitative Kriterien für eine zweidimensionale Spektralklassifikation aufzufinden. Hierfür erwies sich besonders die Beziehung zwischen Balmersprung und Zentralintensität von Hδ als geeignet. Eine darauf begründete Klassifikation steht in guter Übereinstimmung mit der von Morgan und von Chalonge-Divan. Eine kürzlich bemerkte Eigenschaft der Hγ- und H 9-Linien, daß nämlich ihre Zentralintensität als Leuchtkraftkriterium für Sterne des Typs O_9—$O_{9.5}$ dienen kann, wurde bestätigt. Ferner ergab die Beziehung zwischen Hδ und K eine befriedigende

Klassifikation für Sterne zwischen B_8 und F_8, während eine solche mit Hilfe von λ 4026 des He I und Hδ nur für $B_{2\cdot5}$–B_9 ausreichende Genauigkeit erreicht. Kdr.

9521. **M. Hack,** Studio spettrofotometrico di 55 Cygni. Mem SA It (NS) **24** 31—57, mit 4 Fig. = Oss. e Mem. Oss. Astrofis. Arcetri Nr. **68.** — Verf. führt eine quantitative Analyse der Atmosphäre des Sterns 55 Cyg an Hand von 16 in Asiago erhaltenen Spektrogrammen aus. Ferner wird der Gradient von 55 Cyg relativ zu α Cyg abgeleitet. Die sich ergebende Farbtemperatur ist sehr klein. Der Effekt wird interstellarer Verfärbung zugeschrieben, doch wird die Möglichkeit einer atmosphärischen Besonderheit des Sterns offen gelassen. Cester

9522. **M. Hack,** Confronto fra un prisma-obbiettivo ed uno spettrografo nell'analisi quantitativa delle atmosfere delle stelle di tipo O, B. Mem SA It (NS) **24** 89—96, mit 2 Fig. = Oss. e Mem. Oss. Astrofis. Arcetri Nr. **68.** — Von dem B2-Stern 55 Cyg wurden in Arcetri und Asiago Spektren aufgenommen. Die aus beiden Reihen erhaltenen Ergebnisse bezüglich der quantitativen Analyse des Sterns stimmen gut überein. Cester

9523. **M. Hack,** Sulla classificazione spettrale bidimensionale. Risultati preliminari. Rend. Accad. Nazionale Lincei, Cl. Sci. fis., mat., nat. (8) **15** 47—55, mit 3 Fig. — Die Möglichkeit einer Klassifikation der Sternspektren mittels zweier Parameter wird bestätigt. Für die O6- bis F8-Sterne erweist sich die Zentralintensität von Hδ und der Balmersprung als recht brauchbar. Ferner ist eine ausreichende Klassifikation der B8- bis F8-Sterne mit Hilfe von Hδ und K möglich. Auf die Möglichkeit der Verwendung von Hδ und λ 4026 in Spektren großer Dispersion wird hingewiesen. Cester

9524. **G. Haro,** Hα emission stars and peculiar objects in the region of the Orion nebula. ApJ **117** 73—82, mit 8 Fig. — Es wird ein Verzeichnis von 255 Sternen eines 3.5 Quadratgrad großen Feldes über dem hellsten Teil des Orionnebels mitgeteilt, die nach Objektivprisma-Aufnahmen mit dem Schmidt-Spiegel in Tonantzintla Hα-Emission aufweisen. Ein großer Teil dieser Sterne dürfte späten Spektraltypen angehören. Die Verteilung der Objekte scheint mit der Helligkeitsverteilung der Nebelmassen korreliert zu sein. 14 Objekte, meist in Nebel eingebettet, bilden eine dichte Gruppe um die Trapezsterne. Verf. vermutet, daß die beobachteten Sterne geringer Leuchtkraft aus Kondensationen der Nebelmaterie im Entstehen begriffen sind. Micz.

9525. **G. Haro, A. Moreno,** Estrellas con Hα en emission en las cercanias de IC 434. Bol. Obs. Tonantzintla y Tacubaya Nr. **7** S. 11—22, mit 13 Fig. (mit englischem Ref.). — In einem 25 Quadratgrad großen Areal um den Pferdekopfnebel im Orion wurden mit dem Schmidtspiegel von Tonantzintla 98 Sterne mit Hα in Emission gefunden. Zur Identifikation der Objekte werden 12 Karten gegeben. Das Areal, mit Ausschluß des Nebels NGC 2024, scheint entweder eine relativ große Durchsichtigkeit zu haben oder eine hohe Sterndichte. Der Emissionsnebel NGC 2024 selbst gehört wohl zu den am stärksten verdunkelten Gebieten; daher die geringen Sternanzahlen auf Blau- und Rotplatten. Infrarotaufnahmen zeigen jedoch hinter diesem Nebel, in unmittelbarer Nähe des wahrscheinlich anregenden Sterns ζ Ori, eine Sternansammlung von 38 Sternen in einem Areal von 0.01 Quadratgrad. Schai.

9526. **G. Haro, B. Iriarte, E. Chavira,** Nuevas estrellas con emision en las regiones obscuras del Toro-Auriga-Orion investigadas por Joy. Bol. Obs. Tonantzintla y Tacubaya Nr. **8** S. 3—18, mit 8 Fig. (mit englischem Ref.). — In drei Feldern, die bereits von A. H. Joy durchmustert wurden (vgl. AJB **49** Ref. **9526**), werden mit dem Schmidt-Spiegel von Tonantzintla, verbunden mit einem 4°-Objektivprisma, neue Emissionsobjekte gesucht. 69 Sterne mit Hα in Emission werden zusätzlich gefunden. Die von Joy festgestellten Unterschiede in den drei Arealen werden ausführlich diskutiert. Schai.

9527. **G. H. Herbig, J. F. Spalding jr.,** Line widths in stars of spectral types F 0—K 5. Publ ASP **65** 192—193. — Ref. ASP.

9528. **S.-S. Huang, O. Struve,** A study of line profiles: the spectrum of Rho Leonis. ApJ **118** 463—476, mit 7 Fig. = Berkeley Repr. Nr. **54.** — Für mehrere Arten von Massenbewegungen in Sternatmosphären werden theoretische Linienprofile berechnet und mit den bei dem B0-Überriesen ϱ Leonis beobachteten Profilen verglichen. Es scheint in diesem Fall Rotation oder möglicherweise auch vertikale Konvektion vorzuliegen. Aus den mittleren und schwachen Linien wird die Rotationsgeschwindigkeit zu 61.8 km/sec bestimmt. Die ursprünglichen Linien nach Abzug des Rotationseinflusses sind breit und flach, was auf Vorhandensein noch anderer großräumiger Bewegungen hinweist. Starke und schwache Linien unterscheiden sich dabei im Sinne geringerer Rotation und größerer Halbbreiten bei den starken Linien. Zur Erklärung nehmen die Verf. an, daß bei Überriesen die Rotation bzw. Konvektion der tieferen Atmosphärenschichten in den höheren Schichten Turbulenz bewirkt. Kdr.

9529. **N. L. Iwanowa,** Spektralphotometrische Untersuchung von hellen B-Sternen in den Plejaden und im Orion. Mitt. Akad. Wiss. Armen. Sowjetrepublik (phys.-math., naturwiss., techn.) **6** Nr. 5 S. 87—98 (russisch mit armenischer Zusammenfassung). — Ref. in RJ Astr. Geod. UdSSR Nr. **11, 1954;** Ref. Nr. **5619 (russisch).**

9530. **P. C. Keenan, G. Keller,** Spectral classification of the high-velocity stars. ApJ **117** 241—255, mit 4 Fig. = Contr. Perkins Obs. Nr. **34.** — Verf. haben Spektraltypen und absolute Helligkeiten von 108 Sternen hoher Geschwindigkeit neu bestimmt. Das Verteilungsbild dieser Sterne im Hertzsprung-Russell-Diagramm liegt zwischen dem der langsam bewegten Sterne der Sonnenumgebung und dem der Mitglieder von Kugelhaufen. Mit Ausnahme der Hauptreihensterne später als G 5 und der M-Riesen zeichnen sie sich gegenüber den normal bewegten Sternen durch spektrale Eigentümlichkeiten aus: Die Atomlinien sind meist schwächer. Die G-Bande des CH ist bei den Riesen hoher Geschwindigkeit gewöhnlich kräftiger als dem Typ entspricht, bei Zwergen ist dies dagegen nur selten der Fall. Die CN-Bande bei λ 4216 ist schwächer als gewöhnlich. Das Intensitätsverhältnis der Linien λ 4216 und λ 4172 ist mit der Raumgeschwindigkeit korreliert. Das Verhalten der CN-Bande bei Sternen verschiedener Leuchtkraft und verschiedenen Spektraltyps deutet darauf hin, daß diese sich außer in Leuchtkraft und Temperatur auch in der chemischen Zusammensetzung unterscheiden. Micz.

9531. **C. C. Kiess,** Neutral and ionized zirconium in stellar atmospheres. AJ 58 219. — Ref. AAS.

9532. **D. Koelbloed,** Line spectra of some giant and dwarf K-type stars. Publ. Astr. Inst. Univ. Amsterdam Nr. **10,** 93 S. mit 29 Fig. — In Spektren größerer Dispersion der K-Sterne 61 Cyg, 70 Oph, α Boo, α Tau und ξ Cyg wurden Linienintensitäten gemessen, aus ihnen Wachstumskurven bestimmt und Turbulenzgeschwindigkeiten, Anregungs- und Ionisationstemperaturen abgeleitet. Die Ergebnisse wurden mit Hilfe von Modellatmosphären, die der Schichtung Rechnung tragen, und der Theorie der Intensitäten schwacher Linien in der Minnaertschen Fassung interpretiert. Die Ionisationstemperaturen stimmen nach Korrektion wegen des Blanketing-Effektes im wesentlichen mit der Kuiper-Morgan-Skala der effektiven Temperaturen überein. Das Adams-Russell-Phänomen wurde untersucht und mit Schichtungseffekten in Verbindung gebracht. Der Dichtegradient resultiert selbst für Hauptreihensterne kleiner, als er nach der Theorie erwartet wird. Wellmann

9533. **I. M. Kopylow,** Spektren und Helligkeiten von 731 schwachen O- bis B5-Sternen im Milchstraßenfeld mit dem Zentrum bei $\alpha = 1^h 25^m$, $\delta = 61° 50'$ (1950). Mitt. Astrophys. Obs. Krim **10** 120—142, mit 4 Abb. (russisch). — Die O- bis B 5-Sterne eines 85 Quadratgrad großen Gebietes wurden aus Objektivprismenspektren bei einer Dispersion von 250 Å/mm klassifiziert. Photographische Helligkeiten wurden abgeleitet. Loh.

9534. **D. Labs,** H- und K-Emissionen im Spektrum von ξ Boo A und 70 Oph A. ZfA **33** 142—146, mit 1 Abb. = Mitt. Sternw. Hamburg-Bergedorf **22** Nr. 238. — Es werden die Emissionsintensitäten der H- und K-Linien von ξ Boo A (dG 5) und 70 Oph A (dK 1) mitgeteilt. Veränderungen dieser Emissionen sind wahrscheinlich, aber innerhalb der Genauigkeit unseres Materials nicht sicher nachzuweisen. Schätzungen der Emissionsintensitäten bei einigen weiteren G- und K-Zwergen zeigen, daß während der Beobachtungszeiten auch bei diesen keine größeren Variationen vorgekommen sind. Verf.

* * **D. A. MacRae,** Electric spectrophotometry. Vgl. Ref. **2229.**

9535. **G. Mannino,** Ricerche spettrofotometriche sulle stelle Be. VI. Lo spettro della stella k Cassiopeiae. Mem SA It (NS) **24** 235—245 = Contr. Oss. Astrofis. Asiago Nr. **36.** — Der Untersuchung liegen sieben Spektrogramme aus Asiago zu Grunde. Im Bereich zwischen H und der Balmergrenze wurden 68 meist zu H, He und O II gehörende Absorptionslinien identifiziert. Aus den Äquivalentbreiten der H- und He-Linien und aus dem Balmersprung wird die relative Häufigkeit von H und He sowie die Elektronendichte abgeleitet. Aus der Wachstumskurve des Sauerstoffs wird dessen Häufigkeit und die Turbulenzgeschwindigkeit berechnet. Cester

9536. **G. Mannino,** Spettrofotometria della stella δ Persei (gB 5). Mem SA It (NS) **24** 247—253 = Contr. Oss. Astrofis. Asiago Nr. **37.** — Der Untersuchung liegen vier Spektrogramme aus Asiago zu Grunde. Nach der Methode von Unsöld werden die Häufigkeit des Wasserstoffs, das Verhältnis H/He, der Elektronendruck und die Schwerebeschleunigung abgeleitet. Cester

9537. **G. Mannino,** Ricerche spettrofotometriche sulle variabili del tipo β Canis Majoris. III. Lo spettro della stella η Lyrae. Mem SA It (NS) **24** 255—263, mit 2 Fig. = Contr. Oss. Astrofis. Asiago Nr. **38.** — Aus zehn in Asiago aufgenommenen Spektren im Sept.—Okt. 1952 werden H- und He-Häufigkeit, das Verhältnis H/He, Elektronendichte und Elektronendruck abgeleitet. Cester

9538. **J. K. McDonald,** Hydrogen absorption lines in the spectra of B-type stars. Publ. Dominion Astrophys. Obs. Victoria **9** 269—296, mit 3 Fig. und 1 Tafel. — Von zehn Sternen des Spektraltyps B 0 bis A 2 verschiedener Leuchtkraftklassen wurden Restintensitäten und Äquivalentbreiten der Balmerlinien Hα, Hβ, Hγ und Hδ gemessen. Die Ergebnisse werden mit denen anderer Autoren verglichen. Es wurde der Versuch unternommen, über die Rechnung einer Modellatmosphäre die Profile der Wasserstofflinien als Funktion der Oberflächenschwere und der Temperatur darzustellen und so ein Kriterium für die absoluten Helligkeiten der B-Sterne zu erhalten. Schai.

9539. **D. B. McLaughlin,** Recent fading of shell absorption in β^1 Monocerotis. Publ ASP **65** 87. — β^1 Mon ist ein Be-Spektrum-Veränderlicher, bei dem das Intensitätsverhältnis der violetten zu den roten Komponenten der Emissionslinien mit einer Periode von etwa $12^{a}.5$ wechselt. Das gewöhnlich starke Wasserstoff-Absorptionsspektrum der Hülle scheint nach bisherigen Beobachtungen die geringste Intensität dann zu erreichen, wenn die beiden Emissionskomponenten gleiche Stärke haben. O. G.

9540. **O. A. Melnikow,** Spektralphotometrie von α Cygni. Abh. Shdanow-Staatsuniv. Leningrad Nr. **153** S. 80—104, mit 11 Abb., 1952 = Publ. Astr. Obs. Leningrad **16** 80—104 (russisch). — Folgende Größen werden ermittelt: Häufigkeit von Wasserstoff, Ti II, Fe II und Cr II; Elektronendruck; Anregungstemperatur für H und Ti; Absorptionskoeffizient, Geschwindigkeiten und Beschleunigung auf der Oberfläche. Die Atmosphäre erweist sich als ausgedehnt bei beträchtlicher Turbulenz. Der den klassischen Wert erheblich überschreitende Betrag des Absorptionskoeffizienten wird auf Zusammenstöße und den Effekt des intermolekularen elektrischen Feldes zurückgeführt. Eine Tabelle der Ti-Multipletts ist beigefügt. Petri

9541. **P. W. Merrill,** The spectrum of 48 Librae from 1944 to 1952. ApJ **117** 7—11, mit 3 Fig. — Die Radialgeschwindigkeit des Hüllensterns 48 Librae unterliegt seit 1935 einer langsamen zyklischen Änderung, die 1941 und 1951 zu Maxima, 1937 und 1945 zu Minima führte. Radialgeschwindigkeitskurven werden für die H- und Fe II-Linien getrennt mitgeteilt. Die Intensitäten der Metall- und Wasserstofflinien sind in einer mit der Radialgeschwindigkeitsänderung verknüpften Weise veränderlich; dies gilt auch für das wechselnde Intensitätsverhältnis der beiden Emissionskomponenten von $H\beta$. Micz.

9542. **P. W. Merrill, A. L. Lowen,** Intercomparison of shell spectra. ApJ **118** 18—26, mit 2 Fig. — Verf. haben die Intensitäten von Spektrallinien der Elemente H, Mg I, Ca II, Sc II, Ti II, Fe II und Ni II im Spektrum von 21 Hüllensternen geschätzt und suchen nach Korrelationen zwischen den Intensitäten verschiedener Elemente. Photometrische Messungen der Linientiefe und -breite von He I λ 4026 im Spektrum von neun Hüllensternen ergeben Werte zwischen 3 und 12% bzw. 5 und 12 Å. Messungen der Linienverschiebungen zeigen meist langsame Änderungen beträchtlicher Amplitude, die mit Profiländerungen der Linien verbunden sind. Gewöhnlich treten Linienflügel auf der Seite der Linie auf, nach der diese verschoben ist. Die Linien stabiler Hüllen sind jedoch symmetrisch und scharf. Micz.

9543. **P. W. Merrill,** Shell stars. Publ ASP **65** 113—117. — Nach allgemeinen Angaben über Hüllensterne werden Änderungen in den Spektren von 48 Librae, HD 33232 und Pleione kurz beschrieben. Verf. gibt dann versuchsweise ein allgemeineres Bild von den Änderungen in den Spektren, von den Bewegungen der Atome in den Hüllen und von den dabei wirksamen Kräften. O. G.

9544. **P. W. Merrill, A. L. Lowen,** Sodium lines in late-type spectra. Publ ASP **65** 280—282, mit 1 Fig. — Verf. haben in einer Abbildung mikrophotometrische Registrierkurven von den Na D-Linien aus den Spektren von M-Sternen zusammengestellt mit den entsprechenden Kurven für die Sonne und einen K 0-Stern zum Vergleich. Die Linienprofile zeigen kein einheitliches oder von der Spektralunterklasse abhängiges Verhalten. Bemerkenswert sind die schmalen D-Linien bei o Cet. O. G.

* * **F. D. Miller,** Schmidt objective-prism spectroscopy at moderately high dispersion. Vgl. Ref. 2230.

9545. **F. D. Miller,** Objective prism spectroscopy in the one-micron region. AJ 58 222—223. — Ref. AAS.

9546. **L. W. Mirsojan,** Spektralphotometrie des kontinuierlichen Spektrums heißer Sterne. AJ UdSSR **30** 153—160, mit 3 Abb. (russisch). — Ref. in Astr. News Letter Nr. **72** S. 9—10. — Von 34 hellen Frühtypsternen hat Verf. aus in Bjurakan und Aragaz aufgenommenen Spektren kleiner Dispersion im Anschluß an α Lyr spektralphotometrische Gradienten und den Balmer-Sprung bestimmt. Erstere beziehen sich auf die Wellenlängenbereiche 3700—4900 Å und 3100—3700 Å. Ein Vergleich der Ergebnisse mit denen von Barbier und Chalonge gibt teilweise recht große Differenzen, die Verf. durch die Annahme reeller Änderungen in den Atmosphären dieser sonst als unveränderlich bekannten Sterne glaubt erklären zu können. Loh.

9547. **W. W. Morgan, Graciela González, Guillermina González,** Blue giants in the neighborhood of NGC 6231. ApJ **118** 323—325, mit 3 Fig. — Auf Objektivprisma-Aufnahmen des Schmidt-Telescops in Tonantzintla wurden in einem Feld von 25 Quadratgrad um den offenen Sternhaufen NGC 6231 insgesamt 88 OB-Sterne gefunden; 70 davon fallen in ein Feld von 1 × 2 Grad. Am nördlichen Ende der Gruppe findet sich der Gasnebel IC 4628, während NGC 6231 am südlichen Ende steht. Ein Verzeichnis der gefundenen Sterne wird mitgeteilt. Unter der Annahme, daß sie dieselbe Sonnenentfernung wie NGC 6231 haben (1400 pc), berechnet sich die projizierte lineare Ausdehnung der Gruppe zu 25 × 50 pc. Micz.

9548. **W. W. Morgan, Guillermina González, Graciela González,** Blue giants in the direction of the galactic center. ApJ **118** 345—346, mit 1 Fig. — Verzeichnis von 38 blauen Riesen, die in Richtung auf das Zentrum der Milchstraße stehen und auf Objektivprisma-Aufnahmen mit dem Schmidt-Teleskop in Tonantzintla gefunden wurden. Micz.

* * **E. R. Mustel,** Die bolometrischen Korrektionen und die Farbenindizes für Sterne früher Spektralklassen. Vgl. Ref. **9716.**

9549. **N. W. Nowotschadowa,** Die Konturen der Wasserstofflinien bei den Sternen früher Spektralklassen. Abh. Shdanow-Staatsuniv. Leningrad Nr. **153** S. 105—113, mit 4 Abb., 1952 = Publ. Astr. Obs. Leningrad **16** 105—113 (russisch). — Nach Aufnahmen von Melnikow mit dem Dreiprismenspektrographen des Pulkowoer 30-zölligen Refraktors aus den Jahren 1940—41 werden für 13 Sterne der Klassen B 8—A 7 Äquivalentbreiten, Restintensitäten, effektive Schwerebeschleunigungen, Elektronendruck, Wasserstoffhäufigkeiten und Höhen der homogenen Atmosphäre — letztere sowohl nach Äquivalentbreiten wie nach Linienprofilen — bestimmt. Es ergibt sich eine nahezu lineare Beziehung zwischen effektiver Schwerebeschleunigung und Höhe der homogenen Atmosphäre. Petri

9550. **A. Opolski,** Skale typów widmowych i temperatur gwiazd. Postępy Astr. **1** 13—22, mit 2 Abb. — Das Referat wurde auf dem astrophysikalischen Symposium der polnischen astronomischen Gesellschaft im August 1953 in Breslau gehalten und stellt eine Übersicht über gewisse astrophysikalische Grundfragen dar: Auftreten und Stärke von Absorptionslinien in Sternspektren als Maß des Spektraltyps, Vergleich verschiedener Spektralklassifikationen, die Schwarzschildsche Theorie des Strahlungsgleichgewichts in Sternatmosphären, bolometrische Helligkeit in Beziehung zu Sternradius und Temperatur und abschließend die Spektralklassifikation nach Morgan, Keenan und Kellmann. Loh.

9551. **J.-C. Pecker,** L'exploitation des spectres stellaires. BSAF **67** 117—121, mit 2 Fig. — Sehr allgemein gehaltener Aufsatz über das Prinzip der Sternspektroskopie in der Astronomie.

9552. **S. S. Provin,** Variations in light of the spectrum variables 73 Draconis and Iota Cassiopeiae. ApJ **117** 21—24, mit 2 Fig. — Lichtelektrische Helligkeitsmessungen der Spektrum-Veränderlichen 73 Draconis und ι Cassiopeiae ergeben, daß die Gesamthelligkeit beider Sterne mit der Periode der Veränderlichkeit der Linienintensitäten schwankt. Die Amplituden sind im gelben Wellenlängenbereich etwas größer ($0\overset{m}{.}04$ und $0\overset{m}{.}03$) als im blauen ($0\overset{m}{.}015$ und $0\overset{m}{.}015$). Beide Sterne sind im Lichtminimum blauer als im Maximum. Micz.

9553. **S. S. Provin,** Light-variations of peculiar A stars. ApJ **118** 489—501, mit 7 Fig. — Verf. berichtet über einige Ergebnisse eines Programms lichtelektrischer Beobachtungen von Spektrum-Veränderlichen, A-Sternen mit Magnetfeldern und A-Sternen, deren Absorptionslinien unveränderliche und anomale Intensitäten («peculiar» A-Sterne) aufweisen. Licht- und Farbkurven sowie Perioden von ε UMa, χ Ser, HD 224801 und α^2 CVn, ferner mehr summarische Angaben über eventuelle Veränderlichkeit von 14 anderen Sternen werden mitgeteilt. Von 20 Sternen der genannten Art wurden Farbenindizes gemessen. Spektralaufnahmen von dem Spektrum-Veränderlichen 21 Com erlaubten die Ableitung der Periode der Veränderlichkeit von Sr 11 λ 4215. Micz.

9554. **G. Righini, G. de Strobel,** Ricerche spettrofotometriche sulle stelle Be. V. Studio della stella 66 Ophiuci. Mem SA It (NS) **24** 215—228, mit 6 Fig. = Contr. Oss. Astrofis. Univ. Asiago Nr. **35.** — Verf. untersucht fünf in Asiago aufgenommene Spektren; es sind nur die Balmer- und zehn He-Linien in Absorption erkennbar. Aus den Äquivalentbreiten wird die relative Häufigkeit dieser Elemente, sowie Elektronendruck und Elektronendichte abgeleitet. Cester

9555. **N. G. Roman,** The spectrum of BD + 67°9?2. ApJ **117** 467—468, mit 1 Fig. = Contr. McDonald Obs. Nr. **221.** — Der G-Stern BD +67°922 zeigt fast alle H-, He-Linien und einige Linien weiterer Elemente in Emission. Verf. berichtet über Änderungen im Spektrum zwischen 19?3 und 1952. Micz.

9556. **B. Rosen, P. Swings,** Carbon stars, comets and combustion phenomena. Ann d'Astrophys **16** 82—95 = Inst. d'Astrophys. Univ. Liège Coll. 4° Nr. **43.** — Bei λ 4050 wird eine Anzahl von molekularen Linien in Kometenspektren in Emission, im Spektrum später N-Sterne in Absorption beobachtet. Welchem Molekül sie zuzuordnen sind, ist noch ungeklärt. Nach ausführlicher Diskussion aller in Frage kommenden Umstände folgert Verf., daß für die «4050-Gruppe» möglicherweise das C_3-Molekül verantwortlich zu machen sei, und bespricht einige Möglichkeiten, wie die Bildung von C_3 in N-Stern-Atmosphären und in Kometen erklärt werden kann. Kdr.

9557. **C. Schalén,** Några resultat från en spektralfotometrisk undersökning. NAT **1953** 19—25, mit 6 Fig. — Besprechung der in AJB **52** Ref. **9559** zitierten Arbeit.

9558. **A. Slettebak,** The spectra and rotational velocities of the bright stars of type B 8—A 2. AJ **58** 47—48. — Ref. AAS.

9559. **S. G. Sljussarew,** Die Wolf-Rayet-Sterne. Leningrad, Staatsuniv., 1953. 8 S. (russisch). — Dissertationsreferat.

9560. **G. de Strobel,** Ricerche spettrofotometriche sulle stelle Be. VII. Studio della stella θ Coronae Borealis. Mem SA It (NS) **24** 393—404, mit 6 Fig. = Contr. Oss. Astrofis. Asiago Nr. **41.** — An Hand von fünf in Asiago aufgenommenen Spektrogrammen wird der Be-Stern θ CrB untersucht. Es sind nur die Balmerlinien und acht He-Linien in Absorption erkennbar. Aus den Äquivalentbreiten dieser Linien wurde die relative Häufigkeit He/H, Elektronendruck und Elektronendichte abgeleitet. Der Elektronendruck wurde außerdem nach der Formel von Ingliss-Teller berechnet. Es wird auch die Schwerebeschleunigung angegeben. Cester

9561. **G. de Strobel,** Ricerche spettrofotometriche sulle stelle Be. VIII. Studio della stella 12 Vulpeculae. Mem SA It (NS) **24** 405—415, mit 6 Fig. = Contr. Oss. Astrofis. Asiago Nr. **42.** — Das spektroskopische Verhalten von 12 Vul wurde an Hand von sechs in Asiago aufgenommenen Spektren untersucht. Es sind nur die Balmer-Linien und sieben He-Linien — alle in Absorption — erkennbar. Aus den Äquivalentbreiten der H- und He-Linien wurde das Häufigkeitsverhältnis He/H, Elektronendruck, Elektronendichte und Schwerebeschleunigung abgeleitet. Cester

9562. **O. Struve,** Notes on stellar spectra. Publ ASP **65** 185—189, mit 4 Fig. = Berkeley Repr. Nr. **48.** — Verf. gibt kurze Mitteilungen über beobachtete Linienprofile (α CMi und α Ori im Vergleich mit der Sonne; η Leo im Vergleich mit α Cyg, α CMa und α Lyr) und über gemessene Radialgeschwindigkeiten von 27 CMa, W Ser und 102 Her. O. G.

9563. **O. Struve,** The classification of stellar spectra. Sky and Telescope **12** 184—187, mit 5 Fig. — Es wird eine allgemeinverständliche Übersicht der Entstehung und Entwicklung der Spektralklassifikation gegeben. Die Temperatur-Klassifikation im Harvard-System und Temperatur-Leuchtkraft-Klassifikation nach Morgan, Keenan und Kellman (MKK-System) werden dargestellt. Schai.

9564. **O. Struve,** Flaming stars. Sky and Telescope **12** 261—265, mit 7 Fig. — Der Aufsatz behandelt die spektralen Besonderheiten der N-Sterne und ihre Erklärung durch die Annahme, daß in den Atmosphären dieser Objekte Wolken fester Kohlenstoff-Teilchen vorhanden seien, was nach den Untersuchungen von Swings und anderen über die λ 4050-Bande im Spektrum von Kometen und N-Sternen und den Versuchen zur Identifizierung dieser Bande möglich erscheint. Kdr.

9565. **J. Swensson,** Remarques sur l'identification dans les spectres d'objets célestes, de raies interdites dues à Cr III, Mn III, Co III et Ni III. Bull. Cl. Sci. Acad. roy. Belgique (5) **39** 405—425 = Inst. d'Astrophys. Univ. Liège Mém. 8° Nr. **353.** — Mit Hilfe der in den «Atomic Energy Levels» von C. E. Moore veröffentlichten Termwerten werden die Wellenlängen verbotener Linien von Cr III, Mn III, Co III und Ni III berechnet und teilweise deren Intensitäten abgeschätzt. Einige Linien von Cr III, Mn III und Ni III koinzidieren mit bisher noch nicht identifizierten Linien in den Spektren planetarischer Nebel, «peculiar stars» etc. Hunger

9566. **P. Swings,** Le rôle des poussières dans les atmosphères des étoiles froides. Ann d'Astrophys **16** 287 = Inst. d'Astrophys. Univ. Liège Coll. 4° Nr. **46.** — Es wird die Möglichkeit erörtert, die spektralen Besonderheiten der N-Sterne durch die Annahme zu erklären, daß bei diesen in den äußersten Atmosphärenschichten Wolken feinen Kohlenstaubs auftreten. Kdr.

* * **P. Swings,** Nouvelles correspondances entre les spectres des comètes et des étoiles N. Vgl. Ref. 8031.

9567. **P. Swings, A. McKellar, K. Narahari Rao,** Spectra of the late N-type stars in the ultra-violet, violet and blue-green regions. MN **113** 571—581, mit 5 Tafeln = Contr. Dominion Astrophys. Obs. Victoria Nr. **33** = Inst. d'Astrophys. Univ. Liège Mém. 8° Nr. **364.** — Verf. haben Spektren des violetten und blau-grünen Bereichs später N-Sterne aufgenommen und Wellenlängen von Absorptionslinien und -banden gemessen. Eine Aufnahme von Y CVn reicht bis etwa λ 3500. Im UV finden sich bisher nicht beobachtete Banden unbekannten Ursprungs bei λ 3790, 3700, 3595 und 3480. Im Violetten der Spektren treten die von Y CVn her bekannten Absorptionsbanden auf. Die Bandengruppe bei λ 4050, die auch in Laboratoriums- und Kometenspektren erscheint und versuchsweise dem C_3 zugeschrieben wird, wird näher diskutiert. Die für späte N-Sterne charakteristischen Banden im Blaugrünen zeigen mit höherer Dispersion keine Rotationsstruktur, so daß sie nicht auf ein zweiatomiges Hydrid zurückgeführt werden können. Im Spektrum des unregelmäßigen Veränderlichen U Hya treten sie zeitweilig gleichzeitig mit der λ 4050-Gruppe sowie erhöhter Opazität im kurzwelligen Violett auf, so daß das Spektrum das Aussehen des späten N-Typs hat; andernfalls ist es vom frühen N-Typ. Verf. vermuten ein mehratomiges Molekül als Ursprung der Banden im Blaugrünen und verbinden die hohe Opazität im kurzwelligen Violett mit dem gleichen Molekül, das die λ 4050-Absorption erzeugt. Micz.

9568. **S. Taffara,** Determinazioni di larghezze equivalenti nello spettro di Procione. Atti Ist. Veneto Sci. Lettere ed Arti Cl. sci. mat. nat. **111,** 18 S. mit 5 Fig. = Contr. Oss. Astrofis. Asiago Nr. **32.** — Aus fünf in Asiago aufgenommenen Spektrogrammen hat Verf. die Äquivalentbreiten zahlreicher Linien abgeleitet und sie mit denen von Wright und denen des photometrischen Atlasses von Hiltner und Williams verglichen. Cester

9569. **A. B. Underhill,** The shell star 48 Librae. AJ 58 232. — Ref. AAS.

9570. **A. B. Underhill,** On the problem of the Hα emission in the shell stars. MN 113 477—483, mit 4 Fig. = Contr. Dominion Astrophys. Obs. Victoria Nr. 32. — Vom Verf. auf Spektren hoher Dispersion gemessene Profile von Hα und Hβ einiger Be-Sterne (η Tau, β CMi, ϰ Dra) und einiger Hüllensterne vom Typ B (ζ Tau und 48 Lib) zeigen, daß bei den Be-Sternen die Profile der Emissionslinien des Wasserstoffs mit der Annahme verträglich sind; sie werden in einem den sehr rasch rotierenden Stern umgebenden Äquatorwulst erzeugt. Dagegen ist die Emissionslinie Hα gegenüber Hβ in den Spektren der Hüllensterne so stark verbreitert, daß nach einem zusätzlichen Mechanismus zu suchen ist, für den Verf. Materieströme sehr geringer Dichte in großer Zahl und relativ großer Entfernung vom Stern verantwortlich macht. Ihre Bewegungen in der Blickrichtung sind nach dem Zufall verteilt und bewirken infolgedessen symmetrische Verbreiterung von Hα und — wegen des Balmer-Dekrements — in weit geringerem Maße von Hβ. Micz.

9571. **A. B. Underhill,** The shell star 14 Comae. Publ. Dominion Astrophys. Obs. Victoria 9 237—249, mit 2 Fig. — Im Wellenlängenbereich von λλ 3933 bis 4588 wurden auf Spektrogrammen großer Dispersion 401 Linien identifiziert. Das Hüllenspektrum zeigt, neben den bekannten, viele sehr schwache Linien. Vom Üblichen abweichend hat der Stern hier ein A 5 III Spektrum. Seine projizierte Rotationsgeschwindigkeit beträgt 270 km/sec. Eine Diskussion zeigt, daß schnelle Rotation eine nötige, aber nicht hinreichende Bedingung für die Bildung von Hüllen ist. Die Radialgeschwindigkeit des Sterns und der Hülle sind gleich und stimmen mit der des Coma-Haufens überein. Schai.

9572. **A. B. Underhill,** The problem of the emission at H α in shell stars. Publ ASP 65 214. — Ref. ASP.

9573. **B. Westerlund,** Luminosity effects and colour-equivalents as measured in short stellar spectra. II. F, G, and K stars. Kungl. Svenska Vetenskapsakad. Handl. (4) 3 Nr. 5, 79 S. mit 34 Fig. = Uppsala Astr. Obs. Ann. 3 Nr. 8. — Es wurde für eine Anzahl von Sternen der Spektralklassen F, G und K, entnommen dem Mt. Wilson-Katalog, sichere Werte von Spektralcharakteristika zwischen λλ 3780—4400 gemessen. Das Verhalten und die Beziehungen der gemessenen und berechneten Werte bei einer Trennung nach Spektraltypen und absoluten Helligkeiten wurde eingehend untersucht und daraus eine Spektral- und Leuchtkraft-Klassifikation abgeleitet. Eine Anwendung dieser Klassifikation auf 113 Sterne der Cepheus-Region zeigt ihre Brauchbarkeit und ergibt eine gute Übereinstimmung mit den früher gewonnenen Ergebnissen von Schalén und der Harvard-Sternwarte. Schai.

9574. **B. Westerlund,** Luminosity effects and colour-equivalents as measured in short stellar spectra. III Summary of classification criteria. Investigation of the region of the open cluster in Coma Berenices. Kungl. Svenska Vetenskapsakad. Handl. (4) 4 Nr. 6, 50 S. mit 16 Fig. = Uppsala Astr. Obs. Ann 3 Nr. 10. — Der erste Teil gibt eine Zusammenfassung der in früheren Arbeiten abgeleiteten Spektraltyp- und Leuchtkraft-Klassifikation (Vgl. AJB 51 Ref. 9561 und vorstehendes Ref.). Im zweiten Teil wird dieses Klassifikationsschema auf die Sterne des offenen Haufens in Coma Berenice angewendet. Weiterhin wird ein Vergleich der hier gemessenen scheinbaren monochromatischen Helligkeiten (m_{4400}) mit den heterochromatischen Helligkeitssystemen anderer Autoren durchgeführt. Dabei zeigt sich eine sehr gute Übereinstimmung zwischen dem vorliegenden und den photoelektrischen Helligkeitssystemen. Schai.

9575. Bergedorfer Spektral-Durchmusterung der 115 nördlichen Kapteynschen Eichfelder, enthaltend für die Sterne bis zur 13. photographischen Größe die Spektren nach Aufnahmen mit dem Lippert-Astrographen der Hamburger Sternwarte in Bergedorf von A. Schwassmann, die Größen nach Aufnahmen des Harvard College Observatory, bestimmt durch das Sterrenkundig Laboratorium Kapteyn in Groningen von P. J. van Rhijn unter Mitwirkung von L. Plaut. Band 5 Eichfeld 92—115, Deklination: 0°. Bergedorf, Verlag der Sternwarte, 1953. 64 + 295 S. — Besprechung in Sky and Telescope **13** 386.

9576. Spectrophotometric study of the shell star ζ Tauri. Nature **172** 279—280. — Ref. der in AJB **52** Ref. **9570** zitierten Arbeit von A. B. Underhill.

9577. Fotoelektrisk registrering av stjärnspektra. PAT **34** 74.

9578. Prążki technetu w widmach gwiazd. Urania Kraków **24** 179—180.

9579. Spektren einzelner Sterne

Außer dieser Liste sind die in diesem Paragraphen aufgeführten Referate und die Paragraphen **111** und **112** einzusehen.

56 Ari	A. J. Deutsch, The spectrum variable 56 Arietis and the period-line width relation. AJ **58** 37. — Ref. AAS.
	Sky and Telescope **12** 148, mit 2 Fig. A spectrum variable. — Ref. AAS.
α Aur	O. Struve, S. M. Kung. Vgl. Ref. **10205**.
	Sky and Telescope **13** 53, mit 1 Fig. Spectrum of Capella. — Ref. AAS.
λ Cep	S. M. Rajtburd. Vgl. Ref. **9603**.
HD 141969	A. D. Thackeray, The spectrum of HD 141969. MN ASSA **12** 72.

§ 96

Temperatur, Strahlung

9601. E. K. Kochan, Bestimmung der Farbtemperaturen von 40 Sternen. Astr Circ UdSSR Nr. 133 S. 7—8 (russisch). — Die Gradienten und Farbtemperaturen dieser Sterne wurden aus Spektren abgeleitet, die mit der Prismenkamera der Sternwarte Krim bei einer Dispersion von 173 Å/mm bei Hε aufgenommen worden waren. Der erfaßte Spektralbereich erstreckt sich von 3850 bis 4750 Å. Die Spektren wurden an A0-Sterne angeschlossen, deren Temperatur mit 13500° angenommen wurde. Loh.

* * **A. Opolski,** Skale typów widmowych i temperatur gwiazd. Vgl. Ref. **9550**.

9602. J.-C. Pecker, La température des étoiles. La Nature 81 33—37, mit 15 Fig.

* * **S. B. Pikelner,** Die Ionisation des Heliums in den Nebeln und die Temperaturen der O-Sterne. Vgl. Ref. **5321**.

9603. S. M. Rajtburd, Relative Spektralphotometrie von λ Cephei und Bestimmung seiner Farbtemperaturen. Publ. Astr. Sternberg-Inst. **22** 124—132, mit 7 Abb. (russisch). — Von dem O 6-Stern λ Cep wurden am spaltlosen Spektrographen des Astrophysikalischen Observatoriums in Kutschino Spektren zwischen Hα und 3300 Å (Länge 18 mm) aufgenommen und an α Lyr und α Cyg spektralphotometrisch angeschlossen. Für die Farbtemperaturen ergaben sich in den Bereichen 3340—3645 Å und 4470—6600 Å 24500 bzw. 9400°. Loh.

9604. **H. Tomasik,** An attempt at establishing a colour temperature scale for some high velocity stars from the slope of their photographic energy curves. Studia Soc. Sci. Toruń (A) **3** Nr. 2 S. 19—24, mit 2 Fig. (mit polnischem Ref.) = Bull. Astr. Obs. Toruń Nr. **11**. — Objektivprismen-Spektrogramme von 13 Sternen hoher Geschwindigkeit werden mit Spaltspektrogrammen von 18 Standard-Sternen verglichen, deren Linienintensitäten untersucht worden sind. Die Farbtemperatur der Schnelläufer entspricht jener der Zwerge. M. Beyer

9605. Observations of colour temperatures of stars. Vgl. AJB **52** Ref. **9606**. — Ref. in MN **113** 107.

§ 97

Leuchtkraft, Durchmesser, Masse, Zustandsdiagramme

9701. **R. A. Bartaja,** Bestimmung der spektroskopischen absoluten Größen schwacher B 5- bis A 7-Sterne. Bull. Astrophys. Obs. Abastumani Nr. **15** S. 37—113, mit 17 Abb. (russisch mit georgischer Zusammenfassung). — Ref. in Contr. Labor. Astr. Lille Nr. **3** S. 12—14. — Von 176 Sternen wurden aus Objektivprismenspektren einer Kamera von 20 cm Öffnung (f = 1 : 5) die absoluten Größen bestimmt. Erfaßt wurde der Spektralbereich 3900—4500 Å; die Dispersion betrug 115 Å/mm bei Hδ. Als Kriterien dienten cont/Hγ, cont/Hδ und cont/Hε. Die Streuung in dem sich ergebenden Hertzsprung-Russell-Diagramm liegt bei etwa 1^m, die mittlere Differenz M (Abastumani) — M (trig.) beträgt $\pm 0^m3$. Loh.

* * **A. W. J. Cousins, R. Guelke,** Photoelectric observations of occultations at the Cape Observatory. Vgl. Ref. **7354**.

* * **M. W. Feast,** The absolute magnitude and spectrum of the class S star π^1 Gruis. Vgl. Ref. **9518**.

9702. **K. Ferrari d'Occhieppo,** Eine unabhängige Bestätigung der Häufigkeitsfunktion der Sternmassen. Anzeiger der Österreichischen Akad. Wiss. Math.-naturw. Kl. **90** 209—214. — Die vom Verf. gefundene Häufigkeitsfunktion wird durch eine ältere Arbeit von der Pahlens (vgl. AJB **24** Ref. **7713**) bestätigt. Loh.

9703. **K. Ferrari d'Occhieppo,** Die Häufigkeitsfunktion der Sternmassen. Mitt. AG **1952** 14. — Ref. AG.

9704. **Graciela González, Guillermina González,** Lista de estrellas de alta luminosidad. Bol. Obs. Tonantzintla y Tacubaya Nr. **7** S. 3—10, mit 3 Fig. (mit engl. Ref.). — Auf Objektivprismen-Aufnahmen, aufgenommen mit der 26/30 inch Schmidt-Kamera von Tonantzintla und 4° Objektivprisma, wurden 100 OB-Sterne klassifiziert. Die gefundenen Sterne werden mit ihren HD-, HDE- oder BD-Nummern gegeben. Für einige Objekte sind Identifikationskarten beigefügt. Schai.

9705. **L. E. Gurewitsch,** Die Struktur der Hauptreihe und die chemische Zusammensetzung ihrer Sterne. DAN **92** 499—501, mit 1 Abb. (russisch). — Die Masse-Leuchtkraftfunktion der Sterne der Hauptreihe verläuft in ihrem mittleren Teil ($-0.3 < \lg \mathfrak{M} < 0.4$) steiler als bei größeren und kleineren Massen. Die Änderung des Exponenten l in der Darstellung $L = L_0 \cdot M^l$ kann entweder durch eine Änderung des Molekulargewichts erklärt werden, oder dadurch, daß bei gleichem Molekulargewicht im oberen Teil die Absorption der Strahlung (hauptsächlich durch H und He) in Streuung übergeht und im unteren Teil das Elektronengas entartet ist. Loh.

* * **K. Kaltschajew,** Physikalische Besonderheiten der Unterzwerge von Bedeckungsveränderlichen. Vgl. Ref. 11112.

9706. **P. C. Keenan,** Some clues to the luminosities of the S-type stars. AJ 58 218. — Ref. AAS.

9707. **E. A. Kreiken,** The density of stars of different spektral types. ZfA 32 125—132, mit 1 Fig. — Die für Bedeckungsveränderliche und δ Cep-Sterne bestehende Beziehung $P = \text{const} \cdot \varrho^n$, $n \approx 0.5$, wird benutzt, um Sterndichten (in Systemen: die Dichte der weniger dichten Komponente) als Funktion des Spektraltyps anzugeben. Es resultiert ein transformiertes Spektrum-Helligkeits-Diagramm, dessen Hertzsprung-Lücke mit der Lücke zwischen kurz- und langperiodischen δ Cephei-Sternen zusammenfällt. Wellmann

9708. **W. J. Luyten,** Possible white dwarfs in Praesepe and Coma. Harv Card 1202 = NAZ 7 9. — Enthält Örter, Helligkeiten und Farbenindizes von 13 Sternen.

9709. **W. J. Luyten,** New white dwarfs and degenerate stars. Harv Card 1212 = NAZ 7 28. — Enthält Örter und Farbenindizes von 14 Sternen.

9710. **W. J. Luyten,** New white dwarfs in the southern hemisphere: third list. Proc. National Acad. Sci. USA 39 135—137. — Liste umfaßt 63 Sterne.

9711. **J. Mergentaler,** Jasności absolutne gwiazd. Postępy Astr. 1 23—39, mit 4 Abb. — Das Referat wurde auf dem astrophysikalischen Symposium der polnischen astronomischen Gesellschaft im August 1953 in Breslau gehalten. Inhalt: Hertzsprung-Russell-Diagramm, trigonometrische Parallaxen, Gruppenparallaxen und dynamische Parallaxen, spektroskopische und spektralphotometrische Parallaxen, Verschiedenes. Loh.

9712. **L. Münch, W. W. Morgan,** A probable clustering of blue giants in Cygnus. ApJ 118 161—162, mit 1 Fig. — Etwa 2° nordöstlich von γ Cygni wurde eine Gruppe von 11 OB-Sternen in einem Feld von weniger als ein Quadratgrad gefunden. Micz.

9713. **L. Münch,** Estrellas «OB» y a de alta luminosidad en Cefeo. Bol. Obs. Tonantzintla y Tacubaya Nr. 7 S. 23—32, mit 6 Fig. (mit engl. Ref.). — In einem 84 Quadratgrad großen Areal zwischen $l = 65° — 73°$ und $b = +2° — -5°$ wurden 61 Objekte als OB-Sterne und A-Supergiganten klassifiziert. Die Aufnahmen wurden mit der Schmidt-Kamera und Objektivprisma in Tonantzintla gewonnen. Schai.

9714. **L. Münch, W. W. Morgan,** Estrellas gigantes azules en las cercanias de Eta Carinae. Bol. Obs. Tonantzintla y Tacubaya Nr. 8 S. 19—26, mit 2 Fig. (mit engl. Ref.). — Auf zwei Objektivprismen-Platten um η Carinae wurden 172 OB-Sterne klassifiziert. Um NGC 3293 und η Carinae wurden zwei Anhäufungen gefunden. Die Ansammlung von OB-Sternen um NGC 3293 liegt am Westrand der großen Konzentration von blauen Giganten, die sich ostwärts bis zum Sternbild Crux erstreckt. Schai.

9715. **L. Münch,** Estrellas de alta luminosidad entre Vela y Cruz. Bol. Obs. Tonantzintla y Tacubaya Nr. 8 S. 27—31, mit 1 Fig. (mit engl. Ref.). — Ein Katalog von 123 Sternen hoher Leuchtkraft wird gegeben. Klassifiziert wurden diese Objekte auf Objektivprismen-Platten in einem Areal von 76.5 Quadratgrad zwischen den Grenzen $l = 248.°9 - 253.°0$; $l = 258.°5 - 270.°0$ und $b = +3°$ bis $-2°$. Schai.

9716. **E. R. Mustel,** Die bolometrischen Korrektionen und die Farbenindizes für Sterne früher Spektralklassen. Publ. Astr. Sternberg-Inst. 22 12—20, mit 2 Abb. (russisch). — In Anlehnung an frühere Arbeiten des Verf. (vgl. AJB 42 Ref. 3545, 46 7522) werden theoretische bolometrische

Korrektionen für B 2—A 0-Sterne berechnet. Der Nullpunkt wurde wie folgt festgelegt: 1) Für Sterne mit rein Planckscher Energieverteilung ist die bolometrische Korrektion bei $T = T_e = 6500°$ Null; 2) Als Nullpunkt gilt die Sonne. Im ersten Fall ergeben sich Korrektionen von $-1^m.91$ bis $-0^m.45$, im zweiten $-2^m.19$ bis $-0^m.72$. Die theoretischen Farbenindizes variieren von $-0^m.06$ über $-0^m.08$ zu $0^m.00$. Loh.

9717. **A. Opolski,** Masy gwiazd. Postępy Astr. **1** 55—68. — Die vorliegende Arbeit ist ein Vortrag, den Verf. auf dem astrophysikalischen Symposium der Polnischen Astronomischen Gesellschaft in Breslau im August 1953 gehalten hat. Im einzelnen wird über die Massenbestimmung bei visuellen und spektroskopischen Doppelsternen berichtet. Abschließend wird auf die Masse-Leuchtkraftfunktion speziell nach den Untersuchungen von Parenago eingegangen. Loh.

9718. **R. M. Petrie,** Absolute magnitudes of the B stars determined from measured intensities of the Hγ line. Publ. Dominion Astrophys. Obs. Victoria **9** 251—267, mit 3 Fig. und 1 Tafel. — Die Totalabsorption von Hγ wird in den Spektren von 99 Sternen der Typen O 9 bis B 7 gemessen. Diese Sterne sind Bedeckungsveränderliche, visuelle Doppelsterne und Sternhaufenmitglieder bekannter Entfernung. Aus den Messergebnissen wird eine Relation zwischen der Intensität von Hγ und der absoluten Helligkeit abgeleitet. Dieses hier aufgestellte System spektroskopischer absoluter Helligkeiten zeigt eine gute Übereinstimmung mit dem System der trigonometrischen Parallaxen und den Daten für Bedeckungsveränderliche; es ist aber im Durchschnitt annähernd eine Größenklasse schwächer als das Yerkes-System der Leuchtkraftklassen. Schai.

9719. **K. Pilowski,** Absolute Energieverteilungen der Sterne, effektive Temperaturen und Masse-Leuchtkraftbeziehung. ZfA **33** 120—131, mit 2 Abb. — Die bisherigen Untersuchungen des Verf. über die Energieverteilungen und die effektiven Temperaturen, die sich auf 29 Sterne erstreckten, werden auf weitere 50 Sterne ausgedehnt. Es wird eine Skala der effektiven Temperaturen unter der Annahme abgeleitet, daß die beobachteten Energieverteilungen denen der schwarzen Strahlung oberhalb 8000 Å gleichen. Es folgt daraus eine endgültige Form der Masse-Leuchtkraftbeziehung. Verf.

9720. **S. Piotrowski,** Teoretyczna interpretacja zależności widmo-jasność i masa-jasność. Postępy Astr. **1** 69—96. — Die vorliegende Arbeit ist ein Vortrag, den Verf. auf dem astrophysikalischen Symposium der Polnischen Astronomischen Gesellschaft in Breslau im August 1953 gehalten hat. Nach einleitenden Bemerkungen wird der Zustand der Materie im Innern der Sterne erörtert, auf die Energieerzeugung im Sterninnern eingegangen und die Frage des Auftretens von Konvektion diskutiert. Hierauf folgen Betrachtungen über die Opazität und das mittlere Molekulargewicht der Sternmaterie sowie das Vogt-Russellsche Theorem und die Verhältnisse bei Entartung. Loh.

9721. **S. Piotrowski,** Po prostu o trudnym problemie. Urania Kraków **24** 65—74, mit 1 Fig.

9722. **E. Schatzman,** Sur l'existence d'un maximum à la fonction de luminosité. Ann d'Astrophys **16** 60 = Contr. Inst. d'Astrophys. Paris (B) Nr. **97**. — Nachweis, daß ein Maximum der Leuchtkraftfunktion der Sterne existieren muß. Kdr.

* * **A. W. Sofronizkij,** Über die physikalische Natur der Unterriesen in engen Bedeckungsveränderlichen. Vgl. Ref. **11133**.

9723. **O. Struve,** White dwarfs – I. Sky and Telescope **13** 43—44, mit 2 Fig. — Die Entdeckung des ersten Weißen Zwergs, Sirius B, wird dargestellt. Über die bei Weißen Zwergen gefundenen Werte für ihre Größe, Masse und Dichte wird berichtet. Die Suche nach solchen Sternen durch W. J. Luyten wird ausführlich erwähnt. Schai.

9724. **E. Vandekerkhove,** Une méthode spectrophotométrique de détermination des rayons stellaires. Bull. Cl. Sci. Acad. roy. Belgique (5) **39** 552—561 = Commun. Obs. Roy. Belgique Nr. **61.** — Der Zusammenhang zwischen den aus den Einzelspektren zweier Sterne abgeleiteten Gradienten für einen bestimmten Spektralbereich und dem resultierenden Gradienten, wenn beide Spektren übereinander aufgenommen werden, liefert eine Beziehung zwischen den Radien beider Sterne, die es erlaubt, den Radius des einen Sterns zu berechnen, wenn außer den gemessenen Gradienten und den Parallaxen der auf anderem Wege gefundene Radius des zweiten Sterns bekannt ist. Anwendung auf Arktur, Prokyon und Regulus ergibt mit dem interferometrischen Radius Arkturs für Prokyon R = 1.65 $R_\odot$ und für Regulus R = 3.18 $R_\odot$. Kdr.

9725. **A. N. Vyssotsky,** A faint blue star near the south galactic pole. Publ ASP **65** 48—49. — Der Stern BD − 11° 162 hat ein B 2-Spektrum, m_{pv} = $11^m.1$ und geringe Eigenbewegung. Er ist auf das McCormick-Parallaxenprogramm gesetzt worden, damit geprüft wird, ob er etwa ein weißer Zwerg ist. O. G.

9726. Le venti stelle più luminose del cielo. Coelum **21** 125. — Enthält Verzeichnis von 20 Sternen.

9727. Die Bedeckungsmethode zur Bestimmung von Sterndurchmessern (aus der laufenden Literatur). Fortschritte Phys. Wiss. **49** 489—491 (russisch).

9728. Hertzsprung-åbningen. NAT **1953** 31—32.

9729. En vit dvärgstjärna av mycket små dimensioner. PAT **34** 62.

9730. Nowe białe karły. Urania Kraków **24** 238.

9731. Najmniejszy ze znanych białych karłów. Urania Kraków **24** 238—239.

§ 98
Rotation, Magnetfeld

* * **H. W. Babcock, T. G. Cowling,** Reports on the progress of astronomy: General magnetic fields in the sun and stars. Vgl. Ref. **6119.**

9801. **H. W. Babcock,** Magnetic observations of HD 188041 and HD 133029. Publ ASP **65** 194. — Ref. ASP.

9802. **J. W. Dungey,** The motion of magnetic fields. MN **113** 679—682. — Es wird die Frage erörtert, inwiefern sich die zeitlichen Änderungen eines Magnetfeldes als Bewegung desselben interpretieren läßt. Kdr.

9803. **G. Gjellestad, H. W. Babcock,** The magnetically variable star HD 153882. ApJ **117** 12—20, mit 4 Fig. = Inst. Theoret. Astrophys. Blindern-Oslo Repr. Nr. **3.** — Der A-Stern HD 153882 besitzt ein mit $6^d.005$ Periode umkehrendes Magnetfeld. Nach Messungen des Zeeman-Effekts mit einem Doppelanalysator für zirkular polarisiertes Licht an etwa 30 geeigneten Linien des Fe I, Fe II, Cr I, Cr II, Ca II und Mg II ergibt sich eine Änderung der effektiven Polfeldstärke zwischen +4500 und −4000 Gauß. Die Radialgeschwindigkeit des Sterns ist mit 5.3 km/sec Amplitude und der gleichen Periode ebenfalls veränderlich. Linien des Cr I, Cr II und Mn I haben größere Intensität als dem Spektraltyp entspricht. Ähnlich wie bei HD 125248 und α^2 Canum Venaticorum, die ebenfalls ein veränderliches Magnetfeld besitzen (ApJ **116** 8, AJB **52** Ref. **9801** und ApJ **114** 1, AJB **51** Ref. **9803**), zeigt auch HD 153882 einen «cross-over-Effekt» der Linienprofile im polarisierten Licht, wenn die effektive magnetische Feldstärke durch Null geht. Die Linienintensitäten scheinen keinen nachweisbaren Veränderungen zu unterliegen. Micz.

9804. **S.-S. Huang, O. Struve,** A study of Doppler broadening by mass motions. AJ 58 216—217. — Ref. AAS.

9805. **S.-S. Huang,** Pulsations of a rotating star. Ann d'Astrophys **16** 315—320 = Berkeley Repr. Nr. **56.** — Eine von Ledoux und Pekeris (vgl. AJB **43** Ref. 3526) zur Behandlung von Pulsationen nichtrotierender Sterne entwickelte Variationsmethode wird auf rotierende Sterne übertragen und zur Ableitung der Pulsationsperiode benützt. Beziehungen der Methode zu einer von Cowling und Newing (vgl. AJB **49** Ref. 4302) angewandten werden diskutiert. Kdr.

9806. **S.-S. Huang,** A statistical study of the rotation of the stars. ApJ **118** 285—303, mit 8 Fig. = Berkeley Repr. Nr. **49.** — Auf Spektren mittlerer Dispersion wurden Linienbreiten von etwa 1550 Sternen des Spektralbereichs O—G gemessen, um die äquatoreale Rotationsgeschwindigkeit bzw. deren Komponente im Visionsradius zu bestimmen. Bei den Sternen frühen Typs wurde He I λ 4472, bei den übrigen Mg II λ 4481 benutzt. Zur Umwandlung der gemessenen Linienbreiten in Rotationsgeschwindigkeiten wurde ein einfaches Verfahren entwickelt. Die erhaltenen Werte werden mit anderweitigen Resultaten verglichen. Mit Hilfe einer von Chandrasekhar und Münch entwickelten Methode werden die wahre Häufigkeitsverteilung sowie die wahren Mittelwerte der Rotationsgeschwindigkeit in Abhängigkeit vom Spektraltyp ermittelt. Eine verbürgte Beziehung zwischen Rotationsgeschwindigkeit und Radialgeschwindigkeit wurde nicht gefunden. Micz.

9807. **A. J. Kipper,** Über die Entstehung der Magnetfelder der Sterne. Publ. Astr. Obs. Tartu **32** 281—326, mit 3 Abb. (russisch). — Verf. kommt zu folgenden Ergebnissen: 1. Die Rotation eines Sterns orientiert die Drehmomente der sich in ihm befindenden Atome und Elektronen und bewirkt dadurch ein allgemeines Magnetfeld. Dieses ursprüngliche Feld ist jedoch so schwach, daß es nicht beobachtet werden kann. 2. Jede Wirbelbewegung der Materie ist mit dem Auftreten eines magnetischen Feldes verbunden, wobei die Wirbellinien der sich bewegenden Materie mit den Kraftlinien des entstandenen Magnetfeldes zusammenfallen. 3. Man kann mit dem Vorkommen von Prozessen rechnen, die das ursprünglich schwache, durch Rotation entstandene Magnetfeld verstärken. 4. Es ist wahrscheinlich, daß die überdichten Kerne einiger Sterne den magnetischen Eigenschaften nach an ferromagnetische Substanzen erinnern und durch Rotation fast bis zur Sättigung magnetisiert werden können. Verf. (übersetzt)

* * **R. Lüst, A. Schlüter, E. Trefftz,** Verallgemeinerte Multipolfelder. Vgl. Ref. 229.

9808. **C. Plumpton, V. C. A. Ferraro,** On the magnetic oscillations of a gravitating liquid star. MN **113** 647—652, mit 1 Fig. — Verf. weist nach, daß für den Typus der in magnetischen Sternen möglichen Schwingungen der Form des permanenten Magnetfeldes wesentliche Bedeutung zukommt. In einem inkompressiblen Stern können Schwingungen mit nahezu horizontaler Bewegung auftreten. Die Vernachlässigung der Gravitationskräfte ist dabei von weit geringerem Einfluß, als in einer früheren Arbeit (AJB **52** Ref. **9805**) geschätzt wurde. Kdr.

* * **A. Slettebak,** The spectra and rotational velocities of the bright stars of type B 8—A 2. Vgl. Ref. **9558.**

9809. **A. Slettebak,** Axial rotation in the F-type stars. AJ 58 228. — Ref. AAS.

9810. **Z. Švestka,** About the rotation of stars. RH **34** 182—187, mit 3 Fig. (tschechisch).

9811. **E. Tandberg-Hanssen,** Influence d'un champ magnétique sur la stabilité des étoiles. Ann d'Astrophys **16** 206—216, mit 1 Fig. = Inst. Theoret. Astrophys. Blindern-Oslo Repr. Nr. **5.** — Für einen gleichförmig rotierenden Stern in Anwesenheit eines Magnetfeldes, das zunächst gleichförmig parallel zur Rotationsachse, dann als Dipolfeld und schließlich allgemeiner durch Überlagerung der beiden einfachen Felder angesetzt wird, ergibt sich durch Reihenentwicklung nach Kugelfunktionen aus der hydrostatischen Gleichgewichtsbedingung die Gestalt der Niveauflächen und damit die Form der Oberfläche. Bei allen Modellen zeigt sich übereinstimmend, daß das Magnetfeld die Oberflächengestalt wesentlich mitbestimmt, was für das dritte Modell an einem Beispiel quantitativ erläutert wird. Kdr.

9812. Rotations of early-type stars. Sky and Telescope **12** 129—130, mit 2 Fig. — Ref. AAS.

Elfter Teil

Doppelsterne

§ 100

Allgemeines

10001. **A. N. Deutsch,** Über den dunklen Begleiter des Sterns 61 Cygni. AJ UdSSR **30** 366—367 (russisch). — Ref. in Astr. News Letter Nr. **73** S. 7. — Kritische Bemerkung zu der Arbeit von H. Nowacki (vgl. AJB **52** Ref. **9114**).

* * **K. N. Dodd,** Some calculations involving the restricted three body problem. Vgl. Ref. **4209.**

10002. **J. Dommanget,** La recherche de systèmes planétaires inconnus. Ciel et Terre **69** 229—242, mit 4 Fig. = Commun. Obs. Roy. Belgique Nr. **62.** — Nach historischem Rückblick auf das Problem, unbekannte Himmelskörper auf Grund der durch sie verursachten Störungen in den beobachteten Bewegungen anderer Körper zu berechnen, werden die Möglichkeiten der Entdeckung unsichtbarer, planetenartiger Begleiter diskutiert. Eine graphische Darstellung erlaubt die Bestimmung der Masse eines solchen «Planeten» aus den beobachteten Größen: Parallaxe, große Halbachse, Periode der Störung und Masse des Hauptsterns (aus Masse-Leuchtkraft-Beziehung). Die bisher aufgefundenen Systeme werden angeführt. Schließlich wird kurz das Problem eines unsichtbaren sternartigen Begleiters mit eigenem Licht betrachtet, wo die photographische Beobachtung nicht die Bahn des Hauptsterns, sondern die des Photozentrums liefert. Gli.

10003. **U. Güntzel-Lingner,** Über den gegenwärtigen Stand der Erforschung der Doppelsternbahnen. Sterne **29** 94—100, mit 2 Abb.

10004. **Z. Kopal,** Some remarks on the interpretation of apsidal-motion constants in close binary systems. MN **113** 769—775 = Astr. Contr. Univ. Manchester (3) Nr. **19.** — Für die Konstanten, die in engen Doppelsternsystemen die Apsidenbewegung bestimmen, werden explizite Formeln angegeben und an Hand dieser Formeln die Zusammenhänge zwischen den Konstanten und der Dichteverteilung bei starker Dichtekonzentration erörtert. Kdr.

10005. **P. Moon, D. E. Spencer,** Binary stars and the velocity of light. J. Optical Soc. America **43** 635—641, mit 3 Fig. — Nach der Ritzschen Emissionstheorie (Addition von Lichtgeschwindigkeit und Geschwindigkeit der bewegten Lichtquelle) müßten bei entfernten Doppelsternen besondere Erscheinungen (Helligkeitsschwankungen, Auftreten von Geistersternen) zu beobachten sein, was tatsächlich noch nie geschehen ist. Dieser Befund wurde allgemein als ein Beweis der speziellen Relativitätstheorie angesehen. Verf. zeigen, daß der Beobachtungsbefund auch erklärt werden kann bei Voraussetzung der alten Emissionstheorie und unter der zusätzlichen Annahme, daß das Licht durch einen positiv gekrümmten Riemannschen Raum läuft, während für materielle Körper weiterhin mit einem klassischen Euklidischen Raum gerechnet wird. Voigt

* * **P. Muller,** Pour observer les couples serrés d'étoiles doubles. Vgl. Ref. **2050.**

10006. **P. Muller,** Les étoiles doubles à la VIIIe assemblée générale de l'Union Astronomique Internationale. BSAF **67** 427—428.

10007. **H. Slouka,** Castor — a multiple star. RH **34** 10—16, mit 2 Fig. (tschechisch).

10008. **P. Smits,** Double stars. MN ASSA **12** 90—97, mit 7 Fig. — In einem kurzen Überblick werden behandelt: Beobachtung visueller (einschließlich interferometrischer) und spektroskopischer Doppelsterne, sowie Bedeckungsveränderlicher; Diskussion der Lichtkurven; Periodenschwankungen; 31 Cygni. T. L.

10009. **B. Takase,** On the stability of the binary system in the fluctuating density field of the interstellar matter. Ann. Tokyo Astr. Obs. (2) **3** 192—195, mit 1 Fig. — Es werden Ausdrücke für die Differenz der Kräfte, die an zwei Punkten in einem fluktuierenden Dichtefeld herrschen, aufgestellt und in der Anwendung auf Doppelsterne diskutiert. Es zeigt sich, daß der Auflösungseffekt innerhalb einer Zeit von 3×10^9 Jahren nur für Doppelsterne mit einem Abstand von über 10000 pc merkbar wird. Haffner

10010. **K. Walter,** Über das Energiegleichgewicht enger Doppelsternbahnen und die Rotation der Doppelsternkomponenten. Mitt. AG **1952** 14—15. — Ref. AG.

10011. The detection of extra-solar planets. J. British Interplanetary Soc. **12** 77—78.

§ 101

Visuelle Doppelsterne

10101. **W. H. van den Bos,** Reports on the progress of astronomy: Double stars. MN **113** 384—385.

10102. **W. H. van den Bos,** A study of Finsen's interferometer measures of double stars. Union Circ **6** 183—184. — 148 Mittelwerte von interferometrischen Doppelsternmessungen, von W. S. Finsen am $26^1/_2$ inch-Refraktor in Johannesburg gemessen, werden auf innere und äußere Genauigkeit hin untersucht. Die Genauigkeit der Positionswinkel und Distanzen nimmt ab mit zunehmendem Helligkeitsunterschied der Komponenten und ist höher bei Zenitdistanzen über 30° als bei solchen unter 30°. Ein Vergleich der Messungen mit mikrometrischen Positionen und mit Positionen, aus bekannten Bahnen berechnet, zeigt, daß die interferometrischen Messungen besser mit ersteren Positionen übereinstimmen. Güntzel-Lingner

10103. **W. H. van den Bos,** Note on the orbit of p Velorum. Union Circ **6** 214. — Es wird mitgeteilt, daß die 1950 vom Autor berechnete Bahn des Doppelsterns p Velorum durch interferometrische Messungen von W. S. Finsen in den Jahren 1951—1953 (Periastrondurchgang) sehr genau dargestellt wird. Für die Periode des Sterns von 16 Jahren werden relative Radialgeschwindigkeiten aus der Bahn abgeleitet und mitgeteilt. Güntzel-Lingner

10104. **J. Dommanget,** Méthode empirique systématique d'amélioration des éléments orbitaux d'une étoile double visuelle. Ann. Obs. Roy. Belgique (3) **6** 41—44. — Als Ergänzung der nur die Widersprüche in den Positionswinkeln benutzenden Arbeit des Verf. in Ann. Obs. Roy. Belgique (3) **5** Fasc. 4 (AJB **51** Ref. 10109) werden einige Relationen für die Distanzen in gegenüberliegenden Bahnpunkten abgeleitet, um auch dann eine verläßliche Bahnverbesserung zu ermöglichen, wenn die Messungen des Positionswinkels dazu nicht ausreichen. (Anwendung S. 45—63). Böh.

10105. **U. Güntzel-Lingner,** Graphisches Hilfsverfahren zur genäherten Bahnbestimmung visueller Doppelsterne nebst Anwendung auf das System ADS 7307. AN **281** 79—88, mit 3 Abb. = Mitt. Astrophys. Obs. Potsdam Nr. **36**. — Aus bekannten planimetrischen Prinzipien wird eine Methode entwickelt mit dem Ziel, aus einem kurzen scheinbaren Bahnbogen eines visuellen Doppelsterns geometrische Bahnelemente abzuleiten. Die Methode beruht auf der Konstruktion des Mittelpunkts der scheinbaren Bahn mit Hilfe von recht- und stumpfwinkligen Tangentenpaaren an den beobachteten Bahnbögen. Am Doppelsternsystem ADS 7307, von dem noch keine Bahn bekannt ist, erfolgt eine Erprobung der Methode. Verf.

10106. **U. Güntzel-Lingner,** Die Bahn des Doppelsternsystems ADS 8148. AN **281** 133—137, mit 1 Abb. = Mitt. Astrophys. Obs. Potsdam Nr. **37**. — Aus einem beobachteten Bahnbogen von 205° werden die Bahnelemente von ι Leonis neu berechnet und nach einem graphischen Verfahren in zwei Schritten verbessert. Die Ergebnisse stimmen mit der unabhängigen Bahnberechnung von P. Baize gut überein. In der Bestimmung der Massen der Komponenten aus den Helligkeiten und Spektraltypen bleiben Widersprüche bestehen. Verf.

10107. **U. Güntzel-Lingner,** Zur Frage der Katalogisierung von Doppelsternmessungen. Phys. Verhandlungen **4** 257 (Ref.).

10108. **U. Güntzel-Lingner,** Zum Problem der Bahnbestimmung von visuellen Doppelsternen. Wiss. Ann. **2** 313—321, mit 4 Abb. — Behandelt: Die Aufgaben der Doppelsternforschung. Die Berechnung einer Doppelsternbahn. Die Schwierigkeiten der Bahnbestimmung. Die bisherigen Ergebnisse der Doppelsternforschung.

10109. **J. Hopmann,** Photometrie von 420 visuellen Doppelsternen. Anzeiger der Österreich. Akad. Wiss. Math.-naturw. Kl. **90** 128, Sitzber. Österreich. Akad. Wiss. Math.-naturwiss. Kl. Abteilung IIa **162** 27—76 = Mitt. Univ.-Sternw. Wien **6** Nr. 8. — Zusammenfassung der in den Sitzungsberichten veröffentlichten gleichnamigen Arbeit: Der erste Abschnitt schildert den Plan und die Geschichte der Arbeit, der zweite gibt einen Bericht über den 27-Zöller der Universitäts-Sternwarte Wien, der dritte eine Darstellung des Beobachtungs- und Reduktionsverfahrens sowie eine Untersuchung über die innere Genauigkeit der Messungen. Der vierte Abschnitt enthält den Katalog mit Erläuterungen, der fünfte einen Vergleich der verschiedenen zur Zeit vorliegenden Beobachtungsreihen zur Photometrie der visuellen Doppelsterne. Dabei hat sich die Polarisationsphotometrie der mit Keilphotometern als merklich überlegen erwiesen. Der sechste Abschnitt enthält noch Anregungen für weitere Arbeiten. Verf.

10110. **J. Hopmann,** Photometrisch-kolorimetrische Beobachtungen von visuellen Doppelsternen. I. Grundlagen und Vorversuche. Anzeiger der Österreich. Akad. Wiss. Math.-naturw. Kl. **90** 151, Sitzber. Österreich. Akad.

Wiss. Math.-naturw. Kl. Abteilung IIa **162** 179—205 = Mitt. Univ.-Sternw. Wien **6** Nr. 12. — Zusammenfassung der 1954 in den Sitzungsberichten veröffentlichten Arbeit: Die am 68 cm Refraktor der Wiener Sternwarte ausgeführten photometrisch-kolorimetrischen Beobachtungen enger visueller Doppelsterne sollen in drei getrennten Arbeiten dargestellt werden. Die erste hier vorgelegte schildert die Wahl des Beobachtungsverfahrens, wobei auch die kolorimetrischen Arbeiten von Graff zu würdigen waren, ferner die Eichung eines Blau-Rot-Keilkolorimeters und seine Erprobung an 20 Doppelsternen mit Distanzen bis unter einer Bogensekunde. Die zweite spätere Arbeit enthält eine Untersuchung des Photokolorimeters nach Wilsing, das wiederum an einer größeren Zahl von Doppelsternen erprobt wurde. Die dritte Arbeit soll die Beobachtungen von über 250 Objekten geben, mit einer Diskussion der Ergebnisse. Verf.

10111. **J. Hopmann,** Photometrische und kolorimetrische Messungen an visuellen Doppelsternen. Mitt. AG **1952** 22. — Ref. AG.

10112. **C. L. Janssen,** Om Dobbelstjerner. Urania Kopenhagen **10** 95—103.

10113. **H. L. Johnson,** Photoelectric observations of visual double stars. ApJ **117** 361—365, mit 1 Fig. = Contr. McDonald Obs. Nr. **219**. — Mit dem 82′-Reflektor des McDonald-Observatoriums wurden von 40 physischen Doppelsternen Farbenindizes und Helligkeiten beider Komponenten gemessen. Verf. schließt aus einem Vergleich ihres Farben-Helligkeits-Diagramms mit dem einfacher Sterne, daß eine größere Anzahl der hellen Komponenten der untersuchten Paare heller als gewöhnliche Hauptreihensterne sind. Micz.

10114. **R. Jonckheere, P. Couteau,** Une rectification importante au catalogue ADS. JO **36** 44—46. — Es werden einige Berichtigungen hinsichtlich falscher Benennungen im Doppelsternkatalog von R. G. Aitken mitgeteilt: Das Objekt Es 1353 = ADS 16990 ist nicht identisch mit J 863. Letzteres ist im Aitken-Katalog nicht enthalten. ADS 17013 = Es 1354 ist nicht BD +44° 4494 sondern BD +44° 4497. Güntzel-Lingner

10115. **R. Jonckheere,** The aim of double star measures. Obs **73** 245—247. — Nach kurzen allgemeinen Betrachtungen über Doppelsternmessungen weist Verf. auf hypothetische Parallaxen hin, die Mädler 1840 veröffentlicht hat und deren Genauigkeit bei einem Vergleich mit modernen Parallaxen für diese Sterne erstaunlich hoch herauskommt. O. G.

10116. **J. v. B. Lourens,** A fictitious double star in the Cape Zone Catalogues. MN ASSA **12** 64. — CPD −39° 6322.

10117. **P. Muller,** Erratum à colorimétrie de 51 étoiles doubles. Ann d'Astrophys **16** 64. — Berichtigung zu Ann d'Astrophys **15** 79 (AJB **52** Ref. **10110**).

10118. **P. Muller,** Sur la loi d'association par magnitudes des composantes dans les étoiles doubles. CR **236** 1331—1333. — Ein homogenes Material von 300 Doppelsternen oder mehrfachen Systemen wurde statistisch auf Unterschiede in der Helligkeit der einzelnen Komponenten untersucht. Es zeigt sich, daß die Verteilung nicht merklich von derjenigen willkürlich gruppierter Sternpaare abweicht. T. L.

10119. **P. Muller,** Catalogue de 304 éphémérides d'étoiles doubles visuelles. JO **36** 61—105. — In einem 28-seitigen Katalog werden Ephemeriden von 304 visuellen Doppelsternen für die Zeit von 1950 bis 1970 gegeben. Die Epochendifferenzen der Ephemeriden betragen je nach Größe der Bahnbewegung 1, 2, 4, 5 oder 10 Jahre. Die Ephemeriden sollen dem Beobachter die Auswahl seiner Programmsterne erleichtern helfen. In der Einleitung zum Katalog wird über die Notwendigkeit eines neuen Doppelsternkatalogs gesprochen. Die Vor- und Nachteile sowohl eines Teilkatalogs als auch eines alle Doppelsterne umfassenden Katalogs werden erwogen. Güntzel-Lingner

10120. **T. Rakowiecki,** Formules pour le calcul de l'orbite et de l'éphéméride d'une binaire visuelle. Studia Soc. Sci. Toruń (A) **3** Nr. 5 S. 16—19 (mit polnischer Zusammenfassung) = Bull. Astr. Obs. Toruń Nr. **12**. — Formelzusammenstellung zur Ableitung der Elemente eines visuellen Doppelsterns, dessen scheinbare Bahn bezogen auf die Hauptkomponente in der Form $Ax^2 + By^2 + 2Cxy + 2Fx + 2Gx = 1$ gegeben ist, und zur Berechnung einer Ephemeride. Böh.

10121. **E. Vidal Abascal,** Cálculo de órbitas de estrellas dobles visuales. Santiago, 1953. Consejo Superior de Investigaciones Cientificas. Monografias de Astronomia y Ciencias Afines Nr. 1, 218 S. mit 40 Fig. und Tafeln. — Besprechung in Math. Rev. **15** 653, Urania Barcelona **38** 250—251 (R. C. Palacios).

10122. **A. J. Wesselink,** Radial velocity observations and the parallax of α Centauri. MN **113** 505—509, mit 1 Fig. = Commun. Radcliffe Obs. Nr. **25**. — Radialgeschwindigkeitsmessungen der beiden Komponenten von α Centauri in der Nähe eines Knotendurchgangs 1952 werden benutzt, um insbesondere die Geschwindigkeitsdifferenz beider Komponenten während dieser Phase mit hoher Genauigkeit zu ermitteln und in Verbindung mit den bekannten Elementen der visuellen Bahn die Parallaxe des Systems zu berechnen. Schwerpunktsgeschwindigkeit relativ zur Sonne und Massenverhältnis werden ebenfalls bestimmt. Micz.

10123. **N. Wieth-Knudsen,** Studies on orbit determination of visual binary stars in some extreme cases. I. Adaptation of Thiele's method of computing the orbit of a visual binary to the parabolic and quasi-parabolic cases. The orbit of Σ 2398 = ADS 11632. Ann Obs. Lund Nr. **12**, **14** + A 41 S. mit 2 Fig. — Die analytische Methode von T. N. Thiele zur Berechnung von Bahnen visueller Doppelsterne wird zur Anwendung auf genähert parabolische Bahnen formell umgestellt. Für das langperiodische Doppelsternsystem ADS 11632 = Σ 2398 werden zur Probe je eine Parabel und Hyperbel berechnet und verbessert. Die astrophysikalischen Systemkonstanten werden ausführlich diskutiert. Güntzel-Lingner

10124. **N. Wieth-Knudsen,** Studies on orbit determination of visual binary stars in some extreme cases. II. Orbit determination of a narrow visual binary of small excentricity and inclination by harmonic analysis of the deviations from linearity of the run of the position angle with respect to time. The orbit of «Kuiper's short period binary», BD $-8°$ 4352. Ann. Obs. Lund Nr. **12**, B 29 S. mit 2 Fig. — Zur Bahnbestimmung speziell für kurzperiodische visuelle Doppelsterne, aus deren Beobachtungen sich provisorisch leicht ein Wert für die Periode finden läßt, wird eine Fourier-Entwicklung der Differenzen Positionswinkel — mittlere Anomalie gegeben. Die Entwicklung enthält als Koeffizienten Potenzreihen der Exzentrizität und des Tangens der halben Bahnneigung und ist ausreichend konvergent für kleine Exzentrizitäten und Bahnneigungen. Die Erprobung der Entwicklung erfolgt an Kuiper's kurzperiodischem Doppelstern BD $-8°$4352 und ist in guter Übereinstimmung mit einer früheren Bahnbestimmung von J. Voûte (Riverview Coll. Obs. Publ. **2** 43, AJB **45** Ref. 8234).
Güntzel-Lingner

10125. **N. Wieth-Knudsen,** Studies on orbit determination of visual binary stars in some extreme cases. Appendix: A preliminary communication concerning the problem of derivation of the orbit of a visual binary from a short arc well observed, making use of power series. Ann. Obs. Lund Nr. **12**, C 7 S. — Die Abhandlung nimmt Bezug auf die verschiedenen Versuche (Y. Villarceau, K. Schwarzschild, G. Silva, F. Zagar, W. Rabe und L. Picart), aus einer Potenzreihenentwicklung der Positionswinkel nach der Zeit die Bahn von visuellen Doppelsternen aus kurzen Bahnbögen zu bestimmen. Es wird gezeigt, daß die Glieder dieser Reihen von höherer als der vierten Ordnung bei gut beobachteten Bahnbögen nicht vernachlässigt werden dürfen. Güntzel-Lingner

10126. Double star catalogues. Irish AJ **2** 174—175.

10127. Orientation of the orbital planes of visual binaries. Nature **172** 526. — Ref. der in AJB **51** Ref. **10115** zitierten Arbeit von A. Opolski.

10128. Beobachtungen visueller Doppelsterne

W. H. van den Bos, Micrometer measures of double stars. Union Circ **6** 185—208. — Liste enthält 283 Paare.

B. Cester, Osservazioni di stelle doppie. Oss. Astr. Trieste Nr. **254**, 5 S. (mit engl. Zusammenfassung). — Enthält 44 Doppelsterne.

P. Couteau, Mesures d'étoiles doubles faites au réfracteur de 38 centimètres de l'Obersvatoire de Nice. JO **36** 37—43. — Enthält 108 Paare.

P. Couteau, Mesures d'étoiles doubles faites au réfracteur de 38 cm. de l'Observatoire de Nice. JO **36** 131—142. — Enthält 133 Paare.

P. Djurković, Mesures micrométriques d'étoiles doubles, faites en 1952 au réfracteur de 0.65 m d'ouverture. Bull. Astr. Obs. Beograd **17** 55—60, **18** Nr. 1—2 S. 1—5, Nr. 3—4 S. 1—6. — Enthält zusammen 240 Paare.

H. F. Donner, Double star observations at the Lamont-Hussey Observatory of the University of Michigan at Bloemfontein, South Africa. AJ **58** 164—166.

W. S. Finsen, New double stars (V). MN ASSA **12** 34. — BS 2937, 3871.

W. S. Finsen, New double stars (VI). MN ASSA **12** 86. — Beide Komponenten von BS 7048.

W. S. Finsen, Interferometer measures of double stars. Union Circ **6** 170—182. — Liste enthält 165 Paare.

C. L. Janssen, Observations photographiques d'étoiles doubles. JO **36** 107—109. — Enthält 31 Paare.

R. Jonckheere, Mesures d'étoiles doubles. Considérations sur le catalogue en préparation. JO **36** 49—60. — Enthält 121 Paare.

S. Leone, Misure fotografiche di binarie visuali. Mem SA It (NS) **24** 317—321 = Contr. Oss. Astr. Milano-Merate (NS) Nr. **43**. — Liste umfaßt 79 Paare.

U. S. Lyons, L. R. Wylie, Observations of double stars made with the 26-inch equatorial of the U. S. Naval Observatory 1945—48. Publ. US Naval Obs. **17** 67—85. — Enthält 183 Paare.

P. Muller, Errata dans les observations d'étoiles doubles. JO **36** 130. — Berichtigung zu JO **34** 83.

W. Rabe, Mikrometermessungen von Doppelsternen in den Jahren 1932 bis 1946. Astr. Abh. Erg. AN **12** Nr. 3, 50 S. — Ref. in Mem SA It (NS) **25** 190 (M. Cavedon). — Der nachfolgende Katalog enthält die Jahresmittel aller vom Verf. von 1932 bis 1946 an der Sternwarte München erhaltenen Doppelsternmessungen. Die Hauptreihe wurde von Juli 1934 bis Juli 1944 am Merz-Refraktor gewonnen, der $10^1/_2$ Pariser Zoll = 11.2 inches = 284 mm Objektivöffnung und 15 Pariser Fuß = 4.87 m Brennweite besitzt. Durch Bombenangriffe am 11. und 13. Juli 1944 wurde die Sternwarte teilweise zerstört und zunächst ein Abbruch der Arbeit bedingt. Der Versuch, die Beobachtungen nach Beendigung der Kampfhandlungen wieder in altem Umfang aufzunehmen, scheiterte an der völlig unzureichenden Elektrizitätsversorgung. Die Messungen 1945/46 sind daher den früheren nicht ganz gleichwertig, da sie weitgehend ohne Laufwerk erhalten wurden. Verf.

R. A. Rossiter, Seventh list of new southern double stars found at the Lamont-Hussey Observatory of the University of Michigan at Bloemfontein, South Africa. AJ 58 29—30.

W. H. Wehlau, The spectrum of Delta Equulei. Publ ASP **65** 207—208. — Ref. ASP.

Greenwich Astronomical Results 1939, B 1 — B 7. Observations of double stars made with the 28-inch refractor. — Liste enthält 50 Paare.

10129. Mitteilungen über einzelne visuelle Doppelsterne

α Cen	Barbier-Brossat, Notre plus proche voisine l'étoile α du Centaure. BSAF **67** 287—291, mit 3 Fig.
ε Cet	Sky and Telescope **12** 207. Short-period visual binary.
o Cet	P. Couteau, Observation de l'étoile double Mira Ceti. JO **36** 46—47, mit 1 Fig.
α CMa B	M. Du Martheray, L'observation du compagnon de Sirius. Orion Schaffhausen **4** 45—50, 90—93, mit 4 Fig.
σ CrB	P. van de Kamp, J. E. Damkoehler, Parallax and orbital motion of the multiple system σ Coronae Borealis A, B, c from photographs taken with the 24-inch Sproul refractor. Vgl. Ref. **9306**.
61 Cyg	P. van de Kamp, J. E. Damkoehler, Parallax and orbital motion of 61 Cygni from photographs taken with the 24-inch Sproul refractor. Vgl. Ref. **9306**.
α Sco	D. S. Evans, J. C. R. Heydenrych, J. D. N. van Wyk. Vgl. Ref. **7355**.
BS 2937	W. S. Finsen, New double stars. Obs **73** 165.
BS 3871	W. S. Finsen. Vgl. BS 2937.
Krüger 60	S. L. Lippincott, Parallax and orbital motion of Krüger 60. Vgl. Ref. **9306**.

10130. Massenverhältnisse von visuellen Doppelsternen

α Cen	A. J. Wesselink. Vgl. Ref. **10122**.

10131. Elemente visueller Doppelsterne

ADS 363	P. Baize. Vgl. ADS 3483.
ADS 1223	W. H. van den Bos, The orbit of Howe 4, ADS 1223. Union Circ **6** 209. Vgl. auch MN ASSA **12** 57.
ADS 1709	J. M. González-Aboín, Órbita de ADS 1709 = Σ 228. Urania Barcelona **38** 7—11, mit 2 Fig. = Publ. Sem. Astr. Geod. Univ. Madrid Nr. **18**.
ADS 1833	P. Baize. Vgl. ADS 7082 AB.
ADS 2373	P. Baize. Vgl. ADS 3483.
ADS 3483	P. Baize, Eléments orbitaux de 16 étoiles doubles. JO **36** 155—170.
ADS 3711	P. Baize. Vgl. ADS 7082 AB.
ADS 4929	P. Baize. Vgl. ADS 3483.
ADS 5447	J. Dommanget, Orbite de l'étoile double visuelle: ADS 5447 = BDS 3601 = OΣ 156. BAB **4** 150—154, mit 2 Fig.
ADS 6825	P. Baize. Vgl. ADS 3483.
	W. H. van den Bos, Orbits of double stars. MN ASSA **12** 19.
	W. H. van den Bos, Orbits of double stars. Obs **73** 127.
	W. H. van den Bos, The orbit of A 550, ADS 6825. Union Circ **6** 211.
ADS 6828	P. Baize. Vgl. ADS 3483.
	W. H. van den Bos. Vgl. ADS 6825.
ADS 6828 AB	W. H. van den Bos, The orbit of A 551, ADS 6828 AB. Union Circ **6** 211—212.
ADS 7082 AB	P. Baize, Eléments orbitaux de 6 étoiles doubles. JO **36** 1—10.
ADS 7131	P. Baize. Vgl. ADS 3483.
ADS 7307	S. Arend, Orbite de l'étoile double visuelle: ADS 7307 = BDS 5030 = Σ 1338. BAB **4** 155—160, mit 1 Fig.
	U. Güntzel-Lingner. Vgl. Ref. **10105**.
ADS 7685	P. Baize. Vgl. ADS 3483.
ADS 8148	U. Güntzel-Lingner. Vgl. Ref. **10106**.

ADS 8344 P. Baize. Vgl. ADS 3483.

ADS 9019 S. Arend, Orbite de l'étoile double visuelle: ADS 9019 = BDS 6619 = Σ 1781. BAB **4** 161—165, mit 1 Fig.

ADS 9073 P. Baize. Vgl. ADS 3483.

ADS 9159 P. Baize. Vgl. ADS 3483.

ADS 9185 AB P. Baize. Vgl. ADS 7082 AB.

ADS 9264 P. Baize. Vgl. ADS 3483.

ADS 9557 P. Baize. Vgl. ADS 3483.

ADS 9757 P. Baize. Vgl. ADS 7082 AB.

ADS 10140 P. Baize. Vgl. ADS 3483.

ADS 10421 W. H. van den Bos, The orbit of β 957, ADS 10421. Union Circ **6** 215.
W. H. van den Bos. Vgl. ADS 6825.

ADS 11520 W. H. van den Bos, The orbit of A 88, ADS 11520. Union Circ **6** 216—217.
W. H. van den Bos. Vgl. ADS 6825.

ADS 11632 N. Wieth-Knudsen. Vgl. Ref. 10123.

ADS 12126 W. H. van den Bos, The orbit of A 95, ADS 12126. Union Circ **6** 217.
W. H. van den Bos. Vgl. ADS 6825.

ADS 13169 P. Baize. Vgl. ADS 7082 AB.

ADS 14099 P. Baize. Vgl. ADS 3483.

ADS 14775 W. H. van den Bos, The orbit of A 883, ADS 14775. Union Circ **6** 218.
W. H. van den Bos. Vgl. ADS 6825.

ADS 16057 S. Arend, Orbite de l'étoile double visuelle ADS 16057 = BDS 11828 = Σ 2924. BAB **4** 166—169, mit 1 Fig.

ADS 16326 J. Dommanget, Orbites des étoiles doubles visuelles ADS 16326 = BDS 12025 = A 632 et ADS 17178 = BDS 12696 = Hn 60. Ann. Obs. Roy. Belgique (3) **6** 45—63, mit 5 Fig.

ADS 16345 P. Baize. Vgl. ADS 3483.

ADS 16708 W. H. van den Bos, The orbit of Hu 295, ADS 16708. Union Circ **6** 218—219.

ADS 16836 E. Vidal Abascal. Vgl. Ref. 10121.
W. H. van den Bos. Vgl. ADS 6825.

ADS 17178 J. Dommanget. Vgl. ADS 16326.

ε Cet W. S. Finsen, ε Ceti = φ 312, a visual binary with shortest known period? MN ASSA **12** 18—19.
W. S. Finsen, A visual binary with shortest known period? Obs **73** 125—126.

ζ Cnc C. Gasteyer, The quadruple system ζ Cancri. AJ **58** 39—40. — Ref. AAS.

ι Leo = ADS 8148.

p Vel W. H. van den Bos, Note on the orbit of p Velorum. Union Circ **6** 214.

β 382 = ADS 16345.
β 552 = ADS 3483.
β 720 = ADS 16836.
β 895 = ADS 4929.
β 953 = ADS 10140.
β 957 = ADS 10421.
φ 312 = ε Cet.
Σ 228 = ADS 1709.
Σ 257 = ADS 1833.
Σ 1338 = ADS 7307.
Σ 1536 = ADS 8148.
Σ 1781 = ADS 9019.
Σ 1967 = ADS 9757.
Σ 2398 = ADS 11632.
Σ 2924 = ADS 16057.
Σ 3091 = ADS 9557.
OΣ 98 = ADS 3711.
OΣ 156 = ADS 5447.
OΣ 213 = ADS 7685.
OΣ 278 = ADS 9159.
A 75 = ADS 8344.
A 88 = ADS 11520.
A 95 = ADS 12126.
A 431 = ADS 363.

A 550	= ADS 6825.	A 1101	= ADS 9185 AB.
A 551	= ADS 6828.	A 2030	= ADS 2373.
A 606	= ADS 13169.	A 2069	= ADS 9264.
A 632	= ADS 16326.	A 2131	= ADS 7082 AB.
A 883	= ADS 14775.	A 2167	= ADS 9073.

B 52 W. H. van den Bos, The orbit of B 52. Union Circ **6** 209—210. Vgl. auch MN ASSA **12** 57.

B 780 W. H. van den Bos, The orbit of B 780. Union Circ **6** 213. Vgl. auch MN ASSA **12** 57.

BD −8°4352 N. Wieth-Knudsen. Vgl. Ref. **10124**.

BDS 3601	= ADS 5447.	BDS 12696	= ADS 17178.
BDS 5030	= ADS 7307.	Hn 60	= ADS 17178.
BDS 5765	= ADS 8148.	Howe 4	= ADS 1223.
BDS 6619	= ADS 9019.	Hu 200	= ADS 14099.
BDS 11828	= ADS 16057.	Hu 225	= ADS 7131.
BDS 12025	= ADS 16326.	Hu 295	= ADS 16708.

I 83 W. H. van den Bos, The orbit of I 83. Union Circ **6** 214—215. Vgl. auch MN ASSA **12** 57.

I 314 W. H. van den Bos, The orbit of I 314. Union Circ **6** 212. Vgl. auch MN ASSA **12** 57.

RST 2338 W. H. van den Bos, The orbit of RST 2338. Union Circ **6** 210. Vgl. auch MN ASSA **12** 57.

§ 102

Spektroskopische Doppelsterne

10201. **G. H. Herbig, B. A. Turner,** The spectroscopic binary 12 Comae Berenices. ApJ **118** 477—480 = Contr. Lick Obs. (2) Nr. **48**. — 12 Comae Berenices besitzt ein spectrum compositum. Verf. unternehmen eine Klassifizierung beider Komponenten im System des Yerkes-Atlas, die auf G0 III—IV für die hellere und A 3 für die schwächere Komponente führt. Aus einigen Radialgeschwindigkeitsmessungen wird auf ein Massenverhältnis des G-Sterns zum A-Stern von ≈ 2 geschlossen. Micz.

10202. **W. R. Hossack,** Overly strong hydrogen lines in some late-type spectroscopic binaries. AJ **58** 216. — Ref. AAS.

10203. **G. R. Miczaika,** Light variability of the Of-type spectroscopic binary BD + 40° 4220. Publ ASP **65** 141—144, mit 1 Fig. = Mitt. Landessternw. Heidelberg Nr. **95**. — Verf. teilt lichtelektrische Helligkeitsmessungen des spektroskopischen Doppelsterns BD + 40° 4220 mit, die eine Lichtkurve mit zwei Minima (Amplituden $0^m\!.30$ und $0^m\!.22$) und starkem Elliptizitätslichtwechsel ergeben. Das System ist dadurch ausgezeichnet, daß die Spektren beider Komponenten sichtbar sind, obwohl das Massenverhältnis 1 : 4 gefunden worden ist. O. G.

10204. **R. F. Sanford,** The orbit of Boss 1074. ApJ **118** 35—38, mit 2 Fig. — Verf. unternimmt eine Bahnbestimmung des spektroskopischen Doppelsterns Boss 1074 unter Verwendung des gesamten verfügbaren Materials an Radialgeschwindigkeitsmessungen einschließlich einer neuen Serie eigener. Das System zeichnet sich durch eine lange Umlaufsperiode von 10740^d und eine große Exzentrizität ($e = 0.65$) aus. Die Messungen deuten die Möglichkeit einer zweiten kurzen Periode an. Ein Versuch von Jeffers, während einer Apastronphase den Stern auch als visuellen Doppelstern zu erkennen, blieb erfolglos. Micz.

10205. O. Struve, S. M. Kung, The F-type component of Capella. ApJ **117** 1—6, mit 17 Fig. = Berkeley Repr. Nr. **36**. — Das Spektrum der F-Komponente des spektroskopischen Doppelsterns Capella ist ungewöhnlich in bezug auf die Intensitäten der Linien einiger Elemente, z. B. von Fe I und H. Eine Reihe von starken Linien, vor allem des Fe I. der G-Komponente sind unterdrückt. Verf. beschreiben ausführlich die Eigentümlichkeiten des Spektrums zu verschiedenen Phasen des Bahnumlaufs nach Aufnahmen mit einem Coudé-Spektrographen hoher Dispersion. Eine Reihe von typischen Spektren werden reproduziert. Abschließend wird die Frage des Massenverhältnisses beider Komponenten M_G/M_F erörtert, das bisher zu 1.2 angenommen wurde. Dieser Wert dürfte zu groß sein; neue Messungen der Geschwindigkeitsamplitude der F-Komponente, wozu Linien ausgesucht wurden, die möglichst ungestört durch das G-Spektrum sind, führen auf $M_G/M_F = 0.90$ und $M_G = 2.5 \odot$, $M_F = 2.8 \odot$. Micz.

10206. O. Struve, R. F. Kilby, A new determination of the spectrographic orbit of Capella. ApJ **117** 272—278, mit 3 Fig. — Von dem spektroskopischen Doppelstern Capella (α Aurigae) werden neue spektroskopische Bahnelemente abgeleitet und mit älteren verglichen. Micz.

10207. Mitteilungen über einzelne spektroskopische Doppelsterne

α Aur	K. L. Franklin, A spektrophotometric study of Capella. AJ 58 214—215. — Ref. AAS.
	K. O. Wright, The secondary component in the spectrum of Capella. AJ 58 236. — Ref. AAS.
12 Com	G. H. Herbig, B. A. Turner. Vgl. Ref. **10201**.
HD 37756	Sky and Telescope **12** 179, mit 3 Fig. Eccentric binary.

10208. Elemente spektroskopischer Doppelsterne

α Aur	O. Struve, R. F. Kilby. Vgl. Ref. **10206**.
ι Ori	J. A. Pearce, The spectrographic binary HD 37043, ι Orionis. AJ **58** 223—224. — Ref. AAS.
ψ Ori	= HD 35715.
58 Persei e	= Boss 1074.
Boss 1074	R. F. Sanford. Vgl. Ref. **10204**.
HD 27483	R. J. Northcott, K. O. Wright, A spectrographic study of the double-lined binary system H. D. 27483. Vgl. AJB **52** Ref. **10211**. — Ref. in Nature **172** 570.
HD 29094—95	= Boss 1074.
HD 35588	M. Duflot, Orbite de l'étoile double spectroscopique HD 35588. JO **36** 30—34, mit 1 Fig.
HD 35715	M. Chopinet, Orbite de l'étoile double spectroscopique HD 35715 = ψ Ori. JO **36** 34—36, mit 1 Fig.
	J. A. Pearce, The spectrographic orbits of HD 35715 — Psi Orionis. Publ ASP **65** 209. — Ref. ASP.
HD 37043	= ι Ori.
HD 37756	J. A. Pearce, The spectrographic binary HD 37756. AJ 58 46. — Ref. AAS.
HD 98088	H. A. Abt, Radial velocity and spectrum of HD 98088. Publ ASP **65** 274—277, mit 1 Fig. und 1 Tafel.

Zwölfter Teil

Veränderliche Sterne. Novae

§ 110

Ephemeriden, Allgemeines

11001. **P. Ahnert,** Die veränderlichen Sterne der Baadeschen Populationen. Sternenwelt 5 127—132, mit 2 Abb.

11002. **S. Gaposchkin,** How to estimate the brightness of a star. Sky and Telescope 12 283—285, mit 2 Fig. — Verf. beschreibt die Methoden zur Schätzung von Sternhelligkeiten, insbesondere die Stufen-Schätzung und die bei der American Association of Variable Star Observers benutzte Fraktions-Methode. Schai.

11003. **B. W. Kukarkin,** Výzkum složení a vývoje hvězdných soustav na základě studia proměnných hvězd. Prag, Verlag Akad. Wiss. 160 S. mit 32 Fig. Preis Kčs. 16. — Übersetzung aus dem Russischen.

11004. **B. W. Kukarkin, P. P. Parenago, J. I. Jefremow, P. N. Cholopow,** Fünfter Nachtrag zur ersten Ausgabe des Generalkatalogs Veränderlicher Sterne. Moskau-Leningrad, Verlag Akad. Wiss. UdSSR, 1953. 52 S. (russisch). — Der Katalog enthält Angaben über 70 im Jahre 1953 benannte Veränderliche sowie verbesserte Angaben über 324 früher benannte Veränderliche. Eine Übersetzung des Textes ins Englische besorgte die IAU.

11005. **P. Ledoux,** Les étoiles variables intrinsèques. Ciel et Terre **69** 12—22, 68—80, mit 5 Fig. = Inst. d'Astrophys. Univ. Liège Mém. 8° Nr. **356.** — Nach Überblick über die Einteilung dieser Veränderlichen in Untergruppen wird ihre Stellung im Hertzsprung-Russell-Diagramm gezeigt, und es werden ihre räumlichen und dynamischen Charakteristika beschrieben. Im Fall der δ Cephei-Sterne wird versucht, die beobachteten Phänomene durch die Pulsationstheorie zu erklären. Ausgehend von den Differentialgleichungen sehr kleiner Oszillationen einer Gaskugel werden adiabatische und nicht-adiabatische Pulsationen für Modelle verschiedener Massenkonzentrationen diskutiert. Es wird die Schwingungsstabilität untersucht und auf die Bedeutung nicht-adiabatischer Pulsationen in den äußeren Schichten hingewiesen. Anschließend werden noch folgende Gruppen betrachtet und kurz die Theorien und Deutungsversuche ihrer Veränderlichkeit diskutiert: Langperiodisch Veränderliche ($P > 50^d$), Veränderliche sehr kurzer Periode ($P < 1^d$), β Canis majoris-Sterne, Sterne mit variablem Magnetfeld und «variables explosives» (Novae, nova-ähnliche Veränderliche und Sterne vom Typ SS Cygni). Gli.

11006. **P. P. Parenago, B. W. Kukarkin,** Proměnné hvězdy. Prag, Verlag Akad. Wiss. 8 + 160 S. mit 66 Fig. Preis Kčs. 12. — Übersetzung aus dem Russischen: Veränderliche Sterne.

11007. **J.-C. Pecker,** Les étoiles variables. La Nature 81 282—286, mit 10 Fig.

11008. **M. Sauer,** Zur Statistik der Periodenänderungen von veränderlichen Sternen. Phys. Verhandlungen **4** 258 (Ref.).

11009. **H. Schneller,** Zur Ausgabe des dritten Bandes der Geschichte und Literatur des Lichtwechsels der Veränderlichen Sterne. Sterne **29** 177—179, mit 1 Abb.

11010. Rocznik Astronomiczny Obserwatorjum Krakowskiego 1953. Suppl. Internationale Nr. **24**. Kraków, 1953. 8 + 96 S. — Enthält Ephemeriden von 566 Bedeckungsveränderlichen für 1953.

§ 111

Veränderliche Sterne

* * Veränderliche in kugelförmigen Sternhaufen siehe § **121**, in außergalaktischen Nebeln § **124**.

Bedeckungsveränderliche

11101. **G. G. Cillié jr., E. M. Lindsay,** The photoelectric light curve of V 525 Sagittarii. MN **113** 516—520, mit 1 Fig. = Harv Repr Nr. **379**. — Ref. in Irish AJ **3** 35. — Von dem Bedeckungsveränderlichen vom β Lyrae-Typ V 525 Sagittarii wurden photoelektrisch Lichtkurven im blauen und gelben Spektralbereich gemessen. Die Elemente des Lichtwechsels und die Farbänderungen des Systems werden ermittelt. Micz.

11102. **A. Colacevich,** La variabile ad eclisse V 451 Ophiuchi. Mem SA It (NS) **24** 121—133, mit 2 Fig. = Oss. Astr. Capodimonte-Napoli Contr. Astr. (2) **4** Nr. 12. — Die Lichtkurve des Veränderlichen wurde aus 241 im Jahre 1952 auf dem Capodimonte ausgeführten Beobachtungen abgeleitet. Die Periode beträgt 2.1965962 Tage und ist damit doppelt so groß wie die bisher abgeleitete. Unter Verwendung von fünf in Toronto aufgenommenen Spektrogrammen wurden die Bahnelemente berechnet. Cester

11103. **G. C. Flammarion,** La prochaine éclipse de l'étoile double ε Aurigae (Cocher). BSAF **67** 2.

11104. **A. Fresa,** Curva di luce della variabile ad eclisse XX Cephei. Mem SA It (NS) **24** 341—348 = Contr. Oss. Astr. Torino (NS) Nr. **22**. — Verf. bestimmt aus 737 Beobachtungen mit einem Keilphotometer die Lichtkurve dieses Veränderlichen. Vermutlich existiert eine Apsidendrehung des Systems. Cester

11105. **A. Fresa,** Osservazioni di variabili ad eclisse. Rend. Accad. Nazionale Lincei, Cl. Sci. fis., mat., nat. (8) **14** 616—619. — Mitteilung vorläufiger Ergebnisse der lichtelektrischen Beobachtungen der drei Bedeckungsveränderlichen V 566 Oph, V 805 Aql und V 548 Cyg. Es werden die maximalen und minimalen Helligkeiten, Lichtkurven, Perioden und Vergleichssterne angegeben. V 548 Cyg ist kein RR Lyrae- sondern ein Algol-Stern. Cester

11106. **S. Gaposchkin,** The eclipsing variables. Harv Ann **113** 69—149, mit zahlreichen Fig. — Als Teilergebnis der Helligkeitsschätzungen von 2017 Veränderlichen auf Harvard-Überwachungsplatten werden die photometrischen Elemente für 281 hellere Bedeckungsveränderliche mitgeteilt. Obgleich nur Sterne mit einem Normallicht $m_{Max} < 10^{m}.0$ aufgenommen werden sollten, haben sich infolge der unsicheren Helligkeitsangaben in älteren Katalogen zahlreiche wesentlich schwächere Sterne eingeschlichen. Für die einzelnen Veränderlichen standen im Mittel rund 1000 Beobachtungen zur Verfügung, aus denen sehr sichere Mittelwerte für die einzelnen Phasen gebildet werden konnten. Außer den photometrischen Elementen sind für alle Sterne photographische Lichtkurven in bildlicher Darstellung und in Tabellen der Phasenhelligkeiten wiedergegeben. Die Lichtkurven sind so zuverlässig, daß sogar sekundäre Minima von $0^m.02$ Tiefe deutlich zu erkennen sind. Jedem Diagramm sind Angaben über die Spektren beider Komponenten, ihre absoluten Helligkeiten, Massen und Halbmesser in Sonneneinheiten beigefügt. Vgl. AJB **54** § 112. M. Beyer

11107. **W. A. Hiltner,** Spectrographic observations of SV Camelopardalis. ApJ **118** 262—264, mit 2 Fig. = Contr. McDonald Obs. Nr. **226**. — Von dem Bedeckungsveränderlichen SV Camelopardalis wurden 47 Radialgeschwindigkeiten gemessen und eine spektroskopische Bahn abgeleitet. Ferner wird über photometrische Messungen berichtet, die Anzeichen für unregelmäßige Oberflächenhelligkeit ergeben. Micz.

11108. **Y. Hosokawa,** On the rotation effect of velocity curves in eclipsing binary systems. Publ. Astr. Soc. Japan **5** 88—95, mit 4 Fig. = Sendai Astr. Rap. **2** Nr. 22 (34). — Der Rotationseffekt in der Radialgeschwindigkeit eines Bedeckungsveränderlichen während des Bedeckungsvorgangs wird theoretisch abgeleitet unter der Voraussetzung kugelförmiger Sterne mit Randverdunklung, deren Rotationsachsen eine beliebige Neigung gegen die Blickrichtung haben, und deren Winkelgeschwindigkeit vom Äquator zum Pol hin abnimmt. Numerische Angaben zeigen den Einfluß einer Variation der Randverdunklung und des Geschwindigkeitsgesetzes für ein System wie RZ Cas. Wellmann

11109. **M. Huruhata, T. Dambara, M. Kitamura,** A photoelectric study of YY Eridani. Ann. Tokyo Astr. Obs. (2) **3** 227—233, mit 2 Fig. — Neben den lichtelektrischen Einzelbeobachtungen dieses UMa-Sterns, die 1951—52 im gelben, blauen und violetten Spektralbereich vorgenommen wurden, sind die Lichtkurven (bildlich und in Tabellen der Normalpunkte) in allen drei Farben sowie die photometrischen Elemente und die absoluten Dimensionen des Doppelsternsystems gegeben. M. Beyer

11110. **M. Huruhata, M. Kitamura,** A photoelectric study of RZ Tauri. Publ. Astr. Soc. Japan **5** 102—107, mit 2 Fig. = Tokyo Astr. Obs. Repr. Nr. **108**. — Lichtelektrische Beobachtungen dieses W UMa-Sterns, die 1951—52 in den Farben Gelb, Blau und Violett am 26′-Refraktor des Observatoriums Tokyo vorgenommen wurden, liefern verbesserte photometrische Elemente und in Verbindung mit spektrographischen Elementen von Struve die absoluten Dimensionen dieses Doppelsternsystems. M. Beyer

11111. **B. N. Kadomskij,** Anwendung der Methode des Längsspektrographen als photometrische Methode zur Bestimmung der Lichtkurve von RS Vulpeculae. Abh. Lenin-Staatsuniv. Kasan **113** Nr. 4, 42 S. mit 8 Abb. und 1 Tafel = Bull. Astr. Engelhardt-Obs. Nr. **29** (russisch). — Die von Tichow vorgeschlagene und auf der Ausnutzung der chromatischen Aberration eines Objektivs beruhende Methode zur Bestimmung von Helligkeiten in verschiedenen Farbbereichen wird zur Ableitung der Lichtkurve von RS Vul bei den effektiven Wellenlängen 4280 Å und 6500 Å benutzt. Vergleichssterne, Lichtkurven und Einzelbeobachtungen sind angegeben. Das sekundäre Minimum ist gegenüber der mittleren Lage um −0.0622 · P verschoben. Die Auswertung der Lichtkurven wird für später angekündigt. Loh.

11112. **K. Kaltschajew,** Physikalische Besonderheiten der Unterzwerge von Bedeckungsveränderlichen. Leningrad, Astr. Hauptobs. Pulkowo, 1953 (russisch). — Dissertationsreferat.

11113. **B. I. Kaminskij,** Das System MR Cygni. VS Bull **9** 285—293, mit 1 Abb. (russisch). — Aus einer Analyse der bisher vorliegenden Beobachtungen dieses Bedeckungsveränderlichen folgt, daß nach Eliminierung der mit der Drehung der Apsidenlinie verbundenen Effekte Reste in den Beobachtungen übrig bleiben, die mit großer Wahrscheinlichkeit für die Existenz eines dritten Körpers sprechen. Loh.

11114. **Z. Kopal,** The interpretation of eclipses of ε Aurigae. AJ 58 219—220. — Ref. AAS.

11115. **G. T. Kowal,** Der Bedeckungsveränderliche TT Lyrae. Mitt. Astr. Obs. Odessa **3** 287—291, mit 2 Abb. (russisch). — Bestimmung der Lichtkurven im Visuellen und Photographischen aus Aufnahmen in Odessa. Der Farbenindex ändert sich nur wenig. Loh.

11116. **G. E. Kron, K. C. Gordon,** The system of Alpha Coronae Borealis. ApJ 118 55—76, mit 6 Fig. = Contr. Lick Obs. (2) Nr. **46**. — Von dem Bedeckungsveränderlichen α Coronae Borealis ($P = 17^{d}.36$) wurde lichtelektrisch bei λ 7230 Wellenlänge eine Lichtkurve erhalten, die auch das bisher nicht beobachtete Nebenminimum zeigt. Unter Heranziehung der spektroskopischen Beobachtungen werden Bahnelemente sowie relative und absolute Systemkonstanten abgeleitet. Die Lichtkurve ist durch Abweichungen der Hauptkomponenten von der Kugelgestalt infolge schneller Rotation deformiert. Der Effekt wurde bei der Rektifizierung berücksichtigt. Der Randverdunklungs-Koeffizient für rotes Licht erweist sich kleiner, als nach der Theorie zu erwarten ist. Micz.

11117. **K. K. Kwee,** Computation of the elements of the eclipsing variable V 505 Sagittarii from photoelectric observations made by Prof. P. Th. Oosterhoff. BAN **12** 35—55, mit 3 Fig. — Der Lichtwechsel wird auf Grund von 1775 lichtelektrischen Beobachtungen, die P. T. Oosterhoff in 28 Nächten zwischen 1950 Juni und August in Johannesburg erhalten hat, untersucht. Neben den photometrischen Elementen sind auch die daraus abgeleiteten geometrischen Daten sowie alle Einzelbeobachtungen (ohne Filter sowie in den Farben Blau und Grüngelb) und ihre graphische Darstellung wiedergegeben. M. Beyer

11118. **G. Larsson-Leander,** A spectrographic and spectrophotometric study of 31 Cygni at the eclipse in 1951. Stockholms Obs. Ann. **17** Nr. 5, 34 S. mit 8 Fig. — Die letzte Hälfte des Minimums 1951 dieses langperiodischen Algolsterns ($P = 3803^{d}$) wurde von 1951 Okt. 2 bis 1952 März 9 mit dem Einprismen-Spektrographen am Stockholmer 102 cm-Reflektor im ultravioletten Bereich beobachtet. Die Spektren der beiden Komponenten des Systems wurden als K 2 I und B 5 V klassifiziert. Im übrigen zeigt der Verlauf der Verfinsterung eine sehr große Ähnlichkeit mit den bei ζ Aurigae beobachteten Erscheinungen. M. Beyer

11119. **F. I. Lukazkaja,** Kolorimetrische Untersuchung des Bedeckungsveränderlichen AW Pegasi. Kiew, Staatsuniv., 1953 (russisch). — Dissertationsreferat.

11120. **N. L. Magalaschwili,** Elektrophotometrie der Bedeckungsveränderlichen RX Herculis und RS Vulpeculae. Bull. Astrophys. Obs. Abastumani Nr. **15** S. 3—15, mit 5 Abb. (russisch). — Aus Beobachtungen bei einer effektiven Wellenlänge des optischen Systems von 420 mμ in den Jahren 1948—1951 leitet Verf. für RX Her die photometrischen Bahnelemente ab und berechnet daraus unter Verwendung der spektroskopischen Daten Sanfords (ApJ **68** 51, 1928, vgl. AJB **30** Ref. 8517) die absoluten Dimensionen. Für RS Vul werden nur die photometrischen Bahnelemente abgeleitet. Loh.

11121. **J. E. Merrill,** Tables for solution of light curves of eclipsing binaries. Coefficient of limb-darkening $x = 1.0$. Contr. Princeton Univ. Obs. Nr. **23** S. 305—336. — Die Tafeln bilden die Fortsetzung einer bereits 1950 an gleicher Stelle veröffentlichten Sammlung ($x = 0.0$ bis 0.8). M. Beyer

11122. **J. E. Merrill,** Tables for solution of light curves of eclipsing binaries. Auxiliary tables. Contr. Princeton Univ. Obs. Nr. **23** S. 337—374. — Hilfstafeln zur Erleichterung der Ableitung der geometrischen und physischen Daten von Bedeckungsveränderlichen. M. Beyer

11123. **J. E. Merrill,** Nomographs for solution of light curves of eclipsing binaries. Contr. Princeton Univ. Obs. Nr. **24**, 22 S. mit 3 Fig. — Nomogramme zu den vorstehenden Tafeln.

11124. **G. R. Miczaika,** Über das System U Cephei. ZfA **33** 1—16, mit 6 Abb. = Mitt. Landessternw. Heidelberg Nr. **94**. — 1137 in drei Farbbereichen ausgeführte lichtelektrische Messungen des Bedeckungsveränderlichen U Cephei führen zu mittleren Lichtkurven, die neben der bekannten Asymmetrie des Hauptminimums einen Lichtwechsel außerhalb der Bedeckungen ergeben, der in erster Linie nicht auf Elliptizität der Komponenten und Reflexionseffekte zurückgeführt werden kann, und dessen Einzelheiten zum Teil von der Wellenlänge abhängen. Die beiden Äste zwischen Haupt- und folgendem Nebenminimum bzw. Neben- und folgendem Hauptminimum sind verschieden voneinander. Es wird ein Modell des Systems aufgestellt, um die Eigentümlichkeiten des Lichtwechsels zu erklären. Neben diffuser Materie, die vor allem mit dem B-Stern verbunden ist und auch durch die spektrographischen Beobachtungen gefordert wird, wird eine Zone erhöhter Helligkeit der Oberfläche der G-Komponente angenommen. Im zweiten Teil der Arbeit wird die Frage der Veränderlichkeit der Periode erörtert. Neben der säkularen oder sehr langperiodischen Änderung treten zyklische Oszillationen der Minimumszeiten mit $12^a\!.3$ und $17^a\!.8$ Länge auf. Wenn sie als Lichtzeiteffekt infolge Anwesenheit eines dritten oder vierten Körpers gedeutet werden, dürfte deren Masse $<0.3\ \odot$ sein. Eine Nachweisbarkeit im Spektrum oder eine veränderliche γ-Geschwindigkeit sind daher nicht zu erwarten.
Verf.

11125. **T. Nakamura, H. Tanabe,** Photoelectric observations of RU Eridani. Ann. Tokyo Astr. Obs. (2) **3** 175—181, mit 2 Fig. — Die im Winter 1952—53 in den Bereichen 5550 und 4650 Å erhaltenen lichtelektrischen Messungen des Algolsterns sind einzeln wiedergegeben. Neben einer bildlichen Darstellung der Lichtkurve in beiden Farben sind die photometrischen und geometrischen Elemente des Systems sowie Betrachtungen über Änderungen des Farbenindex mitgeteilt.
M. Beyer

11126. **L. Plaut,** An investigation on the eclipsing binaries brighter than photographic magnitude 8.50 at maximum. Publ. Kapteyn Astr. Laboratory Groningen Nr. **55**, 62 S. mit 17 Fig. — Die Arbeit ist als Grundlage für statistische Untersuchungen der bei Bedeckungsveränderlichen auftauchenden Probleme gedacht, wobei Verf. sich mit Rücksicht auf die Vollständigkeit der Beobachtungen auf diejenigen Sterne beschränkt, die im Normallicht die Helligkeit $8^m\!.50$ nicht unterschreiten. Zunächst sind die neuesten spektroskopischen und photometrischen Elemente sowie die aus ihnen abgeleiteten absoluten Helligkeiten, Massen, Dimensionen der Komponenten und der Bahnen in mehreren Tabellen zusammengestellt. Zahlreiche Bemerkungen über individuelle Eigenschaften sowie die aus dem Verhältnis der Oberflächenhelligkeiten bestimmten Spektraltypen der schwächeren Komponenten vervollständigen die Angaben. Wenn möglich, wurden die aus dem Verlauf der Bedeckungen rechnerisch bestimmten Werte für Elliptizität, Reflexion und Spektren der Komponenten an Beobachtungen außerhalb der Verfinsterungen überprüft. Im 2. Abschnitt der Arbeit ist abgeschätzt, wieviele Bedeckungsveränderliche mit $m_{Max} < 8^m\!.5$ sich unter Berücksichtigung der verschiedenen Helligkeitsamplituden der Entdeckung entziehen konnten. Daneben ist der Anteil der Bedeckungsveränderlichen an der Gesamtzahl aller visuell nicht trennbaren Doppelsterne geschätzt. Die Ergebnisse zeigen, daß noch viele helle Bedeckungsveränderliche unentdeckt geblieben sind. Im 3. Abschnitt sind aus den wiedergegebenen Daten Verteilungsfunktionen für das Durchmesser-Verhältnis der Komponenten, die Halbachsen ihrer Bahnen, das Massen-Verhältnis und die Perioden abgeleitet. Neben dem Hertzsprung-Russell-Diagramm für die Bedeckungsveränderlichen beschließen graphische Darstellungen der Beziehungen zwischen Masse, Leuchtkraft und Durchmesser sowie zwischen den Perioden und den Dichten bzw. Spektraltypen die Diskussion. Einzelne Sterne vgl. Liste S. 363. M. Beyer

11127. **J. Sahade,** A note on V 449 Scorpii. Publ ASP **65** 88—91, mit 1 Fig. = Obs. Córdoba Tirada Aparte Nr. **61.** — 26 Spektrogramme des Bedeckungsveränderlichen V 449 Sco ergeben, mit der angezeigten Periode von 38ᵈ8 reduziert, keine Radialgeschwindigkeitskurve, die einer Bahnbewegung entspricht. Die Intensität der K-Linie des Ca II ist veränderlich. O. G.

11128. **E. Schmidt,** Langperiodische Bedeckungsveränderliche. Sternenwelt **5** 134—135, mit 1 Abb. — Monographie über den Bedeckungsveränderlichen CPD −60° 3278 mit einer Periode von ca. 190 Jahren. Sieben weitere Veränderliche mit langen Perioden sind zusammengestellt.

11129. **H. Schneller,** Zeta Aurigae im Minimum. Astr. Nachrichtendienst Berlin-Treptow **5** 52—55.

11130. **A. Schulberg,** Über die Bestimmung der Bahnelemente von Algol-Sternen mit ausgedehnten Atmosphären. Mitt. Astr. Obs. Odessa **3** 249—255, mit 4 Abb. (russisch). — In Anlehnung an Kosyrew und Chandrasekhar wird versucht, die Bahnelemente von V 444 Cyg abzuleiten. Die Ergebnisse könnten aber noch verbessert werden, wenn eine entsprechende Theorie gestattet, die Halbdurchsichtigkeit des größeren Sterns zu berücksichtigen, und die Abhängigkeit des Absorptionskoeffizienten von der Wellenlänge in Betracht gezogen wird. Loh.

11131. **A. M. Schulberg,** Bedeckungsveränderliche mit ausgedehnten Atmosphären. VS Bull **9** 256—265, mit 1 Abb. (russisch). — Auf Grund der von Kosyrew (vgl. AJB **36** Ref. **7615**) entwickelten Theorie über die Helligkeitsverteilung auf Sternscheiben mit ausgedehnten Atmosphären, bei denen die Schwarzschildsche Randverdunklung nicht mehr zutrifft, berechnet Verf. Tabellen zur Bestimmung der Bahnelemente von Bedeckungssystemen, deren Komponenten ausgedehnte Atmosphären besitzen. Loh.

11132. **K. Serkowski,** Photometrische Untersuchung des Bedeckungsveränderlichen SW Lacertae. Sprawozdań Polskiego Towarzystwa Astronomicznego **4,** 5 S. mit 3 Fig. (polnisch).

11133. **A. W. Sofronizkij,** Über die physikalische Natur der Unterriesen in engen Bedeckungsveränderlichen. Mitt. Astr. Hauptobs. Pulkowo **19** Nr. 4 (151) S. 1—33, mit 12 Abb. (russisch). — Lichtelektrische Messungen in zwei Farbbereichen an V 505 Sgr werden diskutiert. Als Grundlage dient das Modell von Roche, wobei im Gegensatz zu Kuipers Anwendung der Gasdruck eine wesentliche Rolle spielt. Mit Hilfe der Theorie der ausgedehnten Atmosphären von Kosyrew werden aus der Lichtkurve die Radien der Komponenten ermittelt. Elementenbestimmungen und Aussage über Alter und Entwicklung der Unterriesen als Begleiter vervollständigen die Arbeit. Schrick

11134. **E. A. Spiegel, L. H. Aller,** Turbulence in the atmosphere of 31 Cygni. AJ 58 229. — Ref. AAS.

11135. **O. Struve, E. G. Ebbighausen,** The spectroscopic orbit of YY Geminorum (Castor C). ApJ **117** 468—469. — Eine früher vermutete Veränderlichkeit der Geschwindigkeitsamplitude des Bedeckungsveränderlichen YY Geminorum wird durch neue Messungen nicht bestätigt. Micz.

11136. **O. Struve,** Notes on stellar spectra. Publ ASP **65** 81—85, mit 2 Fig. = Berkeley Repr. Nr. **40.** — 1. Die Radialgeschwindigkeit des Bedeckungsveränderlichen W Ser paßt nicht zur Lichtkurve. Verf. schließt auf das Vorhandensein von Gasströmen in diesem System. 2. Für zwei verschieden starke Ti-Linien mit nahezu gleichem Anregungspotential in Spektren von ε Aur ergeben sich zeitweise stark verschiedene Turbulenzgeschwindigkeiten, die Verf. mit wechselnder Protuberanzentätigkeit erklärt. 3. Verf. vermutet einen Breiteneffekt in der Verteilung absorbierender Atome über den Oberflächen rasch rotierender Sterne. Er erklärt damit die von Weaver gefundene Andeutung von Hüllenspektren bei rasch rotierenden A-Sternen und die zuerst von Morgan beobachtete Verdopplung der Mg II-Linie 4481 während des Minimums von Algol. O. G.

11137. **O. Struve,** The coming eclipse of Epsilon Aurigae. Sky and Telescope **12** 99—101, mit 4 Fig.

11138. **R. Szafraniec,** Variations of period of eclipsing variables. AA(b) **2** 86—119, mit 15 Fig. — Bearbeitung von 1371 Helligkeitsschätzungen der drei Bedeckungsveränderlichen RZ Cas, TY Boo und TU Boo aus den Jahren 1934—35 und 1947—51. Neben Zusammenstellungen sämtlicher für diese Sterne bekannt gewordenen Minima sind Tabellen der Normalpunkte und bildliche Darstellungen der Lichtkurven sowie die bei diesen Veränderlichen nachgewiesenen unregelmäßigen Änderungen der Perioden in Diagrammen gegeben. Am Schluß der Arbeit wird die Zuverlässigkeit der in Krakau benutzten graphischen Methode zur Ableitung von mittleren Minimumepochen durch Vergleich mit den Ergebnissen, die mittels der umständlichen Methode der Kleinsten Quadrate erhalten worden sind, bewiesen. M. Beyer

11139. **P. Wellmann,** Der Bedeckungsveränderliche EE Pegasi. ZfA **32** 1—10, mit 2 Abb. = Mitt. Sternw. Hamburg-Bergedorf **22** Nr. 232. — Die bisher nicht bekannten Licht- und Radialgeschwindigkeitskurven dieses hellen Bedeckungsveränderlichen werden untersucht und zur Ableitung vorläufiger Systemkonstanten benutzt. Die Ausgleichung zur Bestimmung des Radienverhältnisses aus der Lichtkurve wurde nach einem neuen Verfahren mit Hilfe der Merillschen Tafeln der χ-Funktion besonders einfach gestaltet. Verf.

11140. Algolminimer i 1954. NAT **1953** 156—157.

11141. Minima of Algol. Sky and Telescope **12** 250, 276, 306, 329, **13** 29, 64.

11142. Verfinsterungssterne, die im Hauptminimum heller als 9. Größe bleiben. Sternenwelt **5** 114. — Liste umfaßt 48 Sterne.

Cepheiden

11143. **K. Ferrari d'Occhieppo,** Die verbesserte Perioden-Leuchtkraft-Beziehung und die Pulsationstheorie der δ Cephei-Sterne. Anzeiger der Österreich. Akad. Wiss. Math.-naturw. Kl. **90** 251—257. — Eine Korrektion von rund $-1^{m}.2$ ist mit den empirischen Daten des Pulsationsphänomens verträglich. Darüber hinaus bringt sie den Durchschnittswert des Produkts $P\sqrt{\varrho}$, den man unter Heranziehung der allgemeinen Masse-Leuchtkraft-Beziehung aus den Beobachtungen erhält, dem theoretisch für das Standardmodell zu erwartenden Betrag bedeutend näher, als es früher den Anschein hatte. Im Mittel würde etwa die Polytrope $n = 8/3$ formal am besten entsprechen. Unterschiede, sei es in der chemischen Zusammensetzung, sei es in der Dichtekonzentration, sind jedoch zweifellos vorhanden und zeigen einen gewissen Gang mit der Periodenlänge. Verf. (gekürzt)

11144. **A.-M. Fringant,** Sur la classification spectrale de RR Lyrae. CR **237** 225—226 = Contr. Inst. d'Astrophys. Paris (A) Nr. **149**. — Nach der Methode von D. Chalonge und L. Divan (Ann d'Astrophys **15** 201, AJB **52** Ref. **9512**) werden λ_1, D, φ_b, Spektraltyp und φ_{0b} von RR Lyrae durch Anschluß an BD +41° 3352 und HD 11241 bestimmt. Man findet, daß RR Lyrae im Laufe seines Zyklus von F0 II bis F8 II variiert. Labs

11145. **L. Gratton,** Note on the spectrum of β Doradus. ApJ 118 570—571, mit 1 Fig. und 1 Tafel. — Ableitung einer Radialgeschwindigkeitskurve des δ Cephei-Sterns β Doradus aus eigenen und anderweitigen Radialgeschwindigkeitsmessungen. Auf einigen Aufnahmen wurden schwache Emissionslinien H und K des Ca II gefunden, deren Verhalten kurz beschrieben wird. Micz.

11146. **L. Gratton,** On the velocity curve of AI Velorum. BAN 12 31—34, mit 3 Fig. — Die in Gemeinschaft mit C. J. Lavagnino bestimmte Kurve der Radialgeschwindigkeiten zeigt deutlich die bereits von T. Walraven aus der Lichtkurve bestimmte doppelte Periodizität und eine bemerkenswerte Übereinstimmung in den Phasen. Eine Analyse der Kurven und Deutung der beobachteten Erscheinungen wird versucht. Zur endgültigen Klarlegung der Verhältnisse sind weitere photometrische und spektrale Beobachtungen geplant. M. Beyer

11147. **L. Gratton, C. J. Lavagnino,** Spektrographische Beobachtungen des Veränderlichen AI Velorum. ZfA 32 69—90, mit 8 Abb. und einem Anhang von R. Jaschek. — Der kurzperiodische Cepheiden-Veränderliche AI Velorum wurde spektroskopisch an der Bosque Alegre-Sternwarte beobachtet. Mit Hilfe von 154 Platten konnte die Radialgeschwindigkeitskurve während einiger Zyklen festgelegt werden; in einigen Nächten wurden drei aufeinanderfolgende Perioden beobachtet. Die von Hertzsprung gefundene Periode von $0\overset{d}{.}111574$ wird bestätigt; außerdem wurde eine Modulationsperiode von 0.380 Tagen entdeckt. Die Änderungen des Spektraltyps und der Geschwindigkeit stimmen weitgehend überein (Spektraltyp A0 bei kleinster, Typ F0 bei größter Geschwindigkeit); die Nebenperiode von 0.380 Tagen tritt auch in den Spektraltypen hervor. Photometrische Beobachtungen von R. Jaschek bestätigen beide Perioden. Wahrscheinlich bestehen außerdem noch schnelle Schwankungen des Spektraltyps, der Geschwindigkeit und vielleicht auch der Helligkeit. Verf.

11148. **D. L. Harris,** Note on the Cepheid variable Zeta Geminorum. ApJ 118 346—349, mit 2 Fig. = Contr. McDonald Obs. Nr. 228. — Photoelektrisch erhaltene Lichtkurven des δ Cephei-Sterns ζ Geminorum, gemessen in drei Wellenlängenbereichen (U, B, V des Systems von Johnson), und eine Verbesserung der Periode des Lichtwechsels werden mitgeteilt. Micz.

11149. **W. Iwanowska,** A spectrophotometric study of RR Lyrae type variables. Studia Soc. Sci. Toruń (A) 3 Nr. 2 S. 1—18, mit 7 Fig. (mit polnischer Zusammenfassung) = Bull. Astr. Obs. Toruń Nr. 11. — Ref. in Postępy Astr. 1 44. — Ref. in Sky and Telescope 13 54, mit 1 Fig. unter dem Titel: Two kinds of RR Lyrae variables. — Spektralphotometrische Untersuchungen von 19 RR Lyrae-Sternen zeigen, daß die Periode-Spektrum-Beziehung graphisch in der Form von zwei nahezu parallelen Kurven darzustellen ist. Eine Gruppe dieser Sterne, die sich durch kürzere Perioden, niedrige galaktische Breiten und mäßige Geschwindigkeiten auszeichnet, folgt der Periode-Spektrum-Beziehung der klassischen Cepheiden. Die andere Gruppe entspricht dem Verhalten der Haufen-Veränderlichen (Population II). In entsprechender Weise ist auch eine Verschiedenheit in den Periode-Leuchtkraft-Beziehungen vorhanden. Die Linienintensitäten der den eigentlichen Haufenveränderlichen zugehörigen RR Lyrae-Sterne lassen auf einen geringeren Wasserstoffvorrat schließen. M. Beyer

11150. **D. Jehoulet,** RU Cam, céphéide probable de type II. CR 236 663—665, mit 1 Fig. = Inst. d'Astrophys. Univ. Liège Coll. 4° Nr. 42. — Ein Vergleich der Lichtkurve mit den Änderungen der Radialgeschwindigkeiten weist neben anderen Eigentümlichkeiten des Spektrums auf eine große Ähnlichkeit mit W Vir hin. Beide Sterne dürften der gleichen Untergruppe der Cepheiden angehören. M. Beyer

11151. **P. van de Kamp,** Student observations of Delta Cephei. Sky and Telescope 12 208—209, 212, mit 4 Fig. = Repr. Sproul Obs. Nr. 83.

11152. **R. P. Kraft,** The period-density relation in classical Cepheids. Publ ASP **65** 146—151, mit 1 Fig. = Berkeley Repr. Nr. **44**. — Verf. hat neue Werte für $P\sqrt{\varrho_c}$ berechnet unter Berücksichtigung der Änderung der Radien durch die Verschiebung des Nullpunkts der Periode-Leuchtkraft-Beziehung um $-1^m.5$. Mittlere Dichten werden 1. für Eddingtons Standardmodell, 2. aus der empirischen Masse-Leuchtkraft-Beziehung berechnet. Die Diskrepanzen sind wesentlich kleiner als bei Eddington. O. G.

* * **E. A. Kreiken,** The density of stars of different spectral types. Vgl. Ref. **9707**.

11153. **F. Lenouvel, D. Jehoulet,** La courbe de lumière de RU Cam. Ann d'Astrophys **16** 139—150, mit 6 Fig. = Inst. d'Astrophys. Univ. Liège Coll. 4° Nr. **45**. — Lichtkurven des mit 22^d Periode veränderlichen Sterns RU Camelopardalis im blauen, grünen und gelben Spektralbereich wurden photoelektrisch gemessen. RU Cam ist ein δ Cephei-Stern mit kräftigen Kohlenstoffbanden im Spektrum. Die Periode des Lichtwechsels führt rasche Änderungen zwischen $21^d.8$ und $22^d.17$ aus, die Verf. an Hand des gesamten verfügbaren Beobachtungsmaterials untersuchen. Micz.

11154. **A. M. Losinskij,** Die Eigenbewegungen von fünf kurzperiodischen Cepheiden. VS Bull **9** 324—326 (russisch). — Betrifft die Sterne ST Com, SV CVn, DM Cyg, RV Ari, BH Peg.

11155. **C. Łubieńska-Iwaniszewska,** Some physical and kinematical properties of the RR Lyrae type variables. Studia Soc. Sci. Toruń (A) **3** Nr. 2 S. 25—35, mit 6 Fig. (mit polnischer Zusammenfassung) = Bull. Astr. Obs. Toruń Nr. **11**. — Die Beobachtungsergebnisse von 134 RR Lyrae-Sternen mit bekannten Radialgeschwindigkeiten werden statistisch untersucht, um Kriterien für die Zugehörigkeit der einzelnen Sterne zu den beiden Populationen zu finden. Als sicherstes Merkmal erweist sich die verschiedene Lage im Periode-Spektrum-Diagramm. M. Beyer

11156. **G. Mannino,** Grandezze fotografiche della variabile IU Cygni. Mem SA It (NS) **24** 195—197 = Contr. Oss. Astrofis. Asiago Nr. **34**. — Enthält 99 photographische Helligkeiten des Veränderlichen zwischen Juli 1949 und Nov. 1950 sowie Vergleichssterne. Cester

11157. **A. B. Muller,** A photoelectric study of XZ Cygni. BAN **12** 11—30, mit 7 Fig. — Lichtelektrische Beobachtungen des RR Lyrae-Sterns XZ Cyg, die von 1948 Apr. 5 bis 1952 Okt. 23 mit dem 18'-Reflektor in Leiden durchgeführt wurden, zeigen, daß der von Blashko gefundene Zyklus in den Schwankungen der Periodenlänge die beobachteten Epochenverschiebungen allein nicht befriedigend darstellt. Ein zweiter Zyklus von $89^d.3$ oder $94^d.3$ ist vorhanden. Welcher dieser beiden Werte Gültigkeit hat, läßt sich wegen des Fehlens von Beobachtungen in den Jahren 1949 und 1951 vorläufig noch nicht entscheiden. Die Gestalt der Lichtkurven ist sehr verschieden. Zwei besonders extreme Formen sind, für Blau und Gelb getrennt, bildlich dargestellt. Im allgemeinen erreicht der Stern nach einem sehr steilen Lichtanstieg ein besonders hohes Maximum. Es besteht eine deutliche Beziehung zwischen der Höhe der Maxima und den Epochen. M. Beyer

11158. **R. A. Naef,** Entdeckung eines zweiten Typs von δ-Cephei-Veränderlichen. Extragalaktische Distanzen sind doppelt so groß wie bisher angenommen! Orion Schaffhausen **4** 138.

11159. **A. Opolski,** Możliwy błąd wielkości absolutnych cefeid i jego konsekwencje. Postępy Astr. **1** 40—41. — Betrifft die Modifizierung der Entfernungsskala der außergalaktischen Nebel nach dem Referat von Baade auf der UAI-Tagung in Rom 1952. Loh.

11160. E. D. Pawlowskaja (Perepelkina), Untersuchung der räumlichen Bewegungen der RR Lyrae-Sterne. Astr Circ UdSSR Nr. 136 S. 14—16 (russisch). — Ref. in Urania Kraków **24** 305. — Verf. stützt sich in ihrer Untersuchung auf Radialgeschwindigkeiten und Eigenbewegungen von 69 RR Lyrae-Sternen. Nach einer sich notwendig machenden Einteilung des Materials in zwei Gruppen ergeben sich bei der I. bzw. II. Gruppe für die Dispersion der Geschwindigkeiten 89 bzw. 136 km/sec. Eine Untersuchung der Eigenbewegungen deutet ferner an, daß die absolute Helligkeit der I. Gruppe $0^m.0$, die der II. Gruppe $+0^m.4$ beträgt. Von knapp einem Drittel der Sterne sind die galaktozentrischen Geschwindigkeiten größer als die Entweichgeschwindigkeit. Loh.

11161. E. D. Pawlowskaja (Perepelkina), Bestimmung der Eigenbewegungen von RR Lyrae-Sternen. VS Bull **9** 233—255 (russisch). — Von 36 RR Lyrae-Sternen wurden die Eigenbewegungen aus einem Vergleich der rechtwinkligen Koordinaten der Sterne in der Carte du Ciel und aus Aufnahmen mit dem Moskauer 38 cm-Astrographen abgeleitet. Die mittlere Epochendifferenz beträgt 45 Jahre. In einem Anhang sind alle bisher bekannten Eigenbewegungen zusammen mit den neuen tabuliert. Loh.

11162. M. Savedoff, Note on the luminosity of Cepheids and the discrepancies in the pulsation theory. BAN **12** 58—60. — Die bisher bestehende Diskrepanz zwischen den beobachteten Perioden galaktischer δ Cephei-Sterne, wie δ Cep und η Aql, und theoretischen Pulsationsperioden wird größtenteils behoben, wenn der neue, um 1 bis $1^m.5$ geänderte Nullpunkt der Periode-Helligkeits-Beziehung benutzt wird. Für RR Lyr (Population II) gilt dies nicht; vermutlich darf auf diese Sterne die Masse-Leuchtkraft-Funktion der Population I nicht angewendet werden. Wellmann

11163. H. Shapley, Note on the distribution of RR Lyrae variables. AJ **58** 141—144, mit 1 Fig. = Harv Repr (2) Nr. **50.** — Die galaktischen RR Lyr-Sterne zeigen eine starke Korrelation zwischen Periode und Radialgeschwindigkeit, aber keine verbürgte Abhängigkeit der Periode vom Abstand von der galaktischen Symmetrieebene, wenn man ein von Auswahleffekten freies Material benutzt. Das wird an 194 Sternen aus 16 Harvard-Feldern demonstriert. Es ist deshalb unwahrscheinlich, daß die Radialgeschwindigkeit von der Lage im System abhängt. Eher ist an eine Ursache in den Atmosphären zu denken, zum Beispiel könnten scheinbare Linienverschiebungen durch unsymmetrische Profiländerungen während der turbulenten Pulsation entstehen und mit abnehmender Periode größer werden. Wellmann

11164. J. Stebbins, Separation of the variations in area and in surface brightness of RR Lyrae, Delta Cephei, and Eta Aquilae, with applications to the period-luminosity relation. Publ ASP **65** 118—131, mit 2 Fig. — Einige lichtelektrische Messungen von RR Lyr in sechs Farben werden mitgeteilt. Verf. zeigt dann, daß die in sechs Farben beobachteten Lichtkurven von RR Lyr, δ Cep und η Aql mit den gefundenen Phasenverschiebungen voll erklärt werden können durch Überlagerung der beiden Lichtkurven für die Intensitätsänderungen (wegen Temperaturänderungen) und die Oberflächenänderungen, die sich bei der Pulsation ergeben. Durch Vergleich mit Ergebnissen von W. Becker wird eine Vergrößerung der absoluten Helligkeiten von δ Cep und η Aql im Sinne der Baadeschen Nullpunktverschiebung der Periode-Leuchtkraft-Beziehung wahrscheinlich gemacht. O. G.

11165. O. Struve, Pulsating stars. Sky and Telescope **12** 119—121, 124, mit 5 Fig. — Allgemeinverständlich wird die von Sanford und vom Verf. gefundene Diskontinuität in der Linienverschiebung einzelner Absorptionslinien im Spektrum von RR Lyrae dargestellt. Es werden daraus Schlüsse über die Art des Pulsationsmechanismus gezogen und die theoretischen Überlegungen einiger anderer Autoren aufgezeigt. Schai.

11166. **T. Walraven,** On the short-period variable HD 223065. BAN **12** 57—58, mit 2 Fig. — Ref. in Sternenwelt **5** 188. — Nach lichtelektrischen Messungen wird der Lichtwechsel dieses extrem kurzperiodischen δ Cephei-Sterns (= SX Phe) durch die Interferenz zweier Schwankungen mit den Perioden $0^d\!.05496420$ und $0^d\!.04277268$ bestimmt. Der Stern ähnelt in seinem Verhalten dem Veränderlichen AI Velorum. M. Beyer

11167. **W. P. Zessewitsch,** DL Herculis — ein Veränderlicher mit Blashko-Effekt. Mitt. Astr. Obs. Odessa **3** 257—265, mit 6 Abb. (russisch). — Auf Grund der Beobachtungen des Verf. gelingt es festzustellen, daß die Amplitude von DL Her veränderlich ist, während sich die Periode nicht ändert. Der Stern ähnelt in dieser Hinsicht RZ Lyr. Loh.

11168. **W. P. Zessewitsch, B. A. Ustinow,** Untersuchung des Blashko-Effekts. Publ. Astr. Sternberg-Inst. **23** 62—249, mit 17 Abb. (russisch). — Von den kurzperiodischen Cepheiden RV Cap, AR Her und RZ Lyr werden die zur Verfügung stehenden Beobachtungsreihen ausführlich im Hinblick auf langperiodische Veränderungen der Lichtkurven und ihrer typischen Merkmale untersucht. Loh.

Sonstige Veränderliche

11169. **H. A. Abt,** Radial velocities in three RV Tauri stars. AJ **58** 210. — Ref. AAS.

11170. **P. Ahnert,** Beobachtungen von 6 veränderlichen Sternen auf Überwachungsplatten. AN **281** 170—178, mit 2 Abb. — Es wird über einige veränderliche Sterne mit Perioden von 100^d berichtet, deren Lichtwechsel Periodenänderungen oder Phasensprünge gezeigt hat, bzw. bei denen merkliche Phasenverschiebungen zwischen visuellen und photographischen Lichtkurven vermutet wurden. Ferner wird über den novaähnlichen Veränderlichen Z CMa für 1940—1950 nach Beobachtungen auf Sonneberger Überwachungsplatten berichtet. Vgl. § **112**. Micz.

11171. **R. Bajcár,** Mira variables. RH **34** 52—55, mit 1 Fig. (slowakisch).

11172. **R. Bajcár,** Light curves of long-period variables. RH **34** 171—173, mit 5 Fig. (slowakisch).

11173. **W. P. Bidelman,** Lines of the rare-earth elements in the spectrum of R Andromedae. ApJ **117** 377—379. — Das von Merrill (ApJ **107** 303, AJB **48** Ref. 9523) mitgeteilte Wellenlängenverzeichnis von Absorptionslinien im Spektrum des langperiodisch veränderlichen S-Sterns R Andromedae wurde im Hinblick auf das Vorkommen der seltenen Erden neu diskutiert. Linien zahlreicher neutraler und ionisierter Elemente dieser Gruppe wurden gefunden. Micz.

11174. **A. Blaauw, M. P. Savedoff,** A possible period-luminosity relation among β Canis Majoris stars. BAN **12** 69—72, mit 1 Fig. — Für einige β Canis majoris-Sterne werden absolute Helligkeiten aus EB-Parallaxen oder Assoziationszugehörigkeit abgeleitet und benutzt, um eine Periode-Helligkeits-Beziehung für diese Sterne plausibel zu machen. Man erhält eine theoretische Beziehung der gleichen Art, wenn man den üblichen Gleichungen des Aufbaus homogener Sterne das Jeanssche Theorem hinzufügt, demzufolge eine Periode-Dichte-Relation besteht, wenn Gravitationskräfte beteiligt sind. Innerhalb der noch großen Fehlergrenzen stimmen Beobachtung und Theorie in der Form der Periode-Helligkeits-Beziehung überein. Wellmann

11175. **A. Blaauw, W. W. Morgan,** Note on the motion and possible origin of the O-type star HD 34078 = AE Aurigae and the emission nebula IC 405. BAN **12** 76—79, mit 2 Fig. — Der HD Stern 34078 liegt innerhalb des galaktischen Emissionsnebels IC 405 und regt diesen Nebel zum Leuchten an. Spektraltyp: O9.5 V, absolute visuelle Helligkeit −4.2. Nach den Untersuchungen der Autoren hat der Stern die hohe Raumgeschwindigkeit von 128 km/sec. Die Bewegung ist genau vom Orionnebelgebiet weggerichtet. Der Nebel IC 405 scheint die gleiche Raumbewegung zu haben. Es wird die Ansicht vertreten, daß der Stern HD 34078 in einem Kompressionsgebiet des Orionnebels vor einigen Millionen Jahren gebildet und mit seinen Nebelresten durch irgendeinen Mechanismus weggetrieben wurde. Wurm

11176. **A. Brun, M. Petit,** Les étoiles variables à catalogysmes du type U Geminorum. BAF **12,** 61 S. mit 10 Fig. und einer Seite Berichtigungen. — Monographie der U Geminorum- und Z Camelopardalis-Sterne, deren Beobachtung empfohlen wird, um eine etwaige Verwandtschaft mit den rekurrierenden Novae prüfen zu können. Neben einem Katalog von 143 Sternen dieses Typs, dem zahlreiche Bemerkungen über das Verhalten der einzelnen Objekte beigefügt sind, enthält die Arbeit zusammenfassende Darstellungen, die sich den Lichtkurven, Spektren, Eigenbewegungen, absoluten Helligkeiten, der Beziehung der mittleren Zwischenzeiten der Maxima zu den Helligkeitsamplituden sowie der galaktischen Verteilung dieser besonderen Gruppe von Unterzwergen widmen. M. Beyer

11177. **M. W. Feast,** The spectrum of Mira-Ceti during the minimum of 1952—53. MN ASSA **12** 55—57. — Mira Ceti hat einen lichtschwachen Begleiter, der nur im Minimum des Hauptsterns deutlich hervortritt. Auch dieser Begleiter scheint etwas veränderlich zu sein. Er zeigt das Kontinuum eines frühen Spektraltyps, das von breiten, hellen Linien überlagert ist, die teilweise P Cygni-ähnliche Profile aufweisen. Auf Grund von drei Aufnahmen, die während des Minimums 1952—53 mit dem Spaltspektrographen des 74zölligen Radcliffe-Reflektors in Pretoria erhalten wurden, ist eine sehr ausführliche Beschreibung des Spektrums von Mira Ceti sowie des Begleiters gegeben. M. Beyer

11178. **M. W. Feast,** The spectrum of Mira-Ceti during the minimum of 1952—53. Obs **73** 254—255. — Aus drei Spektrogrammen werden für Mira Ceti und den schwachen blauen Begleiter Radialgeschwindigkeiten aus Emissions- und Absorptionslinien und Angaben über einzelne Linien mitgeteilt. O. G.

* * **G. Haro, W. W. Morgan,** Rapid variables in the Orion nebula. Vgl. Ref. 12214.

11179. **G. H. Herbig,** T Tauri and Hind's nebula. Leaflet ASP Nr. 293, 8 S. mit 1 Fig. — Übersetzung in NAT **1953** 142—147, mit 1 Fig.

11180. **F. M. Holborn,** Z Camelopardalis another «stand-still». JBAA **63** 70—72.

11181. **A. van Hoof, O. Struve,** Differential radial velocities in Beta Canis Majoris. Publ ASP **65** 158—160, mit 1 Fig. — Messungen des Abstands zwischen Hγ und den Linien O II 4345 und O II 4349 ergaben ein Zurückbleiben der Radialgeschwindigkeitskurve für H gegen die Kurve für O II um etwa 0.P05. Für Mg II ist eine kleine entsprechende Phasenverschiebung noch nicht gesichert. Das ähnliche Verhalten von Linien verschiedenen Ionisationspotentials wie in δ Cephei-Sternen und Haufenveränderlichen stützt die Annahme von Pulsationen bei β CMa. O. G.

11182. **C. de Jager,** The variation of light and radial velocity of DD Lacertae. BAN **12** 81—88, mit 2 Fig. — Lichtelektrische Beobachtungen dieses β CMa-Sterns, die 1951—52 in Utrecht erhalten wurden, lassen in Verbindung mit älteren Beobachtungen neben den primären Schwankungen einen sekundären Lichtwechsel mit einer um $0^d_.004278$ längeren Periode erkennen. Diese sekundäre Periode ist auch in den Radialgeschwindigkeitsmessungen von O. Struve (1950) nachzuweisen. Deutet man die Schwankungen der Radialgeschwindigkeit als einen Pulsationseffekt, so fällt das Maximum der Zusammenziehung des Sterns ins Helligkeitsmaximum, wie es die klassische Pulsationstheorie Eddingtons verlangt. Nach Messungen in zwei Farben, die Nekrassowa 1951 in Simeïs durchführte, folgt die Farbkurve der primären Lichtkurve, so daß das Maximum der letzteren mit der höchsten Farbtemperatur zusammenfällt. M. Beyer

11183. **C. de Jager,** Note on the pulsation of ν Eridani and 16 Lacertae. BAN **12** 88—90, mit 2 Fig. — Die Untersuchung mittlerer Kurven, die jeweils mit den zwei Grundperioden abgeleitet wurden, zeigen bisher noch nicht nachgewiesene Farbenänderungen. Dabei fallen im allgemeinen das Helligkeitsminimum und die kleinste Farbtemperatur für beide Perioden mit dem größten Radius zusammen. Nur die Helligkeitsänderung nach der längeren Periode von 16 Lac zeigt eine geringe Phasenverschiebung, wie sie bei δ Cep-Sternen auftritt. Wellmann

11184. **C. de Jager,** Observations of five stars suspected to belong to the class of β Canis Majoris stars. BAN **12** 91—93, mit 2 Fig. — Von fünf Sternen, die eines β CMa-Lichtwechsels verdächtigt werden, ließen lichtelektrische Messungen in Utrecht bei γ UMi, 42 Cam und 9 Cep keine Helligkeitsänderungen zwischen 1951 und 1953 erkennen. Der Stern 23 Sex zeigte geringe Schwankungen von etwa $0^{m}.03$; ψ Ori war im Betrage von etwa $0^{m}.1$ veränderlich. M. Beyer

11185. **F. W. Jäger,** Die Veränderlichen vom Typus Beta Canis Majoris. Sterne **29** 150—159, mit 3 Abb. — Enthält: Allgemeines. Die Radialgeschwindigkeiten. Der Lichtwechsel. Die Linienvariationen. Übersicht über die bestbekannten β CMa-Sterne. Deutungsversuche.

11186. **M. T. Jemeljanenko, I. W. Matwejew,** Untersuchung der unregelmäßigen und halbregelmäßigen veränderlichen Sterne. Teil III. Über einige Besonderheiten der scheinbaren Verteilung der unregelmäßigen und halbregelmäßigen Veränderlichen. VS Bull **9** 266—270 (russisch). — Von den bisher bekannten 1144 Unregelmäßigen kommen 75% in Gruppen vor, während die 718 Halbregelmäßigen diese Tendenz nicht zeigen. Die Unregelmäßigen sind stärker zur galaktischen Hauptebene konzentriert als die Halbregelmäßigen, außerdem stärker als die Gesamtheit aller Sterne der Helligkeit $m = 14.5$ nach Seares und van Rhijn. Beide Veränderlichentypen sind damit nach Kukarkin als junge Sterne anzusprechen. Der größte Teil gehört den Spektralklassen K5—M8 an. Loh.

11187. **M. Johnson,** Luyten's flare star and its limited affinities with solar, T Tauri, and SS Cygni eruptions. Obs **73** 109—112. — Nach Angabe der Literatur über die beobachteten Lichtausbrüche (flares) des Sterns und seiner angenommenen physischen Daten betont Verf., daß zur gleichzeitigen Erklärung der großen Amplituden und der kurzen Dauer der Ausbrüche eine andere Ursache als für Sonneneruptionen oder für T Tauri- oder SS Cygni-Helligkeitsanstiege zu suchen ist. Versuchsweise wird in Verbindung mit Hypothesen von Giovanelli und Greenstein die Änderung der elektromagnetischen Verhältnisse beim plötzlichen Zusammenbrechen eines Gasrings, verursacht durch eine aufsteigende Protuberanz, als Ursache der Helligkeitsausbrüche angenommen. O. G.

11188. **R. Kippenhahn,** Mitteilungen über 18 verdächtige und veränderliche Sterne. AN **281** 153—156, mit 5 Abb. — Mitteilung über den Lichtwechsel von 18 veränderlichen oder verdächtigen Sternen (Lichtkurven, neue oder verbesserte Elemente). Die Beobachtungen wurden aus Aufnahmen der Remeis-Sternwarte in Bamberg erhalten. Vgl. § **112**. Micz.

11189. **R. Kippenhahn,** Die Orionveränderlichen und die Turbulenz im Orionnebel. ZfA **32** 185—194, mit 1 Abb. — Ref. in Sternenwelt **5** 188. — Der meist rasche Lichtwechsel der Orionveränderlichen läßt sich nicht durch

Absorptionsschwankungen erklären, die durch die turbulente Bewegung der umgebenden Nebelmaterie entstehen. Die zur Erklärung des Lichtwechsels nötigen Wolken müßten wesentlich kleiner sein als die freie Weglänge der Staubteilchen des Nebels. Solche Staubwolken sind nur dann möglich, wenn die Gasreibung die statistische Bewegung der Staubteilchen stark bremst. Die durch die Turbulenz hervorgerufenen Dichteschwankungen reichen nicht aus, den Lichtwechsel der Orionveränderlichen zu erklären. Verf.

11190. **G. T. Kowal,** Untersuchung der Periode von DF Cygni. Mitt. Astr. Obs. Odessa **3** 313—318, mit 2 Abb. (russisch). — Eine Diskussion vorliegender Beobachtungen ergibt Periodenänderungen, die sich jedoch nicht durch eine Formel mit einem periodischen Glied darstellen lassen. Loh.

11191. **S. L. Lippincott,** Red dwarf flare stars. J RAS Canada **47** 24—27 = Repr. Sproul Obs. Nr. **80** — Ref. in Urania Kraków **26** 85—86. — Beschreibung des Lichtwechsels der bis 1952 bekannt gewordenen acht Flare-Sterne. Spektralaufnahmen der Helligkeitsausbrüche lassen die große Ähnlichkeit des Vorgangs mit den Flare-Erscheinungen auf der Sonne erkennen. Sämtliche Veränderliche dieses Typs sind rote Zwerge mit absoluten Helligkeiten um $+13^m$. Eine Liste von Zwergen, die möglicherweise Flares zeigen könnten, ist beigefügt. M. Beyer

11192. **S. L. Lippincott,** Note on the light-curve of the flare-up of Krüger 60 B, 1939 July 26. Publ ASP **65** 248—250, mit 3 Fig. = Repr. Sproul Obs. Nr. **85**. — Verf. berichtet über die photometrische Auswertung der Aufnahmen vom Helligkeitsausbruch (flare) von Krüger 60 B. Nach Abschätzung des Sterndurchmessers zeigt sie in einer Kurve, wie die effektive Temperatur des Eruptionsgebiets, die zur Erzeugung der beobachteten Helligkeit nötig ist, vom angenommenen Radius dieses Gebiets abhängt. O. G.

11193. **D. H. McNamara,** Gamma Pegasi: A Beta Canis Majoris star of small velocity amplitude. Publ ASP **65** 144—146, mit 1 Fig. = Berkeley Repr. Nr. **43**. — Verf. hat für γ Peg Änderungen der Radialgeschwindigkeit nach Art der β Canis Majoris-Sterne gefunden. Die vorläufige Periode ist $0^d.1517$. Die Amplitude 2 K = 7 km/sec scheint konstant zu sein, so daß wohl nur die P_1-Oszillation auftritt. O. G.

11194. **D. H. McNamara,** Possibilities of a period-spectrum relation for stars of the Beta Canis Majoris class. Publ ASP **65** 155—158 = Berkeley Repr. Nr. **45**. — Verf. stellt die Beobachtungen zusammen, die dafür sprechen, daß bei den β Canis Majoris-Sternen eine Periode-Spektrum-Beziehung von der Art besteht, daß die Sterne mit längeren Perioden die früheren Spektraltypen haben. O. G.

11195. **D. H. McNamara,** Periods and absolute magnitudes of the Beta Canis Majoris stars. Publ ASP **65** 286—289, mit 2 Fig. = Berkeley Repr. Nr. **57**. — Verf. zeigt, daß die wenigen β CMa-Sterne, für die genügend Beobachtungsdaten vorliegen, mit wachsender Periode absolut heller werden. Im Hertzsprung-Russell-Diagramm liegen diese Sterne über dem Teil der Hauptreihe, der von frühen B-Sternen der Helligkeitsklasse V gebildet wird. O. G.

11196. **P. W. Merrill,** The spectrum of Chi Cygni near minimum light. ApJ **118** 453—458, mit 1 Fig. und 1 Tafel. — Mit dem 200″-Reflektor wurden Spektren mittlerer Dispersion dieses langperiodischen Veränderlichen in der Nähe seines Lichtminimums erhalten. Zwischen λ 3277 und λ 4455 wurden 60 Emissionslinien beobachtet, deren Intensität während der letzten zwei Monate vor dem Lichtminimum erheblich anwächst. Etwa ein Drittel der Linien gehört dem [Fe II] an, der Rest konnte größtenteils nicht identifiziert werden. Radialgeschwindigkeitsmessungen der Emissionslinien führen für verschiedene Elemente zu sehr ähnlichen Werten. Micz.

11197. **P. W. Merrill, L. Lowen,** The gallium line lambda 4172 in spectra of long-period variable stars. Publ ASP **65** 221—223, mit 1 Fig. — Die gleichzeitigen Änderungen der Ga I-Linie λ 4172.05 und der Linien des Mn I-Tripletts mit der mittleren Linie λ 4033.07 in den Spektren von langperiodischen Veränderlichen stützen die frühere Vermutung, daß es sich bei der Emission von Ga I λ 4172.05 um Fluoreszenz handelt, die durch die Linie λ 4033.07 des Mn I angeregt wird. O. G.

11198. **F. D. Miller,** Note on spectra of cool stars in the 1 μ region. ApJ 118 572—575. — Verf. berichtet über Aufnahmen von Sternspektren durch das atmosphärische «Fenster» bei 1 μ Wellenlänge mit den neuen Infrarotplatten I—Z (2) der Eastman-Kodak Company und einem Objektivgitter sehr kleiner Dispersion. Es wurden die Spättyp-Sterne (M, N, S) Z UMa, R Aur, U Hya, X Cnc, Y CVn, RY Dra, R Gem und der F0-Stern ε Aur untersucht. Eine Reihe von Banden in Emission und Absorption wurde beobachtet, ein Teil wird dem CN zugeschrieben. Micz.

* * **M. E. Nabokow,** Der evolutionäre Zusammenhang der Unregelmäßigen, Halbregelmäßigen und Mira-Sterne. Vgl. Ref. 5416.

11199. **D. M. Popper,** A possible new flare star. Publ ASP **65** 278—279. — Der Stern HD 234677 (Spektrum K 6 V) hat auf einer von 14 Spektralaufnahmen auffallend verstärkte Wasserstoffemissionslinien gezeigt. Falls er damit zu den Flare-Sternen gehört, ist er der Stern mit dem frühesten Spektraltyp und der scheinbar und absolut hellste unter den bekannten Sternen dieser Gruppe. O. G.

111100. **S. S. Provin,** Variation in light of the spectrum variable 56 Arietis. ApJ **118** 281—284, mit 2 Fig. = Contr. McDonald Obs. Nr. **225.** — Photoelektrische Beobachtungen des Spektrumveränderlichen 56 Arietis, dessen He I-Linien ihre Intensität mit $0^{m}_{.}73$ Periode ändern, in drei Wellenlängenbereichen (λ 3550, λ 4400 und λ 5500) ergeben eine Helligkeitsveränderlichkeit mit der gleichen Periode und $0^{m}_{.}06$ Amplitude im blauen und ultravioletten Bereich und $0^{m}_{.}04$ im visuellen. Micz.

111101. **P. E. Roques,** Observations of flares of the dMe star, L726—8. Publ ASP **65** 19—23, mit 2 Fig. — Ref. in Naturwiss. Rundschau **6** 286, Sternenwelt **5** 108—109, mit 1 Fig. — Verf. berichtet über zwei von ihm beobachtete Helligkeitsausbrüche (flares) von UV Cet (L726—8) und berechnet die bei diesen Ausbrüchen ausgestrahlte zusätzliche Energie. Die Analogie zu Eruptionen auf der Sonne ist nicht sehr eng. In einer Tabelle werden alle bisher beobachteten Helligkeitsausbrüche von UV Cet zusammengestellt. O. G.

111102. **S. W. Rublew,** YZ Herculis. Mitt. Astr. Obs. Odessa **3** 267—274, mit 3 Abb. (russisch). — Von diesem halbregelmäßigen Veränderlichen hat Verf. die Helligkeits- und Farbenindexänderungen untersucht. Im Maximum ist der Stern röter als im Minimum, doch ist die Farbenindexamplitude recht klein. Loh.

111103. **I. G. Shdanowa, W. P. Zessewitsch,** Über die physikalische Natur der RV Tauri-Sterne. Astr Circ UdSSR Nr. 135 S. 9—10 (russisch). — Ref. in Urania Kraków **24** 305—306. — Kurze Mitteilungen der Ergebnisse einer statistischen Untersuchung aller beobachtbaren Größen der RV Tauri-Sterne. Loh.

111104. **I. G. Shdanowa,** Untersuchung der halbregelmäßigen Veränderlichen vom RV Tauri-Typ. Kiew, Staatsuniv., 1953 (russisch). — Dissertationsreferat.

111105. **I. G. Shdanowa, W. P. Zessewitsch,** Über die physikalische Natur der RV Tauri-Sterne. Mitt. Astr. Obs. Odessa **3** 3—60, mit 17 Abb. (russisch). — Verf. untersucht die Eigenschaften aller bisher spektroskopisch beobachteten

RV Tauri-Sterne. Es werden ihre Perioden verbessert, die mittleren Radialgeschwindigkeiten, die Lichtkurven, die Farbenindexkurven und die Änderungen der spektralen Merkmale ermittelt. Die Radialgeschwindigkeitskurve hinkt der Lichtkurve ein wenig nach, die Farbenindexkurve geht den Licht- und Radialgeschwindigkeitskurven voran. Im Farbenindexminimum erscheinen Wasserstofflinien in Emission. Aller Wahrscheinlichkeit nach besitzen diese Sterne ausgedehnte Photosphären, deren Radien von der Größenordnung 5×10^9 km sind. Bei drei Sternen stehen die Kurven der langsamen Helligkeitsschwankungen mit denen der Radialgeschwindigkeiten in Einklang. Loh.

111106. **E. P. Strelkowa,** Untersuchung der Änderung des Farbenindex von RT Cygni. Mitt. Astr. Obs. Odessa **3** 275—285, mit 5 Abb. (russisch). — Der Farbenindex des Sterns ist in weiten Grenzen veränderlich und dabei mit den Helligkeitsänderungen fast in Phase (röter im Maximum). Loh.

111107. **O. Struve, D. H. McNamara, S. M. Kung, C. Beymer,** Beta Cephei. ApJ **118** 39—54, mit 5 Fig. = Berkeley Repr. Nr. **46.** — Verf. diskutieren ein umfangreiches Material von 713 eigenen Radialgeschwindigkeitsmessungen unter Heranziehung älterer Meßreihen des kurzperiodischen Veränderlichen β Cephei ($P = 4^1/_2{}^h$), um zu entscheiden, ob Amplitude, Schwerpunktsgeschwindigkeit und Periode Änderungen unterliegen. Die Amplitude der Radialgeschwindigkeitsänderung schwankt von Zyklus zu Zyklus, jedoch konnte keine Schwebungsperiode aufgefunden werden, wie sie häufig bei Sternen ähnlichen Typs auftritt. Die Schwankungen sind wahrscheinlich unregelmäßig, jedoch kann eine Schwebungsperiode $<1^d$ nicht völlig ausgeschlossen werden. Die Periode ist seit 1919 im langsamen Zunehmen begriffen. Die Schwerpunktsgeschwindigkeit scheint keinen periodischen Änderungen zu unterliegen. Micz.

111108. **O. Struve,** Variable line widths in the spectrum of Delta Scuti. Publ ASP **65** 252—253, mit 1 Fig. und 1 Tafel = Berkeley Repr. Nr. **50.** — Die Linien im Spektrum von δ Sct erreichen die größte Breite in der Mitte des absteigenden Astes der Radialgeschwindigkeitskurve, am schmalsten sind sie eine halbe Periode später. Die Änderungen sind nur in Aufnahmen mit großer Dispersion nachweisbar. O. G.

111109. **A. D. Thackeray,** Identifications in the spectra of Eta Carinae and RR Telescopii. MN **113** 211—236, mit 2 Tafeln, Berichtigung S. 526 = Commun. Radcliffe Obs. Nr. **21.** — Die Spektren der Sterne η Carinae und RR Telescopii zeichnen sich durch schwache Kontinua sowie starke verbotene und erlaubte Fe II-Emissionslinien aus. Es werden Verzeichnisse von Wellenlängen und geschätzte Intensitäten zwischen λ 3700 und λ 8900 mitgeteilt; die Mehrzahl der Linien konnte identifiziert werden. Die Linienintensitäten in beiden Spektren werden miteinander verglichen. Ein Teil der Linien ist komplex, insbesondere im Spektrum von η Carinae, und ähnelt Profilen des P Cygni-Typs. Micz.

111110. **A. D. Thackeray,** The excitation of λ 4372 in long period variable stars. Obs **73** 83. — Von der bei langperiodischen Veränderlichen während der Helligkeitsabnahme beobachten Emissionslinie bei 4372 Å (identifiziert als Ti 4372.38) nimmt Verf. an, daß sie durch Fluoreszenzanregung durch die Mg II-Emissionslinie 2802.70 entsteht. Die gleichzeitig zu erwartende Emission Ti 4400.58 ist in Spektren von χ Cyg und R And beobachtet worden. O. G.

111111. **N. E. Wagman,** Flare star. Harv Card 1225, NAZ **7** 39. — Stern Ci (20) 1382 mit dem Ort 1950: $22^h 45^m$, $+44\overset{\circ}{.}1$.

111112. **M. F. Walker,** The light-variations of HD 217050. ApJ **118** 481—488, mit 5 Fig. = Berkeley Repr. Nr. **55.** — HD 217050 ist ein Stern vom Spektraltpy B 5 e, der nach lichtelektrischen Messungen des Verf. in zwei Farbbereichen zeitweilig um bis zu $0\overset{m}{.}20$ schwächer wird. Die Länge der Minima beträgt etwa $0^d.4$; sie wiederholen sich in Abständen von etwa $0^d.8$. Die Länge der Periode ist jedoch veränderlich, ebenso springt die Phase der Minima. Der Stern scheint während der Minima geringfügig röter zu sein als außerhalb. Verbürgbare Änderungen der Radialgeschwindigkeit oder des Aussehens der Spektren wurden nicht gefunden. Es wird angenommen, daß zeitweilig auftretende dunkle Flecken auf der Sternoberfläche im Verein mit der Rotation des Sterns die beobachteten Erscheinungen verursachen. Micz.

111113. **E. B. Weston,** The variable stars in the region of NGC 7023. AJ 58 48—49. — Ref. AAS.

111114. **A. D. Williams,** Color variability of Delta Scuti. Publ ASP **65** 254—255, mit 1 Fig. = Berkeley Repr. Nr. **51**. — Aus lichtelektrischen Helligkeitsmessungen mit Gelb- und Blaufilter ergibt sich eine Amplitude des Farbenindex von $0^m.05$. Der Stern ist blauer im Helligkeitsmaximum. O. G.

111115. **B. A. Woronzow-Weljaminow, G. A. Manowa,** Die scheinbaren Häufungen der Mira-Sterne. Astr Circ UdSSR Nr. 139 S. 5—6 (russisch). — Die scheinbare Verteilung von 110 Mira-Sternen innerhalb der ±10°-Breitenzone der Galaxis ist sehr unregelmäßig. Bis ±5° findet man nur einige, zumeist sehr nahe Sterne, zwischen ±5° und ±10° jedoch zahlreiche wolkenähnliche Ansammlungen, deren Realität allerdings bezweifelt wird. Petri

111116. **W. P. Zessewitsch,** DF Cygni. Mitt. Astr. Obs. Odessa **3** 293—312, mit 2 Abb. (russisch). — Zahlreiche eigene und fremde Beobachtungen dieses RV Tauri-Sterns werden diskutiert. Daraus ergibt sich eine kleine langsame Schwankung des Farbenindex von etwa $0^m.4$, die mit der langsamen Helligkeitsschwankung in Phase ist. Loh.

111117. Stellar flares. Irish AJ **2** 173.

111118. T Tauri and associated nebulosity. J RAS Canada **47** 256—257.

111119. Terrific flares. Sky and Telescope **12** 75, mit 1 Fig. — UV Cet.

111120. Flare star. Sky and Telescope **13** 54, mit 1 Fig. — BD +43° 4305.

§ 112

Listen veränderlicher Sterne, Einzelbeobachtungen

11201. **N. F. Florja, N. P. Kukarkina,** Über 57 langperiodische Cepheiden. Publ. Astr. Sternberg-Inst. **23** 3—61, mit 14 Abb. und 15 Tafeln am Ende des Bandes (russisch). — Enthält Elemente, Amplitude, Karte, Vergleichssterne und Beobachtungen folgender Sterne: SZ Aql, TT Aql, η Aql, RU Cam, RW Cam, RX Cam, SU Cas, δ Cep, X Cyg, SU Cyg, SZ Cyg, TX Cyg, VX Cyg, MZ Cyg, W Gem, ζ Gem, AP Her, V Lac, X Lac, Z Lac, RR Lac, BG Lac, RX Lib, T Mon, SV Mon, SZ Mon, TX Mon, TZ Mon, XX Mon, AC Mon, Y Oph, BF Oph, X Pup, S Sge, U Sgr, W Sgr, X Sgr, Y Sgr, WZ Sgr, XX Sgr, YZ Sgr, AP Sgr, AY Sgr, BB Sgr, V 350 Sgr, RV Sco, RY Sco, X Sct, Y Sct, Z Sct, RU Sct, SS Sct, TY Sct, UZ Sct, U Vul, SV Vul.

11202. **C. J. van Houten,** Discussion of ninety variable stars in the southern hemisphere. Ann. Sterrewacht Leiden **20** 321—342, mit 2 Fig. — Für 90 Veränderliche sind zumeist Karte, Ort, Helligkeit, Typ, Lichtkurve, Amplitude und Elemente gegeben. Die Zusammenstellung umfaßt neben 52 anonymen Veränderlichen noch folgende Sterne: Car: GX, IV. CrA: UY. Cru: SU. Sgr: NR, NY, NZ, OP, OQ, OR, OU, OV, OX, PT, PW, PY, QX, QY, QZ, V 338, V 344, V 470, V 1058, V 1155. Vel: AE. P: 4936, 4943, 4951, 4988, 4993, 4994, 5021. Zi: 1528, 1545, 1552, 1598, 1642, 1673.

11203. **H. Huth,** Photographische Beobachtungen von Mira-Sternen. MVS Nr. 163, 164. — Die Liste umfaßt folgende Sterne: And: V, Y, SV, TU; Aqr: R, T, V; Aql: S, RR, RU, TU; Ari: T, U; Cam: X, RT; Cnc: W; Cas: U, V, RV, SS; Cep: T; Cet: R, S, W, X, Z; CrB: S; Cyg: Z, RT, SX, TY, CN; Del: R, S; Dra: R, RS, SV; Her: T, RT, RY, SS, SY, UZ; Lac: R; Lyn: S; Lyr: W; Oph: Z, RY, SS; Peg: Z, SS, SX; Per: R; Psc: R, S; Ser: R, U; Tri: R; UMa: S, T; UMi: S, U; Vir: R.

11204. **M. W. Mayall,** Variable star notes. J RAS Canada **47** 23—28, 87—91, 117—120 = Harv Repr Nr. **390.** J RAS Canada **47** 166—170, 213—216, mit 4 Fig.

11205. **M. W. Mayall,** The American Association of Variable Star Observers. Observations of variable stars. Harvard College Obs. Quarterly Report Nr. **16**—**17,** 109 S. — Umfaßt die Beobachtungen der nachstehenden Veränderlichen im Zeitraum von 1950 April 28 bis 1950 Nov. 13.

And	R, T, U, V, W, X, Y, Z, RR, RU, RV, RW, RX, RY, RZ, ST, SV, SZ, TV, TY, UZ, VY
Ant	094137
Aps	S, T
Aqr	R, S, T, U, V, W, X, Y, Z, RR, RS, VZ, AE
Aql	R, S, V, W, X, Z, RR, RS, RT, RU, RV, SY, TY, UU, VW, PX, V 356, V 603
Ara	U
Ari	R, S, T, U
Aur	R, S, U, V, W, X, Z, RS, RU, RW, SS, SV, UU, AG
Boo	R, S, U, V, W, Z, RX
Cae	R
Cam	R, S, T, U, V, X, Z, RR
Cnc	R, T, U, V, W, X, RS, RV
CVn	R, T, V, Y
CMi	R, S, T, U, V
Cap	R, T, U, V, W, X, Y, Z, RR, RT, RU
Car	R, S, RR, RV, RW, RZ, AF, AG, l
Cas	R, S, T, U, V, W, X, Y, Z, RR, RV, SS, WZ, IZ, γ, ϱ
Cen	R, T, U, W, X, RS, RT, RV, RX
Cep	S, T, W, X, Y, Z, RR, RW, RX, SS, μ
Cet	R, S, T, U, V, W, X, Z, UV, o
Cha	R, S
Col	R, S, T
Com	R
CrA	R, S, T
CrB	R, S, T, V, W, X, Y, Z, RR
Crv	R
Cyg	R, S, U, V, W, Z, RS, RT, RU, RW, RZ, SS, ST, SX, TT, TU, TW, TY, TZ, UX, WX, AF, AV, AW, BC, BG, BI, CH, V 476, V 523, χ, P
Del	R, S, T, U, V, X, Y, Z
Dor	R, β
Dra	R, S, T, U, V, W, X, Y, SV, TX, AB
Equ	R
Eri	T, U, W, Z, RR
For	R
Gem	R, S, T, U, V, X, Y, RS, SW, TU, η
Gru	R, S, T, π
Her	R, S, T, U, W, X, RS, RT, RU, RV, RY, RZ, SS, ST, SV, SX, SY, TV, UU, AC, DQ, α, g
Hor	R, T
Hya	R, S, T, U, V, W, X, Y, RR, RS, RT, RU
Ind	R, S
Lac	R, S, RS, RV, RY, CP, DK
Leo	R, S, V, W, X, RY, AB
LMi	R, S, U
Lep	R, T
Lib	R, S, T, U, V, W, X, Y, RR, RS, RT, RU
Lup	R, S, Y
Lyn	R, S, T, U
Lyr	R, S, U, V, W, Z, RS, RT, RU, RW, RX, RY, SZ, TU, AY, ER
Mic	R, S, U
Mon	R, U, V, X, Y, RR, SW
Mus	BO
Nor	R, T
Oct	R, S, T, U
Oph	R, S, T, V, W, X, Z, RR, RS, RT, RU, RY, SS, TT, TX, V 849
Ori	R, S, T, U, V, W, AN, CN, CZ, α
Pav	R, S, T, W, Y, $\varkappa$, 184667
Peg	R, S, T, V, W, X, Y, Z, RR, RS, RT, RU, RV, RW, RY, RZ, SV, SY, SZ, β

Per R, S, T, U, W, X, Y, RR, RS, RU, RZ, SU, TX, TZ, UV, VW, XX, AD, BU, GK, ϱ
Phe R, T, V
Pic R, S, T, RR
Psc R, S, U, TX
PsA R, S, U
Pup U, W, Z, RU, CP, L_2
Pyx S
Ret R
Sge R, V
Sgr R, S, T, Z, RR, RT, RU, RV, RW, RX, RY, SS, ST, SW, TY, VX
Sco R, S, W, X, Y, Z, RR, RS, RT, RU, RW, RZ, SV, V 720
Scl R, S, T, U, V, X
Sct R, S
Ser R, S, T, U, CT
Sex S
Tau R, S, T, V, W, Y, Z, RR, RU, RX, SU, TV, TX, XX
Tel R, RR
Tri R, W
Tuc R, S, T, U
UMa R, S, T, V, X, Y, Z, RS, RZ, ST, SU, SW, TV, δ
UMi R, S, T, U, V, RU
Vel W, Y, Z
Vir R, S, T, U, V, Y, Z, RR, RS, RU, RV, SS, SU
Vol R, S
Vul R, V, W, RU

11206. **H. Mielke,** Umgebungskarten von Bedeckungsveränderlichen. Serie I. Mitt. Archenhold-Sternw. Berlin—Treptow Nr. **35**. — Vgl. Ref. **11216**.

11207. **W. J. Miller,** Five new Cygnus-cloud variables, VV 11—15. Specola Astr. Vaticana Ric. Astr. **3** 1—80, mit 13 Fig.

11208. **A. V. Nielsen,** Oversigt over Astronomisk Selskabs observationer af foranderlige stjerner, insendt i tiden 1. august 1951—31. juli 1953. NAT **1953** 96—97.

11209. **S. Ninger-Kosibowa,** Estimates of ten new variable stars in Centaurus. CR Soc. Sci. Lettres Wrocław **4**, 14 S. mit 3 Fig. = Commun. Wrocław Astr. Obs. Nr. **1**. — Stufenschätzungen von zehn Veränderlichen, die in Gemeinschaft mit J. Mergentaler auf Johannesburger Platten aus den Jahren 1928—36 entdeckt worden sind. Neben den Einzelschätzungen sind Aufsuchungskärtchen, Tabellen der Vergleichssterne sowie Lichtkurven und die daraus abgeleiteten Ergebnisse mitgeteilt. M. Beyer

11210. **V. Oskanjan,** Une nouvelle variable près de l'étoile UV Ceti. Bull. Astr. Obs. Beograd **17** 35—36. — Beobachtungen. Typ.

* * **L. Plaut,** Vgl. Ref. 11126. — Die Bearbeitung umfaßt folgende Sterne: AN And; S Ant; KO, QS, V 599, V 805, V 822, σ Aql; R Ara; SX, TT, WW, AR, EO, β, ε, ζ Aur; ZZ, 44i Boo; SZ, TU Cam; S Cnc; RS CVn; R, UW CMa; X Car; RZ, TV, TW, YZ, AO, AR, CC, δ, ϱ Cas; RR, SZ, LZ, V 346 Cen; U, VV, VW, XZ, AH, CW, DH Cep; ε CrA; U, α CrB; Y, GO, V 367, V 380, V 444, V 448, V 453, V 477, V 695, o^2 Cyg; TW Dra; S Equ; RZ, YY, AS Eri; Z, RX, TX, AK, DI, HS, NQ, u Her; SS, TT, TV Hya; AR, CM Lac; TX, UV Leo; δ Lib; RR Lyn; β Lyr; AU, IM Mon; TU Mus; U, V 451, V 566 Oph; VV, BM, δ, η Ori; AW, EE Peg; RY, AG, DM, β Per; ζ Phe; SZ Psc; V, XZ, BH Pup; U Sge; RS, V 356, V 505, μ, ν Sgr; FV, V 393, V 449, V 453, V499, V 701, μ^1 Sco; RZ Sct; RW, CD, λ Tau; W, TX UMa; ε UMi; S, CV Vel; UY, α Vir; Z, RS Vul; HD 25799.

11211. **W. Wenzel,** Beobachtungen von elf unbenannten Veränderlichen. AN **281** 179—182, mit 14 Abb. — Verf. hat in einem Feld mit der Mitte bei RA = $20^h 58^m$, Dekl. = +55° auf Sonneberger Aufnahmen 11 neue Veränderliche aufgefunden und beschreibt ihren Lichtwechsel. Micz.

11212. **F. B. Wood,** A finding list for observers of eclipsing variables. Publ. Univ. Pennsylvania (Astr.) **8**, 115 S. — Fortsetzung und Ergänzung früherer Listen (R. S. Dugan und N. L. Pierce), die den Zweck haben, den Beobachtern von Bedeckungsveränderlichen die Aufstellung eines Arbeitsprogramms zu erleichtern. Für jeden aufgeführten Stern ist vermerkt, welche Daten fehlen bzw. verbesserungsbedürftig sind. Das vorliegende Verzeichnis enthält diesmal auch die Bedeckungsveränderlichen des gesamten Südhimmels, schließt jedoch alle Sterne aus, die im Minimum schwächer als $13^{\mathrm{m}}0$ sind. M. Beyer

11213. Documentation pour l'étude des étoiles variables. DOB **6** Nr. 1 Fasc. 1, 8 S. = Publ. Obs. Le Houga Nr. **16**, DOB **6** Nr. 5 Fasc. 1, 4 S., Nr. 8 Fasc. 3, 4 S., Nr. 10 Fasc. 3, 3 S. mit 5 Fig.

11214. Documents pour l'étude des étoiles variables et suspectes. DOB **6** Nr. 2 Fasc. 4, 2 S., Nr. 4 Fasc. 3, 4 S., Nr. 6 Fasc. 1, 4 S., Nr. 7 Fasc. 3, 4 S., Nr. 11 Fasc. 3, 4 S., Nr. 12 Fasc. 3, 4 S. mit 13 Fig.

11215. Obserwacje gwiazd zaćmieniowych. Urania Kraków **24** 23. — Aus Acta Astronomica **5**, 1952.

11216. Nachweis der Beobachtungen und Bearbeitungen Veränderlicher

Außer dieser Liste sind noch die vorhergehenden Tabellen von Beobachtungen und § 111 einzusehen.

Andromeda

R	AN **281** 113	B, Typ
	ApJ **117** 377	Vgl. Ref. 11173
U	J RAS Canada **47** 87	B, Typ
W	Urania Kraków **24** 183	Am, Lk, P
X	J RAS Canada **47** 87	B, Typ
	Urania Kraków **24** 183	Am, Lk, P
Y	J RAS Canada **47** 87	B, Typ
RU	J RAS Canada **47** 87	B, Typ
RX	AN **281** 113	B, Typ
	J RAS Canada **47** 87	B, Typ
SW	AN **281** 113	B, Typ
TT	AA (c) **5** 51	B
TV	AN **281** 113	B, Typ
TW	AN **281** 113	B, Typ
TY	AN **281** 113	B, Typ
XZ	AA (b) **2** 86	Not
	AA (c) **5** 51	B
	AJ **58** 171	B, E
	AN **281** 113	B, Typ
AB	AJ **58** 171	B, E
	AN **281** 113	B, Typ
AT	AN **281** 153	Am, E, Lk
BX	AJ **58** 171	B, E

Apus

S	J RAS Canada **47** 87	B, Typ

Aquarius

T	Astr Circ UdSSR Nr. 138 S. 9	B
Y	Desgl.	B
RY	AA (c) **5** 51	B
SW	AN **281** 113	B, Typ
AE	CR **237** 1215	Lk, Not, Sp
	J. Astr. Soc. Victoria **6** 80	Not

Aquila

R	AN **281** 113	B, Typ
	Astr Circ UdSSR Nr. 140 S. 16	B
S	AN **281** 113	B, Typ
U	VS Bull **9** 209	B, E, Lk, P, VS
W	Astr Circ UdSSR Nr. 138 S. 8	B
X	Astr Circ UdSSR Nr. 140 S. 14	B
RT	Desgl.	B
RU	Astr Circ UdSSR Nr. 140 S. 14	B
RV	AN **281** 113	B, Typ
	Astr Circ UdSSR Nr. 140 S. 14	B
SV	Astr Circ UdSSR Nr. 144 S. 13	B
TZ	Astr Circ UdSSR Nr. 138 S. 9	B, Not
UU	J RAS Canada **47** 87	B, Typ
WW	Astr Circ UdSSR Nr. 136 S. 20	B, E
XZ	AA (c) **5** 51	B

YZ	AA (c) 5 51	B
AA	AN 281 113	B, Typ
CU	Astr Circ UdSSR Nr. 144 S. 13	B, E
DM	Astr Circ UdSSR Nr. 136 S. 20	B, E
DT	Astr Circ UdSSR Nr. 136 S. 20	B, E
ER	Astr Circ UdSSR Nr. 136 S. 20	B, E
FK	AA (c) 5 51	B
KL	Astr Circ UdSSR Nr. 137 S. 10	B
	Astr Circ UdSSR Nr. 140 S. 13	B, E
KO	AA (c) 5 51	B
	AN 281 113	B, Typ
KP	AN 281 113	B, Typ
NO	AN 281 170	Am, B, E, Typ
OO	AJ 58 171	B, E
	AN 281 113	B, Typ
V340	NAZ 7 34	B, Not
V341	Astr Cir UdSSR Nr. 134 S. 11	B, E
	Astr Circ UdSSR Nr. 144 S. 12	B, E
	VS Bull 9 298	B, E, Ka, Lk, VS
V343	AA (c) 5 51	B
V346	AA (c) 5 51	B
	AN 281 113	B, Typ
V805	Rend Accad. Lincei (8) 14 616	Vgl. Ref. 11105
η	AN 281 113	B, Typ
	Publ ASP 65 118	Vgl. Ref. 11164
	Urania Kraków 24 26	Am, E, Lk, P

Aries

T	AN 281 113	B, Typ
RV	VS Bull 9 324	EB
56	ApJ 118 281 = McDC Nr. 225	Vgl. Ref. 111100

Auriga

R	AN 281 113	B, Typ
	ApJ 118 572	Vgl. Ref. 11198
	Urania Kraków 24 368	Am, B, Lk
X	Astr Circ UdSSR Nr. 144 S. 13	B
Z	J RAS Canada 47 87	B, Typ
	NAT 1953 116	Not
RY	AA (c) 5 51	B
SS	AN 281 113	B, Typ
	Coelum 21 192	Not
	J RAS Canada 47 87	B, Typ
SY	CR Soc. Sci. Lettres Wrocław 3 = Wrocław Commun. Nr. 2	B, E, Lk, VS
AE	BAN 12 76	Vgl. Ref. 11175
CL	AA (c) 5 51	B
β	Publ ASP 65 195	P, Sp
ε	Coelum 21 125	Not
	Orion Schaffhausen 4 107	P
	Publ ASP 65 82 = Berkeley Repr. Nr. 40	Vgl. Ref. 11136
	ApJ 118 572	Vgl. Ref. 11198
	Sky and Telescope 13 6	Not
ζ	NAT 1953 75	Not
	NAZ 7 15	Not, Sp
	NAZ 7 35, 39	Not, Sp
	UAI Circ 1400	Sp

Bootes

R	AN 281 113	B, Typ
	Sternenwelt 5 154	B
	Urania Kraków 24 368	Am, B, Lk
V	AN 281 113	B, Typ
	Sternenwelt 5 154	B
RS	VS Bull 9 314	B, E, Ka, Lk, VS
ST	Desgl.	Desgl.
SU	AA (c) 5 51	B
TU	AA (b) 2 86	Not
	AA (c) 5 51	B
TV	VS Bull 9 314	B, E, Ka, Lk, VS
TW	Desgl.	Desgl.
TY	AA (b) 2 86	Not
	AA (c) 5 51	B

Camelopardalis

R	AN 281 113	B, Typ
	Urania Kraków 24 368	Am, B, Lk
T	J RAS Canada 47 87	B, Typ

V	Urania Kraków **24** 368	Am, B, Lk
X	AN **281** 113	B, Typ
	Urania Kraków **24** 368	Am, B, Lk
Y	AA(b) **2** 86	Not
Z	AN **281** 113	B, Typ
	JBAA **63** 70	Vgl. Ref. 11180
	J RAS Canada **47** 87	B, P, Typ
RR	AN **281** 113	B, Typ
RU	Ann d'Astrophys **16** 139 = Liège Coll. 4° Nr. **45**	Vgl. Ref. 11153
	CR **236** 663 = Liège Coll. 4° Nr. **42**	Am, Lk, P, Sp. Vgl. Ref. 11150
SV	AN **281** 113	B, Typ
	ApJ 118 262	Vgl. Ref. 11107
XX	ApJ **117** 25	Vgl. Ref. 9504
AB	VS Bull **9** 326	B, E, Ka, Lk, VS
42	BAN **12** 91	Vgl. Ref. 11184

Cancer

R	Urania Kraków **24** 368	Am, B, Lk
T	Desgl.	Desgl.
X	ApJ 118 572	Vgl. Ref. 11198
TW	AJ 58 224	Ref. AAS
WW	AN **281** 153	Am, E, Lk

Canes venatici

Y	ApJ 118 572	Vgl. Ref. 11198
	MN **113** 571	Vgl. Ref. 9567
SV	VS Bull **9** 324	EB

Canis major

Z	AN **281** 170	Typ
RY	VS Bull **9** 328	B, E, Lk, VS

Canis minor

R	Astr Circ UdSSR Nr. 140 S. 16	B
S	Desgl.	B
U	Desgl.	B

Capricornus

RR	J RAS Canada **47** 87	B, Typ
RV	VS Bull **9** 217	B, Ka, Lk, VS
	Sternberg Publ. **23** 62	Vgl. Ref. 11168
TX	Astr Circ UdSSR Nr. 143 S. 21	B, E, P
TY	Stalinabad Bull. Nr. 8 S. 25	B, E, Lk, VS

Carina

S	J RAS Canada **47** 87	B, Typ
RR	J RAS Canada **47** 213	Lk
RW	J RAS Canada **47** 87	B, Typ
RY	Desgl.	Desgl.

Cassiopeja

R	AN **281** 113	B, Typ
S	J RAS Canada **47** 87	B, Typ
T	AN **281** 113	B, Typ
U	AN **281** 113	B, Typ
	J RAS Canada **47** 87	B, Typ
V	Astr Circ UdSSR Nr. 144 S. 13	B
	Urania Kraków **24** 183	Am, Lk, P
W	AN **281** 113	B, Typ
Z	Astr Circ UdSSR Nr. 144 S. 13	B
	J RAS Canada **47** 87	B, Typ
RV	Desgl.	Desgl.
RX	AN **281** 113	B, Typ
RZ	AA(b) **2** 86	Not
	AA(c) **5** 51	B
	AN **281** 113	B, Typ
	Urania Kraków **24** 306	Am, B
SV	NAT **1953** 116	Not, P
TV	AJ 58 171	B, E
	AN **281** 113	B, Typ
TW	Desgl.	Desgl.
AB	Desgl.	Desgl.
AW	VS Bull **9** 296	B, E, Ka, Lk, VS
IX	VS Bull **9** 339	Am, B, E, Lk

KR	AN **281** 153	E, Lk, Typ
	VS Bull **9** 230	B, E, Ka, Lk, VS
LR	VS Bull **9** 294	B, E, Ka, Lk, VS
γ	UAI Circ 1419	Sp
ϱ	AJ **58** 34	Sp
	Urania Kraków **24** 121	Am, Lk, Not

Centaurus

R	J RAS Canada **47** 87	B, Typ

Cepheus

U	AA(c) **5** 51	B
	AN **281** 113	B, Typ
	Vgl. Ref. 11206	Ka, VS
	ZfA **33** 1	Vgl. Ref. 11124
T	AN **281** 113	B, Typ
Z	J RAS Canada **47** 87	B, Typ
UY	Astr Circ UdSSR Nr. 144 S. 13	B
VV	Orion Schaffhausen **4** 107	P
VW	AN **281** 113	B, Typ
XX	Desgl.	Desgl.
	Mem SA It (NS) **24** 341 = Torino Contr. Nr. **22**	Vgl. Ref. 11104
ZZ	AN **281** 113	B, Typ
AG	Astr Circ UdSSR Nr. 144 S. 13	B
BE	AJ **58** 171	B, E
DK	VS Bull **9** 205	B, E, Ka, Lk, VS
DL	= 220.1935	
δ	AN **281** 113	B, Typ
	Publ ASP **65** 118	Vgl. Ref. 11164
9	BAN **12** 91	Vgl. Ref. 11184

Cetus

UV	Beograd Bull **18** Nr. 1—2 S. 24	B
	JBAA **63** 85, 86	Not
	Orion Schaffhausen **4** 183	Ka, Not, VS
δ	Publ ASP **65** 49	Am, B, Lk, P, VS
o	JO **36** 46	Vgl. Ref. 10129
	J RAS Canada **47** 87	B, Typ
	MN ASSA **12** 52	B, Lk, Sp
	Obs **73** 254	Vgl. Ref. 11178

Chamaeleon

R	J RAS Canada **47** 87	B, Typ

Coma Berenices

T	Astr Circ UdSSR Nr. 144 S. 13	B
RY	Toruń Bull. Nr. 12	E, VS
ST	VS Bull **9** 324	EB

Corona borealis

R	ApJ **117** 25	Vgl. Ref. 9504
	J RAS Canada **47** 87	B, Typ
	J RAS Canada **47** 117	Lk, Not
U	AA(c) **5** 51	B
	Vgl. Ref. 11206	Ka, VS
V	Astr Circ UdSSR Nr. 144 S. 13	B
	Urania Kraków **24** 368	Am, B, Lk
W	Astr Circ UdSSR Nr. 144 S. 13	B
X	Desgl.	B
Z	Astr Circ UdSSR Nr. 144 S. 13	B
RW	AA(c) **5** 51	B
α	ApJ **118** 55	Vgl. Ref. 11116

Corvus

T	Astr Circ UdSSR Nr. 140 S. 16	B
U	Desgl.	B

Cygnus

R	Astr Circ UdSSR Nr. 134 S. 12	B
S	J RAS Canada **47** 87	B, Typ
W	Coelum **21** 192	Not
X	AN **281** 113	B, Typ
	VS Bull **9** 213	B, E, Lk, P
Y	Ann d'Astrophys **16** 65	Vgl. Ref. 5228
	Ann d'Astrophys **16** 414	Vgl. Ref. 5229

	Vgl. Ref. 11206	Ka, VS
Z	AN 281 113	B, Typ
	Astr Circ UdSSR Nr. 134 S. 12	B
RS	AN 281 113	B, Typ
RT	Astr Circ UdSSR Nr. 134 S. 12	B
	Astr Circ UdSSR Nr. 136 S. 19	CI, Not
	J RAS Canada 47 87	B, Typ
	Odessa Mitt. 3 275	Vgl. Ref. 111106
RU	AN 281 113	B, Typ
SS	Desgl.	B, Typ
	Coelum 21 192	Ka, Not
	J RAS Canada 47 87	Not, Typ
	J RAS Canada 47 117	B, Lk
	NAT 1953 32	B, Not
SU	AN 281 113	B, Typ
SX	Astr Circ UdSSR Nr. 138 S. 8	B
SY	AA (c) 5 51	B
TU	Astr Circ UdSSR Nr. 134 S. 12	B
TY	AN 281 113	B, Typ
UW	AA (c) 5 51	B
WW	AA (c) 5 51	B
XX	AN 281 113	B, Typ
	Beograd Bull. 18 Nr. 3—4 S. 12	B, E, Lk
XZ	BAN 12 11	Vgl. Ref. 11157
AF	AN 281 113	B, Typ
AT	Astr Circ UdSSR Nr. 138 S. 8	B
AV	AN 281 170	B, E, Typ, VS
AX	VS Bull 9 175	B, VS
AZ	Desgl.	B, VS
BG	AN 281 113	B, Typ
BI	VS Bull 9 175	B, VS
BO	AA (c) 5 51	B
BR	AA (c) 5 51	B
CE	VS Bull 9 175	B, E, VS
CG	AA (c) 5 51	B
CO	VS Bull 9 175	B, VS
CY	AJ 58 40	Ref. AAS
DF	Astr Circ UdSSR Nr. 136 S. 18	B, E, P
	Odessa Mitt. 3 293, 313	Vgl. Ref. 111116, 11190
DK	AA (c) 5 51	B
DM	AN 281 113	B, Typ
	VS Bull 9 324	EB

EM	ApJ 118 349 = McDC 229	Vgl. Ref. 11302
EY	BSAF 67 350	B, Not
	UAI Circ 1409	B, VS
GH	VS Bull 9 222	B, E, Ka, Lk, VS
IU	Mem SA It (NS) 24 195 = Asiago Contr. Nr. 34	Vgl. Ref. 11156
KV	NAZ 7 34	B, Typ
MR	VS Bull 9 285	Vgl. Ref. 11113
MX	VS Bull 9 344	Ka, Not
V 445	NAZ 7 35	B, Not
V476	VS Bull 9 175	B, Lk, VS
V541	VS Bull 9 169	B, E, Eb, Ka, Lk, Not, Sp, VS
V548	MVS Nr. 162	B, E, Lk, Not
	Rend. Accad. Lincei (8) 14 616	Vgl. Ref. 11105
	VS Bull 9 341	B, E, Lk, VS
V611	VS Bull 9 229	B, Ka, VS
V687	VS Bull 9 211	B, E, Lk, VS
V703	VS Bull 9 197	Am, An, Ka, O, Typ, VS
V704	VS Bull 9 227	An, E, Ka, Lk, O, Typ, VS
V705	VS Bull 9 197	Am, An, B, Ka, Lk, O, Typ, VS
V706	Desgl.	Am, An, B, Ka, O, P, Typ, VS
V707	Desgl.	Am, An, B, Ka, O, Typ, VS
V710	Desgl.	Am, An, B, Ka, O, Typ, VS
V711	Desgl.	Am, An, B, E, Ka, Lk, O, Typ, VS
V712	Desgl.	Am, An, B, Ka, O, Typ, VS
V713	Desgl.	Am, An, B, E, Ka, Lk, O, Typ, VS

χ	AN 281 113	B, Typ
	ApJ 118 453	Vgl. Ref. 11196
	Toruń Bull Nr. 12	B, E
	VS Bull 9 175	B, VS
31	AJ 58 51	B, Not
	AJ 58 229	Ref. AAS
	Stockholms Obs. Ann. 17 Nr. 5	Vgl. Ref. 11118
32	AJ 58 233	Ref. AAS
	NAT 1953 33	Not
	NAZ 7 3, 7, 12	B, Esb, Not, Sp
	UAI Circ 1388	Not, Sp

Delphinus

R	AN 281 113	B, Typ
U	VS Bull 9 175	B, E, Lk, VS
RS	Desgl.	B, VS
RV	Astr Circ UdSSR Nr. 137 S. 10	E
YY	Desgl.	E
ZZ	Desgl.	E
CD	Desgl.	E
CK	Desgl.	Not
	Astr Circ UdSSR Nr. 141 S. 8	B, E

Dorado

S	Orion Schaffhausen 4 107	P
β	ApJ 118 570	Vgl. Ref. 11145

Draco

R	AN 281 113	B, Typ
	Sternenwelt 5 154	B
	Urania Kraków 24 368	Am, B, Lk
S	VS Bull 9 175	B, E, VS
T	J RAS Canada 47 87	Not, Typ
V	Astr Circ UdSSR Nr. 140 S. 14	B
W	Desgl.	B
	J RAS Canada 47 87	B, Typ
Y	AN 281 113	B, Typ
RU	Astr Circ UdSSR Nr. 140 S. 14	B
RY	ApJ 118 572	Vgl. Ref. 11198
ST	VS Bull 9 175	B, VS
SY	Astr Circ UdSSR Nr. 140 S. 14	B
SZ	VS Bull 9 175	B, P, VS
TU	Desgl.	B, E, Ka Lk, VS
TV	Desgl.	B, VS
TW	AA(c) 5 51	B
	AN 281 113	B, Typ
	Astr. Nachrichtendienst Berlin-Treptow Beilage Nr. 10	Ka, VS
	Sternenwelt 5 154	B, Ka, Typ, VS
	Vgl. Ref. 11206	Ka, VS
TX	AN 281 113	B, Typ
	VS Bull 9 175	B, E, Lk, VS
UW	Desgl.	B, VS
UX	Desgl.	B, VS
UZ	AN 281 113	B, Typ
WW	Desgl.	B, Typ
XZ	Studia Soc. Sci. Toruń (A) 3 Nr. 5 S. 41 = Toruń Bull. Nr. 12	E, Not, VS
AB	J RAS Canada 47 87	Not, Typ

Equuleus

S	AA(c) 5 51	B

Eridanus

Z	VS Bull 9 175	B, E, Lk, VS
RR	Desgl.	B, VS
RU	AA(b) 2 86	B
	Tokyo Ann. (2) 3 175	Vgl. Ref. 11125
RV	VS Bull 9 175	B, VS
RW	Desgl.	B, VS
YY	Tokyo Ann. (2) 3 227	Vgl. Ref. 11109
ν	Astr Circ UdSSR Nr. 134 S. 9	B, P
	BAN 12 88	Vgl. Ref. 11183

Gemini

R	AN 281 113	B, Typ
	ApJ 118 572	Vgl. Ref. 11198
	Sternenwelt 5 154	B
U	J RAS Canada 47 87	B, Typ
W	Urania Kraków 24 150	Am, Lk, P

X	Astr Circ UdSSR Nr. 140 S. 14	B
RT	NAT 1953 76	Ka, Not
SS	VS Bull 9 215	B, VS
SU	Desgl.	B, VS
SZ	VS Bull 9 330	B, E, Ka, Lk, VS
TU	VS Bull 9 175	B, VS
TV	Desgl.	B, VS
TW	Desgl.	B, VS
AF	AA (c) 5 51	B
η	Urania Kraków 24 148	Am, Lk, P
ζ	ApJ 118 346 = McDC Nr. 228	Vgl. Ref. 11148

Hercules

S	Astr Circ UdSSR Nr. 140 S. 14	B
	J RAS Canada 47 87	B, Typ
	NAZ 7 9	B, Typ
T	J RAS Canada 47 87	B, Typ
U	AN 281 113	B, Typ
W	Desgl.	B, Typ
X	Desgl.	B, Typ
	Urania Kraków 24 121	Am, Lk, Not
Y	NAZ 7 9	B, Not, Sp, VS
Z	Vgl. Ref. 11206	Ka, VS
RS	AN 281 113	B, Typ
	Astr Circ UdSSR Nr. 140 S. 16	B
RV	Desgl.	B
RW	VS Bull 9 175	B
RX	Abastumani Bull. Nr. 15 S. 3	Vgl. Ref. 11120
	AN 281 113	B, Typ
RY	Astr Circ UdSSR Nr. 134 S. 12	B
	Astr Circ UdSSR Nr. 140 S. 14	B
SS	AN 281 113	B, Typ
	Astr Circ UdSSR Nr. 140 S. 14	B
SV	Astr Circ UdSSR Nr. 134 S. 12	B
	Astr Circ UdSSR Nr. 140 S. 14	B
TU	AA (c) 5 51	B
TW	AN 281 113	B, Typ
TX	Desgl.	B, Typ
TY	VS Bull 9 175	B, VS
UV	Astr Circ UdSSR Nr. 140 S. 14	B
UX	AN 281 113	B, Typ
YZ	Odessa Mitt. 3 267	Vgl. Ref. 111102
AC	AJ 58 210	RG
	AN 281 113	B, Typ
	VS Bull 9 271	B, E, Lk, VS
AK	AN 281 113	B, Typ
	VS Bull 9 271	B, Lk, VS
	ZfA 33 74	Vgl. Ref. 2225
AR	Sternberg Publ. 23 62	Vgl. Ref. 11168
CC	Stalinabad Bull. Nr. 7 S. 29	B, E, Lk
CF	Astr Circ UdSSR Nr. 140 S. 14	B
CT	AA (c) 5 51	B
DL	Odessa Mitt. 3 257	Vgl. Ref. 11167
PW	AN 281 153	B
g	Urania Kraków 24 121	Am, Lk, Not
	VS Bull 9 271	B, Lk, VS
u	AA (b) 2 120	B, E, Lk, VS
33	= Y Her	

Hydra

R	J RAS Canada 47 87	B, P, Typ
U	ApJ 118 572	Vgl. Ref. 11198
	MN 113 571	Vgl. Ref. 9567
V	J RAS Canada 47 87	Not, Typ
X	Astr Circ UdSSR Nr. 140 S. 16	B
RT	AN 281 113	B, Typ
	VS Bull 9 271	Am, B, VS
RY	Desgl.	B, VS
WX	Astr Circ UdSSR Nr. 140 S. 16	B

Lacerta

S	AN 281 113	B, Typ
	Sternenwelt 5 154	B
RX	VS Bull 9 271	B, VS
SW	AJ 58 171	B, E
	AN 281 113	B, Typ
	Sprawozdań Polskiego Towarzystwa Astr. 4, 5 S.	aD, Eb, Lk

SX	VS Bull 9 271	B, E, Lk, VS
VX	AA (c) 5 51	B
AU	Desgl.	B
BS	VS Bull 9 302	B, Ka, VS
CM	AN 281 113	B, Typ
CO	AJ 58 171	B, E
DD	BAN 12 81	Vgl. Ref. 11182
EQ	VS Bull 9 227	An, E, Ka, Lk, O, Typ, VS
ER	VS Bull 9 197	Am, An, B, E, Ka, Lk, O, Typ, VS
16	AJ 58 233	Ref. AAS
	BAN 12 88	Vgl. Ref. 11183

Leo

R	AN 281 113	B, Typ
S	Desgl.	B, Typ
X	Desgl.	B, Typ
	J RAS Canada 47 87	B, Typ
Z	VS Bull 9 271	Am, B, E, Lk, VS
RR	Desgl.	B, VS
RY	J RAS Canada 47 87	P, Typ
TV	Studia Soc. Sci. Toruń (A) 3 Nr. 5 S. 26 = Toruń Bull. Nr. 12	E, VS
UV	AJ 58 171	B, E
	AN 281 113	B, Typ
UX	AA (c) 5 51	B
UZ	Studia Soc. Sci. Toruń (A) 3 Nr. 5 S. 20 = Toruń Bull. Nr. 12	B, E, VS
XY	AJ 58 171	B, E

Leo minor

R	J RAS Canada 47 87	B, Typ

Lepus

R	Coelum 21 157	Ka, Not
X	Astr Circ UdSSR Nr. 140 S. 16	B

Libra

S	Astr Circ UdSSR Nr. 140 S. 16	B
U	Astr Circ UdSSR Nr. 140 S. 16	B
RS	Desgl.	B
RW	Desgl.	B
TT	Desgl.	B
EH	VS Bull 9 225	B, Ka, Lk, VS

Lynx

R	AN 281 113	B, Typ

Lyra

T	VS Bull 9 303	Am, B, Lk, VS
W	Astr Circ UdSSR Nr. 140 S. 14	B
Y	VS Bull 9 271	B, E, VS
Z	Astr Circ UdSSR Nr. 140 S. 14	B
	VS Bull 9 271	Am, B, VS
RR	Publ ASP 65 118	Vgl. Ref. 11164
RT	Astr Circ UdSSR Nr. 140 S. 14	B
RU	J RAS Canada 47 87	B, Typ
RV	AA (c) 5 51	B
RW	J RAS Canada 47 87	B, Typ
RY	Astr Circ UdSSR Nr. 140 S. 14	B
RZ	Sternberg Publ. 23 62	Vgl. Ref. 11168
SS	Astr Circ UdSSR Nr. 134 S. 12	B
	Astr Circ UdSSR Nr. 137 S. 9	B, E
TT	AA (c) 5 51	B
	Odessa Mitt. 3 287	Vgl. Ref. 11115
TW	Astr Circ UdSSR Nr. 140 S. 14	B
TX	Desgl.	B
TZ	AA (c) 5 51	B
	AJ 58 171	B, E
UZ	AA (c) 5 51	B
	AN 281 113	B, Typ
AY	J RAS Canada 47 87	B, Typ
EP	AN 281 170	B, E, Lk, Typ, VS
EW	AA (c) 5 51	B
EZ	AN 281 113	B, Typ
FL	Desgl.	B, Typ
β	Desgl.	B, Typ
	VS Bull 9 303	B, E, VS

Monoceros

U	AJ 58 210	RG
	AN 281 113	B, Typ
	AN 281 170	B, E, Not, Typ, VS
V	J RAS Canada **47** 87	B, Typ
Y	Astr Circ UdSSR Nr. 144 S. 13	B
RR	Astr Circ UdSSR Nr. 138 S. 8	B
RS	Astr Circ UdSSR Nr. 144 S. 13	B
RX	Astr Circ UdSSR Nr. 138 S. 8	B
RY	VS Bull **9** 303	B, VS
SW	J RAS Canada **47** 87	Not, Typ
TT	VS Bull **9** 303	B, VS
UZ	Astr Circ UdSSR Nr. 144 S. 13	B

Ophiuchus

S	Astr Circ UdSSR Nr. 140 S. 16	B
	J RAS Canada **47** 87	B, Typ
T	Astr Circ UdSSR Nr. 140 S. 16	B
U	AA (c) **5** 51	B
	AN 281 113	B, Typ
	Vgl. Ref. 11206	Ka, VS
V	Astr Circ UdSSR Nr. 140 S. 16	B
X	AN 281 113	B, Typ
Z	Desgl.	B, Typ
RR	Astr Circ UdSSR Nr. 140 S. 16	B
RU	Astr Circ UdSSR Nr. 140 S. 14	B
SW	AA (c) **5** 51	B
SY	VS Bull **9** 303	B, E, Lk, VS
TW	Desgl.	Am, B, VS
TY	Desgl.	Am, B, VS
UX	Astr Circ UdSSR Nr. 140 S. 16	B
V449	AA (c) **5** 51	B
V451	Mem SA It (NS) **24** 121	Vgl. Ref. 11102
V532	Orion Schaffhausen **4** 107	P
V 566	Rend. Accad. Lincei (8) **14** 616	Vgl. Ref. 11105
V806	AA (c) **5** 51	B

Orion

U	AN 281 113	B, Typ
	J RAS Canada **47** 87	B, Typ
	Urania Kraków **24** 368	Am, B, Lk
V	AN 281 113	B, Typ
Y	AN 281 153	B
RY	VS Bull **9** 303	B, E, Typ, VS
CN	J RAS Canada **47** 87	B, Typ
CZ	AN 281 113	B, Typ
	J RAS Canada **47** 87	Not, Typ
ER	AJ **58** 171	B, E
ET	AA (c) **5** 51	B
FR	Desgl.	B
FZ	AN 281 153	B, P, Typ
V 346	Desgl.	B, P
α	Publ ASP **65** 185	Vgl. Ref. 9562
ψ	BAN **12** 91	Vgl. Ref. 11184

Pegasus

U	AN 281 113	B, Typ
	JBAA **63** 86	Not
	Vgl. Ref. 11206	Ka, VS
X	Astr Circ UdSSR Nr. 140 S. 16	B
RR	Desgl.	B
RU	AN 281 113	B, Typ
	J RAS Canada **47** 87	Not, P
ST	VS Bull **9** 303	B, VS
SX	Desgl.	B, E, VS
TV	Astr Circ UdSSR Nr. 140 S. 16	B
TW	VS Bull **9** 303	Am, B, E, Lk, VS
UX	AA (c) **5** 51	B
UY	VS Bull **9** 303	B, Lk, VS
VV	AN 281 113	B, Typ
AQ	AA (c) **5** 51	B
AT	AN 281 113	B, Typ
AV	Desgl.	B, Typ
AW	Vgl. Ref. 11119	
BG	AA (c) **5** 51	B
BH	VS Bull **9** 324	EB
BN	AA (c) **5** 51	B
CU	Desgl.	B
DF	Desgl.	B
DH	AN 281 113	B, Typ
DI	AA (c) **5** 51	B
DK	Desgl.	B
DO	Desgl.	B

DY	AN 281 113	B, Typ
	VS Bull 9 300	B, Ka, Lk, VS
EE	ZfA 32 1	Vgl. Ref. 11139

Perseus

R	AN 281 113	B, Typ
U	Desgl.	B, Typ
	J RAS Canada 47 87	B, Typ
	Urania Kraków 24 368	Am, B, Lk
W	AN 281 113	B, Typ
	J RAS Canada 47 166	B, Lk
Y	AN 281 113	B, Typ
RS	VS Bull 9 303	Am, B, VS
RT	AA(c) 5 51	B
RV	Desgl.	B
RY	Desgl.	B
TU	Astr Circ UdSSR Nr. 140 S. 16	B
TX	AN 281 113	B, Typ
TZ	Astr Circ UdSSR Nr. 140 S. 16	B
	J RAS Canada 47 87	B, Typ
UV	Desgl.	B, Typ
XZ	AA(c) 5 51	B
β	Desgl.	B
	AN 281 113	B, Typ

Pictor

R	J RAS Canada 47 166	B, Lk
RR	MN ASSA 12 52	Not, Sp

Pisces

R	AN 281 113	B, Typ
S	J RAS Canada 47 87	B, Typ
SX	AA(c) 5 51	B

Puppis

Z	Urania Kraków 24 368	Am, B, Lk

Sagitta

R	Astr Circ UdSSR Nr. 135 S. 7	RG
	VS Bull 9 215	B, VS
S	AN 281 113	B, Typ
U	AA(c) 5 51	B
	AN 281 113	B, Typ
	Vgl. Ref. 11206	Ka, VS
SV	ApJ 117 25	Vgl. Ref. 9504
UZ	NAZ 7 35	B, Sp

Sagittarius

RY	ApJ 117 25	Vgl. Ref. 9504
	J RAS Canada 47 87	B, Typ
SX	Astr Circ UdSSR Nr. 138 S. 8	B, Not
SY	Astr Circ UdSSR Nr. 140 S. 13	const.
AZ	Desgl.	B, Typ
V 356	AJ 58 224	Ref. AAS
V 505	AA(c) 5 51	B
	BAN 12 35	Vgl. Ref. 11117
	VS Bull 9 209	B, E, Lk, P, VS
V 525	MN 113 516	Vgl. Ref. 11101
V 1176	VS Bull 9 219	B, E, Ka, Lk, VS

Scorpius

R	Astr Circ UdSSR Nr. 140 S. 16	B
S	Desgl.	B
W	J RAS Canada 47 87	B, Typ
X	Astr Circ UdSSR Nr. 140 S. 16	B
RS	J RAS Canada 47 87	B, Typ
RU	Desgl.	B, Typ
BM	Orion Schaffhausen 4 107	P
V 381	Desgl.	P
V 383	Desgl.	P
V 449	Publ ASP 65 88	Vgl. Ref. 11127

Sculptor

R	J RAS Canada 47 87	Not, Typ

Scutum

R	AJ 58 210	RG
	AN 281 113	B, Typ
RW	VS Bull 9 332	B, E, Not, VS
RZ	AA(c) 5 51	B
VW	Astr Circ UdSSR Nr. 138 S. 8	B
	Astr Circ UdSSR Nr. 144 S. 13	B, E

δ	Publ ASP 65 252 = Berkeley Repr. Nr. 50	Vgl. Ref. 111108
	Publ ASP 65 254 = Berkeley Repr. Nr. 51	Vgl. Ref. 111114

Serpens

R	AN 281 113	B, Typ
	Astr Circ UdSSR Nr. 144 S. 13	B
W	Publ ASP 65 81 = Berkeley Repr. Nr. 40	Vgl. Ref. 11136
	Publ ASP 65 188	Vgl. Ref. 9562
WW	Astr Circ UdSSR Nr. 144 S. 13	B
AO	AA (c) 5 51	B

Sextans

23	BAN 12 91	Vgl. Ref. 11184

Taurus

R	AN 281 113	B, Typ
T	NAT 1953 142	Vgl. Ref. 11179
V	AN 281 113	B, Typ
	Urania Kraków 24 183	Am, Lk, P
RW	AA (c) 5 51	B
RZ	Publ. Astr. Soc. Japan 5 102	Vgl. Ref. 11110
SU	ApJ 117 25	Vgl. Ref. 9504
	J RAS Canada 47 87	B, Typ
WW	AN 281 170	B, E, Not

Telescopium

RR	J RAS Canada 47 87	B, Typ
	MN 113 211	Vgl. Ref. 111109
RS	ApJ 117 25	Vgl. Ref. 9504

Triangulum

R	AN 281 113	B, Typ
	Urania Kraków 24 123	Am, Lk, P
X	AA (c) 5 51	B
	AN 281 113	B, Typ

Ursa major

R	AN 281 113	B, Typ
	Sternenwelt 5 154	B
S	AN 281 113	B, Typ
	Sternenwelt 5 154	B
T	AN 281 113	B, Typ
	J RAS Canada 47 87	B, Typ
W	AN 281 113	B, Typ
	Vgl. Ref. 11206	Ka, VS
X	AN 281 113	B, Typ
Z	ApJ 118 572	Vgl. Ref. 11198
	Urania Kraków 24 149	Am, Lk, P
RS	AN 281 113	B, Typ
RV	VS Bull 9 314	B, Lk, VS
RZ	AN 281 113	B, Typ
SU	Desgl.	B, Typ
	J RAS Canada 47 87	Not, Typ
SW	Desgl.	B, Typ
SX	Astr Circ UdSSR Nr. 138 S. 8	B
TX	AN 281 113	B, Typ
UX	Publ ASP 65 206	Ref. ASP

Ursa minor

S	AN 281 113	B, Typ
	Urania Kraków 24 368	Am, B, Lk
W	AN 281 113	B, Typ
γ	BAN 12 91	Vgl. Ref. 11184

Vela

Z	J RAS Canada 47 87	B, Typ
AI	BAN 12 31	Vgl. Ref. 11146
	ZfA 32 69	Vgl. Ref. 11147

Virgo

S	Astr Circ UdSSR Nr. 140 S. 14	B
U	AN 281 113	B, Typ
V	Astr Circ UdSSR Nr. 140 S. 14	B
AH	AA (c) 5 51	B
	AN 281 113	B, Typ

Vulpecula

R	Astr Circ UdSSR Nr. 134 S. 12	B
	Astr Circ UdSSR Nr. 140 S. 16	B

U AN 281 113 B, Typ
V AJ 58 217 Ref. AAS
Z Vgl. Ref. 11206 Ka, VS
RS AA(c) 5 51 B
Abastumani Bull. Nr. 15 S. 3 Vgl. Ref. 11120
Abh. Univ. Kasan 113 Nr. 4 = Kasan Bull Nr. 29 Vgl. Ref. 11111
VS Bull 9 342 B, E, Not
SV Studia Soc. Sci. Toruń (A) 3 Nr. 5 S. 33 = Toruń Bull. Nr. 12 E, Not, VS
VS Bull 9 221 B, E, Ka, Lk, VS
XZ AA(c) 5 51 B
AT VS Bull 9 224 B, E, Ka, Lk, VS
AY AA(c) 5 51 B
BE Desgl. B
BN VS Bull 9 336 B, E, Ka, Lk, VS
BO AA(c) 5 51 B
AJ 58 171 B, E

11217. Veränderliche Sterne mit provisorischer Bezeichnung

33.1934 AN 281 179 Am, Ka, O, Typ?
34.1934 Desgl. Am, B, Ka, O, Typ
220.1935 VS Bull 9 205 B, E, Ka, Lk, VS
986.1935 AN 281 179 Am,B,E,Ka, Lk,O,Typ
988.1935 AN 281 179 Am, Ka, O, Typ?
656.1936 Desgl. Am, Ka, O, Typ
1.1953 AN 281 153 Am, C, Ka, O
2.1953 Desgl. Am, Ka, Typ?

11218. Veränderliche BD-Sterne

BD
+58°2117 = S 3833
52 1275 AN 281 153 An, Not
51 2887 = SVS 804
49 226 = 2.1953 Cas
48 3394 = SVS 886
45 356 AN 281 153 Am, P?
45 156 Desgl. Am, Typ?
41 119 Publ ASP 65 291 Am, An, E, Lk, O
40 4220 Publ ASP 65 141 Vgl. Ref. 10203
+40 4220 Sky and Telescope 12 319 An

BD
+40°933 AN 281 153 Am, B, E, Typ
36 1425 Desgl. Am, Not
32 656 Desgl. B, Not, Typ
31 1943 = WW Cnc
27 1706 = S 4751
27 1494 AN 281 153 Am, E, Lk, Typ
+ 4 1496 Desgl. Not
− 7 4668 Astr Circ UdSSR Nr. 143 S.22 Am, An, B, VS

11218a. Veränderlicher CPD-Stern

CPD −60°3278 Orion Schaffhausen 4 107 P

11219. Veränderliche HD-Sterne

HD 34078 = AE Aur
199140 AJ 58 224 Ref. AAS
AJ 58 233 Ref. AAS
Publ ASP 65 45 = Berkeley Repr. Nr. 39 Am, B, CI, Not, O, P, VS
199908 Publ ASP 65 39 = Berkeley Repr. Nr. 38 Am, B, CI, Not, P, VS
217050 ApJ 118 481 = Berkeley Repr. Nr. 55 Vgl. Ref. 111112
223065 BAN 12 57 Vgl. Ref. 11166

11220. KVVS-Sterne*)

KVVS	370	VS Bull 9 213	Ka, VS
	921	Astr Circ UdSSR Nr. 140 S. 13	B, Typ
	4050	Desgl.	Not, Typ ?
	4065	= V 1176 Sgr	
	4697	Astr Circ UdSSR Nr. 140 S. 13	Typ
	101735	VS Bull 9 271	B

11221. Prager-Sterne

Pr		
1230	AJ 58 175	Not, Typ ?
2742	= V 346 Ori	
5401	= 656.1936	
5433	= 33.1934 Cyg	
Pr		
5444	= 34.1934 Cyg	
5456	= 986.1935 Cyg	
5476	= 988.1935 Cyg	

11222. Sonneberger Veränderliche

S		
3833	An 281 179	Am, B, E, Ka, Lk, O
	NAZ 7 8	B, E, Typ
3885	MVS Nr. 161	B, E, Lk, Not, Typ
4705	= BD +45°156	
4707	= KR Cas	
4712	= BD +45°356	
4723	= BD +32°656	
4725	= BD +40°933	
4727	NAZ 7 11	Am, E, Typ
4731	= BD +36°1425	
4743	= BD +27°1494	
4745	= BD +52°1275	
4750	NAZ 7 28	Am, E, Typ
4751	NAZ 7 12	E, Not, Typ
S		
4753	AN 281 183	B, E, Ka, Lk, O, Typ, VS
	= WW Cnc	
4755	AN 281 183	B, E, Ka, Lk, O, Typ, VS
4766	Desgl.	B, Ka, O, Typ
4781	Desgl.	B, E, Ka, Lk, O, Typ, VS
4787	Desgl.	B, E, Ka, O, Typ, VS
5169	MVS Nr. 165, 166	Am, An, B, Ka, Lk, O, Typ, VS

11223. SVS-Sterne

SVS		
684	= DK Cep	
804	AN 281 179	Am, B, Ka, O, Typ
879	Desgl.	Am, B, E, Ka, Lk, O, Typ
880	Desgl.	Am, B, Ka, O, Typ ?
882	Desgl.	Am, B, E, Ka, O, Typ
886	Desgl.	const ?, Ka, O
918	VS Bull 9 334	B, Ka, Not, VS
1116	= V 703 Cyg	
SVS		
1117	VS Bull 9 197	Am, An, Ka, O, Typ ?, VS
1118	Desgl.	Desgl.
1119	= V 705 Cyg	
1120	= V 706 Cyg	
1121	VS Bull 9 197	Am, An, Ka, O, Typ ?, VS
1122	= V 707 Cyg	
1123	VS Bull 9 197	Am, An, Ka, O, Typ, VS
1124	Desgl.	Am, An, B, Ka, O, Typ ?, VS

*) AJB 51 Ref. 11003.

SVS		
1125	= V 710 Cyg	
1126	= V 711 Cyg	
1127	VS Bull 9 197	Am, An, Ka, O, Typ ?, VS
1128	Desgl.	Desgl.
1129	Desgl.	Am, An, B, Ka, O, Typ ?, VS
1130	Desgl.	Am, An, Ka, O, Typ?, VS
1131	= V 712 Cyg	
1132	= V 713 Cyg	
1133	VS Bull 9 197	Am, An, Ka, O, Typ ?, VS
1134	Desgl.	Am, An, Ka, O, Typ, VS
1135	= ER Lac	
1136	= V 704 Cyg	
1137	= EQ Lac	
1138	VS Bull 9 227	An, E, Ka, Lk, O, Typ ?, VS

11224. Vatikan-Veränderliche

Quelle: Specola Astr. Vaticana Ric. Astr. 3 Nr. 1

Stern 11	An, B, E, Ka, Lk, O, Typ, VS
12	An, B, CI, E, Ka, Lk, O, Typ, VS
13—15	An, B, E, Ka, Lk, O, Typ, VS

11225. Zinner-Stern

Zi 379 AN 281 153 B, Not, Typ ?

11226. Sonstige Veränderliche

		Äqu. 1855	
0h 39m.0	+54° 22′	NAZ 7 20	An, B, Not, Typ
		Äqu. 1900	
7h 11m 17s	+31° 5′.3	JO 36 22 = Contr. Inst. d'Astrophys. Paris (B) Nr. 93	An, B, Ka, O, Typ, VS
		UAI Circ 1387	Am, An, Typ
7 11 52	+30 48.1	JO 36 22 = Contr. Inst. d'Astrophys. Paris (B) Nr. 93	An, B, Ka, O, Typ, VS
		UAI Circ 1387	Am, An, Typ
7 13 21	+29 53.2	JO 36 22 = Contr. Inst. d'Astrophys. Paris (B) Nr. 93	An, B, Ka, O, Typ, VS
		UAI Circ 1387	Am, An, Typ
8 51 29	+24 29.9	Desgl.	Desgl.
9 6 16	+27 14.7	Desgl.	Desgl.
9 21 30	+37 24.5	Desgl.	Desgl.
10 17 19	+44 35 33	UAI Circ 1407	An, B, CI, Typ?
19 6 4	− 0 4.2	UAI Circ 1387	Am, An, Typ
19 16 2	− 0 2.1	Desgl.	Desgl.
20 24 16	+ 0 30 53	AJ 58 168	B, E
		Astr Circ UdSSR Nr. 133 S.12	An, E

19h 46m +32° Cyg J RAS Canada 47 87 B, Typ

11227. Veränderliche Sterne. Verzeichnis der Beobachter und Berechner

H. A. Abt
P. Ahnert
C. J. Albo
L. H. Aller
C. T. Älsalu
S. Arend
T. A. Asarnowa
J. Ashbrook
H. Auzinger
A. A. Batyrew
W. R. Beardsley
A. Behn
C. Bertaud
W. P. Bidelman
A. Blaauw
K.-H. Bomm
E. Born
B. Brüss
V. Buhl
E. M. Burbidge
G. R. Burbidge
P. N. Cholopow
G. G. Cillié jr.
A. Colacevich
P. Couteau
T. Dambara
P. Darnell
G. Darsenius
W. Dombrowski
K. Domke
C. Driscoll
W. Dziewulski
O. J. Eggen
M. W. Feast
A. J. Filin
B. P. Fjodorowitsch
R. Fogelquist
M. G. Fracastoro
A. Fresa
C. Friedemann
M. Golay
K. C. Gordon
W. Götz
L. Gratton
H. G. Groth
O. Günther
R. Hardie
D. L. Harris
G. H. Herbig
W. A. Hiltner
D. Hoffleit
F. M. Holborn
M. Huruhata
H. Huth
C. de Jager
A. Jahn
J. I. Jefremow
D. Jehoulet
G. E. Jerlexowa
W. P. Judkina
B. N. Kadomskij
F. E. Kameny
B. I. Kaminskij
S. Kierulff
R. Kippenhahn
M. Kitamura
H. Klostermann
G. T. Kowal
R. P. Kraft
G. E. Kron
B. W. Kukarkin
N. P. Kukarkina
P. G. Kulikowskij
N. E. Kurotschkin
K. K. Kwee
D. Labs
G. B. Lacchini
G. Larsson-Leander
C. J. Lavagnino
F. Lenouvel
O. Lindblad
E. M. Lindsay
W. Linke
S. Lipiński
A. M. Losinskij
F. J. Lukazkaja
N. L. Magalaschwili
G. Mannino
A. Marks
D. J. Martynow
M. W. Mayall
A. McKellar
P. W. Merrill
G. R. Miczaika
H. Mielke
F. D. Miller
W. J. Miller
N. Møller Nicolaisen
W. W. Morgan
A. B. Muller
T. Nakamura
K. Narahari Rao
S. Ninger-Kosibowa
V. Oskanjan
R. M. Petrie
E. V. Petersen
E. Pocher
E. Pohl
D. M. Popper
S. S. Provin
G. Richter
R. Rigollet
L. Rosino
S. W. Rublew
M. Rudkjøbing
G. P. Sacharow
J. Sahade
A. D. Saikin
H. van Schewick
N. K. Semakin
K. Serkowski
I. G. Shdanowa
D. Sofronijewitsch
A. W. Solowjow
S. Sørensen
E. A. Spiegel
J. Stebbins
J. Stock
E. P. Strelkowa
G. de Strobel
O. Struve
P. Swings
R. Szafraniec
A. Szczepanowska
B. Szczepkowski
W. Szulakowski
W. M. Tabatschnik
H. Tanabe
W. Tecza
A. D. Thackeray
W. A. Tschadow
R. I. Tschuprina
E. Vandekerkhove
M. F. Walker
T. Walraven
O. P. Wassiljanowskaja
P. Wellmann
W. Wenzel
E. B. Weston
A. D. Williams
F. B. Wood
A. Wróblewski
W. P. Zessewitsch

§ 113

Novae, Supernovae

11301. **C. E. R. Bruce,** The pre-nova stage of a star. Rep. Brit. Elect. Res. Assoc. Rep. Z/T 84, 9 S. — Ref. in Phys. Abstracts (A) 58 555.

11302. **E. M. Burbidge, G. R. Burbidge,** EM Cyg, a possible ex-nova. ApJ 118 349—350 = Contr. McDonald Obs. Nr. 229. — Bemerkungen über das Spektrum des veränderlichen Sterns EM Cygni, welches vermuten läßt, daß es sich um eine Exnova handelt. Micz.

11303. **M. G. Fracastoro,** Un caso interessante di equipartizione di energia. Rend. Accad. Nazionale Lincei, Cl. Sci. fis., mat., nat. (8) **15** 192—194. — Unter Annahme einer Gleichverteilung der Energie wird die Masse der Hülle berechnet, die eine klassische Nova bei der Explosion verliert. Cester

11304. **S. G. Gordeladse,** Die Massenejektion beim Ausbruch von Neuen Sternen. Mitt. Astr. Hauptobs. Akad. Wiss. Ukrain. Sowjetrepublik **1** 67—84 (russisch). — Ref. in RJ Astr. Geod. UdSSR Nr. **9**, 1954; Ref. Nr. 4868 (russisch). — Nach Bemerkungen zu einigen bisherigen Arbeiten über das vorliegende Problem bestimmt Verf. die Masse einer Novahülle aus den Intensitäten der Linien des zweifach ionisierten Sauerstoffs und der Balmer-Linien $H\alpha - H\gamma$. Für N Lac 1936 ergeben sich größenordnungsmäßig 10^{28}gr, wobei sich die Werte der nach beiden Methoden erhaltenen Massen jedoch um einen Faktor 2—5 unterscheiden. Loh.

11305. **G. A. Gursadjan,** Über die Beständigkeit der Form ausgestoßener Gashüllen von Sternen. Nachr. Akad. Wiss. Armen. Sowjetrepublik (Phys.-Math., Naturwiss., Techn.) **6** Nr. 2 S. 19—42 (russisch mit armenischer Zusammenfassung).

* * **G. A. Gursadjan,** Über die Hydrodynamik abgestoßener Gashüllen von Sternen. Vgl. Ref. 5113.

11306. **I. M. Kopylow,** Die Massen der Hüllen der Neuen Sterne. Mitt. Astrophys. Obs. Krim **10** 200—206, mit 1 Abb. (russisch). — In der Arbeit werden für neun Novae die Massen der abgestoßenen Hüllen aus ihrer Leuchtkraft und ihrem Volumen im Nebelstadium bestimmt. Die Massen liegen zwischen 5×10^{28} und 10^{30} gr. Ein Vergleich der Hüllenmassen und der Helligkeiten der Novae im Minimum führt zu der Schlußfolgerung, daß zwischen ihnen eine äußerst enge Abhängigkeit besteht, die zweifellos einen tiefen physischen Grund hat. Verf. (übersetzt)

11307. **D. B. McLaughlin,** The spectra of novae near minimum. ApJ **117** 279—291. — Verf. beschreibt die spektralen Eigentümlichkeiten von acht Novae beim Durchlaufen des unteren Teils des absteigenden Astes nach dem Lichtmaximum. Die Emissionslinien der Exnovae deuten eine Verringerung des Anregungsgrades gegen Ende des absteigenden Astes an. Die rekurrierende Nova 1913 zeigte nach ihrem erneuten Ausbruch 1946 sehr breite Emissions- und Absorptionslinien ähnlich wie die Be-Sterne. Einige andere Novae besaßen schwache Absorptionslinien über den Emissionsprofilen. Als Verbreiterungsmechanismen in Betracht kommende Ursachen wie Expansion einer Hülle, Turbulenz und Rotation werden erörtert; eine Entscheidung für einen dieser Mechanismen ist jedoch nicht möglich. Emissionslinien werden im Hinblick auf ihre Struktur und deren Änderungen als ungeeignet zur Bestimmung der Radialgeschwindigkeit der Exnovae betrachtet und die Notwendigkeit der Messung von Eigenbewegungen hervorgehoben. Micz.

11308. **D. B. McLaughlin,** The red coronal line in the spectra of novae. ApJ 118 27—34. — Ref. in Sterne **30** 182—183. — Eine systematische Suche nach den Koronalinien, die gelegentlich im Spektrum rekurrierender Novae auftreten, in Spektren von sieben Novae ergab ein negatives Resultat für die grüne Linie [Fe XIV] λ 5303, jedoch ergab eine genauere Untersuchung des Profils der Emissionsbande bei λ 6364, die gewöhnlich dem [O I] zugeschrieben wird, die Existenz der grünen Koronalinie [Fe X] λ 6374. Diese Linie erreicht ihr Intensitätsmaximum einige Monate nach dem Lichtmaximum. Micz.

* * **I. S. Schklowskij,** Über die Natur des Leuchtens des Krabbennebels. Vgl. Ref. 12239.

11309. **R. Sommer,** Neue Sterne 1952. Sternenwelt **5** 102—103.

11310. **R. L. Waterfield,** Galactic and extragalactic novae. Obs **73** 204—205. —Verf. weist darauf hin, daß durch die Korrektion des Nullpunkts der Periode-Helligkeits-Beziehung der Cepheiden um $1^m.5$ (nach Baade), die eine Verdopplung der extragalaktischen Distanzen erfordert, auch eine früher bemerkte Diskrepanz beseitigt wird. Die mittlere absolute Maximalhelligkeit der Novae im Andromeda-Nebel wurde nämlich früher zu $-5^m.7$ angenommen, während sie bei galaktischen Novae etwa $-7^m.4$ ist. O. G.

11311. **B. A. Woronzow-Weljaminow,** Novae und Supernovae. Moskau, Verlag «Snanie», 1953. 24 S. mit Abb. Preis 45 Kop. (russisch).

11312. Novae coronal lines. Sky and Telescope **12** 131, mit 1 Fig. — Ref. AAS.

Beobachtungen einzelner Novae

11313. **Nova V 356 Aquilae (1936)**

Beobachtung: AAVSO Quarterly Report Nr. **17** S. 32 (H). J RAS Canada **47** 87 (H). MN **113** 258 (H).

11314. **Nova V 528 Aquilae (1945)**

Beobachtung: MN **113** 258 (H).

D. B. McLaughlin, The Orion absorption spectra of two novae. AJ **58** 220—221. — Ref. AAS.

11315. **Nova V 603 Aquilae (1918)**

Beobachtung: J RAS Canada **47** 87 (H). MN **113** 258 (H).

11316. **Nova T Aurigae (1891)**

Beobachtung: MN **113** 258 (H).

11317. **Nova T Bootis (1860)**

Beobachtung: AJ **58** 175—176 (Not).

11318. **Nova Eta Carinae (1843)**

Beobachtung: J RAS Canada **47** 87 (H).

E. Gaviola, Eta Carinae. II. The spectrum. ApJ **118** 234—251, mit 2 Fig. = Obs. Córdoba Tirada Aparte Nr. **59**. — Im Spektrum von η Carinae wurden die Wellenlängen von 903 Emissions- und 76 Absorptionslinien zwischen λ 3028 und λ 6966 gemessen. Ferner werden geschätzte Intensitäten sowie Identifizierungen der Linien mitgeteilt. Das Aussehen der Linien ist sehr unterschiedlich, einige sind äußerst scharf, während andere ganz verwaschen erscheinen. Emissionslinien besitzen oft bis zu drei und mehr Komponenten. Die Emissionslinie Hα zeigt Komponenten, die etwa um 1000 km/sec nach Violett und 1500 km/sec nach Rot verschoben sind. Die Intensität von Hα ist größer als die des gesamten übrigen Spektrums. Das von Cannon und Bok auf Harvard-Aufnahmen 1892—1893 beobachtete Absorptionsspektrum wurde wiedergefunden, ist aber zum Teil durch Emissionslinien überdeckt. Verf. nimmt an, daß lokale Eruptionen Teile der Sternatmosphäre stören und das Emissionsspektrum erzeugen. Einige Emissionslinien sind veränderlich in Intensität. Micz.

A. D. Thackeray, Note on the brightening of Eta Carinae. MN **113** 237—238 = Commun. Radcliffe Obs. Nr. **21**. — Die Helligkeit von η Carinae hat in den letzten Jahren um etwa eine Größenklasse zugenommen. Verf. weist nach, daß die Zunahme überwiegend einem Helligkeitszuwachs des den sternähnlichen Kern umgebenden nebelförmigen Halos zuzuschreiben ist. Micz.

A. D. Thackeray, Identifications in the spectra of Eta Carinae and RR Telescopii. Vgl. Ref. 111109.

Urania Kopenhagen **10** 14—19. Eta Carinae, en maerkvaerdig Stjerne. — Übersetzung der in AJB **52** Ref. 11311 zitierten Arbeit von G. de Vaucouleurs.

11319. Nova B Cassiopeiae (1572)

D. Wattenberg, Ort und Postnova von B Cassiopeiae 1572. Sterne **29** 139—148, mit 5 Abb. = Mitt. Archenhold-Sternw. Berlin Nr. **31**.

11320. Nova T Coronae Borealis (1866)

Beobachtung: AAVSO Quarterly Report Nr. **16** S. 22, Nr. **17** S. 20 (H). J RAS Canada **47** 87 (Not).

M. Bloch, M.-L. Tcheng, Spectrophotométrie de T Coronae borealis de 1946 à 1952. Ann d'Astrophys **16** 73—81, mit 5 Fig. — Im Anschluß an frühere Arbeiten werden die Änderungen im Spektrum der Nova T Coronae Borealis (1. Ausbruch Febr. 1946) während des zweiten schwächeren Ausbruchs im Juli 1946 und in den Jahren bis 1952 untersucht. Die Intensität der Emissionslinien, bezogen auf die Balmerserie, nimmt langsam ab, während das Absorptionsspektrum vom M-Typ immer stärker hervortritt. Die Farbtemperatur liegt seit 1948 bei 3900°. Oster

11321. Nova V 450 Cygni (1942)

Beobachtung: MN **113** 259 (H).

D. B. McLaughlin, The Orion absorption spectra of two novae. AJ **58** 220—221. — Ref. AAS.

11322. Nova V 465 Cygni (1948)

Beobachtung: MN **113** 259 (H).

11323. Nova V 476 Cygni (1920)

Beobachtung: J RAS Canada **47** 87 (H). MN **113** 258 (H).

11324. Nova P Cygni (1600)

Beobachtung: AAVSO Quarterly Report Nr. **16** S. 38, Nr. **17** S. 38 (H).

11325. Nova Q Cygni (1876)

Beobachtung: MN **113** 258 (H).

11326. Nova DN Geminorum Nr. 2 (1912)
Beobachtung: MN 113 259 (H).

11327. Nova DQ Herculis (1934)
Beobachtung: AAVSO Quarterly Report Nr. 16 S. 29, Nr. 17 S. 25 (H). J RAS Canada 47 87 (H). MN 113 259 (H).

M. A. Bashenow, Die Bestimmung der Temperatur der Nova Herculis 1934 nach der Methode von Zanstra. Publ. Sektor Astrobotanik Akad. Wiss. Kasach. Sowjetrepublik 1 61—65 (russisch).

M. A. Bashenow, Die spektralphotometrische Temperatur der Nova Herculis 1934. Publ. Sektor Astrobotanik Akad. Wiss. Kasach. Sowjetrepublik 1 66—72 (russisch).

P. Swings, P. D. Jose, The spectrum of Nova DQ Herculis (1934) in 1950. Vgl. AJB 52 Ref. 11319. — Weiteres Ref. in Sternenwelt 5 188.

11328. Nova CP Lacertae (1936)
Beobachtung: AAVSO Quarterly Report Nr. 16 S. 42, Nr. 17 S. 44 (H). J RAS Canada 47 87 (H). MN 113 259 (H).

11329. Nova DI Lacertae (1910)
Beobachtung: MN 113 259 (H).

M. I. Uranowa, Über die Eigenbewegungen von Sternen im Gebiet der Nova Lacertae 1910. Vgl. Ref. 9214.

11330. Nova DK Lacertae (1950)
Beobachtung: AAVSO Quarterly Report Nr. 16 S. 49—50, Nr. 17 S. 57 (H). J RAS Canada 47 87 (H). MN 113 259 (H).

G. Larsson-Leander, The early post-maximum spectrum of Nova DK Lacertae (1950). Stockholms Obs. Ann. 17 Nr. 8, 64 S. mit 7 Fig. — Ref. in Sterne 30 64—65. — Eine Reihe von Spektren, die 1950 Jan. 25.8 und 27.8 (kurz nach dem Aufleuchten der Nova) mit großer Dispersion im photographischen und visuellen Bereich erhalten wurde, wird ausführlich diskutiert. Neben Verzeichnissen und Identifizierungen von zahlreichen Absorptions- und Emissionslinien sind die Ergebnisse spektralphotometrischer Untersuchungen mit Abschätzungen über die Ausdehnung und Masse der nach dem Ausbruch abgestoßenen Hülle mitgeteilt.
M. Beyer

11331. Nova HR Lyrae (1919)
Beobachtung: MN 113 259 (H).

11332. Nova Ophiuchus Nr. 2 (1848)
Beobachtung: MN 113 260 (H).

11333. Nova RS Ophiuchi (1901)
Beobachtung: AAVSO Quarterly Report Nr. 16 S. 28—29, Nr. 17 S. 24 (H). J RAS Canada 47 87 (Not).

11334. Nova FU Orionis (1937)
Beobachtung: AJ 58 175—176 (Not).

11335. Nova GK Persei Nr. 2 (1901)
Beobachtung: AAVSO Quarterly Report Nr. 16 S. 3, Nr. 17 S. 7 (H). MN 113 260—261 (H).

11336. Nova RR Pictoris (1925)

Beobachtung: AAVSO Quarterly Report Nr. 16 S. 5, Nr. 17 S. 11 (H). J RAS Canada 47 87 (H). MN ASSA 12 52—54 (Not, Sp). Obs 73 256 (Sp).

M. W. Feast, The spectrum of RR Pictoris (Nova 1925) in 1952—53. MN ASSA 12 52—54. — Einer kurzen Beschreibung der Veränderungen im Spektrum dieser Nova innerhalb der Jahre 1925 bis 1950 folgen nähere Mitteilungen über spektrale Untersuchungen, die 1952 Nov. 10, Dez. 21 und 1953 Apr. 3 mit dem Spaltspektrographen des 74-zölligen Radcliffe-Reflektors in Pretoria angestellt wurden. Das Spektrum der Exnova hat das Kontinuum eines O-Sterns, über dem nur noch die Emissionslinie des He II bei λ 4686 (doppelt mit Radialgeschwindigkeiten der Komponenten von +318 und −319 km/sec) und eine verwaschene helle Linie bei λ 4650 zu erkennen sind, deren letztere Verf. dem C III zuordnet. Die sonst bei allen Exnovae beobachteten Wasserstoffemissionen fehlen völlig. Deutet man die Radialgeschwindigkeiten der He II-Emission als Bewegungen einer expandierenden Gashülle, so müßte der Stern bereits heute einen Durchmesser von 5′ zeigen, wovon jedoch nichts zu bemerken ist. Es ist wahrscheinlicher, daß von zwei einander gegenüberliegenden Stellen der Sternoberfläche Gasmassen ausgestoßen werden, die 1928—31 auch visuell beobachtet wurden, nach ihrer starken Helligkeitsabnahme heute nur noch spektral nachzuweisen sind. Ein ähnlicher Vorgang wurde sehr viel deutlicher bei der Nova DQ Herculis beobachtet. M. Beyer

11337. Nova CP Puppis (1942)

Beobachtung: AAVSO Quarterly Report Nr. 16 S. 6, Nr. 17 S. 12 (H). J RAS Canada 47 87 (H).

L. Gratton, The nebular spectrum of Nova Puppis 1942. ApJ 118 568—569, mit 1 Tafel. — Kurze Beschreibung des Spektrums der Nova Puppis 1942 zwischen 1943 Sept. 22 und 1947 Jan. 7 sowie Mitteilung von Radialgeschwindigkeitsmessungen mit einem Gitterspektrographen von 40 Å/mm Dispersion. Micz.

11338. Nova WZ Sagittae Nr. 2 (1913)

Beobachtung: MN 113 261 (H).

11339. Nova Sagittarii (1953)

Entdeckung: G. Haro, Tonantzintla, 1953 Februar 10.

Beobachtung: Astr Circ UdSSR Nr. 135 S. 1 (An, O). BAA Circ 339 (An, H, O, Sp). BSAF 67 80 (O, Sp). Harv Card 1210 (An, H, O, Sp). NAZ 7 8 (An, H, Sp). NAZvM 173 (An, H, O). Orion Schaffhausen 4 106 (O, Sp). UAI Circ 1391 (An, H, O, Sp).

11340. Nova V 720 Scorpii (1950)

Beobachtung: AAVSO Quarterly Report Nr. 17 S. 52 (H).

11341. Nova V 723 Scorpii (1952)

Entdeckung: A. W. Solowjow, Stalinabad, 1952 Aug. 11.

Beobachtung: Priroda 42 Nr. 1 S. 115 (An, H, O).

11342. Nova EU Scuti (1949)

Beobachtung: JO 36 25—30, mit 1 Fig. (H, Lk, VS).

J. F. Heard, The spectrum of Nova Scuti 1949. J RAS Canada 47 109—116 = Commun. David Dunlap Obs. Nr. 32. — Radialgeschwindigkeiten im Spektrum von Nova Scuti 1949 nach Einprismenspektren (λλ 3900 bis 5100 Å; 66 Å/mm bei Hγ) aufgenommen vom 13. Aug. bis 16. Sept. am David-Dunlap-Observatorium. Es werden die Dopplerverschiebungen der Wasserstofflinien, der kräftigen Metallinien und eines N II-Multipletts betrachtet. In einer Tabelle werden die Identifikation der wichtigsten Linien des Spektrums (Bereich 3900 bis 4900) und deren geschätzte Intensitäten gegeben. Die Parallaxe der Nova wird a) aus der Intensität der interstellaren K-Linien und b) aus den Radialgeschwindigkeiten der interstellaren H- und K-Linie bestimmt. Nach Berücksichtigung der Absorption ergeben sich Absoluthelligkeiten von $-8^{\mathrm{M}}.5$ bzw. $-10^{\mathrm{M}}.2$. Labs

11343. Nova FS Scuti (1952)

Entdeckung: S. Arend, Uccle, 1952 Juli.
Beobachtung: MN **113** 261 (H, O).

11344. Nova CT Serpentis (1948)

Beobachtung: AAVSO Quarterly Report Nr. **16** S. 19 (H). AJ **58** 175—176 (Not). JBAA **63** 74—75 (H, VS). J RAS Canada **47** 87 (H).

R. A. Bartaja, Untersuchung der am Observatorium Abastumani entdeckten Nova CT Serpentis. Bull. Astrophys. Obs. Abastumani Nr. **15** S. 17—36, mit 2 Abb. (russisch mit georgischer Zusammenfassung). — Verf. berichtet über die vom 13. April 1948 bis 27. August 1952 durchgeführten photographischen Beobachtungen, die zu einer Lichtkurve vereinigt werden. In Spektren vom 14. April bis 29. Juli 1948 werden Linien identifiziert und photometriert. Die Elektronentemperatur der Hülle nahm von 8700° auf 7500° ab. Die Expansionsgeschwindigkeit betrug 1600 km/sec. Die Temperatur der Nova nahm zu, nach der Methode von Ambarzumjan von 164000° auf 206000°, nach der von Stoy von 25000° auf 36000°. Loh.

11345. Nova XX Tauri (1927)

Beobachtung: AAVSO Quarterly Report Nr. **17** S. 9 (H).

11346. Novaähnliches Objekt Halbach

Beobachtung: NAZvM 185. UAI Circ 1414 (An, H, Not, O).

Supernovae

11347. **W. L. Hinsburg,** Supernovae und Novae als Quellen der Ultra- und der Radiostrahlung. DAN **92** 1133—1136 (russisch).

11348. **C. L. Janssen,** Lidt Nyt om Tycho Brahes Stjerne i 1572. Urania Kopenhagen **10** 3—4.

11349. **E. M. Lindsay,** A possible old supernova in the Large Magellanic Cloud. Irish AJ **2** 210—214, mit Tafel 17 = Armagh Obs. Leaflet Nr. 21. — Ein wesentlich in H_α emittierender Nebelring in der Großen Magellanschen Wolke mit 7′ Durchmesser kann weder als Spiralnebel noch als planetarischer Nebel des Milchstraßensystems oder der Großen Magellanschen Wolke gedeutet werden. Verf. prüft die Deutung als Supernova vom Typ der Supernova 1054 (Crabnebel). Bei einem heutigen Durchmesser von 100 pc wäre der Ausbruch vor 40000 Jahren erfolgt. Für die Dichte ergibt sich der ungewöhnlich niedrige Wert von 0.02 H-Atome pro cm^3. Die Anregung dürfte durch die Mitglieder eines Sternhaufens im Zentrum des Rings erfolgen. Haffner

* * **E. J. Öpik,** Stellar associations and supernovae. Vg. Ref. 5418.

11350. **G. Reaves,** Notes on extragalactic supernovae. Publ ASP **65** 242—245. — Zur Ergänzung der veröffentlichten Listen von Supernovae werden weitere Beobachtungen zusammengestellt. Eine Statistik von 37 Supernovae zeigt bevorzugtes Auftreten der schwächeren Supernovae (Typ II) in späten Spiralnebeln und der helleren Supernovae (Typ I) in elliptischen Nebeln und frühen Spiralnebeln. Innerhalb der Nebel werden die Spiralarme bevorzugt. O. G.

11351. **I. S. Schklowskij,** Die Identifizierung intensiver diskreter Quellen der Radiostrahlung mit Supernovae, die in den letzten 2000 Jahren in unserer Galaxis aufleuchteten. Astr Circ UdSSR Nr. 143 S. 1—4 (russisch). — Mit Radiosternen können die sechs Supernovae der Jahre 185, 369, 386, 827, 1006 und 1054 n. Chr. identifiziert werden. Wenn man berücksichtigt, daß die alten Beobachtungen ohne Instrumente nur einen Bereich bis etwa 1500 pc zu erfassen gestatteten, kann man schließen, daß in der Galaxis alle 20 bis 30 Jahre eine Supernova aufleuchtet. Petri

11352. Sorgenti di radio-onde nelle supernovae galattiche. Coelum **21** 16—17.

11353. Spektra av gamla novor. PAT **34** 149—150.

11354. A radio source and a Chinese supernova. [Sky and Telescope **12** 286.

* * Identyfikacja radiogwiazd i gwiazd supernowych. Vgl. Ref. **12654.**

11355. **Supernova in IC 4051**
Beobachtung: BSAF **67** 178 (An).

11356. **Novae. Verzeichnis der Beobachter**

S. Arend	M. W. Feast	M. W. Mayall
J. Ashbrook	G. Haro	A. W. Solowjow
C. Bertaud	F. M. Holborn	W. H. Steavenson

Dreizehnter Teil

Sternsysteme. Nebel. Interstellarer Raum

§ 120

Allgemeines

12001. **F. Becker, J. Meurers,** Neue Untersuchungen zum Problem der Hagenschen Wolken. Mitt. AG **1952** 18. — Ref. AG.

* * **J. Delhaye,** Astronomie stellaire. Vgl. Ref. **513.**

12002. **J. L. E. Dreyer,** New General Catalogue of Nebulae and Clusters of Stars (1888). Index Catalogue (1895). Second Index Catalogue (1908). London, Royal Astronomical Society, 1953. 378 S. Preis £ 3 10s. — Besprechung in Irish AJ **3** 28, JBAA **64** 93, Obs **74** 86, Sky and Telescope **13** 21, 57 (H. Shapley), ZfA **34** 168 (H. Haffner).

12003. **J. B. Irwin,** An astronomical mystery story: The case of the missing pulsators. Goethe Link Obs. Indiana Univ. Repr. Nr. **6,** 5 S. mit 4 Fig.

* * **G. A. Lejkin,** Über die Ursache der hohen Temperatur der Sonnenkorona und den Einfluß des interstellaren Magnetfeldes auf die Sterne. Vgl. Ref. **6714.**

12004. **P. Tempesti,** Le popolazioni stellari di Baade. Coelum **21** 72—81, 97—107, mit 7 Fig. und 2 Tafeln sowie einer Berichtigung S. 163 = Torino Studi Monografici (1) Nr. 1. — Allgemeinverständliche Darstellung der Hertzsprung-Russell-Diagramme der beiden Populationen, der Struktur der Galaxis und der Sternentwicklung. Cester

* * **P. Wild,** Entfernungsbestimmungen im Sonnensystem und im interstellaren Raum. Vgl. Ref. **7031.**

12005. **F. Zwicky,** Species of cosmic matter. AJ **58** 237—238. — Ref. AAS.

12006. Problems of cosmical aerodynamics. Vgl. AJB **51** Ref. **12008.** Unter Redaktion von S. B. Pikelner von W. S. Berditschewskaja ins Russische übersetzt. Moskau, Verlag für ausländische Literatur, 1953. 272 S. mit 67 Abb. und 9 Tafeln. Preis 15 R. 15 Kop. (russisch).

§ 121

Offene und kugelförmige Sternhaufen

* * **A. N. Argue,** Photoelectric stellar photometry using an E.M.I. photomultiplier. Vgl. Ref. **9402.**

12101. **W. Becker, J. Stock,** Neue Ergebnisse der Untersuchungen von Sternhaufen. Mitt. AG **1952** 19. — Ref. AG.

12102. **W. Becker, J. Stock,** Dreifarbenphotometrie des Sternhaufens M 67 (NGC 2682). ZfA **31** 316—324, mit 3 Abb. = Mitt. Sternw. Hamburg-Bergedorf **22** Nr. 231. — Ref. in Sterne **29** 241—243, mit 2 Abb. — Die Sterne von M 67 wurden bis zur Grenzgröße $14^{m}.7$ in den drei Wellenlängen 638, 470 und 373 mμ photometriert. Die Farben-Helligkeits-Diagramme zeigen, daß M 67 kein offener Sternhaufen ist. Es scheint sich vielmehr um den Sonderfall eines Kugelhaufens zu handeln, der möglicherweise mit den von Baade beschriebenen Kugelhaufen der Population I identisch ist. Das FHD von M 67 verrät allerdings auch eine Verwandtschaft mit typischen Kugelhaufen der Population II. Verf.

12103. **R. R. Brownlee, A. N. Cox,** Photoelectric magnitudes and colors in NGC 6231. ApJ **118** 165—168, mit 1 Fig. = Goethe Link Obs. Indiana Univ. Repr. Nr. 7. — Mitteilung eines Farben-Helligkeits-Diagramms des galaktischen Sternhaufens NGC 6231, beruhend auf lichtelektrischen Messungen von 20 Sternen. Der Haufen ist reich an O- und frühen B-Sternen. Micz.

12104. **W. Dieckvoss,** Ein Expansionseffekt im Hertzsprungschen Plejaden-Katalog. Naturwissenschaften **40** 505. — Der in Leiden Ann. eerste Stuk A (vgl. AJB **47** Ref. 8706) veröffentlichte Katalog enthält für 2539 Feldsterne in der x-Komponente der Eigenbewegungen einen nicht zu vernachlässigenden Gang mit der x-Ortskoordinate. Beseitigung dieses Ganges bei 280 Haufensternen ergibt schließlich zusammengefaßt mit der y-Komponente einen linear angesetzten Expansionseffekt mit 35% mittlerem Fehler und einem «Alter» von 2.5 Millionen Jahren. Es wird hingewiesen auf einen ebenso an Bergedorfer Eigenbewegungen von 160 Haufensternen des Perseushaufens gefundenen Effekt mit 55% mittlerem Fehler, passend zu 8 Millionen Jahren «Alter». Dv.

12105. **N. N. Gorochowa,** Spektralphotometrische Untersuchung der Sterne in den Sternhaufen «Coma Berenice» und «Plejaden».

Leningrad, Astr. Hauptobs. Akad. Wiss. UdSSR, 1953 (russisch). — Dissertationsreferat.

12106. **D. L. Harris,** Note on the HR diagram of the Pleiades. ApJ **117** 469—471, mit 1 Fig. = Contr. McDonald Obs. Nr. **222.** — Erneute photoelektrische Messungen von Helligkeiten und Farbenindizes einer Reihe von Plejadensternen sind in ausgezeichneter Übereinstimmung mit Ergebnissen von Johnson und Morgan (ApJ **114** 522, AJB **51** Ref. **12108**) sowie Hiltner (ApJ **116** **449**, AJB **52** Ref. **12112**). Sie führen zu dem Schluß, daß die beobachtete Streuung um eine scharfe Hauptreihe reell ist. Micz.

12107. **O. Heckmann,** Das Farbenhelligkeitsdiagramm der Hyaden. Mitt. AG **1952** 20—22, mit 1 Abb. — Ref. AG.

* * **A. A. Hoag,** Polarimetry of open cluster fields. Vgl. Ref. **12534.**

12108. **A. R. Hogg,** Photometry of the galactic cluster NGC 6025. MN **113** 746—757, mit 3 Fig. — Helligkeiten und Farbenindizes von 84 Sternen des offenen Haufens NGC 6025 wurden lichtelektrisch gemessen. Das resultierende Farben-Helligkeits-Diagramm wird mit dem der Plejaden verglichen und der Entfernungsmodul abgeleitet. Das Diagramm läßt erkennen, daß sich unter den gemessenen Sternen eine merkliche Anzahl befindet, die nicht physische Haufenmitglieder sein dürften. Micz.

12109. **W. S. Houston,** Deep-sky wonders. Sky and Telescope **12** **142**, mit 1 Fig. — Betrifft M 47 und die Frage seiner Existenz. Auf einer photographischen Aufnahme am Harvard Observatory vom 21. Jan. 1951 ist der Sternhaufen M 47 nicht zu erkennen.

12110. **H. L. Johnson,** Magnitudes, colors, and spectral types in M 39. ApJ **117** 353—355, mit 2 Fig. = Contr. McDonald Obs. Nr. **217.** — Lichtelektrisch gemessene Farbenindizes und Helligkeiten von Sternen des offenen Haufens M 39 dienen zur Aufstellung von Farben-Helligkeits- und Hertzsprung-Russell-Diagrammen. Der Haufen besitzt nur eine Hauptreihe, Sterne früher als B 9 treten nicht auf. Die Haufensterne sind nicht verfärbt, ihre Entfernung wird zu 275 pc bestimmt. Micz.

12111. **H. L. Johnson,** Magnitudes and colors in NGC 752. ApJ **117** 356—360, mit 3 Fig. = Contr. McDonald Obs. Nr. **218.** — Ein lichtelektrisch gemessenes Farben-Helligkeits-Diagramm des offenen Sternhaufens NGC 752 enthält einige rote Riesen und eine Gruppe von F-Zwergen. Unter der Voraussetzung, daß die Sterne nicht verfärbt sind, wird eine Entfernung von 316 pc abgeleitet. Zwischen der UV-Intensität und der absoluten Helligkeit der F-Sterne scheint eine Korrelation zu bestehen. Micz.

12112. **O. Jones,** Bright southern clusters. Southern Stars **15** 138—139.

12113. **B. E. Markarjan,** Über die Expansion des offenen Sternhaufens IC 2602. Mitt. Obs. Bjurakan Nr. **11** S. 19—27, mit 1 Abb. (russisch mit armenischer Zusammenfassung). — Der Haufen enthält etwa 30 Sterne und besitzt einen scheinbaren Durchmesser von rund 70′ und eine Entfernung von etwa 220 pc. Von 15 Sternen sind Eigenbewegungen bekannt, aus denen die Bewegung des Haufens als Ganzes und die der 15 Sterne in bezug auf den Schwerpunkt abgeleitet wird. Dabei gibt sich eine Expansion zu erkennen, deren Geschwindigkeit 7.4 km/sec beträgt. Für das Alter des Haufens folgen daraus 3×10^5 Jahre. Loh.

12114. **G. R. Miczaika,** Evolutionary trends in the H-R diagram of galactic clusters. AJ **58** 222. — Ref. AAS.

12115. **P. Pişmiş,** La dinamica de un sistema doble de cumulos y el cumulo doble en Perseo. Bol. Obs. Tonantzintla y Tacubaya Nr. **6** S. 5—17, mit 2 Fig. (mit englischem Ref.). — Der Jacobische Integralsatz, angewandt auf die beiden Haufen *h* und χ Per als Zentralmassen, schränkt bei Vorgabe gewisser Anfangsbedingungen die Bewegungsverhältnisse eines Einzelsterns im gemeinsamen Kraftfeld derart ein, daß eine beide Haufen umhüllende Atmosphäre entsteht. Aus dem Vergleich der theoretischen Atmosphärenkontur mit den beobachteten Kurven gleicher Dichte wird die Neigung der Verbindungslinie beider Haufen zu 25 Grad und der gegenseitige Abstand zu 17 pc bestimmt. Bei Annahme von je 2000 Sonnenmassen ergibt sich die lineare Kreisbahngeschwindigkeit jedes Haufens zu 1.05 km/sec. Die Verknüpfung des Postulats einer Energiegleichverteilung im Doppelhaufen mit den durch das Jacobi-Integral gegebenen Grenzflächen führt zu einer Erklärung für die Konzentration der helleren Sterne gegenüber den schwächeren Sternen. Haffner

12116. **P. A. Sawizkij,** Sterne mit großer Eigenbewegung im Gebiet des galaktischen Sternhaufens NGC 7654. Astr Circ UdSSR Nr. 134 S. 8—9 (russisch). — Ref. in Urania Kraków **24** 305. — Die Ausmessung von Platten, die am Normalastrographen in Taschkent mit Epochendifferenzen von 50 bzw. 25 Jahren aufgenommen worden sind, ergeben bei 28 Sternen Eigenbewegungen größer als 0."04. Die Werte stimmen gut mit den von Lundby **1946** erhaltenen überein. Loh.

12117. **P. A. Sawizkij,** Der offene Sternhaufen NGC 7654 (M 52). Astr Circ UdSSR Nr. 136 S. 16—18 (russisch). — Verf. bestimmt aus drei Plattenpaaren, die am Normalastrographen Taschkent in den Jahren 1897, 1923, 1946 und 1951 aufgenommen worden sind, die Eigenbewegung des Haufens. Unter Annahme einer wegen interstellarer Absorption verbesserten Entfernung von 1200 pc ergibt sich eine Tangentialgeschwindigkeit des Haufens von 27 km/sec. Loh.

12118. **P. A. Sawizkij,** Untersuchung der Eigenbewegungen von Sternen im Gebiet des offenen Sternhaufens NGC 6885. Publ. Astr. Obs. Taschkent (2) **3** 3—51, mit 8 Abb. und 1 Tafel (russisch). — Der Vermessung liegen zwei Taschkenter Aufnahmen aus den Jahren 1895 und 1941 zugrunde. Im Umkreis von 32′ wurden alle Sterne bis 13.m5 und einige schwächere gemessen, insgesamt 77 Haufen- und 354 Feldsterne. Das Haufenzentrum liegt nahe bei 20 Vul. Die radiale Verteilung der Sterne des etwas elliptischen Haufens wird ermittelt. Die Reduktion der relativen Eigenbewegungen auf absolute erfolgte mittels der Tabellen von Parenago. Die Koordinaten von Antapex, Vertex I und II werden abgeleitet. Der Katalog der Eigenbewegungen ist beigegeben. Loh.

12119. **K.-W. Schrick,** Die Eigenbewegung der Praesepe. Veröff. Univ.-Sternw. Bonn Nr. **40,** 31 S. mit 14 Abb. — Es wird ein Standardkatalog von 131 Sternen abgeleitet, die auf Grund einer Neuvermessung und der früheren Arbeiten von Chaudhuri und Klein-Wassink zur Praesepegruppe gehören. Die Unterscheidung zwischen Haufen- und Hintergrundsternen ist in einer «Karte der Praesepe» berücksichtigt. Die in den Messungen auftretende Helligkeitsgleichung wird unter Heranziehung der früheren Arbeiten eingehend diskutiert und aus den Ergebnissen eliminiert. Die absolute Eigenbewegung der Praesepe hat nach der neuen Vermessung die Komponenten $\mu_x = -3.\!''4$; $\mu_y = -1.\!''2$. Nach einheitlichen Korrektionen ergeben sich dieselben Werte als Mittel aus den Vermessungen von Klein-Wassink, Chaudhuri, Heckmann, Schrick. Innere Bewegungen der Praesepegruppe können nicht mit Sicherheit festgestellt werden. Eine Dehnung der Gruppe um höchstens 0."3 in 100 Jahren parallel zur galaktischen Ebene ist angedeutet. Es wird ein Katalog der Eigenbewegungen von 149 Hintergrundsternen abgeleitet. Die Richtung der größten Geschwindigkeiten dieser Sterne fällt nicht mit der Hauptbewegungsrichtung zusammen. Verf.

12120. **O. Struve,** Galactic star clusters. Sky and Telescope **12** 292—294, mit 9 Fig. — Eingehend wird die Klassifikation offener Sternhaufen beschrieben. Die Unterschiede ihrer Zusammensetzung nach Spektraltypen werden dargestellt. Die verschiedene Sterndichte in den einzelnen Haufen wird aufgezeigt. Schai.

12121. **O. Struve,** What happens to star clusters? Sky and Telescope **12** 313—315, mit 5 Fig. — Eine allgemeinverständliche Zusammenfassung der Arbeiten über Aufbau, Entwicklung und Auflösung von offenen Sternhaufen, Sternassoziationen und Kugelhaufen.

12122. **S. N. Svolopoulos,** A photographic survey of galactic clusters NGC 6531, 6546, 6469, 6494, 6544, 7127, 7128. MN **113** 758—768, mit 1 Fig. — Verf. hat photographisch Helligkeiten und Farbenindizes einer Anzahl von Sternen in sieben galaktischen Haufen gemessen. Die Entfernungsmoduln der Haufen werden — wenn möglich unter Berücksichtigung der interstellaren Absorption — bestimmt. Micz.

12123. **G. Thiessen,** Lichtelektrische Photometrie des Sternhaufens Coma Berenices. Mitt. AG **1952** 19—20. — Ref. AG.

12124. **G. Thiessen,** Zur Feinstruktur des Farbenhelligkeitsdiagramms des Sternhaufens Coma Berenices. ZfA **32** 59—63, mit 3 Abb. = Mitt. Sternw. Hamburg-Bergedorf **22** Nr. 233. — Es werden die Ergebnisse der lichtelektrischen Messungen der Farbe und Helligkeit von 17 Haufensternen mitgeteilt, unter welchen sich außer den für die Feinstruktur entscheidenden noch einige weitere zur Festlegung des Verlaufes der Hauptreihe geeignete befinden. Die Beobachtungen wurden am 60 cm-Refraktor ausgeführt. Die mittleren Fehler der Farbe und Größe betragen $0^{m}_{\cdot}003$ bzw. $0^{m}_{\cdot}008$. Die Untersuchung bestätigt die Eggensche Feinstruktur nicht. Verf.

12125. **H. F. Weaver,** Magnitude, color, and spectral-type relations in the galactic cluster M 39. ApJ **117** 366—376, mit 7 Fig. = Berkeley Repr. Nr. 41. — Aus lichtelektrischen Messungen der Helligkeiten und Farben sowie im System des Yerkes-Atlas bestimmten Spektraltypen von Mitgliedern des offenen Haufens M 39 wird ein Farben-Helligkeits-Diagramm und ein Hertzsprung-Russell-Diagramm abgeleitet; sie zeigen nur die Hauptreihe. Einige bisher unbekannte Strontium- und Metallinien-Sterne wurden gefunden. Verf. diskutiert einige Aspekte der Spektralklassifizierung der metallischen A-Sterne. Micz.

* * **B. Westerlund,** Luminosity effects and colour-equivalents as measured in short stellar spectra. III. Summary of classification criteria. Investigation of the region of the open cluster in Coma Berenices. Vgl. Ref. **9574**.

Kugelförmige Sternhaufen

12126. **H. C. Arp, W. A. Baum, A. R. Sandage,** The color-magnitude diagram of the globular cluster M 92. AJ 58 4—10, mit 5 Fig. und 1 Tafel. — Photoelektrische Blau- und Gelbgrößen für neun Standardsterne in M 92 durch Anschluß an Selected Area 61. Photographische Blau- und Gelbgrößen (10 Platten) für rund 1100 Sterne im System der Standardsterne. $-3 < M_V < +4$. Photometrische Daten für sechs Haufenveränderliche. Drei Farbenhelligkeitsdiagramme mit den Grenzgrößen 15, 17 und 19.5. Vergleich mit dem FHD der Sonnenumgebung. Diskussion der verschiedenen Äste. Haffner

* * **W. A. Baum,** Photoelectric photometry of faint objects. Vgl. Ref. **9404**.

12127. **P. N. Cholopow,** Über die von Kienle vorgeschlagene Formel zur Ableitung der Sterndichte in einem sphäroidischen Sternhaufen. AJ UdSSR **30** 50—51 (russisch). — Ref. in Astr. News Letter Nr. **73** S. 6. — Die von Kienle in AN **232** 427, 1928 (vgl. AJB **30** Ref. 8706) abgeleitete Formel wird modifiziert. Loh.

12128. **P. N. Cholopow,** Die räumliche Verteilung der RR Lyrae-Sterne im kugelförmigen Sternhaufen ω Centauri. AJ UdSSR **30** 426—441, mit 5 Abb. (russisch). — Ref. in Astr. News Letter Nr. **73** S. 8. — Die scheinbare und räumliche Dichteverteilung von 137 RR Lyrae-Sternen wird sowohl unter Voraussetzung sphärischer als auch ellipsoidischer Symmetrie des Haufens abgeleitet. Dabei werden auch die Ring- bzw. Streifenbreiten (Plummersche Methode) variiert, weil bei zu kleinen Ringbreiten in den Außenpartien große Schwankungen der Sternzahlen eintreten können und bei zu großer Breite in den zentralen Partien die wahre Verteilung verwischt wird. Offensichtlich überlagern sich in ω Cen zwei Systeme von RR Lyrae-Sternen mit sehr unterschiedlicher räumlicher Konzentration zum Zentrum. Loh.

12129. **P. N. Cholopow,** Die räumliche Verteilung der Sterne verschiedener Typen im kugelförmigen Sternhaufen M 3. AJ UdSSR **30** 517—531, mit 6 Abb. (russisch). — Unter Berücksichtigung des Einflusses der Ringbreite auf die Ableitung der scheinbaren und räumlichen Verteilung der Sterne in kugelförmigen Sternhaufen ermittelt Verf. die Verteilungen innerhalb von fünf Sterngruppen unter Verwendung des älteren Beobachtungsmaterials. Die zentralen Konzentrationen der aus Riesen bestehenden Gruppen einschließlich der RR Lyrae-Sterne zeigen reelle Unterschiede. Loh.

12130. **P. N. Cholopow,** Der Aufbau der kugelförmigen Sternhaufen. Moskau, Staatsuniv., 1953. 8 S. (russisch). — Dissertationsreferat.

12131. **P. N. Cholopow,** Die scheinbare Verteilung der Sterne in zwanzig kugelförmigen Sternhaufen. Publ. Astr. Sternberg-Inst. **23** 250—301, mit 31 Abb. (russisch). — Eine Neudiskussion des vorliegenden Beobachtungsmaterials über die Verteilung der Sterne in kugelförmigen Sternhaufen erbringt: 1. Es existiert keine einheitliche Orientierung der großen Achsen der Kurven konstanter scheinbarer Sterndichte. 2. In einigen Fällen zeigen die großen Achsen einiger Untersysteme einen Dreheffekt. 3. Jeder Kugelhaufen kann als System einander durchdringender Untersysteme aufgefaßt werden. 4. Die Abplattung dürfte nicht durch Rotation des Haufens um eine Achse erklärbar sein. 5. Schlüsse über bevorzugte Orientierungen der Haufen im galaktischen Raum sind unsicher und haben daher nur vorläufigen Charakter. Loh.

12132. **G. M. Idliss,** Das Kriterium der Flutstabilität und die Verteilung der kugelförmigen Sternhaufen in den Galaxien und der Sterne in den kugelförmigen Sternhaufen. DAN **91** 1305—1308 (russisch). — Es wird angenommen, daß sich die kugelförmigen Sternhaufen durch gravitative Kondensation im galaktischen Raum gebildet haben, wobei die Dichte eines Haufens immer dem Fessenkowschen Kriterium der Flutstabilität genügt hat. Nimmt man an, daß das Tempo der Kondensation eines Haufens seiner Dichte umgekehrt proportional ist, dann folgt für den galaktischen logarithmischen Dichtegradienten der kugelförmigen Sternhaufen ein mit den Beobachtungen gut übereinstimmender Wert (−0.28/kpc). Die Dichte selbst ist in mittleren und größeren Entfernungen vom galaktischen Zentrum der 5. Potenz der Entfernung umgekehrt proportional. Auch die beobachtete Verteilung der kugelförmigen Sternhaufen im Andromedanebel steht mit der theoretischen in Einklang. Die Überlegungen lassen sich auch auf den Dichteverlauf innerhalb eines Haufens übertragen, wobei sich dann bei mittleren und größeren Entfernungen Übereinstimmung mit dem Schusterschen Dichtegesetz ergibt. Loh.

12133. **W. Lohmann,** Die Durchmesser der kugelförmigen Sternhaufen. ZfA **32** 298—302, mit 1 Abb. — Die Abhängigkeit der linearen Durchmesser D der kugelförmigen Sternhaufen von der absoluten Gesamthelligkeit M, der galaktozentrischen Entfernung R und der interstellaren Absorption A läßt sich durch $\log D = a \mid M \mid + b \log R + c A + d$ ausdrücken. Die Koeffizienten a bis d werden aus den zuverlässigen Daten von 25 Haufen für das Shapley-Sayersche und das Mowbraysche Durchmessersystem ermittelt. Verf.

12134. **I. N. Minin,** Anwendung der Gleichungen der stellaren Hydrodynamik auf die kugelförmigen Sternhaufen. Abh. Shdanow-Staatsuniv. Leningrad Nr. **153** S. 60—66, 1952 = Publ. Astr. Obs. Leningrad **16** 60—66 (russisch). — Eine von W. A. Ambarzumjan für den Zerfall offener Sternhaufen entwickelte Theorie wird auf Kugelhaufen angewandt mit dem Ergebnis, daß diese bereits den Zustand erreicht haben, für den die Geschwindigkeit v nicht mehr von der Mittelpunktsdistanz R abhängt. Die dafür erforderliche «Stabilisierungszeit» $\overline{T}$ wird größenordnungsmäßig auf das 20fache der Relaxationszeit $\overline{T}_r$ abgeschätzt und beträgt somit etwa 2×10^{11} Jahre. Petri

12135. **L. Rosino,** Orientamenti e problemi nello studio degli ammassi globulari di stelle. Coelum **21** 34—41, 66—72, mit 9 Fig. = Pubbl. Oss. Astr. Univ. Bologna **6** Nr. 1. — Darlegung verschiedener Probleme der kugelförmigen Sternhaufen und ihrer Veränderlichen. Cester

12136. **L. Rosino, S. Pietra,** Periodi e curve di luce di stelle variabili nell'ammasso globulare NGC 4590 = M 68. I. Mem SA It (NS) **24** 331—339, mit 1 Tafel. — Aus Aufnahmen in Lojano zwischen 1951 und 1953 werden Elemente und Lichtkurven von fünf RR Lyrae-Sternen abgeleitet. Cester

12137. **L. Rosino,** Ricerche sugli ammassi globulari. IX. Osservazioni fotografiche di variabili e determinazione dei periodi e curve di luce di 16 Cefeidi appartenenti all'ammasso globulare M 72. Pubbl. Oss. Astr. Univ. Bologna **6** Nr. 2 S. 49—64, mit 3 Fig. — Nach einigen allgemeinen Bemerkungen über die Beobachtung der Veränderlichen in Kugelsternhaufen wird über die Untersuchungsergebnisse an M 72 aus 89 Platten berichtet. Es wurden 34 Veränderliche gefunden, von denen aber 12 infolge zu großer Nähe zum Kern nicht näher untersucht werden konnten. 16 Veränderliche wurden mit Sicherheit als RR Lyrae-Sterne erkannt, deren mittlere photographische Größe $16^{m}79$ ist. Cester

12138. **A. R. Sandage,** The color-magnitude diagram for the globular cluster M 3. AJ **58** 61—75, mit 8 Fig. — Ref. in Sky and Telescope **13** 53. — Photoelektrischer Anschluß von 18 Standardsternen in M 3 an Selected Area 57. Photographische Blau- und Gelbgrößen (21 Platten) für 1043 Sterne (Katalog und Karten). Farbenhelligkeitsdiagramm für $M_v = -3.0$ bis $+5.5$, wobei für die Haufenveränderlichen $M_v = 0.0$ angenommen ist. Vergleich mit M 92 zeigt fünf markante Unterschiede. Kosmogonische Überlegungen folgen. Haffner

12139. **H. B. Sawyer,** Thirty-eight new variable stars in eleven globular clusters. J RAS Canada **47** 229—236, mit 2 Fig. = Commun. David Dunlap Obs. Nr. **34.**

§ 122

Galaktische Nebel

12201. **H. Andrillat,** Détermination des températures électroniques des nébuleuses gazeuses. J. Phys. Radium **14** 10 S—11 S. — Ref. in Phys. Ber. **33** 471.

* * **Y. Andrillat, H. Andrillat,** Etude spectrophotométrique de BD 30°3639 de 8750 Å à 3670 Å. Vgl. Ref. **9501.**

* * **Y. Andrillat,** Etude spectrophotométrique d'étoiles de Wolf-Rayet dans le proche infrarouge. Vgl. Ref. **9502.**

12202. **J. E. Baldwin,** A search for radio emission from the Orion nebula. Obs **73** 155—157. — Rechnungen verschiedener Autoren lassen für das Zentrum des Orion-Nebels bei Annahme einer Temperatur von 10^4 °K (aus dem optischen Spektrum) große optische Dicke und merkliche Emission im Radiowellengebiet erwarten. Beobachtungen mit Interferometer bei 210 MHz ergaben aber, daß der Energiefluß nicht größer als 9×10^{-25} Watt/m² Hz ist und daß keine Messung des Winkeldurchmessers möglich war. O. G.

* * **A. Blaauw, W. W. Morgan,** Note on the motion and possible origin of the O-type star HD 34078 = AE Aurigae and the emission nebula IC 405. Vgl. Ref. **11175.**

12203. **R. Brandt,** Diffuse Gasnebel in der Milchstraße. Naturwiss. Rundschau **6** 464—465, mit 3 Abb. — Vgl. nachstehendes Ref.

12204. **R. Brandt,** Neue Untersuchungen über diffuse Gasnebel in der Milchstraße und ihre Beziehungen zur Kosmogonie. Sterne **29** 148—150, mit 3 Abb. — Besprechung der Untersuchungen von Schajn und Hase (vgl. AJB **52** Ref. **12220, 12225/27**).

12205. **E. J. Bugoslawskaja, K. S. Mansurowa,** Die Eigenbewegung des planetarischen Nebels NGC 6826 (GC 4514). Mitt. Astr. Sternberg-Inst. Nr. **94** S. 32—36 (russisch). — Aus Moskauer Aufnahmen der Jahre 1933—1935 ergaben sich unter Berücksichtigung der von Sternberg, van de Kamp, Vyssotsky und Anderson abgeleiteten Eigenbewegungen $\mu_\alpha \cos\delta = -0\overset{s}{.}0084 \pm 0\overset{s}{.}0006$, $\mu_\delta = -0\overset{''}{.}0099 \pm 0\overset{''}{.}0009$. Loh.

12206. **G. Courtès,** La turbulence dans l'espace interstellaire en émission. CR **237** 378—380, mit 2 Fig. — Mit Radialgeschwindigkeitsmessungen von H-Emissionen wird der schwache ausgedehnte Nebel um λ Ori untersucht und mit dem Orionnebel verglichen. Dieser schwache Nebel gehorcht dem Gesetz von Kolmogoroff in der Form: «In einem Medium konstanter Dichte ist die Relativgeschwindigkeit v zwischen zwei Punkten der Entfernung l proportional $l^{1/3}$». Für den Orionnebel dagegen ergibt sich $v = \text{const} \times l^{0.6}$. Die Ausdehnung der Turbulenzelemente wird im Orionnebel auf 1 pc und in der λ Ori-Region auf 8 pc geschätzt. Gli.

12207. **O. D. Dokutschajewa,** Bestimmung der Masse des diffusen Orion-Nebels. AJ UdSSR **30** 76—79 (russisch). — Aus einer Photometrie der hellen Teile des Orion-Nebels (NGC 1976 und 1982) wird nach der von Ambarzumjan entwickelten Methode durch einen Vergleich mit dem planetarischen Nebel NGC 6572 die Masse des Orion-Nebels zu 166 $\mathfrak{M}_\odot$ bestimmt. Loh.

12208. **J. L. Greenstein, R. Minkowski,** The Crab nebula as a radio source. ApJ **118** 1—15, mit 2 Fig. — Ref. in Postępy Astr. **2** 32. — Durch Neudiskussion des kontinuierlichen Spektrums des Nebels im optischen Gebiet wird der mögliche Bereich der Elektronentemperatur im Nebel abgeleitet. Die damit berechnete frei-freie Emission für Radiofrequenzen beträgt in jedem Fall erheblich weniger — etwa nur 1/90 — als die beobachtete Strahlung und läßt sich mit dem Strahlungsfluß im optischen Gebiet nicht in Einklang bringen. Sodann wird der Einfluß absorbierenden Materials auf das Spektrum nichtthermischer, punktförmiger Radioquellen erörtert und für verschiedene Modellannahmen gezeigt, daß dadurch die ursprüngliche Energieverteilung der Quellen bei niedrigen Frequenzen in dem beim Crab-Nebel beobachteten Sinne abgeflacht ist. Ähnliche Abflachungen ergeben sich auch in anderen Fällen, wenn entfernte Radioquellen durch helle H II-Gebiete hindurch beobachtet werden. Kdr.

12209. **G. A. Gursadjan,** Über die Natur der zweihülligen planetarischen Nebel. AJ UdSSR **30** 383—390, mit 2 Abb. (russisch). — Ref. in Postępy Astr. **2** 105—106. — In einigen planetarischen Nebeln, wie z. B. NGC 1535 und 2392, beobachtet man zwei Nebelhüllen, die sich deutlich voneinander abheben, ohne durch einen Zwischenraum voneinander getrennt zu sein. Die äußere ist die lichtschwächere und wohl auch die massenärmere. Eine Entstehung der Doppelhüllen durch sukzessive Explosionen des Zentralsterns kommt wahrscheinlich nicht in Frage, denn sonst müßte es auch Dreifachhüllen geben, die jedoch nicht beobachtet worden sind. Über die Entwicklung der planetarischen Nebel nimmt Verf. an, daß diese wahrscheinlich über (kleine) Scheibennebel zu Zweihüllennebeln und dann zu den Ringnebeln verläuft. Loh.

12210. **G. A. Gursadjan,** Spiralähnliche planetarische Nebel. AJ UdSSR **30** 487—494, mit 2 Abb. und 1 Tafel (russisch). — Ref. in J RAS Canada **49** 33—34, Postępy Astr. **2** 105—106. — Die sich in einigen planetarischen Nebeln abhebenden spiraligen Strukturen sucht Verf. durch das in einem widerstehenden Medium erfolgende Abströmen gasförmiger Materie von einem rotierenden Stern zu erklären. Die Anwendung der abgeleiteten Formeln auf Beispiele wird angekündigt. Loh.

12211. **G. A. Gursadjan,** Über die Natur der anomalen planetarischen Nebel. AJ UdSSR **30** 593—602, mit 4 Abb. (russisch). — Ref. in Postępy Astr. **2** 105—106, Urania Kraków **25** 216—217. — Verf. wendet seine Theorie der Entstehung unregelmäßiger planetarischer Nebel durch Ausströmung von Materie aus bestimmten Punkten der Oberfläche des Zentralsterns auf die drei Typen der spiraligen (Sp–s), Z- (Sp–z) und schneckenförmigen (Sp–a) Nebel an und nennt in einer Tabelle Vertreter dieser Typen, von denen der letzte noch als unsicher gilt. Auf die überaus langsame Rotation der Zentralsterne (von der Größenordnung einiger Monate) wird besonders hingewiesen. Petri

12212. **K. Güssow,** Zur Deutung des Balmer-Dekrements (B. D.) in den Spektren planetarischer Nebel. Phys. Verhandlungen **4** 252 (Ref.).

12213. **A. Güttler,** Ein merkwürdiger planetarischer Nebel. Sternenwelt **5** 56—58, mit 2 Abb. — IC 4406.

* * **G. Haro,** Hα emission stars and peculiar objects in the region of the Orion nebula. Vgl. Ref. **9524**.

12214. **G. Haro, W. W. Morgan,** Rapid variables in the Orion nebula. ApJ **118** 16—17, mit 2 Fig. — Im Bereich des Orion-Nebels wurden drei schwache Sterne gefunden, die schnelle Helligkeitsausbrüche von 20—60 Minuten Dauer und $0^{m}_{.}5$—$1^{m}_{.}0$ Amplitude zeigen. Die Lichtkurven ähneln denen der Flare-Sterne vom Spektraltyp M. Die absolute Helligkeit der Orion-Sterne dürfte jedoch merklich größer sein als die der Flare-Sterne. Micz.

12215. **W. F. Hase, G. A. Schajn,** Ein neuer Nebel beim novaähnlichen Veränderlichen FU Orionis. Mitt. Astrophys. Obs. Krim **10** 207, mit 1 Tafel (russisch). — Es ist ein neuer, parabelähnlicher Emissionsnebel entdeckt worden, der den novaähnlichen Veränderlichen FU Orionis umrahmt.
Verf. (übersetzt)

12216. **W. F. Hase, G. A. Schajn,** Über einen neuen Nebel bei σ Scorpii. Mitt. Astrophys. Obs. Krim **10** 208—209, mit 1 Tafel (russisch). — Es ist ein neuer, aus einheitlich orientierten Fasern bestehender Emissionsnebel bei σ Scorpii entdeckt worden. Verf. (übersetzt)

12217. **W. F. Hase,** Über die Struktur des Nebels IC 405 im Licht von H_α und im integralen Licht. Mitt. Astrophys. Obs. Krim **10** 213—214, mit 1 Tafel (russisch). — In der Notiz wird auf den starken Unterschied der Nebelstruktur im Lichte von H_α und im integralen Licht hingewiesen. Verf. (übersetzt)

* * **A. Hattori, I. Kawaguchi, S. Miyamoto, T. Saigusa,** Note on the optical thickness and the temperature of the planetary nebulae. Vgl. Ref. **5308.**

* * **G. H. Herbig,** T Tauri and Hind's nebula. Vgl. Ref. **11179.**

12218. **D. Hoffleit,** A preliminary survey of nebulosities and associated B-stars in Carina. Harv Ann **119** 37—68, mit 3 Fig. und 2 Tafeln. — Mit dem ADH Baker-Schmidt Teleskop der Boyden Station wird ein Areal von 70 Quadratgrad des Carina-Vela Gebietes nach Nebeln und B-Sternen durchmustert. Nach Bok ist anzunehmen, daß es sich bei diesen Nebelanhäufungen um eine Verdichtung in einem Spiralarm des galaktischen Systems handelt. Die Durchmusterung basiert auf einem Material von sieben Rot- und sieben Blauaufnahmen (Eastman 103a–E mit Rotfilter, Eastman 103a–O ohne Filter). Es werden alle hellen Nebelflecke mit ihren Koordinaten aufgeführt, die auf den Rotaufnahmen stärker als auf den Blauaufnahmen hervortreten und deshalb vermutlich Emissionsnebel ($H\alpha$) sind. In der Umgebung der Emissionsnebel werden alle Sterne früher als B 4 zusammengestellt, die im Henry Draper Catalogue und dessen Extension aufgeführt vorliegen. Wurm

12219. **H. M. Johnson,** Observations of helium in diffuse nebulae. ApJ **117** 235—236, mit 1 Fig. — In galaktischen Emissionszonen und -nebeln wurden He I-Linien mit Ausnahme im Zentralgebiet des Orionnebels bisher nicht gefunden. Verf. hat mit einem lichtstarken Nebelspektrographen einige weitere Nebel mit He I-Emissionen festgestellt. Micz.

12220. **H. M. Johnson,** The nebula near 10 Lacertae. ApJ **118** 162—165, mit 1 Fig. — Kurze Mitteilung über das Spektrum und die physikalischen Verhältnisse des Emissionsnebels um 10 Lacertae. Eine zeichnerische Darstellung vermittelt ein Bild der Helligkeitsverteilung des Nebels im Licht von $H\alpha$. Micz.

* * **R. Kippenhahn,** Die Orionveränderlichen und die Turbulenz im Orionnebel. Vgl. Ref. **11189.**

12221. **A. J. Kipper,** Über das kontinuierliche Spektrum der galaktischen Nebel. Publ. Astr. Obs. Tartu **32** 327—331, mit 1 Abb. (russisch). — In Anlehnung an Page (vgl. AJB **44** Ref. 8809) und Woronzow-Weljaminow (vgl. AJB **50** Ref. **12220**) bestimmt Verf. das Gesetz der interstellaren selektiven Absorption und findet $A_\lambda \sim \lambda^{-1.8}$. Loh.

12222. **A. I. Lebedinskij,** Die Dynamik der diffusen Nebel. DAN **92** 911—914 (russisch). — Ein O 6—O 7-Stern kann einen typischen kalten Nebel erwärmen und ihn in etwa 10^4 Jahren in einen Emissionsnebel umwandeln. Die Erwärmung schreitet mit Schallgeschwindigkeit voran. Globulen sind durch Stoßwellen komprimierte gas-staubförmige Materie und sind allseitig von heißen komprimierenden Gasen umgeben. Es leuchten umso mehr Riesen auf, je größer die kalten, dunklen Nebelmassen sind; andererseits zerstören diese Sterne solche Nebel. Loh.

12223. **M.-T. Martel,** Polarisation des nébuleuses diffusantes IC 4601 a, IC 4601 b et BD −19° 4357. CR **237** 787—789, mit 1 Fig. — Mit dem in einer früheren Arbeit beschriebenen Polarigraphen (vgl. AJB **51** Ref. **12211**) wird in den drei benachbarten diffusen Nebeln an verschiedenen Stellen der Prozentsatz polarisierten Lichtes gemessen. Die Verteilung der Meßpunkte ist in einer Figur dargestellt; der maximale Meßwert beträgt 14.5%. Wenigstens in Entfernungen bis zu 2′ vom anregenden Stern zeigt sich ein radialer Charakter der Polarisation. Darüber hinaus ist dieses Verhalten anscheinend durch Mischung heller und dunkler Materie im Nebel gestört. Gli.

12224. **N. U. Mayall,** The radial velocity of the California nebula, NGC 1499. Publ ASP **65** 152—153, mit 1 Tafel. — Aus vier Aufnahmen mit dem Crossley-Nebelspektrographen wird die mittlere Radialgeschwindigkeit des Nebels zu +53 ± 13 km/sec gefunden in Übereinstimmung mit der Radialgeschwindigkeit des anregenden Sterns ξ Per (+67.4 km/sec). Innerhalb des Nebels scheint keine große Geschwindigkeitsstreuung vorhanden zu sein. O. G.

12225. **R. Minkowski,** The electron temperature in the planetary nebula IC 418. Publ ASP **65** 161—162, mit 1 Tafel. — Im kontinuierlichen Spektrum von IC 418 tritt unterhalb der Balmergrenze ein Minimum der Intensität in der Mitte auf, oberhalb der Balmergrenze ist die Intensitätsverteilung umgekehrt. Der Zunahme des Balmersprungs nach außen entspricht eine Abnahme der Elektronentemperatur nach dem Rand des Nebels hin. Aus der Größe des Balmersprungs ergibt sich die Elektronentemperatur zu 15000° gegenüber 7000°, die früher aus dem Intensitätsverhältnis von Linien abgeleitet worden war. O. G.

12226. **P. P. Parenago,** Über die Sterne des Orion-Nebels. AJ UdSSR **30** 249—264, mit 5 Abb. (russisch). — Ref. in Sterne **30** 20—21, mit 1 Abb., Sternenwelt **5** 174—179, mit 4 Abb., Postępy Astr. **1** 42—43, mit 1 Abb. — Aus einem umfangreichen Plattenmaterial verschiedener sowjetischer Sternwarten hat Verf. unter Mitwirkung mehrerer Kollegen die Sterne bis zu $m_{pg} = 15.2$ in einem neun Quadratgrad großen Areal des Nebelgebiets photometriert, kolorimetriert und zahlreiche Eigenbewegungen abgeleitet. Das Farben-Helligkeitsdiagramm zeigt nur in seinem oberen Teil eine Hauptreihe, der untere, durch eine Lücke vom oberen abgetrennte Teil hat den Charakter eines Streufeldes. Die sicheren Eigenbewegungen werden in Gruppen zu Mitteln zusammengefaßt und die Winkelgeschwindigkeiten unter Annahme einer Rotation des Aggregats bestimmt. Die Winkelgeschwindigkeit ist für alle Gruppen bis in eine Entfernung 1° = 7 pc vom Zentrum konstant, und zwar gleich $(2.63 \pm 0.39) \times 10^{-14}$/sec. Daraus folgt für die Masse dieses Volumens 41 000 $\mathfrak{M}_{\odot}$. Unter Zuhilfenahme älterer Mikrometermessungen der Sterne des Trapezes ergeben sich nach außen gerichtete Bewegungen und ein Alter des Trapezes von höchstens einigen 10^4 Jahren. Die im gesamten Sternbild Orion verstreuten B-Sterne bilden eine reelle Assoziation, also nicht eine durch einen Sichtkorridor vorgetäuschte Ansammlung. Loh.

12227. **P. P. Parenago,** Untersuchung der Sterne des Orion-Nebels. Astr Circ UdSSR Nr. 135 S. 5—7 (russisch). — Ref. in Urania Kraków **24** 365—366. — Vorläufige Mitteilung über eine statistische Untersuchung. Ergebnisse: 1. Von den Sternen des Gebietes bis $m_{pg} = 15.2$ gehören 580 zur Nebelgruppe. 2. Das Spektrum-Helligkeitsdiagramm weicht vom üblichen stark ab. 3. Die Eigenbewegungen deuten eine Rotation um das Zentrum des Nebels an. Bei einer Entfernung des Nebels von 400 pc folgen daraus für die Gesamtmasse einer Kugel vom Radius 1° 60000 Sonnenmassen. 4. Mitglieder der Nebelgruppe finden sich auch noch in größerer Entfernung vom Nebel. 5. Das Trapez ist auf Grund seiner inneren Bewegungen instabil. 6. Als obere Grenze für das Alter der Sterne des Nebels ergeben sich einige Millionen Jahre. Sternbildungen sind heute noch im Nebel zu erwarten. Loh.

12228. **A. van Pelt,** On the spectrum of planetary nebulae having Wolf-Rayet nuclei. Proc. Section Sci. K. Nederl. Akad. Wetensch. (B) **56** 245—247, mit 1 Fig. = Circ. Astr. Inst. Univ. Amsterdam Nr. 7. — Von einem solchen planetarischen Nebel kann theoretisch ein bestimmter Wandel im Hüllenspektrum von innen nach außen erwartet werden. Nach den Beobachtungen in NGC 6543 gilt das auch für die Elektronenanregung und Fluoreszenz. Untersuchungen an weiteren Nebeln sind im Gange. Loh.

12229. **S. B. Pikelner, G. A. Schajn,** Untersuchung der Turbulenz im Orion-Nebel aus der Fluktuation der Helligkeit. DAN **90** 741—744, mit 1 Abb. (russisch). — Die aus Helligkeitsbeobachtungen zahlreicher Stellen des Orion-Nebels erhaltene statistische Schwankung wird mit der theoretischen unter Voraussetzung lokal-isotroper Turbulenz mit Geschwindigkeiten unterhalb der Schallgeschwindigkeit verglichen. Den Messungen liegen Aufnahmen im Licht von $H\alpha$, $N_1 + N_2$ [O III] und λ 3727 [O II] zugrunde. Es zeigt sich, daß im Nebel Bewegungen aller Ordnungen vorkommen, was bei der Existenz einer gut entwickelten Turbulenz auch der Fall sein muß. Für Gas- bzw. Staubdichte folgen 6×10^{-21} bzw. 7×10^{-23} gr/cm³. Falls die Dichte der magnetischen Energie gleich der der kinetischen ist, resultiert eine magnetische Feldstärke von $\approx 3 \times 10^{-4}$ Gauß. Loh.

12230. **D. A. Roshkowskij, W. S. Matjagin,** Helligkeiten und Farbenindizes von Sternen in den Fasern von gas-staubförmigen Nebeln in Cygnus. DAN 88 427—430 (russisch). — Aus Aufnahmen am 50 cm-Meniskus-Teleskop des Astrophys. Inst. Alma-Ata wurden in mehr als 10 Sternketten des Fasernebels bei $\alpha = 20^h 43^m$, $\delta = 31° 30'$ die Helligkeiten sternähnlicher Objekte bestimmt. Der mittlere Farbenindex beträgt 0.77. Unter Annahme einer Entfernung des Nebels von 430 pc nach Wolf und Cederblad ergibt sich für die mittlere absolute Helligkeit der Sterne +8.2. Es handelt sich damit wahrscheinlich um Unterzwerge. Loh.

12231. **L. Rosino,** La nebulosa gassosa NGC 7635 in Cassiopea. Coelum **21** 114—120, 145—151, mit 2 Fig. und 1 Tafel = Pubbl. Oss. Astr. Univ. Bologna **6** Nr. 3. — Verf. macht Angaben über die scheinbare Größe und das Spektrum des Kerns, die Photometrie des Nebels, die veränderlichen Sterne in seiner Umgebung und seine Entfernung. Cester

12232. **G. A. Schajn, W. F. Hase,** Über die Verbindung der fasrigen Struktur der Nebel mit der Bewegung. AJ UdSSR **30** 125—129 (russisch). — Ref. in Astr. News Letter Nr. **72** S. 4—5, Urania Kraków **24** 273—274. — In einer Reihe untersuchter Nebel findet man Materiekonzentrationen an der Peripherie, die offenbar mit dem Bewegungszustand gekoppelt sind, wie das bei den Fasern der Fall ist. Letztere findet man oft an den Grenzen zwischen hellen und dunklen Nebeln. Sie werden als Stoßfronten betrachtet. Bei diesen Stößen treten Verdichtungen und damit Umwandlung kinetischer Energie in Wärme ein. Fasern können ferner durch Prozesse im Nebelinnern entstehen. Loh.

* * **G. A. Schajn, W. F. Hase,** Die Nebel im Gebiet von γ Cygni und ξ Persei als Details der Spiralstruktur der Galaxis. Vgl. Ref. **12311**.

12233. **G. A. Schajn, W. F. Hase,** Diffuse Nebel mit einer Konzentration von Materie an der Peripherie und ihre Interpretation. AJ UdSSR **30** 135—142, mit 2 Tafeln (russisch). — Ref. in Astr. News Letter Nr. **72** S. 6—7, Urania Kraków **24** 273—274. — Zur Erklärung der Herkunft von Nebeln mit solchen Eigenschaften sind Gründe zur Annahme vorhanden, daß früher oder auch noch heute eine bevorzugte Materiebewegung vom Innern des Nebels nach außen stattfand bzw. -findet. Außerdem offenbaren sich hier wahrscheinlich auch noch die Aus- bzw. Nachwirkungen des Strahlungsdrucks und besonders die beim Zusammenstoß einzelner Massen der Nebel unter sich und mit dem umgebenden Medium resultierende Bremsung. Loh.

12234. **G. A. Schajn,** Über die Systeme der Emissionsnebel. DAN **93** 993—996, mit 1 Tafel (russisch). — In der Verteilung der Emissionsnebel in der Galaxis und M 31, M 33 und M 101 lassen sich gewisse Gruppierungen «mittleren» Maßstabes und Verteilungen «größeren» Maßstabes entlang der Spiralarme erkennen. Wegen der in einigen Nebeln beobachteten Expansionen, Hüllen und Bögen sind sie als jung anzusehen. Loh.

12235. **G. A. Schajn, W. F. Hase,** Über die Beziehung zwischen diffusen Gasnebeln und heißen Sternen. Mitt. Astrophys. Obs. Krim **10** 152—168, mit 3 Abb. und 2 Tafeln (russisch). — Der Untersuchung liegen die Aufnahmen von etwa 300 auf der Krim photographierten Nebeln zugrunde. Die Verteilung der Nebel, der Wolf-Rayet-, O-, B0—B1-Sterne hat teils gemeinsame, teils unterschiedliche Züge. Für die Mehrzahl der isolierteren Nebel kann man keine für ihr Leuchten verantwortliche Sterne finden. Es gibt ferner auch Nebel, die man unmöglich mit heißen Sternen in Verbindung bringen kann. Heiße Sterne mit Emissionslinien zeigen keine größere Tendenz zur Assoziierung mit Nebeln als Sterne mit normalem Spektrum. In der Mehrzahl der Fälle befinden sich die für das Leuchten der Nebel verantwortlichen Sterne nicht innerhalb dieser, sondern an deren Seite. Die helleren, isolierten Nebel zeigen die Tendenz, sich weniger mit einem einzelnen heißen Stern, sondern mit einigen oder sogar einer Gruppe zu assoziieren. Man kann nicht von irgendeiner einheitlichen Natur des Zusammenhangs sprechen. Der genetische Zusammenhang zwischen isolierten Nebeln ist sehr wahrscheinlich, wenn letztere mehr oder weniger im Zentrum gelegen sind. Loh.

12236. **G. A. Schajn, W. F. Hase,** Zweite Liste peripherer, diffuser Nebel. Mitt. Astrophys. Obs. Krim **10** 210—212, mit 1 Tafel (russisch). — Beschreibung und Verzeichnis von sieben diffusen Nebeln, in denen die leuchtende Materie hauptsächlich an der Peripherie vorkommt. Verf. (übersetzt)

12237. **G. A. Schajn, W. F. Hase,** Über eine Besonderheit einiger möglicherweise mit Magnetfeldern verbundener Gasnebel. Nachr. Akad. Wiss. UdSSR (Phys.) **17** Nr. 1 S. 114—118 (russisch). — Ref. in Phys. Abstracts (A) **57** 673.

12238. **G. A. Schajn, W. F. Hase,** Die diffusen Gasnebel. Priroda **42** Nr. 3 S. 19—26, mit 2 Tafeln (russisch). — Allgemeinverständlicher Bericht über die Erforschung der Gasnebel unter besonderer Berücksichtigung der Beobachtungen in Simeïs und der dabei erzielten Ergebnisse. Loh.

12239. **I. S. Schklowskij,** Über die Natur des Leuchtens des Krabbennebels. DAN **90** 983—986 (russisch). — Wie bereits an anderer Stelle gezeigt wurde (vgl. Ref. **12637**), ist die Radiostrahlung des Nebels (Überreste einer Supernova) als erbremste Strahlung relativistischer Elektronen im schwachen Magnetfeld. Die Nebelmasse ist wahrscheinlich wesentlich kleiner als die Sonnenmasse. Loh.

12240. **S. Sharpless,** A catalogue of emission nebulae near the galactic plane. ApJ **118** 362—369, mit 1 Fig. -- Verf. hat in einem mehrere Grad breiten Streifen entlang des galaktischen Äquators zwischen $l = 315°$ und $105°$ galaktischer Länge auf Rot- und Blau-Platten, aufgenommen mit dem 48′-Schmidt-Teleskop auf dem Mt. Palomar, Emissionsnebel aufgesucht und teilt einen Katalog von 142 Objekten mit; Reflexions- und planetarische Nebel wurden dabei nach Möglichkeit ausgeschlossen. Ein weiteres Verzeichnis enthält O- und B-Sterne, die mit den Nebeln assoziiert erscheinen. Micz.

12241. **T. A. Uranowa,** Über die Sterne im Nebel NGC 2264. Astr Circ UdSSR Nr. 138 S. 6 (russisch). — Die Gewinnung eines Spektrum-Helligkeits-Diagramms von 1000 Sternen um S Mon und die Bestimmung genauerer photometrischer Daten der darunter vorkommenden schwachen Veränderlichen ist im Gange. Auf die Ähnlichkeit eines vorläufigen Diagramms mit dem der Orion-Nebel-Sterne nach Parenago wird hingewiesen. Petri

* * **E. B. Weston,** The variable stars in the region of NGC 7023. Vgl. Ref. 111113.

12242. **O. C. Wilson, L. H. Aller,** Monochromatic isophotic contours of planetary nebulae. AJ **58** 235—236. — Ref. AAS.

12243. **O. C. Wilson,** Some remarks on the spatial and kinematic structure of the planetary nebula IC 418. ApJ **117** 264—268, mit 1 Fig. — Der planetarische Nebel IC 418 zeichnet sich auf Aufnahmen mit spaltlosem Spektrographen durch ringförmige Bilder des H sowie [O II] und flächenhafte des [O III] mit etwas kleinerem Durchmesser aus. Verf. erörtert nach Spektralaufnahmen hoher Dispersion (1.7, 2.2 und 8.9 Å/mm) die Verteilung und Bewegung von Materie. Micz.

12244. **H. Zanstra,** A simple model for expanding planetary nebulae and its statistical consequences. Obs **73** 198—200. — Verf. schlägt vor, sein bekanntes Modell eines sich ausdehnenden Planetarischen Nebels mit Hilfe der neuen Beobachtungen von O. C. Wilson zu prüfen. Er gibt einige Hinweise dazu. O. G.

§ 123

Milchstraßensystem

Aufbau

12301. **B. J. Bok, M. J. Bester, C. M. Wade,** Der südliche Spiralarm unserer Milchstraße. Phys. Blätter **9** 245—249, mit 2 Abb.

12302. **H. E. Butler,** An indirect method of star counting. Obs **73** 80—82, mit 2 Tafeln und 2 Fig. — Ref. in Postępy Astr. 1 101. — Von der Aufnahme eines Sternfelds werden zwei vergrößerte Positivplatten hintereinander so in ein Bündel von parallelen Lichtstrahlen gebracht, daß sie zunächst zur Deckung kommen und dann eine der Platten meßbar verschoben wird. Die Intensität des durchgehenden Lichts wird mit einer Photozelle gemessen und als Funktion der Verschiebung aufgetragen. Durch Eichkurven wird der Zusammenhang zwischen der Intensitätskurve und den Zahlen der Sterne verschiedener Helligkeitsstufen ermittelt. O. G.

12303. **T. G. Cowling,** Le champ magnétique de la galaxie. Ciel et Terre **69** 177—186. — Es wird gezeigt, welche Erscheinungen für die Existenz eines Magnetfeldes der Galaxis sprechen. Sowohl das Auftreten und die Intensität der kosmischen Strahlung wie die beobachtete interstellare Polarisation scheinen auf dieses Magnetfeld hinzuweisen. Es werden in diesem Zusammenhang einzelne Theorien (Lemaître, Fermi, Unsöld, Richtmeyer und Teller, Alfvén, Spitzer und Tukey, Davis und Greenstein, Gold) kurz diskutiert. Gli.

12304. **A. Dauvillier,** Sur un modèle de galaxie. CR **237** 1298—1300. — Verf. beschreibt ein Modell der Galaxis, in dem die Entwicklung in einem geschlossenen Zyklus von langer Dauer verläuft: Auflösung und Synthese der Elemente, Sternentwicklung und Entwicklung der Galaxis sind eng miteinander verknüpft. Dabei spielen die Kugelhaufen eine wesentliche Rolle. Der kosmische Elektromagnetismus scheint mit der thermonuklearen Sternenergie in Beziehung zu stehen. Zuletzt wird auf den wechselnden Austausch zwischen der Galaxis und der extragalaktischen Materie und Strahlung hingewiesen. Gli.

12305. **M. G. Fracastoro, M. L. Bruni,** Ricerche sulla struttura della galassia. I. Conteggi stellari nella regione attorno all'area scelta 23. Mem SA It (NS) 24 59—87, mit 7 Fig. = Oss. e Mem. Oss. Astrofis. Arcetri Nr. 68. — Für Sterne zwischen der 16. und 17. Größe in der Umgebung des Selected Area 23 wird die Häufigkeitsverteilung ermittelt. In den Ergebnissen gibt sich die Existenz einer interstellaren, ziemlich unregelmäßigen Wolke zu erkennen. Sie ist wahrscheinlich mit dem Bewegungshaufen im Perseus, der eine mittlere Entfernung von etwa 100 pc besitzt, physisch verbunden. Cester

12305a. **K. Gyldenkærne,** Stjernepopulationer. NAT 1953 49—56, mit 2 Fig. — Über Baades Entdeckung der Population I und II wird gemeinverständlich berichtet. Ra.

12306. **W. A. Kolytschew,** Bestimmung der räumlichen Sterndichte auf Grund von Sternzählungen in zwei Spektralgebieten. AJ UdSSR 30 619—624, mit 3 Abb. (russisch). — Ref. in Urania Kraków 25 182. — Sternzählungen in Richtung des galaktischen Antizentrums ($l = 129°$, $b = 0°$) nach Schmidtspiegelaufnahmen im photographischen und photovisuellen Bereich (Grenzgrößen $17^m.5$ bzw. $16^m.5$) ergaben bei einer mittleren interstellaren Absorption von $1^m.2$/kpc eine starke Zunahme der Sterndichte in 1500 pc Entfernung von der Sonne, die als Anzeichen für einen Spiralarm gedeutet wird.

* * **D. N. Limber,** Fluctuations in brightness of the Milky Way. Vgl. Ref. 4405.

12307. **S. L. Lippincott, D. Hoffleit,** Note on the distribution of B 5 stars. AJ 58 167—168, mit 1 Fig. = Harv Repr (2) Nr. 51. — MKK-Klassifikation für 79 B5-Sterne heller als 6.5 Größenklassen mit Dispersion 50 Å/mm. Die 20 einzeln angegebenen B5I- und B5II-Sterne konzentrieren sich in $\lambda = 30°$ und 210°. Die B5-Sterne geringerer Leuchtkraft liegen bevorzugt am Südhimmel bzw. näher am galaktischen Zentrum als die Sonne. Haffner

* * **A. B. Meinel,** Magnetic fields of galactic dimensions. Vgl. Ref. 12535.

12308. **W. W. Morgan, A. E. Whitford, A. D. Code,** Studies in galactic structure. I. A preliminary determination of the space distribution of the blue giants. ApJ 118 318—322, mit 1 Fig. — Es wird ein Verzeichnis von Sternen hoher Leuchtkraft und mit Spektraltypen O—A mitgeteilt, deren Entfernungen mit spektroskopischen Leuchtkraftkriterien bestimmt wurden. Sie gehören 27 verschiedenen lokalen Gruppen von Sternen frühen Typs an. Sieben dieser Gruppen definieren den Teil eines Spiralarms der Milchstraße, der zwischen Sonne und Milchstraßenzentrum in etwa 1400 pc Sonnenentfernung verläuft. Die Sonne liegt in einem Arm, der sich, nach der Verteilung der Gruppen zu urteilen, in zwei zu spalten scheint, wie es auch die Registrierungen der 21 cm-Strahlung andeuten. Ein Teil eines weiter außen liegenden Armes ist ebenfalls in der Verteilung der Gruppen erkennbar. Micz.

12309. **L. Perek,** Unsere gegenwärtigen Kenntnisse über die Galaxis. Časopis 3 63—71, mit 2 Fig. (tschechisch).

12310. **J. J. Raimond jr.,** De kern van het melkwegstelsel. Hemel en Dampkring 51 109—116, mit 6 Fig.

* * **J. A. Russell,** An investigation of interstellar absorption and of the density function in the Scutum region of the Milky Way. Vgl. Ref. 12517.

12311. **G. A. Schajn, W. F. Hase,** Die Nebel im Gebiet von γ Cygni und ξ Persei als Details der Spiralstruktur der Galaxis. AJ UdSSR 30 130—134, mit 4 Tafeln (russisch). — Ref. in Astr. News Letter Nr. 72 S. 5—6. — Die starke Anhäufung von Nebeln im genannten Gebiet wird in Analogie zu den diffusen Nebeln in M 101 als ein Knoten in der Spiralstruktur der Galaxis angesehen. Die Erstreckung des Nebelgebiets und der einzelnen Nebel entlang des galaktischen Äquators dürfte wahrscheinlich das Ergebnis einer Bewegung entlang eines Spiralarms sein. Auf die Bedeutung dieser Frage für den K-Effekt wird hingewiesen. Loh.

12312. **C. Schalén,** Vintergatans spiralstruktur. PAT **34** 34—48, mit 12 Fig. — Allgemeinverständlicher Bericht über die Untersuchungen der letzten Jahre zur Spiralstruktur der Milchstraße. Ra.

12313. **C. Schalén,** Populationstyperna i de extragalaktiska stjärnsystemen och Vintergatan. PAT **34** 49—54, mit 3 Fig. — Allgemeinverständlicher Bericht über Baades Entdeckung der Population I und II. Ra.

12314. **I. S. Schklowskij,** Versuch eines Helligkeitsvergleichs der Milchstraße im infraroten und im photographischen Licht. Mitt. Astrophys. Obs. Krim **10** 169—182, mit 2 Abb. (russisch). — Aus einem Vergleich der Helligkeit des galaktischen Kerns im Infraroten und im Photographischen gelangt Verf. zum Schluß, daß sich der galaktische Kern hauptsächlich aus roten Sternen, zweifellos sogar aus roten Riesen, zusammensetzt. Loh.

12315. **Shimizu,** Der Bau der Galaxis. Kagaku **23** 278—287 (japanisch).

12316. **D. de Smet-de Potter, M. Neyts,** Over het bestaan van absorberende nevels in Cassiopeia. Med. Koninkl. Vlaamse Akad. Wetensch., Letteren en Schone Kunsten van België. Kl. Wetensch. **15** Nr. 1, 6 S. = Univ. Gent Sterrekundig Inst. Nr. 15. — Verf. untersuchen die Verteilung der Sterne über die Helligkeiten bis zur scheinbaren Größe $10^{m}_{.}5$ in einem hellen und einem dunklen Gebiet in der Cassiopeia unter Anwendung der Methoden von Malmquist und Velghe. Die Verteilung der Sternzahlen in dem dunklen Absorptionsgebiet kann nach den Autoren gedeutet werden unter der Annahme der Existenz von drei absorbierenden Wolkenkomplexen: ein erster Komplex in einem Abstand von 125 pc mit einer Absorption von $0^{m}_{.}2$; ein zweiter in einem Abstand von 800 pc und einer Absorption von ebenfalls $0^{m}_{.}2$ und schließlich ein dritter in einer Entfernung von 2000 pc mit einer Absorption von $0^{m}_{.}7$. Wurm

12317. **O. Struve,** New light on the structure of the galaxy gained in 1952. Leaflet ASP Nr. 285, 8 S. mit 1 Fig. — Ref. in JBAA **63** 195—197, mit 1 Fig.

12318. **J. Wasowski,** O spiralnej budowie galaktyki. Urania Kraków **24** 353—360, mit 2 Fig.

12319. **H. F. Weaver,** B stars and spiral structure in the larger neighborhood of the sun. AJ **58** 177—195, mit 13 Fig. = Berkeley Repr. Nr. **52**. — Ref. in Postępy Astr. **2** 152—154, mit 2 Fig. — Die beobachtete Verteilung des interstellaren neutralen Wasserstoffs früher galaktischer Haufen und von O-Assoziationen wird als Modell der Spiralstruktur zugrunde gelegt. Es wird die Frage untersucht, wie weit die scheinbare Verteilung heller (< 6.5) und schwacher (7.6 bis 9.0) B-Sterne und deren Radialgeschwindigkeitsverteilung mit diesem Modell konsistent ist. Spezialuntersuchung der B-Stern-Verteilung im Sektor 30° bis 210° galaktischer Länge. Die Ergebnisse aus der Verteilung der HI- und HII-Regionen werden bestätigt und ergänzt. Haffner

12320. **B. A. Woronzow-Weljaminow,** Die Spiralstruktur der Galaxis. AJ UdSSR **30** 37—49, mit 2 Abb. (russisch). — Ref. in Astr. News Letter Nr. **73** S. 5—6. — Die Spiralstruktur wird aus der Verteilung hauptsächlich der heißen Überriesen und der langperiodischen Cepheiden erschlossen. Die sich ergebenden beiden Spiralarme besitzen eine wolkige Struktur. Verf. wendet sich gegen die Auffassung, daß die Radiostrahlung des interstellaren Wasserstoffs der hauptsächlichste Indikator der Spiralstruktur sei. Der Verlauf der Arme wird näher beschrieben und graphisch dargestellt. Loh.

12321. **B. A. Woronzow-Weljaminow,** Die Wolken der heißen Riesen und die Wolken der Milchstraße. AJ UdSSR **30** 394—413, mit 5 Abb. (russisch). — Ref. in Astr. News Letter Nr. **73** S. 7—8. — Verf. untersucht die Beziehung zwischen den von Überriesen gebildeten Wolken in den Armen der Milchstraße und den Wolken schwacher Sterne. Aus den in den Sichtkorridoren erfaßbaren Umrissen wird die Größe der einzelnen Wolken abgeschätzt. Auf die Wolkenflächen, die praktisch innerhalb der $\pm 5°$-Zone galaktischer Breite liegen, entfallen etwa 1600 Überriesen, 155 von 210 offenen Sternhaufen und 215 von 260 Cepheiden derselben Zone. Die Bedeutung der Sichtkorridore wird dadurch erneut unterstrichen. Loh.

* * **B. A. Woronzow-Weljaminow, G. A. Manowa,** Die scheinbaren Häufungen der Mira-Sterne. Vgl. Ref. **111115**.

12322. Erforschung des Raumes. Sterne **29** 28—29. — Der Aufsatz behandelt die Frage, wie einem Beobachter im Weltraum das Milchstraßensystem erscheint. Die Ausrüstung des hypothetischen Beobachters besteht einmal aus einer 8 Zoll-Kamera bzw. aus einem 200 Zoll-Spiegel in den Abständen 100000, 1 Million und 10 Millionen Lichtjahre senkrecht zur Milchstraße.

Kinematik und Dynamik

12323. **T. A. Agekjan,** Über die Ursachen des Anwachsens der Restgeschwindigkeiten der Sterne. Abh. Shdanow-Staatsuniv. Leningrad Nr. **153** S. 48—59, 1952 = Publ. Astr. Obs. Leningrad **16** 48—59 (russisch). — Es wird versucht, die mittleren Restgeschwindigkeiten der Sterne verschiedener Spektralklassen gegenüber dem Zentroid durch Wechselwirkung mit einem interstellaren Medium zu erklären, dessen Dichte sowohl für Staub als für Wasserstoff zu 3×10^{-24} g/cm³ angesetzt wird. Die Übergangszeiten zwischen Spektralunterklassen werden abgeschätzt. Es ergeben sich Werte wie 3×10^9 a (B0—B7), 7×10^{12} a (A9—dF2) und weit größere. Petri

12324. **M. C. Ballario,** Caratteristiche fisiche e spaziali di stelle con $v \geq 40$ km/sec. Effetto di longitudine per un gruppo di stelle veloci. Mem SA It (NS) **24** 275—304, mit 8 Fig. = Oss. e Mem. Oss. Astrofis. Arcetri Nr. **69**. — Verf. untersucht die physikalischen und räumlichen Merkmale der Sterne heller als 5^m5 mit Raumgeschwindigkeiten über 40 km/sec. In der Verteilung der Apizes läßt sich unter anderem ein Längeneffekt erkennen, der besagt, daß die mittlere Geschwindigkeit mit zunehmender Länge wächst. Dieser Effekt wird auch für 155 Sterne des Katalogs von Miczaika gefunden. Verf. vermutet, daß diese Sterne zum UMa-Haufen gehören. Cester

12325. **M. C. Ballario,** Caratteristiche fisiche e spaziali di stelle con $v \geq 40$ km/sec. Effetto di longitudine per un gruppo di stelle veloci. Rend. Accad. Nazionale Lincei, Cl. Sci. fis., mat., nat. (8) **14** 251—255. — Vgl. vorstehendes Ref.

12326. **J. Delhaye,** Sur les points de fréquence maximum dans la distribution des vitesses particulières des étoiles plus proches que 20 parsecs. CR **236** 1471—1472, mit 1 Fig. — Für die Sterne der Klassen A, F, F + dG, dG + dK und dK + dM werden in der galaktischen Ebene die Kurven gleicher Geschwindigkeitsdichte gezeichnet. Das Material stammt aus der Arbeit von G. Strömberg (vgl. AJB **45** Ref. **9047**) und wurde durch Abzählung der dort projizierten Geschwindigkeitsvektoren gewonnen. Die Häufigkeitsmaxima fallen nicht mit dem Geschwindigkeitsmittelpunkt zusammen. Vielmehr scheinen unter den nahen Zwergen der verbreiterte Ursa Major- und Taurus-Strom besonders hervorzutreten. Gli.

12327. **J. Delhaye,** Sur les propriétés cinématiques des étoiles naines de type M à raies d'émission. CR **237** 294—296, mit 1 Fig. — Es wird die Geschwindigkeitsverteilung von 12 nahen dMe-Sternen senkrecht zur galaktischen Ebene betrachtet und mit den Geschwindigkeiten von 15 nahen normalen M-Zwergen verglichen. Da die Bewegungen der M-Zwerge mit Emissionslinien senkrecht zur galaktischen Ebene klein sind, könnten diese Sterne ein sehr abgeplattetes Untersystem bilden und sehr jung sein. Gli.

12328. **W. Dziewulski,** Motions of high velocity stars. II. Studia Soc. Sci. Toruń (A) **3** Nr. 5 S. 1—11, mit 6 Fig. (mit polnischer Zusammenfassung) = Bull. Astr. Obs. Toruń Nr. **12.** — Statistik der Geschwindigkeitsverteilung der Schnelläufer. Häufigkeitsverteilung der Geschwindigkeiten in x-, y- und z-Richtung (x-Achse zum galaktischen Zentrum). Aufteilung in vier Gruppen: Riesen, Unterriesen, Zwerge, Unterzwerge. Häufigkeiten in y und z sind normal verteilt; in x zwei Maxima. Zur Prüfung der Realität dieser zwei Maxima wird die Gruppe der Unterzwerge gesondert behandelt; zu den 93 Schnelläufern werden noch 145 Unterzwerge mit Geschwindigkeiten unter 60 km/sec dazugenommen. Das sekundäre Maximum in der x-Richtung bleibt sowohl hier als auch bei Variation des angenommenen Helligkeitsunterschiedes zwischen Zwergen und Unterzwergen bestehen. Berechnung der galaktozentrischen Bahnen der Unterzwerge; Vergleich mit Resultaten von W. Lohmann. Go.

12329. **W. Dziewulski,** On the determination of vertices from the peculiar motions of subdwarfs. Studia Soc. Sci. Toruń (A) **3** Nr. 5 S. 12—15 (mit polnischem Ref.) = Bull. Astr. Obs. Toruń Nr. **12.** — Berechnung von Vertexrichtungen und Achsenverhältnissen eines Geschwindigkeitsellipsoids der Unterzwerge. Für die langsam bewegten Sterne allein ergibt sich ein Rotationsellipsoid mit der Richtung der größten Achse nach $l = 8°$, $b = 5°$. Für alle Unterzwerge (langsam bewegte und Schnelläufer) ergibt sich ein dreiachsiges Ellipsoid mit $l = 4°$, $b = -14°$. Go.

12330. **D. G. Ewart,** The constants of the velocity ellipsoid from the radial velocities of 820 stars. MN **113** 553—556 = Glasgow Univ. Obs. Repr. Nr. **36.** — Verf. leitet aus den Radialgeschwindigkeiten von 820 Sternen einer Liste von Moore und Paddock (ApJ **112** 48, AJB **50** Ref. **9214**), die zumeist den Spektraltypen F—M angehören und die scheinbare photographische Helligkeit $8^m.5$—$8^m.6$ besitzen, die Sonnengeschwindigkeit und ihren Apex ab. Außerdem werden die Konstanten des Geschwindigkeitsellipsoids bestimmt. Micz.

12331. **W. Lohmann,** Zur Statistik perigalaktischer Distanzen. ZfA **33** 186—193, mit 4 Abb. — Unter der Annahme, daß sich das Kraftfeld in der galaktischen Hauptebene durch den Bottlingerschen Ansatz approximieren läßt, wird ein Diagramm zur Ermittlung perigalaktischer Distanzen aus Richtung und galaktozentrischer Geschwindigkeit von Sternen in Sonnenumgebung entworfen. Ein Vergleich mit perigalaktischen Distanzen, die unter der Annahme einer im Zentrum der Galaxis vereinigt gedachten Punktmasse abgeleitet werden, bringt zum Teil recht merkliche Unterschiede der Resultate. Verf.

12332. **G. R. Miczaika,** The color-luminosity diagram of the Ursa Major group. Publ ASP **65** 203—204. — Ref. ASP.

12333. **G. Münch,** Galactic structure and the distribution of interstellar gas. Publ ASP **65** 179—184, mit 2 Fig. — Ref. in Postępy Astr. **2** **41**, Sky and Telescope **13** 7. — Die interstellaren Linien H und K des Ca II und D_1, D_2 des Na I in den Spektren von entfernten Sternen frühen Spektraltyps in den galaktischen Längen 65°—130° zeigen zwei getrennte Komponenten von etwa gleicher Intensität. Die Radialgeschwindigkeiten der Komponenten entsprechen der galaktischen Rotation in den Abständen 0.4 kpc und 3 kpc von der Sonne. In diesen Entfernungen sind Spiralarme der Milchstraße anzunehmen. O. G.

12334. **F. Nahon,** Relation entre la distribution des vitesses et des positions des étoiles au voisinage du soleil. BA **17** 89—95, mit 2 Fig. — Verf. geht von den Gleichungen bei Lindblad (MN **108** 214, AJB **48** Ref. **4410**) für die Bewegung in der Symmetrieebene eines rotierenden Systems aus und betrachtet in einem mit der Zirkulargeschwindigkeit rotierenden Koordinatensystem Bahnen, die bei geringer Abweichung von der Kreisbewegung Epizyklen sind, die entgegengesetzt der Rotationsbewegung durchlaufen werden. Zwei Fälle werden untersucht: Verteilung der Positionen von Sternen mit vorgegebener Geschwindigkeit und die Geschwindigkeitsverteilung von Sternen, die die Umgebung eines bestimmten Punktes passieren. Gleichmäßige Verteilung der Epizyklenzentren und Konzentration dieser um einen bestimmten Punkt führen beide zu ellipsoidalen Geschwindigkeitsverteilungen, deren große Achsen nach dem galaktischen Zentrum gerichtet sind. Gli.

12335. **R. M. Petrie,** The star clusters in Ursa Major. J RAS Canada **47** 185—190, mit 4 Fig. — Ref. in Irish AJ **3** 34—35. — Verf. gibt eine Zusammenfassung seiner an anderer Stelle veröffentlichten Untersuchung über die 11 Sterne des Ursa-Major-Haufens (vgl. Ref. **12336**). Nach einer kurzen historischen Einführung wird die Herleitung des Konvergenzpunktes der Bewegungen erläutert. Ein Diagramm zeigt die Leuchtkräfte dieser Sterne in Abhängigkeit vom Spektraltyp, ein zweites zeigt die räumliche Verteilung der 11 Sterne. Gli.

12336. **R. M. Petrie, B. N. Moyls,** Convergent point and space motion of the Ursa Major cluster. MN **113** 239—250, mit 3 Fig. = Contr. Dominion Astrophys. Obs. Victoria Nr. **31**. — Ref. in Irish AJ **3** 34—35. — Neue Radialgeschwindigkeitsmessungen dienen in Verbindung mit trigonometrischen Parallaxen und Eigenbewegungen aus Morgans Fundamentalkatalog N 30 zur Ableitung von Raumbewegungen der Mitglieder des Bewegungshaufens in Ursa Major. Es wird gezeigt, daß eine Verbesserung der Koordinaten des Konvergenzpunktes durch eine Lösung nach der Methode der Kleinsten Quadrate erreichbar ist, und die auf Grund von Parallaxe und Eigenbewegung zu erwartenden Radialgeschwindigkeiten mit den beobachteten befriedigend übereinstimmen. Micz.

12337. **R. B. Schazowa,** Die Asymmetrie der Radialgeschwindigkeiten der Sterne. Abh. Shdanow-Staatsuniv. Leningrad Nr. **153** S. 67—75, mit 5 Abb., 1952 = Publ. Astr. Obs. Leningrad **16** 67—75 (russisch). — In Ergänzung einer früheren, sich auf die EB im GC von Boss stützenden Arbeit wird an Hand des von H. Nordström (vgl. AJB **38** Ref. **9060**) zusammengetragenen Materials aus dem systematischen Verhalten der mittleren Radialgeschwindigkeiten in verschiedenen galaktischen Zonen die Existenz eines Untersystems bestätigt, dessen Mittelpunkt sich in $l_0 = 254° \pm 5°$, $b_0 = -6° \pm 1°$ in einem Abstande von der Sonne $r_0 = 95$ pc befindet, und das mit einer Winkelgeschwindigkeit von 0.289 km/sec/pc um einen bei $L_0 = 310°$ und $90° - B_0 = 80°$ angenommenen Pol rotiert. Petri

12338. **R. B. Schazowa,** Über die Stabilität des lokalen Systems. Abh. Shdanow-Staatsuniv. Leningrad Nr. **153** S. 76—79, 1952 = Publ. Astr. Obs. Leningrad **16** 76—79 (russisch). — Nach früheren Untersuchungen beträgt die Winkelgeschwindigkeit der Rotation des lokalen Systems ein Mehrfaches der Winkelgeschwindigkeit der galaktischen Rotation am Ort der Sonne. Wahrscheinlich befindet sich das lokale System in einem Zustand der Dispersion, durch den nach K. F. Ogorodnikow auch die Vertexabweichung und die Ungleichheit der Achsen des Geschwindigkeitsellipsoids zu erklären sind. Es wird wegen der Jugend des örtlichen Systems und seines Reichtums an B-Sternen an einen Zusammenhang mit O-Assoziationen gedacht und auf die mehrfach ausgesprochene Zugehörigkeit desselben zu einem Spiralarm der Milchstraße verwiesen. Die Masse des örtlichen Systems soll einige 10^6 Sonnenmassen betragen, entsprechend einer mittleren Dichte $\varrho \geqq 0.69 \cdot 10^{-23}$ g/cm³. Petri

12339. **K. Schütte,** Galaktozentrische Bahnelemente von 1026 Fixsternen in der nächsten Umgebung der Sonne. III. Statistische Untersuchung der Verteilung der Bahnelemente in den verschiedenen Sterngruppen und für alle Sterne sowie Aussonderung besonders interessanter Einzelsterne. Anzeiger der Österreich. Akad. Wiss. Math.-naturw. Kl. **90** 126—128, Sitzber. Österreich. Akad. Wiss. Math.-naturwiss. Kl. Abteilung IIa **162** 1—25, mit 5 Abb. — Ref. in Sky and Telescope **13** 7 unter dem Titel: 1026 stellar orbits. — Enthält eine Inhaltsangabe und die Ergebnisse der in den Sitzungsberichten veröffentlichten Arbeit. Im einzelnen werden Neigung, Exzentrizitäten, wahre Anomalien und große Halbachsen der untersuchten Sterne sowie die Bahngeschwindigkeiten kurz diskutiert. Loh.

12340. **L. Spitzer jr., M. Schwarzschild,** The possible influence of interstellar clouds on stellar velocities. II. ApJ **118** 106—112. — Ref. in Postępy Astr. **2** 37. — Der in Teil I (vgl. AJB **51** Ref. 12351) unberücksichtigt gebliebene Einfluß der differentiellen galaktischen Rotation auf Begegnungen von Sternen mit interstellaren Wolken wird ergänzend diskutiert. Es zeigt sich, daß in diesem Falle die früher gemachten Annahmen über eine bestimmte Geschwindigkeitsstreuung der Wolken nicht notwendig sind. Hinsichtlich der Masse einer Wolke oder eines Wolkenkomplexes ergibt sich ein Wert von rund $10^6\ \mathfrak{M}_\odot$, um die beobachtete Änderung der Geschwindigkeitsstreuung der Sterne längs der Hauptreihe erklären zu können. Kdr.

12341. **A. N. Vyssotsky, A. Skumanich,** Concerning population groups among G and K stars. AJ **58** 96—100, mit 1 Fig. — Unter den G0- und G5-Zwergen der McCormick EB-Kataloge scheint eine Zweiteilung zu bestehen. Im Gegensatz zu 810 normalen G-Sternen (Gruppe A) zeigen 468 Sterne (Gruppe B) verstärkte Absorption in H und im G-Band. Gruppe B besitzt eine um 30 Prozent größere Sonnengeschwindigkeit und Geschwindigkeitsstreuung. Die Sonne selbst scheint zu B zu gehören. Gruppe A ist mehr mit der Spiralstruktur der Galaxis verknüpft als B. Haffner

12342. **H. F. Weaver,** Regional variations in the velocity dispersion of early B-type stars. Publ ASP **65** 132—138, mit 2 Fig. = Berkeley Repr. Nr. **42**. — Verf. zeigt, daß in den galaktischen Längen 250°—30°, also im «inneren» Teil der Milchstraße, eine ausgedehnte Anhäufung von O- und frühen B-Sternen im Abstand von etwa 1200 pc von der Sonne besteht. Die Streuung der Radialgeschwindigkeiten nach Korrektion für Sonnenbewegung und galaktische Rotation beträgt für 17 Überriesen dieses Gebietes 35.9 km/sec, für 87 Sterne der galaktischen Längen 330°—350° (kleiner Einfluß der galaktischen Rotation) 23.0 km/sec. Assoziationen in Sonnennähe und in den äußeren Spiralarmen haben dagegen den Wert $\sigma = 7.6$ km/sec (221 Sterne). O. G.

Sternassoziationen

12343. **W. A. Ambarzumjan,** Kalte Überriesen in O-Assoziationen. DAN Armen. Sowjetrepublik **16** Nr. 3 S. 73—76 (russisch mit armenischer Zusammenfassung). — Ref. in RJ Astr. Geod. UdSSR Nr. **1**, 1954; Ref. Nr. 1734 (russisch).

12344. **A. Blaauw, W. W. Morgan,** Expanding motions in the Lacerta aggregate. ApJ **117** 256—263, mit **4** Fig. — Mit den Eigenbewegungen und Radialgeschwindigkeiten von **25** Sternen der O- und B-Sterngruppe in der Lacerta-Gegend wird gezeigt, daß diese Gruppe ähnlich wie die Gruppe um ζ Persei Expansion aufweist. Unter der Voraussetzung, daß die Sterne ihre Expansionsbewegung gleichzeitig in einem Raum begonnen haben, der viel kleiner ist als der, den sie gegenwärtig erfüllen, wird ein Alter der Gruppe von 4.2×10^6 Jahren abgeleitet; das Alter der inneren Sterne dürfte unter Umständen geringer sein. Die mittlere Expansionsgeschwindigkeit beträgt 8 km/sec. Zur Gruppe gehören auch die β Canis Majoris-Sterne 12 und 16 Lacertae, deren absolute Helligkeit zu $-3^m\!.4$ bzw. $-3^m\!.2$ bestimmt wird. Micz.

12345. **J. Delhaye, A. Blaauw,** New proper motions in the ζ Persei association. Vgl. Ref. 9204.

12346. **R. H. Garstang,** Stellar associations. JBAA **64** 43—47. — Zusammenfassende Darstellung über die allgemeinen Eigenschaften der Assoziationen, die O-Assoziationen, die T-Assoziationen, die Realität der Assoziationen, die Untersuchungen von Blaauw und die damit zusammenhängenden Probleme der Sternentwicklung. Loh.

12347. **I. M. Kopylow,** Die O-Assoziation im Skorpion und ihre Instabilität. DAN **90** 975—978, mit 1 Abb. (russisch). — Die Arbeit betrifft die Assoziation heißer Riesen um den offenen Haufen NGC 6231 im Skorpion. Der Durchmesser der Assoziation beträgt etwa 25 pc. Den Eigenbewegungen nach löst sich die Assoziation, die vielleicht auch ein zweites Zentrum enthält, auf. Für noch drei weitere Assoziationen wird das Verhältnis der kinetischen zur potentiellen Energie berechnet, das sich von der Größenordnung 10^3 ergibt. Die Alter sind von der Ordnung 10^6 Jahre. Loh.

12348. **B. E. Markarjan,** Die Sternassoziation Cepheus II. Mitt. Obs. Bjurakan Nr. **11** S. 3—18, mit 2 Abb. (russisch mit armenischer Zusammenfassung). — Auf einer Karte der betrachteten Himmelsgegend hebt sich eine Ansammlung von O- bis B2-Sternen ab, die den eigentlichen Bestand der Assoziation Cepheus II bildet. Zu ihr gehören wahrscheinlich 26 Sterne, deren mittlerer, von Absorption befreiter Entfernungsmodul $8^m.9$ beträgt. Von 17 der 26 Sterne sind Eigenbewegungen und Radialgeschwindigkeiten bekannt, aus denen die mittlere Bewegung des Aggregats im Raum und die Bewegung der Einzelsterne gegenüber der mittleren abgeleitet werden. Daraus ergibt sich eine Expansion mit einer Geschwindigkeit von 8 km/sec und das Alter der Assoziation zu 4.5×10^6 Jahren. Loh.

12349. **K.-H. Schmidt,** Die Assoziation der Sterne frühen Spektraltyps im Orion. Sterne **29** 209—215, mit 9 Abb. — 1. Überblick über die Oriongruppe. 2. Der Trapezhaufen. 3. Die interstellare Verfärbung im Gebiet der Assoziation. 4. Die Entfernungsbestimmungen der Oriongruppe. 5. Die Ausdehnung der Assoziation und die Frage der Sternentstehung.

12350. **E. Schoenberg,** Stern-Assoziationen. Sternenwelt **5** 48—52, mit 5 Abb.

12351. **A. F. Torondshadse,** Besonderheiten der Bewegungen der O- und B-Sterne und die Ausdehnung der Sternassoziationen. Bull. Astrophys. Obs. Abastumani Nr. **15** S. 115—167, mit 3 Abb. (russisch mit georgischer Zusammenfassung). — Die Bewegungen der hellen O—B-Sterne zeichnen sich im Gegensatz zu den anderen Vertretern der flachen Untersysteme und sogar den schwachen Sternen derselben Klassen durch zahlreiche Besonderheiten aus. Dadurch besteht für die Berechnung der Oortschen Konstanten und der Länge des galaktischen Zentrums die Gefahr einer systematischen Verfälschung. Auch eine befriedigende Erklärung des K-Effekts ist bis heute noch nicht gelungen. Erst durch die Erkenntnis des Wesens der Sternassoziationen hat sich die Situation gebessert. Hierbei ist die Tatsache wichtig, daß die Assoziationen Glieder von Spiralarmen sind und daß ihren Sternen bei der Entstehung Anfangsgeschwindigkeiten relativ zum prästellaren Körper erteilt worden sind. Da O- und B-Sterne den Assoziationen angehören, ist deren Erforschung ein wichtiges Glied zur Erforschung der galaktischen Dynamik; die beobachteten kinematischen Besonderheiten erfahren dann eine ziemlich natürliche und einfache Erklärung. Loh.

12352. **F. Zwicky,** Remarks on expanding star clusters. Publ ASP **65** 205—206. — Ref. ASP.

§ 124

Außergalaktische Nebel

12401. **R. d'E. Atkinson,** The red shift in the spectra of distant nebulae. Obs **73** 159—160. — Verf. glaubt, daß der Vorschlag von Shelton zur Erklärung der Rotverschiebung in den Spektren entfernter Nebel (Ref. **12430**) nicht brauchbar ist, weil die Ablenkung der Photonen bei Zusammenstößen mit Elektronen (und erst recht mit schwereren Partikeln) dazu führen müßte, daß die Bilder der Nebel zu diffus würden, um erkennbar zu sein. O. G.

12402. **J. H. Bigay, R. Dumont, F. Lenouvel, M. Lunel,** Photométrie photoélectrique de nébuleuses extragalactiques. Ann d'Astrophys **16** 133—138, mit 1 Fig. — Von 19 extragalaktischen Nebeln werden die lichtelektrisch gemessenen Helligkeiten und Farbenindizes mitgeteilt. Die Helligkeiten der Nebel erweisen sich selbst dann noch als abhängig von der Öffnung der Meßblende, wenn diese den im Katalog von Shapley-Ames gegebenen scheinbaren Nebeldurchmesser übersteigt. Die scheinbaren Nebeldurchmesser dieses Katalogs erfassen offenbar nicht die äußersten Nebelbereiche. Micz.

12403. **J. Bouška,** New ideas about distances of spiral nebulae. RH **34** 224—226, mit 3 Fig. (tschechisch).

* * **R. Hanbury Brown, C. Hazard,** Radio-frequency radiation from the spiral nebula Messier 81. Vgl. Ref. **12608**.

* * **R. Hanbury Brown, C. Hazard,** An extended radio-frequency source of extragalactic origin. Vgl. Ref. **12609**.

12404. **A. N. Cox, K. L. Hallam,** Photoelectric magnitude sequences for the Magellanic Clouds. ApJ **118** 314—317, mit 2 Fig. = Publ. Goethe Link Obs. Indiana Univ. Nr. **11**. — Helligkeiten und Farbenindizes von Sternen der Harvard-Standardsequenzen für die Große und Kleine Magellansche Wolke wurden photoelektrisch im (P, V)-System durch Vergleich mit Sternen der E-Regionen E 2, E 3 und E 4 bestimmt. Für die Sterne der E-Regionen wurden die von Cox (ApJ **117** 83, Ref. **9406**) früher bestimmten Helligkeiten und Farbenindizes angenommen. Ein Vergleich der von den Verf. erhaltenen Werte mit denen anderer Beobachter erweist die Notwendigkeit weiterer Messungen der Standardsterne für die beiden Wolken. Micz.

12405. **M. Dartayet, J. L. Dessy,** Note on the paper «Studies of variables in the Magellanic Clouds. I. Twenty new faint variables in a region in the Small Cloud». ApJ **118** 351—352. — Einige der unter obigem Titel in ApJ **115** 279 (AJB **52** Ref. **11189**) angezeigten neuen Veränderlichen in der Kleinen Magellanschen Wolke wurden bereits früher an der Harvard-Sternwarte als veränderlich erkannt. Micz.

12406. **A. N. Deutsch, W. W. Lawdowskij, N. W. Fatschichin, N. W. Gamalej,** Ausgewählte Felder mit außergalaktischen Nebeln zum Anschluß von Eigenbewegungen der Sterne. Mitt. Astr. Hauptobs. Pulkowo **19** Nr. 3 (150) S. 12—17, mit 1 Abb. (russisch). — Veröffentlichung einer dritten Liste mit 182 ausgewähltenFeldern innerhalb des Bereichs $\delta = +90°$ bis $\delta = -25°$ und den Koordinaten von gut meßbaren extragalaktischen Nebeln. Schrick

12407. **S. C. B. Gascoigne, G. E. Kron,** Population types and the Magellanic Clouds. Publ ASP **65** 32—36, mit 3 Fig. — Ref. in Sterne **29** 161. — Für die Kleine Magellansche Wolke kann aus der Durchsichtigkeit (Fehlen interstellarer Staubwolken) auf ein Vorwiegen von Sternen der Population II geschlossen werden. Verf. bestätigen diese Annahme aus dem von ihnen gemessenen Farbenindex der Wolke und durch Widerlegung des Einwands, daß die Kleine Magellansche Wolke viele klassische δ Cephei-Sterne enthalten würde. Acht in zwei Farben neu beobachtete Veränderliche gehören nämlich zum Typus W Vir. Der Farbenindex der Großen Magellanschen Wolke entspricht in Übereinstimmung mit anderen Beobachtungen einem Vorwiegen der Population I. O. G.

12408. **C. S. Gum, G. de Vaucouleurs,** Large ring-like H II regions as extra-galactic distance indicators. Obs **73** 152—155, mit 1 Fig. — Verf. stellen Beobachtungen galaktischer und extragalaktischer ringartiger H II-Regionen zusammen und zeigen, daß die Hubblesche Relation $m + 5 \log d = \text{const.}$ für diese Objekte besteht, wenn m die wegen galaktischer Absorption korrigierte scheinbare photographische Helligkeit der anregenden Sterne, d der Ringdurchmesser in Bogenminuten bedeuten. Der durchschnittliche Durchmesser des größten Rings in einem Nebel ist unabhängig von Struktur und Größe des Nebels: $D_1 = 85 \pm 5$ Parsec. Damit ist ein geometrisches, von Absorption nicht beeinflußtes Maß zur Bestimmung der Entfernung extragalaktischer Nebel gewonnen. O. G.

* * **K. Gyldenkærne,** Stjernepopulationer. Vgl. Ref. **12305**a.

12409. **K. G. Henize, L. H. Aller, L. Doherty,** Photometry of emission nebulosities in the Large Magellanic Cloud. AJ **58** 215—216. — Ref. AAS.

12410. **E. Hubble, A. Sandage,** The brightest stars in extragalactic nebulae. I. M 31 and M 33. ApJ **118** 353—361, mit 3 Fig. und 4 Tafeln. — Ref. in Sky and Telescope **13** 52. — Für fünf unregelmäßig veränderliche Sterne in den Spiralnebeln M 31 und M 33 wurden auf Plattenserien, die von 1953 bis 1916 zurückreichen, Lichtkurven abgeleitet; ferner wurden Farbenindizes bestimmt. Von vier Sternen sind auch die Spektraltypen bekannt. Alle Daten legen nahe, daß es sich bei diesen Veränderlichen um eine bisher in der Milchstraße nicht aufgefundene Art handelt, die sich durch hohe Leuchtkraft ($-6^{m}.9$ bzw. $-8^{m}.4$, wenn man Baades neue Entfernungsskala annimmt) im Helligkeitsmaximum, blaue Farbe und Spektraltyp F auszeichnet. Die Streuung der individuellen Leuchtkräfte um den Mittelwert im Lichtmaximum ist gering, so daß sich diese Sterne als Entfernungsindiktoren eignen dürften. Eine Reihe ähnlicher Sterne ist auch in anderen Sternsystemen bekannt. Micz.

12411. **E. Hubble,** The law of red-shifts. MN **113** 658—666, mit 1 Fig. — Diese George Darwin-Vorlesung vom Mai 1953 gibt einen Überblick über die Beziehung zwischen den Rotverschiebungen der Spektrallinien und den Entfernungen extragalaktischer Nebel von der Entdeckung bis zu den ersten Ergebnissen am 5 m-Spiegel. Vor allem wurden die auf dem Mt. Wilson und Mt. Palomar in Gang befindlichen Arbeiten zur Ableitung der definitiven Form der Beziehung besprochen. Kdr.

12412. **K. N. Jachontow,** Genauigkeitsvergleich der Messungen außergalaktischer Nebel und Sterne auf Aufnahmen mit dem 15′-Astrographen des Staatlichen Astronomischen Sternberg-Instituts Moskau. Mitt. Astr. Sternberg-Inst. Nr. **94** S. 27—31 (russisch). — Meßvergleiche ergaben, daß Agfa-Platten am geeignetesten sind. Die Genauigkeiten der Messungen von S- und E-Nebeln sind dieselben. Hauptsächlich für die Nebelmessungen empfiehlt sich eine bestimmte Vergrößerung im Meßapparat. Loh.

12413. **F. J. Kerr, J. V. Hindman,** Preliminary report on a survey of 21 cm radiation from the Magellanic Clouds. AJ **58** 218—219. — Ref. AAS. — Ref. in Sky and Telescope **13** 53, Hemel en Dampkring **52** 99—100. — Im Gegensatz zu dem in der großen Wolke sehr viel stärker vertretenen interstellaren Rauch ergibt sich für beide Wolken der gleiche Gehalt an neutralem Wasserstoff. Seine Verteilung deckt sich bei der großen Wolke nahezu mit der

der Sterne, bei der kleinen bildet er eine ausgedehnte Gashülle. Nach den Linienprofilen ist die große Wolke ein abgeplattetes System von unregelmäßiger Struktur, die kleine dagegen wahrscheinlich fast kugelförmig. Beide Wolken scheinen ein Doppelsystem zu bilden. Gü.

12414. **J. D. Kraus, H. C. Ko,** Radio radiation from the supergalaxy. Nature **172** 538—539, mit 1 Fig. — Das Gebiet zwischen 12^h und 18^h Rektaszension und $-30°$ bis $+30°$ Deklination wurde bei 250 MHz durchmustert und die Radioisophoten mit der lokalen Supergalaxis in Beziehung gebracht. Loh.

12415. **N. U. Mayall, O. J. Eggen,** Four nebulous objects in the outer parts of the Andromeda nebula. Publ ASP **65** 24—29, mit 2 Fig. und 1 Tafel. — Vier Objekte in der Umgebung von M 31 werden nach den beobachteten Radialgeschwindigkeiten als zum System gehörende Kugelsternhaufen identifiziert. Die Radialgeschwindigkeiten der Objekte werden zu den Radialgeschwindigkeiten von Emissionsobjekten in M 31 in Beziehung gesetzt. Die absoluten Helligkeiten und Farben werden mit den entsprechenden Größen für galaktische und extragalaktische Kugelsternhaufen verglichen. Die Mindestentfernung der neuen Objekte vom Kern des Andromeda-Nebels beträgt 10 kpc. O. G.

12416. **V. McKibben Nail, H. Shapley,** On colors in five Magellanic Cloud constellations. AJ **58** 45. — Ref. AAS. — Vgl. auch Sky and Telescope **12** 150.

12417. **V. McKibben Nail, H. Shapley,** Magellanic Clouds, VII. Star colors and luminosities in five constellations. Proc. National Acad. Sci. USA **39** 358—362, mit 2 Fig. = Harv Repr Nr. **373**. — Die Autoren haben fünf Gebiete der Großen Magellanschen Wolke, deren Durchmesser etwas größer als 1000 Lichtjahre sind, photometrisch durchmustert. Auch in diesen heben sich Assoziationen heraus, die eine gewisse Ähnlichkeit mit galaktischen Sternassoziationen haben. Die Leuchtkräfte der blauen Überriesen liegen zwischen -8^M und -5^M. In den Assoziationen kommen auch einige rote Überriesen sowie zahlreiche blaue Sterne schwächer als -5^M vor. Loh.

12418. **V. McKibben Nail, C. A. Whitney, C. M. Wade,** Magellanic Clouds. IX. The nebulosities of the Small Cloud. Proc. National Acad. Sci. USA **39** 1168—1176, mit 1 Fig. = Harv Repr Nr. **377**. — Katalog und Karte von 152 H_α-Emissionsnebeln in der Kleinen Magellanschen Wolke mit kurzer Beschreibung und Klassifikation nach Bok-Wade. Die Mehrzahl der Nebel besitzt entweder sternförmiges Aussehen (41%) oder unregelmäßige Formen mit geringer Flächenhelligkeit (52%). In vielen Fällen werden die anregenden Sterne identifiziert. Haffner

* * **A. B. Meinel,** Magnetic fields of galactic dimensions. Vgl. Ref. **12535**.

12419. **J. M. Mohr,** Die Rotverschiebung in den Spektren außergalaktischer Nebel. Vesmír **32** 349—350, mit 1 Abb. (tschechisch).

* * **A. Opolski,** Możliwy błąd wielkości absolutnych cefeid i jego konsekwencje. Vgl. Ref. **11159**.

12420. **W. Petri,** Die statistische Ermittlung von Nebelhaufen. Sterne **29** 101—104. — Verfahren und Ergebnisse der Nebelstatistik.

12421. **W. Petri,** In den Tiefen des Raumes. Sternenwelt **5** 42—47, mit 6 Abb.

12422. **G. A. Schajn, W. F. Hase,** Über die Massen der hellsten Emissionsobjekte in den außergalaktischen Nebeln M 33, M 101 und NGC 6822. AJ UdSSR **30** 481—486 (russisch). — Ref. in Urania Kraków **25** 114. — Aus außerfokalen Aufnahmen im Lichte von H_α wurden vorläufige Integralhelligkeiten der kräftigsten Emissionsgebilde in bzw. bei den drei genannten Nebeln abgeleitet. Die Massen dieser Objekte wurden unter drei Voraussetzungen in bezug auf die Verteilung des Gases in den Nebeln und ihrer Entfernungen ermittelt. Es ergeben sich Massen der Größenordnung 7×10^3 bis 50×10^3 $\mathfrak{M}_\odot$, für NGC 604 10^5 $\mathfrak{M}_\odot$. Kosmogonische Fragen über die Entwicklung der Emissionsgebilde und der heißen Riesen werden abschließend kurz aufgeworfen. Loh.

* * **G. A. Schajn,** Über die Systeme der Emissionsnebel. Vgl. Ref. **12234.**

* * **C. Schalén,** Populationstyperna i de extragalaktiska stjärnsystemen och Vintergatan. Vgl. Ref. **12313.**

12423. **D. E. Schtschegolew,** Photometrische Analyse der Spiralstruktur der Weltinseln. Leningrad, Astr. Hauptobs. Pulkowo, 1953. 9 S. (russisch). — Dissertationsreferat.

12424. **H. Shapley,** The distance of the Magellanic Clouds. AJ **58** 47. Vgl. auch Sky and Telescope **13** 6. — Ref. AAS.

12425. **H. Shapley,** Note on the extragalactic distance scale. AJ **58** 227—228. — Ref. AAS.

12426. **H. Shapley, V. McKibben Nail,** Magellanic Clouds, V. Fifty eclipsing stars. Proc. National Acad. Sci. USA **39** 1—5, mit 1 Fig. = Harv Repr Nr. **368.** — Von 27 bzw. 23 Bedeckungsveränderlichen in der Kleinen bzw. Großen Magellanschen Wolke teilt Verf. Periode, Amplitude, absolute Größe, Entfernung vom Zentrum der Wolke und Typ mit. Als Entfernungsmodul wurde $17^m\!.3$ verwandt. Die Perioden liegen zwischen 0.836 und 66 Tagen. Loh.

12427. **H. Shapley,** Magellanic Clouds, VI. Revised distances and luminosities. Proc. National Acad. Sci. USA **39** 349—357, mit 1 Fig. = Harv Repr Nr. **372.** — Wenn man die mittlere Leuchtkraft von 13 kugelförmigen Sternhaufen der Wolken der mittleren Leuchtkraft von 30 galaktischen kugelförmigen Sternhaufen mit sicheren Entfernungen gleichsetzt, dann erhält man für die Wolken einen Entfernungsmodul $m - M = 18^m\!.6$. Der frühere Wert beträgt $17^m\!.3$. Mit einer interstellaren Absorption von $0^m\!.3$ ergibt sich daraus eine Entfernung der beiden Wolken von 150000 Lichtjahren. Verf. diskutiert abschließend noch die Folgerungen für die absoluten Helligkeiten der Sterne und für die Dimensionen der Wolken und außergalaktischen Nebel. Loh.

12428. **H. Shapley,** Magellanic Clouds. VIII. On the population characteristics of the two Clouds. Proc. National Acad. Sci. USA **39** 1161—1168, mit 2 Fig. = Harv Repr Nr. **376.** — Aus der Gleichheit der scheinbaren Größen von Novae, roten und blauen Überriesen, langperiodischen und Bedeckungsveränderlichen in beiden Magellanschen Wolken wird auf gleiche Entfernung beider Wolken geschlossen. Da auch die jeweiligen Cepheiden gleich hell sind, folgt die Gleichheit ihrer absoluten Größen. Demnach scheint keine Möglichkeit zu bestehen, die Cepheiden der Kleinen Magellanschen Wolke als W Vir-Sterne anzusprechen. Vielmehr sind sie Population I - Cepheiden wie die Cepheiden der Großen Magellanschen Wolke. Haffner

12429. **H. Shapley,** A test for high latitude absorption as a factor in the distribution of galaxies. Publ ASP **65** 237—241, mit 2 Fig. — In der Gegend des galaktischen Nordpols wurden für eine Reihe von nebelreichen und nebelarmen Feldern von je einem Quadratgrad die Nebel und die Sterne bis zu einer bestimmten Grenzhelligkeit ausgezählt. Die Zahl der Sterne schwankt nicht entsprechend den Nebelzahlen; die ungleiche Verteilung der Nebel ist also nicht durch galaktische Absorption vorgetäuscht. O. G.

12430. **H. S. Shelton,** The red shift in the spectra of distant nebulae. Obs **73** 84. — Verf. erklärt versuchsweise die Rotverschiebung durch Zusammenstöße von Photonen mit Elektronen und anderen Elementarteilchen im freien Raum in Analogie zum Compton-Effekt. O. G.

12431. **H. S. Shelton,** The red shift in the spectra of distant nebulae. Obs **73** 243. — Ref. in Sky and Telescope **12** 319. — Verf. antwortet auf die Kritik von Atkinson (Obs **73** 159), daß seine Hypothese zur Erklärung der Rotverschiebung nicht bekannten Tatsachen sondern nur üblichen Annahmen widerspreche, und lediglich der Gebrauch des Wortes «collision» irregeführt habe. O. G.

12432. **A. D. Thackeray, A. J. Wesselink,** The distances of the Magellanic Clouds. MN ASSA **12** 33—34. — Vgl. nachstehendes Referat.

12433. **A. D. Thackeray, A. J. Wesselink,** Distances of the Magellanic Clouds. Nature **171** 693 = Radcliffe Obs. Repr. Nr. 1. — In drei Kugelhaufen der Kleinen und Großen Magellanschen Wolken wurden jeweils 3, 21 und 2 RR Lyrae-Sterne der mittleren Größe 18.7 (Anschluß an Selected Area 68 und 94) gefunden. Unter der Annahme $M_{pg} = 0$ folgen die Entfernungen der beiden Wolken zu rund **44** kpc, das ist fast doppelt so groß wie der bisherige Wert. Möglicherweise ist der Entfernungsfaktor durch Fehler in der Photometrie noch zu klein. Die absoluten Größen der δ Cephei-Sterne, die bisher als Entfernungskriterien in den Magellanschen Wolken benützt wurden, sind um $-1^{m}.5$ zu korrigieren. Haffner

12434. **G. de Vaucouleurs,** Evidence for a local supergalaxy. AJ **58** 30—32, mit 3 Fig. — Ref. in Sky and Telescope **12** 181, mit 2 Fig. — Die scheinbare Verteilung der Nebel heller als 13^{m} im Katalog von Shapley-Ames legt den Verdacht auf ein abgeplattetes, supergalaktisches System mit etwa 12 Megaparsec Durchmesser nahe. Das Milchstraßensystem liegt etwa 5 Mpc vom Zentrum (Richtung Coma) entfernt. Ein zweites derartiges System liegt in Cetus, Fornax, Eridanus und Horologium. Haffner

12435. **G. de Vaucouleurs,** The distribution of light in galaxies. Leaflet ASP Nr. 296, 8 S. mit 1 Fig. — Übersetzung in NAT **1954** 18—23, mit 1 Fig.

12436. **G. de Vaucouleurs,** On the distribution of mass and luminosity in elliptical galaxies. MN **113** 134—161, mit 9 Fig. — Nach einer einleitenden Zusammenstellung des verfügbaren Beobachtungsmaterials über die Helligkeitsverteilung extragalaktischer, elliptischer Sternsysteme wird ein Modell für derartige Systeme entwickelt, das von Emdens isothermen Gaskugeln ausgeht, jedoch durch Annahme von Gleichverteilung der Energie auf Sterne verschiedener Masse und durch die Einführung der Masse-Leuchtkraftbeziehung verfeinert wird. Aus dem Modell werden eine Reihe von Eigenschaften, wie Farbenindex, Helligkeit, Dichte, projizierte Anzahl von Sternen als Funktion des Mittelpunktsabstandes abgeleitet und mit der Erfahrung verglichen. Schließlich werden auch Potential und Geschwindigkeitsverteilung der Sterne in einem elliptischen Nebel behandelt. Micz.

12437. **A. E. Whitford,** Colors of distant spiral and elliptical nebulae. AJ **58** 49, Sky and Telescope **12** 150, 155. — Ref. AAS.

12438. **P. Wild,** An interesting group of galaxies. Publ ASP **65** 202—203. — Ref. ASP.

12439. **E. Wolf,** Eine neue Entfernungsbestimmung für die Magellanschen Wolken. Sterne **29** 201—202.

12440. **S. P. Wyatt jr.,** Isophotometry of elliptical galaxies. AJ **58** 50. — Ref. AAS.

12441. **F. Zwicky,** Species of cosmic matter. Irish AJ **2** 217—218.

12442. **F. Zwicky,** Leuchtende und dunkle Gebilde intergalaktischer Materie. Phys. Blätter **9** 406—415, mit 5 Abb. — Auf neueren 48 inch-Aufnahmen wurden die Strukturen von Doppel- und Mehrfachnebeln untersucht.

Leuchtende Materie kommt in solchen Objekten nicht nur in den verbindenden, sondern häufig auch in der weiteren Umgebung der freien Spiralarme, bis weit über die bisher bekannten Grenzen der Arme hinaus, vor (Beispiel M 51). Auch zwischen den Komponenten von Mehrfachsystemen können Verbindungen als diffuse Bänder oder sehr schmale Fasern beobachtet werden. Da Mayall und Humason in einer solchen Lichtbrücke keine Emissionslinien, wohl aber die Absorptionslinien von Ca II gefunden haben, besteht die Materie aus Sternen. Aus ihrer sirupartigen Faserstruktur wird auf innere Viskosität und Kohäsion geschlossen. Leuchtende intergalaktische Materie wurde ferner im Virgohaufen A in einer Breitenausdehnung von 140 kpc gefunden. Aus den Schwankungen in der Nebelverteilung und den Nebelanzahlen am galaktischen Nordpol schließt Verf. auf die Existenz staubförmiger, dunkler, intergalaktischer Materie.
Haffner

12443. **F. Zwicky,** Frequency of clusters of galaxies. Publ ASP **65** 215—216. — Ref. ASP.

12444. Tra le nebulose extragalattiche. Coelum **21** 48—51, mit 2 Fig. — Ref. der in AJB **52** Ref. **12430** und **4143** genannten Arbeiten.

12445. De afstanden van de Magelhaense wolken. Hemel en Dampkring **51** 123—124. Mit Berichtigung S. 147.

12446. The distances of extragalactic nebulae. Irish AJ **2** 170—171. — Besprechung zu Untersuchungen von H. Shapley in Proc. National Acad. Sci. USA **39**.

12447. Surface photometry of southern elliptical nebulae. Nature **171** 913. — Ref. der in AJB **51** Ref. **12416** zitierten Arbeit von D. S. Evans.

12448. Leuchtende intergalaktische Materie. Orion Schaffhausen **4** 50. — Ref. der Arbeit von F. Zwicky in Publ ASP **64** 242 (AJB **52** Ref. **12430**).

12449. En jämförelse mellan de Magellanska molnen och det galaktiska systemet. PAT **34** 64—66. — Besprechung der Untersuchung von H. Shapley über den Vergleich zwischen den beiden Magellanschen Wolken und dem galaktischen System (vgl. AJB **52** Ref. **12439**).

12450. Om rotationsrörelser i spiralnebulosor. PAT **34** 66—67.

12451. Intergalaktisk materia. PAT **34** 67—69, mit 2 Fig.

12452. Photometric studies of distant galaxies. Sky and Telescope **13** 53.

* * Theoretische Untersuchungen über Sternsysteme siehe § **44**.

§ 125

Interstellare Materie

* * Radiostrahlung der interstellaren Materie siehe § **126**.

12501. **G. S. Badaljan,** Bestimmung der Absorption des Lichts im Gebiet der Cassiopeia durch Beobachtung langperiodischer Cepheiden. DAN Armen. Sowjetrepublik **16** Nr. 1 S. 13—16 (russisch mit armenischer Zusammenfassung). — Ref. in RJ Astr. UdSSR Nr. **3**, 1953; Ref. Nr. 1210 (russisch).

12502. **C. S. Beals, J. B. Oke,** On the relation between distance and intensity for interstellar calcium and sodium lines. MN **113** 530—552, mit 9 Fig. = Contr. Dominion Obs. Ottawa **2** Nr. 14. — Ref. in Sterne **31** 24—26, mit 2 Abb. — Die Intensität der interstellaren K- und D-Linie im Spektrum von

182 Sternen, zumeist vom Spektraltyp O und B, wurde auf Aufnahmen mittlerer Dispersion gemessen. Außerdem wurden Radialgeschwindigkeiten aus den stellaren und interstellaren Linien dieser Sterne ermittelt. Unter Heranziehung der Sternentfernungen, beruhend auf trigonometrischen und spektroskopischen Parallaxen, parallaktischen Bewegungen, photometrischen Parallaxen von Bedeckungsveränderlichen, Sternhaufenparallaxen und Effekten der galaktischen Rotation werden die Beziehungen zwischen Sternentfernung und Linienintensität abgeleitet. Die gefundenen Relationen werden mit anderweitigen Ergebnissen verglichen. Micz.

12503. **J. Berger, L. Divan, A.-M. Fringant,** Essai de détermination en valeur absolue du coefficient d'absorption continue de la matière interstellaire. CR **236** 2379—2381 = Contr. Inst. d'Astrophys. Paris (A) Nr. **148**. — Im Anschluß an eine vorangegangene Veröffentlichung (Ref. **12507**) wird versucht, die Größe der Absorption im Visuellen für einen Stern zu bestimmen, dessen Licht eine Wolke von der Masseneinheit der absorbierenden Materie durchlaufen hat. Drei B 3 V-Sterne der ζ Persei-Assoziation geben $\Delta m_V/\Delta M$ = 6.5 Größenklassen, wo M gleich der Größe E_1 bei Stebbins und Whitford ist (ApJ **91** 20, AJB **42** Ref. **7564**). Gli.

12504. **B. J. Bok, M. J. Bester, C. M. Wade,** A search for southern Hα emission regions. AJ **58** 36. — Ref. AAS. — Vgl. auch Sky and Telescope **12** 178, mit 1 Fig.

12505. **E. M. Burbidge, G. R. Burbidge,** Interstellar lines in the spectra of eight early-type stars. ApJ **117** 465—466 = Contr. McDonald Obs. Nr. **223**. — Mitteilung von Radialgeschwindigkeits- und Äquivalentbreitenmessungen der interstellaren Ca II-Linien H und K im Spektrum von acht Be-Sternen (ξ Per, 48 Per, 56 Eri, 11 Cam, 105 Tau, ζ Tau, ω CMa, β Psc). Micz.

12506. **E. M. Burbidge, G. R. Burbidge,** Interstellar lines in 56 Eridani and Nu Eridani. Publ ASP **65** 292—294. — Von den Verf. wurden im Spektrum von 56 Eri, von W. S. Adams im Spektrum von ν Eri weit getrennte Komponenten der interstellaren H- und K-Linien gefunden. Die Radialgeschwindigkeit der roten Komponente stimmt mit der galaktischen Rotation im Abstand 400 pc von der Sonne überein (siehe G. Münch, Ref. **12333**), die violette Komponente kann durch Absorption in einer ungewöhnlich dichten, gegen den Hauptkörper des Spiralarmes bewegten Wolke entstehen. O. G.

12507. **L. Divan,** Loi de variation avec la longueur d'onde du coefficient d'absorption continue de la matière interstellaire. CR **236** 2301—2303, mit 1 Fig. = Contr. Inst. d'Astrophys. Paris (A) Nr. **147**. — Messungen kontinuierlicher Spektren geben in verschiedenen Gegenden (Cygnus, Cepheus, Cassiopeia, Perseus, Orion, Sagittarius) die optische Dichte A_λ in der Form $A_\lambda = MK_\lambda$. Der Absorptionskoeffizient K_λ der interstellaren Materie ist zwischen $\lambda = 3130$ und 4300 Å praktisch eine lineare Funktion von $1/\lambda$; für größere Wellenlängen ist die Absorption geringer als dieses lineare Gesetz sie liefern würde. Die Größe M der absorbierenden Materie variiert von Ort zu Ort. Messungen im Orionnebel werden eingehend diskutiert, wobei sich teils Widersprüche zu den Resultaten älterer Untersuchungen ergeben. Gli.

12508. **M. W. Feast,** Interstellar lines in the nuclear star of the 30 Doradus nebula. MN ASSA **12** 63—64. — Vgl. nachstehendes Ref.

12509. **M. W. Feast,** Interstellar lines in the nuclear star of the 30 Doradus nebula. Obs **73** 255—256. — Ein Spektrum des O-Sterns im Zentrum des 30 Doradus-Nebels in der Großen Magellanschen Wolke zeigt wenig stellare Linien und überlagerte Emissionslinien des Nebels. Besonders bemerkenswert sind die starken, scharfen Absorptionslinien H und K sowie He I 3889. Nach der Radialgeschwindigkeit entstehen die H- und K-Linien entweder im Nebel oder als interstellare Linien noch in der Magellanschen Wolke; für He I 3889 ist nach den Anregungsbedingungen die Entstehung in einer Hülle des Zentralsterns anzunehmen. O. G.

12510. **C. S. Gum,** Southern survey for Hα emission regions. Obs **73** 123—125, mit 2 Tafeln. — Am Commonwealth Observatorium auf dem Mt. Stromlo ist seit 1950 eine südliche H_α-Durchmusterung im Gange, bei der gegenwärtig von jedem Gebiet zwei Aufnahmen mit verschiedenen Filter-Platten-Kombinationen gewonnen werden: a) H_α-Aufnahmen, b) Vergleichsaufnahmen ohne starke Nebellinien. Kopien von passend aufeinandergelegten Positiven von a) und Negativen von b) lassen die Emissionsgebiete deutlich hervortreten. Zweifelhafte Fälle sind durch Aufnahmen mit einem Nebelspektrographen zu klären. O. G.

12511. **H. M. Johnson,** Spectrographic observations of galactic emission regions and nebulae. ApJ **118** 370—386. — Mit einem lichtstarken Spektrographen des Yerkes-Observatoriums wurden die Umgebungen von O-Sternen auf interstellare Emissionslinien untersucht. 63 Spektren zeigen, daß Emissionslinien in der Nähe von O-Sternen fast immer auftreten, wenn die O-Sterne nicht mehr als 250 pc von der Milchstraßenebene entfernt sind. Emissionslinien des H, He I, [N II], [O II], [O III], [S II] und [Ne III] wurden beobachtet. Verf. gibt ein Verzeichnis der untersuchten O-Sternumgebungen sowie der beobachteten Emissionslinien einschließlich ihrer relativen Intensitäten und der Länge der Linien in Winkelmaß. Aus der Intensität von Hα, der Länge der Linie und der Entfernung des anregenden O-Sterns wird die Wasserstoffdichte in der betreffenden Gegend abgeleitet. In der Cassiopeia-Cepheus-Gegend wird 0.7 cm^{-3} und in der Oriongegend 65 cm^{-3} gefunden. Viele Linien bestehen aus einem besonders hellen emittierenden Kern mit schwachen Ausläufern in der Spaltrichtung. Micz.

12512. **P. Jordan,** Kosmischer Staub. Z. Ver. deutscher Ingenieure **95** 283—289.

* * **W. H. McCrea,** The rate of accretion of matter by stars. Vgl. Ref. **5415.**

* * **G. Münch,** Galactic structure and the distribution of interstellar gas. Vgl. Ref. **12333.**

12513. **J. H. Oort,** L'hydrogène interstellaire. Ciel et Terre **69** 117—133, mit 8 Fig. und 1 Tafel. — Nach einleitenden Bemerkungen über das Vorkommen von interstellarer Materie und die Möglichkeiten der Untersuchung ihrer Komponenten beschreibt Verf. die in Kootwijk durchgeführten Messungen der 21 cm-Wasserstofflinie und berichtet über die sich daraus ergebende Spiralstruktur eines Teiles der Galaxis. Loh.

12514. **S. B. Pikelner,** Die kinematischen Eigenschaften des interstellaren Gases in Verbindung mit der Isotropie der kosmischen Strahlungen. DAN 88 229—232 (russisch). — Um die kosmische Strahlung innerhalb der Galaxis zu halten, ist es bei einer zumeist angenommenen Feldstärke des galaktischen Magnetfeldes von etwa 10^{-5} Gauß notwendig, daß dieses die gesamte Galaxis umfaßt. Es wird angenommen, daß wegen der Vergleichbarkeit der Dichte der kinetischen Energie innerhalb und zwischen den galaktischen Wolken das interstellare Gas als einheitliches, hydrodynamisches System in einem turbulenten Zustand betrachtet werden kann. Die breiten Ca II-Linien in den Spektren früher Überriesen entstehen aller Wahrscheinlichkeit nach in dem verdünnten interstellaren Gas. Für die Fermi-Konstante k ergibt sich der Wert 2.9. Loh.

12515. **P. J. van Rhijn,** The dependence of interstellar absorption of light on the wavelength. BAN **12** 1—6, mit 3 Fig. — Das interstellare Absorptionsgesetz wird aus 12 Sternpaaren mit je einem verfärbten und unverfärbten B-Stern im Bereich $634 > \lambda > 392$ mμ durch photographische Vergleiche bestimmt. Wahrscheinlicher Fehler eines Δ m (λ) ist ± 0.029 Größenklassen, wobei die Unsicherheit der Spektralklassifikation die Hauptfehlerquelle darstellt. Meist gute Übereinstimmung mit dem Absorptionsgesetz von Stebbins und Whitford; Abweichungen in dem von Schalén 1951 gefundenen Sinn. Haffner

12516. **E. L. Ruskol,** Die Abplattung dichter gas-staubförmiger interstellarer Wolken. Moskau, Geophys. Inst. Akad. Wiss. UdSSR, 1953 (russisch). — Dissertationsreferat.

12517. **J. A. Russell,** An investigation of interstellar absorption and of the density function in the Scutum region of the Milky Way. AJ **58** 89—96, mit 3 Fig. — In sechs 15'-Feldern in Scutum werden photographische Helligkeit und Spektraltyp für 311 bzw. 171 Sterne bis zur 14. Größe beobachtet. Diskussion der Beziehung zwischen Entfernungsmodul und Farbenexzeß. Herleitung der Dichtefunktion in zwei Arealen unter Vorgabe der Konstanten in der Leuchtkraftfunktion und des interstellaren Absorptionskoeffizienten 0.7 bzw. 0.95 mag/kpc. Beginn einer Sternwolke bei 900 pc Entfernung. Haffner

12518. **A. Schlüter, H. Schmidt, P. Stumpff,** Zur Analyse der Bewegungsverhältnisse im interstellaren Gas. ZfA **33** 194—210, mit 9 Abb. — Ref. in Phys. Verhandlungen **4** 252. — Auf Grund der von W. S. Adams veröffentlichten Daten über das Verhalten der interstellaren Calciumlinien H und K in den Spektren von 300 O- und B-Sternen wird der Versuch einer Klärung der Bewegungsverhältnisse im interstellaren Medium gemacht. Dabei zeigt sich, daß in diesen Spektren bei komplexer Linienstruktur nur dann große Dopplerverschiebungen einzelner Komponenten zu beobachten sind, wenn außer diesen eine Linie sehr geringer Geschwindigkeit vorhanden ist. Es ist nicht möglich, solche stark verschobenen Absorptionslinien bestimmten Raumbezirken zuzuordnen, wie dies bei den wenig verschobenen der Fall ist. Sie treten streng lokalisiert auf und müssen wohl auf eng begrenzte Störungen in oder in der Nähe von größeren Calciumwolken zurückgeführt werden. Ein vermutlich erheblicher Teil der beobachteten Linien muß zirkumstellaren Ursprung haben, sein Auftreten also einer Wechselwirkung zwischen den Sternen frühen Spektraltyps und dem interstellaren Gas verdanken. Verf.

* * **H. Shapley,** A test for high latitude absorption as a factor in the distribution of galaxies. Vgl. Ref. **12429.**

12519. **D. de Smet-de Potter, M. Neyts,** Etude spectrophotométrique et statistique d'une région obscure dans Cassiopée. Ann d'Astrophys **16** 1—18, mit 3 Fig. = Univ. Gent Sterrenkundig Inst. Nr. **16.** = Commun. Obs. Roy. Belgique Nr. 58. — Für ein Feld im Sternbild Cassiopeia, das sich an ein von Schalén früher mit ähnlichem Material untersuchtes Feld D anschließt, wurden Spektraltypen bis zur scheinbaren Helligkeit $11^m.0$ auf Objektivprisma-Aufnahmen bestimmt. Die statistische Untersuchung beider Felder nach der gleichen Methode ergibt, daß beide durch dieselben drei Schichten absorbierender Materie in 125 pc, 800 pc und 2000 pc Entfernung verdunkelt werden; die Absorption beträgt jeweils $0^m.2$, $0^m.2$ und $0^m.7$. Micz.

* * **L. Spitzer jr., M. Schwarzschild,** The possible influence of interstellar clouds on stellar velocities. Vgl. Ref. **12340.**

12520. **W. Strohmeier,** Das Wellenlängengesetz der interstellaren Verfärbung. Mitt. AG **1952** 23. — Ref. AG.

12521. **K. Takakubo,** An interpretation of interstellar gas clouds. Sci. Reports Tôhoku Univ. (1) **37** 320—330, mit 1 Fig. = Sendai Astr. Rap. **2** Nr. 21 (33). — Nach einer Zusammenfassung der wichtigsten Ergebnisse über das interstellare Gas werden Betrachtungen qualitativen Charakters angestellt, um die Auffassung zu begründen, daß sich die interstellaren Gaswolken als Verdichtungen im interstellaren Medium infolge der zufälligen Geschwindigkeiten turbulenter Bewegungen in ihm gebildet hätten. Kdr.

12522. **M. A. Waschakidse,** Die Bestimmung der neutralen Absorption in der Galaxis. AJ UdSSR **30** 143—152, mit 2 Abb. (russisch). — Ref. in Astr. News Letter Nr. **72** S. 7—9. — Aus spektralphotometrischen Gradienten von Sternen mit großen Farbenexzessen wird der Exponent α im Absorptionsgesetz in Abhängigkeit von der Wellenlänge abgeleitet. Die Formeln zur Berechnung des Transformationskoeffizienten (Farbenexzeß in Absorption) werden für verschiedene Werte von α_p und α_v gegeben. Die neutrale Absorption in der Galaxis wird unter Verwendung der Farbenindexkataloge von Stebbins, Huffer und Whitford sowie Charadse berechnet. Verf. (übersetzt)

12523. **M. A. Waschakidse,** Untersuchung der galaktischen Absorption des Lichts aus den Farbenexzessen außergalaktischer Nebel und langperiodischer Cepheiden und nach anderen Methoden. Bull. Astrophys. Obs. Abastumani Nr. **13,** 164 S. mit 30 Abb. (russisch mit georgischer Zusammenfassung). — Die Farbenexzesse wurden aus Aufnahmen bei den isophoten Wellenlängen 4070 und 5400 Å mit der 1:1.7-Kamera in Abastumani bestimmt. Die einzelnen technischen Vorgänge sind ausführlich beschrieben. 509 außergalaktische Nebel und 110 langperiodische Cepheiden wurden erfaßt. Aus den Nebelbeobachtungen folgt eine selektive Dicke von $0^m.15$ in Richtung zu den galaktischen Polen und ein Koeffizient für die Totalabsorption von $0^m.85$ in Richtung zum galaktischen Zentrum bzw. $0^m.74$ zum Antizentrum. Aus den Cepheidenbeobachtungen folgen für die selektive Absorption der hellen, halbhellen und dunklen Gebiete der Milchstraße die Koeffizienten $0^m.31$ bzw. $0^m.45$ und $0^m.73$. Bei der Berechnung der Totalabsorption hat Verf. die Hubbleschen Nebelzählungen und die Florjaschen Formeln verwandt, außerdem die Kataloge von Stebbins-Whitford und Charadse (vgl. AJB **52** Ref. **9404**). Für einige Galaxien wurde auch die Polarisation bestimmt, bei NGC 5194 bis zu 30%. Im Schlußteil der Arbeit entwickelt Verf. seine bereits 1937 gemachten Vorschläge zur Bestimmung der Totalabsorption aus Sternzählungen weiter und fügt einige stellarstatistische Betrachtungen und Ergebnisse bei. Loh.

12524. **H. Zimmermann,** Neuberechnung des interstellaren Strahlungsfeldes. Phys. Verhandlungen **4** 252 (Ref.).

12525. Stjärnsystemets spiralarmar och den interstellära gasen. PAT **34** 150—151, mit 2 Fig.

12526. Accelerations of stars by interstellar clouds. Sky and Telescope **12** 178.

12527. Magnetic fields in spiral arms. Sky and Telescope **13** 54.

Polarisation

12528. **G. R. Burbidge,** Interstellar polarization and magnetic fields. ApJ **118** 575—577. — Von Chandrasekhar und Fermi (vgl. Ref. **12529**) wurde die Stärke des galaktischen Magnetfeldes auf drei unabhängigen Wegen zu rund 7×10^{-6} Gauß geschätzt. Es wird geprüft, ob dieser Wert zur Deutung der beobachteten interstellaren Polarisation ausreicht, wobei sich ergibt, daß dies für den von Davis und Greenstein vorgeschlagenen Mechanismus (vgl. AJB **51** Ref. **12537**) unter günstigen Bedingungen möglich ist. Kdr.

12529. **S. Chandrasekhar, E. Fermi,** Magnetic fields in spiral arms. ApJ **118** 113—115. — Die interstellare Polarisation wird als Folge der Ausrichtung länglicher Teilchen durch ein Magnetfeld erklärt, das den Spiralarmen unseres Milchstraßensystems ungefähr parallel läuft. Die Intensität dieses Feldes wird aus der beobachteten Streuung der Richtung der Polarisationsebenen zu 7×10^{-6} Gauß und aus der Bedingung, daß in einem Spiralarm die Gravitation dem Turbulenzdruck der interstellaren Materie und dem magnetischen Druck des Feldes das Gleichgewicht halten soll, zu 6×10^{-6} Gauß abgeschätzt. Kdr.

12530. **W. A. Dombrowskij,** Elektrophotometrische Beobachtungen der Polarisation des Sternlichts. AJ UdSSR **30** 603—615, mit 7 Abb. (russisch). — Mit einer in ihren wesentlichen Teilen aus Polaroidfiltern, radioaktiver Vergleichslichtquelle, Photomultiplier (6sj7) und Galvanometer bestehenden Anlage wurde bei Sternen bis 8^m der Polarisationsgrad auf 0.2% und der Polarisationswinkel auf 2—3° genau gemessen. Stichproben mit einer $\lambda/4$-Platte erwiesen den linearen (nicht elliptischen) Polarisationszustand. 57 Sterne der Haufen χ und h Per und deren Untergrund wurden gemessen. Der Polarisationsgrad scheint sich bei photographischen Messungen systematisch höher zu ergeben als bei photoelektrischen. In einzelnen Fällen wird auch eine zeitliche Änderung des Polarisationsgrades vermutet. Die Polarisationsrichtung ist durchweg dem galaktischen Äquator nahezu parallel. Ein Einfluß des interstellaren Mediums auf die Polarisation wurde nicht gefunden, wohl aber eine statistische Abhängigkeit des Polarisationsgrades von der absoluten Helligkeit. Verf. vermutet daher die Ursache der Polarisation in den Sternen selbst. Petri

12531. **W. A. Dombrowskij, N. W. Nowotschadowa,** Über die Polarisation des Lichtes einiger Sterne im Cepheus und in der Eidechse. Bote Univ. Leningrad Nr. **2** S. 37—46 (russisch).

12532. **E. Fick,** Die Polarisation des Lichtes durch asphärische, ferromagnetische Teilchen in einem homogenen Magnetfeld. Phys. Verhandlungen **4** 135 (Ref.).

12533. **H. Haffner,** Photographische Messungen der interstellaren Polarisation. Mitt. AG **1952** 19. — Ref. AG.

12534. **A. A. Hoag,** Polarimetry of open cluster fields. AJ **58** 42. — Ref. AAS.

12535. **A. B. Meinel,** Magnetic fields of galactic dimensions. Publ ASP **65** 289—291. — Weil bei den Beobachtungen über Polarisation des interstellaren Gases in der Milchstraße schwer zu entscheiden ist, ob es sich um lokale Magnetfelder oder ein allgemeines galaktisches Magnetfeld handelt, schlägt Verf. vor, lichtelektrische Polarisationsmessungen an extragalaktischen Nebeln zu versuchen. Geeignet wären nahe Spiralnebel mit interstellaren Gas- und Staubmassen, bei denen wir die Hauptebene stark verkürzt sehen. O. G.

* * **G. Thiessen,** Der Effekt der interstellaren Polarisation in der Sonnenkorona. Vgl. Ref. **6729**.

12536. Undersökning av ljussvaga stjärnors polarisation. PAT **34** 62—63.

12537. Förklaringer till stjärnljusets polarisation. PAT **34** 63—64. — Besprechung der Untersuchungen zur Theorie der Polarisation des Sternlichts (vgl. AJB **51** Ref. **12537, 12546**, AJB **52** Ref. **12530**). Ra.

§ 126

Radiostrahlung

* * Radiostrahlung der Sonne siehe § 65.

12601. **C. W. Allen, C. S. Gum,** Survey of galactic radio-noise at 200 Mc/s. Australian J. Sci. Res. (A) **3** 224—233, mit 7 Fig., 1950 = Sonderdruck Commonwealth Obs. Canberra. — Es wird die galaktische Radiostrahlung auf 200 MHz in Form von Linien gleicher Strahlungsintensität gegeben. Der untersuchte Bereich ist der Südhimmel ($\delta < 45°$ N). Das Maximum der Strahlung liegt bei −3° galaktischer Breite und bei 322° Länge. U. Be.

12602. **J. E. Baldwin, D. W. Dewhirst,** Position and identification of a bright extended radio source in Gemini. Nature **173** 164—165. — Mit einer Antennenanordnung vom Interferometertyp wurde die Position und die Strahlungsintensität einer Radioquelle im Sternbild Gemini gemessen. Nach einer Aufnahme mit dem 48″-Schmidt-Reflektor auf dem Mt. Palomar befindet sich am Ort des Radiostrahlers ein ungefähr 25′ Durchmesser besitzendes und angenähert kreisförmiges Nebelgebilde. Micz.

* * **J. E. Baldwin,** A search for radio emission from the Orion nebula. Vgl. Ref. 12202.

12603. **V. Barocas,** The problem of galactic radio emission. Scientia **88** 98—102. — Verf. berichtet über die Entwicklung der Radioastronomie und ihre Bedeutung für die Erforschung des Milchstraßensystems. Loh.

12604. **J. G. Bolton, O. B. Slee,** Galactic radiation at radio frequencies. V. The sea interferometer. Australian J. Phys. **6** 420—433, mit 10 Fig. = Commonwealth Sci. Industrial Res. Organization, Australia, Division Radiophys. — Die Bedeutung des Reflexionskoeffizienten der See, der Empfängerbandbreite, der Erdkrümmung und der Größe der Seewellen für die Schärfe der Interferenzen wird erläutert. Drei besondere Interferenzanordnungen zur Unterdrückung des allgemeinen Hintergrundrauschens werden näher beschrieben: das Strahlenbündelwechselsystem, die automatische Verstärkungskontrolle und das Azimutinterferometer. Thi.

12605. **J. G. Bolton, O. B. Slee, G. J. Stanley,** Galactic radiation at radio frequencies. VI. Low altitude scintillations of the discrete sources. Australian J. Phys. **6** 434—451, mit 10 Fig. = Commonwealth Sci. Industrial Res. Organization, Australia, Division Radiophys. — Szintillationsuntersuchungen im Gebiet 40—300 MHz ergaben eine Zunahme der Amplitude mit der Wellenlänge, eine starke Abnahme mit der Höhe, jahreszeitliche und tägliche Schwankungen mit Minima zur Zeit der Äquinoktien bzw. der Morgen- und Abenddämmerung. Es existiert eine starke Korrelation zwischen Szintillationen und ionosphärischen Störungen durch «sporadic E». Thi.

* * **J. G. Bolton,** Radio astronomy at U. R. S. I. Vgl. Ref. 1153.

* * **J. Bouška,** Radiová astronomie. Vgl. Ref. 507.

12606. **R. Hanbury Brown, C. Hazard,** A radio survey of the Milky Way in Cygnus, Cassiopeia and Perseus. MN **113** 109—122, mit 3 Fig. = Astr. Contr. Univ. Manchester (2) Jodrell Bank Repr. Nr. **70.** — Mit dem 218 Fuß-Antennenspiegel der Yodrell Bank Station wurde die Intensitätsverteilung der Radiostrahlung bei 158.5 MHz in einem Milchstraßenfeld, das die Sternbilder Cygnus, Cassiopeia und Perseus umfaßt, registriert; die Öffnung des Empfangsbündels betrug 2°. Die absolute Intensität der Strahlung wird ermittelt, die Ergebnisse werden zu «Isophoten» der Intensitätsverteilung zusammengefaßt. Die gegenüber vorhergehenden Untersuchungen erhöhte Empfindlichkeit und das größere Auflösungsvermögen der Apparatur führte zur Auffindung einer Reihe bisher nicht bekannter diskreter Radiostrahler in dem Feld. Micz.

12607. **R. Hanbury Brown, C. Hazard,** A survey of 23 localized radio sources in the northern hemisphere. MN **113** 123—133, mit 2 Fig. = Astr. Contr. Univ. Manchester (2) Jodrell Bank Repr. Nr. **80.** — Ref. in Postępy Astr. **2** 34—35. — Mit der im vorstehenden Referat beschriebenen Apparatur wurden in einem Himmelsstreifen zwischen +38° und +68° Deklination 23 diskrete Radiostrahler aufgefunden, deren Strahlungsintensität zwischen 5 und 9250 × 10^{-26} Watt m^{-2} Hz^{-1} liegt. Die Empfindlichkeit der Apparatur ist hoch genug, um auf einer einzelnen Registrierung Strahler von > 20 oder 30 × 10^{-26} Watt m^{-2} Hz^{-1} sicher nachweisen zu können. Durch Zusammenfassen mehrerer Registrierungen sind Quellen bis zu 5 × 10^{-26} Watt $m^{-2}Hz^{-1}$ erkennbar. Die Verteilung der Strahler weist eine starke Konzentration gegen den galaktischen Äquator auf, die jedoch für die schwachen Quellen nicht oder nur in geringem Umfang zu bestehen scheint. Die Natur der Strahler wird diskutiert; bei den starken Quellen dürfte es sich um ungewöhnliche galaktische Objekte handeln, während zumindest ein Teil der schwachen extragalaktischen Ursprungs ist. Micz.

12608. **R. Hanbury Brown, C. Hazard,** Radio-frequency radiation from the spiral nebula Messier 81. Nature **172** 853, mit 1 Fig. = Astr. Contr. Univ. Manchester (2) Jodrell Bank Repr. Nr. **90.** —Es wird über die Feststellung einer Strahlungsquelle mit der 218 Fuß-Parabolantenne berichtet, deren Koordinaten in guter Übereinstimmung mit der Lage von M 81 sind. Die Intensität beträgt bei einer Frequenz von 158.5 MHz 12 × 10^{-26} W/m²/Hz (± 20%). Bei vorläufiger Identifizierung mit M 81 bestätigt sich nicht die frühere Ansicht, daß die Strahlungsintensität im Radiofrequenzgebiet langsamer ansteigt als die scheinbare photographische Helligkeit; es ergibt sich vielmehr ein konstantes Verhältnis. Die frühere Ansicht basierte auf Messungen an einem schwachen Nebel im Perseus-Haufen; möglicherweise ist dieser jedoch identisch mit NGC 1275, von dem zu vermuten ist, daß er aus zwei kollidierenden Systemen besteht. Daene

12609. **R. Hanbury Brown, C. Hazard,** An extended radio-frequency source of extra-galactic origin. Nature **172** 997—998, mit 1 Fig. = Astr. Contr. Univ. Manchester (2) Jodrell Bank Repr. Nr. **91.** — Ältere Feststellungen einer schwachen Flächenstrahlung werden durch weitere Messungen mit der 218 Fuß-Parabolantenne ergänzt. Die Lage des Strahlungsgebiets ($\alpha = 12^h$, $\delta = +40°$ bis +70°) spricht für eine Identifizierung mit einem Gebiet großer Häufigkeit extragalaktischer Nebel (nach Shapley, Ames). Auch Messungen von Kraus und Ko bei $\alpha = 12^h 30^m$, $\delta = +15°$ bis −15° können entsprechend gedeutet werden. Die Untersuchung des Spektrums ergibt eine Abhängigkeit der Intensität umgekehrt proportional $\sqrt{f}$ ($f = 158.5$ bzw. 72 MHz). Ein Vergleich der bei 158.5 MHz gemessenen Intensität (3 × 10^{-26} W/m²/Hz/Quadratgrad) mit einer Abschätzung der auf Grund der Nebelzahlen und der photographischen Helligkeit zu erwartenden Strahlung ergibt eine um 1.7 Größenklassen zu hohe Radiostrahlung. Es wird hieraus geschlossen, daß das Verhältnis von Radio- zu Lichtstrahlung der späten Spiralnebeltypen nicht für alle Typen das gleiche ist, was bei der Abschätzung angenommen wurde. Daene

12610. **R. Hanbury Brown, C. Hazard,** A model of the radio-frequency radiation from the galaxy. Phil. Magazine (7) **44** 939—963, mit 8 Fig. = Astr. Contr. Univ. Manchester (2) Jodrell Bank Repr. Nr. **56.** — Zur Deutung der beobachteten Radiostrahlung im Frequenzbereich von 18.3 MHz bis 1200 MHz wird ein Milchstraßenmodell konstruiert, das neben den diskreten, stark zum Zentrum konzentrierten Quellen die Emissions- und Absorptionswirkung des interstellaren Gases berücksichtigt. Die Hinzunahme des Gases, für das die aus den visuellen Beobachtungen folgenden Größen benutzt werden, bringt eine Erklärung für die Verteilung der Radiostrahlung bei Frequenzen unterhalb 100 MHz. Eine große isotrope extragalaktische Komponente muß angebracht werden. Oetken

12611. **H. Daene,** Strahlungsnormale im Wellenlängengebiet der kosmischen Hochfrequenzstrahlung. Phys. Verhandlungen **4** 252—253 (Ref.).

12612. **D. W. Dewhirst,** The identification of radio sources. JBAA **63** 263—266. — Es werden die Schwierigkeiten bei der Positionsbestimmung von Radioquellen aufgezeigt. Über die bisher identifizierten Radio-Objekte wird berichtet. Schai.

12613. **W. Dieminger,** Radioastronomie. I. Beobachtungsmethoden. Arch. elektr. Übertrag. **7** 421—427. — Ref. in Phys. Ber. **33** 2499.

12614. **W. Dieminger,** Radioastronomie. III. Die Radioortung von Meteoren. Arch. elektr. Übertrag. **7** 555—560. — Ref. in Phys. Ber. **33** 2500, RJ Astr. Geod. UdSSR Nr. **2**, 1955; Ref. **644** (russisch).

12615. **J. Baltá Elias,** Recientes progresos en radioastronomía. Radiación solar hiperfrecuente. Rev. Real Acad. Ciencias Exactas, Fis. Nat. **47** Nr. 2, 46 S. mit 18 Fig. = Publ. Sem. Astr. Geod. Univ. Madrid Nr. **19**.

12616. **J. A. Fejer,** The diffraction of waves in passing through an irregular refracting medium. Proc. Roy. Soc. (A) **220** 455—471. — Ref. in Phys. Ber. **33** 2155.

* * **J. L. Greenstein, R. Minkowski,** The Crab nebula as a radio source. Vgl. Ref. 12208.

12617. **D. S. Heeschen,** Calculated line profiles for the 21-cm line of hydrogen. AJ **58** 40—42. — Ref. AAS.

12618. **F. Hoyle,** Cosmic origin of radiation at radio frequencies. Nature **172** 296—297. — Ref. in Phys. Abstracts (A) **56** 1050, Sternenwelt **5** 144.

12619. **H. C. van de Hulst,** The galaxy explored by radio waves. Obs **73** 129—139, mit 4 Fig. — (Halley Lecture für 1953). In allgemeinverständlicher Form gibt Verf. eine kurze Erläuterung eines Radioteleskops und der Vorteile der radioastronomischen Beobachtungen. Ausführlicher werden dann die Beobachtungen der 21 cm-Linie besprochen, aus denen die Lage dichterer H I-Regionen in der Milchstraßenebene — und damit einiger Spiralarme — abgeleitet worden ist. O. G.

12620. **R. C. Jennison, M. K. Das Gupta,** Fine structure of the extra-terrestrial radio source Cygnus I. Nature **172** 996—997, mit 2 Fig. = Astr. Contr. Univ. Manchester (2) Jodrell Bank Repr. Nr. **93**. — Interferometrische Beobachtungen der Cygnus-Quelle bei 125 MHz ergeben als einfachste Interpretation der Beobachtungen zwei gleich große Quellen gleicher Intensität mit den Abmessungen 30″ × 51″ und dem gegenseitigen Abstand von 1′ 28″. Danach ist das Radiowellenemissionsgebiet wesentlich größer als die von Baade und Minkowski am gleichen Ort gefundenen kollidierenden Galaxien. Mädlow

12621. **F. J. Kerr,** Radio astronomy at the URSI assembly. Sky and Telescope **12** 59—62, 70, mit 6 Fig. = Commonwealth Sci. Industrial Res. Organization, Australia, Division Radiophys. — Der Bericht enthält die folgenden wichtigsten Ergebnisse: Untersuchungen der 21 cm-Strahlung zeigen die Existenz von mehreren Spiralarmen der Milchstraße an. Fluktuationen der Intensität diskreter Quellen entstehen in der Ionosphäre. Die räumliche Ausdehnung der diskreten Quellen ist im allgemeinen größer als 1′, sie sind keine Sterne. Als Radioquellen sind identifiziert: ungewöhnliche galaktische Nebel, ungewöhnliche extragalaktische Nebel, nahe extragalaktische Nebel. Auf der Sonne sind helle Gebiete im Radiogebiet eng korreliert mit sichtbaren Fleckengebieten. Thi.

12622. **M. Laffineur,** La radio-astronomie se développe. BSAF 67 179—191, mit 11 Fig. Mit Berichtigung S. 251. — Im Anschluß an das Vortrags- und Diskussionsprogramm auf den Tagungen der URSI im August 1952 in Sydney und der UAI im folgenden Monat in Rom wird ein Überblick über den derzeitigen Stand der Radioastronomie gegeben. Es werden dabei besonders folgende Themen behandelt: Die Radiostrahlung der Sonne bei verschiedenen Wellenlängen; der Durchmesser und die Form der Radiosonne und ihre Randverdunklung nach interferometrischen Methoden und nach Finsternisbeobachtungen; die Strahlung des neutralen Wasserstoffs in der Milchstraße bei 1420 MHz; die verschiedenen Arten der Radiosterne und schließlich einige Weiterentwicklungen der Interferometer. H. M.

12623. **M. Laffineur,** Radio astronomy. Onde élect. 33 173—181 (französisch). — Ref. in Phys. Abstracts (A) 56 822.

12624. **C. G. Little,** Radio frequency spectral lines of interstellar origin. JBAA 63 202—205. — Zusammenfassender Bericht über den Entstehungsmechanismus und die Herkunft der 21 cm-Wasserstofflinie.

12625. **B. Lovell, J. A. Clegg,** Radio Astronomy. Vgl. AJB 52 Ref. 12618. — Weitere Besprechung in Nature 172 47—48 (J. A. Ratcliffe), Rev. Sci. Instruments 24 534—535 (J. B. Wiesner).

12626. **A. C. B. Lovell,** Radio astronomy at Jodrell Bank. Sky and Telescope 12 94—96, 114, 122—124, mit 13 Fig. = Astr. Contr. Univ. Manchester (2) Jodrell Bank Repr. Nr. 81.

12627. **B. Y. Mills,** The radio brightness distributions over four discrete sources of cosmic noise. Australian J. Phys. 6 452—470, mit 7 Fig. und 2 Tafeln = Commonwealth Sci. Industrial Res. Organization, Australia, Division Radiophys. — Mit einem 2-Antennen-Interferometer (variabler Antennenabstand, variabler Azimutwinkel) wird die Intensitätsverteilung bei 101 MHz für die Radioquellen A in Taurus, Virgo, Centaurus und Cygnus gemessen. Die Isophoten zeigen Ähnlichkeit mit den optischen Formen der Nebel, die als Ursprung der Strahlung identifiziert wurden. Optische und Radio-Größen der Nebel sind nahezu gleich. Die Äquivalenttemperaturen liegen bei 4×10^6 ° K für die drei ersten Radioquellen, bei 6×10^8 ° K für Cygnus A. Als Ursprung der Strahlung sind nicht-thermische Prozesse in Gasmassen wahrscheinlich. Thi.

12628. **P. Naur,** De klareste radiokilders natur. NAT 1953 26—28. — Gemeinverständlicher Bericht über die erste Identifizierung diskreter Radioquellen. Ra.

12629. **H. G. Oltman,** The focusing of short electromagnetic waves by the means of the Fresnel half-period zone plate. Phys. Rev. (2) 92 1093. — Ref. in Phys. Ber. 33 2451.

12630. **J. H. Oort,** Spiraalvormige armen ontdekt in het melkwegstelsel. Hemel en Dampkring 51 153—168, mit 12 Fig. Mit zwei Berichtigungen S. 206.

12631. **J. L. Pawsey,** Radio astronomy in Australia. J RAS Canada 47 137—152, mit 10 Fig. = Commonwealth Sci. Industrial Res. Organization, Australia, Division Radiophys. — Der Bericht gibt eine kurze Zusammenfassung australischer Arbeiten über die Radiostrahlung der «ruhigen» und «gestörten» Sonne, die Radiosterne, die Verteilung der allgemeinen Radiostrahlung in der Milchstraße, die Linienemission bei 21 cm des H-Atoms, die Wirkung der Ionosphäre bei diskreten Quellen. Thi.

12632. **J. A. Ratcliffe,** Radio astronomy. Annual Report Smithsonian Inst. for 1952 S. 179—184, mit 2 Fig. = Smithsonian Inst. Publ. 4112.

12633. **D. Reinhardt,** Die Radiofrequenzstrahlung der Milchstraße und der extragalaktischen Nebel. Sterne **29** 54—60, mit 5 Abb.

12634. **A. Salomonowitsch,** Was ist Radioastronomie? Moskau, Staatsverlag für kulturell-aufklärende Literatur, 1953. 77 S. mit Abb. Preis 1 R. 35 Kop. (russisch). — Besprechung in RJ Astr. Geod. UdSSR Nr. **2**, 1955; Ref. Nr. 650 (W. I. Moros, russisch).

12635. **M. Sauer,** Methoden und Ergebnisse der Radioastronomie. Sternenwelt **5** 77—83, mit 5 Abb.

12636. **P. A. G. Scheuer, M. Ryle,** An investigation of the H II regions by a radio method. MN **113** 3—17, mit 9 Fig. — Die Intensitätsverteilung der galaktischen Radiostrahlung in der Nähe des galaktischen Äquators wurde bei 81.5 MHz und 210 MHz Frequenz mit einer Interferometeranordnung gemessen, wobei sich ein etwa 2° breites Band erhöhter Strahlungsintensität ergab. Dieses Band wird auf den Strahlungsbeitrag zurückgeführt, den die stark nach der galaktischen Ebene konzentrierten H II-Emissionsgebiete leisten. Verf. leiten die kinetische Temperatur und die effektive Dichte in den H II-Gebieten ab. Es wird ferner geschlossen, daß die Häufigkeitsverteilung der H II-Gebiete ein Maximum in Richtung auf das Milchstraßenzentrum besitzt. Die gefundene kinetische Temperatur (18000° K) ist merklich höher als bisher gewöhnlich angenommen wurde. Die Möglichkeit weiterer Strahlungsquellen, die zu dem erwähnten Gürtel beitragen können, wird erörtert. Micz.

12637. **I. S. Schklowskij,** Das Problem der kosmischen Radiostrahlung. AJ UdSSR **30** 15—36 (russisch). — Nach Erörterung der Theorien über die Herkunft der Radiostrahlung weist Verf. darauf hin, daß verschiedene Nebel, bei denen eine Radiostrahlung beobachtet worden ist, die Überreste ehemaliger Supernovae sind. Als Leuchtmechanismus kommt wahrscheinlich erbremste Strahlung relativistischer Elektronen in schwachen, mit den Supernovae verbundenen Magnetfeldern in Frage. Dann sind die Ausbrüche der Supernovae aber auch noch verantwortlich für die Entstehung kosmischer Strahlung. Die Mehrzahl der Radioquellen sind jedoch ungewöhnliche außergalaktische Nebel, wie etwa NGC 1316. Die relative, im Laufe der Zeit abnehmende Strahlungsfähigkeit verschiedener Galaxien ist im Radiowellengebiet sehr verschieden. Hier kommt analog als Mechanismus erbremste Strahlung relativistischer Elektronen in interstellaren Magnetfeldern in Betracht. Loh.

12638. **I. S. Schklowskij,** Das photometrische Paradoxon der Radiostrahlung der Metagalaxis. AJ UdSSR **30** 495—507, mit 1 Abb. (russisch). — Ref. in Urania Kraków **25** 115, Postępy Astr. **2** 35—37. — Aus australischen Beobachtungen im 3 m-Gebiet und unter Benutzung von durch Oort und Westerhout (vgl. AJB **51** Ref. **12634**) abgeleiteten Formeln wird eine Äquivalenttemperatur der extragalaktischen Radiostrahlung von 150° vermutet und — bei Annahme euklidischer Raumstruktur — der photometrische Radius des Weltalls im Kurzwellengebiet auf 200—250 Mpc abgeschätzt. Dieser auffallend kleine Wert deutet nach Ansicht des Verf. auf eine Rotverschiebung hin, die der im optischen Gebiet bekannten analog ist und am leichtesten als Doppler-Effekt verstanden werden kann. Petri

* * **I. S. Schklowskij,** Das Problem der Herkunft der kosmischen Strahlung und die Radioastronomie. Vgl. Ref. **12720**.

* * **I. S. Schklowskij,** Die Identifizierung intensiver, diskreter Quellen der Radiostrahlung mit Supernovae, die in den letzten 2000 Jahren in unserer Galaxis aufleuchteten. Vgl. Ref. **11351**.

12639. **I. S. Schklowskij,** Die Beobachtungsmöglichkeit der monochromatischen Radiostrahlung interstellarer Moleküle. DAN **92** 25—28 (russisch). — Nach einem von van Vleck (Phys. Rev. **33** 467, 1929) begründeten Verfahren wird die Aufspaltung der Rotationsgrundzustände der im kosmischen Raum häufigsten Moleküle und daraus die den Übergängen entsprechenden Wellenlängen berechnet. Für OH, CH und SiH ergeben sich 18.3 bzw. 9.45 und 12.5 cm. In Richtungen senkrecht zur galaktischen Rotation sollte ihre Intensität instrumentell erfaßbar sein und wesentlich über den sehr schwachen terrestrischen Emissionen liegen. Loh.

12640. **I. S. Schklowskij,** Radioastronomie. Populärer Abriß. Moskau, Staatsverlag für technisch-theoretische Literatur, 1953. 216 S. mit 96 Abb. Preis 3 R. 40 Kop. (russisch). — Ref. in RJ Astr. Geod. UdSSR Nr. **3**, 1954; Ref. Nr. 2679 (russisch).

12641. **H. Siedentopf,** Radioastronomie. II. Beobachtungsergebnisse über kosmische Radioquellen. Archiv der elektrischen Übertragung **7** 507—517, mit 10 Abb. = Mitt. Astr. Inst. Univ. Tübingen Nr. **10**. — Die radioastronomische Beobachtungstechnik hat sich in den letzten Jahren zu einem sehr wirkungsvollen Hilfsmittel der astrophysikalischen Forschung entwickelt und zu einer Fülle interessanter Ergebnisse geführt. Die Beobachtungen beziehen sich auf die Strahlung der Sonne und ihre zeitlichen Schwankungen, auf die Strahlung isolierter kosmischer Objekte im Milchstraßensystem und im außergalaktischen Raum, auf die diffuse Strahlung aus dem Milchstraßensystem und aus dem Reich der Spiralnebel und auf die Linienemission des interstellaren Wasserstoffs. Verf.

12642. **H. Siedentopf,** Fortschritte der Radioastronomie. Phys. Blätter **9** 24—30, mit 1 Abb. — Isolierte Strahlungsquellen und ihre Identifizierung. Wasserstofflinie bei 21 cm.

12643. **H. Siedentopf, G. Elwert,** Radiofrequenzemission von Ultrastrahlungselektronen. Z. Naturforschung **8a** 20—23, mit 2 Abb. = Mitt. Astr. Inst. Univ. Tübingen Nr. **6**. — Ref. in Sterne **29** 115—116. — Im Anschluß an die Schwingersche Theorie der Ausstrahlung relativistischer Elektronen auf Larmor-Kreisen wird untersucht, wie groß die Strahlungsintensitäten im Radiofrequenzgebiet sind, die von Ultrastrahlungselektronen in interstellaren Magnetfeldern hervorgerufen werden können. Mögliche spektrale Intensitätsverteilungen in Abhängigkeit von der Elektronenenergie werden diskutiert. Die Untersuchung führt zu einer oberen Grenze der Dichte einer Elektronenkomponente der Ultrastrahlung. Verf.

12644. **A. Unsöld,** Radioastronomie. Phys. Verhandlungen **4** 154 (Ref.). — Historisches. Positionsastronomie. Radiofrequenzstrahlung der Sonne und der Milchstraße. Die 21 cm-Linie des interstellaren Wasserstoffs. Radioastronomie und Ionosphärenforschung.

12645. **G. de Vaucouleurs,** Normal and abnormal galaxies as radiosources. Obs **73** 252—254, mit 1 Fig. und 1 Tafel. — Drei Nebel mit deutlichen Absorptionsstreifen, aber ohne erkennbare Spiralstruktur, werden mit Radioquellen identifiziert. Verf. zeigt, daß eine enge Korrelation zwischen den Gesamthelligkeiten im photographischen und im Radio-Gebiet besteht. Eine entsprechende Beziehung wird auch für einige normale Spiralnebel aufgezeigt. O. G.

12646. **G. Westerhout,** Radiosterren ontmaskerd. Hemel en Dampkring **51** 197—206, mit 8 Fig.

12647. **G. Westerhout,** Radio astronomy. MN ASSA **12** 2—7, mit 5 Fig. — Es wird ein kurzer zusammenfassender Bericht gegeben, in dem die wichtigsten Gesichtspunkte zur kontinuierlichen Radiostrahlung (Mond, Sonne, Milchstraße, diskrete Punktquellen) und zur Linienemission bei 21 cm Wellenlänge (Wasserstoffgasmassen) angeführt werden. Thi.

12648. **S. P. Wyatt jr.,** A radio model of the galaxy. ApJ **118** 304—313, mit 2 Fig. — Ref. in Sterne **30** 237—239, mit 2 Abb. — Aus der Intensitätsverteilung der galaktischen Radiostrahlung bei 100 MHz nach Bolton und Westfold (vgl. AJB **50** Ref. 12603, 12604) leitet Verf. ein Modell für die räumliche Verteilung der Radioquellen im Milchstraßensystem ab unter der Voraussetzung achsensymmetrischer Verteilung der Quellen und vollständiger Transparenz des interstellaren Raumes für 100 MHz-Strahlung. Die Dichteverteilung in der Milchstraßenebene und senkrecht dazu läßt sich durch zwei Gauß-Verteilungen approximieren. Im galaktischen Kern beträgt die Dichte der Radioquellen etwa das 5.4-fache derjenigen in Sonnennähe. Der Strahlung dieses schematischen Systems ist eine konstante sphärische Komponente überlagert sowie eine in galaktischer Länge asymmetrische in Richtung zum Antizentrum. Der Ursprung der letzteren wird in den H II-Gebieten eines außerhalb der Sonne verlaufenden Spiralarms vermutet. Kdr.

12649. Über die Messung der Winkeldurchmesser diskreter Quellen der kosmischen Radiostrahlung. Fortschritte Phys. Wiss. **50** Nr. 3 S. 52—55 (russisch).

12650. Radio astronomy and galactic structure. J RAS Canada **47** 175.

12651. Determination of the position of a radio star. Nature **172** 241—242. — Ref. der in AJB **52** Ref. **12641** zitierten Arbeit von F. G. Smith.

12652. Weiße Zwerge als Radiosterne ? Sternenwelt **5** 148. — Besprechung einer Anfrage in JBAA **63** 155—156.

12653. Znaczenie dla astronomii liniowego widma wodoru w dziedzinie fal radiowych. Urania Kraków **24** 52. — Nach ApJ **115** 206, 1952.

12654. Identyfikacja radiogwiazd i gwiazd supernowych. Urania Kraków **24** 112. — Ref. der in AJB **52** Ref. **11347** zitierten Arbeit von Schklowskij und Parenago.

§ 127

Kosmische Strahlung

* * Kosmische Strahlung der Sonne siehe § **65**.

12701. **J. A. van Allen,** The cosmic ray intensity above the atmosphere near the geomagnetic pole. Nuovo Cimento **10** 630—647. — Ref. in Phys. Abstracts (A) **57** 73.

12702. **G. W. Anderson, P. S. Freier, J. E. Naugle,** Time and directional study of primary heavy nuclei. Phys. Rev. (2) **91** 431. — Ref. Am. Phys. Soc.

12703. **B. Bhowmik,** Negative primaries as part of cosmic radiation. Phys. Rev. (2) **89** 327—328, mit 3 Fig. — Unter der Annahme eines Anteils negativ geladener schwerer Teilchen in der primären kosmischen Strahlung wird die beobachtete azimutale Intensitätsvariation analysiert. Die Daten sind mit einem Anteil von 20% negativ geladener Teilchen verträglich. Priester

12704. **L. Biermann,** Origin and propagation of cosmic rays. Annual Rev. Nuclear Sci. **2** 335—364, mit 6 Fig. — Bericht über die wesentlichsten Eigenschaften der primären kosmischen Strahlung und über den derzeitigen Stand der Theorie ihres Ursprungs und ihrer Ausbreitung. Kdr.

12705. **A. Cachon,** Les particules V° observées dans le rayonnement cosmique. BSAF **67** 155—163, mit 6 Fig. — Experimentelle Erscheinungsformen und physikalische Eigenschaften (Masse, Ladung, Energie) der V°-Teilchen in der Höhenstrahlung.

* * **J. C. Dalton, F. A. Paneth, P. Reasbeck, S. J. Thomson, K. I. Mayne,** Cosmic-ray production of helium in meteorites and their ages. Vgl. Ref. 8306.

12706. **A. K. Das,** Can matter be created out of cosmic radiation? Naturwissenschaften **40** 433—434 = Sonderdruck Kodaikanal Obs. — Aus dem Postulat, daß aus einem Proton-Elektron-Paar im Zusammenstoß zwei Photonen der primären kosmischen Strahlung erzeugt werden können und umgekehrt, wird eine Gleichung zwischen den Naturkonstanten hergeleitet, die mit einer früher aus Dimensionsbetrachtungen gefundenen übereinstimmt. Die Umwandlung in Strahlung erfordert eine extrem hohe Temperatur, deren Auftreten in einigen Objekten heute nach Beobachtungen der Radiostrahlung wahrscheinlich ist. Wellmann

12707. **L. R. Davis, H. M. Caulk, C. Y. Johnson,** Intensity of primary protons and Alpha-particles. Phys. Rev. (2) **91** 431. — Ref. Am. Phys. Soc.

12708. **D. I. Dawton, H. Elliot,** Day and night measurement of the total cosmic ray intensity at balloon altitudes. J. Atmosph. Terr. Phys. **3** 217—222, mit 2 Fig.

12709. **A. Due,** Origen de los rayos cosmicos. Urania Barcelona **38** 225—229.

12710. **J. W. Dungey,** Origin of cosmic rays. Phys. Rev. (2) **91** 766. — Die meisten Theorien über den Ursprung der kosmischen Strahlung vermuten, daß geladene Teilchen in elektrischen Feldern beschleunigt werden, die mit zeitlich variablen Magnetfeldern gekoppelt sind. Es wird erörtert, bei welchen Arten von zeitlicher Variation der Magnetfelder kosmische Strahlung erzeugt werden kann. Priester

12711. **K. Gottstein,** Zur Aufspaltung der schweren Kerne in der kosmischen Strahlung. Naturwissenschaften **40** 104—105. — Für die Frage nach dem Ursprung der kosmischen Strahlung ist die relative Intensität der Li-, Be-, B-Gruppe unter ihren schweren Kernen von Bedeutung. Eine neue systematische Untersuchung von Zusammenstößen schwerer Kerne mit Kernen der kernphotographischen Emulsionen führt zu einer Bestätigung des relativ hohen Anteiles der Li-, Be-, B-Gruppe (83% des Flusses der C-, N-, F-Kerne nach Dainton). Es zeigt sich, daß etwa 20% aller am Beobachtungsort vorkommenden schweren Kerne Bruchstücke innerhalb der Atmosphäre zertrümmerter schwerer Kerne sein sollten. Thi.

12712. **N. L. Grigorow, W. S. Mursin,** Die Wechselwirkung der primären kosmischen Strahlungen verschiedener Energie mit der Materie. Nachr. Akad. Wiss. UdSSR (Phys.) **17** 21—38 (russisch). — Ref. in RJ Astr. UdSSR Nr. 2, 1953; Ref. Nr. 786 (russisch).

12713. **S. Hayakawa, S. Kobayashi,** Propagation of the cosmic radiation through interstellar space. J. Geomagn. Geoelect. **5** 83—93. — Ref. in Phys. Abstracts (A) **57** 1184.

12714. **W. L. Hinsburg,** Über den statistischen Mechanismus der Beschleunigung der Teilchen auf der Sonne und in Sternhüllen. DAN **92** 727—730 (russisch). — Im Gegensatz zu dem von Fermi (vgl. AJB **49** Ref. 12712) vorgeschlagenen «interstellaren» Mechanismus der Entstehung der kosmischen Strahlung vertritt Verf., unterstützt durch Rechnungen, die Anschauung, daß Vorgänge auf der Sonne und in gewissen Sternhüllen weit ergiebiger sind. Loh.

* * **W. L. Hinsburg,** Supernovae und Novae als Quellen der Ultra- und der Radiostrahlung. Vgl. Ref. **11347.**

12715. **M. F. Kaplon, J. H. Noon, D. M. Ritson,** Interactions of heavy primaries of the cosmic radiation. Phys. Rev. (2) **92** 855. — Ref. Am. Phys. Soc.

12716. **L. Leprince-Ringuet,** Cosmic Rays. New York, Prentice Hall; London, Constable, 1950. Preis 30 s. net. — Übersetzung aus dem Französischen. — Besprechung in J. Atmosph. Terr. Phys. **3** 71 (E. G. Dymond).

12717. **A. A. Logunow, J. Terlezkij,** Über die Energieverteilung der Teilchen der primären kosmischen Strahlung. Nachr. Akad. Wiss. UdSSR (Phys.) **17** 119—135 (russisch). — Ref. in Phys. Abstracts (A) **57** 738, RJ Astr. UdSSR Nr. 2, 1953; Ref. Nr. 787 (russisch).

12718. **T. Matsumoto, M. Sugawara,** On the origin of primary cosmic radiation. Progr. theor. Phys. **9** 1—6. — Ref. in Phys. Abstracts (A) **57** 185.

12719. **J. Pernegr, V. Petržílka, L. Tomášková,** Kosmické záření. Prag, Verlag Akad. Wiss. 230 S. mit 143 Fig. Preis Kčs. 30. — Monographie über die kosmische Strahlung.

* * **S. B. Pikelner,** Die kinematischen Eigenschaften des interstellaren Gases in Verbindung mit der Isotropie der kosmischen Strahlungen. Vgl. Ref. **12514.**

12720. **I. S. Schklowskij,** Das Problem der Herkunft der kosmischen Strahlung und die Radioastronomie. AJ UdSSR **30** 577—592 (russisch). — Ref. in Urania Kraków **25** 215—216. — Verf. nimmt an, daß die «zweite Komponente» der galaktischen Radiostrahlung durch Bremsung relativistischer Elektronen in interstellaren Magnetfeldern entsteht, wie sie in den expandierenden Gasmassen um eine Supernova auftreten. Damit wären die Entstehungsgebiete der kosmischen Strahlung direkt beobachtbar. Ohne auf einen postulierten Mechanismus der Beschleunigung geladener Teilchen in turbulentem, magnetisiertem (10^{-4} Γ) Plasma einzugehen, schätzt Verf. an Hand des Crab-Nebels ab, daß eine Supernova ca. 10^{51} relativistische Partikel erzeugt. Vielleicht sind auch gewöhnliche Novae als (tausendmal schwächere) «Injektoren» wirksam. Der von kosmischer Strahlung diffus erfüllte Raum wird als Rotationsellipsoid mit den Halbachsen 10.3 und 5 kpc und die Zahl der pro Sekunde in der Milchstraße durch Zusammenstöße mit interstellarem Wasserstoff vernichteten Teilchen zu 10^{41} angegeben. Petri

12721. **I. S. Schklowskij,** Über die Entstehung der kosmischen Strahlung. DAN **91** 475—478 (russisch). — Ins Deutsche übersetzt von W. Lohmann in Phys. Blätter **10** 9—13, 1954.

12722. **L. R. Shepherd,** The possibility of cosmic-ray hazards in high altitude and space flight. J. British Interplanetary Soc. **12** 197—212, mit 4 Fig.

* * **S. F. Singer,** Meteorites as cosmic-ray meters. Vgl. Ref. **8327.**

* * **S. F. Singer,** Meteorites and cosmic rays. Vgl. Ref. **8328.**

12723. **T. H. Stix,** Heavy nuclei in the primary cosmic radiation. Phys. Rev. (2) **91** 431. — Ref. Am. Phys. Soc.

12724. **T. Thambyahpillai, H. Elliot,** World-wide changes in the phase of the cosmic-ray solar daily variation. Nature **171** 918—920, mit 3 Fig. — Ref. in Phys. Abstracts (A) **56** 997.

12725. **S. B. Treiman,** Effect of equatorial ring current on cosmic-ray intensity. Phys. Rev. (2) **89** 130—133, mit 1 Fig. — Ref. in Phys. Abstracts (A) **56** 231.

* * **B. Trumpy,** Time variations of cosmic ray intensity associated with geomagnetic and solar activity. Vgl. Ref. **6832.**

12726. **H. Wäffler,** Fundamentalteilchen und kosmische Strahlen. Orion Schaffhausen **4** 89. — Zusammenfassung eines Vortrages.

12727. **S. N. Wernow, A. M. Kulikow,** Natur und Eigenschaften der primären kosmischen Strahlung. Nachr. Akad. Wiss. UdSSR (Phys.) 17 13—20 (russisch). — Ref. in Phys. Abstracts (A) 57 736, RJ Astr. Geod. UdSSR Nr. 1, 1954; Ref. Nr. 1716 (russisch).

12728. **H. Yagoda,** Observations on stars and heavy primaries recorded in emulsions during flight of a Viking rocket. Phys. Rev. (2) **91** 445. — Ref. Am. Phys. Soc.

12729. **V. H. Yngve, M. Schein,** Time variation of cosmic-ray heavy nuclei. Phys. Rev. (2) **91** 432. — Ref. Am. Phys. Soc.

12730. **V. H. Yngve,** The time variation of cosmic-ray heavy nuclei. Phys. Rev. (2) **92** 428—435, mit 5 Fig. — In 30 km Höhe (Ballon) wurden Ilford G 5 Platten der kosmischen Strahlung ausgesetzt, wobei eine Platte langsam gegenüber den anderen zur Messung der Zeit des Einfalls schwerer Nucleonen ($Z \geq 10$) bewegt wurde. Die Intensität ist von 12—14 Uhr um $25 \pm 8.5\%$ größer als der Tagesmittelwert. Es wird geschlossen, daß dieser Effekt reellen Fluktuationen in der Intensität am Rande der Erdatmosphäre entspricht. Die Möglichkeit wird diskutiert, daß sie durch ein Dipolfeld der Sonne verursacht sind.
Priester

12731. Progress in Cosmic Ray Physics. Herausgegeben von J. G. Wilson. Amsterdam, North Holland Publishing Co., 1952. 16 + 557 S. Preis 4 £ 6 s. net. — Besprechung in J. Atmosph. Terr. Phys. **3** 71—72 (E. G. Dymond).

12732. Kosmische Strahlung. Herausgegeben von W. Heisenberg. Berlin, Göttingen, Heidelberg, Springer-Verlag, 1953. 8 + 620 S. mit 256 Abb. und 1 Tafel. Preis DM 78.— Besprechung in Mitt. AG **1953** S. 99—101 (S. Temesváry).

12733. Über die Ergebnisse der Tagung zur Frage der Entstehung der kosmischen Strahlung und ihrer Rolle in der Kosmogonie. Bote Akad. Wiss. UdSSR Nr. **6** S. 63 (russisch). — Ref. in RJ Astr. UdSSR Nr. 3, 1953; Ref. Nr. 1029 (russisch).

12734. Constancy of cosmic rays. Sky and Telescope **12** 258.

12735. **Beobachtungen der kosmischen Strahlung**
Veröff. Fraunhofer-Inst. Freiburg Sonnen-Zirkular 1952 Okt.—1953 Sept.

Vierzehnter Teil

Geodäsie. Nautik

§ 130

Berichte, Höhere Geodäsie, Kartographie, Allgemeines

13001. **E. Andersen,** Practical formulas for accurate calculation by relative long distances of geographical coordinates or distances and azimuths on the international ellipsoid of rotation. Geod. Inst. Kopenhagen Skrifter (3) **16,** 40 S. mit 2 Fig.

13002. **G. Cecchini,** Rapport sur l'activité du Bureau Central du Service International des Latitudes du 1er novembre 1952 au 30 octobre 1953. Bull. Géod. **31** 9—10 = Pubbl. Ufficio Centrale Latitudini – Oss. Astr. Torino Nr. **10.**

13003. **G. Cecchini,** Relazione sull'attività del Servizio Internazionale delle Latitudini dal 1949.0 al 1952.5 presentata alla Commissione della Variazione delle Latitudini (VIII Assemblea Generale dell'UAI-Roma, 4—13 settembre 1952). Pubbl. Ufficio Centrale Latitudini – Oss. Astr. Torino Nr. **7.**

13004. **P. W. Densin,** Geodäsie. Moskau, Verlag für geodätische Literatur, 1953. 375 S. mit 256 Abb. Preis 12 R. (russisch). — Ref. in RJ Astr. Geod. UdSSR Nr. **3,** 1954; Ref. Nr. 2822 (russisch).

13005. **G. H. Menzies,** The measurement of a geodetic base-line in South West Africa. MN ASSA **12** 75—78.

13006. **P. M. Orlow,** Lehrbuch der Geodäsie. Moskau, Staatsverlag für landwirtschaftliche Literatur, 1953. 2. Auflage. 368 S. mit 298 Abb. Preis 9 R. 70 Kop. (russisch). — Ref. in RJ Astr. UdSSR Nr. **2,** 1953; Ref. Nr. 1002 (russisch).

13007. **P. S. Sakatow,** Lehrbuch der höheren Geodäsie. Sphäroidische Geodäsie mit den Grundlagen der Gravimetrie und der praktischen Astronomie. Moskau, Verlag für geodätische und kartographische Literatur, 1953. 2. verbesserte und ergänzte Auflage. 405 S. mit 162 Abb. und 5 Tafeln. Preis 14 R. 25 Kop. (russisch). — Ref. in RJ Astr. Geod. UdSSR Nr. **1,** 1954; Ref. Nr. 1914 (russisch).

13008. **G. A. Shelnin,** Die Entwicklung der grundlegenden astronomisch-geodätischen Arbeiten auf dem Gebiet der Estnischen Sowjetrepublik in den Jahren 1811 bis 1940. Nachr. Akad. Wiss. Estn. Sowjetrepublik **2** Nr. 1 S. 70—79 (russisch). — Ref. in RJ Astr. Geod. UdSSR Nr. **1,** 1955; Ref. Nr. 328 (russisch).

13009. **J. Thorel,** Représentation de la Terre entière et des routes orthodromiques. Représentation du ciel entier. CR **236** 1748—1750, mit 1 Fig. — Die vorgeschlagene Darstellung besteht in der Projektion der Erdoberfläche auf einen konzentrischen Ikosaeder. Die Vorteile dieser Karte, bei der die Orthodromen als Geraden oder gebrochene Linien abgebildet werden, sind beschrieben. Diese Form könnte auch bei Himmelskarten angewendet werden. T. L.

13010. **F. Walker,** Geography from the Air. Methuen, 1953. 106 S. mit 95 Tafeln und 3 Diagrammen. Preis 30 s. — Besprechung in J. Inst. Navigation 7 107 (A. Stephenson).

* * **W. G. Wassiljew,** Tafeln zur Beobachtung von Sternpaaren in Meridiannähe mit Differenzen der Zenitdistanzen von weniger als 5°. Teil 1. Südliche Sterne in Verbindung mit Polaris. Vgl. Ref. 3010.

13011. Tabellen zur Berechnung geodätischer Koordinaten. Das Krassowskijsche Ellipsoid. Moskau, Geodätischer Staatsverlag, 1953. 220 S. Preis 11 R. 35 Kop. (russisch).

§ 131

Erdfigur, Erdrotation, Schwerkraft, Massenverteilung

* * **A. Abrami,** Letteratura sulla Polodia, preceduta da un esposto storico esplicativo del problema. Vgl. Ref. 707.

13101. **T. Banachiewicz,** On the determination of the figure of the earth from occultations. AA(c) 5 56. — Vorschlag einer Modifikation des von O'Keefe und Anderson in AJ 57 108 (vgl. AJB 52 Ref. 7212) entwickelten Verfahrens. T. L.

13102. **H. Bondi, R. A. Lyttleton,** On the dynamical theory of the rotation of the earth. II. The effect of precession on the motion of the liquid core. Proc. Cambridge Philos. Soc. 49 498—515. — Ref. in Math. Rev. 14 1131, Phys. Abstracts (A) 57 7, ZfMG 50 453.

13103. **J. Brouet, P. Janssens,** Sur des mesures de déplacements par rapport à la verticale d'une masse en mouvement contrôlé uniformément ralenti. Bull. Cl. Sci. Acad. roy. Belgique (5) 39 568—573 = Inst. Astr. Bruxelles (2) Nr. 87. — Der Versuch entspricht im Prinzip einem Foucaultschen Pendel mit veränderlicher Länge. Der gemessene Wert der westlichen Abweichung ist kleiner als der aus der Erdrotation berechnete. T. L.

13104. **W. W. Busuk,** Ein Versuch zur Bestimmung der Äquatorialasymmetrie der Erde. Publ. Inst. Geodäsie, Luftbildaufnahme, Kartographie Moskau Nr. 17 S. 13—33 (russisch). — Ref. in RJ Astr. Geod. UdSSR Nr. 6, 1954; Ref. Nr. 4050 (russisch).

13105. **A. H. Cook,** Approximations in the calculation of the form of the geoid from gravity anomalies. MN Geophys. Suppl. 6 442—452. — Durch passende Definition der Begriffe Geoid und orthometrische Höhe wird die direkte Bestimmung der Undulationen einer äußeren Äquipotentialfläche und umgekehrt die der Form dieses Geoids aus Schwereanomalien ermöglicht. Böh.

13106. **F. H. van den Dungen, J. F. Cox, J. van Mieghem,** L'effet sur la position de l'axe instantané de rotation de la Terre d'échanges de quantités de mouvement entre l'atmosphère et le globe. Bull. Cl. Sci. Acad. roy. Belgique (5) 39 24—28 = Inst. Astr. Bruxelles (2) Nr. 84. — Die Meridianwinde können infolge des Energieaustausches mit der Lithosphäre eine Verlagerung der Rotationsachse sowohl gegen die feste Erde als auch am Fixsternhimmel bewirken; die entsprechenden Korrektionsglieder in den klassischen Formeln werden aufgestellt. T. L.

13107. **F. H. van den Dungen, J. F. Cox, J. van Mieghem,** Sur des variations du niveau des mers et de la vitesse de rotation de la Terre. Bull. Cl. Sci. Acad. roy. Belgique (5) 39 29—34, mit 1 Fig. = Inst. Astr. Bruxelles

(2) Nr. 85. — Das Abschmelzen von Eis und die Verteilung des Schmelzwassers über die Ozeane bewirkt eine Änderung der Rotationsgeschwindigkeit der Erde. Dieser Effekt wird in Abhängigkeit von der geographischen Breite des Schmelzgebietes berechnet. T. L.

13108. **F. H. van den Dungen, J. F. Cox, J. van Mieghem,** Sur les déplacements par rapport aux étoiles de l'axe de rotation instantané de la lithosphère, sous la sollicitation des vents méridiens. Bull. Cl. Sci. Acad. roy. Belgique (5) **39** 590—611, mit 9 Fig. = Inst. Astr. Bruxelles (2) Nr. 88. — Die Formeln für die Verlagerung der Hauptträgheitsachsen der festen Erde infolge der durch die Winde parallel zu den Meridianen hervorgerufenen Kräfte werden abgeleitet und auf die Polhodiekurve 1949.0—1950.5 angewandt. T. L.

* * **J. O. Fleckenstein,** Erdkreisel der Geophysik und Fundamentalsystem der Astronomie. Vgl. Ref. **9104.**

13109. **F. Gondolatsch,** Erdrotation, Mondbewegung und das Zeitproblem der Astronomie. Veröff. Astr. Rechen-Inst. Heidelberg Nr. **5**, **44** S. mit 2 Abb. — Besprechung in Postępy Astr. **2** 25—32, mit 1 Fig., Sky and Telescope **13** 57. — Durch die Nichtkonstanz der Rotationsgeschwindigkeit der Erde ist das astronomische Zeitproblem aufgetreten: Ungleichförmigkeit der Mittleren Sonnenzeit und Diskrepanz zwischen diesem bei den Beobachtungen verwendeten Zeitmaß und dem gleichförmigen Ephemeriden-Zeitmaß. Darstellung der gegenwärtigen Kenntnisse über dieses Problem. Definition der Ephemeridenzeit und tabellarische Hilfsmittel zur Berücksichtigung des Unterschiedes zwischen Mittlerer Sonnenzeit und Ephemeridenzeit. Hinweise für das Anstellen und Reduzieren von Sternbedeckungsbeobachtungen. Go.

13110. **S. W. Gromow,** Über eine Methode der Regularisierung der Erde. Abh. Shdanow-Staatsuniv. Leningrad Nr. **153** S. 194—276, mit 10 Abb., 1952 = Publ. Astr. Obs. Leningrad **16** 194—276 (russisch). — Die zuerst von P. Rudzki 1905/07 angewandte Methode der geodätischen Reduktion nach dem «Inversionsverfahren» wird ausführlich dargestellt. Hierbei wird das Schwerezentrum des Geoids um 2 cm verschoben und dessen Masse um $2 \cdot 10^{-9}$ Einheiten verkleinert. Das Verfahren wird vom Verf. als theoretisch überaus streng und praktisch recht einfach den anderen Verfahren — Isostasie und Kondensation — vorgezogen. Tabellen zur numerischen Anwendung sind beigegeben. Petri

13111. **S. W. Gromow,** Inversion und Neigung der Lotlinien. Abh. Shdanow-Staatsuniv. Leningrad Nr. **153** S. 277—322, mit 4 Abb., 1952 = Publ. Astr. Obs. Leningrad **16** 277—322 (russisch). — Die Ausführungen des Verf. zur geodätischen Reduktion nach dem Inversionsverfahren werden durch Behandlung der Lotabweichungen für diesen Fall in Form ausführlicher, analytischer Rechnungen mit praktischen Beispielen und einem Tabellenanhang ergänzt. Petri

13112. **E. Guyot,** La rotation de la terre et ses variations. Ann. Guébhard-Séverine **29** 117—139. — Verf. gibt eine Übersicht über die bei der Erdrotation auftretenden zeitlichen Änderungen: Bewegung der Rotationsachse im Raum (Präzession, Nutation) und bezüglich der Erde (Polschwankungen), sowie die Schwankungen der Rotationsgeschwindigkeit. Zahlreiche Zitate zeigen die historische Entwicklung in der Erkenntnis dieser Phänomene. T. L.

13113. **H. Spencer Jones,** Non-seasonal changes in the rate of rotation of the earth. AJ **58** 217. — Ref. AAS.

13114. **W. I. Kuryschew,** Form und Ausmaße der Erde. Irkutsk, Staatlicher Gebietsverlag, 1953. 48 S. mit Abb. Preis 70 Kop. (russisch).

13115. **W. D. Lambert, F. W. Darling,** Dichte, Schwere, Druck und Elliptizität im Erdinnern. Deutsche Geod. Kommission Bayer. Akad. Wiss. (A) Veröff. Nr. 8, 18 S.

13116. **K. Ledersteger,** Zur Definition der Lotabweichungen und Laplaceschen Widersprüche. Österreichische Z. f. Vermessungswesen **41** 97—105. — Die theoretischen Laplaceschen Widersprüche werden entwickelt. Der wesentliche Unterschied für die absoluten und die relativen Lotabweichungen besteht in der Reduktion $d_3\alpha$ wegen des Abstandes des Lotfußpunktes auf dem Geoid von dem entsprechenden Bildpunkt auf dem Ellipsoid. T. L.

13117. **K. Ledersteger,** Die astronomisch-gravimetrische Bestimmung des mittleren Erdellipsoides. Schweiz. Z. Vermessung **51** 194—196. — Ref. in RJ Astr. Geod. UdSSR Nr. 4, 1955; Ref. Nr. 1689 (russisch).

13118. **J. A. Madeira,** Les occultations d'étoiles par la Lune dans l'étude des irrégularités à courte période de rotation de la Terre. Publ. Sindicato Nacional Engenheiros Geógrafos (1) Nr. 4, 16 S. mit 5 Fig. — Die Genauigkeit der Beobachtungen der Meridiandurchgänge des Mondes und der Sternbedeckungen ist zur Zeit noch nicht ausreichend, um die durch den Zeitdienst gesicherten saisonalen Rotationsschwankungen der Erde zu bestätigen. Die aus den Sternbedeckungen abgeleiteten Jahresschwankungen sind viel zu groß und rühren wahrscheinlich von periodischen Fehlern in den Rektaszensionen der verwendeten Sternkataloge her. T. L.

13119. **P. J. Melchior,** Sur le déplacement des pôles d'inertie à la surface de la Terre, de 1900 à 1950. Bull. Cl. Sci. Acad. roy. Belgique (5) **39** 442—446 = Inst. Astr. Bruxelles (2) Nr. 86. — Die 1900—1905 beobachtete Verlagerung des Trägheitspols der Erde kann mit der festgestellten Hebung des Meeresspiegels des Atlantischen Ozeans in Zusammenhang gebracht werden. Dabei läßt sich zeigen, daß diese Wassermengen von abgeschmolzenem Grönlandeis herrühren müssen. T. L.

13120. **M. S. Molodenskij,** Elastische Gezeiten, freie Nutation und einige Fragen über den Aufbau der Erde. Publ. Geophys. Inst. Akad. Wiss. UdSSR Nr. **19** S. 3—52 (russisch). — Ref. in RJ Astr. Geod. UdSSR Nr. 2, 1955; Ref. Nr. 795 (russisch).

13121. **T. Nicolini,** La figura della terra. I. Scientia **88** 317—322 = Oss. Astr. Capodimonte-Napoli Collezione Miscellanea **1** Nr. 7. — Erster Teil eines historischen Berichts über die Entwicklung der Geodäsie, die Ergebnisse der Geoidmessungen und die Beziehungen zu astronomischen Problemen. Cester

13122. **V. R. Ölander,** Några synpunkter på problemet att bestämma jordens form. PAT **34** 122—134, mit 7 Fig. — Das Problem, die Figur der Erde zu bestimmen, wird allgemeinverständlich dargestellt. Ra.

13123. **N. N. Parijskij,** Die Veränderung der Geschwindigkeit der Erdrotation im Laufe des Jahres. Publ. Geophys. Inst. Akad. Wiss. UdSSR Nr. **19** S. 53—102 (russisch). — Ref. in RJ Astr. Geod. UdSSR Nr. 1, 1954; Ref. Nr. 1616 (russisch).

13124. **N. N. Parijskij, O. S. Berljand,** Der Einfluß der saisonalen Veränderungen der atmosphärischen Zirkulation auf die Rotationsgeschwindigkeit der Erde. Publ. Geophys. Inst. Akad. Wiss. UdSSR Nr. **19** S. 103—122 (russisch). — Ref. in RJ Astr. Geod. UdSSR Nr. 1, 1954; Ref. Nr. 1617 (russisch).

13125. **N. N. Parijskij,** Über den Einfluß der freien Nutation der Erde auf die Winkelgeschwindigkeit ihrer Rotation. Publ. Geophys. Inst. Akad. Wiss. UdSSR Nr. **19** S. 123—127 (russisch). — Ref. in RJ Astr. Geod. UdSSR Nr. 1, 1954; Ref. Nr. 1618 (russisch).

13126. **H. M. Smith, R. H. Tucker,** The annual fluctuation in the rate of rotation of the Earth. MN **113** 251—257, mit 3 Fig. — Ref. in Sterne **31**

70—71, Naturwiss. Rundschau 7 72. — Die Amplitude der saisonalen Rotationsschwankungen der Erde ist seit 1950 um etwa die Hälfte geringer als in den früheren Jahren; die Tageslänge schwankt während eines Jahres jetzt um 1 msec. Während diese Schwankungen in der Hauptsache auf meteorologischen Ursachen beruhen, kann ein kleiner Teil des Effekts auf die systematischen Fehler $\Delta\alpha_\alpha$ des FK 3 am Nordhimmel zurückgeführt werden; dies geht auch durch einen Vergleich der Greenwicher Resultate mit denen von Canberra, Washington and Richmond hervor. T. L.

13127. **A. Stoyko, N. Stoyko,** Les variations périodiques de la rotation de la Terre pendant les années 1947—1952. Bull. Cl. Sci. Acad. roy. Belgique (5) **39** 543—551, mit 2 Fig. — Die analytische Untersuchung der saisonalen Schwankungen der Erdrotation, wie sie sich aus den Beobachtungen der Zeitdienst-Stationen 1947—52 unter Berücksichtigung der Polschwankungen ergeben, zeigt wie schon früher eine Veränderung der Amplituden und der Phasen. Es ist möglich, diese zum größten Teil durch Überlagerung einer der Chandlerschen entsprechenden Periode von 14 Monaten zu erklären. Die Ableitung einer quasi-gleichförmigen Zeit für eine einzelne Station ist abzulehnen, da diese nicht mit anderen verglichen werden kann. T. L.

13128. **N. Stoyko,** Sur la variation de la rotation de la Terre et l'inversion de la polarité du champ magnétique terrestre. CR **236** 1591—1593. — In einer früheren Arbeit (CR **234** 1798, AJB **52** Ref. **13126**) war auf einen möglichen Zusammenhang zwischen Erdrotation und terrestrischem Magnetfeld hingewiesen worden. Die augenblickliche Verlangsamung der Erdrotation würde dabei die Magnetisierung nach 550000 Jahren gerade umgekehrt haben. Mit einer abwechselnden Verlangsamung und Beschleunigung der Erdrotation, hervorgerufen durch die Wechselwirkung von Gezeitenreibung in den Meeren und Resonanzerscheinungen in der Atmosphäre könnten die vermuteten wiederholten Umkehrungen des Erdmagnetfeldes in geologischen Zeitaltern erklärt werden. T. L.

13129. **W. Strohmeier,** Erdradius und Erdgestalt. Sterne **29** 60—66. — Bericht über den astronomisch-geodätischen Lehrkurs auf dem Hohenpeißenberg, 1952 Aug. 18—30.

13130. **W. Uhink,** Zur Bestimmung von Rotationsschwankungen der Erde aus Beobachtungen mit Quarzuhren. AN **281** 68—74, mit 3 Abb. — Es wird ein im Geodätischen Institut Potsdam verwendetes Verfahren dargestellt, mit dem aus den scheinbaren Schwankungen der ihrer Natur nach nahezu konstanten Akzelerationen von Quarzuhren auf die entsprechenden Abweichungen der Uhrstände geschlossen werden kann. Diese als Effekt von Rotationsschwankungen der Erde zu deutenden Fehler der Uhrstände werden aus Messungen der Jahre 1949—1951 für 1949.5 bis 1951.5 mitgeteilt, wobei auf die Polbewegung provisorisch Rücksicht genommen ist. Verf.

13131. **E. H. Vestine,** On variations of the geomagnetic field, fluid motions, and the rate of the earth's rotation. J. Geophys. Res. **58** 127—145, mit 6 Fig. — Aus den zeitlichen Veränderungen des erdmagnetischen Feldes an der Erdoberfläche wird auf Bewegungen eines Dipols im Erdinnern geschlossen. Das Erdfeld wird als exzentrisches Dipolfeld behandelt und die Bewegungen dieses Dipols in Bezug auf die Erdkruste bestimmt. Seit 1830 wanderte der Dipol etwa 35° westwärts (von etwa 187° E nach 152° E) und etwa 30° nach Norden. Der Äquator wurde 1869 überschritten. Wird die Bewegung des Dipols mit den Schwankungen der Erdrotation nach Brouwer verglichen, so zeigt sich, besonders ab 1910, eine auffällige Übereinstimmung. Eine ausführliche Betrachtung der sich hieraus ergebenden Konsequenzen beschließt den Artikel. U. Be.

13132. **A. Young,** Glacial eustasy and the rotation of the earth. MN Geophys. Suppl. **6** 453—457. — Ref. in MN **113** 106. — Ein Steigen des Meeresspiegels infolge abgeschmolzener Eismassen bewirkt eine Erhöhung des Trägheitsmomentes der Erde; dabei ist angenommen, daß nicht sofort ein isostatischer Ausgleich durch Hebung der Erdkruste an den abgeschmolzenen Stellen erfolgt. Ein Zentimeter Niveauerhöhung pro Jahrhundert würde eine Verlangsamung der Erdrotation hervorrufen, welche einer Verlängerung der Tageslänge um 10^{-4} sec oder einer Akzeleration des Mondes von $2''/(\text{Jahrhundert})^2$ entsprechen würde. Dieser Effekt kann also neben der Gezeitenreibung zur Erklärung der beobachteten Akzeleration herangezogen werden. T. L.

13133. **A. Young,** The effect of the movement of surface masses on the rotation of the earth. MN Geophys. Suppl. **6** 482—485. — Die Gleichungen für die Breitenschwankung werden unter Berücksichtigung des Drehmomentes der Oberflächenmassen gegenüber der festen Erde abgeleitet. Es zeigt sich, daß bei der Untersuchung dieses Effekts die Änderungen der Rotationsgeschwindigkeit der Erde unabhängig von den Breitenschwankungen behandelt werden können. T. L.

13134. Irregularities in the period of rotation of the earth. Nature **172** 707. — Ref. der in AJB **52** Ref. **13117** zitierten Arbeit von W. Munk und R. Revelle.

§ 132

Geodätische Koordinaten, Polschwankung

13201. **N. A. Beljajew,** Über die astronomischen Bestimmungen des geodätischen Azimuts auf direkte Weise. AJ UdSSR **30** 196—209 (russisch). — Es werden praktische Formeln mit einem Beispiel zur Bearbeitung der Beobachtungen von Sternpaaren zur Bestimmung des geodätischen Azimuts einer Dreieckseite bei gleicher Genauigkeit in allen Teilen des geodätischen Netzes ohne genaue Kenntnis der astronomischen Koordinaten gegeben. Verf. (übersetzt)

* * **L. Carnera,** Le livelle ed i micrometri dei telescopi zenitali nelle Stazioni Internazionali di Latitudine. Vgl. Ref. **2209.**

13202. **G. Cecchini,** Declinazioni apparenti delle copie di stelle osservate nelle Stazioni Internazionali di Latitudine — Parallelo Nord. 1950, 1951, 1952, 1953, 1954. Pubbl. Ufficio Centrale Latitudini — Oss. Astr. Torino Nr. **1, 4, 6, 8, 9.**

13203. **G. Cecchini,** Movement of the pole. UAI Circ 1392, 1393, 1415, 1430. Vgl. auch NAZ **7** 10, 28. — Koordinaten des Rotationspols 1949.0—1953.65.

13204. **M. S. Fedtschun,** Über die Vereinfachung der Bearbeitung von Beobachtungen nach der Pewzowschen Methode bei der Bestimmung von Breitenschwankungen. Astr Circ UdSSR Nr. 144 S. 9—11 (russisch). — Mitteilung eines besonders einfachen und auch praktisch erprobten Auswertverfahrens, das allerdings fast vollkommen symmetrische Lage der Sternpaare zum Ersten Vertikal voraussetzt (Abweichung $< 10^s$). Petri

13205. **E. P. Fjodorow,** Die Breitenschwankungen von Poltawa im Jahre 1952 nach gleichzeitigen Beobachtungen an zwei Zenitteleskopen. Astr Circ UdSSR Nr. 135 S. 4 (russisch).

13206. **E. P. Fjodorow,** Über langsame, nichtpolare Breitenveränderungen. DAN **91** 759—762, mit 1 Abb. (russisch).

13207. **A. Fresa,** La variazione della latitudine dell'Osservatorio di Pino Torinese (I. Sala meridiana) e la verifica della legge Hattori. Rend. Accad. Nazionale Lincei, Cl. Sci. fis., mat., nat. (8) **15** 55—58, mit 2 Fig. = Contr. Oss. Astr. Torino (NS) Nr. **23.** — Die Beziehungen zwischen dem barometrischen Druck und den Schlußfehlern bzw. den nächtlichen Breitenänderungen werden überprüft. Cester

13208. **S. K. Ghosh,** Determination of azimuth and latitude from observations of an unknown star. Empire Survey Rev. **12** 191. — Ref. in RJ Astr. Geod. UdSSR Nr. **2,** 1955; Ref. Nr. 540 (russisch).

13209. **S. K. Ghosh,** Détermination de l'azimut et de la latitude par observations d'une seule étoile non connue à l'aide d'un nouveau procédé. Hydr. Rev. **30** Nr. 2 S. 75—83.

13210. **R. Genty,** Mesure des coordonnées géographiques d'un point à terre grace à des relevés astronomiques effectués sans instruments. Navigation Paris 1953 Nr. 3 S. 54—64.

13211. **T. Hattori,** Latitude observations with floating zenith telescope at Mizusawa. Part II. Publ. International Latitude Obs. Mizusawa **1** 75—181, mit 11 Fig. — Der vorliegende zweite Teil enthält eine ausführliche Diskussion der im ersten mitgeteilten Beobachtungsergebnisse 1942—49 (vgl. AJB **51** Ref. **13217**). Zunächst werden die Korrektionen der dem GC entnommenen Deklinationen und EB bestimmt. Sodann werden die täglichen und monatlichen mittleren Polhöhen abgeleitet, getrennt für die beiden Instrumente (VZT und FZT). Das auf diese Weise erhaltene Material wird eingehend diskutiert und mit den Gesamtergebnissen des Internat. Breitendienstes verglichen, um lokale Effekte festzustellen. Nach Ableitung der jährlichen und der Chandlerschen Periode wird der Wind-Effekt untersucht, der für das PZT sicher festgestellt werden kann. Den Abschluß bildet eine Diskussion des Schlußfehlers, welcher sich für beide Instrumente gleich ergibt, was auf äußere Ursachen hinweist. T. L.

13212. **P. Kalaja,** Astronomische Ortsbestimmungen in den Jahren 1946—1948. Veröff. des Finnischen Geod. Instituts Nr. **43,** 146 S. — Enthält Längen- und Breitenbestimmungen. Endergebnisse. Auf S. 142—144 ist die Methode der astronomischen Längen- und Breitenbestimmungen, wie sie am Geodätischen Institut von Finnland angewendet wird, erläutert (englisch).

13213. **G. A. Lange, D. I. Krawzow,** Die Breitenänderung von Kitab 1952. Astr Circ UdSSR Nr. 134 S. 4—6 (russisch).

13214. **J. Lemmens,** Déterminations de latitude à l'aide d'un réfracteur zénithal visuel. Bull. Cl. Sci. Acad. roy. Belgique (5) **39** 851—858, mit 5 Fig. = Inst. Astr. Bruxelles (2) Nr. **89.** — Breitenbestimmungen mit dem visuellen Zenitteleskop im Sommer 1953; Beschreibung der Beobachtungsmethode, erste Resultate; die benutzten Sterne wurden dem AGK2 entnommen. T. L.

13215. **P. S. Matwejew,** Die halbmonatlichen Nutationsschwankungen der Breite nach Beobachtungen in Poltawa von 1949 bis 1953. Astr Circ UdSSR Nr. 143 S. 17—18 (russisch).

13216. **I. W. Maximow,** Die Bewegungen des Erdpols und die säkularen Veränderungen der Kontinentalität des europäischen Klimas. DAN **93** 803—806 (russisch).

13217. **P. J. Melchior,** Astronomia meridiana e Geofisica. Geofisica e Meteorologia **1** Nr. 2/3, 4 S. mit 2 Fig. = Commun. Obs. Roy. Belgique Nr. **59.** — Die periodischen und säkularen Bewegungen des Rotationspols auf der Erdoberfläche, deren Kenntnis für geophysikalische Untersuchungen wichtig ist, werden durch die astronomischen Beobachtungen des Breitendienstes bestimmt.

Geplant ist die Aufstellung eines homogenen Deklinationskataloges aller dort seit 1900 benutzten 499 Sterne; an diesem Programm von Meridiankreisbeobachtungen nimmt auch Uccle teil. T. L.

13218. **L. Mitić, Z. Petović, B. Ševarlić,** Observations à la lunette zénithale (de 110 mm) du Service de latitude de l'Observatoire, faites au cours des deux premiers trimestres de 1952. Bull. Astr. Obs. Beograd 17 2—16.

13219. **F. Mühlig,** Astronomisch-geodätische Messungen im Jahre 1952 auf dem Hohenpeißenberg/Obb. Deutsche Geod. Kommission Bayer. Akad. Wiss. (A) Veröff. Nr. 9, 56 S.

13220. **E. I. Obreskowa,** Die Veränderungen der mittleren Breite der Stationen Ukah, Carloforte und Mizusawa. Astr Circ UdSSR Nr. 143 S. 18—20 (russisch).

13221. **Z. Petović, B. Ševarlić,** Observations à la lunette zénithale de 110 mm du Service de latitude de l'Observatoire, faites au cours des deux derniers trimestres de 1952. Bull. Astr. Obs. Beograd 17 36—48.

13222. **Z. Petović, D. Šaletić, B. Ševarlić, R. Vojčić,** Observations à la lunette zénithale (de 110 mm) du Service de latitude de l'Observatoire, faites au cours des deux premiers trimestres de 1953. Bull. Astr. Obs. Beograd 18 Nr. 1—2 S. 7—14.

13223. **N. A. Popow,** Die Breitenschwankungen von Poltawa nach Beobachtungen heller Zenitsterne im Jahre 1952. Astr Circ UdSSR Nr. 135 S. 5 (russisch).

13224. **S. W. Romanskaja, W. I. Sacharow,** Die Breitenschwankungen in Pulkowo 1952. Astr Circ UdSSR Nr. 134 S. 6 (russisch).

13225. **S. W. Romanskaja, W. I. Sacharow,** Vorläufige Werte der Breitenveränderung von Pulkowo von 1950.8 bis 1951.8. Mitt. Astr. Hauptobs. Pulkowo 19 Nr. 3 (150) S. 159—160 (russisch).

13226. **K. N. Tawastscherna,** Die fundamentale Bestimmung des Längenunterschieds AO LGU—WNIIM nach photoelektrischer Methode. Leningrad, Staatsuniv., 1953 (russisch). — Dissertationsreferat.

13227. **N. A. Tschudowitschewa, A. K. Iwanowa,** Beobachtungen über die Veränderlichkeit der Breite des Astronomischen Engelhardt-Observatoriums auf Grund des neuen Programms im Jahre 1951. Abh. Lenin-Staatsuniv. Kasan 113 Nr. 5, 24 S. mit 2 Abb. = Bull. Astr. Engelhardt-Obs. Nr. 30 S. 17—40 (russisch).

13228. **N. A. Tschudowitschewa, A. K. Iwanowa,** Die Breitenänderungen des Engelhardt-Observatoriums 1952. Astr Circ UdSSR Nr. 134 S. 7 (russisch).

13229. **W. M. Wassiljew,** Neubearbeitung der Längenbeobachtungen von Pulkowo. Mitt. Astr. Hauptobs. Pulkowo 19 Nr. 3 (150) S. 70—144, mit 5 Abb. (russisch). — Frühere Längenbestimmungen werden auf systematische Fehler untersucht und neu ausgewertet. Dabei wurde der Übergang zum FK3 vollzogen. Der wahrscheinliche Fehler ist mit $\pm 0^{s}.0018$ angegeben. Schrick

13230. Variation of latitude 1939. Greenwich Astronomical Results 1939, A 63—A 64.

Desgl. für 1945. Greenwich Astronomical Results 1945, A 43—A 44.

13231. Ruchy bieguna Ziemi w roku ubiegłym. Urania Kraków 24 336.

* * Weitere geographische Koordinaten siehe § 12.

§ 133
Navigation

13301. **E. W. Anderson, D. H. Sadler,** The genesis of the E. A. N. T. s. J. Inst. Navigation **6** 333—357, mit 3 Fig. — Versuchstafeln (Experimental Astronomical Navigation Tables) für die astronomische Ortsbestimmung während des Krieges. Fr.

13302. **R. A. Bagnold,** Navigating ashore. J. Inst. Navigation **6** 184—193, mit 2 Fig.

13303. **A. P. Belobrow,** Nautische Astronomie. Leningrad, Hydrometeorologischer Staatsverlag, 1953. 314 S. mit 114 Abb. und 2 Tafeln. Preis 9 R. 50 Kop. (russisch). — Ref. in RJ Astr. UdSSR Nr. 3, 1953; Ref. Nr. 1197 (russisch).

13304. **J. C. Bently,** Navigation and the homing instinct. MN ASSA **12** 69. — Zusammenfassung einer Ansprache.

13305. **M. Blewitt,** Celestial Navigation for Yachtsmen. London, Iliffe and Sons Ltd., 1953. 2. Auflage mit einem Vorwort von J. H. Illingworth. 64 S. mit 26 Tafeln. Preis 5s. — Besprechung in JBAA **63** 283.

13306. **S. L. Chapin,** A survey of the efforts to determinate longitude at sea. Navigation Los Angeles **3** 242—249, 296—303. — 1. Teil vgl. AJB **52** Ref. 13305.

13307. **C. H. Cotter,** The Elements of Navigation. Pitman, 1953. 8 + 535 S. mit Fig. Preis 40s. — Besprechung in J. Inst. Navigation **7** 106 (G. A. A. Grant).

13308. **M. Devée, R. Faure,** Navigation Aérienne Astronomique. Paris, Gauthier Villars, 1952. 18 + 268 S. mit 120 Fig. Preis fr. 2400. — Vgl. AJB **52** Ref.13309. Weitere Besprechung in J. Inst. Navigation **6** 200—201 (D. H. Sadler).

13309. **J. Dohm,** HO 249 and the new Air Almanac. Navigation Los Angeles **3** 239—242. — Beschreibung einer neuen amerikanischen Höhen- und Azimuttafel mit der Genauigkeit von 1′ bzw. 1° für die Luftnavigation, die mit Rücksicht auf die Polarnavigation Höhen bis zu −7° (unter dem Horizont) und entsprechende Unterlagen zur Berücksichtigung der Refraktion enthält. Fr.

13310. **R. L. Duncombe, W. A. Scott,** Computing the revised edition of H. O. 249 (A. P. 3270). J. Inst. Navigation **6** 240—247.

13311. **H. W. Dunsinberre,** Simplified star plotting. Navigation Los Angeles **3** 336—338.

13312. **H. W. Dunsinberre,** Fixes and how to get out of them. Navigation Los Angeles **3** 339—340.

13313. **H. Dyèvre,** Le point autour de midi. Navigation Paris 1953 Nr. 4 S. 65—77.

13314. **H. C. Freiesleben,** Nautisch-astronomische Höhentafeln. Phys. Verhandlungen **4** 256—257 (Ref.).

13315. **M. Gatineau,** La correction de Coriolis en point astronomique. Navigation Paris 1953 Nr. 3 S. 65—71.

13316. **W. Homburg,** Leitfaden der Nautik. I. Leipzig, Fachbuchhandlung GmbH, 1953. 2. Auflage. 244 S. mit Abb. Preis DM 9.50.

13317. **J. C. Lieuwen,** Record Tables. Rotterdam, 1953. 112 S. — Tafeln der abgekürzten astronomischen Standlinienberechnung. Fr.

13318. **H. Meldau, O. Steppes,** Lehrbuch der Navigation. Astronomische Grundbegriffe, Astronomische Navigation, Magnetkompaß und Schiffsmagnetismus. Bremen, Geist, 1953. 5. Auflage. 108 S. mit Abb. Preis DM 15.60.

13319. **R. B. Michell,** Navigation at sea with a star lattice. J. Inst. Navigation **6** 63—70, mit 2 Fig. Mit einer Bemerkung von F. W. Wright S. 203—204 und von R. Turner S. 330—331.

13320. **W. E. Olchowskij,** Die Berücksichtigung der «Abplattung der Erde» bei der Lösung einiger Navigationsaufgaben. Abhandlungen der arktischen Seehochschule **4** 33—46 (russisch). — Ref. in RJ Astr. Geod. UdSSR Nr. **4,** 1954; Ref. Nr. 3252 (russisch).

13321. **J. B. Parker,** Determining the most probable position. J. Inst. Navigation **6** 44—58, mit 5 Fig. Mit Bemerkungen von P. L. Nightingale auf S. 321—324, mit 5 Fig. unter dem Titel: A different approach to position determination.

13322. **M. R. Pierce,** The Cadameter. Navigation Los Angeles **3** 250—261. — Ein Satz bestimmter Kartenentwürfe zur raschen Auflösung nautisch-astronomischer und anderer trigonometrischer Aufgaben. Fr.

13323. **M. J. Rantzen,** Little Ship Navigation. Herbert Jenkins, 1952. 25 + 133 S. mit 30 Fig. Preis 15s. — Vgl. AJB **52** Ref. **13322.** — Weitere Besprechung in J. Inst. Navigation **6** 108 (H. T. S. Clouston).

13324. **A. Ratschkow,** Grundlagen der nautischen Astronomie. Verlag «Seetransport», 1952. 296 S. Preis 11 R. 40 Kop. (russisch).

13325. **D. H. Sadler,** Margett's horary tables. J. Inst. Navigation **6** 403—404, mit 1 Tafel.

13326. **J. M. Sharpey-Schafer,** Some notes on astronomical observations at sea. J. Inst. Navigation **6** 362—372, mit 1 Fig.

13327. **W. I. Udalow,** Einige Sonderfälle der Ortsbestimmung zur See aus Sternhöhen. Leningrad, Arktische Makarow-Marineakademie, 1953 (russisch). — Dissertationsreferat.

13328. **E. B. Williams, W. J. V. Branch,** Air Navigation, Theory and Practice. Pitman, 1952. 19 + 644 S. mit 372 Diagrammen und 8 Tafeln. Preis 55s. — Besprechung in J. Inst. Navigation **6** 104—107 (J. E. D. Williams).

13329. Sight Reduction Tables for Air Navigation, A. P. 3270. London, H. M. Nautical Almanac Office, H. M. Stationery Office, 1952/1953. 3 Bände. Preis 36s. — Besprechung in JBAA **65** 175, J. Inst. Navigation **7** 98—103 (J. B. Parker), Sky and Telescope **13** **164.** — Tafeln der Höhe und des Azimuts von 0°—29° Dekl. (Bd. 2—3) und für eine Reihe ausgewählter Sterne (Bd. 1), Genauigkeit 1′, bzw. 1°, also für Luftnavigation. Epoche 1955.0. Die Tafeln sind Nachfolger einer 16bändigen Kriegstafel. Sie enthält Hilfstafeln für die Coriolisbeschleunigung und hilft bei der Auswahl der günstigsten Sterne. Das Erscheinen dieser Tafeln wird als Ereignis von geschichtlicher Bedeutung für die Luftnavigation bezeichnet. Fr.

13330. Tables of computed altitude and azimuth, H.D. 486. London, 1953. — Nachdruck der für die Seenavigation bestimmten amerikanischen Tafel HO 214; von den sechs Bänden kam 1953 der Band für 45°—59° Breite heraus. Fr.

13331. Les fonctions des tables de navigation. Navigation Paris 1953 Nr. 3 S. 78—85. — Vergleich der Tafeln für astronomische Navigation. Fr.

13332. Selected navigation stars. Sky and Telescope **12** 258.

§ 134

Astronautik, Raketen

13401. **W. L. Bade,** Relativistic rocket theory. Amer. J. Phys. **21** 310—312. — Ref. in Phys. Abstracts (A) **56** 513, Math. Rev. **14** 1026.

13402. **W. von Braun, J. Kaplan, H. Haber, W. Ley, O. Schachter, F. L. Whipple,** Station im Weltraum. Frankfurt a. M., S. Fischer Verlag, 1953. 150 S. mit zahlreichen Fig. und 9 Tafeln. — Aus dem Amerikanischen übersetzt von H. Gartmann. Titel des Originals: Across the Space Frontier. — Besprechung in Phys. Blätter **9** 477—478 (W. Westphal), Weltraumfahrt **1953** 62 (W. Schaub).

13403. **W. von Braun, F. L. Whipple, W. Ley,** Conquest of the Moon. New York, The Viking Press, 1953. 126 S. Preis $ 4.50. — Besprechung in Sky and Telescope **13** 21, 273—274 (M. S. Davis).

13404. **W. von Braun,** The Mars Project. Urbana, The University of Illinois Press, 1953. 91 S. Preis $ 3.95. — Besprechung in J. Astr. Soc. Victoria **7** 40.

* * **W. Büdeler,** Teleskope, Raketen und Gestirne. Vgl. Ref. 509.

* * **E. T. Byram, T. Chubb, H. Friedman, N. Gailar,** Lyman-alpha radiation in the solar spectrum. Vgl. Ref. **6402**.

13405. **A. C. Clarke,** Prelude to Space. London, Sidgwick & Jackson, 1953. Preis 9s. 6d. — Besprechung in JBAA **63** 284.

13406. **A. C. Clarke,** Vorstoß ins All. Stuttgart, Franckh'sche Verlagshandlung, 1953. 211 S. mit 15 Abb. und 12 Tafeln. Preis DM 10.80. — Besprechung in Naturwiss. Rundschau **7** 303 (H. Klauder).

13407. **P. E. Cleator,** Into Space. London, Allen and Unwin Ltd., 1953. 159 S. Preis 15s. — Besprechung in JBAA **64** 41—42 (J. N. Friend).

13408. **K. A. Ehricke,** Take-off from satellite orbits. J. Amer. Rocket Soc. **23** 372—374. — Ref. in RJ Astr. Geod. UdSSR Nr. 4, 1955; Ref. Nr. 1369 (russisch).

13409. **K. W. Gatland, A. M. Kunesch,** Space Travel. New York, Philosophical Library, 1953. 205 S. Preis $ 4.75. — Besprechung in Sky and Telescope **13** 164, **14** 154—155 (N. E. Wagman), Strolling Astronomer **8** 48—49 (D. L. Cyr).

13410. **A. Gennaro,** Sulla maniera di tener conto dell'influenza dello schiacciamento del geoide sul moto dei teleproietti. Boll. Geod. Sci. Affini Ist. Geogr. Militare **11** 413—424, mit 3 Fig., 1952 = Oss. Astr. Padova Pubbl. Nr. **99**. — Bei Untersuchung der Bewegung der Projektile im irdischen Gravitationsfeld (unter Annahme des leeren Raumes) wird berechnet, wie man die Abplattung der Niveaufläche der Newtonschen Anziehung berücksichtigen muß, ohne das bequeme Schema der Newtonschen Zentralbewegung zu verlassen. Daraus ergibt sich, daß es genügt, die anziehende Erdmasse in einem geeigneten Punkte konzentriert anzunehmen, dessen Lage durch die Koordinaten des Bewegungsanfangspunktes ermittelt wird und in gewissen Grenzen der Zeit als unverändert angenommen werden kann. Verf.

13411. **F. Haber,** G forces and weight in space travel. Sky and Telescope **12** 97—98, 114.

13412. **H. Haber,** Man in Space. London, Sidgwick & Jackson Ltd., 1953. 291 S. Preis 30s. — Besprechung in J. British Interplanetary Soc. **13** 123—124 (C. R. Armstrong).

13413. **L. Hansen,** Observationsraketter. NAT **1953** 87—95, mit 3 Fig. — Bericht über die amerikanischen V2-Versuche.

* * **S. Herrick,** Tables for Rocket and Comet Orbits. Vgl. Ref. **4002.**

13414. **H. B. Ketchum,** Navigational calculations in space flight. (Investigation of the effect of the precision of astronomical data). Part I. Planetary orbital distances. J. Space Flight and Rocket News Letter **5** Nr. **4** S. 1—8. — Ref. in RJ Astr. Geod. UdSSR Nr. **11, 1954**; Ref. Nr. 5576 (russisch).

13415. **H. B. Ketchum,** Navigational calculations in space flight. (Investigation of the effect of the precision of astronomical data). Part II. Planetary orbital velocities and gravitational fields, and the gravitational field of the sun. J. Space Flight and Rocket News Letter **5** Nr. 7 S. 1—5. — Ref. in RJ Astr. Geod. UdSSR Nr. **11**, 1954; Ref. Nr. 5577 (russisch).

13416. **D. F. Lawden,** Escape to infinity from circular orbits. J. British Interplanetary Soc. **12** 68—71, mit 2 Fig. — Mit den Ergebnissen früherer Arbeiten des Verf. wird gezeigt, wie bei Anwendung höchstens zweier Impulse eine Rakete aus einer Kreisbahn ins Unendliche übergeführt werden kann bei kleinstem Kraftaufwand und bei vorgegebener Endgeschwindigkeit. Böh.

13417. **J. N. Leonard,** Flight into Space. London, Sidgwick & Jackson Ltd.; New York, Random House, 1953. 307 S. Preis 12s. 6d. bzw. $3.50. — Besprechung in J. British Interplanetary Soc. **13** 186 (M. S. Wright), Sky and Telescope **13** 129, 275—277 (J. W. Streeter).

13418. **W. Ley, C. Bonestell,** Die Eroberung des Weltalls. Vgl. AJB **52** Ref. **13418.** — Weitere Besprechung in Weltraumfahrt **1953** 30 (H. Gartmann).

13419. **H. E. Newell jr.,** High Altitude Rocket Research. New York, Academic Press; London, Academic Books, 1953. 14 + 298 S. mit 93 Fig. Preis $7.50. — Besprechung in Ciel et Terre **71** 41—42 (M. Nicolet), Proc. Phys. Soc. (B) **67** 733—734 (E. T. Eady), Sky and Telescope **13** 164, 343 (F. L. Whipple).

* * **W. B. Pietenpol, W. A. Rense, F. C. Walz, D. S. Stacey, J. M. Jackson,** Lyman alpha-line photographed in the sun's spectrum. Vgl. Ref. **6424.**

* * **W. A. Rense,** Intensity of Lyman-alpha line in the solar spectrum. Vgl. Ref. **6429, 6430.**

13420. **J. B. Rosser, R. J. Walker,** Properties and tables of generalized rocket functions for use in the theory of rockets with a constant slow spin. Ithaca, N. Y., Cornell University, 1953. 5 + 114 S. — Besprechung in Math. Rev. **15** 63—64.

13421. **K. Schütte,** Die Bahnbestimmung aus dem Vektor der Bahngeschwindigkeit und der Einfluß einer Änderung desselben auf die Bahnelemente. Weltraumfahrt **1953** 98—107, mit 2 Abb. — Verf. entwickelt Methode und Formeln für die Bahnbestimmung aus dem Vektor der Bahngeschwindigkeit. Dieser bestimmt für ein freifliegendes Raumfahrzeug in jedem Augenblick eindeutig die Bahnelemente. Die Methode hat für die Astronautik eine besondere Bedeutung. Sie kann auch, unabhängig von allen noch zu lösenden technischen Problemen, vollständig durchgeführt werden, und zwar durchaus elementar, da vom Zweikörperproblem ausgegangen und der Einfluß einer Änderung des Geschwindigkeitsvektors auf die Bahnelemente untersucht wird. Schaub

* * **L. R. Shepherd,** The possibility of cosmic-ray hazards in high altitude and space flight. Vgl. Ref. **12722.**

* * **B. Thüring,** Über die Bedeutung der modernen programmgesteuerten Großrechenmaschinen für die Weltraumforschung. Vgl. Ref. 323.

13422. **R. Tousey,** Rocket spectroscopy. J. Optical Soc. America **43** 245—251, mit 15 Fig. — Zusammenfassender Bericht über Untersuchungen des Sonnenspektrums bei Raketenaufstiegen. Die wichtigsten Ergebnisse sind: Nachweis des Linienspektrums bis λ 2300 Å, Entdeckung des Mg II-Dubletts bei λ 2800 Å in Emission, spektrale Intensitätsverteilung bis λ 2000 Å, lichtelektrische Messung der Lα-Strahlung λ 1216 Å, sowie photographischer und lichtelektrischer Nachweis von Röntgenstrahlung bei λ 5 — 7 Å. Die Absorption der weichen Röntgenstrahlung in der E-Schicht der Ionosphäre konnte nachgewiesen werden. Damit erscheint es wahrscheinlich, daß die E-Schicht, zumindest teilweise, durch Absorption weicher Röntgenstrahlung entsteht. Behr

13423. **N. G. Tschernyschew,** Das Problem der interplanetaren Verbindungen in den Arbeiten von K. E. Ziolkowskij und anderen vaterländischen Gelehrten. Moskau, «Snanije», 1953. 32 S. Preis 45 Kop. (russisch). — Ref. in RJ Astr. UdSSR Nr. 2, 1953; Ref. Nr. 620 (russisch).

13424. **F. L. Whipple,** Astronomy from the space station. Sky and Telescope **12** 151.

* * **H. Yagoda,** Observations on stars and heavy primaries recorded in emulsions during flight of a Viking rocket. Vgl. Ref. 12728.

13425. Raumfahrtforschung. Herausgegeben von H. Gartmann. Vgl. AJB **52** Ref. 13437. — Weitere Besprechung in Gaz astr **37** 12—13, Naturwiss. Rundschau **6** 213 (H. Siedentopf).

13426. Hochfrequenztechnik und Weltraumfahrt. Herausgegeben im Auftrag der Gesellschaft für Weltraumforschung e. V. von R. Merten. Stuttgart, S. Hirzel, 1951. 116 S. mit 65 Abb. Preis DM 7. — Besprechung in Naturwissenschaften **40** 173—174 (H. Severin).

Transskription des russischen Alphabets

(Vgl. AJB 50 Vorwort S. III)

Russisch	AJB	Math.Rev.	Astr.News Letter
а	a	a	a
б	b	b	b
в	w	v	v
г	g	g	g
д	d	d	d
е	e, je, jo	e	e
ж	sh	ž	zh, j
з	s	z	z
и	i	i	i
й	j	ĭ	i, ĭ
к	k	k	k
л	l	l	l
м	m	m	m
н	n	n	n
о	o	o	o
п	p	p	p
р	r	r	r
с	ss, s	s	ss, s
т	t	t	t
у	u	u	u
ф	f	f	f
х	ch	h	kh
ц	z	c	z, ts, tz
ч	tsch	č	ch
ш	sch	š	sh
щ	schtsch	šč	shch
ы	y	y	y, i
ь	—, j	'	—
э	e, é	è	e
ю	ju	yu	iu, yu
я	ja	ya	ia, ya

Beispiel: Зверев = Swerew (AJB) = Zverev (Math. Rev.)
= Zverev (Astr. News Letter)

Namen-Verzeichnis

Das Verzeichnis verweist unter Angabe der Seitenzahlen auf die Stellen, an denen Arbeiten und Beobachtungen der Autoren besprochen sind, hingegen nicht auf Stellen, an denen auf solche Arbeiten nur Bezug genommen oder ein Name in irgend einem Zusammenhange genannt wird.

Auch sind reine Personalnotizen nicht berücksichtigt, da sie schon in § 10 alphabetisch geordnet sind.

Nicht aufgenommen sind ferner die Namen der Beobachter und Berechner Kleiner Planeten in § 75, der Kometen in § 81 und der Veränderlichen Sterne in § 112. Für diese Autoren sind zusätzlich noch die folgenden Listen einzusehen:

S. 270: **Kleine Planeten. Verzeichnis der Beobachter und Berechner**

S. 290—291: **Kometen. Verzeichnis der Beobachter und Berechner**

S. 378: **Veränderliche Sterne. Verzeichnis der Beobachter und Berechner**

Berichtigungen

AJB 52, 1952

S. 437. Lies: Schütte, H. 411.
Schütte, K. 17. 378. 387. 420.

Sach-Verzeichnis

Das Sach-Verzeichnis soll ein schnelles Aufsuchen nach einem Stichwort ermöglichen. Im allgemeinen ist bei mehreren aufeinanderfolgenden Referaten über den gleichen Gegenstand nur die erste Seite nachgewiesen. Der Benutzer hat daher auch die folgenden Seiten des betreffenden Paragraphen einzusehen.

Kolibri 360 GmbH
Ferdinand-Jühlke-Straße 7
99095 Erfurt, Deutschland
produktsicherheit@kolibri360.de